Biotechnologie

bio
biologie

William J. Thieman
Michael A. Palladino

Biotechnologie

Aus dem Amerikanischen von Thomas Lazar

Deutsche Bearbeitung
von Norbert W. Hopf

PEARSON
Studium

ein Imprint von Pearson Education
München • Boston • San Francisco • Harlow, England
Don Mills, Ontario • Sydney • Mexico City
Madrid • Amsterdam

Bibliografische Information Der Deutschen Bibliothek
Die Deutsche Bibliothek verzeichnet diese Publikation in der Deutschen Nationalbibliografie; detaillierte bibliografische Daten sind im Internet über http://dnb.ddb.de abrufbar.

Umwelthinweis:
Dieses Buch wurde auf chlorfrei gebleichtem Papier gedruckt.

10 9 8 7 6 5 4 3 2 1

09 08 07

ISBN 978-3-8273-7236-9

ein Imprint der Pearson Education Deutschland GmbH
Martin-Kollar-Straße 10–12, D–81829 München

www.pearson-studium.de
Übersetzung: Dr. Thomas Lazar, Paderborn
Lektorat: Dr. Stephan Dietrich, sdietrich@pearson.de
Fachlektorat: Prof. Dr. Norbert W. Hopf,
Fachbereich Biotechnologie und Bioinformatik der Fachhochschule Weihenstephan
Korrektorat: Dunja Reulein, München
Herstellung: Martha Kürzl-Harrison, mkuerzl@pearson.de
Satz: PTP-Berlin Protago-TEX-Production GmbH, Germany • www.ptp-berlin.eu
(gesetzt in QuarkXPress 6.5)
Einbandgestaltung: Thomas Arlt, tarlt@adesso21.net
Druck und Verarbeitung: Print Consult GmbH

Printed in the Slovak Republic

Inhaltsübersicht

Inhaltsverzeichnis

Vorwort zur amerikanischen Ausgabe

Man kann sich kaum eine aufregendere Zeit als heute vorstellen, um sich mit der Biotechnologie zu beschäftigen. Die Disziplin macht schier unglaubliche Fortschritte und nimmt Einfluss auf viele Aspekte unseres Lebens. Dies ist das erste Lehrbuch der Biotechnologie, das speziell im Hinblick auf die unterschiedlichen Wissenshintergründe von Studenten im Grundstudium geschrieben wurde. Ziel des Buches ist, Leser mit unterschiedlicher naturwissenschaftlicher Vorbildung mit dem notwendigen Rüstzeug auszustatten, um den praktischen Anforderungen in der Biotechnologie genügen zu können.

Biotechnologie deckt ein breites Feld von Themen der Grundlagenwissenschaften ab, die für das Fach von Bedeutung sind, zum Beispiel die Molekularbiologie, die Bioinformatik, die Genomik und die Proteomik. Als Autoren haben wir uns darum bemüht, eine ausgewogene Darstellung molekularbiologischer Grundlagen und praktischer Anwendungen, von Beispielen aus der Geschichte der Disziplin und aktuellen Anwendungen der Biotechnologie zu geben.

Das Buch beinhaltet ferner eine große Zahl didaktisch wertvoller Illustrationen, die detaillierte Erklärungen liefern und den Studenten dabei helfen sollen, die Vorgänge und Anwendungen im Einzelnen zu verstehen und theoretisch zu erfassen.

Merkmale des Buches

Biotechnologie ist speziell darauf abgestimmt, mehrere Schlüsselelemente zu vermitteln, die es den Studierenden erleichtern werden, die Biotechnologie zu erlernen und sich auf eine Laufbahn in der Biotechnologie vorzubereiten.

Lernziele

Jedes Kapitel beginnt mit einer kurzen Auflistung der jeweiligen Lernziele und stellt Schlüsselkonzepte in den Raum, die die Studierenden nach der Durcharbeitung des Kapitels begriffen haben sollten.

Abbildungen

Über 180 Grafiken unterstützen die Inhalte der Kapitel umfassend. Abbildungen, erklärende Diagramme, Tabellen und Flussdiagramme geben Schritt-für-Schritt-Erklärungen, die es den Studenten ermöglichen, visuell etwas über die wichtigen und komplexen Abläufe in der Biotechnologie zu lernen.

Berufspraxis

Ein besonderer Feature-Kasten am Ende jedes Kapitels stellt den Studierenden unterschiedliche Tätigkeitsoptionen und Laufbahnen in der Biotechnologieindustrie vor und gibt einen Leitfaden für den Eintritt in das Berufsleben.

„Sie entscheiden!“

Von mit Hilfe gentechnischer Verfahren hergestellten Lebensmitteln über genetische Tests in der Medizin bis zur Heranziehung von Embryonen in der Forschung und der Aussicht, Menschen zu klonieren, gibt es eine scheinbar endlose Reihe biotechnologischer Themen, die ethische, rechtliche und soziale Fragen und Zwickmühlen aufwerfen. Die „Sie entscheiden!“-Kästen dienen der Diskussion solcher Fragen. Sie finden sich in jedem Kapitel und konfrontieren die Studierenden mit einer biotechnologischen Problemstellung, stellen Fragen und liefern Informationen mit Bezug zu den sozialen und ethischen Aspekten der Biotechnologie. Das Ziel dieser Kästen besteht nicht darin, den Studierenden vorzugeben, was sie denken sollen, sondern ihnen dabei zu helfen zu verstehen, wie man sich ethischen Problemen annähert und wie sie ihre eigenen Entscheidungen begründen können.

Methoden

Genauso wie ein Handwerker einen „Koffer“ mit Werkzeugen zur Ausführung seiner Tätigkeiten bei sich führt, sind auch Wissenschaftler unbedingt auf Methoden zur Formulierung von Fragestellungen, zur Problemlösung und zum Erreichen von Fortschritten angewiesen. Die Methoden der Biotechnologie sind Laborverfahren und Techniken wie die Klonierung von DNA-Molekülen. Die Feature-Kästen zu diesem Thema in jedem der Kapitel stellen moderne Techniken und Technologien vor, die sich auf das jeweilige Kapitel beziehen.

Frage & Antwort (F&A)

F&A-Kästen in jedem der Kapitel legen den Studenten Fragen vor, die diese dazu ermuntern sollen, das soeben

Gelernte anzuwenden und eigene Fragen zu formulieren, die ihnen beim Lesen des Buches vielleicht durch den Kopf gegangen sind.

Übungsaufgaben

In jedes Kapitel sind sechs bis zehn Aufgaben aufgenommen worden, um bei den Studierenden das Verständnis der Konzepte, die in dem jeweiligen Kapitel vorgestellt worden sind, zu festigen. Vorschläge zu möglichen Antworten finden sich in Anhang A.

Literaturhinweise

Am Ende jedes Kapitels findet sich eine kurze Auflistung von Quellen für diejenigen Studenten, die mehr über das Thema des Kapitels erfahren wollen. Im Regelfall gehören zu diesen Quellenangaben weiterführende Lehrbücher, Artikel der Primärliteratur mit Darstellungen von Forschungsergebnissen, Übersichtsartikel sowie Artikel aus der populärwissenschaftlichen Literatur.

Web-Links

Da die Biotechnologie eine sich so rasch entwickelnde Disziplin ist, ist es praktisch unmöglich, ein Lehrbuch zu jedem Zeitpunkt auf dem neuesten Stand zu halten. Um den Lesern dabei zu helfen, Zugang zu diesen neuesten Informationen zu erlangen, wurden am Kapitelende einige Hinweise auf qualitativ hochwertige Internetseiten zur Biotechnologie und zu verwandten Disziplinen aufgenommen.

Glossar

Wie jede technische und jede wissenschaftliche Disziplin verfügt auch die Biotechnologie über spezielle Fachbegriffe, die regelmäßig zum Einsatz kommen, wenn über biotechnologische Prozesse, Konzepte und Anwendungen geredet wird. Die meisten Begriffe dieser Fachsprache sind im Text durch **Fettdruck** kenntlich gemacht. Sie werden in aller Regel an der Stelle der Hervorhebung definiert. Solche und weiterführende Definitionen sind im Glossar (Anhang B) zusammengefasst.

Danksagung

Zuallererst danken wir unseren Familien und Freunden für ihre Unterstützung und Ermutigung. Ohne ihr Verständnis und ihre Geduld wäre dieses Buch nicht möglich gewesen.

Wir danken ferner den vielen Mitarbeitern des Verlagshauses Bejamin Cummings – besonders dem Redaktionsstab – für ihre Hilfe. Die redaktionelle Zuständigkeit hat im Verlauf des Projekts mehrfach gewechselt, weil es uns gelang, mehrere gute Leute zu vergraulen, doch hat jeder der Lektoren sein kreatives Talent zum Gelingen des Buches beigesteuert. Wir danken Michele Sordi, Peggy Williams, Jeanne Zalesky und Alexandra Fellowes aus dem Lektorat; Corinne Benson, die die Produktion überwacht hat; Josh Frost aus dem Marketing sowie Maria McColligan und Lisa Travis von der Firma Nesbitt Graphics, Inc. Chris Woolston hat mehrere Kapitel des Buchs stilistisch überarbeitet.

Wir danken Dr. David Prentice von der Staatsuniversität von Indiana für die Abfassung von Kapitel 13 (Ethik und Biotechnologie). Seine Kenntnisse auf dem Gebiet der Stammzellen und seine große Erfahrung auf dem Gebiet der Bioethik waren von entscheidender Bedeutung für die Einbeziehung dieses einzigartigen Kapitels. Wir danken außerdem Dr. Daniel Rudolph für die Abfassung der Bemerkungen zur Berufspraxis in Kapitel 5 sowie Gef Flimlin, der diesen Beitrag für Kapitel 10 geschrieben hat.

Schließlich hat das Buch sehr von den geschätzten Beiträgen vieler Kollegen und Lehrkräfte profitiert. Hierzu gehören:

D. Derek Aday, *Ohio State University*
Marcie Baer, *Shippensburg University*
Joan Barber, *Delaware Tech & Community College*
Theresa Beaty, *LeMoyne College*
Steve Benson, *California State University, Hayward*
Peta Bonham-Smith, *University of Saskatchewan*
Krista Broten, *University of Saskatchewan*
Heather Cavenagh, *Charles Sturt University*
James Cheaney, *Iowa State University*
Wesley Chun, *University of Idaho*
Linnea Fletcher, *Austin Community College*
Mark Flood, *Fairmont State College*
Kathryn Paxton George, *University of Idaho*
Joseph Gindhart, *University of Massachusetts, Boston*
Jean Hardwick, *Ithaca College*
George Hegeman, *Indiana University, Bloomington*
Anne Helmsley, *Antelope Valley College*
David Hildebrand, *University of Kentucky*
Paul Horgen, *University of Toronto at Mississauga*
James Humphreys, *Seneca College of Applied Arts & Technology*
Tom Ingebritsen, *Iowa State University*
Ken Kubo, *American River College*
Theodore Lee, *SUNY Fredonia*
Edith Leonhardt, *San Francisco City College*
Lisa Lorenzen Dahl, *Iowa State University*
Keith McKenney, *George Mason University*
Timothy Metz, *Campbell University*
Patricia Phelps, *Austin Community College*
Robert Pinette, *University of Maine*

Lisa Rapp, *Springfield Technical Community College*
Stephen Rood, *Fairmont State College*
Alice Sessions, *Austin Community College*
Carl Sillman, *Pennsylvania State University*
Teresa Singleton, *Delaware State University*
Sharon Thoma, *Edgewood College*
Danielle Tilley, *Seattle Community College*
Jagan Valluri, *Marshall University*
Brooke Yool, *Ohlone College*
Mike Zeller, *Iowa State University*

Bill Thieman
Ventura College
Department of Biology
4667 Telegraph
Ventura, CA 93003

Mike Palladino
Monmouth University
Department of Biology
400 Cedar Avenue
West Long Branch, NJ 07764
www.monmouth.edu/mpalladi

Die Autoren

William Thieman lehrt Biologie und Biotechnologie am Ventura College in Kalifornien. Er erhielt einen B. A.-Abschluss im Fach Biologie von der Staatsuniversität von Kalifornien in Northride im Jahr 1966. 1969 wurde ihm der Grad M.A. im Fach Zoologie von der Universität von Kalifornien in Los Angeles verliehen. 1993 rief er ein Ausbildungsprogramm für biologisch-technische Assistenten am Ventura College ins Leben, wo er seit 1970 seine Lehrtätigkeit ausübt.

Bill Thieman hat ein breites Spektrum von Studienkursen geleitet, einschließlich solcher in allgemeiner Biologie, Humanbiologie und der Onkobiologie. Dafür erhielt er u. a. 1996 den Preis für außergewöhnliche Leistungen im Bereich der Lehre von der *National Biology Teachers Association*. Bill Thieman lebt mit Frau und zwei Kindern in Ventura (Kalifornien, USA).

Michael Palladino ist Professor für Biologie an der Monmouth Universität in West Long Branch im Staat New Jersey (USA). Seinen B. S.-Abschluss in Biologie erhielt er 1987 vom Trenton State College. 1994 wurde er an der Universität von Virginia im Fach Anatomie und Zellbiologie mit einer Arbeit zur Genexpression in Säugetierhoden und im Nebenhoden promoviert. Von 1994–99 lehrte er am Brookdale Community College in Lincroft (New Jersey, USA), bevor er 1999 nach Monmouth wechselte.

Mike Palladino hat Haupt- und Nebenfachkurse in einem breiten Spektrum von Themen unterrichtet. Für seine Forschung und seine Lehrtätigkeit sind ihm mehrere Preise verliehen worden. Sein Laboratorium setzt biotechnologische Methoden ein, um die Verschmutzung von Flussmündungen in New Jersey mit *Escherichia coli*-Bakterien durch Fäkalien nachzuweisen.

Palladino ist Autor der Labormethodenbücher *BiologyLabs On-Line*, hat das Werk *Understanding the Human Genome Project* geschrieben und ist Herausgeber der Buchreihe *Benjamin Cummings Special Topics in Biology*. Er lebt mit Frau und drei Kindern in Howell, New Jersey (USA).

Vorwort zur deutschen Ausgabe

„Den Wald vor lauter Bäumen nicht sehen" – so fühlt sich zunächst mancher, der sich der Biotechnologie verschreiben möchte. Sei es während eines Studiums an der Hochschule oder im Rahmen einer Berufsausbildung: Den Prüfungsplan dominieren in der ersten Zeit ganz bodenständige Fächer wie Mathematik, Physik, Chemie, Biologie und Gebiete der Ingenieurwissenschaften oder der Informatik. Auch wenn immer wieder betont wird, dass dieses Wissen für die Biotechnologie später einmal notwendig sei, bleibt der Blick auf das große Ganze anfangs eher verschlossen. Immer mehr moderne Bachelor-Studiengänge integrieren mittlerweile ein entsprechendes frühes Orientierungsfach Biotechnologie – hierfür soll dieses Buch eine willkommene Begleitung sein. Auch ohne curriculare Verpflichtung kann der neugierige Leser sich den Stoff leicht selbst erschließen.

Die vorliegende Einführung in die Biotechnologie von Thieman und Palladino ist als Lehrbuch konzipiert und durch die im Verlag Pearson Studium bewährten lerndidaktischen Eigenschaften charakterisiert: Alle Kapitel sind identisch strukturiert, indem zunächst dem jeweiligen Abschnitt Lernziele vorangestellt sind. Jedes Kapitel ist übersichtlich gegliedert und enthält zahlreiche Abbildungen und Tabellen, die mit den Erläuterungen im Text korrespondieren. Zusätzlich sind Feature-Kästen eingeflochten, in denen zur Diskussion und Entscheidung eines speziellen Themas aufgefordert wird oder ein Thema interessant erweitert wird („Methoden"). Erläuterungen zur Berufspraxis eröffnen erste Einblicke in die Arbeitswelt. Hiermit werden insbesondere jene angesprochen, die sich in ihrer weiteren Entwicklung für ein bestimmtes Spezialgebiet der Biotechnologie entscheiden möchten. Für Studierende und auch für Schüler in höheren Klassen und in der Berufsausbildung dient dies als eine erste Hilfestellung zur Orientierung über ihre persönliche Zukunft. Vor den Hinweisen auf gedruckte und elektronische Quellen werden die wichtigen Aspekte eines jeden Kapitels durch Wiederholungsfragen rekapituliert.

Die Gliederung des Buches ist folgendermaßen gestaltet: In den ersten vier Kapiteln werden wichtige Grundlagen aus den Ozeanen des immensen Wissens einschlägiger Fachgebiete an Deck gehievt. Früh wird der Leser gezielt mit der Entwicklung der Denk- und Arbeitsstrukturen der Biotechnologie vertraut gemacht. Die weiteren Kapitel des Buches stehen für einzelne Anwendungsgebiete der Biotechnologie. Diese wirken wie Leuchttürme: Sie erhellen die Tätigkeitsfelder und wecken das Interesse. Und das in den Farben einer aktuellen Nomenklatur: Die Kapitel über medizinische, forensische und Tierbiotechnologie stehen für die Farbe „rot", „grün" ist vertreten mit dem Kapitel Pflanzenbiotechnologie, „grau" steht farblich für die Umweltbiotechnologie, „weiß" für die mikrobielle Biotechnologie und „blau" für aquatische Biotechnologie. Abschließend werden die ethischen Grundlagen behandelt.

Was ist Biotechnologie? In den 90er-Jahren des vergangenen Jahrhunderts wurde dahingehend differenziert, dass in der angelsächsisch sprechenden Welt die Biotechnologie eher durch Umsetzung neuer molekularbiologischer/gentechnologischer Erkenntnisse und Möglichkeiten definiert sei, während in Deutschland die produktionsbezogenen, ingenieurmäßigen Aspekte dominierten. In einer gängigen Definition der DECHEMA wurde hier Biotechnologie verstanden als synergistische Vereinigung zur Nutzung des Potenzials aus Biologie, Chemie und Technik, um gezielt Produkte herzustellen oder Dienstleistungen aus Organismen oder Teilen davon zu erhalten. Tatsächlich fasziniert das Phänomen Biotechnologie weniger durch eine Dogmatik der Definition oder Gebietsumschreibungen als durch die immer neuen Erfolge neuer Medikamente, Diagnostika oder Nutzpflanzen. Biotechnologie wird uns medial bewusst in Schlagzeilen über Stammzellforschung, Knock-out-Mäuse, Gentherapie, Genfood, Patente auf Leben, Freisetzungsversuche oder Gentests. Das Profil der Biotechnologie schärft sich durch die Anwendung und Adaption des Wissens und der Methoden ihrer Grundlagenfächer. Die Tatsache, dass der Mensch auf „Biologie" basiert, macht ihn selbst zum Gegenstand einer Erforschung der biologischen Lebensprozesse, um mit diesen Erkenntnissen in seinem Sinne Lebensprozesse zu steuern. Die spezielle und molekulare Forschung zielt auf die Nutzbarkeit ab, aber nicht nur seiner eigenen körpervermittelten Biologie (rote Biotechnologie), sondern auch der für seine Bedürfnisse gestalteten Umwelt. Der Landwirt der Vergangenheit war noch kein Biotechnologe, die Landwirtschaft der Zukunft wird biotechnologischer werden, weil Gentechnik die Landwirtschaft verändert, um in ganz anderen Quantitäten und Qualitäten als bisher ernten zu können. Grüne, graue und blaue Biotechnologie korrespondieren mit wirtschaftlichen Wachstumsprozessen und höheren Anforderungen an gesundheitliche und ökologische Rahmenbedingungen: Nahrungsmittel müssen in einer immer knapper werdenden räumlichen Umwelt – zu Land („grün") und zu Wasser („blau") – effizienter hergestellt werden. Konsumierte Nahrung wird zum biologischen Abfall, der biologisch recycelt werden muss („grau"). Das Interesse an der nachhaltigen Nutzung von Ressourcen generiert den Bedarf für eine entsprechend nachhaltige Auslegung von Produktionsverfahren und Prozessen – ein Feld, welches seit neuerer Zeit die weiße Biotechnologie abdeckt. Vor dem Hintergrund einer exponentiell wachsenden Bevölkerung und einer exponentiellen Nutzung limitierter Ressourcen kommt hier der Biotechnologie die Rolle einer Schlüsseltechnologie zu. Dabei eröffnen sich neue Horizonte bei der Nutzung biogener Energiequellen. Durch die Biotechnologie lösbare Aufgaben und begleitende Herausforderungen werden in nächster Zukunft weiter wachsen. Indem das vorliegende Buch in eindrucksvoller Weise die bisherigen Erfolge der Biotechnologie darlegt, schwingt in jedem Kapitel mit, welche Erfolge in der unmittelbaren Zukunft zu erwarten sind.

Der Grad der Umsetzung der Biotechnologie in einer Gesellschaft hängt von ihrer Akzeptanz ab. Sachverhalte können positiv und negativ im Sinne der Umsetzung bewertet werden. Das vorliegende Buch möchte u. a. den öffentlichen Diskurs flankieren. Für jedes Kapitel sind Übungen enthalten, um den jeweiligen Stoff kritisch zu durchleuchten und die Diskussion anzuregen. Dabei wurde Wert darauf gelegt, nicht einseitig pro Biotechnologie zu agitieren. Grundlagen bestimmen nicht per se über die von der Gesellschaft festzulegenden Entscheidungen. Dadurch wird das Buch auch für den Kritiker contra Biotechnologie eine brauchbare Quelle, denn die argumentative Auslegung für die in den Kapiteln initiierten Diskussionen ist offen, wie eben auch die letztliche Entscheidung in einem demokratischen Meinungsbildungs- und Festlegungsprozess.

Aus dieser Reflexion, aber auch schon aus der Erarbeitung des Stoffes der vorliegenden Übersetzung werden sich weitere Fragen ergeben. Eine moderne Herangehensweise ihrer Beantwortung ist das Arbeiten mit dem Internet. Die Nutzer des Buches erhalten diesbezüglich ein wertvolles Startkapital in Form der speziell für die deutsche Ausgabe ergänzten Links. Die Themen der einzelnen Kapitel können zudem in den empfohlenen Zeitschriftenartikeln oder weiterführenden Fachbüchern vertieft und erweitert werden. Dank gebührt für die aktuellen Quellenerweiterungen in der vorliegenden deutschen Ausgabe dem Übersetzer Herrn Dr. Lazar. Darüber hinaus werden weitere Materialien auf der das Buch begleitenden Web-Site zur Verfügung gestellt.

Unter **www.pearson-studium.de** finden etwa Dozenten alle Abbildungen aus dem Buch elektronisch zum Download. Studenten und Lesern werden weiterführende Links und Übungen angeboten.

Die folgenden Kolleginnen und Kollegen haben unterschiedliche Beiträge zum Gelingen des Projekts geleistet:

Prof. Dr. Eckhard Boles	*Universität Frankfurt/Main*
Prof. Dr. Karl-Josef Dietz	*Universität Bielefeld*
Prof. Dr. Stefan Dübel	*Technische Universität Braunschweig*
Prof. Dr. Andreas Liese	*Technische Universität Hamburg-Harburg*
Prof. Dr. Gunther Neuhaus	*Universität Freiburg i. Br.*
PD Dr. Annette Rompel	*Universität Münster*
Prof. Dr. Franz Schinner	*Universität Innsbruck*

Frau Sandra Wirsching hat als Redakteurin der von der Firma BIOCOM betriebenen Internet-Plattform *www.biotechnologie.de* wertvolle Hintergrundinformationen und Grafiken beigesteuert. Ich danke allen, die an der Entstehung dieses Buches mitgewirkt haben. Besonders dankbar bin ich Herrn Dr. Stephan Dietrich vom Verlag Pearson Studium für die freundliche und verständnisvolle Zusammenarbeit.

Norbert W. Hopf

Über den Bearbeiter der deutschen Ausgabe

Norbert W. Hopf studierte Biologie in Hannover, Braunschweig und Tübingen. In einem labormedizinischen Privatinstitut in Köln leitete er drei Jahre lang die mikrobiologische und immunologische Diagnostik sowie die virologische Zellkulturtechnik. Ab 1986 befasste er sich im Bereich Bioverfahrenstechnik der Gesellschaft für biotechnologische Forschung (GBF) in Braunschweig mit der Prozessentwicklung und Maßstabsvergrößerung einer Antibiotikum-Fermentation.

1989 promovierte er bei Wolf-Dieter Deckwer an der Technischen Universität Braunschweig. Im Anschluss fermentierte er als Post-Doc rekombinante Zellen bei der US-Biotechnologiefirma CETUS-Corporation in der Nähe San Franciscos und war als Produktionsleiter für monoklonale Antikörper in der Biotest-AG bei Frankfurt tätig. 1991 nahm er den Ruf auf eine Professur für Biotechnologie und Mikrobiologie an der Fachhochschule Weihenstephan in Freising an.

Er lehrt dort eine breite Palette an Fächern und betreut viele Diplomanden in Kooperation mit biotechnologischen Firmen und Forschungsinstituten. Als Dekan des Fachbereichs Biotechnologie wirkte er im Jahr 2000 daran mit, zusätzlich zum Studiengang Biotechnologie den in Deutschland noch sehr jungen Studiengang Bioinformatik in Weihenstephan einzurichten.

Das Jahrhundert der Biotechnologie und seine Macher

1

ÜBERBLICK

Nachdem Sie dieses Kapitel durchgearbeitet haben, sollten Sie in der Lage sein:

- Das Feld der Biotechnologie zu definieren und die vielen wissenschaftlichen Einzeldisziplinen zu benennen, die einen Beitrag zur Biotechnologie leisten.
- Beispiele für historische und aktuelle Anwendungen der Biotechnologie und ihrer Produkte zu nennen.
- Unterschiedliche Teilgebiete der Biotechnologie und ihre jeweiligen Produkte anzugeben.
- Beispiele für mögliche Fortschritte in der Biotechnologie anzugeben.
- Veränderungen in der medizinischen Diagnostik anzugeben, die Folgen der Biotechnologie sind; ferner Beispiele zu benennen, wie sich Daten des Humangenomprojektes mutmaßlich für die Diagnose und die Behandlung von Krankheiten nutzbar machen lassen.
- Nachzuvollziehen, dass es ein Für und Wider die Biotechnologie sowie viele kontroverse Themen auf diesem Feld gibt.
- Mögliche berufliche Perspektiven in der Biotechnologie zu beschreiben.
- Ein Verständnis für einige wichtige Fähigkeiten und Ausbildungsziele zu entwickeln, die notwendig sind, um Teil der biotechnologischen Arbeitswelt werden zu können.
- Rekrutierungstrends in der biotechnologischen Industrie zu erörtern.

Falls Sie jemals Maisflocken gegessen haben, könnten Sie dabei mit der Biotechnologie in Berührung gekommen sein. Sie essen keine Süßigkeiten? Wie steht's mit Sauerrahm, Joghurt, Käse oder Milch? Im Verlauf dieses Jahrhunderts werden immer mehr Nahrungsmittel mit Hilfe von Lebewesen erzeugt werden, die durch Techniken der Biotechnologie genetisch verändert worden sind. Solche genetisch modifizierten Organismen (GMOs) und die aus ihnen gewonnenen Nahrungsmittel sind in jüngerer Zeit zu einem kontrovers diskutierten Thema geworden. Dieses Kapitel dient dazu, Ihnen einen grundlegenden Überblick über die unglaubliche Vielfalt biotechnologischer Themen zu geben, über die Sie in den weiteren Kapiteln des Buches etwas lesen werden. Die Biotechnologie ist, wie Sie sehen werden, eine multidisziplinäre Wissenschaft mit vielen machtvollen Anwendungsgebieten und einem großen Potenzial für zukünftige Entdeckungen.

Der Zweck dieses Kapitels liegt nicht darin, einen vollständigen Überblick über die geschichtliche Entwicklung der Biotechnologie und ihrer heutigen Anwendungen zu vermitteln. Das Kapitel liefert vielmehr eine knappe Einführung und eine Übersicht über eine Vielzahl von Themen, die in den Folgekapiteln im Einzelnen zu erörtern sein werden. Wir beginnen mit einer Begriffsdefinition der Biotechnologie und geben einen Überblick der vielen wissenschaftlichen Teildisziplinen, die Beiträge zum Feld der Biotechnologie beisteuern. Wir beleuchten hierbei sowohl historisch wichtige als auch moderne Anwendungen der Jetztzeit und grenzen die unterschiedlichen Spielarten der Biotechnologie, denen Sie im Verlauf dieses Buches begegnen werden, ab. Am Ende des Kapitels erörtern wir Aspekte der biotechnologischen Arbeitswelt sowie Fähigkeiten, die notwendig sind, um in dieser Industrie zu arbeiten. Stellen Sie sicher, dass Sie sich mit den unterschiedlichen Arten der Biotechnologie und den in diesem Kapitel eingeführten Schlüsselbegriffen vertraut machen. Diese werden die Grundlage Ihrer weiteren Studien bilden.

1.1 Was ist Biotechnologie und welche Bedeutung hat sie für uns?

Haben Sie schon einmal „Antimatschtomaten“ gegessen? Oder sind Sie schon einmal mit monoklonalen Antikörpern medizinisch behandelt worden? Haben Sie eine Gewebetransplantation mit Zellen, die aus embryonalen Stammzellen gezüchtet worden sind, erhalten? Oder haben Sie vielleicht schon einmal eine „Knock-out"-Maus gesehen? Haben Sie schon einmal eine Grippeschutzimpfung erhalten? Oder kennen Sie einen Zuckerkranken, der sich Insulin spritzen muss? Haben Sie schon einmal zu Hause einen Schwangerschaftstest gemacht? Oder Penicillin gegen eine Bakterieninfektion eingenommen? Sicher haben Sie schon einmal ein Glas Wein getrunken, ein Stück Käse gegessen oder vielleicht selbst Brot oder Wein hergestellt? Während Sie vielleicht noch keinen Kontakt mit den Produkten oder Prozeduren der ersten Gruppe hatten, sind Sie doch zumindest einigen der zweiten Gruppe sicher schon begegnet. Falls dem so ist, haben Sie bereits mit den Segnungen der Biotechnologie Erfahrungen gemacht.

Obwohl Sie vielleicht zu diesem Zeitpunkt das gesamte Spektrum und die wissenschaftlichen Details der Biotechnologie nicht zu überschauen vermögen, haben Sie doch schon eigenhändige Erfahrungen mit der Biotechnologie gemacht. **Biotechnologie** lässt sich grob als die Nutzung lebender Organismen oder ihrer Produkte zum Vorteil des Menschen (und/oder seiner Umgebung), zur Herstellung eines Produkts oder zur Lösung eines Problems definieren. Verinnerlichen Sie diese Definition. In dem Maß, in dem Sie mehr über die Biotechnologie lernen, werden wir diese Definition erweitern und verfeinern. Dabei werden wir historische Beispiele und moderne Anwendungen aus dem täglichen Leben heranziehen und versuchen, einen Blick in die biotechnologische Zukunft zu werfen.

Sie haben Recht, wenn Sie den Eindruck haben, dass die Biotechnologie eine ziemlich neue Disziplin ist, die erst kürzlich in den Blickpunkt der Aufmerksamkeit gerückt ist. Es wird Sie jedoch vielleicht überraschen zu erfahren, dass diese Wissenschaft in mancherlei Hinsicht sehr alte Praktiken einschließt. Wie wir im nächsten Abschnitt eingehender aufzeigen werden, machen alte und neue Techniken das Feld der Biotechnologie zu einem der sich am raschesten entwickelnden und – wie wir meinen – aufregendsten Gebiete der Naturwissenschaft. Sie beeinflusst unser alltägliches Leben und wird im Verlauf dieses, des einundzwanzigsten, Jahrhunderts noch an Bedeutung gewinnen, so dass einige es schon zum „Jahrhundert der Biotechnologie" ausgerufen haben.

Eine kurze Geschichte der Biotechnologie

Wenn Sie Ihre Familie oder Freunde auffordern, einmal zu beschreiben, was diese unter Biotechnologie verstehen, so werden die Antworten Sie vielleicht überraschen. Sie haben möglicherweise überhaupt keine Vorstellung von der Biotechnologie. Vielleicht haben einige die Vorstellung von ernst dreinblickenden Damen und Herren in frisch gestärkten weißen Kittteln, die in Laboratorien geheimnisvollen Experimenten nachgehen, wobei Homunculi entstehen. Fragt man nach, haben Nichtwissenschaftler verständlicherweise keine genaue Vorstellung davon, wie diese Experimente aussehen und wie sie durchgeführt werden, welche Informationen man aus ihnen gewinnt und wie dieses neu gewonnene Wissen eingesetzt wird. Während die DNA-Klonierung und die Gentechnik aufregende neue Zweige der Wissenschaft sind, trifft dies für die Biotechnologie als Ganzes nicht zu. Tatsächlich stellen viele biotechnologische Anwendungen alte Praktiken mit lediglich zum Teil neuen Methoden dar. Die Menschen haben andere Lebewesen in vielerlei Produktionsprozessen schon seit Jahrtausenden für ihre Zwecke genutzt. Heute weiß man, dass sogar Ameisen systematisch und planvoll Pilze „anbauen", also richtiggehend biotechnologisch ausnutzen. Geschichtsdokumente belegen, dass in historischer Zeit unter anderem die Chinesen, die hellenistischen Griechen, die Römer, die Babylonier und die alten Ägypter schon biotechnologische Verfahren eingesetzt haben, und das etwa 2000 Jahre vor Beginn unserer Zeitrechnung.

Biotechnologie bedeutet nicht das Sammeln und Jagen von Pflanzen, Pilzen und Tieren. Die Domestizierung von Tieren wie Schafen und Rindern zur Haltung als Nutzvieh dagegen ist ein klassisches Beispiel für Biotechnologie; wir sehen, dass also die gesamte Landwirtschaft nach dieser Definition ein Teilgebiet der Biotechnologie ist. Unsere frühen Vorfahren haben weiterhin Nutzen aus Mikroorganismen gezogen und diese bei Gärungsprozessen eingesetzt, um Brot, Käse, Wein, Joghurt und Bier herzustellen. Im Verlauf einiger dieser Gärvorgänge wandeln Hefearten Zucker in andere Stoffe um, um für sich Energie zu gewinnen. Dabei entsteht in einigen Fällen Alkohol als Neben- oder Abfallprodukt. Wird Brotteig mit Hefe hergestellt, wird in manchen Fällen Bäcker- oder Backhefe (*Saccharomyces cerevisiae*) zugesetzt, damit der Teig „aufgeht". Dazu kommt es, weil die Hefezellen bei der Gärung Kohlendioxid freisetzen, das dann in den Teig diffundiert und sich in strukturell schwachen Bereichen in Form von Gasblasen ansammelt. Diese werden dann zu den Löchern im Brot. Der von den Hefen erzeugte Alkohol verdampft vollständig beim Backen des Brotes in der Hitze des Ofens. Reaktionsprodukte von Teilen des

Abbildung 1.1: Durch künstliche Zuchtwahl entstandene Kulturmaispflanzen.

nicht rechtzeitig entwichenen Alkohols tragen jedoch zum leicht süßlichen Geschmack von Hefeteig bei. Stellt man Brot- oder Pizzateig zu Hause selbst her, setzt man dem Teig regelmäßig frische Hefe zu, die man in den Kühlregalen von Supermärkten zumeist in Form von gepressten Würfeln billig kaufen kann. Wie Sie bei unserer Diskussion der Biotechnologie von Mikroorganismen in Kapitel 5 vertieft lernen werden, sind ähnliche Vorgänge von großem Wert für die Herstellung von Joghurt, Käse und bestimmten Getränken.

Über Jahrtausende hinweg haben die Menschen die **künstliche Zuchtwahl** (ein Begriff, der auf Charles Darwin zurückgeht) als biotechnologisches Verfahren eingesetzt, um ihre Nutzpflanzen und Nutztiere züchterisch zu verbessern. Bei der künstlichen Zuchtwahl werden solche Organismen, die wünschenswerte Eigenschaften aufweisen, vorsätzlich zur Paarung gebracht, in der Hoffnung, dass sich die erwünschten Merkmale auf die Nachkommen vererben. So hat die Kreuzung von Pflanzen mit größten, süßesten und/oder zartesten Früchten es den Bauern erlaubt, ihr Land auf die effizienteste Weise auszubeuten (▶ Abbildung 1.1). Ähnliche Zuchtmethoden werden bei Nutztieren eingesetzt, beispielsweise bei Huftieren wie Schweinen, Kühen, Schafen und Ziegen und Geflügel wie Hühnern, Enten, Gänsen und so weiter. Die Weiterzüchtung von wilden Stammformen von Pflanzen wie dem Salat (*Latuca sativa*) und dem Kohl (*Brassica oleracea*) haben im Verlauf vieler Generationen unsere heutigen Nutzpflanzensorten hervorgebracht, die für den menschlichen Verzehr angebaut werden. Viele dieser Zuchterfolge sind nach dem modernen Verständnis nichts anderes als genetische Anwendungen der Biotechnologie. Ohne sich dessen bewusst zu sein und ohne teure Laborausstattung, ohne die Hilfe promovierter Wissenschaftler haben Menschen rein empirisch über Jahrhunderte, wenn nicht Jahrtausende, die genetische Ausstattung von Mitlebewesen für ihre Zwecke manipuliert. Durch die Auswahl von Pflanzen und Tieren mit wünschenswerten Eigenschaften haben die Menschen Organismen mit (für den Menschen) nützlichen Genkombinationen bevorzugt und ihr erbliches biologisches Potenzial zum Nutzen *des Menschen* ausgebeutet.

Eine der am weitesten verbreiteten und am besten erforschten Anwendungen der Biotechnologie – und eine, die zunehmend besorgniserregende Nebenwirkungen zeitigt – ist der Einsatz von Antibiotika. Der Schotte Alexander Fleming entdeckte mehr zufällig im Jahr 1928, dass Schimmelpilze der Gattung *Penicillium* das Wachstum des Bakteriums *Staphylococcus aureus* – das auch beim Menschen Haut- und systemische Infektionen hervorrufen kann – zu hemmen vermag. Darauf fußende Arbeiten von Fleming und seinen Mitarbeitern führten zur Entdeckung und Aufreinigung des **Antibiotikums** Penicillin (benannt nach dem Pilz, aus dem es stammt). Antibiotika sind Substanzen, die von einem Organismus (in vielen Fällen ein anderer Mikroorganismus) produziert werden, um das Wachstum (anderer) Mikroorganismen zu hemmen oder diese gänzlich abzutöten. Um 1940 wurde das Penicillin allgemein zugänglich, um bakterielle Infektionen beim Menschen zu behandeln. In den folgenden Jahrzehnten ermöglichten Fortschritte in der Biochemie und der Zellbiologie die Gewinnung und Aufreinigung großer Mengen dieser Antibiotika aus vielen unterschiedlichen Pilz- und Bakterienarten. Produktionsprozesse im großen Maßstab, bei denen die Wissenschaftler Bakterien oder andere geeignete Zellen in riesigen (industriellen) Mengen anzüchten, um nützliche Produkte in lohnenswerter Menge daraus zu ernten, wurden entwickelt, um kommerziell interessante chemische Verbindungen aus Mikroorganismen isolieren zu können, wie wir in Kapitel 4 ausführlicher darlegen werden.

Seit den 60er-Jahren hat eine rasche Weiterentwicklung unseres Verständnisses der Genetik und der Molekularbiologie stattgefunden, die zu aufregenden Innovationen und neuen Anwendungen in der Biotechnologie geführt hat. In dem Maße, in dem die „Geheimnisse" der Struktur und Funktion der DNA enträtselt wurden und neue Technologien wie die **Genklonierung** entstanden sind, hat die Fähigkeit zur Identifizierung und Vermehrung eines den Forscher interessierenden Gens zugenommen. Daraus hat sich schließlich die **Gentechnik**, die zur (mehr oder minder) zielgenauen Veränderung des Erbgutes eines Lebewesens führt, entwickelt. Die Gentechnik hat die Wissenschaftler in die Lage versetzt, DNA aus unterschiedlichen Quellen miteinander zu kombinieren. Diese Vorgänge werden als **Technik der rekombinanten DNA** bezeichnet. Die Technik der rekombinanten DNA wird eingesetzt, um beispielsweise Proteine mit medizinischer Bedeutung in größeren Mengen und hoher Reinheit herzustellen, etwa Insulin, menschliches Wachstumshormon und Gerinnungsfaktoren des Blutes. Seit ihrer Erfindung hat die Technik der rekombinanten DNA viele wichtige Teilgebiete der Biotechnologie dominiert, wie wir ab Kapitel 3 in vielen Details sehen werden. Wie Sie sehen werden, zieht sich die Technik der rekombinanten DNA mit ihren vielen hundert praktischen Anwendungen durch das gesamte Buch. Zu den Nutzanwendungen gehören die Entwicklung krankheitsresistenter Nutzpflanzen und solcher, die höhere Erträge liefern; ebenso z. B. der „Goldene Reis“, der auf einen höheren Nährwert hin gezüchtet worden ist, und gentechnisch modifizierte Bakterien, die in der Lage sind, Umweltverschmutzungen zu beseitigen.

Die Technik der rekombinanten DNA hat bereits einen immensen Einfluss auf die Gesundheitsversorgung der Menschen genommen, indem sie zur Aufspürung von Tausenden von Genen und deren Allelen geführt hat, die an menschlichen Erbkrankheiten beteiligt sind. Die von vielen als bisheriger Höhepunkt der Technik der rekombinanten DNA angesehene Leistung war und ist das **Humangenomprojekt**, das als internationale Anstrengung im Jahr 1990 ins Leben gerufen wurde und das sich zum Ziel gesetzt hat, das Erbgut des Menschen vollständig abzulesen und aufzuzeichnen. Das erstrangige Ziel dieses Mammutprojektes ist es, alle Gene, die in der DNA der Chromosomen des menschlichen Genoms enthalten sind, und ihre Orte auf einem der 24 verschiedenen Chromosomen (die Autosomen 1 bis 22 + die Geschlechtschromosomen X und Y) des Menschen zu finden. Das Humangenomprojekt verspricht ein gewaltiges Potenzial für die Entwicklung neuer diagnostischer Ansätze zur Aufspürung von Krankheitsursachen sowie möglicherweise Ansätzen für die Behandlung und vielleicht sogar Heilung von Erbkrankheiten bzw. ihrer Veranlagungen.

Man stelle sich nur die Möglichkeiten vor: Das Humangenomprojekt vermag am Ende vielleicht Auskunft über die chromosomale Lokalisation und die Basenfolge jedes einzelnen Gens des Menschen zu geben – von den Genen, die das Stoffwechselgeschehen einer Zelle steuern, bis zu denen, die anatomische Merkmale wie Haar- und Augenfarbe, die Körpergröße und anderes mehr festlegen, und solchen Genen, deren mutierte Allele zu Erbkrankheiten führen (► Abbildung 1.2). Im Verlauf des kommenden Jahrzehnts und darüber hinaus werden wir Zeugen signifikanter biologischer Entdeckungen sein. Als Folge des Humangenomprojektes wird das erweiterte Verständnis der Genetik des Menschen einen gewaltigen und weitreichenden Einfluss auf die Grundlagenforschung wie die Medizin der näheren Zukunft nehmen. In vielfacher Weise ist ein Verständnis der Funktion aller Gene des Menschen eines der großen ungelösten Rätsel der Humanbiologie – gewissermaßen das ungeöffnete Überraschungspaket der Menschheit. Wissenschaftler sind emsig damit befasst, das Puzzle des menschlichen Genoms zusammenzusetzen und die Zahl der Gene in ihm zu bestimmen. Bislang gibt das Genom jedoch weiterhin viele Rätsel auf, von denen sich viele als harte Nüsse darstellen, die zu knacken eine große Kraftanstrengung erfordern wird. Schon jetzt denken Wissenschaftler über die nächste Stufe, das Humanproteomprojekt nach – ein gleichermaßen herausforderndes Unternehmen mit dem Ziel, die Funktionen aller Proteine (Genprodukte) des Menschen aufzuklären. Das Ausmaß dessen, was sich wagemutige Molekularbiologen als Aufgabe gestellt haben, wird deutlich, wenn man einen kurzen Vergleich mit dem Hefegenomprojekt anstellt: Die vollständige Genomsequenz der Back- oder Brauhefe *Saccharomyces cerevisiae* lag als erstes Genom einer eukaryontischen Art 1995 vor. Das Genom dieses einzelligen Pilzes ist um den Faktor 750 kleiner als das des Menschen. Noch heute – Jahre nach der pressewirksamen Verkündigung, das Humangenom sei nun sequenziert – bestehen Lücken, die sich der Sequenzierung widersetzen; diese umfassen Bereiche, die größer als das gesamte Genom der Backhefe sind. Von den 6604 eindeutig zugewiesenen **offenen Leserahmen** des Hefegenoms sind über zehn Jahre nach der Öffentlichmachung der Genomsequenz immer noch 1357 (20,5 %) uncharakterisiert und 824 (12,5 %) „dubios“ (man weiß also nicht einmal, ob es sich tatsächlich um echte Gene handelt)! Dabei handelt es sich bei dem fraglichen Organismus um eine einzellige Mikrobe, deren Genom kaum Introns und andere nichtcodierende Information enthält. Außerdem sind Deletionsmutanten aller Leserahmen verfügbar, und an den Hefezellen lassen sich innerhalb von Tagen bis Wochen beliebige gentechni-

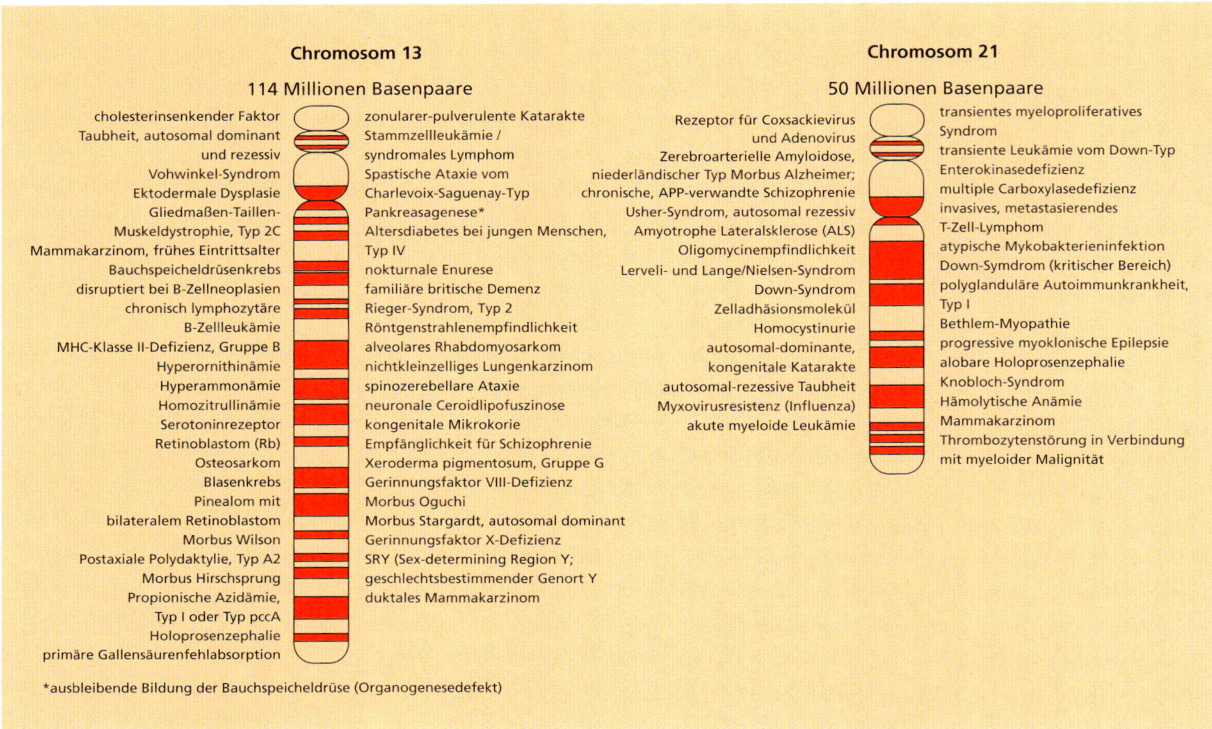

Abbildung 1.2: Genkarten der Chromosomen 13 und 21 des Menschen (*Homo sapiens*). Das Humangenomprojekt hat zur Identifizierung aller Gene des Menschen geführt und diese ihren Genorten auf den Chromosomen zugewiesen (Genkartierung). Die Genkarten der Chromosomen 13 und 21, die hier in abstrahierter Form wiedergegeben sind, zeigen solche Gene, von denen bereits bekannt ist, dass bestimmte Allele (spezifische Ausprägungsformen) dieser Gene an erblichen Krankheiten beteiligt sein können. Das Aufspüren dieser Gene ist ein wichtiger erster Schritt hin zur Entwicklung einer Behandlung vieler vererbbarer Krankheiten.

sche Eingriffe bis auf die Einzelnucleotidebene vornehmen. Dagegen ist bis heute die Zahl der offenen Leserahmen – und damit der Gene – des Menschen nicht bekannt. Die Zahl der daraus hervorgebrachten Funktionsträger (Proteine) ist praktisch völlig im Bereich der Spekulation. Die Endziele des Humangenom- und des noch ambitiöseren Humanproteomprojektes werden – falls überhaupt – erst in Jahrzehnten erreicht werden können. Wir werden uns den Mysterien des Genoms in mehreren Kapiteln dieses Buches annähern.

Wie Sie soeben gelernt haben, blickt die Biotechnologie auf eine lange und reiche Geschichte zurück. Nachfolgende Kapitel werden der Ergründung der Fortschritte in der Biotechnologie gewidmet sein sowie Ausblicken darauf, was die Zukunft bringen mag. Sie werden bei Ihrem Studium der Biotechnologie einer scheinbar nicht zu bewältigenden Flut von Begriffen und Definitionen begegnen. Keine Angst: Andere vor Ihnen haben es auch schon geschafft! Sie können das Inhaltsverzeichnis und das Glossar am Ende des Buches heranziehen, um wichtige oder unklare Begriffe und Definitionen aufzufinden.

Biotechnologie: Eine Wissenschaft vieler Disziplinen

Eine der vielen Herausforderungen, denen Sie bei Ihrem Studium der Biotechnologie begegnen werden, wird darin bestehen, die vielen Informationen aus unterschiedlichen Teildisziplinen zu einem komplexen Gesamtbild zusammenzufügen. Es ist unmöglich, über die Biotechnologie zu sprechen, ohne dabei auf die wichtigen Beiträge der verschiedenen Teilgebiete der Wissenschaft Bezug zu nehmen. Obwohl ein Hauptaugenmerk der Biotechnologie auf die Anwendung der Molekularbiologie durch gentechnische Anwendungen gerichtet ist, ist die Biotechnologie keine eng umrissene Einzeldisziplin. Sie ist vielmehr ein sich ausdehnendes Feld, das sich absolut auf die Beiträge aus vielen Bereichen der Biologie, der Chemie, der Mathematik, der Informatik und der Ingenieursdisziplinen wie der Verfahrenstechnik stützt. Dazu kommen die Ökonomie (Betriebs- und Volkswirtschaft), und am Rande gar die Philosophie, womit aber der Boden der exakten Naturwissenschaft endgültig verlassen wird. Weiter unten in diesem Kapitel werden wir erörtern, wie die Biotechnologie Beschäftigungsmög-

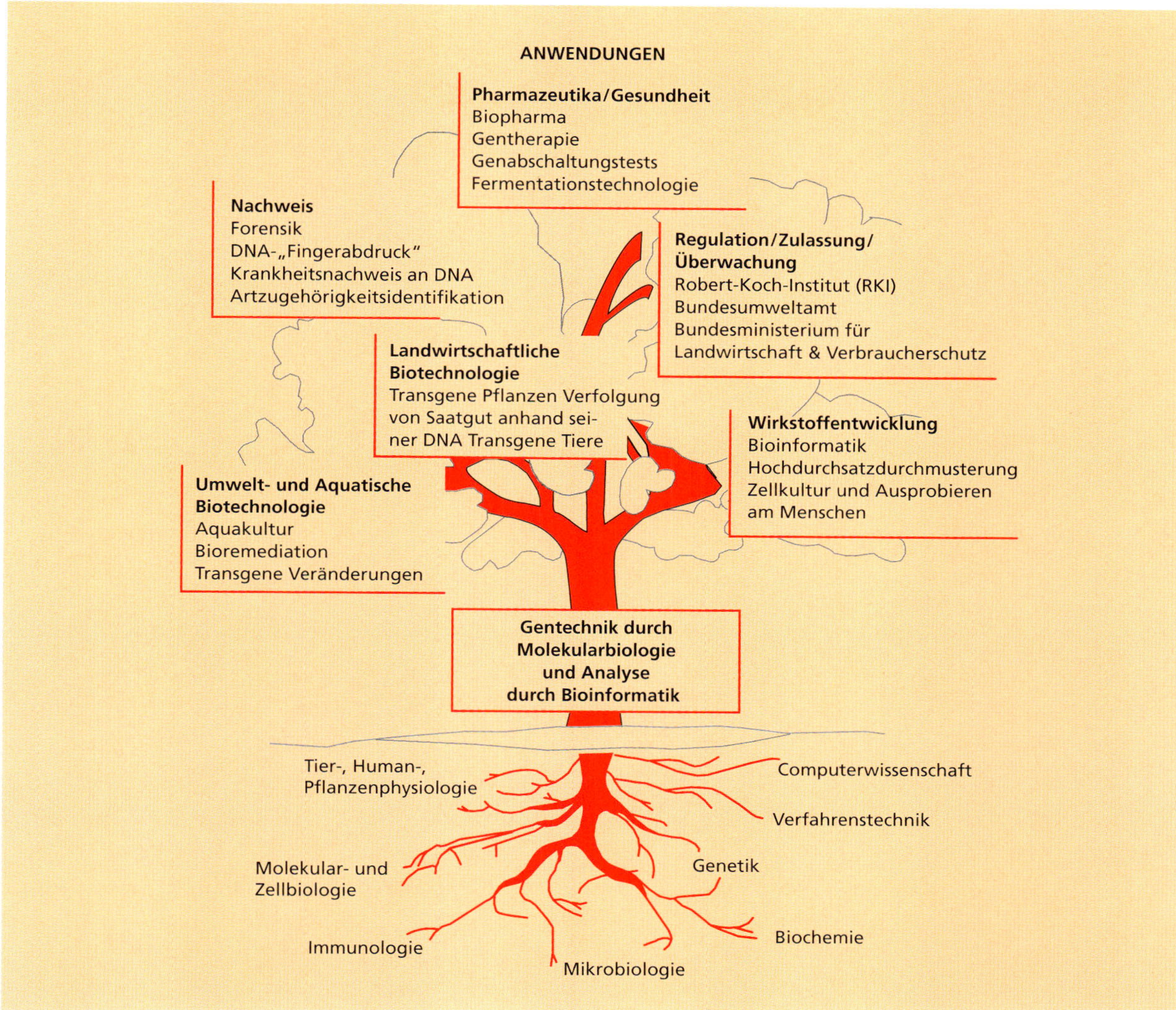

Abbildung 1.3: Der Biotechnologiebaum: Unterschiedliche Disziplinen liefern Beiträge zur Biotechnologie. Die Grundlagenfächer sind das Fundament oder die Wurzeln aller Aspekte der Biotechnologie. Die zentrale Achse oder der Stamm der meisten Anwendungen der Biotechnologie ist die Gentechnik. Die Zweige des Baumes repräsentieren unterschiedliche Organismen, Technologien und Anwendungen, die sich von der Gentechnik und der Bioinformatik, die zentrale Aspekte der meisten biotechnologischen Anwendungen sind, ableiten. Die Regulierung der Biotechnologie erfolgt durch Behörden wie das Robert-Koch-Institut (medizinische Verfahren), das Umweltbundesamt, die Gewerbeaufsichtsämter und andere. Die Rolle der Regierung und der ausführenden Behörden wird in Kapitel 12 erörtert.

lichkeiten für Menschen bietet, die auf verschiedenen Berufsfeldern ausgebildet worden sind.

Die ► Abbildung 1.3 versinnbildlicht schematisch die vielen Disziplinen, die zur Biotechnologie beitragen. Beachten Sie dabei, dass die „Wurzeln" in erster Linie im Bereich der **Grundlagenfächer** liegen – sich also aus der Forschung über grundlegende Vorgänge in Lebewesen auf der biochemischen und molekulargenetischen Ebene speisen. Wenn man sie zusammenbringt, kann die Grundlagenforschung unterschiedlicher Gebiete im Verbund mit der Computertechnik zu gentechnischen Ansätzen führen. An der Spitze des Baumes finden sich Anwendungen der Gentechnik, die eingesetzt werden, um Produkte oder Verfahren hervorzubringen, die dem Menschen oder seiner Umwelt dienlich und hilfreich sind. Ein vereinfachtes Beispiel für die interdisziplinäre Natur der Biotechnologie lässt sich wie folgt geben. Auf der Ebene der Grundlagenforschung führen Wissenschaftler Forschungen an einer Hochschule oder einem öffentlichen Institut im Bereich der Mikrobiologie durch. Alternativ könnte ein Unternehmen ein interessantes Gen oder Genprodukt in einem Mikroorganismus finden, das als Agenz zur Behandlung einer Krankheit einsetzbar sein könnte. Im Regelfall kommen dann biochemische, molekularbiologische und genetische Techniken (die in der Praxis fließend ineinander übergehen – man sollte sich daher nicht zu viele Gedanken um die Grenzen und die Zuordnungen machen!) zum Einsatz, um die Funktion des betreffenden Gens oder Genproduktes besser zu verstehen. Dabei kommt oft auch fortgeschrittene Computertechnik zur Anwendung, um die Gen- und/oder Proteinsequenzen zu analysieren. Der Einsatz von Computern und die Nutzung entsprechend spezialisierter Datenbanken, die DNA- und Proteindaten vorrätig halten, wird als **Bioinformatik** bezeichnet.

Hat die Grundlagenforschung einmal ein detailiertes Verständnis für das Gen geliefert, kann das betreffende Gen auf vielfältige Weise genutzt werden, einschließlich der Entwicklung von Wirkstoffen, der landwirtschaftlichen sowie der Umwelt- und Aquatischen Biotechnologie (► Abbildung 1.3). Die vielen Anwendungen der Biotechnologie werden sich in größerer Klarheit darstellen, wenn wir die unterschiedlichen Felder im Einzelnen abhandeln. An diesem Punkt ist es nur wichtig, sich zu merken, dass die Biotechnologie eine Wissenschaft ist, die sich aus vielen Quellen speist.

Produkte der modernen Biotechnologie

Überall in diesem Buch werden wir Beispiele für ganz neue und innovative Produkte und Anwendungen der Biotechnologie vorstellen. Dabei werden wir nicht nur Produkte für die Anwendung am Menschen betrachten, sondern auch biotechnologische Verfahren der Mikrobiologie, der Meeresbiologie und der Botanik einbeziehen. Die Vielzahl von Biotechnologieprodukten, die gegenwärtig verfügbar sind, ist zu groß, um sie alle in diesem Einführungskapitel aufzuzählen. Viele der Produkte spiegeln jedoch die gegenwärtigen Bedürfnisse des Menschen wieder: Pharmazieprodukte und die Erzeugung neuer Wirkstoffe für die Behandlung von Krankheiten. Tatsächlich sind zwei Drittel der Biotechnologiefirmen in den USA mit der Produktion pharmazeutischer Produkte befasst. 1980 hat die Firma *Genentech* rekombinantes Humaninsulin auf den Markt gebracht, das zur Behandlung der Zuckerkrankheit eingesetzt wird; es war das erste Medikament, das durch Biotechnologie erzeugt worden ist.

Heute existieren mehr als 80 biotechnologische Wirkstoffe, Impfstoffe und Diagnostika auf dem Markt; mehr als 300 weitere biotechnologische Medizinprodukte für mehr als 200 Krankheiten sind in der Entwicklung. Fast die Hälfte dieser neuen, in der Entwicklung befindlichen Wirkstoffe zielt auf die Behandlung von Krebs. Eine kurze Liste der sich am besten verkaufenden Biotechnologiewirkstoffe und der Firmen, die sie entwickelt haben, ist in ► Tabelle 1.1 zusammengestellt. Die Diagnose und die Behandlung einer Reihe von Krankheiten des Menschen wie AIDS, Schlaganfälle (Apoplexus), Zuckerkrankheit (Diabetes) und Krebs machen die große Masse der auf dem Markt befindlichen Biotechnologieprodukte aus.

Viele der am häufigsten eingesetzten Produkte der Biotechnologie sind Proteine, deren Produktion durch Genklonierung ermöglicht wurde (► Tabelle 1.2). Solche Proteine werden als **rekombinante Proteine** bezeichnet, weil sie durch Genklonierungstechniken produziert werden,

Tabelle 1.1

Die 10 meistverkauften Biotechnologiewirkstoffe

Wirkstoff	Entwickler (Firma)	Funktion (behandelte Krankheit des Menschen)
Betaseron	Chiron/Berlex	Multiple Sklerose
Ceredase	Genzyme	Morbus Gaucher
Engerix B	Genentech	Hepatitis B (Impfstoff)
Epiver	Glaxo-Smith-Kline	HIV/AIDS
Epogen	Amgen	Anämie
Genotropin	Genentech	Minderwuchs
Humulin	Genentech	Zuckerkrankheit
Intron	Biogen	Krebs und Virusinfektionen
Neupogen	Amgen	Neutropenie
Procrit	Amgen	Thrombozytopenie

Quelle: Ernst & Young LLP, Biotechnology Industry Report 2000

Tabelle 1.2

Beispiele für Proteinsorten, die mit Hilfe klonierter Gene hergestellt werden

Produkt	Anwendung
Gerinnungsfaktor VIII	Hämophilie (Bluterkrankheit)
Epidermaler Wachstumsfaktor	Anregung der Antikörperbildung bei Patienten mit Störungen des Immunsystems
Wachstumsfaktor	Überwindung einer durch Unterfunktion der Hirnanhangsdrüse (Hypophysenhypofunktion) bedingten Kleinwüchsigkeit; die Rinderversion des Hormons wird zur Steigerung der Milchleistung eingesetzt; Doping von Berufssportlern
Insulin	Behandlung der Zuckerkrankheit (Diabetes mellitus)
Interferone	Behandlung von Krebs und Virusinfektionen
Interleukine	Behandlung von Krebs und Anregung der Antikörperherstellung
Monoklonale Antikörper	Diagnose und Behandlung einer Reihe von Krankheitszuständen einschließlich bestimmter Krebsformen
Gewebe-Plasminogenaktivator	Akute thrombotische Notfälle (Herzinfarkt, Schlaganfall, Lungenembolie)

die den Transfer von Genen von einem Organismus auf einen anderen beinhalten. Die Mehrzahl dieser Proteine wird mit Hilfe menschlicher Gene hergestellt, welche in Bakterienzellen eingeschleust worden sind, um dort die Produktion rekombinanter Proteine zu veranlassen. Diese sind manchmal therapeutisch nützlich.

FRAGE UND ANTWORT F&A

Frage

Welches sind einige der Produkte, die durch gentechnisch veränderte Zellen in Kultur herstellbar sind?

Antwort

Therapeutische Humanproteine, die in großer Menge benötigt werden, sind eine Produktklasse, die durch Gentechnik in kultivierten Zellen erzeugt wird. Insulin, Blutgerinnungsfaktoren und Hormone wie das Wachstumshormon zur Behandlung der Kleinwüchsigkeit sind Beispiele für die Vielzahl von therapeutisch nutzbaren Proteinen, die auf diese Weise hergestellt werden. Viele Enzyme des täglichen Lebens werden ebenfalls auf diesem Wege hergestellt. Das Labferment (Rennin), das zur Herstellung von Käse notwendig ist, ist ein gutes Beispiel. Früher würde das dazu notwendige Labferment aus Kälbermägen gewonnen. Durch Klonierung und Expression des Renningens in Bakterien hat es die Technik der rekombinanten DNA erlaubt, Labferment (Rennin) in großen Mengen billig herzustellen, ohne dafür Kälber schlachten zu müssen.

Wie Gene kloniert und zur Herstellung von bestimmten Proteinen eingesetzt werden, wird in Einzelheiten in Kapitel 3 erörtert werden. Betrachten Sie zur Einstimmung auf dieses Thema die ► Abbildung 1.4. Wie Sie bald lernen werden, vermögen Wissenschaftler ein Gen zu identifizieren und es in geeignete Zellen (einer Bakterie, eines Tiers oder einer Pflanze oder eines Pilzes) einzuschleusen, die in Kulturen vermehrt werden können. Bei einer **Flüssigkultur** werden Zellen in Flaschen, Kolben, Reagenzgläsern oder Fermentern in flüssigen Nährmedien angezüchtet. Das Medium versorgt die Zellen mit allen notwendigen Nähr- und Wuchsstoffen. Da in kleinen Gefäßen wie Reagenzgläsern nur eine begrenzte Zahl von Zellen züchtbar ist, werden solche Kulturen – die dann als *Vorkulturen* bezeichnet werden – in größere **Fermenter** oder **Bioreaktoren** überführt, in denen die Zielzellen mit den interessierenden Eigenschaften im großen Maßstab vermehrt werden können. Mittels der in Kapitel 4 vorgestellten Techniken können die Wissenschaftler die von solchermaßen gezüchteten Zellen produzierten Proteine „ernten" und für Anwendungen, wie die in ► Tabelle 1.2 aufgeführten, einsatzbereit machen.

Falls die Tabellen 1.1 und 1.2 Sie nicht mit ausreichenden Beispielen versorgt haben, um Sie von der Bedeutung der Biotechnologie für die Humanmedizin zu überzeugen, stellen Sie sich vor, dass irgendwann in

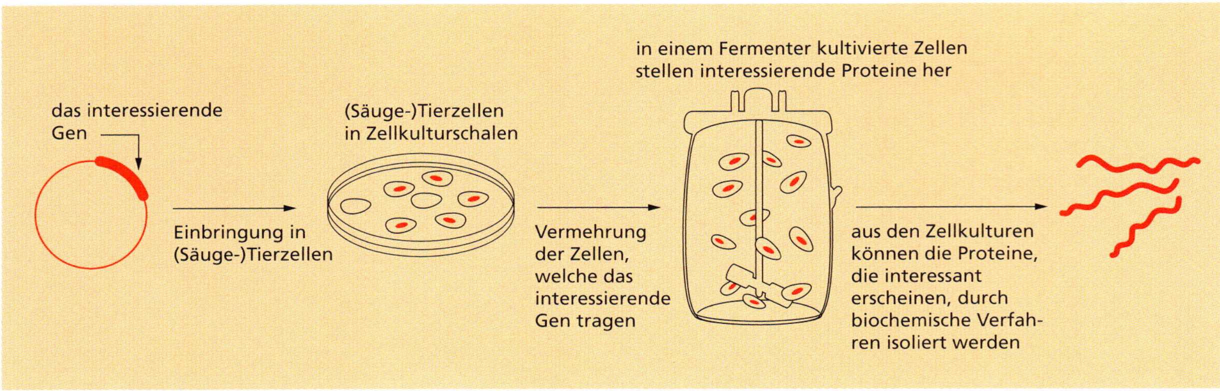

Abbildung 1.4: Der Einsatz gentechnisch veränderter Kulturzellen zur Herstellung interessanter Proteine. Gene, die im Zentrum des Interesses stehen, können in Bakterien oder eukaryontische Zellen eingebracht werden. Diese Zellen können in Kulturen vermehrt werden. Rekombinante Proteine, die aus solchen Zellen isoliert werden, werden in Hunderten von biotechnologischen Anwendungen eingesetzt. In dem hier gezeigten Beispiel werden Säugetierzellen dazu verwendet, doch wird dieser Vorgang verbreitet auch an Bakterien- oder Hefezellen oder noch anderen Zelltypen vollzogen.

ferner Zukunft vielleicht einmal die als **Gentherapie** bezeichnete Übertragung von Genen auf Zellen des Menschen zur Routine werden könnte, um Krankheiten ursächlich zu behandeln oder/und Nachkommen mit bestimmten Eigenschaften zu „kreieren“. Ein weit besseres Verständnis der Chromosomen und genetischer Mechanismen ist jedoch erforderlich, bevor dies zur Realität werden kann. Die Genetik und die Gewebetechnik könnten zu der Befähigung führen, Gewebe und in ferner Zukunft vielleicht ganze Organe, die nur selten abgestoßen werden würden, für Transplantationen zu züchten. Neue Biotechnologieprodukte aus Meereslebewesen werden vielleicht zukünftig eingesetzt werden, um Krebs, Schlaganfälle und Gelenkrheuma (Arthritis) zu behandeln. Moderne Fortschritte in der Medizin, die durch neu gewonnenes Wissen aus dem Humangenomprojekt gespeist werden, können – so die Hoffnung – zu einem gesünderen Leben und möglicherweise zu einem weiteren Ansteigen der durchschnittlichen Lebenserwartung führen.

Ethik und Biotechnologie

Wie jede andere vom Menschen ersonnene Technologie können auch die leistungsstarke Biotechnologie und ihre weit gestreuten Anwendungen mit ihren Verheißungen missbräuchlich eingesetzt werden. Aus diesem Grund bestehen bei manchen Menschen ethisch begründete Bedenken zumindest gegen einige Ausprägungen dieser Wissenschaft. Ein weit gestecktes Spektrum ethischer, rechtlicher und sozialer Implikationen der Biotechnologie ist Ausgangspunkt öffentlicher Debatten und Diskussionen zwischen Wissenschaftlern, der allgemeinen Öffentlichkeit, Politikern, Rechtsgelehrten und anderen bis hin zu Theologen in aller Welt. Im Verlauf dieses Buches werden wir ethische, juristische und soziale Themen anschneiden. In der Zukunft werden Sie möglicherweise – falls Sie die Biotechnologie zu Ihrem Beruf machen – mit solchen ethischen Fragestellungen konfrontiert werden. So ist etwa die Forderung erhoben worden, auch den Menschen zur Klonierung freizugeben, nachdem die Klonierung von Säugetieren wie Schafen, Kühen und Affen gelungen ist.

Wie stehen Sie gefühlsmäßig zu dieser Frage? Falls Sie und Ihr Partner heute oder irgendwann Kinder haben möchten, aber dies aufgrund biologischer Defekte nicht möglich ist, wäre dann Nachwuchs durch Klonierung eines von Ihnen eine Option für Sie? Bei einem mit über 6 Milliarden Menschen schon heute überbevölkerten Planeten ohne Zweifel eine ernsthafte Frage. Schauen Sie sich die „Sie entscheiden!“-Kästen auf den Folgeseiten an. In diesen Textkästen stellen wir Szenarien, die ein ethisches Dilemma darstellen, zur Diskussion. Machen Sie sich klar, dass es ein Für und Wider und Kontroversen um beinahe jeden Bereich der Biotechnologie gibt. Unser Ziel in diesem Buch ist es nicht, Ihnen vorzugeben, was Sie denken sollen, sondern Sie mit dem notwendigen Wissen auszustatten, um Ihre eigenen, wohlbegründeten Entscheidungen treffen zu können.

Teilgebiete der Biotechnologie 1.2

Nun, da Sie etwas über die vielen Teilgebiete der Wissenschaft, die einen Beitrag zur Biotechnologie leisten, gelernt haben, ist es wichtig, dass Sie zur Kenntnis nehmen, dass es viele Arten von Biotechnologie gibt. Betrachten Sie diesen Abschnitt als eine Einführung, um Ihren Wissenshunger auf das, was in den Folgekapiteln in größerer Detailliertheit auf Sie zukommt, zu wecken.

Biotechnologie der Mikroorganismen

Im fünften Kapitel werden wir die vielen Arten und Weisen erforschen, wie die Biotechnologie mit Mikroorganismen die moderne Industriegesellschaft beeinflusst. Wie wir bereits früher erwähnt haben, ist der Einsatz von Hefepilzen zur Herstellung von Bier und Wein einer der ältesten Zweige der Biotechnologie. Durch die gezielte Veränderung von Mikroorganismen wie Bakterien und Hefen hat die Biotechnologie mit Mikroorganismen zu besseren Enzymen und Organismen zur Herstellung von Lebensmitteln und Zusatzstoffen geführt. Herstellungsverfahren wurden vereinfacht und neue Dekontaminationsverfahren für industrielle Abfälle wurden entwickelt oder können mit höherem Wirkungsgrad durchgeführt werden. Das Herauslösen von Öl und Mineralien aus dem Erdreich zur Erhöhung des Wirkungsgrades von Bergbauprozessen ist ein weiteres Beispiel für Mikrobenbiotechnologie in Aktion. Mikroorganismen werden außerdem eingesetzt, um Gene zu klonieren und technische Mengen wichtiger, vermarktbarer Proteine zu erzeugen, die dann z.B. in der Humanmedizin zum Einsatz kommen (Insulin, Wachstumshormon etc.)

Biotechnologie in der Landwirtschaft

Kapitel 6 ist der Biotechnologie der Pflanzen und den Anwendungen der Biotechnologie in der Landwirtschaft gewidmet. Im Zusammenhang mit der „Agrobiotechnologie" – wie dieses Feld oft genannt wird – werden wir eine ganze Reihe von Themen erörtern, die von gentechnisch veränderten, schädlingsresistenten Pflanzen, die nicht mit Pestiziden besprüht werden müssen, bis zu Nahrungsmitteln mit höherem Protein- oder Vitamingehalt und pharmazeutischen Wirkstoffen, die als Pflanzenprodukte entwickelt und angebaut werden, reichen. Die landwirtschaftliche Biotechnologie ist bereits ein großer Wirtschaftszweig, der rasch weiter wächst. Man hat geschätzt, dass die Agrobiotechnologie in den USA im Jahr 2005 einen Umsatz von etwa 5 Milliarden US-Dollar erreicht hat.

Die gezielte genetische Veränderung von Nutzpflanzen ist seit über 20 Jahren im Einsatz bei der Hervorbringung gentechnisch veränderter Pflanzen mit modifizierten Wachstumseigenschaften wie Dürreresistenz, Kältetoleranz und höherer Ausbeute am gewünschten Produkt. Die Forschung der letzten zehn Jahre hat klar gezeigt, dass sich Pflanzen so verändern lassen, dass sich mit ihrer Hilfe ein weites Spektrum pharmazeutisch interessanter Proteine herstellen lässt – und das in einer großen Auswahl an Nutzpflanzen und verschiedenen Geweben. Pflanzen bieten gegenüber Bakterien einige Vorteile bei der Herstellung rekombinanter Proteine. So sind etwa die Produktionskosten, die mit der Erzeugung von Pflanzenmasse verbunden sind, oftmals erheblich niedriger als bei der Herstellung rekombinanter Proteine in Bakterien.

Die Verwendung von Pflanzen als Quellen für pharmazeutische Produkte ist eine Spezialanwendung der landwirtschaftlichen Biotechnologie, die manchmal „*molecular pharming*" (dt. etwa „*Molekülackerbau*") bezeichnet wird. So ist beispielsweise die Tabakpflanze keine Nahrungspflanze, sie wurde jedoch intensiv weitergezüchtet und für sie ist ein ausgedehntes agronomisches Wissen vorhanden. Außerdem ist sie durch ihre starke Giftigkeit gut gegen Fraßschädlinge geschützt. Der Tabak ist gentechnisch verändert worden, um in seinen Blättern rekombinante Proteine herzustellen. Diese Pflanzen können auf großen Äckern angebaut werden. Diese und viele weitere Anwendungen der agrikulturellen Biotechnologie werden Ihnen in Kapitel 6 vorgestellt.

Biotechnologie der Tiere

In Kapitel 7 werfen wir einen Blick auf viele Gebiete der animalischen Biotechnologie – eines der sich am raschesten entwickelnden und vielleicht aufregendsten Teilgebiete der Biotechnologie. Tiere können als lebende Reaktoren („Bioreaktoren") eingesetzt werden, um kommerziell interessante Produkte herzustellen. So werden beispielsweise Ziegen, Rinder, Schafe und Hühner als Quellen für medizinisch interessante Proteine wie z.B. **Antikörper** genutzt. Antikörper sind Schutzproteine, die Fremdstoffe im Körper erkennen und den Abwehrzellen des Körpers helfen, diese zu vernichten. Eine Antikörperbehandlung wird eingesetzt, um die Immunabwehr bei Patienten (z.B. mit Immunschwächekrankheiten) zu stärken. Viele andere therapeutisch nutzbare Humanproteine, die in Tieren erzeugt werden, sind

SIE ENTSCHEIDEN!

Gentechnisch produzierte Nahrungsmittel: „Rein oder nicht rein?"

Viele Fachleute sind sich sicher, dass durch gentechnische Verfahren hergestellte Lebensmittel völlig sicher sind und dass sie sogar bedeutende Nutzvorteile für die Zukunft mit sich bringen. Die öffentliche Meinung zum Thema gentechnologisch unterstützter Nahrungsmittelproduktion ist jedoch gespalten. Eine im Jahr 1999 von einem US-amerikanischen Radio- und Fernsehsender durchgeführte Umfrage hat ergeben, dass rund ein Drittel der befragten US-Amerikaner der Meinung war, dass der Einsatz wissenschaftlicher Methoden wie der Technik der rekombinanten DNA zur Verbesserung des Geschmacks, der Farbe, des Nährwertes oder des Frischegrades von Nahrungsmitteln schlecht ist. Anderen Umfragen zufolge soll die Ablehnung von mit Hilfe gentechnischer Verfahren hergestellter Nahrungsmittel Werte von 50% erreichen. Gegen diese Technik eingestellte Gruppen argumentieren oft damit, dass gentechnisch erzeugte Nahrungsmittel „gegen die Natur" seien. Sie und andere machen sich vielfach Sorgen wegen vermeintlicher nachteiliger Wirkungen auf die Gesundheit (zum Beispiel allergische Reaktionen).

Eine ebenfalls 1999 durchgeführte Befragung durch das Wirtschaftsblatt *The Economist* ergab, dass beinahe jeder vierte US-Amerikaner nicht in der Lage war, irgendeinen Nutzen gentechnisch erzeugter Lebensmittel zu benennen. Die Mehrheit derjenigen, die einen Vorteil in dieser Technik sahen, gaben an, dass dieser in gesteigerten Erträgen läge. Es scheint jedoch so zu sein, dass die US-Amerikaner für die Zukunft einen möglichen Nutzen erwarten. 65% der im Jahr 2000 von der Texas A&M-Universität Befragten gaben an, dass mit gentechnischer Unterstützung hergestellte Nahrungsmittel in der Zukunft einen Nutzen für die Menschen haben werden. Ähnliche Umfragen ergaben jedoch gleichzeitig, dass fast die Hälfte aller US-Amerikaner der gegenwärtigen Nutzung von durch gentechnische Unterstützung hergestellten Nahrungsmitteln ablehnend gegenübersteht. Dabei wurde die Meinung vertreten, dass die möglichen, noch völlig unbekannten „Gefahren" den zu erwartenden Nutzen überwiegen werden. Viele der Befragten sagten, dass sie einem anderen Produkt vor einem mit gentechnischer Unterstützung hergestellten den Vorzug geben würden, wenn sie die Wahl hätten. Diese Haltung zieht eine weitere Kontroverse nach sich, die wir an einer späteren Stelle des Buches aufgreifen wollen – nämlich die in Europa schon entschiedene Frage, ob eine Kennzeichnung von mit gentechnischer Unterstützung hergestellten Nahrungsmitteln erfolgen soll oder nicht.

Die gegenwärtige Gesetzgebung der USA schreibt im Gegensatz zur EU vor, dass eine Kennzeichnung nur dann stattfinden muss, wenn ein mit gentechnischer Unterstützung hergestelltes Nahrungsmittel eine Gefahr für die Gesundheit darstellt oder der Nährstoffgehalt des Lebensmittels dadurch verändert wurde. Obwohl es keine wissenschaftlichen Befunde gibt, die die Sorgen der Verbraucher zu untermauern in der Lage wären, ist noch nicht genügend Forschung durchgeführt worden, um die im Zusammenhang mit gentechnisch veränderten Nahrungsmitteln vorgebrachten Bedenken zu belegen oder völlig zu zerstreuen.

Wie denken Sie über mit gentechnischer Unterstützung hergestellte Nahrungsmittel? Wären Sie bereit, solche Nahrungsmittel zu kaufen, wenn Sie wüssten, dass zu ihrer Herstellung weniger Schädlingsvernichtungsmittel eingesetzt werden müssen als für auf althergebrachte Weise gezüchtete? Was, wenn mit gentechnischer Unterstützung hergestellte Nahrungsmittel länger frisch bleiben? Was, wenn sie nahrhafter und gleichzeitig billiger wären? Wie viel Risiko sollten Verbraucher auf sich nehmen, um die „Früchte der Gentechnik genießen" zu können?

Wie stellen sich die vermeintlichen Risiken der Anwendung gentechnischer Methoden bei der Herstellung von Lebensmitteln gegenüber anderen, bekannten Risiken dar (Giftstoffe in der Nahrung, zum Beispiel von Pilzen erzeugte Gifte; Hormonrückstände und Reste anderer Medikamente in tierischen Lebensmitteln etc.)? Erstellen Sie eine Liste von Fragen, die Sie gerne beantwortet sähen, bevor Sie zum ersten Mal in ein mit Hilfe gentechnischer Verfahren hergestelltes Lebensmittel beißen würden. Überlegen Sie dabei, ob Sie im Fall anderer Nahrungsmittel wirklich wissen, wo hinein Sie beißen! Durch gentechnische Unterstützung hergestellte Nahrungsmittel: „Rein oder nicht rein?" Sie entscheiden!

im Einsatz, doch werden die meisten dieser Proteine für den pharmakologischen Einsatz in Zentnermengen benötigt. Um eine solche Massenproduktion zu bewerkstelligen, können Wissenschaftler **transgene weibliche Tiere** erschaffen, die solche therapeutisch nutzbaren Proteine in ihrer Milch ausschütten. Transgene Tiere enthalten artfremde Gene. So können etwa Gene für humane Gerinnungsfaktoren in das Erbgut von Kühen eingeschleust werden, damit diese die menschlichen Blutgerinnungsproteine herstellen und in die Milch leiten.

Tiere sind außerdem von größter Bedeutung für die Grundlagenforschung. So können etwa Genabschaltungsexperimente, bei denen ein oder mehrere Gene durch gentechnischen Eingriff gestört werden, hilfreich bei der Erforschung der Funktion von Genprodukten sein. Die Idee hinter einer solchen Genzerstörung ist es, das Gen funktionsuntüchtig zu machen und dann den Phänotyp des Lebewesens daraufhin zu untersuchen, in welcher Weise dieser durch den Ausfall der betreffenden Genfunktion verändert ist. Daraus lassen sich Rückschlüsse auf die Rolle, die das Gen in dem betreffenden Organismus spielt, und seine relative „Wichtigkeit" ziehen. Da viele der Gene, die man in allen Tieren – auch in den Labortieren Ratte und Maus – findet, sich auch im Erbgut des

Abbildung 1.5: „Dolly", das erste Säugetier, das durch Zellkernverpflanzung erzeugt worden ist. Dolly posiert auf diesem Foto zusammen mit ihrer Leihmutter. Dolly wurde durch eine Klonierungstechnik erschaffen, die Ausgangspunkt für aussichtsreiche neue Techniken zur Verbesserung von Nutztieren und der klonalen Vermehrung wertvoller Tiere (z. B. solchen mit Organen für die Verpflanzung auf den Menschen) darstellen könnte. Unglücklicherweise begann Dolly schon früh in ihrem Leben an unvorhergesehenen Komplikationen (nachteiligen Folgewirkungen ihrer artifiziellen Entstehung) zu leiden und musste im Februar 2003 eingeschläfert werden, um sie nicht weiter sinnlos leiden zu lassen.

Menschen finden, kann das, was man an einem Versuchstier über ein Gen lernt, auch zu einem besseren Verständnis der betreffenden Genfunktion beim Menschen führen (falls man sich besonders für diese Art interessiert). Gleichfalls führt das Entwickeln und Testen von Wirkstoffen und Medikamenten an Tieren oft zu neuen oder gar neuartigen Behandlungsstrategien beim Menschen.

Im Jahr 1997 wurden viele Wissenschaftler und die breite Öffentlichkeit von der Bekanntmachung des Roslin-Institutes in Schottland überrascht, dass die Wissenschaftler dieser Einrichtung ein Klonschaf, das unter dem Namen „Dolly" sehr berühmt geworden ist, erschaffen hatten (▶ Abbildung 1.5). Wissenschaftler wie Vertreter der Öffentlichkeit reagierten mit Aufregung, aber auch Reserviertheit auf die Neuigkeit. Dolly war das erste Tier, dass durch Zellkernverpflanzung erschaffen worden ist; wir werden dieses Verfahren in Kapitel 7 diskutieren. Während Dolly Befürchtungen und Besorgnisse im Hinblick auf das möglichen Klonieren von Menschen mit sich gebracht hat, sind viele Wissenschaftler (aber nicht alle) aus mehreren Gründen über diese teuren Techniken, die zur Erschaffung von Dolly geführt haben, freudig erregt. So könnten diese Techniken beispielsweise eines Tages dazu führen, dass Tierklone gezüchtet werden, die gentechnisch angepasste Organe in sich tragen, die ohne die Gefahr der Gewebeabstoßung in den menschlichen Körper verpflanzt werden können. Erscheint Ihnen eine Versorgung mit Spenderorganen aller Arten für alle Menschen, die eine Organtransplantation brauchen, als ein guter Plan? Nicht jeder stimmt zu, dass es sich dabei um eine großartige Idee handelt. Das Klonieren von Tieren und die mit der Klonierung von Lebewesen im Zusammenhang stehenden Kontroversen sind wichtige Themen, die in Kapitel 7 zu erörtern sind.

Forensische Biotechnologie

Was haben der bekannte Schauspieler O. J. Simpson, die vermeintliche russische Prinzessin Anastasia, Rekruten der US-amerikanischen Armee, Dinosaurierknochen, Fäkalbakterien und 60 000 Jahre alte menschliche Fossilien in Australien gemeinsam? Wie wir in Kapitel 8 lernen werden, waren sie alle Gegenstand von Analysen der forensischen Biotechnologie. Der **genetische „Fingerabdruck"** – eine Methode zur Erzeugung eines für praktisch jeden Menschen einzigartigen Musters der DNA seines Erbgutes – ist das Hauptwerkzeug der forensischen Biotechnologie (▶ Abbildung 1.6). Die fo-

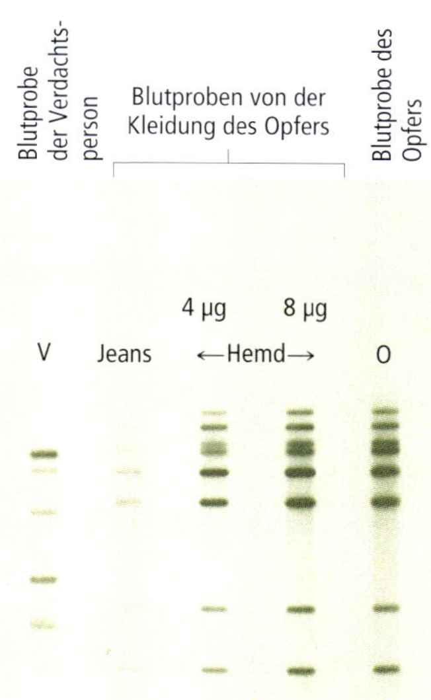

Abbildung 1.6: Genetischer „Fingerabdruck" für einen Mordprozess. Diese Abbildung zeigt einen Vergleich genetischer „Fingerabdrücke" (über die Technik informiert Kapitel 8 im Detail). Das Bild zeigt einen Vergleich von DNA-Proben von Blutflecken auf der Kleidung des Verdächtigen mit dem genetischen „Fingerabdruck" des Verbrechensopfers. Der DNA-„Fingerabdruck", wie der genetische „Fingerabdruck" auch genannt wird, kann für sich genommen nicht beweisen, dass eine bestimmte Person eine Straftat begangen hat. In diesem Fall kann mit seiner Hilfe aufgezeigt werden, dass die Person mit dem Opfer oder dem Tatort in Verbindung gebracht werden kann; dies beweist jedoch nicht, dass der Verdächtige die zur Verhandlung stehende Tat auch begangen hat. Der genetische „Fingerabdruck" ist also immer nur ein Teil der staatsanwaltschaftlichen Beweisführung.

rensische Biotechnologie ist ein hilfreiches Werkzeug der Strafverfolgungsbehörden, das eine Person, gegen die im Zusammenhang mit einem Schwerverbrechen ermittelt wird, be- oder entlasten kann. Die Beweisführung geschieht auf der Grundlage von Erbgutspuren. Der genetische „Fingerabdruck" lässt sich mit Hilfe winziger Mengen Gewebe, Haaren, Blut oder Körperflüssigkeiten, die an einem Tatort hinterblieben sind, führen. Zum ersten Mal wurde dieses Verfahren im Jahr 1987 in England eingesetzt, um einen Frauenschänder zu überführen, doch wird es heute in vielen Ländern routinemäßig in Gerichtsverfahren als Indiz der Anklage eingesetzt. Manchmal gelingt es auch, unschuldig Verdächtigte mit seiner Hilfe zu entlasten.

Der genetische „Fingerabdruck" hat zahlreiche weitere Anwendungsgebiete, wie zum Beispiel den eindeutigen Vaterschaftsnachweis bei strittiger Urheberschaft von Nachkommen. Der genetische „Fingerabdruck" eignet sich ebenfalls zur Identifizierung menschlicher Leichname oder menschlicher Körperteile (zum Beispiel in der Archäologie, aber auch in der Verbrechensaufklärung). Eine weitere Anwendung des genetischen „Fingerabdrucks" findet sich bei der ökologischen Analyse von Populationen und in Zucht- und Erhaltungsprogrammen seltener Lebewesen (vom Aussterben bedrohte Tiere und Pflanzen).

Diese Anwendung soll bereits in einigen Fällen zu einem Rückgang der Wilderei geführt haben; kriminelle Wilderer konnten anhand der genetischen „Fingerabdrücke" ihrer Beute überführt werden. Mediziner und Naturwissenschaftler benutzen genetische „Fingerabdrücke" auch dazu, die Ausbreitung von Krankheiten, insbesondere Infektionskrankheiten, epidemiologisch zu verfolgen. Forscher haben ihn zur Anwendung gebracht, um das Wiederaufkeimen von durch Impfung verhinderbaren Infektionskrankheiten wie Keuchhusten (Bakterien) und Röteln (Viren) zu untersuchen, um pathogene Keime wie bestimmte *Escherichia coli*-Stämme in Nahrungsmitteln nachzuweisen sowie zur epidemiologischen Untersuchung nicht oder nur sehr schwierig zu heilender Infektionen wie AIDS, Hirnhautentzündung (Meningitis), Tuberkulose (Schwindsucht), Lyme-Borreliose und der Westnilvirusinfektion.

Biologische Umweltsanierung

In Kapitel 9 werden wir uns der **biologischen Umweltsanierung** zuwenden – dem Einsatz biotechnologischer Methoden, um eine Reihe natürlich vorkommender oder vom Menschen hergestellter Substanzen umzuwandeln und/oder abzubauen, insbesondere solchen, die Umweltverschmutzungen darstellen. Die biologische Umweltsanierung kommt zum Einsatz, um Umweltgefährdungen zu beseitigen, die durch den industriellen Fortschritt verursacht worden sind. Viele Verfahren der biologischen Umweltsanierung stützen sich auf den biotechnologischen Einsatz von Mikroorganismen. In den 70er-Jahren wurde das erste US-amerikanische Patent auf einen gentechnisch veränderten Mikroorganismus an den Forscher Ananda Chakrabarty vergeben. Chakrabarty und seine Kollegen hatten einen Bakterienstamm entwickelt, der fähig war, Bestandteile des Rohöls abzubauen. Eines der bekanntesten Beispiele für eine biologische Umweltsanierung war das Stranden des Öltankers *Exxon Valdez*, der 1989 im Prinz-William-Sund vor der alaskanischen Küste auf Grund lief und seine Ölladung verlor (► Abbildung 1.7). Durch die Anregung der Vermehrung ölabbauender Bakterien, die

Abbildung 1.7: Biologische Umweltsanierung in der Praxis. Stämme der Bakteriengattung *Pseudomonas* kamen zum Einsatz, um Strände in Alaska von den Folgen der Leckage des Tankschiffes *Exxon Valdez* zu befreien. Wissenschaftler auf diesem Strandabschnitt Alaskas versprühen Nährstoffe, um die Vermehrung von *Pseudomonas*-Zellen anzuregen, um den biologischen Sanierungsprozess zu beschleunigen.

im Erdboden der Pazifikküste bereits vorhanden waren, gelang es, viele Kilometer Küstenlinie dreimal schneller zu reinigen, als es mit abiogener Reinigung allein möglich gewesen wäre. Darüberhinaus hätte die harsche Behandlung mit Reinigungsmitteln die Umwelt noch weiter belastet.

Wir werden auch betrachten, wie Haus- und Industrieabwässer geklärt werden, und diskutieren, wie wertvolle Metalle – z. B. Gold, Silber, Kobalt, Nickel und Zink – durch biologische Sanierung aus der Umwelt (zurück)gewonnen werden können. Auch hierbei spielt der biotechnologische Einsatz von Kleinstlebewesen eine wichtige Rolle.

Aquatische Biotechnologie

Im 10. Kapitel des Buches werden wir das gewaltige biotechnologische Potenzial des Wassers in Augenschein nehmen – also des Lebensraums, der den größten Teil der Oberfläche unseres Planeten ausmacht. Eine der ältesten Formen der aquatischen Biotechnologie ist die **Aquakultur** – die Zucht von Fischen oder Schalentieren unter kontrollierten Bedingungen als Nahrungsquelle. Forellen, Lachse und Welse gehören in vielen Ländern zu den wichtigsten Fischarten in Aquakulturbetrieben. Die Aquakultur erfreut sich rund um die Welt einer wachsenden Beliebtheit, insbesondere in Entwicklungsländern. Man hat jüngst geschätzt, dass beinahe 30 % aller Fische, die von den Menschen in aller Welt konsumiert werden, heute aus der Aquakultur stammen.

In den vergangenen Jahren hat sich ein breites Feld faszinierender neuer Entwicklungen in der aquatischen Biotechnologie aufgetan. Zu diesen gehört der Einsatz der Gentechnik zur Hervorbringung von krankheitsresistenten Austernrassen und Impfstoffen gegen Viren, die Lachse und andere Fischarten zu infizieren vermögen. Transgene Lachse (*Salmo salar*), die das Gen für das Wachstumshormon überexprimieren, so dass es bei den Fischen in kurzer Zeit zu Riesenwuchs (Gigantismus, Hypersomie) kommt, konnten bereits erschaffen werden. Dadurch verkürzt sich die Mastzeit bis zur Schlachtreife (► Abbildung 1.8).

Die Einzigartigkeit vieler wasserlebender Organismen ist ein weiterer Anziehungspunkt für Biotechnologen. In den Weltmeeren leben Bakterien, Algen, Krustentiere (Mollusken; Arthropoden), Fische und zahllose andere Lebewesen unter teilweise extremen Bedingungen, die aus menschlicher Perspektive zu den unangenehmsten auf der Erde gehören. Starke Kälte, hydrostatischer Druck in großen Tiefen, hohe Salzgehalte und andere Umweltbedingungen stellen für diese Organismen kaum eine Schwierigkeit dar, da sie evolutiv an diese Umwelten angepasst sind (für sie wäre eine für den Menschen angenehme Umwelt „extrem“). Als Folge solcher Anpassungen wird angenommen, dass diese Lebensformen ergiebige Quellen neuer Gene, Proteine (Genprodukte) und anderer Stoffwechselprodukte sein könnten, die vielleicht in der Zukunft vielerlei Nutzanwendungen für den Menschen bereithalten. So sind beispielsweise bestimmte Arten des Meeresplanktons und manche Schnecken reichhaltige Quellen für Substanzen mit tumorhemmenden Eigenschaften, die vielleicht Eingang in die Krebsbehandlung finden werden. Intensive forscherische Anstrengungen sind im Gange, um das große biotechnologische Potenzial unserer aquatischen Umwelt besser zu verstehen.

Abbildung 1.8: Die aquatische Biotechnologie ist ein sich entwickelnder Wissenschaftszweig. Vom Einsatz der Aquakultur zur Mast von Schalentieren und Fischen zum menschlichen Verzehr bis hin zur Isolierung biologisch wertvoller Stoffe aus Meeresorganismen für medizinische Anwendungen verspricht die aquatische Biotechnologie ein Potenzial für ein unglaublich breites Spektrum von Anwendungen. Das Bild zeigt einen gentechnisch modifizierten Lachs (oben), der im Vergleich zu seinem Wildtypvetter (unten) in der halben Zeit bis zur Schlachtreife gemästet werden konnte.

Medizinische Biotechnologie

Wie Sie bereits in Abschnitt 1.1 erfahren haben, werden viele biotechnologische Produkte wie Medikamentenwirkstoffe und rekombinante Proteine für den Einsatz in der Humanmedizin hergestellt. Dies sind jedoch nur einige wenige Beispiele aus der **medizinischen Biotechnologie.** Kapitel 11 behandelt ein ganzes Spektrum unterschiedlicher Facetten der medizinischen Biotechnologie. Die medizinische Biotechnologie erreicht die gesamte Bandbreite der Humanmedizin. Von der vorbeugenden Medizin über die Diagnose von Krankheiten bis hin zur Behandlung von Krankheitszuständen hat die medizi-

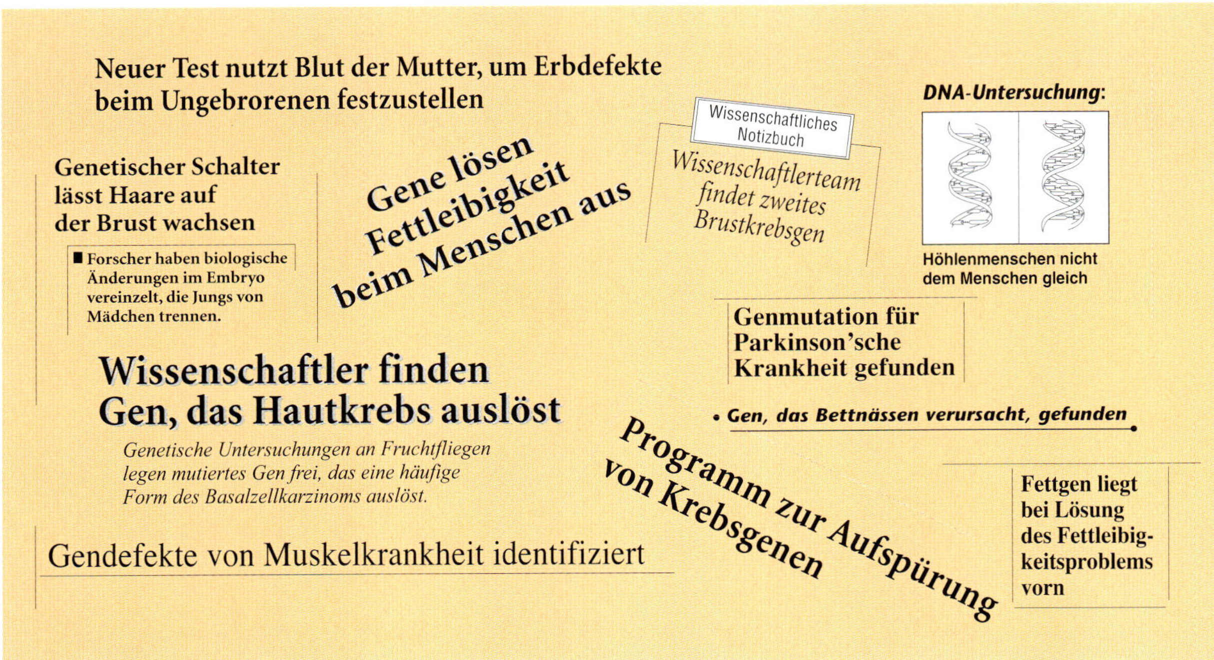

Abbildung 1.9: Die Entdeckung neuer Gene machen Schlagzeilen. Das Fernsehen, die Zeitungen und Zeitschriften sind regelmäßig voll von Schlagzeilen über die Entdeckungen von Genen, die an Krankheitsprozessen beteiligt sind oder sein sollen.

nische Biotechnologie erstaunliche Mittel zur Steigerung der menschlichen Gesundheit ersonnen. Mehr als 325 Millionen Menschen weltweit wurde durch biotechnologische Wirk- und Impfstoffe geholfen. Obgleich viele wirkungsvolle Anwendungen bereits entwickelt worden und im Einsatz sind, stehen im „Jahrhundert der Biotechnologie" noch einige der großartigsten Fortschritte im Bereich der Medizinbiotechnologie aus.

Es scheint so, als ob kaum eine Woche verstreicht, ohne dass ein neuer genetischer Durchbruch wie etwa die Entdeckung eines weiteren, an einer Krankheit beteiligten Allels stattfindet. Das Fernsehen, die Zeitungen und die Publikumsmagazine berichten alle – mehr oder weniger kompetent – über bedeutsame Entdeckungen in der Genetik (▶ Abbildung 1.9). An praktisch jedem Tag, der vergeht, helfen die sich immer noch anhäufenden Informationen des Humangenomprojektes den Wissenschaftlern bei der Identifizierung funktionsgestörter Gene und bei der Entzifferung der Einzelheiten vererblicher Krankheiten wie der Sichelzellkrankheit, der Tay/Sachs-Krankheit, der Mukoviszidose, von Krebserkrankungen und manchen Formen der Unfruchtbarkeit, um nur einige Beispiele zu nennen. Das Humangenomprojekt hat bereits zur Entwicklung neuer genetischer Testverfahren zur Identifizierung defektiver Allele und Erbkrankheiten geführt, und wir werden viele dieser Techniken in diesem Buch erforschen.

Gentherapeutische Ansätze, die darauf abzielen, Erbkrankheiten durch die Einbringung „normaler" Allele zu behandeln – also den Ersatz funktionsgestörter Allele durch voll funktionstüchtige in einem Patienten –, befinden sich in der Entwicklung. Die Mediziner hoffen, in absehbarer Zukunft solche Techniken einsetzen zu können.

Stammzelltechniken gehören zu den neuesten Entwicklungen und vielleicht vielversprechendsten Aspekten der medizinischen Biotechnologie, aber sie gehören auch zu den umstrittensten Themen der Biologie. Stammzellen sind undifferenzierte Zellen, die die Möglichkeit haben, sich nach der Teilung in unterschiedliche (differenzierte) Zelltypen weiterzuentwickeln (z. B. Nervenzellen, Blutzellen, Muskelzellen, Schleimhautzellen und so weiter). Aus ihnen gehen praktisch alle anderen Zellen des Körpers hervor. Stammzellen lassen sich im Laboratorium in Kulturen vermehren. Wenn sie mit bestimmten Stoffen behandelt werden (Morphogene), dann differenzieren sie sich zu spezialisierten (ausgereiften) Körperzellen.

In einigen Fällen ist die Anzucht ganzer Gewebe gelungen, die dann für Verpflanzungen auf Patienten zur Verfügung stehen. Es sind viele aufregende potenzielle Anwendungen für solche Zellen denkbar, aber – wie wir in den folgenden Abschnitten sowie in den Kapiteln 11 und 13 erörtern werden – es gibt noch viele komplizierte wissenschaftliche, ethische und rechtliche Fragen im Umfeld der Stammzellen und ihrer Verwendung zu klären.

Regularien

Ein sehr wichtiger Aspekt des Biotechnologiegeschäftes umfasst die regulatorischen Vorgänge, die diese Industrie lenken. In ganz ähnlicher Weise wie in der pharmazeutischen Industrie müssen die Firmen ihre Wirkstoffe auf der Grundlage spezieller Richtlinien zur Sicherstellung der Maximierung von Sicherheit und Wirksamkeit eines Produktes evaluieren, so dass die meisten Produkte der Biotechnologie sorgfältig untersucht werden müssen, bevor sie in Verkehr gebracht werden. Zwei wichtige Gesichtspunkte der regulatorischen Prozesse sind die **Qualitätssicherung (QS)** und die **Qualitätskontrolle (QK)**. Die Qualitätssicherungsmaßnahmen umfassen alle Aktivitäten der Regulierung der Endqualität eines Produkts, wohingegen die Qualitätskontrollverfahren Teile des Qualitätssicherungsvorganges sind, die Labortests und die Überwachung von Prozessen und Anwendungen umfassen, um konsistente Produktionsstandards sicherzustellen. Von den QS- und QK-Verfahren, die dazu ausgelegt sind, sicherzustellen, dass Biotechnologieprodukte strengen Normen bezüglich der Reinheit und Leistungsfähigkeit genügen, bis zu Themen im Umfeld der Patenterteilung, der Lösung rechtlicher Probleme und der Einhaltung regulatorischer Vorschriften, die für klinische Versuche mit Biotechnologieprodukten an menschlichen Patienten vorgeschrieben sind, werden wir diese und andere wichtige Themen der Regulierung der Biotechnologie in Kapitel 12 behandeln.

Biotechnologie – das „ganze Bild"

Obwohl wir die unterschiedlichen Gebiete der Biotechnologie als eigenständige, abgegrenzte Teildisziplinen dargestellt haben, sollte man sich die Biotechnologie nicht als ein Feld mit voneinander getrennten und nicht miteinander verwandten Teilbereichen vorstellen. Es ist wichtig, sich daran zu erinnern, dass praktisch alle Bereiche der Biotechnologie eng miteinander vernetzt sind. So ist etwa das Gebiet der biologischen Umweltsanierung eng mit der Biotechnologie der Mikroorganismen verknüpft. Selbst die medizinische Biotechnologie stützt sich bei der Produktion rekombinanter Proteine stark auf den Einsatz von Mikroorganismen. Eine der Wahrheit nahekommende Einschätzung der Biotechnologie beinhaltet ein Verständnis des Gesamtbildes der Biotechnologie – d.h. wie die Biotechnologie viele unterschiedliche Wissenschaftszweige umfasst und wie unterschiedliche Spielarten der Biotechnologie voneinander abhängen. Diese Wechselbeziehungen und wechselseitigen Abhängigkeiten vieler Bereiche der Naturwissenschaft werden bei der Lösung einiger drängender Probleme des 21. Jahrhunderts auf den Prüfstand gestellt.

Biologische Herausforderungen des 21. Jahrhunderts 1.3

Zahlreiche Probleme und Herausforderungen besitzen das Potenzial, durch die Biotechnologie gelöst zu werden. Für viele der größten Herausforderungen – wie etwa lebensbedrohliche Erkrankungen des Menschen – sind die Hürden, die zur Lösung der Probleme überwunden werden müssen, nicht unüberwindlich. Die Antworten liegen in unserer Fähigkeit, biologische Vorgänge besser verstehen zu können und biotechnologische Lösungen zu ersinnen und an die Problemstellung anzupassen. Im Fall einiger Anwendungen, die seit einigen Jahren im Einsatz befindlich sind, findet die biotechnologische Zukunft schon jetzt statt. Anstatt über all die möglichen Arten und Weisen zu spekulieren, auf die die Biotechnologie die menschliche Gesellschaft in diesem gerade angebrochenen Jahrhundert noch beeinflussen wird, werden wir Sie, unsere Leser, mit einigen ausgewählten Ideen zu der Frage, wie insbesondere die medizinische Biotechnologie unser aller Leben in den kommenden Jahren verändern wird, bekannt machen. In den folgenden Kapiteln werden wir diese und noch viele weitere Ideen in viel tiefer gehenden Einzelheiten beleuchten.

Wie wird das neue Jahrhundert der Biotechnologie aussehen?

Die Geschichtsschreibung der Zukunft wird erweisen, ob das Jahr 2001 als Markstein in die Annalen der Biotechnologie eingehen wird. Im Februar des Jahres 2001 versammelten sich einige der bekanntesten Molekularbiologen unserer Zeit zu einer Pressekonferenz, um bekanntzugeben, dass die Rohfassung des Humangenoms – des Erbgutes des Menschen – fertiggestellt sei. Dies war eine ganz wesentliche Errungenschaft des Humangenomprojektes. Die Zusammenstellung der Erbinformation (oft *fälschlich* als „genetischer Code" des Menschen bezeichnet; der *genetische Code* ist **univer-**

sell – also für alle Lebensformen, und sogar alle Viren, auf der Erde derselbe) war zu diesem Zeitpunkt zu 95 % entziffert worden. Die Basensequenz der DNA des Menschen – also die Abfolge der genetischen Buchstaben A, G, T und C – des größten Teils der Chromosomen des Menschen war von da an bekannt. Eine der großen Überraschungen dieser Pionierarbeit war die Bekanntmachung, dass das Genom der Art *Homo sapiens* grob geschätzt 35.000 Gene enthält, also weitaus weniger als die 100.000, die vorhergesagt worden waren.

Die Identifizierung der chromosomalen Genorte und der Basensequenzen der Gesamtzahl aller Gene des Menschen wird ohne Zweifel unser Verständnis von der komplizierten Genetik des *Homo sapiens* voranbringen. Grundlagenforschung im Bereich der molekularen und phänotypischen Genetik des Menschen und der sie bestimmenden Faktoren wird eine heute nicht abschätzbare Menge an Einsicht in die Einflussnahme von Erbfaktoren auf das Funktionieren von Zellen und des gesamten Organismus liefern. Einsichten in die Funktion „normaler" Genallele und in die Rolle, die funktionsgestörte Allele bei Krankheitsprozessen spielen. Ein besseres Verständnis der Gene des Menschen wird es uns auch erlauben, die Evolution des Menschen eingehender zu untersuchen, indem wir unser Erbgut mit dem nah verwandter Arten wie Schimpansen und weiter entfernt verwandter Lebensformen wie Insekten, Würmern und Bakterien vergleichen. Dadurch gelangen wir zu einem tieferen Verständnis dafür, in welcher Weise der Mensch mit anderen Lebensformen verwandt ist und wie er sich von diesen unterscheidet.

Ein fortgeschrittenes Verständnis menschlicher Erbkrankheiten wird auch zu einer Änderung der Art und Weise, wie die Medizin praktiziert wird, führen. Ein neues Zeitalter der Medizin zeichnet sich am Horizont ab. Ist aber das Humangenomprojekt ein schneller und einfacher Weg, um nicht korrekt funktionierende Gene aufzufinden und menschliche Krankheiten zu heilen? Wer das annimmt, übersieht die Komplexität biologischer Systeme, in diesem Fall eines vielzelligen Lebewesens. Das Genom des Menschen ist keine „Kristallkugel", die die augenblickliche Lösung all unserer medizinischen Probleme erlaubt. Selbst wenn wir eine komplette Kenntnis davon hätten oder eines Tages haben werden, wie jedes einzelne Gen wirkt, um aus einer befruchteten Eizelle etwas wie das menschliche Gehirn zu erschaffen, werden wir noch immer nicht wissen, wie das Gehirn denkt oder Informationen speichert und verarbeitet. Die Identifizierung aller Gene des Menschen ist nur die Spitze eines riesigen Eisberges auf dem Weg zu einem Verständnis dafür, wie die Gene unser Wesen, unsere Gesundheit und unsere Empfänglichkeit für Krankheiten beeinflussen. Ein Nutzen dieses Projektes besteht darin, dass mit seiner Hilfe das **Proteom** – oder wenigstens große Teile davon – entzifferbar sind. Das Proteom einer Zelle ist die Gesamtheit aller Proteine, die von der Zelle hergestellt werden und für ihr Funktionieren und ihr spezielles Wesen verantwortlich sind. Selbst jetzt, da das Humangenomprojekt offiziell als vollendet gilt, arbeiten viele Wissenschaftler weiter daran, die Geheimnisse der Funktion der Gene des Menschen zu enträtseln, um zu ergründen, wie die Gene und ihre Produkte, die Proteine, Lebensprozesse und Krankheiten hervorbringen. Ein verbessertes Verständnis menschlicher Krankheiten erfordert es, dass wir die Strukturen und die Funktionen der Proteine, die die Gene codieren, erforschen. Doch weder das Genom noch das Proteom sind ein deterministisches Computerprogramm, das unsere Gesundheit und unser Leben langfristig vorhersagt. Die Entschlüsselung der Geheimnisse des Humangenoms und des Humanproteoms allein machen das 21. Jahrhundert zu einer sehr aufregenden Zeit wissenschaftlicher Entdeckungen.

Ein Zukunftsszenario: Wie wir möglicherweise vom Humangenomprojekt profitieren können

Stellen Sie sich die folgende Szene des Jahres 2015, oder eines anderen Jahres der Zukunft, vor: Ein Mann kommt in eine Apotheke. Er hat kürzlich ein Medikament abgesetzt und schluckt jetzt ein anderes, aber die neue Pille hilft gegen sein Gelenkrheuma kein bisschen besser als die alte. Also sagt er zu seinem Apotheker: „Dieses Zeug ist so teuer und hilft auch nicht besser als das vorher, aber ich will's auch nicht wegschmeißen oder verschwenden." „Nun", sagt der Apotheker, „manchmal wirkt ein Medikament eben nicht bei jedem." Dieser interessante Dialog wirft ein Schlaglicht auf ein inhärentes Problem unseres heutigen Krankheitsbehandlungssystems. Manche Wirkstoffe wirken nur bei einem Teil der Patienten. Wie wird das „Jahrhundert der Biotechnologie" diesem Patienten helfen? Das Humangenomprojekt könnte vielleicht die Medizin, wie wir sie heute kennen, verändern und diesem Patienten helfen.

Viele Menschen leiden gegenwärtig unter ähnlichen Problemen wie unser Mann in der Apotheke. Die in der Apotheke frei erhältlichen oder verschriebenen Standardmedikamente für Gelenkrheuma und eine ganze Reihe von anderen medizinischen Problemen wirken nur selten bei allen Betroffenen in gleicher Weise. Genominformation hat und wird auch zukünftig zur raschen, empfindlichen und frühen Diagnose in allen Altersklassen vom Ungeborenen bis zum älteren Patienten beitragen. Im Fall des Gelenkrheumas (Arthritis) wissen wir, dass es unterschiedliche Formen der Krankheit mit ähnlicher Symptomatik gibt.

Neuere genetische Untersuchungen haben gezeigt, dass diese unterschiedlichen Ausprägungen der Krankheit von verschiedenen Genen ausgehen. Ein verbessertes Verständnis von genetisch beeinflussten Krankheiten wie der Arthritis wird – so die Hoffnung – zu einer verbesserten vorbeugenden Medizin führen, die gesündere Lebensstile nach sich zieht und neue, sicherere und wirkungsvollere Behandlungsstrategien zur Heilung von Krankheiten.

Fragen wir uns, wie die Identifizierung der Gene, die Arthritis verursachen, unserem gedachten Patienten helfen kann. Von Anbeginn an hat das Humangenomprojekt Dividenden in Form von Fähigkeiten zur Identifizierung und Diagnose von Krankheitszuständen abgeworfen. Die Identifizierung von Krankheitsallelen von Genen hat die Wissenschaftler und die Ärzte in die Lage versetzt, ihre Patienten nach einer breiten Vielzahl erblicher Erkrankung zu durchmustern. Diese Durchmusterungsfähigkeit wird in der Zukunft noch zunehmen. Ein Gebiet, von dem erwartet wird, dass es in großem Maße bei der Diagnose von Erbkrankheiten hilfreich sein wird, werden Anwendungen sein, die **Einzelnucleotidpolymorphismen** (SNPs: „single nucleotide polymorphisms") beinhalten. SNPs sind Einzelnucleotidaustausche im Erbgut, die sich zwischen einzelnen Menschen bemerkbar machen (► Abbildung 1.10). Diese subtilen Änderungen stellen eines der häufigsten Beispiele für genetische Variation unter den Menschen dar.

SNPs stellen Variationen in den Sequenzen dar, die beinflussen, wie wir etwa auf Stress und Krankheit reagieren, und SNPs sind die Ursache für Erbkrankheiten wie die Sichelzellanämie. Die meisten Wissenschaftler glauben, dass SNPs ihnen dabei helfen werden, einige der Gene dingfest zu machen, die an medizinischen Zuständen wie Gelenkrheuma, Schlaganfällen, Krebs, Herzkrankheiten, Zuckerkrankheit und emotionalen und Verhaltenskrankheiten sowie an zahlreichen anderen Krankheiten beteiligt sind. Eines der Ziele des Humangenomprojektes ist es, SNPs zu identifizieren und SNP-Karten des Humangenoms zu erstellen.

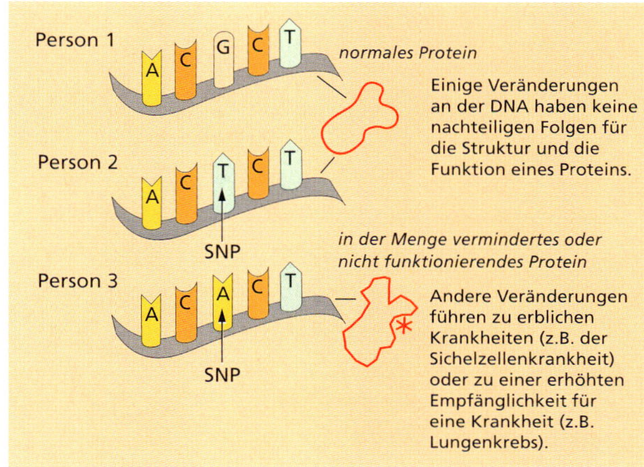

Abbildung 1.10: Einzelnucleotidpolymorphismen (SNPs). Ein kurzer Abschnitt einer Gensequenz dreier Personen ist dargestellt. Aus Gründen der Vereinfachung ist nur einer der Stränge der DNA abgebildet. Beachten Sie, dass die Person Nr. 2 einen SNP dieses Gens aufweist, der keine Folgen für die Struktur und somit die Funktion des betreffenden Genproduktes (Protein) hat. Person Nr. 3 weist jedoch einen anderen SNP dieses Gens auf. Diese subtile Veränderung an dem Gen könnte beispielsweise dazu führen, dass diese Person auf einen Medikamentenwirkstoff anders reagiert, oder sie könnte die Wahrscheinlichkeit verändern, dass Person Nr. 3 eine Erbkrankheit entwickeln wird.

Das Absuchen der eigenen DNA nach SNPs ist ein Weg, um Krankheitsallele zu identifizieren, die eine Person möglicherweise in sich trägt. Ein Weg, dies zu tun, besteht darin, die DNA aus einer kleinen Menge Patientenblut zu isolieren und dieses Erbgut dann auf ein **DNA-Mikroarray** – auch „**Gen-Chip**" genannt – aufzutragen. Wie Sie in Kapitel 3 lernen werden, enthalten solche Mikrochips Tausende kurzer DNA-Sequenzen. Mit der Hilfe ausgefeilter Computeranalyseprogramme können Wissenschaftler das Bindungsverhalten der DNA des Patienten und der DNA auf dem Mikroarray abgleichen und so auf das SNP-Muster des Patienten schließen. So können beispielsweise Forscher solche Gen-Chips einsetzen, um die DNA eines Patienten auf Allele hin zu untersuchen, die in einem Krankheitszustand wie dem Gelenkrheuma exprimiert werden.

Die Aufdeckung der Einzelnucleotidpolymorphismen ist die Grundlage für das Feld der so genannten **Pharmakogenomik**, eines neuen Teilgebietes der Biotechnologie, das noch in den Kinderschuhen steckt. Die Pharmakogenomik ist wahrhaftig eine maßgeschneiderte Medizin. Sie beinhaltet die maßgeschneiderte medikamentöse Therapie und Behandlungsstrategien auf der Grundlage des genetischen Profils des Patienten – die Heranziehung der Erbinformation, um die wirkungsvollste und spezifische Behandlung zu bestimmen. Vermag die Phamakogenomik eines schönen Tages einige unserer medizinischen Probleme zu lösen? Zum jetzigen Zeitpunkt können die Ärzte nur darüber spekulieren. Aber eines Tages – wenn man mit den richtigen Werkzeugen und der menschlichen genetischen Information arbeitet – könnte sich das ändern.

Die Pharmakogenomik könnte unserem Rheumapatienten in der Apotheke des Jahres 2015 helfen. Wir wissen, dass das Gelenkhreuma eine Erkrankung ist, die bei einigen Betroffenen ein familiäres Vererbungsmuster zeigt, und dass – wie früher erwähnt – eine Reihe unterschiedlicher Gene an den verschiedenen Ausprägungsformen der Krankheit beteiligt ist. In vielen anderen Fällen von Arthritis sieht man kein solches vererbliches Schema. Vielleicht gibt es noch andere Gene oder nichtgenetische Faktoren, die hier am Werk sind. Ein einfacher Bluttest bei unserem imaginativen Patienten könnte zur Erstellung einer Probe für die Untersuchung seiner Einzelnucleotidpolymorphismen durch Gen-Chipanalyse dienen. SNPs und Gen-Chipdaten könnten dann verwendet werden, um zu ermitteln, welche Gene an der Form des Rheumas, an der er leidet, beteiligt sind. Mit diesem genetischen Wissen ausgestattet könnte ein Arzt einen medikamentösen Behandlungsverlauf entwickeln, der – auf der Grundlage der beteiligten Gene – spezifisch und höchst effektiv für die Spielart der Arthritis ist, an der unser Patient leidet. Ein anderer Patient mit einem verschiedenen genetischen Profil könnte für seine besondere Form der Arthritis ein anderes Behandlungsschema durchlaufen. Dies ist der Traum von einer Pharmakogenomik in der Praxis. Es wurde bereits vorhergesagt, dass schließlich für jeden Menschen eine vollständige Abrasterung seines Erbgutes vorliegen wird, um Informationen für nützliche und spezifische Behandlungen zu liefern. Natürlich muss ein solches Durchmustern auf Gene, die mit bestimmten medizinischen Zuständen verbunden sind, in einer ethischen Art und Weise durchgeführt werden, mit richtigen Sicherheitsmaßnahmen und Integration in das Gesundheitsversorgungssystem (► Abbildung 1.11).

Das gleiche Prinzip der Pharmakogenomik wird auf eine ganze Reihe anderer Krankheiten des Menschen angewendet werden, wie zum Beispiel Krebs. Wie Sie vermutlich schon wissen, können viele heute eingesetzte Wirkstoffe zur Behandlung verschiedener Arten von Krebs durch **Chemotherapie** gegen Krebszellen Wirkung zeigen, aber typischerweise auch normale Zellen beeinträchtigen. Haarausfall, Austrocknen der Haut, Veränderungen im Blutbild und Übelkeit sind Nebenwirkungen der Chemotherapie auf normale (gesunde) Zellen des Körpers. Was aber, wenn Wirkstoffe, die gegen Krebszellen wirken, so entworfen werden könnten, dass sie keine Wirkung auf normale Zellen in anderen Geweben hätten? Dies wird vielleicht möglich werden, wenn die genetischen Ursachen der Krebsentstehung besser verstanden sind und Wirkstoffe auf der Grundlage der Genetik der verschiedenen Krebsformen entworfen werden können. Darüber hinaus könnten SNP- und Gen-Chipinformationen ebenfalls genutzt werden, um das Risiko abzuschätzen, dass eine bestimmte Person an einer bestimmten Form von Krebs erkrankt, besonders dann, wenn ein familiärer Hintergrund mit Krebserkrankungen vorliegt, bevor eine Person Krankheitssymptome entwickelt. Solche Informationen können genutzt werden, um dabei zu helfen, dass eine Person Änderungen in ihrem Lebensstil herbeiführt, wie die Ernährung und körperliche Aktivitätsgewohnheiten, die wichtig für die Vermeidung von Krankheiten sein könnten.

Abbildung 1.11: Geheimnisse des menschlichen Erbgutes. In der Zukunft werden wir über ein nie da gewesenes Wissen über unsere genetische Veranlagung verfügen, einschließlich der SNPs und anderer Marker für genetisch bedingte Krankheiten. Können Sie sich mögliche ethische, rechtliche und soziale Folgen des Vorliegens solcher Informationen vorstellen?

Zusätzlich zu den Fortschritten in der medikamentösen Behandlung ist die **Gentherapie** eine Hoffnung auf eine ultimative Strategie im Kampf gegen Erbkrankheiten. Die Gentherapie versucht, funktionsgestörte Gene zu ersetzen und ihren Defekt anders auszugleichen, indem Kopien eines funktionstüchtigen Gens in Zellen geschleust werden (► Abbildung 1.12). Stellen Sie sich die potenzielle Kraft dieses Ansatzes vor, falls er einmal

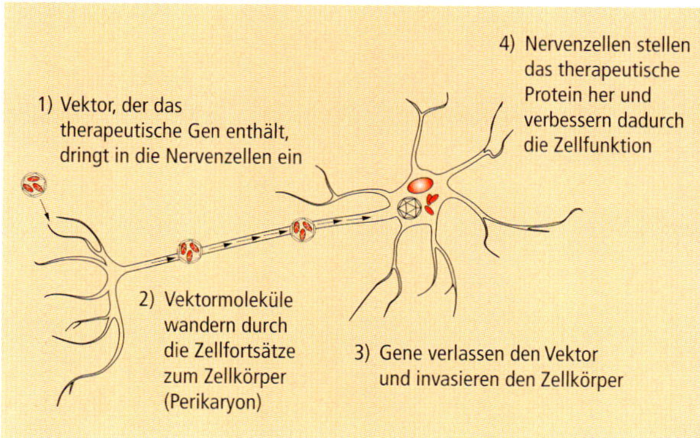

Abbildung 1.12: Gentherapie zur Behandlung von Erkrankungen des Nervensystems. In der Zukunft wird man vielleicht gentherapeutische Ansätze anwenden, um menschliche Krankheitszustände wie die Alzheimer'sche Krankheit, bei der bestimmte Nervenzellen nicht mehr richtig funktionieren, zu behandeln. In diesem (fiktiven) Beispiel werden Viren als Vektoren (Überbringervehikel) zur Einschleusung „therapeutischer" Gene in die von der Fehlfunktion betroffenen Nervenzellen verwendet, um damit die neuronale Funktionsfähigkeit zu verbessern und die Symptome der Alzheimer'schen Krankheit zu lindern oder die Krankheit zu heilen.

vollständig funktionieren würde. Die Wissenschaftler tüfteln an einer Reihe von methodischen Ansätzen, um „gesunde" Gene in die Zellen des menschlichen Körpers einzuführen, zum Beispiel mit Hilfe von Viren. Für die Behandlung einiger Blutkrankheiten sind vielversprechende Techniken entwickelt worden, ebenso für die Behandlung neurologischer Krankheitsbilder wie der Parkinson'schen Krankheit. Es müssen aber noch viele Hürden überwunden werden, bevor die Gentherapie Aussicht hat, eine sichere, praktikable, wirkungsvolle und etablierte Methode zur Behandlung von Krankheiten zu werden. Große Hindernisse verhindern bislang den Einsatz einer Gentherapie in der Behandlung von Menschen. Wie lassen sich beispielsweise Wildtypallele eines Gens in praktisch alle Körperzellen einschleusen, sollte dies notwendig sein? Welches sind die Langzeitfolgen des Einschleusens zusätzlicher Erbfaktoren in den menschlichen Körper? Was muss man tun, um sicherzustellen, dass das funktionsfähige Wildtypprotein in geordneter Weise, der richtigen Menge etc. in den Zielzellen hergestellt wird, nachdem die neuen, zusätzlichen Gene in die Zellen gelangt sind? Wie stellt man den Einbau der neuen Gene in das Erbgut sicher? Wie kontrolliert man die Kopienzahl und den chromosomalen Einbauort? Wie verhindert man, dass bei der Prozedur nicht andere Gene ge- oder zerstört werden? Wie verhindert man, dass man – wie im Fall mancher Translokationsereignisse durch illegitime Rekombination im Rahmen der Meiose – als Folge der Geneinschleusung schlimmere Krankheiten auslöst, als man zu beseitigen versucht? Wie wir in Kapitel 11 lernen werden, befinden sich die gentherapeutischen Versuche nach dem tragischen Ableben eines Patienten, an dem im Jahr 1999 eine Gentherapie versucht worden war, unter verstärkter Beobachtung (der noch minderjährige Patient litt an einer terminalen Immunschwächekrankheit und starb an einem Behandlungsfehler bei der versuchten Gentherapie, weil ihm eine viel zu große Mengen der rekombinanten Viren verabreicht worden war).

Es wird erwartet, dass in der Zukunft die **Stammzelltechnologie** ein wichtiges Werkzeug für die Behandlung und Heilung von Krankheiten darstellen wird. Wie wir in Abschnitt 1.2 kurz angerissen haben, sind Stammzellen undifferenzierte (nicht ausgereifte) Zellen, die teilungsfähig sind und sich in verschiedene Zelltypen weiterentwickeln (differenzieren) können (Haut-, Muskel-, Leber-, Nieren-, Blut-, Bauchspeicheldrüsen-, Nebennierenrindenzellen). Bei den meisten Stammzellen handelt es sich um **embryonale Stammzellen** (ES-Zellen). Einige ES-Zellen lassen sich nach der Geburt aus dem Nabelschnurblut isolieren, wenn die Nabelschnur zwischen Mutter und Säugling durchtrennt worden ist (dieses Organ wird ja weggeworfen, nachdem es nicht mehr gebraucht wird). In jüngster Zeit ist auch die Isolierung von Stammzellen aus Adultgewebe (**adulte Stammzellen**, AS-Zellen) berichtet worden.

In geeigneten Laboratorien können Stammzellen dazu gebracht werden, sich in fast jeden Zelltyp weiterzuentwickeln. Das Schicksal der Zellen hängt von der genauen Art der biochemischen Behandlung ab. Stellen Sie sich vor, im Laboratorium Hautzellen, Blutzellen, Nervenzellen und selbst Gewebe und ganze Organe anzuzüchten und diese einzusetzen, um geschädigtes Gewebe oder Organe, die den Dienst versagen, zu ersetzen, zum Beispiel die Leber, die Bauchspeicheldrüse und die Netzhaut (► Abbildung 1.13). Diesen Ansatz bezeichnet man mit dem Ausdruck **regenerative Medizin**. In der Zukunft werden die Wissenschaftler vielleicht in der Lage sein, Stammzellen aus Patienten mit Erbkrankheiten zu isolieren, diese Zellen durch Gentherapie zu verändern (ihre Funktion zu restaurieren) und sie dann in den Patienten, aus dem sie entnommen worden waren, zurückzuverpflanzen, um damit die Erbkrankheit zu behandeln. Einige dieser Arbeiten sind bereits heute durchführbar und diese Techniken werden im „Jahrhundert der Biotechnologie" noch weiterentwickelt werden.

Wir hoffen, dass die Beispiele in diesem Abschnitt geeignet waren anzuzeigen, dass es tatsächlich Fort-

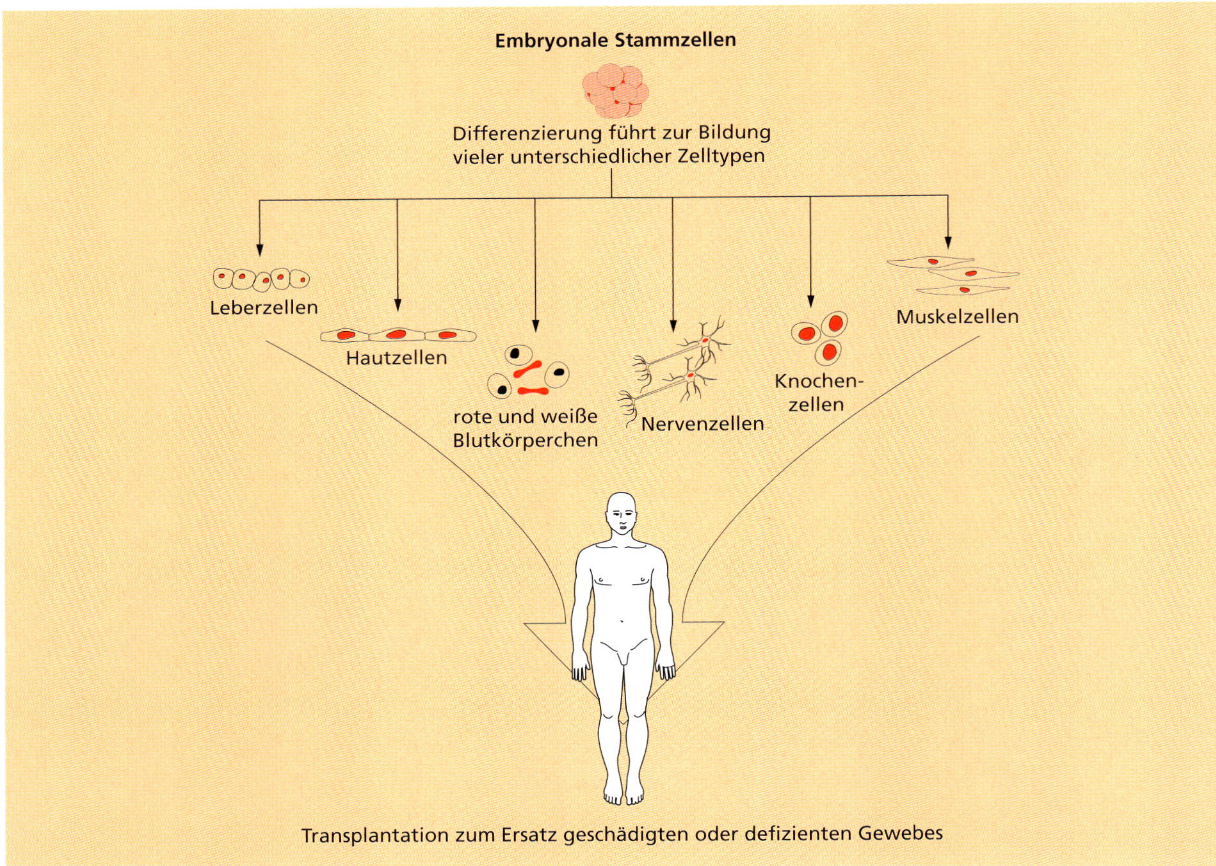

Abbildung 1.13: Embryonale Stammzellen können viele Typen differenzierter Zellen hervorbringen. Embryonale Stammzellen werden, wie der Name sagt, aus Embryonen oder frühen Föten gewonnen. Embryonale Stammzellen sind noch nicht ausgereifte Zellen, die durch Signalstoffe im Körper dazu angeregt werden, sich zu teilen und zu einer mehr oder minder großen Vielfalt spezialisierter Zellen weiterzuentwickeln (zu differenzieren). Viele Wissenschaftler setzen große Hoffnungen in das medizinische Anwendungspotenzial embryonaler Stammzellen, zum Beispiel bei Transplantationen, um geschädigtes oder anderweitig funktionell beeinträchtigtes Gewebe zu ersetzen, doch ist der Einsatz dieser Zellen sehr umstritten und die meisten Anwendungen noch spekulativ.

schritte in der medizinischen Biotechnologie gibt. Krankheitszustände wie die Sichelzellenanämie, die aus der Mutation einzelner Gene resultieren, sind die einfachsten Zustände, um Therapien zu entwickeln. Genetische Zustände mit einer Multigengrundlage und multifaktoriellen Einflüssen wie der Ernährung, der Umwelt, der körperlichen Aktivität und Stress werden wegen der Komplexität der Multigenwechselwirkungen schwieriger zu verstehen und zu behandeln sein. Die Pharmakogenomik, die Gentherapie und die Stammzelltechnologie sind nicht Antworten auf *alle* genetischen Probleme, aber mit fortwährenden raschen Fortschritten in der genetischen Technologie werden viele scheinbar unüberwindbare Probleme vielleicht in der Zukunft nicht so unüberwindbar bleiben. An dieser Stelle haben wir nur Beispiele für medizinische Anwendungen im „Jahrhundert der Biotechnologie" gegeben, aber in den nachfolgenden Kapiteln werden Sie etwas über aufregende Anwendungen aus anderen Bereichen der Biotechnologie lernen, die möglicherweise unser Leben zum Besseren wenden werden. Wir beschließen unsere Einführung in die Welt der Biotechnologie mit einer Diskussion der Karrieremöglichkeiten in der Industrie.

1.4 Die Menschen hinter der Biotechnologie

Wie wird sich die Welt auf das „Jahrhundert der Biotechnologie" vorbereiten? Neuere Errungenschaften des Humangenomprojektes haben ein Spektrum neuer Möglichkeiten für Biotechnologiefirmen und Einzelpersonen, die eine Anstellung in der industriellen Biologie suchen, eröffnet (► Abbildung 1.14). Eine Herausforderung wird darin bestehen, Menschen auszubilden, die in der Lage sind, die sich auftürmenden Berge genetischer Informa-

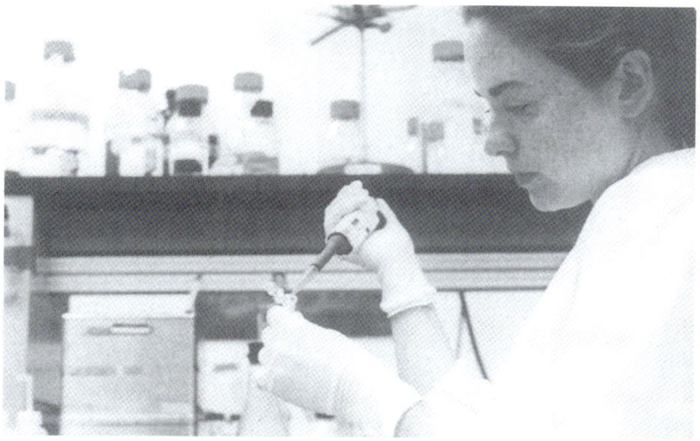

Abbildung 1.14: Die Biotechnologieindustrie offeriert für Wissenschaftler unterschiedlicher Spezialisierung interessante Möglichkeiten. Vom Biologen über den Chemiker bis zu Ingenieuren, Informatikern und Verkaufs- und Werbefachleuten bietet die biotechnologische Industrie eine breite Palette von Hochtechnologiebeschäftigungen. Auf dem Bild ist eine fortgeschrittene Studentin zu sehen, die mit einem biotechnologischen Forschungsprojekt befasst ist. Das Sammeln von praktischer Laborerfahrung als Student, wie es in Deutschland in den zahlreichen obligatorischen Praktika üblich ist, ist eine ausgezeichnete Vorbereitung auf eine Laufbahn in der Biotechnologie.

tionen auszuwerten und relevante Schlussfolgerungen über die verwickelten Beziehungen zwischen Genen, Gesundheit und Gebrechen zu ziehen.

Biotechnologen müssen sich mit Informationen aus verschiedenen Quellen wie zum Beispiel DNA-Sequenzdaten, Genexpressionsdaten aus Gen-Chipexperimenten, Daten aus Computermodellen der Proteinstrukturanalyse und chemischen Daten aus der Untersuchung von Molekülstrukturen befassen (je nach konkreter Spezialisierung). Die Biotechnologieindustrie wünscht sich Mitarbeiter, die komplexe Datenpakete analysieren und ihr Wissen anderen mitteilen können, um damit Probleme zu lösen. Das biotechnologische Personal ist abhängig von wichtigen Beiträgen talentierter Menschen in vielen unterschiedlichen Teilgebieten der Wissenschaft.

Biotechnologiefirmen finden sich überall auf der Welt. Man zählt heute über 4900 Firmen in 54 Ländern. Einige der gegenwärtig weltweit führenden Biotechnologiefirmen sind auch in Deutschland angesiedelt (► Abbildung 1.15). Über die Situation der biotechnologischen Industrie in Deutschland informieren zum Beispiel die Internetseiten des „Bundesministeriums für Bildung und Forschung" (BMBF; **http://www.bmbf.de**), des „Verbandes der chemischen Industrie" (VCI; **http://www. vci.de**) sowie der „Biotechnologie-Industrie-Organisation Deutschland e. V." (**http://www.biodeutschland.org**).

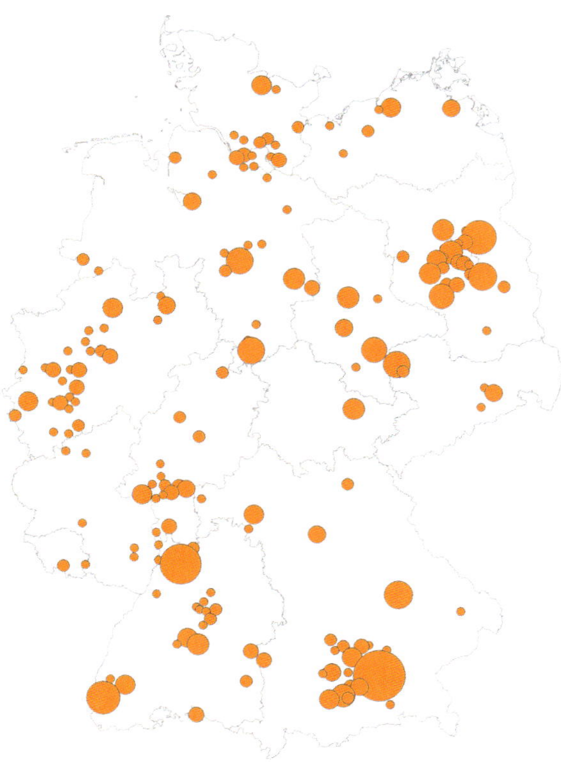

Abbildung 1.15: Geografische Verteilung der Biotechnologieunternehmen in Deutschland. In einer Studie des Bundesministeriums für Bildung und Forschung (Stand März 2006) wurden 480 dezidiert biotechnologische Unternehmen in Deutschland erfasst (Quelle: Biocom / www.biotechnologie.de).

Arbeitsplätze in der Biotechnologie

Die Biotechnologieeindustrie in den USA beschäftigt über 180.000 Mitarbeiter. Für Deutschland gibt die „Deutsche Industrievereinigung Biotechnologie" (DIB) für das Jahr 2005 rund 13.000 Beschäftigte in „dezidierten" Biotechnologiefirmen sowie weitere rund 11.000 in „innovativ biotechnologisch aktiven" Unternehmen (Firmen der Chemie- und Pharmabranche etc.) an. Die von diesem Interessensverband weltweit ermittelten 4203 Biotechnologieunternehmen verteilen sich folgendermaßen auf die Kontinente: USA 1415; Europa 1613; asiatisch-pazifischer Raum 716. Die Biotechnologiebetriebe bieten zahlreiche Beschäftigungsmöglichkeiten, zum Beispiel für Laborpersonal im Bereich Forschung und Entwicklung, Computerprogrammierer sowie Verkaufs- und Werbefachleute. Alle sind für die biotechnologische Industrie unabdingbar. In diesem Kapitelabschnitt werden wir einige dieser in der Biotechnologiewirtschaft verfügbaren Tätigkeitsfelder näher betrachten.

Forschung und Entwicklung

Im Bereich Forschung und Entwicklung beschäftigte Personen sind unmittelbar mit der Entwicklung neuer Produkte und/oder Verfahren befasst. Von der größten bis zur allerkleinsten Biotechnologiefirma findet man in allen einige Mitarbeiter, die sich mit Forschung und Entwicklung beschäftigen. Im Durchschnitt wenden Biotechnologieunternehmen mindestens viermal mehr Geld für Forschung und Entwicklung auf als jeder andere Zweig der Hochtechnologieindustrie. Im Fall einiger Firmen belaufen sich die Aufwendungen für Forschung und Entwicklung auf beinahe 50% des Betriebsetats. Forschung und Entwicklung ist für die meisten Firmen lebenswichtig – ohne neue Entwicklungen könnten die Firmen keine neuen Produkte hervorbringen. Die Mehrzahl der Positionen im Bereich Forschung und Entwicklung erfordert mindestens eine einschlägige Berufsausbildung oder einen akademischen Abschluss in einer naturwissenschaftlichen oder technischen Disziplin; dies gilt insbesondere für die zahlreichen vergleichsweise kleinen Unternehmen in Deutschland (► Abbildung 1.16). **Laboranten** führen unter Anleitung eines Wissenschaftlers Routinearbeitsgänge durch. Diese Tätigkeiten sind für gewöhnlich im Produktionsbereich angesiedelt (zum Beispiel Entnahme und Analyse von Proben zur Sicherstellung des korrekten Prozessablaufs). **Technische Assistenten** arbeiten im Labor eng mit den leitenden Wissenschaftlern zusammen. Ihnen obliegt die Durchführung eines Großteils der Experimente und Messungen. Daneben erfüllen sie oft zusätzliche verantwortungsvolle Aufgaben wie Sicherstellung des notwendigen Nachschubs an Chemikalien, Geräten und so weiter. Eine Beschäftigung als technische/r Assistent/in erfordert einen Abschluss einer entsprechenden Berufsfachschule (3-jährige Ausbildung) oder einen „Bachelor"-Abschluss einer Hochschule. Für eine Tätigkeit als **Forscher** oder/und **Entwickler** ist mindestens ein Hochschulabschluss der Stufe Diplom oder Master notwendig. Oft sind in Forschung und Entwicklung beschäftigte Mitarbeiter promoviert. Diese Wissenschaftler arbeiten im Labor und führen zumindest einen Teil der Experimente selbst aus (oft in enger Kooperation mit technischen Assistenten). Ihnen obliegt die Planung und Auswertung von Experimenten und kompletten Forschungs- und Entwicklungsprojekten. Mehrere solcher forschender Wissenschaftler arbeiten in der Regel unter der Leitung eines anderen Wissenschaftlers, der die Position eines Abteilungsleiters bekleidet. Die Laborwissenschaftler müssen zur Planung und Bewertung der eigenen Arbeiten die Primärliteratur in akademischen Fachzeitschriften verfolgen, technische Berichte für die Geschäftsleitung abfassen, Versuchsprotokolle über die Arbeiten in den Laboratorien führen und anderes mehr.

Abteilungsleiter oder **Forschungsleiter** sind in der Regel promovierte Wissenschaftler mit mehrjähriger Berufserfahrung in der Forschung und oft auch in Managementpositionen. Diese Mitarbeiter planen die generelle Ausrichtung der Entwicklungstätigkeit des Unternehmens. Zu ihrem Aufgabenbereich gehört die Planung und Überwachung der allgemeinen Forschungs- und Entwicklungstätigkeiten. Sie vertreten die Forschungs- und Entwicklungsabteilung gegenüber dem Vorstand des Unternehmens, Behörden und der Öffentlichkeit. Des Weiteren sind sie maßgeblich an der patentrechtlichen Sicherung von Erfindungen beteiligt. Für die Unternehmensleitung verfassen sie Statusberichte, Anträge auf Mittel; des Weiteren beraten sie die Führung des Unternehmens. Die genaue Tätigkeitsbezeichnung für diese wie für andere genannte „Jobs" kann sich von Firma zu Firma unterscheiden. Falls Sie sich für neue wissenschaftliche Entdeckungen und Entwicklungen interessieren, ist der Bereich Forschung und Entwicklung aber jedenfalls ein interessantes Betätigungsfeld. Aus solchen Positionen steigen oft auch (akademisch qualifizierte) Mitarbeiter in die Unternehmensführung auf.

Das sich sehr schnell entwickelnde Feld der **Bioinformatik** – der Einsatz von Computern zur Analyse und Speicherung von biologischen Daten wie beispielsweise DNA- und Proteinsequenzen – erfordert ein tiefes Verständnis der Computertechnik, insbesondere der Programme, Betriebssysteme und Computernetzwerke, sowie der Statistik und natürlich Grundlagen der allgemeinen Biologie. Bis in die jüngste Vergangenheit waren

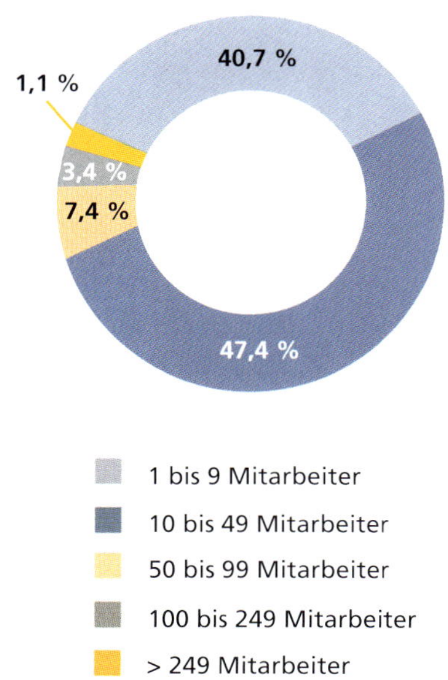

Abbildung 1.16: Mitarbeiterzahl bei den Biotechnologieunternehmen in Deutschland. Die meisten Biotechnologieunternehmen in Deutschland sind noch vergleichsweise klein; etwa 45 Prozent der Mitarbeiter sind mit Promotion oder höher qualifiziert (Quelle: Biocom / www.biotechnologie.de).

viele Bioinformatiker entweder Informatiker, die sich etwas Molekularbiologie angeeignet hatten, oder (Molekular)Biologen, die sich Zusatzkenntnisse über die elektronische Datenverarbeitung und -auswertung erworben hatten. Heute werden Informatikstudenten aktiv auf das Feld aufmerksam gemacht und ermuntert, Vorlesungen und Kurse in Biotechnologie, Genetik und ähnlichen relevanten Fächern zu besuchen. Ebenso gehört eine Ausbildung in den Grundlagen der Informatik zum Studienplan angehender Biotechnologen. Einige Hochschulen haben einen eigenständigen Studiengang im Fach Bioinformatik eingerichtet; Informationen mit Verweisen zu den einzelnen Hochschulen im deutschen Sprachraum, die diese Möglichkeit anbieten, finden Interessierte hier: **http://www.bioinformatik.de**.

Zur Bewältigung der gewaltigen Datenmengen zum Beispiel aus dem Humangenomprojekt war eine Verschmelzung von Molekulargenetik und Informatik notwendig. Gleiches gilt sinngemäß für andere Genomprojekte sowie für deren übergeordnete vergleichende Auswertung. Bioinformatiker werden benötigt, um die riesigen Megen an Sequenzinformationen (DNA, Proteine etc.) zu ordnen, in Datenbanken zusammenzufassen, auszuwerten und anderen zugänglich zu machen. Die Erbinformation allein des Menschen umfasst über drei Milliarden Basen(paare), und jeden Tag werden weitere Hunderttausende von Basen(paaren) an Sequenzinformation, die aus allen möglichen Lebensformen gewonnen werden, in Datenbanken abgeladen. Man benötigt schnelle Computer und gut entwickelte spezielle Programme für die Verwaltung und Analyse dieser Datenmengen. Wie verhindert eine Biotechnologiefirma, dass sie in diesem „Meer der Information“, dessen Pegel noch dazu immer weiter ansteigt, ertrinkt?

Widerstandsfähige Datenbergungs- und Datenverwaltungssysteme sind gerade erst dabei, den Biotechnologiemarkt zu erobern. Um sich die Größenordnung der Aufgabe zu verdeutlichen, wollen wir einen Vergleich anstellen: Eine Finanzdatenbank einer Großbank verwaltet vielleicht 100 Zahlenkolonnen, die unterschiedliche Konten, Kunden oder Ähnliches darstellen. Jede Kolonne soll eine Million Zeilen enthalten. Eine große pharmazeutische Datenbank umfasst im Vergleich dazu bis zu 30 000 Kolonnen (die vielleicht einzelne Gene darstellen) von nur je 40 Zeilen Umfang (Patientendaten o. Ä.). Programme zur Erstellung von Computermodellen wie Entscheidungsbäume oder sog. neuronale Netze werden von Bioinformatikern ebenfalls stark genutzt, beispielsweise für die statistische Korrelation zwischen Einzelnucleotidpolymorphismen und einem Krankheitszustand. Falls Ihr Interesse dahin geht, biologische Vorgänge am Computer zu ergründen, ist vielleicht die Bioinformatik ein interessantes Berufsfeld.

Herstellung und Weiterverarbeitung

Die Herstellung von Produkten ist ein gemeinsames Merkmal aller biotechnologischer Unternehmen, denn eine Firma muss ja irgendein Produkt anbieten. Die Einzelheiten der hier zum Tragen kommenden Tätigkeitsfelder sind jedoch spezifisch für das oder die von der betreffenden Firma hergestellte/n Produkt/e. Tätigkeiten auf dem Einstiegsniveau in diesem Bereich sind Lagerverwalter, die Rohstoffe lagern und verwalten, und Produktionsassistenten. Aufsichts- und Leitungsfunktionen erfordern auch in diesem Bereich regelmäßig einen Fachhochschul- oder Hochschulabschluss (Diplom, Master, Bachelor) in Verbindung mit mehrjähriger Berufserfahrung im Produktionsbereich, vorzugsweise in einem Betrieb, der gleiche oder ähnliche Produkte hergestellt hat. Herstellung und Weiterverarbeitung sind die Arbeitsfelder von Ingenieuren verschiedener Spezialisierungsrichtungen (Verfahrenstechnik, Maschinenbau etc.).

Qualitätssicherung und Qualitätskontrolle

Wie Ihnen Kapitel 12 noch im Einzelnen vor Augen führen wird, sind die meisten biotechnologischen Produkte starker Reglementierung und Überwachung durch Regierungen und Behörden unterworfen. In Deutschland sind das zum Beispiel das Robert-Koch-Institut (RKI; **http://www.rki.de**) im Bereich Medikamente und Impfstoffe, das Umweltbundesamt (**http://www.umweltbundesamt. de**), die Regierungspräsidien der Regierungsbezirke, in denen die Firmen ihren Sitz haben, die Gewerbeaufsichtsämter und andere mehr (zum Beispiel die Europäische Union). Diese wachen über die Einhaltung der gesetzlichen Bestimmungen, der Arbeitsschutzbestimmungen und so weiter. Wie bereits zuvor erörtert, besteht die generelle Aufgabe der Qualitätssicherung darin, die gleichmäßige und den Bestimmungen entsprechende Qualität der Endprodukte des Unternehmens zu garantieren. Qualitätskontrollen werden durchgeführt, um sicherzustellen, dass die Produkte, aber auch die zur Herstellung eingesetzten Roh- und Hilfsstoffe die geforderten Qualitätskriterien erfüllen (Reinheit, Wirkstoffgehalt, Freiheit von Krankheitserregern, Fremdstoffen etc.). Neben der Sicherstellung, dass die Rohstoffe und die Produkte sowie der gesamte Produktionsablauf die geforderten Standards erfüllen, sind die Mitarbeiter der Bereiche QS und QK auch für die korrekte Dokumentation der Abläufe, der Produktchargen, der Rohstoffherkunft sowie ggf. für aufgetretene Zwischenfälle zuständig. Zu den Tätigkeiten auf dem Einstiegsniveau im Bereich der Qualitätssicherung/-kontrolle gehört die Tätigkeit als Validierungstechniker, Dokumentar und Qualitätskontrollinspektor. Hierfür ist in der Regel ebenfalls ein Hochschulabschluss mindestens auf dem Bachelor-Niveau notwendig. Leitungsfunktionen erfordern auch hier höhere Abschlüsse.

Werbung und Vertrieb

Die Werbung für und der Vertrieb von unterschiedlichen biotechnologischen Produkten vom medizinischen Instrument bis zum Medikament ist ein kritischer Bereich jedes Unternehmens und jedes Teilbereichs der industriellen Biologie. Die meisten Menschen, die in solchen Betrieben im Bereich Werbung/Marketing und Vertrieb tätig sind, haben einen ersten Abschluss in einer naturwissenschaftlichen Disziplin und sind mit den Abläufen und Hintergründen der Biotechnologie zumindest grundlegend vertraut. Oft ist diese Qualifikation mit einer weiteren im Bereich Betriebswirtschaft, Marketing o. Ä. verbunden. Verkäufer und Vertreter (Pharmareferenten u. Ä.) besuchen Endkunden, um die Produkte der Firma, die sie vertreten, anzupreisen. **Werbefachleute** entwerfen Werbekampagnen und Werbematerialien (Prospekte, Anzeigen, Plakate usw.), um mögliche Kunden auf die Produkte und das Unternehmen aufmerksam zu machen. Verkäufer und Werber besuchen häufig Messen und Tagungen. Ein Verständnis für wissenschaftliche Zusammenhänge ist von Bedeutung, weil die Fähigkeit, Fragen potenzieller Kunden beantworten zu können, ein wesentlicher Bestandteil des Tätigkeitsprofils ist.

Gehälter in der Biotechnologie

Menschen, die in der Biotechnologieindustrie arbeiten, machen manchmal grundlegende Entdeckungen, die helfen, Krankheiten zu bekämpfen, die Nahrungsmittelproduktion zu verbessern, die Umwelt von Verschmutzungen zu befreien und Herstellungsprozesse effizienter und profitabler zu machen. Obwohl der Einsatz von Lebewesen zur Verbesserung des menschlichen Lebens eine uralte Praxis ist, ist die Biotechnologieindustrie gerade einmal ungefähr 25 Jahre alt. Als ein in der Entwicklung befindlicher Industriezweig bietet die biotechnologische Industrie ihren Angestellten Gehälter und Sonderleistungen, die mit anderen Industriezweigen wie dem chemischen oder pharmazeutischen vergleichbar sind. Die Angestellten berichten auf allen Ebenen oft von einem hohem Maß an Zufriedenheit mit ihrer Tätigkeit.

Die Bezahlung von Biologen, die in der Wirtschaft arbeiten, ist im Allgemeinen etwas höher als die im Fall einer vergleichbaren Position im öffentlichen Dienst (Hochschule, Behörde, öffentliches Forschungsinstitut). Dabei muss man jedoch immer sorgfältig zwischen Brutto- und Nettogehalt unterscheiden! Auch müssen andere Vergünstigungen, wie sie beispielsweise beamtete Wissenschaftler genießen, in die Bilanz einbezogen werden. Wissenschaftler in der biotechnologischen Industrie gehören – zumindest in den USA – zu den am besten bezahlten naturwissenschaftlichen Hochschulabsolventen. Im Jahr 2000 betrugen die Aufwendungen der biotechnologischen Betriebe für Lohn und Gehalt allein in Kalifornien rund 13 Milliarden US-Dollar. In diesem Jahr haben die fünf kommerziell weltweit führenden Biotechnologiefirmen im Durchschnitt 89.400 US-Dollar für jeden ihrer Mitarbeiter aufgewendet. Man vergesse dabei jedoch nicht, dass in einen solchen Mittelwert sowohl die Löhne der Arbeiter wie die Spitzengehälter von Vorstandsmitgliedern einfließen! Die Spanne dürfte hierbei nicht wesentlich kleiner ausfallen als die zwischen einem Kassierer einer Bank und einem Vorstand derselben Bank.

Nach einer Umfrage unter mehr als 400 Biotechnologiefirmen, die von der Radford-Abteilung der Firma AON-Consulting durchgeführt worden ist, bekamen promovierte Biologen und Chemiker ohne industrielle Berufserfahrung durchschnittliche Jahresanfangsgehälter von 55.700 US-Dollar. Dieser Wert entspricht, in Euro umgerechnet, in der Größenordnung dem, was die Gesellschaft Deutscher Chemiker (GDCh) zu Beginn des neues Jahrtausends als durchschnittliche Einstiegsgehälter für promovierte Chemiker in der deutschen Großindustrie bekanntgegeben hat. Wissenschaftler in Leitungsfunktionen – von denen es in jeder Firma jedoch natürlich nur einige wenige gibt – verdienten nach der Umfrage der US-Unternehmensberatungsfirma AON durchschnittlich mehr als 120.000 US-Dollar. Für diplomierte Mitarbeiter ohne Promotion betrug das durchschnittliche Jahresgehalt 40.600 US-Dollar; dabei lag die Spanne der Gehälter dieser Kategorie zwischen 60 000 und 70.000 US-Dollar für in der Forschung Tätige, und bei durchschnittlich 32.500 US-Dollar für Mitarbeiter mit einem Bachelor-Examen. Die Schwankungsbreite für forschende Bachelor-Absolventen lag im Bereich von 52.000 bis 62.000 US-Dollar. Internetseiten, die über Gehälter in der Biotechnologie Auskunft geben, sind am Ende des Kapitels aufgelistet.

Anwerbungstrends in der biotechnologischen Industrie

Die Karriereaussichten in der Biotechnologie gelten als gut. Die Industrie hat ihre Größe seit 1992 mehr als verdreifacht und die weltweiten Unternehmenserträge sind von ca. 8 Milliarden US-Dollar im Jahr 1992 auf fast 28 Milliarden Dollar im Jahr 2001 angestiegen. Als Folge dieses Wohlstands haben die biotechnologischen Unternehmen der USA in den Jahren von 1995 bis 1999 – dem jüngsten Zeitraum, für den Daten vorliegen – ihre Gesamtbelegschaft um 48,5 % aufgestockt. Es wird erwartet, dass dieser Trend anhält. Biotechnologieunternehmen und Forschungsinstitute haben entdeckt, dass sie besser dran sind, wenn sie Tätigkeiten auf dem Niveau eines technischen Assistenten mit Leuten besetzen, die eine speziell auf das Tätigkeitsfeld ausgerichtete Ausbildung durchlaufen haben, als dafür überqualifizierte diplomierte oder gar promovierte Mitarbeiter anzuheuern. Viele Personalsachbearbeiter und spezialisierte Rekrutierungsfirmen gaben an, dass es eine stark angewachsene Zahl von Stellen im Bereich Bioinformatik, Proteomik und Genomforschung gibt.

Ebenfalls als gut eingeschätzt wird der Arbeitsmarkt für Wissenschaftler in der Wirkstoff- und Medikamentenforschung. Große Biotechnologiefirmen – egal, wo sie angesiedelt sind – berichten, dass sie in raschem Wachstum begriffen sind und dass praktisch in allen Bereichen und auf allen Ebenen Beschäftigungsmöglichkeiten bestehen. Im Besonderen gilt, dass die „heißen Tätigkeiten“ oftmals Rollen sind, die Wechselwirkungen innerhalb einer Gruppe erfordern, sowohl innerhalb der Firma als auch außerhalb. Partnerschaften sind im Bereich der Wirkstoff- und Medikamentenentwicklung zur Regel geworden, und entsprechende Fähigkeiten werden für alle Laufbahnen von allen Mitarbeitern in der Branche erwartet.

Ein weiterer Trend, der ein kritisches Stadium erreicht hat, ist der Bedarf an Menschen mit Kenntnissen und Fertigkeiten auf mehreren Gebieten. So kann unter Umständen eine Person mit einem Abschluss im Hauptfach Biologie und dem Nebenfach Informatik und/oder Mathematik einen entscheidenden Vorteil auf dem Arbeitsmarkt haben, besonders dann, wenn Firmen Leute mit ganz speziellen Kombinationen suchen. Dies lässt sich aber natürlich im Verlauf einer mehrjährigen Ausbildung schlechterdings nicht vorhersehen und also auch kaum planen. Die Beschäftigungsaussichten in der Biotechnologie sind tatsächlich aufregend. Die Möglichkeiten sind vorteilhaft für Individuen mit einer soliden naturwissenschaftlichen Ausbildung und guter schriftlicher wie mündlicher Ausdrucksfähigkeit in Verbindung mit einer stark entwickelten Fähigkeit, in einer Arbeitsgruppe in einem kollaborativem Umfeld zu arbeiten.

Ein Wort der Warnung ist jedoch zum Schluss angebracht: Falls Sie sich für eine akademische Ausbildung auf dem Feld der Biotechnologie entscheiden und dabei primär von den Berufsaussichten geleitet werden, sollten Sie bedenken, dass eine volle Hochschulausbildung bis zum Erreichen des Diplom- oder Masterabschlusses regelmäßig 5 Jahre oder länger dauert. Für eine zum Aufstieg in Leitungsfunktionen unabdingbare Promotion sind noch einmal – je nach Projekt, Umfeld und Glück – 3 bis 6 Jahre zu veranschlagen. Bei einer Gesamtausbildungsdauer von rund einem Jahrzehnt sind keinerlei Aussagen über den dann herrschenden Personalbedarf mehr möglich! Niemand weiß heute, ob ein heute vielversprechender Zweig der Biotechnologie in 10 Jahren noch expandieren wird oder ob eine Sättigung eingetreten ist, weil dieser Zweig der Branche seine Erwartungen und Verheißungen nicht erfüllen konnte.

ÜBUNGSAUFGABEN

Die Antworten finden Sie in Anhang A.

1. Geben Sie zwei Beispiele für historische und aktuelle Anwendungen der Biotechnologie.
2. Suchen Sie sich ein Beispiel für eine biotechnologische Anwendung aus und beschreiben Sie, wie diese Ihr Alltagsleben beeinflusst hat.
3. Beschreiben Sie, wie die Pharmakogenomik die Behandlung menschlicher Krankheiten zu beeinflussen verspricht.
4. Treffen Sie eine Unterscheidung zwischen QS und QK und erklären Sie, warum beide für biotechnologische Firmen von Bedeutung sind.

5 Suchen Sie die Internetseite des Nationalen Zentrums für Biologische Information (www.ncbinlm.nih.org) der USA auf und suchen Sie dort nach Informationen neueren Datums über adulte Stammzellen. Diese frei zugängliche Internetquelle (eine US-amerikanische Regierungsbehörde) listet die Titel und Kurzzusammenfassungen von akademischen Veröffentlichungen in Fachzeitschriften auf, die Sie dann mit etwas Glück in Ihrer Hochschulbibliothek finden werden.

6 Die Wechselwirkung mit anderen im Rahmen einer Gruppe ist in den meisten Bereichen der biotechnologischen Wirtschaft ein wichtiger Bestandteil der Tätigkeit. Wie Sie in diesem Kapitel gelernt haben, existieren innerhalb biotechnologischer Unternehmen Gruppen von Naturwissenschaftlern, Mathematikern und Informatikern mit unterschiedlichen beruflichen Hintergründen, die bei der Lösung eines Problems oder zur Erreichung eines gemeinsamen Ziels – zum Wohl der Firma – zusammenarbeiten. Die Erörterung biologischer Zusammenhänge mit anderen macht Spaß und ist nutzbringend für alle, die in einem Unternehmen an dem gleichen Problem arbeiten. Die Zusammenarbeit mit anderen Studenten im Rahmen Ihrer Hochschulausbildung ist für manche hilfreich beim Lernen und kann das Studium der Biotechnologie kurzweiliger gestalten. Die Weitergabe von erworbenem Wissen ist eine ausgezeichnete Methode, um zu ergründen, was man selbst verstanden hat und was noch nicht. Sie können die Fähigkeit zur Gruppenarbeit – Ihre eigene zusammen mit der Ihrer Kommilitonen – analysieren, indem Sie eine Studiengruppe für die nächste Klausur bilden. Wer dann die Klausur besteht, dem nützt Gruppenarbeit. Wählen Sie, wenn Sie hierarchisch veranlagt sind, einen Anführer, der die „Sitzungen" der Gruppe organisiert und der darauf achtet, dass sich die Gruppe darauf konzentriert, sich gegenseitig zu helfen. Verabreden Sie vielleicht Themen, die dann einer den anderen erklärt. Falls Sie keinen geeigneten Raum für eine solche Übung finden können, können Sie natürlich Ihre Gedanken auch per Post oder auf elektronischem Wege mit Ihren Mitstudenten austauschen. Seien Sie aber stets auf der Hut, wenn niemand anwesend ist, der eine fortgeschrittene Kompetenz besitzt und Fehler aufspüren kann! Nicht jedem liegt der Versuch, in einer Gruppe zu lernen, und es gibt sogar ernstzunehmende Bedenken, ob dies überhaupt möglich ist. Grämen Sie sich also nicht, wenn Sie Ihre Kommilitonen lieber in der Studentenkneipe als im Seminarraum treffen. Das Lernen ist eine höchst individuelle Angelegenheit, für die jeder für sich den besten Modus operandi herausfinden und kultivieren muss!

WEITERFÜHRENDE LITERATUR

Bücher

E. Alex und P. Stroz: Arbeits- und Qualifikationsanforderungen in Handlungsfeldern der Biotechnologie. Bertelsmann (2005); ISBN: 3-763-93401-4.

R. Bud : Wie wir das Leben nutzbar machten. Ursprung und Entwicklung der Biotechnologie. Vieweg (1995); ISBN: 3-5280-6627-X.

N. Campbell und J. Reece: Biologie. 6. Auflage, Pearson Studium (2006); ISBN: 3-8273-7180-5.

T. Dingermann und I. Zündorf: Gentechnik. Biotechnik. Lehrbuch und Kompendium für Studium und Praxis. Wissenschaftliche Verlagsgesellschaft (1999); ISBN: 3-8047-1597-4.

J. Gimble: Academia to Biotechnology: Career Changes at Any Stage. Academic Press (2004); ISBN: 0-12-284151-4.

K. Menrad, K. Blind und R. Frietsch: Beschäftigungspotenziale in der Biotechnologie. Irb-Verlag (2003); ISBN: 3-8167-6375-8.

R. Renneberg: Biotechnologie für Einsteiger. Elsevier (2006); ISBN: 3-8274-1538-1.

Römpp Lexikon Biotechnologie und Gentechnik. 2. Auflage, Thieme (1999); ISBN: 3-137-36402-7.

Artikel in Fachzeitschriften

J. Hulse (2004): Biotechnologies: past history, present state and future prospects. Trends in Food Science & Technology, Vol. 15: 3–18.

R. Ulber und K. Soyez (2004): Vom Wein zum Penicillin – 5000 Jahre Biotechnologie. Chemie in unserer Zeit, Band 38: 172–180.

WEB-LINKS

Weitere Informationen zu diesem Buchkapitel
http://www.pearson-studium.de

Bundesministerium für Bildung und Forschung
http://www.bmbf.de
Internetseite des für die Biotechnologie zuständigen Bundesminsteriums der Bundesrepublik Deutschland. Dort gibt es einen eigenen Biotechnologiebereich mit Informationen und Verweisen.

Biotechnologie
http://www.biotechnologie.de
Eine biotechnologische Initiative des Bundesministeriums, betrieben von der Firma Biocom AG.

Umweltbundesamt
http://www.umweltbundesamt.de
Internetseite einer der wichtigsten staatlichen Aufsichtsbehörden, die auch biotechnologische Aktivitäten beobachtet.

Europäische Föderation für Biotechnologie
http://www.efb-central.org
Die Europäische Föderation für Biotechnologie ist eine gemeinnützige Organisation aller nationalen und übernationalen wissenschaftlichen Akademien, Fachgesellschaften, Institute, Universiäten, Firmen und Personen, die ein Interesse an der Förderung der Biotechnologie überall in Europa und darüber hinaus haben.

Robert-Koch-Institut
http://www.rki.de
Das Robert-Koch-Institut (RKI) ist die oberste Seuchenkontrollbehörde Deutschlands und unter anderem auch für das Impf- und Bluttransfusionswesen zuständig.

Fraunhofer-Gesellschaft
http://www.fraunhofer.de
Internetseite der Fraunhofer-Gesellschaft für angewandte Forschung.

Info-Service Biotechnology
http://www.i-s-b.org
Informationen zur biotechnologischen Industrie, Ausbildung und Forschung in Deutschland, Europa und der Welt.

Vereinigung deutscher Biotechnologie-Unternehmen
http://www.v-b-u.org
Internetseite eines Interessenverbandes biotechnologischer Unternehmen in Deutschland.

Biologie.de
http://www.biologie.de/firmenverzeichnis
Eine Auflistung biotechnologisch arbeitender Firmen im deutschsprachigen Raum.

Biotechnologie-Industrie-Organisation Deutschland e. V.
http://www.biodeutschland.org
Internetseite eines Interessenverbandes biotechnologischer Unternehmen in Deutschland.

Verband der chemischen Industrie (VCI)
http://www.vci.de
Internetseite eines Interessenverbandes der chemischen Industrie in Deutschland.

Deutsche Gesellschaft für Chemische Technik und Biotechnologie (DECHEMA)
http://www.dechema.de
Die „Deutsche Gesellschaft für Chemische Technik und Biotechnologie" ist eine gemeinnützige wissenschaftlich-technische Gesellschaft mit Sitz in Frankfurt am Main. Sie wurde im Jahr 1926 gegründet. Mehr als 5.000 Naturwissenschaftler, Ingenieure, Firmen, Organisationen und Institute gehören ihr heute als Mitglieder an.

Die Humangenomorganisation
http://www.hugo-international.org
Offizielle Internetseite des internationalen Humangenomkonsortiums.

Nature Biotechnology
http://www.nature.com/nbt/index.html
Internetseite einer der weltweit am höchsten eingestuften biotechnologischen Fachzeitschrifen. Um den gesamten Inhalt der aktuellen Ausgaben einsehen und Artikel laden zu können, benötigt man ein (teures) Abonnement, aber ein Blick auf das Inhaltsverzeichnis gibt einen Einblick in die gegenwärtig „heißen" Forschungsthemen. Der gesamte Inhalt aller Ausgaben, die älter als ein Jahr sind, ist einsehbar und kostenlos als pdf-Dateien lad- und druckbar!

Biotechnology Institute
http://www.biotechinstitute.org
US-amerikanisches staatliches Institut zum Zweck der Bewusstseinsbildung und der Verbesserung des Verständnisses der Biotechnologie.

Gene und Genome – Eine Einführung

2

ÜBERBLICK

Nachdem Sie dieses Kapitel durchgearbeitet haben, sollten Sie in der Lage sein:

- Die Strukturen pro- und eukaryontischer Zellen miteinander zu vergleichen.
- Wichtige Experimente, die bewiesen haben, dass die DNA das Erbmaterial aller Lebewesen ist, zu diskutieren.
- Die chemische Struktur eines Nucleotids zu beschreiben und zu erklären, wie Nucleotide sich zu einem doppelspiraligen DNA-Molekül zusammenschließen.
- Zu beschreiben, wie die DNA-Replikation abläuft, und die Rolle der verschiedenen Enzyme bei diesem Vorgang zu erörtern.
- Zu verstehen, was ein Genom ist, und warum Biologen an ihnen interessiert sind.
- Den Vorgang der Transkription zu beschreiben und die Bedeutung der mRNA-Prozessierung bei der Herstellung eines gereiften mRNA-Moleküls zu verstehen.
- Den Vorgang der Translation einschließlich der Rollen der mRNA, der tRNAs und der rRNAs zu beschreiben.
- Den Begriff der Genexpression zu definieren und zu verstehen, warum die Regulation der Genexpression von Bedeutung ist.
- Die Rolle von Operons bei der Regulation der bakteriellen Genexpression zu diskutieren.
- Verschiedene Mutationsarten zu benennen und Beispiele für mögliche Folgen dieser Mutationen anzugeben.

Von zentraler Bedeutung für das Studium der Biotechnologie ist ein Verständnis der Struktur der DNA als Molekül des Lebens – des Erbmaterials. In Kapitel 3 werden wir erörtern, wie außergewöhnliche Techniken der Molekularbiologie die Biologen in die Lage versetzen, DNA zu klonieren und zu verändern – Eingriffe, die wesentlich für viele Anwendungen in der Biotechnologie sind. In diesem Kapitel werden wir einen Überblick über die Struktur und die Replikation der DNA geben, erörtern, wie Gene Proteine codieren, und eine Einführung in die Ursachen und Konsequenzen von Mutationen geben.

2.1 Kurzer Abriss des Zellaufbaus

Zellen sind die strukturellen und funktionellen Einheiten aller Lebensformen. Lebewesen wie Bakterien bestehen aus Einzelzellen, wohingegen ein menschlicher Körper aus ca. 75 Billionen Zellen besteht, die auf über 200 unterschiedliche Zelltypen verschiedenen Aussehens und unterschiedlicher Funktion verteilt sind. Zellen variieren beträchtlich in der Größe und in gewissen Grenzen dem Grad der Komplexität ihres Aufbaus. Die Spannbreite reicht von der winzigen Bakterienzelle bis zur tierischen Nervenzelle, deren Ausläufer eine Länge von über einem Meter vom Zellkörper im Rückenmark zu den Nervenenden in den Zehen erreichen können. Aber praktisch allen Zellen eines Lebewesens ist gemeinsam, dass die genetische Information in Form der chemischen Verbindung **Desoxyribonucleinsäure** (DNS oder DNA [engl.] abgekürzt) vorliegt. Die in der DNA enthaltenen Gene üben die Kontrolle über zahlreiche Aktivitäten der Zelle aus, indem sie die Synthese von Proteinen veranlassen. Gene beeinflussen unser Verhalten, sie legen physische Merkmale wie die Haar-, Haut- und die Augenfarbe fest. Manche beeinflussen gar die Empfänglichkeit für bestimmte Krankheitszustände.

Bevor wir unsere Betrachtungen der Gene und Genome beginnen können, werden wir grundlegende Aspekte der Struktur und Funktion von Zellen wiederholen. Dabei werden wir die unterschiedlichen Grundtypen lebender Zellen in aller Kürze vergleichen.

Prokaryontische Zellen

Zellen sind komplexe Gebilde mit spezialisierten Strukturen, die die Zellfunktionen festlegen. Ganz allgemein kann man bei jeder lebenden Zelle folgende Bestandteile unterscheiden: Die **Plasma-** oder **Zellmembran** – eine Doppelschichtstruktur, die in erster Linie aus Lipid- und Proteinmolekülen besteht und die die Außenfläche des eigentlichen Zellkörpers darstellt; das **Cytoplasma** (auch: Zytoplasma, Zellgrundplasma), das von der Plasmamembran eingeschlossen und definiert wird und in dem sich die **Zellorganellen** befinden. Je nach Definition ist ein Organell ein von einer eigenen Membran abgegrenzter Zellinnenraum oder ein funktionelles Gebilde innerhalb der Zelle, das eine bestimmte Funktion im Zellgeschehen erfüllt. Ein Beispiel für ein Organell der ersten Definition ist der Zellkern eukaryontischer Zellen; ein Beispiel für die zweite Kategorie sind die in allen Zellen vorkommenden Ribosomen. Im ganzen Verlauf dieses Buches werden wir nicht nur die wichtigen Rollen, die Tier- und Pflanzenzellen in der Biotechnologie spielen, betrachten, sondern auch die vielen biotechnologischen Einsatzgebiete von Bakterien, Pilzen und anderen Mikroorganismen erörtern. Die Bakterien gehören zu den **Prokaryonten**; ihr Zelltyp wird als prokaryontische Zelle bezeichnet. Der Begriff Prokaryont leitet sich vom griechischen *pro karyon* ab, was „vor (dem) Kern“ bedeutet und darauf Bezug nimmt, dass diesem Zelltyp der für Pflanzen-, Tier und Pilzzellen typische Zellkern fehlt. Über die Systematik der Prokaryonten werden wir in Kapitel 5 mehr erfahren.

Wie ► Abbildung 2.1 erkennen lässt, weisen Bakterien eine relativ einfache innere Struktur auf. Die Außengrenze der eigentlichen Bakterienzelle wird von der Plasmamembran gebildet, die von einer festen Zellwand

Tabelle 2.1

Prokaryontische und eukaryontische Zellen

	Prokaryontische Zelle	Eukaryontische Zelle
Zelltypen	Bakterien, Archaea	Protisten (Einzeller), Pilze, Pflanzen, Tiere
Größe	300 nm–10 µm	5–1000 µm
Aufbau	kein Zellkern; DNA frei im Cytoplasma; einfache innere Organisation der Zelle	Zellkern vorhanden; DNA im von einer Membran umgebenen Zellkern eingeschlossen; Zellorganellen zahlreich

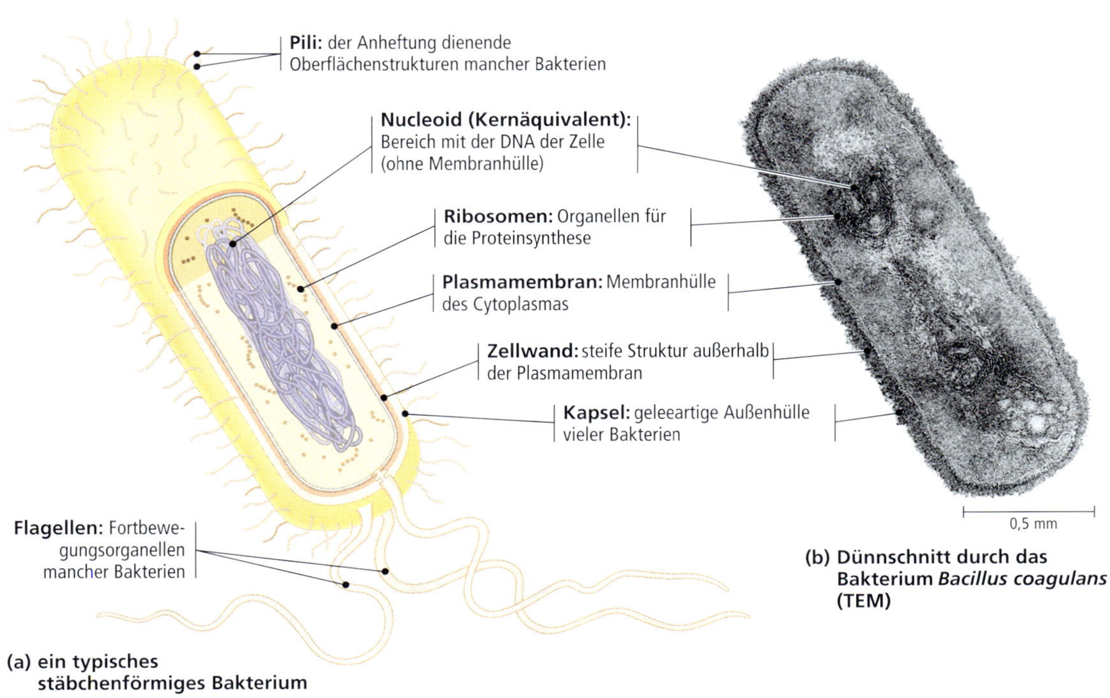

Abbildung 2.1: Eine Prokaryontenzelle. Die Prokaryontenzelle, die weder den echten Zellkern noch die anderen membranumhüllten Organellen der Eukaryonten besitzt, ist einfach aufgebaut. Nur die Lebewesen aus den Domänen Bacteria und Archaea sind Prokaryonten.

umgeben ist, die dem Zellkörper mechanischen Schutz verleiht. Neben den für die Proteinbiosynthese unerlässlichen Ribosomen besitzen Bakterien weniger innere Zellstrukturen als Eukaryonten. Die DNA liegt in Form eines einzelnen, zirkulären Moleküls vor, das einen erheblichen Teil des Zelllumens ausfüllt. Der Bereich dieser chromosomalen DNA wird als Nucleoid bezeichnet (Abbildung 2.1). Einige Bakterientypen besitzen schwanz- oder peitschenartige Zellanhänge, die als Flagellen (lat. Peitschen) bezeichnet werden und die der aktiven Fortbewegung dienen.

Eukaryontische Zellen

Der Zelltyp, der bei Pflanzen, Tieren und Pilzen vorliegt, wird als eukaryontische Zelle bezeichnet, da dieser Zelltypus als kennzeichnendes morphologisches Merkmal einen von einer Membran umgebenen Zell-

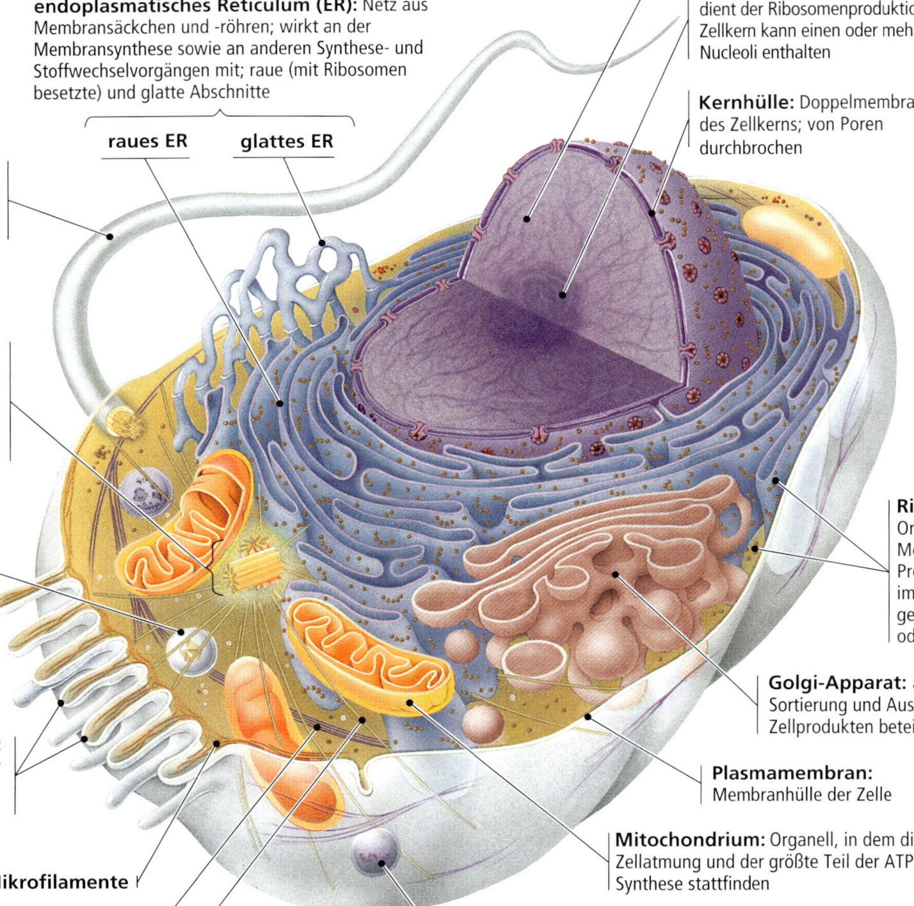

Abbildung 2.2 (a): Eine Tierzelle im Überblick. Diese verallgemeinerte Zeichnung einer Tierzelle zeigt die am häufigsten in den Zellen der Tiere vorkommenden Strukturen. Keine einzelne Zelle sieht genau so aus. In der Zelle liegen verschiedene Organellen („kleine Organe"), die vielfach von Membranen eingehüllt sind. Das auffälligste Organell in einer Tierzelle ist in der Regel der Zellkern. Die meisten Stoffwechselvorgänge spielen sich im Cytoplasma ab, dem Bereich zwischen Zellkern und Plasmamembran. Das Cytoplasma besteht aus einem halbflüssigen Medium, dem Cytosol, und den darin eingelagerten Organellen. Durch große Teile des Cytoplasmas zieht sich ein Membranlabyrinth, das man als endoplasmatisches Reticulum bezeichnet.

kern enthält. Zu den Eukaryonten gehören auch viele einzellige Formen, die zusammenfassend als Protisten bezeichnet werden, und über deren phylogenetische Beziehungen noch viel Unklarheit herrscht. Hierher gehören die typischen Protozoen wie Amöben und Pantoffeltierchen ebenso wie einzellige Algen und Hefepilze. Eine schematische Darstellung des Aufbaus einer Tier- und einer Pflanzenzelle ist in ► Abbildung 2.2 gegeben. Die Membranen der Zelle sind fluide, hoch dynamische und im Aufbau komplexe Gebilde, deren doppelschichtige Barrieren aus Lipiden, Proteinen und Kohlenhydraten zusammengesetzt sind. Die Membranen vollführen unabdingbare Funktionen bei Vorgängen wie der Zelladhäsion (bei wandlosen Zelltypen), der zellulären Kommunikation mit der Außenwelt und anderen Zellen sowie dem selektiven Transport von Stoffen in die Zelle und aus ihr heraus. Indirekt ist die Plasmamembran auch an der Ausbildung der Zellgestalt beteiligt. Die Membran dient darüber hinaus als wichtige selektiv-permeable Grenzfläche, da sie viele Proteine enthält, die an gezielten und stark regulierten Transportvorgängen beteiligt sind, die die Kontrolle darüber ausüben, was in die Zelle hineingelangt und was sie verlässt.

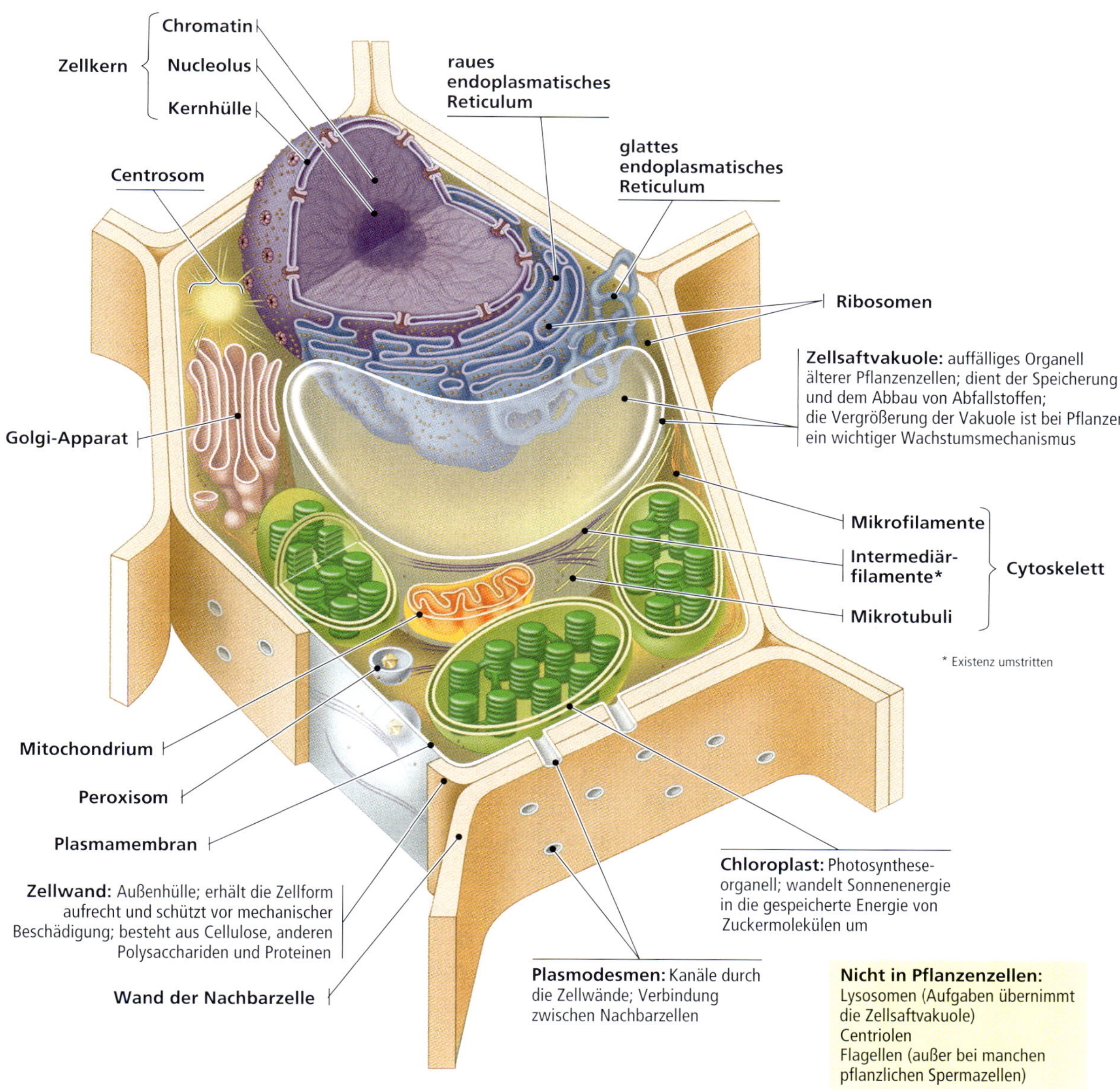

Abbildung 2.2 (b): Eine Pflanzenzelle im Überblick. Diese verallgemeinerte Zeichnung einer Pflanzenzelle zeigt die Ähnlichkeiten und Unterschiede zur Tierzelle. Neben den meisten Merkmalen, die man auch bei Tierzellen findet, besitzen Pflanzenzellen eine weitere Klasse membranumhüllter Organellen, die Plastiden. Der wichtigste Plastidentyp sind die Chloroplasten, in denen die Photosynthese abläuft. Viele Pflanzenzellen besitzen in der Mitte eine große Vakuole (die Zellsaftvakuole). Außerhalb der Plasmamembran befindet sich eine dicke Zellwand, die von Kanälen (den Plasmodesmen) durchzogen ist.

So werden beispielsweise bestimmte Proteine wie das Hormon Insulin aus den Zellen, in denen sie gebildet werden, freigesetzt – ein Vorgang, der als Sekretion bezeichnet wird –, wohingegen andere Moleküle, wie etwa Glucose, gerichtet in Zellen aufgenommen und dort zur Energiegewinnung verstoffwechselt werden. In den Mitochondrien (Zellorganellen, die in eukaryontischen Zellen vorkommen) wird so schließlich Energie in Form von ATP erzeugt und gespeichert. Membranen umschließen außerdem in eukaryontischen Zellen zahlreiche weitere, abgetrennte Reaktionsräume (Abbildung 2.2).

Das Cytoplasma einer eukaryontischen Zelle besteht aus dem Cytosol, einer gelartigen Flüssigkeit, in der viele Substanzen gelöst vorliegen und in der die Organellen eingebettet sind. Das Cytoplasma der Prokaryonten enthält natürlich auch ein Cytosol, das aber, wie wir wissen, nur wenige oder gar keine von einer Membran umgrenzte Organellen enthält. Man kann sich ein jedes Organell als einen kompartimentierten Bereich vorstellen, in dem bestimmte chemische Reaktionen und stattfinden.

Organellen erlauben es den Zellen, zahllose unterschiedliche chemische Reaktionen gleichzeitig nebeneinander durchzuführen. Jedes Organell ist dabei für spezifische chemische Reaktionen zuständig. So führen etwa Lysosomen und Vakuolen den Abbau von Molekülen und ganzen Organellen durch, während andere Organellen wie das endoplasmatische Retikulum und der Golgi-Apparat an der Synthese, der Modifizierung und dem Transport von Proteinen, Lipiden und Kohlenhydraten beteiligt sind. Durch die räumliche Abgrenzung (Kompartimentierung) der Reaktionen vermögen die Zellen eine Vielzahl von Reaktionen in einer höchst koordinierten Art und Weise ohne wechselseitige Störungen parallel ablaufen zu lassen. Machen Sie sich gründlich mit den Funktionen der in der Abbildung 2.2 und der ► Tabelle 2.2 (siehe rechts) vorgestellten Zellorganellen vertraut.

Der Zellkern der eukaryontischen Zellen enthält die Hauptmasse des Erbmaterials DNA. Dieses Organell ist meist von rundlicher Gestalt und von Membranen umgeben, die als Zellkernhülle bezeichnet werden. In vielen Tierzellen ist der Zellkern das größte und auffälligste Organell, obwohl die Membranfläche und auch das Volumen anderer Organellen diesen in vielen spezialisierten Zelltypen auch weit übertreffen können. In den Zellkernen menschlicher Zellen sind fast 2 Meter fadenförmiger DNA-Moleküle dicht zusammengerollt. Obwohl der allergrößte Teil der DNA einer eukaryontischen Zelle im Zellkern konzentriert ist, enthalten bestimmte Organellen – namentlich die Mitochondrien und die Plastiden der Pflanzenzellen – eine gewisse Menge eigenen Erbmaterials in Form ringförmig geschlossener DNA-Moleküle, die an die Nucleoide von Bakterien erinnern.

Die Moleküle des Lebens 2.2

Praktisch jeder Biologiekurs behandelt heute die DNA, und die Desoxyribonucleinsäure (DNA) wird schon in zahlreichen Schulversuchen untersucht und experimentell bearbeitet. Mit der Fülle der heute vorliegenden Informationen über viele Detailaspekte der DNA und der in ihr enthaltenen genetischen Information kann man beim Studium der Biologie im angebrochenen 21. Jahrhundert leicht zu dem Eindruck kommen, dass der Aufbau des DNA-Moleküls schon immer bekannt war. Die Struktur dieses Biomoleküls und seine Funktion als Erbmaterial waren aber natürlich nicht immer bekannt und wurden erst im Verlauf des 20. Jahrhunderts ans Licht gebracht. Viele Forscher haben mit ihren Entdeckungen zu unserem heutigen tief reichenden Verständnis des Aufbaus und der biologischen Wirkungsweise der DNA beigetragen. Wir wollen daher diesen Abschnitt des Kapitels mit einem kurzen Rückblick auf die experimentellen Belege beginnen, die bewiesen haben, dass die Desoxyribonucleinsäure tatsächlich der Stoff der Vererbung ist, und danach den Aufbau von DNA-Molekülen erörtern.

Beweise dafür, dass DNA das Erbmaterial ist

Im Jahr 1869 gelang dem schweizerischen Forscher Friedrich Miescher die Isolierung und Charakterisierung einer Substanz aus dem Zellkern, die er aufgrund seiner Herkung als „Nuclein“ bezeichnete. Miescher reinigte das Nuclein aus weißen Blutkörperchen und fand im Experiment, dass sich die Substanz nicht durch Proteasen (proteinverdauende Enzyme) chemisch zerlegen ließ. Diese Beobachtung ließ ihn korrekt schließen, dass das Nuclein nicht oder nicht nur aus Eiweiß (Protein) besteht. Nachfolgende Untersuchungen ergaben, dass die Substanz sauer reagiert; dies führte zu dem noch heute gebräuchlichen Namen Nucleinsäure. Die Desoxyribonucleinsäure und die Ribonucleinsäure (RNS oder RNA) sind die beiden Hauptvertreter dieser Stoff-

Tabelle 2.2

Struktur und Funktion eukaryontischer Zellen

Zellbestandteil	Aufbau	Funktion(en)
Plasmamembran	Die Membran besteht aus einer Doppelschicht aus Lipidmolekülen, in die Proteine eingebettet sind. Die Proteine können durch die gesamte Dicke der Lipiddoppelschicht reichen oder nur auf einer Seite aus dieser herausragen. In den Extrazellularraum weisende Proteine und einige Lipidtypen auf dieser Membranseite tragen kovalent angebundene Kohlenhydratreste	Dient als die Grenzfläche, die den Protoplasmakörper gegen den Extrazellularraum (die Umgebung) abgrenzt; ist beim Transport von Stoffen in die Zelle hinein oder aus dieser heraus aktiv; hält aktiv ein elektrisches Ruhepotenzial aufrecht (Kondensatorwirkung), das für das Funktionieren erregbarer Zellen unabdingbar ist; nach außen (in den Extrazellularraum) weisende Proteine wirken teils als Rezeptoren (für Hormone, Neurotransmitter etc.), die an der Kommunikation zwischen den Zellen beteiligt sind
Cytoplasma (Zellgrundplasma; Protoplasma)	Von der Plasmamembran umgebene strukturierte Flüssigkeit, welche die Organellen und andere Zellbestandteile enthält. Man unterscheidet das flüssige (wässrige) Cytosol mit darin gelösten Stoffen (Ionen, Proteine etc.), Einschlüsse (Speicherstoffe u. Ä.) sowie die Organellen (von einer Membran umgebene Subkompartimente der Zelle) und „molekulare Maschinen" wie Ribosomen, Proteasomen etc.	
Cytoplasmatische Organellen		
• Mitochondrien	Stäbchenförmige bis rundliche Organellen mit doppelter Membran (äußere und innere M.membran); die innere M.membran ist zu sog. Cristae invaginiert	Zentren der ATP-Synthese der eukaryontischen Zelle; „Kraftwerke der (eukaryontischen) Zelle"
• Ribosomen	Aus zwei Untereinheiten bestehende supramolekulare Komplexe aus ribosomaler RNA und zahlreichen Proteinen; kommen frei im Zellplasma oder an Membranen des endoplasmatischen Retikulums (ER) geheftet („raues ER") vor	Orte der Proteinbiosynthese
• raues endoplasmatisches Retikulum	Teil des endoplasmatischen Retikulums, das durch auf der cytoplasmatischen Seite aufsitzende Ribosomen gekennzeichnet ist; das ER ist ein geschlossenes Membransystem, das sich von der Zellkernhülle aus erstreckt. Ausdehnung und Form zelltypabhängig	Von den Ribosomen des rauen ERs synthetisierte Proteine werden in das Lumen des Organells eingeschleust; dort erfolgt die Faltung und eine Grundglykosylierung; nicht-residente Proteine werden in Vesikel verpackt und zum Golgi-Apparat transportiert; die Außenseite der ER-Membran nimmt an der Synthese von Phospholipiden und Cholesterin teil
• glattes endoplasmatisches Retikulum	Teil des endoplasmatischen Retikulums ohne aufsitzende Ribosomen; Ausbildung in Form flacher Säcke oder Röhren (Tubuli)	Ort der Lipidbiosynthese (einschließlich der Steroide) und anderer Lipidstoffwechselvorgänge; biochemische Entgiftungsreaktionen
• Golgi-Apparat	Inneres Membransystem der Zelle; glatte Membransäcke, typischerweise in charakteristischen Stapeln angeordnet, oft mit assoziierten Vesikeln (Membranbläschen); oft in räumlicher Nähe zum ER	Modifizierung, Sortierung und Verpackung von Proteinen, die nach der chemischen Modifikation im Golgi-Apparat vesikulär weitertransportiert werden; vom Golgi-Apparat abgehende Vesikel versorgen u.a. die Plasmamembran, die Lysosomen, Vakuolen und Endosomen
• Lysosomen/Vakuolen	Katabole Organellen, die viele Hydrolasen enthalten und durch einen sauren pH-Wert gekennzeichnet sind	Orte intrazellulärer Abbauvorgänge (intrazellulärer Verdau) und der Speicherung von Reservestoffen

Struktur und Funktion eukaryontischer Zellen (Fortsetzung)

Zellbestandteil	Aufbau	Funktion(en)
• Peroxisomen	Organellen, die Enzyme des oxidativen Stoffwechsels (Oxidasen, Katalase) enthalten	Die Enzyme entgiften eine Anzahl toxischer Substanzen; die Katalase spaltet das bei bestimmten Zellreaktionen entstehende Wasserstoffperoxid
• Mikrotubuli	Dünne, hohle, zylindrische bis fadenförmige Gebilde aus dem Protein Tubulin	Stützende und formgebende Funktion; Teil des Zellskeletts; Beteiligung an aktiven Zellbewegungen; Ausbildung der Zentriolen und des mitotischen Spindelapparats
• Mikrofilamente (Actinfilamente)	Feine intrazelluläre Proteinfäden (Filamente) aus dem Protein Actin; die Filamente bilden höhergeordnete kontraktile Strukturen aus	Beteiligung an der aktiven Zellbewegung und – maßgeblich – an der Muskelkontraktion; Teil des Zellskeletts
• Intermediärfilamente	Proteinfasern variabler Zusammensetzung	Stabile Bestandteile des Zellskeletts; widerstehen mechanischen Kräften, die auf die Zelle einwirken
• Centriolen	Paarige zylindrische Zellkörperchen; jedes besteht aus neun Mikrotubulustripletts	Organisationszentrum des mitotischen Spindelapparats aus Mikrotubuli; Ansatzpunkte von Cilien und Flagellen
• Cilien	Im Verhältnis zum Zellkörper kurze Zellfortsätze; jedes Cilium besteht aus neun Mikrotubuluspaaren, die ein weiteres (zentrales) Mikrotubuluspaar zylindrisch umgeben	Koordinierte gemeinschaftliche Bewegung; im Regelfall zahlreich und relativ gleichmäßig über den gesamten Zellkörper verteilt; durch koordinierte Schlagbewegung, die wellenförmige über den Zellkörper läuft, Erzeugung einer Vortriebskraft (aktives Schwimmen, z. B. bei Ciliaten)
• Flagellen	Ähnlich wie Cilien, aber im Verhältnis deutlich länger; Beispiel für ein Flagellum ist der Zellschwanz der Spermienzellen der Säugetiere	Aktive Fortbewegung der Zellen; Flagellen sind in aller Regel in wenigen Exemplaren oder in Einzahl an einer Zelle vorhanden
Zellkern	Namensgebendes Organell der eukaryontischen Zelle; umgeben von der Zellkernhülle; enthält flüssiges Nucleoplasma, den Nucleolus und die Chromosomen	„Kontrollzentrum" der Zelle; Lagerung und Weitergabe der Erbinformationen, die die Anweisungen für die Synthese von Proteinen enthalten
• Zellkernhülle	Doppelmembrangebildet (2 Membrandoppelschichten); von Poren durchbrochen; äußere Zellkernmembran setzt sich nahtlos in das endoplasmatische Retikulum fort (= ist ein Teil des ERs)	Abgrenzung des Kernplasmas vom restlichen Protoplasma; Regulation und Überwachung des Transports in den Zellkern und aus diesem heraus
• Nucleolus	Dichter, mehr oder minder kugelförmiger Bereich ohne umgebende Membran im Innern des Zellkerns, bestehend aus chromosomaler DNA, ribosomaler DNA und Proteinen; Ort der rRNA-Synthese	Ort der Biosynthese (Zusammenbau) der Ribosomenuntereinheiten
• Chromatin	Granuläres, fadenartiges Material, bestehend aus DNA, Histonen und anderen Proteinen	Die DNA beinhaltet die Gene; die Proteine haben strukturgebende und/oder regulatorische Funktion

gruppe. Während die Chemiker sich mit der Aufklärung der chemischen Zusammensetzung und der Molekülstruktur befassten, wiesen Experimente des britischen Mikrobiologen Frederick Griffith im Jahr 1928 darauf hin, dass die DNA das lang gesuchte Erbmaterial sein könnte.

Griffith arbeitete mit zwei unterschiedlichen Stämmen des Bakteriums *Streptococcus pneumoniae* – eines Mikrobentyps, der eine Lungenentzündung (Pneumonie) hervorruft. Als Griffith seine Experimente durchführte, nannte man den pathogenen Stamm noch *Diplococcus pneumoniae*. Griffith arbeitete mit einem virulenten (krankheitserregenden) Stamm, der aufgrund seiner glatten Kolonieform als S-Stamm (s = smooth) bezeichnet wurde, sowie mit einem avirulenten (keine Krankheit hervorrufenden) Stamm, der aufgrund des Aussehens seiner Kolonien als R-Stamm (r = rough) bezeichnet wurde. Die Zellen des S-Stammes sind von einer Kapsel umgeben, die aus Proteinen und Zuckermolekülen bestehen, die eine klebrige extrazelluläre Matrix hervorbringen. Den R-Zellen fehlt diese Zellkapsel. Als Griffith Mäuse mit Zellen des S-Stammes infizierte, starben diese an einer Lungenentzündung, und Griffith und seine Mitarbeiter fanden lebende S-Streptokokken im Blut der toten Mäuse (► Abbildung 2.3). Als sie Zellen des R-Stammes in Mäuse injizierten, blieben die Mäuse am Leben. Auch fanden sich im Blut dieser Mäuse keine lebenden Bakterien (Abbildung 2.3). Aus diesen Experimten zog man den Schluss, dass die Schleimkapsel der Bakterien für die Virulenz und somit den Tod der Mäuse verantwortlich ist. Um diese Hypothese zu überprüfen, tötete Griffith S-Streptokokken ab. Dabei wird die Proteinkapsel zerstört. Mäuse, denen man diese abgetöteten S-Zellen injizierte, starben nicht; auch gab es, wie zu erwarten, keine lebenden Bakterien im Blut der Mäuse. Als Griffith jedoch abgetötete S-Zellen mit lebenden R-Zellen vermischte und dieses Gemisch dann zur Infektion von Mäusen verwendete, starben die Mäuse, aus deren Blut lebende S-Zellen isoliert werden konnten. Woher stammten diese lebenden S-Zellen?

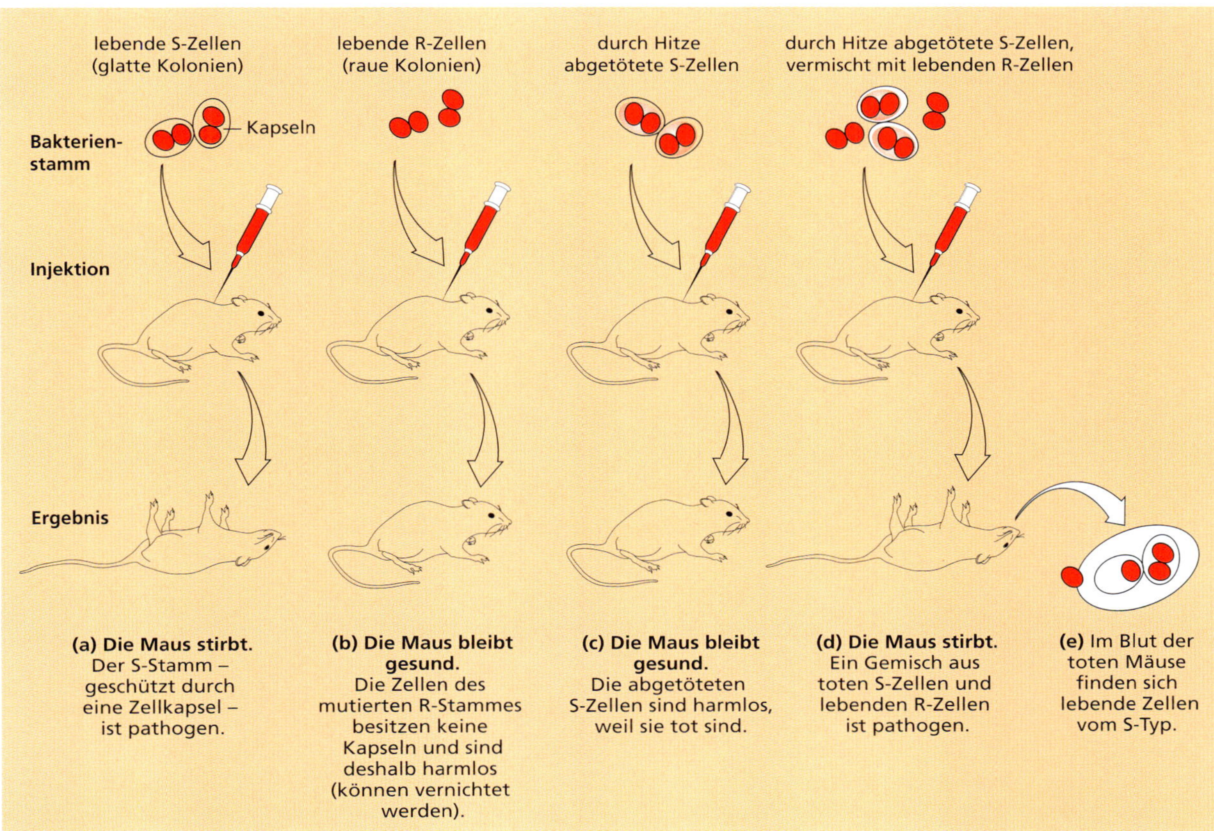

Abbildung 2.3: Das Griffith'sche Transformationsexperiment. Die Versuche Frederick Griffiths mit zwei *Streptococcus pneumonie*-Stämmen legten die Grundlage für die Erkenntnis, dass Desoxyribonucleinsäure das Erbmaterial lebender Zellen ist. Der *Streptococcus pneumonie*-Stamm S ist in der Lage, Mäuse zu töten (a), wohingegen der Stamm R dies nicht vermag (b). Durch Hitzeeinwirkung abgetötete S-Zellen sind harmlos (c). Mäuse, denen man abgetötete S-Zellen zusammen mit lebenden R-Zellen verabreichte, starben durch die Behandlung (d). Im Blut dieser Versuchstiere fanden sich lebende S-Zellen (e). Das Versuchsergebnis ist eine Demonstration des Phänomens der Transformation. Die lebenden R-Zellen haben das Erbmaterial (DNA) der toten S-Zellen aufgenommen, wodurch die R- zu S-Zellen transformiert wurden.

Griffith stellte daraufhin die Hypothese auf, dass Erbmaterial aus den abgetöteten S-Zellen in die R-Zellen übergegangen war – dass also die R-Zellen transformiert worden waren. Griffiths Versuche waren der erste experimentelle Beleg für das Phänomen der **Transformation**, unter der man heute allgemein die direkte Aufnahme von Erbmaterial (DNA) in eine Zelle ohne einen speziellen Überträger versteht. Durch die Wärmebehandlung der S-Zellen wurden deren Zellen aufgebrochen, so dass ihr Erbmaterial austreten konnte. In den Kulturröhrchen befand sich demnach freie chromosomale DNA aus S-Zellen, die von den zugegebenen (lebenden) R-Zellen aufgenommen werden konnte. Die R-Zellen waren dann in der Lage, sich erbliche Eigenschaften der S-Zellen (hier die Virulenz) anzueignen, so dass sie selbst virulent und von den S-Zellen ununterscheidbar wurden. Wie Sie in den weiteren Kapiteln noch lernen werden, ist die experimentelle Transformation eine wichtige Methode der Molekularbiologie, die in der Gentechnik tägliche Routine zur Einschleusung von DNA-Molekülen in Zellen ist. Das Ziel der Transformationsexperimente kann die Klonierung der betreffenden DNA sein, die Produktion von Proteinen oder die Untersuchung des daraus entstehenden Phänotyps. Obwohl Griffith den richtigen Schluss zog, dass es irgendeinen erblichen Faktor geben müsse, der für die Transformation der Bakterienzellen in seinen Experimenten verantwortlich war, konnte er die DNA nicht als diesen „transformierenden Faktor" dingfest machen. Seine Experimente waren jedoch von grundlegender Bedeutung für die nachfolgende Suche nach eben diesem „vererbbaren Prinzip".

Im Jahr 1944 reinigten die Forscher Oswald Avery, Colin MacLeod und Maclyn McCarty DNA aus einer großen Menge von *S. pneumoniae*-Zellen, die man in Flüssigkultur angezüchtet hatte. In ihrem heute als historisch geltenden Experiment homogenisierten die drei Forscher *S. pneumoniae*-Zellen und behandelten die Homogenate entweder mit Proteasen, RNAsen oder DNAsen. Danach setzten sie die enzymbehandelten Homogenate für Transformationsexperimente ein. Die behandelten Homogenate wurden mit lebenden R-Zellen inkubiert und diese schließlich zur Infektion von Mäusen verwendet. Dabei fand man, dass die mit Proteasen und die mit Ribonuclease (RNAse) behandelten Homogenate offensichtlich die Bakterienzellen transformiert hatten, die mit Desoxyribonuclease (DNAse) behandelten Homogenate dies aber nicht vermochten. Daraus schlossen die Forscher, dass die Transformationsfähigkeit von der durch die DNAsebehandlung chemisch abgebaute Desoxyribonucleinsäure zurückgeht. In den mit RNAse oder Proteasen behandelten Extrakten war die Fähigkeit zur Transformation erhalten geblieben, weil – so die Folgerung – die DNA in diesen Ansätzen intakt geblieben war. Obwohl weitere Untersuchungen mit Viren für die Ermittlung der genetischen Funktion der DNA wesentlich waren, gelten die Arbeiten von Avery, McLeod und McCarty als definitiver Beweis, dass die Desoxyribonucleinsäure das eine Transformation auslösende Erbmaterial ist.

Die DNA-Struktur

Als sich immer mehr experimentelle Beweise für die DNA als Substanz der biologischen Vererbung anhäuften, wurde die Frage nach der chemischen Struktur der DNA immer drängender. Erwin Chargaff gab durch seine chemischen Experimente mit isolierter DNA aus unterschiedlichen Arten einen Teil der Antwort. Seine quantitativen Analysen an DNA verschiedener Lebewesen ergaben, dass die molare Menge der Base Adenin der der Base Thymin entsprach, und dass das gleiche 1:1-Mengenverhältnis für die Basen Cytosin und Guanin ebenfalls gilt. Diese wertvollen Messungen legten den Schluss nahe, dass die Nucleobasen Adenin, Thymin, Cytosin und Guanin auf irgendeine Weise eng miteinander verflochtene Bestandteile der Desoxyribonucleinsäure waren. Dies erwies sich als korrekt; es handelt sich also um eine wichtige Erkenntnis, wie wir bei unserem nun folgenden, vertieften Studium der DNA erkennen werden.

Die Bausteine eines DNA-Moleküls sind die **Nucleotide** (► Abbildung 2.4). Jedes Nucleotid besteht aus einem **Pentose**anteil (einem Zuckermolekül mit fünf Kohlenstoffatomen, welches Desoxyribose heißt), einem **Phosphorsäurerest** und einer stickstoffhaltigen heterozyklischen Verbindung, die als **Base** bezeichnet wird. Der Zucker- und der Phosphorsäurerest sind bei allen Nucleotiden der DNA gleich, die Base ist der variable Anteil. Jedes Nucleotid einer DNA enthält eine von vier Stickstoffbasen – entweder **Adenin** (A), **Thymin** (T), **Guanin** (G) oder **Cytosin** (C). Die Einbuchstabenabkürzungen sind allgemein verbreitet zur Kennzeichnung der Zusammensetzung eines genetischen Moleküls.

Die Nucleotide sind also die Bausteine eines DNA-Moleküls, aber wie sind diese Bausteine in einem DNA-Molekül angeordnet? Viele Wissenschaftler haben Beiträge zur Klärung dieser Frage geleistet, doch wurde die letztliche Antwort von den Forschern James Watson und Francis Crick geliefert, als diese im Cavendish-Laboratorium im englischen Städtchen Cambridge zusammenarbeiteten. Die Kristallographen Rosalind Franklin und Maurice Wilkins am King's College der Universität London hatten Röntgenaufnahmen von DNA-Präparationen erstellt, die Watson und Crick mit entscheidenden Informationen über den Aufbau eines DNA-Moleküls versorgten, und die die Grundlage für den Bau von Molekülmodellen darstellten. Durch das Durchleuchten von DNA-Kristallen gelangten Franklin und Wilkins zu Beugungsbildern, die zeigten, dass das Molekül (zumindest im kristallinen Zustand) eine helikale Struktur aufwies. Auf der Grundlage dieser Erkenntnis und den chemischen Analysen Chargaffs gelang es Crick und Watson, ein mannshohes Drahtmodell einer DNA-Helix zu bauen.

Watson und Crick veröffentlichten ihre Erkenntnisse in dem berühmt gewordenen Artikel „Molecular structure of nucleic acids: a structure for deoxyribose nucleic acid" in der Fachzeitschrift *Nature* in der Ausgabe vom 25. April 1953. Der erste Abschnitt dieser Abhandlung lautet wie folgt: „Es ist unser Wunsch, einen Strukturvorschlag für das Salz der Desoxyribonucleinsäure (D.N.S.) zu unterbreiten. Die Struktur besitzt neuartige Merkmale, die von beträchtlichem biologischem Interesse sind." In Anbetracht der Bedeutung der Desoxyribonucleinsäure und dessen, was wir in den nachfolgenden 50 Jahren über den Aufbau und die biologische Wirkungsweise dieses Molekültyps gelernt haben, wird diese bescheidene Beschreibung als eine der größten jemals in einer akademischen Abhandlung gemachten Untertreibungen angesehen. Allerdings hatten weder Watson und Crick noch sonst irgendwer im Jahr 1953 irgendwelche detaillierten Vorstellungen von den molekularen Vorgängen, an denen die DNA in lebenden Zellen beteiligt ist!

Die Forschungen Cricks und Watsons hatten ergeben, dass die Nucleotide in DNA-Molekülen zu langen Strängen verbunden sind und dass jedes DNA-Molekül aus zwei solcher Stränge besteht, die sich zu einer Doppelschraube oder Doppelwendel umeinanderwinden, die

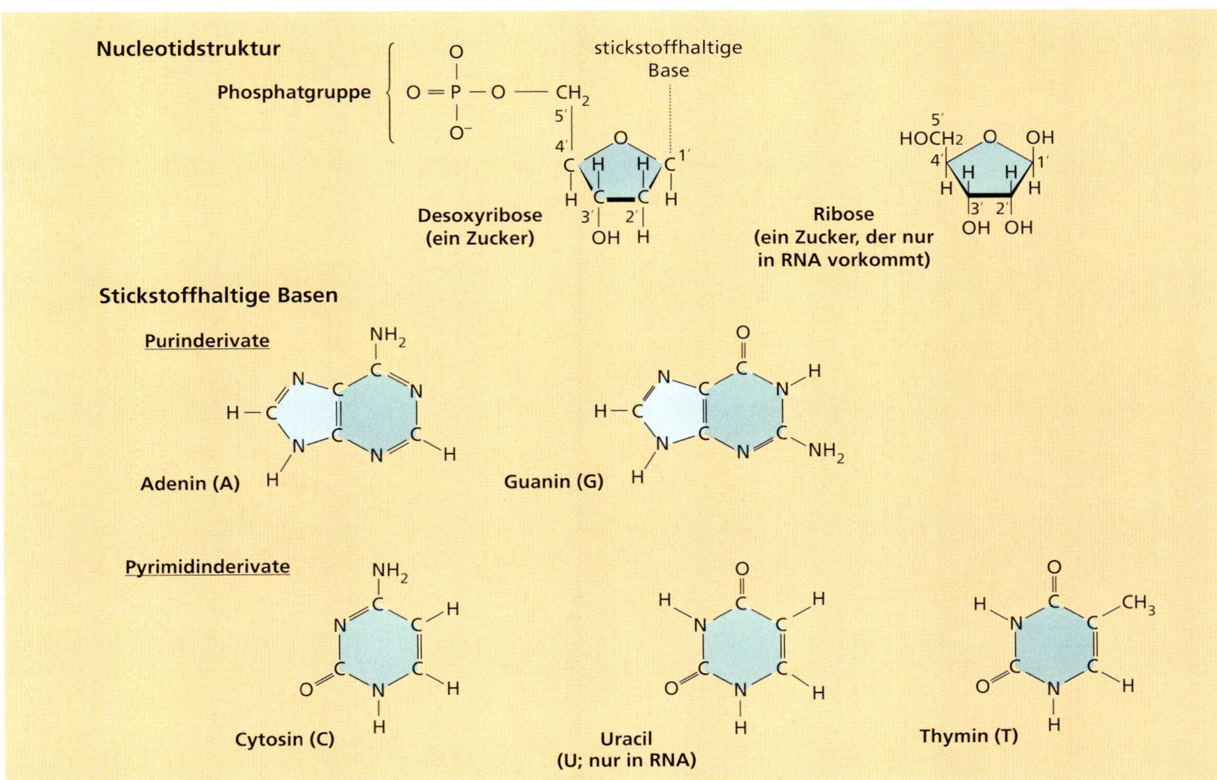

Abbildung 2.4: Die chemische Struktur von Nucleotiden. Alle DNA-Nucleotide bestehen aus einer stickstoffhaltigen Base (Adenin, A; Thymin, T; Cytosin, C; oder Guanin, G), einem Zuckerrest und einem Phosphorsäurerest. Die Zuckerreste in DNA-Molekülen sind Desoxyribosereste, die zur Gruppe der Pentosen (Zuckern mit fünf C-Atomen) gehören. Ribonucleinsäuremoleküle (RNA) enthalten anstelle der Desoxyribose den nah verwandten Zucker Ribose. Die Base ist an das Kohlenstoffatom Nr. 1 des Zuckerrestes gebunden, der Phosphorsäurerest an das C-Atom Nr. 5 des Zuckers. Den chemischen Grundkörpern nach, von denen sie sich ableiten, werden Adenin und Guanin als Purinbasen (bizyklisches Ringsystem, abgeleitet vom Purin) bezeichnet, Cytosin und Thymin als Pyrimidinbasen (monozyklisches Ringsystem, abgeleitet vom Pyrimidin).

sie Doppelhelix nannten (► Abbildung 2.5). Die Abfolge (Sequenz) der Basen in einem Strang ist variabel. So kann ein C-Nucleotid mit einem weiteren C-, einem A-, einem T- oder einem G-Nucleotid verknüpft sein.

Jeder Strang aus Nucleotiden besitzt eine **Polarität** (einen Richtungssinn): Er besitzt ein 5'- und ein 3'-Ende (Abbildung 2.5). Dieser Richtungssinn bezieht sich auf das Verknüpfungsmuster am Zuckeranteil der Nucleotide; die Zahlen bezeichnen die Kohlenstoffatome des Zuckerrestes. Am 5'-Ende findet sich ein freier Phosphorsäurerest, der nicht mehr an ein weiteres Nucleotid gebunden ist. Am 3'-Ende des Stranges ist die OH-Gruppe am 3'-Kohlenstoffatom des Zuckerrestes frei und nicht mehr mit einem weiteren Phosphorsäurerest verknüpft. Obgleich dieser Aspekt der Nucleinsäurestruktur zunächst trivial zu sein scheint, erweist sich die Polarität der DNA-Moleküle bei der Replikation in der Zelle ebenso von Wichtigkeit wie bei Laborexperimenten mit DNA-Molekülen (Gentechnik).

Die Analysen Watsons und Cricks ergaben, dass in jedem DNA-Molekül sich zwei miteinander verbundene Molekülstränge umeinanderwinden. Dabei wird eine Doppelhelix ausgebildet; diese Molekülstruktur ist zum Sinnbild der gesamten Molekularbiologie geworden (Abbildung 2.5). Die beiden Stränge werden im DNA-Molekül durch Wasserstoffbrückenbindungen zwischen **komplementären Basenpaaren** in den gegenläufigen Strängen zusammengehalten (Abbildung 2.5). Adenin paart sich nur mit Thymin, und Guanin nur mit Cytosin. Mit diesem Modell wurden die Analyseergebnisse Chargaffs unmittelbar verständlich. Die Mengenverhältnisse von A-Resten zu T-Resten entsprechen einander,

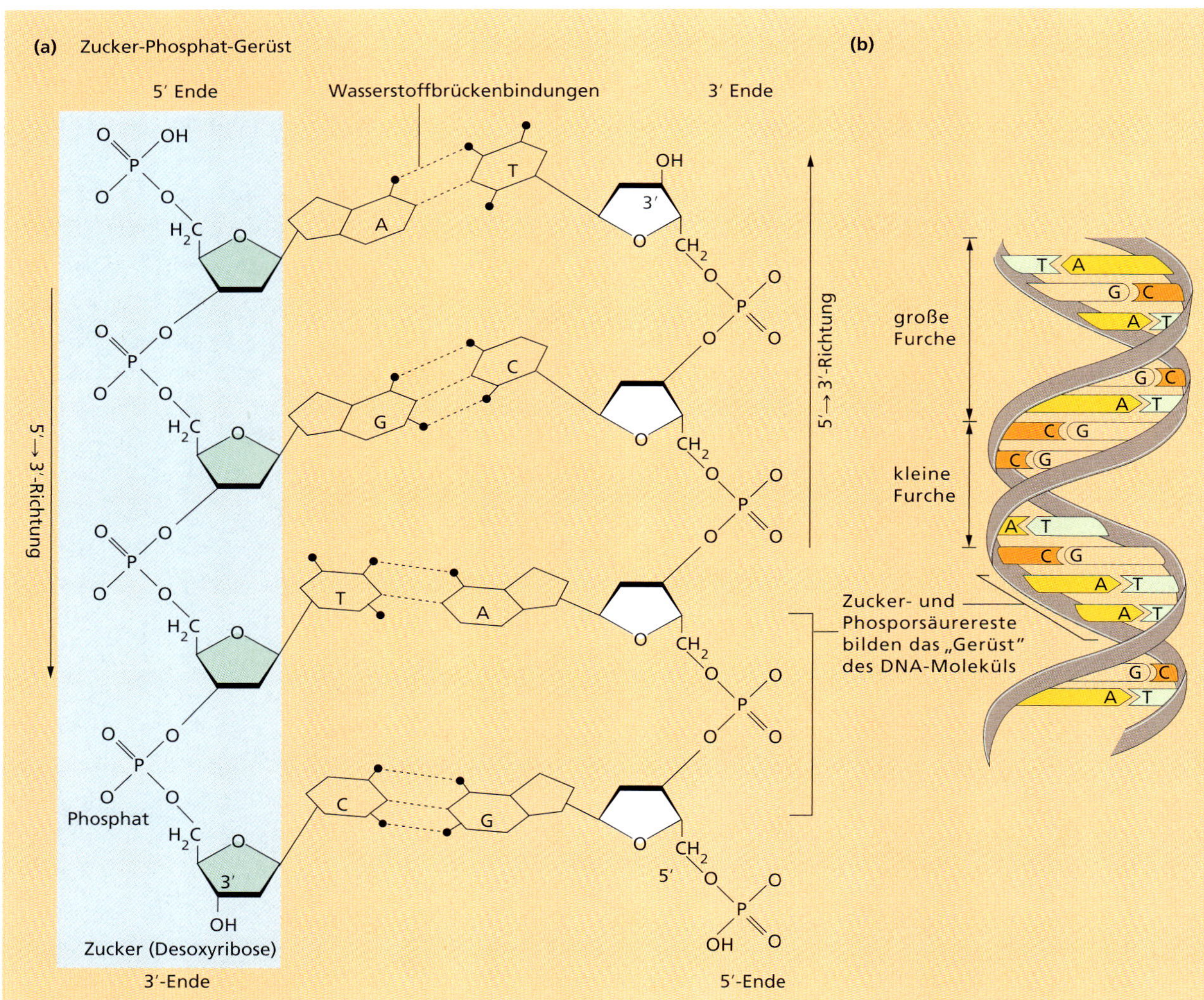

Abbildung 2.5: Die DNA ist eine doppelsträngige Helix. (a) Zwei Stränge aus kovalent verknüpften Nucleotiden bilden Wasserstoffbrückenbindungen zwischen komplementären Basen aus, die Basenpaare bilden. Adeninreste (A) paaren sich immer mit Thyminresten (T), Cytosinreste (C) immer mit Guaninresten (G). (b) Die beiden Stränge winden sich umeinander, so dass sich als Gesamtstruktur des Moleküls eine doppelsträngige Helix ergibt, deren Zucker-Phosphat-Gerüst sich außen befindet, während die Basen im Inneren der Helix einander zugewandt sind.

ebenso wie die der G- zu den C-Resten, weil sie in einem DNA-Molekül miteinander in Paaren vorliegen.

Die beiden Nucleotidstränge einer Doppelhelix liegen **antiparallel** zueinander, die Polarität der Stränge ist also relativ zueinander gerade umgekehrt (Abbildung 2.5). Diese Orientierung ist notwendig, um es den komplementären Basen zu ermöglichen, sich zu den beschriebenen Basenpaaren zusammenzulagern und Wasserstoffbrückenbindungen auszubilden. Die Doppelhelix ähnelt einer verdrehten Strickleiter. Die Basenpaare entsprechen den Sprossen der Leiter, die sich durch die Sprossen ziehenden Seile entsprechen den Zucker-Phosphat-Ketten des DNA-Moleküls, das ebenso wie die Seile einer Strickleiter das Gesamtgebilde zusammenhält und den gleichmäßigen Abstand der Sprossen sicherstellt.

Was ist ein Gen?

Gene werden in der Genetik als Einheiten der biologischen Vererbung bezeichnet und beschrieben. Aber was genau ist ein Gen auf der molekularen Ebene? Ein **Gen** ist eine Nucleotidfolge, die die Zelle mit den Anweisungen für die Synthese eines bestimmten Proteins oder einer bestimmten RNA versorgt. Die meisten Gene sind ungefähr 1000 bis 4000 Nucleotide (Nt) lang, obwohl zahlreiche kleinere wie auch größere Gene identifiziert worden sind. Durch die Kontrolle über die von einer Zelle hergestellten Proteine beeinflussen die Gene das Erscheinungsbild der Zellen und damit der Gewebe, der Organe und schließlich des Gesamtlebewesens. Dies gilt sowohl für die mikroskopische wie die makroskopische Ebene. Solche vererblichen Erscheinungsbilder werden **Merkmale** genannt. Durch die in Ihren Zellen enthaltene DNA haben Sie Merkmale Ihrer Eltern wie die Augen- und die Hautfarbe und vieles mehr geerbt. Gene beeinflussen nicht nur den Zellstoffwechsel und das Verhalten und die kognitiven Fähigkeiten von Tieren einschließlich der Intelligenz, sondern auch die Suszeptibilität (Empfänglichkeit) für bestimmte Krankheiten, oder sie sind ursächlich an der Entstehung eines Krankheitszustandes beteiligt (Erbkrankheiten, Krebs).

Manche Merkmale werden von nur einem Gen kontrolliert; andere Merkmale unterliegen der Kontrolle mehrerer proteincodierender Gene, die auf manchmal komplexe Art und Weise miteinander in Wechselwirkung stehen. In Abschnitt 2.4 werden wir ergründen, wie Gene die Proteinbiosynthese in Zellen dirigieren. Überall im vorliegenden Buch werden wir Beispielen für Gene, ihre Funktionen und ihren vielen Anwendungen in unterschiedlichen Bereichen der Biotechnologie begegnen.

2.3 Chromosomenstruktur, DNA-Replikation und Genome

Bevor wir uns der Frage zuwenden, wie Gene funktionieren, müssen wir uns ein Verständnis dafür erarbeiten, wie und warum die DNA Chromosomen bildet und wie die DNA in Zellen verdoppelt (repliziert) wird. Nachdem wir diese Themen erörtert haben, werfen wir einen kurzen Blick auf Genome.

Chromosomenstruktur

Stellen Sie sich vor, Sie sehen sich folgender Herausforderung gegenüber: Sie bekommen einen Korb mit 46 unterschiedlich gefärbten Garnen. Alle sind abgerollt und miteinander verknäuelt. Die Aufgabe besteht darin, das Gewirr zu 46 Garnrollen zu entwirren und aufzurollen. Wie würden Sie dabei zu Werke gehen? Wenn Sie die Garnknäuel an zufällig ausgewählten Stellen zerschnitten, würden Sie kaum zum Ziel kommen. Falls Sie mühsam den Haufen entwirrten und danach jeden Faden einzeln aufrollten, kämen Sie schließlich zu 46 Rollen. Diese Analogie liefert eine hochgradig simplifizierte und in mancher Hinsicht auch irreführende Vorstellung davon, vor welcher Herausforderung jede menschliche Zelle steht, wenn sie sich anschickt, sich zu teilen, und die DNA ihrer 46 Chromosomen sortieren und verpacken muss.

Die 3 Milliarden Basenpaare der DNA in jeder Zelle eines Menschen würden sich voll ausgerollt über eine Länge von fast 2 Metern erstrecken – eine erstaunliche Menge Material, um sie in einen mikroskopischen Zellkern zu verpacken. Diese DNA muss gleichmäßig aufgeteilt werden, wenn die Zelle sich teilt, sonst könnte der Verlust oder auch nur die Ungleichverteilung des Erbgutes verheerende Folgen nach sich ziehen. Glücklicherweise sind solche Fehler bei der DNA-Aufteilung selten, weil die Zellen ihre DNA wirkungsvoll zu separieren und zu Chromosomen anzuordnen vermögen.

Innerhalb des Zellkerns liegt die DNA außerhalb der Zellteilungsphasen in einem relativ entrollten Zustand vor (Interphasezustand). Dies bedeutet jedoch nicht, dass die DNA-Moleküle ihren doppelhelikalen Aufbau verlieren, sondern nur, dass die DNA nicht in Form sicht- und unterscheidbarer **Chromosomen** vorliegt. Mikroskopisch unterscheidbare Chromosomen werden nur während der Teilungsvorgäng der Mitose bzw. Meiose sichtbar. Im Interphasekern liegt die DNA in einer weniger stark spiralisierten (kondensierten) Form vor, die als **Chromatin** bezeichnet wird. Im Verlauf einer Zellteilung werden die *Chromatinfasern* enger mit sich selbst verschnürt, bis schließlich das hoch verdichtete Stadium der Chromosomen erreicht ist. In diesem Zustand sind die 46 DNA-Fäden im Inneren eines menschlichen Zellkerns mehrfach aufgerollt und die sich dabei bildenden „Röllchen" ihrerseits zu einer Art Zöpfe zusammengedreht. In lebenden Zellen liegt die chromosomale DNA immer mit zahlreichen Proteinen assoziiert vor (► Abbildung 2.6).

Größe und Anzahl der Chromosomen sind artspezifisch. Die meisten Bakterien besitzen nur ein einziges, zirkuläres Chromosom, das einige Tausend Gene beherbergt. Eukaryontische Zellen beherbergen im Regelfall einen ganzen Chromosomensatz, der aus linearen Chromosomen besteht. Die meisten Zellen des menschlichen Körpers verfügen über einen doppelten (diploiden) Satz von 46 Chromsomen (2 × 23). Ausnahmen sind die Keimzellen mit einem einfachen Chromosomensatz. Bei der Befruchtung haben Sie 23 Chromosomen von Ihrer Mutter (der maternale Chromosomensatz) und weitere 23 von Ihrem Vater (der paternale Chromosomensatz) erhalten. Diese beiden einfachen (haploiden) Chromosomensätze bilden Ihr eigenes vollständiges (diploides) Genom aus 46 Chromosomen. Die Chromosomen 1 bis 22 werden Autosomen genannt. Man ererbt jeweils eine Kopie aus dem paternalen, eine weitere aus dem maternalen Chromosomensatz. Jedes der so entstehenden **Autosomen**paare wird auch als homologes Chromosomenpaar bezeichnet. Das 23. Paar besteht aus den **Geschlechtschromosomen** (bei Säugetieren als X und Y bezeichnet).

Ei- und Spermienzellen des Menschen – die Geschlechts- oder Fortpflanzungszellen oder Gameten – enthalten jeweils einen einfachen Satz von 23 Chromosomen, der als **haploider Satz** (n; n bezeichnet die Zahl der Chromosomen) bezeichnet wird. Alle anderen Zellen des Körpers werden als somatische Zellen bezeichnet und der Keimbahn der Gameten und ihrer Vorläuferzellen gegenübergestellt. Die somatischen Zellen des Menschen enthalten einen diploiden Chromosomensatz, also 46 Chromosomen. Der **diploide Zustand** ($2n$) findet sich auch bei vielen anderen eukaryontischen Vielzellern, doch existieren auch zahlreiche Ausnahmen mit höheren Ploidiegraden. Die somatischen Zellen eines männlichen *Homo sapiens* enthalten 22 Autosomenpaare plus ein X- plus ein Y-Chromosom. Die Zellen eines weiblichen *Homo sapiens* enthalten eben-

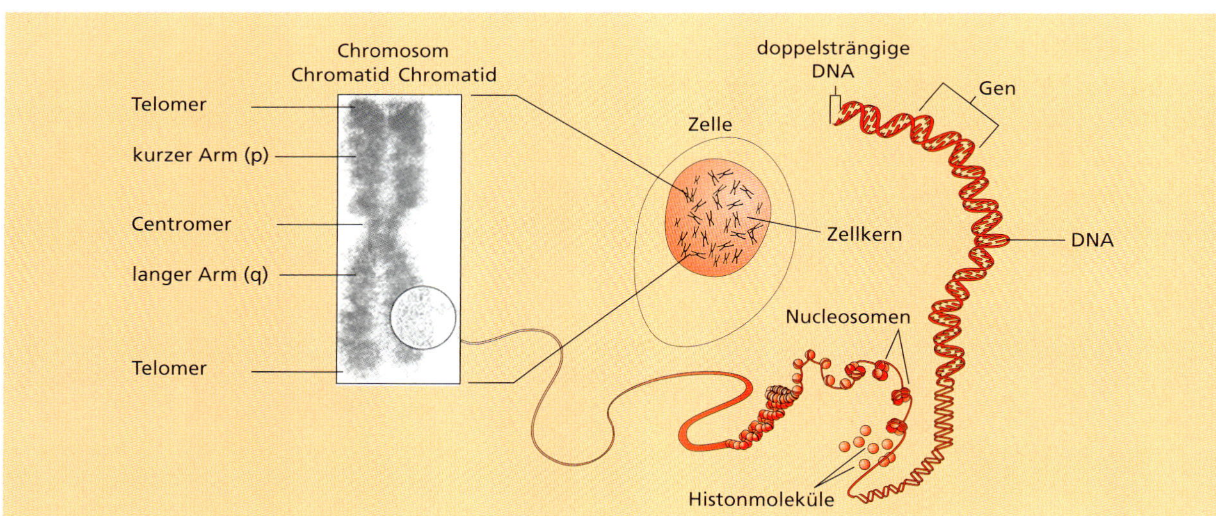

Abbildung 2.6: Der Aufbau eines eukaryontischen Chromosoms. Chromosomen sind stark verdrehte und kondensierte DNA-Moleküle mit assoziierten Proteinen. In einer sich nicht teilenden Zelle liegt die DNA in einem als Chromatin bezeichneten entspannten Zustand vor. Die DNA ist um Histone – spezielle, DNA-bindende Proteine – gewickelt, die dem Gesamtverband das ungefähre Aussehen einer Perlenkette verleihen, wenn er im Elektronenmikroskop sichtbar gemacht wird. Während der Ausbildung der Chromosomen im Vorfeld einer Zellteilung wird die Chromatinfaser noch weiter zu einer dickeren, stärker verknäuelten Faser und überspiralisierten Schlaufen verdichtet. Schließlich werden diese Schlaufen unter Zuhilfenahme weiterer Proteine dicht zusammengepackt, bis ein im Lichtmikroskop sichtbares Chromosom entsteht, das ein eng gepacktes Assoziat aus einem DNA-Molekül und zahlreichen anhaftenden Proteinen ist. Jedes Chromosom besteht nach der Replikation aus zwei Schwesterchromatiden, die an ihren Centromeren zusammengehalten werden. Die Bereiche zu beiden Seiten des Centromers werden als Arme des Chromosoms bezeichnet, die mit p und q gekennzeichnet werden. Die Enden eines eukaryontischen Chromosoms werden Telomere genannt und weisen einen speziellen Bau auf.

falls 22 Autosomenpaare plus 2 X-Chromosomen. Abweichungen davon werden als Chromosomenaberrationen bezeichnet und machen sich als (zum Teil schwere) Erbkrankheiten bemerkbar.

Die Geschlechtschromosomen haben ihre Bezeichnung aufgrund der Tatsache erhalten, dass sie die Entwicklung von Geschlechtsmerkmalen und die Ausbildung der Geschlechtsorgane steuern, wohingegen die Autosomen in erster Linie solche Gene enthalten, die nichtgeschlechtsgebundene Merkmale vererben. Einige Strukturmerkmale sind für die Chromosomen der Eukaryonten universell. Prokaryontische Zellen enthalten im Regelfall ein einzelnes, zirkulär geschlossenes Chromosom mit leicht abweichendem Bau (Kapitel 5). Eukaryontische Chromosomen sind dagegen lineare Gebilde mit zwei Enden. Nach der Verdoppelung in der S-Phase des Zellzyklus bilden sich so genannte 2-Chromatidchromosomen, die aus zwei **Schwesterchromatiden** bestehen (Abbildung 2.6). Die Schwesterchromatiden sind genaue Kopien voneinander, die durch DNA-Neusynthese gebildet werden. Im Verlauf der Zellteilung werden die Schwesterchromatiden, die jeweils ein DNA-Molekül enthalten, voneinander getrennt, so dass die nach der Teilung entstandenen neuen Zellen jeweils die gleiche Menge DNA wie die Ursprungszelle, aus der sie hervorgegangen sind, enthalten. Jedes eukaryontische Chromosom besitzt einen Bereich, der als Centromer bezeichnet wird. Das **Centromer** ist ein eingeschnürter Abschnitt des Chromosoms, in dem ein dichtes Geflecht aus der DNA des Chromatids mit zahlreichen Proteinen assoziiert ist. Im Bereich der Centromere werden die Schwesterchromatiden zusammengehalten. Dieser Bereich des Chromosoms enthält außerdem weitere, spezielle Proteine, die den Kontakt mit den Mikrotubuli des Spindelapparats vermitteln, mit dessen Hilfe die Chromsomen bei einer Zellteilung auf die Folgezellen aufgeteilt werden. Die Mikrotubuli des Spindelapparates sind die „Schienen", auf denen die Chromosomen während der Teilung zu ihren Zielpunkten gleiten.

Das Centromer teilt jeden Chromatidfaden in zwei Teile: Einen kurzen und einen langen Arm. Der **kurze Arm** eines Chromosoms wird durch den Buchstaben p symbolisiert, der **lange Arm** durch den Buchstaben q. Jeder Arm endet in einem als Telomer bezeichneten Bereich (Abbildung 2.6). Die Telomere bestehen aus hochgradig konservierten (bei allen Arten sehr ähnlichen) repetitiven Basenfolgen, die Bedeutung für die Replikation der DNA und die Anheftung der Chromosomen an die Kernhülle besitzen. Telomere befinden sich im Stadium intensiver Untersuchung durch die Genetiker. Wie wir in Kapitel 11 eingehender erörtern werden, wird darüber spekuliert, dass die Verkürzung der Telomere im Verlauf der Replikation am Prozess der biologischen Alterung beteiligt ist. Ebenso sollen die Telomere bei der Entstehung bösartiger Tumore (Krebs) eine Rolle spielen.

> **FRAGE UND ANTWORT** F&A
>
> **Frage**
>
> Weisen alle biologischen Arten die gleiche Anzahl Chromosomen auf?
>
> **Antwort**
>
> Nein. Die Chromosomenzahl ist variabel und nicht einmal innerhalb einer nah verwandten Organismengruppe konstant. Die Zellen des Menschen (*Homo sapiens*) weisen eine haploide Chromosomenzahl von 23 auf, die Taufliege *Drosophila melanogaster* verfügt (immer im haploiden Zustand) über 4, die Backhefe *Saccharomyces cerevisiae* über 16, die Hauskatze (Felis sylvestris) über 19 und der Haushund (*Canis lupus*) über 39.

Karyotypanalyse zum Studium der Chromosomen

Einer der am häufigsten eingeschlagenen Wege zur Untersuchung der Chromosomenzahl sowie grundlegender Aspekte der Chromosomenstruktur ist die Erstellung eines Karyogramms, mit dessen Hilfe sich der Karyotyp der Zellen feststellen lässt. Dabei werden Zellen des zu untersuchenden Lebewesens auf einem Objektträger ausgelegt und mit Farbstoffen behandelt, um die Chromosomen (chroma, gr. „Farbe"; soma, gr. „Körper") sichtbar zu machen. So führt etwa die Giemsa-Färbung zu einer Abfolge hellerer und dunklerer Banden an den Chromosomen. Jedes auf diese Weise angefärbte Chromosom ergibt ein charakteristisches und reproduzierbares Streifenmuster, das herangezogen werden kann, um Chromosomen eindeutig zu identifizieren. Von Zellen, in denen alle Chromosomen in geeigneter Weise getrennt voneinander liegen, macht man ein Foto, aus dem dann die einzelnen Chromosomen ausgeschnitten werden. Paarweise arrangiert werden sie der Größe nach geordnet (► Abbildung 2.7). Die Nummerierung der Chromosomen erfolgt vom größten zum kleinsten hin fortlaufend. Tatsächlich erwies sich das Chromosom 21 als noch kleiner als Nr. 22, doch war dies mit cytogenetischen Methoden wie der Karyotyp-

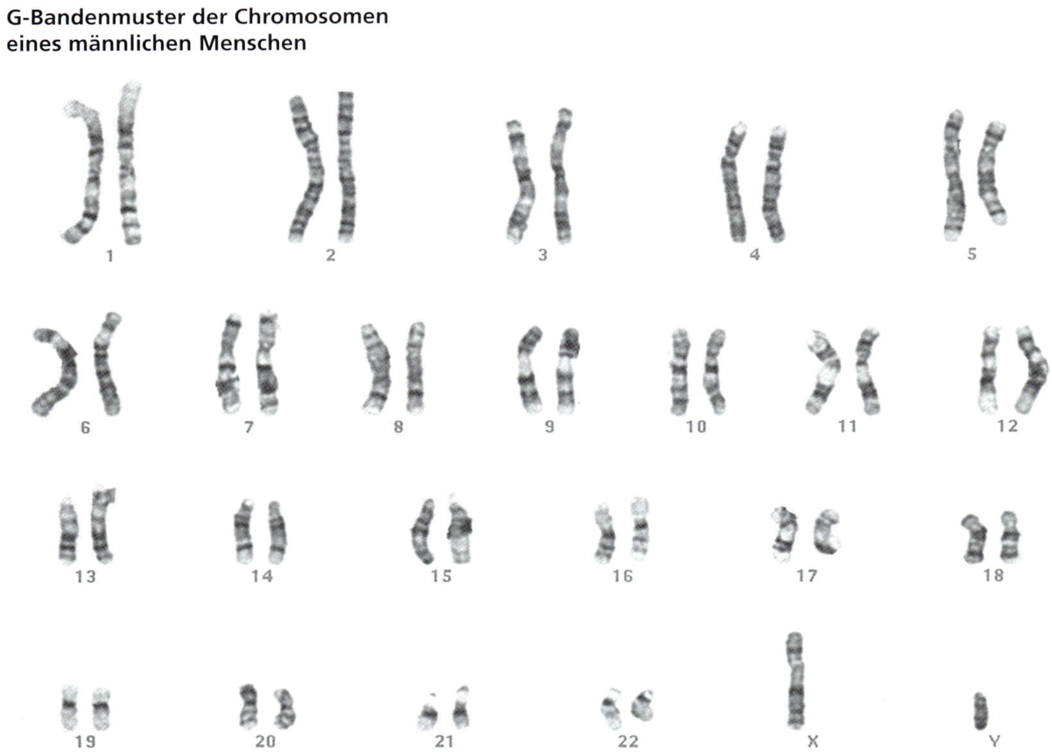

Abbildung 2.7: Karyotypanalyse. Bei einer Karyotypanalyse werden Zellen auf einen Objektträger ausgebracht. Im Lichtmikroskop sucht man nach Zellen, die sich gerade teilen. Nach einer Perforation der Zellen, um die Chromosomen freizusetzen, werden diese angefärbt. Eine fotografische Aufnahme wird erstellt. Anhand der Bilder werden die Chromosomen der Größe und der Position des Centromers nach geordnet. Das sich bei der Färbung ergebende Bandenmuster erlaubt ein eindeutiges Ansprechen einzelner Chromosomen. Das geordnete Bild aller Chromosomen eines Lebewesens bezeichnet man als Karyogramm.

analyse nicht ablesbar. Die ursprüngliche Bezifferung wurde beibehalten. Solche Karyogramme sind für Chromosomenanalysen (z. B. bei Züchtern, aber auch in der Humangenetik zur Erkennung von Erbkrankheiten) sehr wertvoll. In Kapitel 11 werden wir erfahren, wie die Analyse von Karyogrammen beim Aufspüren von Erbkrankheiten des Menschen hilfreich ist, bei denen der Krankheitszustand aus Chromosomenaberrationen (Abweichung der Chromosomenzahl oder -form) resultiert.

DNA-Replikation

Wenn sich eine Zelle teilt, ist es unbedingt notwendig, dass beide neu dabei entstehenden Zellen gleiche Kopien des gesamten Erbgutes erhalten. Die im Vorfeld replizierte DNA muss daher gleichmäßig aufgeteilt werden. Somatische Zellen (gewöhnliche Körperzellen) teilen sich durch **Mitose**. Bei dieser Form der Zellteilung teilt sich eine Zelle in zwei (zumindest anfangs) nicht unterscheidbare Tochter- oder Folgezellen, von denen jede eine identische Kopie des Genoms der Ausgangszelle enthält. Teilt sich etwa eine Hautzelle eines Menschen, so entstehen zwei neue Hautzellen, jede von ihnen ausgestattet mit 23 Chromosomenpaaren. Keimzellen (Gameten) entstehen durch eine besondere Form der Zellteilung, die **Meiose** (dt. „Reifeteilung") heißt. Dabei ergibt eine Ausgangszelle schließlich vier Folgezellen, die je nach Geschlecht Eizellen oder Spermien sind. Im Verlauf der Meiose wird die Chromosomenzahl auf die Hälfte – den haploiden Satz – reduziert ($2n$ zu n). Bei der geschlechtlichen Fortpflanzung bildet sich aus der Verschmelzung einer Eizelle mit einem Spermium eine **Zygote** (befruchtete Eizelle). Die Zygote teilt sich mitotisch. Bei der Befruchtung (Fertilisation) wird der diploide Zustand ($2n$) zurückgebildet (beim Menschen 46 = 23 maternale + 23 paternale Chromosomen).

Unabhängig davon, ob mitotische oder meiotische Zellteilung erfolgt, muss vor jeder Zellteilung zunächst die DNA einer Zelle identisch verdoppelt werden. Diese Replikation vollzieht sich nach einem **semikonservativen Mechanismus**; man spricht deshalb von semikonservativer Replikation. Dies gilt für alle Lebensformen. Eine schematische Übersicht über den Vorgang gibt die ► Ab-

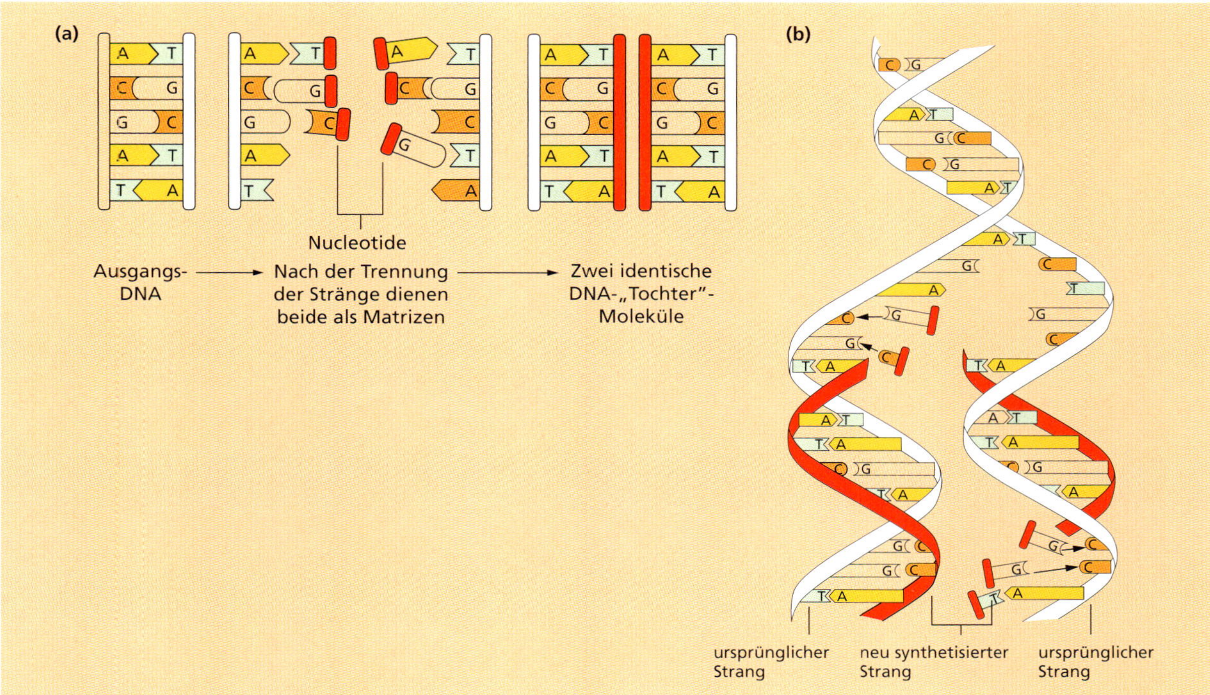

Abbildung 2.8: Abriss der DNA-Replikation. Die Polynucleotidstränge eines DNA-Moleküls müssen zunächst voneinander getrennt werden (a). Jeder der Stränge dient als Vorlage für die Synthese eines neuen Stranges, wodurch zwei vollständige DNA-Doppelhelixmoleküle erzeugt werden, von denen ein jeder einen Strang des ursprünglichen Moleküls und einen neu synthetisierten Strang enthält (b).

bildung 2.8. Bevor die Replikation einsetzen kann, müssen die beiden umeinandergewundenen Stränge der DNA-Doppelhelix entwunden werden, so dass Einzelstränge vorliegen. Nach der Separierung dienen beide Stränge als Vorlagen (Matrizen) zur Synthese zweier neuer DNA-Stränge, die jeweils komplementär zum Matrizenstrang sind. Jede so entstehende neue Doppelhelix enthält einen Ursprungsstrang, der aus der zu kopierenden DNA stammt, und einen neu synthetisierten. Ein Strang bleibt erhalten („wird konserviert"), ein neuer kommt hinzu – daher die Bezeichnung „semikonservativ".

Die Replikation eines DNA-Moleküls vollzieht sich in mehreren Schritten, von denen ein jeder die Beteiligung anderer Proteine erfordert. Da die Chromosomen prokaryontischer Zellen ringförmig geschlossen sind, unterscheidet sich der Replikationsmechanismus in Bakterienzellen in Details von dem in eukaryontischen Zellen. An dieser Stelle wollen wir uns auf die Replikation in eukaryontischen Zellen konzentrieren. Die Replikation wird von dem Enzym **DNA-Helicase** initiiert. Die Helicase trennt die beiden Polynucleotidstränge, indem sie die Wasserstoffbrückenbindungen zwischen den komplementären Basen aufhebt (► Abbildung 2.9). Die getrennten Stränge bilden dann eine so genannte **Replikationsgabel**. Nach der Entwindung durch die Helicase lagern sich **einzelstrangbindende Proteine** an die getrennten Polynucleotidstränge, um zu verhindern, dass es zu einer spontanen Reassoziation kommt. Das ist wichtig, weil für den Zeitraum der Replikation die Stränge voneinander getrennt bleiben müssen. Die initiale Strangtrennung erfolgt an bestimmten Stellen, die als **Replikationsursprünge** bezeichnet werden. Bakterienchromosomen verfügen über einen einzelnen Replikationsursprung. Eukaryontische Chromosomen besitzen aufgrund ihrer Größe regelmäßig mehrere solcher Replikationsursprünge. Die gleichzeitige Neusynthese in mehreren Bereichen des Chromosoms erlaubt eine raschere Verdoppelung der eukaryontischen Chromosomen.

Der nächste Schritt der Replikation besteht in der Hybridisierung der einzelsträngigen DNA mit kurzen RNA-Molekülen von 10 bis 15 Nucleotiden Länge. Diese RNA-Moleküle werden als *Starter-RNA* (engl. *primer*) bezeichnet. Diese kurzen Ribonucleinsäuren werden von dem Enzym **Primase** synthetisiert. Die Starter oder Primer sind die „Keimzellen" der nun einsetzenden DNA-Synthese; sie sind die Bindungsorte der DNA-Polymerase, die anhand des Matrizenstranges einen neuen, komplementären Polynucleotidstrang synthetisiert. An jeden Einzelstrang binden Polymerasemoleküle,

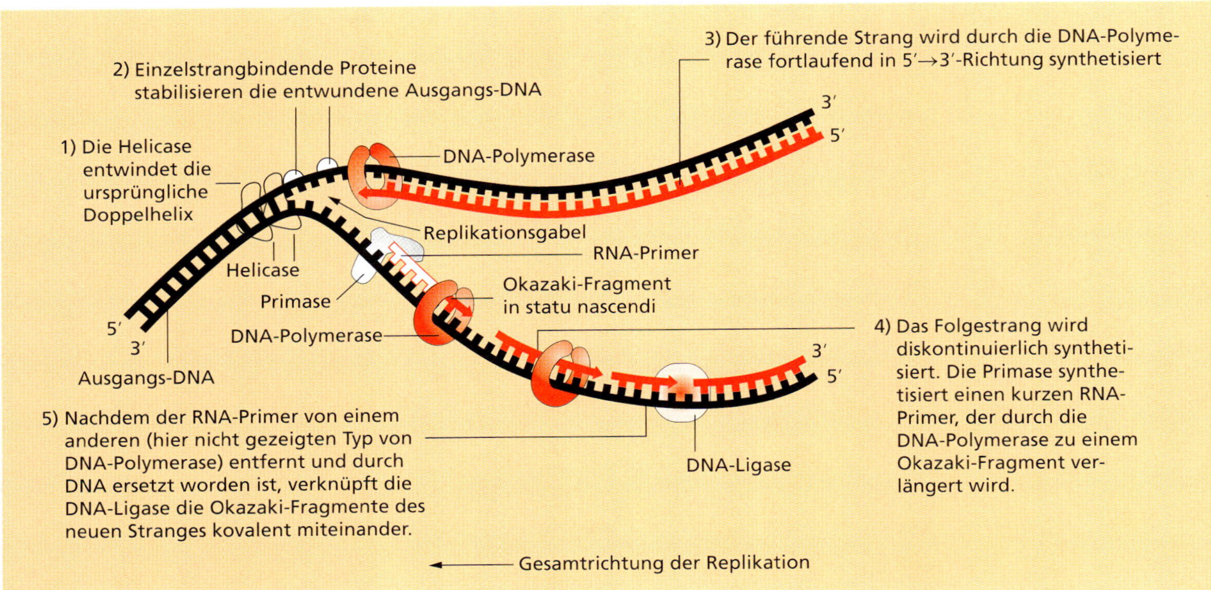

Abbildung 2.9: Semikonservative Replikation der DNA.

die den Strang entlangfahren, während sie hinter sich den komplementären neuen Strang zurücklassen. Als Bausteine nutzt die DNA-Polymerase wie alle Nucleinsäurepolymerasen Nucleosidtriphosphate, die in der Zelle hergestellt werden. Die DNA-Polymerase vollführt die Neusynthese immer in einer Richtung, und zwar in 5'-3'-Richtung. Neue Nucleotide werden also an das 3'-Ende des neuen DNA-Stranges angeknüpft (► Abbildung 2.9). Dies geschieht durch die Ausbildung kovalenter Phosphodiesterbindungen zwischen einem Phosphorsäurerest eines Nucleosidtriphosphatmoleküls und dem Zuckerrest des in der Polymerkette vorausgehenden Nucleotids.

Da die DNA-Polymerasemoleküle stets in 5'-3'-Richtung fortschreiten, erfolgt die Neusynthese an einem der neuen Stränge, der als **Führungsstrang** bezeichnet wird, kontinuierlich, also durchgehend ohne Unterbrechungen (Abbildung 2.9). Die Synthese des anderen Stranges, des **Folgestranges**, vollzieht sich dagegen diskontinuierlich, weil an diesem Strang die Polymerase „darauf warten“ muss, dass sich die Repliaktionsgabel weiter öffnet. Hier ist regelmäßig ein Neustart der Synthese erforderlich. Als Folge davon bilden sich am Folgestrang relativ kurze Stücke neu synthetisierter DNA, die nach ihren Entdeckern als *Okazaki-Fragmente* bezeichnet werden. Auf diesem Strang muss die Polymerase also immer wieder in der erweiterten Replikationsgabel neu ansetzen, bis zum vorangegangenen Okazaki-Fragment synthetisieren und danach erneut abdissoziieren und neu ansetzen. Die Okazaki-Fragmente werden in einem nachfolgenden Schritt von dem Enzym **DNA-Ligase** (ligare, lat. „verbinden“) kovalent verknüpft. Dadurch wird sichergestellt, dass es keine Unterbrechungen im Phosphodiestergerüst der Doppelhelix gibt. Dies würde die strukturelle Stabilität des Moleküls vermindern. Schließlich werden auch die RNA-Primer (Starter) enzymatisch abgedaut und die Lücken durch eine DNA-Polymerase aufgefüllt und durch die Ligase verschlossen.

Prägen Sie sich nach und nach die Funktionen der einzelnen Enzyme ein, die an der DNA-Synthese beteiligt sind. Im nächsten Kapitel werden Sie erfahren, wie sowohl die DNA-Polymerase als auch die DNA-Ligase in der Routine des gentechnischen Labors bei Klonierungs- und anderen Experimenten eingesetzt werden.

Was ist ein Genom?

Das Molekül Desoxyribonucleinsäure enthält die Bauanleitung eines Lebewesens – die Gene. Die Gesamtmenge der DNA, die ein Lebewesen in seinen Zellen mit sich führt, nennt man sein Genom. Das Genom des Menschen mit seinem Gesamtumfang von ca. drei Milliarden Basenpaaren enthält nach neueren Schätzungen etwa 24.000–28.000 Gene. Das Teilgebiet der Genetik, das sich im Besonderen mit den Genomen von Lebewesen befasst, wird als **Genomik** (Genomforschung) bezeichnet. Es handelt sich um ein gegenwärtig sehr aktives Teilgebiet der Biologie, das rasch neue Befunde anhäuft. Das ganze Buch hindurch werden wir Aspekte des Humangenomprojektes – des weltumspannenden Großprojektes zur Sequenzierung des menschlichen Genoms und der Identifizierung aller Gene des Menschen auf allen seinen Chromosomen – erörtern. Das Humangenomprojekt ist eine gewaltige Anstrengung im Bereich der Genomforschung, die die beteiligten Wissenschaftler mit zahlreichen neuen und teils unerwarteten Einsichten in die Genetik des Menschen – seiner Gene und deren Funktionen – versorgt.

FRAGE UND ANTWORT F&A

Frage

Ist die Größe des Genoms eines Lebewesens mit dessen Organisationshöhe korreliert?

Antwort

Nein, gar nicht. Die Größe des Genoms schwankt von Art zu Art beträchtlich, doch sagt die Größe des Genoms einer gegebenen Art nichts über deren stammesgeschichtliche Stellung oder die Organisationshöhe (den Komplexitätsgrad) der Art aus. Menschen und Mäuse – beides Säugetiere von vergleichbarer Organisationsstufe – besitzen Genome von ebenfalls vergleichbarer Größe (ca. 3 Milliarden Bp) und vergleichbarem Gengehalt. Die Blütenpflanze *Arabidopsis thaliana* (Ackerschmalwand) besitzt ungefähr 25.000 Gene – viele davon durch Duplikation entstanden –, die sich auf ein Genom von 97 Millionen Basenpaaren (Bp) verteilen.

Taufliegen der Art *Drosophila melanogaster* verfügen über ein Genom von ca. 180 Millionen Basenpaaren, das rund 13.000 Gene enthält. Nichtbiologen halten eine Maus oder eine Pflanze des Feldrandes vielleicht für nicht so hoch organisiert wie den Menschen, doch wissen Sie aus Ihren biologischen Studien, dass biologische Komplexität weit mehr bedeutet als die Zahl der Gene, die ein Lebewesen besitzt. Es ist also nicht richtig, den Menschen per se als höher organisiert als jede andere Lebensform anzusehen. So enthält die oben erwähnte Ackerschmalwand – eine kleine, krautige Pflanze, die in der genetischen Forschung eine wichtige Rolle spielt – Gene, die es ihr erlauben, durch Photosynthese Energie aus dem Licht zu ziehen. Menschliche Zellen vermögen dies nicht. Alle Lebensformen sind komplex organisierte Gebilde mit einzigartigen Fähigkeiten, die von ihren Genen und den mit ihrer Hilfe hergestellten Proteinen und deren Wechselwirkungen vorgegeben sind.

Beachten Sie, dass der in der Biologie vielstrapazierte Begriff der Komplexität eine *quantifizierbare* Größe, also – zumindest im Prinzip – exakt bestimmbar ist, der die Zahl der Informationseinheiten beschreibt, die notwendig sind, um einen gegebenen Zustand (z. B. ein Lebewesen) vollständig zu beschreiben. In dieser Hinsicht ist der Mensch mit seinem beispiellosen Gehirn in der Tat die komplexeste Lebensform.

2.4 RNA- und Proteinsynthese

Gene steuern die Aktivitäten und Abläufe innerhalb einer Zelle durch die Steuerung der Neusynthese von Proteinen. Die Aktivität der Gene unterliegt wiederum der Regulation von Proteinen, die in ihrer Aktivität wiederum zum Teil durch Signale beeinflusst werden, die die Zelle von außerhalb erhält. Einige der vielen Funktionen dieser notwendigen und allgegenwärtigen Zellbestandteile sind:

- Proteine sind notwendig für die Strukturgebung einer Zelle; sie sind wichtige Bestandteile biologischer Membranen und des Cytoplasmas.
- Als Enzyme führen Proteine lebenswichtige chemische Reaktionen in den Zellen aus.
- Proteine erfüllen wichtige Rollen als Signalmoleküle (Hormone etc.), die Zellen nutzen, um miteinander in Kontakt zu treten.
- Rezeptoren binden andere Moleküle (Signalstoffe wie z. B. Hormone) und leiten diese Signale weiter; Transporterproteine versorgen die Zelle mit notwendigen Stoffen oder schleusen Stoffe aus der Zelle heraus.
- Als Antikörper des Immunsystems von Wirbeltieren erkennen und markieren Proteine Fremdstoffe und fremde Zellen, damit diese zerstört werden können.

Auf den Punkt gebracht, können lebende Zellen ohne Proteine nicht funktionieren. Wie veranlasst nun die DNA die Herstellung eines Proteins? Die DNA stellt die Proteine nicht selbst und auch nicht direkt her. Um ein Protein zu synthetisieren, wird von einem Gen zuerst eine Kopie hergestellt, die als Boten-Ribonucleinsäure (messenger-RNA, mRNA) bezeichnet wird (► Abbildung 2.10). Der Vorgang der RNA-Synthese wird allgemein als **Transkription** (Umschreibung) bezeichnet, da die Gene buchstäblich anhand der DNA-Vorlage in eine RNA umgeschrieben werden. In genetischer Hinsicht entspricht der *Informationsgehalt* einer mRNA genau dem des zugrunde liegenden Gens. Jede mRNA enthält alle Anweisungen für die Herstellung eines Proteins oder – im Fall der polycistronischen mRNAs von Prokaryonten – mehrerer Proteine durch den Vorgang der **Translation** (Übersetzung).

Abgesehen von der Tatsache, dass die allermeisten RNA-Moleküle einzelsträngig sind, ist die chemische Zusammensetzung der eines DNA-Moleküls sehr ähnlich. Die Basen einer RNA sind denen einer DNA weitgehend gleich. Ein Unterschied zwischen diesen Molekültypen

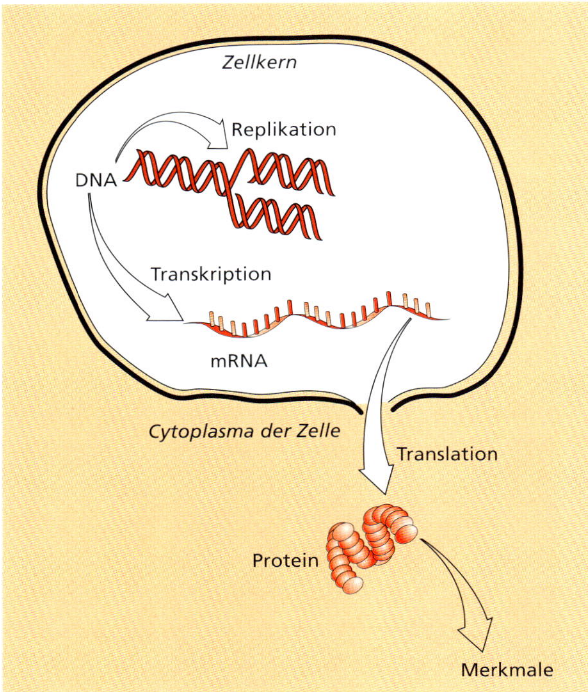

Abbildung 2.10: Der Fluss der genetischen Information in lebenden Zellen. Von der DNA wird während der Transkription eine RNA-Umschrift erstellt. Die RNA leitet während der Translation die Synthese von Proteinen an. Über die Proteine als Genprodukte steuern die Gene indirekt die metabolischen und die physikalischen Eigenschaften – oder Merkmale – eines Lebewesens.

besteht darin, dass in der RNA eine Base namens **Uracil** (Abk. U) auftaucht, die hier die DNA-Base Thymin (T) ersetzt (Abbildung 2.4). Ein weiterer Strukturunterschied besteht darin, dass Ribonucleinsäuren die Pentose Ribose enthalten (Name!), die sich geringfügig von der Desoxyribose der DNA unterscheidet.

Eine einfache Eselsbrücke, um Transkription und Translation auseinanderzuhalten, besteht darin sich zu merken, dass Translation Übersetzung heißt, weil hier der genetische Code der Basen in den Nucleinsäuren in die Aminosäure„sprache" der Proteine *übersetzt* wird. Dies hat in der Tat Ähnlichkeit mit der Übersetzung einer menschlichen Sprache in eine andere. Über die Herstellung von mRNA- und Proteinmolekülen bestimmt letztendlich die DNA einer Zelle deren Aufbau und Eigenschaften (► Abbildung 2.10). Die Vorgänge der Transkription und Translation legen den Fluss der genetischen Information in Zellen fest. Dadurch werden die Aktivitäten und Eigenschaften der betreffenden Zelle bestimmt und gelenkt. An dieser Stelle sollen die grundlegenden Prinzipien der Transkription und der Translation sowie Aspekte der Genexpressionskontrolle beschrieben werden.

Den Code kopieren: Transkription

Wie wird die DNA während der RNA-Synthese als Matrize eingesetzt? Die Schlüsselenzyme der Transkription sind die **RNA-Polymerasen**. In eukaryontischen Zellen findet dieser Vorgang innerhalb des Zellkerns, sowie in Mitochondrien und Plastiden, statt. Die RNA-Polymerase entwindet die DNA-Doppelhelix zu Einzelsträngen und erstellt dann von einem der DNA-Stränge eine RNA-Abschrift.

Anders als bei der Replikation, bei der das gesamte DNA-Molekül kopiert wird, sind von der Transkription nur bestimmte Teile eines Chromosoms (die codierenden Bereiche der Gene) betroffen. Woher weiß ein RNA-Polymerasemolekül, wo es mit der Transkription beginnen soll? In unmittelbarer Nachbarschaft zum codierenden Bereich eines Gens liegt ein Genbereich, der **Promotor** genannt wird. Promotoren sind bestimmte Basenfolgen, die von RNA-Polymerasen erkannt werden und an welche diese binden (Abbildung 2.12, siehe außerdem Abbildung 2.14). Wie wir später in diesem Kapitel noch im Einzelnen erörtern werden, helfen spezielle Proteine, die **Transkriptionsfaktoren** heißen, der RNA-Polymerase dabei, den (richtigen) Promotor zu finden und an die DNA anzubinden. Dabei spielen weiterhin bei vielen Genen zusätzliche DNA-Abschnitte eine Rolle, die als **Enhancer** (engl. Verstärker) bezeichnet werden.

Nach der Anbindung der RNA-Polymerase an den Promotor kommt es zur Trennung der beiden Stränge der DNA. Dann wird die RNA in 5'-3'-Richtung von der Polymerase synthetisiert. Dabei bewegt sich das Enzym in der angegebenen Richtung an dem Matrizenstrang der DNA entlang. So entsteht eine RNA, die komplementär zu diesem Strang ist, indem zwischen den Ribonucleotiden Phosphodiesterbindungen geknüpft werden, genauso wie dies die DNA-Polymerase bei der Replikation der DNA vollbracht hat (► Abbildung 2.11). Wenn die RNA-Polymerase das Ende des codierenden Bereichs eines Gens erreicht hat, folgt auf das Stoppcodon meist eine so genannte Terminatorsequenz, oder kurz der **Terminator**. An den Terminatorbereich binden entweder spezielle Proteine (Terminationsfaktoren), oder er bildet durch interne Basenpaarung eine Schlaufe, die das Weiterwandern der RNA-Polymerase zum Erliegen bringt. Aufgrund dieser Blockade lösen sich die RNA-Polymerase und die neu entstandene RNA von der DNA ab. Anders als im Fall der Replikation, die nur einmal – vor einer Zellteilung – stattfindet, können im Ver-

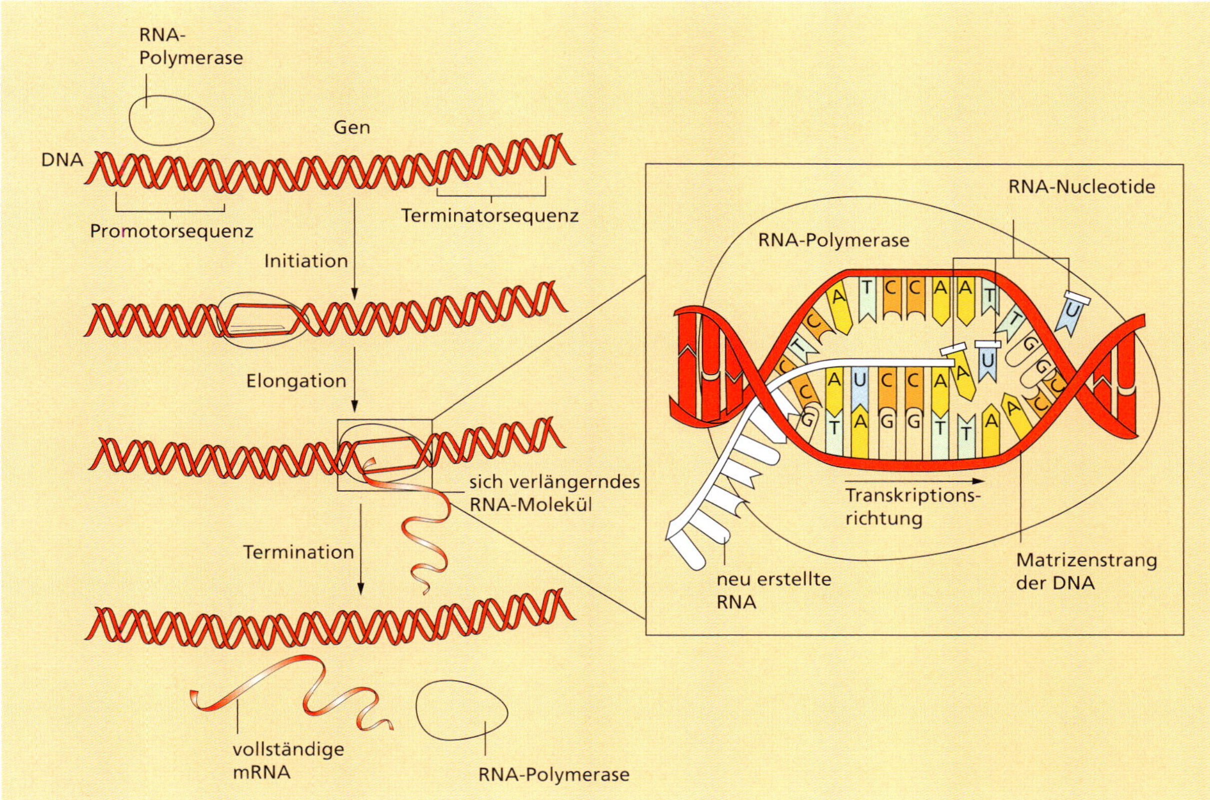

Abbildung 2.11: Die Transkription. Die Transkription beginnt, wenn ein RNA-Polymerasemolekül an den Promotorbereich eines Gens bindet. Die RNA-Polymerase wandert am Matrizenstrang der DNA entlang und schreibt diesen dabei in eine komplementäre, einzelsträngige Ribonucleinsäure um. Wenn das Enzym einen Terminator erreicht, löst es sich von der DNA ab. Die Transkription ist beendet.

lauf der Transkription oder in nachfolgenden, neuen Transkriptionsschritten von ein und demselben Gen mehrere RNA-Abschriften – gegebenenfalls auch gleichzeitig – erstellt werden. In manchen Fällen liegen in einer Zelle von einem einzigen Gen mehrere tausend mRNA-Abschriften vor, die dann gleichzeitig in der Zelle vorliegen. Wir werden weiter unten in diesem Abschnitt lernen, dass eine Zelle für ein Protein, das in großen Mengen benötigt wird, in der Regel auch eine große Menge an mRNA für die Translation erzeugt.

Die Transkription kann drei unterschiedliche Typen von RNA hervorbringen

Wir haben die mRNA-Moleküle, die bei der Abschrift vieler Gene entstehen, schon kennen gelernt. Bei Transkriptionsvorgängen können aber noch zwei andere Sorten von RNA gebildet werden: **Transfer-Ribonucleinsäuren (tRNA)** und **ribosomale Ribonucleinsäuren (rRNA)**. Für jeden dieser unterschiedlichen Ribonucleinsäuretypen verfügt die Zelle über spezielle RNA-Polymerasen. Wie wir bald lernen werden, enthalten nur die Boten-Ribonucleinsäuren (mRNA) die Information für die Synthese von Proteinen, doch sind die beiden anderen Typen – tRNA und rRNA – ebenfalls für die Proteinbiosynthese unabdingbar.

Die RNA-Prozessierung

In eukaryontischen Zellen wird die anfängliche RNA-Abschrift eines Gens als **Primärtranskript** oder **Prä-mRNA** bezeichnet. Diese Prä-mRNA wird auch als unreif bezeichnet, die nachfolgend stattfindenden Modifizierungsschritte als Reifung (Maturierung) der mRNA. Diese Reifungsvorgänge sind notwendig, bevor die (maturierte) mRNA in der Proteinbiosynthese eingesetzt werden kann. Einer dieser Modifizierungsschritte ist das **Spleißen der RNA** (► Abbildung 2.12). Als man zuerst daranging, die Einzelheiten der Transkription zu erforschen, war man überrascht, dass in den offenen Leserahmen der Gene eukaryontischer Chromosomen viele Nucleotidabfolgen enthalten sind, die nicht in ein Protein übersetzt werden. Diese nichtcodierenden Bereiche werden **Introns** genannt. Die Introns trennen die **Exons** voneinander. Die Exons sind die proteincodierenden (exprimierten) Abschnitte eines Gens. Bei der

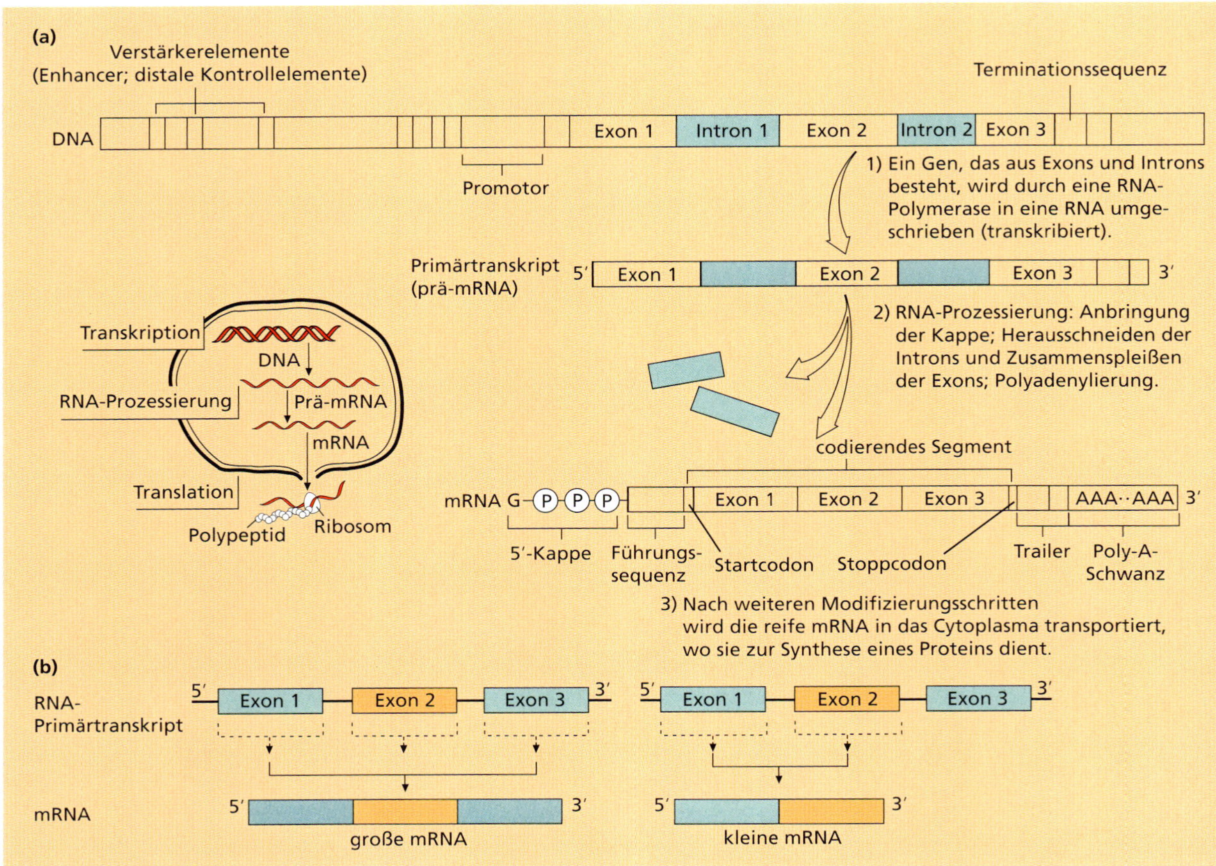

Abbildung 2.12: Ein eukaryontisches Gen und die mRNA-Prozessierung. (a) Die Transkription eines eukaryontischen Gens führt zu einem Primärtranskript (= Prä-mRNA). Das Primärtranskript unterzieht sich in den meisten Fällen einer Prozessierung durch Spleißung, das Anfügen einer 5′-Kappe und Polyadenylierung am 3′-Ende. Nach der Prozessierung ist die finale, reife mRNA bereit für den Export in das Cytoplasma, wo die Translation in ein Protein erfolgt. (b) Durch alternatives Spleißen können aus einem Primärtranskript mehrere unterschiedliche mRNAs (und nachfolgend Proteinprodukte) hervorgehen. Ein Gen kann so mehr als ein Genprodukt haben. Beachten Sie, dass die längere mRNA auf der linken Seite drei Exons enthält, die zusammengesplissen werden, die kürzere mRNA rechts aber nur aus zwei Exons besteht.

Transkription eines Gens werden Exons und Introns fortlaufend in mRNA umgeschrieben.

Bevor eine mRNA zur Synthese eines Proteins herangezogen werden kann, müssen die Exons zusammengesplissen, also von Exons abgetrennt und kovalent in der richtigen Reihenfolge verknüpft werden. Wir wollen eine simplifizierende Analogie zur Verdeutlichung heranziehen: Denken Sie sich die Introns als zufällig in einen Text eingebaute Wörter, die aus den Sätzen herausgeschnitten werden müssen, bevor der Text einen vernünftigen Sinn ergibt. Beim Spleißen der Prä-mRNA werden die Introns von speziellen supramolekularen Komplexen herausgetrennt und die durch ein dazwischenliegendes Intron voneinander getrennten Exons kovalent miteinander verknüpft. So entsteht die funktionelle, ausgereifte mRNA. Sie besteht aus einer Abfolge fortlaufender exonischer Abschnitte, die ohne Unterbrechung abgelesen werden.

Durch das Spleißen verfügen die Zellen über eine zusätzliche Ebene der Flexibilität. Aus einem Gen lassen sich so über ein einziges Primärtranskript in einigen Fällen mehrere unterschiedliche Proteine erzeugen. Früher galt die Regel: Ein Gen, ein Protein. Man dachte also, dass ein Gen immer genau die Information für ein einziges Genprodukt – ein Protein – enthalte. Etliche Jahre, nachdem das Phänomen des RNA-Spleißens entdeckt worden war, fand man schließlich heraus, dass bei diesem Vorgang durchaus Boten-Ribonucleinsäuremoleküle unterschiedlicher Zusammensetzung entstehen können. Die Zellen konnten also offensichtlich auf den Grad der Prozessierung der Prä-mRNA Einfluss nehmen. Als Folge dieser differentiellen mRNA-Prozessierung können aus einem Gen mehrere Proteine gebildet werden. Beim Vorgang des alternativen (oder differentiellen) Spleißens werden also in manchen Fällen aus dem gleiche Primärtranskript andere Exons zu einer reifen mRNA durch Spleißen kombiniert (► Abbildung 2.12b). Dieser komplexe Vorgang führt zur Erzeugung mehrerer maturierter mRNA-Moleküle auf der Grundlage desselben offenen Leserahmens (ORF). Jede dieser mRNAs kann dann eingesetzt werden, um ein unterschiedliches Protein zu erzeugen. Diese erfüllen ähnliche, manchmal auch unterschiedliche Funktionen im Zellhaushalt.

Alternatives Spleißen kommt beispielsweise bei den Immunglobulingenen vor, deren Translationsprodukte zu Antikörpermolekülen zusammengesetzt werden. Man unterscheidet verschiedene Antikörpertypen, zum Beispiel solche, die an der Oberfläche von Zellen mit deren Membranen verankert bleiben, von solchen, die in die extrazelluläre Umgebung ausgeschüttet werden (lösliche Antikörper, z. B. im Blut, im Speichel etc.). Differentielles oder alternatives Spleißen kommt auch bei den Genen für Neurotransmitterrezeptoren des Nervensystems vor.

Noch vor wenigen Jahren lagen die Schätzungen für die Gesamtzahl der codierenden Gene des Menschen bei rund 100.000. Wie wir in Kapitel 3 lernen werden, waren die Genetiker ziemlich überrascht, dass sie im Genom des Menschen nur ca. 35.000 Gene finden konnten. Ein Teil dieser Diskrepanz wird bis heute damit begründet, dass viele Proteine aus identischen mRNAs des menschlichen Genoms durch differentielles Spleißen gebildet werden. Darüber hinaus gibt es weitere molekulargenetische Mechanismen wie alternative Promotoren (also unterschiedliche Transkriptionsstartpunkte), alternative Startcodons und noch andere, deren Erörterung an dieser Stelle den Rahmen sprengen würde. Einzelheiten findet der interessierte Leser in den einschlägigen aktuellen Lehrbüchern der Genetik.

Eine weitere Art der Prozessierung einer mRNA geschieht am 5′-Ende, wo ein endständiger Guaninrest methyliert wird (Abbildung 2.12). Diese Methylgruppe wird als 5′-CAP der (5′-Kappe) RNA bezeichnet. Die Methylgruppe spielt eine Rolle bei der Wechselwirkung zwischen der mRNA und dem Ribosom, so dass das richtige Ende der mRNA bei der Translation als Startpunkt dient. Schließlich wird bei der **Polyadenylierung** die mRNA an ihrem 3′-Ende um ein- bis dreihundert Adenosinmonophosphatreste verlängert (sog. „Poly-A-Schwanz"; Abbildung 2.12). Dieser nur aus A-Nucleotiden bestehende, immer gleiche Anhang schützt die mRNA im Zytoplasma vor einem vorzeitigen Abbau, so dass die kinetische Stabilität während der Translation erhöht wird, die mRNA also länger für die Proteinbiosynthese zur Verfügung steht. Nach der Prozessierung, die im Zellkern stattfindet, verlässt die gereifte mRNA diesen durch aktiven Transport. Die Translation findet im Cytoplasma statt (Abbildung 2.12).

Den Code übersetzen: Die Proteinbiosynthese

Die letztliche Funktion der meisten Gene besteht darin, ein Protein hervorzubringen. Wir haben gesehen, wie die RNA durch den Vorgang der Transkription erzeugt wird. An dieser Stelle wollen wir einen kurzen Blick auf die Translation werfen, bei der die Information einer mRNA dazu benutzt wird, aus Aminosäuren ein Protein zu synthetisieren. Die Translation vollzieht sich als vielstufiger Prozess im Cytoplasma der Zellen (in eukaryontischen Zellen in geringem Maße auch in einigen Organellen). Daran sind mehrere Typen von Ribonucleinsäuren beteiligt. Es ist für ein detailliertes Verständnis der Translation notwendig, die unterschiedlichen Funktionen der verschiedenen RNA-Typen zu kennen. Die drei RNA-Komponenten des Translationsapparates sind:

- Die Boten-Ribonucleinsäure (mRNA) – eine getreue Abschrift der codierenden Bereiche eines Gens. Sie fungiert als „Bote", der die genetische Information der DNA zu den Ribosomen bringt, wo diese Erbinformation in ein Genprodukt (Protein) übersetzt wird.
- Die ribosomale Ribonucleinsäure (rRNA) – einzelsträngige Moleküle von 1 500 bis 4 700 Nucleotiden Größe. Die ribosomalen Ribonucleinsäuren, von denen es mehrere Sorten gibt, sind wichtige strukturelle wie funktionelle Bestandteile der **Ribosomen**. Ribosomen sind Organellen der Proteinbiosynthese. Ribosomen erkennen und binden die mRNA-Moleküle und lesen die in ihnen enthaltene genetische Information im Rahmen der Translation ab.
- Die Transfer-Ribonucleinsäuren (tRNA) – kleinere RNA-Moleküle, die Aminosäuren kovalent binden und für die Proteinsynthese zu den Ribosomen transportieren, wo sie dann ihre Aminosäurefracht im Rahmen der Translation an die neue Polypeptidkette übergeben.

Wir haben Einzelheiten der mRNA-Struktur bereits erörtert, doch bevor wir die Einzelheiten der Translation ergründen, müssen wir uns mit dem genetischen Code und dem Aufbau von Ribosomen sowie den tRNAs befassen.

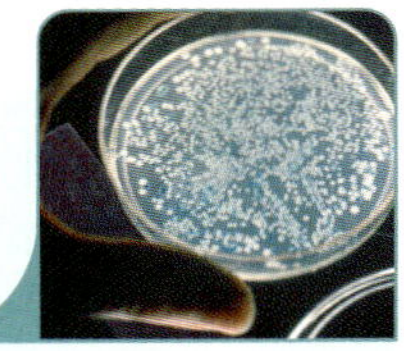

METHODEN

Enzyme der Replikation spielen eine wichtige Rolle in der molekularbiologischen Forschung

Dieses Kapitel gibt eine Einführung in grundlegende Prinzipien der Struktur der DNA, ihrer Replikation, der Transkription und Translation und vermittelt so elementares Hintergrundwissen über Gene und Genome. Die Prinzipien, die wir an dieser Stelle erörtern, sind von Bedeutung für das Verständnis nicht nur dafür, was Gene sind, sondern auch dafür, wie sie funktionieren, aber auch für viele der Komponenten, die in Vorgänge wie die DNA-Replikation eingeschaltet sind, und die unverzichtbare Werkzeuge für die molekularbiologische Forschung geworden sind.

Im nächsten Kapitel lernen Sie, wie man Gene ausfindig macht, sie kloniert und analysiert – faszinierende Aspekte der molekularbiologischen wie der biotechnologischen Forschung. Die Technologie für das Klonieren und die Untersuchung von Genen wurde erst zugänglich, als die Wissenschaftler etwas über die Enzyme gelernt hatten, die in Vorgänge wie die DNA-Replikation verwickelt sind. So wird etwa DNA-Polymerase, das Enzym, das bei der semikonservativen Replikation für die Synthese der DNA zuständig ist, verbreitet in molekularbiologischen Laboratorien eingesetzt, um DNA zu vervielfältigen.

RNA-Polymerasen werden gleichfalls verbreitet in der Molekularbiologie benutzt. Außerdem stützen sich viele DNA-Klonierungsverfahren auf die DNA-Ligase, um DNA-Stücke aus unterschiedlichen Quellen miteinander zu verkleben. Dies wird die Technologie der rekombinanten DNA genannt.

Da die meisten dieser Enzyme heute relativ billig von verschiedenen Firmen zu haben sind, gehören sie in den meisten molekularbiologischen Laboratorien zum Alltag. Ohne ein Verständnis der Enzyme, die die DNA und die RNA umsetzen, wären viele moderne Anwendungen der Biotechnologie und die Mehrzahl der Techniken, die heute in der Molekularbiologie Verwendung finden, nicht möglich.

Der genetische Code

Was versteht man unter dem **„genetischen Code"**, in dem in der DNA und der (m)RNA die vererbbare Information niedergelegt ist? Wie Sie bald lernen werden, lesen die Ribosomen die Erbinformation ab, um Proteine herzustellen, die durch die Verknüpfung von **Aminosäuren** entstehen. Eine Kette aus Aminosäuren, die untereinander kovalent verbunden sind, wird **Polypeptid** genannt. Einige Proteine bestehen aus nur einer Polypeptidkette, andere enthalten mehrere, die sich zum Gesamtprotein in geordneter Weise zusammenlagern.

Wir werden uns in Kapitel 4 im Detail mit der Struktur von Proteinen befassen. Proteine enthalten ein Gemisch aus bis zu 20 Aminosäuren, aber es gibt nur vier verschiedene Basen in einer mRNA. Wie ist nun also der Code zur Übersetzung der Information beschaffen? Wie decodiert ein Ribosom die Information einer mRNA, um zu „wissen", welche Aminosäuren in welcher Reihenfolge in ein Protein gehören? Wie kann die Information für 20 verschiedene Aminosäuren in einer mRNA untergebracht werden, wenn nur vier Nucleotide zur Verfügung stehen?

Die Antwort auf diese Frage ist das, was man den genetischen Code nennt. Dabei handelt es sich um einen faszinierenden Aspekt der Biologie, weil dieser Übersetzungsschlüssel universell ist, also von ausnahmslos allen Lebewesen verwendet (= „verstanden") wird (ein wesentliches Argument für den evolutiven Ursprung aller Lebensformen aus einer einzigen gemeinsamen „Wurzel"). Der genetische Code besteht aus Abfolgen von je drei Nucleotiden, die als **Codons** oder **Basentripletts** bezeichnet werden. Die Information einer mRNA ist also in solche Dreierpäckchen zu unterteilen. Jedes Codon stellt die Information für eine Aminosäure im Rahmen der Proteinbiosynthese dar (► Tabelle 2.3).

Wenn Sie sich die Tabelle 2.3 anschauen, so werden Sie beispielsweise feststellen, dass die Nucleotidfolge – das Codon – UAC die Aminosäure Tyrosin spezifiziert, die Folge UGC die Aminosäure Cystein und so weiter. Obwohl jedes Codon (bis auf drei Ausnahmen) eine bestimmte Aminosäure festlegt, gibt es eine gewisse „Flexibilität" im genetischen Code. Man kann die vier verschiedenen Basen auf 64 verschiedene Weisen zu Dreiergruppen ordnen; es gibt also 64 (4^3) Basentripletts. Da aber nur 20 Aminosäuren zu verschlüsseln sind, existieren für die meisten Aminosäuren mehrere Basentripletts. So kann etwa Lysin durch die Codons AAA und AAG spezifiziert werden.

Der genetische Code ist also in weiten Grenzen redundant. Die Redundanz des genetischen Codes spiegelt sich in artspezifischen Bevorzugungen gewisser Basentripletts zur Codierung bestimmter Aminosäuren wider – beinahe so, wie manche Menschen in der Sprache bestimmten Synonymen den Vorzug vor anderen geben.

Der genetische Code enthält außerdem Anweisungen, die dem Ribosom mitteilen, wo die Translation beginnen und wo sie enden soll. Das **Startcodon** AUG, das immer gleich ist, codiert für Methionin. Die Translation beginnt also immer an einem AUG-Codon; der erste Aminosäurerest eines neu entstandenen Proteins ist also immer ein Methioninrest. Dieses Startmethionin wird jedoch in vielen Fällen bald nach der Synthese wieder abgespalten, so dass bei der chemischen Analyse eines Proteins ein anderer Aminosäurerest als ein Methioninrest erscheint. Wo es ein Startcodon gibt, sollte es auch ein **Stoppcodon** geben. Es gibt drei Basentripletts, die ein Stoppsignal darstellen. Beim Erreichen eines solchen Stoppcodons hält die Translation an. UGA, UAA und UAG sind die drei Stoppsignale der Translation (Tabelle 2.3). Diese Basentripletts legen keine Aminosäure fest; werden sie erreicht, wird die Polypeptidkette nicht weiter verlängert.

Da der genetische Code universell, also allgemeingültig, ist, wird er von allen Zellen „verstanden", egal ob es sich um Zellen des Menschen, einer Bakterie, einer Pflanze, eines Regenwurms oder einer Fruchtfliege handelt. Bei bestimmten Arten werden feine Unterschiede, die mehr Besonderheiten darstellen, beobachtet, doch grundsätzlich kommt der genetische Code in der gesamten belebten Natur zum Einsatz. Wie wir im Kapitel Nr. 3 erörtern werden, ist diese Universalität des genetischen Codes die Grundlage dafür, dass die Biologen die Technik der rekombinanten DNA einsetzen können, um beispielsweise ein Gen aus dem Menschen (z. B. das Insulingen) in ein Bakterium einbringen zu können, so dass Bakterienzellen Insulin transkribieren und translatieren, also ein Protein herstellen, das sie normalerweise nicht produzieren würden. Eine weitere, für die Wissenschaftler hilfreiche Konsequenz der Universalität des genetischen Codes ist die Möglichkeit, die Erbinformation verschiedener Lebewesen miteinander vergleichen zu können, zum Beispiel die Gene des Menschen mit denen anderer Organismen wie der Maus. Da alle Arten denselben genetischen Code benutzen, ist dies eine allgemein angewandte Strategie, um Gene in der Erbinformation einer gegebenen Lebensform (z. B. Gene beim Menschen) ausfindig zu machen, einschließlich solcher Allele (Genvarianten), die an der Entstehung von Krankheiten beteiligt sind.

Ribosomen und tRNA-Moleküle

Ribosomen sind komplexe Gebilde, die aus Zusammenschlüssen von rRNA- und Proteinmolekülen bestehen. Jedes Ribosom besteht aus zwei Untereinheiten. Die

Tabelle 2.3

Der genetische Code

Erste Stelle (5'-Ende)	Zweite Stelle: U	Zweite Stelle: C	Zweite Stelle: A	Zweite Stelle: G	Dritte Stelle (3'-Ende)
U	UUU Phenylalanin	UCU Serin	UAU Tyrosin	UGU Cystein	U
U	UUC Phenylalanin	UCC Serin	UAC Tyrosin	UGC Cystein	C
U	UUA Leucin	UCA Serin	UAA* *Stopp*	UGA* *Stopp*	A
U	UUG Leucin	UCG Serin	UAG* *Stopp*	UGG* Tryptophan	G
C	CUU Leucin	CCU Prolin	CAU Histidin	CGU Arginin	U
C	CUC Leucin	CCC Prolin	CAC Histidin	CGC Arginin	C
C	CUA Leucin	CCA Prolin	CAA Glutamin	CGA Arginin	A
C	CUG Leucin	CCG Prolin	CAG Glutamin	CGG Arginin	G
A	AUU Isoleucin	ACU Threonin	AAU Asparagin	AGU Serin	U
A	AUC Isoleucin	ACC Threonin	AAC Asparagin	AGC Serin	C
A	AUA Isoleucin	ACA Threonin	AAA Lysin	AGA Arginin	A
A	AUG† Methionin	ACG Threonin	AAG Lysin	AGG Arginin	G
G	GUU Valin	GCU Alanin	GAU Asparaginsäure	GGU Glycin	U
G	GUC Valin	GCC Alanin	GAC Asparaginsäure	GGC Glycin	C
G	GUA Valin	GCA Alanin	GAA Glutaminsäure	GGA Glycin	A
G	GUG Valin	GCG Alanin	GAG Glutaminsäure	GGG Glycin	G

†Start

Untereinheiten unterscheiden sich; jedes Ribosom enthält eine große und eine kleine Untereinheit. Diese Einheiten lagern sich nach der Anbindung einer mRNA zum Ribosom zusammen, wobei zwei Furchen ausgebildet werden, die als **A-Stelle** und als **P-Stelle** bezeichnet werden. An diesen Stellen kann je ein tRNA-Molekül binden (► Abbildung 2.13).

Transfer-Ribonucleinsäuren (tRNAs) sind verhältnismäßig kurze Moleküle von weniger als einhundert Nucleotiden Länge. tRNA-Moleküle falten sich auf verwickelte Art und Weise, wobei Basenpaarung zwischen verschiedenen Teilen ein und desselben Moleküls erfolgt. Als Ergebnis dieses Faltungsprozesses erlangt das Molekül schließlich eine Form, die in der zweidimensionalen Formeldarstellung einem Kleeblatt ähnlich ist, die tatsächliche Form des Moleküls hat eher Ähnlichkeit mit dem Buchstaben L. An dem einen Ende des tRNA-Moleküls befindet sich eine Aminosäureanknüpfungsstelle (► Abbildung 2.13b). Cytoplasmatische Enzyme namens Aminoacyl-tRNA-Synthetasen befestigen einen Aminosäurerest kovalent an dieser Stelle des tRNA-Moleküls. Es resultiert eine mit einem Aminosäurerest beladene **Aminoacyl-tRNA**. Aminoacyl-tRNAs (AA-tRNAs) sind die aktivierten Transportformen der Aminosäuren; in dieser Form gelangen sie zum Ribosom und binden dort an die A-Stelle. Am entgegengesetzten Ende des gefalteten tRNA-Moleküls gibt es ein Basentriplett, welches als **Anticodon** bezeichnet wird. Zu jedem Anticodon gehört ein bestimmter Aminosäurerest. Wie wir bald sehen werden, bildet das Anticodon der tRNA komplementäre Basenpaare mit einem Codon der mRNA. Wir kennen nunmehr die „Mitspieler" bei der Translation: die mRNA, das Ribosom und die AA-tRNA. Wenden wir uns nun der Frage zu, wie diese Bestandteile der Translationsmaschinerie bei der Neusynthese eines Proteins zusammenwirken.

Stadien der Translation

Es gibt einige feine Unterschiede zwischen der Translation in Pro- und der in Eukaryonten. An dieser Stelle wollen wir eine Übersicht über die grundlegenden Aspekte der drei Stadien der Translation in eukaryontischen Zellen geben: Initiation, Elongation und Termination. Der Beginn des Translationsvorgangs wird als **Initiation** (Einleitung) bezeichnet. Während des Initiationsvorgangs bindet sich das 5′-Ende der mRNA an

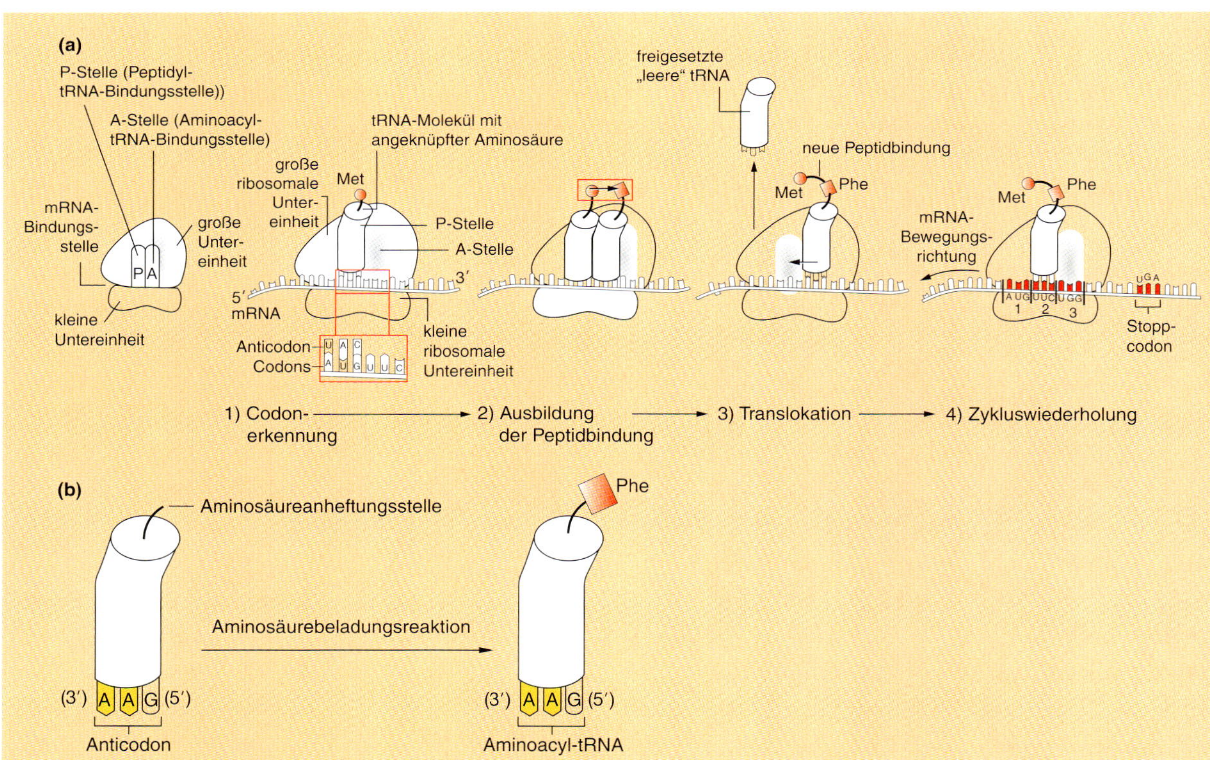

Abbildung 2.13: Stufen der Proteinbiosynthese. (a) Ribosomen bestehen aus einer großen und einer kleinen Untereinheit. Schematisch dargestellt ist ein Ribosom mit angebundener mRNA. Ein Ribosom enthält zwei Bindungsstellen für Transfer-RNAs, die A-Stelle und P-Stelle genannt werden. Abgekürzte Schritte des Translationsvorganges sind in 1–4 schematisch wiedergegeben. (b) Schematische Darstellung des in diesem Buch verwendeten tRNA-Symbols. An einem Ende einer jeden tRNA befindet sich eine Aminosäurebindungsstelle, am entgegengesetzten Ende die Dreinucleotidfolge des Anticodons.

die kleine Untereinheit des Ribosoms. Dabei spielt, wie wir wissen, die 5'-CAP der mRNA eine Rolle. Bei der Ausrichtung und Anbringung der mRNA an der Untereinheit des Ribosoms spielt eine ganze Reihe von Proteinen, die gemeinschaftlich als Initiationsfaktoren bezeichnet werden, eine Rolle. Die kleine Untereinheit des Ribosoms wandert an der mRNA entlang, bis ein AUG-Basentriplett (Startcodon) erreicht wird. In dieser Stellung verharrt der Verband, bis eine Methionyl-tRNA ankommt. Eine methioninspezifische tRNA wird auch als Initiator-tRNA bezeichnet, wenn sie den Translationsvorgang einleitet (Abbildung 2.13). Das Anticodon der Methionyl-tRNA ist die Basenfolge UAC. UAC lagert sich durch Basenpaarung an das Startcodon AUG der mRNA an (Abbildung 2.13). An diesen Komplex aus der kleinen Untereinheit, der mRNA, der Initiator-tRNA und Initiationsfaktoren lagert sich dann die große Untereinheit des Ribosoms an. Nachdem alle Komponenten an ihren Plätzen sind, kann die weitere Translation des genetischen Codes unter Bildung einer Peptidkette vonstatten gehen.

Die nächste Phase des Translationsvorganges wird als **Elongation** (Verlängerung) bezeichnet. Während dieser Phase treten immer neue, mit Aminosäuren beladene tRNA-Moleküle (AA-tRNAs) in das Ribosom ein. Das Ribosom wandert an der mRNA entlang und die neue Polypeptidkette wird Schritt für Schritt verlängert (elongiert). Jedes Mal, wenn das Ribosom ein Basentriplett weitergewandert ist, hält es kurz an und wartet darauf, dass eine passende, mit einem Aminosäurerest beladene tRNA an die A-Stelle andockt. In unserem Beispiel von Abbildung 2.13 ist das zweite Codon die Basenfolge UUC, die für Phenylalanin steht. Die phenylalaninspezifische tRNA weist das Anticodon AAG auf. Zwischen diesen beiden Basenfolgen kommt es zur Basenpaarung, wenn die AA-tRNA in die A-Stelle des Ribosoms eintritt. Wenn zwei passende aminosäurebeladene tRNAs an der P- und der A-Stelle des Ribosoms anwesend sind, tritt ein Enzym namens **Peptidyltransferase** in Aktion und katalysiert die Ausbildung einer Peptidbindung zwischen den an die tRNAs gebundenen Aminosäureresten. Peptidbindungen (chemisch Säureamidbindungen) zwischen den Aminosäuren verbinden die einzelnen Aminosäurereste in einem Protein.

Nachdem die Aminosäuren miteinander verknüpft sind, löst sich die freigesetzte erste Aminosäure (in unserem Beispiel die die Translation einleitende Initiator-tRNA) vom Ribosom ab. Die freigesetzten, aminosäurelosen Transfer-Ribonucleinsäuren werden von der Zelle wiederverwendet. Nach der Anbringung eines neuen Aminosäurerestes durch die oben erwähnte spezifische Synthetase ist das erneut beladene tRNA-Molekül bereit für eine abermalige Teilnahme an einem Translationsvorgang. Die neu gebildete Peptidkette bleibt an die tRNA an der A-Stelle des Ribosoms mit diesem verbunden. In einem als Translokation (Ortswechsel) bezeichneten Schritt wird diese AA-tRNA von der A-Stelle des Ribosoms auf die P-Stelle umgesetzt. Die mit der sich verlängernden Peptidkette verbundene Transfer-Ribonucleinsäure wird Peptidyl-tRNA genannt. Die A-Stelle des Ribosoms liegt nun im Bereich des dritten Codons unserer mRNA, mit der Basenfolge UGG für Tryptophan. Das Ribosom wartet wieder, bis eine passende Trp-tRNA herandiffundiert und mit ihrem Anticodon eine spezifische Basenpaarung mit dem Codon der mRNA herbeiführt. Die eben beschriebene Reaktionsfolge wiederholt sich, dieses Mal mit einem Tryptophanrest, der an die sich verlängernde Peptidkette angeknüpft wird. Die Vorgänge wiederholen sich, solange das Ribosom an der mRNA entlangwandert (oder die mRNA durch das Ribosom hindurchläuft – je nach Betrachtungsrichtung).

Die Elongationszyklen setzen sich fort, bis ein Stoppcodon erreicht wird (zum Beispiel das Triplett UGA). Dieses Basentriplett signalisiert das Ende des Translationsvorganges. Dieser Schritt wird als **Termination** (Beendigung; Abbruch) bezeichnet. Spezielle Proteine, die als *Freisetzungsfaktoren* bezeichnet werden, treten mit der Translationsmaschinerie in Wechselwirkung, um den Vorgang endgültig zum Erliegen zu bringen. Durch ihre Wirkung fällt der Verband aus den ribosomalen Untereinheiten, der mRNA und dem neu entstandenen Protein auseinander. Die Untereinheiten des Ribosoms werden ebenfalls wiederverwertet; sie binden nachfolgend an eine neue mRNA, die ein ganz anderes Protein codieren kann, und der Prozess setzt von Neuem ein.

Grundlagen der Genexpressionskontrolle

In der Biologie bezeichnet der Begriff **Genexpression** die Herstellung einer mRNA-Abschrift eines Gens. Oft wird dieser Begriff auch für den Gesamtvorgang bis zur Synthese eines Proteins als endgültigem Genprodukt benutzt. Lebende Zellen sind außerordentlich effektiv bei der Ausübung der Kontrolle über die Genexpression – also bei der Kontrolle, welche Gene abgelesen und wie viel translatiert wird. Auf vielen Ebenen greifen

SIE ENTSCHEIDEN!

Biotechnologieprodukte für jedermann?

Nachdem Sie nunmehr gelernt haben, was ein Gen ist, und wie dieses zur Erzeugung eines Proteins eingesetzt wird, werden Sie im nachfolgenden dritten Kapitel erfahren, wie Gene im Einzelnen identifiziert, kloniert und studiert werden. Ein Ergebnis der Genklonierung und -sequenzierung ist die Identifizierung von Allelen (Genvarianten), die an Krankheitsprozessen beteiligt sind. Als Folge davon ist es heute möglich, viele Genprodukte (Proteine) im Labor herzustellen und für medizinische Zwecke einzusetzen. Als man beispielsweise das Insulingen des Menschen isoliert und in Bakterien eingeschleust hatte, wurde es möglich, große Mengen Humaninsulin zur Behandlung bestimmter Formen der Zuckerkrankheit Diabetes mellitus zur Verfügung zu stellen. In gleicher Weise wurde durch Klonierung des Gens für das menschliche Wachstumshormon (hGH: „human growth hormone") eine verlässliche Quelle für dieses, das Knochen- und Muskelwachstum anregende Hormon geschaffen. Das verschreibungspflichtige hGH wird erfolgreich eingesetzt, um Kinder zu behandeln, die an erblichem Zwergwuchs leiden. Zwergwuchs ist per definitionem dann gegeben, wenn ein Erwachsener eine Körpergröße (Standhöhe) von weniger als ca. 145 cm aufweist.

Die Verfügbarkeit von hGH und anderer biotechnologischer Produkte zieht ethische Fragen nach sich. Soll man das rekombinante Wachstumshormon jedem zugänglich machen, der größere Kinder will? Oder soll man es nur Menschen angedeihen lassen, die an Minderwuchs leiden? Stellen Sie sich vor, Eltern wollten ihren normalgroßen Sohn durch die Gabe von hGH zu einem potenziellen Basketballspieler machen. Sollten sie die Möglichkeit haben, ihrem Sohn hGH verabreichen zu lassen? Ist die Tatsache, dass jemand kleiner als der Durchschnitt ist, überhaupt eine Krankheit? Denken Sie an mögliche Nebenwirkungen einer solchen Behandlung. Sie entscheiden!

Regulationsmechanismen, um sicherzustellen, dass die richtigen Genprodukte in der richtigen Menge vorliegen, um die Bedürfnisse der Zelle bzw. des Gesamtlebewesens zufriedenzustellen. Nicht alle Gene werden gleichzeitig oder in gleicher Stärke transkribiert, und nicht alle mRNAs werden mit gleicher Stärke translatiert. Alle Zellen eines vielzelligen Lebewesens enthalten dasselbe Genom. Wie bewerkstelligen es die Zellen, sich zu unterschiedlichen Zelltypen wie Hirn- oder Leber- oder Blatt- oder Wurzelzellen zu entwickeln, während ihre Nachbarn zur gleichen Zeit ein anderes Schicksal erleiden? Unterschiedliche Zelltypen besitzen unterschiedliche Eigenschaften und vollführen unterschiedliche Aufgaben. Dies ist so, weil Zellen die Fähigkeit besitzen, die Gene, die sie zur Expression bringen, gezielt auszuwählen und die Ablesevorgänge zu steuern. Zu jedem gegebenen Zeitpunkt sind in praktisch jeder Zelle nur bestimmte Gene eingeschaltet (aktiv, exprimiert) und erzeugen Proteine. Gleichzeitig sind viele andere stillgelegt (reprimiert). Diese stummen Gene werden zu anderen Zeiten oder auf bestimmte Außenreize hin aktiviert und zur Expression gebracht. Diese Reize können physikalische Umweltbedingungen wie die Temperatur, Lichteinfall, chemische Verbindungen wie Nährstoffe, Hormone, Giftstoffe oder etwas anderes sein.

Wie kann ein Gen auf einen Reiz hin ein- und wieder ausgeschaltet werden? Diese Vorgänge werden allgemein als **Genregulation** bezeichnet. Es existieren verschiedene Mechanismen zur Genregulation. Prokaryonten und Eukaryonten üben die Genregulation auf eine Reihe von zum Teil unterschiedlichen Arten und Weisen aus. Eine von beiden Zelltypen ausgeübte Regulation betrifft die Ebene der Transkription; folglich spricht man von Transkriptionskontrolle – also die Kontrolle über die Menge an mRNA, die nach der Freischaltung eines Gens hergestellt wird, oder die Länge des Zeitraumes, in dem die mRNA-Synthese an dem betreffenden Genort erfolgt. An dieser Stelle wollen wir eine Einführung in die transkriptionelle Regulation geben und grundlegende Beispiele für diesen Vorgang in Eu- und in Prokaryonten vorstellen.

Transkriptionelle Kontrolle der Genexpression

Da die Menge eines Proteins, die von einer Zelle durch Translation erzeugt wird, oftmals direkt proportional zur Menge der entsprechenden mRNA ist, können Zellen über die hergestellte molare Menge einer mRNA indirekt die Menge des daraus erzeugten Proteins festlegen. Woher weiß eine Zelle, welche Gene an- und welche abgeschaltet werden sollen? Um die transkriptionelle Regulation zu verstehen, müssen wir uns die Promotoren der Gene genauer anschauen.

Promotoren finden sich stromaufwärts (5'-wärts) von **offenen Leserahmen** (open reading frames; ORFs), die durch ein Start- und ein Stoppcodon festgelegt (eingerahmt) werden. Die Promotoren von Prokaryonten unterscheiden sich von denen in Eukaryonten. In eukaryontischen Zellen finden sich oberhalb der Startcodons (ATG) oft Basenfolgen, die TATAAAA oder ähnlich lauten. Die Genetiker sprechen von der so genannten **TATA-Box**. Diese befindet sich ca. 30 Nucleotide stromaufwärts vom Startcodon (–30, gezählt von der ersten Base des Startcodons). Außerdem findet man oft eine **CAAT-Box** (Konsensussequenz: GGCCAATCT), die ca. 80 Nucleotide Abstand vom Startcodon hat (–80) (▶ Abbildung 2.14).

Weiter oben in diesem Kapitel haben wir gelernt, dass die RNA-Polymerase die Transkription initiiert, indem das Enzym an den Promotorbereich des Gens bindet. Im Fall der Mehrzahl eukaryontischer Gene kann die RNA-Polymerase den Promotor nicht selbstständig aufspüren und in geordneter Weise an diesen binden, wenn nicht zusätzliche **Transkriptionsfaktoren** zugegen sind. Das sind spezielle Proteine, die an definierte Promotorelemente (Basenfolgen) in spezifischer Weise an die chromosomale DNA binden und mit der RNA-Polymerase in Wechselwirkung treten, um die Transkription von Genen anzuregen (Abbildung 2.14).

Bei Eu- wie bei Prokaryonten wechselwirken allgemeine Transkriptionsfaktoren mit den Promotoren vieler Gene. Daneben gibt es aber auch in beiden Zellarten speziellere Transkriptionsfaktoren, die nur mit bestimmten Promotoren in Wechselwirkung treten. Die Transkription mancher Gene hängt von der Bindung spezifisch wirksamer Transkriptionsfaktoren ab, die an regulatorisch wirksame DNA-Sequenzen binden, die sich im Promotorbereich befinden. Darüber hinaus existieren für viele Gene, deren Aktivität von den Zellen streng reguliert wird, noch weitere Regulatorsequenzen, die **Enhancer** (Verstärker) genannt werden.

Enhancer befinden sich in der Regel weiter vom Kernpromotorbereich entfernt, sie können sogar stromabwärts des offenen Leserahmens oder weit entfernt auf dem Chromosom liegen! An die Enhancersequenzen binden ebenfalls wieder regulatorische Proteine, die man oft als Aktivatorproteine bezeichnet. Die Aktivatorproteine wechselwirken mit den Transkriptionsfaktoren und der RNA-Polymerase. Dabei entstehen oft komplizierte, aus vielen Polypeptiden zusammengesetzte Assoziate, die in ihrer Gesamtheit als *transkriptionsaktivierender Komplex* die Transkription eines Gens in

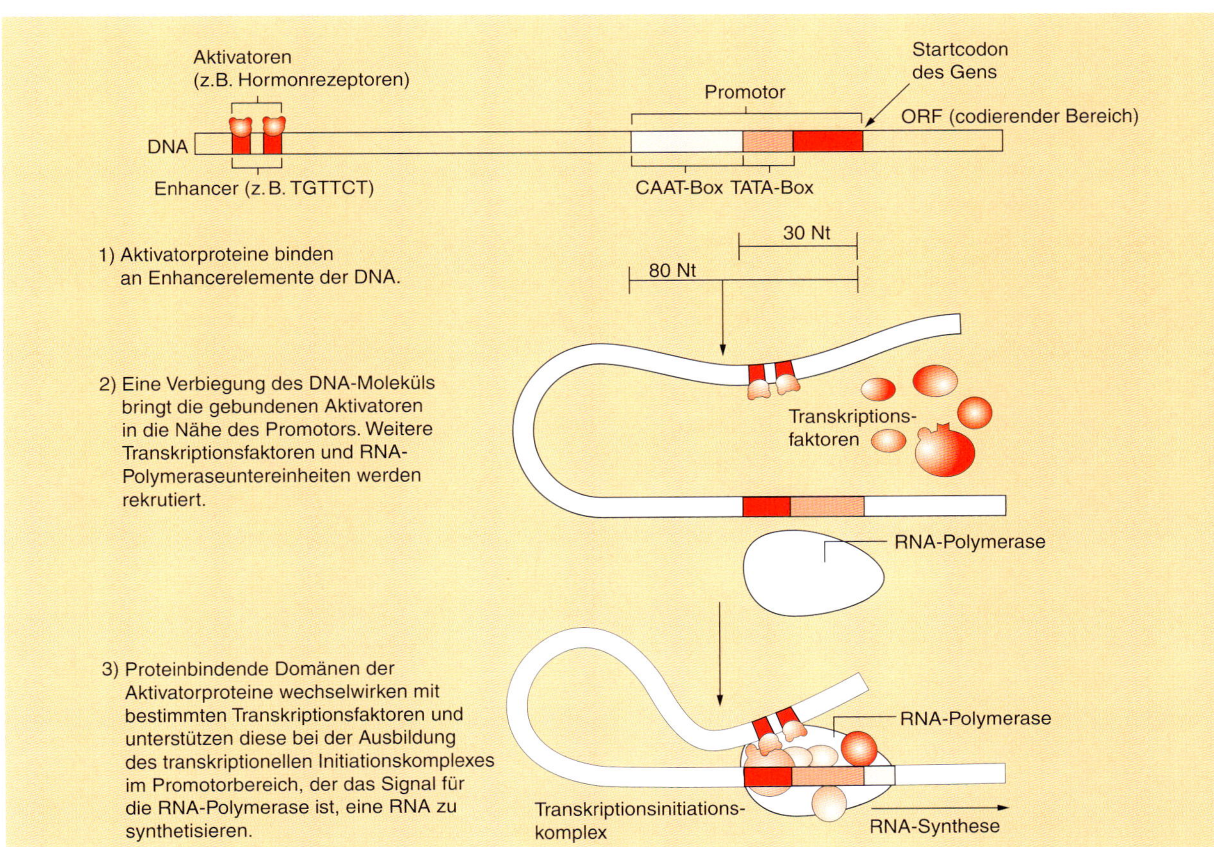

Abbildung 2.14: Promotoren, Transkriptionsfaktoren und Enhancer.

eine mRNA auslösen. Jedes Aktivatorprotein bindet an eine bestimmte Enhancersequenz, ist also spezifisch für „seinen" Enhancer.

Einige Aktivatorproteine werden ihrerseits durch Cofaktoren wie zum Beispiel Hormone in ihrer DNA-bindenden Aktivität gesteuert. Sie wissen wahrscheinlich, dass Testosteron physiologische Reaktionen wie vermehrtes Muskelwachstum und selektives Haarwachstum anregt; wie aber bewerkstelligt das Hormon Testosteron dies? So gehen etwa die Geschlechtshormone aus der Gruppe der Steroide nach dem Import in eine Zelle direkt in den Zellkern und binden dort an spezielle Hormonrezeptorproteine, die dann als genregulierende Proteine in Erscheinung treten können. Der Testosteronrezeptor ist also ein DNA-bindendes Protein, das als Aktivator der Transkription bestimmter Gene fungiert. Der Testosteronrezeptor lagert sich nach der Bindung des Hormons an eine bestimmte Basenfolge, die als Androgenantwortelement bezeichnet wird. Die Konsensussequenz dieses genetischen Elementes ist: 5'-TGTTCT-3'. Diese hormonsensitiven Sequenzen finden sich für gewöhnlich in den Promotorbereichen der hormongesteuerten Gene. Der Verbund aus Testosteron und dem Testosteronrezeptor aktiviert die Transkription der entsprechenden Gene. Die „weiblichen" Geschlechtshormone wie die Östrogene wirken auf die gleiche Art, nur im Verbund mit einem für sie spezifischen Rezeptor und auf andere Gene.

Doch Steroidhormone und andere Coaktivatoren stimulieren nicht die Expression aller Gene in allen Zellen. Solche Aktivatoren können nur solche Gene aktivieren, deren regulatorische Bereiche die passenden Bindungssequenzen für die Rezeptoren aufweisen. So stimuliert etwa das Testosteron unter anderem die Expression von Genen, die die Teilungsaktivität von Muskelzellen sowie das Wachstum bestimmter Haare des Körpers steuern. Diese Gene enthalten in ihren regulatorischen Abschnitten ein androgensensitives Element. Die Transkription anderer Gene ohne dieses Regulatorelement wird von dem Hormon nicht direkt beeinflusst. Der Einsatz solcher Steroidhormone als Dopingmittel durch Athleten mit dem Ziel der Vermehrung der Muskelmasse zieht langfristig schwerwiegende gesundheitliche Nebenwirkungen nach sich, da die eingenommenen Hormone für längere Zeit eine abnorme Genexpression bewirken.

Durch Aktivatoren und Enhancer üben Zellen eine Kontrolle über die Transkription aus, um das Expressionsverhalten ihrer Gene zu regulieren. Einige Gene verfügen über Repressorbindungselemente, an die Repressorproteine binden, die selbst wieder durch Corepressoren genannte Effektormoleküle aktiviert oder deaktiviert werden. Wie der Name sagt, unterdrücken (reprimieren) diese Faktoren das Ablesen von Genen. **Repressoren** finden sich in großer Zahl bei Prokaryonten (Bakterien); bei Eukaryonten steht eher die Aktivierung von Genen im Vordergrund. Dies hat mit der unterschiedlichen Chromosomenstruktur der beiden Zellgrundtypen zu tun. Da unterschiedliche Zellen auch unterschiedliche Transkriptionsfaktoren und Aktivatoren herstellen, können Gene zell- oder gewebsspezifisch eingeschaltet werden. Hautzellen aktivieren zum Teil andere Gene als Muskelzellen; jeder spezialisierte Zelltyp stellt also zu Teilen unterschiedliche Proteine her, die die verschiedenen Zellformen und -funktionen bedingen. Folglich ist die gewebe- und/oder zellspezifische Genexpression ein Weg für die Zellen, die Proteine, die sie herstellen, auszuwählen, ungeachtet der Tatsache, dass alle Zellen eines Körpers dasselbe Genom enthalten. Diese wichtigen Kontrollmechanismen sind die Antwort auf die Frage, wie unterschiedliche Zellen ihre verschiedenen Funktionalitäten erlangen.

Darüber hinaus kann die Identifizierung von Promotoren, Enhancern und Transkriptionsfaktoren, die an diese genetischen Steuerungselemente binden, von Bedeutung für die Produktion biotechnologischer Produkte sein. So ist etwa die Identifizierung von Transkriptionsfaktoren, die die Expression von Genen anregen, welche für das Knochenwachstum notwendig sind, hilfreich bei der Entwicklung von neuen Wirkstoffen für Medikamente für Rheumapatienten, deren Zellen nicht länger in der Lage sind, das Knochenwachstum stimulierende Faktoren zu erzeugen.

Bakterien setzen Operons ein, um die Expression von Genen zu regulieren

Bakterien sind in vielen Bereichen der biotechnologischen Produktion außerordentlich wichtige Organismen, etwa bei der Herstellung von Humanproteinen. In verschiedenen Abschnitten dieses Buches werden wir diskutieren, wie die Expression von Genen in Bakterien für bestimmte Zwecke gezielt gesteuert werden kann. Viele der frühen Untersuchungen zur Genregulation wurden an Bakterien durchgeführt. Dabei entdeckten die Wissenschaftler, dass Bakterien zur Regulierung der Gentätigkeit eine ganze Reihe von Mechanismen einsetzen. Bakterien und andere Mikroorganismen können und müssen die Expression ihrer Gene rasch in Reaktion auf sich verändernde Umweltbedingungen wie Nährstoffmengen, die Temperatur oder die Lichtintensität regulatorisch anpassen. Ein interessanter Aspekt der Genexpressionskontrolle in Bakterien ist die Zusammenfassung von Genen in Genverbänden, die als Operons bezeichnet werden. Ein **Operon** ist im Wesentlichen eine Gruppe physiologisch-funktionell miteinander verbundener Gene, die auf der DNA benachbart sind und unter der Kontrolle eines gemeinsamen Promotors stehen. Die Gene eines Operons können als Reaktion auf Änderungen in der Zelle gemeinschaftlich reguliert werden, und viele Gene des Energiestoffwechsels sind in Bakterienzellen in Form von Operons organisiert. Bakterien können diese Operons einsetzen, um die Genexpression als Antwort auf ihren Nährstoffbedarf zu regulieren. An dieser Stelle wollen wir ein gut untersuchtes, klassisches Beispiel der Genregulation in Bakterien, das *lac*-**Operon**, vorstellen (► Abbildung 2.15).

Das *lac*-Operon umfasst die folgenden drei Gene:

- *lac z*, das das Enzym **β-Galactosidase** codiert,
- *lac y*, das das Enzym **Lactosepermease** codiert,
- *lac a*, das das Enzym **Transacetylase** codiert.

Im Verbund sind diese drei Enzyme für die Aufnahme und den ersten Abbauschritt des Milchzuckers (Lactose) durch die Bakterienzelle verantwortlich. Lactose ist für viele Bakterien eine wichtige Kohlenstoff- und Energiequelle. Damit die Bakterien den Zucker verstoffwechseln können, müssen sie ihn zuerst einmal in die Zelle hineintransportieren. Dies geschieht mit Hilfe eines für den Transport der Lactose spezifischen Enzyms, der Permease (LacY; Permeabilität = Durchlässigkeit). Durch die β-Galactosidase (LacZ) wird der Zweifachzucker Lactose dann in Glucose (Traubenzucker) und Galactose gespalten. Die Funktion der Acetylase (LacA) ist immer noch nicht völlig verstanden; man nimmt an, dass sie dazu dient, die Zelle vor toxischen Abbauprodukten, die bei der Zerlegung der Lactose entstehen, zu schützen. Das *lac*-Operon steht unter der Kontrolle eines Proteins namens Lac-Repressor, der von einem nicht zum *lac*-Operon gehörenden Gen namens *lac i* codiert wird. Wenn die Bakterien ohne Milchzucker wachsen, lagert sich der **Lac-Repressor** (LacI) an eine Basenfolge im Promotorbereich (p) des Operons, die als **Operator** (o) bezeichnet wird. Durch die Bindung an den Operator – ein spezifischer DNA-Abschnitt – hindert der Repressor die RNA-Polymerase daran, die Transkription der Gene *lac z*, *lac y* und *lac a* zu vollziehen (Abbildung 2.15). Dies ist ein effizienter Weg, mit dem die Bakterien ihren Stoffwechsel unter Kontrolle halten. Warum sollten sie Energie dafür aufwenden, Gene zu transkribieren und in Proteine zu translatieren, falls das Substrat der betreffenden Enzyme, hier die Lactose, gar nicht zur Verfügung steht?

Ist Lactose im Medium zugegen, bewirkt sie eine Induktion des *lac*-Operons und ermöglicht die Transkription der zum Operon gehörigen Gene. Einzelne Lactosemoleküle werden allerdings nicht gleich gespalten, sondern in einer schwach ablaufenden Nebenreaktion

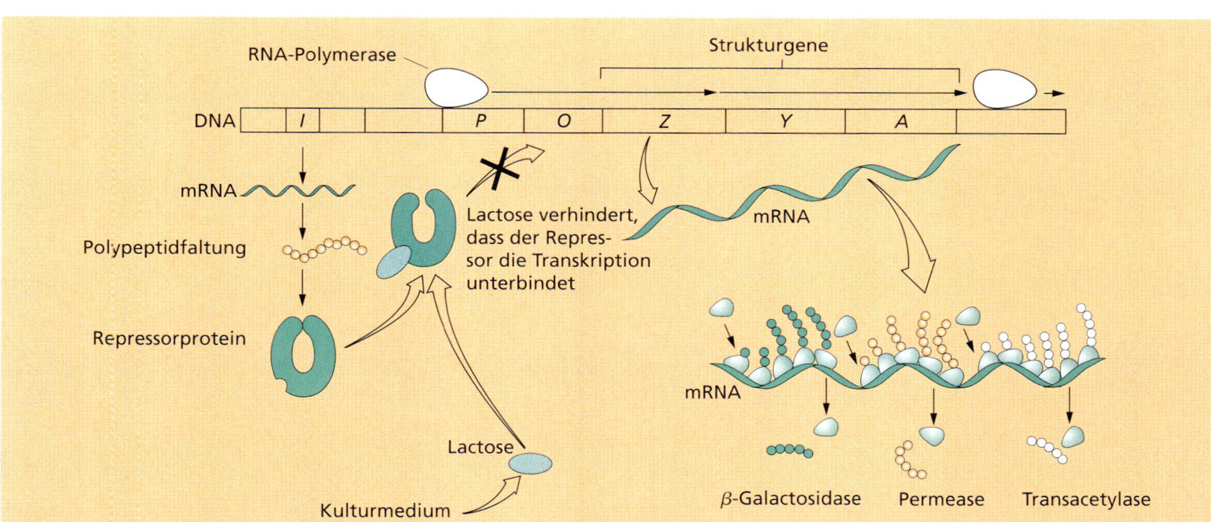

Abbildung 2.15: Das *lac*-Operon. Durch die Kontrolle des Aktivierungszustandes des *lac*-Operons vermögen Bakterien ihren physiologischen Zustand als Reaktion auf die Verfügbarkeit des Zuckers Lactose (Milchzucker) anzupassen. Ist keine Lactose anwesend, bindet ein Protein namens Lac-Repressor an den Operator des *lac*-Operons und blockiert so die Transkription dieses Genverbandes. Ist Lactose anwesend, binden einige der Zuckermoleküle an das Repressorprotein (reprimieren den Repressor) und ermöglichen so die Transkription der Gene dieses Operons.

derselben β-Galactosidase in ihrer Struktur umgruppiert, so dass einzelne so genannte Allolactose-Moleküle entstehen können. Diese Allolactose wirkt als Effektormolekül, bindet an das Lac-Repressormolekül und verändert dadurch dessen Form. Durch die Formänderung des Repressors verliert dieser die Fähigkeit, an den Operator zu binden, und löst sich somit von der DNA ab (Abbildung 2.15). Ohne die hindernde Wirkung des Repressors kann die RNA-Polymerase ungehindert den Promotor des Operons erreichen und die Transkription des Operons als eine einzige, lange mRNA beginnen. Die bei der Transkription gebildete mRNA wird unmittelbar von Ribosomen translatiert. Dabei entstehen die zur Verwertung der Lactose notwendigen Enzyme in so großen Mengen, dass bis zu 60.000 β-Galactosidasemoleküle in einer Zelle vorliegen können. Liegt keine Lactose zur Verwertung in der Zellumgebung vor, beträgt die Anzahl der Enzyme des *lac*-Operons nur etwa ein Tausendstel dieses Höchstwertes. Die geringe Konzentration hat ihre Ursache darin, dass auch ohne Effektor ein Repressormolekül sich für kurze Zeit ablösen kann. Dieses Unterlaufen der Repression im *lac*-Operon bewirkt, dass ständig einige wenige Lactose-Permeasen exprimiert sind, um bei Anwesenheit von Lactose die ersten Lactosemoleküle in die Bakterienzelle zu transportieren, wo sie von einem der immer anwesenden ca. 60 β-Galactosidasemoleküle zur Allolactose umgewandelt werden können. Mit Allolactose als Effektor kann dann das Repressionsmolekül nachhaltig vom Operator abgelöst werden, und zwar im Prinzip so lange, bis alle Lactosemoleküle (und letztlich auch alle Allolactose-Moleküle) von der Bakterienzelle verstoffwechselt sind.

Wir wollen dieses Kapitel mit einer kurzen Diskussion beschließen, die zum Inhalt hat, wie Gene durch Mutationen verändert werden.

Mutationen: Ursachen und Folgen 2.5

Eine **Mutation** ist eine Veränderung in der Basenfolge eines DNA-Moleküls. Mutationen sind ein wesentlicher Faktor der genetischen und damit der biologischen Vielfalt. Die der Evolution neuer Arten zugrundeliegende Entwicklung neuer Merkmale ist durch die Anhäufung von Mutationen über die Generationen hinweg gekennzeichnet. Mutationen können auch von Nachteil sein. Die Mutation eines Gens kann zur Hervorbringung eines veränderten Proteins führen, das nur schlecht funktioniert, oder eines Gens, das gar kein funktionsfähiges Protein mehr hervorbringt. Solche Mutationen können die Ursache von Erbkrankheiten sein. In diesem Abschnitt wollen wir eine Übersicht über die verschiedenen Mutationsformen und ihre Folgen für den betroffenen Organismus geben.

Mutationstypen

Viele unterschiedliche Ursachen können eine Mutation nach sich ziehen. Manchmal kommt es als Folge spontaner Ereignisse wie Fehlern bei der DNA-Replikation zu Mutationen. Die DNA-Polymerase kann etwa versehentlich ein falsches Nucleotid in den neu entstehenden DNA-Strang einbauen, zum Beispiel ein T an der Stelle, an der ein C sein sollte. Obwohl die Zellen über Enzyme verfügen, die solche Fehler aufzuspüren und zu beseitigen vermögen, treten solche Kopierfehler mit einer gewissen Häufigkeit bei der Replikation auf. Mutationen können aber auch umweltbedingt sein. So kennt man etwa zahlreiche chemische Verbindungen, die Mutationen auszulösen vermögen, und die deshalb allgemein als **Mutagene** bezeichnet werden. Manche dieser Mutagene ähneln den Nucleotiden der Nucleinsäuren in ihrer Molekülstruktur und werden deshalb versehentlich in die DNA eingebaut, was zu Änderungen der DNA-Struktur führen kann. Die Einwirkung von Röntgenstrahlung oder ultravioletter Strahlung (Sonnenlicht, Sonnenbank, Röntgenuntersuchung, radioaktive Stoffe) kann ebenfalls zur Mutation der DNA führen (die Sommersonnenbräune ist, wie heute allgemein bekannt ist, nicht so gesund, wie die kosmetische Welt unterstellt).

Ungeachtet der Art und Weise, wie es zu einer Mutation kommt, kann eine erfolgte Mutation – abhängig davon, wo sie stattfindet und um welchen Typ von Mutation es sich konkret handelt – sehr verschiedene Folgewirkungen zeitigen: Diese reichen von keinem erfassbaren Effekt auf die Proteinproduktion bis hin zu dramatichen Änderungen der Proteinproduktion mit Veränderungen der Menge eines Proteins, des Expressionsmusters oder der Funktion des betreffenden Genproduktes. Eine Mutation kann eine großräumige Veränderung der genetischen Ausstattung eines Lebewesens wie eine Polyploidisierung sein, oder aber – im mindesten Fall – der Austausch eines einzelnen genetischen Buchstabens, eines Nucleotids, in einem Gen (z. B. der Austausch eines A-Restes gegen einen C-Rest oder eines G-Restes gegen einen T-Rest etc.). Ebenso kommt der Wegfall einzelner Nucleotide oder Nucleotidgruppen oder der zusätzliche Einbau überschüssiger Nucleotide vor. Die häufigsten Mutationen in einem Genom sind die Einzelnucleotidveränderungen. Diese Art der Mutation wird als **Punktmutation** bezeichnet. Punktmutationen äußern sich oft in Basenpaaraustauschen (Mutation durch Substitution), Einschüben zusätzlicher Nucleotide (Mutation durch Insertion) oder den Wegfall von Nucleotiden (Mutation durch Deletion) (► Abbildung 2.16).

Mutationen machen sich schließlich bemerkbar, indem sie die Eigenschaften oder die Menge eines Genproduktes verändern, was dann Konsequenzen für den Phänotyp (das sichtbare Erscheinungsbild aller Merkmale) der Zelle oder des Gesamtlebewesens hat. Diese Merkmalsänderungen des Phänotyps sind dann die Ebene, auf der die Selektion (natürliche oder künstliche Zuchtwahl) ansetzt, sich also die Evolution vollzieht.

Eine Genmutation kann zu Folgendem führen:

↓

Änderungen der Struktur/Funktion eines Proteins, Synthese eines funktionsgestörten Proteins oder ausbleibender Proteinproduktion; dies kann zu Folgendem führen:

↓

Änderung, Verlust oder Neuauftreten eines Merkmals

Proteine sind große, kompliziert gebaute Moleküle. Um korrekt funktionieren zu können, müssen sich die allermeisten Proteine zu komplexen, dreidimensionalen Gebilde falten. Der Austausch, Einschub oder Wegfall von nur ein oder zwei Aminosäuren an einer kritischen Stelle eines Proteins kann die Form des Gesamtgebildes verändern und dadurch unter Umständen die Funktion

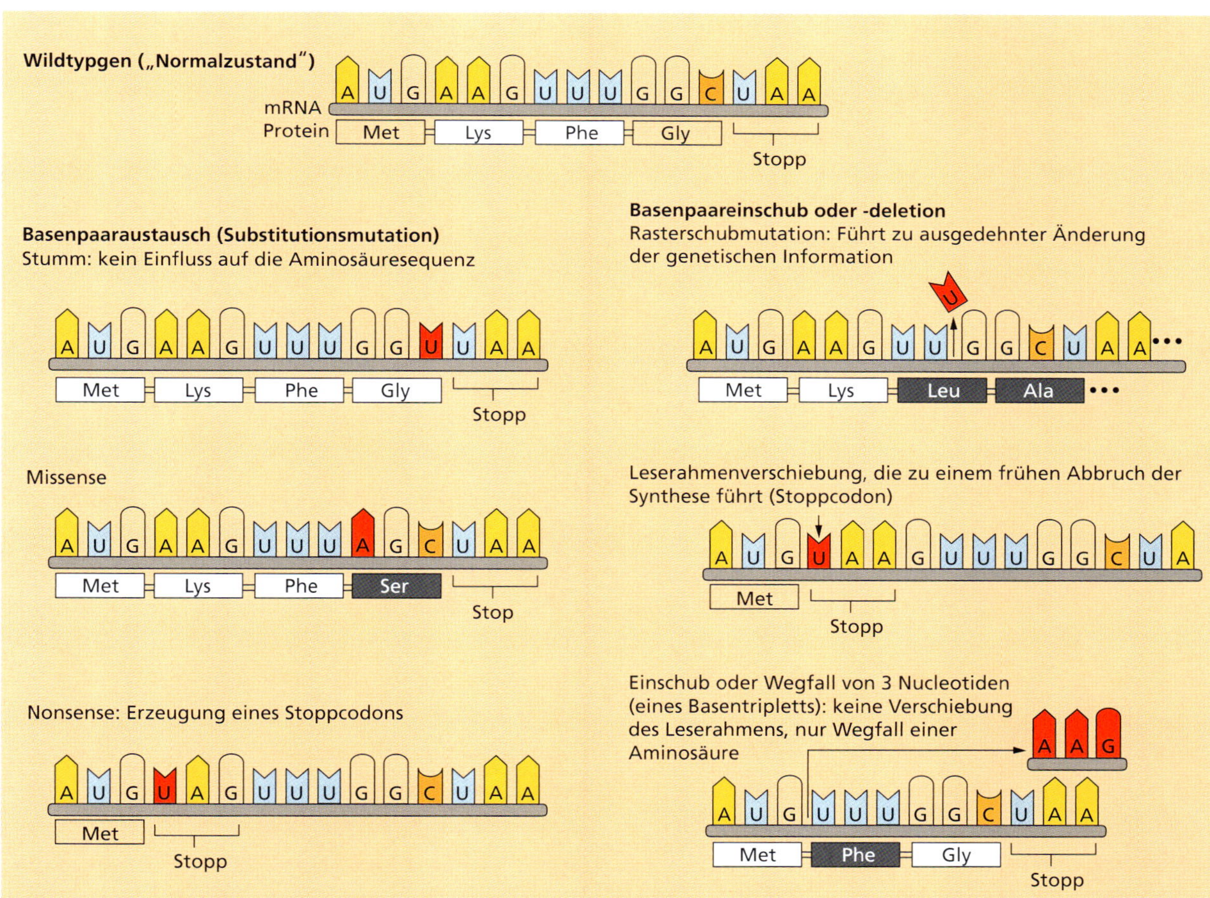

Abbildung 2.16: Mutationsarten. Mutationen können den genetischen Informationsgehalt einer mRNA beeinflussen und nachfolgend das bei der Translation entstehende Protein. Gezeigt ist hier ein Ausschnitt aus einer mRNA-Abschrift eines Gens, der Mutationen in der zugrundeliegenden DNA widerspiegelt. Die Mutation eines Gens kann unterschiedliche Konsequenzen für das bei der Translation entstehende Protein nach sich ziehen.

in dramatischer Weise beeinflussen oder diese gänzlich zum Erliegen bringen. Eine Mutation des zugrundeliegenden Gens kann aber auch völlig folgenlos für das Protein bleiben, falls die Mutation zu einer redundanten Änderung eines Codons führt, also zu einer Änderung der Basenfolge, die nicht zu einer Änderung der codierten Aminosäurefolge führt (Abbildung 2.16). Eine solche Mutation wird als **stille Mutation** bezeichnet, da sie auf der Ebene des Phänotyps „unhörbar" und unsichtbar bleibt.

Genauso gut kann eine Mutation ein Codon derart verändern, dass sich die Abfolge der Aminosäuren ändert. Eine solche **Missense-Mutation** (Fehlsinnmutation) kann dann ebenfalls als „stumm" oder „still" angesehen werden, wenn sich durch sie weder die Struktur noch die Funktion des betreffenden Genproduktes in merklicher Weise ändert. Falls jedoch die Mutation durch Änderung, Wegfall oder Hinzutreten von Aminosäuren zu einer merklichen Strukturänderung des Proteins führt, macht sich dies mit großer Wahrscheinlichkeit auch funktionell bemerkbar. Weiter unten werden wir ein Beispiel betrachten, in dem eine Einzelnucleotidmutation zu einer dramatischen Folge, nämlich der vererblichen Sichelzellenkrankheit, führt.

Schließlich gibt es den Fall der sog. **Nonsense-Mutation** (Unsinnsmutation), bei der ein für eine Aminosäure codierendes Basentriplett in ein Stoppcodon umgewandelt wird (zum Beispiel UGG, Tryptophan, in UGA, Stopp). Dies führt dann zum Abbruch der Translation und dadurch zu einem verkürzten Protein, das dann für gewöhnlich in seiner Funktion gestört oder gänzlich instabil ist.

Insertionen (Einschübe) oder *Deletionen* (Ausfälle) von Nucleotiden oder Nucleotidfolgen können ebenfalls das vermittels eines Gens produzierte Protein erheblich beeinflussen. Fallen ein oder zwei Nucleotide weg oder kommen ein oder zwei Nucleotide hinzu, verschiebt sich der Leserahmen des codierenden Bereichs des betreffenden Gens. Es kommt zu einer **Rasterschubmutation** (auch Leserahmenmutation; engl. frame shift mutations). Wie in Abbildung 2.16 zu sehen, führt die Insertion eines einzelnen Nucleotids (in diesem Beispiel U) zu einer Verschiebung aller rechts (stromabwärts) von der Insertionsstelle liegenden codonischen Abschnitte.

Die Zusammensetzung der mRNA, die bei der Transkription entsteht, ist in ihrem Informationsgehalt völlig verändert. Das Translationsprodukt ist dementsprechend ebenfalls stark verändert. Leserahmenverschiebungen führen oft zu funktionslosen Proteinen, die im besten Fall rasch abgebaut werden. Ihnen wird aufgrund Ihrer genetischen Kenntnisse nicht entgangen sein, dass der Einschub oder Wegfall von drei Nucleotiden oder einem Vielfachen von drei Nucleotiden – also das Hinzutreten oder Verschwinden ganzer Basentripletts – keine Leserahmenverschiebung nach sich zieht. Die Analyse solcher Insertionen und Deletionen („Indelanalyse") ist in der Evolutionsforschung von höchstem Informationswert.

Mutationen können ererbt oder erworben sein

Es ist wichtig, sich klarzumachen, dass nicht alle Mutationen die gleiche Wirkung auf die Zellen des Körpers haben. Die Effekte, die eine Mutation bewirkt, hängen nicht nur von der Art der Mutation ab, sondern auch von dem Zelltyp, der davon betroffen ist. Genmutationen können ererbt oder (im Lauf des Lebens) erworben sein. **Ererbte Mutationen** sind solche, die über die Keimbahn (Eizellen und Spermienzellen) durch die Eltern an die Nachkommenschaft weitergegeben werden. Folglich sind diese mutativen Veränderungen im Erbmaterial sämtlicher Zellen der Nachkommen vorhanden. Vererbbare Mutationen können zu Missbildungen oder Erbkrankheiten führen. Im weiteren Verlauf des Buches werden wir eine Reihe von Erbkrankheiten näher in Augenschein nehmen.

Erworbene Mutationen sind solche, die im Erbgut somatischer Zellen (solche Zellen, die nicht an Nachkommen weitergegeben werden) auftreten. Somatische Zellen sind also alle Zellen mit Ausnahme der Keimzellen. Obwohl sie nicht weitervererbt werden, können im Lauf des Lebens erworbene (somatische) Mutationen verschiedene nachteilige Folgen haben: Gestörtes Zellwachstum bis hin zu bösartigen Wucherungen (Krebs), Stoffwechsel- oder andere Krankheiten sowie schließlich eine allgemeine Störung der Zellfunktionen (Zellalterung). Beispielsweise kann eine fortwährende Bestrahlung mit ultraviolettem Licht zu erworbenen (somatischen) Mutationen in Hautzellen führen, die sich in vorzeitiger Hautalterung oder, im schlimmsten Fall, in Form von Hautkrebs äußern können.

Ein Verständnis für die genetischen Grundlagen der Tumorbildung und vieler weiterer Krankheiten des Menschen ist ein Hauptaufgabenfeld der biotechnologischen Forschung und Entwicklung; wir werden diesen Themenkreis ausführlicher in Kapitel 11 behandeln.

Mutationen sind die Grundlage der Variabilität von Genomen und die Ursache menschlicher Erbkrankheiten

Mutationen des Erbgutes sind die molekularen Grundlagen menschlicher Erbkrankheiten. Die Sichelzellenkrankheit war die erste vererbliche Krankheit, die auf eine bestimmte Mutation zurückgeführt werden konnte (► Abbildung 2.17). Die Sichelzellenkrankheit ist die Folge einer Einzelnucleotidmutation, genauer einem Basen(paar)austausch in dem Gen für eine der Polypeptidketten des Hämoglobins (genauer des β-Globingens). **Hämoglobin** ist das Protein, das für die Sauerstoffbeladung der roten Blutkörperchen zuständig ist.

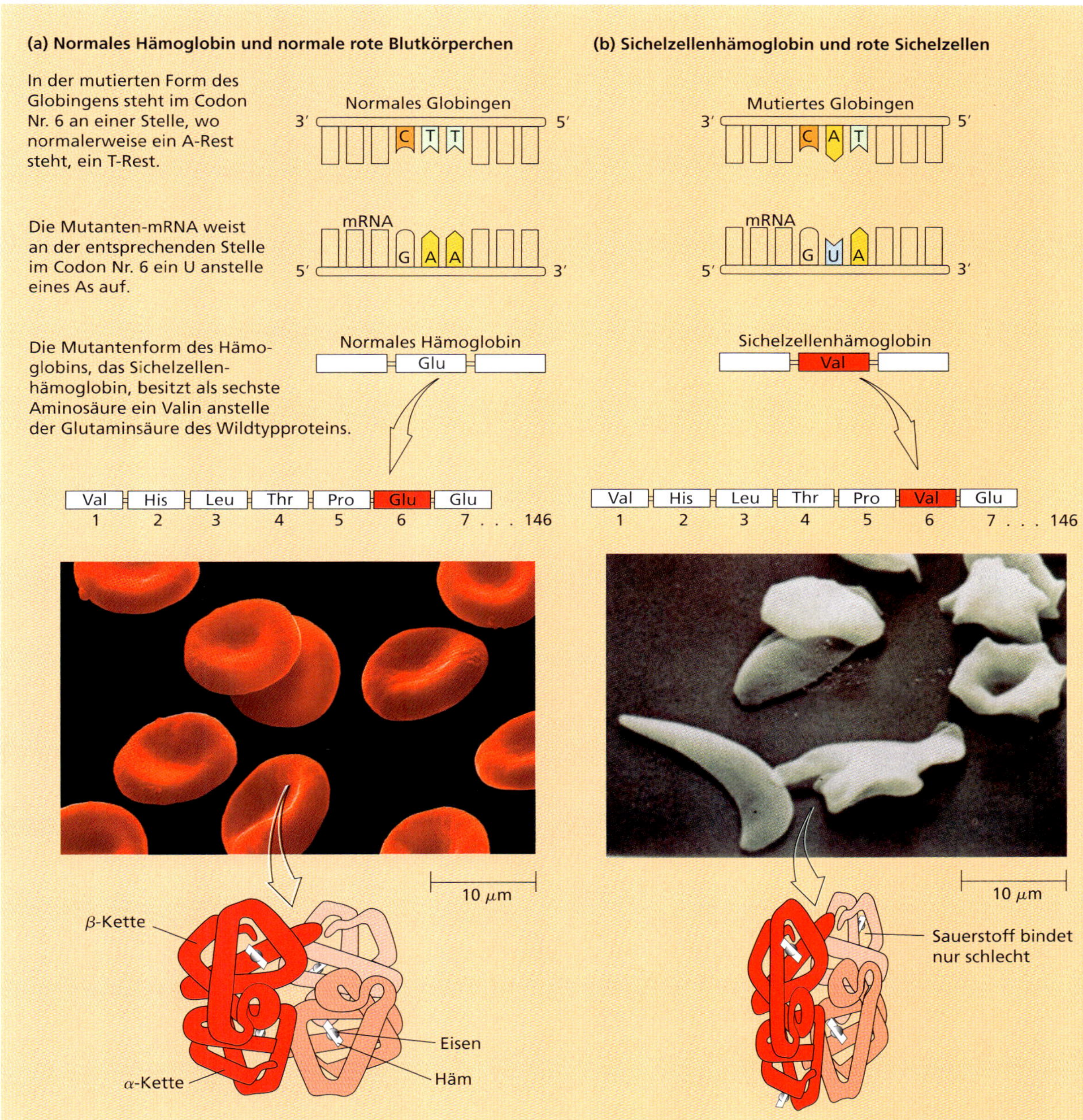

Abbildung 2.17: Die molekulare Grundlage der Sichelzellenkrankheit. (a) Hämoglobin, das sauerstoffbindende Protein der roten Blutkörperchen, besteht aus vier Polypeptidketten. Ein Ausschnitt aus einem der zugrundeliegenden Globingene ist zusammen mit der korrespondierenden mRNA für die ersten sieben Aminosäurereste des β-Globingens schematisch abgebildet. Das gesamte Gen codiert 146 Aminosäuren (= 438 Nucleotide). (b) Das defekte Gen, das zur Sichelzellenbildung führt, weist einen einzelnen Basenpaaraustausch (Substitutionsmutation) auf, der zur Änderung der Aminosäuresequenz des β-Globins führt. Diese geringfügige Änderung führt zu einer drastischen Änderung der Gesamtform der roten Blutkörperchen (Erythrozyten), die ihre normale runde Form einbüßen und die namensgebende Sichelform annehmen. Sichelzellen sind fragil, verklumpen leicht und blockieren dadurch kleine Blutgefäße. Auch transportieren sie den Sauerstoff nicht so gut wie die normalen (gesunden) Erythrozyten.

Jedes rote Blutkörperchen enthält Abermillionen von Hämoglobinmolekülen, von denen jedes wiederum aus vier Polypeptidketten (Untereinheiten) besteht (Abbildung 2.17).

Eine Punktmutation im 6. Codon des β-Globingens führt zu einer Änderung der sechsten Aminosäure in den β-Ketten des Hämoglobins (jedes Hämoglobintetramer besteht aus 2 α- und 2 β-Globinen). Als Folge davon fällt an dieser Stelle ein Glutaminsäurerest weg, an seine Stelle tritt ein Valinrest. Personen, die in ihrem Erbgut zwei dieser Mutantenallele des β-Globingens aufweisen – die also reinerbig für das Sichelzellmerkmal sind – leiden an der Sichelzellenkrankheit. Das Merkmal ist also rezessiv.

Diese subtile Mutation führt zu einer Veränderung des Sauerstoffbindungsverhaltens der Hämoglobinmoleküle und einer dramatischen Formänderung der roten Blutkörperchen, die leicht an der abnormen sichelförmigen Zellgestalt erkennbar ist. Sichelzellen bleiben aufgrund ihrer Form in kleinen Blutgefäßen hängen und verschließen diese. Die Patienten leiden unter Durchblutungsstörungen und Sauerstoffmangel im Gewebe, was sich in Gelenkschmerzen und anderen Symptomen äußert. Die Sichelzellenkrankheit ist eine der am besten untersuchten Erbkrankheiten.

In Kapitel 3 werden wir erfahren, wie die am Humangenomprojekt beteiligten Wissenschaftler die ungefähr drei Milliarden Basenpaare, aus denen die DNA eines Menschen besteht, ausgelesen und analysiert haben.

In dem Maß, in dem die Wissenschaftler mehr und mehr über das Genom des Menschen gelernt haben, wurde klar, dass die DNA-Sequenzen von Menschen mit unterschiedlichem geografischem Ursprung rund um die Welt einander sehr ähnlich sind. Alle Menschen haben miteinander 99 % ihrer Genomsequenzen gemeinsam; die Übereinstimmung mit Schimpansen wird nach neuesten Daten mit 96 % angegeben. Die Variationen sind jedoch bedeutsam und die Grundlage aller beobachtbaren vererblichen Merkmale der Menschen – von der Körpergröße und der Augenfarbe bis hin zu Persönlichkeitsmerkmalen, der Intelligenz und der Lebenserwartung (obwohl bezüglich der drei letztgenannten Merkmale heute niemand sagen kann, bis zu welchem Grad diese genetisch festgelegt sind).

Der größte Teil der genetischen Unterschiede zwischen einzelnen Humangenomen wird derzeit durch Substitutionen einzelner Nucleotide gegen andere beschrieben. Dies ist der uns schon bekannte **Einzelnucleotidpolymorphismus** (single nucleotide polymorphisms, SNP). So kann dann an einer bestimmten Stelle des Erbguts bei der einen Person ein A-Rest, bei einer anderen ein C-Rest, bei einer dritten ein T-Rest und bei einer vierten ein G-Rest stehen. Mehr Möglichkeiten für einen einzelnen Einzelnucleotidpolymorphismus gibt es nicht, es sei denn, es kommt zu einer mutativen Veränderung, die zu einem anormalen Basenderivat führt.

Die meisten solcher SNPs sind harmlos, besonders wenn sie in nichtcodierenden Bereichen des Erbguts liegen (Introns, Zwischengenbereiche, repetitive Sequenzen etc.). Wenn sie in einem Exon auftreten, machen sie sich unter Umständen als eine der oben diskutierten Substitutionsmutationen phänotypisch bemerkbar, weil sie die Struktur, die Funktion oder die Menge eines Genproduktes verändern.

Die Sichelzellenkrankheit ist ein Beispiel für einen SNP. Gehen Sie gegebenenfalls zu Abbildung 1.9 zurück, die einen Vergleich von genetischen Sequenzen verschiedener Personen zeigt. Ein SNP der Person Nr. 2 hat vielleicht keine Folgen für das Genprodukt, weil es sich um eine stumme Mutation handelt. Andere SNPs (Person Nr. 3) führen vielleicht zu einem Krankheitszustand, falls die Struktur und/oder die Funktion des Genprodukts gestört wird.

In Kapitel 11 werden wir mehrere Erbkrankheiten betrachten, diskutieren, wie man die funktionsgestörten Gene ausfindig machen kann, und untersuchen, wie die Wissenschaftler an Gentherapiekonzepten arbeiten, um solche Krankheiten vielleicht eines Tages heilen zu können.

BERUFSPRAXIS

Eine Laufbahn in der Genomik

Dies ist eine unglaublich aufregende Zeit, um eine Laufbahn auf dem Gebiet der Genomik einzuschlagen. Nie zuvor hat es mehr Gelegenheiten oder ein weiteres Spektrum von Laufbahnoptionen für jemanden gegeben, der an Genomen interessiert ist. Neben der Untersuchung des menschlichen Genoms arbeiten ungezählte Wissenschaftler daran, die Genome vieler anderer Arten zu untersuchen. Darunter sind so genannte Modellorganismen wie die (Labor)Maus, die Fruchtfliege, der Zebrabärbling, landwirtschaftliche Nutzpflanzen sowie Schaderreger, pathogene und biotechnologisch nutzbare Mikroorganismen und Meereslebewesen. Eine enorme Menge an Genominformationen ist bereits angesammelt worden, und es wird wohl Jahrzehnte brauchen, um zu untersuchen, was die zahllosen Gene tun. Die Enträtselung der Geheimnisse, die in den Genomen stecken, wird die gemeinschaftliche Anstrengung vieler erfordern.

Eine neuere Veröffentlichung des nationalen Gesundheitsamtes der USA (National Institutes of Health: Genetic Basics, NIH Publikation Nr. 01-662; www.nigms.nih.gov) verlautbarte, dass überall in der Welt „Hilfskräfte gesucht"-Schilder aufgestellt werden, um Tausende und Abertausende menschlicher Gehirne anzulocken, die etwas zum Studium der Genomik beitragen. Die Laufbahnmöglichkeiten in der Genomik sind meistens einer der folgenden vier Kategorien zuzuordnen: (1) Laborwissenschaftler, (2) klinischer Mediziner, (3) genetische Beratung in der Humanmedizin (Ärzte) oder (4) Bioinformatiker. Laborwissenschaftler sind solche, die in einem Labor arbeiten und dort vorwiegend experimentell arbeiten. Diese Wissenschaftler sind oft damit beschäftigt, immer neue Genome zu sequenzieren, diese Daten zusammenzustellen und auszuwerten sowie die Funktion einzelner Gene zu untersuchen. Zu den Tätigkeiten als Laborwissenschaftler gehören Ausbildungsberufe wie die des Laboranten oder des wissenschaftlich-technischen Assistenten ebenso wie akademische Ausbildungen in einer naturwissenschaftlichen oder technischen Disziplin. Die Tätigkeit als Laborleiter – gleich ob in einer Hochschule, der Industrie oder einem freien Laboratorium – ist in aller Regel an eine höhere Qualifikation wie die Promotion geknüpft. Klinisch arbeitende Mediziner sind in erster Linie mit der Behandlung von Patienten befasst, arbeiten aber oft in der Nachbarschaft oder kooperativ mit Laboratorien; einige sind direkt in Forschungsprojekte eingebunden. Solche Projekte können etwa die Erprobung neuer Therapien an Patienten mit Erbkrankheiten sein, zum Beispiel Gentherapieversuche. Für Ärzte wird die Genomik, speziell die Humangenetik immer wichtiger, weil die Erkenntnisse dieser Disziplin tiefgreifende Effekte auf die Medizin haben und in der Zukunft vermutlich verstärkt haben werden. Die genetische Beratung hilft Menschen mit medizinischen Problemen oder einer Familienvorgeschichte mit Fällen erblicher Erkrankungen. Diese humangenetische Beratung erfolgt in Deutschland ausschließlich in Instituten für Humangenetik, die in aller Regel einer Universität angehören, durch die dort tätigen spezialisierten Fachärzte. Naturwissenschaftler wie Biologen/Biotechnologen sind in diesem Umfeld auf Tätigkeiten in der Forschung, dem Routinebetrieb im Labor u. Ä. beschränkt.

Die Bioinformatik ist eine Disziplin, in der Teile der Biologie mit der Informationsverarbeitung durch Computer verschmelzen. Hauptaufgabengebiet der Bioinformatik ist die Sammlung, Verwaltung und Auswertung der gewaltigen Mengen molekularbiologischer Daten, die heutzutage anfallen (Genomdatenbanken, Proteindatenbanken). Die Datenflut aus diversen Genomprojekten hat die Bioinformatik zu einem in rascher Entwicklung begriffenen Feld werden lassen, der für die Genomik von grundlegender Bedeutung ist. Bioinformatiker blicken auf eine solide Ausbildung sowohl in allgemeiner Biologie und Genetik wie in Informatik zurück. Sie arbeiten bei der Analyse der Genomdaten mit den Laborwissenschaftlern zusammen. Die meisten bioinformatischen Positionen erfordern einen Hochschulabschluss.

Besuchen Sie die Informationsseite des Humangenomprojektes (Verweis am Ende des Kapitels). Dort finden Sie eine spezielle Rubrik für Stellenangebote im Bereich der Genetik, die auch Verweise für viele weitere wertvolle Quellen beinhaltet.

ÜBUNGSAUFGABEN

Die Antworten finden Sie in Anhang A.

1 Stellen Sie Gene und Chromosomen einander vergleichend gegenüber und beschreiben Sie deren jeweilige Rolle im Zellgeschehen.

2 Wie lautet die Sequenz des komplementären Stranges einer doppelsträngigen DNA, wenn die Sequenz auf dem einen Strang 5′-AGCCCCGACTCTATTC-3′ ist?

3 Was versteht man unter dem Begriff „Genexpression"?

4 Nehmen Sie an, Sie hätten einen neuen Bakterienstamm entdeckt. Wie groß ist der prozentuale Anteil an Guaninresten im Genom der Zellen, falls die DNA aus dieser neuen Variante einen Adeningehalt von 13 % aufweist? Erläutern Sie Ihre Antwort.

5 Nennen Sie wenigstens drei wichtige Unterschiede zwischen Desoxyribonucleinsäure (DNA) und Ribonucleinsäure (RNA).

6 Betrachten Sie die folgende Sequenz, die ein Ausschnitt aus einer mRNA sein soll:
5′-AGCACCAUGCCCCGAACCUCAAAGUGAAACAAAAA-3′
Wie viele Codons sind in dieser Basensequenz enthalten? Wie viele Aminosäuren codiert diese Basenfolge? Bestimmen Sie die von der Basenfolge festgelegte Abfolge von Aminosäureresten; fangen Sie dabei mit dem ersten aufgelisteten Symbol an. *Hinweis:* Rufen Sie sich in Erinnerung, dass mRNA-Moleküle für gewöhnlich viel länger als die kurze, hier abgebildete Übungssequenz sind.

7 Nennen Sie die drei RNA-Typen, die an der Proteinbiosynthese beteiligt sind, und beschreiben Sie ihre jeweilige Funktion.

8 Was versteht man unter Genregulation? Warum ist sie von Bedeutung?

WEITERFÜHRENDE LITERATUR

Bücher

B. Alberts et al.: Molekularbiologie der Zelle. 4. Auflage, Wiley-VCH (2003); ISBN: 3-527-30492-4. Eines der führenden umfassenden Lehrbücher der modernen Zellbiologie.

J. Dale und M. Schantz: From Genes to Genomes – Concepts and Applications of DNA Technology. VCH-Wiley (2002); ISBN: 0-471-49783-5 (broschiert), ISBN: 0-471-49782-7 (gebunden)

R. Epstein: Human Molecular Biology – An Introduction to the Molecular Basis of Health and Disease. Cambridge University Press (2002); ISBN: 0-5216-4481-X. Ein sehr gutes Lehrbuch der Molekularbiologie, das sich speziell mit der molekularen Biologie des Menschen befasst. Eine gute Grundlage für alle, die ein besonderes Interesse an medizinischen Anwendungen der Biotechnologie haben.

G. Kahl: Dictionary of Gene Technology. Genomics, Transcriptomics, Proteomics. 3. Auflage, Wiley-VCH (2004); ISBN: 3-527-30765-6. Ein umfassendes Lexikon mit Definitionen des Vokabulars der molekularen Biologie und der angrenzenden Gebiete. Aufgrund des Preises eher ein Bibliothekswerk.

H. Lodish et al.: Molecular Cell Biology, 5. Auflage, W. H. Freeman (2003); ISBN: 0-7167-4366-3. Eines der führenden umfassenden Lehrbücher der modernen Zellbiologie.

C. Sensen (Ed.) et al.: Handbook of Genome Research – Genomics, Proteomics, Metabolomics, Bioinformatics, Ethics, and Legal Issues. Wiley-VCH (2005); ISBN: 3-527-31348-6. Eine gute Zusammenfassung des aktuellen Forschungsfeldes der Genomforschung. Die einzelnen Artikel über die Genome verschiedener Organismen eignen sich gut zur Einarbeitung, zum Beispiel vor einem Fortgeschrittenenpraktikum oder zur Vorbereitung von Seminarvorträgen u. Ä.

A. Sumner: Chromosomes – Organization and Function. Blackwell (2003); ISBN: 0-632-05407-7. Ein sehr gutes fortgeschrittenes Lehrbuch über ein Spezialgebiet der Genetik. Sehr empfehlenswert für Biotechnologen, Biologen und Mediziner mit einem starken Interesse an Genetik und Gentechnik.

Ullmann's Biotechnology and biochemical engineering. Wiley-VCH (2007); ISBN: 3-527-31603-5. Ein aktuelles, zweibändiges Nachschlagewerk zur Biotechnologie und biochemischen Verfahrenstechnik.

J. Watson et al.: Molecular Biology of the Gene. 5. Auflage, Benjamin Cummings (2004); ISBN: 0-321-22368-3. Ein Klassiker der biologischen Lehrbuchliteratur, und zweifellos eines der besten Lehrbücher der Molekularbiologie/Molekulargenetik.

Artikel in Fachzeitschriften

J. Mayer und E. Meese: Junk-DNA: Von wegen Schrott! Der unwesentliche Rest unseres Erbguts. Biologie in unserer Zeit (2006), vol. 36, no. 3: 168–176.

J. Shendure et al.: Advanced sequencing technologies: Methods and goals. Nature Reviews Genetics (2004), vol. 5: 335–344.

WEB-LINKS

Weitere Informationen zu diesem Buchkapitel
http://www.pearson-studium.de

Deutsche Gesellschaft für Zellbiologie (DGZ)
http://www.zellbiologie.de
Übersichtliche Internetseite der Deutschen Gesellschaft für Zellbiologie. Enthält unter anderem eine Unterseite mit Stellenangeboten und ein „Forum der Biotechnologiefirmen".

Münchener Informationszentrum für Proteinsequenzen (MIPS)
http://mips.gsf.de
Eine große deutsche Datenbank, speziell für Proteine.

Europäische Molekularbiologieorganisation (EMBO)
http://www.embo.org
Internetseite der größten europäischen Fachgesellschaft für Molekularbiologie, die unter anderem in Heidelberg ein bedeutendes Forschungszentrum betreibt.

Saccharomyces-Genomdatenbank
http://www.yeastgenome.org
Verhältnismßig übersichtliche Datenbank zum Genom der Back- oder Brauhefe Saccharomyces cerevisiae – des ersten eukaryontischen Lebewesens, dessen Genom vollständig sequenziert werden konnte.

Candida-Genomdatenbank
http://www.candidagenome.org
Verhältnismßig übersichtliche Datenbank zum Genom der pathogenen Hefeart Candida albicans.

The Wellcome Trust Sanger Institute
http://www.sanger.ac.uk
Das Sanger-Institut – benannt nach dem Erfinder der DNA-Sequenzierungsmethode, Fred Sanger – ist ein gemeinnütziges Institut für Genomforschung, das im Wesentlichen von der Wellcome-Stiftung finanziert wird. Es war auf der europäischen Seite an der Bearbeitung des Humangenoms beteiligt.

Die Humangenomorganisation (HUGO)
http://www.hugo-international.org
Internetseite der Humangenom-Organisation (HUGO) mit detaillierten Informationen zur Auswertung des Erbgutes des Menschen.

DNA von Anfang an
http://www.dnaftb.org
Informative Übersicht über die Geschichte der DNA-Forschung mit animierten Anfängerinformationen über die elementaren Grundlagen zu DNA, Genen und Vererbung.

vCell – Die virtuelle Zelle
http://www.vcell.de
Eine übersichtliche, deutschsprachige Internetseite der Max-Planck-Gesellschaft über Zellen, die auch eine eigene Genomabteilung enthält. Es gibt Verweise auf Spezialthemen, aktuelle Meldungen, Geschichtliches, ein Fragespiel zur Zelle, Gesundheitsinformationen und anderes mehr – sogar ein Gewinnspiel. Auch kritische Töne werden nicht ausgespart, beispielsweise im Zusammenhang mit dem Humangenomprojekt.

Cells Alive!
http://www.cellsalive.com
Eine studentenfreundliche Internetseite mit grundlegendem Bildmaterial und Animationen zum Aufbau von Zellen und zur Zellteilung.

Die Geschichte der Gentechnik: Die Technik der rekombinanten DNA

3

ÜBERBLICK

Nachdem Sie dieses Kapitel durchgearbeitet haben, sollten Sie in der Lage sein:

- Die Technologie der rekombinanten DNA zu umschreiben und zu erklären, wie sie eingesetzt wird, um Gene zu klonieren.
- Die wesentlichen Methoden und Werkzeuge der Gentechnik und ihre jeweiligen Rollen bei der DNA-Klonierung zu beschreiben.
- Verschiedene Vektortypen zu vergleichen und einander gegenüberzustellen sowie die Praxismerkmale von Vektoren und ihre Anwendungen in der Molekularbiologie zu beschreiben.
- Zu erklären, wie eine antibiotische Selektion eingesetzt wird, um rekombinante Bakterienzellen zu identifizieren.
- Zu diskutieren, wie Genbanken erstellt und gezielt auf Gene hin durchmustert werden.
- Die Schritte einer Polymerasekettenreaktion zu umreißen und zu erklären, wie die PCR zur Amplifizierung von DNA eingesetzt wird.
- Zu beschreiben, wie die Agarosegelelektrophorese, die Restriktionskartierung mit Enzymen und die DNA-Sequenzierung eingesetzt werden können, um die Genstruktur zu untersuchen.
- Gebräuchliche Techniken zum Studium der Genexpression zu erklären.
- Potenzielle wissenschaftliche und medizinische Folgen des Humangenomprojektes zu verstehen und seine ethischen, rechtlichen und sozialen Fragestellungen zu diskutieren.
- Die Bioinformatik zu definieren und zu erklären, welche Bedeutung dieser jungen Disziplin zukommt.

Wie Sie im ersten Kapitel gelernt haben, ist die Biotechnologie keine neue Disziplin. Praktiken zur Verbesserung von Nutzpflanzen und Nutztieren sind seit langer Zeit bewusst eingesetzt worden. Das Gleiche gilt für die Nutzung von Mikroorganismen zur Herstellung von Nahrungsmitteln und Getränken durch Gärung (obwohl man sich der Beteiligung mikroskopischer Lebewesen erst im 19. Jahrhundert bewusst geworden ist). Die Ära der modernen Biotechnologie begann jedoch erst in den 70er-Jahren des 20. Jahrhunderts mit der Erfindung der DNA-Klonierungstechnik. Diese Entwicklung hat sich über die letzten drei Jahrzehnte kontinuierlich fortgesetzt und zur Entwicklung des Methodenarsenals der **Technik der rekombinanten DNA** oder **Gentechnik** geführt. Sie haben Grundlagendisziplinen wie die Molekularbiologie und Anwendungsgebiete wie die molekulare Medizin dauerhaft verändert. In diesem Kapitel geben wir einen Überblick über die Geschichte der Gentechnik und erörtern bahnbrechende Entdeckungen der Technik der rekombinanten DNA, die viele Bereiche der Biologie und Medizin revolutioniert haben. Wir werden danach einen Blick auf die verblüffende Bandbreite moderner Techniken werfen, derer sich Wissenschaftler bedienen, um Gene zu klonieren und ihre Struktur und Funktion zu untersuchen. Das Kapitel schließt mit einer kurzen Einführung in die Bioinformatik, ein relativ neues und wirkungsvolles Teilgebiet.

3.1 Einführung in die Technik der rekombinanten DNA und der DNA-Klonierung

Als James Watson und Francis Crick die doppelt helikale Struktur des DNA-Moleküls entdeckt hatten, wiesen sie auf die Bedeutung und die sich daraus ergebende Tragweite der Erkenntnis hin. Aber selbst diese beiden nobelpreisgekrönten Wissenschaftler konnten damals nicht vorhersehen, in welchem Tempo sich die Molekularbiologie in dem folgenden halben Jahrhundert weiterentwickeln würde.

Wie Sie in Kapitel 2 gelernt haben, haben in den Jahren vor und nach der Watson-Crick'schen Entdeckung viele weitere Wissenschaftler Beiträge zu unserem modernen Verständnis der DNA als Erbmaterial in allen lebenden Zellen beigetragen. Eine Reihe von Wissenschaftlern erforschte damals die Struktur und den Replikationsmechanismus der DNA in Bakterien mit Hilfe von **Bakteriophagen**. Bakteriophagen, die oft kurz als Phagen bezeichnet werden, sind Viren, die Bakterien infizieren. Vieles von dem, was wir über die Replikation der DNA und die Enzyme, welche DNA synthetisieren, wissen, wurde durch die Untersuchung von Bakterien und ihren Phagen gelernt. So ist etwa eines der wichtigen Enzyme bei der DNA-Replikation die DNA-Ligase. In Kapitel 2 haben wir gelernt, dass die Ligase benachbarte Okazaki-Fragmente kovalent miteinander verknüpft. Im Verlauf dieses Kapitels werden Sie sehen, dass dasselbe Enzym eine wichtige Rolle in der Gentechnik spielt.

Bakterien wie *Escherichia coli*, die im Darm von Tieren einschließlich des Menschen vorkommen, haben wichtige Rollen als **Modellorganismen** bei der Erforschung der molekularen Genetik gespielt. *Escherichia coli* ist auch heute noch ein sehr beliebter Labororganismus bei der Durchführung vieler biotechnologischer und gentechnischer Experimente. Die wichtigen Rollen, die Bakterien und Viren in der Biotechnologie spielen, werden bei der Diskussion der Biotechnologie der Mikroorganismen in Kapitel 5 behandelt.

In den späten 60er-Jahren des letzten Jahrhunderts waren viele Wissenschaftler daran interessiert, Gene zu klonieren (also identische Kopien von Genen herzustellen), und man spekulierte darüber, dass dies möglicherweise dadurch gelingen könnte, DNA-Stücke aus unterschiedlichen Quellen zu zerschneiden und in veränderter Form wieder zusammenzukleben, also eine rekombinante DNA herzustellen. Wenn Sie anfangen, sich mit der Biotechnologie zu beschäftigen, mag es Ihnen vielleicht so erscheinen, als ob die Begriffe „Genklonierung", „Technik der rekombinanten DNA" und „Gentechnik" synonym seien, doch bezeichnen sie leicht unterschiedliche Methoden, die nah miteinander verwandt sind. Wie Sie in diesem Kapitel lernen werden, wird die Technik der rekombinanten DNA häufig eingesetzt, um Gene zu klonieren, wohingegen die Gentechnik oft auf der Technik der rekombinanten DNA und der Genklonierung fußt und zum Ziel hat, das Genom eines Lebewesens oder eines Virus zu verändern. In der täglichen Praxis werden die Begriffe „Technik der rekombinanten DNA" und „Gentechnik" aber regelmäßig selbst von Wissenschaftlern synonym gebraucht. Das Wort *Klon* entstammt der griechischen Sprache und wurde ursprünglich im Rahmen der vegetativen Vermehrung von Pflanzen durch Ableger benutzt (Zweig, Schößling, Ableger). Eine dem heutigen Gebrauch näher kommende Definition in der Biologie könnte sein, dass ein Klon eine identische Kopie eines informationstragenden Moleküls, einer Zelle oder eines vielzelligen Lebewesens ist, die aus einem einzigen Vorläufer hervorgegangen ist. Die Labormethoden zur Klonierung von Genen werden in diesem Kapitel beschrieben. Sie unterscheiden sich natürlich von den Methoden zur Klonierung ganzer Lebewesen, wie des berühmten Schafes „Dolly". Das Klonieren von Organismen ist Gegenstand von Kapitel 7.

Restriktionsenzyme und Plasmid-DNA-Vektoren

In den frühen 70er-Jahren wurde der Traum von der Genklonierung zur Wirklichkeit. Viele beinahe gleichzeitig erfolgende Entdeckungen und Gemeinschaftsanstrengungen verschiedener Forschergruppen führten zur Entdeckung zweier Schlüsselkomponenten, die das Klonieren von Genen und die Techniken der rekombinanten DNA ermöglichten – die **Restriktionsenzyme** und die **Plasmid-DNA**. Wie Sie in Kürze lernen werden, sind Restriktionsendonucleasen Enzyme, welche DNA-Moleküle zerschneiden; Plasmide sind ringförmig geschlossene, selbstreplizierende DNA-Moleküle, die so behandelt werden können, dass sie Stücke fremder DNA aufnehmen und im Rahmen der Replikation vermehren können.

In den 60er-Jahren entdeckte man, dass manche Bakterien vor der Zerstörung durch Bakteriophagen geschützt sind, weil sie die Replikation des Phagengenoms zu restringieren vermögen. Der Schweizer Werner Arber postulierte, dass die Restriktion der Phagenvermehrung darauf zurückzuführen sei, dass die Bakterien Enzyme enthielten, mit deren Hilfe sie die virale DNA in kleine Stücke zu zerlegen vermochten, so dass die Replikation der Virus-DNA nicht stattfinden konnte. Aufgrund dieser Wirkung wurden die entsprechenden Enzyme als Restriktionsenzyme bezeichnet. Bakterien verfügen über kein Immunsystem, um sich der Infektion durch Phagen zu erwehren, doch stellen die Restriktionsenzyme, die sich in einigen Bakterientypen finden, einen Schutzmechanismus dar.

1970 gelang der Forschergruppe um Hamilton Smith in den USA bei der Arbeit mit Bakterien des Typs *Haemophilus influenzae* die Isolierung von *Hind*III, dem ersten charakterisierten Restriktionsenzym, das so zum ersten Enzym wurde, mit dessen Hilfe DNA kloniert wurde.

FRAGE UND ANTWORT F&A

Frage

Warum zerschneiden die Restriktionsenzyme nicht die chromosomale DNA in den Bakterienzellen?

Antwort

Die Bakterien, die eine bestimmte Restriktionsendonuclease enthalten, sind vor dem enzymatischen Angriff ihrer eigenen Endonucleasen geschützt, weil ihre DNA an bestimmten Stellen zusätzliche Methylgruppen an den Basen trägt. Die Methylierung schützt vor dem hydrolytischen Angriff der Enzyme (► Abbildung 3.1 b). Die DNA von Bakteriophagen ist in vielen Fällen nicht methyliert, so dass sie für den Angriff durch die Restriktionsenzyme empfänglich ist. Manche Bakteriophagen haben jedoch im Rahmen ihrer Evolution ebenfalls methylierte DNA erworben, um dem Verdau durch Restriktionsendonucleasen zu entgehen. Durch die Anbringung von Methylgruppen an die Basen ihrer DNA schützen diese Phagen ihre DNA ebenso wie die Bakterien, die sie befallen.

Restriktionsenzyme werden genauer auch als Restriktionsendonucleasen bezeichnet (endo = gr. innen, innerhalb; Nuclease = ein Nucleinsäure hydrolysierendes Enzym), weil sie DNA-Moleküle an ausgewählten Stellen innerhalb des Moleküles zerteilen statt von den Enden her, wie es die Exonucleasen tun. Smith und seine Mitarbeiter konnten zeigen, dass *Hind*III dazu verwendet werden konnte, DNA zu kleinen Fragmenten zu verdauen. 1978 wurde Smith zusammen mit Werner Arber und Daniel Nathans für die Entdeckung der Restriktionsenzyme und ihrer Anwendung ein Nobelpreis verliehen.

Restriktionsendonucleasen finden sich in erster Linie in Bakterien. Sie werden mit Abkürzungen bezeichnet, die sich von den wissenschaftlichen Namen des Bakteriums, aus dem sie isoliert wurden, ableitet. Eines der ersten nach *Hind*III isolierten Restriktionsenzyme war *Eco*RI, das aus Zellen des *Escherichia coli*-Stammes RY13 stammte. Restriktionsenzyme zerschneiden DNA-Moleküle, indem sie die Phosphodiesterbindungen im Zucker-Phosphat-Gerüst, durch die benachbarte Nucleotide miteinander verknüpft sind, hydrolytisch spalten. Restriktionsendonucleasen zerschneiden jedoch ein DNA-Molekül nicht willkürlich, und nicht alle schneiden an den gleichen Stellen. Wie andere Enzyme zeigen auch die Restriktionsendonucleasen **Substratspezifität**. Das Substrat dieser Enzyme ist die Desoxyribonucleinsäure (DNA). Wie in ► Abbildung 3.1 a schematisch dargestellt, erkennen Restriktionsenzyme bestimmte Basenfolgen, binden an die DNA und zerschneiden (verdauen) das DNA-Molekül an bestimmten Stellen. Im Fall der Typ II-Restriktionsendonucleasen stimmen die **Erkennungs-** und die **Restriktionsstelle** überein; sie schneiden also dort, wo die Bindung erfolgt. Typ I-Endonucleasen binden an einem und schneiden das Molekül an einem anderen Punkt.

Unter den Restriktionsendonucleasen des Typs II, die in der Gentechnik ausschließlich eine Rolle spielen, finden sich solche, die Basenfolgen von vier, sechs oder (selten) acht Nucleobasen erkennen. Man spricht leger von „Viererschneidern", „Sechserschneidern" und „Achterschneidern". Die Erkennungssequenzen der Typ II-Restriktionsenzyme sind doppelsträngige **Palindrome** – die Basenfolge auf dem einen Strang ist die gleiche wie

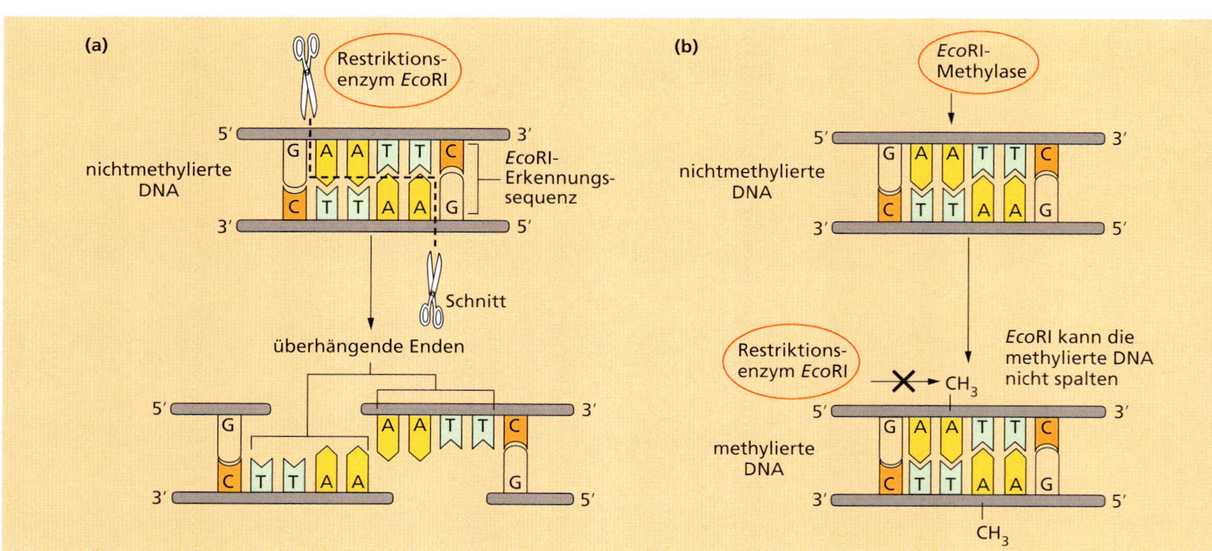

Abbildung 3.1: Erkennungssequenzen von Typ II-Restriktionsenzymen und die Wirkung der Enzyme. (a) DNA-Verdau durch *Eco*RI erzeugt Fragmente mit überhängenden Enden. (b) Methylierung der Erkennungssequenzen durch die *Eco*RI-Methylase blockiert den enzymatischen Angriff durch *Eco*RI.

die auf dem Gegenstrang (siehe Abbildung 3.1). Die Wörter Otto, Elle, Rentner, Rotor sind Beispiele für Palindrome – vorwärts wie rückwärts gelesen ergibt sich derselbe Sinn. Einige Restriktionsenzyme, z. B. *Eco*RI, zerschneiden das DNA-Molekül dergestalt, dass sich einzelsträngige Überhänge ergeben. Diese werden als **kohäsive Enden** bezeichnet (Abbildung 3.1 a). Andere Restriktionsenzyme erzeugen Bruchstücke ohne Überhänge, die als **stumpfe Enden** bezeichnet werden. In Tabelle 3.1 sind einige häufig benutzte Typ II-Restriktionsendo-

Tabelle 3.1

Gebräuchliche Restriktionsenzyme

Mikrobieller Ursprungs-organismus	Enzym	Erkennungssequenz
Erzeugt kohäsive Enden		
Haemophilus influenzae	*Hin*dIII	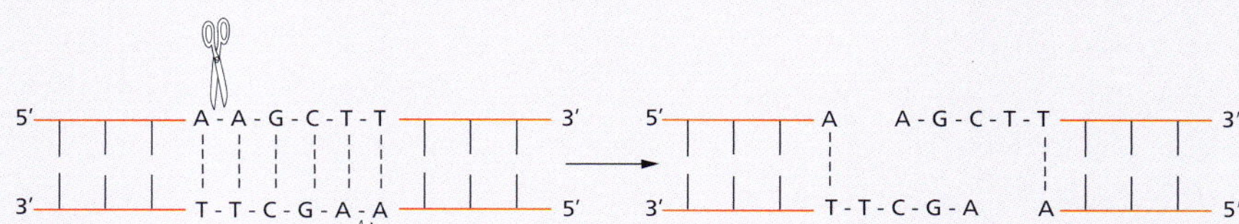
Escherichia coli	*Eco*RI	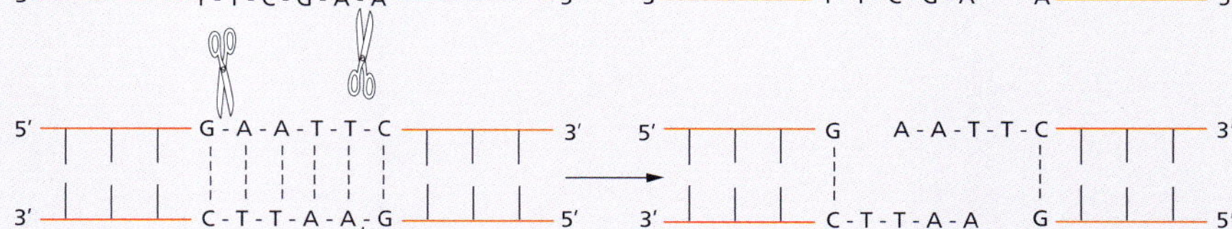
Bacillus amyloliquefaciens	*Bam*HI	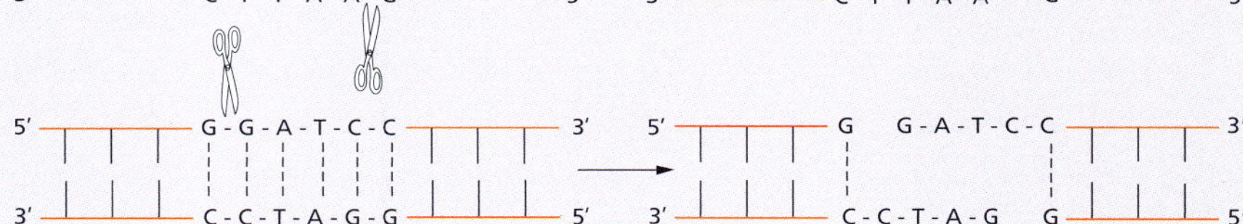
Thermus aquaticus	*Taq*I	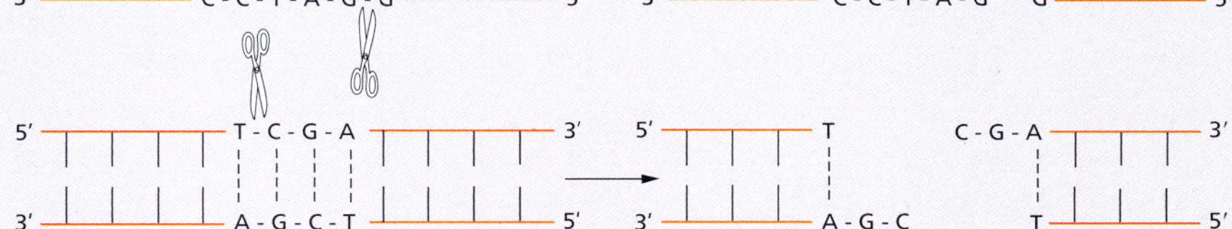
Erzeugt stumpfe Enden		
Arthrobacter luteus	*Alu*I	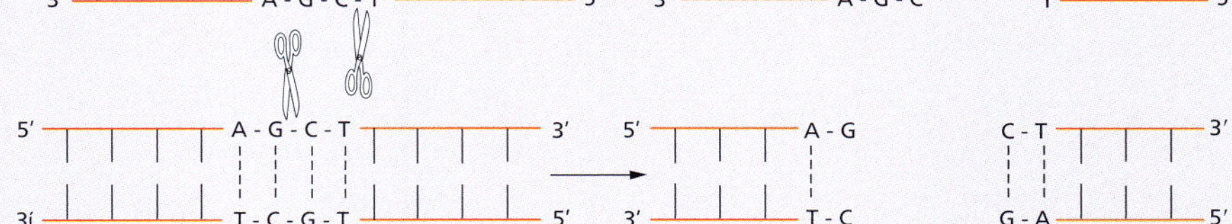
Haemophilus aegypticus	*Hae*III	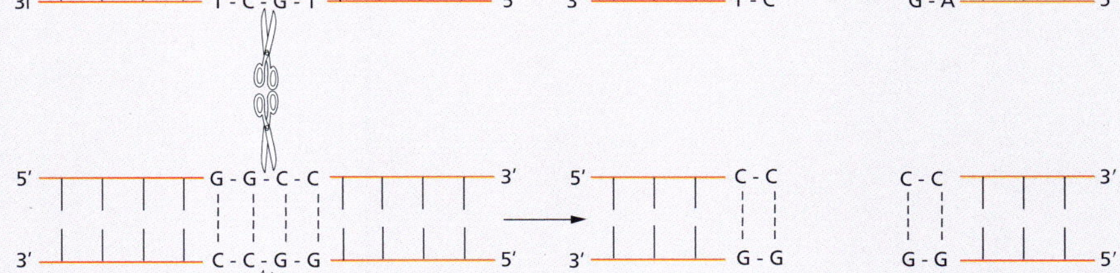
Serratia marcescens	*Sma*I	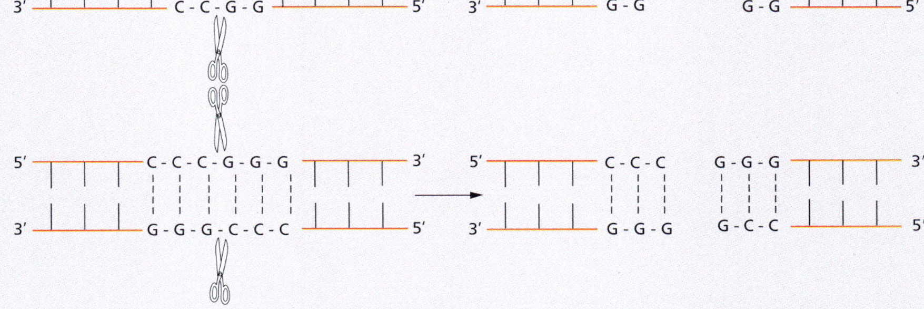

nucleasen, die Bakterien, aus denen sie stammen, und ihre Erkennungs-/Spaltsequenzen zusammengefasst.

Beachten Sie, dass die ersten drei Enzyme in der Tabelle Sechserschneider sind, die kohäsive Enden erzeugen. Das vierte Enzym (*Taq*I) ist ein Viererschneider, der ebenfalls kohäsive Endenn erzeugt, die aber kürzer sind. Die drei folgenden Enzyme erzeugen stumpfe Enden. Enzyme, die kohäsive Überhänge erzeugen, werden bei vielen Klonierungsexperimenten bevorzugt, weil DNA-Fragmente mit kohäsiven Enden sich leichter zusammenfügen lassen. DNA aus beliebigen Quellen (Bakterien, Pflanzen, Tiere, Pilze, Viren) lässt sich mit einem gegebenen Restriktionsenzym schneiden, sofern passende Restriktionsschnittstellen vorhanden sind und keine Methylierung der DNA vorliegt. Behalten Sie dies im Gedächtnis, während Sie die Folgeseiten durcharbeiten. Die Entdeckung der Restriktionsenzyme versorgte die Molekularbiologen mit passgenauen Scheren, die sie gut gebrauchen konnten, um Genklonierungen durchzuführen. In den frühen 70er-Jahren des 20. Jahrhunderts gelang den Forschern Paul Berg, Herbert Boyer, Stanley Cohen und ihren Mitarbeitern die erste Genklonierung; dadurch veränderten sie den Gang der Molekularbiologie. Berg gilt als der Begründer der Technik der rekombinanten DNA, weil es ihm gelang, ein rekombinantes DNA-Molekül zu erzeugen, indem er ein DNA-Stück aus dem Chromsom des Bakteriums *Escherichia coli* mit einem DNA-Stück des Affenvirus SV40 zusammenspliss. Berg isolierte die chromosomale DNA aus den Bakterienzellen und den Viren, schnitt dann beide getrennt mit dem Enzym *Eco*RI und gab dann die so erzeugten DNA-Fragmente zusammen. Durch Zusatz des Enzyms DNA-Ligase gelangte er zu Hybridmolekülen aus SV40- und *Escherichia coli*-DNA. Die Bedeutung dieser experimentellen Leistung, die bewiesen hatte, dass DNA aus unterschiedlichen Quellen mit dem gleichen Enzym geschnitten und die erzeugten Abschnitte wieder kovalent zusammengefügt werden konnten, wurde durch die Verleihung des Nobelpreises im Fach Chemie des Jahres 1980 international anerkannt. Berg teilte sich den Chemienobelpreis mit Walter Gilbert und Frederick Sanger, die unabhängig voneinander Methoden zur Sequenzierung von DNA-Molekülen entwickelt hatten (eine wichtige Methode, die wir in Abschnitt 3.4 beschreiben werden).

Berg arbeitete mit chromosomaler DNA, wohingegen sein Kollege Cohen an der Biologie kleiner, selbstständiger DNA-Moleküle, die man **Plasmide** nennt, interessiert war. Plasmide finden sich vornehmlich in Bakterien, kommen aber auch bei Pilzen häufig vor. Sie werden als **extrachromosomale DNA** bezeichnet, weil sie zusätzlich zum einzelnen Chromosom eines Bakteriums im Cytoplasma der Bakterienzellen vorliegen. In Pilzzellen kommen sie im Zellkern vor.

Plasmide sind für gewöhnlich im Vergleich zu Chromosomen klein (die meisten bakteriellen Plasmide umfassen 1000 bis 4000 Basenpaare). Sie sind selbstreplizierend (enthalten also alle genetischen Elemente, die notwendig sind, um sich unabhängig von den Chromosomen zu reduplizieren). Man bezeichnet sie daher verschiedentlich auch als „Minichromosomen". Cohen war mit der Untersuchung der Plasmidreplikation, der Übertragung von Plasmiden zwischen Bakterienzellen und dem Mechanismen der bakteriellen Antibiotikaresistenz befasst.

Cohen postulierte, dass man Plasmide als molekulare **Vektoren** benutzen konnte – übertragbare Moleküle, die DNA-Stücke aufnehmen, weitertragen und vermehren (klonieren) können. Cohen und Boyer arbeiteten mit zwei Bakterienplasmiden, um erfolgreich DNA zu klonieren. Sie veröffentlichten die Ergebnisse dieser Experimente im Jahr 1973. Von vielen wird diese Arbeit als der inoffizielle Geburtstag der Technik der rekombiannten DNA angesehen. Mit Hilfe von *Eco*RI, dem Restriktionsenzym, das zuvor von Herbert Boyer isoliert worden war, gelang es den beiden Forschern, beide

FRAGE UND ANTWORT — F&A

Frage

Warum besitzen Bakterien Plasmide?

Antwort

Bakterien verfügten schon über Plasmide, lange bevor Molekularbiologen davon träumten, DNA zu klonieren. In der Natur kommen verschiedene Typen von Plasmiden vor. Eine Hauptfunktion von Plasmiden ist in der Verleihung von Resistenz gegen Antibiotika zu sehen. Dies ist möglich, weil viele Plasmide Antibiotikaresistenzgene enthalten, die für Proteine codieren, welche Antibiotika inaktivieren oder daran hindern können, in die Bakterienzellen einzudringen. Wie Sie im Verlauf dieses Kapitels lernen werden, werden die Antibiotikaresistenzeigenschaften der Plasmide von Molekularbiologen bei Genklonierungsexperimenten genutzt. Eine andere Sorte von Plasmiden (Col-Plasmide) kann Proteine hervorbringen, die andere Bakterien zerstören. F-Plasmide enthalten Proteine produzierende Gene; diese Proteine bilden eine Röhre, die Pilus genannt wird und die Übertragung von Plasmiden von Zelle zu Zelle erlaubt – ein Vorgang, der als Konjugation bezeichnet wird.

Plasmide zu zerschneiden und die Bruchstücke über Kreuz mit DNA-Ligase zu neuen, rekombinanten Hybridplasmiden zusammenzufügen. Wir wissen ja bereits, dass die DNA-Ligase die Bildung von Phosphodiesterbindungen zwischen Nucleotiden vermittelt.

Die Ligase kann sowohl Fragmente mit kohäsiven Enden als auch solche mit stumpfen Enden miteinander verbinden. Als Folge dieser Experimente gelang Cohen und Boyer die Erzeugung des ersten Klonierungsvektors, der die Bezeichnung pSC101 erhielt (SC für Stanley Cohen). pSC101 enthielt ein Gen, das Resistenz gegen das Antibiotikum Tetracyclin vermittelt, sowie Restriktionsschnittstellen für verschiedene Restriktionsendonucleasen wie *Eco*RI und *Hind*III. In Folgeexperimenten verfolgten sie eine ähnliche Strategie, um DNA aus dem Krallenfrosch *Xenopus laevis* (einem weiteren wichtigen Modellorganismus der Genetik und der Entwicklungsbiologie) in die EcoRI-Schnittstelle des Vektors pSC101 einzubauen. Die ▶ Abbildung 3.2 illustriert, wie rekombinante DNA durch einen Vorgang erzeugt werden kann, der dem der Boyer-Cohen-Experimente ähnlich ist.

Cohen und Boyer hatten den ersten Klonierungsvektor für DNA realisiert – ein Vehikel für die Insertion und die Replikation von DNA. 1980 wurde ihnen ein Patent auf pSC101 und die von ihnen entwickelten Re-

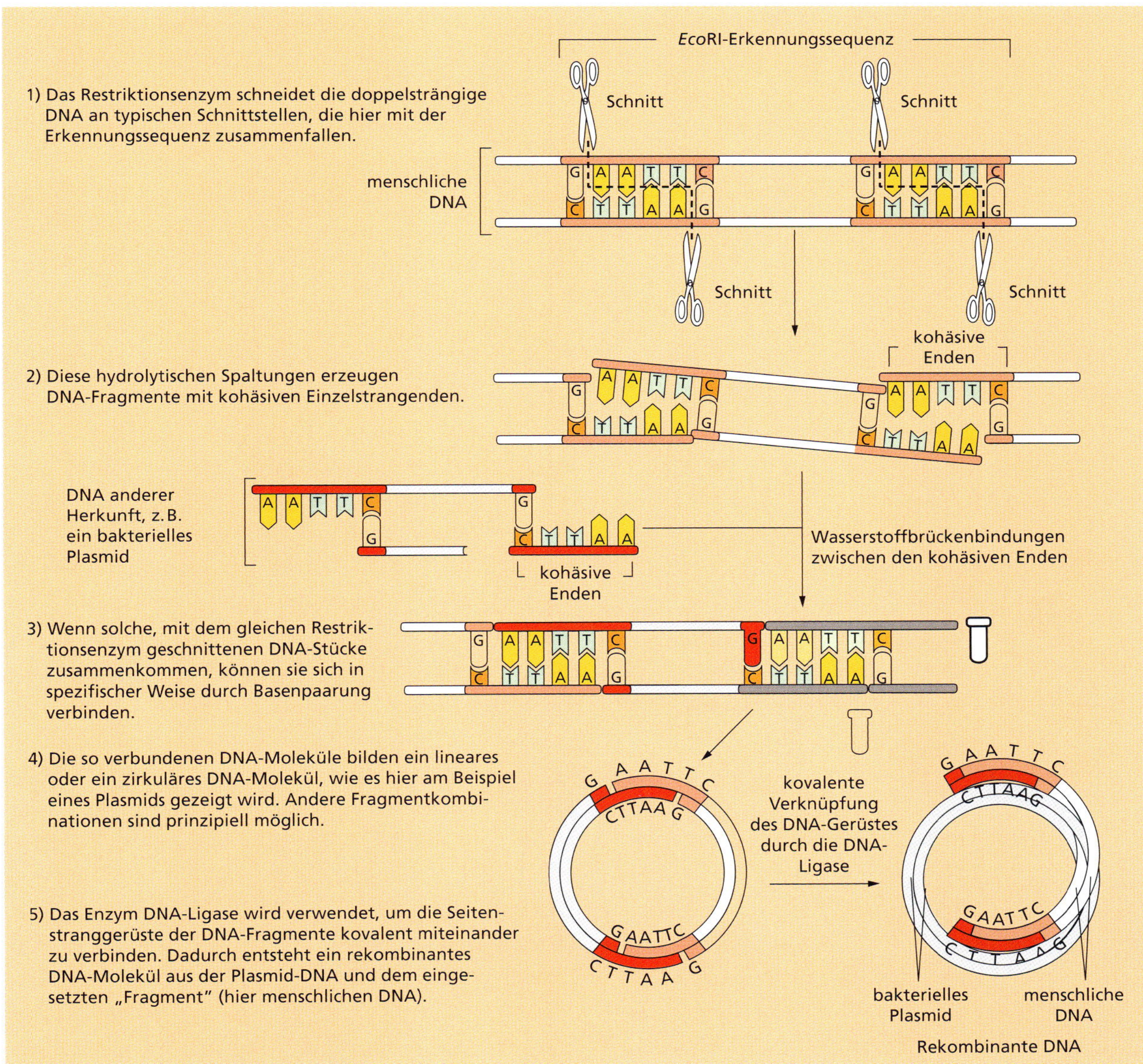

Abbildung 3.2: Die Erzeugung rekombinanter DNA. Das Restriktionsenzym *Eco*RI erkennt und bindet an eine für es charakteristische Basenfolge (5'-GAATTC-3') und spaltet dann die Stränge des DNA-Moleküls. Dabei entstehen definierte Fragmente. Die einzelsträngigen Überhänge der DNA-Spaltstücke können untereinander Wasserstoffbrückenbindungen ausbilden, da sie komplementäre Basenfolgen enthalten. Das Enzym DNA-Ligase vermag dann die Ausbildung kovalenter Bindungen zwischen den Fragmenten zu katalysieren. So entstehen rekombinante DNA-Moleküle.

kombinations- und Klonierungstechniken erteilt. Diese Experimente läuteten das Zeitalter der modernen Biotechnologie ein, weil viele der heute gebräuchlichen Techniken zur Genklonierung und Genveränderung auf diesen grundlegenden Methoden der Technik rekombinanter DNA aufbauen.

Als direkte Folge der Experimente von Boyer, Berg und Cohen traten 1974 erste Kritiker auf den Plan, die Zweifel an der Sicherheit gentechnisch veränderter Organismen äußerten. Diese Wissenschaftler waren wegen der Frage besorgt, was passieren würde, wenn rekombinante (gentechnisch veränderte) Bakterien aus dem Labor entkämen, oder es solchen Bakterien gelänge, Gene auf andere Zellen zu übertragen oder außerhalb des Labors in der Umwelt oder anderen Lebewesen (inklusive des Menschen) zu überleben.

1975 versammelte sich eine Gruppe bekannter Molekularbiologen, Virologen, Bakteriologen, Rechtswissenschaftler und Journalisten im Asilomar-Konferenzzentrum in Pacific Grove im Bundesstaat Kalifornien an der US-amerikanischen Westküste, um den Nutzen und die möglichen Gefahren der Technik der rekombinanten DNA zu erörtern. Als ein Ergebnis dieser Zusammenkunft beschloss die US-amerikanische Gesundheitsbehörde NIH *(National Institutes of Health)* die Bildung einer Expertenkommission für Fragen um die Technik der rekombinanten DNA, deren Aufgabe es sein sollte, die von dieser neuen Technologie ausgehenden Risiken abzuschätzen und Richtlinien für die Forschung an rekombinanter DNA zu formulieren. 1976 legte diese Kommission einen Katalog mit Richtlinien vor. Das Gremium besteht bis heute und überwacht die Forschungen, bei denen Gene kloniert werden; die Einhaltung der verabschiedeten Richtlinien ist für diejenigen Forscher bindend, die mit rekombinanten Organismen arbeiten.

Transformation bakterieller Zellen und Antibiotikaselektion rekombinanter Bakterien

Stanley Cohen hat noch einen weiteren wichtigen Beitrag zur Technik der Genklonierung geleistet, welcher die Klonierungsexperimente, die zu pSC101 geführt haben, erst möglich gemacht hat. Seinem Labor gelang die Einschleusung der in vitro erzeugten DNA in Bakterienzellen. Auf Cohen geht die Beobachtung zurück, dass die Anwendung neutraler Calciumlösungen die Bakterienzellen empfänglich für die zugegebene Plasmid-DNA machte. Die auf Eis kalt gehaltenen Zellen werden mit der Calciumlösung behandelt, man gibt die DNA zu und erwärmt die Zellen für einige Minuten. Im Verlauf dieser Prozedur gelangt die DNA in die Zellen. Einmal in den Bakterienzellen, kommen die Plasmide dort zur Vermehrung durch Replikation und exprimieren unter geeigneten Bedingungen die auf den Plasmiden enthaltenen Gene. Die Einzelheiten der Transformation von Bakterien- und anderen Zellen werden uns in Kapitel 5 beschäftigen. Eine in jüngerer Zeit entwickelte Methode zur Transformation von Zellen, die **Elektroporation**, stützt sich auf kurze elektrische Pulse hoher Spannung (1500 bis 2500 Volt für einige Millisekunden). Dabei werden winzige Löcher in den Membranen der Zellen erzeugt, die den Durchtritt von Makromolekülen wie DNA-Molekülen erlauben. Die Elektroporation wird auch bei Tier- und Pflanzenzellen eingesetzt.

Sowohl die Ligation von DNA-Stücken als auch die Transformation, gleich durch welche Methode, sind Vorgänge von vergleichsweise geringem Wirkungsgrad. Während der Ligation schließen sich viele Plasmidmoleküle wieder zu einem Plasmid ohne Fremd-DNA, das von dem Ausgangsplasmid nicht unterscheidbar ist. Im Verlauf einer Transformation nimmt wieder nur eine Minderheit der Zellen DNA auf. Von diesen überlebt nur eine Minderheit die Prozedur. Nun, da Sie gelernt haben, wie man ein DNA-Stück in einen Vektor (z. B. ein Plasmid) einbauen und in Zellen (z. B. Bakterien) einschleusen kann, werden wir uns den rekombinanten Bakterien zuwenden. Das sind solche, die ein Plasmid aufgenommen haben. Wie lassen sich die rekombinanten Zellen von der großen Zahl nichttransformierter unterscheiden? Dies geschieht mit dem Verfahren der **Selektion**, da man mit seiner Hilfe diejenigen ausliest, die rekombinanter Natur sind. Dies geschieht dadurch, dass man Vermehrungsbedingungen schafft, die die rekombinanten gegenüber den nichtrekombinanten Bakterien bevorzugen. Man sagt, man selektiert auf die plasmidtragenden, rekombinanten Bakterien. Cohen und Boyer benutzten bei ihren Experimenten eine **antibiotische Selektion** (Selektion auf Antibiotikaresistenz). Dieses Verfahren wird bis heute in großem Rahmen eingesetzt, sowohl bei Bakterien wie bei eukaryontischen Zellen. Daneben gibt es noch andere Auswahlstrategien, z. B. die so genannte „Blau-/Weiß-Selektion" (siehe Abbildung 3.4).

Bei der antibiotischen Selektion wird ein Vektor verwendet, der ein Gen enthält, das resistent gegen ein Antibiotikum ist. Typische Anbiotika, die verbreitet

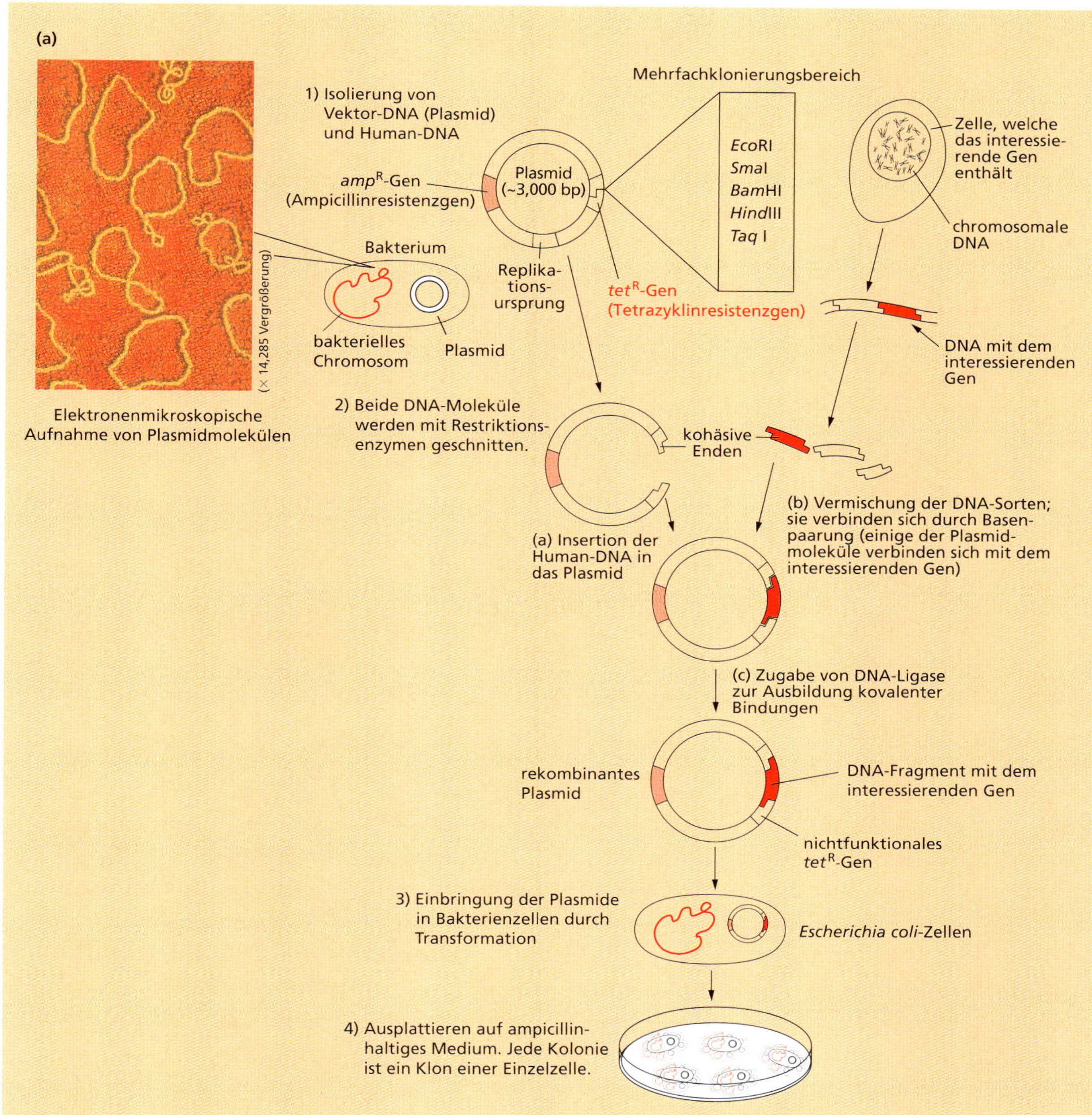

Abbildung 3.3 (a): Klonierung eines Gens mit Hilfe eines Plasmidvektors und Selektion durch Antibiotikaresistenz.

für die Selektion von Rekombinanten eingesetzt werden, sind das Ampicillin (ein Derivat des Penicillins) und Tetracyclin. Die entsprechenden Resistenzgene heißen *amp*^{R} und *tet*^{R}. Zu klonierende DNA-Spaltstücke werden in eine Restriktionsschnittstelle des Vektors eingebaut. Die Schnittstelle befindet sich innerhalb des Resistenzgens. Durch den Einbau der Fremd-DNA wird das Gen auseinandergerissen (Disruption). Eine Synthese des die Resistenz vermittelnden Proteins kann nicht mehr stattfinden. In dem Beispiel von ► Abbildung 3.3 a ist ein DNA-Bruchstück in eine Klonierungsstelle des *tet*^{R}-Gens gesetzt worden. Transformierte Bakterienzellen werden dann auf Agarplatten mit und ohne Antibiotikazusatz ausgebracht. Durch das Verfahren des Abklatschens (Replikaplattierung) mit Hilfe eines sterilen Samtlappens werden Teile der Kolonien einer Agarplatte auf den Samt übertragen (► Abbildung 3.3 b). Die an dem Samt anhaftenden Zellen werden dann auf eine zweite Agarplatte übertragen, deren Medium einen zweiten Selektionsfaktor (hier das Antibiotikum Tetracyclin) enthält, indem diese sachte auf die beimpfte Samtfläche gedrückt wird. Nichttransformierte Zellen können in

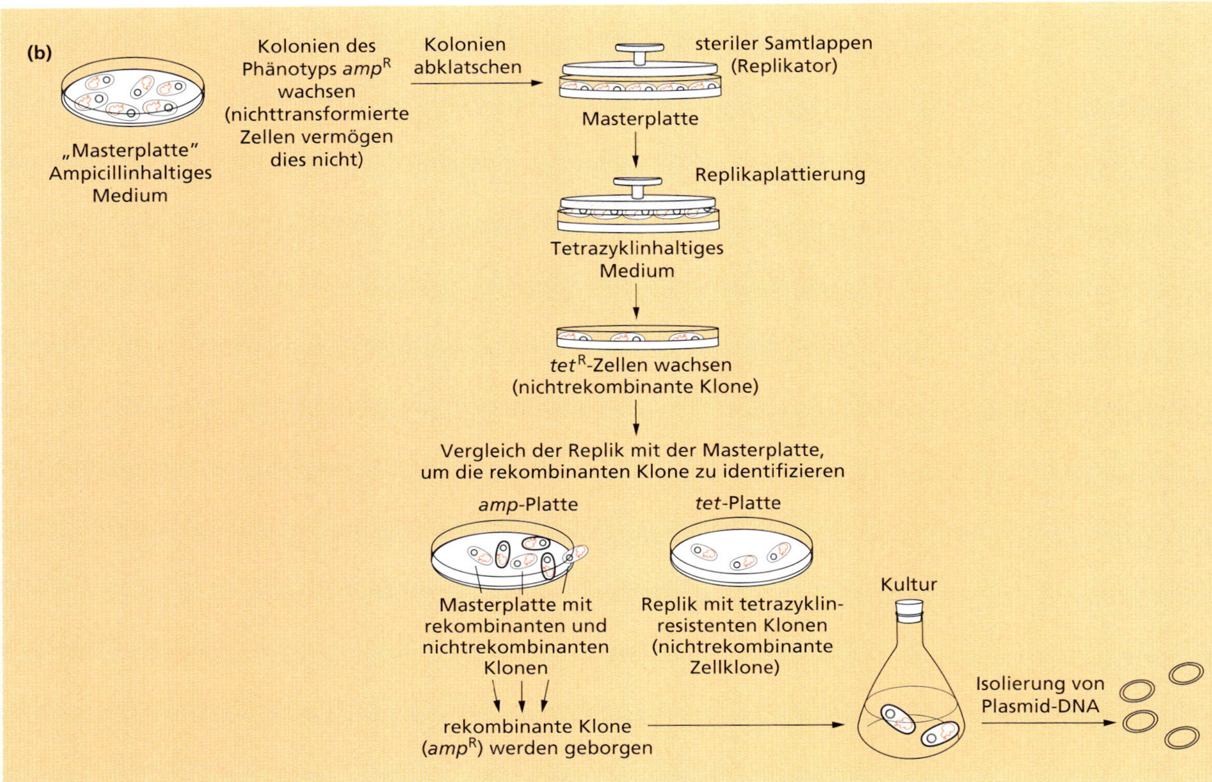

Abbildung 3.3 (b): Klonierung eines Gens mit Hilfe eines Plasmidvektors und Selektion durch Antibiotikaresistenz.

Gegenwart von Ampicillin oder Tetracyclin nicht wachsen. Das Ausplattieren auf antibiotikahaltige Medien selektiert daher gegen das Wachstum nichttransformierter Zellen und auf solche, welche Plasmide mit Resistenzgenen enthalten. In unserem Beispiel wachsen nichtrekombinante Bakterien mit einem (leeren) Plasmid und solche mit rekombinanten Plasmiden (Plasmide mit enthaltener Fremd-DNA) auf Ampicillinmedium; solche mit rekombinanten Plasmiden wachsen jedoch nicht auf Tetracyclinmedium, weil die Fremd-DNA beim Einbau das *tet*^{R}-Gen disruptiert. Da das Abklatschen eine genaue Kopie der Ursprungsplatte erzeugt, ist es möglich durch den Vergleich der in beiden Fällen erscheinenden Klonkolonien auf Ampicillin- und Tetracyclinmedium zu entscheiden, welche Klone rekombinante Plasmide enthalten und welche nicht (► Abbildung 3.3 b).

Einführung in die Klonierung menschlicher Gene

Restriktionsenzyme, DNA-Ligase und Plasmide sind wichtige Werkzeuge für den Molekularbiologen beim Experimentieren mit Genen, gleichgültig, aus welcher Quelle die Gene stammen. Durch die Transformation von Zellen stand den Wissenschaftlern eine Methode zur Verfügung, rekombinante DNA-Moleküle in die Zellen zu schleusen. Die Technik der rekombinanten DNA hat es möglich gemacht, praktisch beliebige DNA-Spaltstücke zusammenzufügen, diese in geeignete Vektoren (z. B. Plasmide) einzufügen (zu „inserieren") und diese durch Vermehrung in (Mikroben-)Zellen in für molekularbiologische Verhältnisse großen Mengen zu produzieren. Mikroorganismen wie Bakterien und Hefen sind so zu den „Arbeitspferden" der Molekularbiologie geworden.

Falls es sich bei dem zu klonierenden DNA-Spaltstück um ein Gen handelt (also einen DNA-Abschnitt, der für ein Protein codiert), können die Zellen unter geeigneten Umständen dazu benutzt werden, das Genprodukt (Protein) des klonierten Gens herzustellen. Dies wird als die Expression des Gens bezeichnet. Die Molekularbiologen erkannten bald, dass die Technik der rekombinanten DNA zu einem unverzichtbaren Werkzeug für die Forschung und die Medizin avancieren könnte, wenn es gelänge, Gene des Menschen zu klonieren und zu exprimieren. Da sich Mikroorganismen wie Bakterien im großen Maßstab vermehren lassen (diese Verfahren werden in den Kapiteln 4 und 5 im Einzelnen besprochen), vermögen die Wissenschaftler große Mengen klonierter DNA zu erzeugen und Proteinmengen zu isolieren, die ohne Zuhilfenahme der Klonierungstechnik nur unter Schwierigkeiten und/oder hohen Kosten zugänglich wären. Durch die Technik der rekombinanten DNA können auf der Grundlage klonierter Gene viele wertvolle Proteine hergestellt werden, die sonst kaum greifbar wären, zum Beispiel solche, die vom menschlichen Körper nur in sehr geringer Menge erzeugt werden.

Gene des Menschen oder andere als wertvoll erachtete Gene lassen sich in Plasmide einbauen und in geeigneten Zellen (z. B. Bakterien) replizieren. Das erste kommerziell vertriebene menschliche Genprodukt, das mit Hilfe der Technik der rekombinanten DNA hergestellt wurde, war das Hormon **Insulin**. Insulin ist ein Peptidhormon, das von bestimmten Zellen, den Betazellen, der Bauspeicheldrüse (Pankreas) hergestellt und in den Blutstrom freigesetzt wird. Steigt der Blutzuckerspiegel an, zum Beispiel nach einer kohlenhydratreichen Mahlzeit, wird Insulin ausgeschüttet, das den Blutzuckerspiegel wieder absenkt, indem es die Traubenzuckeraufnahme in Leber- und Muskelzellen anregt. Die Leber speichert die Glucose in Form des Polymers Glykogen. Personen, die an Diabetes mellitus, Typ I leiden (Autoimmunform der Zuckerkrankheit), bilden zu wenig Insulin. Als Folge des Insulinmangels erreicht der Blutzuckerspiegel gefährlich hohe Werte; dieser Zustand wird Hyperglykämie genannt. Dies kann im Lauf der Zeit zur Schädigung vieler Organe führen. Im Jahr 1977 gelang die Klonierung des Insulingens mit einem Bakterienplasmid. Das Gen konnte durch Bakterienzellen zur Expression gebracht werden. Dies gelang den Mitarbeitern der Firma *Genentech* in San Francisco (USA) – einer Biotechnologiefirma, die von Herbert Boyer mitbegründet worden ist. Einzelheiten der Strategie, mit deren Hilfe die Klonierung und Expression des Insulingens gelang, werden in Kapitel 5 erörtert. 1992 wurde das bakteriell erzeugte rekombinante Humaninsulin unter dem Handelsnamen Humulin zum ersten rekombinanten DNA-Produkt, das in den USA für die Anwendung am Menschen freigegeben wurde. Kurze Zeit darauf wurde ein rekombinantes Wachstumshormon zur Behandlung des genetisch bedingten Minderwuchses erhältlich. Durch die Technik der rekombinanten DNA wurden inzwischen viele weitere medizinisch bedeutsame Proteine, die einstmals nur unter großen Mühen in ausreichender Menge zur Verfügung standen, leicht zugänglich.

Vor der Technik der rekombinanten DNA mussten wichtige Hormone wie das Insulin und das Wachstumshormon aus Organen isoliert werden. Das Wachstumshormon wurde aus den Hirnanhangsdrüsen von Verstorbenen gewonnen.

Dieses Verfahren war nicht nur aufwändig, ineffizient und teuer, sondern darüber hinaus mit der Gefahr verbunden, dabei bislang unbekannte Viren oder andere Krankheitserreger mit zu isolieren, die dann als Kontaminationen auf die Patienten, die mit den Hormonen behandelt worden waren, übertragen werden konnten. Bis heute gibt es auf dem Markt über 80 Produkte der Technik der rekombinanten DNA, mit weit reichenden Anwendungen in der Grundlagenforschung, der Medizin und der Landwirtschaft.

Mit einem grundlegenden Verständnis für die Techniken, die bei der experimentellen Handhabung von DNA-Spaltstücken zum Einsatz kommen, ausgestattet, wollen wir uns im nächsten Abschnitt einigen wichtigen Gesichtspunkten von DNA-Vektoren zuwenden und dabei untersuchen, wie unterschiedliche Vektoren in Abhängigkeit von dem angestrebten Ziel ausgewählt werden.

3.2 Was macht einen guten Vektor aus?

Die Anzahl der unterschiedlichen DNA-Vektoren, Vektorfunktionen und -anwendungen hat sich seit der Zeit des von Stanley Cohen konstruierten Vektors pSC101 beträchtlich erhöht. Die in der Molekularbiologie immer noch am häufigsten zum Einsatz kommenden Vektoren sind die Plasmid-Klonierungsvektoren.

Plasmidvektoren sind populär, weil sie die routinemäßige Klonierung und Bearbeitung von kleinen DNA-Fragmenten (bis ca. 10 Kilobasenpaaren) erlauben, welche die Grundlage vieler alltäglicher Techniken und Experimente im molekularbiologischen Laboratorium darstellen. Darüber hinaus ist es verhältnismäßig einfach, Bakterien- und Hefezellen mit Plasmid-DNA zu transformieren und die Plasmide nach der Klonierung aus diesen wieder zu isolieren.

Einer der ersten weit verbreiteten Plasmid-DNA-Vektoren war das Plasmid pBR322, das die Resistenzgene für Ampicillin- und Tetracyclinresistenz enthielt sowie mehrere nützliche Restriktionsschnittstellen. Über die Jahre hinweg wurden die Plasmidvektoren jedoch weiterentwickelt: Andere nützliche genetische Elemente wurden integriert, andere Selektionsmarker neben den Antibiotikaresistenzgenen wurden nutzbar gemacht. Durch die Weiterentwicklung ist pBR322 heute nahezu obsolet.

Praxismerkmale von DNA-Klonierungsvektoren

Moderne Plasmidvektoren zur DNA-Klonierung beinhalten für gewöhnlich die folgenden wünschenswerten und praktischen Eigenschaften und Merkmale:

- *Größe* – Die Vektoren sollten klein genug sein, um sich leicht von der chromosomalen DNA der Wirtszellen abtrennen zu lassen.
- *Replikationsursprung* (ori) – Ein Replikationsursprung erlaubt die Vermehrung (Replikation) der Plasmide unabhängig von den Chromosomen der sie beherbergenden Zelle. Die Zahl der Plasmidmoleküle in einer Zelle wird als die **Kopienzahl** des Plasmids bezeichnet. Die gewöhnliche Kopienzahl eines Plasmids ist in den meisten Bakterientypen niedrig (weniger als ein Dutzend pro Zelle). Viele der beliebtesten Klonierungsvektoren sind jedoch so genannte Vielkopien-Vektoren, weil sie von der Zelle stark vermehrt werden, so dass schließlich hunderte oder tausende Moleküle in der Zelle vorliegen. Darüber hinaus gibt es (speziell für eukaryontische Zellen) Einzelkopie-Vektoren, die spezielle genetische Elemente enthalten, die bewirken, dass sie sich im Einklang mit den normalen Chromosomen vermehren.
- *Mehrfachklonierungsbereich* – Der Mehrfachklonierungsbereich (*multi cloning site*) wird auch als Polylinkerbereich bezeichnet. Dabei handelt es sich um einen DNA-Abschnitt, in dem die Erkennungs- und Schnittstellen für eine ganze Anzahl unterschiedlicher Restriktionsendonucleasen auf engem Raum konzentriert sind (Abbildung 3.3 a). Diese Basenfolgen werden in den Vektor eingesetzt, um den gezielten partiellen Verdau mit Restriktionsenzymen zu ermöglichen, ohne den gesamten Vektor in zahlreiche Spaltstücke zu zerlegen. Mit einem geeigneten Enzym geschnitten, wird der (zirkuläre) Vektor linearisiert (also einmal aufgetrennt). Der Mehrfachklonierungsbereich verleiht ein hohes Maß an Flexibilität bei der Insertion von DNA-Fragmenten, weil es dadurch möglich wird, DNA-Spaltstücke einzusetzen, die mit verschiedenen Enzymen erzeugt worden sind. Durch geeignetes Vorgehen lässt sich auch die Religation stark zurückdrängen.
- *Selektierbare Markergene* – Diese Gene erlauben die Identifizierung und Auslese transformierter Zellen, die Vektormoleküle aufgenommen haben. Die häufigsten Selektionsmarker sind Antibiotikaresistenzgene, die eine Selektion wie in Abbildung 3.3 b erlauben. Ein weiteres verbreitetes selektierbares Markergen ist das *lacZ*-Gen. In Kapitel 2 haben wir gelernt, dass dieses Gen für ein Enzym namens β-Galactosidase codiert, das im normalen Stoffwechsel den Milchzucker (Lactose) in die Monosaccharide Glucose (Traubenzucker) und Galactose spaltet. Bei einer verbreiteten Selektionsstrategie, die als Blau-/Weiß-Selektion bezeichnet wird (die Motivation für diese Namensgebung liegt auf der Hand), wird ein DNA-Stück in eine Restriktionsschnittstelle innerhalb des *lacZ*-Gens eingesetzt (▸ Abbildung 3.4). Wird das *lacZ*-Gen durch die eingefügte Fremd-DNA zerstört, wird keine funktionelle β-Galactosidase gebildet. Transformierte Bakterien werden auf Agarplatten ausplattiert, die ein chromogenes Substrat namens X-Gal enthalten (5-Brom-4-chlor-3-indolyl-β-(5)-D-galactopyranosid; man kann dieses auch später in Lösung zugeben). X-Gal wird von der β-Galactosidase als Substrat akzeptiert. Bei der Hydrolyse durch das Enzym bildet sich aus der farblosen Vorstufe X-Gal ein blauer Farbstoff. Nichtrekombinante Bakterien, die ein funktionelles *lacZ*-Gen enthalten, bilden diesen Farbstoff; die Kolonie färbt sich blau. Bakterien mit rekombinanten Plasmiden, welche inserierte Fremd-DNA enthalten, bleiben infolge der Störung des *lacZ*-Gens weiß. Da keine β-Galactosidase gebildet wird, können diese Zellen X-Gal nicht verstoffwechseln.
- *RNA-Polymerasepromotoren* – Diese Basenfolgen sind notwendig, um Moleküle der RNA-Polymerase zu binden und dieser den Weg zu weisen. Lebenden Zellen erlauben sie die Umschreibung der genetischen Information von der DNA in einen RNA. mRNA-Moleküle werden zu Proteinprodukten translatiert. RNA, die in vitro transkribiert wird, lässt sich benutzen, um RNA-Sonden herzustellen, um beispielsweise die Genexpression zu untersuchen (siehe Abschnitt 3.4).
- *Bindungsstellen für Universalprimer* – Sie erlauben die Sequenzierung der inserierten DNA-Spaltstücke (wie in Abschnitt 3.4 beschrieben). Dadurch erübrigt sich die kostenintensive Anforderung spezifischer Primer, die nur für das jeweils zu klonierende DNA-Fragment tauglich sind. DNA-Fragmente unbekannter Sequenz sind auf diese Weise ebenfalls zugänglich.

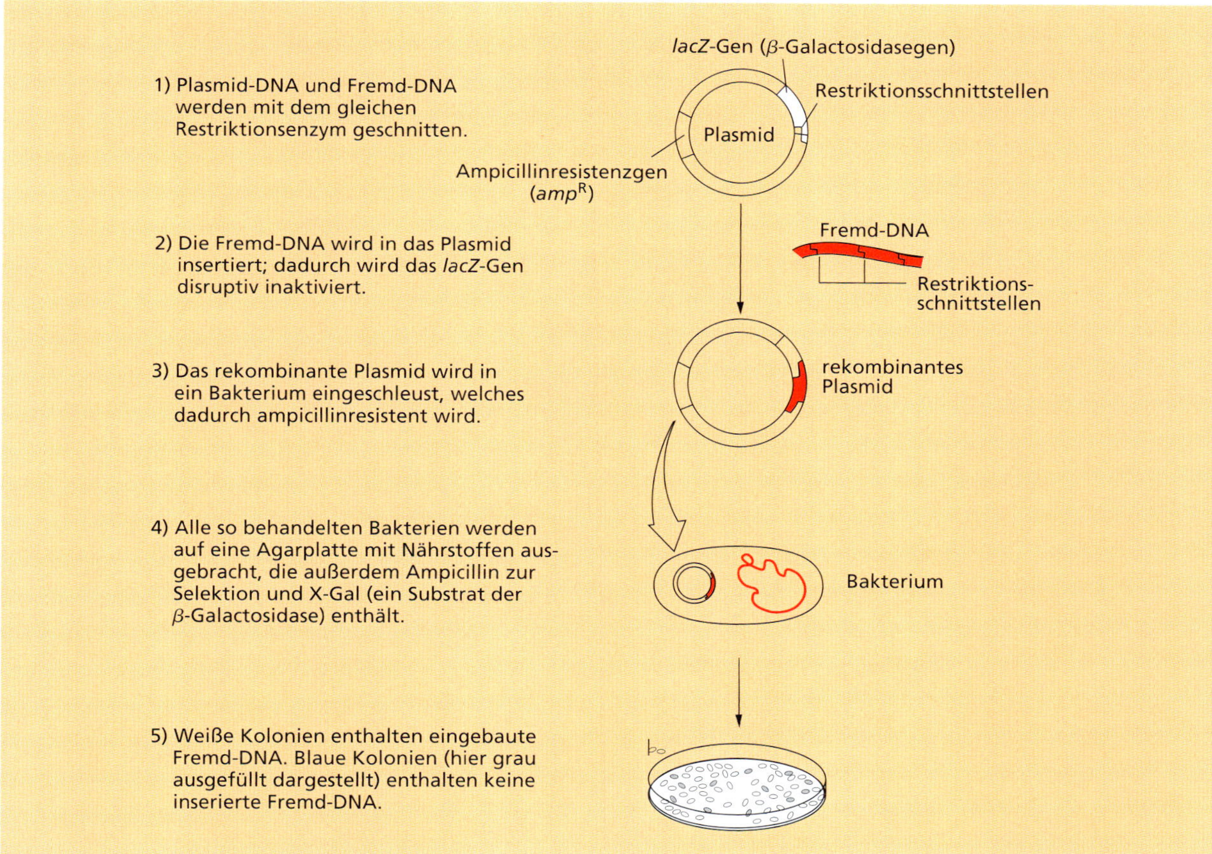

Abbildung 3.4: Die Klonierung fremder DNA in ein Plasmid mit anschließender Blau-/Weiß-Selektion.

Vektortypen

Genauso, wie ein einzelner Schraubenzieher nicht für alle Schrauben taugt, sind bakterielle Plasmidvektoren nicht für alle biotechnologischen Anwendungen geeignet. Es gibt für den Einsatz von Plasmiden bei Klonierungen Grenzen. Eine solche Grenze ist die Größe des einbaubaren DNA-Fragments. Spaltstücke von mehr als sechs bis sieben Kilobasenpaaren Größe einzusetzen stößt in aller Regel auf Schwierigkeiten (1 kBp = 1000 Bp). Darüber hinaus exprimieren Bakterien eukaryontische Gene oft nur mangelhaft. Um diese Schwierigkeiten zu überwinden, haben Molekularbiologen viele andere DNA-Vektortypen entwickelt, von denen ein jeder seine speziellen Nutzaspekte, aber auch individuelle Nachteile mit sich bringt. In der ► Tabelle 3.2 sind wichtige Merkmale, Herkunftsquellen und Anwendungen der unterschiedlichen Vektoren beschrieben.

Bakteriophagen als Vektoren

Der Bakteriophage Lambda (λ) war einer der ersten jemals verwendeten Phagenvektoren. Das DNA-Chromosom des Phagen λ ist ein lineares Molekül von ungefähr 49 kBp Größe (► Abbildung 3.5). Die zu klonierende DNA wird in eine Restriktionsschnittstelle in der Mitte des λ-Chromosoms eingebaut. Die rekombinanten Chromosomen werden dann *in vitro* in Virionen verpackt. Diese rekombinanten Phagen werden dazu verwendet, *Escherichia coli*-Zellen, die als dichter Rasen auf einer Agarplatte wachsen, zu infizieren. An jedem Ende des Phagenchromosoms findet sich eine 12 Nucleotide lange Basenfolge, die als kohäsives Ende (cos-Stelle) bezeichnet wird. Die cos-Bereiche der Enden können eine Basenpaarung miteinander eingehen. Wenn die λ-Phagen *Escherichia coli*-Zellen infizieren, benutzt die Zelle die kohäsiven Enden, um das Chromosomen des Virus zu zirkularisieren, um es dann zu replizieren. Der Phage λ vermehrt sich durch einen Prozess, der als **lytischer Zyklus** bezeichnet wird, da er zur Lyse (Auflösung) der Zellen führt. Bei der Vermehrung von λ gehen die infizierten Bakterienzellen also zugrunde. Dadurch werden die Virusteilchen freigesetzt. Die freigesetzten Phagenpartikel infizieren neue Zellen; der Vorgang wiederholt sich. Durch diesen sich konzentrisch fortsetzenden Zerstörungsprozess bilden sich in dem

Tabelle 3.2

Ein Vergleich von DNA-Vektoren und ihren Anwendungen

Vektortyp	Maximale Insertgröße (kBp)	Verwendung	Limitierungen
Bakterieller Plasmidvektor (zirkulär)	~ 6–12	DNA-Klonierung, Proteinexpression, Subklonierung, direkte Sequenzierung der inserierten DNA	Begrenzte Größe des Inserts; begrenzte Exprimierbarkeit; u. U. Probleme mit der Kopienzahl; Replikation meist nur in Bakterien
Bakteriophage (linear)	~ 25	cDNA-Bibliotheken (genomische und Expressions-)	Fähigkeit zur Verpackung begrenzt die Insertgröße; Replikationsprobleme des Wirtes
Cosmid (zirkulär)	~ 35	genomische und Expressionsbibliotheken (cDNA); Klonierung großer Fragmente	Beschränkungen der Verpackung durch die Phagen; zur Proteinexpression nicht ideal; keine Replikation in Säugetierzellen
künstliches Bakterienchromosom (zirkulär) (Abk. BAC)	~ 300	Genombibliotheken; Klonierung großer DNA-Fragmente	Replikation nur in Bakterienzellen; für Proteinexpression nicht verwendbar
künstliches Hefechromosom (zirkulär) (Abk. YAC)	200–1000	Genombibliotheken; Klonierung großer DNA-Fragmente	Vermehrung nur in Hefezellen; keine Vermehrung in Bakterien
Ti-Vektor (zirkulär)	variiert in Abhängigkeit vom genauen Typ des verwendeten Ti-Vektors	Gentransfer auf Pflanzen	Anwendung nur bei zweikeimblättrigen Pflanzen; zufällige Verteilung der Restriktionsschnittstellenanzahl; durch Größe des Vektors nicht leicht in der Handhabung

Bakterienrasen klare Bereiche, die als **Plaques** bezeichnet werden. In jedem dieser Plaquebereiche sind Millionen rekombinanter Phagen enthalten. In Abschnitt 3.3 werden wir erörtern, wie solche Plaques auf rekombinante Phagen hin durchmustert werden. Ein wesentlicher Vorteil dieser Vektoren liegt darin begründet, dass sie die Klonierung größerer DNA-Spaltstücke als Plasmide erlauben (bis zu ca. 25 Kilobasenpaaren). Viele Bakteriophagenvektoren können auch zur Expression von Proteinen benutzt werden.

Cosmidvektoren

Cosmide sind genetische Elemente, die die COS-Enden (von engl. *cohesive ends*) der DNA des Phagen λ enthalten, zusätzlich einen aus einem Plasmid stammenden Replikationsursprung sowie ein Gen für ein selektierbares Merkmal (z. B. ein Resistenzgen, das Widerstandsfähigkeit gegen ein Antibiotikum verleiht). Die meisten viralen Gene des Phagen wurden entfernt (deletiert). Es handelt sich also um ein von Biologen vorsätzlich erzeugtes Konstrukt. Die DNA wird in Restriktionsschnittstellen eingebaut und das fertige Cosmid in Virionen (Virusteilchen) verpackt, genauso wie es mit Vektoren auf der Grundlage anderer Bakteriophagen geschieht. Damit werden *Escherichia coli*-Zellen infiziert, in denen sich die Cosmid-DNA als Plasmid mit niedriger Kopienzahl repliziert. Auf Kulturplatten bilden sich Bakterienkolonien, die durch einen geeigneten Selektionsdruck – zum Beispiel ein Antibiotikum – der die Mutanten bevorteilt, ausgemustert werden. Ein wesentlicher Vorteil der Cosmide besteht darin, dass sie die Klonierung von DNA-Fragmenten im Größenbereich von etwa 20 bis ca. 45 Kilobasenpaaren (kBp) erlauben.

Expressionsvektoren

Vektoren zur Expression von Genen (also zur gezielten Herstellung bestimmter Proteine) erlauben eine stark erhöhte Bildung ausgewählter Proteine in den Zielzellen (z. B. Bakterien). Die Expressionsvektoren enthalten zu diesem Zweck geeignete Promotoren des zur Expression benutzten Wirtes (zur Expression in Bakterien also prokaryontentypische Promotoren), die der Einbaustelle der Fremd-DNA benachbart sind. Die RNA-Polymerase der Wirtszelle bindet dann an diesen Promotor und

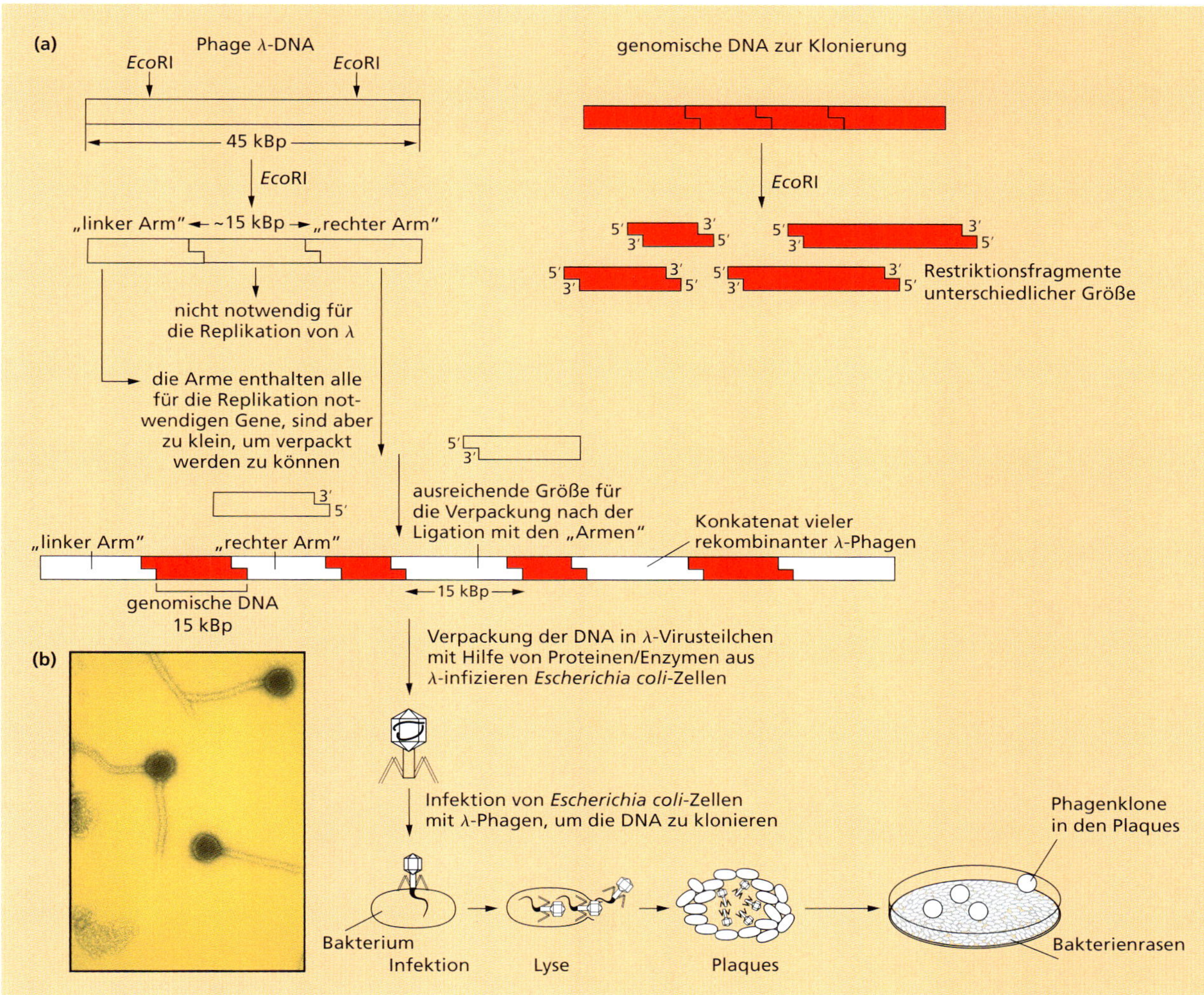

Abbildung 3.5: Klonieren mit dem Bakteriophagen Lambda. (a) Fragmente fremder DNA werden in das λ-Chromosom inseriert und nachfolgend in die Virushüllen verpackt. Die maturierten Virusteilchen infizieren *Escherichia coli*-Zellen, die als dichter Rasen auf Kulturplatten wachsen. Die Lyse der Bakterienzellen infolge der Virusvermehrung führt auf den Agarplatten zur Bildung von Plaques (durchsichtigen Bereichen abgestorbener Zellen). (b) Transmissionselektronenmikroskopische Aufnahme von λ-Phagen, die sich an der Oberfläche von *Escherichia coli*-Zellen verankert haben.

synthetisiert größere Mengen mRNA des in den Vektor inserierten offenen Leserahmens, der exprimiert werden soll (im Laborjargon „das Insert"). Diese Boten-RNA wird dann von den Ribosomen der Wirtszelle in ein Protein übersetzt (translatiert). Das gewünschte Protein kann dann durch geeignete biochemische Techniken, die in Kapitel 4 vorgestellt werden, isoliert werden. Bakterien sind für die Proteinexpression oft die erste Wahl, weil sie sich schnell zu hohen Zelldichten vermehren lassen und die Haltung billig ist. Es ist jedoch nicht immer möglich, ein funktionstüchtiges Protein aus Bakterien zu gewinnen. So sind bakterielle Ribosomen in manchen Fällen nicht in der Lage, eine eukaryontische mRNA-Basensequenz mit ausreichender Effizienz abzulesen, so dass die Ausbeute gering ist oder die Translation völlig zum Erliegen kommt. Falls ein Protein produziert wird, geschieht das dann in geringer Menge, oder es faltet sich nicht korrekt, oder es bleibt eine notwendige posttranslationale Modifizierung aus, so dass die normale biologische Aktivität sich nicht einstellt. Eukaryontische Zellen verfügen über zahlreiche Organellen, die an der Faltung und Prozessierung von Proteinen beteiligt sind.

Die Herstellung gewisser rekombinanter Genprodukte (Proteine) kann in den oft herangezogenen *Escherichia coli*-Zellen ein Problem darstellen, weil diese Zellen nicht in der Lage sind, das fertige Protein aus der Zelle auszuschleusen (zu sekretieren). In solchen Fällen weicht man gern auf die Bakterienart *Bacillus subtilis* aus, die für die Erzeugung sekretorischer Proteine besser geeignet ist.

In wieder anderen Fällen sind die auf gentechnischem Wege hergestellten Fremdproteine in den Wirtszellen nicht stabil (z. B. weil sie sich nicht korrekt falten) und werden von den Wirtszellen abgebaut. Auch kann ein im Übermaß synthetisiertes Protein sich als giftig für die Wirtszelle erweisen und das Wachstum/die Vermehrung behindern oder die Zelle sogar abtöten. Für die Expression in Tierzellen bieten sich oft Viren als Vektoren an. Für Säugetierzellen steht etwa das Affenvirus SV40 zur Verfügung. Typische von SV40 abgeleitete Vektoren enthalten einen starken viralen Promotor für eine hocheffiziente Transkription sowie ein Poly-(A)-Signal zur Anbringung eines Polyadenylschwanzes am 3'-Ende der Prä-mRNA. Varianten solcher Virusvektoren sind für erste Gentherapieversuche am Menschen eingesetzt worden. Wir werden in Kapitel 11 darauf zurückkommen.

Künstliche Bakterienchromosomen

Künstliche Bakterienchromosomen sind große Plasmide mit niedriger Kopienzahl, die in einer Bakterienzelle nur in ein oder zwei Kopien vorliegen und die die F-Faktorgene (eine Gengruppe zur Kontrolle über die Replikation der DNA in der Zelle) enthalten. Künstliche Bakterienchromosomen (BAC; *bacterial artificial chromosomes*) können DNA-Inserate von 100 bis 300 Kilobasenpaaren Größe aufnehmen. Obwohl immer noch nicht in allen Details klar ist, wieso BACs so große DNA-Bruchstücke aufnehmen und replizieren können, haben die BACs weite Anwendung im Humangenomprojekt gefunden, um größere Stücke menschlicher chromosomaler DNA zu klonieren und anschließend zu sequenzieren.

Künstliche Hefechromosomen

Künstliche Hefechromosomen (YAC; *yeast artificial chromosomes*) sind kleine Plasmide, die in Bakterienzellen (*Escherichia coli*) kloniert werden, um dann in Hefezellen (z. B. der Back- oder Brauhefe *Saccharomyces cerevisiae*) eingeschleust zu werden. Ein YAC ist in gewisser Weise eine Miniaturausgabe eines eukaryontischen Chromosoms. Ein YAC enthält einen Replikationsursprung, selektierbare Markergene, zwei Telomere sowie ein Centromer, genetische Elemente, die die Replikation und die Segregation der YACs bei einer Zellteilung ermöglichen. Fremd-DNA wird in Restriktionsschnittstellen in der Mitte des künstlichen Hefechromosoms inseriert. YACs sind besonders nützlich für die Klonierung großer DNA-Fragmente von 200.000 bis 1.000.000 Basenpaaren (200 kBp – 1 mBp) Größe. Den künstlichen Bakterienchromosomen in genetischer Eigenschaft ähnlich, waren auch die künstlichen Hefechromosomen hilfreich im Rahmen des Humangenomprojektes.

Ti-Vektoren

Ti-Vektoren sind natürlich vorkommende Plasmide von ungefähr 200 kBp Größe. Der natürliche Wirt ist das Bakterium *Agrobacterium tumefaciens* – ein im Erdboden lebendes, pflanzenpathogenes Bakterium, das bei einer Infektion bei der betroffenen Pflanze ein Tumorwachstum auslöst. Die Krankheit wird bei verschiedenen Pflanzen mit unterschiedlichen Namen belegt: Bei der Weinrebe (*Vitis vinifera*) spricht man von der Maukekrankheit, bei Zuckerrüben (*Beta vulgaris vulgaris var. altissima*) von einem Wurzelkropf, beim Meerrettich (*Armoracia rusticana*) von Kronengallen. Beim Eindringen in den Pflanzenkörper übertragen die *A. tumefaciens*-Zellen einen Teil des Ti-Plasmids, die so genannte T-DNA, in die Zellen der befallenen Pflanze. Die T-DNA wird in das Wirtsgenom eingebaut. Ti steht für Tumor-induzierend. Die T-DNA veranlasst die vermehrte Bildung des Pflanzenhormons Auxin, dass zu einem Streckungswachstum der Pflanzenzellen und zu vermehrter Zellteilung führt. Durch die Teilung der infizierten Pflanzenzellen bildet sich ein tumoröses Gewebe am Pflanzenkörper, typischerweise kurz oberhalb des Wurzelansatzes.

Die Wucherung wird als eine Galle bezeichnet. Die Pflanzengenetiker um den belgischen Forscher Jozef Schell haben erkannt, dass sich bei der Entfernung der Auxinsynthesegene sowie weiterer Gene mit unerwünschten Funktionen aus dem Ti-Plasmid ein Vektor gewinnen lässt, mit dessen Hilfe sich Fremdgene in zweikeimblättrige Pflanzen einschleusen lassen. Ti-Vektoren werden heute vielfach benutzt, um Gene in zweikeimblättrige Pflanzen (Dikotyledonen) einzuschleusen; einkeimblättrige Pflanzen (Monokotyledonen) lassen sich mit dem Bakterium nicht infizieren. Einzelheiten werden in Kapitel 6 besprochen.

Nun, da wir unterschiedliche Vektortypen und ihre Einsatzgebiete erörtert haben, werden wir unsere Aufmerksamkeit im nächsten Abschnitt darauf lenken, wie Wissenschaftler die Technik der rekombinanten DNA dazu einsetzen, um Gene zu klonieren und zu identifizieren.

Wie identifiziert und kloniert man ein Gen, das einen interessiert? 3.3

Das Zerschneiden und Wiederzusammenfügen unterschiedlicher DNA-Stücke zur Hervorbringung rekombinanter DNA-Moleküle ist in der Molekularbiologie zur täglichen Routine geworden. Die Klonierungsstrategien, die wir bislang besprochen haben, erlauben die Klonierung zufälliger DNA-Fragmente auf der Grundlage vorhandener Restriktionsschnittstellen, die von geeigneten Enzymen erkannt und geschnitten werden, nicht aber die gezielte Klonierung eines bestimmten DNA-Bruchstücks (z.B. eines Gens), das den Forscher interessiert. Wären wir beispielsweise am Insulingen interessiert und wollten dieses klonieren, so könnten wir einfach ein Stück Bauchspeicheldrüsengewebe entnehmen, es homogenisieren, die DNA daraus isolieren, diese mit Enzymen zerschneiden und dann die verdaute DNA in Plasmide einsetzen. Auf diese Weise erhielten wir Hunderttausende unterschiedlicher rekombinanter Plasmide, nicht nur eines mit dem uns interessierenden Insulingen. Im Jargon der Molekularbiologie wird diese Vorgehensweise als „Schrotschussklonierung" bezeichnet, weil viele verschiedene Fragmente in zufälliger Weise gleichzeitig zur Klonierung gelangen, nicht aber ein spezielles, gezielt für die Klonierung ausgesuchtes Gen. Wie lässt sich herausfinden, welche der rekombinanten Plasmide das Insulingen enthalten? Falls darüber hinaus das Insulingen oder benachbarte Sequenzbereiche über keine Erkennungssequenzen für einsetzbare Restriktionsendonucleasen verfügen, erhält man möglicherweise gar keine rekombinanten Plasmide, welche das Insulingen beherbergen. Aber selbst wenn es gelingt, Plasmide zu erzeugen, die das Insulingen enthalten – wie findet man diese heraus und wie trennt man sie von dem Rest der in diesem Moment nicht interessierenden Plasmide ab? Wie findet man mit anderen Worten ein bestimmtes Gen, das einen interessiert, und kloniert gezielt dessen DNA? Diese Probleme lassen sich oftmals mit einer Klonierungsstrategie lösen, die den Einsatz von Genbanken beinhalten.

Herstellung einer DNA-Bank: Aufbau einer Kollektion klonierter Gene

Viele Klonierungsstrategien beginnen mit der Herstellung einer DNA-Bibliothek (auch Genbibliothek oder Genbank genannt). Solche Molekülbibliotheken sind Sammlungen klonierter DNA-Bruchstücke eines bestimmten Lebewesens, die als nackte DNA (Inserate in Vektormolekülen oder Viren) oder in Form von Wirtsorganismen, die die Vektoren enthalten, vorliegen.

DNA-Bibliotheken, die sich als tauglich erwiesen haben, können für lange Zeit aufbewahrt und gegebenenfalls weitervermehrt (amplifiziert) werden, um dann auf den Forscher interessierende DNA-Stücke hin durchmustert zu werden. Zwei Grundtypen von DNA-Bibliotheken haben sich für Klonierungsvorhaben etabliert: Genomische DNA-Bibliotheken und cDNA-Bibliotheken, die aus komplementärer DNA bestehen, das heißt aus DNA-Molekülen, die durch reverse Transkription von mRNA-Molekülen erzeugt wurden. ► Abbildung 3.6 zeigt schematisch, wie genomische und cDNA-Bibliotheken erzeugt werden.

Genomische vs. cDNA-Bibliotheken

Im Fall einer genomischen DNA-Bibliothek wird die chromosomale DNA aus dem interessierenden Gewebe, Organ, Organismus isoliert und mit geeigneten Restriktionsenzymen in Bruchstücke zerlegt (► Abbildung 3.6 a). Dieses Verfahren führt zur Erzeugung von Fragmenten, die das gesamte Genom des Wirtslebewesens repräsentieren. Die DNA eines Vektors (Plasmid, BAC, YAC oder Bakteriophage) wird dann ebenfalls mit den gleichen Enzymen verdaut. Nach der Reinigung des vorbereiteten Vektors werden genomische DNA-Restriktionsfragmente zufällig in die Vektormoleküle eingebaut und durch DNA-Ligase verankert. Auf diese Weise werden theoretisch sämtliche Bruchstücke des Genoms des zu untersuchenden Lebewesens oder Virus in Vektormoleküle eingebaut. Rekombinante Vektoren werden dann in geeignete Wirtszellen eingeschleust (Transformation). Jeder Wirtszellklon beherbergt dann einen definierten Klon mit einem bestimmten Genombruchstück. Jeden dieser Klone kann man sich als einen unterschiedlichen Buchtitel der Bibliothek aus DNA-Bruchstücken vorstellen. Ein wesentlicher Nachteil dieser Methode liegt darin, dass auch sämtliche nichtcodierenden DNA-Abschnitte des Genoms (Introns, repetitive Sequenzen, Centromere, Telomere usw.) ebenfalls zur Klonierung gelangen, da der größere Anteil des Genoms fast aller Eukaryonten aus nichtcodierender DNA besteht.

Viele der Molekülklone einer genomischen Bibliothek werden daher DNA-Stücke enthalten, die nicht für Proteine codieren. Eine weitere Begrenzung genomischer Bibliotheken besteht darin, dass viele Organismen ein-

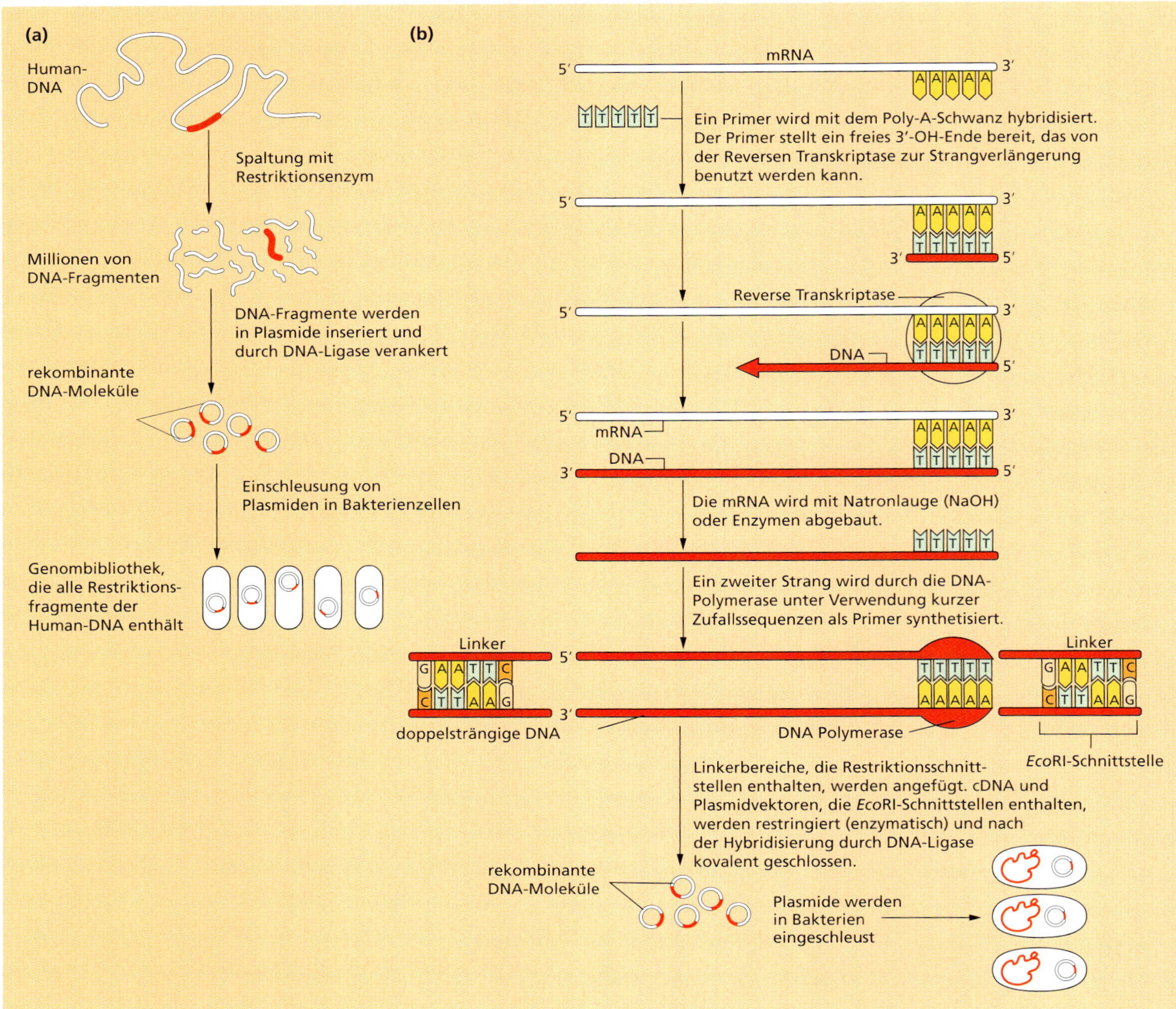

Abbildung 3.6: Vergleich einer genomischen DNA-Bibliothek mit einer cDNA-Bibliothek am Beispiel menschlicher DNA. (a) Menschliche DNA wird mit Restriktionsenzymen zerschnitten, um eine Anzahl kleiner Fragmente zur Insertion in Plasmidmoleküle zu erzeugen. Eine genomische Bibliothek besteht aus einer Sammlung von Bakterienzellen, von denen jede einzelne ein Plasmid mit einem mutmaßlich anderen eingebauten Fragment humaner DNA enthält. Zumindest in der Theorie werden so DNA-Fragmente geborgen, die das gesamte Genom repräsentieren. (b) Bei einer cDNA-Bibliothek wird die von einer Zelle (einem Zelltyp, einem Organ o.Ä.) in Form von mRNA exprimierte genetische Information durch die reverse Transkriptase in komplementäre DNA-Moleküle (cDNA) umgeschrieben (rücktranskribiert). An die cDNA-Moleküle werden kurze Linker (Verbindungsstücke) angesetzt, um kohäsive Enden zu erzeugen, mit deren Hilfe die cDNA-Moleküle in Vektormoleküle (Plasmide) eingebaut werden können. Die rekombinanten Plasmide mit den inserierten cDNAs können in Wirtszellen (im Regelfall Bakterien) eingeschleust und mit deren Hilfe kloniert werden.

schließlich des Menschen derartig große Genome besitzen, dass die Suche nach einem einzelnen Gen in der Gesamt-DNA der sprichwörtlichen Suche nach einer Nadel in einem Heuhaufen tatsächlich ähnlich wäre.

Zur Herstellung einer cDNA-Bibliothek (oder cDNA-Bank) muss die mRNA aus dem zu untersuchenden Gewebe, Organ oder Organismus isoliert werden, was technisch wesentlich anspruchsvoller als die Gewinnung genomischer DNA ist. Auch kann die so gewonnene Boten-Ribonucleinsäure nicht unmittelbar mit Restriktionsenzymen verdaut werden, da diese nur Desoxyribonucleinsäuren hydrolysieren. Vor der Weiterverarbeitung muss die empfindliche mRNA zuerst in eine (komplementäre) DNA umgeschrieben werden, die dann durch einen wiederum komplementären Zweitstrang zum Doppelhelixmolekül ergänzt wird. Ein Enzym namens Reverse Transkriptase, das sich bei bestimmten Viren (Retroviren) findet, vermag die Synthese einer einzelsträngigen DNA anhand einer mRNA-Matrize zu katalysieren (► Abbildung 3.6b). Die dieses spezielle Enzym beherbergenden Viren heißen Retroviren, weil sie den normalen Fluss der genetischen Information von der DNA zur RNA in seiner Richtung umkehren, indem sie auf der Grundlage einer RNA eine DNA erzeugen. Retroviren besitzen selbst ein RNA-Genom.

Nach erfolgreicher Infektion einer Wirtszelle benutzt ein Retrovirus seine reverse Transkriptase, um sein RNA-Genom in eine DNA-Kopie umzuschreiben, die in das Genom des Wirtes integriert und mit diesem repliziert wird. Das Humanimmundefizienzvirus (HIV) – der Erreger der Krankheit AIDS – ist ein Beispiel für ein Retrovirus. Andere Retroviren haben biotechnologisches Interesse als mögliche Vektoren für die so genannte Gentherapie erlangt. Diese Anwendung wird uns in Kapitel 11 beschäftigen.

Da die von der reversen Transkriptase erzeugte DNA ein Gegenstück zu der RNA-Vorlage mit komplementärer, durch die Regeln der Basenpaarung vorgegebenen Basenfolge ist, wird sie als komplementäre DNA (cDNA, nach engl. *complementary DNA*) bezeichnet. Die mRNA, die als Kopiervorlage gedient hat, wird durch Alkalisieren der Lösung oder mit Hilfe von Ribonucleasen leicht zerstört. Danach kommt eine DNA-Polymerase zum Einsatz, die den komplementären Einzelstrang zum Doppelstrang (ds-DNA) ergänzt.

Da die so erzeugten cDNA-Moleküle natürlich nicht notwendigerweise geeignete Restriktionsschnittstellen an ihren Enden aufweisen, werden durch die DNA-Ligase kurze DNA-Stücke kovalent angeknüpft, die Schnittstellen für Restriktionsendonucleasen enthalten. Ein Linker kann eine einzelne Schnittstelle enthalten oder mehrere (so genannte Polylinker). Nach Hydrolyse mit dem entsprechenden Enzym kann die cDNA in einen Vektor inseriert werden. Man beachte, dass hierbei die Gefahr besteht, dass zumindest einige der cDNA-Moleküle Basenfolgen enthalten, die von dem gewählten Restriktionsenzym erkannt und hydrolysiert werden; diese cDNAs zerfallen bei der Prozedur. Nach der Ligation werden die rekombinanten Plasmide wie gehabt durch Transformation in geeignete Zellen eingeschleust.

Ein Hauptvorteil von cDNA-Bibliotheken gegenüber genomischen Bibliotheken besteht darin, dass eine cDNA-Bibliothek eine Sammlung von Genen darstellt, die in dem betreffenden Gewebe, Organ, ..., aus dem die RNA isoliert wurde, tatsächlich zur Expression kommen. Introns fehlen ebenso wie repetitive Sequenzen und andere nicht für Proteine codierende Genombereiche. Dieses Verfahren verringert die zu klonierende DNA-Menge in vielen Fällen (vielzellige Organismen sowie manche Mikrobenarten) erheblich. Aus diesem Grund wird cDNA-Bibliotheken in vielen Fällen der Vorzug vor genomischen Bibliotheken gegeben, wenn es darum geht, ein spezielles Gen aufzuspüren. Ein weiterer Vorteil der cDNA-Bibliotheken besteht darin, dass sie auch dazu dienen können, solche Gene aufzufinden, die nur unter bestimmten Bedingungen aktiviert (transkribiert) werden. Wird ein Gen nur dann aktiviert und abgelesen, wenn die Zelle durch ein bestimmtes Hormon angeregt wird, oder nur in einer bestimmten Entwicklungsphase des Lebewesens, können die Forscher gezielt Genbibliotheken aus hormonstimuliertem Gewebe oder Gewebe eines bestimmten Alters herstellen, um die Wahrscheinlichkeit zu erhöhen, das gesuchte Gen, das mit der physiologischen Reaktion oder dem Entwicklungsstadium einhergeht, zu finden. Genbibliotheken sind zu einem so unverzichtbaren Werkzeug der Molekularbiologie geworden, dass heute eigene Firmen existieren, die eine Vielzahl von speziellen Genbibliotheken aus einer Vielzahl von Organismentypen (Mikroorganismen, Pflanzen, Tiere) und speziellen Organen (cDNA aus Gehirn, aus Leber) anbieten, so dass die zeitaufwendige Selbstherstellung entfällt. Ein Nachteil der cDNA-Bibliotheken besteht nämlich darin, dass diese oftmals schwierig in ausreichender Güte herzustellen sind, falls die mRNA des gesuchten Gens nur in sehr kleiner Menge (relativ zur Gesamtmenge an mRNA) existiert. Wie Sie weiter unten lernen werden, kann diese Schwierigkeit heute vielfach durch die Anwendung einer Technik namens Polymerasekettenreaktion überwunden werden.

Die Durchmusterung einer Bibliothek

Ist eine DNA-Bibliothek fertiggestellt, muss sie zur Auffindung eines bestimmten Gens durchmustert werden. Eine der gebräuchlichsten Methoden zur Genbankdurchmusterung ist die **Koloniehybridisierung** (▶ Abbildung 3.7). Bei der Koloniehybridisierung werden Kolonien von Bakterien- oder Hefezellen, die Stücke der DNA-Bibliothek beherbergen, auf festen Kulturmedien (z. B. agarhaltiges Medium) in Kulturschalen angezüchtet. Ein dünnes Filterpapier aus Nylon oder Nitrozellulose wird vorsichtig auf die Platte gelegt und vorsichtig angepresst. Dabei bleibt ein Teil der Mikrobenkolonien an dem Filter hängen. Das Muster der Kolonien ist spiegelbildlich zu dem auf der Kulturplatte. Falls Phagen als Vektoren eingesetzt werden, werden Phagen auf das Filterpapier übertragen. Der Filter wird dann mit einer alkalischen Lösung behandelt, um die Zellen zu zerstören und die DNA und die Proteine zu denaturieren. Die denaturierte DNA bindet sich in Form einzelsträngiger Moleküle an das Filterpapier. Im Regelfall wird der Filter mit

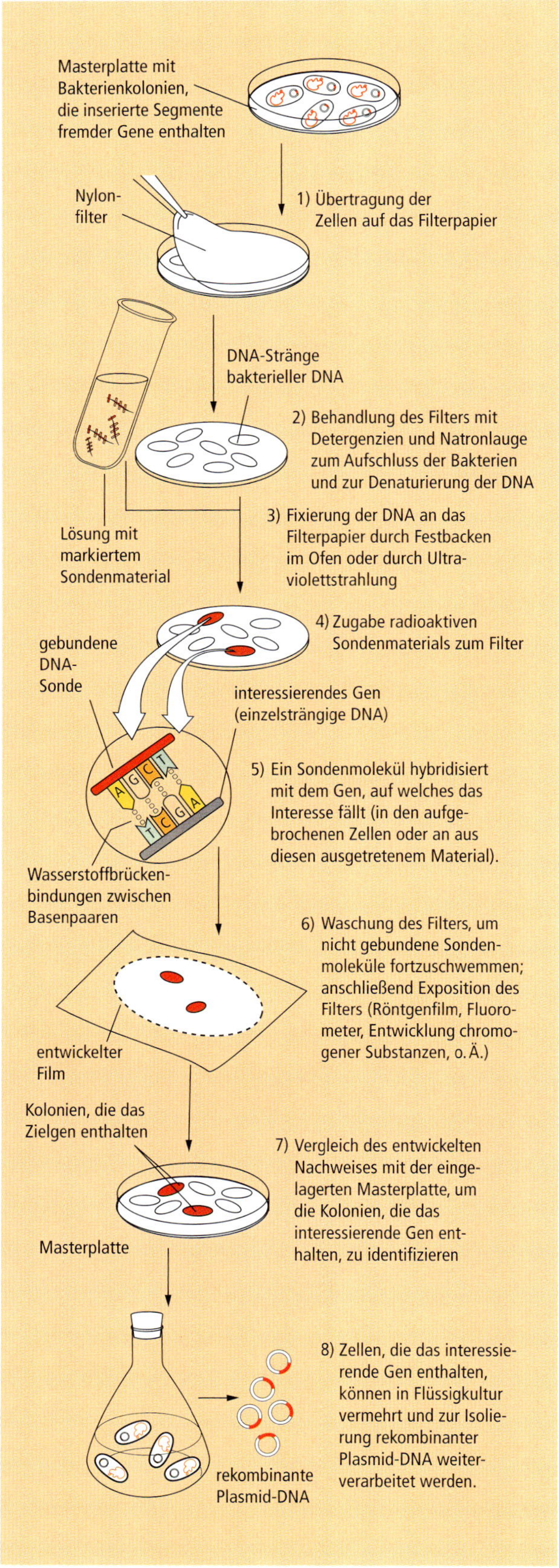

Abbildung 3.7: Koloniehybridisierung: Die Durchmusterung einer DNA-Bibliothek mit einer DNA-Sonde zur Identifikation eines gesuchten klonierten Gens.

dem anhaftenden Material dann mit einer DNA-Sonde inkubiert (bebrütet).

Eine **DNA-Sonde** ist ein in geeigneter Weise markiertes DNA-Fragment bekannter Herkunft und/oder Zusammensetzung, das zum Nachweis kovalent mit einem Farbstoff oder einem einen Farbstoff erzeugenden Stoff verknüpft ist. In der Frühzeit verwendete man radioaktive Atome als Nachweismittel, doch ist diese gefährliche Technik heute nicht mehr zeitgemäß, weil ungefährliche Alternativen zur Verfügung stehen. Die Sonde muss komplementär zum gesuchten Gen/DNA-Abschnitt sein, damit eine Basenpaarung mit dem Zielbereich stattfinden kann; man muss also mindestens einen Teil der genetischen Information, die man *sucht*, bereits *kennen*! Die Sonden-DNA bindet auf dem Filterpapier sequenzspezifisch an komplementäre Basenfolgen.

Dieser Vorgang wird als **Hybridisierung** bezeichnet. Das Filterpapier wird dann gewaschen, um überschüssiges Sondenmaterial zu entfernen, und mit einem geeigneten Detektionsmedium untersucht (fotografischer Film, heute auch verbreitet elektronische Bildabtastungssysteme, die schneller als ein klassischer Film arbeiten). Die Belichtung eines Films wird als **Autoradiographie** bezeichnet. Überall dort, wo die Sonde gebunden worden ist, wird ein Signal abgegeben (radioaktive Strahlung, Licht im Fall von Fluoreszenz oder Chemolumineszenz).

Dies wird die Silberkörner einer fotografischen Emulsion oder die Bildelemente eines elektronischen Detektors (CCD-Kamera oder Ähnliches) anregen. Abhängig davon, wie häufig die gesuchte Zielsequenz in der Bibliothek vertreten war, hybridisiert eine kleinere oder größere Anzahl der Kolonien oder Plaques auf dem Filtermaterial mit der Sonde. Ein Film wird nach einiger Zeit entwickelt; die elektronische Aufzeichnung geht in aller Regel schneller und geschieht in Form von Computerdateien, die dann leicht weitergereicht und weiterverarbeitet werden können.

Das bei der Abtastung des Hybridisierungsergebnisses erhaltene Muster vergleicht man dann mit der ursprünglichen Kulturplatte, um diejenigen Kolonien zu identifizieren, die rekombinante Vektoren mit der gesuchten Zielsequenz enthalten. Diese Kolonien lassen sich dann weiterzüchten, um die DNA in größerer Menge zu klonieren und zu gewinnen, um eine Dauerkultur anzulegen, und dergleichen mehr.

Der zur Durchmusterung einer DNA-Bibliothek eingesetzte Sondentyp hängt häufig davon ab, was und wie viel man von dem zu untersuchenden Gen schon weiß.

Eine Probe für eine Durchmusterung kann beispielsweise ein bereits kloniertes Gen einer anderen Art sein, wenn man annimmt, dass es ein homologes Gen mit ausreichender Übereinstimmung in der Basenfolge gibt. Eine cDNA aus einer Genbank aus Maus- oder Rattengewebe ist in vielen Fällen ein effektives Werkzeug zur Durchmusterung einer menschlichen genomischen oder cDNA-Bibliothek, weil es zahlreiche Gene gibt, die nahe Verwandte in allen Säugetieren oder sogar darüber hinaus besitzen (so genannte konservierte Gene). Falls das Gen, das den Forscher interessiert, vorher noch nicht kloniert worden ist, aber etwas über die Primärsequenz des zugehörigen Proteins bekannt ist, kann man eine Reihe von synthetischen Oligonucleotiden anfertigen lassen, die solchen Basentriplettsequenzen entsprechen, die zu der gefundenen Aminosäurefolge des Proteins passen. Eine Alternative sind so genannte degenerierte Oligonucleotide, die über bestimmte, kritische Bereiche eine Konsensussequenz beinhalten, die mutmaßlich mit der gesuchten Basenfolge zur Hybridisierung gebracht werden kann. Falls man also zumindest einen Teil einer Aminosäuresequenz eines Proteins kennt, kann man „rückwärtsgehen" und daraus eine Nucleotidfolge ableiten, die zumindest teilweise zu dem zu erwartenden Gen passt. Falls gegen das Genprodukt (Protein) des zu untersuchenden Gens ein Antikörper existiert, kann dieser eingesetzt werden, um eine Expressionsbibliothek abzusuchen. Bei einer Expressionsbibliothek werden die inserierten Gene bzw. Genabschnitte von den sie beherbergenden Vektoren aus zur Expression gebracht, so dass sie in den Kolonien der rekombinanten Wirtszellen als rekombinante Proteine vorliegen, die ein Antikörper nachweisen kann.

Nur selten führt die Durchmusterung einer DNA-Bibliothek unmittelbar zur Auffindung eines Klons, der den codierenden Bereich des gesuchten Gens in seiner gesamten Länge enthält (des offenen Leserahmens vom Startcodon bis zum Stoppcodon). Häufger gelangt man zu Fragmenten des gesuchten Gens, die Teile des codierenden Bereichs repräsentieren. Ein Grund hierfür ist die Schwierigkeit, vollständige mRNA-Moleküle aller transkribierten Gene eines Zelltyps zu gewinnen und verlustfrei in cDNA-Moleküle umzuschreiben. Wenn ein Molekulargenetiker solche Genteile isoliert, sequenziert er verschiedene Klone und sucht nach Überlappungsbereichen, in denen sich Fragmente in anderen Fragmenten fortsetzen. Überlappende DNA-Fragmente werden dann in der Art eines typischen Legepuzzles zum Gesamtgen zusammengesetzt, falls dies möglich ist. Hierzu ist es oftmals notwendig, eine Bibliothek mehrfach vollständig zu durchmustern. Die Zahl der hierfür notwendigen Zellklone und damit der zu veranschlagende Arbeitsaufwand sind erheblich. Die Länge der inserierten Fragmente und die Wiederholungsrate identischer Fragmente in der Bibliothek (ihre Redundanz) sind entscheidende Kriterien für die Qualität einer DNA-Bibliothek. Das Finden von Start- und Stoppcodonen in den zusammengesetzten Stücken ist ein gebräuchlicher Weg, um sicherzustellen, dass man den gesamten offenen Leserahmen (ORF; Bereich vom ATG-Startcodon bis zum ersten Stoppcodon im vom Startcodon vorgegebenen Leserahmen) in Händen hält. Eine solche Strategie, bei der überlappende Fragmente eines Gens oder eines Chromosoms zusammengestückelt werden, um zu einem Gesamtbild zu gelangen, bezeichnet man als das „Abschreiten" des Gens/Chromosoms. Diese Vorgehensweise wurde beispielsweise bei der Rekonstruktion der Chromosomensequenzen beim Humangenomprojekt angewandt (siehe Abbildung 3.18).

Die Polymerasekettenreaktion (PCR)

Obwohl Genbibliotheken ein sehr effektives Mittel sind und verbreitet zum Zweck der Klonierung und Identifizierung von Genen eingesetzt werden, stellt die **Polymerasekettenreaktion** (PCR; *polymerase chain reaction*) eine sehr viel raschere Klonierungstechnik dar als die Konstruktion und Durchmusterung einer Genbibliothek. Die PCR-Technik wurde um die Mitte der 80er-Jahre des 20. Jahrhunderts von dem US-amerikanischen Chemiker Kary Mullis erdacht und hat sich als eine revolutionäre Arbeitstechnik entpuppt, die sich in vielen Bereichen der Molekularbiologie, der Genetik und der Medizin einen festen Platz erobert hat. 1993 wurde Mullis für seine Erfindung mit dem Nobelpreis im Fach Chemie geehrt. Die PCR ist ein Verfahren zur Vervielfältigung (Amplifikation) spezifischer, also im Voraus festgelegter Nucleinsäuresequenzen in kurzer Zeit. Das Konzept, das hinter der Polymerasekettenreaktion steht, ist von bemerkenswerter Einfachheit. Die zu amplifizierende Ausgangs-DNA wird in ein winziges Plastikgefäß gegeben; dazu gibt man ein Gemisch aus den Nucleinsäurebausteinen (Desoxyribonucleosidtriphosphate), einem für das Enzym zuträglichen Puffer sowie einer hitzestabilen DNA-Polymerase. Ein Paar von als Primer bezeichneten Oligonucleotiden, die als Startermoleküle der Synthese dienen, komplettiert den Versuchsansatz. Die Primer sind einzelsträngige DNA-Moleküle von 15 bis 40 Nu-

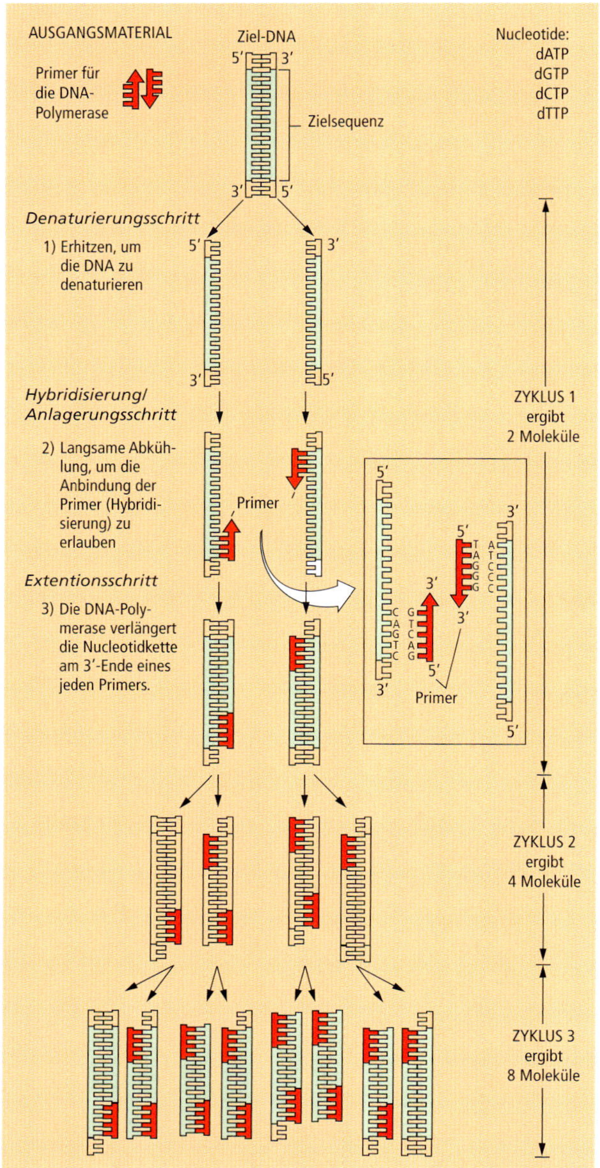

Abbildung 3.8: Die Polymerasekettenreaktion.

cleotiden Länge (typischerweise um 20 Nucleotide bei Routineanwendungen; spezielle Anwendungen können Abweichungen nach oben oder unten bedingen). Diese **„Primer“** (dt. Starter) sind in ihrer Basenzusammensetzung komplementär zu einer Basenfolge am Ende des zu vervielfältigenden Nucleinsäureabschnitts (typischerweise DNA, doch funktioniert das Verfahren prinzipiell auch mit einer RNA als Matrize). Die Primer markieren so das 5'- und das 3'-Ende des schließlich ampli- fizierten Bereiches (siehe ► Abbildung 3.8).

Das Reaktionsgefäß wird dann in einen Apparat gesetzt, der Thermozyklisierer (engl. *thermo cycler*) oder – gebräuchlicher – PCR-Reaktor oder PCR-Maschine genannt wird. Vereinfacht kann man sich einen PCR-Reaktor als einen regelbaren Heiz-/Kühlblock vorstellen, dessen Temperatur automatisiert und sehr rasch verändert werden kann. Die in die PCR-Maschine eingesetzten dünnwandigen PCR-Röhrchen durchlaufen in dem Gerät eine vorprogrammierte Abfolge von Reaktionszyklen, die dutzendweise wiederholt werden. Ein Reaktionszyklus besteht typischerweise aus drei Temperaturschritten. Im ersten Schritt wird der Reaktionsansatz auf ca. 95 °C erhitzt, um doppelsträngige DNA-Moleküle in Einzelstränge zu trennen (Denaturierung der DNA). Nach dem Denaturierungsschritt kühlt der Reaktor automatisch auf eine Temperatur zwischen 40 und 60 °C ab. Diese Temperatur ist die Anlagerungstemperatur der Primer. Die genaue Anlagerungstemperatur hängt von der Basenzusammensetzung der Primer ab und wird von Fall zu Fall errechnet. Bei diesem Anlagerungsschritt erfolgt die Ausbildung von Wasserstoffbrückenbindungen zwischen den Primermolekülen und der Matrizen-DNA bzw. schon entstandenen PCR-Produktmolekülen (► Abbildung 3.8). Im dritten Schritt, dem Kettenverlängerungs- oder Elongationsschritt, wird die Temperatur auf das Temperaturoptimum des verwendeten Enzyms oder Enzymgemisches erhöht (im Regelfall 70–75 °C). Bei dieser Temperatur verlängern die thermophilen Polymerasemoleküle im Reaktionsansatz die Primer an ihren 3'-Enden, wie bei der biochemischen Nucleinsäuresynthese üblich.

Am Ende eines solchen dreischrittigen Zyklus hat sich die Menge an Matrizen-DNA im Ansatz verdoppelt. Der PCR-Reaktor (ein Gerät von etwa der Größe eines Schuhkartons) wiederholt den Ablauf so oft, wie der ausführende Wissenschaftler bei der Programmierung vorausbestimmt hat. Bei den meisten alltäglichen Anwendungen liegt die Zahl der Zyklen zwischen 20 und 30; man erreicht also eine Vervielfältigungsrate von 2^{20} bis 2^{30}!

Ein wesentlicher Faktor, der den Siegeszug der PCR ermöglicht hat, ist der Typ von DNA-Polymerase, die für die Reaktion(en) eingesetzt wird. Das wiederholte Aufheizen und Abkühlen würde die meisten DNA-Polymerasen rasch durch Denaturierung zerstören, und zu Anfang der Entwicklung dieser Technik musste man tatsächlich in jeden neuen Zyklus neuerlich Enzyme einsetzen. Auch wurden die Proben von Hand in Wasserbäder unterschiedlicher Temperatur gesetzt, weil vollautomatische Maschinen noch nicht erhältlich waren. Heute stehen jedoch sowohl Reaktoren wie auch physikalisch stabile Enzyme zur Verfügung, so dass die PCR eine einfach zu bewerkstelligende Technik geworden ist.

Eines der ersten und noch immer sehr beliebten „PCR-Enzyme“ ist die *Taq*-DNA-Polymerase (kurz *Taq*-Polymerase) aus dem thermophilen Bakterium *Thermus aquaticus*, das in der Natur in heißen Quellen (Geysiren) lebt. Die aus den heißen Quellen im Nationalpark Yellowstone in den USA isolierten *Thermus aquaticus*-Zellen haben als evolutive Anpassung an ihren Hochtemperaturlebensraum Proteine entwickelt, die bei hohen Temperaturen ihre Form und ihre Funktionsfähigkeit behalten. Da das *Taq*-Molekül also für den Betrieb bei hoher Temperatur ausgelegt ist, übersteht es die Reaktionsbedingungen einer Polymerasekettenreaktion, ohne Schaden zu nehmen. Im Jahr 1989 wurde die *Taq*-Polymerase von der Wissenschaftszeitschrift *Science* zum „Molekül des Jahres“ gewählt.

Der größte Vorzug der PCR liegt in der Möglichkeit, ausgehend von einer sehr geringen Menge an Ausgangsmaterial in kurzer Zeit Abermillionen von Kopien erzeugen zu können. Da die Ziel-DNA in jeder Reaktionsrunde molar verdoppelt wird, gibt es nach 20 solcher Zyklen ungefähr 2^{20} (rund 1 Million) Kopien des amplifizierten Bereichs, vorausgesetzt, dass keiner der Faktoren bis zu diesem Zeitpunkt limitierend gewirkt hat, zum Beispiel Verarmung an Primermolekülen oder Nucleosidtriphosphaten. Weiterentwicklungen der PCR-Technik mit Variationen über das Grundthema erlauben es, die Amplifizierung quantitativ durchzuführen und die Produktmenge während des Prozessverlaufes messend zu verfolgen. Diese Variante wird Echtzeit-PCR genannt. Man setzt fluoreszenzmarkierte Primer ein; über die fotometrisch erfassbare Fluoreszenz lässt sich die Produktmenge mengenmäßig erfassen. Hierzu sind jedoch speziell ausgerüstete PCR-Geräte notwendig. Ein sehr gutes Tutorium zur PCR gibt es auf der Internet-

FRAGE UND ANTWORT

F&A

Frage

Wie legt ein Wissenschaftler die Basenfolge eines Primers fest und wie findet er die richtige Anlagerungstemperatur für die PCR heraus?

Antwort

Das Entwerfen von Primermolekülen und die Einstellung der richtigen Anlagerungstemperatur sind wichtige Parameter für das Gelingen einer Polymerasekettenreaktion. Es existieren Computerprogramme für den Entwurf von Primern, aber selbst beim Einsatz solcher Programme müssen eine Reihe von Punkten beachtet werden und man muss wissen, was ein solches Programm tut. Ebenso gut können Primer, wenn ihre Zahl überschaubar ist, „per Hand“ entworfen werden.

Das ist aus mehreren Gründen sogar zu empfehlen: Erstens ist es eine gute Übung in Molekulargenetik, zweitens geht es mit ein bisschen Übung nicht viel langsamer als das Eintippen aller Stellgrößen in den Computer, und schließlich hat man das beruhigende Gefühl zu wissen, was man tut, und nicht einem fast immer unbekannten Algorithmus eines Programmierers ausgeliefert zu sein. Überprüfen Sie aber in jedem Fall die Vorschläge, die Ihnen das Computerprogramm gemacht hat, bevor Sie eine Bestellung aufgeben – also Geld ausgeben!

- Ein Primer soll so spezifisch wie möglich und nur an die zu amplifizierende Zielsequenz binden, um Fehlstarts bei der Synthese zu vermeiden, die durch die versehentliche Bindung an andere als die gewünschte Stelle zustande kommen.
- Die komplementären Sequenzen für die Anbindung der Primermoleküle an die Ziel-DNA dürfen nicht zu weit voneinander entfernt und nicht zu eng beeinander sein.
- Primermoleküle sollten als Faustregel eine ausgeglichene Basenzusammensetzung enthalten (ähnliche Anlagerungstemperatur) und von vergleichbarer Länge sein.
- Die zum Einsatz kommenden Primer dürfen nicht komplementär zueinander sein. Solche Primerpaare könnten sich zu basengepaarten, doppelsträngigen Dimeren zusammenlagern.

Die Temperaturen einer PCR werden von der chemischen Beschaffenheit der Primer und dem Temperaturoptimum der eingesetzten Polymerase/n bestimmt. Die Denaturierungstemperatur liegt immer im Bereich zwischen 90 und 100 °C, mit einem bevorzugten Wert von 94 oder 95 °C. Die Festlegung der Hybridisierungstemperatur des Hybridisierungs- oder Anlagerungsschrittes ist dagegen kritisch. Wird die Hybridisierungstemperatur zu hoch gewählt, binden die Primer nicht oder in nicht ausreichendem Maße an die Zielsequenzen. Wird sie zu niedrig eingestellt, kommt es zu nichtspezifischen Anlagerungen an falschen Orten mit der Konsequenz unerwünschter Nebenprodukte, die die Ausbeute vermindern oder im ungünstigten Fall die Aufarbeitung der Produkte vollständig unmöglich machen. Die Hybridisierungstemperatur errechnet sich aus der Basenzusammensetzung der Primer. Dabei ist das Verhältnis G/C zu A/T ebenso von Bedeutung wie die Gesamtlänge der Moleküle. Primer mit hohem G/C-Gehalt hybridisieren aufgrund der größeren Zahl von Wasserstoffbrückenbindungen bei höherer Temperatur als solche mit einem hohen A/T-Gehalt. Die mittlere Hybridisierungstemperatur errechnet sich nach dem prozentualen Anteil der Basenpaare A/T und G/C. Als Faustregel gilt: 2 Grad für jedes A oder T, 3 Grad für jedes G oder C. Diese Regel ist auf „normale“ Primer von 15–30 Nucleotiden Länge gut anwendbar, findet bei längeren Primern für spezielle Anwendungen aber ihre Grenze, weil sich bei der Addition dann überhohe Temperaturen ergeben.

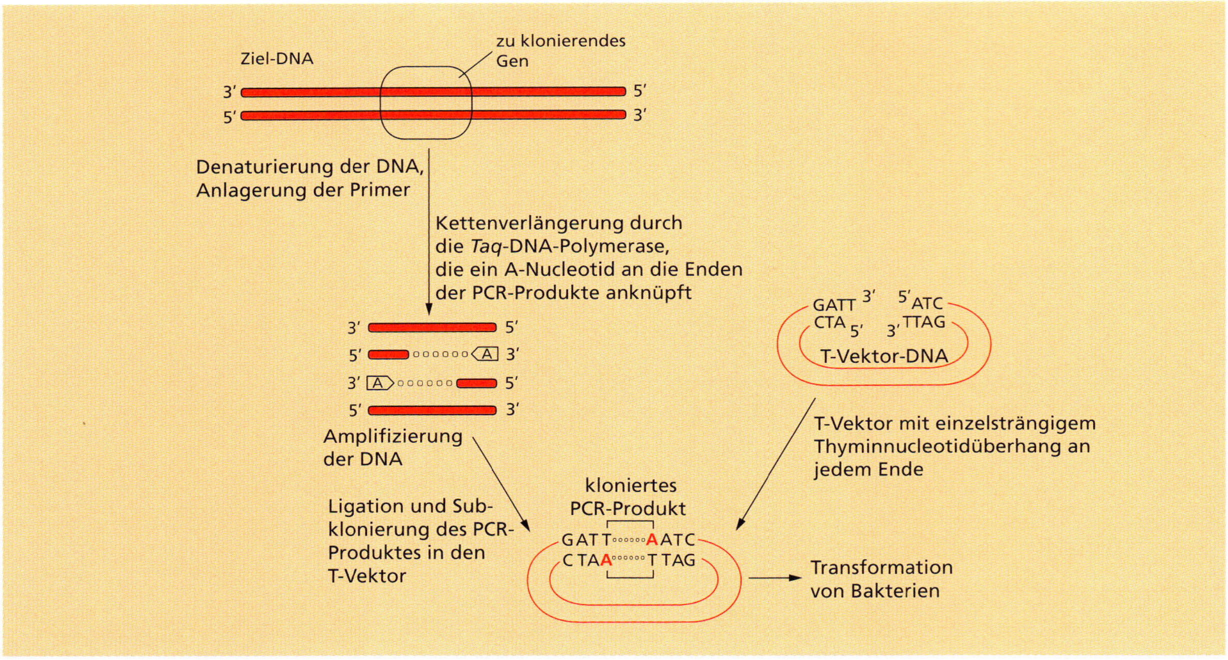

Abbildung 3.9: Genklonierung mittels PCR.

seite des DNA-Lernzentrums des *Cold Spring Harbor Laboratoriums* (die Internet-Adresse ist am Ende des Kapitels angegeben).

Die PCR gehört heute zum Laboralltag und hat zahllose Anwendungen in der biologischen Forschung und der medizinischen Praxis gefunden. Mit ihrer Hilfe lassen sich Gensonden herstellen, die Expression von Genen untersuchen, kleinste DNA-Mengen zum Nachweis von Krankheitserregern nachweisen, ausreichende DNA-Mengen für medizinische Diagnosen gewinnen, DNA-Spuren von Tatorten und sogar DNA ausgestorbener Lebewesen aus Fossilien vervielfältigen. Viele dieser Einsatzgebiete werden in späteren Kapitel zur Sprache kommen. Die Polymerasekettenreaktion ist außerdem eine ausgezeichnete Methode zur Klonierung genetischen Materials, denn sie ist ja ihrem Wesen nach eine Klonierungstechnik (klonieren = Erzeugung identischer Kopien). Außerdem lassen sich mit Hilfe der PCR gezielt oder zufällig Mutationen setzen.

Das Klonieren von PCR-Produkten

Die Polymerasekettenreaktion wird oft anstelle einer Genbankdurchmusterung eingesetzt, um ein bestimmtes Gen zu klonieren, da das Verfahren schnell und effektiv ist (► Abbildung 3.9). Ein Nachteil bei der Klonierung per PCR besteht darin, dass man zumindest ein gewisses Maß an Vorwissen über die DNA-Sequenzen, die man klonieren will, braucht, um passende Primer zu entwerfen. Eine Klonierung per PCR ist dann am einfachsten, wenn ein verwandtes Gen aus einer anderen Art bereits bekannt ist, oder ein Gen nah verwandte (homologe) Gegenstücke in einem Genom besitzt (Genfamilien). Man kann dann die Primer, die man für die eine Amplifizierung benutzt hat, für die nächste Klonierung einzusetzen versuchen. Diese Vorgehensweise bringt jedoch ihre eigenen Probleme mit sich und leidet oft an mangelhafter Effizienz.

Es gibt noch andere Varianten der Klonierung von Genen (oder anderen Genomteilen) durch die Polymerasekettenreaktion. Einer der am frühesten praktizierten Ansätze war der gezielte Einbau von Restriktionsschnittstellen in Primermoleküle. Bei der Vervielfältigung der Zielsequenz entstehen dann PCR-Produkte, die an ihren Enden Schnittstellen für Restriktionsendonucleasen aufweisen, also mit solchen Enzymen gezielt bearbeitet werden können. Die so vorbereiteten PCR-Produkte können dann leicht in Vektoren eingebaut werden, zum Beispiel, um ein so erhaltenes Gen heterolog zu exprimieren. Zur Sequenzierung können PCR-Produkte unmittelbar eingesetzt werden. Dabei werden die gleichen Primer wie zur Amplifizierung eingesetzt. Eine andere Variante der PCR bedient sich einer Besonderheit thermostabiler Polymerasen. Bei der kopierenden Synthese bringt die *Taq*-Polymerase am 3′-Ende der Produktmoleküle ein zusätzliches einzelnes Adeninnucleotid an (Abbildung 3.9). Nach der Amplifizierung können solche Produkte in so genannte T-Vektoren eingebaut werden. Diese enthalten in der geöffneten Insertionsstelle einzelsträngige Überhänge einzelner Thymin-Nucleotide. Nach der Ligation des T-Vektors mit dem Inserat können wie gehabt Zellen mit den rekombinanten Plasmiden transformiert werden.

Ein Klonierungsprojekt von epischer Dimension: Das Humangenomprojekt

Es ist eine sehr aufregende Zeit, um Biotechnologie zu studieren. Wir haben Glück, Zeugen eines Projekts ohnegleichen zu sein, bei dem viele der in diesem Kapitel beschriebenen Techniken zum Einsatz gekommen sind: das **Humangenomprojekt**. Das Humangenomprojekt, also die Absicht, das Erbgut des Menschen vollständig in allen Einzelheiten zu erfassen, wurde Ende April 1988 während einer Konferenz über die Kartierung und Sequenzierung von Genomen im Konferenzzentrum Cold Spring Harbor in den USA geboren. Dort wurde seinerzeit die Gründung der Humangenomorganisation (HUGO) beschlossen. Zu Beginn waren einzelne Länder im Alleingang mit dem Unternehmen befasst, doch wurde bald klar, dass selbst hochindustrialisierte Länder auf sich gestellt damit überfordert sein würden. Die Erfordernis für eine übergeordnete, übernationale Kontrollbehörde für dieses Riesenunternehmen wurde erkannt. Die Idee einer Humangenomorganisation zur Koordination des Projekts geht auf den Molekularbiologen Sidney Brenner zurück, der auch die Abkürzung HUGO vorgeschlagen hat. Der HUGO gehörten kurz nach ihrer Gründung, im Jahr 1989, insgesamt 220 gewählte Mitglieder aus 23 Ländern an: Australien 2; Österreich 1; Belgien 2; Kanada 11; Dänemark 2; DDR 1; Finnland 1; Frankreich 15; Griechenland 1; Israel 2; Island 1; Italien 2; Japan 11; Norwegen 2; Südafrika 1; Spanien 1; Schweden 3; Schweiz 4; Niederlande 7; Großbritannien 33; U.S.A. 103; UdSSR 5; BRD 9.

Entworfen wurde ein Fünfzehnjahresplan zur Kartierung und Identifizierung aller (damals geschätzten) achtzig- bis hunderttausend Gene des menschlichen Genoms und seiner 3 Milliarden Basenpaare (haploider Satz aller 24 unterschiedlichen Chromosomen: Autosomen 1 – 22 + X + Y). Um die Arbeit an den verschiedenen Teilen des Projekts wirkungsvoll koordinieren zu können, richtete die HUGO drei Büros ein: Eines für Europa mit Sitz in London, eines für Nordamerika mit Sitz in Bethesda (Maryland, USA), das dritte für den pazifischen Raum in Osaka (Japan). Im Herbst 1990 wurde dann von der Humangenomorganisation das Humangenomprojekt ins Leben gerufen. Deutschland trat erst im Jahr 1995 dem Projekt bei. Die deutschen Beiträge wurden durch das Bundesministerium für Bildung und Forschung (BMBF) sowie die Deutsche Forschungsgemeinschaft (DFG) finanziell gefördert. 1998 trat in den USA die eigens zu diesem Zweck gegründete Firma *Celera* auf den Plan, um im Alleingang dem internationalen staatlichen Konsortium Konkurrenz zu machen. Die „Drohung" lag darin, das multinationale Genomprojekt zu überholen und sich die interessanten Entdeckungen zur kommerziellen Ausschlachtung patentieren zu lassen – ein Vorhaben, das unter Wissenschaftlern wie Regierungen und Forschungsförderungsorganisationen höchst umstritten war und ist. Im Jahr 2001 wurde vom Bundesministerium für Bildung und Forschung das „Nationale Genomforschungsnetz" (NGFN) ins Leben gerufen. Ziel des NGFNs ist es, auf der Grundlage des 2003 für vollendet erklärten Humangenomprojekts die Funktion der Gene des Menschen aufzuklären. Die Internetseite des NGFNs ist am Ende des Kapitels angegeben. Mehr als ein Dutzend Länder betreiben heute eigene Genomforschungsprogramme. Auf vielerlei Weise hat das Humangenomprojekt ein neues Teilgebiet der Biologie mitbegründet. Dieses Teilgebiet der Genetik wird als **Genomik** bezeichnet und umfasst, wie der Name andeutet, die großräumige Analyse von Genen in ihrem „natürlichen Umfeld" des Genoms und ganzer Genome durch Sequenzierung und Vergleich. Die Genomik vermittelt Einsichten in den Aufbau und die Funktionsweise im Gesamtzusammenhang mit allen anderen Erbfaktoren des Lebewesens. Dabei spielen Aspekte wie die Kontrolle der Genexpression, der evolutiven Veränderung einzelner Gene und ganzer Genome durch mutative Veränderungen eine Rolle.

Neben dem Humangenomprojekt hat es noch eine Reihe schon abgeschlossener Genomprojekte gegeben. So sind mittlerweile die vollständigen Genomsequenzen anderer Lebewesen wie des Bakteriums *Escherichia coli*, der Ackerschmalwand (*Arabidopsis thaliana*), der Bäckerhefe (*Saccharomyces cerevisiae*), der Fruchtfliege (*Drosophila melanogaster*), des Fadenwurms *Caenorhabditis elegans* und der Hausmaus (*Mus musculus*) bekannt. Genomprojekte weiterer Organismen sind in Bearbeitung befindlich, zum Beispiel von mikrobiellen Krankheitserregern. Die vervollständigten Genomsequenzen dieser Lebensformen sind für sich genommen natürlich interessant, genauso aber beim Vergleich mit den Genomen anderer Lebewesen. Die Einsichten der Individualanalyse und die vergleichende Analyse liefern Einsichten in die Biologie dieser Arten, einschließlich ihrer stammesgeschichtlichen Herkunft und Verwandtschaftsbeziehungen. Da der Mensch beispielsweise viele Gene mit anderen Tierarten wie der Fruchtfliege, dem einfach gebauten Fadenwurm oder der näher verwandten Maus gemeinsam hat, werden diese vergleichenden Untersuchungen auch zu einem besseren Verständnis der Evolution des Menschen führen.

Durch den Einsatz moderner (und teurer) Hochgeschwindigkeitssequenziermaschinen sind diese Genomprojekte in raschem Fortschritt begriffen. Die Genome von *A. thaliana*, *D. melanogaster*, *S. cerevisiae* und *C. elegans* sind vollständig bekannt. Im Juni 2000, und damit fast drei Jahre früher als erwartet, wurde bekanntgegeben, dass *partielle Sequenzen* für alle Gene des Menschen erhalten worden seien. Kurz danach, im Februar 2001, wurde bekanntgegeben, dass 95 % des menschlichen Genoms mit einer Sicherheit von fast 100 % sequenziert seien. Zur Überraschung mancher wurde dabei die Zahl der Gene (genauer der offenen Leserahmen) im Genom des Menschen von der hochgegriffenen Erwartung von beinahe 100.000 auf 30- bis 40.000 revidiert. Die Zahl der Gene, die Homologe in anderen Arten besitzen, ist, wie die Analysen ergaben, ebenfalls sehr hoch. 30 % der Gene der einzelligen Bäckerhefe besitzen Gegenstücke im Genom des Menschen, und fast 100 % der Gene einer Maus finden ihre Entsprechung auf den Chromosomen des *Homo sapiens*.

Wie werden wir, die Allgemeinheit, vom Humangenomprojekt profitieren? Wird der „kleine Mann“ überhaupt davon profitieren? Die vollständige Basensequenz des menschlichen Genoms ist als die „Blaupause“ der Menschheit bezeichnet worden, die den wissenschaftlichen Schlüssel zum Verständnis der Biologie einschließlich des Verhaltens des Menschen enthalten solle. Die Identifizierung aller Gene des Menschen ist ein erster Schritt und nicht von so entscheidender Bedeutung wie herauszufinden, was die einzelnen Gene tun und wie ihre Genprodukte funktionieren.

Die Funktion aller Gene des Menschen zu verstehen wird lange dauern, falls es jemals vollständig gelingen sollte. Eine unmittelbare Folge des Humangenomprojekts wird es sein, Allele ausfindig zu machen, die an der Entstehung von Krankheitsprozessen beteiligt sind. Ein verbessertes Verständnis der genetischen Grundlagen vieler Krankheiten wird vielleicht zur Entwicklung neuer Strategien für die Diagnose und zu neuen, innovativen Therapien führen. Viele dieser Strategien werden in Kapitel 11 erörtert. Gegenwärtig gilt die Sequenzierung des Humangenoms als größtenteils abgeschlossen. Bezüglich aktueller Informationen über das Humangenomprojekt können Sie eine der am Ende des Kapitels genannten Internetseiten oder eine der regelmäßig erscheinenden Fachzeitschriften für Genetik konsultieren.

Da Sie nunmehr etwas über einige der gängigsten Verfahren zur Klonierung von Genen lernen haben, werden Sie im nächsten Abschnitt etwas über das weite Spektrum methodischer Ansätze lernen, die von Wissenschaftlern eingesetzt werden, um erfolgreich klonierte Gene weitergehend zu untersuchen.

3.4 Was man mit einem klonierten Gen anfangen kann: Anwendungen der Technik der rekombinanten DNA

Warum kloniert man DNA-Moleküle? Was lässt sich mit einem klonierten Gen anfangen? Es gibt zahlreiche Anwendungsmöglichkeiten für das Klonieren von Genen und die Technik der rekombinanten DNA. ► Abbildung 3.10 fasst Genklonierungsanwendungen, von denen viele in nachfolgenden Kapiteln erörtert werden, zusammen. In diesem Abschnitt stellen wir einige wichtige einführende Einsatzmöglichkeiten der Genklonierung vor.

Gelelektrophorese und die Kartierung der Struktur von Genen mit Restriktionsenzymen

Im Regelfall wird bald nach der Klonierung eines Gens (wenn also genug genetisches Material zur Verfügung steht) eine Genkarte angelegt, um in Erfahrung zu bringen, welche Restriktionsendonucleasen den klonierten Ausschnitt aus dem Erbgut wo zu schneiden vermögen. Eine solche Restriktionskarte eines Erbgutabschnittes (ein Gen, mehrere Gene oder etwas anderes) ist sehr nützlich, um definierte Teilbereiche des klonierten Abschnittes in die Hand zu bekommen (die Vervielfältigung solcher Teilstücke bezeichnet man als Subklonierung), sowie für alle möglichen nachfolgenden gentechnischen Kunstgriffe an dem klonierten Erbgut (Expression, Sequenzierung, Sondenkonstruktion u. a. m.).

SIE ENTSCHEIDEN!

Patentieren oder nicht patentieren?

Das Humangenomprojekt ist zum Teil deshalb bereits abgeschlossen, weil es zu einem Wettlauf zwischen öffentlich geförderten Genomzentren und privat finanzierten Firmen – namentlich einer Firma – gekommen ist. Der Hauptbeteiligte auf dem privaten Sektor war die US-amerikanische Firma *Celera Genomics*, die von dem Genetiker Craig Venter, der davor bei der nationalen Gesundheitsbehörde der USA angestellt gewesen war, gegründet worden ist. Als er noch an dem öffentlichen Institut für genomische Forschung (TIGR) angestellt war, haben Venter und seine Kollegen das Genom des pathogenen Bakteriums *Haemophilus influenzae*, einem Erreger einer infektiösen Lungenentzündung, vollständig sequenziert. Diese Forschergruppe reichte Patentanträge für die Nucleotidsequenzen von *H. influenzae* sowie für die zur Analyse eingesetzte Bioinformatiktechnik ein.

Zuvor hatten Venter und seine Kollegen eine Serie von Experimenten beschrieben, durch die in zufälliger Weise kurze cDNA-Stücke aus dem Erbgut menschlicher Hirnzellen klonierbar waren. Diese kurzen Sequenzen, die sie als exprimierte Sequenz-Etiketten (ESTs, *expressed sequence tags*) bezeichneten, konnten theoretisch als Sonden zur Identifizierung der vollständigen cDNAs verwendet werden. Einige von Venters ESTs erwiesen sich als praktisch völlig identisch mit schon klonierten Genen oder Teilen davon, wohingegen andere neuartige Gene oder so genannte Müll-DNA waren. Mit der Hoffnung auf exklusive Verwertungsrechte auf die vollständigen Gene, die mit Venters ESTs gefunden werden konnten, reichte das Institut Patentanträge ein. Dieser Antrag führte zu einer lang andauernden und weite Kreise ziehenden Kontroverse. Als Folge der Auseinandersetzung hat das zuständige Patentamt in den USA diesen Patentantrag zurückgestellt.

Sollte es Wissenschaftlern und/oder Firmen erlaubt sein, DNA-Sequenzen aus natürlicherweise vorkommenden Lebensformen zu patentieren? Was, wenn ein Patent auf einen kleinen Schnipsel eines Gens erteilt wird, nur weil eine Person oder ein Unternehmen ein Patent auf die Erstklonierung dieses Erbgutausschnittes haben will, selbst wenn niemand eine Ahnung hat, welche Funktion dieser Erbgutabschnitt hat? Was, wenn es keine klar definierte Anwendung für die zum Patent angemeldete DNA-Sequenz gibt? Sollten Forscher, die einen Genmikrochip benutzen oder eine Genbibliothek erstellen, die Berechtigung haben, das gesamte Genom jeder Lebensform, die sie untersuchen, patentrechtlich für sich schützen zu lassen?

Mit der Erteilung eines Patentes bekommen die Patentinhaber praktisch ein Monopol auf die patentierte Information, und zwar für zwei Jahrzehnte, vom Tag, an dem der Patentantrag eingereicht worden ist, ab. Ist eine schon vorhandene und nicht durch den Anmelder generierte „Information" überhaupt patentwürdig? Viele Menschen sind der Meinung, dass das Hamstern genetischer Informationen gegen die lange Tradition des freien Austausches wissenschaftlicher Erkenntnis ist. Würde die Erteilung von Patenten den Fortschritt der Wissenschaft und Technik verlangsamen, wenn Patentinhaber Informationen horten und sie nicht zugänglich machen? Sollte jemand, der einen Anspruch auf ein (natürliches!) Gen erhebt, das Recht zugesprochen bekommen, andere daran zu hindern, mit demselben Gen zu arbeiten und/oder ein Produkt auf dieser Grundlage zu entwickeln?

Seit dem Jahr 1980 hat das Patentamt der USA Patente auf mehr als 20.000 Gene oder andere genetische Sequenzen erteilt! Einige Wissenschaftler sind der Meinung, dass eine einfache DNA-Klonierung, die keinerlei Innovation darstellt, keine ausreichende Grundlage für eine Patenterteilung ist. Insbesondere in Anbetracht der Tatsache, dass heute ein Großteil der Arbeit bei Großraumsequenzierungen wie Genomprojekten von Automaten durchgeführt wird, erhebt sich die Frage, wem ein Patent erteilt werden sollte. Was ist mit den Personen, die später heraustüfteln, was dieses Gen im Organismus macht? Sollte ein gentechnisch verändertes Lebewesen patentierbar sein? Gentechnisch modifizierte Bakterien, zum Beispiel solche, die eingesetzt werden, um Umweltverschmutzungen zu beseitigen, und transgene Tiere sind bereits patentiert worden, ebenso wie kommerziell interessante Gene wie das β-Interferongen. Kann jemand einen vorgreifenden Rechtsanspruch auf zukünftige Einsatzgebiete eines Gens erheben, selbst wenn es zum Zeitpunkt der Anspruchbekanntmachung keinerlei Daten gibt, um einen solchen hypothetischen Anspruch zu untermauern? Was geschieht, wenn eine bestimmte genetische Sequenz an einem Krankheitsprozess beteiligt ist, für die ein gentherapeutischer Behandlungsansatz entwickelt werden soll? Welches ist die beste Art und Weise, um diese Information(en) zum Wohl von Patienten und im Sinne des medizinischen Fortschritts einzusetzen?

Viele Wissenschaftler sind der Meinung, dass es sinnvoll ist, neuartige Techniken, die zum Auffinden und zur Untersuchung genetischer Informationen eingesetzt werden, sowie die Anwendungen genetischer Techniken wie gentherapeutische Verfahren zu patentieren statt die genetische Information selbst. Allerdings sind die Festlegungen, was eine neuartige und daher patentwürdige technische Entwicklung darstellt, nicht klar umrissen, geschweige denn verbindlich festgelegt (siehe Kapitel 12).

Von einer kommerziellen Warte aus betrachtet besteht ein Vorteil der Patentierung darin, privaten Unternehmen einen Anreiz zu liefern, eine Medizin oder eine Technik bis zur Marktreife zu entwickeln. Gleichzeitig kann dies den Fortschritt auf dem Weg zur Heilung einer Krankheit verlangsamen, indem es die Behandlung teurer macht, weil keine Konkurrenz stattfindet. Patentieren oder nicht patentieren? Sie entscheiden!

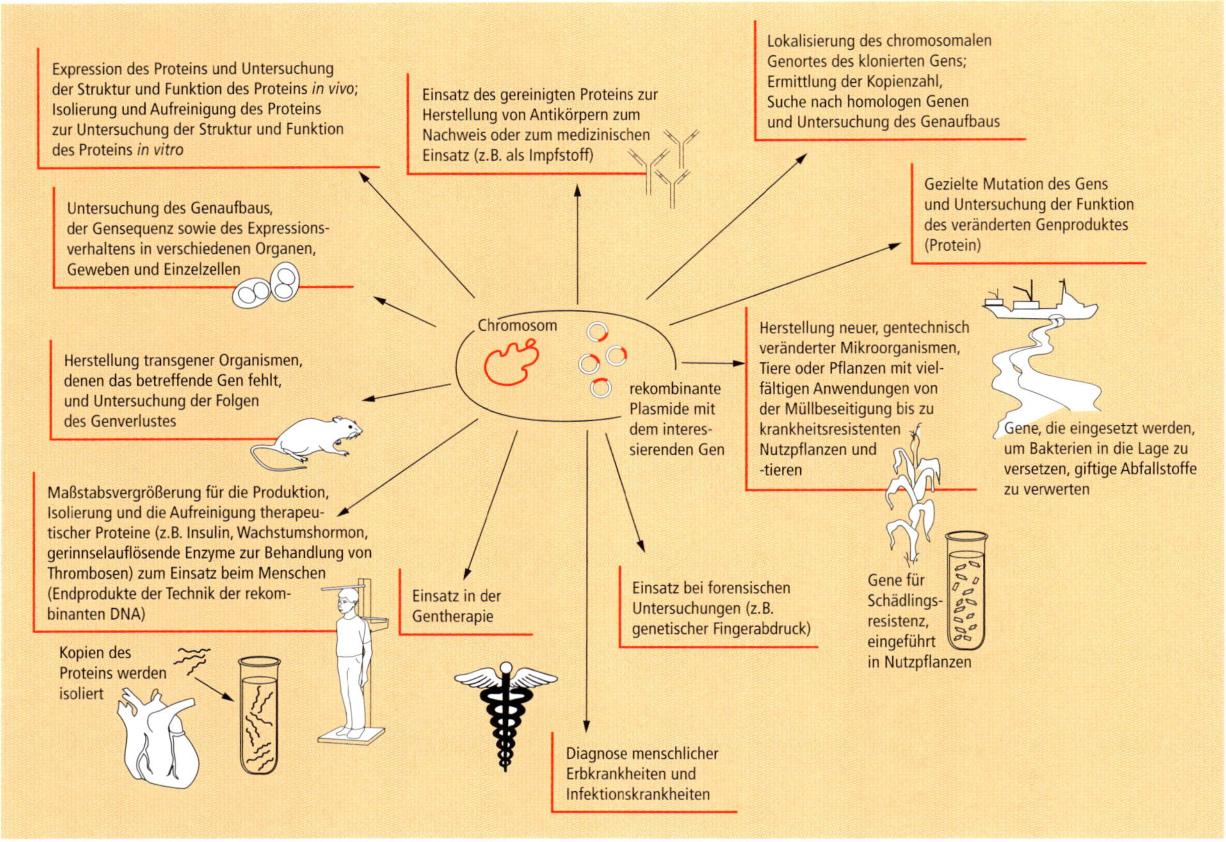

Abbildung 3.10: Anwendungen der Technik der rekombinanten DNA.

Um eine Restriktionskarte zu erstellen, wird der klonierte DNA-Abschnitt mehreren Einzelverdauen mit verschiedenen Restriktionsenzymen unterworfen, sowie Doppelverdauen mit Enzymkombinationen. Forscher setzen die **Agarosegelelektrophorese** (► Abbildung 3.11 a) ein, um DNA-Fragmente zu trennen und dann durch Anfärbung sichtbar zu machen. Die Gelelektrophorese (in Agarose oder anderen Medien) ist eine der am häufigsten im molekularbiologischen Laboratorium angewandten Methoden. Aus dem durch den partiellen Verdau erhaltenen Fragmentmuster lässt sich dann eine Restriktionskarte erstellen. Diese arbeitsintensive Methode wird aber im heutigen Zeitalter der Genomik zunehmend verdrängt, da die Direktsequenzierung klonierter Erbgutabschnitte die gewünschte Information neben anderen Einsichten „nebenbei" mitliefert. Restriktionskarten sequenzierter DNA beliebiger Länge lassen sich mit Hilfe von Computerprogrammen in Sekunden erstellen!

Agarose ist ein Polysaccharid aus den Zellwänden einer Meeresalge. Sie wird in reiner Form gewonnen und im Labor in Pufferlösung erhitzt, bis sich eine klare Flüssigkeit bildet. Noch warm, wird sie in Gefäße, zum Beispiel Elektrophoresekammern, gegossen. Beim Abkühlen bildet sich eine halbfeste, wasserreiche Gelphase. In vorher eingearbeitete Vertiefungen gibt man das zu trennende Probenmaterial. Der Prozentsatz Agarose in dem Gel bestimmt das Auflösungsvermögen des Gels, also den Größenbereich der Fragmente, die deutlich voneinander getrennt werden. Gängige Agarosekonzentrationen liegen im Bereich von 0,5 – 2 %. Ein Agarosegel besteht also zu 98 – 99 % aus Wasser! Gele mit hohem Agarosegehalt eignen sich besser zur Auftrennung kleinerer Fragmente, weil die Gelphase dann dichter ist und also den wandernden Molekülen einen größeren Widerstand entgegensetzt. Umgekehrt gilt natürlich, dass sich größere Fragmente (Makromoleküle) besser in Gelen niedriger Agarosekonzentration trennen lassen.

Um eine Elektrophorese durchzuführen, wird das Gel in ein Pufferreservoir gelegt. Das Puffermedium enthält Ionen, so dass ein elektrischer Strom hindurchfließen kann. Der Puffer in der Elektrophoresekammer ist der gleiche wie der zur Herstellung des Gels benutzte. Das Probenmaterial (DNA in unserem Beispiel) wird in die kleinen vorher erzeugten Vertiefungen gegeben. An gegenüberliegenden Enden der Elektrophoresekammer

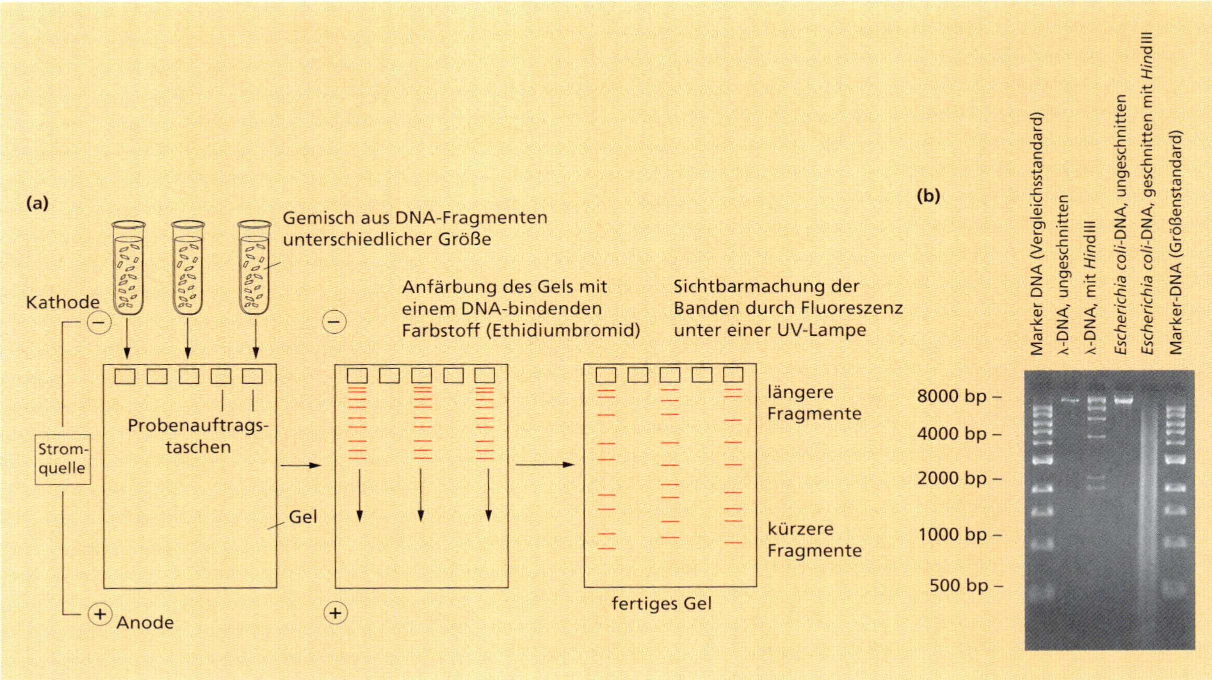

Abbildung 3.11: Agarosegelelektrophorese. (a) Nucleinsäurefragmente (DNA/RNA) können durch das Verfahren der Agarosegelelektrophorese voneinander getrennt und sichtbar gemacht werden. (b) Foto eines mit Ethidiumbromid angefärbten Agarosegels nach der Auftrennung. Die mit „Marker-DNA" bezeichneten Bahnen sind mit einem Größenvergleichsstandard beladen. Dabei handelt es sich um käufliche oder selbst hergestellte DNA-Moleküle bekannter Größe (in Basenpaaren). Mit diesen Größenvergleichsstandard lässt sich die Größe der zu untersuchenden, experimentell erzeugten Fragmente abschätzen. Die mit „λ-DNA, ungeschnitten" bezeichnete Bahn enthält eine Probe des unbehandelten Genoms des Bakteriophagen λ, das aufgrund seiner gewaltigen Molmasse fast gar nicht in die Gelphase einzuwandern vermag. Die Bahn „λ-DNA + *Hind*III" zeigt eine Abfolge diskreter Fragmente, die entstanden sind, als die genomische DNA des Phagen λ- mit der Restriktionsendonuclease *Hind*III geschnitten worden ist. Die mit „*E. coli*-DNA, ungeschnitten" bezeichnete Bahn enthält eine Probe des unbehandelten Genoms des Bakteriums *Escherichia coli*; die danebenliegende Bahn zeigt die chromosomale DNA von *Escherichia coli* nach der Restriktion mit *Hind*III („*E. coli* + *Hind*III"). Es fällt auf, dass beim Verdau des Bakterienchromosoms mit diesem Enzym ein undeutlicher, das Gel durchziehender Streifen und keine klar abgegrenzten Banden entstehen, wie dies im Fall der Phagen-DNA der Fall war. Dieses Verwischen ist eine Folge der Größe des *Escherichia coli*-Genoms, genauer der darin enthaltenen großen Zahl von *Hind*III-Schnittstellen, die eine sehr große Zahl von Fragmenten erzeugen, die sich jeweils nur wenig in der Größe voneinander unterscheiden und derart eng beeinander liegen, dass sie nicht in Einzelbanden auflösbar sind.

befinden sich Elektroden, durch die für die Dauer der Trennung ein Gleichstrom fließt. Die Trennung erfolgt auf der Grundlage der elektrischen Ladung der Nucleinsäuremoleküle sowie ihrer Molmasse (proportional zur Zahl der Nucleotide). Das Zucker/Phosphat-Gerüst der Nucleinsäuren trägt unter den Versuchsbedingungen negative Ladungen an den Phosphorsäuregruppen. Wird ein elektrisches Feld angelegt, wandern also die Nucleinsäureanionen zur Anode (Pluspol), weg von der Kathode (Minuspol). Da alle DNA- oder RNA-Moleküle ungeachtet ihrer Länge oder der Quelle, aus der sie stammen, in dem Puffer negativ geladen sind und die mittlere Ladungsdichte bei allen gleich ist, ist die Wanderungsgeschwindigkeit im konstanten elektrischen Feld der Elektrophoresekammer proportional zur Größe der Moleküle. Da die Wanderungsstrecke umgekehrt proportional zur Größe der Moleküle ist, wandern kleinere in der Gelphase eine weitere Strecke als größere.

In die Proben werden Farbstoffe gemischt, die als Indikatoren der Wanderung im Verlauf der Prozedur dienen. Nachdem eine bestimmte gewünschte Strecke zurückgelegt ist, wird der Strom abgeschaltet und das Gel in einem Folgeschritt mit einem geeigneten Farbstoff (üblich ist Ethidiumbromid) angefärbt. Die Ethidiumionen des Ethidiumbromids lagern sich zwischen den Basen in die Nucleinsäuremoleküle ein (Interkalationsfarbstoff). Bei Bestrahlung mit ultraviolettem Licht leuchten die Farbstoffmoleküle auf. Die Farbstoff/Nucleinsäurekomplexe erscheinen bei korrekter Durchführung als mehr oder minder scharf umgrenzte Striche („Banden"). Zur Dokumentation des Ergebnisses wird das Gel unter der UV-Lampe fotografiert oder videografisch als Computerdatei erfasst (► Abbildung 3.11 b).

Zurück zur Restriktionskarte. Nachdem die DNA-Proben restringiert (mit Restriktionsenzymen verdaut), elektrophoretisch aufgetrennt und fotografisch dokumen-

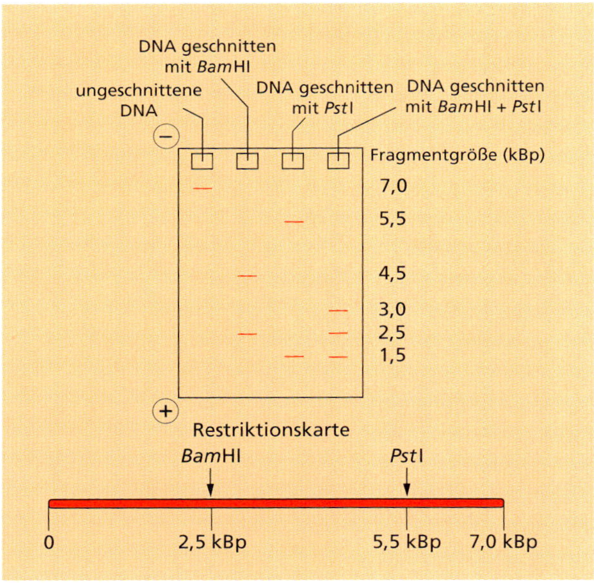

Abbildung 3.12: Eine Restriktionskarte. Die Positionen der Schnittstellen der Enzyme *Bam*HI und *Pst*I werden für ein DNA-Fragment von 7 kBp Größe ermittelt. Der Verdau mit *Bam*HI spaltet die DNA in zwei Fragmente von 2,5 und 4,5 Kilobasenpaaren Größe. Daraus kann geschlossen werden, dass das Fragment eine einzelne *Bam*HI-Schnittstelle enthält, die ca. 2500 Nucleotide von einem Ende entfernt liegt. Der Verdau mit PstI spaltet die gleiche DNA in zwei Stücke von 1,5 und 5,5 kBp Größe. Daraus kann geschlossen werden, dass das Fragment eine einzelne *Pst*I-Schnittstelle enthält, die ca. 1500 Nucleotide von einem Ende entfernt liegt. Ein Doppelverdau mit beiden Enzymen spaltet die gleiche DNA in drei Fragmente von 3, 2,5 und 1,5 kBp Größe. Da das Dreikilobasenpaarfragment nicht durch den Verdau mit einem der beiden Enzyme allein entstanden ist, muss es einem DNA-Abschnitt entsprechen, der zwischen der *Bam*HI- und der *Pst*I-Schnittstelle liegt. Durch Ordnen dieses „Puzzles" aus Restriktionsfragmenten gelangt man zu einer Restriktionskarte, wie sie unter dem schematischen „Gel" zu sehen ist. Diese Restriktionskarte steht im Einklang mit dem durch die Restriktionsendonucleasen erzeugten Fragmentmuster des obigen Modellexperiments.

tiert sind, gleicht die Konstruktion der Restriktionskarte dem Legen eines Puzzlespiels. Wie ► Abbildung 3.12 zeigt, kann man durch den Vergleich der 1-Enzymrestriktionen mit den einzelnen Doppelrestriktionen die Fragmente in der richtigen Reihenfolge anordnen und so zu einer Restriktionskarte des Fragmentes gelangen. Wie erwähnt ist dies aber heute eine weitgehend didaktische Übung. Die Sequenzierungstechnik ist weit fortgeschritten und stark automatisiert und gehört zum Alltag in molekulargenetisch arbeitenden Laboratorien. Für die vollständig sequenzierten Genome einer ganzen Anzahl von Lebensformen existieren natürlich auch Restriktionskarten, die das ganze Genom umfassen. Auf den Internetseiten, auf denen solche genomische Information hinterlegt ist, gehören Programme, die detaillierte Restriktionskarten aller bekannten Restriktionsenzyme beinhalten, zur Routineausstattung, mit der beliebige Ausschnitte gewählt, bearbeitet und ausgedruckt werden können. Für gentechnische Arbeiten nutzbare singuläre Schnittstellen werden dabei automatisch unterstrichen. Listen aller Schnittstellen mit Positionsangaben gehören selbstverständlich zum Standard.

DNA-Sequenzierung

Nach der Klonierung eines Erbgutabschnittes ist es interessant, das Fragment zu sequenzieren, um die Nucleobasenabfolge in ihm herauszubekommen, also die genaue Reihenfolge der genetischen Buchstaben A, G, C und T. Die Kenntnis der genauen Sequenz eines Gens oder was immer man kloniert haben mag, ist in mehrfacher Weise hilfreich: (1) kann man versuchen herauszubekommen, ob es sich um einen Teil oder gar ein vollständiges Gen handelt, (2) kann man, falls es sich um einen codierenden Abschnitt handelt, die Aminosäuresequenz des Genproduktes ableiten, (3) erfährt man etwas über den genauen Aufbau des klonierten Erbgutabschnitts, (4) kann man unter Umständen Regulatorelemente wie Promotorelemente identifizieren (so diese enthalten sind), (5) kann man unter Umständen Unterschiede bei Genen erkennen, die einem Spleißvorgang unterliegen (bei cDNAs solcher Gene), (6) kann man unter Umständen Mutationen auffinden, (7) kann man unter Umständen Introns in einem offenen Leserahmen identifizieren etc. Heute stehen dem Genetiker verschiedene Varianten der grundlegenden Technik der *DNA-Sequenzierung* zur Verfügung, darunter die Zyklosequenzierung mittels PCR und vollautomatisierte Sequenzierung mit Laborrobotern. Allen Varianten liegt die von Frederick Sanger und seinen Mitarbeitern Mitte der 70er-Jahre entwickelte Kettenabbruchmethode zugrunde (Abbildung 3.13). Nach ihrem Entwickler wird sie allgemein als Sanger-Sequenzierung bezeichnet. Eine zur gleichen Zeit entwickelte alternative Methode zur Sequenzierung von Nucleinsäuren (Gilbert-Methode) konnte sich aufgrund der komplizierteren Durchführung nicht durchsetzen. Heute ist die Sanger'sche Methode praktisch die einzige, die zur Anwendung kommt. Sie liegt allen großen, heute laufenden Genomprojekten zugrunde. Fred Sanger hat als reiner Wissenschaftler nie ein Patent auf seine Erfindung angemeldet (es hätte ihn zum Multimillionär gemacht)! Bei der Sanger-Methode wird ein markiertes Startermolekül mit der zu sequenzierenden, einzelsträngigen DNA hybridisiert. In der Frühzeit verwendete man radioaktiv markierte Primer, doch ist diese „schmutzige" Variante heute obsolet. Allgemein üblich ist heute die Markierung mit Fluoreszenzfarbstoffen. Der Sequenzierung können sowohl zirkuläre Moleküle wie Plasmide als auch lineare wie PCR-Produkte oder Chromosomenfragmente unterworfen werden. Die hitzedenaturierte und mit dem Primer hybridisierte DNA wird in ein Reaktionsgefäß gegeben. Dann setzt man Desoxyribonucleosidtriphosphate und DNA-Polymerase zu. Viele der heute im molekularbiologischen Labor üblichen Plasmide enthalten Sequenzen, die komplementär zu so genannten Universalprimern sind – also Primern, die zu einer Reihe von verwandten Plasmiden passen und die unabhängig vom zu sequenzierenden Inserat verwendet werden können. Dies macht die Erzeugung spezifischer Primer für einzelne Sequenzierungen überflüssig. Die DNA-Polymerase beginnt ihre Synthesearbeit dann wie gehabt am 3′-Ende des Universalprimers und synthetisiert über die Insertionsstelle hinweg in das Inserat hinein. Ein abgewandeltes Nucleosidphosphat, ein Didesoxynucleosidtriphosphat (ddNTP) wird zum Reaktionsansatz gegeben, in der Regel im Verbund mit einem Gemisch der vier normalen Nucleosidtriphosphate als vorgefertigte Mischung, die nur noch aliquotiert wird.

Dieses ddNTP unterscheidet sich von den normalen dNTPs dadurch, dass es neben dem reduzierten 2′-Koh-

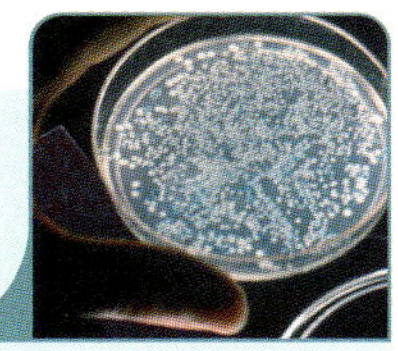

METHODEN

Restriktionsenzyme

Restriktionsendonucleasen sind die „Scheren" des Molekularbiologen, mit deren Hilfe er DNA-Moleküle zerlegen kann. Das Arbeiten mit Restriktionsenzymen ist heute Routine und viel leichter als vor über 30 Jahren, als Hamilton Smith und seine Kollegen diese Werkzeuge erstmals gezielt einsetzten. Heute muss niemand mehr seine Enzyme selbst aus Bakterien isolieren oder eigene Puffer für ihre Verwendung herstellen (obwohl dies im Vergleich zur Enzymgewinnung absolut vernachlässigbar ist). Heute stehen mehr als 300 Restriktionsenzyme zur Verfügung, die alle per Katalog von diversen Firmen beziehbar sind. Da viele dieser Enzyme als rekombinante Genprodukte mit Hilfe der Gentechnik in größeren Mengen hergestellt werden, sind sie auch erschwinglich. Solche käuflichen Enzyme werden in standardisierten Aktivitäten mit passenden Pufferlösungen für höchstmögliche Enzymaktivität ausgeliefert. Falls man Enzyme einsetzen möchte, mit denen man noch nicht vertraut ist, findet man alle notwendigen Angaben in den Katalogen der Vertreiberfirma. Außerdem existiert eine Restriktionsenzymdatenbank (REBASE; **http://www.rebase.neb.com/rebase**), die von einer Firma unterhalten wird, die solche Enzyme anbietet. Sie ist ein Ausgangspunkt, um Enzymlieferanten und spezifische Informationen über Restriktionsenzyme zu bekommen. Die meisten Laboratorien versorgen sich jedoch über einen oder wenige bevorzugte Lieferanten, deren Produkte sie kennen; oft gibt es auch Anreize in Form von Rabatten, wenn man regelmäßig oder größere Mengen vom selben Hersteller bezieht.

Darüber hinaus gibt es auch Programmpakete und Internetseiten, um jungen, noch unerfahrenen Wissenschaftlern beim ersten Arbeiten mit Restriktionsenzymen und DNA-Sequenzen behilflich zu sein. Sofern Sie Ihre Ausbildung – insbesondere im Rahmen einer Bachelor-, Diplom-, Master- oder Doktorarbeit – in einem größeren Labor erhalten, in dem mehrere erfahrene Wissenschaftler zugegen sind, werden Sie solches praktisches Wissen bei der experimentellen Arbeit quasi nebenbei mit „aufsaugen". Als Studierende sollten Sie keine Zeit auf den Internetseiten bestimmter Firmen oder mit dem Auswendiglernen von Enzympuffern und ähnlichen Informationen vergeuden. Solche Informationen hängen als vergilbte Kopie an jeder Laborwand!

Stellen Sie sich vor, Sie hätten gerade ein 7200 Basenpaare großes DNA-Stück sequenziert und wollen nun herausfinden, ob es irgendein Enzym gibt, das Ihnen ein ca. 250 Basenpaare großes Stück da herausschneidet, aus dem Sie eine Sonde machen können. Natürlich könnten Sie alle Enzyme, die Sie im Gefrierschrank Ihres Laboratoriums finden, auf die DNA loslassen und dann nachschauen, ob Sie ein Fragment in einer geeigneten Größe finden. Das kostet jedoch viel Zeit, Mühe und auch Geld. Sie können natürlich auch die Sequenz Ihres DNA-Fragmentes „per Hand" absuchen, doch werden Sie das rasch aufgeben … spätestens, wenn Ihnen die dreistellige Zahl von Restriktionsschnittstellen einfällt, die zur Auswahl stehen. In jedem molekulargenetisch arbeitenden Labor finden Sie auf dem Laborcomputer ein entsprechendes Analyseprogramm, mit dessen Hilfe Sie in Sekundenschnelle eine vollständige Restriktionskarte erzeugen und dann ausdrucken können. Entsprechende Programme gibt es auch im Internet, zum Beispiel das Programm „Webcutter" (**http://www.firstmarket.com/cutter/cut2**). In ein solches Programm gibt man seine Sequenz (die man nach einer automatisierten Sequenzierung ohnehin als Computerdatei vorliegen hat) ein und lässt mit dem passenden Knopfdruck das Programm abfahren.

Die weit gestreute Anwendung molekulargenetischer Methoden in vielen Bereichen der Biologie, der Medizin und anderer Fächer auch jenseits der Genetik im strengen Sinn hat zu einer Flut von Methodenhandbüchern, Fachzeitschriften und Internetseiten geführt. In „Biotechniques" (**http://www.biotechniques.com**), einem populären und kostenlosen, monatlichen Mitteilungsblatt, finden molekular arbeitende Biowissenschaftler Informationen über Molekülklonierungs- und andere Techniken der Molekularbiologie. Andere Internetseiten, die von manchen aufgesucht werden, um PCR-Primer zu entwerfen und andere Anwendungen, sind am Ende des Kapitels aufgeführt.

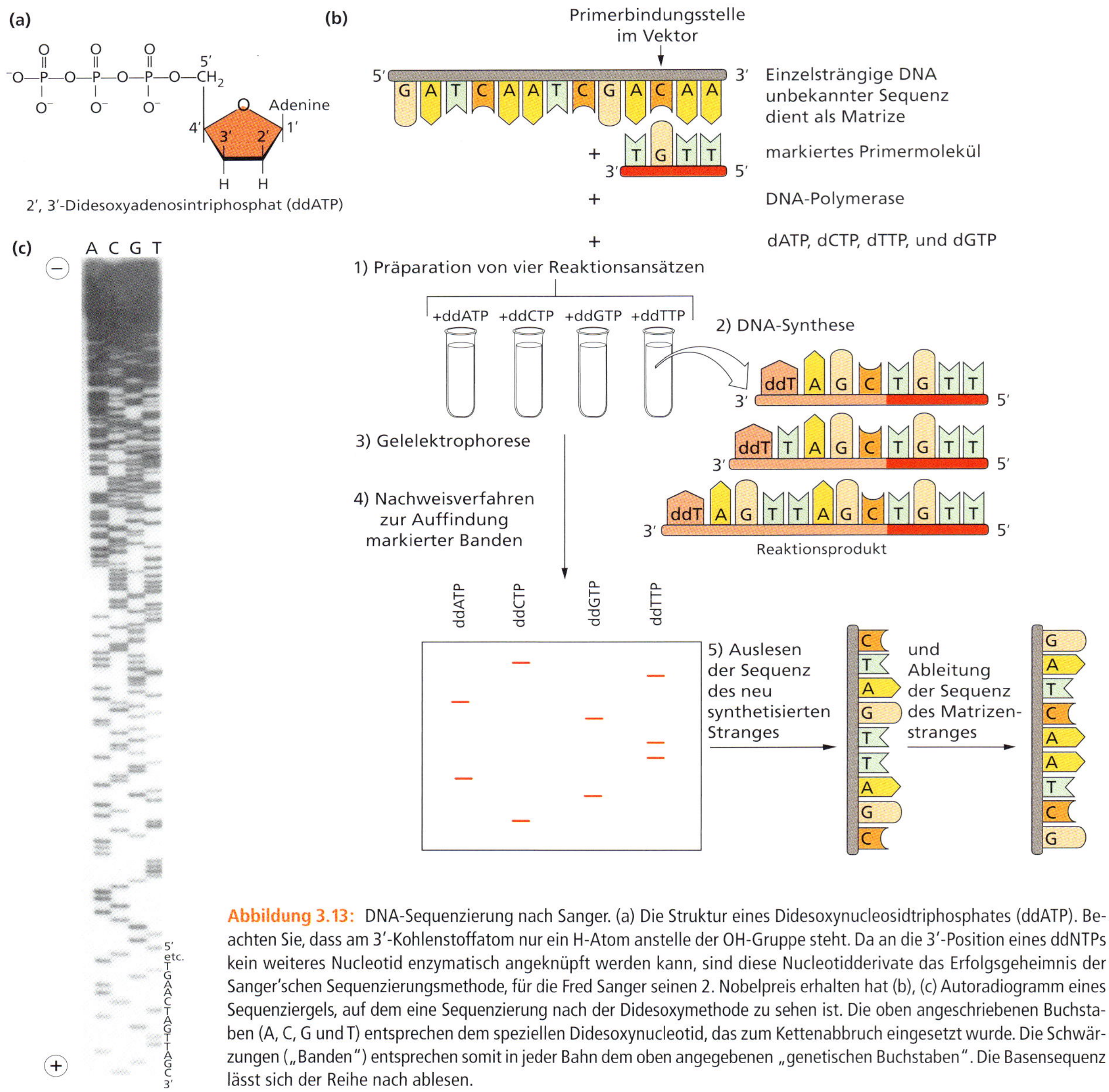

Abbildung 3.13: DNA-Sequenzierung nach Sanger. (a) Die Struktur eines Didesoxynucleosidtriphosphates (ddATP). Beachten Sie, dass am 3′-Kohlenstoffatom nur ein H-Atom anstelle der OH-Gruppe steht. Da an die 3′-Position eines ddNTPs kein weiteres Nucleotid enzymatisch angeknüpft werden kann, sind diese Nucleotidderivate das Erfolgsgeheimnis der Sanger'schen Sequenzierungsmethode, für die Fred Sanger seinen 2. Nobelpreis erhalten hat (b), (c) Autoradiogramm eines Sequenziergels, auf dem eine Sequenzierung nach der Didesoxymethode zu sehen ist. Die oben angeschriebenen Buchstaben (A, C, G und T) entsprechen dem speziellen Didesoxynucleotid, das zum Kettenabbruch eingesetzt wurde. Die Schwärzungen („Banden") entsprechen somit in jeder Bahn dem oben angegebenen „genetischen Buchstaben". Die Basensequenz lässt sich der Reihe nach ablesen.

lenstoffatom des Desoxyriboserestes auch am 3′-Kohlenstoffatom reduziert ist (–OH zu –H) (▶ Abbildung 3.13 a). Wenn ein ddNTP-Molekül in einen DNA-Strang eingebaut wird, kann dieser nicht mehr verlängert werden, weil die dazu notwendige Hydroxylfunktion (–OH) am 3′-C-Atom des Zuckerrestes fehlt. Die Ausbildung einer Phosphodiesterbindung ist nicht möglich, weil das Phosphoratom des nächsten Nucleosidtriphosphates keinen geeigneten Angriffspunkt mehr vorfindet. Die Kettenverlängerung bricht an dieser Stelle ab, daher *Kettenabbruchmethode*.

Man setzt für eine Sequenzierung vier parallele Reaktionsansätze an. Jedes Gefäß enthält ein Aliquot der zu sequenzierenden DNA, des Primers, der vier dNTPs, der Polymerase, des Enzympuffers sowie eine kleine Menge eines ddNTPs. Jeder der vier Ansätze enthält ein anderes ddNTP (ddATP, ddGTP, ddCTP oder ddTTP). Bei der Synthese des neuen DNA-Stranges durch die DNA-Polymerase baut das Enzym stochastisch ddNTP-Reste anstelle von dNTP-Resten in die naszierende Molekülkette ein. An diesen Stellen kommt die Synthese, wie wir wissen, zum Erliegen. Im Lauf der Zeit wird so in zufälliger Weise an allen Positionen, an denen eine entsprechenden Nucleobase (A, G, C oder T) benötigt wird, ein Didesoxyrest eingebaut und das Molekül kommt zum Stehen. Am Ende ist eine Sammlung von Fragmenten unterschiedlicher Länge entstanden. Die Länge wird vom Einbauort des Didesoxyribonucleotids bestimmt. In jedem Ansatz bricht die Synthese nach dem Einbau dieses letzten Didesoxynucleotids (ddATP, ddGTP, ddCTP oder ddTTP) ab. Wenn dieses DNA-Gemisch in einem dünnen Polyacrylamidgel aufgetrennt wird, werden die Moleküle der Größe nach geschieden. In einem bestimmten Bereich des Gels lassen sich Fragmente unterscheiden, die nur um ein Nucleotid in der Größe voneinander abweichen. Bei der obsoleten Radioaktivsequenzierung wurde das Gel einer umständlichen Behandlung unterzogen und getrocknet. Danach wurde mit einem Röntgenfilm ein autoradiografisches Abbild erstellt. Heute wird das von den markierten Primerabschnitten ausgehende Fluoreszenzsignal von einem Laser angeregt, von einer Fotozelle erfasst und vollautomatisch abgespeichert. Das nach der Entwicklung des Röntgenfilms erhaltene Autoradiogramm wurde von unten nach oben (entgegen der Laufrichtung der Elektrophorese) abgelesen. In gleicher Richtung „liest" die Laserabtastung die Fluoreszenzsignale. Wie in ► Abbildung 3.13c gezeigt, ist die so erhaltene Sequenz komplementär zu der Sequenz des „sequenzierten" Matrizenstranges.

Die Sanger-Methode vermag in der Autoradiografie 200–400 Basen auf einem Gel aufzulösen. Bei größeren Fragmenten müssen dann mehrere, überlappende Sequenzierungen durchgeführt werden, die dann an ihren Überlappungsbereichen zu einem Gesamtfragment zusammengesetzt werden. Die Sequenzierung per Hand mit Gelen, die fast einen Meter lang waren, ist heute Geschichte. Bei großen Sequenzierungsprojekten wie dem Humangenomprojekt werden automatisierte Sequenzierroboter eingesetzt, die pro Sequenzierungsrunde bis zu über 500 Basen auflösen können. Aber auch diese Automaten arbeiten nach der Sanger'schen Methode. Dabei kommen entweder mit Farbstoffen markierte Primer oder mit Farbstoffen markierte ddNTPs zum Einsatz (das hängt von den Vorgaben durch die verwendeten Maschinen ab). Da man – anders als bei der immer gleichen Strahlung radioaktiver Isotope – unterschiedliche Farbstoffe für die vier „genetischen Buchstaben" einsetzen kann, können alle vier Reaktionen in einem Reaktionsansatz durchgeführt werden. Die Trennung erfolgt natürlich auch nur auf einer Elektrophoresebahn. Dies geschieht in der Regel nicht mehr auf einer ausgedehnten, dünnen Schicht, sondern in einer Kapillare, die mit einem Laser abgetastet wird. Das Laserlicht regt die Farbstoffe zur Fluoreszenz an. Das abgestrahlte Fluoreszenzlicht wird detektiert und der Wellenlänge (Farbe) nach den Basen zugeordnet. Dies geschieht mit Hilfe eines Computers, der die „Umrechnung" automatisiert vornimmt und als Ergebnis der Prozedur eine „fertige" DNA-Sequenz liefert.

Der chromosomale Ort und die Kopienzahl eines Gens

Wenn ein neues Gen kloniert und charakterisiert ist, ist es oft hilfreich, in jedem Fall aber interessant, den Genort auf dem Chromosom zu kennen, der die natürliche „Heimat" des betreffenden Gens ist, und festzustellen, ob das Gen im Genom als Einzelkopie vorliegt oder ob mehrere Kopien von ihm existieren.

Fluoreszenz-in situ-Hybridisierung (FISH)

Um einen Genort auf einem Chromosom aufzuspüren, kann man eine elegante Technik namens Floureszenz-in situ-Hybridisierung (abgekürzt FISH) einsetzen. Hat man beispielsweise ein menschliches Gen kloniert, von dem gemutmaßt wird, dass es irgendwie mit der Ausbildung der kognitiven Eigenschaft der Intelligenz in Zusammenhang steht, kann man mit der FISH-Methode ermitteln, auf welchem Chromosom dieses Gen im Genom liegt. Zur Durchführung eines FISH-Experimentes werden die Chromosomen aus Zellen gewonnen (weil Blut leicht gefahrlos gewinnbar ist, nimmt man hierfür regelmäßig weiße Blutkörperchen). In einem einfachen Quetschpräparat auf einem Objektträger finden sich mit Wahrscheinlichkeit einige Zellen, deren Chromosomen gerade kondensiert sind. Eine mit einem Fluoreszenzfarbstoff markierte cDNA-Sonde für das zu untersuchende Gen wird mit den vorbereiteten Chromosomen auf dem Objektträger inkubiert. Dabei kommt es bei richtiger Durchführung der Prozedur zur Hybridisierung der Sonde mit dem Genort des Gens. Nach Waschschritten wird das Präparat unter dem Mikroskop untersucht. Überall dort, wo die Sonde an ein Chromosom gebunden ist, wird bei der Anregung Fluoreszenzstrahlung abgegeben, durch die die Anwesenheit der Sonde nachgewiesen wird (► Abbildung 3.14).

Um zu ermitteln, welche/s der 23 Chromosomen des Menschen die Fluoreszenz zeigt, wird das Mikroskopbild fotografiert und die Chromosomen der Größe nach geordnet (Chromosomenspreitung), wie wir es vom Karyogramm her kennen. Fluoreszenzsignale an mehr als einem der Chromosomen deuten bei korrekturer Versuchsdurchführung darauf hin, dass das betreffende Gen mehrfach vorhanden ist oder es Teil einer Familie sehr nah verwandter Gene ist, deren Ähnlichkeit untereinander so groß ist, dass mehrere (alle) mit der Sonde rea-

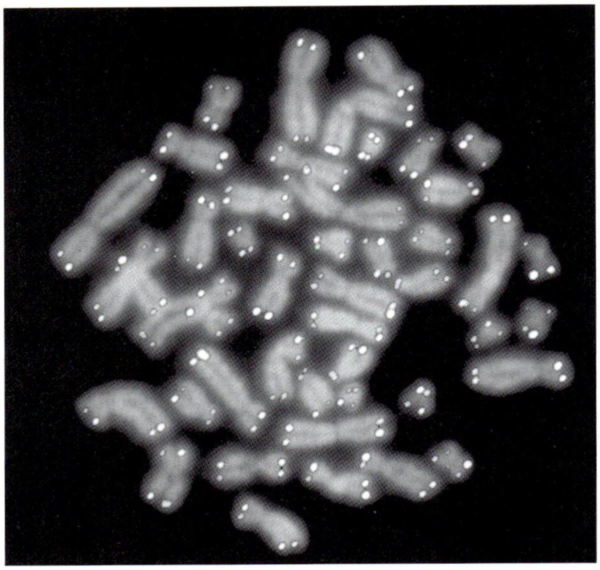

Abbildung 3.14: Fluoeszenz-in situ-Hybridisierung (FISH). Die weißen Pünktchen an den Enden der Chromsomen in dieser lichtmikroskopischen Aufnahme rühren von der Fluoreszenzstrahlung von Sondenmolekülen her, die an die Telomere (Endstücke) der Chromsomen binden.

giert haben. Die FISH-Methode wird auch eingesetzt, um Erbkrankheiten nachzuweisen. So kann die FISH-Analyse an einem Karyogramm der Chromosomen eines Fötus durchgeführt werden, um festzustellen, ob der sich entwickelnde Embryo bestimmte genetische Schädigungen mit sich führt.

DNA/DNA-Hybridisierung („Southern-Blotting")

Die DNA/DNA-Hybridisierung wird nach ihrem Erfinder auch als „Southern-Hybridisierung" und im Laborjargon als „Southern-Blotting" bezeichnet (die RNA-Hybridisierung wurde dann verballhornend „Northern-Blotting" und die Immunhybridisierung mit Antikörpern „Western-Blotting" genannt; ein „Eastern-Blotting" gibt es bis heute nicht). Sie wurde in den 70er-Jahren von Edwin Southern und seinen Mitarbeitern entwickelt und 1975 der Öffentlichkeit vorgestellt. Die Prozedur beginnt damit, dass man die chromosomale DNA des Lebewesens, das man untersucht, mit Restriktionsenzymen verdaut. Die entstehenden Fragmente werden durch Gelelektrophorese aufgetrennt (► Abbildung 3.15). Die Zahl der Restriktionsfragmente, die man beim Verdauen chromosomaler DNA erhält, ist jedoch regelmäßig so groß, dass man bei der Gelelektrophorese eines solchen Präparates keine diskreten Banden auflösen kann. Stattdessen bekommt man ein Kontinuum, das sich nach der Anfärbung als ein diffuser Nebel darstellt. Die Southern-Hybridisierung ist ein Verfahren, um in einem solchen komplizierten Gemisch einzelne Fragmente anzusprechen und nachzuweisen. Nach erfolgter Analyse werden die aufgetrennten DNA-Moleküle in alkalischer Lösung denaturiert und danach auf eine dünne Membran aus Nylon (haltbarer) oder Nitrozellulose (billiger) übertragen. Diese Übertragung auf ein anderes Trägermedium wird als Blotting (engl. „Klecksen/Kleckern") bezeichnet.

Das Blotting – den Übergang der DNA-Moleküle aus der halbflüssigen Gelphase auf die festere Membran – erreicht man, wenn man die Membran auf das Gel legt, glattstreicht, einen Stapel saugfähiges Filterpapier daraufstapelt und obenauf ein Gewicht zur Beschwerung legt. Die unterste Lage Papier, die unter dem Gel liegt, lässt man seitlich in einen Trog mit Pufferlösung hängen. Durch die Kapillarwirkung steigt die Pufferflüssigkeit nach oben und schleppt dabei die Moleküle aus der Gelphase mit, die dann auf der Membran abgelagert werden (Abbildung 3.15). Man baut den Stapel typischerweise am Ende des Arbeitstages auf und lässt ihn über Nacht stehen. Alternativ kann ein Vakuumblotapparat eingesetzt werden, um die Moleküle auf die Membran zu übertragen. Das geht schneller, erfordert aber die Anschaffung eines speziellen Apparates. Nach der Übertragung wird die belegte Membran ultravioletter Strahlung ausgesetzt, um eine permanente (kovalente) Anknüpfung der DNA-Moleküle an das Material der Membran zu erreichen (photochemische Reaktion). Nach der Anbindung der DNA-Moleküle an die Membran kann diese mit einer Lösung inkubiert werden, die die Sonde zum Nachweis der Zielsequenzen enthält. Die Sondenmoleküle sind zum Nachweis in geeigneter Weise markiert (zum Beispiel mit einem fest angeknüpften Enzym, das ein Substrat zu einem farbigen Produkt umsetzt). Die Markierung mit strahlenden Isotopen, wie sie in der Frühzeit dieser Technik üblich war, ist heute ganz und gar obsolet. Radioaktive Feinchemikalien sind teuer, die Arbeit mit strahlenden Substanzen erfordert ein Speziallaboratorium, und bei der notwendigen Entsorgung als Sondermüll fallen zusätzliche Kosten an. Zudem ist eine enzymatische und/oder chemolumineszente Detektion viel rascher durchzuführen, und auch die Dokumentation ist einfacher. Die Nachweisempfindlichkeit ist genauso hoch. Der Blot wird nach der Hybridisierungsrunde gewaschen, um überschüssiges Sondenmaterial fortzuspülen. Abschließend wird die Nachweisreaktion durchgeführt (Umsetzen des Enzymsubstrates mit Farbentwicklung oder fotografischer Aufnahme der Lumineszenz). Dort, wo die Sonde an die „geblotteten" DNA-Moleküle gebunden hat, erscheinen wie gewohnt

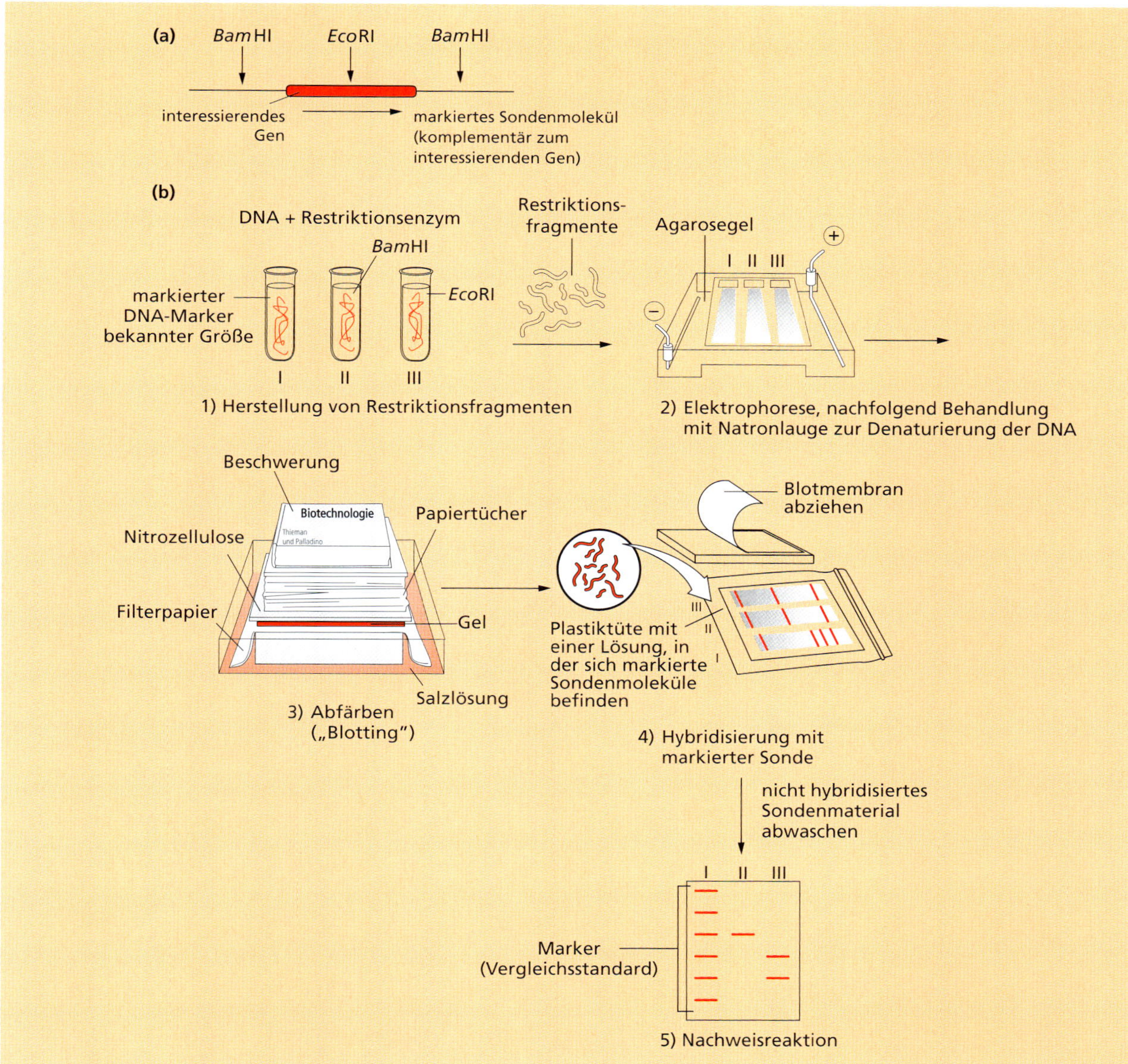

Abbildung 3.15: Southern-Hybridisierungsanalyse von DNA-Fragmenten. (a) DNA-Bereich des zu untersuchenden Gens, das durch Southern-Hybridisierung analysiert werden soll. (b) Die einzelnen Schritte des Hybridisierungsverfahrens nach Southern. (1) Die zu untersuchende DNA wird mit Restriktionsendonucleasen verdaut. (2) Das oder die Gemisch/e der Restriktionen wird/werden elektrophoretisch aufgetrennt. (3) Nach der Übertragung auf die Membran schleppt eine gepufferte Salzlösung durch Kapillarwirkung die DNA-Moleküle aus dem Gel auf die Membran (z. B. Nylonfilter). Dieser Schritt wird als „Blotting" bezeichnet. Die DNA-Einzelstränge binden durch schwache Wechselwirkungen an das Membranmaterial. Das entstehende Muster ist eine genaue Replik des Bandenmusters im Gel. (4) Die belegte Membran wird mit einer markierten Sonde (eine einzelsträngige DNA, die komplementär zur Zielsequenz ist) inkubiert. Die Sondenmoleküle bilden Basenpaare mit der passenden komplementären Sequenz in den Restriktionsfragmenten aus. (5) Eine Nachweisreaktion wird durchgeführt und das Ergebnis fotografisch festgehalten (heute vielfach auch elektronisch durch an Computer angeschlossene CCD-Kameras).

Banden (Abbildung 3.15). Durch das Vermessen und Auswerten der erhaltenen Signale ist es möglich, die Kopienzahl eines Gens oder den korrekten Einbau eines gentechnischen Konstruktes in ein Genom nachzuweisen.

Die Entwicklung der Southern-Hybridisierung gab den Anstoß für die Entwicklung der Northern-Hybridisierung. Später wurde das grundlegende Prinzip der Übertragung auf eine Membran mit einer nachfolgenden, spezifischen Nachweisreaktion beim „Western-Blotting" (= „Immunoblot") auch auf Proteine übertragen. Die Southern-Hybridisierung kommt bei zahlreichen Anwendungen zum Einsatz, etwa der Genkartierung, dem Auffinden verwandter Gene einer Genfamilie, der Mutationsdetektion, dem bestätigenden Nachweis von PCR-Produkten sowie beim DNA-„Fingerabdruck" (ein

Thema, das in Kapitel 8 behandelt wird). Das DNA-Lernzentrum auf der Internetseite des Cold Spring Harbor Laboratoriums (CSHL) präsentiert eine sehr schöne Animation der Southern-Hybridisierung. Sie finden den Verweis am Ende des Kapitels.

Untersuchung der Genexpression

Viele Molekularbiologen sind damit befasst, die Expression von Genen und die Regulation der Genexpression zu untersuchen. Eine Reihe unterschiedlicher molekularer Techniken steht für die Untersuchung der Genexpression zur Verfügung. Die meisten dieser Methoden setzen auf die Analyse der von einem bestimmten Gewebe produzierten mRNA-Moleküle. Dies ist vielfach ein gutes Maß für die Genexpression, da die von einem Gewebe produzierte mRNA-Menge oft proportional zu der Menge Protein ist, die das Gewebe herstellt.

Die RNA-Hybridisierung (Northern-Hybridisierung)

Eine der am verbreitetsten eingesetzten Techniken zum Studium der Genexpression ist die so genannte Northern- oder RNA-Hybridisierung (im Laborjargon auch als „Northern-Blotting" bezeichnet). In Idee und Ausführung ist der Northern-Blot dem Southern-Blot ähnlich. Bei der Northern-Hybridisierung wird anstelle der DNA die RNA aus Zellen isoliert und gelelektrophoretisch getrennt. Die RNA wird hierbei zuvor nicht enzymatisch verdaut. Die RNA wird nach der Elektrophorese auf eine Membran übertragen und dann genauso wie bei der Southern-Analyse mit einer Sonde zur Hybridisation gebracht. Signale bei der Entwicklung des Nachweissystems zeigen die mRNA bestimmter Gene an sowie deren Größe (► Abbildung 3.16 a). Die Ergebnisse dieser Methode sind quantifizierbar, das heißt, man kann die von verschiedenen Gewebetypen oder von

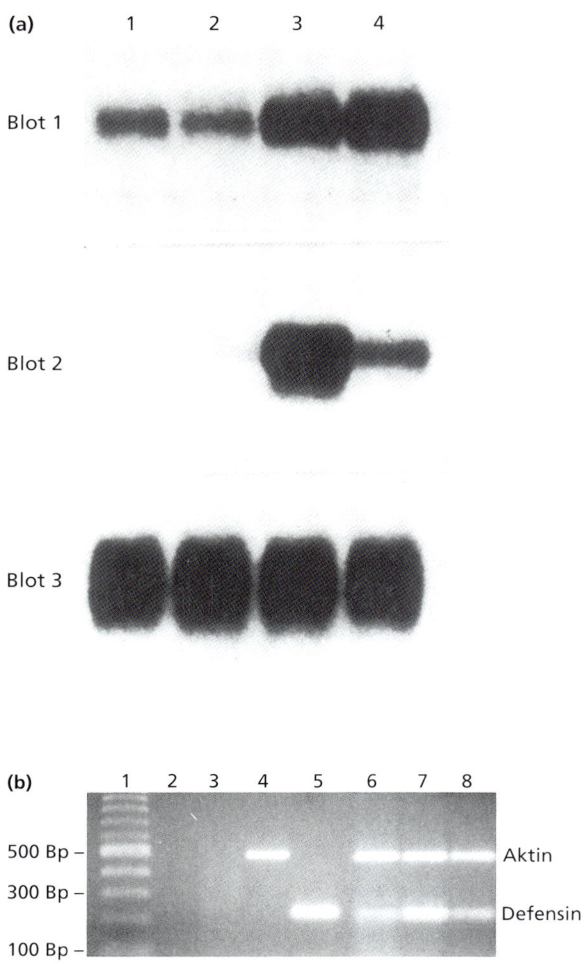

Abbildung 3.16: Analyse der Genexpression durch Northern-Hybridisierung und RT-PCR. Die RNA-Hybridisierung und die RT-PCR sind zwei gebräuchliche Techniken zur Analyse der Menge an mRNA, die von einem Gewebe, Organ oder eine Zellkultur zu einem bestimmten Zeitpunkt hergestellt wird. (a) Blot Nr. 1 zeigt einen Ausschnitt eines Autoradiogramms eines Northern-Hybridisierungsexperimentes, bei dem RNA aus vier verschiedenen Gewebetypen einer Ratte auf eine Nylonmembran übertragen und mit einer radioaktiv markierten cDNA-Sonde für ein Gen, dessen Produkt das Gewebe gegen schädliche freie Radikale schützen soll, untersucht worden ist (Bahn 1: Samenbläschen; Bahn 2: Nierengewebe; Bahnen 3 und 4: unterschiedliche Abschnitte des Nebenhodens). Freie Radikale sind Atome, Ionen oder Moleküle mit ungepaarten (freien) Elektronen. Man sieht am Grad der Schwärzung und an der Dicke der Banden, dass die Menge an mRNA in den Bahnen 3 und 4 höher ist als in den Bahnen 1 und 2. Der Blot Nr. 2 zeigt ein neues Autoradiogramm desselben Blots wie unter Nr. 1, der mit einer Sonde für ein anderes Gen untersucht worden ist. Die Sondenmoleküle für das Gen unter Nr. 1 wurden zuvor abgewaschen. Der Blot Nr. 3 zeigt abermals denselben Blot, der wieder von den markierten Sondenmolekülen befreit und erneut mit einer Gensonde untersucht wurde. Das Cyclophilingen, das hier untersucht wurde, wird in allen untersuchten Gewebetypen in praktisch gleicher Stärke exprimiert. (b) Agarosetrenngel eines RT-PCR-Experimentes, bei dem die RNA aus Rattengeweben revers transkribiert und mit Primern für das β-Aktingen (Aktin ist ein wichtiger Bestandteil des Zellskeletts) und/oder das β-Defensin-1-Gen (Defensine sind Peptide, die antibakterielle Wirkung haben und in vielen Geweben erzeugt werden) amplifiziert worden ist. Bahn 1 wurde mit einem Größenvergleichsstandard beladen, dessen einzelne Bestandteile sich jeweils um 100 Basenpaare in der Größe unterscheiden. Bahn 2 ist eine Negativkontrolle, bei der die Polymerasekettenreaktion ohne cDNA durchgeführt wurde. Bahn 3 ist eine Negativkontrolle mit cDNA, aber ohne den Zusatz von Primermolekülen. Die Bahnen 2 und 3 zeigen keinerlei Banden, da die Polymerasekettenreaktion ohne die notwendigen Komponenten cDNA (amplifizierbare Vorlage) oder Primer (als Synthesestartpunkte) nicht ablaufen kann. Bahn 4: cDNA der mRNA aus Nierengewebe; Amplifizierung mit Aktinprimern. Bahn 5: cDNA der mRNA aus Nierengewebe; Amplifizierung mit Defensinprimern. Bahnen 6–8: PCR-Produkte auf der Grundlage von cDNAs aus drei verschiedenen Gewebetypen aus den Reproduktionsorganen der Ratte. In die Reaktion wurden sowohl Primer für das Aktin- wie für das Defensingen gegeben. Dabei fällt auf, dass in den Bahnen 6 und 8 recht gleichmäßige Mengen an PCR-Produkten für die beiden Gene entstanden sind, wohingegen in Bahn 7 eine größere Menge PCR-Produkt für das Defensingen gebildet worden ist. Diese Unterschiede gehen auf unterschiedliche Mengen an Defensin-mRNA in diesen Gewebetypen zurück.

Zellen des gleichen Typs zu verschiedenen Zeiten hergestellten mRNA-Mengen messen und vergleichen.

Revers-Transkribierende-PCR

Manchmal ist die Menge einer mRNA, die die Zellen eines Gewebetyps hervorbringen, so gering, dass sie unterhalb der Nachweisgrenze der Northern-Hybridisierung liegen. Mit Hilfe der Polymerasekettenreaktion (PCR) lassen sich winzigste Mengen mRNA selbst aus kleinsten Mengen Gewebe nachweisen. Natürlich ist die Technik sehr anspruchsvoll und erfordert viel Geschick und Übung. So hat sich die PCR als tolle Technik für die Untersuchung der Genexpression in Embryonen und in der Entwicklung befindlicher Gewebe erwiesen. Da Ribonucleinsäure nicht unmittelbar durch die PCR amplifizierbar ist, wurde eine neue Technik namens **Revers-Transkribierende-PCR (RT-PCR)** ersonnen. Bei der RT-PCR wird die isolierte RNA zunächst durch das Enzym Reverse Transkriptase in cDNAs umgeschrieben – genauso, wie wir es bei der Konstruktion einer Genbibliothek kennengelernt haben. Diese cDNA-Moleküle werden dann einer PCR mit den Primern für das zu untersuchende Gene unterworfen. Die amplifizierten (vervielfältigten) DNA-Fragmente werden dann gelelektrophoretisch getrennt und qualitativ oder quantitativ vermessen (► Abbildung 3.16b).

In situ-Hybridisierung

Wenn ein Gen in einem Organ mit vielen verschiedenen Zelltypen exprimiert wird – zum Beispiel der Niere oder dem Gehirn –, kann die Northern-Hybridisierung oder die RT-PCR einem nur sagen, dass die betrachtete mRNA in dem betreffenden Gewebe oder Organ exprimiert wird, doch ist kein Rückschluss auf den oder die genauen Zelltypen, die das Gen zur Expression bringen, möglich (z. B. Epithelzellen, Bindegewebe, Gliazellen usw.). Die Methode der In situ-Hybridisierung hilft hier weiter und erlaubt es, die speziellen Zellsorten oder das räumliche Verteilungsmuster der Genexpression zu ermitteln.

Hierfür wird das zu untersuchende Gewebe zunächst fixiert und dann eingebettet, damit mikroskopische Schnitte angefertigt werden können. Hierfür stehen dem Spezialisten zahlreiche Medien (z. B. Kunstharze) zur Verfügung, deren Erörterung an dieser Stelle zu weit führen würde. Es werden histologische Schnitte von ca. 1–5 Mikrometern Dicke von dem Präparat hergestellt, die auf Objektträgern aufgenommen werden. Es existieren Varianten der Technik, die schockgefrorenes Gewebe einsetzen. Der Objektträger wird dann – wie bei den anderen Hybridisierungstechniken – in einer Lösung mit der markierten Sonde inkubiert. Die Sonde kann eine RNA oder eine DNA sein. Wo immer möglich, bevorzugt man DNA, da diese viel robuster und leichter zu verarbeiten ist als RNA. Bei der In situ-Hybridisierung sind, wie bei den anderen Verfahren, die Varianten, die sich radioaktiver Isotope als Nachweismedium bedienen, heute völlig von nichtisotopischen, Lumineszenz- oder Fluoreszenzmethoden verdrängt. Die Sondenmoleküle hybridisieren mit den mRNA-Molekülen dort, wo diese in den Zellen vorliegen. Die fertigen Objektträger werden dann exponiert oder mikroskopisch begutachtet und abgelichtet. Es sind sogar Varianten dieser molekularhistologischen Verfahren entwickelt worden, bei denen direkt im Gewebe Polymerasekettenreaktionen durchgeführt werden (In situ-PCR), um die Genexpression in ihrer natürlichen Umgebung zu untersuchen.

Gen-Mikrochips

Die genetische Analyse mit DNA-Mikrochips ist eine recht neue Technik zur Untersuchung von Genexpressionsvorgängen und ähnlichen molekulargenetischen Problemstellungen, die sich in den vergangenen Jahren explosiv entwickelt und viele Anhänger gefunden hat. Die Methode erlaubt es dem Forscher, alle in einem gegebenen Gewebetyp exprimierten Gene zeitsparend parallel zu untersuchen (► Abbildung 3.17). Die Gesamtheit aller als mRNA exprimierten Gene einer Zelle, eines Organs oder eines Lebewesens wird in Analogie zum Begriff Genom als Transkriptom bezeichnet. Ein solcher Chip – häufig auch als Genchip, DNA-Chip oder Microarray bezeichnet – wird auf einem kleinen Glasplättchen erzeugt, das einem Objektträger für die Mikroskopie ähnlich ist. Einzelsträngige DNA-Moleküle werden in regelmäßiger Anordnung auf das Glasplättchen getropft. Dies geschieht mit einem durch einen Computer gesteuerten Laborroboter, der viel Ähnlichkeit mit einem Tintenstrahldrucker besitzt. Der Roboterarm verfügt über eine Reihe feiner Düsen (eben wie ein Tintenstrahldrucker Düsen für die Tinte besitzt). Jede dieser Düsen wird in eine Lösung getaucht, die einige Millionen Kopien der Sonden-DNA für einen Punkt enthält (z. B. cDNA-Moleküle unterschiedlicher Gene). Der Roboter bringt winzige Tropfen an vorbestimmten Punkten auf dem Glasträger auf. Die Positionen dieser Mikropunkte werden abgespeichert. Es entsteht nach und nach ein gitterförmiges Muster auf dem Glasträger. Ein einziger dieser Mikrochips kann über 10.000 DNA-Punkte

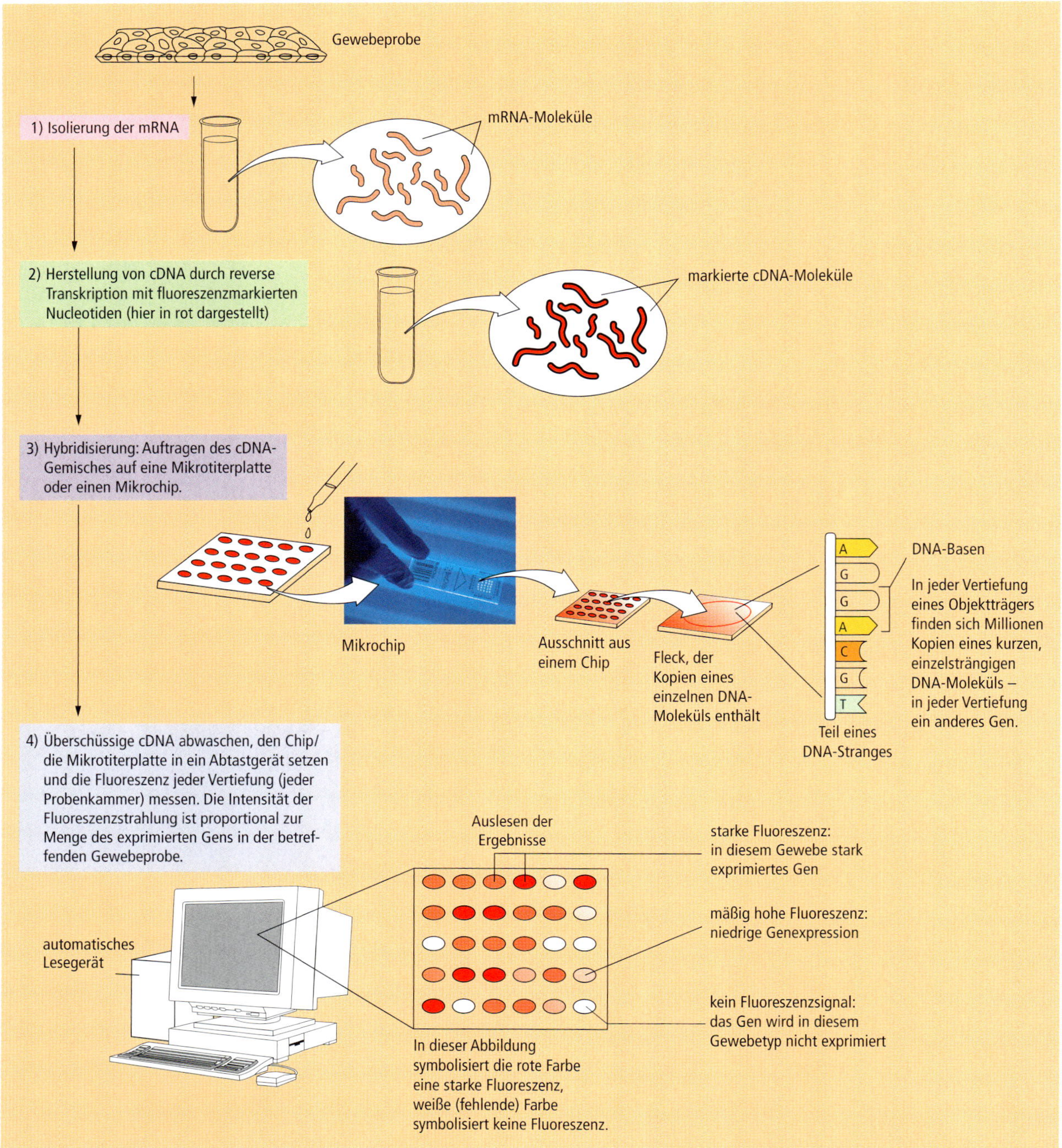

Abbildung 3.17: Genanalyse mit Genmikrochips.

enthalten, von denen jeweils eine kleine Gruppe eine einmalige DNA-Sequenz für ein bestimmtes Gen enthält.

Um solch einen DNA-Chip zum Einsatz zu bringen, isoliert man die mRNA aus dem zu untersuchenden Gewebe. Die mRNA, oder die cDNA, wird dann mit einem Fluoreszenzfarbstoff markiert und der Mikrochip damit inkubiert. Während dieser Reaktionszeit hybridisieren die mRNA- oder cDNA-Moleküle mit den DNA-Punkten auf dem Chip, die die komplementären Sequenzen enthalten. Der Chip wird wie gehabt gewaschen und dann von einem Laser abgetastet, der die Fluoreszenz der angebundenen mRNA- oder cDNA-Moleküle anregt. Wir kennen dieses Prinzip von der modernen, automatisierten DNA-Sequenzierung.

Die aufleuchtenden Punkte verraten Gene, die in dem untersuchten Gewebe exprimiert werden, und die Intensität der Fluoreszenz ist ein Maß für die relative Stärke der Expression. Je heller ein Punkt aufleuchtet, desto höher die Konzentration der betreffenden mRNA in dem Gewebe. Für einige Hefepilz- und einige Bakterienarten sind Mikrochips des gesamten Genoms (aller Gene) erhältlich. Man setzt solche Mikrochips auch dazu ein, die differentielle Genexpression in einem Gewebe unter unterschiedlichen Bedingungen zu erforschen. So kann man beispielsweise Krebszellen mit nicht pathologisch veränderten Zellen vergleichen und so Gene aufspüren, die vielleicht ursächlich an der Entartung der Tumorzellen beteiligt sind. Wie Sie in Kapitel 11 noch im Einzelnen erfahren werden, können die aus solchen Mikrochipexperimenten gewonnenen Daten dazu benutzt werden, neue medikamentöse Behandlungsstrategien zu entwickeln, um Krebs oder andere Krankheiten zu behandeln.

Proteinexpression und Proteinreinigung

Bakterien, die mit rekombinanten Plasmiden transformiert wurden, die ein den Biotechnologen interessierendes Gen enthalten, können oftmals dazu eingesetzt werden, um das Proteinprodukt des betreffenden Gens herzustellen und zu isolieren (rein darzustellen). In Fermentern lassen sich Bakterien in großen – fast beliebigen – Mengen anzüchten. Das gesuchte Protein kann mit Hilfe eines der in Kapitel 4 diskutierten Verfahren herausgelöst und gereinigt werden. Wir beenden unseren Streifzug durch die Welt der Technik der rekombinanten DNA und ihrer Anwendungen im nächsten Abschnitt mit einem Blick auf die Bioinformatik, die einer der neuesten Ableger der Biologie ist.

Bioinformatik: Die Vereinigung von Molekularbiologie und Informationstechnik 3.5

Wenn Wissenschaftler ein neu identifiziertes Gen oder eine andere DNA-Sequenz oder sonst einen Befund zu vermelden haben, tun sie dies der Öffentlichkeit in einer Publikation in einer Fachzeitschrift kund. Sequenzdaten werden daneben in spezialisierten Datenbanken abgelegt, so dass andere Wissenschaftler, die ebenfalls daran interessiert sind, Zugriff darauf nehmen können. Einträge in Datenbanken und die Entnahme solcher Daten aus solchen Datenbanken für Forschungszwecke gehören zu den ersten Anwendungen der Bioinformatik. Die Bioinformatik ist ein interdisziplinäres Feld, dass die moderne, computerisierte Informationstechnik auf biologische Fragestellungen zur Anwendung bringt. So wird die Bioinformatik etwa eingesetzt, um mit der Hilfe leistungsfähiger Rechenmaschinen molekulargenetische Datensätze auszuwerten (Genexperessionsdaten), Proteinstrukturen darzustellen und zu modellieren, Gen- und Chromosomenstrukturen zu analysieren und anderes mehr.

Mit dem rapiden Zustrom von Genomdaten hat sich eine enorme Datenmenge angehäuft, die in öffentlichen wie privaten Datenbanken niedergelegt ist. Die Bioinformatik hat sich infolge dieser Flut zu einem wesentlichen Hilfsmittel zur organisierten Verwaltung und Auswertung biologisch relevanter Daten entwickelt. Sie stützt sich dabei auf die raschen Fortschritte sowohl in der Gerätetechnik wie der verfügbaren Programme, die in den letzten Jahren und Jahrzehnten zu verzeichnen gewesen ist. Wie wir bereits in Kapitel 1 erörtert haben, ist die Bioinformatik gegenwärtig eines der sich am raschesten erweiternden Tätigkeitsfelder in der Biotechnologie.

Wir werden zahlreiche grundlegende Anwendungen der Bioinformatik überall in diesem Buch zur Sprache bringen, doch wollen wir an dieser Stelle mit einigen sehr weit verbreiteten Anwendungen in dieses Feld einführen.

Anwendungsbeispiele der Bioinformatik

Schon vor dem Heraufdämmern der Genomsequenzierungsprojekte waren die Wissenschaftler emsig damit befasst, gewaltige Mengen an Sequenzinformationen aus vielerlei Organismen anzuhäufen, was die Entwicklung ausgeklügelter Datenbanken erforderlich machte, in denen die Forscher ihre Daten ablegen, anderen zugänglich machen und ein Maximum an nützlicher Information über Proteine und Nucleinsäuren extrahieren konnten. Datenbanken sind ganz wesentliche Werkzeuge, um Daten zu archivieren und anderen Forschern (sowie der Öffentlichkeit) zugänglich zu machen. Da roboterisierte Hochgeschwindigkeitssequenzierungsmethoden praktisch zur gleichen Zeit, in der sich das Internet auszubreiten begann, entwickelt wurden, wurden viele DNA- und Proteindatenbanken als internetgestützte Medien eingerichtet, die von jedem Platz der Welt aus zugänglich sind.

Wenn Wissenschaftler, die ein Stück Erbgut sequenziert haben, diese Daten in eine Datenbank eingeben, sucht die betreffende Datenbank ihren bisherigen Datenbestand auf Ähnlichkeiten zu dem neuen Eintrag ab

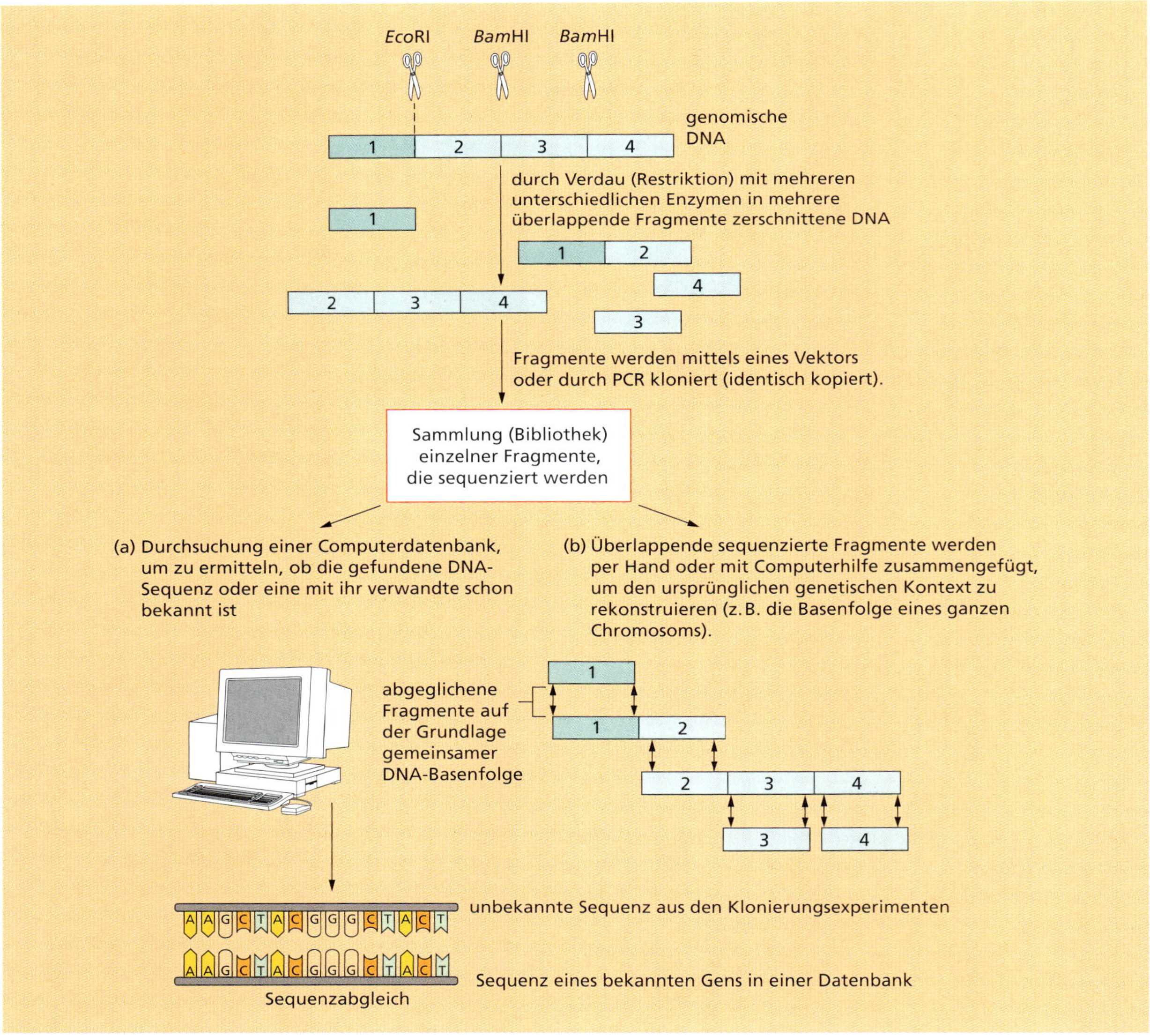

Abbildung 3.18: Zwei Beispiele für Einsatzgebiete der Bioinformatik. Dargestellt ist ein vereinfachtes Beispiel eines Stücks genomischer DNA, die mit den Restriktionsendonucleasen *Bam*HI und *Eco*RI in kleinere Stücke (1, 2, 3 und 4) zerschnitten wurde. Ungeachtet der Frage, wie das betreffende DNA-Stück für die Experimente vervielfältigt (kloniert) wurde, ist die Sequenzanalyse eines DNA-Moleküls ein wesentlicher Teil, mehr über die klonierte DNA in Erfahrung zu bringen. (a) Im Regelfall beginnt die Analyse mit dem Abgleich der neuen, in ihrer Funktion unbekannten Sequenz gegen Datenbanken bekannter Sequenzen (entweder artspezifisch oder artübergreifend). In diesem fiktiven Beispiel ergibt der Sequenzabgleich, dass die neue Sequenz bereits bekannt ist, weil eine vollständige Übereinstimmung mit einer in der Datenbank hinterlegten Sequenz gefunden wird. Bei einem solchen Datenbankabgleich bedient man sich nur eines der DNA-Stränge, da der komplementäre immer von der Maschine mit Leichtigkeit interpoliert werden kann. (b) Eine andere Anwendung der Bioinformatik beinhaltet den Einsatz von Computerprogrammen zur Ausrichtung von DNA-Fragmenten auf der Grundlage von Sequenzüberlappungen. Das hier gezeigte Schema ist einem beim Humangenomprojekt zur Anwendung gekommenen Ansatz ähnlich, mit dessen Hilfe die vollständigen Sequenzen von Chromosomen erstellt wurden.

und erstellt gegebenenfalls Verweise auf ähnliche Nucleotid- oder Aminosäurefolgen, falls eine solche Entsprechung gefunden wird (► Abbildung 3.18 a). Dieser Typ von Abgleich ist einer der ersten Routineschritte nach der erfolgreichen Sequenzierung, da zu wissen, ob es sich um eine gänzlich neuartige Sequenz oder eine mit Ähnlichkeit zu einer anderen handelt, sich als nützlich für nachfolgende Analysen der Genfunktion erweisen kann. Falls signifikante Ähnlichkeit zu einer anderen Sequenz besteht und die genetische oder physiologische Funktion dieses anderen informationstragenden Moleküls bereits bekannt ist, können vorläufige Analogieschlüsse gezogen werden, die als Arbeitshypothesen für gezielte Folgeexperimente dienen können. Aus den DNA-Sequenzen idenfizierter offener Leserahmen (ORF; *open reading frame*) lassen sich leicht Aminosäuresequenzen korrespondierender Genprodukte ableiten. Ist ein funktionell charakterisiertes anderes

Genprodukt mit signifikanter Homologie bekannt, kann man über die Funktion des eigenen, neu entdeckten spekulieren. Wie wir in Kapitel 11 erörtern werden, ist ein Verfahren zur Erlangung der vollständigen Sequenz eines ganzen Chromosoms die so genannte Schrotschussmethode, bei der Restriktionsfragmente des gesamten Chromosoms getrennt sequenziert und die erhaltenen Fragmentsequenzen im Computer zu einer sich überlappenden, konsistenten Folge zusammengesetzt werden (► Abbildung 3.18b). Dieser methodische Ansatz setzt Wissenschaftler in die Lage, schließlich die genaue Basenabfolge ganzer Chromosomen zu rekonstruieren.

Rund um den Globus wird eine Vielzahl von molekularbiologischen und anderen biologischen Datenbanken betrieben. Eine der am häufigsten zu Rate gezogenen dieser elektronischen Informationsquellen ist die **GenBank**. *GenBank* ist die umfangreichste öffentlich zugängliche Datenbank für DNA-Sequenzen, die vom Nationalen Gesundheitsamt der USA (NIH; *National Institutes of Health*) bereitgestellt wird. *GenBank* erwirbt und inkorporiert auch Daten aus europäischen und japanischen Datenbanken. *GenBank* wird vom *Nationalen Zentrum für biotechnologische Informationen* der USA (NCBI) betrieben und enthält mehr als 17 Milliarden Basen an Sequenzdaten aus über 100.000 Arten, und der Umfang der Datenbank verdoppelt sich etwa alle 14 Monate! Das NCBI ist eine Goldmine für die Bioinformatiker, die öffentlich zugängliche Datenbanken bereitstellt und Computerprogramme zur Analyse und Verwaltung von Genomdaten entwickelt. Das NCBI ist außerdem darum bemüht, benutzerfreundliche Zugriffs- und Analysemoden zu entwerfen, um die unglaublichen Mengen an Nucleinsäure- und Proteindaten, Molekülstrukturen und wissenschaftlichen Publikationen auswerten zu können.

DNA-Datenbanksuche: Versuchen Sie es selbst!

Mit einem vom NCBI entwickelten und allgemein verbreiteten Programm namens *Basic Local Alignment Search Tool* (BLAST; **http://www.ncbi.nlm.nih.gov/BLAST**) können Sequenzdatenbanken nach Treffern durchsucht werden. Das Programm BLAST finden Sie regelmäßig auch auf vielen anderen Internetseiten von Datenbanken, da es zur Standardsuchausrüstung gehört.

Versuchen Sie einen „Standardnucleotidabgleich mit BLAST" (blastn). Für Proteine gibt es ein entsprechendes Programm (blastp). Tippen Sie in das Eingabefeld irgendeine Nucleotidsequenz (vielleicht haben Sie ja augenblicklich ein „Lieblingsgen"). Sie können auch eine zufällige, erfundene Sequenz versuchen und sich überraschen lassen. Falls Ihnen keine einfällt, versuchen Sie einmal diese: AATAAAGAACCAGGAGTGGA. Dann müssen Sie nur noch den „Startknopf" drücken („run blast"). Die Ergebnisse Ihrer Suche werden nach kurzer Zeit angezeigt werden; die genaue Zeitdauer hängt vom Umfang der Suche, den ausgewählten Datenbankbereichen, der aktuellen Auslastung der Datenbank und ähnlichen Faktoren ab. Manche Datenbanken schicken die Ergebnisse nach Abschluss des Auftrages per E-Mail an den Auftraggeber. Im Blast-Programm von *GenBank* gibt es die Funktion „format!", mit der Sie Ergebnisse aufrufen können. Es erscheint dann eine neue Seite mit den Ergebnissen. Gegebenenfalls müssen Sie die Seite herunterfahren, um die Sequenzabgleiche sehen zu können. Was haben Sie bei Ihrer Suche gefunden?

Für die Benennung von Genen gibt es in vielen Fällen festgelegte Regeln. So hat etwa die Nomenklaturkommission der Humangenomorganisation (HUGO) solche Regeln für die Benennung der zahllosen bei der Totalsequenzierung entdeckten offenen Leserahmen niedergelegt. Bei Mikroorganismen wie Bakterien oder Hefepilzen gibt es eine Übereinkunft, Dreibuchstabenabkürzungen zu verwenden.

Bei Bakterien erfolgt gegebenenfalls eine Zusatzindizierung mit Buchstaben (bei Genen, die zu einem Operon gehören), bei den Hefen mit Ziffern (bei Genen, die zu einer Genfamilie gehören). Die Gensymbole werden immer kursiv gesetzt, die Namen der zugehörigen Genprodukte nichtkursiv. So findet man sich trotz des abstrakten Charakters vieler dieser Benennungen im Erbgut dieser Mikroorganismen mit ein bisschen Übung gut zurecht. Im Fall des Genoms der Bäckerhefe (*Saccharomyces cerevisiae*; Genomdatenbank unter: **http://www.yeastgenome.org**) gibt es darüber hinaus eine streng systematische Gennomenklatur, die unmittelbar Auskunft über den exakten Genort (Chromosom, Arm des Chromosoms, Position des Gens auf dem Chromosom sowie Nucleotidstrang = Leserichtung des ORFs) gibt. Versuchen Sie als Übung einmal herauszufinden, auf welchem Genort welches Chromosoms sich das Gen *YDR229w* befindet und wie die Transkriptionsrichtung relativ zum Centromer des Chromsoms ist.

Jeder Eintrag in eine Gen- oder Proteindatenbank erhält nach der Annahme eine **Zugangsnummer** (*accession number*), die nur einmal vergeben wird und mit deren Hilfe man definierte Sequenzeinträge aufrufen kann. Gehen Sie, wenn Sie wollen, einmal zur *GenBank*-Internetseite (**http://www.ncbi.nlm.nih.gov/Genbank/**

BERUFSPRAXIS

Karrieremöglichkeiten in der biologisch-pharmazeutischen Industrie

Biologisch-pharmazeutische Unternehmen bedienen sich biologischer Teildisziplinen, um neue Behandlungen zu entwickeln – von der Forschung bis zur Herstellung und Vermarktung und dem schließlichen Verkauf. Was unterscheidet die biologisch-pharmazeutische Industrie von der traditionellen pharmazeutischen? Traditionelle Pharmaunternehmen entwickeln chemische Verbindungen zur Behandlung von Krankheitszuständen und stellen diese abiotisch – durch chemische Synthese – her. Die biologisch-pharmazeutische Industrie bedient sich der zunehmenden Kenntnis über lebende Systeme, um mit deren Hilfe Stoffe oder Verfahren zu entwickeln, die zur Behandlung von Krankheitszuständen geeignet sind. Obwohl die biologisch-pharmazeutische Industrie in ihrer Größe weit hinter der traditionellen Pharmaindustrie zurücksteht, wird ihr Wachstum von der Hoffnung auf ein Potenzial zur effektiven Behandlung von Krankheiten und der Aussicht auf das Finden von Heilungen für bisher für unheilbar gehaltene Krankheiten angetrieben.

Die Laufbahnmöglichkeiten in der biologisch-pharmazeutischen Industrie entsprechen weitgehend denen in der althergebrachten Pharmabranche, und tatsächlich setzen auch traditionelle Pharma- und Chemiekonzerne heute biotechnologische Methoden ein. Der Weg zu einem vermarktbaren Medikament unterscheidet sich nicht. Die Beschäftigungsmöglichkeiten sind prinzipiell vielgestaltig, eine Anstellung bei einer solchen Firma zu finden ist jedoch nicht leicht.

Die Konkurrenz ist hart! Die bittere Wahrheit ist: Wie gut man auch immer für eine bestimmte Position geeignet ist, es findet sich praktisch immer noch jemand, der noch besser ist. Aus diesem Grund finden es manche ratsam, sich bald nach der Wahl des Hauptfaches im Studium schon Gedanken über die späteren Beschäftigungsmöglichkeiten zu machen. Der beste Ausgangspunkt ist, sich erst einmal mit dem Industriezweig vertraut zu machen. Viele der Internetseiten, die an den Kapitelenden angegeben sind (insbesondere die am Ende von Kapitel 1), eignen sich gut für eine erste Orientierung über Beschäftigungsmöglichkeiten. Die Informationen, die Sie auf diese Weise sammeln können, helfen Ihnen vielleicht dabei, Ihre Ausbildung auf die besonderen Anforderungen einer bestimmten Berufstätigkeit auszurichten, falls Sie diese Strategie anzuwenden gedenken. Da der Arbeitsmarkt in der heutigen Zeit aber schnelllebig ist und auch wohl sehr wandelbar bleiben wird, kann man aber mit gleicher Berechtigung eine gegenläufige Strategie verfolgen und eine möglichst gut fundierte und möglichst breit angelegte Ausbildung unter weitestgehender Vermeidung einer vorzeitigen Spezialisierung anstreben, um dann am Ende für mehr als nur eine eng umrissene Tätigkeit qualifiziert zu sein. So kann man etwa die Wahl eines Hauptfaches hinausschieben oder ganz zu vermeiden versuchen, wenn der Studienplan dies erlaubt. Eine Spezialisierung mit dem Erwerb von Spezialkenntnissen und hoch entwickelten methodischen Fertigkeiten erfolgt im Rahmen der Hochschulausbildung im deutschen Sprachraum traditionell im Rahmen einer Doktorarbeit. Eine zu einem früheren Zeitpunkt erfolgende, einen das gesamte spätere Berufsleben verfolgende Frühspezialisierung kann sich – insbesondere bei den heutige regelmäßig anzutreffenden befristeten Anstellungen ohne Aussicht auf Dauerbeschäftigung – als Boomerang erweisen. Vermeiden Sie also nach Möglichkeit eine zu frühe und/oder zu enge Spezialisierung.

Viele Positionen in unteren Ebenen sind für Inhaber eines Bachelor- oder Fachschulabschlusses verfügbar. Ein höherer Abschluss verspricht jedoch sowohl ein besseres Einstiegsgehalt als auch bessere Aufstiegsmöglichkeiten. Für viele besser dotierte Positionen sind von Anfang an höhere Abschlüsse wie Diplom, Master oder die Promotion Voraussetzung. Dieser Umstand könnte Ihre Entscheidung über die Fortführung Ihrer akademischen Ausbildung entscheidend beeinflussen. Genauso wichtig wie eine gute Ausbildung ist aber die Tatsache, dass Arbeitgeber immer Ausschau nach Individuen mit relevanter Berufserfahrung halten (der Flaschenhals ist also der Erwerb solcher relevanter Erfahrungen). Beliebt sind Volontariate, unabhängige Forschungsarbeiten oder ein Betriebspraktikum. Dabei kann man neben dem Studium Einblicke ins Berufsleben gewinnen. Praktika und Praxissemester in der biotechnologischen Industrie sind ein guter Weg, um die verschiedenen Aufgabenbereiche und Abläufe in einem Unternehmen aus der Nähe kennenzulernen. Man kann dann besser beurteilen, ob das das ist, was man sich vorgestellt hat oder am Ende will.

Wenn Sie nicht gleich nach dem Studienabschluss die Wunschposition in der Industrie finden, ist ein Zeitvertrag bei einer biologisch-pharmazeutischen Firma ein Weg, um einen „Fuß in die Tür" zu bekommen. Wird die Abschlussarbeit in einem Industriebetrieb angefertigt (wie es an Fachhochschulen die Regel ist), kann dies zu einer folgenden Erstanstellung führen.

Wenn Sie eine bestimmte Position in Betracht ziehen, ist es wichtig zu erfassen, was für die ausgeschriebene Tätigkeit vorausgesetzt wird. Viele Firmen heuern Mitarbeiter als Laboranten an, doch sind die Tätigkeitsbeschreibungen in der Realität so vielgestaltig wie die Tätigkeiten selbst. Da sich jedes Unternehmen ein bisschen von den anderen unterscheidet, ist die Auswahl eines Stellenangebots auf der Grundlage der Titulierung allein schwierig. So kann in einem Unternehmen ein Laborant in so unterschiedlichen Bereichen wie der Qualitätskontrolle, der Forschungs- und Entwicklungsabteilung, der Fertigung oder der Diagnostik eingesetzt werden. All diese Tätigkeiten unterscheiden sich, aber die Laboranten setzen die gleichen Geräte und das gleiche Hintergrundwissen bei ihrer täglichen Arbeit ein. Ein Laborant in der Qualitätskontrolle muss etwa immer gleichen und höchst standardisierten Abläufen folgen, um die Qualität eines Produkts zu kontrollieren. Die Hauptaufgabe besteht darin, die gleichbleibende Qualität der produzierten Produkte sicherzustellen. Ein Laborant im Bereich Diagnostik ist verantwortlich dafür zu überprüfen, ob ein Produkt ordnungsgemäß funktioniert, und gegebenenfalls Verbesserungsvorschläge zu unterbreiten. Laboranten im Bereich Forschung und Entwicklung arbeiten in ähnlicher Weise; sie sind bei der Entwicklung neuer Produkte sowie dem Finden neuer Verwendungsmöglichkeiten für alte Produkte behilflich. Es ist nicht notwendig, dass man praktische Erfahrung mit jedem einzelnen experimentellen Verfahren oder Arbeitsablauf hat, um als Laborant in Frage zu kommen.

Eine Firma wird neue Mitarbeiter immer in den spezifischen Techniken und firmeneigenen Abläufen unterweisen, die für die spezielle Tätigkeit vonnöten sind. Jeder Laborant muss jedoch über eine solide Grundlage allgemeiner Fertigkeiten in der Laborarbeit verfügen, seine Arbeit zu organisieren verstehen, detailorientiert, motiviert und enthusiastisch sein.

Eine Schattenseite der biologisch-pharmazeutischen Industrie ist der Umstand, dass die gesamte Arbeit – wie in jedem Industrieunternehmen – sich um die Entwicklung, Herstellung und den Verkauf eines Produkts dreht. Kreativität und Originalität sind nicht unbedingt Teil der alltäglichen Arbeit, weder im Labor noch in anderen Abteilungen. Allerdings trifft dieses genauso für ein Laboratorium der Grundlagenforschung zu, in dem das primäre Arbeitsziel Naturerkenntnis ist; auch dort sind weite Teile der täglichen Arbeit – niemand vermag den Anteil genau zu quantifizieren – langweilige Routine. Die Arbeitsumgebung in der Industrie ist jedoch in der Regel stärker kontrolliert, da alle Operationen in den Gesamtunternehmensablauf wie in ein Uhrwerk integriert sind und unter einer stärkeren Wirtschaftlichkeitskontrolle stehen, als dies naturgemäß in der Grundlagenforschung der Fall sein kann. Die gesetzgeberischen Rahmenbedingungen sind jedoch in einem Hochschullabor praktisch dieselben wie in einem Industrielabor. Die Arbeitsabläufe in Betrieben und Laboratorien, die mit Lebewesen arbeiten, werden oftmals vom Zeittakt der Lebensäußerungen der lebendigen „Mitarbeiter" (mit)bestimmt. So muss man mit Folgearbeiten warten, bis eine Zellkultur die notwendige Zelldichte erreicht hat, oder Ähnliches. In seltenen Fällen kann dies den Arbeitstag verkürzen („zu tun gibt es immer etwas"), viel häufiger kommt es aufgrund unvorhergesehener Verzögerungen zu Überstunden.

In der biologisch-pharmazeutischen Industrie ändert sich die tägliche Arbeitsumgebung permanent. Dabei wird ständig verlangt, dass die Mitarbeiter hart und effizient arbeiten. Jeder Arbeitstag bringt neue Hindernisse und Herausforderungen mit sich.

GenbankSearch.html), geben Sie die Zugangsnummer U14680 ein und starten Sie den Suchvorgang mit dem Kommando „go". Welches Gen ist unter dieser Zugangsnummer abgelegt? Aktivieren Sie die Zugangsnummer durch Anklicken. Ihnen wird auffallen, dass die Einträge in GenBank und anderen Sequenzdatenbanken regelmäßig auf eine Publikation verweisen, in der die betreffende Sequenz zum ersten Mal der Öffentlichkeit vorgestellt oder das betreffende genetische Element oder Genprodukt charakterisiert worden ist.

Im Fall eines verifizierten offenen Leserahmens wird das Translationsprodukt mit seiner Aminosäuresequenz angegeben, ebenso die cDNA-Sequenz (die ja der translatierten mRNA-Sequenz in ihrem Informationsgehalt völlig entspricht). Umgekehrt können Sie auch den Namen eines Gens oder möglichen (unverifizierten) Gens eingeben, um in Erfahrung zu bringen, ob es bereits sequenziert und in der Datenbank abgelegt worden ist.

GenBank ist nur ein Beispiel für eine wertvolle Datenquelle, die für Bioinformatiker und allgemein für Molekularbiologen und Genetiker zum alltäglichen Handwerkszeug gehört. Es gibt viele andere, oft stärker spezialisierte Datenbanken, beispielsweise für Einzelnucleotidpolymorphismen, einzelne Organismen, künstliche Bakterien- und Hefechromosomen sowie die schon erwähnten Proteindatenbanken und Datenbanken über die Raumstrukturen von Proteinmolekülen. Das Ziel dieses Kapitelabschnitts bestand darin, Ihnen einen kurzgefassten Überblick darüber zu geben, was die Bioinformatik ist und in welcher Weise diese Hilfswissenschaft dem Biologen dabei helfen kann, aus Sequenzdaten den maximalen Nutzen für das Verstehen eines biologischen Zusammenhangs zu ziehen.

ÜBUNGSAUFGABEN

Die Antworten finden Sie in Anhang A.

1 Treffen Sie eine Unterscheidung zwischen den Begriffen Genklonierung, Technik der rekombinanten DNA und Gentechnik und umreißen Sie jeden der Vorgänge, die durch die Begriffe beschrieben werden. Erörtern Sie dann, wie die Begriffe bzw. die Konzepte, die Sie benennen, zusammenhängen. Geben Sie jeweils ein Beispiel, das zur Illustration Ihrer jeweiligen Definition geeignet ist.

2 Beschreiben Sie die Bedeutung der DNA-Ligase bei einem Experiment mit rekombinanter DNA.

Was tut dieses Enzym, und wie unterscheidet es sich in seiner Wirkungsweise von einer Restriktionsendonuclease?

3 Ihr Laboratorium hat eben die Sequenz eines Rattengens ermittelt, von dem Sie annehmen, dass es die Befruchtungsfähigkeit der Spermienzellen männlicher Ratten beeinflusst. Sie haben die Hypothese, dass beim menschlichen Mann ein ähnliches Gen mit ähnlicher Funktion (ein homologes Gen) existiert. Beschreiben Sie kurz, wie Sie Ihr Wissen um das Gen der Ratte einsetzen könnten, um mittels der Polymerasekettenreaktion eine Suche nach dem menschlichen Homolog des Gens durchzuführen. Erklären Sie Ihren Experimentalansatz und die dazu notwendigen Materialien, sofern Sie Ihnen bekannt sind. Erklären Sie weiterhin im Einzelnen die Prozeduren, die notwendig sind, um zu bestätigen, dass Sie ein menschliches Gen gefunden haben, das homolog zu Ihrem Rattengen ist.

4 Welche Merkmale eines Plasmidmoleküls machen dieses als Klonierungsvektor geeignet? Geben Sie Beispiele für die verschiedenen Typen von Klonierungsvektoren und erörtern Sie deren Einsatz in der Biotechnologie.

5 Stellen Sie das Konzept der genomischen Genbibliothek dem der cDNA-Bank gegenüber und vergleichen Sie die beiden. Welcher Bibliothekstyp währe Ihre erste Wahl, wenn Sie vorhätten, ein Gen aus Fettzellen (Adipozyten) zu klonieren, das Sie im Verdacht haben, an der Ausbildung der Fettsucht (Obesitas, Adipositas) beteiligt zu sein? Erläutern Sie Ihre Antwort. Welchen Bibliothekstyp würden Sie wählen, falls Sie beabsichtigten, regulatorisch wirksame genetische Elemente wie Promotoren oder Enhancer zu klonieren?

6 Die Analyse von DNA-Sequenzen mit Computerprogrammen hat die Untersuchung von Gen- und Genomstrukturen für die Molekularbiologen sehr erleichtert und in der Tat manche Dinge erst möglich gemacht. Diese Übung dient dazu, Sie in die Lage zu versetzen, erste Erfahrungen mit solchen DNA-Analyseprogrammen zu bekommen. Nehmen Sie hierfür an, dass die Basensequenz GGATCCGGCCGGAATTCGTA einen Ausschnitt aus einem „wichtigen" Gen darstellt, den Sie soeben von einem befreundeten Forscher übermittelt bekommen haben. Bevor Sie mit Ihren Experimenten fortfahren können, müssen Sie herausfinden, ob und wenn ja welche Restriktionsenzyme dieses DNA-Stück schneiden. Versuchen Sie unbedingt auch einmal, in der kurzen Sequenz Schnittstellen ohne Computer zu finden – nur mit Papier und Bleistift! Das ist eine sehr gute Übung.

Besuchen Sie die Webcutter-Internetseite (**www.firstmaket.com/cutter/cut2**). Fahren Sie die Seite herunter, bis Sie zu einem Textkasten mit der Bezeichnung „paste the DNA sequence into the box below" kommen. Sie haben das Eingabefenster erreicht. Tippen Sie die Basenfolge des DNA-Schnipsels in diesen Kasten. Kontrollieren Sie immer Ihre Eingabe, um „Mutationen" auszuschließen! Fahren Sie dann die Seite weiter herunter und belassen Sie dabei alle Stellgrößen auf ihren vorgegebenen Werten, bis sie zu „please indicate which enzymes to include in your analysis" kommen. Aktivieren Sie „only the following enzymes" und fahren Sie dann das Menü entlang, bis Sie zu *Bam*HI gelangen. Wählen Sie diesen Eintrag aus. Fahren Sie die Seite weiter herunter und aktivieren Sie die Funktion „analyze sequence". Was zeigt die Maschine an? Wird die Übungssequenz von *Bam*HI geschnitten? Analysieren Sie die Sequenz auf die Anwesenheit anderer Schnittstellen. Gibt es eine *Eco*RI-Schnittstelle? Eine für *Sma*I? Was passiert, wenn Sie die Computeranalyse für alle Enzyme in der Datenbank ablaufen lassen?

Falls Sie diese Übung mit Kommilitonen in einer Gruppe durchführen, teilen Sie sich in zwei Gruppen (2 Personen reichen) auf. Lassen Sie die eine Gruppe diese Analyse mit dem Computer durchführen. Die andere Gruppe versucht gleichzeitig, die Analyse auf Schnittstellen nur mit Papier und Bleistift durchzuführen. *Hinweis:* Nutzen Sie die Informationen aus Tabelle 3.1 in diesem Kapitel, sowie gegebenenfalls die in einem Katalog einer Firma, die Restriktionsenzyme vertreibt, falls Sie einen zur Hand haben. Fragen Sie ggf. einen Tutor oder Ihnen bekannten Forscher eines molekulargenetisch arbeitenden Laboratoriums. Welche Gruppe war schneller? Wie weit war die „Handarbeitergruppe" mit der Analyse, bevor die „Computergruppe" die Internetseite aktiviert und alle notwendigen Eingaben gemacht hatte?

WEITERFÜHRENDE LITERATUR

Bücher

A. Campbell und L. Heyer: Discovering Genomics, Proteomics and Bioinformatics. 2. Auflage, Benjamin Cummings (2006); ISBN: 0-8053-8219-4.

A. Griffiths, W. Gelbart, R. Lewontin und J. Miller: Modern Genetic Analysis. 2. Auflage, W.H. Freeman, 2002; ISBN: 0716747146. *Ein sehr gutes Lehrbuch der gesamten Genetik, das zuerst die molekulare und erst danach die klassische Genetik diskutiert – eine Vorgehensweise, die das Verständnis der Vererbungsvorgänge stark erleichtert.*

J. Sambrook und D. Russell: Molecular Cloning. 3. Auflage, Cold Spring Harbor Laboratory Press (2000); ISBN: 0-8796-9577-3. *Das Standardmethodenbuch der Molekulargenetik und Gentechnik für das Arbeiten im Labor.*

J. Watson, T. Baker, S. Bell, A. Gann, M. Levine und R. Losick: Molecular Biology of the Gene, 5. Auflage, Benjamin Cummings, 2004; ISBN: 0-321-22368-3. *Sehr gutes Lehrbuch der Molekulargenetik, die heute Molekularbiologie genannt wird.*

Artikel in Fachzeitschriten

D. Court, J. Sawitzke und L. Thomason (2002): Genetic engineering using homologous recombination. Annual Reviews in Genetics, vol. 36: 361–88.

J. Shendure et al. (2004): Advanced sequencing technologies: Methods and goals. Nature Reviews Genetics, vol. 5: 335–344.

C. Venter et al. (2001): The sequence of the human genome. Science, vol. 291: 1304–1351.

R. Wünschiers (2005): Computational Biology – Eine Einführung: Datenbanken, Linux, Bioperl & Co… Biologie in unserer Zeit, vol. 35, no. 2: 90–99.

WEB-LINKS

Weitere Informationen zu diesem Buchkapitel
http://www.pearson-studium.de

Deutsches Humangenomprojekt
http://mordillo.rz-berlin.mpg.de
Internetseite des deutschen Humangenomprojektes.

Nationales Genomforschungsnetz
http://www.ngfn.de
Internetseite des Bundesministeriums für Bildung und Forschung über den deutschen Forschungsverbund zur Auswertung des Humangenomprojektes mit dem Ziel, die medizinische Diagnose und Behandlung zu verbessern.

Patent- und Lizenzagentur (PLA) im deutschen Humangenomprojekt
http://www.pst.fhg.de/pla
Die Patent- und Lizenzagentur (PLA) wurde 1997 als zentrale Technologietransferstelle für das deutsche Humangenomprojekt ins Leben gerufen.

Nationales Zentrum für biotechnologische Information (NCBI) der USA
www.ncbi.nlm.nih.gov
Gute Internetseite mit der Möglichkeit der Datenbanksuche, mit Chromosomenkarten und einer Fülle von Informationen über Gene und Genome.

Cold Spring Harbor DNA-Lernzentrum
www.dnalc.org
Studentenfreundliche Quelle mit Verweisen auf aktuelle Themen der Genklonierung und ausgezeichneten Animationen zur Technik der rekombinanten DNA.

Genomikglossarium
www.genomicglossaries.com
Eine gute Quelle mit vielen Verweisen auf Genominternetseiten und Internetseiten, die die Fachsprache der Genomik erläutern.

Webcutter
www.firstmarket.com/cutter/cut2
Computerprogramm zur Identifizierung von allen Restriktionsschnittstellen langer DNA-Sequenzen.

Proteine als Produkte

4

ÜBERBLICK

Nachdem Sie dieses Kapitel durchgearbeitet haben, sollten Sie in der Lage sein:

- In allgemeinen Begriffen den molekularen Aufbau eines Proteins zu beschreiben.
- Drei Beispiele für medizinische Anwendungen von Proteinen zu geben.
- Die Einsatzgebiete industriell hergestellter Enzyme zu erläutern.
- Gebräuchliche Dinge des alltäglichen Lebens aufzuführen, in denen gezielt hergestellte Proteine als Inhaltsstoffe enthalten sein könnten.
- Die Vor- und Nachteile des Einsatzes von Mikroorganismen, Pilzen, Pflanzen und Tieren für die Proteinexpression zu benennen und abzuschätzen.
- Zu erklären, warum *Escherichia coli* so oft für die Proteinproduktion eingesetzt wird.
- Zu erklären, warum die Glykosylierung eines Proteins die Auswahl des Expressionssystems bestimmen kann.
- Ein allgemeines Schema für die Aufreinigung des Proteins Hämoglobin anzugeben.
- Zu erklären, wie ein gesuchtes Zielprotein in einer bestimmten Folge von Reinigungsschritten von allen anderen Zellproteinen abgetrennt wird.
- Die Proteomik und die mutmaßliche Zukunft der Proteinforschung zu erörtern.

Proteine als biotechnologische Produkte – Eine Einführung 4.1

Tropische Regenwälder, die tiefsten Abgründe des Ozeans, die kochenden Geysire auf Island und die Riesenskelette von Walen – sie alle sind Abschnitte an der wissenschaftlichen Front, an der um ein Verständnis der Proteine gerungen wird. **Proteine** sind Makromoleküle, die für die Struktur, die Funktion und die Regulation jeder einzelnen lebenden Zelle unabdingbar sind. Jede Proteinsorte erfüllt eine einzigartige Funktion im biochemischen Reaktionsgeflecht bei der Aufrechterhaltung des Lebens. In dem Maß, in dem die Forscher die in der Natur vorkommenden Proteine erforschen, entlocken sie ihr Stück um Stück die Geheimnisse des Wachstums, der chemischen Zersetzung und den Schutz vor Krankheit.

Die Anwendungen von Proteinen sind beinahe so zahlreich wie die Proteine selbst. Betrachten wir beispielsweise das Skelett eines Wals. Im Verlauf seiner natürlichen Zersetzung nach dem Ableben des Tieres werden die Knochen regelmäßig von Bakterien besiedelt, von denen einige sich im Verlauf ihrer Evolution darauf spezialisiert haben, die Fettbestandteile des Knochengewebes zu verdauen. Die Proteine, die diese Bakterien erzeugen, um die Fette und fettähnlichen Moleküle abzubauen, sind an das kalte Wasser der Tiefsee adaptiert. Findigen Forscher ist aufgefallen, dass eine chemische Substanz mit der Fähigkeit, Fette bei niedrigen Temperaturen aufzulösen, einen großartigen Spülmittelzusatz ergeben würde.

Selbst wenn ein Protein in der Natur aufgespürt und eine potenzielle Anwendung für seine physikalisch-chemischen Eigenschaften gefunden worden ist, ist noch eine gehörige Menge Erfindungsreichtum und Können erforderlich, um das Protein für die geplante Anwendung in hinreichender Menge und Güte zu produzieren. Natürlich können wir uns – wenn wir planen, einen tollen neuen kaltwassertauglichen Spülmittelzusatz zu entwickeln – nicht auf einen natürlichen Nachschub durch Bakterien auf Walskeletten stützen. Wir müssen also eine andere Quelle für solche Proteine finden. Glücklicherweise ist die Biotechnologie imstande, die Produktion praktisch jedweden Proteintyps zu ermöglichen. In diesem Kapitel werden wir uns auf diese Proteinproduktionsverfahren konzentrieren.

Wir wollen das Kapitel mit einem kurzen Überblick über die vielen Anwendungsmöglichkeiten von Proteinprodukten in einer Vielzahl von Industriezweigen beginnen. Danach werfen wir einen Blick auf die Prinzipien der Strukturbildung von Proteinmolekülen; dabei werden wir besonderes Augenmerk auf den Vorgang der Proteinfaltung lenken. Mit diesem Hintergrund werden wir einige der Kernprobleme bei der Proteinprozessierung beleuchten; dabei beginnen wir mit einer Erörterung der Methoden der Proteinexpression. Danach werden wir lernen, wie Proteine aufgereinigt werden, und wir werden die Verfahren zur Analyse und Verfizierung des Endproduktes kennen lernen. Obgleich es keine universelle „beste Methode" zur Verarbeitung von Proteinen gibt, stehen mehrere allgemein anwendbare Techniken zur Verfügung, die in ► Abbildung 4.1 schematisch zusammengefasst sind. In dem vorliegenden Kapitel werden wir diesem allgemein gültigen Weg folgen, wobei wir immer im Hinterkopf behalten wollen, dass die spezifischen Einzelheiten von Fall zu Fall variieren können.

Proteine 4.2

Die Verwendung von Proteinen in Fabrikationsprozessen ist eine althergebrachte Technologie. Das Brauen von Bier und das Keltern von Wein – zwei der geschichtlich ältesten Verfahren der Nahrungsmittelproduktion – sind abhängig von Proteinen. Die Käseherstellung ist ein weiterer Zweig der Lebensmittelindustrie, der schon immer auf Proteine zurückgegriffen hat. Heutzutage sind jedoch dank der Biotechnik die Proteinquellen oftmals andere.

Obwohl der Wert von Proteinen für Herstellungsverfahren seit langem klar ersichtlich gewesen ist, war man bis in die 70er-Jahre des 20. Jahrhunderts kaum in der Lage, dieses Wissen praktisch anzuwenden. Zu dieser Zeit wurden die Techniken der rekombinanten DNA in ihrer Grundform entwickelt. Dadurch wurde es nach und nach möglich, spezifische Proteine auf Bestellung zu produzieren. Seit der Zeit dieses Umbruchs ist die Produktion von Proteinen die treibende Kraft für die Entwicklung neuer Produkte und Verfahren in zahlreichen Industriezweigen (Lebensmittel-, Pharma-) gewesen.

Viele dieser Anwendungen hängen von den Fähigkeiten einer Gruppe von Proteinen ab, die **Enzyme** genannt werden. Enzyme beschleunigen chemische Reaktionen. Zahllose Industriezweige sind auf Enzyme angewiesen, die große Moleküle zu kleineren abbauen – ein Vorgang, der **Depolymerisation** genannt wird. Zu diesen Enzymen gehören Carbohydrasen (Kohlenhydrate spaltende Enzyme) wie die **Amylasen**, die Stärke abbauen, **Proteasen**, die Eiweiß (= Protein) abbauen, und die **Lipasen**, die Lipide (Fette und fettähliche Stoffe) abbauen. Solche Enzyme (wie das Rennin = Chymosin, ein eiweißspaltendes Enzym, das bei der Käseherstellung Verwendung findet) werden ausgiebig in der Nahrungsmittelindustrie sowie in verschiedenen anderen Industriezweigen eingesetzt (siehe ► Abbildung 4.2).

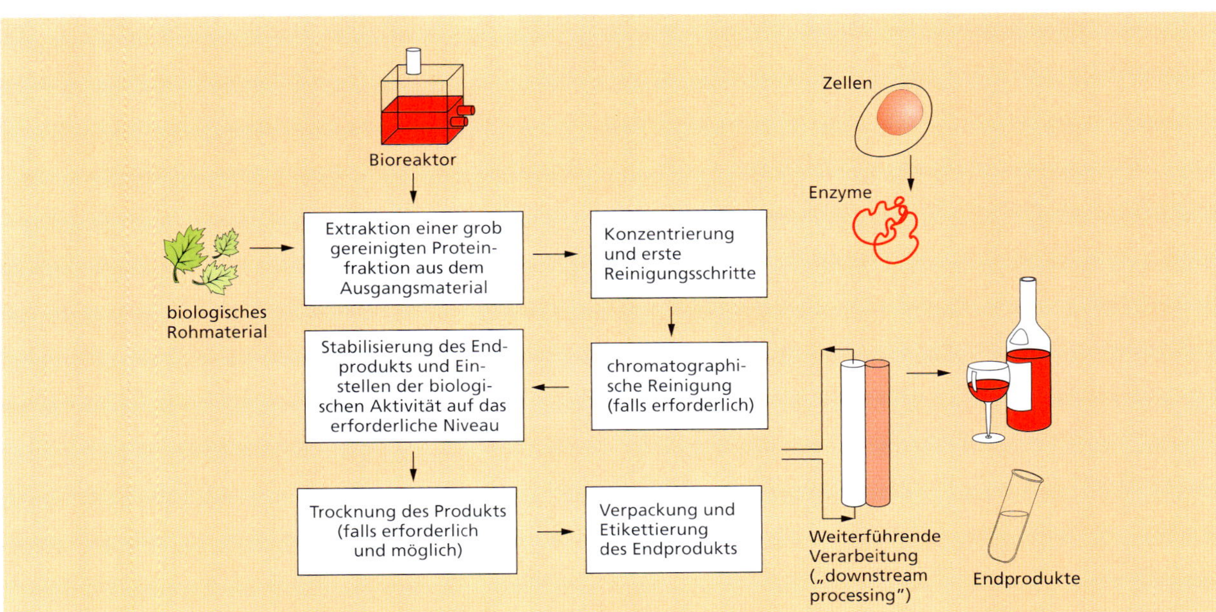

Abbildung 4.1: Grundlegende Schritte bei der Bioprozessierung. Eine Aufreinigung kann von einem Rohstoff oder dem Material aus einem Bioreaktor aus erfolgen. Die Schritte jedes Verfahrens müssen für den Einzelfall experimentell ermittelt werden und sind oft von einmaligem, nur für den speziellen Fall anwendbarem Charakter (und somit patentierbar).

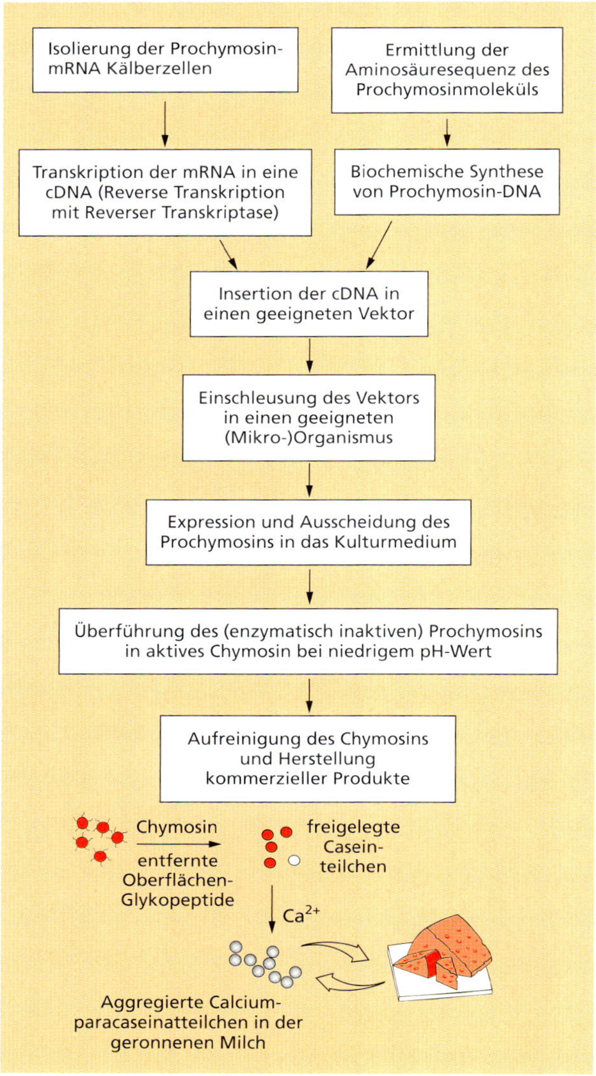

Abbildung 4.2: Käseherstellung. Casein, der Hauptbestandteil des Käses, ist das Produkt einer chemischen Umwandlung, die renninabhängig verläuft. Das Enzym Rennin wurde über Jahrhunderte hinweg aus der Magenwand säugender Kälber gewonnen („Labferment"). Heute werden 80 % des zur Käseherstellung verwendeten Rennins aus gentechnisch dafür hergerichteten Zellen gewonnen.

Bestimmte **Hormone** (Peptidhormone), die chemische Botschaften übermitteln, und **Antikörper**, die den Körper vor Infektionskrankheiten schützen, sind zwei weitere Gruppen von Proteinen, die kommerziell hergestellt werden. Dies vollzieht sich in erster Linie in der pharmazeutischen Industrie. Hormone finden auch Verwendung in der Landwirtschaft. So können Hormone (auch wenn diese keine Proteine sind) das Wurzelwachstum von Stecklingspflanzen anregen und/oder ein rascheres Wachstum von Tieren in der Fleischproduktion bewirken. (Wir werden den Einsatz von Hormonen in der Landwirtschaft in weiter reichenden Einzelheiten in den Kapiteln 6 und 7 erörtern.)

Medizinische Anwendungsgebiete

Die Gesundheits- und die Pharmaindustrie sind durch die Proteinbiotechnologie wahrhaft revolutioniert worden. Viele Krankheiten – von Volkskrankheiten wie der Zuckerkrankheit (Diabetes mellitus) bis hin zu seltenen Erbkrankheiten – können dadurch behandelt werden, dass man fehlende oder fehlerhafte Proteine von außen ersetzt. Im Fall der Zuckerkrankheit vom Typ I ist das fehlende Protein das Hormon Insulin. Vor nicht allzu langer Zeit musste das dazu notwendige Insulin aus geschlachteten Schweinen oder Kühen isoliert werden. Diese Lösung war jedoch alles andere als ideal, da viele Patienten im Lauf der Zeit eine allergische Reaktion auf das Fremdeiweiß entwickelten. Man überwand dieses Problem schließlich, indem man auf eine ungewöhnlich erscheinende Quelle auswich, das Bakterium *Escherichia coli*. Durch die Einpflanzung eines menschlichen Insulingens in die Bakterien verwandelte man diese in mikroskopisch kleine Insulinfabriken. Wir werden uns dem bemerkenswerten Einsatz gentechnisch veränderter Organismen als Quelle für bestimmte Proteine im weiteren Verlauf dieses Kapitels noch eingehender zuwenden. Die zuständige Zulassungsbehörde in den USA erlaubte 1982 die Markteinführung dieses „neuen" Insulins, welches dadurch zum ersten zugelassenen gentechnisch hergestellten Medikament wurde. Die Möglichkeit, einen praktisch unbegrenzten Nachschub an echtem Humaninsulin sicherzustellen, hat das Leben und die Gesundheit von Millionen Menschen verbessern geholfen. Einige weitere pharmazeutische Produkte auf der Grundlage von Proteinen sind in ► Tabelle 4.1 zusammengestellt.

Ein anderes Beispiel für einen potenziellen Einsatz von Proteinen in der Gesundheitsversorgung ist die Behandlung von Patienten, die am Morbus Gaucher leiden. Bei dieser seltenen Erkrankung führt eine Mutation des Erbgutes zu einem Anstau von Fetten in den Organen des Körpers einschließlich des Gehirns. Unbehandelt führt diese Krankheit für gewöhnlich schon beim Säugling innerhalb des ersten halben Lebensjahres zum Tod. Die Behandlung durch eine lebenslange Gabe des aufgrund der Mutation fehlenden Enzyms ist extrem kostspielig. Die einzige Quelle für das Protein waren bislang menschliche Placenten. Von diesen wurden zwischen 400 und 2000 Stück benötigt, um eine einzige Dosis des Enzyms zu isolieren. Dank der modernen Biotechnologie ist es vielleicht in naher Zukunft möglich, das Enzym aus gentechnisch modifizierten Tabakpflanzen zu gewinnen.

Tabelle 4.1

Ausgewählte pharmazeutische Produkte auf der Grundlage von Proteinen; die meisten werden in Form rekombinanter Proteine hergestellt

Protein	Anwendung
Erythropoietin („Epo")	Behandlung der Anämie
Interleukine 1, 2, 3, 4	Behandlung von Krebs, AIDS, strahlen- oder chemikalieninduzierter Knochenmarksschwäche
Monoklonale Antikörper	Behandlung von Krebs, rheumatoider Arthritis (Gelenkrheuma); diagnostische Nachweise
Interferone (α, β, γ)	Behandlung von Krebs, Allergien, Asthma, Arthritis und Infektionen
Koloniestimulierende Faktoren	Behandlung von Krebs, Anämien; Adjuvans in der Chemotherapie von Tumoren; AIDS
Blutgerinnungsfaktoren	Behandlung von Hämophilie („Bluterkrankheit") und verwandten Gerinnungsstörungen
Menschliches Wachstumshormon (hGH)	Behandlung von Kleinwüchsigkeit beim Kind; „Doping" bei Sportlern
Epidermaler Wachstumsfaktor	Behandlung von Wunden, Hautgeschwüren, Krebs
Insulin	Behandlung der Zuckerkrankheit (Diabetes mellitus, Typ I)
Gewebeplasminogenfaktor	Behandlung nach Herzinfarkten und Schlaganfällen (thrombotische Insulte)
Tumornekrosefaktor (TNF)	Behandlung von Krebs
Impfstoffe	Impfung gegen Hepatitis B (Virus), Malaria (spekulativ), Herpes simplex (Viren)
Insulinähnlicher Wachstumsfaktor (IGF)	Behandlung von Diabetes mellitus, Typ II („Alterszucker")

Die produzierende Industrie profitiert ebenfalls von der leichten Verfügbarkeit von Proteinen. Proteine verbessern die Eigenschaften von Detergenzien, verbessern die Fließeigenschaften des Öls bei Bohrungen und helfen, Kontaktlinsen zu reinigen. Vom Klebstoff bis hin zu Textilien werden die Produkte des täglichen Lebens durch industriell erzeugte Proteine verbessert, wie ► Tabelle 4.2 verdeutlicht.

Nahrungsmittelverarbeitung

Es lassen sich zahlreiche Beispiele für den industriellen Einsatz von Enzymen in jedem Küchenschrank finden. Die Nahrungsmittelindustrie setzt Proteine ein, um Säuglingsnahrung, Dosenfrüchte, Käse, Backwaren, Bier, Desserts und diätetische Lebensmittel zu verarbeiten und zu verbessern. Die erreichten Verbesserungen sind ziemlich unterschiedlich.

Bei der Brotherstellung können zugesetzte Enzyme die Stärke für die Gärorganismen (Hefen, Sauerteigbakterien) vorverdauen und so leichter angreifbar machen. Der Teig geht dann schneller auf. Er lässt sich dadurch rascher weiterverarbeiten, und die Beschaffenheit des Brotes wird einheitlicher. Derselbe Laib Brot verdankt seine appetitliche braune Kruste vielleicht zugesetzten Enzymen, die Stärkemoleküle zerkleinern und so die Karamellisierung – die die goldene bis dunkelbraune Farbe erzeugt – fördern (auch der Zusatz von Keratin in Form von Haaren ist gesetzlich erlaubt!).

Die Früchte, die man im Joghurt findet, sind fester; Erfrischungsgetränke erlangen eine höhere Haltbarkeit und Eiscreme erlangt eine glattere Beschaffenheit sowie bessere Gefriereigenschaften – all dies durch den Zusatz von Proteinen während der Herstellung.

Textilien und Lederwaren

Weitere Beispiele für den industriellen Einsatz von Proteinen finden Sie vermutlich in Ihrem Kleiderschrank. Seit mehr als einem Jahrhundert verwendet man in der Textilindustrie Enzyme zum Abbau von Stärke, mit denen man während des Herstellungsprozesses die Textilien „gestärkt" hatte. Im Verlauf der letzten 20 Jahre hat die Entwicklung neuer Produkte durch die Proteinbiotechnologie in dieser Industrie geradezu zu einer Explosion innovativer Verwendungen geführt.

Tabelle 4.2

Ausgewählte Enzyme und ihre industriellen Einsatzgebiete

Enzym	Einsatzgebiet
Amylasen	Stärkeverdau bei Fermentationsvorgängen und Verarbeitungsschritten
Proteasen	Proteinabbau in Waschmitteln, bei der Lederherstellung, in der Lebensmittelwirtschaft (Fleisch, Käse, Bier, Brot); Verdauungshilfen für Tiere einschließlich des Menschen
Lipasen	Lipidspaltung in Milchprodukten und Pflanzenölprodukten
Pektinasen	Abbau von Zellwandmaterial in Fruchtsäften (Klärung des Trubs), Papierherstellung (Pulpeverarbeitung)
Lactasen	Verdau von Milchzucker (z. B. für „Katzenmilch")
Glucose-isomerase	Herstellung von fruktosereichen Sirupen
Cellulasen/ Hemicellulasen	Herstellung von Tierfutter, Fruchtsäften (Klärung), Brauwesen
Penicillinacylase	Penicillinherstellung

Enzyme verdrängen auch aggressivere Chemikalien bei der Bleiche und beim Weichmachen von Fasern und Geweben. Der Einsatz enzymatischer „Bio"-Bleichmittel vermindert die Nachfrage nach gewöhnlichen Bleichmitteln. Dies erleichtert die nach dem Produktionsprozess notwendige Abwasserreinigung. Eine weitere Verwendung finden Enzyme beim so genannten Bio-stoning, bei dem sie den Einsatz vulkanischen Gesteins bei der Herstellung von „stone-washed" Jeans überflüssig machen. Auch hierbei ergibt sich ein Gewinn für die Umwelt: Für den gesamten Herstellungsprozess ist weniger Wasser notwendig als früher. Der Endverbraucher gewinnt ebenfalls: Da das „Bio-stoning" weniger belastend für die Fasern ist als das Waschen mit Steinen, verspricht die Industrie eine längere Lebensdauer der Produkte (Änderungen der Mode bleiben natürlich vorbehalten).

Falls Sie unter Ihren Kleidungsstücken solche aus Wolle haben, sind auch diese vielleicht durch den Einsatz von Enzymen aufgebessert worden. Zunächst kann die Wolle mit Hilfe von Enzymen gereinigt werden (Wolle muss vor der Weiterverarbeitung entfettet werden). Erstaunlicher ist die Tatsache, dass durch eine enzymatische Behandlung verhindert werden kann, dass Wollstoffe später einlaufen. Außerdem wird das Wollgewebe weniger kratzig. Falls Sie Kleidungsstücke oder Schuhe aus Leder besitzen, so ist das Leder vermutlich ebenfalls bei seiner Fabrikation mit Enzymen behandelt worden. Tatsächlich haben bei der Lederherstellung Proteine immer eine Rolle gespielt, etwa zur Entfernung von Haaren von den Häuten oder beim Weichmachen des Materials. Es gab jedoch Raum für Verbesserungen dieser althergebrachten Technologie. Das heutige Leder ist als Folge des Einsatzes biotechnologisch erzeugter Proteine weicher, sauberer und fester. Wieder einmal hat die Industrie von besseren Prozessen, niedrigeren Betriebskosten und weniger Umweltverschmutzung profitiert.

Der Textilindustrie kommen neben der Bestückung unserer Kleiderschränke noch andere Aufgaben zu. Nichtgewebte Produkte einschließlich von Erdtextilien, die zur Mulchung, der Erosionskontrolle und beim Straßenbau eingesetzt werden, enthalten allesamt Fasern aus Flachs, Hanf oder Jute, die enzymatisch behandelt wurden. Diese Fasern finden auch in den lärmdämmenden Verkleidungen vieler Automobile Verwendung. Zukünftig werden vielleicht auch die Luftfilter von Automobilen aus enzymbehandelten Fasern bestehen.

Oberflächenaktive Substanzen

Wenn Enzyme Präparaten aus oberflächenaktiven Substanzen (Detergenzien) zugesetzt werden, erlangen diese Stoffgemische bessere Reinigungseigenschaften und sind besser biologisch abbaubar. Waschpulver nutzen die chemischen Wirkungen von Proteasen, Lipasen und Amylasen, um Flecken bei niedrigeren Temperaturen aufzulösen. Enzyme in Waschmitteln sind auch leistungsfähiger geworden, so dass sie unsichtbare Reste entfernen können, die es den Fasern ermöglichen, schneller wieder zu beschmutzen. Wenn Sie die Etiketten vieler Fleckentferner lesen, werden Sie sehen, dass Enzyme an erster Stelle der aktiven Inhaltsstoffe genannt werden, machmal als alleinige. Geschirrspülmittel enthalten Enzyme, die Proteine und Stärke zersetzen. Ohne die Enzyme können Beläge und Flecken auf dem Geschirr zurückbleiben.

Papierherstellung und Papierwiederaufarbeitung

Heutige Hochgeschwindigkeitsdruckmaschinen können langsamer laufen oder ganz zum Stehen kommen, falls sich Druckerschwärze auf den beweglichen Teilen ansammelt. Proteinhaltige Produkte sind in der Lage, die klebrige Masse zu entfernen, so dass die Fabrik weiter „brummen" kann. Proteinhaltige Produkte haben die Umweltbelastungen durch die Papierindustrie (die sehr viel Wasser verbraucht) reduziert. In der Vergangenheit wurde zur Aufhellung der Papiergrundmasse mit Chlor gebleicht. Heute verrichten Enzyme dieselbe Aufgabe bei stark herabgesetzter Umweltbelastung. Die Papierwiederverwertung ist ein weiterer Bereich, in dem Enzyme eine wichtige Rolle spielen. „Büropapier" muss beispielsweise von Tinte und Druckerschwärze befreit werden; diese Vorgänge können durch Enzyme vereinfacht werden. Ein Ergebnis ist eine größere Nachfrage nach „Recyclingpapier".

Natürliche Klebstoffe

Falls Sie jemals versucht haben, eine Muschel oder eine Entenmuschel von einem Stein in der Gezeitenzone abzulösen, sind Sie Zeuge der ausgezeichneten Leistungsfähigkeit von Proteinklebstoffen in der freien Natur geworden. Der wasserfeste Klebstoff, der festsitzende Muscheln an ihr Substrat bindet, besteht aus mehreren Sorten von Proteinen. Natürliche Proteinklebstoffe sind von hoher Festigkeit und wasserunlöslich, was sie attraktiv für vielerlei biotechnologische Anwendungen macht. Ein wichtiges Beispiel tritt auf dem Feld der Medizin auf. Da diese Klebstoffe ungiftig und biologisch abbaubar sind und nur selten eine allergische Reaktion des Immunsystems hervorrufen, können sie eingesetzt werden, um abgerissene Sehnen wieder zu befestigen, Platzwunden zu kleben, Löcher in Zähnen zu füllen und gebrochene Knochen wieder zu verleimen. Die Forschung über natürliche Klebstoffe mag noch anderen Nutzen zeitigen. Die Schiffsreeder werden vom Problem der biogenen Korrosion geplagt, das entsteht, wenn sich Muscheln und andere Weichtiere an Schiffsrümpfe und andere Unterwassergerätschaften und -bauten heften. In dem Maß, in dem die Wissenschaft die von diesen Wasserbewohnern erzeugten Klebstoffe besser versteht, ergibt sich vielleicht ein Weg, dieses Problem umweltfreundlich zu bekämpfen, zum Beispiel durch die Entdeckung eines biologisch abbaubaren Hemmstoffes – eine weitere Gelegenheit für die Proteinbiotechnologie, eine Lösung für ein kommerziell wie ökologisch bedeutendes Problem zu liefern.

Biologische Umweltsanierung: Die Behandlung von Umweltverschmutzungen mit Proteinen

Jenseits der Verminderung des Ausstoßes an die Umwelt belastenden Abfällen bei industriellen Herstellungsprozessen können Proteine darüber hinaus auch dazu eingesetzt werden, schädliche Abfälle aufzuarbeiten. Organische Abfälle aus Mastbetrieben, Haushalten und Fabriken stellen eine immer weiter wachsende Gefahr für die Umwelt dar – insbesondere für aquatische Ökosysteme. Enzyme können eingesetzt werden, um solche organischen Abfälle abzubauen, bevor sie zu Problemen werden. Sie können sogar Enzymen dafür danken, dass sie helfen, die Fettauffangbehälter Ihres örtlichen Schnellimbissladens zu reinigen.

Eine weitere vielversprechende neue Anwendung für Proteine ist die Neutralisierung schwermetallhaltiger Abfälle, die beispielsweise Quecksilber oder Cadmium enthalten. Diese giftigen Elemente sind in der Umwelt stabil, können sich anreichern und über die Nahrungskette in Lebewesen einwandern. Da es sich um chemische Elemente handelt, widerstehen sie natürlich jedem enzymatischen Abbau, doch bedeutet dies nicht, dass man nicht mit der Hilfe von Proteinen gegen sie vorgehen kann. Durch biotechnische Eingriffe kann man Mikroorganismen erschaffen, die auf der Zelloberfläche einen Überzug aus **Metallothioneinen** besitzen. Metallothioneine sind Proteine mit stark entwickelten metallbindenden Eigenschaften. In diesem Fall wird der kontaminierende Stoff nicht freigelegt oder abgebaut, sondern durch Festlegen un- oder doch weniger schädlich gemacht. Falls giftige Metalle auf diese Weise an Bakterienzellen gebunden sind, ist die Wahrscheinlichkeit geringer, dass sie von Pflanzen und/oder Tieren aufgenommen werden.

Augenblicklich sind Forscher damit beschäftigt, die Gentechnik einzusetzen, um neue und bessere biologische „Werkzeuge" zu erfinden, mit deren Hilfe man giftige Stoffe angreifen und zerstören kann. Da dieser Forschungsansatz sich darauf stützt, manchmal Gene in den Bakterien in zufälliger Weise zu vermischen, können die dabei aus den umgelagerten Genen entstehenden Enzyme aktiver oder weniger aktiv als ihre durch natürliche Selektion evolvierten sein. In gewisser Weise beschleunigen also die Wissenschaftler bloß die Vorgänge der zufälligen Mutationen und der Selektion, indem sie die Mutationsrate erhöhen und anstelle der natürlichen die künstliche (durch den Menschen erfolgende) Selektion

SIE ENTSCHEIDEN!

Die Suche nach dem besten Produkt: Wer bezahlt?

Einigen Abschätzungen zufolge kostet es bis zu 450 Millionen Euro, ein Medikament (Protein) auf den Markt zu bringen. In diesen Durchschnittswert fließen die Entwicklungskosten für solche Wirkstoffe und Medikamente mit ein, die es infolge von Nebenwirkungen oder Wirkungslosigkeit nicht bis zur Marktreife schaffen.

Für gewöhnlich ist der Fertigungs- und Aufreinigungsprozess weitgehend entwickelt und der Stoff befindet sich in der Erprobung am Menschen, wenn dieser Fall eintritt. Obwohl sich alle über die hohen Kosten für Medikamente beschweren, macht man sich oft nicht klar, dass in die Endpreise die vergeblichen Investitionen in Produkte einfließen, die es nicht bis zur Marktreife schaffen. Falls wir die Fähigkeit, zu ermitteln, welches Medikament am besten für einen bestimmten Patienten ist (Pharmakogenetik, Kapitel 1), zu den Entwicklungskosten hinzuaddieren, steigen die Aufwendungen noch weiter an.

Da die Biotechnologiefirmen gehalten sind, für ihre Aktionäre Profit zu erwirtschaften, zahlt es sich für ein Unternehmen aus, wenn jederman sein Medikament kauft – sogar wenn das Medikament nicht ganz und gar für ihn oder sie geeignet ist. Was ist Ihrer Meinung nach die beste Lösung: Höhere Preise und bessere Medikamente oder niedrigere Preise für solche, die nicht immer helfen?

setzen. Dies geschieht mit der Hoffnung, dabei neue, effizientere Schadstoffe umsetzende Proteine zu entdecken. Wir werden dies in Abbildung 4.5 vertiefen.

Proteinstrukturen 4.3

In Kapitel 2 haben wir die Rolle der Ribonucleinsäuren (RNA) bei der biogenen Proteinsynthese diskutiert. Wir haben gelernt, dass die Ribosomen die Proteinfabriken lebender Zellen sind. Um den Vorgang der Expression und Ernte von Proteinen in der Biotechnologie besser verstehen zu können, müssen wir einen tieferen Blick auf die Molekülstrukturen von Proteinen werfen.

Proteine sind äußerst komplex gebaute Moleküle, die aus Ketten von Aminosäureresten bestehen. Wie alle Moleküle besitzen auch die Proteine kennzeichnende Molmassen. Sie weisen außerdem fast immer eine elektrische Nettoladung auf, die eine der Ursachen für die Wechselwirkungen mit anderen Molekülen oder Atomen ist. Diese Fähigkeit zur gezielten Wechselwirkung ist der Schlüssel zur biologischen Aktivität von Proteinen. Machen Sie sich beispielsweise klar, wie die Molekülstruktur und die elektrische Ladung eines Aminosäuremoleküls dessen Wechselwirkungen mit Wassermolekülen beeinflusst: Das Molekül kann entweder **hydrophil** (wasserliebend) oder **hydrophob** (wasserabweisend) sein. Im ersten Fall gibt es eine Attraktion zwischen der Aminosäure und dem Wasser, im zweiten Fall stoßen sich die Wassermoleküle und das Aminosäuremolekül gegenseitig ab.

Strukturelle Anordnung

Proteine weisen vier Ebenen des strukturellen Baus auf, die in letzter Konsequenz alle von der Abfolge der chemischen und physikalischen Eigenschaften der beteiligten Aminnosäurereste abhängen. ► Abbildung 4.3 illustriert die vier Strukturebenen dieser Makromoleküle.

Primärstruktur

Die 20 verschiedenen proteinogenen Aminosäuren sind die Bausteine, aus denen sich Proteine aufbauen. Bis zu 10000 Aminosäurereste können in einer „Kopf-an-Schwanz"-Abfolge zusammengeknüpft sein. Die Abfolge – die Sequenz – der Aminosäurereste wird als die Primärstruktur des Proteins bezeichnet. Die Abänderung eines einzigen Aminosäurerestes in der Primärstruktur kann zum vollständigen Verlust der Funktion des Proteins führen. Erbkrankheiten sind oft die Folge von Mutationen in den proteincodierenden Bereichen von Genen.

Sekundärstruktur

Die Sekundärstrukturelemente der Konformation eines Proteins bilden sich aus, wenn sich die Aminosäurekette an bestimmten Punkten oder Abschnitten in einer regelmäßigen Weise zusammenlegt. Die beiden häufigsten Sekundärstrukturbildungen sind die alpha-Helix (α-Helix) und das beta-Faltblatt (β-Faltblatt). Sie werden im Detail im Abschnitt über die Proteinfaltung beschrieben. Sowohl die Helix- als auch die „Blatt"strukturen kommen zustande, weil sie die stabilsten Konformationen sind, die die Molekülkette in diesen Bereichen lokal einnehmen kann. Es sind dies also Konformationen geringster potenzieller Energie.

Tertiärstruktur

Die Tertiärstruktur beschreibt die gesamte Raumstruktur einer Polypeptidkette, die sich aus den Elementen der Sekundärstruktur und deren räumlicher Lage relativ zueinander ergibt. Die Tertiärstruktur gibt also die Ausrichtung der Sekundärstrukturbereiche zueinander wieder. Als Beispiel sei das Pflanzenenzym Ribulosebisophosphatcarboxylase (Rubisco) genannt, das eine wichtige Rolle im Rahmen der Photosynthese der Pflanzen spielt. Ohne dieses Enzym könnten die Pflanzen nicht existieren und die Erde sähe erheblich anders aus.

Quartärstruktur

Eine Quartärstruktur bilden solche Proteine aus, die aus mehreren Polypeptidketten bestehen. Die Quartärstruktur beschreibt die Lage der das Protein konstituierenden Polypeptide. Hämoglobin, das Sauerstoff transportierende Protein des Blutes, ist ein Beispiel für ein Protein mit Quartärstruktur. Hämoglobin besteht aus vier Polypeptidketten. Die einzelnen Polypeptidketten werden als Untereinheiten bezeichnet. Jede Untereinheit besitzt eine eigenständige Tertiärstruktur.

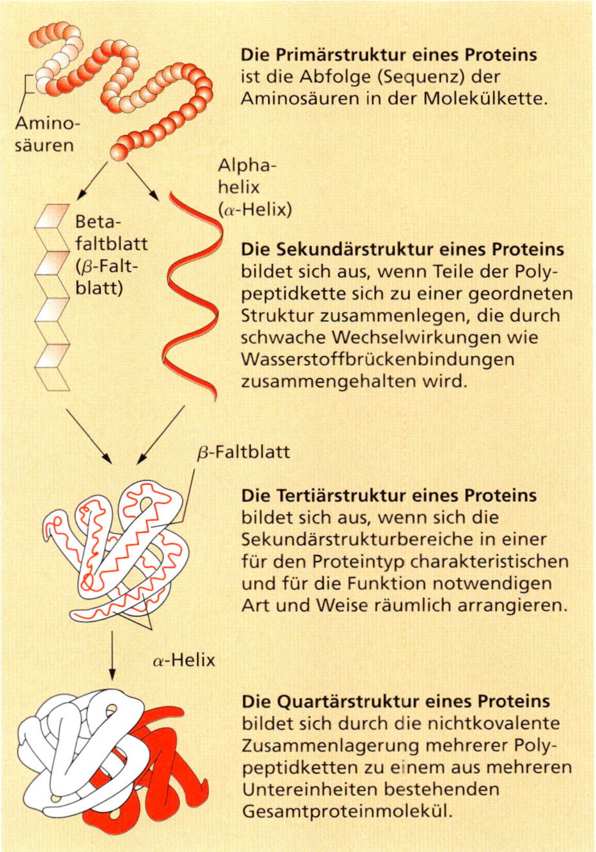

Abbildung 4.3: Die vier Ebenen der Proteinstruktur. Die richtige Faltung von Proteinmolekülen ist eine notwendige Voraussetzung für die Erlangung der vollen funktionellen Leistungsfähigkeit. Aufreinigungsmethoden müssen sicherstellen, dass der korrekte Faltungszustand erhalten bleibt.

Proteinfaltung

Alles, was in Bezug auf ein Protein von Bedeutung ist – seine Raumstruktur, seine Funktion –, hängt von der Faltung der Polypeptidkette ab, also von der Art und Weise, wie sich die Kette der Aminosäurereste zusammenknäuelt. Falls die Molekülkette sich auf nicht korrekte Weise zusammenlegt, wird vermutlich nicht nur die Funktion des Proteins verlorengehen, fehlgefaltete Proteine können sich sogar als schädlich für den Organismus erweisen, falls sie sich in den Zellen ansammeln. Beispiele hierfür sind, wie jüngere Forschungen ergeben haben, degenerative Hirnkrankheiten wie die Alzheimer'sche Krankheit oder der Rinderwahnsinn BSE, bei denen sich die Krankheit wahrscheinlich als Folge von Fehlern bei der Proteinfaltung ergibt. Die Erbkrankheit Mukoviszidose (auch zystische Fibrose genannt), manche Krebsformen und selbst Herzkrankheiten sollen ursächlich mit der Anhäufung fehlgefalteter Proteine in Zusammenhang stehen. Da sogar die native Faltung von Proteinen mit Problemen behaftet ist, ist leicht verständlich, dass eine der größten Herausforderungen der Biotechnologie darin besteht, die Faltung von Proteinmolekülen zu verstehen und schließlich kontrollieren zu können.

Der erste entscheidende Durchbruch auf dem Weg zu einem Verständnis der außerordentlich komplizierten Molekülstrukturen von Proteinen ergab sich im Jahr 1951. Damals wurden zwei regelmäßige, periodische Strukturtypen beschrieben, die als α (alpha) und β (beta) bezeichnet wurden und die die häufigsten Ergebnisse von Proteinfaltungsvorgängen sind. Beide Konformationstypen hängen von der Ausbildung von Wasserstoffbrückenbindungen ab.

Eine kurze chemische Rückblende

Ein Wasserstoffatom ist das einfachste Atom; es besteht aus einem Proton als Atomkern, das von einem einzigen Elektron umkreist wird. Stickstoff- und Sauerstoffatome sind beides „elektronenhungrige" Gebilde. Wenn die Atome dieser beiden Elemente mit Wasserstoffatomen in Kontakt kommen, ziehen sie die Elektronenwolke des Wasserstoffatoms zu sich herüber, so dass der Atomrumpf positiv polarisiert wird. Wenn das positiv polarisierte H-Atom in die Nähe eines anderen, negativ polarisierten Atoms kommt, kommt es zu einer anziehenden elektrostatischen Wechselwirkung. Diese Anziehung wird als Wasserstoffbrückenbindung bezeichnet.

Bei einer alphahelikalen Anordnung bilden die Aminosäurereste eine rechtsgängige Spirale aus. Die Wasserstoffbrücken stabilisieren diese Struktur, indem sie Stickstoff- und/oder Sauerstoffatome unterschiedlicher Aminosäurereste miteinander durch die verbrückenden H-Atome verbinden. Da diese Verbrückungen in regelmäßigen Abständen anzutreffen sind, bildet sich die Spiralstruktur der α-Helix aus.

Im Fall des β-Faltblatts verbinden die Brückenwasserstoffatome ebenfalls Stickstoff- und Sauerstoffatome. Da jedoch bei dieser Anordnung die Atome der Aminosäurereste Seite an Seite aneinanderliegen, bildet sich eine leicht gefältelte, flächige Gesamtstruktur aus. Die Stränge dieser „Blätter" können entweder parallel (die durch H-Brücken verbundenen Abschnitte laufen in die gleiche Richtung) zueinander oder antiparallel zueinander (die durch H-Brücken verbundenen Abschnitte laufen in entgegengesetzte Richtungen) liegen. Ein weiteres grundlegendes Element von Proteinmolekülstrukturen ist die Haarnadelkurve (auch β-Haarnadel genannt). Es wird ausgebildet, wenn die Aminosäurekette einen scharfen Knick macht, um in Form eines antiparallelen β-Faltblatts in Gegenrichtung an sich selbst zurückzulaufen. Obwohl sie nicht wirklich vollkommen zufällige Bildungen sind, werden andere Anordnungen als Zufallsknäuel bezeichnet. Vielleicht wäre es besser, sie als nichtperiodische Knäuel zu bezeichnen, aber der Begriff Zufallsknäuel hat sich etabliert.

Egal, welche Struktur das Protein einnimmt, es ist wichtig, sich immer daran zu erinnern, dass es sich um fragile Gebilde handelt. Wasserstoffbrückenbindungen lassen sich leicht – mit wenig Energieaufwand – auflösen. Ein vielleicht wertvolles Protein büßt mit der Gestalt seine einzigartige Funktion ein.

Glykosylierung

Nachdem ein Protein von einem Ribosom synthetisiert worden ist, können nachfolgend über hundert verschiedene **posttranslationale Modifikationen** stattfinden, die die biologische Aktivität oder den Aufenthaltsort des fertigen Proteins beeinflussen. Bei der **Glykosylierung** („Verzuckerung") eines Proteins werden Kohlenhydratmoleküle an bestimmten Stellen kovalent an die Polypeptidkette angeknüpft (▶ Abbildung 4.4). Die Änderungen können profunde Wirkungen auf die Aktivität eines Proteins haben: Die Löslichkeit kann erhöht sein, die Ausrichtung in der Membran kann dadurch festgelegt werden, der Endpunkt des intrazellulären Transports wird festgelegt, oder die Halbwertszeit des Proteins im Organismus wird beeinflusst. Die Glykosylierung erfolgt im endoplasmatischen Retikulum und wird gegebenenfalls im Golgi-Apparat der Zelle erweitert. Die Proteinglykosylierung ist daher auf eukaryontische Zellen, die diese Organellen beherbergen, beschränkt (Bakterien besitzen weder Golgi-Apparat noch ER). Da die Glykosylierung Einfluss auf die biologische Aktivität eines Proteins ausüben kann, wird die Auswahl möglicher Expressionssysteme durch die Frage, ob eine Glykosylierung stattfindet, mitbestimmt.

Protein-„Engineering"

Manchmal ist es von Nutzen, spezifische, vorherbestimmte Änderungen an der Aminosäurefolge eines Proteins vorzunehmen. Dies kann durch ortspezifische Mutation oder in einer für die Biotechnologie besonders interessanten Strategie, durch gerichtete Evolution, geschehen. Dazu induziert man – anders als bei der gerichteten Mutation – zufällige Mutationen und selektiert aus dem erhaltenen Mutantenspektrum auf solche mutantenproteine-exprimierende Stämme, die Proteine mit den gewünschten Änderungen der Aktivität, Spezifität, Stabilität u. a. m. hervorbringen. Man hat mit Hilfe dieser Strategie beispielsweise Lebewesen evolviert, die in der Lage sind, eine Cyanidionenkonzentration von 1 M und mehr auszuhalten.

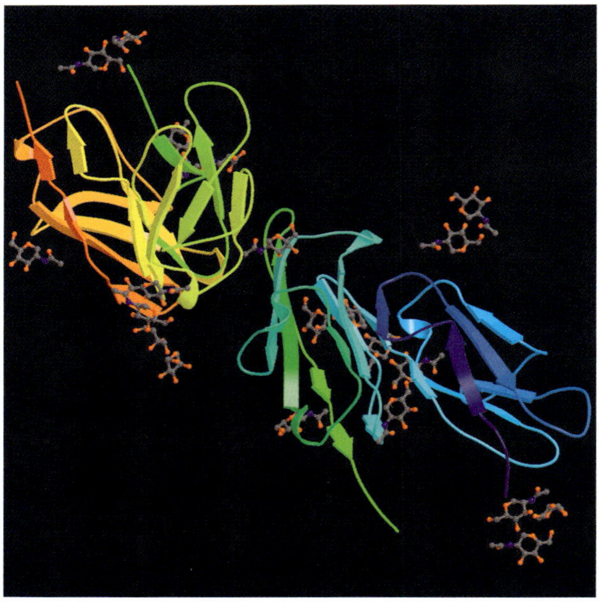

Abbildung 4.4: Raumstruktur eines Proteins mit Glykosidseitenketten. Die Glykosylierung von Proteinen findet in eukaryontischen Zellen statt und beeinflusst dessen Transport innerhalb der Zelle und vermutlich auch die Halbwertszeit eines Proteins.

Der Vorteil der gerichteten Evolution – die nichts weiter ist eine forcierte Form der konventionellen Züchtung – gegenüber der natürlichen Selektion besteht in der Beschleunigung der Vorgänge durch den Eingriff des Forschers. Die ortsspezifische, gerichtete Mutation ist die Einführung gezielter Änderungen der Nucleotidfolge eines bestimmten Gens (Mutation *und* Selektion sind gerichtet). Bei der gerichteten Evolution erfolgt die Mutation in zufälliger Weise, nur die Selektion ist – vorgegeben durch die Wünsche des ausführenden Experimentators – gerichtet (► Abbildung 4.5).

Nachdem das mutierte Gen in eine Wirtszelle eingeschleust worden ist, wird diese das Gen zur Expression bringen. Falls das neue Genprodukt stabil ist, lässt es sich mit einigem Geschick isolieren. Diese Vorgehensweise erlaubt es Forschern, Proteine mit veränderten Eigenschaften zu kreieren. Anders als bei der natürlichen Selektion wirkt bei der gerichteten Evolution im Labor der Forscher als Selektionsfaktor, der eine Entscheidung trifft, bei der ein mit der Mutation verbundener Selektionsvorteil für den betroffenen Organismus in einer natürlichen Umgebung natürlich vollkommen irrelevant ist. Das Labor ist die Umwelt, und der Mensch ist die selektive Instanz. So können auch solche Mutationen überdauern, die für die Reproduktionsfähigkeit des Lebewesens nachteilig sind und in der Natur schnell ausselektiert werden würden. Werden beispielsweise Bakterien gezwungen, Insulin herzustellen, hat das natürlich keinen unmittelbaren Nutzen für das Funktionieren der Zelle. Die Produktion des Fremdproteins ist aber in der Laborumwelt ein sehr starker Selektionsvorteil, da jede Zelle, die dieses Merkmal nicht trägt, vom Forscher aus dem Evolutionsprozess entfernt wird. Der gerichtete Evolutionsprozess funktioniert also ganz genauso wie die natürliche Evolution in der freien Natur, nur sind die Verhältnisse überschaubarer und das Evolutionsziel ist festgelegt. Es ist diese Vorgabe des *Evolutionsziels*, die den einzigen und entscheidenden Unterschied zur ungerichteten Evolution der Lebewesen durch natürliche Selektion in der Natur darstellt. Beachten Sie aber, dass ähnlich subjektive und individuelle Selektionskriterien auch bei der sexuellen Selektion in der Natur am Werk sind. Der Unterschied schrumpft damit auf den *Vorsatz* bei der gerichteten Evolution im Labor zusammen.

Über die in der Natur vorkommenden und vorsätzlich mutativ veränderten Proteine hinaus ist die moderne Molekularbiologie in der Lage, völlig neuartige Proteinsorten zu kreieren. Auch in der Natur gibt es

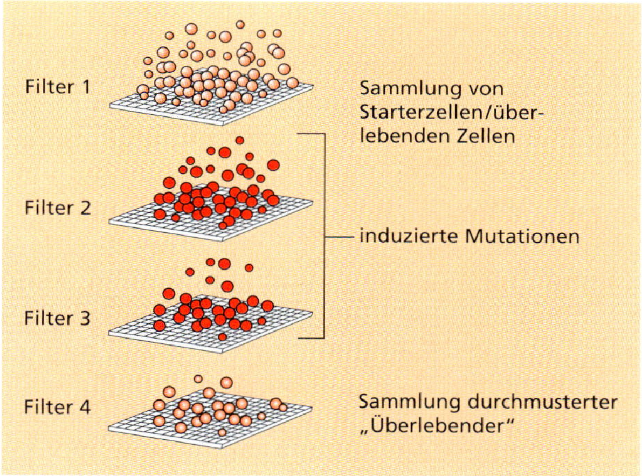

Abbildung 4.5: Gerichtete Molekülevolution. Gene, die für wertvolle Proteine codieren, werden einer absichtlichen Mutation unterworfen. Dieser Vorgang erzeugt eine verzweigte Gruppe verwandter neuer Gensequenzen. Die Genprodukte der mutierten Gene müssen eines nach dem anderen auf ihre Eigenschaften hin untersucht werden. Nachdem eine messbare Verbesserung im Sinne des gesteckten Zieles erreicht worden ist, kann der Vorgang wiederholt werden, bis ein Maximalwert erreicht ist (weitere Veränderungen führen dann in allen Fällen wieder zu Verschlechterungen).

Vorbilder für solche Vorgänge: Fusionsprotein durch illegitime Rekombination („Exon-shuffling" u. Ä.). Diese neuen Proteinsorten, die im Labor erdacht und erschaffen werden, legen die Vermutung nahe, dass es möglich sein sollte, Proteine zu „erfinden", die für bestimmte biotechnologische Anwendungen maßgeschneidert sind.

Proteinproduktion 4.4

An diesem Punkt unseres Streifzuges angelangt sollte Folgendes klar ersichtlich geworden sein: Über ihren Wert als biotechnologische Produkte hinaus sind Proteine komplexe und oftmals fragile Produkte. Mit dieser Erkenntnis als Ausgangspunkt wollen wir die reale Arbeit eines Biotechnologen bei der Herstellung von Proteinen näher betrachten.

Bei der Herstellung eines Proteins kann man zwei wesentliche Phasen unterscheiden. Aus Gründen der Anschauung wollen wir diese beiden Phasen als die **stromaufwärts stattfindenden Vorgänge** *(upstream processing)* und die **stromabwärts stattfindenden Vorgänge** *(downstream procesing)* bezeichnen. Das *upstream processing* umfasst die eigentliche Herstellung der Proteine in den Zellen. Im Verlauf des *downstream processing* werden die Zielproteine von den übrigen Zellbestandteilen, einschließlich aller anderer Proteine, abgetrennt. Dann müssen der Reinheitsgrad und die biologische Aktivität der Proteinpräparation ermittelt werden. Schließlich muss eine geeignete Form der Lagerung unter Erhaltung der Funktion für das Protein gefunden werden. All dies ist ein langwieriger und steiniger Weg, und an jedem Punkt gibt eine Auswahl von Methoden, aus denen jeweils die am besten geeignete gewählt werden muss. Experten in dieser Disziplin beschreiben die Aufgabe oder besser Herausforderung im besten Fall als anstrengende Arbeit, im schlimmsten Fall als nervenaufreibend und auszehrend. Doch am Ende stellt sich eine Belohnung ein. Gelingt es, ein erfolgreiches System für die Produktion des gewünschten Proteins aufzubauen, wiegen die Ergebnisse den Ärger und die Anstrengung auf.

Bevor wir uns mit den Einzelheiten der Proteinaufarbeitung auseinandersetzen wollen, müssen wir uns mit den Entscheidungen befassen, die während der Phase des *upstream processing* zu fällen sind. Die dort gefällten Entscheidungen können nachfolgende Arbeits-

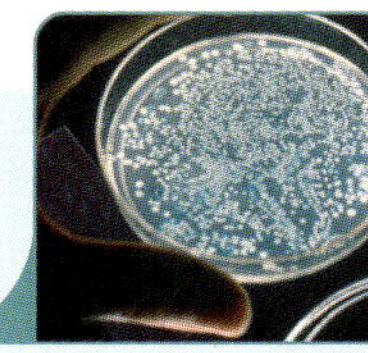

METHODEN

Die Zusammenfügung des menschlichen Proteoms

Proteome – die Gesamtheiten aller Proteine, die von bestimmten Organismen, Organen oder Zellen hergestellt werden – sind nach der Sequenzierung des Humangenoms und anderer Genome immer mehr in den Brennpunkt des Interesses gerückt. Wie schon verschiedentlich erwähnt, belaufen sich die Kosten für die Entwicklung eines Medikamentes bis zur Marktreife auf durchschnittlich etwa 450 Millionen Euro, die dafür benötigte Zeit beläuft sich auf fünf bis acht Jahre. Da die meisten von der biotechnologischen Industrie hergestellten Medikamentenwirkstoffe Proteine sind (z. B. Wachstumsfaktoren, Antikörper, Hormone), die fehlende oder nicht ordnungsgemäß funktionierende Proteine des Körpers ersetzen, haben diese Firmen ein ausgeprägtes Interesse an Entwicklung und Einsatz von Proteinmikrochips gezeigt. Ähnlich wie die schon diskutierten DNA-Mikrochips dienen diese Miniaturgeräte zum Aufspüren von Proteinen, die in ihrer Menge oder Form auf Krankheitsprozesse hindeuten. In ihrer Frühzeit waren diese Biochips (*Mircroarrays*) auch dafür vorgesehen, die Vorhaben biotechnologischer Unternehmen zur Entwicklung von Proteinen als Substitutionstherapie zu evaluieren, bevor große Mengen an Geld und Zeit aufgewendet werden.

Proteinchips haben viele Vorzüge. Da die Zahl der im Rahmen des Humangenomprojekts entdeckten Gene hinter der Erwartung zurückgeblieben ist, nehmen manche, die an ihren Ursprungsschätzungen hängen, an, dass viele Gene mehr als ein Genprodukt hervorbringen, obwohl ein experimentelles Fundament für die Erhärtung dieser Spekulation bislang gänzlich fehlt (wir haben in Kapitel 3 erörtert, wie ein Gen mehr als ein Genprodukt hervorzubringen vermag). Die meisten heute eingesetzten Wirkstoffe wirken auf der Ebene der Proteine, indem sie mit Rezeptoren wechselwirken (dasjenige Protein, an dem ein Wirkstoff seine Wirkung entfaltet, ist dann der *Rezeptor* für diesen Stoff), die dann ihrerseits irgendwelche Vorgänge im Körper in Gang setzen.

Dabei spielen dann oft noch andere Proteine eine Rolle. Wir alle haben schon von Proteinen profitiert, die das Immunsystem als fremd erkennt und die es angeregt haben, Abwehrmaßnahmen gegen bestimmte Infektionen zu treffen – die Rede ist von Impfungen. Proteinstrukturelle Differenzen machen sie schwieriger zu entdecken als unterschiedliche DNA-Moleküle.

Neben der Tatsache, dass es mehr unterschiedliche Proteine als Gene gibt, haben Proteine einen breiten Bereich von Konzentrationen (von Pikogramm bis Mikrogramm) im Körper. Wie früher in diesem Kapitel erörtert, haben Proteine drastisch unterschiedliche chemische Eigenschaften infolge der Typen und Mengen der verschiedenen Arten von Aminosäuren. Da die Form jedes Proteins für gewöhnlich seine Funktion bestimmt (oder Nichtfunktion), sind Proteine auch empfindlicher für strukturelle Änderung als DNA. Falls wir Biochips entwickeln sollen, die unterschiedliche Proteine in unterschiedlichen Mengen detektieren, müssen alle diese Faktoren in die Betrachtung einbezogen werden.

Biochips können aus Glasplättchen aufgebaut sein, die mit einem Stoff überzogen sind, der Proteine an sich bindet. Für gewöhnlich haben diese Glasplättchen einen angehefteten Antikörper, der für das zu detektierende Protein spezifisch ist, sowie einen Signalisierungsmechanismus, der anzeigt, das ein Einfang stattgefunden hat. Die Firma *Cambridge Antibody Technology* in England hat eine Antikörperbibliothek von über 100 Milliarden Antikörpern, die aus dem Blut gesunder Personen gesammelt wurden. Die Firma *Packard BioScience* (USA) hat Glasträger entwickelt, die mit Acrylamid beschichtet sind, und die es erlauben, dass die angeknüpften Proteine ihre Raumstruktur beibehalten, während sie gleichzeitig in das Beschichtungsmaterial eingebettet sind. Die Auftragung der Flüssigkeiten, die detektiert werden sollen, gründet sich auf die Tintenstrahltechnik und hat bis 2004 etwa 20000 Punkte pro Standardmikroskopobjektträger erreicht. Schließlich hat die Firma *Ciphergen Biosystems* (USA) die Massenspektrometrie adaptiert, um eine rasche Auf-dem-Chip-Trennung, -Detektion und -Analyse von Proteinen unmittelbar aus biologischem Probenmaterial zu erreichen. Was gibt es also noch zu tun?

Wie wir in Kapitel 11 lernen werden, harren noch zahllose Proteine aus zahlreichen Krankheitszuständen der Entdeckung. Die Fähigkeit zur chemischen Diagnose einer Krankheit und die Festlegung der effektivsten Behandlung wird davon abhängen, ob es gelingt, Proteine aufzureinigen und Antikörper zu entwickeln, die mit Krankheit verwandt sind.

schritte erleichtern oder erschweren. Der Entwurf des Gesamtprozesses macht ein Verständnis beider Phasen des Vorgangs notwendig.

Proteinexpression: Die erste Phase der Proteinverarbeitung

Wir werden damit beginnen, einen Blick auf die erste Entscheidung zu werfen, die beim *upstream processing* zu fällen ist, der Auswahl des Zelltyps, der als Proteinfabrik dienen soll. Mikroorganismen, Pilzzellen, Pflanzenzellen und Tierzellen besitzen alle einmalige Qualitäten, die sie unter bestimmten Umständen zu einer guten Wahl machen können.

Mikroorganismen

Mikroorganismen sind aus mehreren Gründen attraktive Proteinquellen. Zunächst sind viele Gärungen gut untersucht und verstanden. Mikroorganismen lassen sich außerdem in großen Mengen kultivieren, und das in vergleichsweise sehr kurzen Zeiträumen. Im industriellen Umfeld ist diese Fähigkeit zur Erzeugung von Produkten im großen Maßstab oft wesentlich. Ein weiterer wichtiger Gesichtspunkt ist die relative Einfachheit, mit der viele Mikrobenarten genetisch verändert werden können.

Die Technik der rekombinanten DNA kann eingesetzt werden, um die von einem Mikroorganismen erzeugte Menge eines erwünschten Proteins zu erhöhten. Dazu stehen mehrere Wege zur Verfügung. Ein solcher Weg ist die Erhöhung der Kopienzahl des zu exprimierenden Gens. Ein weiterer besteht darin, das gewünschte Gen unter der Kontrolle eines starken Promotors in die Wirtszellen einzuführen (siehe Kapitel 3).

Die Bakterienart, die bei der Produktion rekombinanter Proteine am weitesten verbreitet ist, ist das Darmbakterium *Escherichia coli*. Da ein Großteil der frühen Grundlagenforschung zur Genetik der Bakterien an *Escherichia coli* durchgeführt worden ist, sind die genetischen Eigenschaften dieses Bakterientyps sehr gut untersucht.

In einigen Fällen wird das Fremdgen (das **heterologe Gen** in der Sprache der Genetik) direkt an ein vollständiges Gen oder einen Teil eines Gens aus den Bakterienzellen angefügt. Ein solches rekombiniertes Gen mit Anteilen verschiedener Gene wird *Fusionsgen* genannt, das zugehörige Translationsprodukt Fusionsprotein.

Das Ergebnis wird sein, dass die gentechnisch hergestellten Bakterienzellen nun versuchen werden, das vom Biotechnologen gewünschte Protein herzustellen. Gelingt dies – was nicht immer der Fall ist –, liegt es als **Fusionsprotein** vor, so dass ein zusätzlicher Arbeitsschritt notwendig ist, um das Zielprotein vom Rest des Fusionsproteins abzulösen.

Die Mehrheit der nativen („hauseigenen") Proteine einer Bakterienzelle wie der von *Escherichia coli* sind intrazelluläre (cytoplasmatische) Proteine. In vielen Fällen der erzwungenen Synthese rekombinanter Proteine sammeln sich diese in Form so genannter **Einschlusskörper** in den Zellen an. Einschlusskörper sind Zusammenballungen (Aggregate) der in überhöhtem Maß angefertigten Fremdproteine. Sie sind vielfach nur schwer löslich und stellen deshalb ein weiteres Problem für den Biotechnologen dar.

Der Einsatz von Mikroorganismen für die Produktion rekombinanter Proteine stößt jedoch an Grenzen. Alle Bakterien, so auch die beispielhaft vorgestellte Art *Escherichia coli*, sind Prokaryonten (primitive Einzeller). Die fortgeschritteneren, komplizierter gebauten Zellen der Eukaryonten finden sich bei allen echten Vielzellern und auch bei einer großen Zahl einzelliger Lebensformen (Protozoen, einzellige Algen usw.). Prokaryonten sind nicht in der Lage, bestimmte biochemische Reaktionen durchzuführen. Das Beispiel der Glykosylierung von Proteinen wurde schon erwähnt. Aus diesen Gründen können manche Proteine nur in eukaryontischen Zellen hergestellt werden (► Tabelle 4.3).

Obgleich es möglich ist, den gesamten Ablauf in einem kleinen Kolben im Laboratorium durchzuführen,

Tabelle 4.3

Vor- und Nachteile der Produktion rekombinanter Proteine in *Escherichia coli*

Vorteil	Nachteil
Die Genetik von *E. coli* ist gut untersucht.	Proteine, die in Einschlusskörpern abgelegt werden, müssen wieder getrennt werden (gelingt nicht in jedem Fall).
Beinahe unbegrenzte Mengen an Zellen/Protein lassen sich gewinnen.	Aufgrund abweichender posttranslationaler Modifikationen werden manche eukaryontischen Proteine nicht korrekt gefaltet oder sind nicht stabil.
Die Fermentationstechnik für diesen Mikrobentyp ist sehr gut bekannt und technisch beherrscht.	Einige bakteriell erzeugte Proteine sind in Eukaryonten (Mensch etc.) inaktiv.

lassen sich gentechnisch veränderte Mikroorganismen auch im großen Maßstab in **Bioreaktoren** anzüchten; dies ist ja eine Voraussetzung für eine wirtschaftlich lohnende biotechnologische Ausnutzung dieser Verfahren. Unter einem Bioreaktor versteht man ein geschlossenes System, in dem zum Zweck der Produktion biologische Vorgänge ablaufen. Die Bioreaktoren zur Herstellung rekombinanten Humaninsulins können mehrere Stockwerke hoch sein.

Computer überwachen heute vollautomatisch das Milieu in solchen Reaktoren, halten die notwendigen Sauerstoffkonzentrationen, die Temperatur, den pH-Wert und andere Stellgrößen aufrecht (► Abbildung 4.6). Die Vermehrung der Zellen wird ebenfalls sorgfältig überwacht, weil es oft eine Wachstumsphase gibt, in der die Konzentration der Proteine am höchsten ist.

Pilze

Pilze (*Mycota, Fungi*) sind eine Quelle für ein breites Spektrum von Proteinen, die in so verschiedenartigen Produkten wie Tierfutter und Bier zum Einsatz kommen. Die natürlicherweise in manchen filamentösen Pilzen vorkommenden Proteine werden als Nahrungsmittel eingesetzt. Über die natürlicherweise in Pilzen vorkommenden Proteine hinaus eignen sich zahlreiche Pilze gut als Quelle für rekombinante, mit gentechnischer Unterstützung hergestellte Proteine. Anders als Bakterien sind Pilze aufgrund ihrer eukaryontischen Natur zu vielen posttranslationalen Modifikationen fähig (z. B. zur Glykosylierung von Proteinen), doch sind die Details dieser Prozesse in manchen Fällen auf subtile Weise verschieden von den entsprechenden Vorgängen in Tier- oder Pflanzenzellen (► Tabelle 4.4).

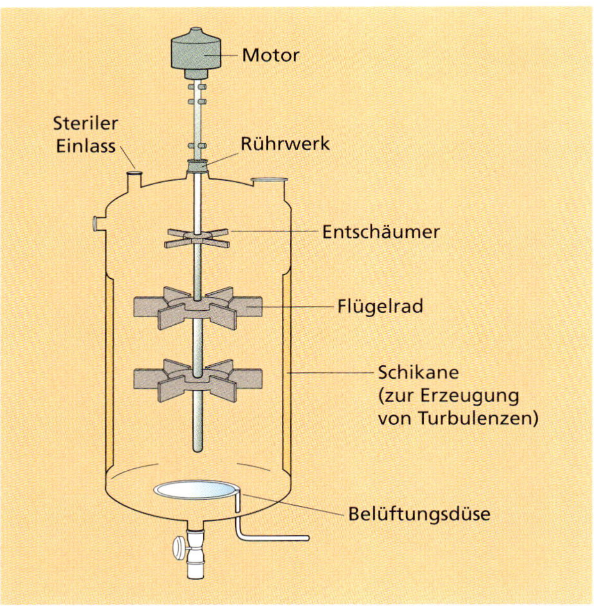

Abbildung 4.6: Mikrobieller Fermenter. Die Kultivierung der Mikroorganismen geschieht in einem geschlossenen System, das vor der Befüllung sterilisiert wird. Durch Einlässe, in die Sterilfilter eingeschaltet sind, können von außen während des Betriebs Stoffe zugesetzt werden, beispielsweise um den pH-Wert, die Sauerstoffkonzentration oder andere Parameter einzustellen. Diese Stellgrößen werden mit Hilfe von im System befindlichen Sensoren erfasst.

Tabelle 4.4

Einige rekombinante Proteine aus Pilzen

Protein	Pilzart(en)
Humaninterferon(e)	*Apergillus niger, Aspergillus nidulans*
Humanlactoferrin	*Apergillus oryzae, Apergillus niger*
Rinderchymosin	*Apergillus niger, Apergillus nidulans*
Aspartatproteinase	*Apergillus oryzae*
Triglyzeridlipase	*Apergillus oryzae*

Pflanzen

Pflanzenzellen lassen sich ebenfalls als Orte der Proteinexpression nutzen. Tatsächlich sind Pflanzen eine ergiebige Quelle für natürlicherweise vorkommende, biologisch aktive Substanzen. Ca. 85 % aller heute auf dem Markt befindlichen Wirkstoffe stammen aus Pflanzen. Ein Beispiel für ein pflanzliches Enzym, das in industriellem Maßstab hergestellt wird, ist die Protease **Papain**. Papain, das auch als „pflanzliches Pepsin" bezeichnet wird, wird als „Weichmacher" in der fleischverarbeitenden Industrie eingesetzt; man nutzt also die proteolytische Wirkung, um zähe Bestandteile wie das vom menschlichen Verdauungssystem schlecht angreifbare Kollagen der Sehnen und des Bindegewebes (z. B. in den Wandungen der Blutgefäße) vorzuverdauen. Überlegen Sie bei Ihrem nächsten Besuch in der Mensa einmal, in welchen Gerichten Papain zum Einsatz gekommen sein könnte.

Pflanzen können genetisch modifiziert werden, um wünschenswerte Proteine herzustellen, die sie von Natur aus nicht enthalten. Wenn dies der Fall ist, können das rasche Wachstum und die Vermehrungsraten von Pflanzen ein klarer Vorteil sein. Der Tabak (*Nicotiana tabacum*) gehörte zu den ersten gentechnisch veränderten Pflanzen. Eine einzige Tabakpflanze vermag bis zu einer Millionen Samen hervorzubringen. Nachdem einmal die harte Arbeit der Einschleusung des erforderlichen genetischen Materials vollbracht ist, könnten theoretisch eine Million neuer pflanzlicher Proteinfabriken die Felder füllen (Einzelheiten in Kapitel 6).

Der Einsatz von Pflanzen zur Erzeugung von Proteinen hat auch gewisse Nachteile. Nicht alle Proteine lassen sich in Pflanzen herstellen (ein Problem, mit dem alle heterologen Expressionssysteme behaftet sind), und aufgrund der stabilen Zellwände, die Pflanzen mit Pilzen und Bakterien gemein haben, kann sich die Extraktion langwierig und schwierig gestalten. Die posttranslationalen Modifikationen von Proteinen unterscheiden sich in Pflanzen ebenfalls in manchen Aspekten von denen in Tieren und Pilzen. Dies schließt also Pflanzen für die Herstellung bestimmter Proteine aus anderen Organismenreichen aus. Mit transgenen Pflanzen werden wir uns eingehender in Kapitel 6 befassen.

Säugetierzellsysteme

Manchmal ist es möglich, Tierzellen zu kultivieren – sie also in einem Nährmedium weiterzuzüchten, bis die Zeit gekommen ist, die Proteine zu ernten. Dieses Verfahren stellt jedoch eine Herausforderung dar, da die Haltungs- und Nährstoffansprüche von Tierzellen oft hoch und regelmäßig komplizierter als die von Mikroorganismen sind. Tierzellen vermehren sich darüber hinaus relativ langsam und es bedarf eines größeren Inokulums, um einen Bioreaktor anzufahren. Da sich die Tierzellen in Kultur nur langsam vermehren, sind die notwendigen Standzeiten der Systeme wesentlich länger. Damit wächst die Gefahr der Kontamination durch Mikroorganismen, die die Tierzellen rasch überwuchern. Ungeachtet dieser Schwierigkeiten sind Tierzellen in manchen Fällen erste Wahl, wenn nicht sogar eine unvermeidliche, um spezielle Proteine herzustellen.

Ganze Tiere als Produktionssysteme

Zellkulturen sind nicht die einzige Möglichkeit, will man Tierzellen nutzen. Manchmal bietet sich das ganze Tier als Proteinproduzent an. Betrachten wir als ein Beispiel für die Nutzung ganzer Tiere als biotechnologische Reaktoren die Herstellung **monoklonaler Antikörper**. Antikörper sind Proteine, die als Reaktion auf ein **Antigen** (in den Körper eingedrungenes Fremdmaterial, zum Beispiel ein Infektionserreger wie ein Virus oder ein Bakterium) von weißen Blutkörperchen erzeugt werden. Antikörper verbinden sich mit dem eingedrungenen Antigen und neutralisieren es. Dadurch wird der Wirtsorganismus vor der Schadwirkung durch das Antigen geschützt. Die Produktion von Antikörpern ist ein Teil der Immunantwort, der es Wirbeltieren ermöglicht, sich gegen Infektionskrankheiten zur Wehr zu setzen. Wenn die Herstellung monoklonaler Antikörper das Ziel ist, wird zunächst Mäusen das Antigen, gegen das ein Antikörper erzeugt werden soll, gespritzt. Die weißen Blutkörperchen der Maus werden dann gewonnen und in Kultur genommen. Zellen mit der gesuchten Spezifität ihrer Antikörper werden selektiert und weitergezüchtet. Schließlich wird ein passender Zellklon mit einer unbegrenzt teilungsfähigen Krebszelllinie zur Fusion gebracht.

Es entsteht eine Hybridzelllinie, die sich immer weiter teilt und dabei Antikörper in das umgebende Medium ausschüttet. Aus dem Kulturüberstand lassen sich dann die monoklonalen Antikörper gewinnen, da die Zellkultur ein Klon mit nur einer Antigenspezifität ist. Eigentlich ist also doch wieder eine Zellkultur die Quelle für die Proteine und nicht das ganze Tier! Eine andere Methode, wirklich ganze, intakte Tiere für die Herstellung bestimmter Proteine zu nutzen, ist die Erzeugung transgener Tiere, die das Zielprotein mit der Milch oder in Eiern abgeben.

Transgene sehen ganz genauso aus wie ihre konventionell durch Kreuzung gezüchteten Verwandten, und sie verhalten sich natürlich auch genauso. Ein transgenes Schaf wie „Tracy", das wir in Kapitel 7 kennenlernen werden, frisst Heu und gibt Milch. Der große Unterschied besteht darin, dass in seiner Milch für den Menschen wertvolle Proteine enthalten sind, die man normalerweise nicht in der Schafsmilch findet. Kapitel 7 befasst sich eingehender mit der Herstellung monoklonaler Antikörper in transgenen Tieren.

Insektensysteme

Insektenzellen sind eine weitere Variante für die Herstellung von Proteinen in Tierzellen. Bis vor kurzem stützte sich diese Methode auf Insektenzellkulturen, doch wurden in jüngster Zeit neue Techniken entwickelt, die sich der Larven von Insekten bedienen. In beiden Fällen wird das heterologe Gen mit **Baculoviren** (Viren, die Insekten befallen) als Vektoren eingeschleust. Wie immer gibt es auch hierbei Fälle, in denen die posttranslationale Modifizierung der rekombinanten Proteine in den Insektenzellen nicht genauso verläuft wie in anderen Zellen, so dass auch das Insektenexpressionssystem in manchen Fällen funktioniert, in anderen jedoch zu nicht brauchbaren Endprodukten führt.

Methoden zur Proteinaufreinigung 4.5

Der nächste Schritt nach der Herstellung eines Proteins ist die Ernte desselben. Falls das Protein im Inneren der Zellen vorliegt, müssen die ganzen Zellen geerntet werden. Liegt es dagegen außerhalb der Zellen im Medium vor (sekretiertes Protein), so wird dieses abgeschöpft. In beiden Fällen ist dieser „Ernteschritt" nur der Anfang. Die Proteinaufreinigung ist ein Teil der stromabwärts erfolgenden Schritte des Produktionsprozesses. Dies sind die Schritte, durch die das Zielprotein von den zahlreichen anderen Zellbestandteilen abgetrennt werden.

Damit es nutzbringend eingesetzt werden kann, muss ein Protein je nach Verwendungszweck mehr oder weniger stark aufgereinigt werden. „Reinheit" ist jedoch ein relativer Begriff und muss daher für die jeweiligen Anwendung quantitativ definiert werden. Die Gesundheitsbehörden verlangen regelmäßig eine Reinheit von 99,99 % oder besser, falls das Zielprotein als Medikament am Menschen eingesetzt werden soll. Die Abtrennung des Proteins von allen anderen Zellbestandteilen – insbesondere den vielen anderen Proteinen – ist kein leichtes Unterfangen. Um die dabei ablaufenden Vorgänge verstehen zu können, werden wir im Folgenden einige der dabei gebräuchlichen Verfahren näher betrachten.

Herstellung von Extraktion für die Aufreinigung

Die Menge des Überstandes an Kulturmedium, auch Filtrat genannt, das aus einem großen Industriebioreaktor gewonnen wird, kann leicht ein mittleres Schwimmbecken füllen. Die Entziehung von darin enthaltenen Proteinen und das Aufkonzentrieren der Flüssigkeit ist eine herausfordernde Aufgabe. Selbst wenn man das Wunschprotein in viel kleinerem Maßstab zur Expression bringt – zum Beispiel in einer Laborkultur –, kann die Aufreinigung des Proteins sich zu der sprichwörtlichen „Suche nach der Nadel im Heuhaufen" ausweiten.

Falls das Protein intrazellulär vorliegt, ist der erste Weiterverarbeitungsschritt nach der Zellernte das Aufbrechen der Zellen, die Zelllyse. Bei Tierzellen muss nur die Membran zum Platzen gebracht werden, bei Pflanzen-, Pilz- und Bakterienzellen muss zuvor die mechanisch stabilere Zellwand überwunden werden. Es gibt zahlreiche Methoden, um dies zu bewerkstelligen. Man kann Zellen einfrieren und wieder auftauen, das schädigt die Membranen. Man kann Detergenzien einsetzen, das zerstört ebenfalls die Membranen und denaturiert manche anderen Zellinhaltsstoffe. Beide Verfahren können jedoch Zellwände nicht oder nur unzureichend durchlässig machen. Zu diesem Zweck empfehlen sich mechanische Verfahren wie Scherung (Zermörsern, ggf. in Anwesenheit eines chemisch inerten, abrasiven Materials wie Sand; starkes Schütteln), die Anwendung von Ultraschall (Kavitation im Medium) oder ein chemischer Abbau des Zellwandmaterials (sehr schonende Methode, die den Protoplasten intakt lässt). In Anbetracht der Empfindlichkeit von Proteinen gegen Störeinflüsse ist die Herauslösung aus der Zelle ohne Verlust der Aktivität eine große Herausforderung. Die Zerstörung der Zellen setzt das gesuchte Protein frei, daneben aber auch alle anderen Inhaltsstoffe der Zelle, darunter auch proteolytisch wirkende Enzyme. Bei diesem Homogenisierungsschritt müssen daher je nach Zelltyp mehr oder weniger große Mengen Proteasehemmer zugesetzt werden.

In das für die Ruptur der Zellen verwendete Medium werden oberflächenaktive Substanzen (Detergenzien) und Salze gegeben. Die Detergenzien sind Lösungsvermittler, die die zahlreichen Lipide einer Zelle löslich machen und eine unerwünschte Phasenbildung vermindern. Man versucht, dadurch Membranproteine besser löslich und besser isolierbar zu machen. Die Ionen der Salze wirken ähnlich, indem sie die elektrostatischen Wechselwirkungen zwischen Proteinmolekülen und zwischen Proteinmolekülen und anderen Ionen oder polaren Stoffen herabsetzen. Außerdem werden manche Enzyme durch hohe Konzentrationen gewisser Ionen gehemmt.

Stabilisierung von Proteinen in Lösung

Nach der Herstellung der Lösung oder einer Suspension müssen die Proteine stabilisiert werden. Sie wissen, dass es von höchster Wichtigkeit ist, die biologische Funktionsfähigkeit der Proteine zu erhalten – sonst ist der ganze Arbeitsaufwand am Ende vergebens. Proteine sind, wie wir gelernt haben, relativ fragile Gebilde. Folglich müssen Vorkehrungen getroffen werden, um die Proteine während der Aufreinigungsphase und darüber hinaus zu beschützen.

Wärme ist eine große Gefahrenquelle für Proteine. Falls Sie jemals ein Ei gekocht haben, dann haben Sie gesehen, wie rasch sich das Eiweiß (dt. für „Protein") in der Hitze verfestigt. Dies ist eine Folge der Hitzedenaturierung der Proteinmoleküle im Eiklar. Ein weiteres essbares Beispiel für Hitzedenaturierung sind die Fäden, die der Käse auf einer Pizza zieht. Diese entstehen bei der Vernetzung von Proteinmolekülen in der Hitze des Ofens. Selbst normale Zimmertemperatur schädigt viele Proteine, wenn sie aus ihrer natürlichen Umgebung der lebenden Zelle herausgerissen worden sind. Da das Ziel ein aktives Protein ist und der Aufreinigungsvorgang Zeit braucht, muss während der gesamten Prozedur regelmäßig gekühlt werden. Vollständiges Einfrieren mit nachfolgendem Auftauen kann jedoch die Proteine genauso schädigen wie Erwärmen. Proteine sind also im Vergleich zur DNA, die wir schon kennen gelernt haben, sehr schwierig zu bearbeitende Chemikalien.

Wie schon erwähnt sind die in allen Zellen anwesenden Proteasen eine weitere große Gefahrenquelle. Deshalb setzt man bei der Aufreinigung Hemmstoffe für solche Enzyme zu. Des Weiteren kommen insbesondere bei der Lagerung von Zellextrakten und aufgereinigten Proteinpräparationen antimikrobiell wirksame Stoffe zum Einsatz, damit keine mikrobielle Verderbnis die Arbeit zunichte macht. Welche Wirkung die mikrobielle Zersetzung auf Proteine hat, sieht man leicht an überlagerter, sauer gewordener Milch. Bei human- oder veterinärmedizinischer Anwendung der Produkte kann eine Entfernung dieser Stoffe vonnöten sein. Bei Proteinen, die einer pharmazeutischen Benutzung zugeführt werden sollen, verbieten die Regularien mancher Behörden sogar den Zusatz von Proteasehemmern, weil eventuell verbleibende Reste dieser Stoffe für die Patienten giftig wären.

Eine weitere mögliche Gefahr für die wertvollen Proteine geht von mechanischen Schädigungen wie zu starker Scherung oder Schaumbildung aus. Auch hierbei kann der Zusatz von die Schaumbildung verhindernden Additiven helfen. Auch solche Zusätze müssen gegebenenfalls später wieder entfernt werden (wenn ein Protein beispielsweise als Impfstoff verwendet werden soll; bei Enzymen für Waschmittel ist das natürlich überflüssig).

Wie Sie sehen können, gleicht die erfolgreiche Extraktion und Aufreinigung von Proteinen dem Balancieren auf einem Hochseil. Obgleich es notwendig ist, Proteine aufzureinigen, ist es ebenso wichtig, deren biologische Funktionsfähigkeit aufrechtzuerhalten. Unglücklicherweise sind einige wirksame Methoden zur Aufreinigung gleichzeitig auch geeignet, das Zielprotein und andere Proteine zu schädigen. Behalten Sie das Bild von dem auf dem Hochseil laufenden Zirkuskünstler im Hinterkopf, wenn wir im Folgenden die Schritte und Methoden der Proteinaufarbeitung erörtern.

Trennung der Bestandteile eines Extraktes

Das grundlegende Konzept, das hinter der Aufreinigung steht, ist ein einfaches: Ähnlichkeiten in den Eigenschaften der Proteine erlauben es, diese von den Nichtproteinbestandteilen der Zellen (Lipide, Kohlenhydrate, Nucleinsäuren, niedermolekulare Verbindungen), die bei der Öffnung der Zellen ebenfalls freigesetzt werden, abzutrennen. Unterschiede in den Eigenschaften der einzelnen Proteinsorten werden dann ausgenutzt, die Proteine voneinander zu trennen.

Ausfällen von Proteinen

Wasserlösliche Proteine besitzen auf ihren Oberflächen hydrophile Aminosäurereste, die mit den Wassermolekülen des Zellinneren oder des extrazellulären Milieus in unmittelbarem Kontakt stehen. Diese Eigenschaft wird ausgenutzt, um die Proteine von vielen anderen Substanzen im Zellextrakt abzutrennen. Man kann dem Zellextrakt Salze zusetzen – am gebräuchlichsten ist Ammoniumsulfat ($(NH_4)_2SO_4$) –, um die Proteine aus der Lösung **auszufällen**. Die Ammoniumsulfatfällung ist häufig der erste Schritt bei der Proteinaufreinigung. Wenn die Konzentration des Salzes hoch genug eingestellt wird, trennt man damit nicht nur die Proteine von anderen Zellbestandteilen, sondern erhält auch ein Präzipitat, das recht gut löslich ist. Das Ausfällungsverhalten der Proteine ist höchst unterschiedlich, das heißt, die Ausfällung erfolgt bei unterschiedlichen Salzgehalten. Es lassen sich so durch schrittweises Aussalzen verschiedene Proteinfraktionen gewinnen.

Einige der Probleme, die im Zusammenhang mit der Ammoniumsulfatfällung auftreten, lassen das Verfahren unter manchen Umständen (in manchen industriellen Situationen) als nicht gut geeignet erscheinen. So greift Ammoniumsulfat sogar rostfreien Stahl an; arbeitet man im technischen Maßstab mit Anlagen aus diesem Werkstoff, besteht Korrosionsgefahr. Im Labor arbeitet man praktisch ausschließlich mit Glas- und Kunststoffgefäßen; hier besteht diese Gefahr nicht. Weitere „Lösungsmittel", die häufig zur Proteinausfällung eingesetzt werden, sind Ethanol, Isopropanol, Aceton und Diethylether.

Filtration nach Größe

Es gibt viele Arten und Weisen, chemische Stoffe nach der Größe der Moleküle oder nach der Dichte zu trennen. Die **Zentrifugation** ist eine solche Methode. Beim Zentrifugieren wird das Stoffgemisch durch schnelle Kreisbewegung in einer Zentrifuge einer starken Winkelbeschleunigung unterworfen. Diese Beschleunigung entspricht physikalisch exakt einer Schwerkrafteinwirkung. Mit diesem Verfahren können bei niedriger Geschwindigkeit Zellen und Zelltrümmer abgesetzt (sedimentiert) werden, bei sehr viel höheren Zentrifugalbeschleunigungen sind auch Stoffgemische trennbar. Wenn man weiß, wie groß der Sedimentationskoeffizient des gesuchten Proteins ist, kann man in einem Dichtegradienten die entsprechende Schicht ansprechen und nur die darin enthaltenen Stoffe absondern. Dieses Verfahren ist aufwendig und teuer; auch eignet es sich kaum für den Einsatz zur Proteintrennung im Industriemaßstab.

Die im Labor üblichen Zentrifugen werden mit kleinen Probenvolumina definierter Größe beschickt. Im besten Fall kann man in einem einzigen Lauf einige Liter Flüssigkeit zentrifugieren, doch sind diese Großraumzentrifugen langsam und eignen sich nur zur Ernte von Zellen. Bei industriellen Herstellungsprozessen können leicht Volumina von hunderten oder tausenden von Litern, die extrahiert werden müssen, anfallen (► Abbildung 4.7). Die Zentrifugation in dieser Größenordnung wird als kontinuierliches Verfahren durchgeführt. Der gesamte Inhalt eines Reaktors wird so nach und nach mit geringem Arbeitsaufwand der Zentrifugation unterworfen. Dies beschleunigt die Aufbereitung im Vergleich zu den Laborzentrifugen.

Filter verschiedener Größe und Machart können ebenfalls bei der Proteintrennung zum Einsatz kommen. Manchmal wird eine Abfolge unterschiedlicher Filtertechniken in Reihe nacheinander zum Einsatz gebracht. Dabei werden dann zuerst die zellulären Bestandteile abgetrennt, in einem späteren Schritt die größeren Proteine von den niedermolekularen Stoffen. Bei der **Membranfiltration** werden dünne Membranen aus Nylon oder einem anderen Polymermaterial mit sehr kleinen Porendurchmessern verwendet, um aus einer Lösung alle Zellen und Zelltrümmer herauszufiltern. Diese Methode wird oft zur Sterilfiltrierung von empfindlichen Medien und Ähnlichem eingesetzt. Für eine großmaßstäbliche Proteinaufreinigung ist die Methode nicht geeignet. Durch **Mikrofiltration** entfernt man Ausfällungen und Bakterien. Durch **Ultrafiltration** können Makromoleküle wie Proteine oder Nucleinsäuren herausgefiltert werden. Einige Ultrafiltrationsvarianten erlauben die Trennung

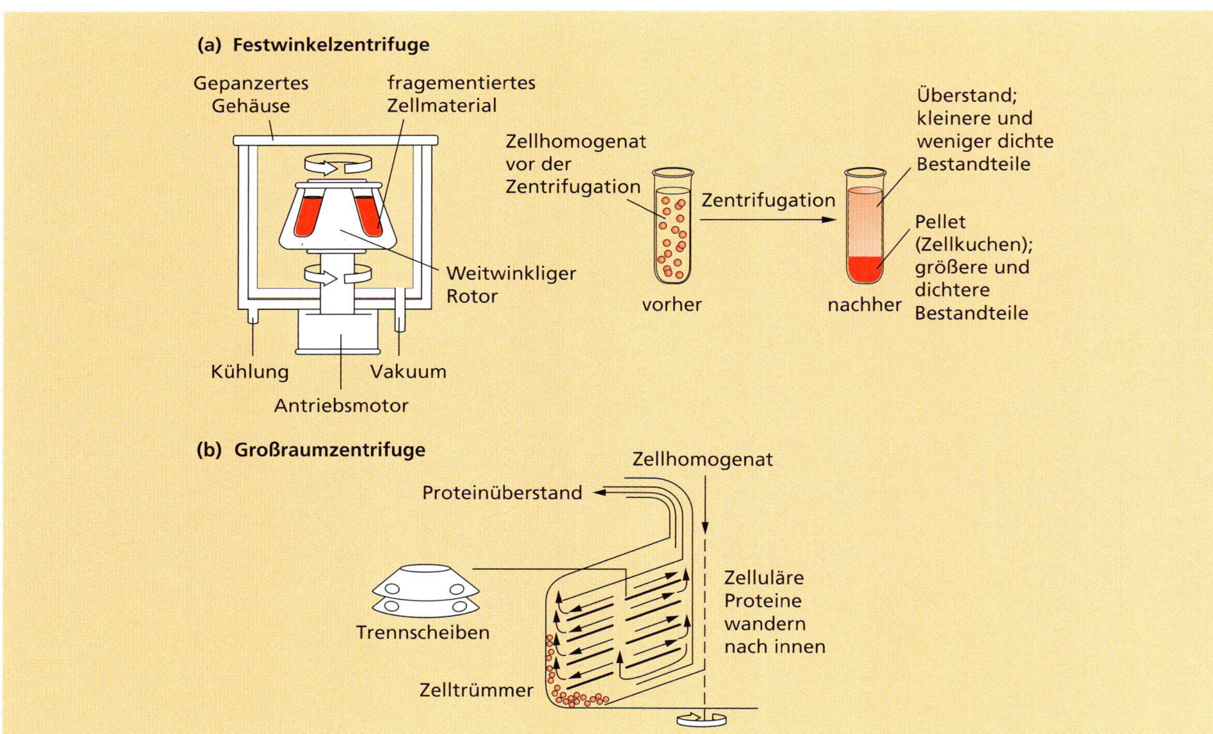

Abbildung 4.7: Festwinkel- und Großraumzentrifuge. (a) Zentrifugen mit Festwinkel- oder Ausschwingrotoren können sehr hohe Schwerkraftbeschleunigungen (bis mehrere Hunderttausend *g*) erreichen. Sie sind jedoch auf kleinere Substanzmengen beschränkt und müssen für jeden Lauf neu befüllt werden. (b) Kontinuierliche Großraumzentrifugen sind entwickelt worden, um einen fortlaufenden Materialfluss zu ermöglichen und bei niedrigen Umdrehungszahlen Zelltrümmer vom flüssigen Zellinhalt abzusetzen. Sie sind der Schleuder in einer Waschmaschine nicht unähnlich.

von großen Proteinsorten von weniger hochmolekularen. Einer der Hauptnachteile der Membranfiltration ist die Neigung der Membranen, leicht zu verstopfen. Auf der anderen Seite ist der Zeitaufwand – wenn es funktioniert – geringer als bei der Zentrifugation.

Die **Diafiltration** und die **Dialyse** sind Filtrationsmethoden, die sich auf das thermodynamische Gleichgewicht stützen, also die Wanderung gelöster Substanzen aus Bereichen höherer in solche niedrigerer Konzentration bis zum Ausgleich der chemischen Potenziale des betreffenden Stoffs. Wie in ► Abbildung 4.8 zu sehen, ist die Dialyse dabei von der Fähigkeit des zu filtrierenden Stoffes, durch die verwendete Membran hindurchzutreten, abhängig. Die Membran ist semipermeabel (halbdurchlässig), lässt also manche Stoffe durch und hält andere zurück. Ein Dialyseschritt wird oft eingeschaltet, um Salze, Lösungsmittel und andere Zusätze, die bei der Prozedur zum Einsatz gekommen sind, wieder abzutrennen. Diese werden dann durch eine Puffersubstanz (einen schwachen Elektrolyten) ersetzt, die das Milieu der Proteine für die Folgeschritte stabilisiert. Bei der Diafiltration ist der Dialyse ein zusätzlicher Filtrationsschritt vorgeschaltet.

Chromatographie

Die Anfangsschritte einer jeden Aufreinigung setzen die Proteine aus den Zellen frei, entfernen unerwünschte Kontaminanten und gröbere Begleitsubstanzen. Die Proteine werden dabei stärker konzentriert. Chromatographische Methoden erlauben das Auslesen von Proteinen nach der Größe oder der Löslichkeit oder der Affinität (Bindungsneigung) an bestimmte Substanzen oder Oberflächen. Bei der **Chromatographie** wird ganz allgemein ein als Säule bezeichneter Behälter mit einer stationären (nichtbeweglichen) Phase (zum Beispiel einem Kunstharz) und einer Pufferlösung befüllt. Die Säule kann ganz unterschiedliche Größen (von wenigen Zentimetern bis mehrere Meter) haben und mit ganz unterschiedlichen Stationärphasen befüllt sein. Ein geklärter Proteinextrakt wird auf die Säule gegeben und fließt unter der Schwerkraftwirkung durch die Säule; dabei passiert der Extrakt das Säulenmaterial (die stationäre Phase). Abhängig von dem verwendeten Säulenmaterial (chemische Beschaffenheit der stationären Phase) treten dann einige der Proteine des Extraktes mit dem Material in Wechselwirkung und werden zurückgehalten, während der Rest durch die Säule hindurchläuft. Die stationäre Phase, die für gewöhnlich in Form feinstverteilter Kügelchen vorliegt, ist hier das Filtrationsmedium.

Die **Ausschlusschromatographie** setzt ein feinkörniges Gel als Filtrationsmedium ein. Die kleineren Proteinmoleküle fließen nur langsam durch die Gelmatrix, weil sie auf ihrem Weg in kleinste Öffnungen der Gelpartikel eindiffundieren und dadurch verlangsamt werden. Größere Moleküle fließen mit dem Pufferstrom rascher durch die Stationärphase, weil sie nicht in die Hohlräume der Gelpartikel eindringen können. Sie fließen um das Netzwerk der Gelmatrix herum (► Abbildung 4.9). Solche als Stationärphasen geeignete Gele gibt es in verschiedenen, definierten Porenweiten. Der für eine Trennung zu wählende Typ hängt von der Molmasse des gesuchten Proteins und den Molmassen der abzutrennenden Kontaminanten ab. Diese Methode ist jedoch nur zu einer Vorreinigung geeignet. Die Zeitdauer für solche Trennungen kann erheblich sein, da sehr lange Säulen (ein bis mehrere Meter) zum Einsatz kommen.

Die **Ionenaustauschchromatographie** ist eine für die Proteinaufreinigung und -aufkonzentrierung extrem nützliche Methode. Sie stützt sich auf elektrostatische

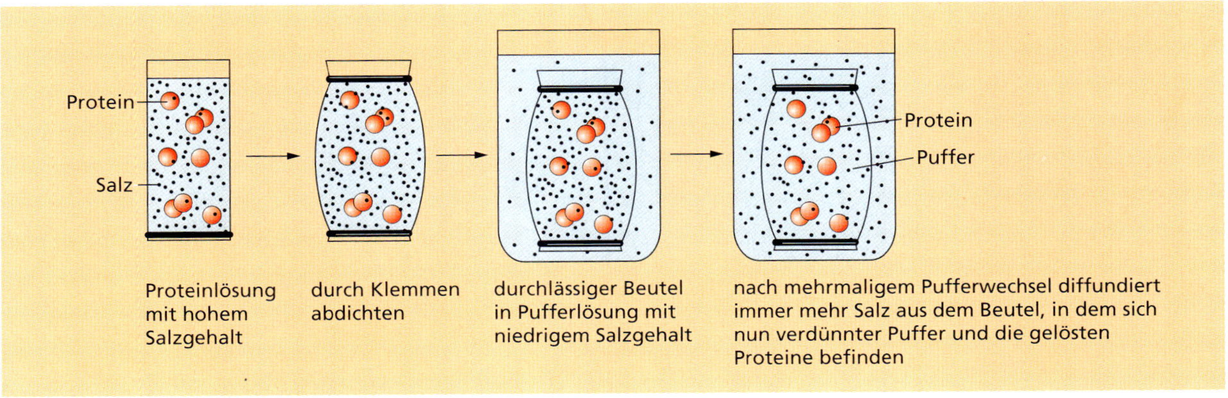

Abbildung 4.8: Dialyse. Eine Dialyse wird eingesetzt, um niedermolekulare Stoffe (Ionen eines Salzes u. Ä.) abzutrennen (in der Schemazeichnung durch die kleinen Punkte symbolisiert) und durch eine Puffersubstanz (ebenfalls ein Salz) zu ersetzen, die besser zur Stabilisierung der Proteine geeignet ist.

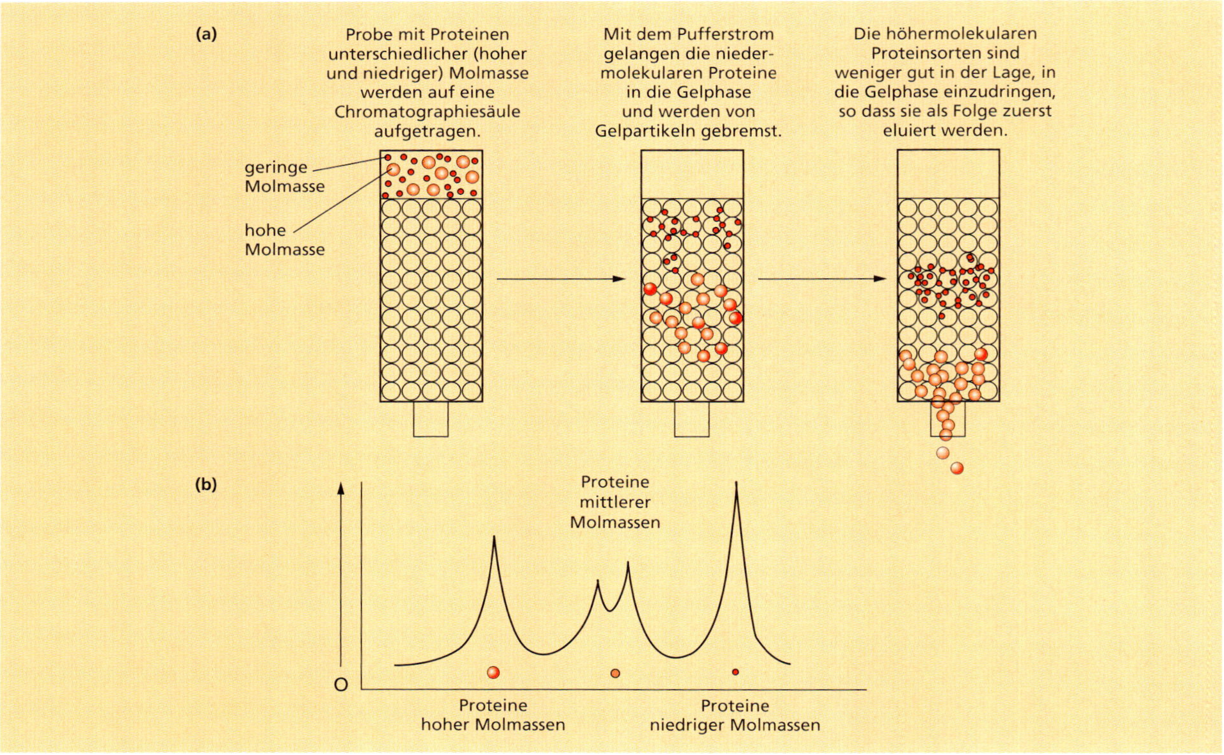

Abbildung 4.9: Proteinaufreinigung durch Ausschlusschromatographie. (a) Proteine niedriger und hoher Molmassen wandern durch eine Ausschlusschromatographiesäule. (b) Das Diagramm zeigt schematisch den Verlauf der Absorptionskurve bei 280 nm Wellenlänge. Man verfolgt den Trennungsvorgang spektrophotometrisch. Beachten Sie, dass die höhermolekularen Proteine rascher durch das Säulenmaterial wandern, während die Proteine geringerer Molmassen in der Matrix der Stationärphase retardiert (zurückgehalten) werden.

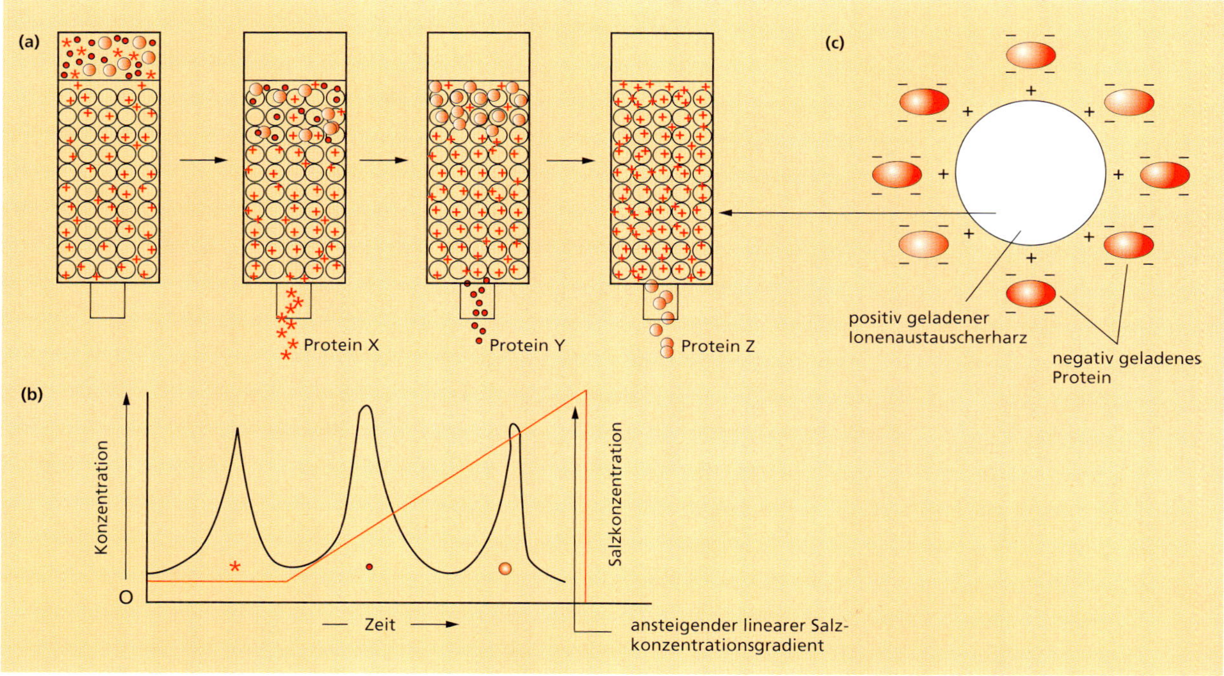

Abbildung 4.10: Ionenaustauschchromatographie. (a) Aminosäurereste mit elektrischen Ladungen binden die Stationärphase der Säule. Eine Erhöhung der Ionenstärke im Spülpuffer verdrängt die Proteinmoleküle (auf der Grundlage ihrer Bindungsstärke) vom Säulenmaterial. (b) Protein X wird bei der niedrigsten Konzentration des zur Ablösung eingesetzten Salzgradienten abgelöst; Protein Y besitzt eine höhere Bindungsstärke und wird als zweites abgelöst; Protein Z weist die höchste Bindungsstärke auf und erfordert die höchste Salzkonzentration, um vom Ionenaustauscherharz der Säule verdrängt werden zu können. (c) Ein Anionenaustauscherharz trägt positive Ladungen, während ein Kationenaustauscherharz negative elektrische Ladungen trägt.

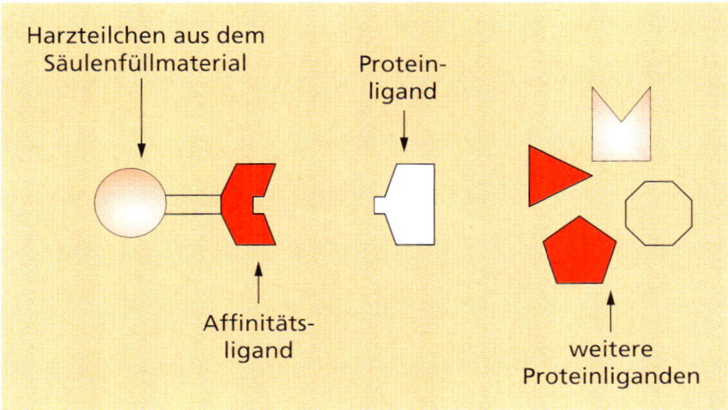

Abbildung 4.11: Affinitätschromatographie. Affinitätsliganden sind darauf abgestimmt, mit bestimmten Teilen eines bestimmten, aufzureinigenden Proteintyps spezifisch in Wechselwirkung zu treten. Eine Pufferlösung, die eine hohe Konzentration des freien Liganden enthält, kann das gebundene Protein (nach der präferentiellen Bindung) wieder verdrängen und so die Affinitätssäule regenerieren. Das abgelöste (gereinigte) Protein kann nach der Elution von der Säule aufgefangen und weiter konzentriert werden.

Wechselwirkungen (Anziehung/Abstoßung zwischen elektrischen Ladungen), mit deren Hilfe Proteine an die Stationärphase gebunden werden. Während die Proteine so an das Säulenmaterial gebunden sind, fließen Kontaminanten durch die Säule und aus ihr heraus, wie in ▶ Abbildung 4.10 schematisch dargestellt. Die Proteine können nachfolgend eluiert (von der Stationärphase abgelöst) werden. Dies geschieht durch Beschickung der Säule mit Elektrolytlösungen steigender Ionenstärke. Die Proteine lösen sich dann auf der Grundlage der Stärke (Menge der Ladungen) der ionischen Wechselwirkungen vom Säulenmaterial ab. Die Proteine werden also durch die neuen Ionen verdrängt und können am Auslauf der Säule aufgefangen werden.

Bei der **Affinitätschromatographie** nutzt man die Fähigkeit der meisten Proteinsorten zur spezifischen Bindung an spezielle Bindungspartner, die **Liganden** genannt werden, aus. Diese Trennmethode ist also die spezifischste der bislang vorgestellten. Liganden sind zumeist niedermolekulare Verbindungen, die eine bindende Wechselwirkung mit einem oder einigen hochmolekularen Molekülsorten eingehen. Oft wird zur vereinfachenden Versinnbildlichung dieses Vorgangs der Vergleich eines Schlüssels mit seinem zugehörigen Schloss bemüht (▶ Abbildung 4.11). Nach der Immobilisierung der Proteine an die Stationärphase wird mit einer gepufferten Waschlösung die Säule gewaschen. Dabei werden die unerwünschten Begleitstoffe weitgehend entfernt. Schließlich wird mit einer speziellen Pufferlösung, die gelöste Ligandenmoleküle in hoher Konzentration enthält, das Zielprotein vom Säulenmaterial abgelöst und eluiert. Die Affinitätschromatographie kommt zu einem späten Zeitpunkt im Aufreinigungsprozess zum Einsatz und führt nicht selten zu elektrophoretisch reinen Proteinen.

Wie wir gelernt haben, werden Aminosäuren und Aminosäurereste in Proteinen von Wassermolekülen entweder angezogen oder abgestoßen. Bei der **hydrophoben Wechselwirkungschromatographie** werden Proteine auf der Grundlage ihrer Hydrophobizität (ihrer wasserabstoßenden Neigung) getrennt. Das Säulenmaterial wird bei dieser Methode mit hydrophoben Resten belegt. Beim Trennvorgang lagern sich hydrophobe Proteine durch schwache, hydrophobe Wechselwirkung an diese Stationärphase an (▶ Abbildung 4.12).

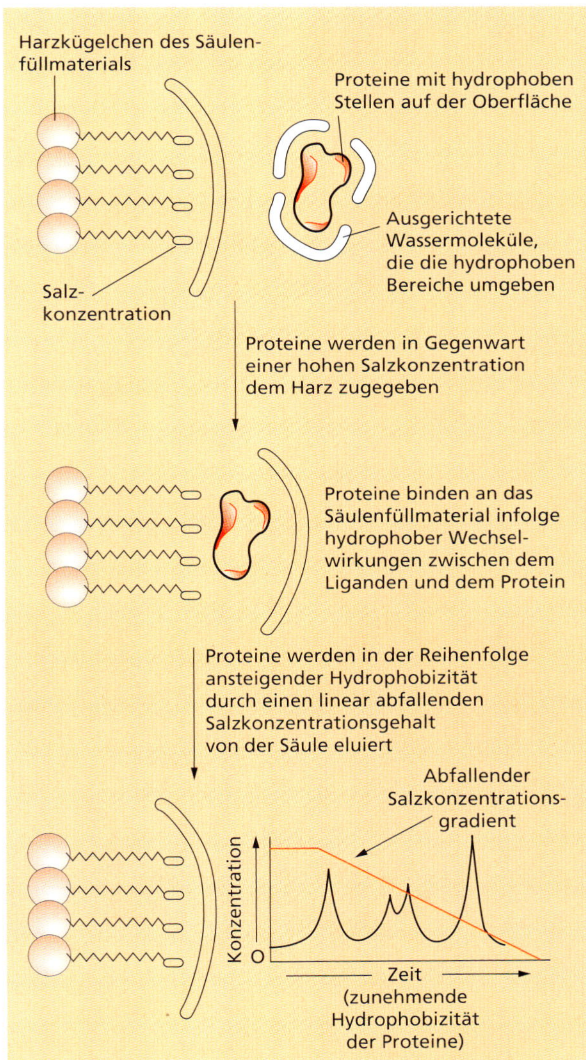

Abbildung 4.12: Die hydrophobe Wechselwirkungschromatographie. Die Erhöhung der Konzentration einer hydrophoben mobilen Phase kann durch Lösungsvermittlung dazu beitragen, dass hydrophobe Proteine sich an hydrophobe Oberflächen der Stationärphase anlagern. Eine weitere Verminderung der Ionenkonzentration löst die Proteine wieder von der Stationärphase ab und führt zur Lösung in dem unpolaren Lösungsmittel. Bei der Eluierung werden wie gehabt Fraktionen gesammelt und bei 280 nm Wellenlänge spektrophotometrisch vermessen.

Die **isoelektrische Fokussierung** wird oft in der Qualitätskontrolle eingesetzt, um zwei einander ähnliche Proteine zu unterscheiden, die sonst nur schwer voneinander zu trennen sind (zum Beispiel Isoformen ein und desselben Enzyms). Jede Proteinsorte verfügt über eine kennzeichnende Anzahl geladener Aminosäurereste, die an der Oberfläche an spezifischen Plätzen angeordnet sind. Aufgrund dieser einmaligen Kombination geladener chemischer Gruppen ist jede Proteinsorte durch eine physikochemische Eigenschaft ausgezeichnet, die man den isoelektrischen Punkt (IP) des Proteins nennt. Der **isoelektrische Punkt** kann ausgenutzt werden, um Proteine zu trennen, die sehr ähnliche Molmassen und chemische Eigenschaften aufweisen. Die isoelektrische Fokussierung ist in vielen Fällen auch der erste Schritt einer zweidimensionalen Proteinelektrophorese (also die „erste Dimension").

Bei der **zweidimensionalen Elektrophorese** (2D-Elektrophorese) werden Proteine nacheinander zwei elektrophoretischen Trennungen unterworfen. Dies geschieht nacheinander auf der Grundlage der Molekülgröße und der elektrischen Nettoladung. Die Reihenfolge ist dabei für das Endergebnis unerheblich. Wie bei einer gewöhnlichen eindimensionalen Elektrophorese wird ein Zellextrakt oder eine andere Proteinpräparation in die Probenkammer eines Gels gefüllt und eine elektrische Gleichspannung angelegt. Die Proteine wandern durch die Gelmatrix und werden auf der Grundlage ihrer Nettoladungen aufgetrennt. Als nächstes wird das Gel um 90° gedreht oder ein Gelstreifen, in dem die erste Trennung durchgeführt worden ist, an ein frisches Gel angelegt. Eine elektrische Gleichspannung sorgt auch für die zweite Trennung. Bei der Wanderung durch die Gelmatrix werden die Moleküle nach ihren Molmassen getrennt.

Analytische Methoden

Die **Hochdruckflüssigkeitschromatographie** (HPLC; *high pressure liquid chromatography*; auch: *high performance liquid chromatography*) fügt den weiter oben beschriebenen chromatographischen Methoden einen zusätzlichen Aspekt hinzu. Die bisher beschriebenen Varianten der Säulenchromatographie stützen sich für den Durchtritt der mobilen durch die stationäre Phase auf die Schwerkraft oder auf Niederdruckpumpen. Bei diesen Methoden mit niedrigen Flussraten kann ein einziger Durchlauf mehrere Stunden in Anspruch nehmen. Die

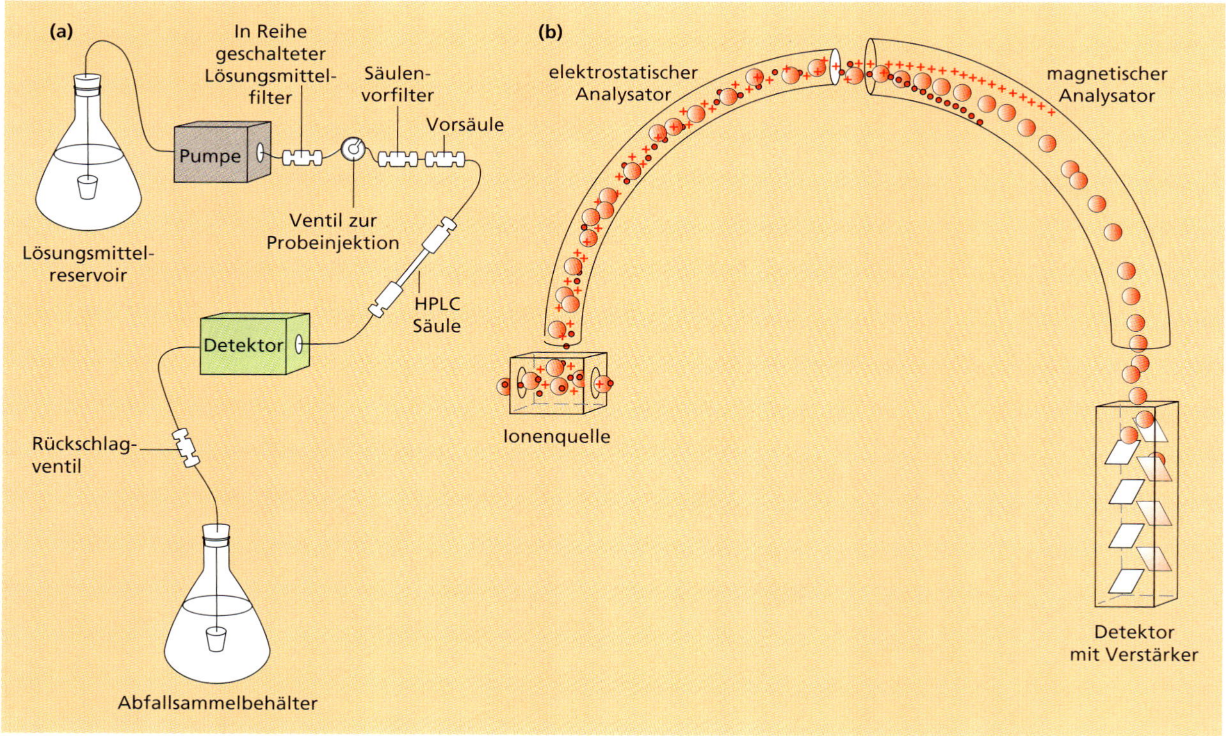

Abbildung 4.13: Hochdruckflüssigkeitschromatographie und Massenspektrometrie. Die Hochdruckflüssigkeitschromatographie (HPLC) wird oft im Verbund mit der Massenspektrometrie zur Analyse von Proteinen eingesetzt. (a) Bei der HPLC kommen nichtkomprimierbare Harzkügelchen als stationäre Phase unter sehr hohem hydrostatischen Druck zum Einsatz, um Proteine aufzutrennen, die oft von sehr ähnlicher Größe sind. (b) Eine massenspektrometrische Analyse folgt der initialen Trennung, um an den ionisierten und im elektrischen Feld beschleunigten Proteinmolekülionen subtile Unterschiede festzustellen, die die Grundlage der Analyse sind, nachdem sie eine Vakuumröhre durchlaufen haben.

HPLC-Anlagen setzen höhere Drücke ein, um das zu trennende Stoffgemisch durch die stationäre Phase zu befördern, was dann in einer kürzeren Zeit möglich ist. HPLC-System unterliegen jedoch wie jede Methode ihren spezifischen Grenzen. Die Apparaturen sind sehr teuer und die Auftrennung ist nur im analytischen Maßstab möglich. Großtechnischen Anlagen für die Massenherstellung stehen nicht zur Verfügung.

Die **Massenspektrometrie (MS)** ist eine hochempfindliche Analysemethode, die in der Organischen Chemie eine lange Tradition hat. Sie wird beispielsweise in manchen Fällen in Kombination mit automatisierbaren Chromatographieeinrichtungen wie HPLC-Geräten oder Gaschromatographen eingesetzt. Alle massenspektrometrischen Messungen umfassen drei immer gleiche Schritte: Überführung der zu analysierenden Probe in die Gasphase, Trennung des Gemisches auf der Grundlage des Masse-zu-Ladungs-Verhältnisses, und schließlich die Detektion der Signale der im elektrischen Feld getrennten Ionen. Eine Probe von nur einem Pikogramm (einem Milliardstel Gramm) lässt sich so analysieren (► Abbildung 4.13). Ein eindeutiger molekularer „Fingerabdruck" erlaubt eine sehr genaue Identifizierung der meisten Proteinbruchstücke, die beim Verdampfen und Ionisieren gebildet werden. Eine wichtige Anwendung dieses Verfahrens ist die Sequenzierung von Proteinen. Ein großes Protein kann in kleinere Bruchstücke (Oligopeptide) zerlegt und diese analysiert werden.

Verifizierung 4.6

Bei jedem durchgeführten Schritt einer Aufreinigungsprozedur muss man sicherstellen, dass das Zielprotein, dem das Interesse gilt, nicht verlorengegangen ist, und dass die Bemühungen um eine Aufkonzentrierung nicht vergebens waren. Eine denaturierende *Natriumdodecylsulfatpolyacrylamidgelelektrophorese* (**SDS-PAGE**) wird oft für diese Kontrollen eingesetzt. Bei dieser gängigen Labormethode wird einem Protein(gemisch) ein Probenpuffer zugesetzt, der unter anderem etwas von dem Detergenz Natriumdodecylsulfat enthält. Die Mischung wird dann für einige Minuten aufgekocht. Nach dieser vorbereitenden Behandlung wird die Probe in eine Probenkammer eines Polyacrylamidgels geladen. Durch Anlegen einer Gleichspannung wird wie gewohnt die Trennung durchgeführt. Die Proteine sammeln sich dabei in der Reihenfolge ihrer Molmassen in mehr oder weniger schmalen Bereichen, die Banden genannt werden (► Abbildung 4.14). Nach der Trennung können die Proteinbanden durch Anfärbung mit geeigneten Farbstoffen sichtbar gemacht werden. Im Routinebetrieb wird hierzu bevorzugt **Coomassie-Blau** eingesetzt. Die Empfindlichkeit dieser Färbetechnik ist begrenzt, doch ist sie relativ schnell, sehr einfach und billig. Die Molmassen werden anhand eines Molmassenstandards aus Proteinen bekannter Molmassen abgeschätzt. Tritt eine einzelne oder zumindest stark hervortretende Bande der erwarteten Größe (Molmasse) auf, ist dies ein Zeichen, dass die Aufreinigung des gesuchten Proteins tatsächlich stattgefunden hat. Bei der Proteinaufreinigung im Labor verzichtet man regelmäßig auf diese zeitaufwändigen Kontrollen, da für das soeben beschriebene Verfahren einige Stunden anzusetzen sind; in dieser Zeit

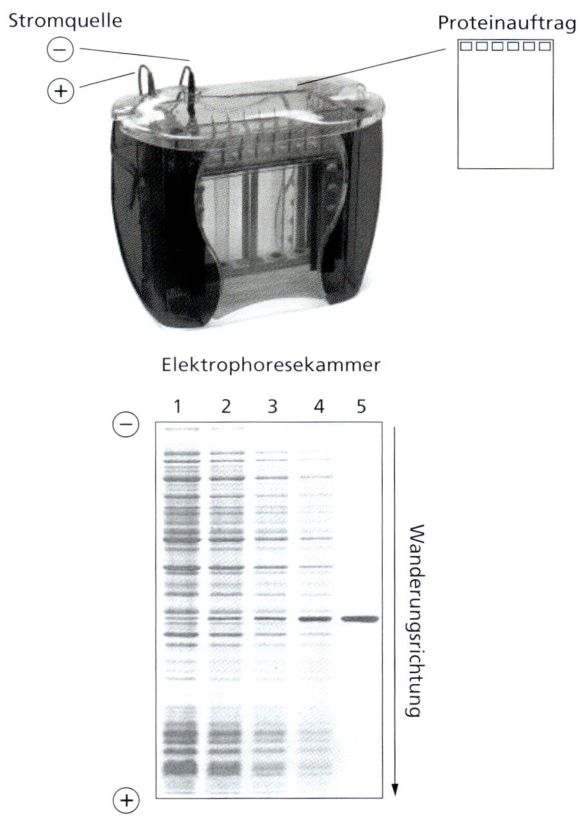

Abbildung 4.14: Natriumdodecylsulfatpolyacrylamidgelelektrophorese (SDS-PAGE). Durch Polyacrylamidgelelektrophorese können Proteine mit gleicher mittlerer Nettoladung (die von den SDS-Molekülionen herrührt) nach ihren Molmassen getrennt werden. Dies geschieht mittels eines angelegten elektrischen Feldes (Gleichspannung). Dieses Verfahren kann bei industriellen Prozessen nach jedem Aufreinigungsschritt durchgeführt werden, um zu verifizieren, dass das gewünschte Protein sich immer mehr anreichert und bei der Aufarbeitung weder verlorengegangen ist noch abgebaut wurde. Die Proteine mit der niedrigsten Molmasse erreichen den +-Pol (Anode) zuerst. Beachten Sie, wie sich von jedem Schritt zum nächsten die Konzentration des gesuchten Proteins immer weiter erhöht.

kann eine Proteinpräparation verderben. Man sammelt daher im Forschungslabor kleine Proben von allen Schritten der Aufreinigung und untersucht diese abschließend zusammen. Führt man diesen Kontrollschritt jedes Mal im Verlauf einer Mehrstufenaufreinigung durch, sollte die Bande des Wunschproteins immer intensiver werden (dabei muss sorgfältigst auf Verdünnungen und ähnliche, die Konzentration verändernde Handgriffe geachtet und für die Probennahme immer neu normalisiert werden). Eine denaturierende SDS-Gelelektrophorese ist für gewöhnlich der zweite Schritt (die „zweite Dimension") einer 2D-Elektrophorese.

Proteinkonservierung 4.7

Nachdem das Zielprotein isoliert und konzentriert worden ist, muss es so aufbewahrt werden, dass die Aktivität bis zu seiner schließlichen Verwendung erhalten bleibt. Ein Verfahren zur Proteinkonservierung ist die **Lyophilisierung** (Gefriertrocknung). Bei diesem Verfahren wird das Protein, das sich meist in einer flüssigen Phase (Lösung) befindet, zunächst eingefroren. Dann legt man ein Vakuum an, um die Verdampfung des Wassers aus dem Eis (Sublimation) zu forcieren. Die Eiskristalle gehen dabei ohne den Zwischenschritt der Verflüssigung direkt in die Gasphase über. Nach der Entziehung werden die die Proteine enthaltenden Behälter versiegelt, so dass das getrocknete Protein kein Wasser aus der Luft ziehen kann. Viele gefriergetrocknete Proteine können bei Zimmertemperatur für längere Zeit gelagert werden. Es gibt aber viele Proteine, die so empfindlich sind, dass sie sich nicht trocknen lassen.

Maßstabsvergrößerung bei der Proteinaufreinigung 4.8

Die meisten Protokolle für die Aufreinigung von Proteinen sind für den Labormaßstab konzipiert (kleiner Präparationsmaßstab). Dies ist für den Biotechnologen akzeptabel, falls das Endprodukt nur in kleinen Mengen benötigt wird und entsprechend teuer verkauft werden kann. Die Nachfrage nach einzelnen monoklonalen Antikörpern bewegt sich beispielsweise im Bereich von Grammmengen pro Jahr. Ein einzelner Bioreaktor im Labormaßstab ist dann für gewöhnlich ausreichend, eine ausreichende Menge zu produzieren. Andere Proteine (Massenproteine) werden jedoch in viel größeren Mengen nachgefragt, was bedeutet, dass man den Maßstab der Herstellungsmethoden entsprechend vergrößern muss.

Eine solche Maßstabsvergrößerung (engl. *up-scaling*) ist nicht immer einfach zu erreichen. Labormethoden funktionieren vielleicht im kleinen Maßstab gut, sind aber auf einen technischen Maßstab nicht übertragbar (zum Beispiel, weil keine ausreichende Durchmischung oder Wärmeabfuhr möglich ist). Änderungen der Aufreinigungsprozedur können frühere Validierungsergebnisse des Labormaßstabes unbrauchbar machen. Wenn die zuständige Zulassungsbehörde ein biotechnisch hergerichtetes Protein zulässt, wird damit immer auch das Herstellungsverfahren zugelassen. Soll das Verfahren später verändert werden, muss unter Umständen eine neue behördliche Genehmigung für den Vertrieb des Produkts eingeholt werden. Bioverfahrenstechniker (spezialisierte Ingenieure der Verfahrenstechnik) werden an den frühen Proteinaufreinigungsschritten beteiligt, so dass eine ausreichend effiziente Auslegung des Verfahrens durchgeführt werden kann.

Analysenmethoden für die Zeit nach der Aufreinigung 4.9

Im Verlauf eines Forschungsprojektes ist es oftmals sehr nützlich, sich das aufgereinigte Protein sehr genau anzuschauen. Das Ziel ist vielleicht ein besseres Verständnis der Molekülstruktur eines bestimmten Proteins oder die Veränderung der Funktion eines Proteins. Die folgenden beiden Methoden dienen diesen Zielen.

Proteinsequenzierung

Rufen Sie sich aus unserer Diskussion der Proteinstrukturen in Erinnerung, dass jede Proteinsorte über eine spezifische Abfolge von Aminosäureresten verfügt, die als Primärstruktur bezeichnet wird. Um ein Protein möglichst vollständig verstehen zu können, ist es notwendig, diese Primärstruktur zu kennen. Die Ermittlung der Aminosäuresequenz fällt heute vielfach automatisierten Sequenzierungsautomaten zu. Das Verfahren beruht im Wesentlichen darauf, dass ein sehr großes Molekül an das Ende des Proteins angeheftet wird. Es wird dann abgebrochen, wobei es einen Teil des Proteins mit sich nimmt. Das Fragment, das eine Aminosäure ist, wird dann durch chromatographische Analyse identifiziert. Der Vorgang wird wiederholt, bis alle Aminosäuren getrennt und identifiziert sind.

FRAGE UND ANTWORT F&A

Frage

Können Sie das beste Aufreinigungsschema auswählen? Ein Beispiel eines gereinigten Proteins mit einem enormen Potenzial für einen Nutzen für den Menschen wird in Kapitel 11 beschrieben. Das Protein ist das Hämoglobin aus dem Blut von Kühen (Rinderhämoglobin). Das aufgereinigte Rinderhämoglobin bindet Sauerstoff und bringt es zu den Geweben des Körpers, ohne dabei – wie unter normalen Bedingungen – in Zellen eingeschlossen zu sein. Dieses „Kunstblut" – oder besser dieser Blutbehelfsersatz – wird als Vollblutersatz eingesetzt und scheint keine der von transfundiertem Rindervollblut ausgehenden akuten Abstoßungserscheinungen durch das Immunsystem des Empfängers heraufzubeschwören. Wie Sie sich denken können, ist die Extraktion des Hämoglobins mit zahlreichen Problemen behaftet: Wie lässt sich aus einer großen Menge Blut das Hämoglobin gewinnen, ohne das Protein zu zerstören? Wie lässt sich das Hämoglobin von den vielen anderen Blutproteinen abtrennen? Wie lässt sich sicherstellen, dass bei der Prozedur keine Viren mitübertragen werden? Wie kann die Tatsache, dass Hämoglobine Eisen enthalten, andere Blutproteine aber nicht, dazu ausgenutzt werden, eine Extraktionsmethode zu entwickeln, die für dieses Protein spezifisch ist? Was kann man anstellen, um zu verifizieren, dass das Protein bei den Aufreinigungsschritten nicht verlorengegangen ist?

Antwort

Schauen Sie sich die oben beschriebenen Techniken zur Proteinaufreinigung daraufhin an, wie sie sich einsetzen lassen, um dieses intrazelluläre Protein von anderen Proteinen vergleichbarer Molmassen abzutrennen, die sich ebenfalls in den Blutzellen finden. Sie müssen erklären, warum Sie die jeweilige Technik ausgewählt haben. Es gibt mehr als einen möglichen Ablauf. Falls Sie Schwierigkeiten haben, können Sie sich auf der Internetseite der Firma *Biopure* (**http://www.biopure.com**) – das ist die Firma, die dieses Produkt anbietet – darüber informieren, wie es dort gemacht wird. Sie sollten in der Lage sein, mehr über seine Eigenschaften zu lernen, damit Sie die einzelnen Schritte der von Ihnen ausgearbeiteten Schrittfolge noch verbessern können.

Röntgenkristallographie

Die **Röntgenkristallographie** wird eingesetzt, um die vollständige Tertiär- und die Quartärstruktur eines Proteins zu ermitteln. Um die Methode anwenden zu können, benötigt man reine Kristalle des Proteins, die mit großer Sorgfalt aus einer gesättigten Lösung gezüchtet werden müssen. Bei der Durchleuchtung mit Röntgenstrahlen ergibt der Kristall eines reinen Proteins ein es kennzeichnendes Beugungsmuster, aus dem durch mathematische Analysen auf die Konfiguration und die Konformation der Peptidkette zurückgeschlossen werden kann (siehe Kapitel 2). Die heutzutage vollständig computerisierte Analyse dieser Beugungsmuster erlaubt die Erstellung eines Molekülmodells, das heute ebenfalls im Computer erzeugt und nur noch selten als reales Modell gebaut wird. Anhand solcher Strukturanalysen lassen sich potenzielle Modifikationen modellieren, mit denen versucht werden kann, die biotechnologischen Eigenschaften des betreffenden Proteins an seine Verwendung anzupassen. Eine proteinkristallographische Analyse eines biotechnologisch erzeugten Proteins ist (in den USA) eine Voraussetzung für die Zulassung als kommerzielles Produkt durch die zuständige Zulassungsbehörde (FDA), da durch sie eine eindeutige Charakterisierung des zur Zulassung eingereichten Proteinprodukts möglich ist.

Proteomik 4.10

Viele Krankheiten beruhen auf Problemen bei der Proteinexpression, doch lassen sich nicht alle diese Krankheitszustände auf einfache Weise als die Folge von Mutationen verstehen. Da viele Proteine posttranslationalen Modifikationen unterliegen, kann sich die Analyse solcher Krankheitsursachen sehr viel komplizierter gestalten. Eine neue wissenschaftliche Teildisziplin, die **Proteomik**, hat sich zum Ziel gesetzt, das komplizierte Zusammenspiel von biologischen Vorgängen einschließlich der pathologischen Abweichungen bei Krankheit auf der Grundlage der von den Zellen erzeugten Proteine zu erforschen. In der Proteomik untersucht und vergleicht man ähnlich wie in der uns schon vertrauten Genomik Gesamtausstattungen von Makromolekülen, hier alle von einem Lebewesen, Gewebe oder Zelltyp hergestellten Proteintypen.

Das **Proteom** einer Zelle ist also die Gesamtheit aller auf der Grundlage des in ihr enthaltenen Genoms erzeugten Genprodukte. Das Proteom spiegelt den in der Zelle aktuell aktiven Anteil des Erbguts wider. Ist man an einem pathobiochemischen Problem interessiert, vergleicht man die Proteinexpression gesunder mit der von kranken Zellen, Organen oder Patienten. Diese Analyse kann man auch mit dem Verlauf oder dem Schweregrad einer Krankheit zu korrelieren versuchen. Das Ziel dieser Pathoproteomik ist es, bestimmte Proteine oder die Mengen dieser Proteine als diagnostische Messlatten zu nutzen und damit gegebenenfalls ein neues diagnostisches Verfahren zu entwickeln oder diese Erkenntnisse bei der Entwicklung von Behandlungen auszunutzen. Es gab schon vielversprechende Durchbrüche beim Lungenkrebs, der Rinderseuche BSE und der Behandlung von Nervenschädigungen.

Die Proteomik bedient sich bei der Erforschung von Proteomen einiger der Experimentaltechniken, die wir weiter oben in diesem Kapitel beschrieben haben. Die zweidimensionale Gelelektrophorese wird eingesetzt, um die ein Proteom konstituierenden Proteine voneinander zu trennen, die Massenspektrometrie wird zur Identifizierung von Proteinen eingesetzt, und dabei neu gefundene Proteine werden gegebenenfalls sequenziert. Ein Teil dieser arbeitsintensiven Tätigkeiten kann in der Zukunft vielleicht weiter automatisiert werden. **Proteinchips** sind Biochips, die eingesetzt werden, um Proteine zu identifizieren. Sie sind den weiter oben beschriebenen Genchips sehr ähnlich. Proteine werden identifiziert, wenn eine Probe in das Chiplesegerät eingebracht wird und mit bekannten Proteinen, die auf dem Chip anwesend sein können, verglichen wird. ► Abbildung 4.15 illustriert, wie Antikörper den Proteinaufbau detektieren.

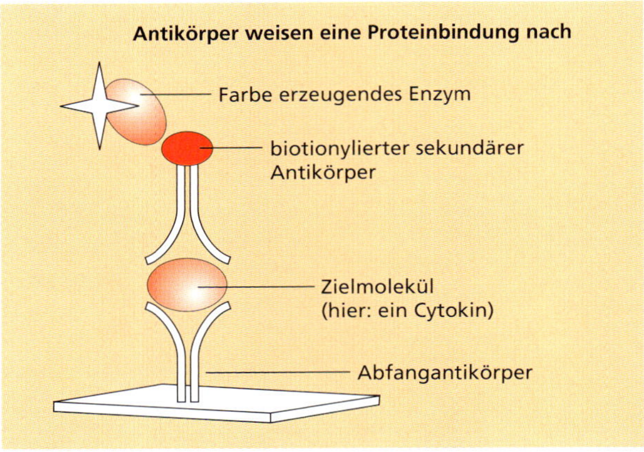

Abbildung 4.15: Proteinchips, die in einzigartiger Weise an einzelne Proteine binden, werden perfektioniert. Wenn das Protein bindet, wird ein elektrischer Schaltkreis geschlossen oder ein Fluoreszenzsignal erzeugt. Die Fähigkeit, die Anwesenheit einzigartiger Proteine zu detektieren (Proteomik), wird es erlauben, richtige Entscheidungen in der Diagnose und/oder Therapie zu fällen.

BERUFSPRAXIS

Tätigkeiten in der Proteinherstellung

Ein **Bioverfahrenstechniker** arbeitet im Herstellungsbereich. Er ist ein Ingenieur mit einem gediegenen Verständnis der Prozesse und Abläufe, die in der Biotechnologie zur Produktherstellung und -reinigung eingesetzt werden.

Herstellungsassistenten bekleiden Tätigkeiten, für die eine Berufsausbildung als Laborant oder technischer Assistent notwendig ist. Arbeitgeber erwarten in der Regel mindestens zwei Jahre Berufserfahrung in einem relevanten Bereich (wie immer besteht die Kunst darin, die von einem Arbeitgeber geforderte Erfahrung erst einmal sammeln zu können). Herstellungsassistenten (Produktionsassistenten) arbeiten in einer biotechnologischen Fabrik, die mehrere kleinere oder größere Bioreaktoren betreibt. Einige sind auch mit der Herstellung medizinischer oder biotechnologischer Gerätschaften oder Medien oder anderer Reagenzien für Forschung und Entwicklung befasst (spezielle Proteine, Zellkulturmedien usw.). Manche Industriefermenter werden eingesetzt, um Nahrungsmittel oder Enzyme für industrielle Prozesse herzustellen. Die genauen Aufgaben der Tätigkeit hängen von dem hergestellten Produkt ab. Produktionsassistenten arbeiten oft in Reinräumen mit Sterilwerkbänken und Ähnlichem. Sie messen und wiegen Rohstoffe und andere Chemikalien für die Herstellungsprozesse ab. An aseptischen Abfüllstationen richten Produktionsassistenten Apparate ein, die die gereinigten Endprodukte in die Verkaufsbehälter abfüllen. Die Endreinigung der Produkte für die Abfüllung in die Behälter ist eine häufige Aufgabenstellung, die ein Verständnis für die Aufreinigungsverfahren und ein Wissen um die Problembeseitigung erfordert. Produktionsassistenten müssen akkurate und detaillierte Aufzeichnungen über die Arbeitsgänge erstellen und ein Grundwissen über die rechtlichen Grundlagen und Bestimmungen haben, die sich auf ihr jeweiliges Produktionsgebiet beziehen (siehe Kapitel 12).

Produktionstechniker rekrutieren sich regelmäßig aus den Reihen der Produktionsassistenten, nachdem diese ausreichende Erfahrung gesammelt und Geschicklichkeit bewiesen haben. Die Gehälter sind hier wie zu erwarten etwas höher als auf der Ebene der Herstellungsassistenten. Für diese Positionen ist ein Bacherlorabschluss oder eine ähnliche Qualifikation (Diplom) in einer biologischen oder biologienahen Disziplin erforderlich (nebst Berufserfahrung). Für einen solchen Aufstieg kehren Herstellungsassistenten manchmal an eine Hochschule zurück, um den notwendigen Abschluss nachzuholen. Viele Firmen heißen solche Nachschulungen gut und beurlauben qualifizierte Mitarbeiter für die Dauer der Weiterbildung.

ÜBUNGSAUFGABEN

Die Antworten finden Sie in Anhang A.

1. Wie unterscheidet sich eine proteomische Datenbank von einer genomischen?
2. Wie unterscheidet sich die gerichtete Evolution von Molekülen im biotechnologischen Labor von der Evolution durch natürliche Selektion?
3. Wie kann die proteomische Forschung von den Ergebnissen des Humangenomprojekts profitieren?
4. Warum sucht man nach neuen Proteinen vornehmlich mit Hilfe von cDNAs?
5. Warum sollte man Firmen erlauben, Proteine zu patentieren, wo doch alle Lebewesen von Natur aus selbst Proteine herstellen?

WEITERFÜHRENDE LITERATUR

Bücher

F. Baneyx (Hrsg.): Protein Expression Technologies: Current Status and Future Trends. Horizon Bioscience (2004); ISBN: 0-954-52325-3.

S. Brakmann und A. Schwienhorst (Hrsg.): Evolutionary Methods in Biotechnology. Wiley-VCH (2004); ISBN: 3-527-30799-0.

H. Chmiel: Bioprozesstechnik. 2. Auflage, Spektrum Akademischer Verlag (2005); ISBN: 3-8274-1607-8.

E. Golemis (Hrsg.): Protein-Protein Interactions – A Molecular Cloning Manual. Cold Spring Harbor Laboratory Press (2002); ISBN: 0-8796-9628-1.

G. Walsh: Proteins – Biochemistry and Biotechnology. Wiley & Sons (2002); ISBN: 0-4718-9907-0.

D. Whitford: Proteins – Structure and Functions. Wiley & Sons (2005); ISBN: 0-471-49894-7.

Artikel in Fachzeitschriften

D. Andersen und L. Krummen (2002): Recombinant protein expression for therapeutic applications. Current Opinion in Biotechnology, vol. 13: 117–123.

H. Daniell, S. Streatfield und K. Wycoff (2001): Medical molecular farming: production of antibodies, biopharmaceuticals and edible vaccines in plants. Trends in Plant Science, vol. 6, no. 5: 219–226.

S. Dübel, P. Rohrbach und A. Schmiedl (2004): Rekombinante Antikörper: Werkzeuge gegen Krebs, Infektionen und Autoimmunerkrankungen? Biologie in unserer Zeit, vol. 34, Nr. 6: 372–379.

P. Lorenz. und J. Eck (2004): Screening for novel industrial biocatalysts. Engineering in Life Sciences, vol. 4, no. 6: 501–504.

S. Nock und P. Wagner (2000): Proteomics: Die post-genomische Revolution. Chemie in unserer Zeit, vol. 34, Nr. 6: 348–354.

C. Roodveldt, A. Aharoni und D. Tawfik (2005): Directed evolution of proteins for heterologous expression and stability. Current Opinion in Structural Biology, vol. 15: 50–56.

B. van den Burg (2003): Extremophiles as a source for novel enzymes. Current Opinion in Microbiology, vol. 6: 213–218.

WEB-LINKS

Weitere Informationen zu diesem Buchkapitel
http://www.pearson-studium.de

Die Proteinstrukturinternetseite des Nationalen Gesundheitsamtes der USA
http://www.genome.gov/Dir/Vip

Die Sequenzen bereits charakterisierter Proteine
http://www.ncbi.nlm.nih.gov/entrez

Firma Maxygen
http://www.maxygen.com
Ein biotechnologisches Unternehmen, das Produkte verkauft, die durch gerichtete molekulare Evolution kreiert wurden.

Firma Biopure
http://www.biopure.com
Ein Unternehmen, das die Reinigung von Rinderhämoglobin geschafft hat.

Firma Sartorius
http://www.sartorius.com
Größter Hersteller von Geräten zur Aufarbeitung biologischen Materials in Deutschland.

Biotechnologie der Mikroorganismen

5

ÜBERBLICK

Nachdem Sie dieses Kapitel durchgearbeitet haben, sollten Sie in der Lage sein:

- Beispiele dafür zu geben, wie sich die Zellstruktur von Prokaryonten von der von Eukaryonten unterscheidet, und die Zellformen vieler verbreiteter Bakterien zu beschreiben.
- Die praktischen Merkmale von Bakterien, die sie zu Modellorganismen für viele biotechnologische Anwendungen machen, zu beschreiben.
- Beispiele dafür zu nennen, auf welche Weise Hefen wertvolle Rollen in der Biotechnologie spielen können.
- Den Begriff der Gärung zu definieren und den Unterschied zwischen Milchsäuregärung und alkoholischer Gärung zu erläutern. Darüber hinaus sollten Sie befähigt sein, Beispiele für die Bedeutung jedes dieser Gärungsvorgänge bei der Produktion verbreiteter Nahrungsmittel (inklusive Getränke) zu geben.
- Beispiele für medizinisch bedeutsame Proteine aufzulisten, welche unter Einsatz der Technologie der rekombinanten DNA in Bakterien hergestellt werden.
- Zu beschreiben, in welcher Weise Mikroorganismen eine wichtige Rolle bei der Entwicklung und Herstellung vieler Impfstoffe spielen und Beispiele für die Bedeutung von Impfstoffen zu geben.
- Den Zweck des Mikroorganismengenomprogramms zu beschreiben und zu erörtern, wie die Untersuchung mikrobieller Genome für Wissenschaftler von Wert sein kann.
- Den Begriff Bioterrorismus zu definieren, solche Mikroorganismen zu identifizieren, die in Form von Biowaffen eine Gefahr darstellen könnten, und biotechnologische Strategien zu diskutieren, die dazu eingesetzt werden könnten, biologische Waffen aufzuspüren, ihrer Natur nach zu identifizieren und zu bekämpfen.

Mikroorganismen sind winzige Lebewesen, die zu klein sind, als dass man einzelne von ihnen mit dem unbewaffneten Auge erkennen könnte, und die deshalb mit einem Mikroskop beobachtet werden müssen. Obgleich die mengenmäßig überwiegenden Mikroorganismen die Bakterien sind, zählt man zu den Mikroorganismen auch Pilze wie Hefen und Schimmel, die Algen und die Protozoen sowie schließlich die Viren. Fast alle diese Mikroorganismengruppen haben interessante Rollen in der Biotechnologie gespielt.

Bakterien existieren auf der Erde vermutlich seit über 3,5 Milliarden Jahren, und ihre Indivduenzahl übersteigt die der Menschheit um ein Vielfaches. Man hat geschätzt, dass Mikroorganismen über 50 % der irdischen Biomasse stellen. Ebenso wird von manchen Mikrobiologen gemutmaßt, dass bislang erst wenige Prozent der rezenten Bakterientypen identifiziert, kultiviert und im Labor untersucht worden sind. Wir sind buchstäblich von Bakterien umzingelt. Sie leben auf unserer Haut, in unserem Mund und den Gedärmen; sie schweben in der Luft und liegen auf praktisch jeder Oberfläche, die wir berühren. Bakterien haben sich evolutiv auch an einige der extremsten Umwelten, die auf der Erde vorkommen, angepasst. Dazu gehören Gletscher ebenso wie kochend heiße Quellen und die unter außerordentlich hohem hydrostatischen Druck stehende Tiefsee mit untermeerischen Quellen viele Kilometer unter der Meeresoberfläche.

Der Sortenreichtum der Bakterien und anderer Mikroorganismen eröffnet eine große Menge möglicher biotechnologischer Anwendungen. Lange vor der Entwicklung von Genklonierungstechniken hat der Mensch Mikroorganismen biotechnologisch genutzt. In diesem Kapitel werden wir vornehmlich die wichtigen Rollen erörtern, die die Bakterien sowohl in der klassischen als auch in der modernen Biotechnologie gespielt haben und spielen. Darüber hinaus werden wir einen Blick auf die vielen Einsatzmöglichkeiten von Hefepilzen werfen. Oftmals hängt der Einsatz von Mikroorganismen als biotechnologische „Werkzeuge" von deren Zellstruktur ab. Wir beginnen daher mit einer Wiederholung des Aufbaus der prokaryontischen Zelle und betrachten dann eine Reihe von Anwendungen der Biotechnologie von Mikroorganismen. Wir schließen mit einer Diskussion der Gefahr, die vom Missbrauch von Mikroorganismen als bioterroristischen Agenzien ausgeht.

Die Struktur von Mikroorganismen 5.1

Bevor wir die vielen Anwendungsmöglichkeiten der mikrobiellen Biotechnologie eingehender betrachten können, müssen wir in der Lage sein, Bakterien- von Pflanzen- und Tierzellen zu unterscheiden. In Kapitel 2 haben wir gelernt, dass lebende Zellen einer von zwei Grundtypen zuzuordnen sind, abhängig davon, ob sie einen Zellkern besitzen, in dem die DNA enthalten ist (Eukaryonten), oder nicht (Prokaryonten). Zu den Lebewesen mit **eukaryontischen Zellen** gehören alle Pflanzen einschließlich der Algen, alle Tiere und Pilze einschließlich der einzelzelligen Hefen sowie die für gewöhnlich dem Tierreich zugerechneten Protozoen, zu denen beispielsweise die Amöben gehören. Den **prokaryontischen Zellen** fehlen im Gegensatz zu den eukaryontischen Zellen Zellorganellen (von Membranen umgebene, abgeschlossene Kompartimente innerhalb der Zelle), so auch der Zellkern.

Nach einem verbreiteten taxonomischen System werden die Prokaryonten in zwei so genannte **Domänen** untergliedert: Die *Bacteria* und die *Archaea*. Letztere zeigen gewisse molekulare Merkmale, die eine stammesgeschichtliche Beteilung an der Herausbildung des eukaryontischen Zelltyps nahelegen. Die Zellstruktur eines Lebewesens ist von Bedeutung für die Ermittlung der Bedingungen, unter denen es zu gedeihen vermag, wie auch im Hinblick auf eine mögliche Verwendung in der Biotechnologie. Beispielsweise leben die Archaea genannten Bakterien in extremen Lebensräumen wie stark salzhaltigen (hypersalinen) Flüssigkeiten oder sehr heißen Umgebungen. Aufgrund der Anpassung an diese extremen Lebensräume weisen sie oft sehr ungewöhnliche Stoffwechseleigenarten auf. Darüber hinaus machen strukturelle Merkmale insbesondere die Bakterien zu ausgezeichneten Organismen für die biotechnologische Forschung.

Bakterienzellen sind im Regelfall viel kleiner (1 bis 5 μm = 0,001 – 0,005 Millimeter) als eukaryontische Zellen ($\approx$ 10 – 100 μm) und besitzen einen viel einfacheren Zellaufbau. Die Abbildung 2.1 gibt einen schematischen Überblick über den Aufbau einer prokaryontischen Zelle. Bakterienzellen zeigen weiterhin die folgenden Strukturmerkmale:

- Das Erbmaterial DNA ist nicht in einen Zellkern eingeschlossen und besteht fast immer aus einem einzelnen, zirkulär geschlossenen Chromosom ohne Histonproteine.
- Bakterienzellen können zusätzliche DNA in Form von Plasmiden beherbergen.
- Bakterien besitzen wenige von einer eigenen Membran umgebene Organellen; in den allermeisten Fällen fehlen diese gänzlich.
- Die die Plasmamembran umgebende Zellwand unterscheidet sich in ihrem Aufbau von den Zellwänden pflanzlicher Zellen. Die Bakterienwand besteht aus einem komplex gebauten Copolymer aus Polysaccharid- und Proteinanteilen, das **Peptidoglykan** heißt. Die Zellwand bildet eine feste äußere Barriere, die die Zelle schützt und die Zellform festlegt. Bei den Archaea enthält die Wand kein Peptidoglykan, sondern ein Pseudopeptidoglykan.
- Manche Bakterien weisen jenseits der Wand eine äußere Schicht aus Kohlenhydraten auf, die als Kapsel bezeichnet wird.

Die meisten Bakterientypen lassen sich durch die **Gramfärbung** grundlegend klassifizieren. Dabei werden bestimmte Farbstoffe eingesetzt, um die Zellwände anzufärben. Gram-positive Bakterien besitzen eine einfachere Wandstruktur, die reich an Peptidoglykan ist, wohingegen Gram-negative Bakterien einen komplexeren Zellwandaufbau mit einem geringeren Peptidoglykananteil aufweisen. Bakterien bilden keine mit den Geweben von Tieren oder Pflanzen vergleichbaren vielzelligen Verbände, obschon einige Bakterientypen miteinander zu Filamenten (Zellfäden) aus vielen untereinander verbundenen Zellen „verkleben" können.

Die verschiedenen Bakterien unterscheiden sich in Form und Größe der Zellen. Zu den am weitesten verbreiteten Zellformen gehören kugelige Zellen, die als **Kokken** (Einzahl *Kokkus*) bezeichnet werden, stäbchenförmige Zellen, die als **Bazillen** (Einzahl *Bazillus*) bezeichnet werden, sowie korkenzieherförmige Spiralbakterien (► Abbildung 5.1). Wenn Sie sich mit den Mikroorganismen befassen, werden Sie erkennen, dass der Name mancher Bakterien einen Hinweis auf die Zellform gibt. So sind etwa Staphylokokken rundliche Bakterien, die auf der Hautoberfläche leben. *Bacillus anthracis* ist ein stäbchenförmiges Bakterium, das die Krankheit Milzbrand auslöst.

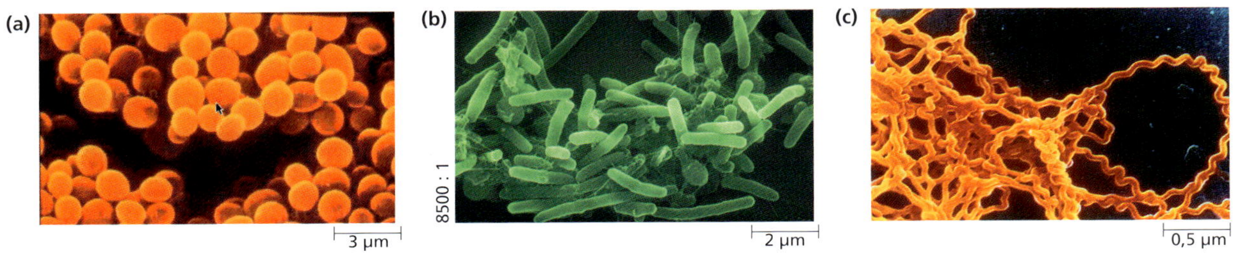

Abbildung 5.1: Zellformen von Bakterien. Die häufigsten Zellformen von Bakterien sind (a) kugelförmig (sphärisch), (b) stäbchenförmig und (c) spiralig (korkenzieherförmig).

Das einzelne, ringförmig geschlossene Chromosom, das bei den meisten Bakterien das gesamte Genom repräsentiert, ist verhältnismäßig klein. Bakterienchromosomen zeigen Durchschnittsgrößen von zwei bis vier Millionen Basenpaaren. Dem steht eine Größe von ca. 200 Millionen Basenpaaren eines typischen Chromosoms des Menschen gegenüber. Wie Sie in Kapitel 3 erfahren haben, enthalten manche Bakterien zusätzlich zu ihrer chromosomalen DNA zusätzliche DNA in Form von Plasmiden. Plasmid-DNA enthält oftmals Gene für Antibiotikaresistenzen und Gene für Proteine für Pili (siehe Abbildung 2.1). Mit Hilfe der Pili (Einzahl Pilus) genannten Verbindungsröhren für den Kontakt von Zelle zu Zelle können diese untereinander gezielt DNA austauschen. Wie wir bereits in Kapitel 3 erörtert haben, sind Plasmide ein wesentliches Werkzeug der Molekularbiologie, da sie eingesetzt werden können, um in Experimenten mit rekombinanter DNA diese in Zellen zu verfrachten und dort zur Replikation zu bringen.

Bakterien wachsen und vermehren sich rasch. Unter idealen Bedingungen vermögen sich viele Bakterien innerhalb von wenig mehr als 20 Minuten zu teilen. Viele eukaryontische Zellen wachsen einen ganzen Tag oder länger, bevor sie sich teilen. Eukaryontische Hefezellen, deren Genome klein sind, und deren Zellgröße ebenfalls in der Größenordnung großer Bakterien liegt, erreichen eine Generationszeit von ca. 90 Minuten. Jede Bakterienzelle teilt sich zu zwei neuen Zellen. Unter günstigen Wachstumsbedingungen im Labor kann daher eine kleine Population von Bakterien rasch eine Nachkommenschaft von Millionen identischer Zellen hervorbringen. Da Bakterien so klein sind, können Millionen von ihnen leicht auf handlichen Agarplatten oder in Reagenzgläsern mit einem Flüssigmedium angezüchtet werden. Beim Wachstum auf festen Medien bringt jede Bakterienzelle typischerweise eine meist runde Zellkolonie hervor, die einen Zellklon aus etlichen Tausend oder Millionen von Zellen darstellt (► Abbildung 5.2a). Für viele biotechnologische Einsatzzwecke züchtet man Bakterien in großen Fermentern an, die mehrere tausend Liter flüssiges Kulturmedium aufnehmen können (► Abbildung 5.2b).

Die Erzeugung von Mutantenstämmen von Bakterien für genetische und/oder biochemische und/oder physiologische Untersuchungen ist verhältnismäßig einfach. Mutationen können erzeugt werden, indem man die Zellen mutagenen Einflüssen wie Röntgenstrahlung, Ultraviolettstrahlung oder das Erbgut verändernden Chemikalien aussetzt. Von manchen Typen sind buchstäblich Tausende von Mutantenstämmen verfügbar. Aus diesen und vielen weiteren Gründen sind Bakterien nicht nur die bevorzugten Organismen vieler Biotechnologen, sondern auch ideale Modellorganismen für molekularbiologische, genetische, biochemische und biotechnologische Untersuchungen.

Hefen

Obwohl wir uns in diesem Kapitel in erster Linie mit den Anwendungen von Bakterien in der Biotechnologie befassen werden, soll nicht unerwähnt bleiben, dass auch die Hefen in der Biotechnologie auf vielfache Weise dienlich sind. So haben Archäologen altbabylonische Steintafeln aus der Zeit von 4300 Jahren vor unserer Zeitrechnung entdeckt, auf denen Rezepte für das Brauen von Bier mit Hilfe von Hefe niedergelegt sind. Dabei handelt es sich um eines der ältesten dokumentierten Beispiele für Biotechnologie. Als Hefen bezeichnet man solche **Pilze** (*Mycota, Fungi*), die für gewöhnlich einzellig leben. Es mag über 1,5 Millionen verschiedener Pilzarten geben, doch sind bis heute erst ca. 150.000 klassifiziert. Es gibt also vermutlich ein beachtliches Potenzial für weitere wertvolle Produkte aus Pilzen. So sind Pilze beispielsweise eine wichtige Quelle für Antibiotika und cholesterinsenkende pharmazeutische Wirkstoffe. Hefen sind typische Eukaryonten, deren Zellen wie die von Pflanzen und Tieren eine Reihe von einer Membran umgebenen Organellen, ein Cytoskelett und histonhaltige Chromosomen enthalten. Hefen besitzen aufgrund ih-

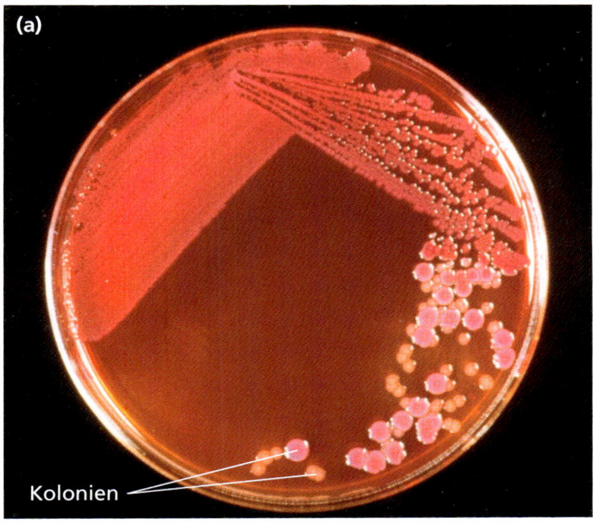

Abbildung 5.2: Bakterien in Kultur. (a) Die meisten Bakterien lassen sich unter verschiedenen Bedingungen in flüssigen Kulturmedien oder auf festen Medien anzüchten (wie zum Beispiel der hier abgebildeten Petrischale). Auf festen Medien wachsen viele Bakterien in Form runder Zellhaufen, die man als Kolonien bezeichnet. Solche Zellkolonien gehen von einer räumlich isolierten Einzelzelle aus, die sich rasch teilt und dabei schließlich einen für das nackte Auge sichtbaren Zellklon (Kolonie) hervorbringt. Eine solche Kolonie auf einer Agarplatte kann Millionen bis Milliarden von Einzelzellen enthalten. (b) Bakterien lassen sich auch im großen Maßstab anzüchten. Die hier abgebildeten Fermenter enthalten jeweils mehrere hundert Liter Flüssigkultur eines bestimmten Bakterienstammes. Diese Fermenter sind Bioreaktoren, die vielseitig einsetzbar sind, zum Beispiel für die Anzucht von Bakterien für die Isolierung rekombinanter Proteine oder die Kultivierung von Hefen bei der Weinherstellung.

rer eukaryontischen Natur auch größere Genome als Bakterien (die bekannteste Hefe, die Bäcker- oder Brauhefe *Saccharomyces cerevisiae*, besitzt eines von 12.156.600 Basenpaaren, die auf 16 Chromosomen verteilt sind). Die Mechanismen der Genexpression in Hefen entsprechen weitgehend denen menschlicher Zellen. Diese Eigenschaften machen Hefen zu sehr wertvollen Modellorganismen für die Genetik und die Zellbiologie (z. B. Genregulation, Zellteilung, intrazelluläre Transportvorgänge, Biogenese von Organellen etc.).

Die verschiedenen Hefearten unterscheiden sich beträchtlich in der Größe der Zellen; die Mehrzahl ist jedoch größer als typische Bakterien und von kugeliger, eiförmiger oder zylindrischer Gestalt. Viele Hefen vermögen sowohl aerob (in Anwesenheit von Sauerstoff) wie anaerob (ohne Sauerstoff) sowie unter vielfältigen Nahrungsbedingungen zu wachsen und sich zu vermehren. Außerdem ist eine große Zahl von Mutantenstämmen einiger Arten verfügbar. Hefen sind in Forschung und Biotechnologie nicht zuletzt deshalb beliebt, weil bei ihnen gentechnische Eingriffe leicht möglich sind, die bei den Zellen anderer Eukaryonten nur unter großen Schwierigkeiten oder überhaupt nicht möglich sind.

Saccharomyces cerevisiae, die allgemein bekannte Back-, Bäcker- oder Brauhefe, war die erste eukaryontische Lebensform, deren Genomsequenz vollständig bekannt geworden ist. Die 12 Millionen Basenpaare ihrer 16 Chromosomen enthalten ungefähr 6300 Gene. Unter diesen sind mehrere gefunden worden, die Homologie zu Genen des Menschen aufweisen, welche bekanntermaßen an Krankheitsprozessen beteiligt sind. Durch die Untersuchung der homologen Gene in den Hefen können die Wissenschaftler eine Menge darüber lernen, was diese Gene und ihre Produkte mutmaßlich im menschlichen Körper tun und wie sie zur Entstehung einer Krankheit beitragen, wenn sie mutiert sind.

In jüngerer Zeit hat sich die Art *Pichia pastoris* als besonders nützlich erwiesen. *Pichia pastoris* lässt sich in Flüssigkulturen zu höheren Zelldichten heranzüchten als die meisten anderen im Labor eingesetzen Hefearten. Die Art verfügt weiterhin über eine Anzahl starker Promotoren, die für die Überproduktion von (rekombinanten) Proteinen herangezogen werden können. Und sie kann in Großansätzen eingesetzt werden, um große Zellzahlen (viel Biomasse) zu erzeugen. Im nächsten Abschnitt wird erklärt, wie Mikroorganismen von den Wissenschaftlern als wertvolle „Werkzeuge" in der biotechnologischen Forschung eingesetzt werden.

Mikroorganismen als Werkzeuge 5.2

Mikroorganismen haben sich – in ihrem Wildtypzustand oder in genetisch modifizierter Form – auf vielfältige und faszinierende Art und Weise als nützliche Werkzeuge erwiesen.

Mikrobielle Enzyme

Mikroorganismenenzyme werden auf Gebieten von der Nahrungsmittelproduktion bis hin zur molekularbiologischen Forschung eingesetzt. Da Mikroorganismen eine ausgezeichnete und bequeme Quelle für Enzyme sind, waren einige der ersten kommerziell verfügbaren Enzyme der Molekularbiologie DNA-Polymerasen und Restriktionsendonucleasen aus Bakterien. Anfangs hauptsächlich aus *Escherichia coli* isoliert, wurden DNA-Polymerasen für eine Reihe von Anwendungen in der Technik der rekombinanten DNA zugänglich, wie zum Beispiel die Markierung von DNA-Molekülen, bei der Herstellung von DNA-Sondenmolekülen und bei der Polymerasekettenreaktion zur Amplikation von DNA-Abschnitten.

In Kapitel 3 sind Sie mit der *Taq*-DNA-Polymerase als Beispiel für ein hitzestabiles Enzym bekannt gemacht worden. Die *Taq*-Polymerase ist aufgrund ihrer Hitzeresistenz ein wesentlicher Bestandteil der PCR; sie wurde aus dem in heißen Quellen lebenden *Thermus aquaticus* isoliert. Infolge ihrer Fähigkeit, bei extremer Hitze zu wachsen und zu gedeihen, nennt man diesen Typ von Mikroorganismus **thermophil** (griechisch: „Hitze liebend"). Viele ähnliche thermostabile Enzyme sind in anderen Arten von Thermophilen gefunden worden. Sie werden verbreitet bei der PCR und anderen Reaktionen bei hohen Temperaturen eingesetzt. Mehrere Firmen haben von der Regierung die Erlaubnis erhalten, die heißen Quellen im Nationalpark Yellowstone im Westen der USA nach potenziell nützlichen Mikroorganismen abzusuchen, die vielleicht neuartige und wertvolle Enzyme beherbergen.

Das Enzym **Cellulase** – produziert von *Escherichia coli* – baut das in pflanzlichen Zellwänden enthaltene Polysaccharid Cellulose (auch: Zellulose) ab. Cellulase wird verbreitet eingesetzt, um Tierfutter besser verdaulich zu machen. Haben Sie je ein Paar „stone-washed" Jeans besessen? Diese weichen und ausgebleichten Jeans werden heute nicht mehr durch das Waschen in Gegenwart von Steinen erzeugt. Stattdessen wird das Textilgewebe mit einem Gemisch aus Cellulasen aus Pilzen wie *Trichoderma reesei* und *Aspergillus niger* behandelt. Diese Cellulasen führen einen milden Verdau der aus Cellulose bestehenden Baumwollfasern durch, so dass die Hosen eine weichere Beschaffenheit erlangen. Die Protease Subtilisin aus *Bacillus subtilis* ist ein wertvoller Bestandteil vieler Waschmittel, in denen sie dazu dient, Eiweißflecken durch den Verdau der Proteine zu entfernen. Allerdings greifen diese Waschmittel durch den Enzymzusatz die menschliche Haut an. Diverse bakterielle Enzyme werden in der Nahrungsmittelindustrie eingesetzt, um Lebensmittel zu produzieren. So werden beispielsweise die zuckerverdauenden Amylasen eingesetzt, um bei der Herstellung von Maissirup Stärke abzubauen.

Bakterielle Umwandlungen

In Kapitel 3 haben wir gelernt, dass eine **Transformation** – die Aufnahme von DNA aus der die Zelle umgebenden Umwelt – ein wesentlicher Schritt bei der Klonierung rekombinanter DNA ist. Bei der Klonierung von DNA wird ein rekombinantes DNA-Molekül (z. B. ein Plasmid) in eine Empfängerzelle (z. B. eine Bakterie) durch einen Transformationsvorgang eingeschleust. Enthält die eingebrachte DNA entsprechende genetische Elemente, kann sie von der Zelle repliziert und unter Umständen im Rahmen der Zellteilung geordnet an die Nachkommenschaft weitervererbt werden. Die meisten Bakterien nehmen DNA nicht sehr bereitwillig auf, so dass sie in geeigneter Weise vorbehandelt werden müssen, um sie empfänglicher zu machen. Zellen, die auf diese Weise für eine Transformation vorbereitet worden sind, nennt man **kompetente Zellen**. Eine von mehreren Techniken zur Herstellung kompetenter Zellen besteht darin, die Zellen mit einer eiskalten Calciumchloridlösung zu behandeln. Die positiv geladenen Calciumionen setzen der Zellwand (und der Zellmembran) der Bakterien oder Hefen zu und erzeugen in der experimentellen Konzentration kleine Löcher, die den Durchtritt der DNA-Moleküle erlauben.

Die kompetent gemachten Zellen können in diesem Zustand bei niedrigen Temperaturen tiefgefroren werden (bei −80 bis −60 °C). Bei Bedarf können portionierte Mengen aufgetaut werden. Die Transformationskompetenz bleibt im Tiefgefrierschrank über Jahre erhalten.

Kompetente Zellen können verhältnismäßig einfach mit DNA transformiert werden (► Abbildung 5.3 a). Im Regelfall wird die Ziel-DNA zur Transformation von Bakterien in ein Plasmid eingesetzt, das ein oder mehrere

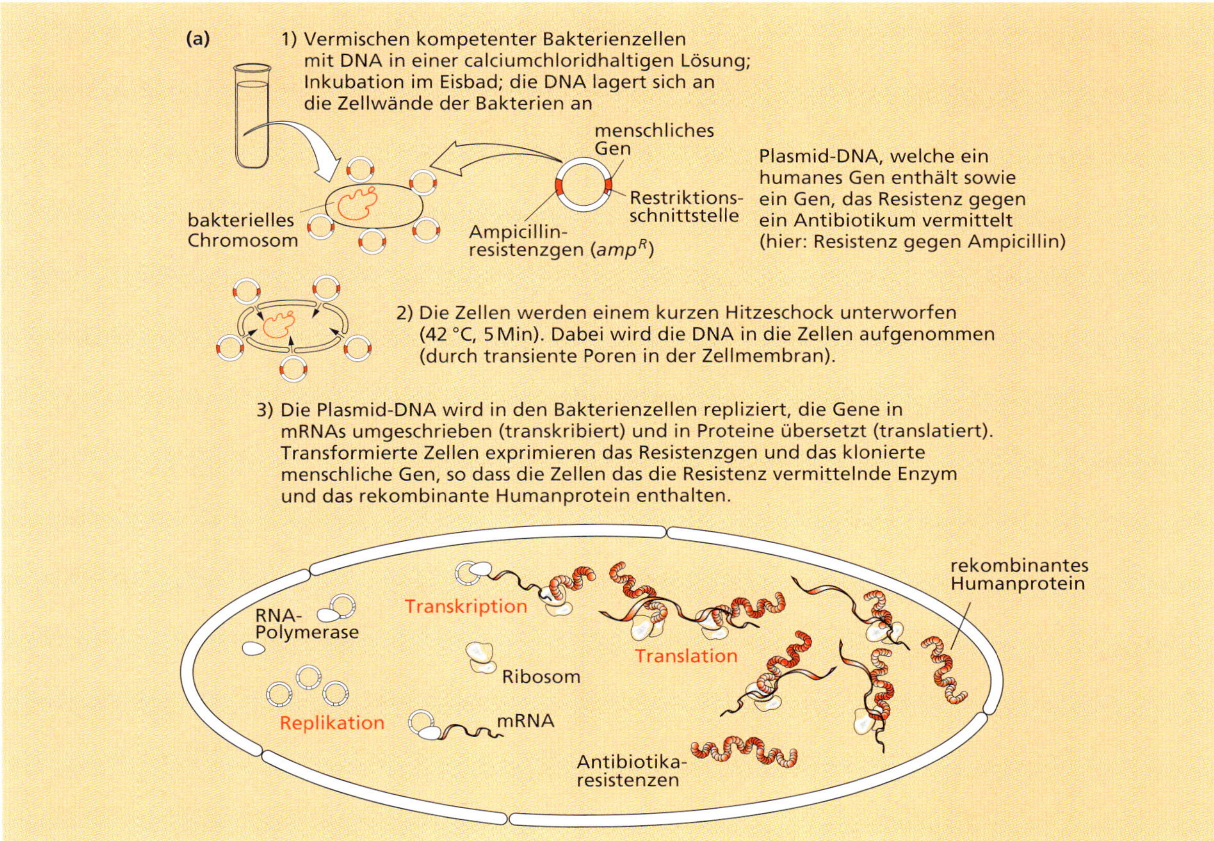

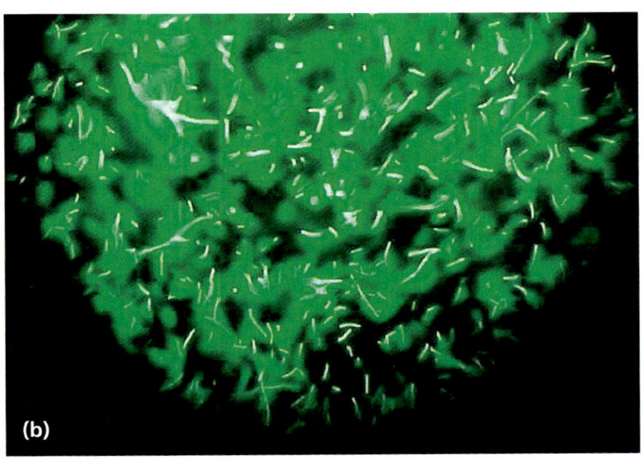

Abbildung 5.3: Die genetische Transformation von Bakterienzellen. (a) Im Labor können die meisten Bakterientypen dazu veranlasst werden, Fremd-DNA aufzunehmen, indem sie mit Calciumchlorid oder hoher elektrischer Spannung behandelt werden. (b) *Escherichia coli*-Zellen werden mit einem Plasmid transformiert, das ein aus einer Quallenart stammendes Gen für das grün fluoreszierende Protein GFP enthält. Dadurch leuchten die transformierten Zellen nach der Produktion des Proteins grün auf – ein wahrlich deutliches Beispiel für die erfolgte genetische Veränderung. Das Aufleuchten der Zellen zeigt an, dass die Zellen die das gfp-Gen enthaltenden Plasmide aufgenommen, die GFP-mRNA exprimiert und das GF-Protein erfolgreich synthetisiert haben.

Gene mit Selektionseigenschaften (z. B. Antibiotikaresistenz) enthält. Ein derart vorbereiteter, rekombinanter Vektor wird dann mit einer Portion der kompetenten Zellen vermischt und für einige Minuten inkubiert. Der genaue Mechanismus, nach dem sich die Transformation vollzieht, ist nach wie vor nicht vollständig verstanden, doch weiß man, dass die Zellen während der Prozedur kühl gehalten werden müssen. Dies fördert vermutlich die Anhaftung der DNA an die Zelloberfläche. Die Kälte ist auch bei der Änderung der physikalischen Membraneigenschaften behilflich, die den Durchtritt der DNA-Moleküle erleichtern (verminderte Membranfluidität). Man nimmt an, dass die Calciumionen eine bedeutende Rolle bei der Neutralisierung der negativen elektrischen Ladungen der Phosphatgruppen sowohl der Zellmembran wie der DNA-Moleküle spielen, deren gleichnamige Ladungen sich sonst heftig abstoßen würden. Die Zellen werden bei der chemischen Transformation dann kurzzeitig auf eine Temperatur von 42 °C erhitzt (so genannter Hitzeschock). Während dieses Hitzeschocks tritt die DNA endgültig in die zu transformierenden Zellen ein. Der Hitzeschock erzeugt ein Temperaturgefälle, der dem einer geöffneten Tür eines geheizten Zimmers im Winter entspricht.

Nach einer Erholungsphase in Flüssigmedium ohne Selektionsdruck werden die Zellen auf Agarplatten ausgestrichen, deren Medium einen geeigneten Selektionsdruck ausübt (z.B. durch enthaltenes Antibiotikum, fehlende Nährstoffe bei Selektion auf Auxotrophie etc.). Nur transformierte Zellen vermögen unter den Selektionsbedingungen, sich zu teilen und Kolonien zu bilden. Plasmide werden von den transformierten Mikroorganismen repliziert und bei der Zellteilung segregiert. Die auf dem Plasmid enthaltenen Gene werden unter Umständen transkribiert und in Proteine translatiert. Die transformierten Zellen exprimieren dann ein rekombinantes Protein.

Dieser ganze Vorgang wird, wie schon wiederholt erwähnt, als Transformation bezeichnet, was übersetzt „Umbildung" bedeutet, da die Zellen durch die neu erworbene genetische Information umgebildet worden sind, was unter Umständen zu einer sichtbaren Veränderung Anlass geben kann. Die in der aufgenommenen DNA niedergelegten Informationen können eine Zelle dazu veranlassen, Stoffe zu produzieren, die sie normalerweise nicht bilden würde. So kann beispielsweise *Escherichia coli* mit dem Gen für das grün fluoreszierende Protein (GFP), das aus einer Meeresqualle stammt, transformiert werden (► Abbildung 5.3 b). Wir werden in Kapitel 10 einen eingehenderen Blick auf die nützlichen Anwendungen des GFPs werfen. Wie wir in Abschnitt 5.3 erfahren werden, sind insbesondere Bakterien mit einer großen Zahl von Genen zur Expression wertvoller Genprodukte, einschließlich vieler Menschengene, transformiert worden.

Elektroporation

Eine weitere verbreitete Technik zur Transformation von Zellen ist die **Elektroporation** oder Elektrotransformation (► Abbildung 5.4). Bei dieser Vorgehensweise erzeugt ein als Elektroporator bezeichnetes Gerät einen kurzen elektrischen Spannungspuls, der der DNA zum Eintritt in die Zellen verhilft, ohne alle Zellen dabei abzutöten. Die Elektroporation bietet gegenüber der oben beschriebenen chemischen Methode mit Calciumchlorid einige Vorteile: So ist die Methode geringfügig schneller und lässt sich auch zur Transformation vieler anderer Zelltypen benutzen (Tierzellen, Pflanzenzellen, Pilzzellen). Die vielfach in der Biotechnologie zum Einsatz kommenden Hefen lassen sich auch wie Bakterien chemisch transformieren. Die Elektroporation ist im Vergleich zur chemischen Methode mit Calcium die effizientere, was sich insbesondere beim integrativen Gentransfer bemerkbar macht. Für die Transformation mit Plasmiden ist dieser Unterschied ohne Bedeutung. Man kann also bei der Elektroporation weniger

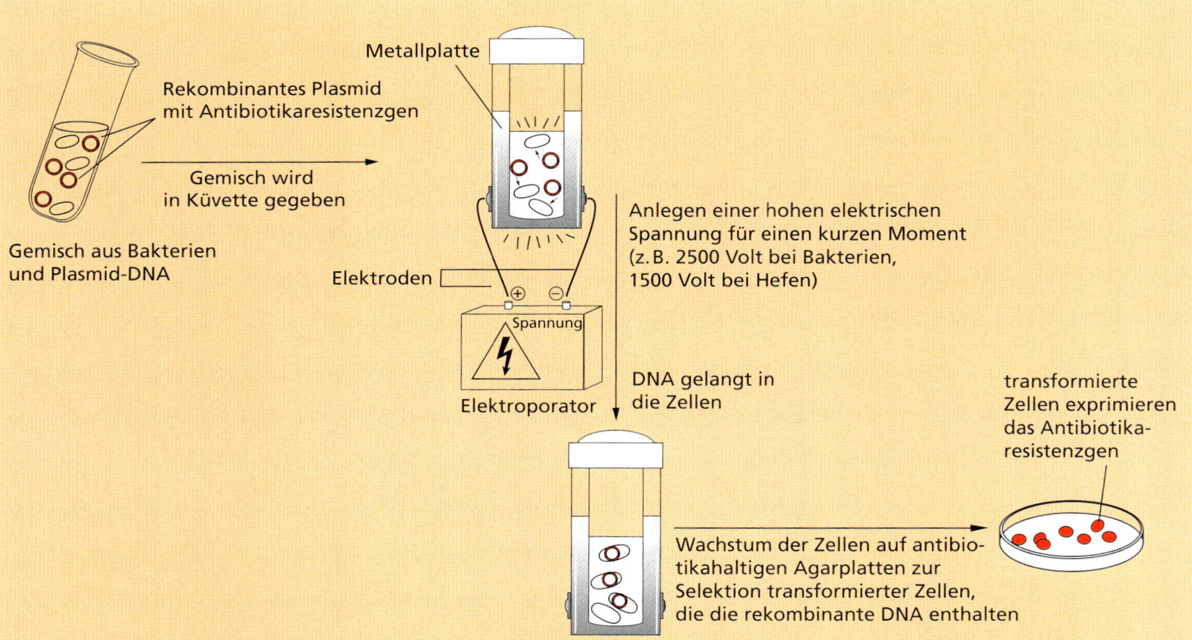

Abbildung 5.4: Die Elektroporation ist eine schnelle und wirkungsvolle Methode zur Transformation von Bakterien- und Hefezellen. Bei der Elektroporation wird ein Gemisch aus den zu transformierenden Zellen (hier Bakterien) und der einzubringenden DNA (hier ein Plasmid) in eine mit Elektroden ausgestattete Küvette gegeben. Durch kurzzeitiges Anlegen einer starken elektrischen Spannung wird eine Aufnahme der DNA in die Zellen ausgelöst. Zellen, die die Fremd-DNA aufgenommen haben, können dann mit Hilfe eines geeigneten Selektionsdrucks (hier Antibiotikaresistenz) ausgelesen werden.

DNA verwenden oder solche DNA, die von den Zellen mit geringerer Effizienz akzeptiert und prozessiert wird. Den Vorteilen stehen jedoch deutlich höhere Kosten der Methode gegenüber. Ungeachtet der Methode, die benutzt wird, um die DNA in die Zellen zu bringen, kann – nachdem die DNA erfolgreich in den Zellen etabliert worden ist – im Weiteren eine Reihe nützlicher Techniken zum Zuge kommen.

Klonierungs- und Expressionstechniken

Ein Grund, warum insbesondere Bakterien mit Fremd-DNA transformiert werden, ist die Klonierung der eingeschleusten DNA – also die replikative Vermehrung in den Wirtszellen. Außer für die Klonierung fremder DNA sind rekombinante Bakterien auch deshalb nützlich, weil sie dazu benutzt werden können, Proteine in größeren Mengen zu erzeugen, die dann für verschiedenartigste Zwecke weiterverwendet werden können. Auf diese Weise können Proteine so synthetisiert werden, wie sie von Natur aus vorkommen; es können aber auch vom Menschen konstruierte Fusionsproteine erzeugt werden.

Die Erzeugung bakterieller Fusionsproteine als Methode zur Synthese und Isolierung rekombinanter Proteine

Es gibt viele Techniken, um Bakterien als Werkzeuge bei der Synthese rekombinanter Proteine einzusetzen. Eine beliebte Vorgehensweise besteht in der Kreation von Fusionsproteinen. Es existieren zahlreiche Varianten für die Herstellung eines **Fusionsproteins**. Das grundlegende Konzept ist aber immer ähnlich: Man erzeugt ein rekombinantes DNA-Konstrukt, indem man das zur Expression vorgesehene Gen in ein Plasmid oder in das Genom der vorgesehenen Wirtszelle einbaut. Der Leserahmen des zu exprimierenden Gens (sein ORF) wird so an einen zweiten Leserahmen angesetzt, dass ein durchgehender neuer offener Leserahmen (ORF) entsteht. Eine der beiden Peptidsequenzen dient dabei oft als „Henkel“ (engl. *tag*), mit dem sich das Fusionsprotein während der Aufreinigung und/oder nachfolgender Arbeitsschritte „greifen“ (= nachweisen oder absondern) lässt (► Abbildung 5.5). Einer der zusammengeführten Proteinanteile erlaubt dann oftmals eine einfache Aufreinigung (Abtrennung von anderen Proteinen und anderen Zellbestandteilen) des Fusionsproteins. Plasmidvektoren zur Expression von Proteinen – unveränderten, verkürzten oder Fusionsproteinen – werden als **Expressionsvektoren** bezeichnet, da sie einen geeigneten Promotor enthalten, unter dessen Kontrolle in den Zielzellen das gewünschte Protein synthetisierbar ist. Ein verbreitet eingesetzter Typ von Expressionsvektor ist einer, bei dem das Zielprotein als Fusion mit dem Enzym Glutathion-S-Transferase (GST) hergestellt wird (GST-Fusionsproteine; Abbildung 5.5). Andere oft eingesetzte Fusionspartner sind das Maltosebindungsprotein (MBP; ein Lektin) und das Enzym Luciferase.

Der rekombinante Expressionsvektor, der den offenen Leserahmen des gewünschten Gens in der richtigen Orientierung enthält, wird in passende Wirtszellen transformiert. Diese (in der biotechnologischen Anwendung meist Bakterien oder Hefezellen) synthetisieren dann eine mRNA für das Protein und translatieren diese. Die mRNA-Moleküle sind die Bauanleitungen für das rekombinante (Fusions-)Protein. Als Endergebnis entsteht ein (Fusions-)Protein, in dem das Zielprotein des Forschers sich kovalent in das Henkelprotein fortsetzt (oder umgekehrt); in unserem Beispielprotein ist dies der GST-Anteil (Abbildung 5.5, Schritt 2).

Um das Fusionsprotein zu isolieren, werden die das Protein exprimierenden Zellen aufgebrochen (lysiert). Zelltrümmer werden abgetrennt, der entstehende lösliche Überstand weiterverarbeitet. Bei vielen Aufreinigungsverfahren wird der geklärte Extrakt über eine so genannte Säule gegeben. Die „Säule“, die im Labormaßstab meist ein kleines Plastikröhrchen ist, enthält eine mehr oder weniger große Menge einer festen (immobilen) Phase; üblich sind Kunststoffe in Form eines Gels oder winziger Kügelchen. Auf diesem mehr oder weniger festen Trägermaterial befindet sich ein Stoff, der mit dem Fusionsprotein selektiv in Wechselwirkung tritt und dieses zurückhält. Diese Technik, von der zahlreiche Varianten existieren, wird als **Affinitätschromatographie** bezeichnet, da das Säulenmaterial eine besondere Affinität zu dem aufzureinigenden (Fusions-)Protein hat. In dem schematischen Beispiel von Abbildung 5.5 wird das kurze Peptid Glutathion an das Trägermaterial gebunden. Glutathion ist natürlich das Substrat der Glutathion-S-Transferase, so dass unser Modellfusionsprotein mit dem GST-Anteil an dem Glutathionresten des Trägermaterials festgehalten wird. Abbildung 5.9 zeigt ein Beispiel, in dem mit Antikörpern beschichtete Mikrokügelchen dazu verwendet werden, ein Fusionsprotein abzufangen (umgekehrt können mit dem so genannten Protein-A gezielt Antikörper aus einem Proteingemisch herausgefischt werden). Als Nächstes wird das mit dem Fusionsprotein behaftete Säulenmaterial gewaschen. Danach kann das Fusionsprotein als Ganzes vom Trä-

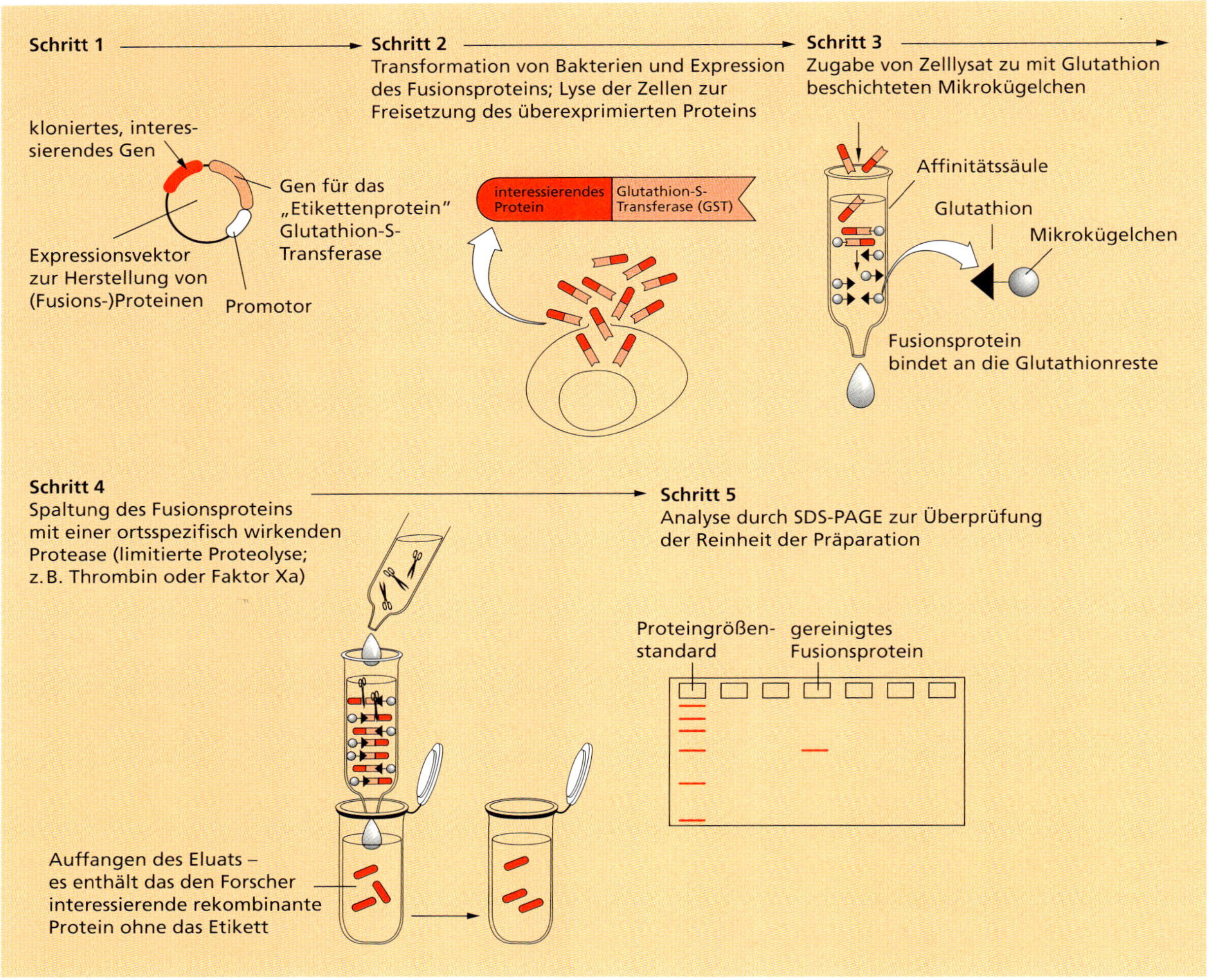

Abbildung 5.5: Fusionsproteine. Um ein Fusionsprotein zu erzeugen, wird das zu exprimierende Gen in einen geeigneten Expressionsvektor eingebaut. Zellen, die das Protein exprimieren sollen (hier Bakterien), werden mit dem rekombinanten Expressionsvektor transformiert. Transformierte Zellen exprimieren dann das Gen für das gewünschte Protein entweder dauernd (konstitutiv) oder auf ein entsprechendes Signal (induziert).

germaterial abgelöst (eluiert) werden, oder das eigentliche Zielprotein wird mit Hilfe einer Protease vom GST-Anteil hydrolytisch abgeschnitten (sofern dies nicht zur gleichzeitigen Zerstörung des anfusionierten Polypeptids führt). Fusionsproteine werden zu vielerlei Zwecken hergestellt: Mit ihrer Hilfe können Proteine in ausreichender Menge für Strukturuntersuchungen oder medizinisch interessante Proteine in ausreichender Reinheit dargestellt werden.

Mikrobielle Proteine als Reportersubstanzen

Neuesten Untersuchungen zufolge sind fast drei Viertel aller bisher bekannten Tiefseeorganismen in der Lage, Licht durch **Biolumineszenz** zu erzeugen. Fische der Tiefsee können etwa durch Zellreihen entlang der Seitenlinie oder in speziellen Organen Licht aussenden, um Partner für eine Paarung anzulocken. Bei vielen anderen Arten von Meeresbewohnern ist die ökologische Funktion der Biolumineszenz gänzlich unbekannt. In vielen Tierarten sind für die Leuchterscheinungen symbiontische Bakterien verantwortlich, zum Beispiel solche der Art *Vibrio fisheri* (► Abbildung 5.6).

Bakterien wie *Vibrio fisheri* sind als Biosensoren eingesetzt worden, um krebserzeugende Stoffe (Kanzerogene), andere Umweltgifte sowie chemische und bakterielle Kontaminationen von Lebensmitteln nachzuweisen. *Vibrio fisheri* und der ebenfalls biolumineszente Bakterientyp *Vibrio harveyi* erzeugen das von ihnen ausgesandte Licht mit Hilfe der Produkte ihrer *lux*-Gene (*lux*; lat. „Licht"). Dabei codieren mehrere *lux*-Gene für Untereinheiten des Enzyms Luciferase (*lux ferre*; lat. „Licht tragen").

Das Enzym Luciferase kommt auch bei den als „Glühwürmchen" bekannten Käfern vor. Die *lux*-Gene sind

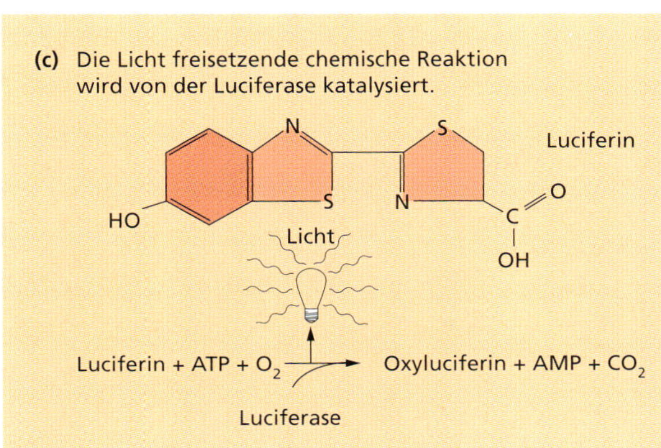

Abbildung 5.6: Biolumineszente Meeresbakterien – ein Ursprungsort der *lux*-Gene. Biolumineszenzfähige Bakterien wie *Vibrio fisheri* (a) erzeugen in den Leuchtorganen dieses Tiefseefisches durch chemische Reaktionen Licht. Sie vermögen dies auch außerhalb ihres natürlichen Wirtes in Laborkulturen (b). Die *lux*-Gene codieren für die Untereinheiten des Enzyms Luciferase, das in einer ATP-abhängigen Redoxreaktion mit molekularem Sauerstoff aus Luciferin Oxyluciferin erzeugt. Bei dieser Reaktion wird überschüssige Energie in Form von Licht freigesetzt. Die *lux*-Gene haben zu mehreren wichtigen Anwendungen als Reportergene geführt, durch die es den Biologen gelang, Genexpressionsvorgänge an lebenden Zellen zu untersuchen. Durch das Einbauen von Genen in *lux*-Gene enthaltende Plasmide lässt sich die Expression dieser Gene anhand der Luciferasefusionsproteine verfolgen.

isoliert und kloniert worden. Sie werden eingesetzt, um die Expression von Genen zu untersuchen. Inseriert man *lux*-Gene in ein geeignetes Plasmid, lassen sich Lux-Fusionsproteine erzeugen. Die *lux*-Gene eignen sich auch gut als **Reportergene**. Falls sie erfolgreich in tierischen oder pflanzlichen Zellen etabliert und in diesen Zellen auch exprimiert werden, zeigen die transgenen Zellen Autolumineszenz (► Abbildung 5.6). Auf diese Weise wirkt das rekombinante lux-Plasmid als Reporter (Berichterstatter), der einen sichtbaren Hinweis auf die Expression des untersuchten Gens gibt.

Die *lux*-Gene sind in jüngerer Zeit eingesetzt worden, um einen Fluoreszenz-Biotest auf die Erreger der Infektionskrankheit Tuberkulose (Schwindsucht) zu entwickeln. Die Tuberkulose wird von Bakterien des Typs *Mycobacterium tuberculosi* hervorgerufen, die sich langsam vermehren und in einem infizierten Organismus Jahre überdauern können, bevor die Krankheit schließlich zum Ausbruch kommt (die Symptome der Tuberkulose werden in Abschnitt 5.4 beschrieben).

Für den neuen Tuberkulosetest haben die Forscher die *lux*-Gene (die zu einem Operon zusammengefasst sind) in ein Virus (einen Bakteriophagen) eingepflanzt, der *M. tuberculosis* infiziert. Speichel eines Patienten, der im Verdacht steht, an einer tuberkulösen Infektion zu leiden, wird mit den die lux-Gene enthaltenden Viren vermischt. Sind Mykobakterien („Tuberkelbazillen") in der Speichelprobe vorhanden, infizieren die Viren die Bakterienzellen und die *lux*-Gene kommen zur Expression. Die transduzierten Bakterien fangen an zu leuchten. Reportergene haben sich als wertvoll für die Forschung wie für die medizinische Anwendung entpuppt. Wir werden sie in Kapitel 10 weitergehend behandeln. Im nächsten Abschnitt dieses Kapitels werden wir eine Reihe von biotechnologischen Alltagsanwendungen von Mikroorganismen betrachten.

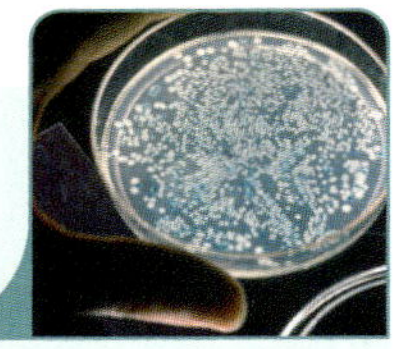

METHODEN

Das 2-Hybridsystem in Hefezellen

Das *2-Hybridsystem* (2-HS) ist eine Technik zur Untersuchung von Proteinwechselwirkungen. Es wird im Allgemeinen in Verbindungen mit Hefezellen der Art *Saccharomyces cerevisiae* eingesetzt. Die Ergebnisse dieser Wechselwirkungsstudien liefern Hinweise auf den Funktionszusammenhang von Proteinen in Zellen, indem es aufzeigt, welches Protein mit welchen anderen in direkten Kontakt kommt.

Nehmen wir an, wir hätten mehrere Proteine dingfest gemacht, von denen wir annehmen, dass sie in einem Biosynthese- oder Stoffwechselweg eines Hormons direkt zusammenwirken. Das 2-Hybridsystem ist eine gute Technik, um zu ermitteln, ob diese Proteine aneinander binden.

Wie ► Abbildung 5.7 schematisch illustriert, wird das Gen eines der zu untersuchenden Proteine als Fusionsprotein mit der DNA-bindenden Domäne (DBD) eines Transkriptionsfaktors der Hefezellen zur Expression gebracht. Dieses Fusionsprotein wird gemeinhin als das „Köderprotein" bezeichnet, da es gewissermaßen als Köder für das oder die anderen Proteine dient, die man jagt. Das oder die Gen/e für das zweite Fusionsprotein wird an einen anderen Teil des Gens für den Transkriptionsfaktor angesetzt; dieser Teil des Transkriptionsfaktorgens codiert für die die Transkription aktivierende Domäne (AD).

Die DNA-bindende und die transkriptionsaktivierende Domäne sind normalerweise Teile ein und desselben Proteins, das vermittels der DB-Domäne an geeigneten Stellen an die DNA eines Chromosoms bindet und die Ablesung eines Gens durch die A-Domäne veranlasst (Promotoraktivierung durch Bindung der RNA-Polymerase II). Für die Verwendung im 2-Hybridsystem werden die Domänen DBD und AD des *GAL4*-Gens gentechnisch getrennt.

Die rekombinanten Plasmide für die unterschiedlichen Fusionsproteine werden durch Transformation in ein und dieselbe Hefezelle eingeschleust (zweckmäßigerweise nacheinander in getrennten Transformationen mit getrennten Selektionsschritten). 2-Hybridexperimente werden in Zellen der Back-, Brau- oder Weinhefe (*Saccharomyces cerevisiae*) durchgeführt.

Weder das DBD-Fusionsprotein noch das AD-Fusionsprotein sind für sich in der Lage, die Transkription des unter der Kontrolle des betreffenden Transkriptionsfaktors (üblicherweise Gal4p) stehenden Reportergens zu veranlassen. In Abbildung 5.7 ist ein Reportergen eingezeichnet; hier verwendet man zumeist das bakterielle *lacZ*-Gen, das für das Enzym β-Galactosidase codiert. Die Aktivität dieses Enzyms lässt sich durch eine Farbreaktion leicht nachweisen. Mit entsprechenden Kalibrierungsmethoden sind auch quantitative Messungen der relativen Expressionsstärke möglich. Die Expression des *lacZ*-Gens kommt zustande, wenn zwei Fusionsproteine zusammentreffen, von denen eines die BD- und das andere die A-Domäne des Gal4-Proteins enthält, die zusammen den vollständigen Transkriptionsfaktor rekonstituieren.

Dies passiert dann, wenn die beiden anderen Fusionsanteile miteinander in eine ausreichend starke Wechselwirkung treten. Diese wird durch die angestückelten Fremdproteinanteile bewerkstelligt. Der nichtkovalente Komplex aus den zwei Fusionsproteinen wirkt transkriptionsaktivierend. Da die Wissenschaftler in der Lage sind, gezielt Mutationen in den Genen für die Fusionsproteine zu erzeugen, können sie den Einfluss solcher Änderungen an den Proteinen auf deren Wechselwirkungen untersuchen. Auf diese Weise lässt sich ermitteln, welche Teile für die Protein/Protein-Wechselwirkung verantwortlich sind. Das 2-Hybridsystem ist ein Beispiel dafür, wie mikrobielle Systeme gewinnbringend in der Forschung eingesetzt werden können, um molekularbiologische Zusammenhänge zu untersuchen.

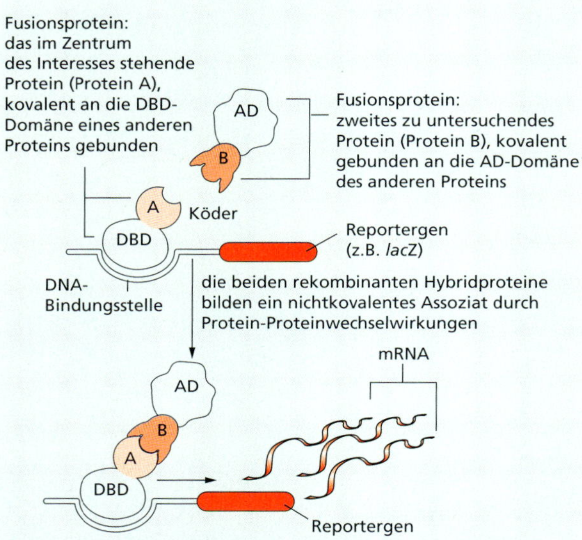

Das Doppelhybridprotein DBD-A/B-AD vermag die Transkription des Reportergens anzuregen. Die transkriptionsaktivierende Aktivität kann anhand der vom Reportergen gebildeten Menge an mRNA (direkt oder indirekt) gemessen werden.

Abbildung 5.7: Das 2-Hybridsystem zur Untersuchung von Protein/Protein-Wechselwirkungen. Will man wissen, ob zwei beliebige Proteine A und B miteinander in physischer Wechselwirkung stehen, kann man eines der Proteine als Fusionsprotein mit der DNA-bindenden Domäne (DBD) eines Transkriptionsfaktors zur Expression bringen, das andere Protein als Fusionsprotein mit der Aktivatordomäne des Transkriptionsfaktors (AD). Keines der Fusionsproteine ist allein fähig, die Transkription des Reportergens in Gang zu setzen (einer der Fallstricke der Methode sind Proteine, die dies doch vermögen, und die dann falsch-positive Ergebnisse zeitigen). Bei einer Wechselwirkung der beiden Fusionsproteine bildet sich ein Proteinkomplex, der die Transkription des Reportergens (z. B. *lacZ*) in Gang setzt. Die Expression des *lacZ*-Gens kann beispielsweise mit einem unkompliziert durchzuführenden Farbtest nachgewiesen werden. Dies gilt als Hinweis auf eine physische Wechselwirkung der Proteine A und B. Solche 2-Hybridergebnisse bedürfen jedoch einer Bestätigung durch eine zweite, unabhängige Methode zum Nachweis der Wechselwirkung, um wirklich physiologisch glaubhaft zu werden.

Die Verwendung von Mikroorganismen 5.3

Mikroorganismen sind notwendig für normale Körperfunktionen und für viele natürliche Prozesse in der Umwelt. Die Ausnutzung des großen Potenzials der Mikroorganismen zur Herstellung von Nahrungsmitteln, zur Entwicklung und Herstellung pharmazeutischer Wirkstoffe sowie zum Nachweis und zur Beseitigung von Abfällen in der Umwelt sind keine neuen Anwendungen. In diesem Abschnitt wollen wir uns viele moderne Anwendungen der Biotechnologie mit Mikroorganismen anschauen.

Nahrungsmittel

Mikroorganismen werden seit Alters her zur Herstellung vieler Nahrungsmittel wie Brot, Joghurt, Käse, Sauerkraut, Bier und Wein eingesetzt.

Betrachten wir als Beispiel die Vergärung von Milch. Quark und Molke (der wässrige Überstand, der bei der Ausfällung des Quarks übrig bleibt) bilden sich beim Gerinnen (Koagulieren) der Milch. Die Milchgerinnung ist ein wichtiger Schritt bei der Käseherstellung. Um Käse zu produzieren, wird die Koagulation der Milch von Kühen, Schafen oder Ziegen angestoßen. Das erste Gerinnungsprodukt ist der Quark. Die Flüssigkeit, die abgeschöpft wird, ist wie gesagt die Molke.

Ein Weg, um Milch zum Gerinnen zu bringen, ist die Ansäuerung. Gelangen Milchsäure- oder andere fermentierende Bakterien in die Milch, kommt es bekanntlich zum Sauerwerden; dabei koaguliert die Milch – sie verklumpt. Die haltbarsten Käsesorten entstehen, wenn das Milcheiweiß mit Hilfe des Enzyms Rennin (im Lab) ausgefällt wird. Früher hat man dieses Enyzm aus Kälbermägen gewonnen. Die Mägen anderer junger Säugetiere sind hierfür im Prinzip jedoch ebenso gut geeignet (Ziegen, Schafe, Pferde einschließlich Zebras, Kamele, usw.). Die Wirkung des Rennins allein bringt die Milch ebenfalls zum Gerinnen. Rennin ist ein proteolytisches Enzym, das Teile des Milcheiweißes, insbesondere das mengenmäßig überwiegende Casein, spaltet. Das teilverdaute Casein bildet eine unlösliche Ausfällung (das Koagulat).

Schon 1980 wurde mittels der Gentechnik das Renningen kloniert und in Bakterienzellen zur Expression gebracht. Daneben wird das Enzym in Pilzzellen der Art *Aspergillus niger* (schwarzer Köpfchenschimmel) rekombinant hergestellt. Das rekombinante Rennin, das unter dem Namen Chymosin vermarktet wird, wird heute von den Käseherstellern in aller Welt als kostengünstiger Ersatz des Kälberrennins benutzt. 1990 wurde das rekombinante Rennin als erster Lebensmittelinhaltsstoff von der Zulassungsbehörde FDA (*Food and Drug Administration*) in den USA freigegeben.

Bei manchen Käsesorten kommen statt eines einzelnen Enzyms bestimme Stämme von *Lactococcus lactis*, einem Angehörigen der Gruppe der Milchsäurebakterien, als Auslöser der Koagulation zum Einsatz. Diese Bakterien bauen ebenfalls das Casein ab und ziehen ihre Energie aus der Verstoffwechselung von in der Milch enthaltenem Zucker. Der dabei beschrittene Stoffwechselweg ist die Milchsäuregärung, einer von vielen Typen der **Gärung** (= Fermentation).

Vergärende Mikroorganismen

Die Fermentation oder Gärung ist eine allgemeine Bezeichnung für eine ganze Sammlung vielfältiger, meist mikrobieller Stoffwechselvorgänge, die zum Teil vom Menschen zur Herstellung spezieller Nahrungsmittel wie den oben erwähnten (Brot, Bier, Wein, Joghurt, Käse etc.) ausgenutzt werden. Vergärende Mikroorganismen spielen also in der Biotechnologie eine bedeutende Rolle. Eine der frühesten gezielten Anwendungen der Tätigkeit von Mikroorganismen ist die alkoholische Gärung von Hefen bei der Herstellung von Bier und Wein (► Abbildung 5.8 a). Um verstehen zu können, wie die Mikroorganismen bei der Herstellung von Bier, Wein oder Brot wirken, müssen wir mehr über die Vorgänge bei einer Gärung in Erfahrung bringen.

Alle lebenden Zellen vermögen die für die Aufrechterhaltung des Zustands des Lebendigen notwendige Energie aus Kohlenhydraten wie Glucose zu ziehen, indem sie Elektronen dieser Nährstoffmoleküle – oder besser die potenzielle Energie dieser Teilchen – für chemische Prozesse ausnutzen, die zur Bildung von **Adenosintriphosphat (ATP)** führen. Die Herstellung von ATP vollzieht sich über eine Reihe chemischer Reaktionen. Die erste Reaktionsfolge ist die Glykolyse (Zuckerspaltung), in deren Verlauf ein Molekül Glucose in zwei Moleküle Brenztraubensäure (Anion der Brenztraubensäure: Pyruvat) überführt wird. Während dieser Umwandlungen werden überschüssige Elektronen von den Folgeprodukten der Glucose auf Empfängermoleküle wie NAD^+ (Nikotinadenindinucleotidion) übertragen. Bei der Aufnahme der Elektronen (Reduktion von NAD^+) geht das Ion in das neutrale Molekül NADH über (► Abbildung 5.8 b). Dieses universelle Molekül „speichert" die Elektronen gewissermaßen für nachfolgende chemische Reaktionen bei der ATP-Bildung und zahlreichen anderen Stoffwechselvorgängen. Für die Zellen vieler Lebewesen ist elementarer Sauerstoff ein wichtiger Bestandteil der Elektronen transportierenden Reaktionsketten. Auch viele Bakterien und die Hefen vermögen Sauerstoff zu nutzen. Mikroorganismen, die Sauerstoff bei der ATP-Bildung nutzen, werden als **aerobe Mikroorganismen** bezeichnet, weil sie den Luftsauerstoff verstoffwechseln (*aero-*, lat. „Luft").

Es gibt jedoch auch zahlreiche Mikroorganismen, die in Habitaten leben, in denen Sauerstoff knapp ist oder gänzlich fehlt (zum Beispiel in den tieferen Verdauungstrakten von Tieren, in tiefen Wasserschichten, tieferen Bodenschichten u. a. m.). Da diese Lebewesen ohne Sauerstoff überleben müssen, haben sie evolutiv die Fähigkeit entwickelt, ohne die Hilfe von Sauerstoff Energie aus Zuckern zu ziehen (tatsächlich ging die Evolution dieser Vorgänge – die aneroben Stoffwechselleistungen – dem aeroben Stoffwechsel zeitlich voraus). Solche ohne Sauerstoff ablaufenden, Energie liefernden Stoffwechselvorgänge werden allgemein als Fermentation oder Gärung bezeichnet. Lebensformen, die sich bei der Energiegewinnung allein auf Gärung(en) stützen, werden **Anaerobier** genannt – sie betreiben also einen anaeroben Stoffwechsel. Glykolyse, Gärung und Atmung teilen sich also einen Teil der chemischen Reaktionen und verzweigen sich erst später. So wird auch hier NAD^+ zu NADH reduziert.

Beim aeroben Stoffwechsel wird das Pyruvat der Glykolyse vollständig aufoxidiert und das NADH schließlich mit Hilfe von elementarem Sauerstoff reoxidiert. Unter anaeroben Bedingungen fehlt diese Möglichkeit. Bei der notwendigen Rückführung von NADH in den oxidierten Zustand NAD^+ kann keine weitere für die Zelle nutzbare Energie mehr gewonnen werden. Aller Energiegewinn entstammt der Glykolyse. Einige Mikroorganismen, die als fakultative Anaerobier bezeichnet werden, sind in der Lage, je nach den gerade herrschenden Bedingungen aerob oder anaerob zu wachsen. Die bekannte Bäcker- oder Brauhefe ist hierfür ein Beispiel. Fehlt der Sauerstoff, regenerieren die Zellen ihren NAD^+-Vorat durch Gärung. Fermentierende Mikroorganismen setzen dabei das in der Glykolyse entstehende Pyruvat als Elektronenakzeptor (Oxidationsmittel) ein (Abbildung 5.8b).

Bei der Milchsäuregärung wird Pyruvat durch die Elektronen des NADHs zu Lactat reduziert. Bei der alkoholischen Gärung führt die Reduktion des Pyruvats schließlich weiter zur Bildung von Ethanol. Als Nebenprodukt entsteht gasförmiges Kohlendioxid. NAD^+ wird regeneriert, wenn Elektronen vom NADH abgezogen und auf Pyruvat übertragen werden, um Milchsäure oder Ethanol als Gärungsendprodukt zu bilden. Man kennt viele Hefearten und Bakterien, die zur Gärung befähigt

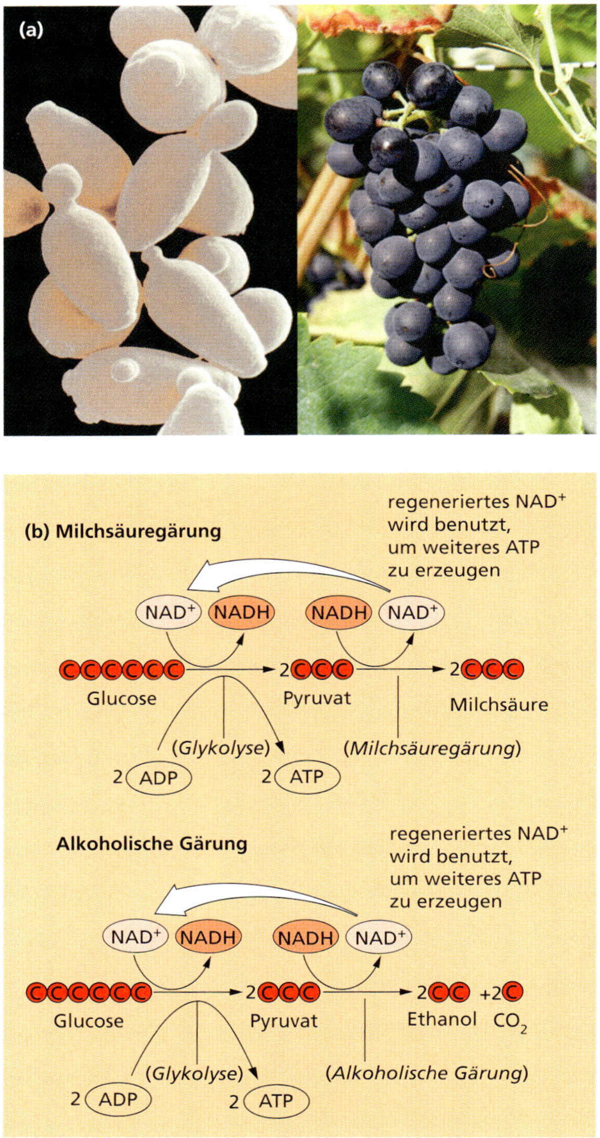

Abbildung 5.8: Gärung. Hefen und bestimmte Sorten von Bakterien sind in der Lage, Stoffwechselenergie aus der Vergärung (Fermentierung) von Zuckern wie Traubenzucker (Glucose) zu ziehen. (a) Hefen wie *Saccharomyces cerevisiae* (links in einer rasterelektronenmikroskopischen Aufnahme) führen dazu, dass ein Hefeteig „aufgeht". Andere Stämme der gleichen Hefeart wachsen auf den Oberflächen von Weinbeeren (Bild rechts) und sind für die alkoholische Gärung bei der Weinkelterung verantwortlich. (b) Anaerob wachsende Bakterien, die eine Milchsäuregärung durchführen, bilden als Stoffwechselendprodukt Milchsäure, während Bakterien und Hefen, die eine alkoholische Gärung durchführen, als Stoffwechselendprodukte Trinkalkohol (Ethanol) und Kohlendioxid erzeugen. Beide Vorgänge sind von großer Bedeutung für die Herstellung zahlreicher Nahrungsmittel.

sind. Milchsäurebakterien erzeugen durch ihre Milchsäuregärung das Sauerkraut. Eine andere Variante der Fermentation ist die Essigsäuregärung durch Essigsäurebakterien. Wieder andere Gärungen erzeugen Zitronensäure, Aceton, Butanol oder Methanol – alles nützliche Grundchemikalien. Aceton ist im Labor ein gebräuchliches Reinigungs- und Lösungsmittel. Diese durch mikrobielle Aktivitäten erzeugten Produkte haben unter anderem den Vorzug, dass sie mit höherem Wirkungsgrad und damit billiger produziert werden können als durch abiotische Synthese. Die Milchsäuregärung kann auch im tierischen Muskel ablaufen, wenn es zu einer ungewohnten Anstrengung mit einsetzendem Sauerstoffmangel kommt. Die Schmerzen des Muskelkaters sollen einer verbreiteten Meinung zufolge von der Ansäuerung des Muskelgewebes durch Milchsäure herrühren. Anderen Physiologen zufolge soll dies nicht zutreffen und andere Effeke für die Schmerzen verantwortlich sein.

Wie werden Fermentierer bei der Herstellung von Nahrungsmitteln eingesetzt? Bei der Herstellung von Bier und Wein stützt man sich vielfach auf wild wachsende Hefestämme, die natürlicherweise auf den Schalen der Weintrauben (botanisch korrrekt: *Weinbeeren*) wachsen. Zur Sicherstellung einer gleichmäßigen und reproduzierbaren Gärung wird jedoch in modernen Betrieben sehr häufig auf definierte, käufliche Hefen zurückgegriffen.

Größere Gärbehälter werden mit dem Saft zerstoßener Weintrauben (Most) befüllt. Dann wird in aller Regel Gärhefe zugesetzt und die Gärung unter sorgfältig kontrollierten Bedingungen durchgeführt. Die gärenden Hefezellen wandeln dabei den in den Früchten enthaltenen Zucker zum Teil in Alkohol um. Die Gärungsraten werden dabei durch Stellgrößen wie die Temperatur, den Kohlendioxid- und den Sauerstoffgehalt im Gärbehälter reguliert. All dies erfolgt heute weitgehend automatisiert und von Computern gesteuert. Durch die Beeinflussung der Gärungsverlaufs kann der Winzer oder Brauer beispielsweise den Alkoholgehalt steuern und in gewissen Grenzen auch das Aroma des Produktes. Champagner und andere Schaumweinsorten werden auf Flaschen gefüllt, während der Gärprozess der Hefen noch im Gange ist: Das dabei anfallende Kohlendioxid sammelt sich in der Flasche und wird erst beim Entkorken freigesetzt. Dies führt zu dem charakteristischen „Ploppen" von Sektflaschen und manchmal zu einem explosiven Überschäumen des Inhalts.

Milchsäurebakterien werden eingesetzt, um Käse, saure Sahne und Joghurt herzustellen. Der beliebte halbflüssige Joghurt stammt ursprünglich aus Bulgarien, wo er seit Jahrhunderten bekannt ist. Bei der Joghurtherstellung werden im Regelfall Mixturen aus unterschiedlichen Bakterien benutzt, in denen sich Vertreter wie *Streptococcus thermophilus* sowie *Lacotbacillus sp.* (häufig *L. delbrueckii* und *L. bulgaricus*) finden.

Aktive (lebende) Kulturen dieser Milchsäurebakterien werden in Gärtanks der mit Zucker angereicherten Milch zugesetzt; dabei wird die Temperatur sorgsam überwacht. Die Mikroorganismen im Gäransatz nutzen Zucker zur Herstellung von Milchsäure, wie wir es weiter oben beschrieben haben. Nach Abschluss der Gärung werden gegebenenfalls Früchte und Aromastoffe zugesetzt und der fertige Joghurt auf Kühlschranktemperatur heruntergekühlt (4 – 5 °C), um die Haltbarkeit zu steigern. Mit jedem Löffel Joghurt, den man isst, verleibt man sich große Mengen der Bakterien ein, die den Joghurt erzeugt haben. Die Milchsäure und andere Gärungsprodukte tragen zu dem süßsauren Geschmack des Joghurts bei.

Therapeutische Proteine

Die Entwicklung der Technik der rekombinanten DNA hat rasch dazu geführt, dass Bakterien für die Produktion wichtiger, medizinisch interessanter, therapeutischer Proteine eingesetzt wurden. Das Hormon Insulin war das erste rekombinante Protein, das für die Anwendung am Menschen in Bakterien erzeugt worden ist. Wir wollen hier die biotechnologische Insulinherstellung als ein Beispiel dafür heranziehen, wie Mikroorganismen zur Herstellung therapeutischer Proteine genutzt werden können.

Die Herstellung von rekombinantem Insulin in Bakterien

Insulin ist ein Peptidhormon, das in der Bauchspeicheldrüse (Pankreas) von bestimmten Zellen, den β-Zellen, hergestellt wird. Nach der Freisetzung des Hormons durch diese Zellen in den Blutstrom spielt es dort eine wichtige Rolle beim allgemeinen Kohlenhydratstoffwechsel des Körpers. Seine primäre Funktion ist es, die Aufnahme von Glucose aus dem Blut in die Köperzellen anzuregen, wo die Glucose einer der Hauptenergielieferanten für die ATP-Bildung ist. Beim **insulinabhängigen Diabetes mellitus** (*Zuckerkrankheit, Typ I*) ist diese physiologische Reaktion infolge einer unzureichenden Insulinbildung durch die β-Zellen der Bauchspeicheldrüse gestört. Die verminderte Bildung des Insulins führt zu überhöhten Blutzuckerwerten, die eine Reihe von Folgeerkrankungen wie zu hoher Blutdruck, schlechte

FRAGE UND ANTWORT F&A

Frage

Welche Bedeutung haben Hefen bei der Herstellung mancher Brotsorten? Warum geht ein Hefeteig auf?

Antwort

Hefe kommt bei einer Reihe von Teigvarianten zum Einsatz, zum Beispiel beim Pizzateig und beim Teig für Blätterteighörnchen. Die dabei benutzte Bäckerhefe (*Saccharomyces cerevisiae*) ist zur alkoholischen Gärung befähigt. Man kann sie in jedem Supermarkt im Kühlregal in Form kleiner, gepresster Würfel finden. Die Hefe wird zu dem Teiggemisch aus Mehl, Wasser und Zucker zugegeben. *S. cerevisiae* verstoffwechselt den Zucker im Teig zu Ethanol und setzt dabei Kohlendioxid als Gas frei. Die Gasblasen des Kohlendioxids können dem zähen Teig nicht wie einer Sektflasche entweichen und sammeln sich in Blasen, die sich langsam vergrößern. Diese Vergrößerung der CO_2-Hohlräume ist für die Volumenzunahme – das Aufgehen – des Teiges verantwortlich. Beim Backen des Teiges entweicht der bei der Gärung entstandene Alkohol und zum Teil auch das Kohlendioxid.

Andere Brotsorten werden aus Sauerteig gefertigt. Bei der Sauerteigherstellung kommen nicht nur Hefen, sondern auch säurebildende Bakterien zum Zuge: Typisch sind Milchsäurebildner wie *Lactobacillus plantarum* im Verbund mit Essigsäurebildnern wie *Lactobacillus brevis*. Ihre Gärungsprodukte sind für den leicht säuerlichen Geschmack dieser Brotsorten verantwortlich.

Lassen Sie, wenn Sie das nächste Mal Teig herstellen, einen kleinen Teil davon einen oder zwei Tage bei Zimmertemperatur in einem Plastikbeutel liegen. Verschließen Sie aber den Beutel! Welcher Geruch schlägt ihnen entgegen, wenn Sie den Beutel wieder öffnen? Das intensive, betörende, fruchtige Aroma, das Ihnen entgegenweht, geht zum guten Teil auf den bei der Gärung entstandenen Ethanol zurück.

Durchblutung, Katarakte (grauer Star, Linsentrübung des Auges) und Nervenschädigungen nach sich ziehen können. Beim Diabetes vom Typ I sind regelmäßige Insulingaben durch Injektion zur Einpegelung der Blutzuckerkonzentration notwendig.

Vor dem Zeitalter der Technik der rekombinanten DNA wurde das für die Behandlung von Zuckerkranken erforderliche Insulin aus den Bauchspeicheldrüsen von Schlachttieren wie Schweinen oder Rindern gewonnen. Der Aufreinigungsprozess dieser Fremdinsuline war aufwändig und teuer, und führt darüber hinaus nicht immer zu ausreichend reinen Chargen.

Ferner erwiesen sich diese tierischen Insuline bei manchen Patienten als nicht oder nicht ausreichend wirksam; viele entwickelten gegen die nichtmenschlichen Insuline sogar immunologische Abwehrreaktionen (eine Allergie), besonders gegen Rinderinsulin. Schon 1978 wurde das menschliche Insulingen in einen Plasmidexpressionsvektor inseriert und in Bakterienzellen zur Expression gebracht. Diese Geschäftsidee stammt von der Firma *Genentech* in San Francisco (USA). 1982 wurde das rekombinante Humaninsulin, das den Handelsnamen Humulin erhielt, als erstes rekombinantes Biotechnologieprodukt von der *Food and Drug Administration* (FDA) in den USA zugelassen. Weltmarktführer auf dem Gebiet der Insulinersatztherapie ist das europäische Unternehmen *Novo Nordisk*, das ebenfalls seit geraumer Zeit rekombinantes Humaninsulin vertreibt. In Deutschland wird rekombinantes Humaninsulin auch von der Firma *Sanofi-Aventis* in Frankfurt-Hoechst hergestellt.

Bakterien stellen normalerweise natürlich kein Insulin her, und die Produktion von Humaninsulin in rekombinanten Bakterien war ein bedeutender Fortschritt der modernen Biotechnologie. Humaninsulin besteht aus zwei Polypeptidketten (A und B), die kovalent miteinander verknüpft sind. A besteht aus 21, B aus 30 Aminosäureresten. Das aktive Hormon entsteht erst nach Ausbildung von zwei Disulfidbrücken zwischen den beiden Untereinheiten (► Abbildung 5.9). In den β-Zellen der Bauchspeicheldrüse wird das Insulin als ein durchgehendes Polypeptid gebildet (Proinsulin), das sezerniert und dann enzymatisch in die beiden Untereinheiten gespalten wird. Als man das Insulingen des Menschen kloniert und in Bakterien zur Expression gebracht hatte, wurden Teilgene für beide Untereinheiten (A und B) in zwei separate Expressionsvektoren eingebaut, die außerdem Teile des für die β-Galactosidase codierenden Gens *lacZ* beinhalteten (Abbildung 5.9). Mit diesen Konstrukturen wurden Bakterien transformiert.

Da die Insulingene an die *lacZ*-Teilsequenz angeschlossen sind, stellen die Bakterien bei der Expression dieser Fusionsgene auch Fusionsproteine her, bei denen ein Teil des Insulinpeptids an den β-Galactosidaseabschnitt angefügt ist. Wie wir in Abschnitt 5.2 gelernt haben, erlaubt ein Fusionsprotein dem Forscher oft die leichtere Isolierung und Aufreinigung des Proteins, dem das Hauptinteresse gilt. Hierzu lässt man geklärte Bakterienextrakte über eine geeignete Affinitätssäule laufen, die die Insulinfusionsproteine mit dem β-Galactosidaseanteil abfängt (Abbildung 5.9). Die Fusionsproteine werden selektiv gespalten, um den β-Galactosidaseanteil abzutrennen. Dabei wird der Insulin-

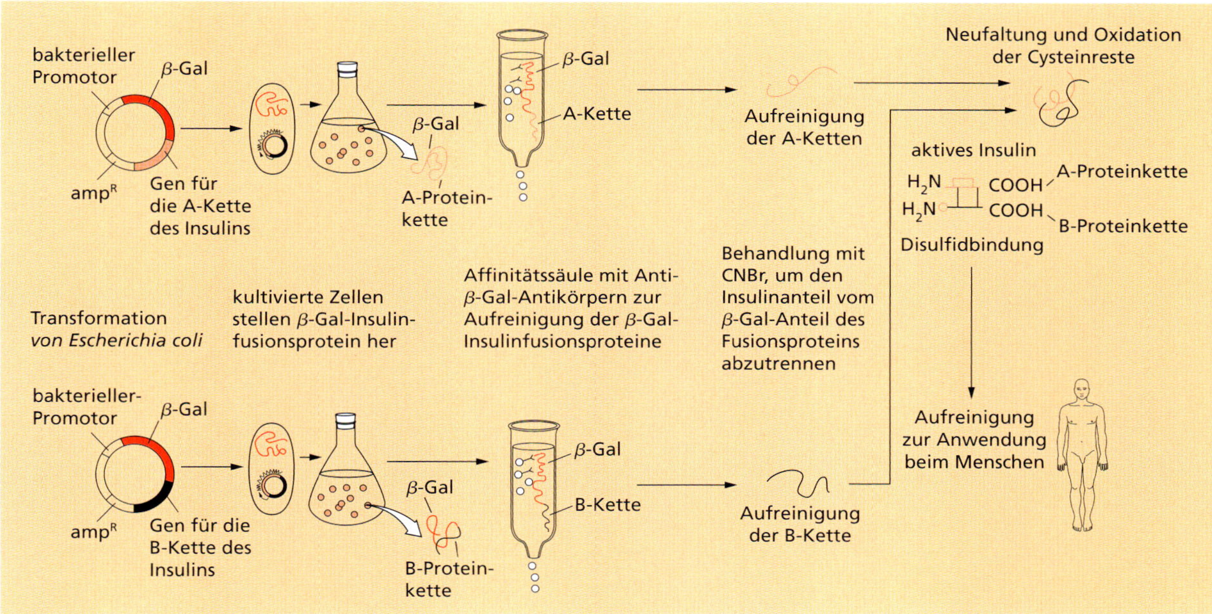

Abbildung 5.9: Die Nutzung von Bakterien für die Herstellung von Humaninsulin. Insulin war das erste kommerzielle Proteinprodukt, das in rekombinanten Bakterien exprimiert und für die Anwendung am Menschen zugelassen wurde. Insulin besteht aus zwei kovalent verknüpften Peptideinheiten (A + B), die – anders als im menschlichen Körper – durch getrennte Gene codiert werden, die unabhängig voneinander kloniert wurden. Um rekombinantes Insulin herzustellen, haben die beteiligten Wissenschaftler die beiden Insulinteilgene jeweils an einen Teil des *lacZ*-Gens versplissen. Mit den rekombinanten Plasmiden wurden Bakterien transformiert, um diese in die Lage zu versetzen, β-Galactosidase-Insulinfusionsproteine zu erzeugen. Um diese zu isolieren, bediente man sich der Affinitätschromatographie. Nachfolgend wurden die Fusionsproteine zur Absetzung der Insulinanteile von den β-Galactosidase-anteilen partiell hydrolysiert. Die gereinigten Insulinuntereinheiten A und B wurden dann zum aktiven Gesamtinsulin, das Zuckerkranken zur Einstellung ihrer Blutzuckerkonzentration verabreicht wird, zusammengesetzt.

anteil frei. Die aufgereinigten Teile A und B werden dann unter geeigneten Bedingungen miteinander verknüpft, um das aktive Hormon zu bilden. Nach einer abermaligen Aufreinigung des Endprodukts zur Sicherstellung der geforderten Reinheit für pharmazeutische Produkte ist das rekombinante Hormon bereit für die Verabreichung am Patienten.

Kurz nachdem das rekombinante Insulin auf den Markt gekommen war, wurde das Gen für ein weiteres Hormon, das des menschlichen Wachstumshormons, ebenfalls kloniert und in Bakterien produziert. Es wird zur Behandlung der erblichen Kleinwüchsigkeit und häufig auch zum Doping von Leistungssportlern eingesetzt. Bald darauf wurde eine Vielzahl anderer, medizinisch interessanter Proteine, die vorher nur unter Schwierigkeiten und in oft nicht ausreichender Menge zu Verfügung standen, als Ergebnis des Einsatzes der Technik der rekombinanten DNA und der Expression in Bakterien zugänglich. In ▶ Tabelle 5.1 sind viele weitere therapeutisch nutzbare Proteine zusammengestellt, die bei der Behandlung von Krankheitszuständen des Menschen Anwendung finden, in Bakterien exprimiert und aus diesen isoliert werden. Eine wichtige Kategorie der aus rekombinanten Bakterien gewonnenen medizinischen Produkte sind Impfstoffe. Wir werden uns in Abschnitt 5.4 weitergehend mit Impfstoffen befassen.

Der Einsatz von Mikroorganismen gegen andere Mikroorganismen

Antibiotika sind Stoffe, die von Mikroorganismen gebildet und freigesetzt werden, um die Vermehrung anderer Mikroorganismen zu hemmen. Antibiotika sind ein Typus antimikrobieller **Wirkstoffe** – ein allgemeiner Begriff, der jede chemische Substanz umfasst (ob sie von Mikroorganismen gebildet wird oder nicht), die die Vermehrung von Mikroorganismen hemmt oder diese abtötet. Penicillin war das erste Antibiotikum, das vom Menschen auf breiter Basis eingesetzt worden ist. Die Entdeckung des Penicillins ist ein hervorragendes Beispiel dafür, wie sich manche Mikroorganismen durch antimikrobiell wirksame Substanzen gegen andere (konkurrierende) zur Wehr setzen. Alexander Fleming war der Mikrobiologe, der im Jahr 1928 entdeckt hat, dass Kolonien des Schimmelpilzes *Penicillium notatum* die Vermehrung von Bakterien des Typs *Staphylococcus aureus*

Tabelle 5.1

Therapeutische Proteine aus rekombinanten Bakterien

Protein	Funktion	Medizinische Anwendung(en)
DNase	DNA-verdauendes Enzym	Behandlung von Mukoviszidosepatienten
Erythropoietin	Hormon, das die Bildung roter Blutkörperchen anregt	Behandlung von Anämiepatienten (auch beliebtes Dopingmittel von Sportlern)
Faktor VIII	Gerinnungsfaktor des Blutes	Behandlung eines bestimmten Typs erblicher Bluterkrankheit (Hämophilie A)
Granulozytenkoloniestimulierender Faktor	Wachstumsfaktor, der die Teilung weißer Blutkörperchen anregt	Steigerung der Produktion weißer Blutkörperchen, zum Beispiel nach Knochenmarkstransplantation, Chemotherapie usw.
Wachstumshormon (aus Mensch, Schwein und Rind)	Hormon, das das Muskel- und Knochenwachstum anregt	Behandlung der erblichen Kleinwüchsigkeit. Masthormon in der Landwirtschaft (Rinder-, Schweine- und Fischmast; Steigerung der Milchleistung lactierender Kühe)
Insulin	Hormon, das die Glucoseaufnahme durch Zellen anregt	Behandlung von Diabetikern (Zuckerkranken)
Interferone und Interleukine	Signalmoleküle, die Immunfunktionen steuern und die Kommunikation zwischen weißen Blutkörperchen bewerkstelligen	Behandlung von Formen des Blutkrebses (Leukämien), Steigerung der Thrombozytenzahl, Behandlung von Virusinfektionen und einigen weiteren Krebsformen neben der Leukämie
Superoxiddismutase	Enzym, das sehr reaktive Superoxidradikalionen umsetzt	Verminderung der Gewebeschädigung nach Herzinfarkten
Gewebeplasminogenaktivator	Auflösung von Blutgerinseln	Behandlung von Thrombosepatienten (Herzinfarkt, Schlaganfall)
Impfstoffe (z. B. gegen das Hepatitis B-Virus)	Anregung des Immunsystems, Antikörper und antikörperproduzierende Zellen hervorzubringen	Immunisierung (Impfung) von Menschen und Tieren gegen Pathogene (Infektionserreger); experimentell zur Behandlung einiger Tumorformen („Antikrebsimpfung“)

Tabelle 5.2

Verbreitete Antibiotika

Antibiotikum	Ursprungsmikroorganismus	Gebräuchliches Einsatzgebiet des Antibiotikums
Bacitracin	*Bacillus subtilis* (Bakterium)	Erste-Hilfe-Tinkturen und Hautcremes
Erythromycin	*Streptomyces erythraeus* (Bakterium)	Breite Anwendung zur Bekämpfung von Bakterieninfektionen, besonders bei Kindern
Neomycin	*Streptomyces fradiae* (Bakterium)	Tinkturen und Cremes zur örtlichen äußerlichen Behandlung
Penicillin	*Penicillium notatum* (Pilz)	Injiziert oder peroral verabreicht; Anwendung beim Menschen und landwirtschaftlichen Nutztieren (Rinder, Geflügel)
Streptomycin	*Streptomyces griseus* (Bakterium)	Perorales Breitbandantibiotikum gegen vielerlei Bakterieninfektionen
Tetrazyklin	*Streptomyces aureofaciens* (Bakterium)	Behandlung u.a. von Harnwegsinfektionen; häufiger Missbrauch als Masthilfsmittel in der Landwirtschft

hemmen. Werden diese beiden Mikroorganismenarten zusammen auf einer Petrischale kultiviert, können sich die *S. aureus*-Zellen in einer kleinen Zone im Umkreis der Pilzkolonien nicht ansiedeln. Ein Dutzend Jahre später konnten Wissenschaftler aus Zellen von *P. notatum* eine Substanz isolieren, die sie nach dem Pilz **Penicillin** nannten, und die bald danach massenhaft isoliert wurde, um bakterielle Infektionen beim Menschen zu behandeln.

Die Mehrzahl der Antibiotika wird aus Bakterien isoliert, und die meisten dieser Stoffe hemmen die Vermehrung anderer Bakterien. In den mehr als 60 Jahren seit der Entdeckung des Penicillins hat man Tausende weiterer antibiotikaproduzierender Mikroorganismen aufgespürt und aus ihnen Hunderte verschiedener Antibiotika isoliert. Beispiele für Antibiotika mit breiter medizinischer Anwendung und die Mikroorganismen, denen sie entstammen, sind in ► Tabelle 5.2 zusammengefasst.

Wie beeinflussen, oder besser beeinträchtigen, Antibiotika und andere antimikrobiell wirksame Stoffe Bakterienzellen? Die Wirkung der meisten dieser Stoffe lässt sich auf einige grundlegende Wirkprinzipien zurückführen. Im typischen Fall werden die Zielmikroorganismen entweder an der Replikation gehindert oder sofort abgetötet.

Antibiotika können die Zellwand schädigen oder deren Synthese (Neuaufbau) hemmen (dies ist die Wirkungsweise des Penicillins), die Proteinsynthese der Zellen hemmen, die DNA-Replikation hemmen oder die Synthese oder Aktivität wichtiger Enzyme hemmen, die von Bedeutung für den Grundstoffwechsel der Bakterienzellen sind (► Abbildung 5.10).

Die Vielfältigkeit von Mikroorganismen

Sie niesen, Ihr Körper schmerzt, die Nase läuft, der Rachen ist entzündet und Sie können nicht schlafen – und all das vor einer Prüfung am morgigen Nachmittag. Wie werden Sie die bewältigen? Indem Sie zu Ihrem Arzt gehen und ihn nach Antibiotika fragen, natürlich! Sind aber Antibiotika das, was Sie wirklich brauchen? Da Antibiotika nur gegen bestimmte Mikroorganismen (Bakterien oder Pilze) wirken, sind sie gegen Viren, die meist die Ursache für Erkältungen sind, völlig nutzlos. Außerdem ist die Resistenz von Bakterien gegen immer mehr antibiotische Substanzen zu einem großen Problem geworden, das weiter und weiter um sich greift. Die zu häufige Verschreibung und die unsachgemäße Anwendung von Antibiotika sowie der nichtmedizinische Gebrauch in der Landwirtschaft haben zu einer dramatischen Zunahme antibiotikaresistenter Stämme unter den Bakterien geführt. Inzwischen kennen die Mediziner und Mikrobiologen sogar schon vereinzelte Stämme mit Totalresistenz, gegen die keines der früher so wirksamen Antibiotika mehr greift!

Antibiotikaresistente Isolate von *Staphylococcus aureus, Pseudomona aeruginosa, Streptococcus pneumo-*

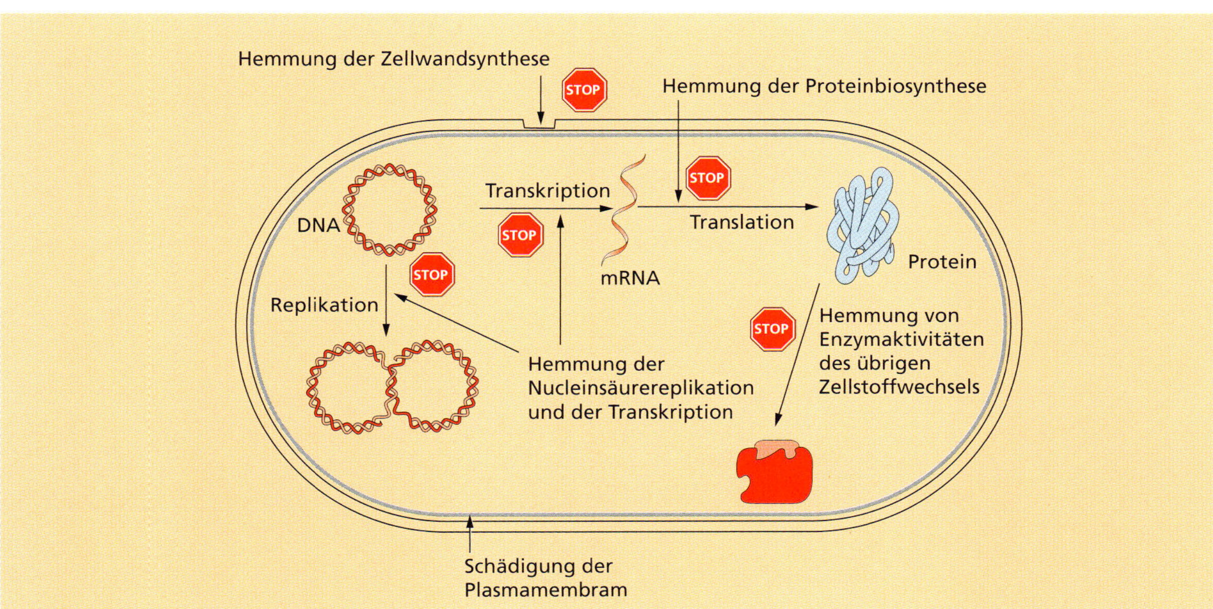

Abbildung 5.10: Antibiotika und andere antimikrobielle Wirkstoffe wirken auf vielfältige Weise gegen Mikroorganismen. Antibiotika können Mikroorganismen entweder unmittelbar abtöten oder die Vermehrung der Zellen unterbinden, indem sie wichtige Vorgänge in den Bakterienzellen (wie die DNA-Replikation, die Proteinbiosynthese oder die Neubildung der Zellwand) zum Erliegen bringen oder für den Zellhaushalt wichtige Enzyme blockieren.

niae, Mycobacterium tuberculosis und vielen anderen, potenziell tödlichen Humanpathogenen sind bereits in Krankenhäusern entdeckt worden. Da die Mehrzahl der Antibiotika die Bakterienzelle auf eine aus einer begrenzten Anzahl von Weisen angreift (Abbildung 5.10), führt die Resistenzbildung gegen ein Antibiotikum oftmals zu einer Parallelresistenz gegen andere, verwandte Antibiotika. Folglich ist es dringlich, neue antimikrobiell wirksame Stoffe zu finden, die auf vielleicht neuartige Art und Weise gegen die Erreger wirken, die dann human- und veterinärmedizinisch eingesetzt werden können (aber natürlich nicht wieder als Masthilfsmittel im Futter missbraucht werden sollten). Alle Arten von Organismen werden heute auf mögliche neue antimikrobielle Inhaltsstoffe hin untersucht.

Eine andere Strategie, um neue antimikrobiell wirksame Stoffe zu finden oder gezielt zu entwerfen, besteht darin, Bakterien und andere Krankheitserreger genau zu erforschen und Toxine und andere Pathogenitätsfaktoren ausfindig zu machen. Durch ein Verständnis der Faktoren, die an der Krankheitsentstehung beteiligt sind, ist es den Wissenschaftlern in der Folge vielleicht möglich, neue Strategien zu entwickeln, um die Vermehrung der Erreger zu unterbrechen. Bei Bakterien, aber auch bei Pilzen und Viren, hängt die Fähigkeit zur Infektion regelmäßig von der Fähigkeit ab, sich an die Zellen der menschlichen Gewebe anzuheften – an sie zu adhärieren. Nach der Anheftung können weitere Schritte wie das Eindringen (die Invasion) in den Körper und dort die Vermehrung stattfinden. Dabei werden manchmal Giftstoffe produziert, die den Körper zusätzlich schädigen. Die Wissenschaftler arbeiten nicht nur daran, die bei den pathogenetischen Prozessen beteiligten Proteine zu identifizieren (Adhäsions- und andere Pathogenitätsfaktoren). Man versucht außerdem, so genannte Induktormikroorganismen zu entwerfen, das sind gentechnisch modifizierte harmlose Bakterien, die als lebende Fabriken für Antiadhäsionsmoleküle, Enzyme oder andere antimikrobiell wirksame Stoffe dienen sollen. Die Idee ist, dass solche Induktormikroorganismen spezifisch wirkende antimikrobielle Abwehrsubstanzen in den Patienten entlassen, um die krankheitserregenden Mikroorganismen buchstäblich rund um die Uhr zu bekämpfen. Diese Idee stößt jedoch auf viele Schwierigkeiten. Ungeachtet der angewandten antimikrobiellen Strategie werden jedoch Mikroorganismen weiterhin wichtige Verbündete beim nie endenden Kampf gegen Krankheiten verursachende andere Mikroorganismen bleiben.

Der Einsatz rekombinanter Mikroorganismen in der Umwelt

Gentechnisch veränderte Bakterien werden bereits benutzt, um viele unterschiedliche rekombinante Produkte herzustellen. Einige der kontroversesten Anwendungen solcher gentechnisch gezüchteter Bakterien betreffen ihren Einsatz in der Umwelt, also die Freisetzung rekombinanter Bakterien bei Feldversuchen.

Rekombinante Mikroorganismen in der Umwelt

Viele natürlich vorkommende Bakterientypen spielen wichtige Rollen beim Abbau von Abfällen und bei der biologischen Sanierung von Umweltverschmutzungen. Neue Strategien der biologischen Sanierung umfassen auch den Einsatz gentechnisch gezüchteter Mikroorganismen, die Gene enthalten, die sie in die Lage versetzen, Abfallstoffe rasch und wirksam abzubauen.

Die erste Feldstudie mit gentechnisch gezüchteten Bakterien wurde von der Universität von Kalifornien von dem Pflanzenpathologen Steven Lindow und seinen Kollegen durchgeführt. Sie hatten einen Bakterienstamm der Art *Pseudomonas syringae* gefunden, der Proteine herstellt, die die Bildung von Eiskristallen stimulieren. Lindows Gruppe gelang es, Eisminusbakterien zu erzeugen, indem man den *P. syringae*-Zellen die Gene für die Proteine entzog, die als Kristallisationskeime wirkten. Ihre Hypothese war, dass man die normalen, die Eisbildung anregenden *P. syringae*-Zellen verdrängen könnte, wenn man Nutzpflanzen mit den neu gezüchteten Eisminusmutanten besprühen würde, damit diese Zellen sich anstelle des natürlichen Stammes auf den Pflanzen vermehren konnten. Dadurch sollten frostempfindliche Nutzpflanzen vor der Schädigung durch Eisbildung geschützt werden, wodurch sich die Wachstumsperiode dieser Pflanzen verlängern und die Erträge steigern lassen sollten.

Diese Forschungen waren von Anfang an von einer großen Kontroverse begleitet, doch bekamen Lindow und seine Mitarbeiter 1987 die Genehmigung, den neuen *P. syringae*-Stamm auf einem Kartoffelfeld im Freiland zu testen. Zu etwa der gleichen Zeit bekamen andere Wissenschaftler die Genehmigung, die Eisminusbakterien in einer kleinen kalifornischen Stadt an Erdbeerpflanzen zu testen. Dies waren die ersten beiden vorsätzlichen Freisetzungen gentechnisch gezüchteter Mikroorganismen in den USA. Bei beiden Experimenten wurde die Mehrheit der Testpflanzen von radikalen Umweltschützern zerstört, die Angst vor der Freisetzung der gentechnisch gezüchteten Bakterien hatten. Der Eisminusmutantenstamm von *P. syringae* hat einige Frostschutzwirkung erkennen lassen, doch erwies sich der Mutantenstamm als nicht wirkungsvoll bei der Verdrängung der Wildtypbakterien. Experimente, die dem hier beschriebenen ähnlich sind, werden weiterhin durchgeführt und ausgewertet.

Ein weiteres Beispiel für eine Felduntersuchung mit genetisch veränderten Bakterienstämmen wurde an Bakterien des Typs *Pseudomonas fluorescens* unternommen. Diese Bakterienart ist genetisch verändert worden, um Pflanzen vor wurzelfressenden Insekten und -larven zu schützen, die die in großen Mengen angebauten landwirtschaftlichen Nutzpflanzen schädigen. Für die diesbezüglichen Experimente haben die Wissenschaftler in die *Pseudomonas*-Zellen ein Gen eingebaut, das aus dem Insektenpathogen *Bacillus thuringiensis* (Bt) stammt.

B. thuringiensis ist eine Insekten befallende Bakterienart, die ein Toxin bildet, das die Insekten vergiftet, und das als Insektizid (insektentötendes Mittel) genutzt werden soll. Eines der Toxingene von *B. thuringiensis* codiert für das Enzym Galactosyltransferase, das Kohlenhydratreste auf Lipid- und Proteinmoleküle überträgt. Geschieht dies im Darm von Insekten, sterben diese schließlich ab. Bt-Toxin-produzierende Stämme von *P. fluorescens* und anderen Bakterienarten sind auf die Blätter von Pflanzen versprüht worden, um diese gegen Fraßinsekten zu schützen.

Wenn Insekten diese Blätter fressen, nehmen sie dabei etwas von den genetisch veränderten *P. fluorescens*-Zellen auf und sterben ab. In Kapitel 6 werden wir erörtern, welche Rolle das Bt-Toxin bei der Erzeugung insektenresistenter transgener Pflanzen spielt.

Diese Beispiele illustrieren die möglichen Rollen rekombinanter Mikroorganismen in der Feldanwendung. Wie Sie in Abschnitt 5.5 lernen werden, nimmt der Einsatz rekombinanter Mikroorganismen sowohl im Labor als auch im Freiland vermutlich noch zu, wenn die Wissenschaftler die Geheimnisse der mikrobiellen Genome weiter entschlüsseln. Im nächsten Abschnitt werden wir erörtern, wie Mikroorganismen eingesetzt werden, um Impfstoffe herzustellen – eine sehr wichtige und verbreitete Anwendung der modernen Biotechnologie.

SIE ENTSCHEIDEN!

Mikroorganismen außer Rand und Band

Wir haben gelernt, wie sich rekombinante Mikroorganismen einsetzen lassen, vom Einsatz rekombinanter Bakterien für die Herstellung rekombinanter Proteine für die Behandlung von Krankheiten bis hin zu Eisminusbakterien. Eine der vielen Kontroversen, die die Biotechnologie mit Mikroorganismen umranken, ist das Thema der Freisetzung rekombinanter Mikrolebewesen in die Umwelt – durch Unfall oder mit Absicht, wie im Fall der Eisminusuntersuchungen. Wie können wir wissen, was letztlich diesen Lebewesen widerfährt, wenn sie in die Umwelt entlassen werden?

Da die Übertragung genetischen Materials unter Bakterien ein häufiger natürlicher Prozess ist, wie man inzwischen weiß, machen sich einige Wissenschaftler zunehmend Sorgen bezüglich dieses Phänomens, das als horizontaler oder lateraler Gentransfer bezeichnet wird und dessen wahre Bedeutung in der Natur erst seit wenigen Jahren in vollem Umfang bekannt ist. Durch die horizontale Genübertragung könnten Transgene auf andere Mikroorganismen überspringen. Als Ergebnis solcher Rekombinationsvorgänge könnten neue Mikroorganismenstämme ohne das Zutun des Menschen entstehen, die neue erbliche Eigenschaften aufweisen (also Evolution, wie es seit Milliarden von Jahren geschieht). Was könnte passieren, falls rekombinante Mikroorganismen mutierte Gene an andere Mikroorganismen weitergeben, für die diese ursprünglich nicht gedacht waren? Was würde beispielsweise passieren, wenn die Eisminusmutanten Gene an Bakterien weitergäben, die an das Leben in der Kälte angepasst sind?

Oder: Wie könnte sich die Weitergabe des Bt-Toxingens von gentechnisch gezüchteten Mikroorganismen auf gewöhnliche, bodenbewohnende Pseudomonaden auswirken? Wie würde das die Vermehrung der vielen bodenbewohnenden Insekten mit wichtigen ökologischen Funktionen beeinflussen?

Wenn rekombinante Mikroorganismen einmal freigesetzt wurden oder versehentlich entwichen sind, kann man sie nur unter Schwierigkeiten oder gar nicht wieder aufspüren und einsammeln, wenn sie unerwünschte Effekte zeitigen. Kann man das Entweichen genetisch veränderter Mikroorganismen bei Feldversuchen verhindern? Es ist dies eine sehr schwierige, wenn nicht unmögliche Aufgabe, berücksichtigt man den Wind, den Regen und andere Ereignisse (Tiere, die die Mikroorganismen aufpicken und weitertragen). Sollte man daher genetisch im Labor veränderte Mikroorganismen in die Umwelt entlassen, wenn auch nur auf experimenteller Basis, wenn man sich dadurch Fortschritte im Bereich der Biotechnologie erhofft? Sie entscheiden!

Impfstoffe 5.4

Die Verwendung von Antibiotika und von Impfstoffen hat sich als sehr wirkungsvoll bei der Behandlung bzw. Verhinderung von Infektionskrankheiten durch Mikroorganismen erwiesen (und im Fall der Impfung auch gegen Viren; ► Abbildung 5.11). Diese Maßnahmen haben im Allgemeinen bei den Krankheitserregern des Menschen und anderer Tiere gut funktioniert. Man hat jedoch Pathogene (Krankheitserreger) gefunden, die gegen viele, verbreitet eingesetzte Antibiotika resistent geworden sind. Ebenso haben die Anstrengungen, Impfstoffe zu entwickeln, nicht in allen Fällen gefruchtet (Tuberkulose, Malaria, AIDS usw.).

Infektionskrankheiten betreffen jeden irgendwann im Leben, und weltweit gehen 60 % aller Todesfälle im Alter von weniger als vier Jahren auf Infektionskrankheiten zurück. Ohne Frage ist unsere Fähigkeit, Infektionskrankheiten vorbeugend zu verhindern, nachzuweisen und – zum Teil – behandeln zu können, ein wichtiger Aspekt der mikrobiellen Biotechnologie. Impfstoffe (Vakzine) spielen hierbei eine bedeutende Rolle. Was ist nun der Unterschied zwischen einem Antibiotikum und einem Impfstoff, und wie wirken Impfstoffe?

Der erste Impfstoff wurde 1796 von dem englischen Arzt Edward Jenner entwickelt. Er konnte experimentell zeigen, dass biologisch aktive Kuhpockenviren dazu benutzt werden konnten, Menschen gegen die gefährlichen Pocken durch Variolaviren zu schützen (heute würde niemand mehr die Erlaubnis für ähnliche Experimente am Menschen bekommen). Die Viren der Kuh- und der Menschenpocken gehören der gleichen genetischen Gruppe an, sind also genetisch und antigenetisch verwandt. Pockenepidemien haben Europa immer wieder verheert. Man hat geschätzt, dass über 80 % der nordamerikanischen Ureinwohner an der Ostküste nach der Besiedelung des Landes durch Europäer an Pockeninfektionen gestorben sind. Eine Kuhpockeninfektion führt zu einer Bläschenbildung und zu Läsionen auf der Haut des Euters. Beim Menschen treten bei Ansteckung ähnliche Hautgeschwüre auf. Aufgrund der Behauptung einer Melkerin auf einem Bauernhof, dass eine Kuhpockeninfektion sie vor den viel gefährlicheren Menschenpocken geschützt hätte, stellte Jenner seinen Impfstoff her. Dazu entnahm er Flüssigkeit aus den Pusteln einer Melkerin mit einer aktiven Kuhpockeninfektion und ritzte mit Nadeln, die er damit getränkt hatte, die Haut von gesunden Freiwilligen ein. Sein erster „Freiwilliger" war ein achtjähriger Junge. Eine Mehrheit von Jenners Freiwilligen entwickelte in der Folge weder Kuh- noch Menschenpocken, selbst wenn sie mit Pockenkranken in Kontakt kamen. Der Kontakt mit dem Kuhpockenerreger hatte das Immunsystem von Jenners Probanden angeregt, einen vorbeugenden Schutz gegen die Pockenviren aufzubauen.

Diese Experimente belegten klar das Potenzial der **Impfung** oder **Vakzination** (abgeleitet vom lateinischen Wort *vacca*, „Kuh"). Unter einer Impfung versteht man seitdem den Einsatz von Krankheitserregern zur Stimulation der natürlichen Abwehr des Körpers gegen Krankheit. Obwohl in den USA und vielen anderen Ländern die obligatorische Pockenschutzimpfung im Jahr 1972 eingestellt worden ist, wurde andernorts bis 1980 weiter geimpft. Durch diese weltweiten Anstrengungen ist es zum ersten und einzigen Mal gelungen, einen Infektionserreger – die Variolaviren – in der Natur völlig auszurotten. In den Industrieländern wird Neugeborenen und Kleinkindern routinemäßig eine Reihe von Impfungen verabreicht. Auch ältere Kinder und Erwachsene werden bei Bedarf geimpft. Obwohl Sie sich vermutlich an die erste Impfung Ihres Lebens nicht mehr erinnern werden, da Sie seinerzeit nur 2 bis 15 Monate alt gewesen sein mögen, wurden Sie dabei vermutlich mit dem **DPT-Impfstoff** vakziniert, der mehrere Jahre lang gegen die Infektion durch die drei bakteriellen Erreger der Diphtherie (*Corynebacterium diphtheriae*),

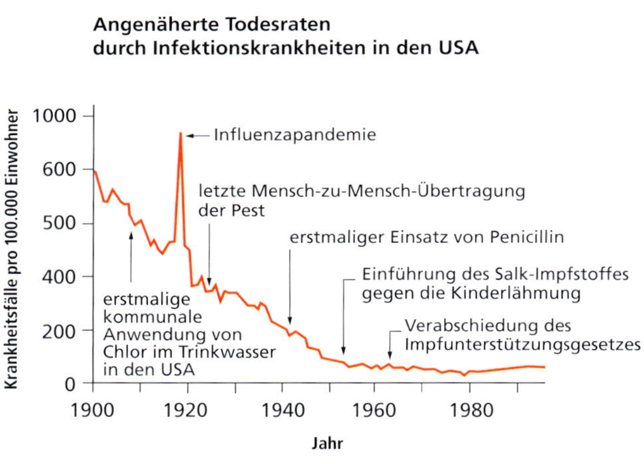

Abbildung 5.11: Die Verwendung von Antibiotika und Impfstoffen zur Bekämpfung von Infektionskrankheiten durch Mikroorganismen in den USA. Obwohl der Einsatz von Antibiotika und Impfstoffen die Fallzahlen der durch Mikroorganismen versuchten Erkrankungen des Menschen in den USA vermindert hat, zeigen neu in Erscheinung tretende Mikroorganismenstämme zunehmend Resistenzen gegen vielfach verordnete Antibiotika. Neue Antibiotika und Impfstoffe, aber auch ein klügerer Umgang mit antibiotischen Substanzen sind im Kampf gegen diese Mikroorganismen erforderlich.

des Keuchhustens (*Bordetalla pertussis*) und des Wundstarrkrampfs (*Clostridium tetani*) schützt. Eine weitere Impfung im Kindesalter ist die mit dem **MMR-Impfstoff** gegen Masern, Mumps und Röteln – alles drei durch Viren hervorgerufene Krankheiten.

Sie sind wahrscheinlich auch mit dem OPV-Impfstoff (orales Poliomyelitis-Vakzin) geimpft worden, der gegen die Kinderlähmung durch die Polioviren schützt. Diese Erreger befallen Nervenzellen im Rückenmark und führen zu einer lebenslang behindernden Lähmung der unteren Gliedmaßen. Ein Tod infolge der fortschreitenden Paralyse ist möglich. Durch konsequentes Impfen konnte die Krankheit in Deutschland vollständig zum Verschwinden gebracht werden. Wie im Fall der Pocken hat auch die Schluckimpfung gegen die Kinderlähmung zu einem dramatischen Rückgang der Fallzahlen geführt. In Europa sowie in Nord- und Südamerika ist die Krankheit heute praktisch verschwunden. In anderen Teilen der Welt kommt es jedoch noch immer zu Ausbrüchen. Bis zum Erscheinen des ersten Polioimpfstoffes im Jahr 1954 war die Kinderlähmung eine verbreitete Krankheit, die weltweit Millionen von Kindern befallen hat. Der von Jonas Salk in den USA entwickelte erste Impfstoff gegen die Kinderlähmung musste noch injiziert werden. Albert Sabin entwickelte in der Folge die einfachere und für Kinder weniger beängstigende Schluckimpfung. Sie wurde 1961 eingeführt. Um verstehen zu können, wie ein Impfstoff seine Wirkung entfaltet, müssen wir uns mit den grundlegenden Aspekten der Funktion des Immunsystems vertraut machen.

Eine kurze Einführung zum Thema Antikörper

Das Immunsystem des Menschen und anderer Wirbeltiere ist höchst komplex. Zahlreiche Zelltypen überall im Körper arbeiten auf verwickelte Art und Weise zusammen, um Fremdstoffe und fremde Organismen, die in den Körper eingedrungen sind, zu erkennen und unschädlich zu machen. Gegen solche Fremdkörper (Antigene) wird eine Immunreaktion eingeleitet, die im Erfolgsfall schließlich zur völligen Zerstörung dieser Stoffe bzw. Lebewesen führt. Alle Fremdsubstanzen, die eine Immunreaktion auslösen, werden ungeachtet ihrer Herkunft oder chemischen Beschaffenheit als **Antigene** bezeichnet. Antigene können also ganze Zellen, wie Bakterien oder Pilze, oder Viren oder einzelne Moleküle wie Proteine von Pollenkörnern oder Kohlenhydrate sein. Lipide sind nur selten antigen, und wenn, dann handelt es sich fast immer um zusammengesetzte Lipide mit einem Kohlenhydrat- oder Peptidanteil. Menschen mit Nahrungsmittelallergien zeigen eine fehlgeleitete Abwehrreaktion des Immunsystems gegen Nahrungsbestandteile (Eiweiß [= Protein], Kohlenhydrate, selten Lipide) bestimmter Lebensmittel.

Das Immunsystem reagiert in der Regel in mehrfacher Weise. Eine regelmäßig stattfindende Reaktion ist die Erzeugung von Antikörpern. Dieser Teil der Immunreaktion wird daher als **antikörpervermittelte Immunität** bezeichnet. Wenn sie mit einem passenden Antigen zusammentreffen, erkennen die **B-Lymphozyten** (oder **B-Zellen**) die Antigene, die zu einer Bindung an ihre Oberfläche befähigt sind. B-Zellen sind eine der zahlreichen Untergruppen der weißen Blutkörperchen, die gemeinschaftlich **Leukozyten** (*leukos*, gr. „weiß") genannt werden. Eine andere Leukozytengruppe, die **T-Zellen** oder **T-Lymphozyten**, spielen entscheidende Rollen bei der B-Zellaktivierung, aber auch unabhängig von den B-Zellen in anderen Zweigen der Immunantwort. Nach dem Antigenkontakt entwickelt sich die aktivierte B-Zelle zu einer so genannten **Plasmazelle**, die Antikörper herstellt und ausschüttet. Die meisten Antikörpermoleküle werden in den Blutstrom entlassen, es gibt aber auch Antikörper im Speichel, in der Tränenflüssigkeit und in der Darmflüssigkeit. Ein Zweck der Antikörperbildung besteht darin, einen lang andauernden Schutz gegen bestimmte Antigene zu vermitteln. Im Verlauf der B-Zellentwicklung werden einige Zellen eines bestimmten B-Zellklons zu Gedächtniszellen, die langlebig sind und noch Jahre später bei einem neuerlichen Antigenkontakt aktiviert werden können. Auf einen solchen Antigenreiz hin beginnen sich die Gedächtniszellen zu teilen, so dass ein neuer Plasmazellklon entsteht, der Antikörper gegen das betreffende Antigen herstellt, die weiterhin Schutz verleihen. Diese dauerhafte Schutzwirkung bezeichnet man als Immunität (▶ Abbildung 5.12).

Antikörpermoleküle sind sehr spezifisch für ihr spezielles Antigen. Wie schützen diese Proteine den Körper gegen eingedrungenes Fremdmaterial? Antikörper binden an das Antigen, gegen das sie gerichtet sind, und lagern sich in größerer Zahl auf ihm ab, wenn die Größe des Antigens dies zulässt (Zellen von Infektionserregern usw., Abbildung 5.13). Nachdem ein Antigen mit Antikörpern belegt ist, wird es in vielen Fällen von einem anderen Typ von weißen Blutkörperchen, den Makrophagen, erkannt und beseitigt. Makrophagen sind spezialisierte Fresszellen (Phagozyten). Phagozyt ist Grie-

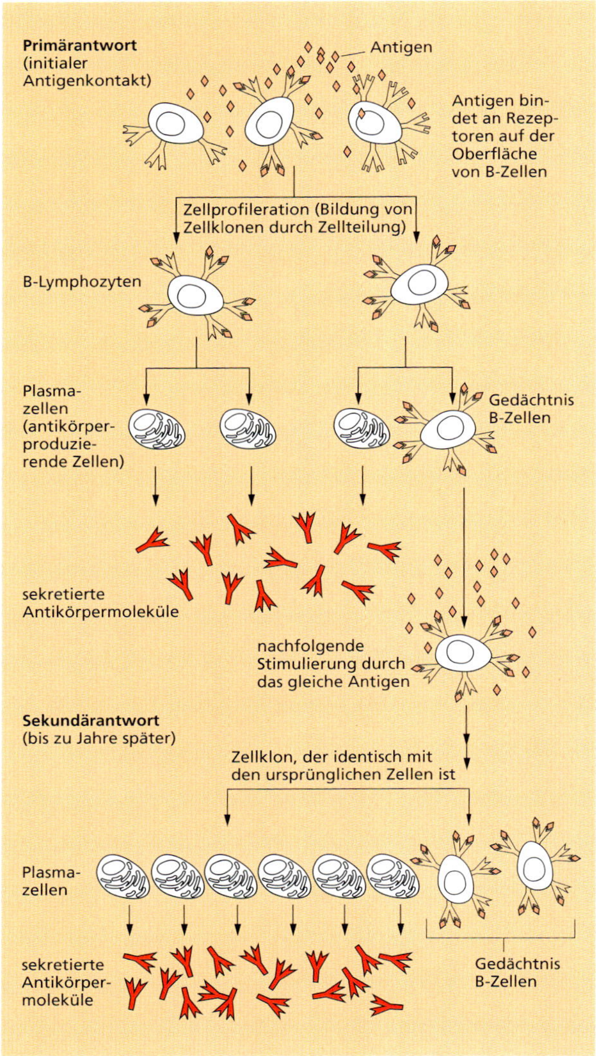

Abbildung 5.12: Antigene stimulieren die Produktion von Antikörpern durch das Immunsystem. Als Reaktion auf einen auslösenden Antigenkontakt teilen sich antigenreaktive B-Zellen vielfach unter Hervorbringung von B-Zellklonen. Antigene können ganze Zellen oder einzelne Moleküle sein. B-Zellen differenzieren sich weiter zu Plasmazellen, die antigenspezifische Antikörper in großer Menge bilden und ausschütten. Während dieses Vorgangs bilden sich auch langlebige Gedächtnis-B-Zellen. Falls der Organismus in der Zukunft erneut mit dem betreffenden Antigen in Kontakt kommt – dies kann Jahre später der Fall sein –, vermögen die Gedächtnis-B-Zellen das Antigen zu erkennen und rasch eine stärkere und schneller einsetzende Immunreaktion auf das Antigen als beim ersten Mal in Gang zu setzen.

chisch und bedeutet Fresszelle. Beim Phagozytosevorgang umschließt eine Makrophagenzelle das mit Antikörpern überzogene Antigen. Nach der Internalisierung (Aufnahme in die Zelle) verschmilzt die Nahrungsvakuole mit Lysosomen, die Verdauungsenzyme freisetzen, die das Antigen angreifen und zersetzen (► Abbildung 5.13). Wenn das Antigen eine fremde Zelle wie ein Bakterium ist, sind die Antikörper auch Auslöser eines weiteren Mechanismus des Immunsystems, durch den Löcher in die eingedrungenen Zellen erzeugt werden. Dies wird vom Komplementsystem des Immunsystems bewerkstelligt. Durch seine Wirkung tritt eine Lyse der angegriffenen Zellen ein.

Sobald wir geboren sind, werden wir unablässig von Antigenen bombardiert, gegen die das Immunsystem dann Antikörper bildet. Manchmal ist aber diese natürliche, selbstständige Antikörperbildung nicht ausreichend, um uns vor gefährlichen (virulenten) Krankheitserregern wie den Pockenviren (Variolaviren), Hepatitisviren oder dem Humanimmundefizienzvirus HIV, das AIDS hervorruft, zu schützen. Die Biotechnologie kann dann dem Immunsystem zu Hilfe kommen, indem sie Impfstoffe (Vakzine) bereitstellt, durch die unsere Immunität gestärkt oder erst hervorgerufen wird.

Wie werden Impfstoffe hergestellt?

Impfstoffe oder Vakzine sind Teile eines Pathogens oder sonstigen Antigens (zum Beispiel Schlangengift), das dem Impfling peroral oder intravenös verabreicht wird, um eine vorbeugende Immunreaktion gegen den betreffenden Krankheitserreger hervorzurufen. Wenn ein Mensch oder Tier vakziniert (geimpft) wird, soll das Immunsystem den Impfstoff als Antigen erkennen und die Herstellung von Antikörpern und Gedächtniszellen gegen es einleiten. Durch Stimulierung des Immunsystems veranlasst der Impfstoff den Geimpften, vorsorgliche Vorräte an Antikörpern und antigenreaktiven B-Zellen anzulegen, die in Aktion treten, wenn es in der Zukunft zum Kontakt mit dem lebenden oder ganzen Pathogen kommt. Die Impfung wird nicht nur beim Menschen eingesetzt. Haus-, Nutz- und Zootiere werden ebenfalls regelmäßig geimpft, in manchen Fällen sogar wild lebende Tiere (Tollwutschutzimpfung von Füchsen ist ein Beispiel).

Impfstoffarten

Wie werden nun Impfstoffe hergestellt? Um eine Immunreaktion hervorzurufen, werden im Allgemeinen drei hauptsächliche Strategien angewandt. **Untereinheitenvakzine** sind Teile von Krankheitserregern wie Bakterien oder Viren – zum Beispiel definierte Proteine oder komplexe Lipide aus der Hülle des Erregers –, gegen die das Immunsystem vorgeht. Ein recht wirkungsvoller Impfstoff gegen das gefährliche Heptatitis B-Virus (HBV; Erreger einer chronischen Gelbsucht) war der erste Untereinheitenimpfstoff, der rekombinant hergestellt worden ist. Die beiden anderen methodischen Ansätze zur Herstellung von Impfstoffen sind ähnlich. Abge-

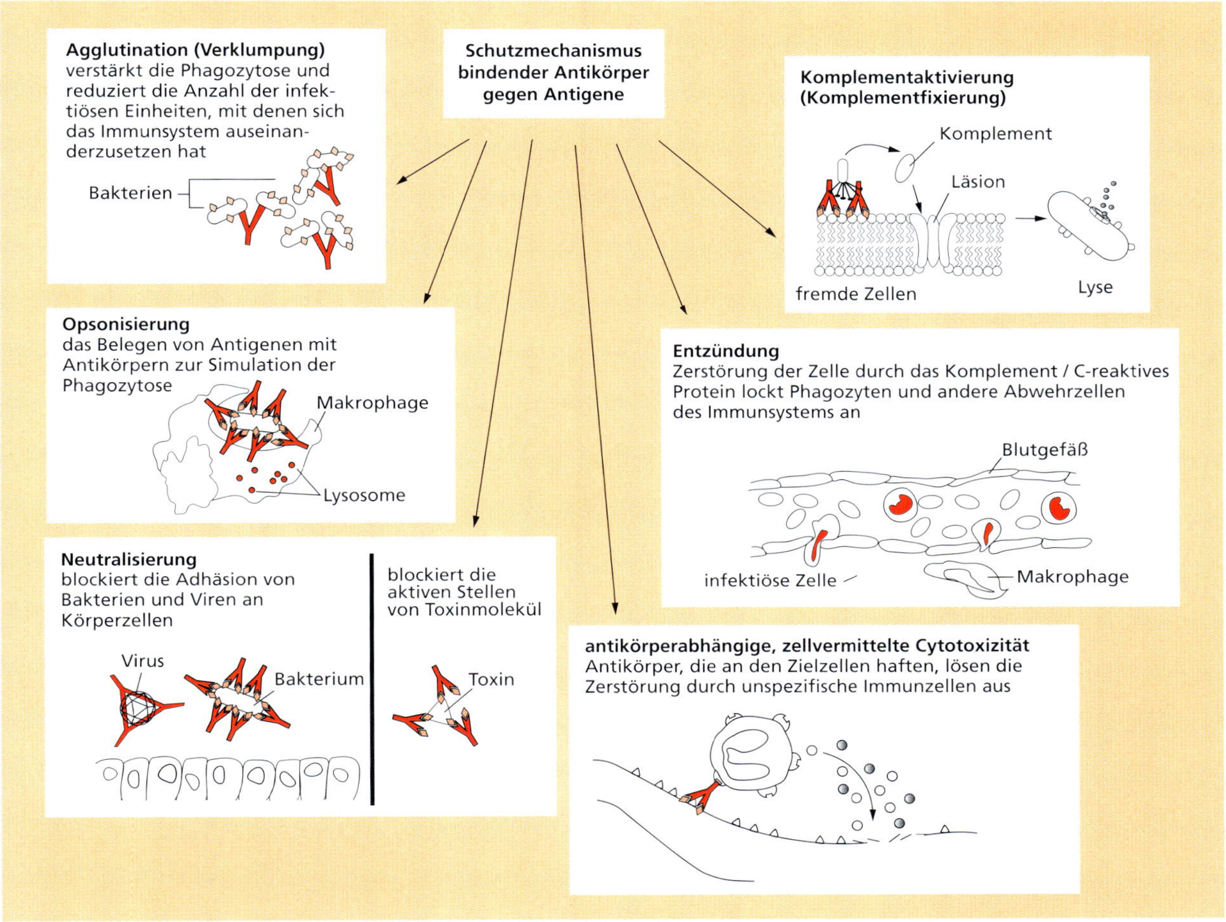

Abbildung 5.13: Mechanismen der Antikörperwirkung. Antikörpermoleküle können Antigene auf mehrere Arten und Weisen inaktivieren und ihre Zerstörung einleiten.

schwächte Impfstoffe (**attenuierte Vakzine**) stützen sich auf in ihren Lebensäußerungen stark abgeschwächte, aber noch lebende Bakterien oder inaktivierte Viren. Sie werden in der abgeschwächten Form als Impfstoff in den Impfling eingebracht; hierbei besteht natürlich immer ein Restrisiko, dass die Inaktivierung nicht ausreichend war, so dass es zum Ausbruch der Krankheit kommt, gegen die geimpft werden sollte.

Der Sabin-Impfstoff gegen die Kinderlähmung ist ein Beispiel für einen abgeschwächten Erregerimpfstoff, ebenso das MMR-Vakzin und die Windpockenimpfstoffe. Schließlich gibt es vollständig **inaktivierte Impfstoffe**, die man erhält, wenn man das Pathogen, gegen das geimpft werden soll, abtötet oder (bei Viren) völlig inaktiviert. Man verwendet dann tote Mikroorganismen oder vollkommen replikationsunfähige Viren als Impfstoff. Vollständig inaktivierte Poliomyelitisviren sind die Grundlage des Salk-Impfstoffs gegen die Kinderlähmung. Der Tollwutimpfstoff, mit dem Haustiere geimpft werden, ist ein weiteres Beispiel für ein inaktiviertes Vakzin. Gleiches gilt für die Grippeimpfstoffe (Anti-Influenza-Impfstoff), die in jüngerer Zeit eine weitere Verbreitung gefunden haben.

Viele Impfstoffe erfordern nach einer Erstimpfung Auffrischungsimpfungen, die in gewissen Abständen (in der Regel ein bis mehrere Jahre) erfolgen müssen, um das Immunsystem erneut anzuregen, weiterhin ausreichend große Mengen an Antikörpern und Gedächtniszellen bereitzuhalten. Das oben erwähnte DPT-Vakzin ist für ungefähr zehn Jahre wirksam. Eine Influenzaschutzimpfung muss praktisch jährlich erfolgen, doch ist dies nicht auf einen schnellen Abfall der Immunität, sondern auf die mutative Veränderung der Influenzaviren zurückzuführen.

Abgeschwächte und inaktivierte Impfstoffe gehörten zu den ersten jemals entwickelten Impfstoffen. Einige Untereinheitenimpfstoffe aus Bakterien wurden schon vor dem Aufkommen der Technik der rekombinanten DNA hergestellt. Dazu vermehrte man die Bakterien in Flüssigkulturen. Viele Bakterien scheiden Proteine in das umgebende Medium aus (sekretorische Proteine). Diese Proteine lassen sich einsammeln und mit Stoffen, die die Immunreaktion weiter steigern, versetzen (**Adjuvanzien**). Als man im Lauf der Zeit mehr über den molekularen Aufbau von Pathogenen lernte, wurden Untereinheitenimpfstoffe immer populärer. Das oben erwähnte Hepatitis B-Virus (HBV) ist ein Erreger, der durch Körperflüssigkeiten übertragen wird. Dies kann durch Geschlechtsverkehr, Bluttransfusionen oder kontaminiertes medizinisches Gerät erfolgen. HBV führt zur Schädigung der Leber, was langfristig bis zur Zirrhose und zum Leberkrebs führen kann. Als man zum ersten Mal Impfstoffe gegen HBV herzustellen versuchte, wurde hierzu das Virus aus dem Blut Infizierter isoliert und dann das Hüllprotein des Erregers durch uns bekannte biochemische Methoden (Kapitel 4) aufgereinigt. Diese Proteinpräparationen wurden dann als Impfstoff verwendet. Gegenwärtig wird die Mehrheit der Untereinheitenimpfstoffe einschließlich des Anti-HBV-Impfstoffs gentechnisch hergestellt, indem man definierte Komponenten der Erreger in harmlosen Bakterien exprimiert, so dass kein Infektionsrisiko beim Impfvorgang gegeben ist.

Um den rekombinanten Anti-HBV-Impfstoff herzustellen, hat man das Gen für das äußere Hüllprotein der Virushülle kloniert und in Plasmide inseriert. Mit diesen Plasmiden transformierte Hefen exprimieren große Mengen des Virusproteins als Fusionsprotein, das sich reinigen und als Impfstoff nutzen lässt. Diese Vorgehensweise ist bei der Herstellung von Untereinheitenimpfstoffen gängig, obwohl manchmal aus den in Kapitel 3 ausgeführten Gründen ein spezielles Expressionssystem wie Säugetierzellkulturen vonnöten ist. Wie Sie in Abschnitt 5.5 lernen werden, arbeiten viele Wissenschaftler an Genomprojekten, um Bakterien- und Virengene zu charakterisieren, die dann für die Entwicklung neuer Impfstoffe genutzt werden sollen.

Impfstoffe sind dann am effektivsten, wenn sie zu Beginn einer Infektion oder lange vor dem Kontakt mit einem Krankheitserreger verabreicht werden, so dass das vorbereitete Immunsystem die Erreger angreifen kann, sobald sie in den Körper gelangen. Krankheitserregende Viren setzen eine Vielzahl komplizierter Invasionsstrategien ein, um in Körperzellen zu gelangen und sich dort zu vermehren. Dabei wird oft ein Krankheitszustand erzeugt. So bindet sich das AIDS-Virus HIV an bestimmte Zellen des Körpers – insbesondere bestimmte weiße Blutkörperchen aus der Gruppe der T-Zellen –, um dann in diesen Zellen sein RNA-Genom auf verwickelte Weise zu vervielfältigen (▶ Abbildung 5.14). Dabei kopiert das Enzym Reverse Transkriptase das RNA-Genom zu einer cDNA. Viren, die wie HIV ein RNA-Genom besitzen, das revers zu einer cDNA transkribiert wird, heißen **Retroviren**. Nachdem das virale Genom kopiert und in das Wirtsgenom eingebaut worden ist, werden die viralen Gene (normal) transkribiert und in Proteine translatiert. Daraus entstehen neue Virushüllen, in die neue RNA-Genome eingebaut werden. Fertige Virionen werden freigesetzt und infizieren neue Zellen. Wir haben an dieser Stelle diesen kurzen Abriss zur Replikation der Retroviren gegeben, weil jeder Schritt ein potenzielles Ziel für antivirale Wirkstoffe darstellt, und jede der an den einzelnen Schritten beteiligten Baukomponenten des Erregers einen potenziellen Impfstoff darstellt. Im Fall von HIV sind trotz fast 20-jähriger Bemühungen bislang alle Versuche, einen Impfstoff zu erzeugen, gescheitert.

Bakterielle und virale Ziele für Impfstoffe

Pathogene verändern sich evolutiv ständig, wobei sowohl wirkstoffresistente Stämme entstehen als auch Mutantenstämme, deren Eigenschaften sich so verändert haben, dass keine geeigneten antigenreaktiven Immuneffektorzellen gegen sie zur Verfügung stehen. Außerdem können gänzlich neue pathogene Stämme vormals nichtpathogener Arten entstehen. Es gibt, wie Sie wissen, viel mehr Krankheitserreger, als es Impfstoffe gibt. Deshalb gibt es viele Anstrengungen auf der Forschungsebene zur Verbesserung existenter Impfstoffe und der Erzeugung neuer. Einige der im Wesentlichen bakteriellen und viralen Ziele der Impfstoffforscher sind die verschiedenen Hepatitisviren (Typen A-E), sexuell übertragene Infektionen (Herpes simplex, Gonorrhöe und Chlamydien, HIV), die Grippeviren der Influenzagruppe, die Tuberkulose und die von Protozoen hervorgerufene Malaria. Als Nächstes wollen wir einige der vielen mikrobiellen Ziele für eine angestrebte Impfstoffentwicklung betrachten.

Die echte Grippe (Influenza) wird von einer verzweigten Gruppe von Erregern, den Influenzaviren, verursacht. Viele Menschen verspüren hin und wieder Erkältungssymptome, die umgangssprachlich auch als „Grippe" bezeichnet, aber von ganz anderen Erregern hervorgerufen werden. Die Erreger einer gewöhnlichen Erkältung sind harmlos, und die Krankheit ebbt nach einigen Tagen in der Regel von selbst ab. Die Influenza ist dagegen eine schwere Infektionskrankheit, die jedes Jahr eine halbe bis eine Million Menschen das Leben kostet. Die Weltgesundheitsorganisation (WHO) hat in über 80 Ländern

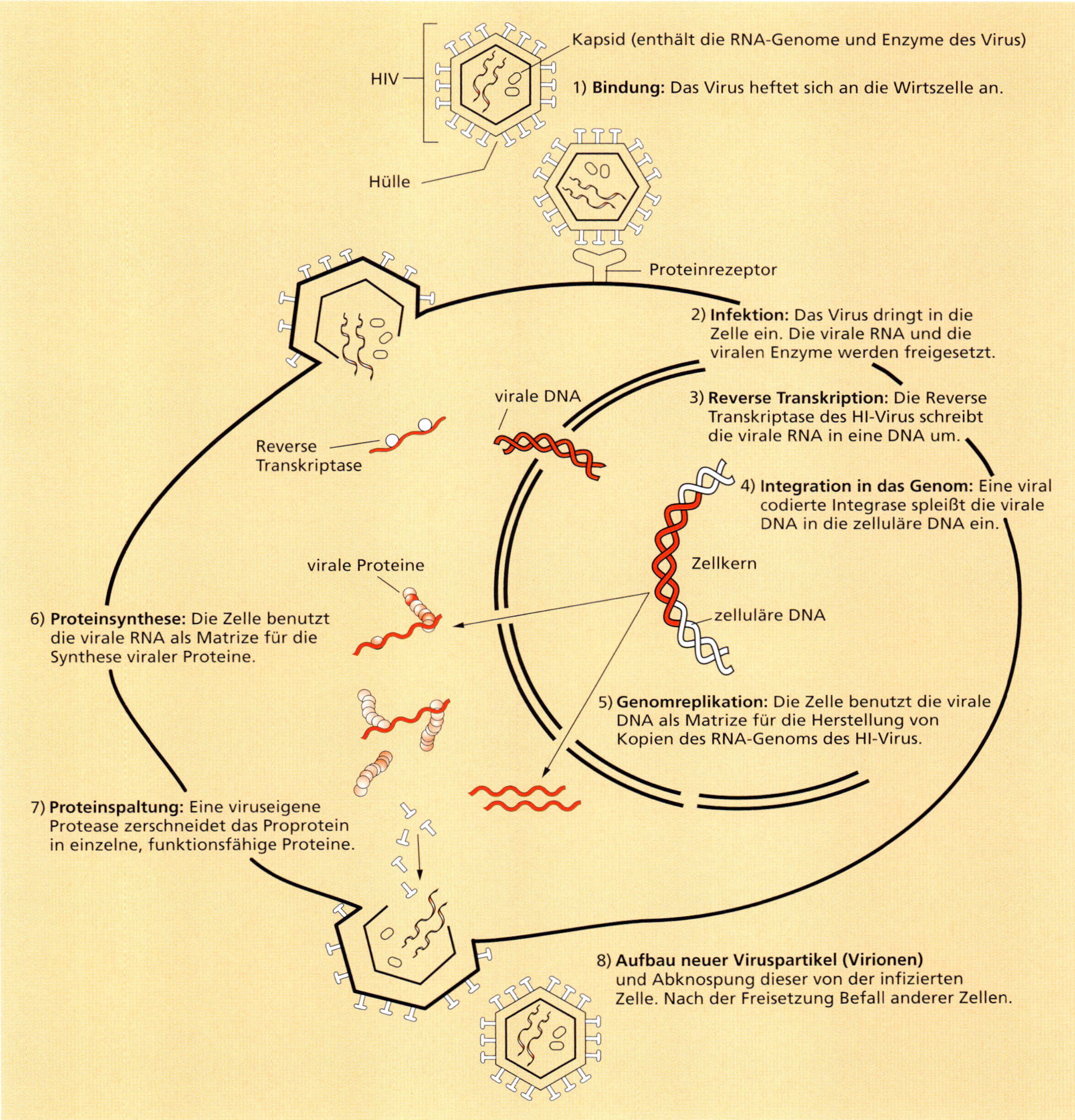

Abbildung 5.14: Der Vermehrungszyklus des Humanimmundefizienzvirus (HIV). Jeder Teilschritt der HIV-Vermehrung ist ein potenzielles Ziel für antivirale Wirkstoffe oder Impfstoffe.

Seuchenkontrollbüros eingerichtet, die das Auftreten von Infektionskrankheiten und besonders Epidemien dokumentieren und melden. Bei Grippeausbrüchen werden Proben für Laboranalysen gesammelt. Nach der Ermittlung des genauen Erregertyps (des Virusstammes) kann mit der Impfstoffproduktion begonnen werden. Die Infektionskundler wünschen sich ein „globales Laboratorium", um die Influenzavirusstämme überall auf der Welt zu überwachen, die grassierenden Viren zu Studienzwecken zu vermehren und gegebenenfalls Untereinheitenimpfstoffe gegen die neuen Erregerstämme gentechnisch herzustellen.

Diese Strategie ist eine der Überwachung und der raschen Antwort, um mit neuen Pathogenen mitzuhalten und Impfstoffe nach Bedarf herzustellen. In der Zukunft wird man sie wahrscheinlich auf viele unterschiedliche krankheitserregende Organismen anwenden.

Die Tuberkulose („Schwindsucht") wird von dem Bakterium *Mycobacterium tuberculosis* verursacht und führt weltweit jährlich zu zwei bis drei Millionen Todesfällen. Das Einatmen von *M. tuberculosis*-Zellen führt zu einer Infektion der Lunge. Dabei entstehen knotige Läsionen, die als Tuberkeln bezeichnet werden und die auf Röntgenbildern sichtbar sind. Die Ausbreitung der Tuberkulose ist in vielen Teilen der Welt (primär den hoch entwickelten Industrieländern) durch den Einsatz von Antibiotika und Tuberkulostatika sowie die konsequente Behandlung von Tuberkulosepatienten wirksam eingedämmt worden.

Es ist jedoch in der jüngeren Vergangenheit zu einem Wiederaufflammen der Tuberkulose gekommen, weil *M. tuberculosis* sich als sehr widerstandsfähig gegen chemotherapeutische Behandlungen und gleichzeitig sehr effektiv bei der evolutiven Hervorbringung neuer, resistenter Stämme gezeigt hat. Die Besorgnis über diese neuen Stämme ist derart groß, dass die Weltgesundheitsorganisation 1993 die Tuberkulose zu einer globalen Gesundheitsbedrohung erklärt und eine Reihe von Forschungsinitiativen ins Leben gerufen hat. 1998 konnte die Sequenzierung des Genoms von *Mycobacterium tuberculosis* abgeschlossen werden. Aus den daraus gewonnenen Erkenntnissen ist man bemüht, neu aufgefundene Proteine für die Entwicklung eines wirkungsvollen Tuberkuloseimpfstoffes heranzuziehen, von denen der eine oder andere sich in einer frühen Phase der klinischen Erprobung befindet.

Eine weitere Bedrohung geht von den 33 Millionen in aller Welt mit dem HI-Virus Infizierten aus. Der Bedarf für einen Impfstoff zur Eindämmung der Ausbreitung (und vielleicht zur Behandlung) von AIDS ist von kritischer Bedeutung, falls es gelingen soll, diese verheerende Seuche zum Stehen zu bringen und die HIV-Pandemie vielleicht eines Tages zum Abklingen zu bringen. Etliche Kandidatenimpfstoffe zur Verhinderung von HIV-Infektionen oder zur Behandlung (therapeutische Vakzination) von HIV-Infizierten sind bereits getestet worden. Die meisten dieser Impfstoffe haben sich gegen Oberflächenproteine der Virushülle gerichtet. Keiner der bisher entwickelten Kandidatenimpfstoffe hat sich als wirksam erwiesen.

Das größte der Entwicklung eines Anti-HIV-Impfstoffes entgegenstehende Problem, scheint die enorm hohe Mutationsrate des HIV-Genoms zu sein. Manche Forscher sind daher der Ansicht, dass ein Mehruntereinheitenimpfstoff (also nichts anderes als ein klassisches, polyvalentes Antiserum, wie es schon Jenner im 18. Jahrhundert bei seinen Pionierversuchen verwendet hat) im Verbund mit Virostatika, die die Replikation der Viren blockieren, eine bessere Strategie sein sollte als die Impfung oder die Gabe antiviraler Wirkstoffe allein. Ähnliche Strategien sind gegen andere krankmachende Viren wie Hepatitis B und C in der Entwicklung. Gegen Hepatitis B gibt es, wie wir weiter oben besprochen haben, bereits einen wirksamen, vorbeugenden, rekombinanten Impfstoff. Wir werden unsere Erörterung der Entwicklung und Anwendung von Impfstoffen in Kapitel 11 fortsetzen. Im nächsten Abschnitt werden wir die vielen Gründe betrachten, die für die Sequenzierung mikrobieller Genome sowie die dabei zum Einsatz kommenden Methoden besprechen.

5.5 Mikroorganismengenome

Im Jahr 1995 gab das *Institute for Genomic Research*, das auch beim Humangenomprojekt eine entscheidende Rolle gespielt hat, bekannt, dass die erste vollständige Genomsequenz einer mikrobiellen Lebensform erstellt worden sei – die des Bakteriums *Haemophilus influenzae*. In den folgenden acht Jahren sind weitere 42 Mikroorganismengenome veröffentlicht worden, mehr als 200 weitere befinden sich in der Bearbeitung. Auch im deutschen Sprachraum wird an zahlreichen Instituten an mikrobiellen Genomprojekten gearbeitet; eine Auflistung von Instituten und Laboratorien findet der interessierte Leser zum Beispiel unter: **http://www.vaam.de** → *Mikrobiologische Institute*. 1994 hat das Energieministerium der USA als eine Erweiterung zum Humangenomprojekt das Mikroorganismengenomprogramm (MGP) ins Leben gerufen. Ein Ziel des Programmes ist es, die Genome solcher Mikroorganismen zu sequenzieren, die mögliche Anwendungen in der Umweltforschung, der biotechnologischen Industrie und der Medizin (zum Beispiel die bakteriellen Erreger der Tuberkulose, der Gonorrhöe und der Cholera, aber auch pathogene Protozoen wie die Malariaerreger der Gattung *Plasmodium*) besitzen.

Warum sequenziert man Genome von Mikroorganismen?

Streptococcus penumoniae, ein Bakterium, das Ohren- und Lungenentzündungen hervorrufen kann, führt bei ca. drei Millionen Infizierten jährlich zum Tode. Eine Infektion mit *S. pneumoniae*, die außerdem eine Hirnhautentzündung (Meningitis) hervorrufen kann, ist seit 1946 durch Impfung mit Impfstoffen, die Oberflächenbestandteile der Bakterienzellen enthalten, verhinderbar.

Eine solche Impfung erzeugt dann in dem Geimpften die uns schon vertrauten Glykoproteine, die man Antikörper nennt.

Viele dieser Impfstoffe sind aber bei kleinen Kindern unwirksam. Diese sind aber gerade besonders empfänglich für eine Infektion mit *S. penumoniae,* und die Folgen einer Infektion im Kindesalter sind oft besonders schwerwiegend. 2001 wurde die Sequenzierung des *S. penumoniae*-Genoms abgeschlossen. Dabei wurden viele Gene entdeckt, die mutmaßlich bislang unbekannte Oberflächenproteine codieren. Die Forscher sind optimistisch, dass dieses neue Verständnis des *S. penumoniae*-Genoms zu neuen Behandlungen der bakteriellen Lungenentzündung einschließlich gentherapeutischer Ansätze führen wird, die Kinder von Infektionen befreien könnten, die für Jahre zu persistieren vermögen.

Dies ist nur ein Beispiel der potenziellen Wirkungskraft der Genomik. Die Freilegung der Geheimnisse der Bakteriengenome beinhaltet die Aussicht, bei der Entwicklung eines grundlegenden Verständnisses der Molekularbiologie von Mikroorganismen hilfreich zu sein.

Die Sequenzierung mikrobieller Genome wird die Wissenschaftler in die Lage versetzen, viele Geheimnisse der Bakterien zu identifizieren – von Genen, die am Zellstoffwechsel und der Zellteilung beteiligt sind, bis zu Genen, die menschliche und tierische Krankheiten hervorrufen. Darüber hinaus werden die Forscher bakterielle Gene finden, die Wissenschaftler vielleicht in die Lage versetzen, neue Mikroorganismenstämme zu entwickeln, die für biologische Sanierungen eingesetzt werden können, und um krankheitserregende Organismen in Wasser und Nahrungsmitteln zu finden, biologische Waffen zu detektieren und genetisch abgeänderte Bakterien als Biosensoren zum Nachweis schädlicher Stoffe zu produzieren.

Von besonderem Interesse für viele Mikrobiologen sind die Gene, die an den krankheitsauslösenden Eigenschaften bakterieller und nichtbakterieller Pathogene beteiligt sind. Das Verstehen bakterieller und nichtbakterieller Genome wird es Mikrobiologen erlauben, ein größeres Verständnis dafür zu entwickeln, wie Mikroorganismen zur normalen Gesundheit beitragen und wie sie zu Krankheiten führen. Die Bestimmung der DNA-Sequenz eines Mikroorganismus wird Zugang zu vorhergesagten Proteinsequenzen und Proteinstrukturen schaffen. Es wird außerdem erwartet, dass unsere Fähigkeit, mikrobielle Genome zu sequenzieren, zu neuen und raschen diagnostischen Methoden und Wegen, infektiöse Zustände zu behandeln, führen wird. Zum Beispiel: Falls Wissenschaftler Gene sequenzieren, die Zelloberflächenproteine codieren, die ein bestimmtes bakterielles Pathogen überziehen, sind sie vielleicht in der Lage, diese Proteine zu nutzen, um neue diagnostische Werkzeuge, Impfstoffe und antimikrobielle Agenzien zu generieren.

Bakterien besitzen eine Vielzahl biochemischer Aktivitäten, was sich in ihren Genomen wiederspiegelt. Von den bis heute sequenzierten Mikroorganismengenomen codieren ungefähr 45 % für Proteine unbekannter Funktion, und 25 % der Gene bringen Proteine hervor, die nur im jeweiligen Genom des sequenzierten Bakteriums vorkommen. Das Potenzial für die Identifizierung neuer Gene und Proteine mit einmaligen Eigenschaften, die bedeutsame biotechnologische Anwendungen haben könnten, ist sehr hoch.

Genomsequenzierungsstrategien für Mikroorganismen

Obwohl Mikroorganismen substantiell kleinere Genome besitzen als der Mensch, sind viele der Techniken des Humangenomprojekts zur Klonierung und Sequenzierung bakterieller Genome eingesetzt worden. ► Abbildung 5.15 illustriert die Strategie der zufälligen „Schrotschusssequenzierung“, die die Sequenzierung bakterieller Genome dominiert hat.

Rufen sich sich aus Kapitel 3 in Erinnerung, dass ein Zufallsklonierungsansatz die Erzeugung einer genomischen oder cDNA-Bibliothek aus Fragmenten unterschiedlicher Größe, die zufällige Insertion dieser Fragmente in Plasmide oder andere Vektoren und dann die Sequenzierung dieser Fragmente umfasst. Schließlich können DNA-Sequenzen dieser Fragmente verglichen werden und die überlappenden Sequenzen können verwendet werden, um die DNA-Fragmente zu ganzen Chromosomen zusammenzusetzen.

DNA-Sequenzen werden dann einem Verfahren unterworfen, das als **Annotation** („Zuweisung“) bezeichnet wird, welches die Datenbanksuche zur Identifizierung von Genen in mikrobiellen Genomen, die vielleicht schon identifiziert worden sind, und die Zuweisung von Namen und möglichen Funktionen zu so vielen der vorhergesagten Gene wie möglich umfasst. Die Annotation kann auch die Identifizierung regulatorischer Elemente eines Gens wie dem Promotor und Enhancersequenzen umfassen.

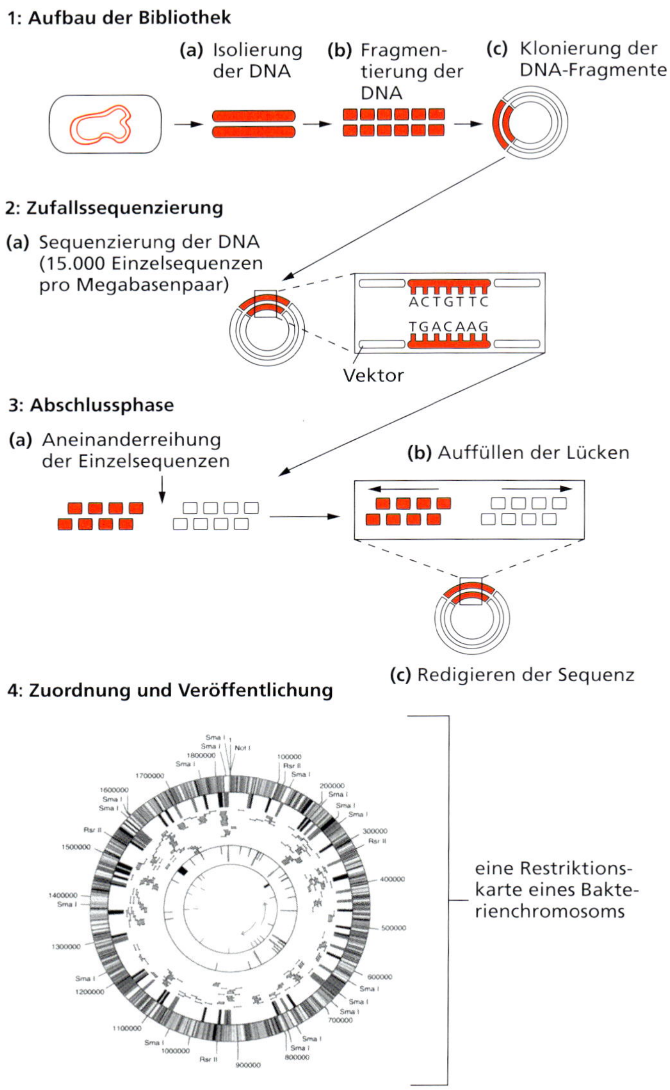

Abbildung 5.15: Zufallssequenzierung mikrobieller Genome. Die meisten mikrobiellen Genome sind durch die Präparation komplementärer DNA oder genomischer DNA-Bibliotheken, die zufällige Sequenzierung von DNA-Klonen aus der Bibliothek und die anschließende Zusammenfügung überlappender Sequenzen zu einer Karte des Bakterienchromosoms aufgeklärt worden.

Ausgewählte sequenzierte Genome

Welche der mehr als 6000 verschiedener Bakterien, die bis heute charakterisiert worden sind, sind für die Genomforscher von höchstem Interesse?

Wie in ► Tabelle 5.3 verdeutlicht, sind die Bakteriengenome, denen bisher die größte Aufmerksamkeit zuteil wurde, solche, die Mikroorganismen entstammen, die beim Menschen ernsthafte Infektionskrankheiten hervorrufen. So wurde beispielsweise kürzlich die Sequenzierung des Genoms von *Pseudomonas aeruginosa* abgeschlossen. *P. aeruginosa* ist ein verbreiteter Krankheitserreger, der Harnwegs-, Haut- und lang dauernde Lungenentzündungen hervorruft, die bei Mukoviszidosepatienten oft die Todesursache sind. *P. aeruginosa* ist deshalb besonders problematisch, weil dieser Bakterientyp schon resistent gegen viele Antibiotika und sogar desinfizierende Mittel geworden ist, die verbreitet zur Vernichtung von Mikroorganismen eingesetzt werden. Mehr über die Gene des Stoffwechsels und der Replikation von *P. aeruginosa* zu erfahren wird durch ein Verständnis seines Genoms stark befördert werden.

Ein weiterer unter den ersten für Genomuntersuchungen herangezogenen Mikroorganismen war das Cholerabakterium *Vibrio cholerae*, ein Bakterientyp, der sich regelmäßig in verschmutzten Gewässern findet und in Weltgegenden mit mangelhafter Wasseraufbereitung oder in Katastrophengebieten gesundheitliche Probleme verursacht. Dieses Bakterium verursacht schwere Durchfälle und Erbrechen. Das führt in kurzer Zeit zu starkem Flüssigkeits- und Elektrolytverlust, was in einen Schockzustand münden kann, der den Tod zur Folge haben kann. Viele *V. cholerae*-Stämme verursachen wiederkehrende Probleme in Asien, Indien, Lateinamerika und sogar Gebieten im Bereich der Golfküste der USA. Ein Verständnis des Genoms von *V. cholerae* wird den Wissenschaftlern helfen, Toxingene und andere Gene zu identifizieren, die unsere gegenwärtigen Methoden, diese Mikroorganismen zu bekämpfen, bereichern werden. Genomforscher konzentrieren sich außerdem auf Mikroorganismen, die als biologische Waffen bei terroristischen Anschlägen eingesetzt werden können.

Die Genome einer Reihe von Bakterien, die von Bedeutung für die Nahrungsmittelherstellung sind, sind ebenfalls abgeschlossen. So hat man kürzlich das Genom von *Lactococcus lactis*, einem für die Käseherstellung wichtigen Bakterium, sequenziert. Ein Verständnis des Genoms von *L. lactis* und anderer Bakterien wird für Verbesserungen in der Nahrungsmittelbiotechnologie sorgen.

Virusgenomik

Das Studium der Genome von Viren ist ein weiteres heißes Forschungsgebiet (► Tabelle 5.4). Dies ist zum Teil deshalb so, weil viele tödliche Viren rasch mutieren und so Impfungen und die wenigen antiviralen Wirkstoffe unterlaufen. Antivirale Wirkstoffe funktionieren auf verschiedene Weisen. Einige verhindern das Andocken der Virusteilchen an die Oberflächen von Zellen (Verhinderung der Infektion), andere blockieren

Tabelle 5.3

Mikrobielle Genome

Bakterium	Krankheit beim Menschen	Genomgröße (in Basenpaaren)	Ungefähre Genzahl
Borrelia burgdorferi	Borreliose (Lyme-Krankheit)	≈ 1.400.000	853
Chlamydia trachomatis	Augeninfektionen, Infektionen der ableitenden Harn- und Geschlechtswege (Beckenentzündung)	1.042.000	896
Escherichia coli O157:H7	Nahrungsmittelvergiftung (Darminfektion mit Durchfall)	≈ 4.100.000	5283
Haemophilus influenzae	Schwere Infektionen bei Kindern (Augen, Rachen, Ohren, Hirnhaut)	1.830.140	1746
Helicobacter pylori	Magengeschwüre	1.667.867	1590
Listeria monocytogenes	Listeriose (schwere Nahrungsmittelinfektion)	2.944.528	2853
Mycobacterium tuberculosis	Tuberkulose (Schwindsucht)	4.411.529	3974
Neisseria meningitidis (MC58)	Hirnhautentzündung und Blutinfektionen	2.272.351	2158
Pseudomonas aeruginosa	Lungenentzündung; chronische Lungeninfektionen	≈ 6.300.000	5570
Rickettsia prowazekii	Typhus	1.111.523	834
Rickettsia conorii	Mittelmeerfleckfieber	≈ 1.300.000	1374
Streptococcus pneumoniae	akute Atemwegsinfekte	2.160.837	2236
Yersinia pestis	Pest	4.653.728	4012
Vibrio cholerae	Cholera (schwere Durchfallerkrankung)	≈ 4.000.000	3885

Tabelle 5.4

Medizinisch bedeutsame Virusgenome, die in jüngerer Zeit sequenziert worden sind

Virus	Krankheit beim Menschen	Sequenzierung vollständig im Jahr
Ebolavirus	Hämorrhagisches Fieber vom Ebola-Typ	1993
Hepatitis A-Virus (HAV)	Hepatitis A (virale Gelbsucht)	1987
Hepatitis B-Virus (HBV)	Hepatitis B (virale Gelbsucht)	1984
Hepatitis C-Virus (HCV)	Heptatitis C (virale Gelbsucht)	1990
Herpes simplex-Virus, Typ 1 (HSV-1)	Herpes simplex: Bläschenbildung an den Lippen, den Genitalien, der Mundschleimhaut, der Gesichtshaut, dem Perianalbereich sowie Bindehautentzündung	1988
Humanimmundefizienzvirus, Typ 1 (HIV-1)	AIDS	1985
Humanpapillomaviren (HPV, zahlreiche Typen)	Warzen allgemein; einige Serotypen Beteiligung am Gebärmutterhalskrebs	1985
Humanpoliomyelitisvirus	Kinderlähmung	1981
Humanrhinovirus	Schnupfen (= Rhinitis)	1984
Variolavirus	Pocken	1992

die Virusvermehrung, nachdem die Viren bereits in die Zellen eingedrungen sind. Wieder andere sind mutagene Substanzen, die die ordnungsgemäße Replikation der viralen Erbinformation stören. Die Arbeit an den Genomen vieler dieser Erreger wird Wissenschaftlern helfen zu lernen, wie Viren Krankheiten verursachen und neue und wirkungsvolle antivirale Wirkstoffe entwickeln. Falls zum Beispiel die Genomik offenlegt, dass ein bestimmtes Protein für die virale Replikation notwendig ist, können Wissenschaftler Wirkstoffe entwerfen, die spezifisch mit der Funktion dieses Proteins interferieren, um die Virusvermehrung zu blockieren. Im nächsten Abschnitt werden wir kurz beschreiben, wie die Biotechnologie eingesetzt werden kann, um Mikroorganismen zu unterschiedlichen Zwecken nachzuweisen.

5.6 Mikrobiologische Diagnostik

Wir haben wiederholt gesehen, dass Mikroorganismen eine Reihe von Erkrankungen sowohl beim Menschen und seinen Haustieren als auch an landwirtschaftlich wichtigen Nutzpflanzen und -tieren hervorrufen. Jüngere Fortschritte in der Molekularbiologie haben Mikrobiologen in die Lage versetzt, eine Vielzahl molekularer Techniken einzusetzen, um Mikroorganismen nachzuweisen und nachverfolgen zu können – ein Feld, das als mikrobiologische Diagnostik oder diagnostische Mikrobiologie bezeichnet wird.

Strategien für den Nachweis von Bakterien

Neuere Untersuchungen deuten darauf hin, dass Bakterien und Viren eventuell an Herz-Kreislauf-Erkrankungen und chronischen Atemwegserkrankungen wie Asthma beteiligt sein könnten. Ein wichtiger Schritt auf dem Weg zur Entwicklung von Behandlungsstrategien ist die Verfolgung dieser Mikroorganismen, um zu lernen, welche Organismen Krankheiten verursachen, und Pathogene in einer klinischen Umgebung zu identifizieren.

Vor dem Aufkommen molekularbiologischer Techniken haben sich Mikrobiologen auf andere Nachweisverfahren wie biochemische Tests, differenzielle Kulturverfahren und die Mikroskopie gestützt, um krankmachende Erreger wie Bakterien zu identifizieren. Diese Techniken spielen natürlich auch heute noch eine nicht zu unterschätzende Rolle. Wenn ein Arzt beispielsweise einen Rachenabstrich macht, wird ein steriles Wattestäbchen über die hintere Mundschleimhaut geführt und auf eine Kulturplatte ausgestrichen. Dies dient zum Beispiel zum Nachweis von *Streptococcus pyogenes* – einem Bakterium, das Entzündungen im Rachenraum (Mandelentzündung, Scharlach) hervorruft. Obwohl diese und verwandte Verfahren auch heute noch eine wichtige Rolle in der medizinischen Mikrobiologie spielen, haben die molekularbiologischen Techniken das Methodenspektrum der Infektiologen erweitert und erlauben heute vielfach einen raschen Nachweis von Bakterien und Viren, und das mit hoher Empfindlichkeit.

Molekulare Techniken wie der Restriktionsfragmentlängenpolymorphismus (RFLP), die Polymerasekettenreaktion (PCR) und die DNA-Sequenzierung – die wir bereits in Kapitel 3 erörtert haben – können zur Identifizierung von Bakterien eingesetzt werden (► Abbildung 5.16). Falls das Genom des Erregers groß ist und es zu viele Restriktionsfragmente ergibt, die die Sichtbarmachung einzelner Fragmente in der Elektrophorese unmöglich machen, kann die DNA einer Hybridisierung nach Southern („Southern-Blot") unterworfen werden (Abbildung 5.16).

Heute stehen viele Datenbanken mit RFLPs, PCR-Bandenmustern und bakteriellen DNA-Sequenzen zum Abgleich mit Daten aus klinischem Probenmaterial zur Verfügung. Falls ein Mediziner den Verdacht hegt, dass sein Patient an einer bakteriellen oder viralen Infektion leidet, können Proben (Blut, Speichel, Kot, Rückenmarksflüssigkeit) entnommen werden, um zu versuchen, daraus Erreger (Bakterien, Viren etc.) zu isolieren. Die DNA aus dem angereicherten Mikroorganismus oder Virus wird dann isoliert und einer Technik wie der PCR unterworfen (Abbildung 5.16). Die PCR hat sich zu einem wichtigen diagnostischen Werkzeug im klinisch-mikrobiologischen Laboratorium entwickelt, das verbreitet zur Diagnose von Infektionen eingesetzt wird (zum Beispiel der Hepatitisviren A–C, der Bakterien *Chlamydia trachomatis* und *Neisseria gonorrhoeae* (beide verursachen Geschlechtskrankheiten), des AIDS-Erregers HIV-1 und Dutzender weiterer.

Die Spuren krankheitserregender Mikroorganismen

Wissenschaftler verwenden molekularbiologische Techniken, um Muster krankheitserregender Mikroorganismen zu verfolgen sowie die Krankheiten und Seuchen, die sie verursachen können. Mikroorganismen spielen eine sehr wichtige Rolle bei der Produktion von Milch

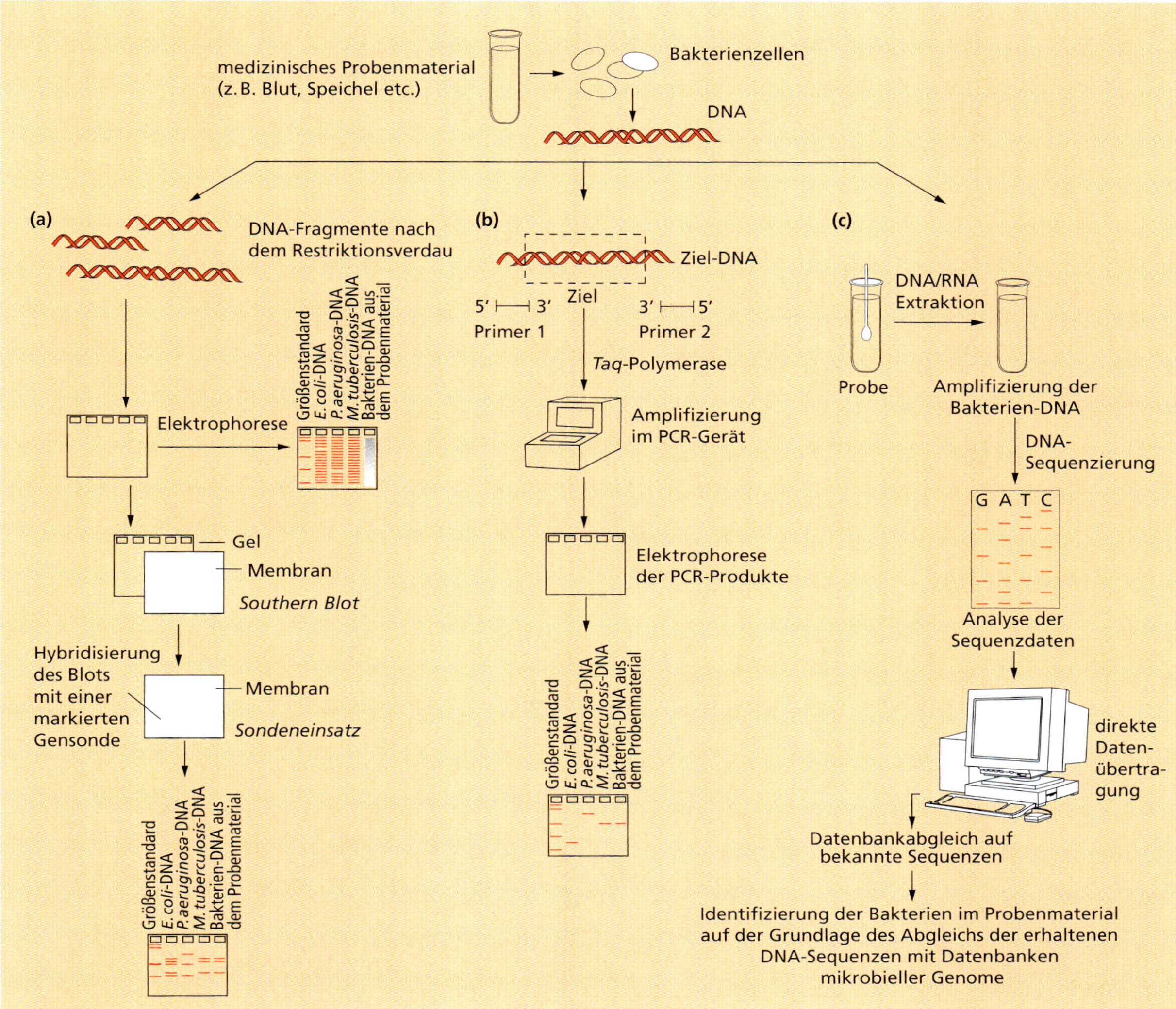

Abbildung 5.16: Der Einsatz molekularer Techniken zur Identifizierung von Bakterien. Viele molekulare Techniken für die Identifizierung von Bakterien stehen zur Verfügung. (a) Die Restriktionsfragmentlängenpolymorphismusanalyse (RFLP) ist eine solche Technik. Bei einigen Pathogenen kann isolierte DNA (die aus klinischem Probenmaterial wie Blut oder Speichel stammen kann) einem Verdau mit Restriktionsenzymen unterworfen und die Fragmente elektrophoretisch getrennt werden. Das Bandenmuster der DNA-Fragmente kann mit einem bekannten, charakterisierten Referenzstamm verglichen werden (positive Identifizierung). In unserem Beispiel stimmt die bakterielle DNA, die aus dem Probenmaterial isoliert wurde, zu *Pseudomonas aeruginosa*. (b) Die Polymerasekettenreaktion (PCR) kann ebenfalls zur Identifizierung von Bakterien eingesetzt werden. Die PCR hat den Vorteil, dass sie viel empfindlicher ist als die RFLP-Analyse. Nur kleine Mengen Probenmaterial (= kleine Mengen Erbmaterial des Erregers) sind hier vonnöten. Die Nachweisempfindlichkeit der PCR macht es außerdem möglich, kleine Mengen Erbguts nur einiger weniger Zellen nachzuweisen und so eine Infektion im Anfangsstadium zu erkennen. (c) Die DNA-Sequenzierung wird ebenfalls verbreitet zur Identifizierung von Mikroorganismen eingesetzt.

und verwandter Produkte. Rufen Sie sich aus Abschnitt 5.3 in Erinnerung, dass Bakterien Reaktionen ausführen, die absolut unabdingbar für die Herstellung von Joghurt und Käse sind. Aber Milch und Milchprodukte sind auch empfänglich für die Kontamination mit pathogenen Mikroorganismen. Informationen über die Mikroorganismen in der Milch kann man benutzen, um die Qualität der Milch und der Milchverderbnis zu ermitteln. Bakterielle Kontamination von Nahrungsmitteln ist weltweit ein signifikantes Problem. So haben Sie beispielsweise vielleicht von dem Bakterium *Salmonella* gehört, das Fleischprodukte und Eier kontaminieren kann. *Salmonella* kann den Darmkanal des Menschen besiedeln und ernsten Durchfall und Erbrechen hervorrufen – Symptome, die häufig Nahrungsmittelvergiftung genannt werden. Forscher experimentieren mit DNA-gestützten Techniken und Ansätzen, die Antikörper einsetzen, um nahrungsmittelgestützte Mikroorganismen wie *Salmonella* nachzuweisen. Beispielsweise kann eine Nahrungsmittel- oder Flüssigkeitsprobe über Antikörper, die an Glaskügelchen angeheftet sind, geleitet werden, und dann können Chemilumineszenzdetektionsstrategien eingesetzt werden, um zu ermitteln, ob Antikörper Mikroorganismen in der getesteten Nahrungsmittelprobe gebunden haben. Vorläufige Daten legen den Schluss nahe, dass diese Techniken einen guten Ansatz für den Nachweis von Mikroorganismen in Fleisch, Früchten, Gemüse, Säften und vielen anderen Nahrungsmittelprodukten abgeben.

Nach der erfolgreichen Bekämpfung eines *E. coli*-kontaminierten Fleischausbruchs im Jahr 1993 entschied das Zentrum für Seuchenkontrolle und Prävention (CDC) in den USA, ein Netzwerk aus DNA-detektierenden Laboratorien aufzubauen, um seine Abdeckung auszuweiten und seine Reaktionszeit anzutreiben. Die Behörde CDC und das Landwirtschaftsministerium der USA haben ein Netzwerk kooperierender Laboratorien namens *PulseNet* entwickelt. Es versetzt Biologen in die Lage, Mikroorganismen zu identifizieren. Ergebnisse können mit einer Datenbank verglichen werden, um Ausbrüche von Mikroorganismen in kontaminierten Lebensmitteln zu identifizieren und zu entscheiden, wie reagiert werden soll, so dass eine minimale Anszahl von Personen betroffen wird.

Ungefähr 76 Millionen Fälle von Erkrankungen durch Mikroorganismen in Nahrungsmitteln kommen jährlich in den USA vor. Das führt zu über 300.000 Krankenhauseinweisungen und mehreren tausend Todesfällen. Allein in den USA führt der pathogene *E. coli*-Stamm O157:H7 jedes Jahr zu beinahe 20.000 Fällen von Nahrungsmittelvergiftung. Dieser pathogene *Escherichia coli*-Stamm ist potenziell letal. Das *PulseNet* führt nun eine Überwachung von *Escherichia coli* O157:H7 sowie der nah verwandten Bakteriengattungen *Salmonella, Shigella* und *Listeria* durch, und es wird in Kürze fähig sein, nicht nahrungsmittelgebundene Krankheiten wie die Tuberkulose zu erfassen. Die Tuberkulose war besonders schwierig nachzuverfolgen, besonders wenn resistente Stämme aus China, Russland und Indien auf den Plan traten. Schätzungen zufolge ist ein Drittel der Menschheit mit *Mycobacterium tuberculosis* infiziert, aber nur 5–10 % der Infizierten zeigen Symptome. Verbesserungen der Nachweisverfahren sind vielleicht eine kurzfristige Lösung, bis mehr darüber in Erfahrung gebracht wird, wie dieser Erreger im Zustand der Ruhe zu überdauern vermag.

Im nächsten Abschnitt geben wir einen kurzen Einblick in das Feld der biologischen Agenzien, die eine Gefahr als Waffen darstellen, und erörtern, wie die Biotechnologie eingesetzt werden kann, um Bioterrorismus nachzuweisen und zu bekämpfen.

5.7 Der Kampf gegen den Bioterrorismus

Die tragischen Ereignisse am 11. September 2001 waren die katastrophalsten terroristischen Angriffe auf US-amerikanischem Boden. In den Wochen, die diesen grauenhaften Tragödien folgten, erfuhren Amerika und der Rest der Welt darüber hinaus von einer bioterroristischen Bedrohung, als Briefe mit einem Pulver aus getrockneten Sporen des Milzbranderregers (*Bacillus anthracis*) an zwei Senatoren, andere Regierungsbeamte und Pressevertreter versandt wurden. Als Folge des Kontakts mit dem Erreger des Milzbrandes starben fünf Menschen; 22 weitere erkrankten. Diese Ereignisse rückten die Erkenntnis, dass bioterroristische Aktivitäten verheerenden Schaden anrichten können, falls Erreger in großen Mengen freigesetzt würden, in das Bewusstsein. Unter **Bioterrorismus** versteht man die Verwendung von Lebewesen als Waffe, um Menschen, andere Tiere oder Nutzpflanzen, die als Nahrung verwendet werden, zu schädigen. Die Biotechnologie ist ihrer Definition nach darauf ausgerichtet, die Lebensqualität des Menschen und anderer Organismen zu verbessern. Unglücklicherweise stellt der Bioterrorismus die extremste Form des Missbrauchs lebender Wesen dar.

Bioterrorismus ist ein seit Jahrhunderten aktuelles Thema. Im 14. Jahrhundert wurden bei Kriegen in Russland und anderswo gezielt die Körper von an der Pest Verstorbenen eingesetzt, um die durch das Bakterium *Yersinia pestis* verursachte Seuche zu verbreiten. Die frühen, aus Europa eingewanderten Siedler Nordamerikas verbreiteten unter den Eingeborenen die Masern, die Pocken und die Influenza. Obwohl die Einschleppung dieser Krankheiten kein Bioterrorismus war, führte sie in der Folge zum Tod von Hunderttausenden von Ureinwohnern, weil diese praktisch keine Immunität gegen diese Pathogene aufwiesen. Zwischen 1990 und 1995 wurden Aerosole, die das starke Gift des Bakteriums *Clostridium botulinum* enthielten, in der dicht besiedelten japanischen Stadt Tokio freigesetzt. In den vergangenen Jahrzehnten ist es zu zahlreichen weiteren, weniger in der Öffentlichkeit wahrgenommenen und glücklicherweise meistens erfolglosen Zwischenfällen in vielen Teilen der Welt gekommen.

Mikroorganismen als biologische Waffen

Überall auf der Welt entstehen als Folge der natürlichen biologischen Evolution unablässig neue Stämme infektiöser – und potenziell lebensbedrohlicher – Pathogene. Die Gefahr, die von einigen dieser krankheitserregenden Mikroorganismen, die als Bestandteile von Biowaffen Verwendung finden könnten, ausgeht, ist geeignet, Bilder hervorzurufen, die aus Science-fiction-Romanen zu stammen scheinen. Die Bedrohung durch Bioterrorismus ist jedoch real.

Von den zahlreichen unterschiedlichen Organismen und Viren, die den Menschen befallen, eigenen sich nach Expertenansicht nur eine Handvoll als Biowaffen. Etwa ein Dutzend kann in geeigneter Weise angezüchtet, aufgearbeitet und weiter verbreitet werden und ist ausreichend ansteckend, um für biologischen Terrorismus interessant zu sein (► Tabelle 5.5).

Diese Erreger umfassen Bakterien wie den Milzbranderreger *Bacillus anthracis* (► Abbildung 5.17) und tödliche Viren wie die Pockenviren und das Ebolavirus. Die Möglichkeit, dass bislang unbekannte Organismen als Biowaffe eingesetzt werden könnten, ist beunruhigend, weil die Erreger dann vermutlich nur schwer nachweis- und neutralisierbar wären. Ein wenig bekannter Mikroorganismus wäre aber wahrscheinlich als Biowaffe nur schwierig verfügbar und einsatzfähig zu machen.

Als Biowaffe sind die Pocken, die „technisch" gesehen eine Seuche sind, die durch Viren des Typs Variola (Pockenviren) hervorgerufen wird, aus mehreren Gründen besonders beachtenswert. Praktisch alle Menschen sind empfänglich für eine Pockeninfektion, weil die welt-

Tabelle 5.5

Mikroorganismen und Viren, die sich als biologische Waffen eignen

Agenz	Drohende Krankheit und häufige Symptome
Brucella (Bakterium)	Erreger der Brucellose; infizieren Milchvieh (Kühe, Ziegen); anhaltendes Fieber und Lethargie; von mildem bis lebensbedrohlichem Verlauf.
Bacillus anthracis (Bakterium)	Erreger des Milzbrandes; Hautmilzbrand führt zu Läsionen der Haut und ist im Allgemeinen behandelbar (heilbar); Lungenmilzbrand nach Einatmen der Erreger beginnt mit erkältungsartigen Symptomen, führt rasch zu einer schweren Lungenentzündung; hohe Lethalitätsrate.
Clostridium botulinum (Bakterium)	Verursacher des Botulismus; Nahrungsmittelvergiftung durch mit *C. botulinum* verseuchte Lebensmittel; keine eigentliche Bakterieninfektion; Vergiftung ist unabhängig von der Vermehrung der Erreger; Schweregrad abhängig von der Giftmenge (Botulinustoxin): Muskellähmungen bis hin zum Tod durch Stillstand der Atmung und des Herzens. In stark verdünnter Form wird das Botulinustoxin heute kosmetisch angewendet („Botox").
Ebolavirus oder Marburgvirus (Viren)	Mitglieder der Gruppe der Filoviren; hoch virulente Viren, die hämorraghische Fieber auslösen (hohes Fieber mit einhergehenden inneren Blutungen); hohe Sterblichkeit (bis 60 %).
Francisella tularensis (Bakterium)	Erreger der Hasenpest (Turalämie); Lungenentzündung kann zu Schock, Atemstillstand mit Todesfolge führen.
Influenzaviren (umfangreiche, sehr ansteckende Gruppe von Viren)	Grippeviren; pandemische natürliche Verbreitung (alljährliche „Grippewelle"); Schweregrad der Erkrankung und Sterblichkeitsrisiko stark stammabhängig; sehr rekombinationsfreudige Erregergruppe (= schnelle evolutive Wandlung).
Rickettsia (Bakterium)	Unterschiedliche Arten der Gattung sind Erreger von Infektionskrankheiten wie Typhus und Rocky-Mountain-Fleckfieber.
Variolavirus	Erreger der Pocken; hohes Fieber, Rücken- und Kopfschmerzen; typische und zahlreiche Pustelbildung („Pocken") auf der Haut; sehr ansteckend; hohe Sterblichkeit; in der Natur völlig ausgerottet; Restbestände des gefährlichen Erregers nur in zwei Militärlaboratorien bekannt.
Yersinia pestis (Bakterium)	Erreger der Pest; hohes Fieber, Kopfschmerzen; Beulenpest: schmerzhafte Lymphknotenschwellung, Kreislaufkollaps, Versagen innerer Organe durch intravasale Blutgerinnung; Lungenpest: Verlauf ohne starke Symptome und erkennbare äußere Anzeichen; sehr hohe Sterblichkeit; aufgrund später Diagnose kaum behandelbar; Beulenpest antibiotisch gut behandelbar, wenn früh erkannt.

2825-Vergrößerung bei 6×4,5 cm² Bildformat

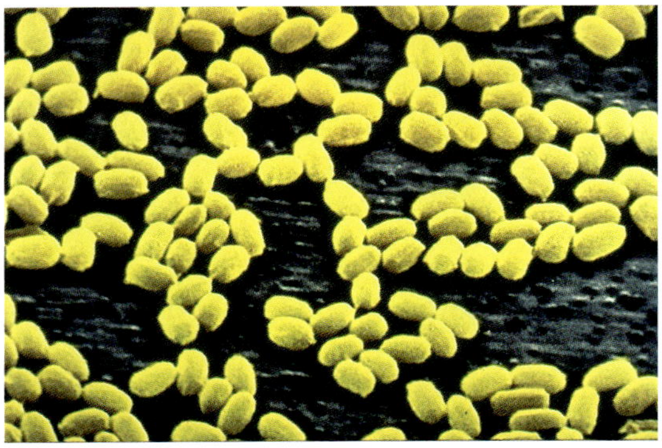

Rasterelektronenmikroskopische Aufnahme von *Yersinia pestis* bei 40.000facher Vergrößerung

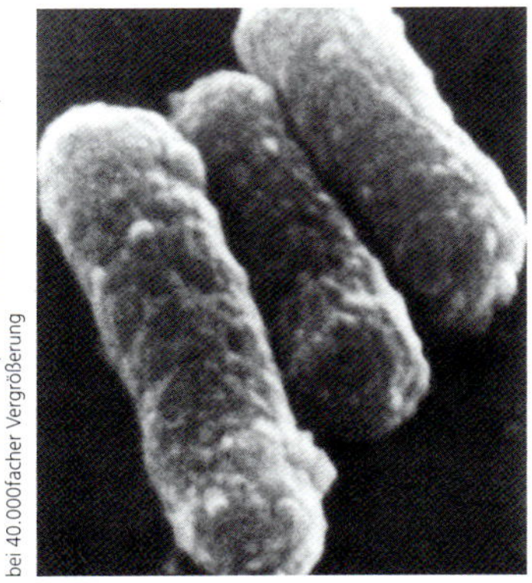

Abbildung 5.17: Tödliche Mikroorganismen als Biowaffen. Potenzielle Biowaffen könnten die Erreger des Milzbrandes oder der Pest enthalten.

weiten Impfungen vor über 20 Jahren ausgesetzt worden sind. Zu dieser Zeit wurde der letzte Pockenfall gemeldet und die Weltgesundheitsorganisation hat daraufhin diese Krankheit für ausgerottet erklärt (die erste Infektionskrankheit, die durch ein koordiniertes, weltumspannendes Impfprogramm vollständig beseitigt werden konnte). Kürzlich erfolgte Ausbrüche von Affenpocken haben jedoch Befürchtungen eines möglichen Überspringens auf den Menschen aufkeimen lassen. In der Folge der Milzbrandanschläge in den USA im Jahr 2001 hat sich die Besorgnis um einen Einsatz von Pockenviren als Biowaffe erhöht. Die Regierung der USA hat sogar eine Zusammenarbeit mit Biotechnologiefirmen zur massenhaften Herstellung und Lagerung von Pockenimpfstoff begonnen.

Bioterrorismusziele

Antibioterrorismusexperten erwarten, dass Bioterroristen Städte oder Großereignisse angreifen werden, weil dort große Menschenmengen zur gleichen Zeit zusammenkommen. Experten blicken jedoch auf eine magere Erfolgsrate bei der Vorhersage, wo und wie solche Taten stattfinden werden, zurück. Im besten Fall kann man darüber spekulieren, dass es viele unterschiedliche potenzielle Wege gibt, um eine Biowaffe zu platzieren, um Menschen zu verletzen oder umzubringen. Am wahrscheinlichsten ist, dass Bioterroristen eine begrenzte Zahl von Ansätzen verwenden, um rasche und effektive Resultate zu erreichen. Die weit verbreitete Anwendung der meisten Agenzien könnte über eine Art von Aerosolfreisetzung erfolgen, bei der kleine Teilchen des Biowaffenmaterials in die Luft freigesetzt und inhaliert werden oder sich irgendwo absetzen. Das Aerosol wird erzeugt, indem man den Erreger trocknet und zu einem feinen Pulver vermahlt, das dann durch eine „lautlose Bombe" als Wolke in die Luft geschickt wird. Die Aerosolwolke wäre vermutlich farb- und geruch- und geschmacklos (so wie die zahllosen Erreger, die natürlicherweise in einem vollbesetzten Bus oder einem Flugzeug in der Luft schweben). Solch eine lautlose Attacke könnte für mehrere Tage unentdeckt bleiben (für die Dauer der Inkubationszeit des betreffenden Erregers). Falls sie mit dem Erreger in Kontakt kommen, würden einige Menschen, Tiere oder Pflanzen im Lauf der Zeit Symptome entwickeln, die vielleicht fälschlicherweise für Anzeichen einer anderen Krankheit gehalten würden, da die für Bioterror interessanten Seuchen selten natürlich auftreten und viele Ärzte der entsprechenden Krankheit nie zuvor in der Realität begegnet sind. Falls der verwendete Erreger von Mensch zu Mensch übertragbar ist, können sich unter Umständen Menschen in der Nähe der Primärinfizierten, heute aber auch in weit entfernten Gebieten, ebenfalls infizieren. Solange kein offenkundiger Krankheitszustand eintritt, reist ein Primärinfizierter vielleicht noch weite Strecken und verbreitet dabei die Krankheit. Eine solche Verbreitung ist aber nicht bei allen Erregern gegeben; so wird zwar die Lungen-, aber nicht die Beulenpest von Mensch zu Mensch übertragen. Antibioterrorismusexperten haben auch den Verdacht geäußert, dass Erreger durch Sprühflugzeuge, wie sie zur Verteilung von Pflanzenschutzmitteln eingesetzt werden, oder über die öffentliche Wasserversorgung verbreitet werden könnten.

Der Einsatz der Biotechnologie gegen biologische Waffen

Wie sich bei den Milzbrandereignissen im Jahr 2001 erwiesen hat, sind die USA – genauso wie die meisten anderen Länder der Welt – für einen Anschlag mit biologischen Waffen nur sehr unzureichend vorbereitet.

Zahlreiche Behörden und Verbände wie die *Amerikanische Gesellschaft für Mikrobiologie* (ASM), das US-Landwirtschaftsministerium, die Seuchenkontrollbehörde CDC, die Gesundheitsämter und die Bundesregierung haben bei der Abfassung von Gesetzesentwürfen zur Minimierung der von einem möglichen Bioterrorismus ausgehenden Gefahren und zur Erwiderung auf mögliche Anschläge zusammengewirkt. So ist es zum Beispiel wahrscheinlich, dass die Post der USA technische Maßnahmen installieren wird, um Postsendungen durch ultraviolette oder durch Röntgenstrahlung zu entkeimen.

Im Jahr 2000 – also im Jahr *vor* den Milzbrandbriefen – hat die US-Regierung aus ihrem Finanzhaushalt ca. 1,4 Milliarden Dollar für den Kampf gegen biologischen und chemischen Terrorismus freigegeben. Die Regierung unter Präsident G. W. Bush hat für das Jahr 2003 Haushaltsmittel in Höhe von 2,4 Milliarden US-Dollar für Forschungen zur Abwehr von Bioterrorismus beantragt, einschließlich einer fast 700-prozentigen Steigerung des Forschungs- und-Entwicklungsbudgets gegenüber 2002. Selbst mit erhöhten Haushaltsmitteln, neuen Gesetzen und internationalen Vereinbarungen kann keine Maßnahme wirklich garantieren, dass es nie zu Bioterrorismus kommen wird, oder dass wir ihn detektieren und Menschen gegen Krankheiten, die von einem solchen Angriff ausgehen, schützen könnten. Weltweite Anstrengungen, um Bioterrorismus zu verhindern, sind unabdingbar, aber wie kann die Biotechnologie dabei helfen, Biowaffen aufzuspüren und im Fall eines Angriffs zu reagieren?

Feldversuche sind ein wesentlicher Schritt beim Nachweis eines Angriffs. Einige Feldversuche umfassen einfache antikörpergestützte Tests, um zu ermitteln, ob ein gegebener Erreger in der Luft oder einer Wasserprobe vorhanden ist. Ein zweiter Nachweisansatz kann eine Polymerasekettenreaktion beinhalten, um DNA aus einer kleinen Anzahl von Biowaffenmikroorganismen in Umweltproben wie Wasser oder Erdboden oder in Körperflüssigkeiten und Gewebeproben nachzuweisen. Die PCR kann auch beim Ausfindigmachen der Quelle von Bakterien nützlich sein, indem man mit anderen, bekannten Proben vergleicht, um auf Ähnlichkeiten und Unterschiede in der DNA-Sequenz unterschiedlicher Stämme zu prüfen. Das Genom von *Bacillus anthracis*, dem Milzbranderreger, ist bereits sequenziert worden, und Pläne sind gemacht, die Genome von mehr als zwölf verschiedenen *B. anthracis*-Stämmen von Fund-

Abbildung 5.18: Im Kampf gegen Bioterrorismus. Für den Umgang mit Gefahrstoffen ausgebildete Kräfte der US-Küstenwache dekontaminieren einen Kollegen, nachdem dieser während der Milzbrandanschläge von 2001 im Hart-Bürogebäude des US-amerikanischen Senats gearbeitet hatte. Der Kampf gegen den Bioterrorismus wird die koordinierten Anstrengungen vieler Personen von Wissenschaftlern über Ärzte, Politiker und Notfalleinsatzkräfte bis hin zu Reinigungspersonal erfordern.

orten in aller Welt zu sequenzieren. Diese Information kann genutzt werden, um Forschern zu helfen, Stämme zurückzuverfolgen, zukünftige Bioterroristen einzufangen und Wirkstoffe und Impfstoffe zu entwickeln.

Die Luft überwachende Biosensoren sind verfügbar. Solche Einheiten wurden 2001 während der Milzbrandangst, während des Golfkriegs und der Kriege in Afghanistan und im Irak um das US-amerikanische Verteidigungsministerium herum platziert. Diese Einheiten saugen Luft ein und verwenden Antikörper, um Pathogene in der Luft zu detektieren. Diese Technik ist fehlerbehaftet, weil viele dieser Instrumente nicht sehr empfindlich sind und kleine Mengen eines Pathogens nicht nachweisen. Tatsächlich ist bekannt, dass diese Sensoren harmlose Mikroorganismen, die natürlicherweise in der Umwelt leben, detektieren. Neuere, empfindlichere Sensoren müssen entwickelt werden.

Notfallreaktionsmannschaften und Säuberungsmannschaften werden ebenfalls in Aktion gesetzt, um das Ausmaß der Kontamination zu evaluieren und geeignete Säuberungsverfahren auf der Grundlage der freigesetzten Biowaffe festzulegen (► Abbildung 5.18).

Sollte ein Angriff erfolgen, werden Behandlungsmedikamente wie Antibiotika benötigt. Die Länder müssen einen Vorrat an Wirk- und Impfstoffen anlegen, der – falls notwendig – an eine große Zahl von Menschen verteilt werden kann.

Während wir dabei waren, dieses Buch zu schreiben, war die Seuchenkontrollbehörde CDC der USA mit Sitz in Atlanta dabei, Vorräte an Pockenimpfstoff anzulegen, und die Bundesregierung in Washington verabschiedete ein Gesetz, das eine verbindliche Impfung von Militärpersonal vorschreibt, daneben eine freiwillige Kampagne zur Impfung von Mitarbeitern des Gesund-

BERUFSPRAXIS

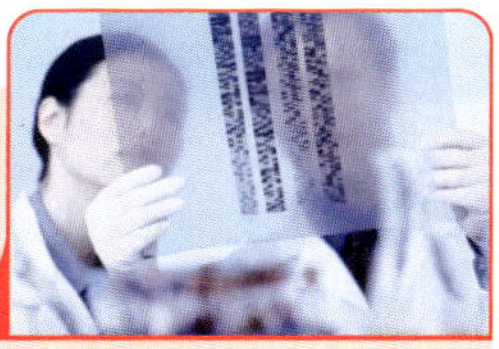

Biotechnologie mit Mikroorganismen

Die Biotechnologie ist eine wachsende Industrie, die aus einer großen Zahl von kleinen und gerade erst beginnenden Firmen, mehreren großen Firmen (einschließlich pharmazeutischer Unternehmen, die jetzt erst in diesen Markt einsteigen), mehreren Vertragsforschungsfirmen und verschiedenen Vertragsproduktionsfirmen besteht. Diese Firmen entwickeln und stellen biologische Produkte her, wie zum Beispiel therapeutische Proteine und Impfstoffe, und mikrobielle Anwendungen spielen sehr bedeutsame Rollen bei diesen Prozessen. Viele Gruppen werden benötigt, um behördlich zugelassene Biologika herzustellen, einschließlich Forschung, Analytik, Verfahrensentwicklung, Herstellung und unterstützende Gruppen wie die Qualitätskontrolle und die Qualitätssicherung.

Forschung und Entwicklung im Bereich der Biotechnologie mit Mikroorganismen bieten Gelegenheiten für alle Bildungsstufen. Obwohl höhere Abschlüsse bei diesen Positionen verbreiteter sind, haben Mitarbeiter mit Bachelor-Abschluss eine signifikante Zahl von Positionen inne. Dank eines breiten Spektrums von Produkten schauen sich die Firmen nach Leuten mit Hintergründen in vielen Bereichen der Biologie (Molekularbiologie, Proteinbiochemie, Mikrobiologie) und des Ingenieurwesens (Bioverfahrenstechnik und chemische Verfahrenstechnik) um.

Diese Mitarbeiter entwerfen Produkte und legen fest, wie diese Produkte zur Identifizierung, auf Wirksamkeit und Wirkstärke geprüft werden. Die Biologen und Ingenieure in diesen Gruppen entwickeln Produktionsmethoden im kleinen Maßstab, die dann zur großtechnischen Produktion wie der Massenkultur rekombinanter Mikroorganismen in Fermentern eingesetzt werden.

Strikte Regularien in der Biotechnologieindustrie machen es erforderlich, dass der Herstellungsbetrieb ein sehr präziser Vorgang ist. Deshalb wird gut ausgebildetes Produktionspersonal benötigt, und Firmen bilden im Regelfall Personal, das eine Reihe von Bildungshintergründen vom einfachen Schulabschluss bis zum Hochschulabschluss (Bachelor, Diplom) haben kann, weiter. Das Personal in der Qualitätskontrolle prüft Produkte und Proben aus dem Produktionsablauf, um sicherzustellen, dass die Produkte ordnungsgemäß hergestellt werden. Sie sammeln und testen eine Vielfalt von Proben, die von Wasser und Kulturmedien über die chemischen Rohstoffe bis zu den Produkten reicht. Der Bildungshintergrund kann wieder von einem Schulabschluss bis zum Bachelorexamen reichen.

Oft bieten die Firmen Training und Fortbildung für ihr Personal an, aber bei den fortgeschritteneren analytischen Verfahren haben Personen mit einem Verständnis für und Erfahrung in bioanalytischen Methoden (zum Beispiel HPLC, Gelanalyse, Blottechniken und Polymerasekettenreaktion) einen Vorteil.

Das Personal in der Qualitätssicherung ist damit befasst sicherzustellen, dass Produkte nach strengen Richtlinien hergestellt werden. Sie überschauen den Herstellungsprozess und überprüfen die Dokumentation vor und nach der eigentlichen Herstellung. Sie müssen nicht nur bezüglich der Regularien auf dem Laufenden bleiben und die Verbindungsstelle zu den Zulassungsbehörden und anderen regularischen Instanzen sein, sondern müssen auch mit dem Herstellungsablauf ausreichend vertraut sein, um in dieser Position Dienst zu tun.

Kenntnisse in der Mikrobiologie sind sehr hilfreich, aber ein Interesse an rechtlichen Dingen und Regularien und gute Fähigkeiten im schriftlichen Ausdruck sind ebenfalls unabdingbar.

heitswesens sowie weiteren Personen, die mutmaßlich mit dem Virus in Kontakt kommen. Aber selbst Medikamente und Impfstoffe könnten sich als wirkungslos erweisen, falls ein bioterroristischer Anschlag Organismen zur Anwendung bringt, die gegen die meisten konventionellen Behandlungen resistent gemacht worden sind, oder ein unbekannter Organismus als Biowaffe verwendet wird. Beispielsweise können Sie sich vielleicht daran erinnern, dass das Antibiotikum Ciprofloxacin während der Milzbrandbedrohung 2001 stark nachgefragt wurde.

Eine unglückselige Realität ist, dass irgendwo in dieser Welt irgendjemand vielleicht an einem Plan für einen Angriff mit biologischen Waffen arbeitet. Werden wir vorbereitet sein? Kann die Menschheit es sich leisten, nicht vorbereitet zu sein?

ÜBUNGSAUFGABEN

Die Antworten finden Sie in Anhang A.

1. Erklären Sie, wie sich der Zellaufbau bei Prokaryonten von dem bei Eukaryonten unterscheidet, indem Sie wenigstens drei strukturelle Unterschiede beschreiben. Geben Sie konkrete Beispiele dafür, wie Prokaryonten in der Biotechnologie bedeutende Rollen gespielt haben.
2. Beschreiben Sie, wie sich Hefen von Bakterien unterscheiden, und beschreiben Sie die Rolle(n), die Hefen in mindestens zwei wichtigen biotechnologischen Anwendungsgebieten spielen.
3. Erörtern Sie die drei Wege, auf denen sich Impfstoffe herstellen lassen, um ein Virus oder ein Bakterium zu bekämpfen, und beschreiben Sie, wie Impfstoffe wirken.
4. Warum sind anaerobe Mikroorganismen von Bedeutung für die Herstellung vieler Nahrungsmittel?
5. Welche biotechnologischen Strategien würden Sie für die Überwachung infektiöser Erreger in Betracht ziehen, falls Sie dafür zuständig wären, Bürger vor einem bioterroristischen Angriff zu schützen? Denken Sie, dass die Impfung gegen einen potenziellen Biowaffenerreger wie das Pockenvirus für alle Bürger verpflichtend sein sollte, selbst dann, wenn der Impfstoff bei einigen Menschen lebensbedrohliche Nebenwirkungen zeitigt?
6. Wie können Informationen, die man durch das Studium mikrobieller Genome gewonnen hat, in der Biotechnologie mit Mikroorganismen genutzt werden? Geben Sie drei Beispiele.

WEITERFÜHRENDE LITERATUR

Bücher

G. Antranikian (Hrsg.): Angewandte Mikrobiologie. Springer (2005); ISBN: 3-540-24083-7.

B. Dixon: Der Pilz, der John F. Kennedy zum Präsidenten machte. Und andere Geschichten aus der Welt der Mikroorganismen. Spektrum Verlag (1998); ISBN: 3-8274-0398-7.

G. Fuchs: Allgemeine Mikrobiologie. 8. Auflage, Thieme (2006); ISBN: 3-13444-608-1.

L. Katz und D. Bhattacharya: Genomics and Evolution of Microbial Eukaryotes. Oxford University Press (2006); ISBN: 0-19-856974-2.

E. Kutter und A. Sulakvelidze: Bacteriophages – Biology and Applications CRC Press (2004). ISBN: 0-8493-1336-8.

M. Madigan, J. Martinko: Brock Mikrobiologie. 11. Auflage, Pearson Studium (2006); ISBN: 3-8273-7187-2.

M. Shnayerson, M. Plotkin: Die lautlosen Killer. Neue Bakterien bedrohen die Menschheit. Blessing (2003); ISBN: 3-8966-7161-8.

G. Tortora, B. Funke und C. Case: Microbiology. An Introduction. 9. Auflage, Benjamin Cummings (2006); ISBN: 1-4288-0393-9.

Artikel in Fachzeitschriften

R. Atlas (2002): Bioterrorism: From Threat to Reality. Annual Reviews in Microbiology, vol. 56: 167–185.

B. Durodie (2004): Facing the possibility of bioterrorism. Current Opinion in Biotechnology, vol. 15: 264–268.

R. Margesin und F. Schinner (2001): Potential of halotolerant and halophilic microorganisms for biotechnology. Extremophiles, vol. 5: 73–83.

K. Nixdorff, D. Schilling und M. Hotz (2002): Biowaffen: Wie Fortschritte in der Biotechnologie missbraucht werden können. Biologie in unserer Zeit, vol. 32, Nr. 1: 58–63.

F. Walsh und S. Amyes (2004): Microbiology and drug resistance mechanisms of fully resistant pathogens. Current Opinion in Microbiology 2004, vol. 7: 439–444.

WEB-LINKS

Weitere Informationen zu diesem Buchkapitel
http://www.pearson-studium.de

Vereinigung für Allgemeine und Angewandte Mikrobiologie
http://www.vaam.de
In der Vereinigung für Allgemeine und Angewandte Mikrobiologie (VAAM) sind etwa 3000 mikrobiologisch orientierte WissenschaftlerInnen zusammengeschlossen. Die VAAM fördert den wissenschaftlichen Informationsaustausch und die Zusammenarbeit ihrer Mitglieder mit dem Ziel, Forschungsergebnisse der Mikrobiologie zum Wohl der Gesellschaft und der Umwelt umzusetzen.

Zentrum für Seuchenkontrolle und Prävention der USA
http://www.bt.cdc.gov/
Internetseite der Seuchenkontrollbehörde CDC der USA – in mancher Hinsicht eine Entsprechung des deutschen Robert-Koch-Institutes (RKI).

Amerikanische Gesellschaft für Mikrobiologie (ASM)
http://www.asm.org
Die weltweit größte Standesvereinigung professioneller Mikrobiologen.

***Escherichia coli*-Genomprojekt**
http://www.genome.wisc.edu
Internetseite des Genomforschungszentrums der Universität von Wisconsin in Madison, das ins Leben gerufen wurde, um die Sequenz des Escherichia coli-Stammes K12 vollständig zu ermitteln.

Einführung in die Archaebakterien
http://www.ucmp.berkeley.edu/archaea/archaea.html
Internetseite der Universität von Kalifornien in Berkeley mit interessanten Hintergrundinformationen und Verweisen zu den Archaebakterien genannten Prokaryonten.

Stammesgeschichte der Bakterien
http://www.bacterialphylogeny.com
Sehr übersichtliche, gut gemachte Internetseite zur Evolutionsgeschichte und stammesgeschichtlichen Systematik der Prokaryonten.

Biotechnologie der Pflanzen

6

ÜBERBLICK

Nachdem Sie dieses Kapitel durchgearbeitet haben, sollten Sie in der Lage sein:

- Den Einfluss der Biotechnologie auf die Landwirtschaftsindustrie zu beschreiben.
- Die Grenzen der konventionellen Züchtung durch Kreuzung als Mittel zur Entwicklung neuer pflanzlicher Produkte aufzuzeigen.
- Zu erklären, warum Pflanzen für gentechnische Maßnahmen besonders geeignet sind.
- Diverse Methoden der Transgenese bei Pflanzen aufzulisten und zu erklären, einschließlich der Protoplastenfusion, der Blattfragmenttechnik und der Genkanone.
- Die Einsatzgebiete von Agrobacterium und des Ti-Plasmids als Vektor zu beschreiben.
- Die Antisense-Technologie zu definieren und ein Beispiel für ihren Einsatz in der Pflanzenbiotechnologie zu geben.
- Nutzpflanzen aufzulisten, die durch gentechnische Maßnahmen verbessert wurden.
- Die von Gegnern der Pflanzenbiotechnologie vorgebrachten Einwände bezüglich möglicher gesundheitlicher Gefahren zu analysieren.
- Verschiedene Wege zu umreißen, wie die Biotechnologie dazu dienlich sein könnte, Hunger und Fehlernährung in der Welt zu vermindern.

Die roten, saftigen Tomaten im Gemüsegeschäft sind wahrlich ein Meisterstück der Ingenieurskunst. Ungezählte Generationen der selektierenden Züchtung haben eine kümmerliche, sauer schmeckende Beere in die köstliche Frucht von heute verwandelt. In den vergangenen Jahrzehnten hat die konventionelle Hybridisierungszüchtung (durch Überkreuzbestäubung) Tomaten hervorgebracht, die leicht aufzuziehen sind, die rasch ausreifen und die widerstandsfähig gegen Krankheiten sind. Darüber hinaus haben Pionierleistungen in der Biotechnologie Tomaten erzeugt, die länger haltbar sind, ohne ihren Geschmack zu verlieren. Die Zukunft verspricht noch erstaunlichere Transformationen der altbekannten Tomate: Sie könnte eines Tages die Injektion als Mittel zur Impfung gegen Infektionskrankheiten ergänzen oder gar vollständig ersetzen.

In diesem Kapitel werden wir die Rolle der Biotechnologie für die landwirtschaftliche Industrie untersuchen. Zunächst werden wir einen Überblick über die Landwirtschaftsindustrie geben, um besser verstehen zu können, welche Motivationen die Forschung und die Entwicklung in der Biotechnologie vorantreiben. Wir werden dann die spezifischen Methoden zum Austausch von Genen bei Pflanzen eingehender betrachten. Wir werden weiterhin lernen, wie die Biotechnologie Nutzpflanzen vor Krankheiten bewahren, die Notwendigkeit des Einsatzes von Pestiziden vermindern und den Nährwert von Nahrungsmitteln erhöhen kann. Danach werden wir die Zukunft der auf Pflanzen aufbauenden Biotechnologieprodukte abzuschätzen versuchen; diese reichen von pharmazeutischen Stoffen bis hin zu Alternativen zum Erdöl. Schließlich befassen wir uns mit Befürchtungen hinsichtlich der Unbedenklichkeit der Pflanzenbiotechnologie und deren Wirkungen auf die Gesundheit des Menschen.

Landwirtschaft 6.1

Im Verlauf der vergangenen 40 Jahre hat sich die Weltbevölkerung fast verdoppelt. Demgegenüber hat sich die landwirtschaftlich genutzte Fläche um gerade einmal 10% vergrößert. Und doch leben wir noch immer in einer Welt vergleichbarer Fülle. Tatsächlich hat sich über den Zeitraum der letzten 40 Jahre die weltweite Nahrungsproduktion pro Kopf um 25 % erhöht. Wie war es möglich, so viele Menschen mit einem ledliglich marginalen Zuwachs an landwirtschaftlicher Nutzfläche zu ernähren? Der größte Teil dieser erhöhten Produktivität geht auf Kreuzungsmethoden bei der Züchtung zurück, die im

Verlauf von Jahrhunderten empirisch entwickelt worden waren, um Pflanzen und Tiere mit bestimmten, wünschenswerten Eigenschaften hervorzubringen. In jüngerer Zeit ist die Entwicklung neuer, produktiverer Nutzpflanzensorten durch den unmittelbaren Transfer von Genen beschleunigt worden (► Abbildung 6.1).

Die Transgenese von Pflanzen (die direkte Übertragung von Genen auf Pflanzen) erlaubt Neuerungen, die mit Methoden der konventionellen Züchtung und Hybridisierung nicht möglich wären. Einige Beispiele, die ein beträchtliches wirtschaftliches Potenzial aufweisen, sind: Pflanzen, die selbstständig pestizidwirkende Stoffe erzeugen, Pflanzen, die resistent gegen Herbizide sind, und sogar Pflanzen, die pharmazeutische Produkte wie Impfstoffe synthetisieren. Da die Erzeugung von Proteinen mit transgenen Organismen verhältnismäßig einfach und die Qualität der Proteine recht zufriedenstellend ist, erscheinen zukünftige Forschungen und Entwicklungen auf diesen Gebieten in einem strahlenden Licht. So wurde etwa die durschschnittliche Stärke von Baumwollfasern durch klassische Weiterzüchtung der Baumwollpflanze um ca. 1,5 % pro Jahr erhöht; die Biotechnologie hat diesen Zuwachs in dramatischer Weise zu steigern vermocht: Durch die Einbringung eines einzelnen Gens konnte die Stärke der Fasern einer wichtigen Hochlandsorte der Baumwolle (*Gossypium* sp.) um 60 % gesteigert werden!

Die Biotechnologie hat schon heute die Landwirtschaftsindustrie großflächig verändert. Nach Angaben des US-Landwirtschaftsministeriums haben amerikanische Bauern im Jahr 2002 auf einer Fläche von fast 80 Millionen Hektar gentechnisch veränderte Mais- und Sojabohnenpflanzen angebaut. Dies entspricht einem Zuwachs von 13 % gegenüber dem Jahr 2001. Im Ganzen waren 74 % der angebauten Sojapflanzen und 32 % der Maispflanzen Sorten, die auf gentechnischem Wege resistent gegen Schaderreger oder Pestizide gemacht worden waren.

Mais und Sojabohne befinden sich an der vordersten Front der biotechnologischen Revolution, doch spielen auch viele weitere Pflanzen eine Rolle. Bis heute haben die Forscher über 40 unterschiedliche transgene Pflanzen geschaffen. Hierzu gehören Sorten der Tomate, des Tabaks, von Reis, der Kartoffel, Bohnen, Papayas, Petunien, Preiselbeeren und – als erstes Beispiel eines transgenen Baumes – Pappeln.

Obgleich Nutzpflanzen zur Erzeugung von Nahrung lediglich ein Aspekt der Biotechnologie sind, stehen sie seit langem im Zentrum einer weltumspannenden Kontroverse. Hunger gehört weiterhin zu den Geißeln der Menschheit, und diese Realität ist ein Argument für die rasche Entwicklung produktiverer und nahrhafterer Nutzpflanzensorten. Einige Interessengruppen sind jedoch der Ansicht, dass von den Experimenten und Anwendungen der Biotechnologie Gefahren für die Umwelt und/oder die menschliche Gesundheit ausgehen, was bei der koventionellen Landwirtschaft nicht der Fall sei.

Abbildung 6.1: Die Landwirtschaft ist der größte Industriezweig der Welt; sie erzeugt jährlich Produkte im Wert von 1,3 Billiarden US-Dollar.

Die Debatte ist noch lange nicht am Ende. Um sich eine fundierte Meinung bilden zu können, müssen zumindest die Entscheidungsträger die hinter den neuen Produkten stehende Wissenschaft in ihren Grundzügen verstehen, um die Produkte selbst analysieren und einschätzen zu können. Weiterhin müssen sie die Regularien kennen, durch welche die biotechnologische Forschung überwacht und gelenkt wird. Auf jeden Fall ist es aber unwahrscheinlich, dass die biotechnologische Revolution der Landwirtschaft zum Stillstand kommen wird. Ungeachtet aller Proteste werden biotechnologische Pflanzenprodukte eine wichtige – und vermutlich zukünftig noch wichtigere – Rolle in der Gesellschaft spielen.

Der nächste Abschnitt beschreibt die Methoden, die bei der Hervorbringung neuer und neuartiger agrikultureller Produkte zum Einsatz kommen.

Methoden zur Transgenese bei Pflanzen 6.2

Herkömmliche selektive Züchtung und Hybridisierung

Die genetische Veränderung von Pflanzen ist nicht neu. Seit Anbeginn der Landwirtschaft vor Jahrtausenden haben die Bauern solche Pflanzen ausgesondert, die wünschenswerte Eigenschaften zeigten, und diese weitervermehrt. Obwohl sorgsames Kreuzen die Pflanzen über Jahrtausende hinweg für die menschliche Nutzung immer weiter verbessert und zu riesigen Maiskolben, saftigen, süßen Äpfeln und einer unübersehbarer Vielfalt anderer moderner Nutzpflanzen geführt hat, sind die Methoden der klassischen Pflanzenzüchtung realtiv zeitaufwendig und ungerichteter Natur. Die Erzeugung einer Pflanze mit wünschenswerten Merkmalen erfordert die Kreuzung zweier Linien und die wiederholte Rückkreuzung der hybriden Nachkommen mit einer der Elternlinien (gemäß den Mendel'schen Vererbungsregeln). Die Vereinzelung der gewünschten Merkmale auf diese Weise kann Jahre dauern. So umfasste etwa Luther Burbanks Entwicklung der weißen Brombeere 65.000 erfolglose Kreuzungen. Pflanzen unterschiedlicher Arten lassen sich im Allgemeinen nicht hybridisieren (dies ist ja gerade ein entscheidendes Kriterium der biologischen *Art*). Folglich lässt sich ein erbliches Merkmal nicht vereinzeln und verfeinern, es sei denn, es liegt schon in einer Sorte der betreffenden Pflanze vor.

Die Biotechnologie verspricht, diese Limitierungen zu umgehen. Die heutigen Wissenschaftler können bestimmte Gene, die mutmaßlich eine erwünschte Eigenschaft vererben, gezielt übertragen. Dieser Vorgang ist vergleichsweise schnell und zielgerichtet, weil Pflanzen dem Gentechniker durch die folgenden Eigenschaften entgegenkommen:

1. Die lange Geschichte, auf die die Pflanzenzüchtung zurückblicken kann, versorgt die Pflanzengenetiker mit einer Fülle von Stämmen, die auf der molekularen Ebene ausgeschlachtet werden können.
2. Viele Pflanzen bringen eine große Zahl von Nachkommen hervor, so dass seltene Mutatanten und Rekombinanten leichter aufgefunden werden können.
3. Pflanzen verfügen im Vergleich zu Tieren über weit bessere regenerative Potenziale.
4. Artgrenzen und sexuelle Kompatibilität spielen keine Rolle mehr.

Klonierung: Anzucht von Pflanzen aus Einzelzellen

Die Zellen von Pflanzen unterscheiden sich in mancher Hinsicht von Tierzellen, doch ist ein Merkmal der Pflanzenzelle in biotechnologischer Hinsicht von besonderer Bedeutung: Viele Pflanzenarten erlauben die Regeneration vollständiger Pflanzenkörper aus Einzelzellen. Die sich daraus ergebende Pflanze ist eine genetische Replik der Ausgangspflanze, aus der die Zelle isoliert worden ist. Sie bildet also mit der Mutterpflanze und etwaigen anderen aus Einzelzellen regenerierten Pflanzen einen Klon (ebenso wie die Ableger bei der ungeschlechtlichen Vermehrung, die bei Pflanzen verbreitet ist). Tiere lassen sich ebenfalls klonieren, doch sind die dabei auszuführenden Arbeitsgänge komplizierter. Das Kapitel 7 erörtert die Klonierung von Tieren in Einzelheiten. Diese natürliche Fähigkeit der Pflanzenzellen hat sie zu idealen Ausgangspunkten für genetische Forschungen gemacht. Nach dem Einschleusen neuen genetischen Materials in eine Pflanzenzelle bringt diese unter geeigneten Bedingungen rasch eine vollständige Pflanze hervor, und der Forscher vermag die Ergebnisse der genetischen Veränderung nach verhältnismäßig kurzer Zeit zu sehen und zu untersuchen. Wir werden als Nächstes einige der Methoden zur Einbringung genetischen Materials in Pflanzenzellen eingehender betrachten.

Protoplastenfusion

Wird eine Pflanze mechanisch verletzt, bildet sich über der verletzten Stelle eine Zellmasse, die als **Kallus** bezeichnet wird. Kalluszellen besitzen die Fähigkeit zur Umdifferenzierung zu Sprossachsen und Wurzeln. Auf diese Weise kann aus einer verletzten Stelle eine vollständige Blütenpflanze (Spermatophyten) entstehen. Sie haben vielleicht schon Nutzen aus dieser Fähigkeit gezogen, als Sie zu Hause eine Zierpflanze durch Bewurzelung eines Stecklings kloniert haben.

Das natürliche Potenzial dieser Zellen zur genetischen Umprogrammierung (Differenzierung) macht sie zu idealen Kandidaten für genetische Eingriffe. Wie alle Pflanzenzellen sind jedoch auch die Kalluszellen von einer dicken Zellwand aus Cellulose und anderen Polymeren umgeben – eine Barriere, die die Aufnahme von DNA behindert. Zum Glück lässt sich die Zellwand durch Enzyme wie Cellulase (weitgehend) abbauen; zurück bleibt ein „nackter“ **Protoplast**. Ein solcher Protoplast lässt sich nun im Labor zur Fusion mit einem Protoplasten einer anderen Pflanzenart veranlassen. Es entsteht eine Hybridzelle, die sich im günstigen Fall zu einer Hybridpflanze aufziehen lässt. Diese Methode wird **Protoplastenfusion** genannt (► Abbildung 6.2). Sie ist erfolgreich eingesetzt worden, um Brokkokohl zu erzeugen – eine durch Fusion entstandene Kreuzung aus Brokkoli und Blumenkohl (beides *Sorten* der gleichen Pflanzenart *Brassica oleracea*) – sowie andere vollkommen neuartige Pflanzen.

Blattfragmenttechniken

Ein genetischer Austausch erfolgt natürlicherweise in manchen Pflanzen als Reaktion auf den Befall mit pathogenen Mikroorganismen. So kann beispielsweise eine verletzte Stelle durch ein Bodenbakterium namens *Agrobacterium tumefaciens* infiziert werden. Dieser Bakterientyp enthält ein großes doppelsträngiges DNA-Plasmid, das am Infektionsort ein unkontrolliertes Wachstum der Pflanzenzellen (einen Tumor) auslöst. Man nennt dieses genetische Element aus diesem Grund das **tumorinduzierende Plasmid (Ti-Plasmid)**. Das durch die Wirkung des Plasmids entstehende Tumorgewebe wird als **Wurzelhalsgalle** bezeichnet. Falls Ihnen je eine Schwellung an einem Baum oder einem Rosenstrauch aufgefallen ist, haben Sie vielleicht die Wirkungen von *Agrobacterium* vor Augen gehabt (► Abbildung 6.3).

Das bakterielle Plasmid hat den Biotechnologen ein ideales Vehikel für den Transfer von DNA in Pflanzenzellen an die Hand gegeben. Um dieses Vehikel zu nutzen, bedienen sich die Forscher oftmals der **Blattfragmenttechnik**. Bei dieser Methode schneidet man kleine Stücke aus einem Blatt der zu verändernden Pflanze aus. Wenn sich die Fragmente zu regenerieren beginnen, werden sie für kurze Zeit in einem Medium, das gentechnisch modifizierte Agrobakterien enthält, bebrütet (► Abbildung 6.4). Während dieser Inkubation wandern die Ti-Plasmide in die Pflanzenzellen ein, wo sie ihre genetische „Fracht abliefern". Die Blattstückchen werden daraufhin mit Pflanzenhormonen behandelt, die die Differenzierung in Sprossachse und Wurzel und deren Wachstum anregen. Nach erfolgter Organogenese können die transgenen Pflänzchen eingetopft werden.

Die hauptsächliche Beschränkung dieses experimentellen Ansatzes besteht darin, dass *Agrobacterium tumefaciens* **einkeimblättrige Pflanzen** (Monokotyledonen) wie Gräser (zu denen alle Getreidearten wie Gerste, Weizen, Hafer, Reis und andere gehören) zu infizieren vermag. Einkeimblättrige Pflanzen bringen, wie der Name sagt, Sprößlinge hervor, die nur ein Keimblatt tragen.

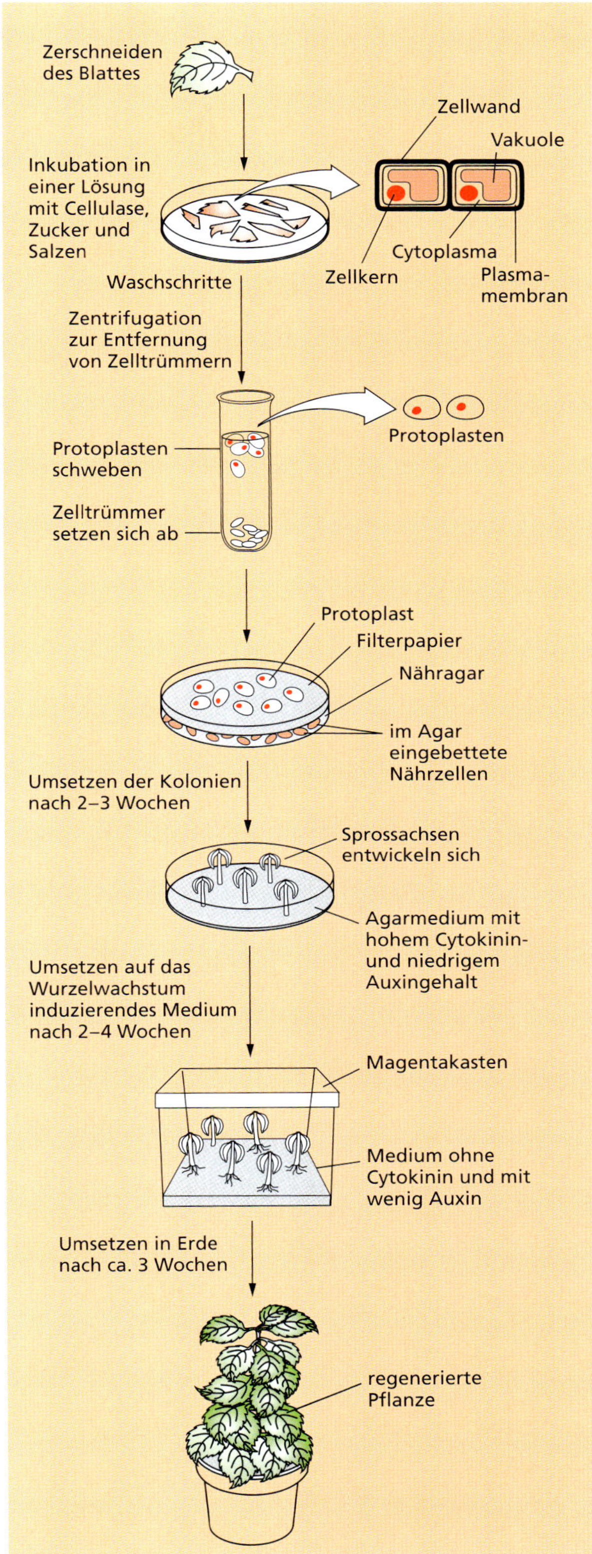

Abbildung 6.2: Protoplastenfusion und die Regeneration einer Hybridpflanze. Nach der Zerteilung eines Blattes ist es möglich, aus den Stücken durch Verdauen der Zellwände mit dem Enzym Cellulase vereinzelte Protoplasten zu gewinnen. Um eine Hybridpflanze zu erzeugen, werden Protoplasten aus verschiedenen Pflanzen in einem sterilen Flüssigmedium zur Verschmelzung gebracht. Das Medium enthält geeignete Hormone zur Stimulation des Sprosswachstums (Cytokinine) und des Wurzelwachstums (Auxine).

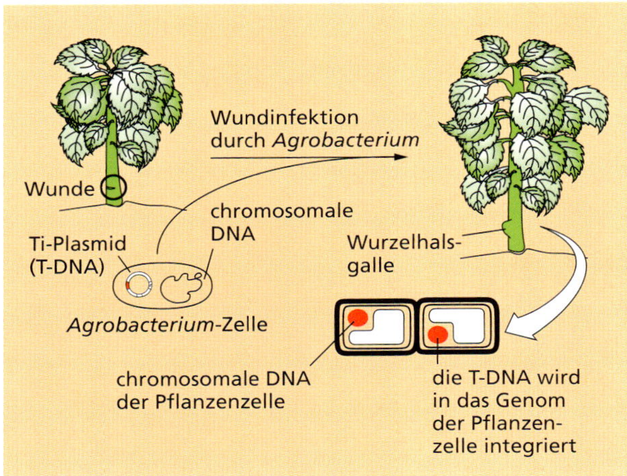

Abbildung 6.3: Der Vorgang der Wurzelhalsgallenbildung bei einer Pflanze. Das Ti-Plasmid von *Agrobacterium tumefaciens* führt zur Bildung eines Wurzelhalsgallentumors, welcher sich an Stellen bildet, an denen Agrobakterien einen verletzten Pflanzenkörper infiziert haben. *Agrobacterium tumefaciens* ist ein natürlicher Vektor für den Gentransfer bei Pflanzen.

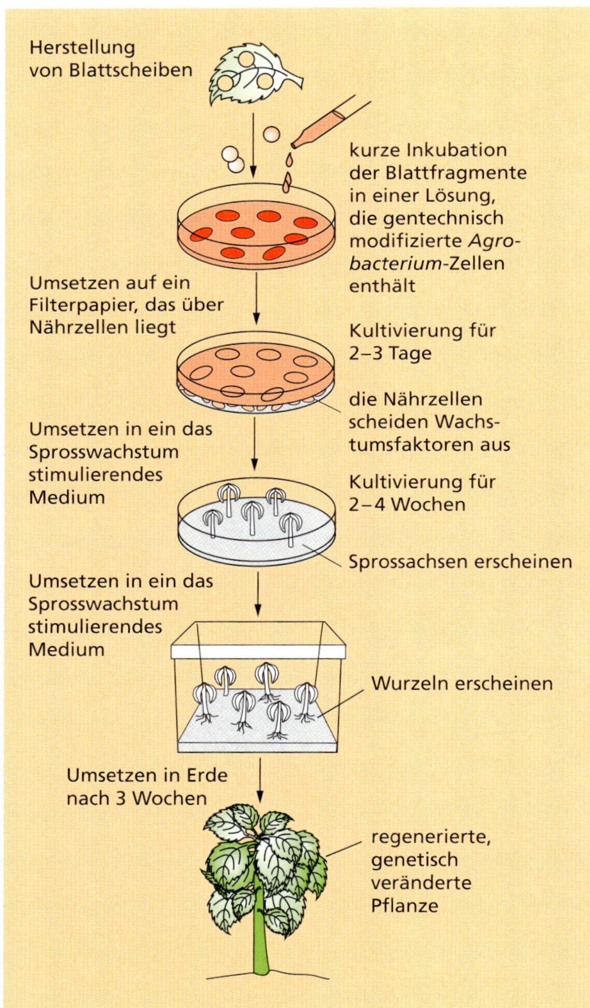

Abbildung 6.4: Die Regeneration von Pflanzen aus Blattstücken mit Hilfe von *Agrobacterium*.

Sie unterscheiden sich auch in anderen anatomischen Merkmalen von den **zweikeimblättrigen Pflanzen** (Dikotyledonen), die Sprösslinge mit zwei Keimblättern hervorbringen und zu denen wichtige Nutzpflanzen wie die Tomate, die Kartoffel, alle Rosengewächse (und damit Obstsorten wie Äpfel, Birnen, Pfirsiche, Kirschen, Pflaumen ...) sowie die Sojabohne gehören. Diese lassen sich prinzipiell mit Hilfe des Ti-Plasmides genetisch verändern.

Genkanonen

Es gibt noch eine andere Wahlmöglichkeit zur Einbringung von Genen in *Agrobacterium*-resistente Nutzpflanzen. Statt sich auf ein mikrobielles Vehikel zu stützen, kann der Forscher eine „**Genkanone**" benutzen, um winzige Metallkügelchen, die mit DNA überzogen sind, buchstäblich in die Zellen hineinzuschießen (▶ Abbildung 6.5). Wie bei den anderen Methoden auch nehmen dabei einige der Zellen das neue Erbmaterial auf, andere nicht.

Genkanonen werden im Regelfall benutzt, um DNA-Moleküle in den Kern einer Pflanzenzelle zu schießen. Man kann aber auch auf die Chloroplasten – die chlorophyllhaltigen Organellen der Photosynthese – „zielen". Pflanzenzellen enthalten, je nach Art, durchschnittlich 10 bis 100 Chloroplasten (es gibt auch solche mit nur einem), und jeder **Chloroplast** enthält ein eigenes kleines Chromosom.

Ungeachtet der Frage, ob sie es auf den Zellkern oder die Chloroplasten abgesehen haben, müssen Forscher in der Lage sein, die transformierten Zellen zu identifizieren und zu selektieren. Bei einer gebräuchlichen Vorgehensweise wird das Gen, dem das Interesse gilt, mit einem Gen, das eine Resistenz gegen ein Antibiotikum verleiht, gekoppelt und dieses Konstrukt in die Zellen eingebracht. Ein solches Hilfsgen, das die Selektion erlaubt, wird als **Marker** oder **Selektionsmarker** bezeichnet.

Nach dem Abfeuern der Genkanone sammelt der Forscher die Zellen ein und versucht, diese in einer Kultur, die das Antibiotikum enthält, zu vermehren. Nur die transformierten Zellen werden in Gegenwart des Antibiotikums überleben. Das Antibiotikaresistenzgen kann unter bestimmten Umständen wieder aus den selektierten Zellen entfernt werden, bevor aus den Zellen ganze Pflanzen regeneriert werden, falls dies das Ziel ist (eine eingehendere Erläuterung zu Markergenen findet sich in Kapitel 3).

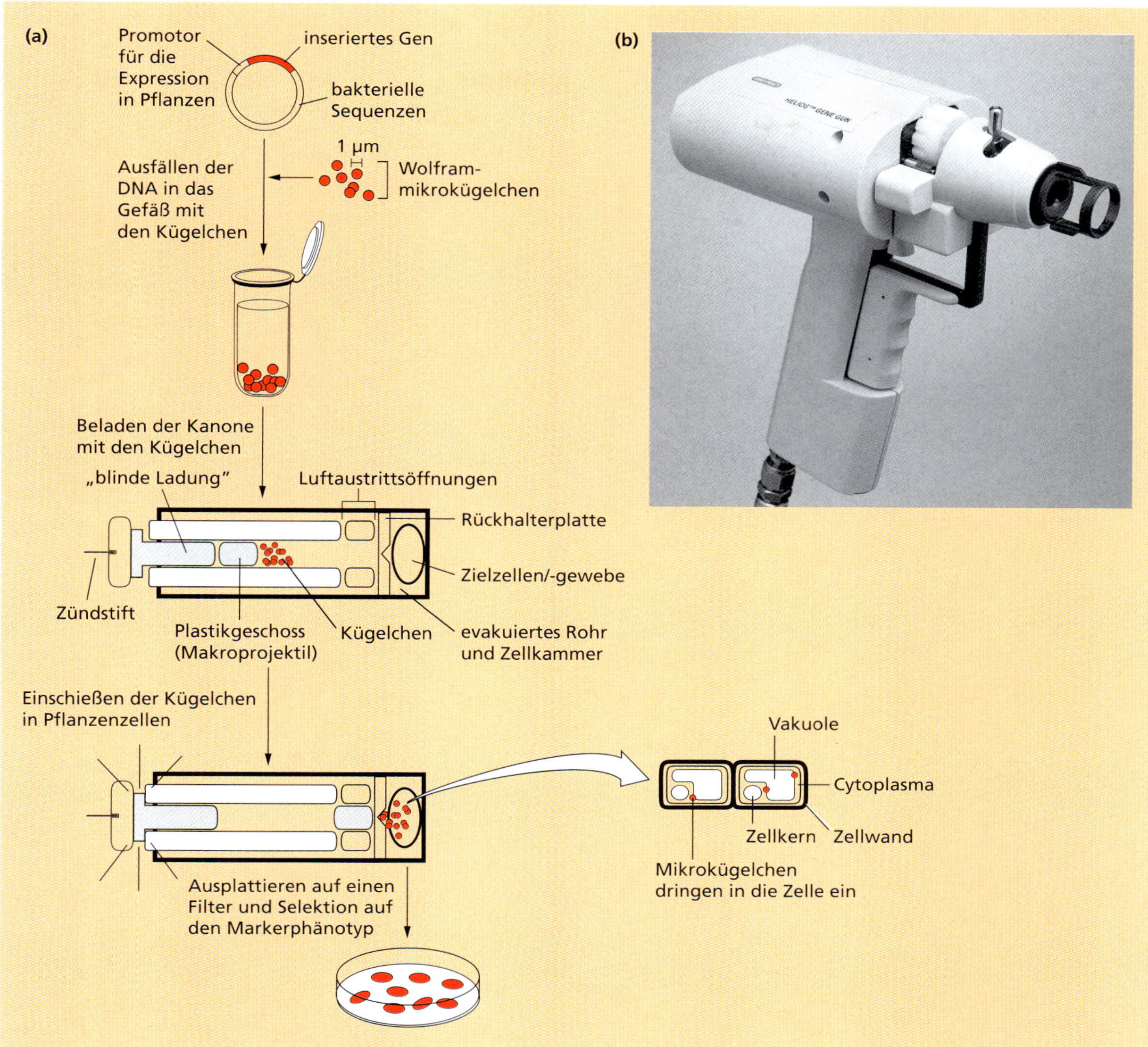

Abbildung 6.5: Genkanonen. Die Wolframkügelchen weisen Durchmesser von ca. 1 Mikrometer (10^{-6} m) auf. Die Kügelchen sind mit der zu übertragenden DNA beschichtet und werden aus einer Art Miniaturkanone mit einer Mündungsgeschwindigkeit von etwa 430 m/s abgeschossen (Schallgeschwindigkeit: ca. 340 m/s). Die beschossenen Ziele können Zellsuspensionen embryonaler Zellen, intakte Blätter oder weiche Samenkörner sein.

Chloroplastentechnik

Wie im Abschnitt über die Genkanonen erörtert wurde, können Chloroplasten einladende Ziele für Biotechnologen sein. Anders als die DNA in einem Zellkern kann die Chloroplasten-DNA mehrere Gene gleichzeitig aufnehmen. Außerdem bleibt ein hoher Prozentsatz der Gene, die in Chloroplasten eingeschleust werden, auch dann aktiv, wenn die Pflanze ausreift.

Ein weiterer Vorteil ist, dass die DNA in den Chloroplasten völlig unabhängig von dem Erbmaterial ist, das durch die Pollenkörner („männliche" Keimzellen von Samenpflanzen) verbreitet wird. Chloroplasten werden mit der Eizelle rein maternal vererbt. Werden also die Chloroplasten einer Pflanze genetisch verändert, können die genetischen Veränderungen nicht durch den Wind oder Bestäuber auf andere Pflanzen übertragen werden. Dieser Vorgang ist in ▶ Abbildung 6.6 illustriert.

Antisense-Technologie

Rufen Sie sich die Tomate ins Gedächtnis. Sie ist rot und saftig und schmeckt gut ... und sie ist extrem verderblich. Im reifen Zustand gepflückt, verwandeln sich die meisten Tomaten innerhalb von Tagen in Matsch. Die 1994

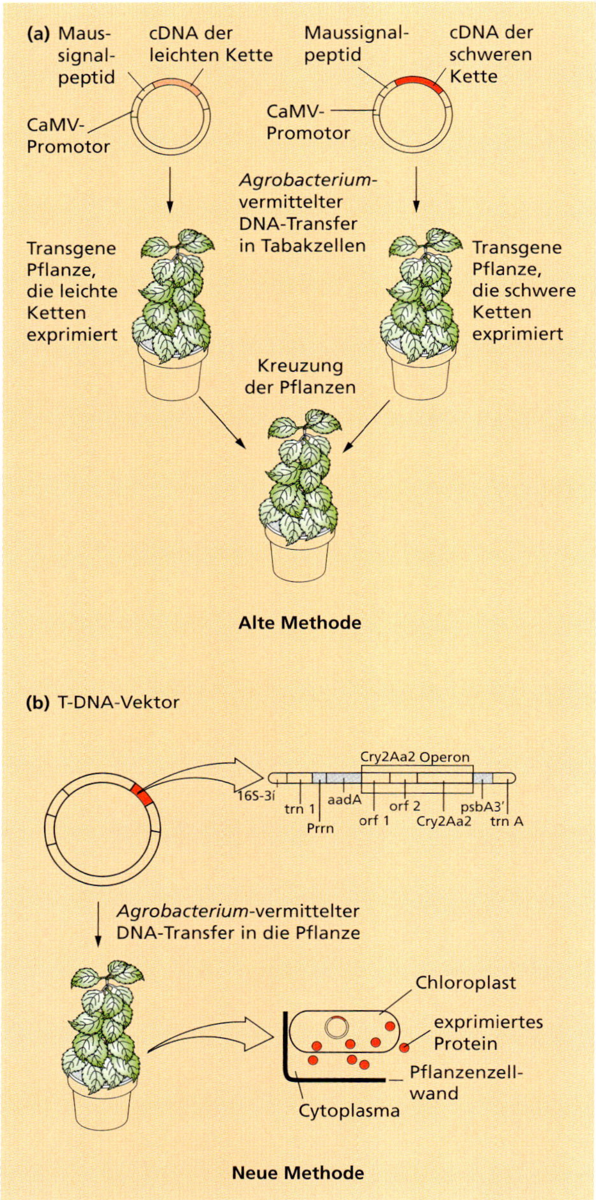

Abbildung 6.6: Alte vs. neue Technik zur Klonierung mehrerer Gene in Pflanzen. Wenn mehr als ein Gen zur Expression gebracht werden soll, mussten in der Vergangenheit zwei Pflanzen – jede mit ihrem eigenen, inserierten Gen – hergestellt werden. (a) Eine Standardkreuzung durch Pollenübertragung war erforderlich, um die Hybridpflanze hervorzubringen. (b) Nun ist es möglich, mehr als ein Gen zu inserieren, indem sie in die Chloroplasten-DNA inseriert werden. Brandy DeCosa und Kollegen haben drei Insektenresistenzgene inseriert. ORF1, ORF2 und Cry2Aa2 wurden in das 16S-3'-Ribosomengen (ein in Chloroplasten aktiv exprimiertes Gen) eines Chloroplasten inseriert. Trn1 und trnA sind bekannte flankierende Bereiche der 16S-3'-Stelle, und aadA ist eine Selektionsstelle für Antibiotikaresistenz, die für die Selektion erfolgreich transformierter Zellen notwendig ist. Prrn ist eine Primerbindungsstelle für den PCR-Replikationsprozess, der die DNA in Mengen produziert, und psbA3' ist eine Stelle, die die Fremdgene in der Chloroplasten-DNA stabilisiert. Die Verwendung von Chloroplasten für die Genexpression beseitigt die Gefahr der Pollenübertragung auf Nichtzielpflanzen (und möglicherweise nützliche Insekten), da Chloroplasten in den Pflanzenpollen nicht zugegen sind.

nach Jahren des Experimentierens eingeführte Flavr-Savr-Tomate kann für Wochen reif bleiben.

Reife Tomaten produzieren normalerweise das Enzym **Polygalacturonase** (PG), eine chemische Substanz, die das Pektin in den Wänden der Pflanzen verdaut. Dieser Verdau induziert den normalen Verfall, der Teil des natürlichen Pflanzenzyklus ist. Forscher der Firma *Calgene* (heute eine Abteilung der Firma *Monsanto*) haben das Gen identifiziert, das PG codiert, haben das aus den Pflanzenzellen entfernt und eine komplementäre Kopie des Gens hergestellt. Unter Verwendung von *Agrobacterium tumefaciens* als Vektororganismus haben sie das neue Gen in die Tomatenzellen transferiert. In der Zelle hat das Gen ein mRNA-Molekül (*Gegensinnmolekül*, engl. *antisense molecule*) codiert, das sich mit dem normalen mRNA-Molekül (dem Sinnmolekül) vereinigt und es inaktiviert. Mit der inaktivierten normalen mRNA wird kein PG produziert, kein Pektin wird verdaut und das natürliche Verrotten wird beträchtlich verlangsamt. Dieser Vorgang ist in ► Abbildung 6.7 gezeigt. Obwohl dieses „erste Beispiel" kein so großer wirtschaftlicher Erfolg gewesen ist, wie man gehofft hatte, ist es heute üblich, andere Sorten auf dem Markt zu finden.

Wir können erwarten, in der nahen Zukunft mehr Antisense-Entwicklungen zu sehen. DNA-Technologen arbeiten beispielsweise an einer Kartoffel, die Quetschungen widersteht. Sie haben das Gen entfernt, das für die Produktion eines Enzyms verantwortlich ist, das die Farbveränderungen geschälter Kartoffeln kontrolliert. Es mag wie eine kleine Verbesserung klingen, aber Marktanalysen haben gezeigt, dass Verbraucher es vorziehen, Kartoffeln zu kaufen, die nicht durch Hantieren gequetscht wurden. Einfach ausgedrückt, ist es eine kleine Änderung, die sich in größere Gewinne der Kartoffelbauern (und glücklichere Kartoffelkäufer) ummünzen lassen könnte.

In verwandter Forschung wurden Gene aus einem Huhn in Kartoffeln eingeschleust, um den Proteingehalt zu erhöhen.

Diese Verbesserung des Nährwerts eines gebräuchlichen Nahrungsmittels könnte vielen Menschen weltweit helfen, das Eiweiß zu bekommen, das sie in ihrer Nahrung benötigen (siehe Kapitel 13 für ethische Betrachtungen im Umfeld dieser und anderer Nutzpflanzeninnovationen). Die Erklärung dafür, wie einige dieser Innovationen zustandekommen, finden Sie im nächsten Abschnitt.

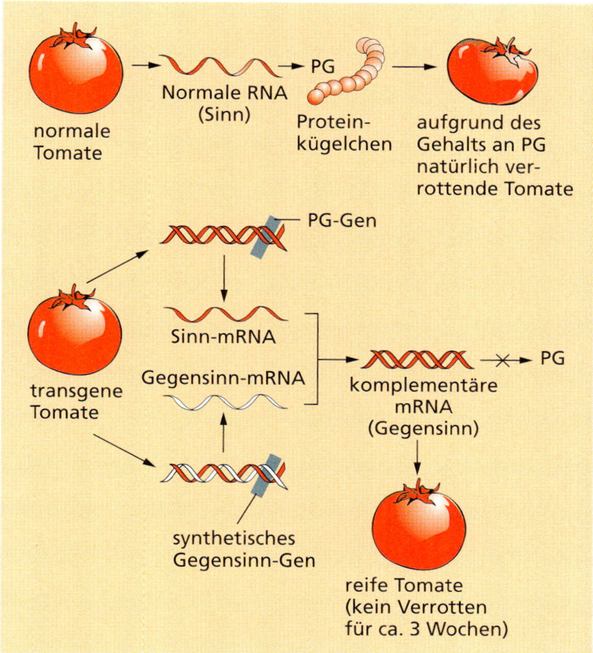

Abbildung 6.7: Die FlavrSavr-Tomate – eines der ersten kommerziellen, transgenen Pflanzenprodukte. Tomaten, die nicht verrotten, werden hergestellt, indem zuerst das Gen, das die Polygalacturonase codiert, isoliert wird. Dieses Gen codiert normale (Sinn-)mRNA, die zu PG translatiert wird. Nachdem es induziert wurde, um ein cDNA-Gegenstück (siehe Kapitel 3) zu produzieren, ist es möglich, die PG in einen Vektor für den Transfer in Tomaten zu inserieren. Transgene Pflanzen mit dem neuen Inserat werden PG-mRNA und Gegensinn-mRNA produzieren, was die Produktion von PG abstellt (Antisensetechnologie). Dies verlangsamt das Verrotten und produziert eine Tomate, die nach der Reifung ungefähr drei Wochen überdauert.

Praktische Anwendungen 6.3

Impfstoffe für Pflanzen

Nutzpflanzen sind empfänglich für ein breites Spektrum von Pflanzenviren. Infektionen können zu verminderter Wachstumsgeschwindigkeit, schlechter Nutzpflanzenausbeute und niedriger Nutzpflanzenqualität führen. Glücklicherweise können Landwirte ihre Nutzpflanzen schützen, indem sie die natürlichen Abwehrmaßnahmen einer Pflanze gegen Krankheiten stimulieren. Eine Option besteht darin, der Pflanze einen Impfstoff zu injizieren. Genauso wie eine Impfdosis für Windpocken oder Kinderlähmung, enthalten diese Impfstoffe abgeschwächte Stämme des Pflanzenvirus. Der Impfstoff schaltet Mechanismen ein, die die Pflanze anstelle eines Immunsystems besitzt, und durch die sie unverletzlich durch das reale Virus wird.

Die „Impfung" eines ganzen Feldes ist keine leichte Aufgabe, aber sie ist auch nicht notwendig. Heute kann der Impfstoff in der DNA der Pflanze codiert sein, statt injiziert werden zu müssen. So haben Forscher beispielsweise kürzlich ein Gen aus dem Tabakmosaikvirus (TMV) in Tabakpflanzen inseriert. Das Gen produziert ein Protein, das man auf der Oberfläche des Virus findet und das, wie ein Impfstoff, das Immunsystem der Pflanze einschaltet. In diesem Falls sind Tabakpflanzen mit diesem Gen immun gegen TMV. Dieser Prozess ist in ► Abbildung 6.8 gezeigt.

Genetische Impfstoffe haben sich bereits bei zahlreichen Nutzpflanzen als wirksam erwiesen. Die Entwicklung einer krankheitsresistenten Pflanze hat die bereits zerstörte Papayaindustrie auf Hawaii wiederbelebt. Krankheits- und schädlingsresistente Nutzpflanzenstämme bieten sowohl den Pflanzern wie den Konsumenten viele Vorteile.

Genetische Pestizide: Eine sicherere Alternative?

Über die letzten 35 Jahre hinweg haben sich viele Landwirte auf ein natürliches, bakterielles Pestizid gestützt, um Insektenschäden zu verhindern. *Bacillus thuringiensis* (Bt) wurde 1961 als Pflanzenpestizid registriert. Es stellt ein kristallines Protein her, das schädliche Insekten und ihre Larven abtötet. Durch das Versprühen von Sporen auf ihren Feldern können Landwirte ihre Nutzpflanzen ohne schädliche Chemikalien schützen.

Mit der Einführung der Biotechnologie können Landwirte Bt-Gene versprühen, statt das Bakterium über ihre Felder zu versprühen. Pflanzen, die das Gen für das Bt-Toxin enthalten, haben eine eingebaute Abwehr gegen bestimmte Insekten. Dieses biotechnologisch verstärkte Pestizid ist erfolgreich in ein weites Spektrum von Pflanzen eingeführt worden, einschließlich Tabak, Tomate, Mais und Baumwolle. In der Tat enthalten die meisten Baumwollpflanzen, die heute angebaut werden, das Gen für das Bt-Toxin, das wirkungsvoll baumwollbefallende Insekten tötet, indem es deren Verdauungssystem schädigt, wenn sie die Blätter fressen. Ein Foto von *B. thuringiensis* mit dem insektiziden Protein ist in ► Abbildung 6.9 zu sehen.

Die verbreitete Anwendung des Bt-Gens ist eine der größten Erfolgsgeschichten in der Biotechnologie. Sie ist auch eine der größten Quellen für eine Kontroverse. Ein 1999 von Forschern der Cornell-Universität durchgeführtes Experiment hat den Verdacht genährt, dass Pollenkörner, die von biotechnologischem Mais produziert werden, tödlich für die Monarchschmetterlinge sein

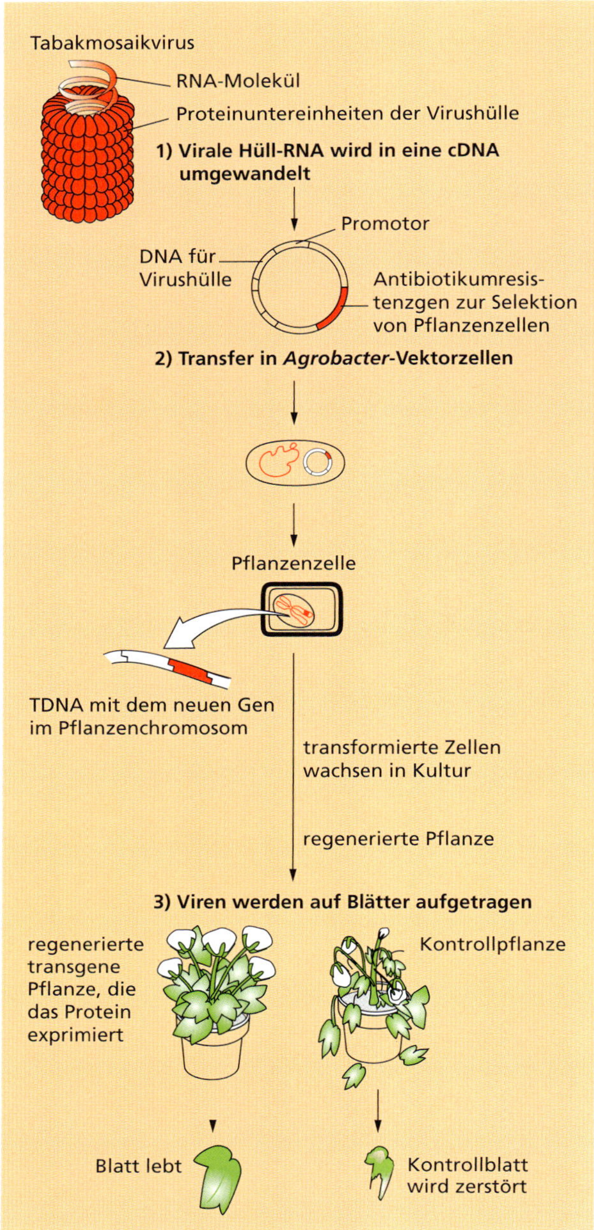

Abbildung 6.8: Pflanzen„impfstoffe". Transgene Pflanzen exprimieren das TMV-Hüllprotein (CP). Sie wurden durch *Agrobacterium*-vermittelten Gentransfer erzeugt. Wenn die erzeugten Pflanzen, die das virale CP exprimieren, mit TMV infiziert wurden, ließen sie erhöhte Resistenz gegen die Infektion erkennen. Während Kontrollpflanzen innerhalb von 3 bis 4 Tagen Symptome entwickelten, widerstanden transgene, CP-exprimierende Pflanzen bis zu 30 Tage der Infektion.

Abbildung 6.9: *Bacillus thuringiensis* mit einem Kristall des insektiziden Proteins. Insektenlarven, die das kristalline Bt-Protein aufnehmen, sterben nach kurzer Zeit infolge der Schädigung ihrer Darmauskleidung. Das Protein hat nicht denselben Effekt auf andere Tiere und fällt im Erdboden innerhalb von 48 Stunden in sich zusammen.

könnten. Die Ergebnisse waren erwartungsgemäß. Forscher hatten seit Jahren gewusst, dass das von *B. thuringiensis* produzierte Gift in hohen Dosierungen für Schmetterlinge schädlich sein kann. Dennoch löste der Bericht einen Sturm der Entrüstung aus. Es war der erste greifbare Beleg dafür, dass genetisch veränderte Nahrungsmittel die Umwelt schädigen können, und der Monarchschmetterling wurde schnell das inoffizielle Maskottchen der Gentechnikgegner.

Als Forscher ihre Experimente aus dem Labor auf das freie Feld hinaustrugen, verschwanden rasche viele ihrer Bedenken. Mehrere Studien fanden, dass in der wirklichen Welt wenige Schmetterlinge mit genügend Pollen in Kontakt kamen, um irgendwelchen Schaden zu erleiden. Tatsächlich ist es unwahrscheinlich, dass Schmetterlinge giftige Mengen von Pollen aufnehmen, selbst dann, wenn sie ihr Futter an Milchsaftpflanzen sammeln, die nur einen Meter von einem typischen, genetisch modifizierten Maisfeld sind. Dennoch spekulieren Wissenschaftler darüber, ob ein kleiner Prozentsatz der Schmetterlinge unvermeidbar mit einer tödlichen Menge der Pollenkörner vollgestaubt wird. Einige der Monarchschmetterlinge, die den Kontakt überleben, könnten unfähig zu ihrer langen Wanderung sein. Über das Ganze gesehen scheinen die Bedenken, dass genetisch veränderter Mais die Monarchschmetterlinge verheeren könnte, fehl am Platze zu sein. Nach zwei Jahren der Untersuchungen hat der landwirtschaftliche Forschungsdienst der USA (eine Abteilung des Landwirtschaftsministeriums) im Jahr 2002 verkündet, dass das Bt-Toxin in Situationen, wie sie in der wirklichen Welt vorkommen, nur ein geringes Risiko für die Monarchschmetterlinge darstellt.

Sichere Einlagerung

Das Feld ist nicht der einzige Ort, an dem Nutzpflanzen durch Insekten gefährdet sind. In den USA gehen jedes Jahr Nutzpflanzen im Wert von Millionen von Dollar verloren, weil sie während der Einlagerung von Insekten befallen werden. Solche Schäden sind besonders in Entwicklungsländern verheerend, wenn die Nahrungsmittelversorgung knapp ist. In diesen Gebieten können einige Fälle von Schädlingsbefall zu einer großflächigen Hungersnot führen.

Wieder einmal könnte die Biotechnologie die Lösung bereithalten. Untersuchungen zeigen, dass transgene Maispflanzen, die **Avidin** – ein Protein aus Hühnereiern – exprimieren, während der Lagerung hochgradig resistent gegen Schädlingsbefall sind. Das Protein bindet das Vitamin Biotin mit sehr hoher Affinität, so dass es den Insekten in ihrem Stoffwechsel nicht mehr zur Verfügung steht. Die Anwendung dieser Technologie auf breiter Basis könnte in Entwicklungsländern viele Leben retten. Die transgenen, Avidin exprimierenden Pflanzen müssen gekocht werden, da sie im ungekochten Zustand auch für den Menschen und für andere Tiere giftig sind.

Herbizidresistenz

Traditionelle Unkrautvernichter haben ein grundlegendes Problem: Sie neigen dazu, zusammen mit dem Unkraut gleichzeitig wünschenswerte Pflanzen abzutöten. Heute erlaubt die Biotechnologie es der Landwirtschaft, Herbizide einzusetzen, ohne ihren Lebensunterhalt zu gefährden. Nutzpflanzen können gentechnisch resistent gegen gebräuchliche Unkrautvernichtungsmittel wie **Glyphosat** gemacht werden. Dieses Herbizid wirkt, indem es ein Enzym hemmt, das für die Photosynthese notwendig ist. Durch Biotechnologie haben Wissenschaftler transgene Nutzpflanzen erzeugt, die ein abgewandeltes Enzym herstellen, dass von Glyphosat nicht betroffen wird. Dieser Ansatz war insbesondere bei der Sojabohne erfolgreich. Heute enthalten die meisten als Tierfutter angepflanzten Sojapflanzen Herbizidresistenzgene. Dieser Prozess ist in ► Abbildung 6.10 dargestellt.

Landwirte, die herbizidresistente Nutzpflanzen anbauen, sind im Allgemeinen in der Lage, Unkräuter mit Chemikalien unter Kontrolle zu bringen, die milder und umweltfreundlicher als typische Herbizide sind. Diese Entwicklung ist signifikant, weil vor dem Auftauchen resistenter Nutzpflanzen die Baumwollbauern in den USA jedes Jahr 300 Millionen US-Dollar für Chemikalien ausgegeben haben, um sie auf ihre Felder zu versprühen. Diese Summe beinhaltet nicht den Faktor der menschlichen Arbeitsleistung in der Sonne, um das Unkraut zwischen den Baumwollpflanzen auszumerzen, was nunmehr unnötig ist.

Stärkere Fasern

Wie in Kapitel 5 erwähnt, war die klassische Züchtung nur in der Lage, die durchschnittliche Stärke von Baumwollfasern um ungefähr 1,5 % pro Jahr zu erhöhen, wohingegen die Biotechnologie durch Geninsertion die Stärke einer hauptsächlichen Hochlandbaumwollsorte um 60 % erhöht hat. Stärkere Fasern bedeuten weichere, haltbarere Kleidungsstücke für Verbraucher und höhere Profite für Bauern.

Verbesserter Nährwert

Von allen potenziellen Vorteilen der Biotechnologie ist keiner wichtiger als die Gelegenheit, Millionen von Menschen vor den schwächenden Wirkungen einer Fehl- oder Mangelernährung zu bewahren. Eine potenzielle Waffe gegen Mangelernährung ist **„Goldener Reis“** – das ist Reis, der genetisch modifiziert wurde, um große Mengen an β-Carotin (das Provitamin, das der Körper zu Vitamin A weiterverarbeitet) herzustellen. Nach neueren Schätzungen werden auf der Welt 500.000 Kinder blind, weil sie an Vitamin-A-Mangel leiden. Gegenwärtig tragen Mitarbeiter von Gesundheitsorganisationen Vitamin-A-Dosen von Dorf zu Dorf, um Erblindungen zu verhindern. Den Nährstoff einfach der Nahrung zuzusetzen wäre viel effizienter und – in der Theorie – auch viel wirkungsvoller (► Abbildung 6.11).

Die Biotechnologie ist aber vielleicht nicht die Wunderwaffe, die die Mangelernährung beendet. Obwohl vielversprechend, besitzen genetisch modifizierte Nahrungsmittel ihre Grenzen. Beispielsweise muss sich das Provitamin im Goldenen Reis zuerst in Fett lösen, bevor es vom Körper aufgenommen werden kann. Kinder,

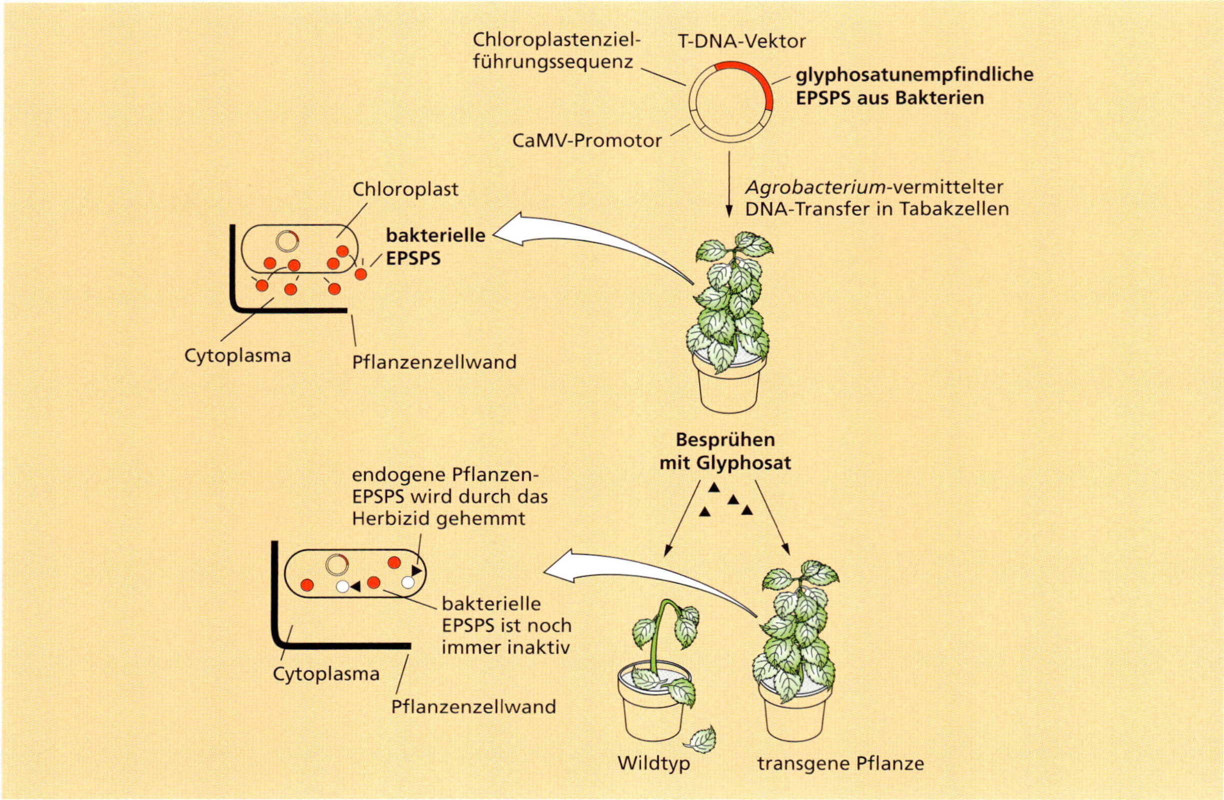

Abbildung 6.10: Herstellung herbizidresistenter Pflanzen. Falls die T-DNA von *Agrobacterium* bakterielle DNA enthält, die für das Photosyntheseenzym EPSPS mit einer Chloroplastenzielsequenz codiert, kann sie in eine Pflanze übertragen werden. Wenn der CaMV-Promotor aktiviert wird, kann die Pflanze (hier Tabak) das bakterielle EPSPS-Enzym herstellen und hohen Konzentrationen Glyphosat widerstehen, die sonst das natürlicherweise in den Pflanzen enthaltene Enzym hemmen würden. Auf diese Weise können sowohl Pflanzen wie Unkräuter mit Glyphosat besprüht werden, und nur die nichttransformierten Pflanzen werden davon betroffen.

die in ihrer Nahrung nicht genug Fett bekommen, sind vielleicht nicht in der Lage, aus dem angereicherten Reis den vollen Nutzen zu ziehen.

Forscher wissen, dass sie nicht jedes Problem lösen können. Sie wissen auch, dass jede Kleinigkeit hilft. Angetrieben vom Erfolg des Goldenen Reises, entwickeln

Abbildung 6.11: „Goldener Reis" ist nur eine der genetisch modifizierten Nutzpflanzen, die Entwicklungsländern nutzen. Entwicklungsländer sind maßgeblich für die Erhöhung des Weltnahrungsmittelbedarfs.

Forscher Reis, der zusätzliches Eisen und Protein liefert – zwei andere Nährstoffe, die in vielen verarmten Gegenden dringend benötigt werden.

Die Zukunft: Vom Pharmazeutikum zum Treibstoff

Rufen Sie sich aus Kapitel 4 in Erinnerung, dass Pflanzen ideale Proteinfabriken sein können. Ein einziges Feld mit transgenen Nutzpflanzen kann eine große Menge kommerziell wertvollen Proteins erzeugen. Im Augenblick hat Mais den höchsten Proteinertrag pro investiertem Dollar oder Euro aller Bioreaktororganismen. Die Möglichkeiten sind scheinbar grenzenlos.

In der nicht allzu fernen Zukunft werden Landwirte zusammen mit ihren Nutzpflanzen Medizin anbauen. Es ist bereits möglich, aus transgenen Tabakpflanzen menschliches Wachstumshormon zu ernten. Pflanzen können auch Impfstoffe für Menschen herstellen. Forscher der Cornell-Universität in den USA haben kürzlich Tomaten und Bananen erschaffen, die einen Impfstoff gegen die Virusinfektion Hepatitis B beim Menschen herstellen. Forscher untersuchen intensiv die Tomate als weitere Quelle für Pharmazeutika.

Durch technische Eingriffe an den Chloroplasten (die in grünen Tomaten zahlreich sind) hoffen Wissenschaftler, eine essbare Quelle für Impfstoffe und Antikörper zu erschaffen, wie in ► Tabelle 6.1 gezeigt ist. Andere potenzielle biotechnologische Produkte sind pflanzengestütztes Petroleum für Treibstoffe, Alternativen für Gummi, nikotinfreier Tabak, koffeinfreier Kaffee, biologisch abbaubares „Plastik", stresstolerante Pflanzen für die land- und die forstwirtschaftliche Produktion und Industriefasern.

Zwei Hauptfaktoren begrenzen die Möglichkeiten der Pflanzenbiotechnologie: Lücken im Wissen um die Gene und der Einfallsreichtum von Forschern. In dem Maße, in dem mehr und mehr Genome sequenziert werden, verschwindet die erste Hürde zusehends. Wissenschaftler entdecken Gene mit einer schwindelerregenden Geschwindigkeit. Was noch wichtiger ist: Sie lernen, wie die Expression multipler Gene dabei hilft, einen Organismus zu formen – ein Feld, das als **funktionelle Ge-**

Tabelle 6.1

Merkmale gentechnisch veränderter Nutzpflanzen und ihre Anwendungen

Vorteilhaftes Produktmerkmal	Nutzpflanzen
Bt-Nutzpflanzen sind gegen Schäden durch Insekten geschützt und vermindern den Pestizideinsatz. Pflanzen produzieren ein Protein – giftig nur für bestimmte Insekten –, das sich in *Bacillus thuringiensis* findet.	Mais, Baumwolle, Kartoffeln. **In der Zukunft:** Sonnenblume, Sojabohne, Canola (Doppelnullraps aus Kanada), Weizen, Tomaten.
Herbizidtolerante Pflanzen erlauben es den Bauern, ein spezifisches Herbizid anzuwenden, um Unkräuter zu bekämpfen, ohne der Nutzpflanze zu schaden. Sie geben Bauern größere Flexibilität beim Schädlingsmanagement und fördern die konservierende Bodenbearbeitung.	Sojabohne, Baumwolle, Mais, Canola (kanadische Doppelnull-Rapssorte), Reis. **In der Zukunft:** Weizen, Zuckerrübe.
Krankheitsresistente Nutzpflanzen sind gegen zerstörerische virale Pflanzenkrankheiten mit dem Pflanzenäquivalent eines Impfstoffs gewappnet.	Süßkartoffel (Batate), Cassava (= Maniok), Reis, Mais, Kürbis, Papaya (Melonenbaum). **In der Zukunft:** Tomaten, Bananen.
Hochleistungskochöle erhalten ihre Textur bei hohen Temperaturen, vermindern die Notwendigkeit der Weiterverarbeitung und erzeugen gesündere Nahrungsprodukte. Die Öle sind entweder hoch oleinisch oder niedrig linolenisch. Zukünftig werden sie auch hoch stearinisch sein.	Sonnenblume, Erdnuss, Sojabohne.
Gesündere Kochöle haben vermindertes gesättigtes Fett.	Sojabohne
Verzögert reifende Früchte und Gemüse haben überlegenes Aroma, überlegene Farbe und Textur; sind fester zur Verschiffung und bleiben länger frisch.	Tomate. **In der Zukunft:** Himbeeren, Erdbeeren, Kirschen, Tomaten, Bananen, Ananas.
Gesteigerte Fettstoff-Tomaten haben überlegenen Geschmack und überlegene Textur für prozessiertes Tomatenmark und -saucen.	Tomaten
rBST ist eine rekombinante Form eines natürlichen Hormons, des Rindersomatotropins, das Kühe dazu veranlasst, Milch zu geben. rBST erhöht die Milchproduktion um bis zu 10–15 %. Über 30 % der US-amerikanischen Kühe werden damit behandelt.	rBST (Milchproduktion)
Nahrungsmittelenzyme, einschließlich einer reineren, besser löslichen Form des Chymosins zur Gerinnung von Milch bei der Käseherstellung, werden eingesetzt, um 60 % des Hartkäses herzustellen. Ersetzt das Labferment aus dem Labmagen geschlachteter Kälber.	Chymosin (im Käse) – das *erste* Biotechnologieprodukt in der Nahrung.
Im Nährwert gesteigerte Nahrungsmittel werden erhöhte Mengen an Nährstoffen, Vitaminen und anderen gesunden Phytochemikalien liefern. Der Nutzen reicht von der Hilfe für Entwicklungsländer bis zu krankheitsbekämpfenden und gesundheitsfördernden Nahrungsmitteln.	**In der Zukunft:** Proteinverbesserte Süßkartoffeln und Reis; Hoch-Vitamin-A-Rapsöl; gesteigerte Antioxidansfrüchte und -gemüse.

nomik bezeichnet wird. Solche Forschung wird die Tür zu noch erstaunlicheren Anwendungen der Biotechnologie in der Zukunft öffnen.

„Metabolic engineering"

Die zweite Welle genetisch modifizierter Pflanzen wird die funktionelle Genomik in Form der Stoffwechseltechnologie (*metabolic engineering*) anwenden. Die Stoffwechseltechnologie befasst sich mit der Veränderung der (pflanzlichen) Biochemie, um Nichtproteinprodukte herzustellen oder zelluläre Eigenschaften abzuändern. Diese Produkte können Alkaloide wie Chinin (ein Wirkstoff, der verbreitet verwendet wird), Lipide wie langkettige, mehrfach ungesättigte Fettsäuren zur Verminderung des Cholesterins in Nahrungsmitteln, Polyterpene wie neue Arten von Gummi, aromatische Verbindungen wie *S*-Linalool (das verlockende Aroma frischer Tomaten), Pigmentproduktion wie blaues Delphinidin in Blüten und bioabbaubares Plastik wie Polychyroxyanakanoat sein. Diese Forschungen sind extrem ambitiös, weil sie den Transfer von mehr als einem Gen und eine abschließendere Regulierung beinhalten. Die Arbeit an dieser neuen Technologie begann, nachdem die Genomsequenz der Pflanze *Arabidopsis thaliana* (Ackerschmalwand) öffentlich gemacht worden war und man gefunden hatte, dass mehr als 5 % der Gene für Transkriptionsfaktoren codieren (siehe Kapitel 3 für eine Auffrischung). Das Einschalten multipler Gene wird eine viel bessere Kenntnis, wie multiple Gensätze natürlicherweise in Pflanzen reguliert werden, erfordern. Forschungsinstitutionen und die Industrie sind extrem an multiplen Genen interessiert, wegen des Potenzials, Produkte besser zu kontrollieren, neue Produkte zu entwickeln und existierende Merkmale kommerzieller Pflanzen zu regulieren. Falls Sie an aufregender Forschung interessiert sind, ist dies ein gutes Gebiet, das Sie in Betracht ziehen sollten.

6.4 Gesundheits- und Umweltbedenken

Von Anbeginn haben sich Menschen Sorgen über die potenziell schädlichen Effekte transgener Pflanzen auf die Menschen und die Umwelt gemacht. In einer Zeit, in der „natürlich" oftmals mit „sicher" gleichgesetzt wird, umwehte diese entschieden unnatürlichen Pflanzen ein Hauch von Gefahr. Aktivisten organisierten Proteste gegen Firmen, die gentechnisch modifizierte Pflanzen herstellen. Schauen Sie sich ► Abbildung 6.12 an; das Foto wurde im Jahr 2004 bei einer Biotechnologiekonferenz aufgenommen.

Solche Ängste haben die Kraft, eine Industrie zu erschüttern. Im Jahr 2000 haben kartoffelverarbeitende Betriebe im Nordwesten der USA aufgehört, gentechnisch modifizierte Kartoffeln zu kaufen. Es gab nie irgendwelche Anzeichen dafür, dass diese Kartoffeln – auf Schädlingsresistenz gezüchtet – minderwertig oder gefähr-

F & A

FRAGE UND ANTWORT

Frage

Sind einige genetisch modifizierte Nutzpflanzen gesünder als nicht genetisch modifizierte Nutzpflanzen?

Antwort

Ja, solche, die mit Vitaminen und bestimmten Stoffwechselvorläufern angereichert sind, wie der „Goldene Reis". Gentechnisch modifizierte Nutzpflanzen und Pilze mit gesundheitsfördernden Eigenschaften.

Nutzpflanze	Zugesetzte GM-Substanz	Nutzen	Transgenquelle
Reis	Provitamin A	Vitamin A-Ergänzung	Osterglocken *(Narcissus)*
Canola-Raps	Vitamin E	Antioxidans	*Arabidopsis*
Tomate	Flavonoide	Antioxidantien	*Petunia*
Zuckerrübe	Fructane	niederkalorisch	*Helianthus tuberosis* (Topinambur)
Reis	Eisen	Eisen-Ergänzung	*Phaseolus* (Bohne); *Aspergillus* (Gieskannenschimmel)

Abbildung 6.12: Eine Protestaktion anlässlich einer Biotechnologiekonferenz in Köln im Jahr 2004.

lich wären. Sie sahen genauso aus wie Kartoffeln und schmeckten wie Kartoffeln, und die Landwirte brauchten nicht kanisterweise Chemikalien, um sie zum Wachsen zu kriegen. Sie konnten Läuse und Kartoffelkäfer überleben – nicht aber die Sturmflut der öffentlichen Meinung.

Was sagen einige der Gegner der Pflanzenbiotechnologie, und was wird ihnen entgegnet? Was sagt die Wissenschaft zu ihren Behauptungen?

Besorgnisse um die menschliche Gesundheit

Jede Pflanze enthält DNA. Wann immer wir eine Möhre essen oder in eine Scheibe Brot beißen, essen wir (zumindest einige) Gene. Gegner der Gentechnik haben nicht etwas gegen Gene als solche. Allerdings gibt es sehr viele Menschen ohne naturwissenschaftliche Bildung, die der Meinung sind, dass nur „*Gen-Food*" Gene enthalte und dass „natürliche" Nahrungsmittel *genfrei* sind. Dieser Irrtum wird von Gentechnologiegegnern ausgenutzt. Die Menschen haben aber vor allem Angst vor *fremden* Genen – Stücken von DNA, die sich „natürlicherweise" nicht in der betreffenden Pflanze finden würden. Ein Bericht in der respektablen Medizinfachzeitschrift *New England Journal of Medicine* im Jahr 1996 schien diese Befürchtungen zu bestätigen. Die Studie wollte gefunden haben, dass Sojabohnen, die ein Gen aus der brasilianischen Paranuss enthalten, eine allergische Reaktion bei Menschen auslösen konnten, die empfindlich gegen Inhaltsstoffe der Paranuss waren. Wegen dieser Entdeckung kam dieser Typ transgener Sojabohnen nie auf den Markt.

Man kann dieses Ereignis von zwei Seiten her betrachten. Die Gegner sagen, dass dieser Fall der Sojabohne die Fallstricke der Biotechnologie klar belegt. Sie entwerfen Szenarien, in denen neuartige Proteine gefährliche Reaktionen bei unbedarften Konsumenten auslösen. Befürworter sehen es als eine Erfolgsgeschichte – das System hat die ungewöhnliche Gefahr erkannt, bevor die Öffentlichkeit damit in Kontakt kam.

Gegenwärtig stimmen die meisten Experten darin überein, dass gentechnisch modifizierte Nahrungsmittel eine unwahrscheinliche Quelle für verbreitete allergische Reaktionen sein könnten. Nach einem neueren Bericht der *Amerikanischen Medizinischen Vereinigung* sind sehr wenige Proteine in der Lage, allergische Reaktionen auszulösen, und die meisten davon sind den Wissenschaftlern gut bekannt. Die Wahrscheinlichkeit, dass ein unbekanntes Allergen in ein gentechnisch gezüchtetes Nahrungsmittel „hineinschlüpft" und in der Auslage des Gemüsehändlers landet, ist sehr gering. Tatsächlich kann die Biotechnologie eines Tages vielleicht dabei helfen, durch Allergien bedingte Todesfälle zu verhindern. Forscher arbeiten nunmehr daran, Erdnüsse herzustellen, denen die Proteine fehlen, die heftige allergische Reaktionen auslösen.

Allergien sind nicht die einzige Sorge. Einige Wissenschaftler haben darüber spekuliert, ob die Antibiotikaresistenzgene, die man zur Selektion transgener Pflanzen benutzt, auf krankheitserregende Bakterien übergehen könnten. In der Theorie wären diese Bakterien dann schwerer zu behandeln. Glücklicherweise saugen Bakterien nicht regelmäßig Gene aus der Nahrung. Nach einem jüngeren Bericht in der Wissenschaftsfachzeitschrift *Science* gibt es nur eine minimale Wahrscheinlichkeit dafür, dass ein Antibiotikumsresistenzgen jemals aus einer Pflanze in ein Bakterium gelangt. Darüber hinaus haben viele Bakterien bereits Antibiotikaresistenzen evolviert.

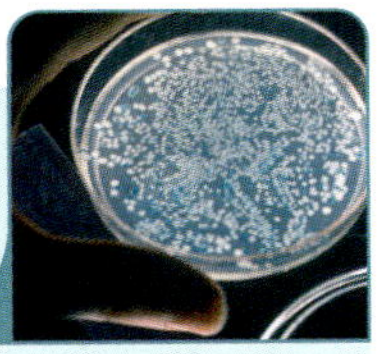

METHODEN

Herausschneiden eines Markergens

Forscher wissen, dass ein Gen in eine Pflanzenzelle transferiert worden ist, weil Antibiotikaresistenzgene (zum Beispiel für Kanamycinresistenz) für gewöhnlich als Marker für kommerzielle Pflanzentechnologie verwendet werden. Sie erlauben nur solchen transformierten Pflanzenzellen, die in dem antibiotischen Medium leben können, selektiert zu werden (siehe Kapitel 3). Die Anwesenheit antibiotischer Gene (und kleiner Mengen Antibiotika) in Pflanzen hat – wie in Abschnitt 6.4 beschrieben – zu einiger öffentlicher Besorgnis geführt. Wir wissen jedoch, dass es möglich ist, spezifische Gene nach der Transformation und der Selektion zu entfernen, da vier Wissenschaftler an der Rockefeller-Universität in New York das Verfahren entwickelt haben. Es beinhaltet die Verwendung eines aktivierbaren Promotors (siehe Kapitel 3), der die Exzision (das Herausschneiden) durch natürlicherweise existierende Mechanismen im Pflanzenembryo oder Pflanzenorgangewebe stimuliert, nachdem die Antibiotikaselektion auf die transformierten Zellen stattgefunden hat.

Falls Sie die Antibiotechnologieliteratur durchsehen, werden Sie dort viele Vorwürfe finden. Schlagzeilen wie „Frankenstein-Essen führt zu Krebs" sind allgegenwärtig. Bis heute konnte jedoch keiner dieser Vorwürfe wissenschaftlich untermauert werden. Die Nationale Akademie der Wissenschaften der USA hat kürzlich vermeldet, dass die transgenen Nahrungspflanzen, die heute auf dem Markt sind, allesamt völlig sicher und für den menschlichen Verzehr geeignet sind. Eine offizielle Stellungnahme des deutschen Umweltbundesamtes zur Frage der Verwendung von Antibiotikaresistenzgenen bei transgenen Pflanzen finden interessierte Leser unter: **http://www.umweltbundesamt.de/uba-info-daten/daten/bsg/bsg4.htm.**

Besorgnisse um die Umwelt

Rufen Sie sich aus dem Abschnitt über die erblichen Pestizide in Erinnerung, dass jüngere Studien die Befürchtungen, dass biotechnologischer Mais große Mengen von Monarchschmetterlingen töten könnte, ad acta gelegt haben. Sorgen um die Umwelt sind jedoch nicht verschwunden. Zum einen, so meinen biologisch unbedarfte Gentechnikgegner, könnte die genetische Verbesserung von Nutzpflanzen zu neuen Sorten von „Superunkräutern" führen. Genauso, wie Antibiotikaresistenzgene theoretisch einen Weg von den Pflanzen in Bakterien finden könnten, könnten sich Gene für Schädlings- oder Herbizidresistenz potenziell in Unkräutern ausbreiten. Da viele Nutzpflanzen – einschließlich Kürbis, Raps und Sonnenblume – nah mit Unkräutern verwandt sind, kann es zu einer gelegentlichen Kreuzbefruchtung kommen, was es den Genen der einen Pflanze erlaubt, sich mit denen der anderen zu vermischen. Gegenwärtig sagen jedoch wenige Experten irgendeine Art von Explosion genetisch verbesserter Unkräuter voraus. Weitere Studien sind erforderlich, um das ganze Ausmaß dieser „Bedrohung" abzuschätzen und Wege zu entwickeln, das Risiko zu minimieren.

Die möglichen ökologischen Gefahren durch verbesserte Nutzpflanzen müssen gegen die eindeutigen Nutzeffekte abgewogen werden. Zunächst kann die Biotechnologie den Einsatz von Pestiziden dramatisch vermindern (► Abbildung 6.13). Nach dem nationalen Zentrum für Nahrungsmittel- und Landwirtschaftspolitik der USA waren Landwirte, die 1998 biotechnologisch verbesserte Baumwollte angepflanzt haben, in der Lage, ihren Einsatz an Pestiziden um mehr als 500 Tonnen zu vermindern.

Übers Ganze gesehen scheint uns die Biotechnologie nicht an den Rand einer ökologischen Katastrophe zu bringen. Tatsächlich hat die Nationale Akademie der Wissenschaften der USA berichtet, dass biotechnologisch verbesserte Nutzpflanzen keine größere Umwelt-

SIE ENTSCHEIDEN!

■ Die „StarkLink"-Episode

Im Jahr 2000 tauchten Spuren von gentechnisch modifiziertem Mais der Sorte StarLink in den Teighüllen von Tacos auf, die in Gemüseläden verkauft wurden. Für die Tierfutterherstellung gedacht, enthielt der Mais das Gen für eine Herbizidresistenz, das im Erdboden zerfällt oder im Magen verdaut wird. Oberflächlich betrachtet war diese Nachricht nicht schockierend. Viele erarbeitete Lebensmittel auf dem Markt enthalten gentechnisch veränderten Mais oder Sojabohnenprodukte.

Diese spezielle Maissorte war jedoch nie für den menschlichen Verzehr zugelassen worden, weil es Bedenken hinsichtlich möglicher allergischer Reaktionen gab. Die Umweltschutzbehörde EPA der USA, die die Verwendung aller Pestizide regulatorisch überwacht, hatte die Sorte StarLink nur als Tierfutter oder für die industrielle Verwendung zugelassen. Die Entdeckung von StarLink-Mais in der Nahrung von Menschen löste eine massive Rückrufaktion potenziell „verunreinigter" Produkte aus. Bald nach der Rückrufaktion teilte die Firma *Aventis*, die die Sorte StarLink vermarktet, der EPA mit, dass man den Anbau der Sorte eingestellt habe.

Hat dieses „nicht zugelassene Pestizid" tatsächlich irgendwelchen Schaden angerichtet? Die Seuchenkontrollbehörde der USA, CDC, leitete sofortige Schritte ein, um das herauszufinden. Eine Handvoll von Leuten hatte über allergieartige Reaktionen nach dem Verzehr des gentechnisch gezüchteten Maises geklagt, und die CDC hat jeden Fall eingehend untersucht. Insgesamt 28 Personen hatten Symptome gehabt, die auf eine allergische Reaktion hindeuteten. Bluttests erwiesen jedoch, dass keine dieser Personen eine Überempfindlichkeit (Allergie) gegen das Bt-Protein zeigte.

Wie sollte diese Episode beurteilt werden? Wurde die Öffentlichkeit in adäquater Weise vor Schaden geschützt? Hat die Regierung überreagiert? Wie sieht das beste Gleichgewicht zwischen Regulierungen und kommerziellen Interessen aus? Sie entscheiden!

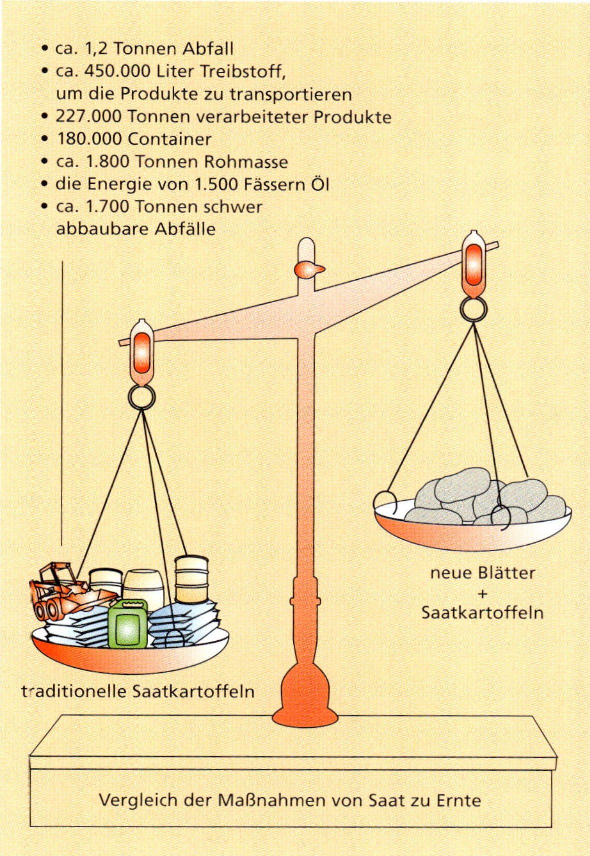

Abbildung 6.13: Vergleich der Maßnahmen, die zur Kontrolle des Coloradokartoffelvirus und des Blattrollvirus bei USA-Kartoffeln erforderlich sind. Beträchtlich größere Mengen an Rohstoffen und Energie werden in die Herstellung und Anwendung des Insektizids gesteckt, im Vergleich zur Anwesenheit insektizider Gene in der Pflanze selbst.

gefährdung darstellen als traditionelle Nutzpflanzen. Letztlich gehen von konventionell durch Kreuzung gezüchteten Pflanzensorten prinzipiell die gleichen Gefahren aus wie von gentechnisch gezüchteten.

Regularien

Die Biotechnologie ist kein gesetzloses Grenzland. Wie wir bereits gesehen haben, regulieren verschiedene Behörden die Herstellung und Vermarktung gentechnisch modifizierter Nahrungsmittel. Die *Food and Drug Administration* (FDA) reguliert in den USA auf dem Markt befindliche Nahrungsmittel, das Landwirtschaftsministerium überwacht die Anbaupraktiken und die Umweltschutzbehörde EPA kontrolliert den Einsatz des Bt-Proteins und anderer „Pestizide". In Deutschland ist unter anderem das Umweltbundesamt (**http://www.umweltbundesamt.de/gentechnik/index.htm**) in die Zulassung und behördliche Überwachung gentechnischer Produkte eingebunden, in Österreich das dortige Umweltbundesamt (**http://www.umweltbundesamt.at/umweltschutz/-gentechnik**). Die Herangehensweise dieser Behörden hat sich im Lauf der Jahre verändert, besonders im Fall der FDA, doch sind sie aktiv in die Zulassung von Nutzpflanzen eingebunden. In Kapitel 12 werden wir die Regulierung der Pflanzenbiotechnologie detaillierter erörtern.

Im Jahr 1992 – in den frühen Tagen der biotechnologischen Revolution – hat die FDA verlautbaren lassen,

BERUFSPRAXIS

Der Landwirt von heute

Landwirte des 21. Jahrhunderts werden die Gentechnik (und begleitende Regularien), die Botanik, die Statistik, die Chemie und globale Bildgebungsverfahren verstehen. Anders ausgedrückt: Die arbeitsintensive Landwirtschaftsindustrie, die wir heute kennen, wird die Werkzeuge der Wissenschaft erfordern. US-amerikanische Bauern und Viehzüchter setzen bereits darauf, was es ihnen erlaubt, die effizientesten Produzenten der Welt zu sein.

Bildung ist der Schlüssel zum Fällen von Entscheidungen, die schließlich die Menge und Qualität der Nahrungsmittel und Balaststoffe, die der Welt zur Verfügung stehen, entscheiden. Eine nationale Untersuchung, die vom US-amerikanischen Landwirtschaftsministerium und der Purdue-Universität im Bundesstaat Indiana gefördert wurde, verheißt ungefähr 58.000 neue Arbeitsplätze im Bereich der Landbauwissenschaft; das ist beträchtlich mehr als die verfügbare Zahl von College-Absolventen im Fach Landwirtschaft, und diese Zahl schließt die Biotechnologen nicht ein.

Die landwirtschaftliche Biotechnologie ist eine der neuesten Anwendungen der Biotechnologie, mit Industrien, die an Beschäftigten mit Fertigkeiten in Biotechnologie und Landwirtschaft interessiert sind. Die Fähigkeit, die Produktion von Nahrungsmitteln zu verbessern, die benötigt werden, um eine menschliche Population zu ernähren, die sich alle 45 Jahre verdoppelt, und dies auf einer Fläche von etwa 2 % der gesamten Landoberfläche der Welt, kann nicht ohne Fortschritte der Technik stattfinden, und die Biotechnologie hat im letzten Jahrzehnt die größten Veränderungen in die Landwirtschaft eingebracht. Die landwirtschaftliche Biotechnologie hat eine große Zukunft für die, die bereit sind, neue Fertigkeiten zu entwickeln.

dass gentechnisch veränderte Nahrungsmittel durch die gleichen strengen Maßstäbe reguliert werden, die auf reguläre Nahrungsmittel anwendbar sind – nicht mehr und nicht weniger. Und obwohl sie nicht per Gesetz dazu verpflichtet waren, haben sich Nahrungsmittelhersteller freiwillig an die FDA gewandt, bevor sie ein Produkt auf den Markt gebracht haben. 2001 schlug die Behörde eine strengere, formalere Vorgehensweise vor. Nach den vorgeschlagenen Regeln muss eine Firma die FDA mindestens 120 Tage, bevor ein gentechnisch verändertes Lebensmittel auf den Markt kommt, informieren. Der Hersteller muss außerdem Belege vorlegen, aus denen ersichtlich ist, dass das neue Produkt nicht gefährlicher ist als dasjenige, das es ersetzen soll.

ÜBUNGSAUFGABEN

Die Antworten finden Sie in Anhang A.

1. Wie stellen Sie fest, ob die Nutzpflanze, die Sie essen – sagen wir, Mais oder Sojabohne –, durch die Biotechnologie verbessert worden ist?
2. Welchen Nutzen hat die landwirtschaftliche Biotechnologie für die Umwelt?
3. Sind biotechnologisch verbesserte Nutzpflanzen gekennzeichnet?
4. Werden insektengeschützte Nutzpflanzen die Entwicklung von Insektenresistenz fördern?
5. Woher wissen Sie, dass es keine langfristigen Konsequenzen für Menschen oder andere Tiere durch den Verzehr von Nahrungs- oder Futtermitteln, die Produkte aus biotechnologisch verbesserten Pflanzen enthalten, geben wird?

WEITERFÜHRENDE LITERATUR

Bücher

C. Cullis: Plant Genomics and Proteomics. Wiley & Sons (2004); ISBN 0-471-37314-1.

R. Fischer und S. Schillberg (Hrsg.): Molecular pharming – Plant-made pharmaceuticals and technical proteins. Wiley-VCH (2004); ISBN: 3-527-30786-9.

F. Kempken und R. Kempken: Gentechnik bei Pflanzen. Chancen und Risiken. 3. Auflage, Springer (2006); ISBN: 3-540-33661-3.

A. Slater, N. Scott, M. Fowler: Plant Biotechnology – The genetic manipulation of plants. Oxford University Press (2003); ISBN: 0-1992-5468-0.

C. Stewart (Hrsg.): Transgenic Plants: Current Innovations and Future Trends. Horizon Scientific Press (2003); ISBN: 1-898-486-44-1.

Artikel in Fachzeitschriften

P. Canter, H. Thomas und E. Ernst (2005): Bringing medicinal plants into cultivation: opportunities and challenges for biotechnology. Trends in Biotechnology, vol. 23, no. 4: 180–185.

S. Franklin und S. Mayfield (2004): Prospects for molecular farming in the green alga *Chlamydomonas reinhardtii*. Current Opinion in Plant Biology, vol. 7: 159–165.

S. Gelvin: *Agrobacterium*-Mediated Plant Transformation: the Biology behind the „Gene-Jockeying“ Tool. Microbiology and molecular biology reviews, vol. 67, no. 1: 16–37.

N. Gutterson und J. Zhang (2004): Genomics applications to biotech traits: a revolution in progress? Current Opinion in Plant Biology, vol. 7: 226–230.

A. Kohli et al. (2003): Transgene integration, organization and interaction in plants. Plant Molecular Biology, vol. 52: 247–258.

P. Morandini und F. Salamini (2003): Plant biotechnology and breeding: allied for years to come. Trends in Plant Science, vol. 8, no.2: 70–75.

WEB-LINKS

Weitere Informationen zu diesem Buchkapitel
http://www.pearson-studium.de

Bundesministerium für Umwelt, Naturschutz und Reaktorsicherheit (BMU)
http://www.bmu.de

Bundesministerium für Verbraucherschutz, Ernährung und Landwirtschaft (BMVEL)
http://www.bmelv.de

Deutsche Botanische Gesellschaft
http://www.deutsche-botanische-gesellschaft.de

Vereinigung für Angewandte Botanik
http://www.angewandtebotanik.de

Gesellschaft für Pflanzenzüchtung
http://www.gpz-online.de

Gesellschaft für Arzneipflanzenforschung
http://www.ga-online.org

Leibniz-Institut für Pflanzengenetik und Kulturpflanzenforschung (IPK)
http://www.ipk-gatersleben.de
Das IPK Gatersleben, ein Leibniz-Institut, hat die Aufgabe, grundlagen- und anwendungsorientierte Forschung auf den Gebieten der Pflanzengenetik und Kulturpflanzenforschung zu betreiben.

Max Planck-Institut für Züchtungsforschung
http://www.mpiz-koeln.mpg.de
Das Institut betreibt molekularbiologische Grundlagenforschung an Pflanzen mit dem Ziel, wirkungsvolle Züchtungsmethoden und umweltverträgliche Pflanzenschutzstrategien für Nutzpflanzen zu entwickeln.

John Innes-Zentrum
http://www.jic.ac.uk
Das John Innes-Forschungszentrum in Norwich, England, ist eines der bekanntesten und führenden Pflanzenforschungszentren Europas.

Biotechnologie der Tiere

7

ÜBERBLICK

Nachdem Sie dieses Kapitel durchgearbeitet haben, sollten Sie in der Lage sein:

- Einige der medizinischen Fortschritte aufzuzählen, die durch Tiermodelle in der Forschung ermöglicht worden sind.
- Zu erklären, warum der Zebrabärbling (*Danio rerio*) ein ausgezeichnetes Modelltier für genetische Untersuchungen ist.
- Zwei Alternativen zur Verwendung von Modelltieren inklusive ihrer Beschränkungen zu beschreiben.
- Einige der ethischen Bedenken gegen die Verwendung von Tieren in der Forschung zu erörtern.
- Den Prozess zu umreißen, der zur Erschaffung des klonierten Schafs „Dolly" geführt hat.
- Einige der Beschränkungen des Klonierungsprozesses zu erörtern.
- Einige Produkte aufzulisten, die mit Hilfe transgener Tiere als Bioreaktoren hergestellt werden können.
- Zu erklären, warum Genzerstörungen dazu genutzt werden können, Informationen über Erb- und andere Krankheiten zu gewinnen.
- Den Vorgang der Erzeugung und Produktion monoklonaler Antikörper zu beschreiben.

7.1 Einführung in die Biotechnologie der Tiere

Das Schaf „Dolly" sah aus wie ein Schaf. Es war ein rechter „Schafskopf". Es schlief in einem Stall. Es fraß Gras. Aber Dolly war nicht völlig normal. Zunächst verbrachte sie auffällig viel Zeit vor Fernsehkameras, weil sie ein kloniertes Tier war – ein genetisch identischer „Zwilling" eines anderen Tieres, das aus einer dem anderen Tier entnommenen Zelle hervorgegangen war. Dieses Ausgangstier und sein Zwillingsnachkomme Dolly bilden einen Klon.

Viele Menschen fühlen sich unbehaglich, wenn sie die Worte *Tier* und *genetisch verändert* in ein und demselben Satz lesen. In der Vorstellung dieser Menschen fügen sich diese Worte zu Bildern beinloser Kühe, federloser Hühner oder anderer abnormer Kreaturen zusammen. Doch Biotechnologen haben nicht das Ziel, bizarre neuartige Tiere zu kreieren. Genetisch modifizierte Tiere werden eingesetzt, um neue medizinische Behandlungsmethoden zu entwickeln, unsere Nahrungsgrundlagen zu verbessern und um unser biologisches Verständnis vom Tier an sich einschließlich des Menschen zu vertiefen.

Tiere bieten unglaubliche biotechnologische Möglichkeiten, doch gleichzeitig stellen sie uns vor schwerwiegende wissenschaftliche wie ethische Probleme. Forscher, denen es gelingt, diese Probleme erfolgreich zu bewältigen, sehen darin ein Potenzial, große Beiträge zur Entwicklung der Wissenschaft wie der Gesellschaft zu leisten.

Dieses Kapitel gibt einen Überblick über viele Aspekte der Biotechnologie von Tieren. Wir werden damit beginnen, einen Blick auf den Einsatz von Tieren in der Forschung zu werfen, und dann damit fortfahren, einige der gegenwärtigen Schwerpunkte an der vordersten Front der Biotechnologie zu betrachten. Hierzu gehören das Klonieren von Tieren, transgene Tiere sowie der Einsatz von Tieren als Bioreaktoren.

7.2 Tiere in der Forschung

Die weiße Maus ist ein Sinnbild der wissenschaftlichen Forschung. Zusammen mit dem weißen Kittel des Forschers und dem Mikroskop ist sie ein Symbol, das die Tätigkeit des forschenden Suchens und Entdeckens repräsentiert. Obwohl Tiere besonders in der medizinischen Forschung seit Jahrzehnten eine zentrale Stellung einnehmen, sind sie bis heute ein Thema der Auseinandersetzung. Aus diesem Grund werden wir hier die Rolle von Versuchstieren in der Forschung sowie einige andere heiß diskutierte Themen beleuchten.

Tiermodelle

Die Unterschiede zwischen einer Maus und einem Menschen sind offenkundig. Ebenso offenkundig sind aber bei näherem Hinsehen viele physiologische Gemeinsamkeiten. Aus diesem Grund kann uns die Forschung an Mäusen – oder anderen für diesen Zweck herangezogenen Tieren – indirekt auch viel über uns selbst verraten. Forschung unter Einsatz von Versuchstieren ist ein wichtiger Bestandteil fast aller medizinischer Durchbrüche des vergangenen 20. Jahrhunderts gewesen. Ohne Zweifel hat diese Forschung viel menschliches Leiden gelindert. Als Beispiele seien genannt:

- Ohne den Polioimpfstoff, der an Tieren entwickelt worden ist, würden jedes Jahr mehrere Tausend Kinder und Erwachsene dauerhaft durch Kinderlähmung geschädigt.
- Ohne operative Behandlung des grauen Stars, die an Versuchstieren perfektioniert worden ist, würde jedes Jahr mehr als eine Million Menschen die Sehfähigkeit auf mindestens einem Auge verlieren.
- Ohne Nierendialyse, die zuerst am Tier ausprobiert wurde, würden Zehntausende von Patienten mit chronisch geschädigten Nieren sterben.

Wie in ► Abbildung 7.1 gezeigt, sind die heutigen Bioproduzenten an transgenen Tieren sehr interessiert.

Bevor ein neuer Medikamentenwirkstoff, ein medizinisches Verfahren oder auch nur ein kosmetisches Produkt auf den Markt kommen kann, müssen die Hersteller beweiskräftig darlegen, dass es unbedenklich ist. Bei den Testverfahren zur Sicherheitsprüfung wird nach strengen wissenschaftlichen Maßstäben vorgegangen. Dieser ganze Vorgang wird als **Phasenstudie** bezeichnet. Eine statistisch signifikante Anzahl von Versuchen ist erforderlich, um an Zellkulturen, lebenden Tieren und schließlich menschlichen Probanden die Wirksamkeit und Sicherheit zu belegen. Falls Anfangstests an Zellkulturen zeigen, dass ein bedenkliches Maß an Giftigkeit von einer Substanz ausgeht, wird man das Produkt mutmaßlich nie am lebenden Tier testen. Die Versuche am lebenden Tier müssen an mindestens zwei unterschiedlichen Arten durchgeführt werden, da diese unterschiedlich auf dieselbe Substanz reagieren und so Nebenwirkungen zutage treten können (► Abbildung 7.2b). Die Aufnahmerate in den Körper, die chemische Verstoffwechselung und die Zeit bis zur Ausscheidung (Exkretion) werden im Tierexperiment gemessen. Stößt man bei diesen Tierversuchen auf wesentliche Probleme, wird man auf die Rekrutierung von Freiwilligen für Versuche am Menschen verzichten.

Sie fragen sich vielleicht, warum Versuche und Messungen an Zellen (Zellkulturen, entnommene Gewebestücke etc.) nicht ausreichend sind. Neue Wirkstoffe und medizinische Verfahren müssen am Tier erprobt werden, um die Wirkungen des Eingriffs auf den Gesamtorganismus abschätzen zu können. Zellen in einer Nährlösung verhalten sich unter Umständen ganz anders. So kann etwa eine chemische Verbindung eine starke, abtötende Wirkung auf Krebszellen zeigen, aber gleichzeitig auch destruktiv für andere, nicht von Krankheit betroffene Organe sein.

Ein Medikamentenwirkstoff, der unerwartete Nebenwirkungen hatte, ist das Haarwuchsmittel Finasterid. Neben dieser kosmetischen Wirkung wird der verschreibungspflichtige Wirkstoff auch zur Behandlung bestimmter Prostataleiden eingesetzt. Die diesen Stoff enthaltenden Mittel tragen einen Warnhinweis, dass diese Medikamente nicht von schwangeren Frauen eingenommen werden und sie nicht einmal mit den Pillen hantieren sollen. Dieser Warnhinweis und die Tatsache, dass die Pillen selbst mit einem Schutzüberzug versehen worden sind, sind die direkte Folge von Ergebnissen,

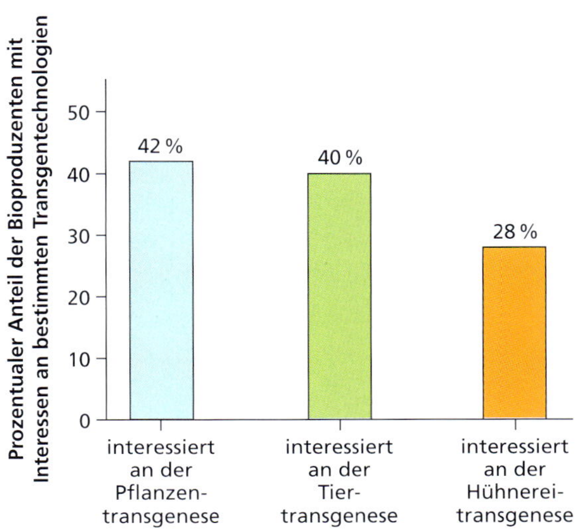

Abbildung 7.1: Die Mehrheit der Bioproduzenten richtet ihr Augenmerk auf Hühner oder die Technik der transgenen Tiere (Übertragung von Genen auf Tiereier) als Mittel zur Erzeugung von speziellen Proteinen für die Biotechnologie.

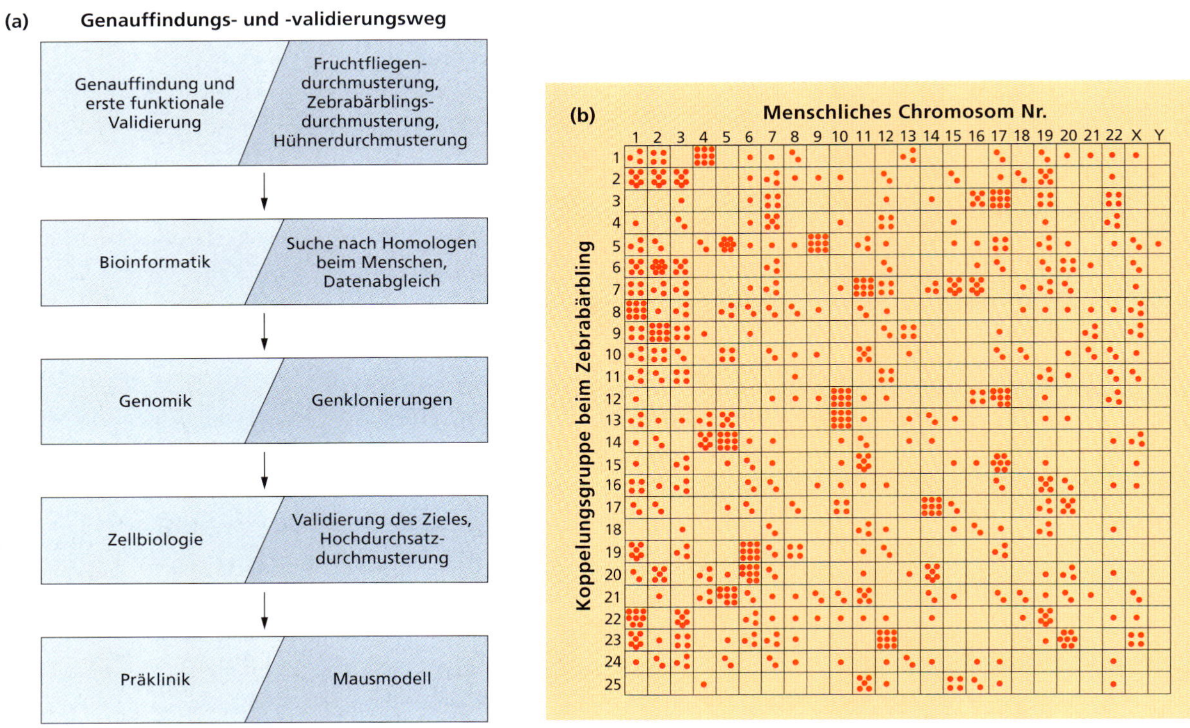

Abbildung 7.2: (a) Eine Gensuche beginnt für gewöhnlich mit der Analyse genetischer Vorgänge bei Insekten (Fruchtfliegen), Fischen (Zebrabärbling) oder am Huhn, um zu ermitteln, ob in dem betreffenden Tier ein Gen vorliegt, dass Homologie zu einem Gen des Menschen erkennen lässt und deshalb für Experimente herangezogen werden kann (oft in Form einer Genzerstörung; „Gen-knock-out"). (b) Das Forschungsraster der Universität Oxford illustriert Ergebnisse einer dieser ersten Homologieuntersuchungen. Punkte im Raster stellen ähnliche Gene in den beiden verglichenen Arten (hier Zebrabärbling und Mensch) und deren Lage auf den Chromosomen der Arten dar. Die Kästen mit mehr als einem Punkt repräsentieren konservierte Basensequenzen. Vortests an Tieren sind notwendig für eine spätere Wirkstofferprobung am Menschen.

die man durch Tierversuche gewonnen hat. Bei diesen Versuchen kam es zu schwerwiegenden Missbildungen männlicher Nachkommen von Muttertieren, denen hohe Dosierungen des Stoffes peroral verabreicht worden waren. Obwohl das Berühren der Pillen kaum zu solchen Folgen bei menschlichen Embryonen führen wird, hat man entsprechende Vorsichtsmaßnahmen getroffen, bevor das Medikament auf den Markt kam. In diesem Fall waren Tierversuche hilfreich bei der Vermeidung möglicher desaströser Nebenwirkungen.

Die am häufigsten für Tierversuche in der Industrie eingesetzten Tiere sind Reinzuchtlinien von Mäusen und Ratten, doch kommen auch andere Gattungen zum Einsatz. Als extrem nützlich hat sich in jüngerer Zeit der Zebrabärbling (*Danio rerio*; auch: *Brachydanio rerio*) erwiesen. Bei dieser Fischart handelt es sich um einen beliebten und leicht zu haltenden Aquarienfisch (► Abbildung 7.3). Zebrabärblinge sind ausgewachsen 3–4 cm lang, so dass man auf beschränktem Platz sehr viele Tiere halten kann. Bei ausreichend guter Haltung ist der Zebrabärbling leicht zu vermehren und bringt zahlreiche Nachkommen zur Welt. Die Vermehrung ist nicht saisonabhängig und die Tiere aus der Familie der Karpfenfische (*Cyprinidae*) sind nach ca. 3 Monaten geschlechtsreif. Die Nachkommenzahl eines einzigen Weibchens kann bei 200 pro Woche liegen. Die befruchteten Eizellen vollführen die komplette Embryonalentwicklung in etwa 120 Stunden (etwa 6 Tage). Darm, Leber und Nieren bilden sich innerhalb der ersten 48 bis 72 Stunden (2 bis 3 Tage) aus. Da die Fischchen so rasch wachsen, kann man an ihnen die Giftigkeit von Stoffen, die die Entwicklung stören, innerhalb einer Woche experimentell testen. Falls sich dabei ein Stoff als für die Fische giftig erweist, besteht zumindest der Verdacht, dass eine Giftwirkung auch für den Menschen bestehen könnte.

Zebrabärblinge sind ideale Modelltiere für entwicklungsbiologische und genetische Experimente. Sie wachsen rasch, die Entwicklungszeit der Embryonen und die Generationszeit sind kurz; darüber hinaus erfolgt die Entwicklung der durchsichtigen Embryonen extrakorporal (► Abbildung 7.3 b), was viele Untersuchungen im Vergleich zu anderen Tieren erleichtert. In den vergangenen Jahren ist das Interesse der Genetiker an *Danio rerio* re-

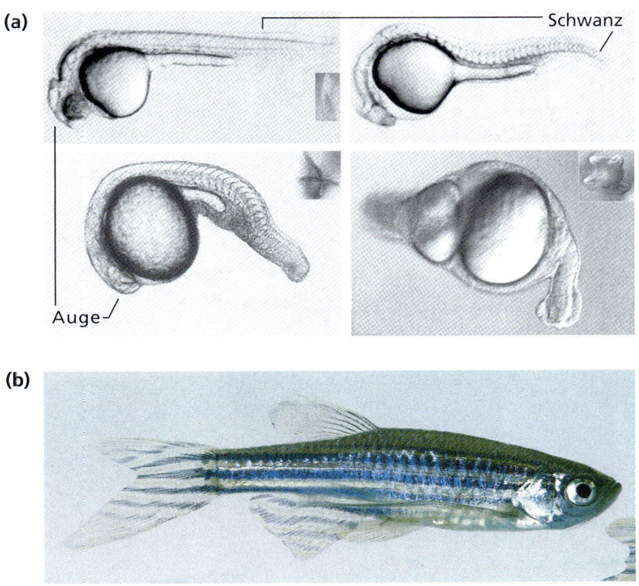

Abbildung 7.3: Zebrabärblinge sind rasch wachsende Alternativen zu anderen Modelltieren für genetische und toxikologische Untersuchungen. Die Einpflanzung von Genen in die Embryonen dieses Fisches (a) erlaubt die Untersuchung von Entwicklungsvorgängen (Organogenese etc.), die zum adulten Tier (b) führen.

gelrecht explodiert. An den abgesetzten Eiern lassen sich leicht Genübertragungen durch direkte Injektion von DNA oder RNA vornehmen. Das gentechnisch veränderte Ei muss danach nicht in ein Muttertier zurückverpflanzt werden, und die folgenden Entwicklungsvorgänge lassen sich unmittelbar mikroskopisch verfolgen und dokumentieren.

Es gibt jedoch Umstände, unter denen ein Fisch oder ein Säugetier wie eine Maus nicht das beste Versuchstier darstellen. Beispielsweise sind die Lungen und das Kreislaufsystem eines Hundes dem des Menschen sehr viel ähnlicher, als dies bei einem Nagetier der Fall ist. Zur Erforschung von Lungen- und Kreislaufkrankheiten sind daher Hunde besser geeignet.

Die Erforschung des HI-Virus und der von diesem ausgelösten Krankheit AIDS wird an Schimpansen und anderen Affen durchgeführt, weil diese Primaten die einzigen anderen Tiere sind, die außer dem Menschen empfänglich für diesen Erreger sind. Obwohl die hier erwähnten Katzen, Hunde, Affen und andere unter be-

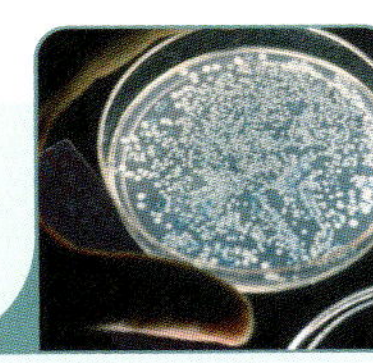

METHODEN

Organe für die Verpflanzung auf den Menschen – aus Tieren

Bis vor kurzem waren ausgefeilte Methoden zur gezielten genetischen Veränderung bei Säugetieren auf Mäuse beschränkt. Es war nur eine begrenzte Anzahl menschlicher Stammzelllinien verfügbar, um klonierte Organe zu erzeugen, die nach einer Verpflanzung (Transplantation) keinen oder nur eine geringe Abstoßungsneigung hervorrufen (die Organabstoßung kann zu einem lebensbedrohlichen Zustand bei dem Transplantatempfänger ausarten). Die homologe Rekombination ist bei den Zellen vielzelliger Organismen ein seltener Vorgang, so dass es notwendig ist, viele genetische Integrationsvorgänge zu durchmustern, um den gewünschten Zielzustand zu erhalten. Dolly, das Klonschaf, ist ein Beispiel für eine alternative Strategie zur genetischen Rekombination embryonaler Stammzelllinien durch Genveränderungen *in vitro* und Veränderung somatischer Zellen, bevor diese ihre Teilungsaktivität einstellen. Eine gezielte Genunterbrechung (Gendisruption) ist eine wichtige Technik der Tierbiotechnologie, doch ist sie nicht einfach in der Handhabung.

Nach der Ernte somatischer Zellen (gewöhnlicher Körperzellen) müssen die Wissenschaftler diese im Reagenzglas (*in vitro*) genetisch verändern, sie lange genug in Zellkulturen weiterzüchten, um seltene homologe Rekombinanten finden und bergen zu können, um dann aus diesen Zellen einen Embryo zu züchten, der für eine Zellkernverpflanzung in Frage kommt (▶ Abbildung 7.4).

Falls der wiederhergestellte Embryo lange genug überlebt und ein geschlechtsreifes Tier hervorbringt, das sich fortpflanzt, kann die genetische Modifikation weitergegeben werden.

Angestellte der Firma *PPL Therapeutics* haben so einen Durchbruch erzielt, indem sie Schweinen ein Gen entzogen haben, das häufig für die Abstoßung bei der Transplantation von Schweineorganen auf den Menschen verantwortlich ist. Auf den Oberflächen der Zellen praktisch aller Säugetiere gibt es eine gemeinsame Kohlenhydratstruktur, die nur einigen Primaten (Mensch, Menschenaffen, Altweltaffen) fehlt. Die Anwesenheit dieser Kohlenhydratreste geht auf die Aktivität einer Alpha-1,3-galactosidase zurück. Menschen und den Altweltaffen fehlt das Gen für dieses Enzym. Deshalb werden die Reaktionsprodukte, die dieses Enzym hervorbringt, als Fremdantigene erkannt und eine entsprechende Immunreaktion zur Abwehr eingeleitet. Der Mensch produziert beim Kontakt mit den von der Alpha-1,3-galactosidase erzeugten Kohlenhydraten eine große Menge Antikörper gegen die Moleküle, die diese Kohlenhydrate tragenden Zellen als körperfremd markieren. Die nachfolgenden Aktivitäten von Immuneffektorzellen führen zur Abtötung des Gewebes. Falls es den Wissenschaftlern gelingt, das zugrunde liegende Gen (und vielleicht andere an Abstoßungsreaktionen beteiligte Gene) zu neutralisieren, kann man benötigte „humanisierte" Organe ohne die Hilfe embryonaler Stammzellen des Menschen herstellen.

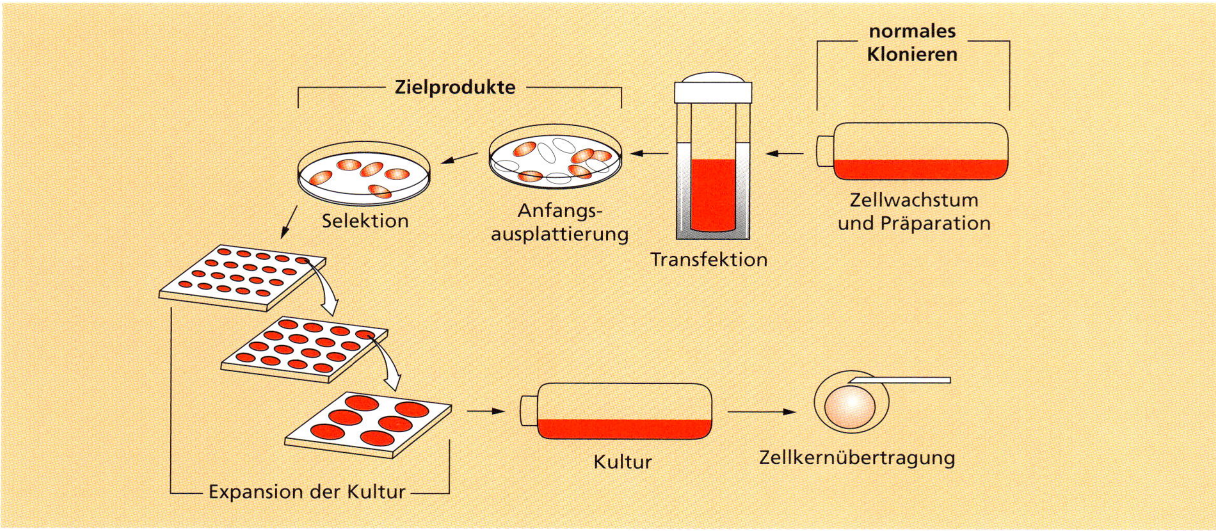

Abbildung 7.4: Zielzellen erhalten durch Transfektion eine Genübertragung. Die kleine Zahl von Zellen mit korrekt inserierten Genen wird ausgelesen und in Kultur mehrfach kloniert. Auf jeder der Arbeitsstufen entstehen Verluste durch die begrenzte Teilungsfähigkeit somatischer Zellen (die in Zellkulturen gegenüber der natürlichen Umgebung im Körper noch weiter reduziert ist). Die Zellkerne der transfizierten Zellen können schließlich für Zellkernverpflanzungen eingesetzt werden.

sonderen Umständen eingesetzt werden, wenn spezielle Aspekte ihrer Biologie zum Tragen kommen (ungeachtet der viel höheren Kosten für die Haltung), machen diese Tiere wegen des höheren Aufwands weniger als 1 % aller Versuchstiere aus. Außerdem hat in den vergangenen 20 Jahren die Zahl der Versuchstiere insgesamt abgenommen. Der wichtigste Faktor dabei war die Entwicklung neuer Alternativmethoden, die einen Teil der Tierversuche ersetzt haben.

Alternativen zu tierischen Modellen

Wann immer dies möglich ist, nutzen Wissenschaftler und die Industrie Zellkulturen und Computersimulationen. Beide Forschungsansätze, die in ► Abbildung 7.5 schematisch dargestellt sind, sind weit weniger teuer als das Arbeiten mit Versuchstieren. In manchen Fällen spart man auch Zeit, doch sind nicht alle Fragen auf diesen Wegen beantwortbar.

Wie bereits früher erwähnt, werden Untersuchungen an Zellkulturen häufig eingesetzt, um vorläufige Durchmusterungen auf die Aktivität oder die Giftigkeit von Stoffen durchzuführen. Darüber hinaus können an Zellkulturen viele grundlegende biologische Fragestellungen die Biologie von Zellen betreffend bearbeitet werden. Hinweise darauf, welche Stoffe sich als Medikamentenwirkstoff eignen könnten, entstammen oftmals solchen Reagenzglasversuchen ohne die Beteiligung ganzer (vielzelliger) Lebewesen. Wie wir jedoch bereits erfahren haben, können Zellen, Zellkulturen oder isolierte Organe manche Fragen, die das Gesamtsystem eines Lebewesens betreffen, nicht beantworten. Dies gilt auch für bestimmte Organfunktionen wie die höheren Hirnfunktionen.

Computer werden heute vielfach eingesetzt, zum Beispiel zur Modellierung chemischer Wechselwirkungen von Molekülen. Die Computermodelle zur Simulation von Vorgängen werden immer ausgefeilter, doch sind Computer immer durch ihre Programmierung beschränkt und vermögen die Komplexität einer lebenden Zelle nicht vollständig zu erfassen. Sie können Hinweise, aber keine abschließenden Antworten liefern. Zur Simulation eines lebenden Systems muss man bereits im Vorfeld eine Menge darüber wissen, und die Simulation bleibt eine grobe Näherung. Computer eignen sich hervorragend für die Verarbeitung angesammelter Daten und das Herausfiltern von Regelmäßigkeiten, doch vermögen sie nicht zu „reagieren" – außer wenn sie in geeigneter Weise programmiert sind, in einer vorgegebenen Art und Weise auf ein Signal zu „reagieren". So hätte kein Computerprogramm die teratogenen Wirkungen des Wirkstoffs Finasterid vorhersagen können.

Regularien der Forschung mit Tieren

Die Forschung an und mit Versuchstieren unterliegt aus guten Gründen der Regulation durch gesetzliche Bestimmungen. Das Tierschutzgesetz und seine Ausführungsverordnungen legen fest, welche Art von Unterbringung,

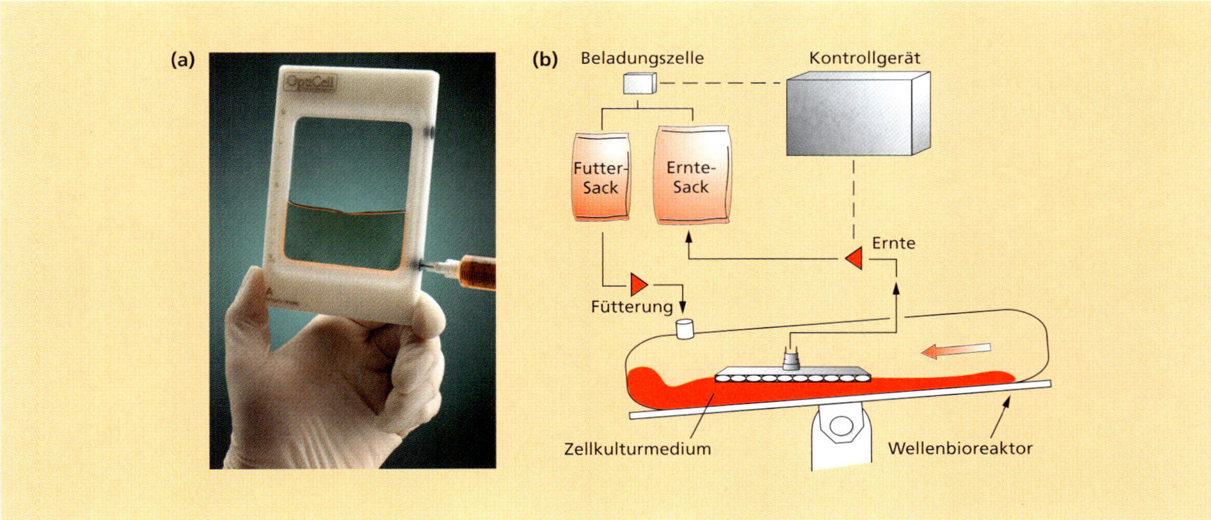

Abbildung 7.5: Gerätschaften in der Zellkultur. Obwohl die Zellkulturtechnik viele Vorteile bei der Herstellung von Bioprodukten für Testzwecke aufweist, ist sie im Allgemeinen nur ein erster Schritt, wenn die Situation nur den Einsatz einer kleinen Stoffmenge zu Testzwecken erfordert. Zellkulturgerätschaften gibt es für spezifische Anwendungen wie (a) die Injektion von Zellmaterial in ein Kulturgefäß mit Wachstumsmedium, oder (b) die Bebrütung auf einem Schütteltisch sowie für viele andere spezielle Anwendungen.

Fütterung, Hygieneanforderungen und medizinischer Versorgung Versuchstieren zukommen muss. Dies gilt für Wirbeltiere. Bevor die Experimente mit einem solchen Tier überhaupt beginnen können, müssen die Forscher begründen, warum sie die Arbeiten an diesen Tieren für erforderlich halten. Außerdem müssen sie sich bemühen, die am besten dafür geeignete Tierart zu finden und die Experimente so planen, dass eine geringstmögliche Zahl von Tieren verbraucht wird. Eine zu diesem Zweck eingesetzte Kommission überwacht die Arbeiten, solange sie im Gange sind, um sicherzustellen, dass die definierten gesetzlichen Mindestanforderungen eingehalten werden. Behörden wie das Gewerbeaufsichtsamt überwachen außerdem die allgemeinen Betriebs- und Arbeitsbedingungen in Laboratorien. Um Forschungsgelder der öffentlichen forschungsfördernden Institutionen (Forschungsministerium, Deutsche Forschungsgemeinschaft usw.) zu erhalten, müssen sich die ausführenden Wissenschaftlern natürlich an die entsprechenden Vorschriften halten. Stellt man die Kosten für solche Forschungsprojekte in Rechnung, ist die Zusatzförderung durch solche Institutionen über den normalen „Hausetat" hinaus oft zwingend.

Zusammenfassend können wir festhalten, dass Versuchstiere eine wesentliche Rolle bei der wissenschaftlichen Erforschung tierischer Lebensäußerungen sowie deren kommerzieller Verwertung durch die Industrie spielen. Nichtsdestotrotz versuchen Wissenschaftler unablässig, sich den folgenden Zielen im Hinblick auf die Forschung an und mit Tieren immer weiter anzunähern:

- Verminderung der Anzahl der Individuen höherer Tiere (Wirbeltiere), die verbraucht werden.
- Ersatz von Versuchstieren durch alternative Modellsysteme, wo immer dies möglich ist.
- Verfeinerung von Testverfahren und Experimenten, um im Umgang mit der leidensfähigen Kreatur die „humansten" realisierbaren Bedingungen zu gewährleisten.

Kapitel 12 wird sich eingehender mit der Regulierung der Biotechnologie durch verbindliche Vorschriften befassen.

Klinische Versuche in der Veterinärmedizin

Nicht alle Tierversuche werden in Forschungslaboratorien durchgeführt. Tierärzte, die ihr Leben in den Dienst der Tiergesundheit stellen, führen ebenfalls Forschungen durch. Die klinische Veterinärforschung hat beispielsweise zu neuen Behandlungen für Krebs bei Haustieren geführt. Der Hund auf dem Bild von ► Abbildung 7.6 erinnert Sie vielleicht an Ihr eigenes Haustier und daran, wie groß Ihr persönliches Interesse an Heilmethoden für die Krankheiten von Haustieren ist. Da sich bösartige Wucherungen (Krebs) bei anderen Tieren nicht prinzipiell von denen beim Menschen unterscheiden, können auch Erkenntnisse aus der Humanmedizin manchmal

Abbildung 7.6: Da viele Krankheiten des Menschen entsprechende Gegenstücke bei anderen Tierarten besitzen, nützen Behandlungen, die sich bei einem Haustier als wirkungsvoll erweisen, möglicherweise auch dem „Herrchen".

zur Behandlung von Haustieren dienlich sein. So hat man etwa bei zwei Dritteln aller Brustkrebsfälle bei menschlichen Frauen eine Mutation des BRCA1-Gens gefunden. Hunde verfügen über ein homologes BRCA1-Gen. Klinische Versuche an Haustieren können für die Verbesserung der Therapien bei Menschen von Nutzen sein und umgekehrt.

Statistisch brauchbare Blindversuche an Hunden wie Menschen haben ergeben, dass die Hyperthermie (Überhitzung des Tumorgewebes) in Verbindung mit dem Einsatz von Strahlung bei der Zurückdrängung eines örtlich begrenzten Tumors wirkungsvoller sein kann als die Strahlentherapie allein. Forscher an der Duke-Universität in den USA versuchen, die Hyperthermie in Verbindung mit einer Gentherapie anzuwenden, um solide Tumoren (im Gegensatz zum Beispiel zum Blutkrebs) zu bekämpfen. Dazu injizieren sie ein Gen für die Synthese des Botenproteins Interleukin 12 (IL-12) direkt in das Tumorgewebe. Dann wird das Tumorgewebe möglichst gezielt erwärmt. Die Temperaturerhöhung setzt die so genannte Hitzeschockantwort der Zellen in Gang, die die Produktion von Interleukin 12 fördert, was wiederum weiße Blutkörperchen anregt, das Krebsgewebe zu attackieren und die darin enthaltenen Zellen abzutöten. Gegenwärtig wird diese Therapieform an Katzen ausprobiert; falls sie sich als erfolgreich erweist, kann das Verfahren möglicherweise an Menschen getestet werden und dies rascher, als wenn es im Vorfeld keine Tierversuche (zuerst an Mäusen, dann an Katzen) gegeben hätte.

In einem ähnlich gelagerten Beispiel versuchen Forscher an der Universität von Wisconsin (USA), einen gentechnischen Impfstoff für Hautkrebs herzustellen. Dazu werden Tumorzellen aus einem Patienten in Kultur genommen und gentechnisch so verändert, dass die entarteten Zellen Gene für bestimmte Cytokine (lösliche Signalproteine, zu denen als Untergruppe die oben erwähnten Interleukine gehören) zur Expression bringen. Diese Cytokine sollen das Immunsystem des Erkrankten anregen, gegen die Tumorzellen vorzugehen. In Tierversuchen am Hund wurde gefunden, dass Tiere mit einem Melanom (schwarzer Hautkrebs) des Stadiums 1 in 75% der Fälle geheilt werden konnten. Wird das nächste Wundermittel zur Behandlung von Krebs beim Menschen vielleicht durch die Behandlung ähnlicher Tumorerkrankungen bei Haustieren entdeckt werden?

Biotechnische Veränderung von Stechmücken, um Malaria zu verhindern

Nach Jahrzehnten der Anstrengung, die Malaria unter Kontrolle zu bringen, sterben heute noch immer mehr als eine Million Menschen pro Jahr an dieser Infektion; mehrere hundert Millionen weitere stecken sich mit dem Erreger an. Sobald ein neuer Wirkstoff eingeführt wird, erscheinen bald darauf resistente Erregerstämme. Gegen DDT (Dichlordiphenyltrichlorethan) resistent gewordene Steckmücken haben das DDT wirkungslos werden lassen, und die Zahl der wirkstoffresistenten Protozoen steigt jedes Jahr weiter an. Zwei Wissenschaftlergruppen glauben, das Resistenzproblem auf biotechnologischem Weg vorübergehend überwunden zu haben: Eines von der *Case Western Reserve*-Universität (USA) hat ein Effektorgen in die Stechmücken übertragen, das verhindert, dass die Parasiten in den Darm der Insekten gelangen, so dass an diesem Punkt der Generationswechsel der Protozoen unterbrochen wird. Eine andere Gruppe von der Universität von Kalifornien in Irvine (USA) hat einen Antikörper entwickelt, der verhindern soll, dass die Erreger in den Speichel der Stechmücken übertreten, in den die Einzeller gelangen müssen, um auf einen neuen (Wirbeltier-)Wirt übertragen zu werden. Es ist geplant, beide Methoden zum Einsatz zu bringen, da die Erreger eine hohe Fähigkeit zur evolutiven Hervorbringung neuer Resistenzen besitzen. Die Freisetzung dieser gentechnisch veränderten Stechmücken wird aber noch Jahre auf sich warten lassen. Es besteht die Hoffnung, damit vielleicht ein Problem lösen zu können, das auf anderen Wegen nicht erfolgreich angegangen werden konnte.

Klone 7.3

Dolly: Ein Durchbruch der Klonierungsforschung

In den späten 90er-Jahren des vergangenen Jahrzehnts wurde „Dolly, das Schaf" zum Medienstar. Was hat Dolly in einer Welt, die voll ist von Schafen, so besonders gemacht? Ein normales Schaf beherbergt in seinen Zellen – wie alle anderen höheren Tiere auch – Gene von zwei Elterntieren. Das Gen- und das sich daraus ergebende Merkmalsgemisch entstehen zufällig. Man muss sich nur die verschiedenen Kinder einer Großfamilie ansehen: Einige haben vielleicht lockige Haare, andere dagegen glatte; der eine oder andere ist vielleicht in der Lage, „die Zunge zu rollen", ein anderer nicht, und so weiter. Tatsächlich können sogar einige Kinder von der Erbkrankheit befallen sein, während die anderen gesund sind (aber vielleicht Träger des Merkmals). Solche „Unsicherheiten" gibt es bei der Klonierung nicht. Bei der Klonierung gibt es ja ex definitione nur einen genetischen „Urheber" oder Vorfahren. Die Nachkommen bzw. genetisch identischen Geschwister, die einen Klon konstituieren, weisen alle genau die gleiche genetische Konstitution auf wie der Ausgangsorganismus, der den Klon hervorgebracht hat. Falls also das Ausgangsschaf unseres Beispiels lange, weiche Wollfasern (= Haare) hatte, wird das auch bei den anderen Mitgliedern des Klons der Fall sein (immer vorausgesetzt, das betrachtete Merkmal ist vollständig erblich festgelegt und wird nicht von der Umwelt beeinflusst).

Die **Embryonenzerteilung** (das Zerteilen eines undifferenzierten Frühembryos in mehrere Frühembryonen) – also die Erzeugung eineiiger Zwillinge oder Mehrlinge – stellt eine Klonierung (die Entstehung genetisch identischer Nachkommen) dar. Diese Technik ist schon sehr alt. Die Zerteilung von Frühembryonen durch Schnürung wurde bereits kurz nach 1900 von dem deutschen Pionier der Entwicklungsbiologie Hans Spemann bei seinen Experimenten an Amphibien benutzt. Spemann gelang es die beiden Zellen des Zweizellstadiums eines Molchembryos – also den einfachsten mehrzelligen Zustandes eines sich entwickelnden Tieres – voneinander zu trennen, wodurch er einen Klon künstlich eineiiger Zwillinge erzeugte. Für seine bahnbrechenden biologischen Forschungen wurde Hans Spemann 1935 der Nobelpreis im Fach Physiologie/Medizin verliehen. Dieses Verfahren ist heute in der Rinderzucht gängige Praxis, in der ein Bedarf für die Herstellung vieler Rinder mit derselben erprobten Abstammung existiert. Die Embryonenzerteilung hat auch zur Geburt von Tetra, einem gesunden Rhesusaffen, der aus einem zerteilten Embryo entstanden ist, Anlass gegeben. Die Embryonenzerteilung ist heute eine verhältnismäßig einfach durchzuführende Prozedur, doch ist ihr Anwendungspotenzial begrenzt. Die signifikanteste Limitierung ist einfach, dass der klonierte Organismus in vielerlei Weise unbekannt ist. Obwohl die Embryonenzerteilung zu eineiigen Zwillingen oder höheren Mehrlingen führt, ist die genaue genetische Konstitution dieser Mehrlinge das Ergebnis der Vermischung des Erbmaterials zweier Elterntiere. Dies ist die Grundlage für evolutiven Fortschritt. Von der zielgerichteten, praktisch-biotechnologischen Seite aus betrachtet ergibt sich die Komplikation, dass man zu Tieren gelangen kann, die die gewünschten Merkmale aufweisen, doch muss man unter Umständen warten, bis die Tiere ausgewachsen sind, um das festzustellen. Dies ist der Grund, warum Dolly, das Schaf, das aus einer adul-

FRAGE UND ANTWORT F&A

Frage

Was ist ein Klon?

Antwort

Ein Klon ist eine Sammlung von Zellen oder Organismen, die untereinander genetisch identisch sind. Tiere, Pflanzen und Mikroorganismen, die sich ungeschlechtlich fortpflanzen, bilden Klone. Eineiige Zwillinge bilden einen Klon. Die Zellen Ihres Körpers sind ebenfalls ein Klon (abgesehen von den haploiden, rekombinierten Keimzellen). Klone sind also nichts Neues, doch haben Wissenschaftler neuerdings neue Typen von Klonen hervorgebracht, die vielleicht die Gesundheitsfürsorge und die Nahrungsmittelproduktion revolutionieren können.

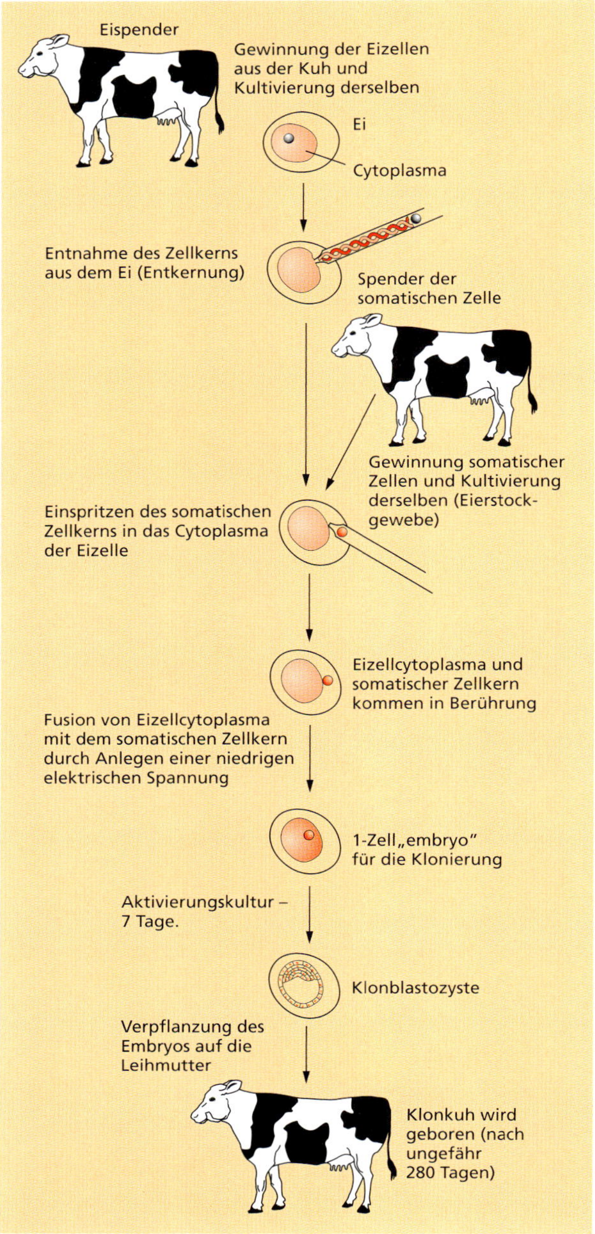

Abbildung 7.7: Das Klonieren eines Tieres beginnt für gewöhnlich damit, dass der Zellkern aus einer Eizelle entnommen und durch einen anderen (diploiden) Zellkern (möglicherweise aus einem adulten Tier) ersetzt wird. Falls die Prozedur gelingt, können wünschenswerte Merkmale mit einem hohen Maß an Sicherheit erhalten werden. Allerdings ist der langfristige Gesundheitszustand dieser unnatürlich erzeugten Tiere oft zweifelhaft. Der Erfolg ist daher keineswegs garantiert, zumal es beispielsweise beim Rind 278 Tage dauert, bis man herausfindet, ob es geklappt hat.

ten Zelle erschaffen worden war, als ein solcher Durchbruch betrachtet wird. Dolly war ein genaues Duplikat eines ausgewachsenen Tieres mit bekannten Merkmalen.

Um aus einem Adultus (ausgewachsenes Tier) einen Klon zu erschaffen, muss man das Erbmaterial aus einer Spenderzelle in eine Eizelle einpflanzen. Im ersten Schritt werden Zellen des Spendertiers gewonnen und in ein Kulturmedium mit wenigen Nährstoffen verbracht. Die Zellen leben, hungern aber, was dazu führt, dass sie die Teilung einstellen und viele vormals aktive Gene abschalten. Die Spenderzellen sind dann bereit, in ein Empfängerei transplantiert zu werden (▶ Abbildung 7.7).

Die Eizelle wird durch **Entkernung** für den Eingriff vorbereitet. Die Idee, durch die Verpflanzung von Zellkernen die Entwicklungsmöglichkeiten des Erbmaterials in diesen Zellkernen zu untersuchen, stammt ebenfalls von Hans Spemann, der das Verfahren bereits 1938 vorschlug, es aber infolge noch fehlender technischer Möglichkeiten nicht selbst ausprobieren konnte. Eine sehr feine Pipettenspitze wird in die Eizelle gestochen und der darin befindliche Zellkern vorsichtig abgesaugt. Der Forscher muss dann eine Methode wählen, die gewünschte genetische „Fracht" in die entkernte Eizelle zu bringen. Eine Methode ist in Abbildung 7.7 dargestellt. Die Handhabung einzelner Zellen unter dem Mikroskop ist – genauso wie die Zerteilung mikroskopischer Frühembryonen – eine diffizile Operation, die viel Geschick und Übung verlangt.

Nachdem der Spenderzellkern mit dem Spendererbgut in die Eizelle verfrachtet worden ist, gehen die biologischen Vorgänge ihren Gang. Die neu kreierte Zelle verhält sich so, als wäre sie eine normale befruchtete Eizelle, und nicht wie eine adulte, differenzierte Zelle. Falls alles gutgeht, kommt es zu Zellteilungen, genauso, wie es bei einer normalen Zygote der Fall wäre. Während der ersten Tage teilt sich der Embryo in einem Brutschrank (Inkubator). Wenn der neue Embryo bereit ist, wird er für die restliche Tragzeit in eine Leihmutter verpflanzt. Die Leihmutter wird, wenn weiterhin alles komplikationslos verläuft, einen Nachkommen zur Welt bringen, der genetisch identisch mit dem Spendertier ist und mit diesem zusammen einen Klon konstituiert.

Die Liste der Tierarten, die auf diese Weise kloniert worden sind, umfasst bis heute Kaninchen, Mäuse, Schafe, Ziegen, Schweine, Rinder, etwa die seltene, in ihrem Bestand bedrohte südostasiatische Rinderart Gaur (*Bos frontalis*). Im Winter 2002 machte eine neugeborene Katze namens Cc: (engl. „*carbon copy*") weltweit Schlagzeilen. Das bis dahin gesunde Kätzchen eröffnete neue Perspektiven. Das Klonieren erschien nun nicht mehr als ein seltsames wissenschaftliches Experiment, das sich in Laboratorien und Forschungsbauernhöfen abspielt. Die Menschen begannen darüber nachzudenken, wie ein kloniertes Tier zu einem Teil ihres Lebens werden könnte. Tatsächlich gibt es bereits Menschen, die Zellen ihrer geschätzten Hunde, Katzen, Kühe und Pferde in der Hoffnung hinterlegen, eines Tages selbst ein kloniertes Tier zu besitzen.

Die Grenzen des Klonierens

Die Möglichkeiten der Klonierungstechnologie sind begrenzt. Zunächst muss die Spenderzelle aus einem lebenden Organismus stammen. Freilaufende Dinosaurier à la Hollywood werden daher Fantasie bleiben – zumal es mit dem Klonieren bei der „Wiederauferweckung" einer ausgestorbenen Lebensform allein nicht getan wäre. Einige Wissenschaftler sind besessen von der Idee, dass es möglich werden könnte, die Zellen aus gefrorenen Mammutkadavern aus dem sibirischen Permafrostboden dazu zu nutzen, das Erbmaterial in eine Elefanteneizelle übertragen und von einer Elefantenkuh austragen zu lassen. Die meisten Experten (Zoologen und Veterinäre) sind jedoch vernünftigerweise der Ansicht, dass die Aussicht, einen hinreichend intakten Mammutzellkern zu finden und in einer Elefantenleihmutter ausbrüten zu lassen, lächerlich gering ist.

Es ist weiterhin von Bedeutung, sich klarzumachen, dass artifiziell klonierte Tiere – ungeachtet der Tatsache, dass sie genetische Duplikate sind – nicht vollständig mit der Vorlage identisch sind. Tiere werden von ihren Erfahrungen und ihrer Umwelt ebenso wie durch ihre Gene beeinflusst. Auch eineiige menschliche Zwillinge sind ja unabhängige Individuen, die nichtidentische Persönlichkeiten sind (die zum Teil von ihrer Umwelt geformt werden).

Aus diesem Grund werden die Leute, die Zellen ihrer geliebten Haustiere einfrieren lassen, wahrscheinlich enttäuscht werden. Die Persönlichkeit und das Verhalten eines geliebten Hundes wurden teilweise durch seine Beziehungen zu den anderen Welpen seines Wurfes und durch die Wechselbeziehungen mit seinen Besitzern geprägt. Obwohl wir vielleicht in der Lage sind, ein genetisch identisches Tier zu erzeugen, gibt es keine Möglichkeit, die prägenden frühen Erlebnisse, die den Charakter des Hundes ausgebildet haben, nachzustellen. Selbst Rassepferde, die sehr sorgfältig gezüchtet werden, damit sie wesentliche erbliche Merkmale aufweisen, werden von anderen, nichtgenetischen Faktoren geformt und beeinflusst. Der Spaß am Rennen und der Wille zu siegen sind nicht genetisch festgelegt. Aus diesem Grund ist es unwahrscheinlich, dass sich lange Schlangen zur Klonierung von Gewinnerpferden bilden werden.

Noch bedeutsamer ist die Tatsache, dass die gegenwärtige Erfolgsquote bei der Klonierung ziemlich niedrig ist, obgleich sie im Ansteigen begriffen ist. Dolly, das Schaf, war das Ergebnis von 277 Anläufen. Von diesen Versuchen lebten nur 29 der implantierten Embryonen länger als 6 Tage, und nur Dolly kam schließlich zur Welt. Die kopierte Katze „Cc:" war das einzige erfolgreich erbrütete Tier unter 87 implantierten Embryonen. Solche Fehlschläge beim Klonieren kommen nicht in die Abendnachrichten, aber sie stellen eine beträchtliche Barriere zur „Fließbandklonierung" von Tieren dar. Die Wissenschaftler sind noch immer bestrebt, einige der unerwarteten Probleme, die sich bei diesem Verfahren ergeben haben, zu untersuchen. Viele Klonnachkommen werden mit Missbildungen geboren, zum Beispiel vergrößerten Zungen, Nierenproblemen, Darmverschlüssen, Diabetes mellitus (Zuckerkrankheit, Typ I) und Gliedmaßenmissbildungen durch verkürzte Sehnen. Bei diesen, die Forscher verunsichernden Problemen lässt sich kein klares Muster ausmachen. Außerdem ist die Sterberate der Leihmuttertiere viel höher als im Fall normaler Trächtigkeiten. Bei einer experimentellen Untersuchung verstarb ein Drittel der Leihmuttertiere.

Ein noch drängenderes Problem ist die Möglichkeit, dass artifiziell erzeugte Klonnachkommen vorzeitig altern. Dieses Problem kam ans Licht, als man herausfand, dass die Zellen von Dolly viel älter zu sein schienen, als das Lebensalter des Schafs vermuten ließ. Diese Beobachtung trägt eine Erklärung in sich. Jede Zelle im Körper mit einem Zellkern enthält die Chromosomen, die unser Erbgut ausmachen. Am Ende jedes Chromosoms gibt es lange, hochrepetitive Basenfolgen, die als Telomere (gr. „Endstücke") bezeichnet werden. In Kapitel 2 wurden die Telomere behandelt. Wenn sich die Zellen von Vielzellern teilen, werden die Telomere bei jeder Replikationsrunde kürzer. Auch in diesem Sinn gibt es also in lebenden Zellen eine biologische Uhr. Das „chromosomale Alter" einer Zelle lässt sich also an der Länge der Telomere ablesen. In dem Maß, in dem sich die Telomere im Lauf eines Lebens verkürzen, treten Alterungserscheinungen an einem Lebewesen auf. Dies ist eine unter vielen Theorien zur Alterung von Lebewesen; allerdings ist zweifelhaft, dass die Telomerhypothese allein das Phänomen der Alterung zu erklären vermag. Eine Untersuchung der Telomere des Dolly-Schafs hat ergeben, dass sie nicht wie die anderer Schafe waren, die im selben Jahr geboren worden waren. Die Telomere hatten, was nicht überrascht, etwa die gleichen Länge wie die Telomere in den Zellen des

Zellkernspendertiers, aus dessen Erbgut Dolly hervorgegangen war. Dollys Zellen machten also den Eindruck, als seien sie drei Jahre älter als Dolly. Im Januar 2002 stellten die Veterinäre bei Dolly Gelenkrheuma (Arthritis) fest – ein mögliches Zeichen vorzeitiger Alterung, welche schließlich dazu führte, dass man Dolly einschläfern musste.

Andere klonierte Tiere erwartet vermutlich ein ganz ähnliches Schicksal. Auch klonierte Mäuse zeigten eine gegenüber normalen Mäusen stark verkürzte Lebensspanne. Die Lebenserwartung ist natürlich von Art zu Art verschieden, aber alle experimentellen Befunde deuten darauf hin, dass die unterdurchschnittliche Lebenserwartung von Klontieren, die durch Zellkernverpflanzung erzeugt worden sind, ein unvermeidliches Schicksal dieser Kreaturen zu sein scheint. Beachten Sie, dass dies für die Klone gilt, die durch die Verpflanzung adulter (alter) Zellkerne mit alten Chromsomen erzeugt werden – ein Verfahren, das nur durch biotechnologischen Eingriff zustandekommt und in der Natur nicht existiert. Die Klonierung durch Zerteilung von Embryonen ist nicht mit diesem Problem behaftet, weil die befruchteten Eizellen, die zu diesen Embryonen führen, aus Keimzellen hervorgegangen sind, die natürlich nicht unter Telomerverkürzungen leiden.

Die Zukunft des Klonierens

Als die Geburt des Schafs Dolly in den Medien bekanntgegeben wurde, gab es eine Flut der Spekulationen und Besorgnisse um die Rolle, die das Klonieren in Zukunft spielen wird. Obwohl es stetige Verbesserungen bei der Technik der Tierklonierung gegeben hat, ist sie noch immer ein junges Wissensgebiet und unterliegt vielen Experimenten. Einige Forscher haben es geschafft, Klone aus Klonen zu erschaffen. DNA aus gefrorenen Zellen ist erfolgreich in den Klonierungsprozess eingesetzt worden und hat so neue Möglichkeiten eröffnet, die von kryogenisch konservierten Zellen abhängen.

Zu den frühen Spekulationen gehörte die Vorstellung, dass klonierte Wesen eingesetzt werden könnten, um Ersatzkörperteile für ihre „Eltern" – die Quellen der Ursprungszellen – zu liefern. Obwohl die genetische Gleichheit das Problem der immunologischen Abstoßung bei Organ- und Gewebeverpflanzungen beseitigen würde, ist es keine praktikable Lösung für das Problem der Vorsorgungsengpässe mit transplantierbaren Organen. Abgesehen von den ethischen Fragen, die mit solch einer Praxis verbunden wären (und diese ethischen Fragen sind von komplexer Natur), würde es Jahre dauern, damit die Klonnachkommen alt genug sind, um Organe spenden zu können. Bei weitem vielversprechendere biotechnologische Lösungen zeichnen sich am Horizont ab. Die Xenotransplantation ($\chi\epsilon\nu o\sigma$, gr. „fremd"), also die Verwendung von Organen aus anderen Tierarten, von denen einige vielleicht durch Transgenese besser geeignet gemacht worden sind, soll gemäß den Erwartungen in den nächsten fünf Jahren eine tragfähige Quelle für Organe werden. Die Xenotransplantation wird in Kapitel 10 weitergehend diskutiert. Andere Wissenschaftler haben erste Erfolge mit Zellkulturen bei dem Versuch verzeichnet, Ersatzhaut, Ersatzaugen und rudimentäre Nieren für Tiere von Kaulquappen bis zu Rindern zu züchten.

Es gibt viele Gründe, warum es von Vorteil sein kann, mehrere Tiere zur Hand zu haben, die genetisch identisch (ein Klon) sind. Klone können in der medizinischen Forschung eingesetzt werden, wo ihre identische genetische Konstitution es leichter macht, die Ergebnisse von Behandlungen auszuwerten, ohne Rücksicht auf verschiedenartige genetische Prädispositionen nehmen zu müssen. Klone öffnen außerdem vielleicht ein einzigartiges Fenster auf die zellulären und molekularen Geheimnisse der Entwicklung einschließlich der Alterung und auf Krankheiten.

Im Fall vom Aussterben bedrohter Tiere gibt es einen Grund für Klonierungen, um sich fortpflanzende Populationen aufrechtzuerhalten. Diese sind dann aber durch die enorme genetische Verarmung durch die effektive Inzucht, die dieses Verfahren bedeutet, weiterhin sehr gefährdet und mit einer genetisch breiter gestreuten natürlichen Population nicht vergleichbar. Ob ein Klon für die Arterhaltung in diesen Fällen einen Vorteil bringt, ist mehr als umstritten. Wie bereits früher erwähnt sind bereits Schritte eingeleitet worden, um die Klonierung einzusetzen, um Tiere zu erhalten. Eine zwischenartliche Embryoübertragung ist erfolgreich eingesetzt worden, um Leihmütter für Afrikanische Wildkatzen (*Felis silvestria libyca*) zu finden. Noah, ein Gaurrindkalb, war ein Klonnachkomme, der in einer Milchkuhleihmutter ausgebrütet wurde. Das Kalb „Noah" starb später an einer Infektion, die mit dem Klonierungsvorgang in keinem ursächlichen Zusammenhang stand. Ungeachtet der Enttäuschung sind nun Anstrengungen im Gange, Pandabären zu klonieren. Dabei sollen die häufigeren Schwarzbären als Wirte (Leihmütter) zum Einsatz kommen.

Die Klonierung kann auch direkt eingesetzt werden, um die landwirtschaftliche Produktion zu verbessern.

Es dauert traditionell sechs bis neun Jahre, um eine neue Schweinerasse zu züchten und zu vermarkten. Die Klonierung könnte diesen Zeitraum auf nur drei Jahre verkürzen. Der ökonomische Wert der Klonierung für die Schweinemastindustrie könnte beträchtlich sein. Dies ist der Geschäftsplan der Firma *ProLinia* – einem neuen landwirtschaftlichen Biotechnologieversorger, der sich aus dem Fachwissen der Abteilung für Zoologie der Universität von Georgia (USA) abgespalten hat. *ProLinia* geht davon aus, dass es drei bis acht Jahre dauern wird, bis die Klonierung in das kommerzielle Eberproduzentensystem integriert ist. Der erste Schritt wird der Aufbau eines „genetischen Kernbauernhofes" sein, der quantitative und molekulare Genetik einsetzt, um eine bestimmte Merkmalskombination für die Zuchtpopulation zu selektieren. Als Nächstes vergrößern Multiplikatorbauernhöfe die Zahl der Schweine, die dann an kommerzielle Bauernhöfe gehen. Falls ein Tier aus dem Kernbauernhof kloniert wird, ist es möglich, die Multiplikationsphase zu überspringen und direkt zur Kommerzialisierung fortzuschreiten.

Der folgende Abschnitt wird erläutern, wie die Klonierung mit großem Nutzen in Kombination mit anderen Biotechnologien wie der Transgenese eingesetzt werden kann, und einige der vielen erfolgreichen Entwicklungen, an denen transgene Tiere beteiligt sind, wieder aufgreifen.

7.4 Transgene Tiere

Kapitel 6 hat die Transgenese im Zusammenhang mit Pflanzen behandelt. Der Vorgang der Einbringung neuen Erbmaterials ist nicht auf Pflanzen beschränkt. Er kann auch bei Tieren zum Einsatz kommen. In Kapitel 4 haben wir gelernt, dass es einige Unterschiede zwischen den von Prokaryonten erzeugten Proteinen im Vergleich zu den von Eukaryonten erzeugten gibt. Da die strukturellen und funktionellen Differenzen der Proteine, die man erhält, bedeutsam sein können, bieten Zell- und Tierkulturen eine gute Lösung für den Bedarf an korrekter Struktur.

Einige der aufregendsten Entwicklungen in der Biotechnologie sind das Ergebnis transgener Forschung an Tieren.

Die ersten Experimente der Tiertransgenese wurden auf der Zellebene ausgeführt. Ein neues Gen wurde zu einer in Kultur befindlichen Zelle gegeben und die Effekte auf diese eine Zelle wurden beobachtet. Als die Klonierungstechnik verfügbar wurde, schlug die Transgenese eine neue Richtung ein. Statt eine Einzelzelle zu verändern, konnten Gene zu einer großen Zahl von Zellen hinzugefügt werden. Diese Zellen werden dann durchmustert, um solche Zellen zu finden, die die gewünschten Gene zeigen.

Nachdem man diese Zellen gefunden hat, können sie alle verwendet werden, um ein vollständiges Tier unter Verwendung der Klonierungstechnik aus einer einzelnen Zelle wachsen zu lassen.

Transgenesetechniken

Eine Vielzahl von Methoden kann eingesetzt werden, um neues Erbmaterial in Tiere einzubringen – und neue Methoden werden weiterhin entwickelt und verfeinert. Es folgt ein kurzer Abriss einiger Techniken:

- Die **retrovirusvermittelte Transgenese**. Sie kommt zustande, indem man einen Embryo mit einem geeigneten Retrovirus (ein spezieller Typ von RNA-Virus) infiziert, bevor der Embryo in ein Muttertier implantiert wird. Das Retrovirus ist in diesem Fall der Vektor für die einzuschleusende Erbinformation. Diese Methode ist in ihrer Anwendbarkeit beschränkt, da die Größe des Transgenkonstrukts (Transgen soll für transferiertes genetisches Material stehen) beschränkt ist und das viruseigene Erbgut mit dem Vorgang interferieren kann, wodurch die retrovirale Transgenese zu einem unsicheren Verfahren wird (Retroviren wurden in Kapitel 3 erörtert).
- Bei der **Methode der pronucleären Mikroinjektion** wird die transgene DNA zum frühestmöglichen Zeitpunkt der Entwicklung einer Zygote eingeschleust. Wenn Spermium und Eizelle fusionieren, wird die neue DNA unmittelbar in den Zellkern der Samen- oder den der Eizelle injiziert. Die beiden haploiden Zellkerne werden unmittelbar nach der Befruchtung, vor der Verschmelzung zum diploiden Zygotenkern, als Vorkerne oder Pronuclei bezeichnet. Da die neue DNA direkt eingespritzt wird, ist kein besonderer Vektor erforderlich. Daher sind an dem Vorgang keine extraspezifischen DNA-Sequenzen beteiligt (► Abbildung 7.8).
- Bei der **Methode der embryonalen Stammzellen** werden diese aus der inneren Zellmasse einer Blastozyste gewonnen. Diese Zellen werden dann mit DNA vermischt, die im Allgemeinen durch die Technik der rekombinanten DNA erzeugt worden ist. Einige der embryonalen Stammzellen (ES) nehmen die DNA auf und werden durch das neue Erbgut transformiert.

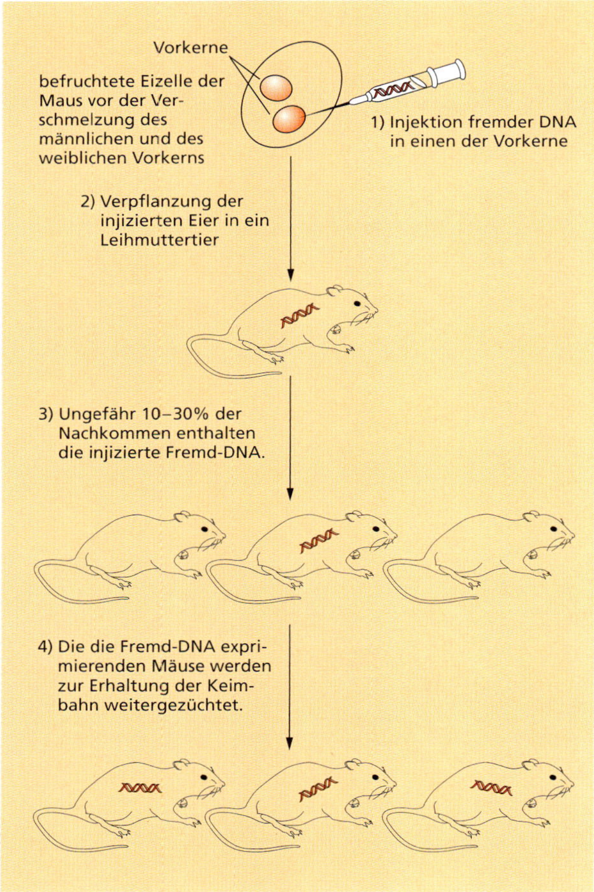

Abbildung 7.8: Die Methode der pronucleären Mikroinjektion. Die Injektion von DNA in einen der Vorkerne (weiblicher und männlicher Vorkern fusionieren im Verlauf der Befruchtung), so dass sie inkorporiert wird, wird Nachkommen hervorbringen, die die neue DNA tragen.

Die transformierten ES-Zellen werden in die innere Zellmasse einer Wirtsblastozyste injiziert. Beachten Sie, dass hierbei ein Mosaikembryo ensteht, der transgene und nichttransgene Zellen enthält.

- Eine ähnliche Methode, der **spermienvermittelte Transfer**, verwendet Verbindungs- oder Koppelungsproteine, um die DNA an Spermienzellen anzubinden. Wenn die Spermienzelle dann eine Eizelle befruchtet, trägt sie die „wertvollen" Gene mit sich.
- Schließlich können **Genkanonen**, die wir in Kapitel 6 vorgestellt haben, auch bei Tierzellen eingesetzt werden.

Die Verbesserung landwirtschaftlicher Produkte durch Transgenese

Forscher haben den Gentransfer eingesetzt, um die Produktivität von Nutzvieh zu erhöhen. Durch die Einführung von Genen, die für rascheres Wachstum verantwortlich sind, können Tiere schneller hochgemästet werden und das Fleisch, das sie liefern, kann für die, die es essen, gesünder sein. Dieser Prozess ist als selektive Verbesserung bekannt.

Traditionelle Techniken der Kreuzungszüchtung sind für viele Jahre eingesetzt worden, um Hühner zu erzeugen, die so rasch wie möglich vom Küken bis zur Schlachtreife gelangen. Ungeachtet fortlaufender Anstrengungen hat es niemand vermocht, dies in weniger als 42 Tagen zu vollbringen. Die Züchter entdeckten, dass Vögel, die weniger als 42 Tage für das Wachstum brauchten, keine Eier legten. Obgleich Eier nicht das primäre Ziel derjenigen sind, die Hühner zur Fleischproduktion mästen, ist es sehr schwierig, überhaupt irgendwelche Hühner aufzuziehen, ohne wenigstens einige Eier zum Ausbrüten zu haben. 42 Tage scheinen kein langer Zeitraum zu sein, aber jeder zusätzliche Tag bedeutet zusätzliche Kosten. Für jeden zusätzlichen Tag wird zusätzliches Futter benötigt, und mehr Abfall wird ebenfalls produziert. Die US-Amerikaner konsumieren jedes Jahr 10 Milliarden Eier, und jede Verminderung des Zeitaufwands, der notwendig ist, um diese Milliarden von Hühnern herzustellen, verkörpert eine signifikante Einsparung. Diese potenziellen Einsparungen motivieren manche gegenwärtige Forschung, bei der Gene von schnell wachsenden, fleischproduzierenden Zuchtlinien in Eier überführt werden, die von eierlegenden Zuchtlinien produziert werden. Diese Forscher hatten auf einer begrenzten Skala einige Erfolge. Nun besteht die Herausforderung darin, Methoden zu entwickeln, die im Maßstab eines industriellen Bauernhofes funktionieren. In den nächsten paar Jahren hoffen die Forscher, Apparate zu entwickeln, die die Gene für die gewünschten Merkmale akkurat in 30 bis 40 Milliarden Hühnerembryonen pro Jahr zu injizieren vermögen.

Eier könnten durch Transgenese selbst gesünder gemacht werden. Eier sind eine billige Quelle für hochqualitatives Protein, doch vermeiden viele Menschen sie, weil sie cholesterinreich sind. Die Veränderung der Gene, die für die Cholesterinproduktion verantwortlich sind, könnte zu gesünderen Niedrigcholesterineiern führen.

Die Milchwirtschaft ist ebenfalls ein Ziel für genetische Verbesserung. Forscher haben die Transgenese eingesetzt, um den Proteingehalt der Milch zu erhöhen und den Fettgehalt zu vermindern. Hermann, ein transgener Bulle, trägt das Lactoferringen des Menschen in sich. Das Gen ist verantwortlich für einen höheren Eisengehalt, den man in der menschlichen Milch findet. Das ist wesentlich für die gesunde Entwicklung von Säuglingen.

Hermanns Nachkommen tragen ebenfalls das Lactoferringen. Folglich sind vielleicht Hermanns Töchter – auf die gleiche Weise, wie Humanhämoglobin in Rindern hergestellt wird (► Abbildung 7.9) – die ersten Kühe, die Milch produzieren, die besser für menschliche Kinder geeignet ist.

Eine weitere sehr wichtige Verbesserung ist die Verminderung von Krankheiten bei Tieren, die für die Nahrungsmittelproduktion gemästet werden. Während einer Maul-und-Klauenseucheepidemie in Großbritannien im Jahr 2000 wurden Herden von Milch- und Fleischvieh sowie Schafe und Ziegen vernichtet. Der Verlust ganzer Herden war katastrophal für Bauern und verheerend für die Landwirtschaftsindustrie dieser Nation. In den USA haben Sorgen über die Verbreitung der Maul-und-Klauenseuche zur Konfiszierung und Vernichtung von Schafen geführt, die aus Großbritannien importiert worden waren, obgleich diese nicht notwendigerweise beim Test auf den Erreger der Seuche positive Testergebnisse erbracht haben. Angetrieben durch die Gefahr zukünftiger Seuchenausbrüche untersuchen Forscher Gene, die Krankheiten vorbeugen, und hoffen, Tiere zu entwickeln, die resistent gegen die Maul-und-Klauenseuche sind.

Ähnliche Vorgänge werden vielleicht eines Tages helfen, die Schweinepest (eine Virusinfektion) und die Newcastlekrankheit (eine Viruserkrankung des Geflügels) zu verhindern. Letztere befällt Hühner. Transgener Krankheitsschutz verspricht eine signifikante Reduktion der Langzeitkosten für die Bekämpfung dieser und anderer Krankheiten.

Die Sicherheit der Nahrungsmittel, die unsere Teller erreichen, kann ebenfalls durch die Technik der Transgenese verbessert werden. Lebensmittelvergiftungen können in der Zukunft vielleicht vermindert werden, indem Gene für antimikrobielle Faktoren auf Nutztiere übertragen werden können. Diese Anwendung wird nicht nur die Tausende von Todesfällen durch Lebensmittelvergiftungen, die in den USA jedes Jahr auftreten, senken, sondern wird auch bedeuten, dass in der Landwirtschaft weniger Antibiotika benutzt werden. Das sind gute Nachrichten, weil die übermäßige Anwendung zur Evolution antibiotikaresistenter Stämme von Listerien, Salmonellen und Escherichien führt. Die Transgenese könnte uns helfen, die Evolution dieser resistenten Keime zu stoppen.

Forscher wenden sich auch der Transgenese zu, um Tiere zu erschaffen, die den Hungrigen und den Armen in aller Welt dienlich sein werden. In vielen Gebieten der Welt ist das bebaubare Land begrenzt, und sehr wenig kann für grasende Tiere abgezäunt werden. Forscher richten ihre Aufmerksamkeit auf das Problem, diese Tiere in effizientere Grasfresser zu transformieren. Um dies zu erreichen, schauen sie sich den genetischen Aufbau wilder Grasfresser wie afrikanischer Antilopen an, die in Umgebungen gedeihen, in denen domestiziertes Vieh ausfallen würde. Es könnte vielleicht möglich sein, Rinder zu erschaffen, die besser in der Lage sind, harte Arbeiten wie das Ziehen von Pflügen zu verrichten, selbst wenn sie mit weniger auskommen müssen. In dem Maße, in dem Forscher auf die Verbesserung der Viehbestände hinarbeiten, tragen sie auch Sorge für die Identifizierung und Erhaltung des genetischen Erbes traditioneller Viehrassen. Niemand ist sich des potenziellen Wertes der genetischen Vielfalt bewusster als Genetiker.

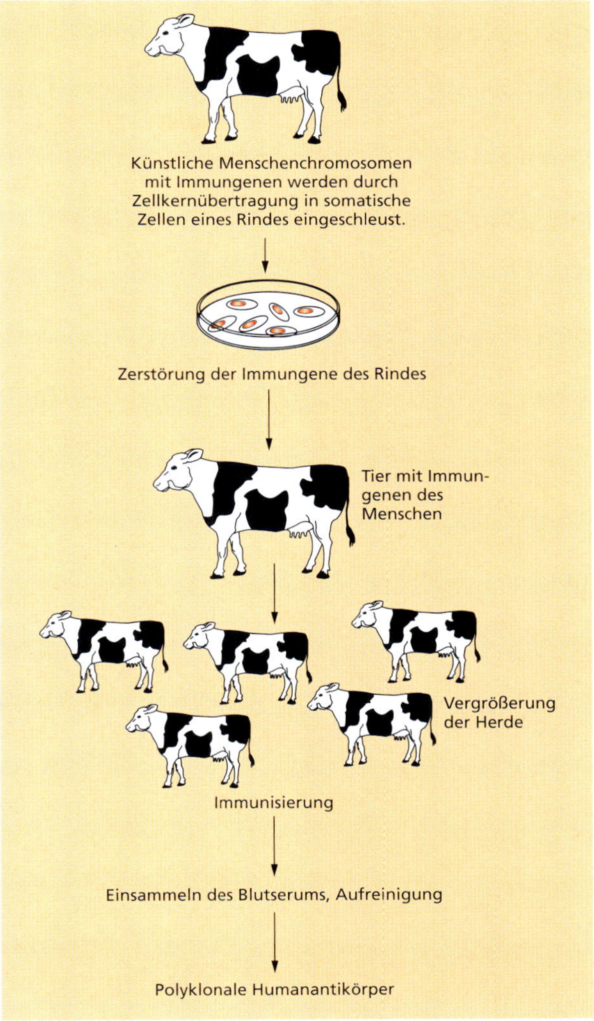

Abbildung 7.9: Menschliches Blutplasma ist knapp und könnte aus Rindern gewonnen werden, die gentechnisch verändert wurden, so dass sie menschliche Gene für Blutfaktoren und Antikörpergene in sich tragen. Künstliche Menschenchromosomen, die diese Gene tragen, sind erfolgreich durch die in Kapitel 4 beschriebenen Methoden übertragen worden.

Transgene Tiere als biologische Reaktoren

Rufen Sie sich aus Kapitel 4 in Erinnerung, dass Proteine eine wichtige biotechnologische Produktsparte sind, und dass ganze Tiere als „Bioreaktoren" zur Herstellung solcher Proteine dienen können. Hier erfahren Sie, wie ein solcher Bioreaktor funktioniert. Zunächst wird das Gen für das gewünschte Protein durch Transgenese (Gentechnik) in die Zielzelle(n) eingeschleust. Dann wird die Zelle zu einem Tier weiterentwickelt. Das adulte Tier kann aufgrund der eingeschleusten Gene Milch oder Eier produzieren, die reich an dem gewünschten Protein sind.

„Biostahl" ist ein außergewöhnliches neues Produkt, das bald in kugelsicheren Westen und für chirurgische Nähseide zum Wundverschluss eingesetzt wird. Grundsätzlich ist „Biostahl" eine Spinnenseide, die zu den stärksten bekanntesten Faserstoffen gehört. In der Vergangenheit war Spinnenseide nie ein lebensfähiges Industrieprodukt, weil Spinnen zu wenig Seide produzieren, um nützlich zu sein. Können Sie sich die Probleme bei der Haltung und beim Zusammentreiben von Spinnenherden vorstellen? Dank der Technik der Transgenese sind Spinnen nicht die einzige Quelle für die Proteine der Spinnseide. Das Gen, das die Produktion der Spinnenseide steuert, ist erfolgreich in Ziegen eingepflanzt worden, und diese Ziegen haben sich fortgepflanzt, wobei sie das neue Gen an ihre Nachkommen weitergegeben haben. Nun gibt es eine ganze Herde von „Seidenmilchziegen". Es ist nicht nötig, diese Bioreaktoren unablässig zu überwachen. Diese Ziegen – wie die in ▶ Abbildung 7.10 gezeigten – fressen Gras, Heu und Getreide und produzieren Milch, die nun die Proteine enthält, die die Spinnenseide aufbauen.

Deutsche Forscher haben einen anderen Weg beschritten, um das gleiche oder ein sehr ähnliches Produkt herzustellen. Einer von Thomas Scheibel geleiteten Gruppe an der Technischen Universität München ist es gelungen, einen Faden aus Spinnenseide herzustellen, der von einem Originalfaden einer Spinne nicht unterscheidbar ist (allerdings können alle Spinnen mehrere unterschiedliche Seidentypen herstellen). Die Gene für das Seidenprotein wurde in einem Virus als Vektor in Zellen eines Schmetterlings eingepflanzt, der dann Spinnenseide erzeugt hat. Schmetterlingsraupen wie die des asiatischen Seidenspinners sind ja seit alters her die primäre Quelle für die in der Textilindustrie verbrauchte Seide. Da auch Schmetterlinge nicht wirtschaftlich sind, wurde ein weiteres Verfahren zur Her-

Abbildung 7.10: Transgene Tiere wie Ziegen, Rinder und Hühner bieten bei der Erzeugung von Proteinen den Vorteil niedrigerer Material- und Produktionskosten.

stellung rekombinanter Spinnenseide entwickelt, das sich auf Bakterien als Expressionswirte stützt (**http://www.fiberlab.de**).

Transgene Tiere werden auch eingesetzt, um pharmazeutisch nützliche Proteine herzustellen. Ein menschliches Gen namens *ATII* ist auf Ziegen übertragen worden. Als Folge enthält die Milch der Ziegen ein Protein, das verhindert, dass das Blut gerinnt. Eine Herde von 100 Ziegen wäre in der Lage, eine Menge dieser wertvollen Substanz im Wert von 200 Millionen US-Dollar herzustellen.

Die Methode der Transgenese ist schneller, zuverlässiger und billiger als andere, komplexere Wege, um pharmazeutisch wertvollte Proteine herzustellen.

Sie fragen sich vielleicht, warum Transgenese-Forscher Ziegen benutzen. Ziegen vermehren sich rascher und sind billiger aufzuziehen und zu halten als Rinder. Da sie außerdem reichlich Milch geben, sind sie eine ausgezeichnete Wahl für die Entwicklung transgener Produkte.

Milcherzeugende Tiere sind jedoch nicht die einzigen Bioreaktoren. Eier sind eine weitere effiziente Methode zur Herstellung biotechnologischer Produkte in Tieren. Da Geflügel über ein sehr leistungsfähiges Reproduktionssystem verfügt, ist es leicht, Tausende von Eiern in einer relativ kurzen Zeit aus einer vergleichsweise kleinen Gruppe von Tieren zu gewinnen. Jede Henne produziert pro Jahr ca. 250 Eier. Das Eiweiß jedes Hühnereis enthält ungefähr dreieinhalb Gramm Protein; der Austausch nur eines kleinen Teils dieser Proteinmenge durch ein rekombinantes Protein führt zur Erschaffung eines hochproduktiven „Hennenbioreaktors“. Einige medizinische Produkte wie Lysozym und abgeschwächte Impfstoffe werden bereits aus Eiern gewonnen. Zum Beispiel werden die Grippeimpfstoffe – da die Grippeviren sowohl Säugetiere wie Vögel befallen können – traditionell in angebrüteten Hühnereiern hergestellt. Weiter unten in diesem Kapitel werden wir die Verwendung von Hühnern zur Herstellung von Antikörpern besprechen.

„Gen-knock-outs“ – eine spezielle Form von Transgenese

Das Hinzufügen von Genen ist nur eine Seite der Transgenesemedaille. Wir können auch den Einfluss eines Gens behindern. Forscher arbeiten mit Knock-out-Mäusen, speziellen transgenen Mäusen, um besser zu verstehen, was passiert, wenn ein Gen aus dem Bild eliminiert wird. Knock-out-Tiere sind gentechnisch so hergerichtet, dass ein bestimmtes Gen funktionsuntüchtig gemacht worden ist. Einfach gesagt, wird ein funktionstüchtiger offener Leserahmen durch eine DNA ersetzt oder unterbrochen, die keine funktionelle Information (für ein Protein) enthält. Wenn ein Gen durch die eingeschleuste DNA funktionsuntüchtig gemacht („*knocked out*“) wird, geht das Merkmal, das unter der Kontrolle des betreffenden Gens steht, dem Tier verloren.

Knock-out-Mäuse beginnen als embryonale Stammzellen mit speziell modifizierter DNA. Die DNA wird durch die Technik der rekombinanten DNA vorbereitet, um entweder einen bestimmten Teil abzuknipsen, wobei eine Deletion in der genetischen Information eintritt, oder einen Teil der DNA durch einen DNA-Schnipsel zu ersetzen, der keine Funktion hat. Wenn Sie sich die DNA als eine Anordnung von Buchstaben denken, die einen Satz bilden, der eine Anweisung darstellt, würde der Genlahmlegungsvorgang ein Wort entfernen und möglicherweise ersetzen. Falls wir mit „Öffne die Tür und leg die Post auf den Tisch!“ begännen und einen Teil der Botschaft zerstörten, könnten wir mit „Öffne die Tür und leg den Tisch!“ enden. Die resultierende Aktion wäre sehr verschieden von der, die in der Absicht der ursprünglichen Anweisung lag. Ein etwas anderer molekulargenetischer Eingriff und Ersatz könnte zu „Öffne den Elefanten und leg die Post auf den Tisch!“ führen. In diesem Fall würde nichts erreicht, weil der erste Teil der Anweisung im Prinzip unsinnig ist. In ähnlicher Weise kann die Deletion oder der Ersatz eines Stücks DNA zu einer Veränderungen in den Eigenschaften einschließlich der Termination der Expression vitaler Proteine führen.

Nachdem die DNA modifiziert ist, wird sie embryonalen Stammzellen hinzugefügt, wo sie mit dem existierenden Gen auf einem Chromosom rekombiniert, wobei im Wesentlichen ein Teil der genetischen Instruktionen der Zelle deletiert oder ersetzt wird. Dieser Vorgang wird als **homologe Rekombination** bezeichnet (► Abbildung 7.11). Die modifizierten embryonalen Stammzellen werden dann in einen normalen Embryo eingeschleust, und der Embryo wird in eine Inkubatormutter eingepflanzt.

Das gentechnisch veränderte Mäusejunge, das sich ergibt, ist nicht das Ende der Geschichte. Dieser Nachkomme ist eine **Chimäre**. Einige seiner Zellen sind normal und einige sind transgen. Die Aktivität der normalen Zellen verdeckt oft das Defizit, das durch das fehlende oder ersetzte Gen verursacht wird. Zwei Generationen der Kreuzung sind notwendig, um Tiere zu erzeugen, die vollständige „Knock-outs“ sind. Der Nutzen ist es nach

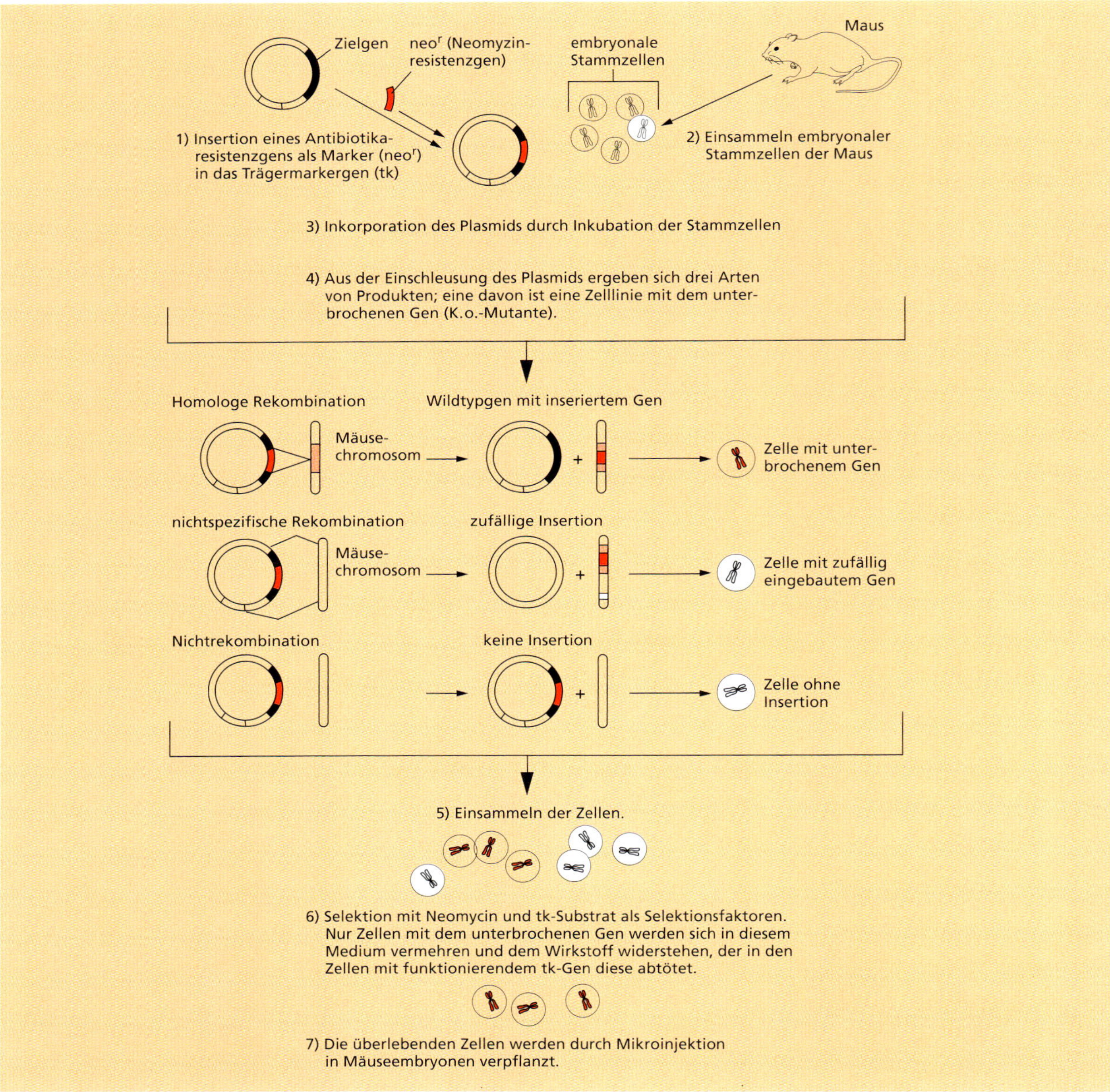

Abbildung 7.11: Wie man eine Knock-out-Maus herstellt.

Maßstab der genetischen Forschung wert. Wenn wir wissen, welches Gen gestört wurde, und wir das Ergebnis der Veränderung sehen, haben wir eine klare Vorstellung von der Funktion dieses Gens. In der Lage zu sein, klar zu sehen, was passiert, wenn ein Gen beschädigt ist oder fehlt, liefert neue Einsichten in eine Fülle von Erbkrankheiten einschließlich des Diabetes mellitus, Typ I, der Mukoviszidose, der Muskeldystrophie und des Down-Syndroms. Ein gutes Beispiel hierfür ist die „Brustkrebsmaus", die 1988 von der Universität Harvard patentiert worden ist und ausgiebig dafür verwendet worden ist, um neue Brustkrebsmedikamente und -therapien zu erproben. Die Fähigkeit, diese Therapien an Mäusen statt an menschlichen Patienten zu erproben, hat vielen Krebspatienten zahllose Stunden unnötigen Leids erspart.

Bislang sind die Maus und der Zebrabärbling die am häufigsten verwendeten Knock-out-Tiere. Es wird auch Forschung an Knock-out-Primaten gemacht. Die ersten Schritte hin zur Entwicklung eines potenziell unschätzbaren Tiermodells haben bereits zu gentechnisch modifizierten Affen geführt. Forscher am regionalen Primatenforschungszentrum von Oregon an der Oregon-Gesundheitswissenschaftsuniversität in Portland (USA) haben das Gen für das grün fluoreszierende Protein (GFP) in einen Rhesusaffen namens ANDi eingeführt. Das *gfp*-Gen, das aus einer Qualle stammt, führt nicht

SIE ENTSCHEIDEN!

■ **Knock-out-Affen**

ANDi ist der erste Schritt auf dem Weg zur Entwicklung eines Knock-out-Affen, der ein besseres Tiermodell für das Studium von Krankheiten und ihren Behandlungen sein könnte. Die gentechnisch veränderten Primaten könnten eingesetzt werden, um Brustkrebs oder HIV zu untersuchen.

Nicht jedermann stimmt zu, dass die Erschaffung eines Knock-out-Affen ein vernünftiges Ziel ist. Einige Gegner weisen darauf hin, dass Mäuse und sogar der Zebrabärbling die Mehrzahl der Gene mit dem Menschen gemeinsam haben und wirkungsvoll in der Forschung eingesetzt worden sind. Andere argumentieren, dass ein Knock-out-Affe eine Gefahr für die öffentliche Gesundheit darstellen könnte, weil sich ein Pathogen entwickeln könnte, das aus den Versuchstieren auf die menschliche Population überspringt. Sie weisen darauf hin, dass das AIDS-Virus HIV ein Krankheitserreger ist, das von wilden Affen auf den Menschen übergesprungen ist. Andere fühlen sich unbehaglich bei der generellen Vorstellung von der Verwendung von Affen für die Forschung. Sie argumentieren damit, dass diese Primaten, eben weil sie uns so ähnlich sind, ein Selbstbewusstsein haben könnten, das solche Forschungen ethisch abstoßend macht.

Was denken Sie? Sollen wir mit Nachdruck fortfahren, Knock-out-Affen zu entwickeln? Oder sind Primaten zu eng mit dem Menschen verwandt, um auf diese Weise verwendet zu werden? Falls ja, wo würden Sie die Grenze des Akzeptablen ziehen? Warum? Sie entscheiden!

dazu, dass der Affe ANDi im Dunkeln leuchtet. Tatsächlich sieht er wie ein regulärer kleiner Rhesusaffe aus. Man braucht ein spezielles Mikroskop, um das Leuchten in ANDis Zellen zu sehen. Nicht jeder stimmt der Vorstellung der Verwendung von Affen in der Forschung zu, auch wenn sie beträchtliche biologische Ähnlichkeit mit Menschen haben.

7.5 Die Herstellung von Humanantikörpern in Tieren

In Kapitel 4 haben wir den Wert von Antikörpern (Immunglobulinen) bei der Abwehr von Infektionskrankheiten beleuchtet. Die Kraft der Antikörper macht sie zu den wertvollsten Proteinprodukten. Wir werden nunmehr erfahren, wie Antikörper produziert werden, indem Tiere als Bioreaktoren eingesetzt werden.

Monoklonale Antikörper

Forscher haben lange davon geträumt, die Spezifität von Antikörpern für eine Vielzahl von Verwendungen heranziehen zu können, die auf bestimmte Orte im Körper zielen. Die Verwendung von Antikörperzielgeräten hat in den 80er-Jahren des letzten Jahrhunderts zum Konzept der „magischen Kugel" geführt – also einer Behandlung, die wirkungsvoll Tumorzellen aufspürt und zerstört, wo immer sie sich aufhalten. Eine Hauptlimitierung bei der therapeutischen Verwendung von Antikörpern besteht in der Produktion ausreichend großer Mengen eines spezifischen Antikörpers. Anfänglich haben die Forscher Myelome auf die Produktion nützlicher Antikörper hin abgesucht. **Myelome** sind bösartige Tumoren, die Antikörper produzieren und ausschütten (also entartete B-Zellen). Doch fehlte ihnen eine Möglichkeit, die Myelomzellen so zu programmieren, dass sie eine Antikörpersorte nach der Spezifikation des Forschers herstellen. Diese Situation hat sich mit der Entwicklung der Technologie der monoklonalen Antikörper dramatisch verändert. Das Verfahren zur Herstellung monoklonaler Antikörper (die aus einem einzigen Zellklon hervorgehen) ist in ► Abbildung 7.12 schematisch dargestellt.

Zunächst wird eine Maus oder eine Ratte mit dem Antigen, gegen das ein Antikörper hergestellt werden soll, inokuliert. Nachdem das Tier eine Immunreaktion gegen das Antigen (Ag) eingeleitet hat, wird das Tier getötet und die Milz entnommen. Die Milz beherbergt antikörperproduzierende Zellen; B-Lymphozyten. Diese Milzzellen werden dann allesamt mit einer speziellen Myelomzelllinie zur Fusion gebracht, die nicht länger selbst Antikörper herstellt. Die sich bei der Verschmelzung der beiden Zelltypen ergebenden Zellen werden als Hybridzellen oder Hybridomzellen (um anzuzeigen, dass es sich um tumorös entartete Zellen handelt) bezeichnet. Ein Klon solcher Zellen, der einen vollständigen Tumor konstituiert, heißt Hybridom („Hybrid(myel)lom"). Die Zellen behalten die Eigenschaften beider Ausgangszelltypen. Sie teilen sich wie gewöhnliche Tumorzellen unablässig weiter und sie stellen Antikörper her, deren jeweilige Spezifität von der in die Fusion eingegangenen B-Zelle herrührt. Aus einer einzi-

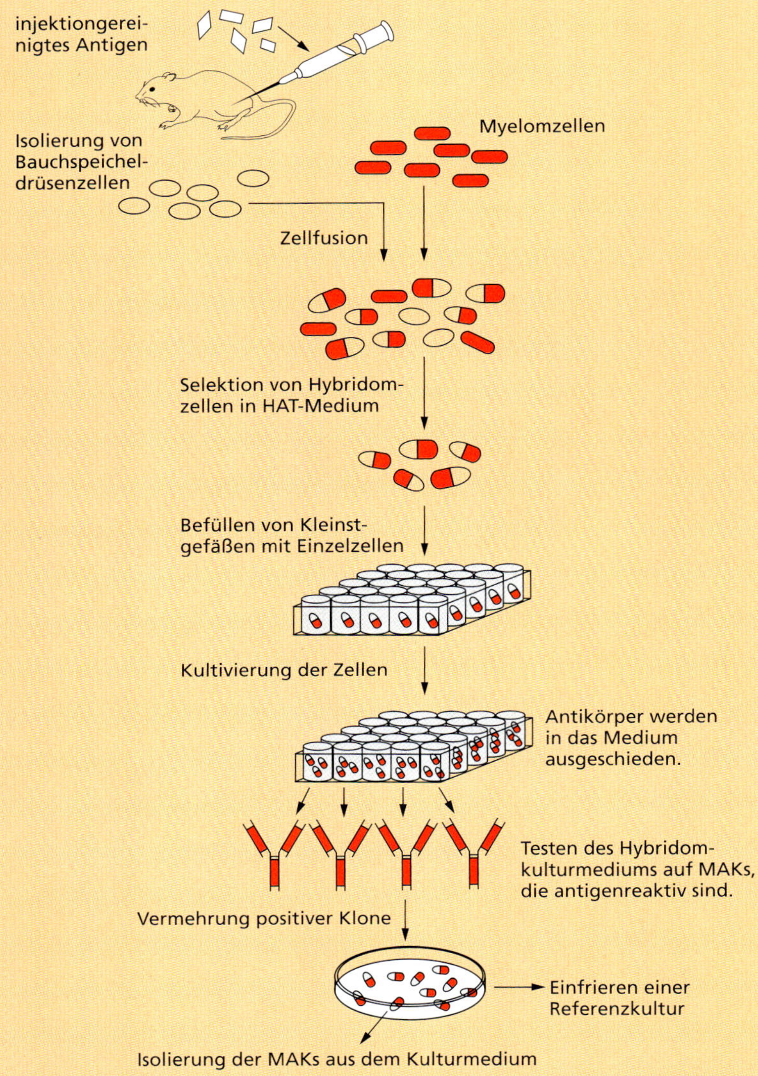

Abbildung 7.12: Die Produktion eines monoklonalen Antikörpers (MAK).

gen solchen Massenfusion von Zellen können Hunderte von (klonalen) Hybridomzelllinien hervorgehen. Die Hybridome werden dann klonal gereinigt und systematisch auf die Bindungsspezifität der von ihnen hergestellten Antikörper hin untersucht. Dabei kann auf die Produktion großer Antikörpermengen oder/und hohe Affinität zum Antigen hin selektiert werden. Nachdem ein geeigneter Klon gefunden werden konnte, wird dieser Zellklon weiter kultiviert (klonale Expansion).

Monoklonale Antikörper werden heute verwendet, um Tumore und Herzkrankheiten zu behandeln, in der so genannten Immuntherapie, die aber noch im Versuchsstadium ist. Außerdem werden sie eingesetzt, um Transplantatabstoßungen zu verhindern. Eine frühe Einschränkung des Erfolgs therapeutischer Antikörper war deren eigene Immunogenität – also die Wirkung als Antigen auf das Immunsystem des Empfängers. Die klassische Methode zur Herstellung monoklonaler Antikörper mit Maushybridomzellen provozierte eine Immunreaktion in den menschlichen Patienten. Maushybridome produzieren genügend Mausantigene, so dass sie immer noch eine unerwünschte Immuneaktion beim Menschen hervorrufen.

Die Forscher nennen dies die **humane Anti-Maus-Antikörper-Antwort** (HAMA). Das Immunsystem der Patienten hat die verabreichten monoklonalen Antikörper aus der Mäusezelllinie rasch eliminiert, so dass die therapeutischen Effekte von kurzer Dauer waren. Die Lösung besteht darin, die monoklonalen Antikörper „humaner" zu machen.

Forscher arbeiten an der Lösung des Problems der HAMA-Reaktion und ähnlicher Reaktionen auf monoklonale Antikörper, die auf andere Weise hergestellt werden (▶ Tabelle 7.1).

Tabelle 7.1

Vergleich unterschiedlicher transgener Quellen für die Bioproduktherstellung

Quelle	% des Rohproteins	(kg/Jahr)	Protein (US$/mg)	Zeit für eine Maßstabsvergrößerung (in Jahren)	Kosten der Produktionsstätte (US-$)	Vorausgegangene Zulassungen	Zukunft
Hühnerei	10	0,06/Henne	0,02	–	1.000.000	Impfstoffe	monoklonale Antikörper
Schweine	–	–	–	3–8	?	Schweinefleisch	monoklonale Antikörper; Xenotransplantate
Rind	–	–	–	1–2	?	–	Blutproteine
Mais	8	0,5/Morgen	1,0	1–2	?	Maissirup	monoklonale Antikörper

BERUFSPRAXIS

■ **Laufbahnprofil: Tierpfleger und Tierärzte**

Tierpfleger assistieren Wissenschaftlern, die Labor- und Stalltiere in der biotechnologischen Forschung und/oder Produktion verwenden. Sie führen medizinische Prozeduren an Tieren aus und versorgen Tiere vor und nach operativen Eingriffen. Sie führen auch selbst einige Eingriffe wie etwa das Blutabnehmen und das Abtöten von Versuchstieren durch. Die biologisch-technischen Assistenten assistieren nicht nur bei der Handhabung von Tieren im Verlauf von Untersuchungen und Inokulationen, sondern nehmen auch an der täglichen Beobachtung der Tiere, an Kreuzungen und der Jungenaufzucht teil. Detaillierte Aufzeichnungen über den Gesundheitszustand der Tiere ist ein wichtiger Teil der Tätigkeit. Tierpfleger ist ein dreijähriger Ausbildungsberuf. Grundkenntnisse in Biologie und Mathematik sind notwendig. Tierpfleger müssen bereit sein, gegebenenfalls auch nachts und am Wochende zu arbeiten, da viele Tiere eine ständige Versorgung beanspruchen.

Tierärzte (Veterinärmediziner, Veterinäre) spielen eine wichtige Rolle bei der Aufrechterhaltung der Gesundheit aller Arten von Haus-, Nutz- und Zootieren, einschließlich der Tiere, die zu sportlichen oder Forschungszwecken gehalten werden. Einige Tierärzte setzen ihr Wissen und Können ein, um Menschen vor durch Tiere übertragenen Krankheiten (Zoonosen) zu schützen, und führen zu diesem Zweck klinische Forschungen durch. Andere arbeiten in der Grundlagenforschung und erweitern das Fundament unseres theoretischen Wissens, oder in der angewandten Wissenschaft, um das gewonnene Wissen für die Entwicklung neuer Methoden oder Produkte einzusetzen. Angehende Veterinäre müssen ein mehrjähriges Universitätsstudium absolvieren, dessen Inhalt in der Tierärztlichen Approbationsordnung (TAppO) festgelegt ist und das mit einem Staatsexamen endet. Das Studium der Tiermedizin ist in Deutschland in Berlin (Freie Universität), Gießen, Leipzig, Hannover (Tierärztliche Hochschule) und München (Ludwig-Maximilians-Universität) möglich.

Eine Weiterbildung zum Fachtierarzt verschiedener Spezialrichtungen ist nachfolgend möglich. Veterinärmedizin ist ein zulassungsbeschränkter Studiengang. Eine Auflistung mit Verweisen auf die Internetseiten von Hochschulen, die den Studiengang Tiermedizin anbieten, findet der interessierte Leser unter: **http://www.vetcontact.com/de**.

ÜBUNGSAUFGABEN

Die Antworten finden Sie in Anhang A.

1. Warum werden Myelomzellen für die Herstellung von Hybridomazelllinien eingesetzt?
2. Warum würde ein menschliches Immunsystem auf einen von einer Maus produzierten Antikörper reagieren?
3. Wie funktionieren Antisense-Oligonucleotide?
4. Wie erlauben Knock-out-Tiere (Genverlustmutanten) eine bessere Vorhersage, wie ein Wirkstoff im Menschen wirken wird?
5. Erklären Sie den Einsatz der Hyperthermie bei der Krebsbehandlung.
6. Warum werden verbreitet Zebrabärblinge eingesetzt, um neue Wirkstoffe für den Menschen zu testen?
7. Erklären Sie, warum monoklonale Antikörper eingesetzt werden.

WEITERFÜHRENDE LITERATUR

Bücher

H. Geldermann: Tier-Biotechnologie. UTB (2005); ISBN: 3-8252-8283-X. Gutes weiterführendes Lehrbuch zur Vertiefung des Themengebiets. Zahlreiche Literaturhinweise.

Artikel in Fachzeitschriften

S. Alkan (2004): Monoclonal antibodies: The story of a discovery that revolutionized science and medicine. Nature Reviews Immunology, vol. 4: 153–156.

S. Dübel, P. Rohrbach und A. Schmiedl (2004): Rekombinante Antikörper: Werkzeuge gegen Krebs, Infektionen und Autoimmunerkrankungen? Biologie in unserer Zeit, vol. 34, Nr. 6: 372–379.

D. Glover, H. Lipps und D. Jans (2005): Towards safe, nonviral therapeutic gene expression in humans. Nature Reviews Genetics, vol. 6: 299–311.

K. Venken und H. Bellen (2005): Emerging technologies for gene manipulation in *Drosophila melanogaster*. Nature reviews genetics, vol. 6: 167–178.

WEB-LINKS

Weitere Informationen zu diesem Buchkapitel
http://www.pearson-studium.de

Amerikanische Vereinigung für Labortierwissenschaft
http://www.aalas.org

Dies ist eine exzellente Referenzinternetseite für korrekte Empfehlungen im Umgang mit Versuchstieren in der Forschung.

Der genetische Fingerabdruck und forensische Analysen

8

ÜBERBLICK

Nachdem Sie dieses Kapitel durchgearbeitet haben, sollten Sie in der Lage sein:

- Zu definieren, was ein genetischer Fingerabdruck ist.
- Den Vorgang der Probennahme und Vorbereitung einer DNA-Probe, die als Beweismittel dienen soll, zu umreißen.
- Die Schritte einer RFLP-Analyse zu beschreiben.
- Zu beschreiben, wie die PCR-Methode beim Erstellen genetischer Fingerabdrücke eingesetzt wird.
- Zu erklären, wie genetische Fingerabdrücke verglichen und ausgewertet werden.
- Zwei oder mehr genetische Fingerabddrücke zu vergleichen und zu entscheiden, ob sie zueinander passen.
- Einige Faktoren aufzulisten, die zur Qualitätsminderung einer molekulargenetischen Beweisführung beitragen können, sowie einige der Vorsichtsmaßnahmen, die zu treffen sind, um die Zuverlässigkeit einer molekulargenetischen Beweisführung sicherzustellen.
- Zu beschreiben, wie der genetische Fingerabdruck bei der Verwandtschaftsanalyse von Familien eingesetzt wird.
- Zu erklären, wie genetische Fingerabdrücke beim Schutz von Wildtierbeständen eingesetzt werden können.
- Einige der ethischen Fragestellungen, die sich im Umkreis des genetischen Fingerabdrucks ergeben, zu erörtern.

Der genetische Fingerabdruck und die Forensik – Eine Einführung 8.1

Der Begriff *Forensik* ist eine umgangssprachliche Abkürzung für **forensische Medizin** oder **Gerichtsmedizin**. Die Gerichts- oder Rechtsmedizin ist dasjenige Gebiet der Medizin, das eine Grenzfläche zur Rechtswissenschaft und zur Gerichtsbarkeit hat. Viele Gerichtsverfahren – insbesondere Strafverfahren – ruhen heute wesentlich auf einer wissenschaftlichen Beweiserhebung. Die Wissenschaft kann nicht nur bei der staatsanwaltschaftlichen Überführung von Tätern hilfreich sein, sondern ebenso gut Verdächtige entlasten. Außerdem kann sie bei der Rekonstruktion von Tathergängen wichtig sein. Wissenschaftliche Beweiserhebungen können oft auch lange nach einer Tat durchgeführt werden, und sie unterliegen bei korrekter – wissenschaftlicher – Vorgehensweise nicht der Subjektivität, die Zeugenaussagen oft anhaftet. Das Wort forensisch leitet sich vom latenischen „Forum“ = Marktplatz, öffentlicher (Versammlungs-)Platz ab, da in antiker Zeit auf solchen frei zugänglichen Plätzen Gericht gehalten wurde; heute bezeichnet „forensisch“ alles, was mit gerichtlichen Belangen zu tun hat (forensische Genetik, forensische Biochemie, forensische Psychiatrie). Entscheidend dabei ist, dass für die forensische Begutachtung eine spezielle Zulassung erforderlich ist. Eine solche Zulassung als Gerichtsgutachter erfolgt in Deutschland nur nach dem Nachweis einer ausreichenden Qualifikation, in der Regel durch die Ausbildung zum Facharzt für Gerichtsmedizin. Daher spielen Vertreter anderer Disziplinen als der Medizin in der forensischen Begutachtung biologischer Spuren nur in Ausnahmefällen eine Rolle. Im Verlauf der Jahre haben die Naturwissenschaften neue Techniken entwickelt und die Rechtssprechung hat diese neuen Informationsquellen relativ rasch aufgegriffen. Bei der komplizierten Würdigung der objektiven wissenschaftlichen Evidenz sind die Juristen aber regelmäßig auf das Urteil der ausführenden Wissenschaftler angewiesen.

Im ausgehenden 19. Jahrhundert ist die Verbrechensbekämpfung durch eine damals neue Technologie – die Fotografie – ein gehöriges Stück weitergebracht worden.

Dank der Erfindung der Fotokamera war es möglich geworden, an Tatorten Fotografien zur Dokumentation der Sachlage für eine spätere Beurteilung anzufertigen. Außerdem wurden bald „Verbrecherkarteien" zur Identifizierung von Delinquenten und Verdächtigen aufgebaut. Fotografien waren gegenüber Handzeichnungen und Personenbeschreibungen sicherlich ein Fortschritt, doch hatten sie auch deutliche Grenzen. Delinquenten fanden und finden Wege, ihr Aussehen zu verändern: Haareschneiden, Haarefärben, Bart wachsen lassen, Brille aufsetzen und so weiter, so dass die Identifizierung anhand von Fotografien beinahe unmöglich wurde.

Vor etwas mehr als hundert Jahren entdeckte man dann, dass die winzigen Bögen und Wirbel in der Haut der Fingerspitzen herangezogen werden konnte, um eine Identität festzustellen. Nachdem ein einziger, blutiger Fingerabdruck auf der Unterseite einer Registrierkasse bei der Klärung eines Mordfalles in England geholfen hatte, wurde die Abnahme von Fingerabdrücken bald zur Routine. Die Strafverfolgungsbehörden und die Geheimdienste haben riesige Sammlungen von Fingerabdrücken gesammelt und archiviert. Anfangs waren Angestellte dafür zuständig, alle Sätze möglicher Abdrucke durch Augenschein auf Übereinstimmungen hin zu untersuchen. Mit der Entwicklung der modernen Computer wurde diese Arbeit vereinfacht und rationeller. Sich auf Fingerabdrücke zu stützen ist jedoch kein immer anwendbares System. Fingerabdrücke können abgewischt werden, und ein Täter kann bei einer vorsätzlichen Tat vorsorglich Handschuhe benutzen, um erst gar keine zu hinterlassen.

Mitte der 80er-Jahre (1984/85) kam eine revolutionäre neue Technik auf, die zu einem wichtigen forensischen Werkzeug avancierte. Statt nach vielleicht verschmierten Fingerabddrücken zu suchen (die natürlich auch heute noch verwertet werden, weil sie Hinweise geben, die das neue Verfahren nicht zu liefern vermag) konnten die Untersuchungsbeamten nun nach einer neuen Art von „Abdruck" suchen – die Signatur des Erbgutes, die für jeden Menschen (außer für eineiige Zwillinge) so einzigartig ist wie der Fingerabdruck. In diesem Kapitel werden wir einen Blick auf auf den so genannten genetischen Fingerabdruck werfen und erläutern, was die DNA jedes Individuums so einmalig macht. Dann werden wir lernen, wie DNA-Proben gewonnen und für die molekulare Analyse weiterverarbeitet werden. Wir werden exemplarisch DNA-Profile vergleichen und lernen, was vorhanden sein muss, damit eine Übereinstimmung von DNA-Proben zustandekommen kann. Danach werden wir einen der bekanntesten Strafprozesse, bei dem DNA-Spuren zur Beweisführung gedient haben, beleuchten: den Simpson/Goldman-Mordfall. Dieser Fall illustriert beispielhaft den Wert, aber auch die Grenzen der Beweisführung per DNA. Dann werden wir betrachten, wie DNA-Profile benutzt werden können, um familiäre Verwandtschaftsverhältnisse zu klären. Dabei werden wir das Hauptaugenmerk auf die Heranziehung von mitochondrialer DNA zum Beweis einer Verwandtschaft legen. Schließlich – da DNA-Profile nicht auf den Menschen beschränkt sind – werden wir den Einsatz der DNA-Analyse beim Herkunftsnachweis wertvoller Nutzpflanzen, bei der Durchsetzung des Schutzes wilder Tiere und in der biologischen Forschung betrachten. Schauen wir zunächst auf die einzigartigen Molekülmuster, die als „genetischer Fingerabdruck" bezeichnet werden.

8.2 Was ist ein genetischer Fingerabdruck?

Wir wissen bereits, dass jedes menschliche Wesen einen einzigartigen Satz von Genen in sich trägt (mit der Einschränkung von Klonen wie eineiigen Zwillingen). Die chemische Natur der DNA ist dabei immer die gleiche, doch unterscheidet sich die Abfolge der Basenpaare, also der genetischen *Information*. Die neuartige Anordnung der drei Milliarden Nucleotide zu 23 Chromosomenpaaren verleiht uns unsere einzigartige genetische Identität. Wir wissen ebenfalls, dass die allermeisten Zellen eine Kopie dieser DNA enthalten, die den Organismus als Ganzes größtenteils definiert, obwohl einzelne Zellen unterschiedliche Funktionen haben können (Herzmuskelzellen lassen das Herz schlagen, Nervenzellen übertragen die Signale, die unsere Gedanken sind, T-Lymphozyten wehren Infektionen ab). Diese beiden Aspekte der DNA – die einheitliche Natur der DNA eines Einzellebewesens und die genetische Variabilität zwischen Individuen – machen „DNA-Fingerabdrücke" möglich. Da fast jede Zelle des Körpers dieselbe DNA enthält (Ausnahmen sind beim Menschen die roten Blutkörperchen ohne jedes Erbgut und die Keimzellen), sind die Zellen, die man bei einem Schleimhautabstrich zum Beispiel im Rachen erhält, eine perfekte Entsprechung der der weißen Blutkörperchen, der Hautzellen und anderer.

Glücklicherweise ist es nicht notwendig, jedes Basenpaar jeder Einzelperson zu erfassen, um zu einer individuellen DNA-Signatur zu gelangen. Stattdessen stützt sich die Erfassung von DNA-Profilen auf einen kleinen Teil des Genoms. Jeder DNA-Strang besteht aus DNA-

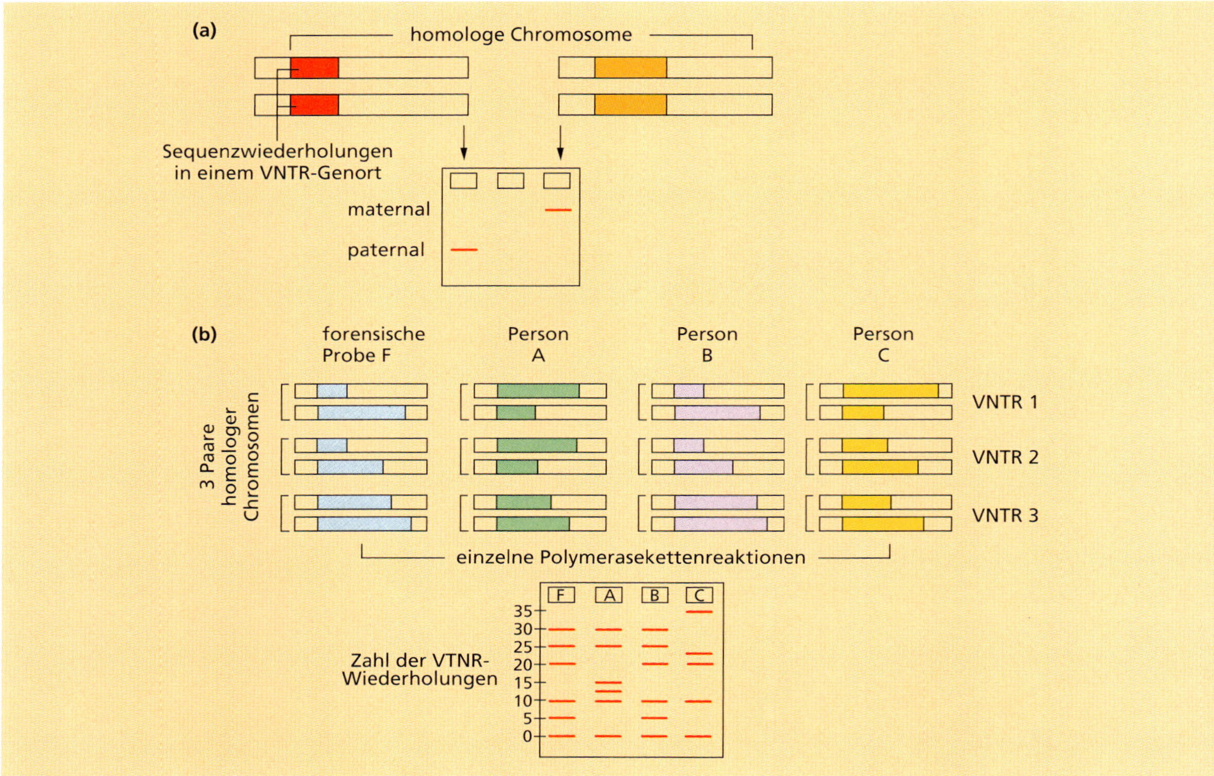

Abbildung 8.1: VNTRs (Minisatellitensequenzen). Ein VNTR konstituiert sich aus kurzen, sich monoton wiederholenden Basenfolgen, zum Beispiel GTGTGT....., die sich an verschiedenen Stellen des Genoms des Menschen finden. Die Zahl der Wiederholungen in jeder Folge ist höchst variabel und kann von Person zu Person im Bereich zwischen 4 und 40 schwanken. (a) Jede Person bekommt für gewöhnlich je eine unterschiedliche Variante jeder einzelnen VNTR vom Vater und von der Mutter vererbt. Deshalb werden zwei nichtverwandte Personen nur mit sehr geringer Wahrscheinlichkeit die gleichen Sequenzfolgen aufweisen. Die Länge der Wiederholungen und ihre elektrophoretische Wanderungsstrecke hängen von der genauen Zahl an Wiederholungen an dem jeweiligen chromosomalen Ort ab. (b) Die gleichen drei VNTRs werden bei drei Personen (A–C) analysiert. Bei jeder Person ergeben sich sechs Banden. Das Gesamtmuster ist bei allen unterschiedlich. Dieses Bandenmuster wird als „genetischer Fingerabdruck" bezeichnet. Beachten Sie, dass A und C für weitere Untersuchungen ausgeschlossen werden können, während B als „Verdächtiger" bestehen bleibt.

Bereichen, die genetisch aktiv sind, also für Proteine codiert oder diese codierenden Bereiche reguliert, sowie so genannter Schrott-DNA (engl. *junk DNA*), die keine offensichtliche Rolle bei der Entwicklung und dem Betrieb eines Lebewesens zu spielen scheint. Die DNA-Abschnitte, deren Funktion – falls es eine gibt – noch unbekannt ist, enthalten vielfach repetitive Sequenzen von 20 bis 100 Basen(paaren) Ausdehnung (siehe Kapitel 3 für eine vollständigere Erklärung).

Einige dieser Wiederholungssequenzen, die als **Minisatellien-DNA oder VNTRs** (*variable number tandem repeats*) bezeichnet werden, sind für die Bestimmung der genetischen Identität von besonderer Bedeutung. Diese VNTRs werden vom Vater und von der Mutter geerbt. Praktisch keine Person besitzt ein Muster dieser VNTRs, das identisch mit dem der Mutter oder dem des Vaters ist (dies könnte nur durch Klonierung zustandekommen). Die VNTRs einer Person sind hintereinandergeschaltete, monotone Wiederholungen von DNA-Abschnitten (► Abbildung 8.1). Die Einzigartigkeit der Tandemwiederholungen einer Person liefert den wissenschaftlichen Identitätsnachweis, der als „genetischer Fingerabdruck" bezeichnet wird.

Genetische oder DNA-Fingerabdrücke beschränken sich für gewöhnlich auf den Nachweis der Anwesenheit von **Mikrosatellitensequenzen** (STR, *short tandem repeats*), das sind Wiederholungen von ein bis vier Nucleotiden (also etwa AAAAAA, AGAGAGAG, ACTACTACT oder GGATGGATGGAT usw.), die über die Chromosomen verstreut sind. Man unterscheidet davon sog. Mini- und Makrosatellitensequenzen, die sich in den Zentromer- und den Telomerbereichen der Chromosomen (für Einzelheiten hierzu siehe Lehrbücher der Genetik) befinden. Da diese Wiederholungen an vielen verschiedenen Stellen vorkommen können, komplementieren die Sonden, die zu ihrer Identifikation eingesetzt werden, die DNA-Bereiche, die die spezifischen Mikrosatellitensequenzen, die analysiert werden, umgeben.

Abnahme eines genetischen Fingerabdrucks 8.3

Probennahme

Die Suche nach DNA-haltigem Spurenmaterial gehört für Untersuchungsbeamte an einem Tatort zur Routine. Schmutzige Wäsche, ein angeleckter Briefumschlag, ein Zigarettenstummel, eine benutzte Kaffeetasse in der Spüle oder irgendeine andere mögliche Quelle für menschliche Zellen sind das Ziel. Winzige Blutspritzer, eingetrocknete Samenflüssigkeit oder ein Speichelrest ist oftmals alles, was der Strafverfolger braucht.

Jedes Lebewesen enthält DNA; deshalb ist jeder Tatort voll von möglicherweise „kontaminierten“ Quellen. Aus diesem Grund ist höchste Aufmerksamkeit für Details erforderlich, wenn Beweismaterial eingesammelt und konserviert wird. Um das Beweismaterial zu sichern und eine Kontamination mit irreführendem Fremdmaterial zu verhindern, müssen die Beamten einige Vorkehrungen treffen:

- Es müssen Einweghandschuhe getragen werden, die oft gewechselt werden, um eine Verschleppung von Material zu verhindern.
- Es werden Einmalinstrumente benutzt (Plastikpinzetten, Wattestäbchen etc.). Falls Wegwerfinstrumente nicht zur Verfügung stehen, muss sichergestellt werden, dass die Instrumente vor und nach der Probennahme gründlichst gereinigt werden.
- Während der Probennahme ist das Sprechen, Niesen und Husten zu vermeiden, damit eine Kontamination durch frei fliegende, kleinste Speicheltröpfchen vermieden wird. Die probenziehenden Beamten tragen regelmäßig Mund-/Nasenschutz.
- Das Berühren jedweden Gegenstandes, dem DNA anhaften könnte (insbesonder der eigene Körper: Nase, Mund, sonstiges Gesicht) ist zu vermeiden. Gegebenenfalls sind neue Einmalhandschuhe anzulegen.
- Feuchtes Beweismaterial soll nach Möglichkeit vor dem Verpacken an der Luft getrocknet werden. Schimmel und Bakterien können eine Probe verunreinigen und sogar zersetzen.

Die Feinde der Beweissicherung lauern überall. Sonnenlicht und hohe Temperaturen führen zum Zerfall von DNA-Molekülen. Das Verpacken in Plastiktüten sollte vermieden werden oder zeitlich begrenzt sein, weil sich in ihnen Feuchtigkeit fängt. Spezielle Behältnisse stehen den Beamten zur Verfügung.

Der genetische Fingerabdruck ist ein Vergleichsverfahren. Die DNA-Spuren von einem Tatort müssen mit DNA-Proben von Verdächtigen und Kontrollen verglichen werden. Die ideale Probe besteht aus 1 ml oder mehr frisch entnommenen Vollbluts, das mit einem gerinnungshemmenden Mittel versetzt ist (z. B. EDTA [Ethylendiamintetraacetat] oder Zitronensäure). Falls solch eine frische Probe nicht erhältlich ist, ist noch nicht alles verloren: Man hat erfolgreich DNA aus zehn Jahre alten Proben isoliert und analysiert.

DNA-Extraktion für die Analyse

Nach der Probennahme ist ein Labormitarbeiter für die Erstellung des/der genetischen Profils/e zuständig. Zunächst wird die DNA aus dem Probenmaterial extrahiert. Die DNA kann entweder chemisch aufgereinigt werden (mit Detergenzien und anderen Chemikalien, um andere Stoffe und Zelltrümmer zu beseitigen) oder auch mechanisch (Anwendung von Druck, um die DNA aus der Zelle zu quetschen). Zu dieser Zeit muss der Ausführende mehreren Schritten folgen, um die einzigartige Signatur der DNA in einen sichtbaren Beweis umzuwandeln.

RFLP-Analyse

Da es mehr als zeitraubend wäre, drei Milliarden Basenpaare zu durchforsten, wird eine Methode zum Einsatz gebracht, die sich auf die uns bekannten VNTRs stützt. Die Konzentrierung auf die allgemein verbreiteten und informativen Sequenzwiederholungen ist zeitsparender als die individuelle Analyse jedes Basenpaars, also die Sequenzierung der DNA, die dazu auch noch weniger aufschlussreich wäre. Um die Tandemwiederholungen zu analysieren, wird die DNA mit **Restriktionsendonucleasen** behandelt (wir kennen diese Enzyme bereits aus Kapitel 3; das Prinzip ihrer Wirkungsweise ist in ► Abbildung 8.2 wiederholt). Die Restriktionsendonucleasen finden sich in zahlreichen Bakterien, wo sie Teil des natürlichen Abwehrsystems gegen Viren sind. Es gibt Hunderte unterschiedlicher Restriktionsendonucleasen mit über hundert unterschiedlichen Erkennungs- und Schnittfolgen. Durch die Verwendung dieser Enzyme lassen sich DNA-Moleküle – sofern sie Schnittstellen enthalten – in Spaltstücke (Fragmente) zerlegen. Bei Anwendung mehrerer Restriktionsenzyme auf ein und dieselbe DNA entsteht in der Regel eine größere Zahl von Spaltstücken. Die Untersuchung dieser erhaltenen hydrolytischen DNA-Spaltstücke wird **Restriktionsfragmentlängenpolymorphismusanalyse** (RFLP-Analyse) ge-

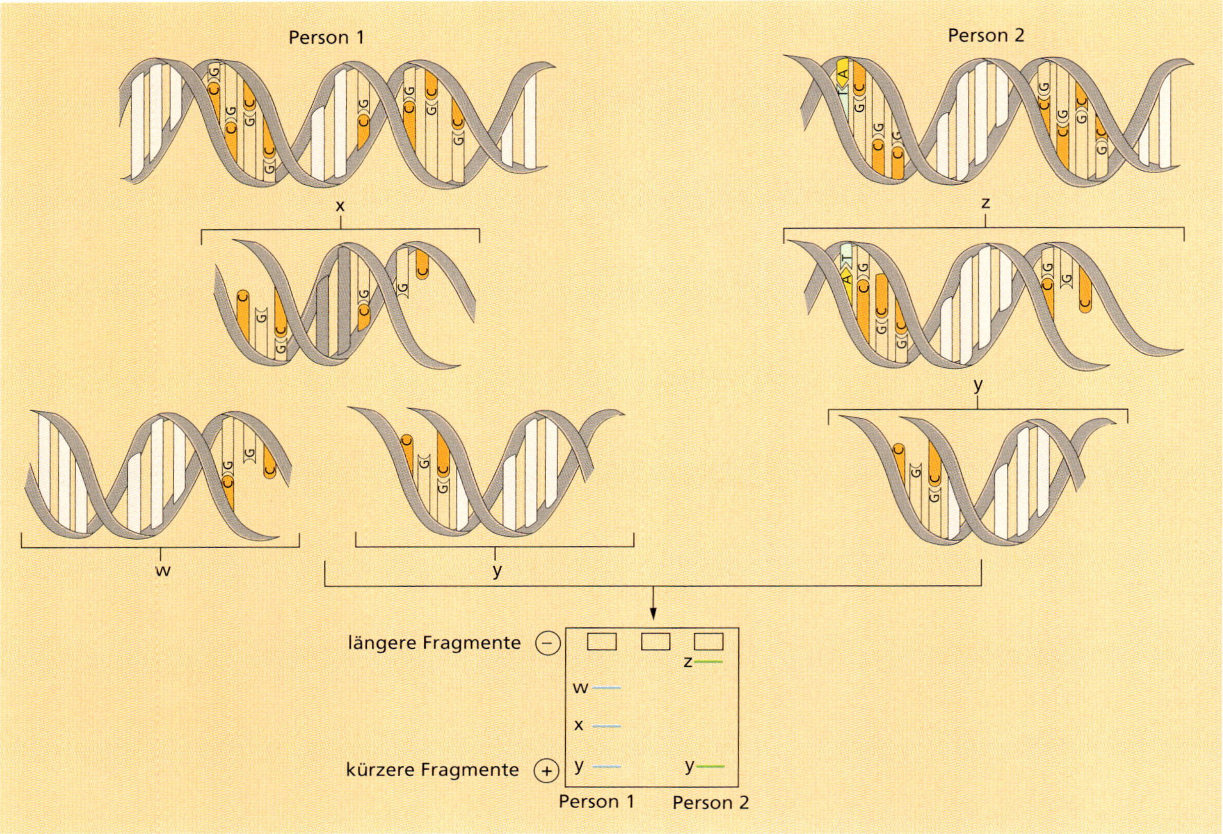

Abbildung 8.2: Banden, entstanden durch das ortsspezifische Zerschneiden von DNA-Molekülen mit Restriktionsenzymen. Restriktionsenzyme erkennen eine kurze Nucleotidfolge einer Nucleinsäure. Beachten Sie, wie das Enzym zwei Stellen in der DNA der Person Nr. 1 geschnitten hat, so dass drei Fragmente resultieren (w, y, x), in der DNA von Person Nr. 2 infolge einer Mutation (Sequenzpolymorphismus) aber nur eine Schnittstelle vorkommt, so dass sich nur zwei Fragmente ergeben (z und y). Kompliziertere Bandenmuster, die sich durch die Anwendung mehrerer solcher Enzyme ergeben, sind hinreichend genau, um die Unterscheidung einzelner Menschen mit an Sicherheit grenzender Wahrscheinlichkeit zu erlauben.

nannt; der Umstand, dass die Restriktionsfragmente von Person zu Person unterschiedlich ausfallen, **Restriktionsfragmentlängenpolymorphismus (RFLP)**.

Nach der Zerlegung der DNA durch die Enzyme werden die Bruchstücke elektrophoretisch aufgetrennt. Wir erinnern uns daran, dass wir in Kapitel 4 gelernt haben, dass die negativ geladenen DNA-Molekülionen durch ein Gel zum positiven Pol (Anode) einer angelegten Gleichspannung wandern. Die Wanderung der Fragmente wird durch die Gelmatrix behindert. Kleine, weniger Nuceotide umfassende Fragmente wandern rascher, so dass sie weiter „unten“ im Gel erscheinen. Das Ergebnis der Elektrophorese ist eine Auftrennung der DNA-Bruchstücke nach ihrer Größe (Molmasse). Das Gel wird dann durch Chemikalien oder Wärmeeinwirkung behandelt, um die DNA-Doppelstrangmoleküle zu denaturieren, also in Einzelstränge zu trennen. Das erhaltene Bandenmuster, den RFLP, kann man sich aber auch durch Anfärben der nichtdenaturierten DNA unmittelbar anschauen und fotografisch dokumentieren.

Die Southern-Hybridisierung („Southern-Blot“)

Nachdem die DNA-Stücke elektrophoretisch getrennt sind, werden sie gegebenenfalls aus dem Gel auf eine dünne Membran aus Nitrozellulose oder Nylon übertragen. Diese Übertragung ist Teil der Prozedur, die wir in Kapitel 3 als Hybridisierung nach Southern kennen gelernt haben. Die Membran „saugt“ die DNA aus dem Gel auf – wie mit einem Küchentuch, mit dem man eine verschüttete Flüssigkeit aufsaugt, aber mit viel höherer Präzision. Die genaue Anordnung und die Lage der DNA-Schnittstücke bleiben bei dem Transfer erhalten (► Abbildung 8.3).

Nachdem die DNA auf der Membran verankert ist, wird die Membran mit einer markierten Sonde inkubiert. Sonden sind einzelsträngige DNA- oder RNA-Moleküle, die in ihrer Basenfolge komplementär zu der nachzuweisenden sind. Eine Einzellokussonde zielt auf eine Sequenz, die nur einmal im Genom vorkommt (► Ab-

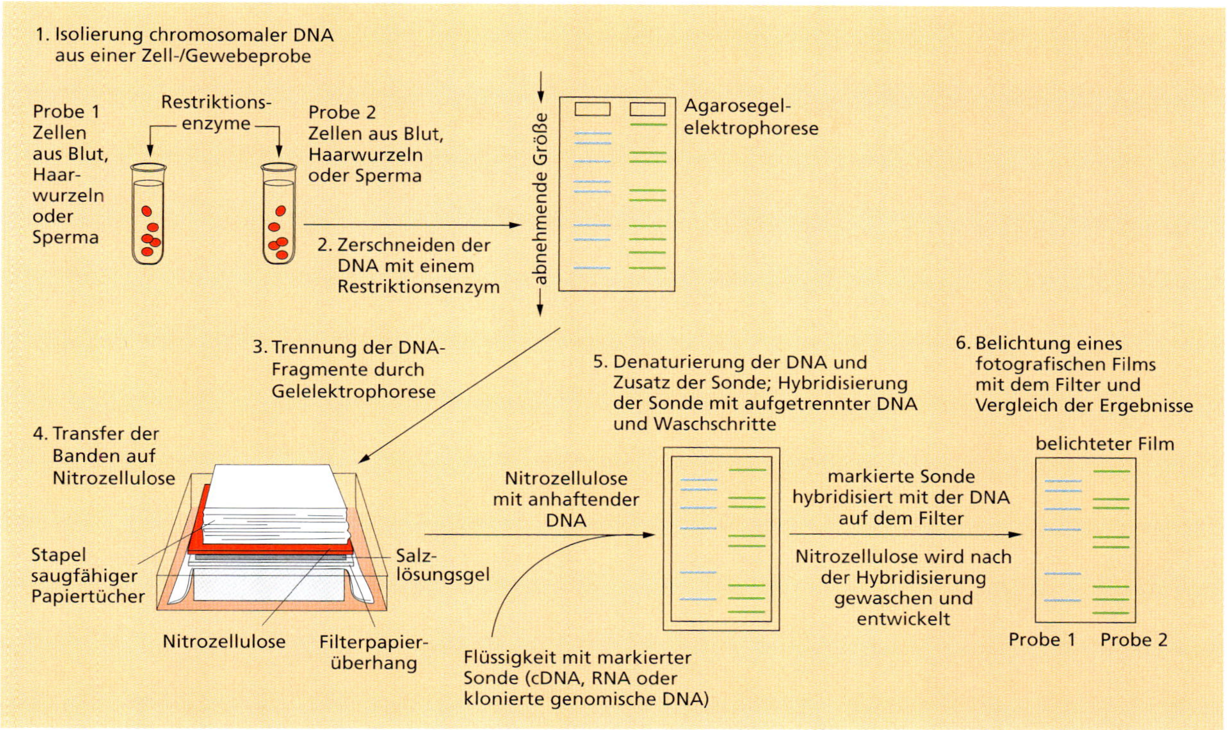

Abbildung 8.3: Schematischer Abriss der Aufnahme eines DNA-Fingerabdrucks. Das Endergebnis dieses Experimentes deutet an, dass die beiden Proben von unterschiedlichen Personen stammen (selbst eine abweichende Bande stellt einen Unterschied dar).

bildung 8.4). Mehrere Einzellokussonden können zusammen verwendet werden, allerdings ist dann natürlich die Auswertung erheblich erschwert. Eine Mehrlokussonde lagert sich an Sequenzen an mehreren bis vielen Orten (Loci) im Genom an.

Die Bindung der Sondenmoleküle an die DNA-Fragmente auf der Membran wird als Hybridisierung bezeichnet. Wasserstoffbrückenbindungen vermitteln wie bei der Doppelhelixbildung diese Wechselwirkung. Da die Ausbildung einer großen Zahl zusammenpassender Wasserstoffbrückenbindungen nicht einfach ist, bindet ein Sondenmolekül bei korrekter Durchführung nur an die zu ihm komplementären Basenfolgen. Doch müssen immer aussagekräftige Positiv- und Negativkontrollen mitgeführt werden, will man zu überzeugenden Ergebnissen gelangen. Nach der Hybridisierung wird der Anteil der Sondenmoleküle, der nicht spezifisch an die fixierte DNA gebunden hat, fortgewaschen.

Es folgt der Teil des Verfahrens, der zu einem für das Auge sichtbaren Versuchsergebnis führt. Es wird eine chemische Reaktion durchgeführt, die zu einem Aufleuchten des als Reportermolekül dienenden Sondenmo-

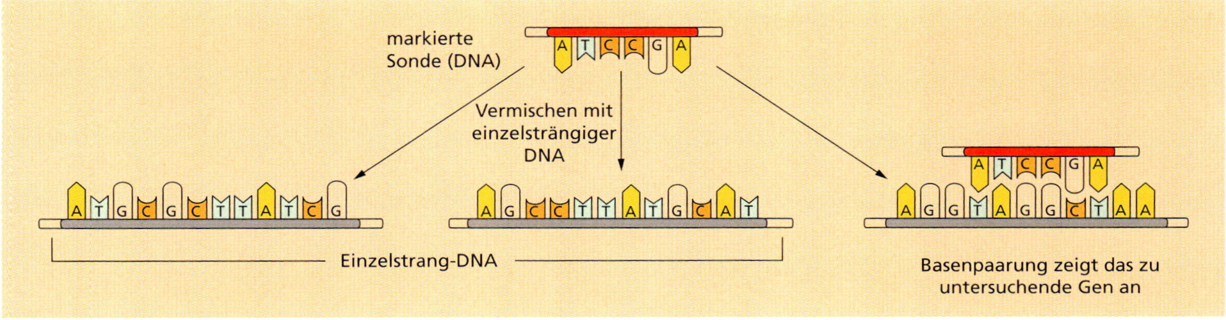

Abbildung 8.4: DNA-Nachweis. Die DNA-Sonde ist eine ausreichend lange, einsträngige DNA von für gewöhnlich mindestens 11 Nucleotiden Länge (berechnen Sie die Zahl möglicher Basenfolgen eines DNA-Strangs von 11 Nucleotiden Länge ... es ist unwahrscheinlich, dass sie zufällig auftritt; allerdings ist die Gefahr der unspezifischen Anlagerung an ähnliche Basenfolgen bei einer so kurzen Sonde nicht unerheblich!). Die eine Markierung tragende Sonde bindet an die DNA durch die Ausbildung komplementärer Basenpaare. Die Markierung der Sondenmoleküle kann mit Hilfe eines geeigneten Verfahrens sichtbar gemacht werden.

leküls führt. Dies ist der Zweck der Markierung dieser Moleküle mit Farbstoffen oder Enzymen. Die Lichtaussendung wird auf fotografischem Film oder zunehmend durch lichtempfindliche Detektoren in speziellen Nachweisgeräten aufgezeichnet. Eine Verwendung radioaktiver Markierung, wie sie früher üblich war, ist heute überholt, da sie sowohl teuer als auch umständlich wie auch bei der Detektion langwieriger ist. Jede vorbereitete DNA-Probe ergibt eine Signallinie oder mehrere Signallinien, deren Größe anhand bekannter Vergleichsmuster bestimmt wird. Ein Vergleich von Bandenmustern mehrerer Proben *aus derselben elektrophoretischen* **Trennung** erlaubt die Aussage, ob eine Übereinstimmung vorliegt. Das Bandenmuster, das man erhält, ist abhängig von den verwendeten Restriktionsenzymen und der eingesetzten Sonde. Eine Einzellokussonde ergibt nur ein oder zwei Banden (überlegen Sie, wie und warum es zu zwei Banden kommen kann). Eine solche einzelne oder doppelte Bande kann in durchschnittlich einem von zehntausend Fällen (10^{-4}) das Ergebnis einer Zufallsübereinstimmung sein. Der genaue Wert hängt von der Vergleichspopulation ab. Eine Mehrlokussonde liefert ein detaillierteres genetisches Profil. Das Ergebnis kann hier ein Bild sein, das mehr als 40 Banden umfasst. Die Wahrscheinlichkeit, dass die DNA-Proben zweier unterschiedlicher Personen, die keine eineiigen Zwillinge sind, zufällig in allen 40 oder noch mehr Banden übereinstimmen, ist astronomisch klein.

PCR und DNA-Amplifikation

Für eine RFLP-Analyse benötigt man mehrere tausend Zellen als Ausgangsmaterial – mehr als oftmals an einem Tatort vorgefunden werden. Stellen Sie sich einen Kriminalfall vor, bei dem die einzige verwertbare Spur der Speichel an der Lasche eines Briefumschlags oder ein für das unbewaffnete Auge unsichtbares Blutfleckchen ist. In solchen Fällen kann ein Verfahren namens PCR (Polymerasekettenreaktion) eingesetzt werden, um die Menge des genetischen Materials, das in einem „Beweisstück" vorhanden ist, zu einer weiter analysierbaren Menge zu vervielfältigen.

Die Polymerasekettenreaktion funktioniert wie ein Fotokopierapparat für DNA. Der erste Schritt besteht darin, das Stück zu finden, das für einen Vergleich nützlich ist. Wir wollen nicht das ganze Lexikon kopieren, sondern nur die Seite, die die Information enthält, die wir brauchen. Primer genannte Oligonucleotide sind die Startermoleküle, um die Vervielfältigungsprozedur in Gang zu setzen. Sie sind von den oben beschriebenen kurzen Sondenmolekülen nicht zu unterscheiden und lagern sich an komplementäre Basenfolgen der DNA oder RNA an. Nachdem das DNA-Stück festgelegt ist, läuft der eigentliche Kopiervorgang in einer Maschine, einer PCR-Maschine (engl. „*thermo cycler*"), ab. Dieser ist in Abbildung 3.8 zu sehen. Mit einer hitzestabilen DNA-Polymerase und den notwendigen Desoxynucleosidtriphosphaten führen Zyklen des Erwärmens und Abkühlens dazu, dass sich die Stränge der DNA-Moleküle trennen und wiederholt reduplizieren. Im Verlauf einiger Stunden kann die Menge der Ausgangsmoleküle millionen- oder gar milliardenfach gesteigert werden. Die exponentielle Vermehrung stellt uns vor ein mögliches Problem. Falls man den Kopiervorgang mit der falschen Buchseite beginnt, hat man am Ende Millionen Kopien der falschen Seite. Unglücklicherweise ist die PCR sehr empfindlich gegen Kontaminationen, und eine kleine Unachtsamkeit oder Schlampigkeit bei der Probennahme oder im Labor kann zur nutzlosen, millionenfachen Vervielfältigung der eingeschleppten Verschmutzung führen. Dies ist ein besonderes Problem bei der Vervielfältigung von humanem Erbgut für forensische Gutachten, nicht so sehr in der Routine eines Forschungslabors.

Dot-Blot- oder Slot-Blot-Analyse

Unter der Voraussetzung, dass das Probenmaterial brauchbar ist, ist es nunmehr an der Zeit, mit der Analyse fortzufahren. Da die aus der PCR hervorgehenden Produkte alle gleich sind, ist es für manche Nachfolgeschritte nicht notwendig, diese elektrophoretisch aufzuarbeiten. Stattdessen kann die DNA auf speziell hergerichtete Hybridisierungsstreifen aufgetragen werden. Jeder Punkt oder Klecks auf einem solchen Membranstreifen enthält eine unterschiedliche DNA-Sonde aus menschlichen DNA-Sequenzen des Haupthistokompatibilitätskomplexes (MHC-Genkomplex; *major histocompatibility complex*), der von den Medizinern als HLA-Komplex (HLA = Humane Leukozyten-Antigene) bezeichnet wird. Die DNA-Sondenmoleküle, die in den Flecken auf dem Membranstreifen konzentriert sind, sind an ein Enzym gebunden, das ein farbloses Substrat in ein gefärbtes umwandelt, wenn Bindung erfolgt. Falls menschliche DNA an ein komplementäres Sondenmolekül bindet, ändert sich infolge der enzymatischen Reaktion die Farbe (▸ Abbildung 8.5).

Da menschliche HLA-Allele die variabelsten Genorte im Genom sind und sich von Mensch zu Mensch unter-

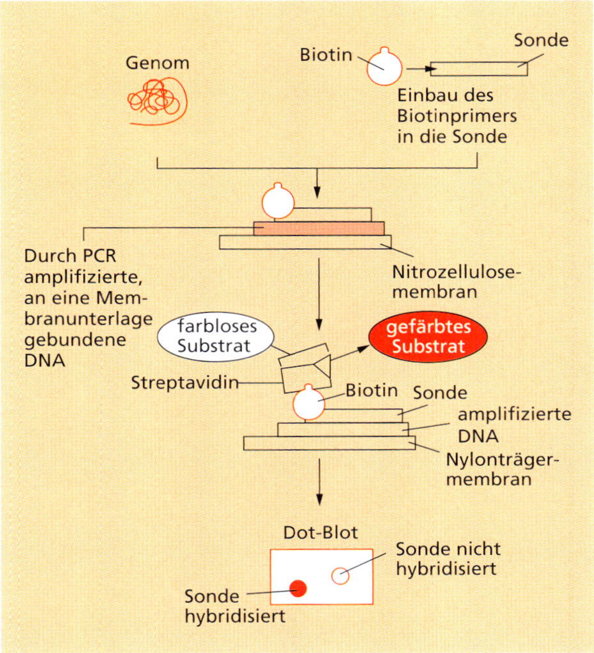

Abbildung 8.5: „Dot-Blot" oder „Slot-Blot" zur DNA-Analyse. Wenn DNA amplifiziert wird, kann sie durch spezifisch-menschliche Sondenmoleküle als menschliche DNA identifiziert werden. Die DNA ist an eine Nitrozellulose- oder Nylonmembran fixiert, und ein Molekül Biotin ist angeheftet (Biotin bindet an Streptavidin). Wenn Streptavidin (das wiederum an ein Enzym gekoppelt ist) zugesetzt wird, bindet es an die Biotinmoleküle. Nach Waschschritten wird ein Substrat zugesetzt, das bei der Umsetzung durch das Enzym ein farbiges Produkt ergibt.

scheiden, lässt sich bei genauer Kenntnis der Allelfrequenzen dieser Genorte (Loci) die Wahrscheinlichkeit für eine zufällige Übereinstimmung vorherberechnen. Damit die Experimente auswertbar sind, enthalten die Teststreifen natürlich Kontrollreaktionen. Falls eine Positivkontrolle keinen Farbumschlag zeigt, ist irgendetwas im Verlauf der Prozedur schiefgegangen. Falls eine Negativkontrolle eine Farbreaktion zeigt, gilt das Gleiche. Der gesamte Ansatz muss dann verworfen werden, weil keine sinnvollen Schlüsse gezogen werden können. Dies gilt nicht nur für forensische, sondern selbstverständlich für alle wissenschaftlichen Experimente. Schauen wir nun, wie DNA-Fingerabdrücke eingesetzt werden.

Die DNA auf dem Prüfstand 8.4

Der genetische Fingerabdruck ist dem guten alten Fingerabdruck in einer wichtigen Art und Weise ähnlich. In beiden Fällen werden Spuren von einem Tatort mit Spuren verglichen, die aus einer bekannten Quelle stammen. Während der Bewertung der Proben suchen die Analytiker nach Übereinstimmungen zwischen Banden, Klecksen oder Hautlinien. Falls die Proben von derselben Person stammen (oder von eineiigen Zwillingen), stimmen die Banden oder Flecken genau überein (► Abbildung 8.6). Alle Testverfahren gründen sich auf Ausschlüsse. Der Abgleich wird mit anderen Worten so lange fortgesetzt, bis ein Unterschied zutage tritt. Falls kein Unterschied gefunden wird, nachdem eine statistisch signifikante Merkmalsmenge ausgewertet worden ist, liegt eine Übereinstimmung vor.

Wir wir sehen werden, kann solch eine glasklare visuelle Beweisführung von unschätzbarem Wert für Kri-

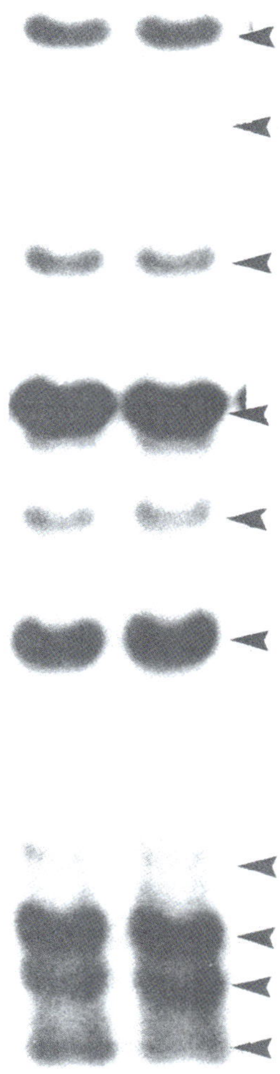

Abbildung 8.6: DNA-Fingerabdruck eineiiger Zwillinge. Wenn keine experimentellen Fehler gemacht werden, gibt es eine exakte Entsprechung aller Banden bei aufgearbeiteten DNA-Proben eineiiger Zwillinge. Um Bandenverschiebungen zu erkennen, wird in regelmäßigen Abständen ein Vergleichsstandard (Referenz- oder Marker-DNA) aufgetragen und elektrophoretisch aufgetrennt. Eine Bandenverschiebung kann eine Auswertung erschweren oder zu Fehlinterpretationen führen und aus mehreren Gründen zustande kommen. Das Mitführen mehrerer Proben der Referenz-DNA in mehreren Bahnen über das Gel verteilt ist eine Versicherung gegen solche Irrtümer. Die häufigste Ursache für Bandenverschiebungen bei der Agarosegelelektrophorese von Nucleinsäuren sind schlecht hergestellte Gele, sie sollten bei geübtem Laborpersonal kaum vorkommen.

minalisten sein. Es folgen einige Beispiele für die DNA-Profilerhebung aus der Praxis.

Die Morde im Dorf Narborough

Der erste dokumentierte Einsatz des genetischen Fingerabdrucks bei einem Kriminalfall fand in England statt, nachdem es zu einem Sexualmord an einem Schulmädchen gekommen war. Alec Jeffreys und seine Kollegen Peter Gill und Dave Werrett von der Universität Leicester hatten kurz zuvor das Verfahren, das heute als genetischer Fingerabdruck bezeichnet wird, entwickelt. Peter Gill hatte außerdem eine Methode entwickelt, um Spermien von Vaginalschleimhautzellen abzutrennen; dadurch ist die separate Erstellung eines genetischen Fingerabdrucks von den weiblichen Vaginalzellen und den männlichen Spermienzellen möglich. Wie ► Abbildung 8.7 zeigt, gibt es Detergenz, das die Vaginalzellen lysiert, nicht aber die Spermien. Ohne diese methodische Entwicklung wäre es schwierig, genetische Spuren bei angeblichen Sexualdelikten zuzuordnen.

Jeffreys und seine Kollegen verglichen DNA-Proben vom Tatort mit solchen von einem anderen Tatort eines anderen, früher verübten Sexualverbrechens. Diese Analysen ergaben, dass beide Taten von demselben Täter begangen worden waren. Zu diesem Zeitpunkt hatten die polizeilichen Ermittlungen zu einem Verdächtigen geführt. Als man die DNA-Spuren von den Tatorten mit dem genetischen Profil des Verdächtigen verglich, konnte dieser jedoch als Täter ausgeschlossen werden. Die DNA-Muster stimmten nicht überein.

Die Ermittlungen wurden fortgesetzt. Die englische Polizei führte die erste unselektive Massendurchmusterung Unverdächtiger durch, indem sie 5500 Gewebeproben von männlichen Einwohnern des Bezirks, in dem sich die Verbrechen ereignet hatten, sammelte. Mit einem einfachen Blutprobentest wurden rasch 90 % der Getesteten ausgeschlossen. Nach vielen zermürbenden Stunden der Analyse waren die Kriminalisten in einer Sackgasse gelandet, weil keines der restlichen 10 % der genetischen Profile zu den Tatortspuren passte.

Dann kam ein glücklicher Zufall zu Hilfe. Ein Mann wurde dabei erwischt, wie er sagte, dass er eine Probe unter dem Namen eines Freundes abgegeben hatte. Als der Mann, der sich dem Massentest entzogen hatte, verhaftet wurde, wurde auf Anordnung der Staatsanwaltschaft auch zwangsweise sein genetischer Fingerabdruck erstellt. Das Analysenmuster seiner DNA passte genau zu dem der DNA-Spuren der an den Tatorten geborgenen Spermien. Der Verdächtige gestand daraufhin beide Delikte ein und wurde zu einer lebenslänglichen Freiheitsstrafe verurteilt.

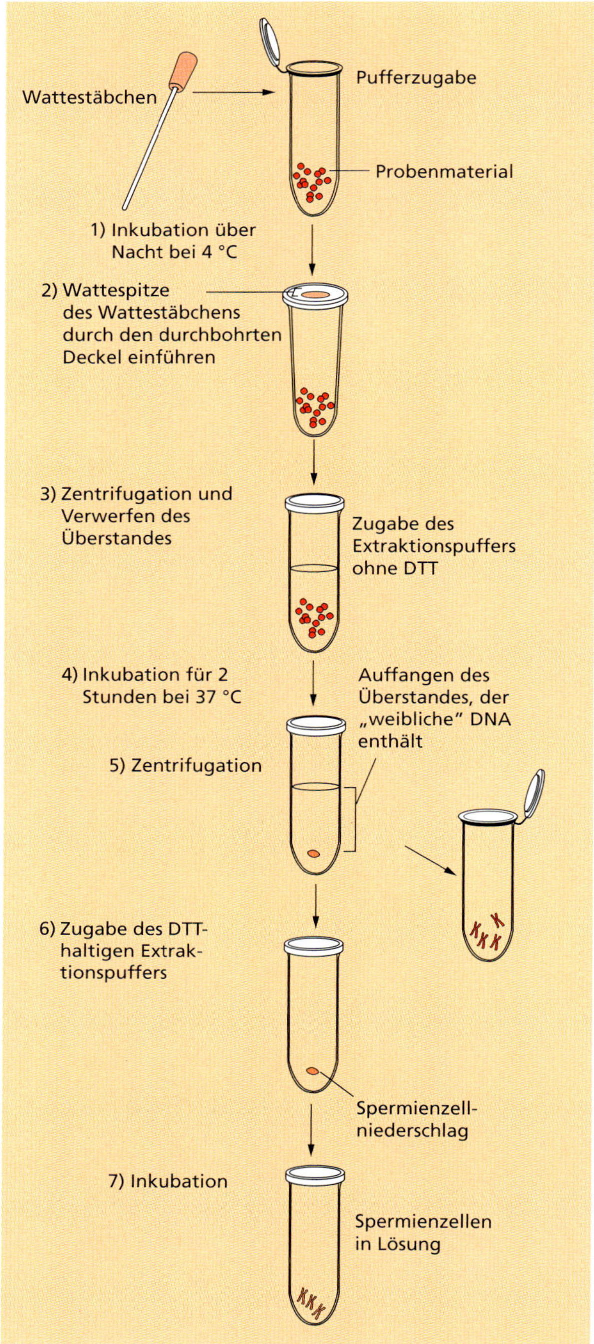

Abbildung 8.7: Isolierung von DNA aus Vaginalzellen oder Spermien auf Mischquellen. Die durch Zentrifugation abgesetzten Spermien können analysiert und das Ergebnis mit dem Profil der weiblichen Zellen verglichen werden. Dithiothreitol ist ein Reduktionsmittel, das Zellbestandteile vor unerwünschter Oxidation während der Präparation schützt und Disulfidbrücken von Proteinen auflöst. Hier dient es in einem späteren Präparationsschritt zum Aufschluss der kompakten Spermienköpfe.

Dieser Kriminalfall wirft ein Schlaglicht auf eine der wichtigsten Einschränkungen, denen die Beweiserbringung durch genetisches Material unterliegt: Nur wenn eine Vergleichsprobe zur Verfügung steht, kann eine Identifizierung durchgeführt werden. Dieser Einwand trifft natürlich für jede Identifizierung zu: Fingerabdrücke, Stimmen, Fotografien, Zeugenaussagen usw. In dem Beispiel von ► Abbildung 8.8 liegen Blutproben des Opfers und eines Verdächtigen vor. Durch Vergleich der beiden genetischen Fingerabdrücke waren die Ermittlungsbeamten in der Lage, den Verdächtigen mit dem Tatort in Verbindung zu bringen, und dies allein auf der Grundlage des genetischen Fingerabdrucks der Blutspuren auf seiner Kleidung. Zur Überführung als Täter reicht dies jedoch nicht aus.

Der Frauenschänder von Forest Hills

In den USA wurde die Beweisführung per DNA zum ersten Mal im Jahr 1987 eingesetzt und hat seitdem bei Tausenden von Kriminalfällen eine Rolle gespielt. Ein besonders wichtiges Einsatzgebiet der Beweisführung per DNA ist die Widerlegung anderer, fehlerhafter Indizien. Ein DNA-Indiz ist dann besonders wertvoll, wenn es verwendet werden kann, ungenaue oder fehlerhafte Augenzeugenberichte zu entkräften. Augenzeugenaussagen, die bei oberflächlicher Betrachtung vielleicht als die verlässlichste Beweisquelle erscheinen mögen, sind in Wirklichkeit ziemlich ungenau, unzuverlässig, oft lücken- und sonstig mängelbehaftet.

1988 konnte V. L., der als „Frauenschänder von Forest Hills“ bekannt wurde, wegen sexueller Belästigung dreier Frauen vor Gericht gestellt werden. Komischerweise hatten alle drei überfallenen Frauen ihren Angreifer als „Schwarzen“ beschrieben, als sie die Delikte bei der Polizei zur Anzeige brachten. Da V. L. kein „Schwarzer“ war, taten sich Bedenken hinsichtlich einer irrtümlichen Schuldzuweisung auf. War V. L. ein Unschuldiger, der fälschlicherweise in die Fänge der US-Justiz geraten war? Das Blut des Verdächtigen wurde einer Analyse unterworfen und mit dem Erbgut der am Tatort gefundenen Spermien verglichen (► Abbildung 8.9). Die

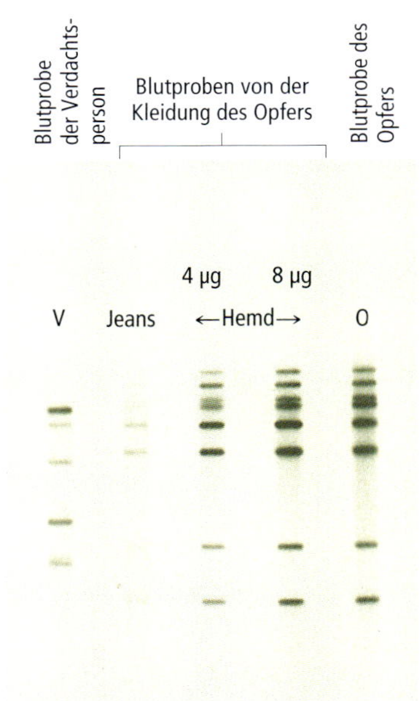

Abbildung 8.8: DNA-Fingerabdrücke einer gerichtsmedizinischen Befunderhebung zur Begutachtung eines Tötungsdeliktes. DNA-haltige Blutflecke aus der Kleidung des Verdächtigen (Jeans, Hemd) passen zum genetischen Fingerabdruck des Opfers, aber nicht zu dem des Täters. Die Anwesenheit des Blutes des Opfers auf der Kleidung des Verdächtigen bringt diesen mit dem Tatort in Verbindung. Ein Indiz für eine mögliche Tatbeteiligung, aber kein ausreichender Beweis für eine Täterschaft.

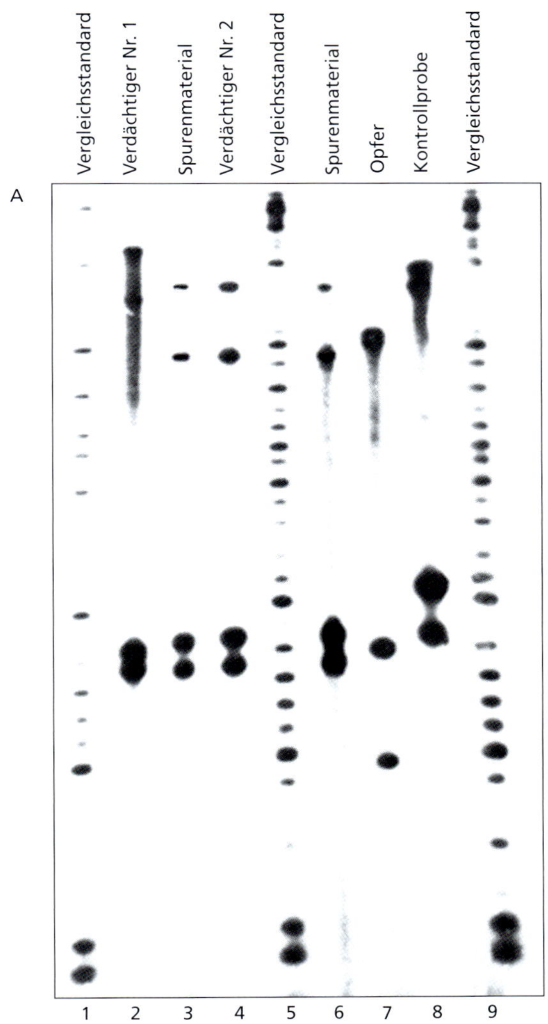

Abbildung 8.9: DNA-Fingerabdrücke für einen Vergewaltigungsfall. Bahn 3 enthält Probenmaterial eines Scheidenabstrichs des Opfers. Bahn 6 enthält Probenmaterial von Samenflecken auf ihrer Kleidung. Der Verdächtige Nr. 1 kann ausgeschlossen werden, da eine Reihe von Banden nicht übereinstimmt. Der Verdächtige Nr. 2 kann nicht ausgeschlossen werden, da seine DNA (Bahn 4) mit Profilen des sichergestellten Indizienmaterials (Bahnen 3 und 6) übereinstimmt.

DNA-Muster entsprachen einander. L. wurde der Übergriffe für schuldig befunden, ungeachtet der gegenteiligen Augenzeugenaussagen. Schauen wir uns nunmehr an, wie viel von dem, was wir gelernt haben, als beweiskräftig zulässig ist.

Die DNA und die Regeln der Beweisführung 8.5

Bevor zum ersten Mal genetische Fingerabdrücke in einem Rechtsstreit herangezogen werden konnten, musste das Verfahren als beweiskräftig anerkannt und als gerichtsverwertbar zugelassen werden. Die Gerichte legen fünf unterschiedliche Maßstäbe zugrunde, um festzulegen, ob eine wissenschaftliche Beweisführung in einem Verfahren zugelassen werden soll. Die zugrundegelegten Kriterien hängen vom jeweiligen Justizsystem ab. Wenn eine neue Methode zur Probennahme, Probenverarbeitung oder Analyse eingesetzt wird, muss sie einen oder mehrere dieser Maßstäbe erfüllen, bevor sie gerichtlich zugelassen wird.

- Der Relevanztest erlaubt im Wesentlichen alles, was als für das Verfahren als relevant erachtet wird.
- Der Frye-Standard von 1923 fordert, dass die zugrundeliegende Theorie ausreichend abgesichert ist und die Methoden in der wissenschaftlichen Welt ausreichend oft ausprobiert und überprüft worden sind und allgemeine Akzeptanz erlangt haben – also einfach ein wissenschaftlicher Nachweis des Funktionierens des Verfahrens erbracht worden ist.
- Der Coppolino-Standard aus dem Jahr 1968 lässt neue oder umstrittene Methoden zu, falls eine adäquate Grundlage dargelegt werden kann, auch wenn der Berufsstand der Wissenschaftler als Ganzes mit der neuen Methode noch nicht vertraut ist.
- Der Marx-Standard von 1975 ist im Wesentlichen eine Entscheidung nach gesundem Menschenverstand, der es erfordert, dass das Gericht in der Lage sein muss, die vorgelegte wissenschaftliche Beweisführung nachzuvollziehen und einschätzen zu können. Dies wird manchmal umgangssprachlich als die „Kein-Fachchinesisch-Regel" bezeichnet.
- Der Daubert-Standard von 1993 fordert bezüglich wissenschaftlicher Beweise spezielle Anhörungen im Vorfeld eines Hauptverfahrens. Unter dem Daubert-Standard muss jedwedes wissenschaftliche Verfahren, das zur Sammlung und Analyse von Indizien eingesetzt wird, in einer begutachteten Fachzeitschrift der Öffentlichkeit mitgeteilt und zur Diskussion gestellt worden sein.

In dem Maß, in dem die wissenschaftliche Beweisführung immer ausgefeilter geworden ist, hat sich die Jurisprudenz im Gegenzug weiterentwickelt. Das Ziel ist es sicherzustellen, dass die benutzten Methoden und das Fachwissen, auf das man sich stützt, tatsächlich wissenschaftlich und damit vertrauenswürdig sind.

Der genetFische Fingerabdruck und die Simpson/Goldman-Morde

Die molekulare DNA-Analyse war noch eine relativ neue forensische Technik, als die Polizei von Los Angeles (USA) sie in einem Kriminalfall zum Einsatz brachte, der zu den bekanntesten und umstrittensten der jüngeren Rechtsgeschichte des Landes gehört. Im Jahr 1994 wurden Nicole Brown-Simpson und Ronald Goldman ermordet. Der Tat verdächtig war O. J. Simpson, ein ehemaliger Berufssportler und Schauspieler. 45 Proben wurden für eine DNA-Analyse eingesammelt, darunter Blutproben der beiden Opfer und des Verdächtigen sowie Blutstropfen vom Tatort, aus dem Haus und dem Auto des Verdächtigen. Darüber hinaus wurden zwei Handschuhe mit Blutspuren untersucht – ein am Tatort aufgefundener und ein weiterer aus dem Haus des Herrn Simpson. Während einer Anhörung vor Eröffnung des Hauptverfahrens wurde bekanntgegeben, dass DNA-Spuren vom Tatort zu O. J. Simpson gehörten.

Die Verteidiger des Verdächtigten, der angeklagt worden war, griffen das Verfahren der Probennahme, der Beschriftung und Auswertung der Indizien an. Im Verlauf des Gerichtsverfahrens ließ die Verteidigung einen Videofilm vorführen, der die Methoden der Probennahme zeigte, und rief parallel dazu Sachverständige auf, deren Aussagen Zweifel an der Verlässlichkeit der vorgelegten Indizienbeweise aufkommen ließen. Die Verteidigung behauptete, dass es zu einer Kontamination gekommen sein könnte, als ein Kriminaltechniker den Fußboden berührt hatte, als Plastikbeutel zur Verwahrung feuchter Wattestäbchen benutzt worden seien, und als die Pinzetten, die man bei der Probeneinsammlung benutzt hatte, zwischendurch mit Wasser abgespült worden waren. Im Zeugenstand gab dann auch noch ein Zeuge der Anklage zu, eine Probe falsch beschriftet zu haben. Die Möglichkeit, dass das Spurenmaterial verdorben worden sein könnte, war für das Gericht und die Geschwo-

SIE ENTSCHEIDEN!

Werkzeug zur Verbrechensbekämpfung oder Einbruch in die Privatsphäre?

Im Fall der Mordfälle von Narborough wurden viele Personen untersucht, weil sie alle einer allgemeinen Beschreibung entsprachen: Sie waren junge Männer, die im Umkreis der Tatorte lebten. Diese Strategie führte schließlich zur Überführung des Mörders, aber die Massenuntersuchung – insbesondere auf der Grundlage einer vagen Täterbeschreibung – ist höchst kontrovers. Gegner der Verfahrensweise weisen darauf hin, dass zur Überführung über 5000 Unschuldige unter Verdacht gestellt und zur Teilnahme an dem Test genötigt wurden – und dass der Schuldige auch noch um ein Haar entwischt und durch den Massentest gar nicht ausfindig gemacht worden wäre. Solche Massenuntersuchungen sind heute in Großbritannien und in den USA verboten. Dennoch sind immer noch viele Menschen der Meinung, dass die Gier nach DNA-Indizien weiterhin die Unterhöhlung eines grundlegenden Rechts auf die Privatsphäre betreibt.

Mit besonderer Sorge wird dabei der Aufbau von Datenbanken mit molekulargenetischen Profilen betrachtet.

Mit Computern durchsuchbare Archive mit molekulargenetischen Daten sind in den USA von allen 50 Staaten zugelassen worden. Viele Staaten haben außerdem DNA-Profile an ein DNA-Indizierungssystem der staatenübergreifenden Polizeibehörde FBI weitergegeben. Über die Profile überführter Straftäter hinaus enthält das FBI-Archiv auch eine Sammlung von bislang nichtidentifizierten DNA-Profilen, die an Tatorten gesammelt worden sind. Durch den Abgleich mit der Datenbank können Ermittlungsbehörden mögliche Verdächtige herausfiltern, wenn keine anderen Hinweise auf einen Verdächtigen bestehen.

Gegner dieser Systeme argumentieren natürlich nicht mit dem Nutzwert dieser Datenspeicher, sondern mit der Gefahr des Missbrauchs. Sie weisen darauf hin, dass die Entnahme einer Blutprobe ein tiefer gehender Eingriff ist als die Abnahme von Fingerabdrücken. In einigen Fällen haben Gerichte ihnen zugestimmt und entschieden, dass die Sammlung von DNA-Proben und -Daten eine Verletzung von Landes- und Bundesrecht zur Verhinderung ungerechtfertigter Durchsuchungen und Festnahmen darstellt. Es existiert außerdem die Möglichkeit, dass molekulargenetische Informationen von Arbeitgebern und Versicherungen missbraucht werden können, um Arbeitssuchende oder Versicherungsnehmer zu diskriminieren.

Vorbildlich in dieser Hinsicht ist Österreich, wo es Arbeitgebern, Versicherungen und anderen möglichen Interessensgruppen grundsätzlich verboten ist, genetische Daten selbst zu erheben und auf solche aus medizinischen Einrichtungen oder für juristische Zwecke erhobenen zuzugreifen. Die Probenaufarbeitung erfolgt auch in der Gerichtsmedizin anonymisiert und Daten werden nicht abgespeichert. Obwohl genetische Fingerabdrücke sich auf nichtinformative „Schrott-DNA" stützen und so keine Rückschlüsse auf Erbkrankheiten und dergleichen zulassen, enthält das ursprüngliche Probenmaterial natürlich die gesamte Erbinformation des Individuums. Aufgrund dessen ist die Forderung laut geworden, alles Probenmaterial nach Abschluss der Untersuchungen zu einem bestimmten Fall zu vernichten.

Befürworter der DNA-Datenarchive wenden ein, dass die Datenbanken unter Kontrolle und sicher seien, und dass die Proben codiert und nicht mit einem Namen in Verbindung zu bringen seien. Blutproben werden nur von Ärzten entnommen und die Entnahme stellt kein bedeutendes Gesundheitsrisiko für den Probanden dar.

Ist die routinemäßige Sammlung von Blutproben und die Zusammenstellung von DNA-Datenbanken ein vernünftiges Werkzeug in dem Bestreben, die Kriminalität zu bekämpfen, oder ist sie ein ungerechtfertigter Eingriff in den Privatbereich? Sollte es Ermittlungsbehörden erlaubt sein, die Art von Massenuntersuchung durchzuführen, wie es im Narborough-Fall geschehen ist? Sie entscheiden!

renen erkennbar. Als Folge davon wurde die Beweisführung per DNA, von der man erwartet hatte, dass sie für die Anklage arbeiten würde, wirkungslos. O. J. Simpson wurde von den Geschworenen freigesprochen. Als die Beweiskette der Staatsanwaltschaft abriss – als die Regeln für die Beweiserhebung nicht erfüllt wurden –, verloren die DNA-Proben im Gerichtssaal ihren Wert.

Beachten Sie, dass die Durchführung eines Strafprozesses in den USA einem ganz anderen Procedere folgt als in deutschsprachigen Ländern. In Deutschland ist beispielsweise der gesamte Strafprozess einschließlich der Beweisaufnahme durch die Strafprozessordnung geregelt, die es in dieser Form in den USA nicht gibt. Die Urteilsfindung durch Geschworene fehlt ebenfalls. Die Ausgangsbedingungen sowie die Spielräume für die Staatsanwaltschaft wie für die Verteidigung sind nicht vergleichbar. Dies beeinflusst auch die Wertung forensischer Gutachten, gleich ob genetischer oder andersartiger Natur.

Wenn eine gute Beweisführung sich ins Gegenteil verkehrt: Menschliche Fehler und Kontaminantionsquellen

Eine der größten Gefahren, die der Beweisführung per DNA droht, sind menschliche Fehler. Weiter oben haben wir einige der Vorsichtsmaßnahmen erörtert, die Untersuchungsbeamte treffen, wenn sie DNA-Spuren sammeln und archivieren. Ein Niesen, ungeeignete Aufbewahrung oder ein Versäumnis bei der eindeutigen Beschriftung können zu einem späteren Totalverlust dieser Schiene der Beweiserhebung führen. Selbst wenn die DNA-Spuren nicht durch sorglosen Umgang oder „schlechte Bedingungen" zunichte gemacht werden, können sie unter Umständen verworfen werden, wenn die Gewahrsamssorgfalt in Frage steht. Die Gewahrsamssorgfalt muss dokumentiert und es muss sichergestellt werden, dass der Zugang zu den Beweismitteln kontrolliert wird, also nur authorisierte Personen Zugriff nehmen können. Die Probennahme am Tatort stellt die Ermittelnden vor Probleme, aber die Probenentnahme in einer übersichtlicheren Umgebung wie einem Autopsiesaal stellt ebenfalls Anforderungen. Untersuchungen an Seziertischen und Obduktionsinstrumenten haben ergeben, das oftmals DNA von wenigstens drei verschiedenen Personen anhaftet. Diese DNA kann im Prinzip die Analyse von Ergebnissen erschweren, wenn sie bei der Probennahme an diesem Ort versehentlich mitgeschleppt wird. Der Experimentator muss durch geeignete Kontrollexperimente diesem Umstand Rechnung tragen.

DNA-Spurenmaterial ist auch während der Analyse prinzipiell durch Schädigungen gefährdet. Vorgegebene Normen für die Durchführung der entsprechenden Experimente sollen dabei helfen, gegen solche Fehler vorzubeugen. Als DNA-Spurenmaterial noch eine neue Indizienquelle war, waren die Verfahren der ausführenden Laboratorien noch nicht vereinheitlicht, und so wurden gelegentlich schwerwiegende Fehler gemacht. Betrachten wir zur Illustration den Fall „Das Land New York gegen Castro", bei dem es um den Mord an einer Frau und ihrem zweijährigen Kind ging. Die Staatsanwaltschaft legte Southern-Hybridisierungen von der DNA eines Verdächtigen und vom Tatort vor und behauptete, dass diese übereinstimmten. Ein Sachverständiger der Verteidigung wies darauf hin, dass in den Proben weitere Banden vorhanden seien und dass diese ersichtlich nicht übereinstimmten. Bei der Erstellung dieses fehlerhaften Beweismaterials wurden sowohl bei den Experimenten als auch bei der Auswertung Fehler gemacht. Da die Kriterien für die Zulassung von Beweismitteln glücklicherweise hart sind und die Verteidigung ebenfalls Fachleute für molekulare Genetik vorlud, führten diese Fehler schlussendlich nicht zu einem Justizirrtum. Der Verdächtige konnte mit diesen Beweismitteln nicht mit der Tat in Verbindung gebracht werden.

Selbst unter den besten Bedingungen kann das Phänomen der **Bandenverschiebung** (engl. *band shift*) die Ergebnisse einer DNA-Analyse erschweren. Zu einer Bandenverschiebung kommt es, wenn im Verlauf einer Elektrophorese identische DNA-Moleküle in verschiedenen Bahnen des Trenngels unterschiedlich schnell wandern. Selbst Fachleute sind nicht immer sicher, warum dies auftritt. Es kann durch eine uneinheitliche Konsistenz des Gels oder durch deutlich voneinander abweichende DNA-Mengen in den einzelnen Bahnen oder noch andere Einflussfaktoren zustandekommen.

Ein Weg, um sicherzustellen, dass die Analyse der untersuchten DNA-Proben verlässlich ist, besteht darin, die Laboratorien, die die Analysen ausführen, zu verpflichten, sich an verbindliche, hohe Maßstäbe zu halten. Speziallaboratorien, die solche Analysen durchführen dürfen, müssen hierfür eine gesonderte Akkreditierung nachweisen. In Deutschland ist die Durchführung forensischer Analysen allein den gerichtsmedizinischen Instituten der medizinischen Fakultäten von Hochschulen vorbehalten. Als Gerichtsgutachter sind nur Fachärzte der Gerichtsmedizin zugelassen; über andere Gutachter entscheidet das Gericht nach Prüfung im Einzelfall. In den akkreditierten Laboratorien werden regelmäßig Kontrollanalysen durchgeführt. Das Laborpersonal bekommt dann „blind" Scheinproben, ohne darüber informiert zu sein, dass es sich nicht um tatsächliches Beweismaterial handelt (bei diesen Kontrollexperimenten kennt der Initiator, nicht aber das ausführende Personal das zu erwartende Ergebnis also schon im Vorfeld). Das gesamte Probenaufbereitungs- und -analyseverfahren ist darüber hinaus stark standardisiert, so dass zumindest systematischen Fehlern mit besserer Wahrscheinlichkeit auf die Spur zu kommen ist.

Familiäre Verwandtschaftsverhältnisse und DNA-Profile 8.6

Die Verbrechensbekämpfung ist nicht die einzige forensische (= gerichtsmedizinische) Anwendung des genetischen Fingerabdrucks. Da Mitglieder einer (menschlichen) Familie immer einen Teil ihres Erbguts (DNA) mit den anderen Familienmitgliedern gemeinsam haben, können durch den molekulargenetischen Vergleich von Erbgutproben zweier Individuen Verwandtschaftsverhältnisse schlüssig und mit extrem hoher Sicherheit bestimmt werden. Eine offensichtliche Anwendung dieses Sachverhalts ist der Vaterschaftstest. Pro Jahr werden in den USA rund 250.000 Vaterschaftsklagen an-

FRAGE UND ANTWORT F&A

Frage

Sollte man DNA-Tests auf alle Personen ausdehen, die einer Straftat überführt worden sind?

Antwort

Die Beweisführung per DNA ist ein Damoklesschwert, das auf den Schuldigen niederfährt, aber eine Erlösung für den unschuldig in Verdacht Geratenen. Hunderte von Inhaftierten wurden nach der Entlastung durch einen DNA-Test auf freien Fuß gesetzt. In den USA ist seit 2001 ein Unschuldigenschutzgesetz in Kraft, das Beschuldigten ein Recht auf ein molekulargenetisches Gutachten einräumt und dem Staat verbietet, biologisches Beweismaterial zu vernichten, solange ein Verdächtiger oder schon Verurteilter inhaftiert ist (für eine mögliche spätere neuerliche Beweiswürdigung). Zum Tode Verurteilten darf ein DNA-Test nicht verweigert werden, und unschuldig Verurteilten wird ein Recht auf Entschädigung zuerkannt. Das Unschuldigenschutzprojekt an der Cordoza-Fakultät für Rechtswissenschaft in New York City hat sich für dieses Gesetz stark gemacht. Im Rahmen dieses Projekts konnte bewiesen werden, dass 95 Menschen zu Unrecht inhaftiert worden waren. 10 davon waren zum Tode Verurteilte, die auf ihre Hinrichtung warteten. Die Beweisführung per DNA ist viel verlässlicher als die meisten anderen Formen der Beweiserbringung, aber genetische Fingerabdrücke sind kostspielig. Falls noch mehr Bundesstaaten eigene, öffentliche Testlaboratorien einrichten, wird das dazu führen, dass die Kosten pro Test weiter absinken; dann ist es wahrscheinlich, dass jeder Verurteilte einem DNA-Test unterzogen wird.

gestrengt. Interessanterweise existieren in keinem Land genaue Zahlen über illegitime Nachkommenschaften. Die konservativsten Schätzungen belaufen sich auf ca. 5 % untergeschobene Kinder, manche Humangenetiker und Gerichtsmediziner nennen ohne Zögern zweistellige Prozentsätze! Mit geringen Blutproben oder Haarwurzeln des betreffenden Kindes und der mutmaßlichen Eltern sind die genetische Abstammung und damit gegebenenfalls rechtliche Ansprüche eindeutig ermittelbar. Neuere Techniken der Reproduktionsmedizin wie die Reagenzglasbefruchtung (In-vitro-Fertilisation), künstliche Befruchtung durch Spermieninjektion und Ähnliches verkomplizieren dieses Gebiet potenziell. Eine Analyse der DNA hat geholfen, Rechtsstreitigkeiten aufzulösen, bei denen es um die Verwechslung von Spermienvorräten bei Samenbanken und in Befruchtungskliniken ging. Durch die Fruchtwasseruntersuchung (Amniozentese; ▶ Abbildung 8.10 und Abschnitt 11.1) ist es möglich, die Eltern eines Kindes schon vor der Geburt zu ermitteln.

Mitochondriale DNA

Eine Art der DNA-Analyse, die sehr nützlich bei der Etablierung familiärer Verwandtschaftsverhältnisse ist, konzentriert sich auf die DNA in den Mitochondrien, der Zellorganellen, in denen die Zellatmung abläuft (siehe Kapitel 2). Anders als im Fall des im Zellkern beheimateten Erbguts, das je zur Hälfte vom Vater und von der

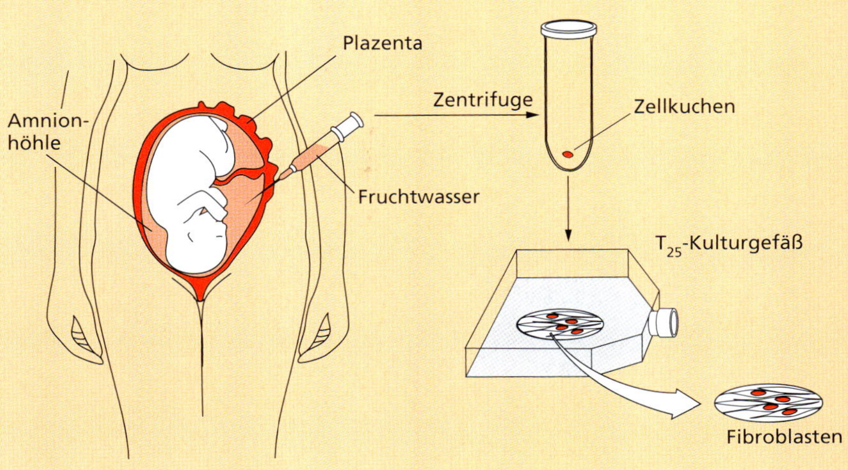

Abbildung 8.10: DNA zum Vaterschaftstest. Für einen Vaterschaftsnachweis ist es möglich, einige fötale Zellen aus dem Fruchtwasser (Flüssigkeit der Amnionhöhle) zu entnehmen, ohne dem Embryo irgendwie zu schaden. Wenn diese Zellen in Kultur genommen werden, kann aus ihnen Erbgut für eine molekulargenetische Untersuchung entnommen werden. Wenn dieses mit dem des vermeintlichen Vaters verglichen wird, kann durch Bestätigung oder Ausschluss die Vaterschaft be- oder widerlegt werden.

Mutter stammt, werden Mitochondrien, und mit ihnen die **mitochondriale DNA** (*mtDNA*), ausschließlich maternal mit dem Cytoplasma der Eizelle vererbt. Die mtDNA ist daher von Generation zu Generation nur wenigen Wandlungen unterworfen und ändert sich nur mit geringer Rate durch spontane Mutationen aufgrund äußerer Einflüsse oder Replikationsfehler. Verwandtschaftsverhältnisse lassen sich daher in einer ununterbrochenen maternalen Linie unverwässert untersuchen und belegen (► Abbildung 8.11).

Die mitochondriale DNA war von wesentlicher Bedeutung für die Zusammenführung von Familien, die von der Militärdiktatur in Argentinien auseinandergerissen worden waren. Während ihrer Herrschaft verhafteten die Kräfte des Systems zahllose Menschen, die subversiver Aktivitäten verdächtig waren.

Unter den Verhafteten war auch eine Anzahl junger, schwangerer Frauen. Nach dem Abdanken dieses Regimes schlossen sich Mütter und Großmütter der „Desaparecidos" (Verschwundenen) zu der Bewegung „Madres de Plaza de Mayo" („Mütter der Plaza de Mayo") zusammen. Ziel der Bewegung, die ihre Versammlungen auf dem Hauptplatz von Buenos Aires abhielt, war die Rückführung von in der Gefangenschaft geborener und illegal zur Adoption freigegebener Kinder der Desaparecidos.

Die Madres de Plaza de Mayo wandten sich mit der Frage, ob man durch genetische Untersuchungen die Identität der entzogenen Kinder nachweisen könnte, an die Amerikanische Vereinigung zur Förderung der Wissenschaft (AAAS, *American Association for the Advancement of Science*). Durch das Berharrungsvermögen dieser Mütter und Großmütter und Wissenschaftlern, die freiwillig halfen, konnte die AAAS belegen, dass wenigstens 51 Kinder illegal adoptiert worden waren. Die Beweisführung per DNA wurde in Gerichtsverfahren eingesetzt, um die Kinder und ihre noch lebenden Verwandten zusammenzuführen.

Durch DNA-Vergleich bestätigte Familienbande sind auch zur Identifizierung der Überreste historischer Figuren eingesetzt worden. So haben sich zum Beispiel zum Zweck der touristischen Vermarktung zwei Dörfer – Kearney in Missouri und Granbury in Texas – darüber gestritten, wo der berüchtigte Kriminelle Jesse James begraben sei. 1995 wurde dann auf dem Friedhof von Kearney eine Exhumierung vorgenommen. Der Säuregrad des Erdbodens und die Feuchtigkeit hatten den Überresten jedoch zugesetzt, so dass keine ausreichen-

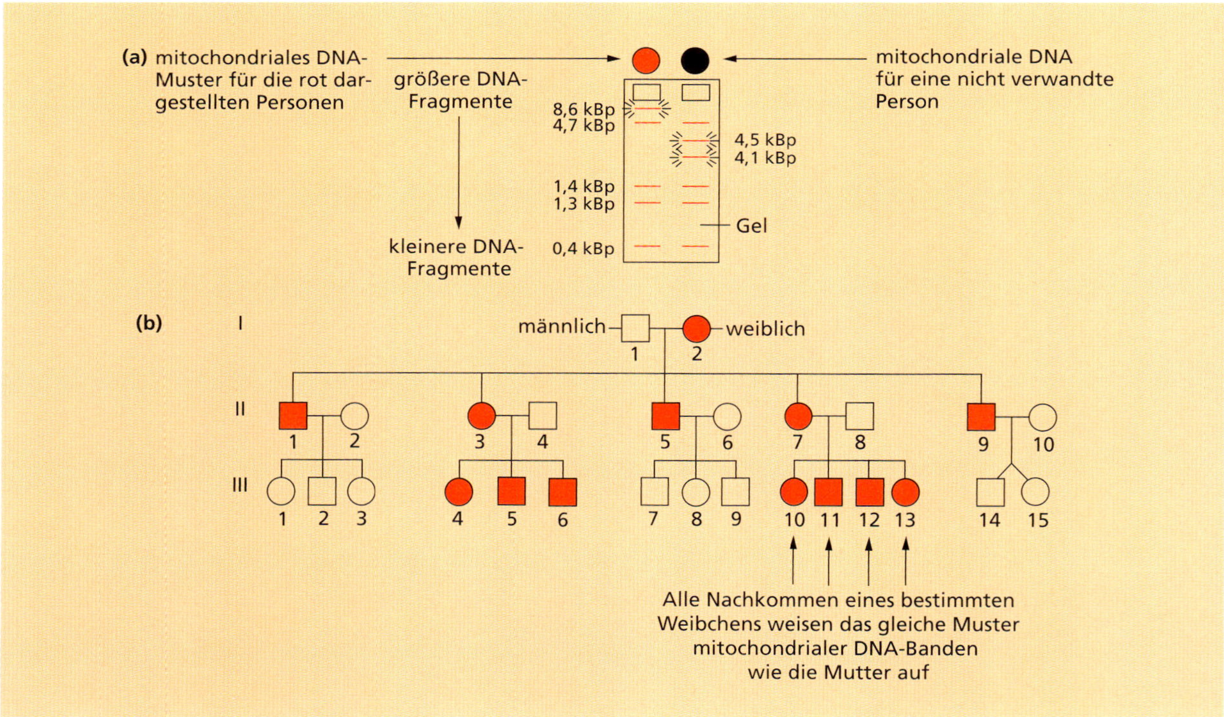

Abbildung 8.11: Muster eines maternalen Vererbungsganges. Gene der Zellatmungsmaschinerie und anderer mitochondrialer Funktionen sind auf einem kleinen, zirkulären Chromosom in den Mitochondrien lokalisiert (die meisten mitochondrialen Gene befinden sich aber im Zellkern). Da Mitochondrien ausschließlich durch die Eizelle an die Nachkommen weitergegeben werden, kann durch eine Charakterisierung der mitochondrialen DNA die mütterliche Vererbungslinie ohne Unterbrechungen und Komplikationen zurückverfolgt werden.

de DNA-Menge für eine molekulargenetische Untersuchung aus den Knochen gewonnen werden konnte. Es gab jedoch noch eine andere Quelle für DNA des Kriminellen: Haare und Zähne vom ursprünglichen Begräbnisort auf dem Bauernhof der Familie James in Granbury. Da auf dem Friedhof von Kearney ein Körper vergraben worden war, erhob sich die Frage, ob es die Leiche von Jesse James gewesen sei. Ein Vergleich der DNA, die man aus den Haaren und den Zähnen isolieren konnte, erbrachte, dass diese Reliquien vom selben Körper herrührten. Der nächste Schritt der Narretei bestand darin, Proben von heute lebenden Verwandten des Gangsters zu nehmen. Eine Analyse ergab Ähnlichkeiten zwischen den Proben der Zähne und Haare und den aus den rezenten Verwandten gezogenen Proben. Die Beweislage ergab, dass die Beanspruchung der zweifelhaften Überreste durch das Dorf Kearney als „letzte Ruhestätte" des notorischen Wildwestkriminellen richtig war. DNA-Fingerabdrücke können auch in anderen Analysefeldern eingesetzt werden, wie wir im Weiteren sehen werden.

Die Analyse nichtmenschlicher DNA 8.7

Nicht jeder Rechts- oder sonstige Streit kreist um eine Frage der Identität eines Menschen. Viele juristische Fragen – ebenso wie wissenschaftliche Fragestellungen – wurden mit der Hilfe genetischer Profile von Pflanzen und/oder Tieren beigelegt.

So ist etwa der Ginseng (*Panax ginseng*) eine geschätzte Arzneipflanze. Der Umsatz mit diesem Gewächs beläuft sich allein in den USA auf 3 Milliarden US-Dollar. In anderen Ländern gibt es ebenfalls eine rege Nachfrage. Gegenwärtig werden unter dem Begriff Ginseng zwei wesentliche pflanzliche Produkte geführt: Eines stammt aus Nordamerika, das andere aus Asien. Ironischerweise wird in den meisten US-amerikanischen Geschäften die asiatische Sorte angeboten. Der größte Anteil des amerikanischen Ginsengs – der selteneren und deshalb teurer gehandelten Sorte – wird nach Asien exportiert. Die beiden Ginsengsorten sehen fast gleich aus, doch werden ihnen sehr unterschiedliche Wirkungen nachgesagt. Asiatischer Ginseng soll seinen Anhängern zufolge energiesteigernd sein, wohingegen der amerikanische Ginseng für seine angebliche beruhigende (sedierende) Wirkung gerühmt wird. Die Hersteller wenden heute die DNA-Sequenzierung an, um die pharmazeutisch bedeutsame Unterscheidung zwischen den Sorten treffen zu können. Der Herkunftsnachweis gehört zur Qualitätskontrolle und soll den Markt für Produkte aus amerikanischem Ginseng schützen. Die gleiche Art von Analyse wird auch bei anderen Pflanzen durchgeführt. Ein DNA-Profil, das bei der Qualitätskontrolle von Kürbissen durchgeführt wurde, ist in ► Abbildung 8.12 gezeigt.

Ein interessanter Fall von „Vaterschaftsstreit" betrifft die Rotweinsorte Cabernet Sauvignon, die zu den wertvollsten Rotweinsorten gehört. Hybridsorten werden von einigen botanisch unbedarften Weinliebhabern als minderwertig angesehen und sind in Frankreich von der Vergabe des Qualitätskriteriums „Appelation d'origine controllee" (dies entspricht dem deutschen „Qualitätswein eines bestimmten Anbaugebietes, QbA") per Gesetz ausgeschlossen. Als Wissenschaftler darangingen, das Erbgut der Cabernet Sauvignon-Reben zu untersuchen, ergab die Analyse klar, dass die Sorte von den beiden Sorten Cabernet Franc und Sauvignon Blanc abstammt, also aus diesen gekreuzt worden ist.

Eine Beweisführung per DNA wurde kürzlich im Staat Pennsylvania (USA) eingesetzt, um nachzuweisen, dass ein Bär von einem Jäger getötet wurde. Das Jagdgesetz des Staates weist eine Jagdsaison für Bären aus; die soll dazu dienen, trächtigen Bärinnen zu erlauben, in die Winterruhe zu gehen und Junge zu gebären. Ein Gesetz, das es verbietet, Bären in ihren Winterquartieren zu erschießen, soll sicherstellen, dass ein großer Teil der weiblichen Bärenpopulation die Winterruhe überlebt. In dem betreffenden Fall wurde ein Jäger dabei beobachtet, wie er seine Büchse in eine Bärenhöhle abgefeuert hat. Der Jäger hat seinen Abschuss ordnungsgemäß bei der zuständigen Kontrollstation gemeldet, wo einer der Prä-

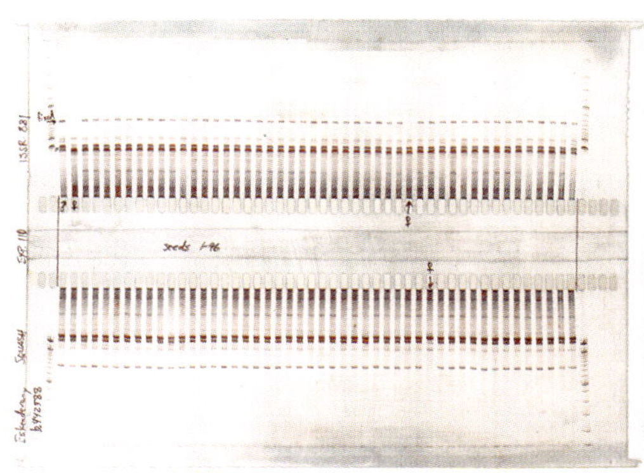

Abbildung 8.12: DNA-Profil einer Hybridkürbis-Sorte, eingesetzt für eine Qualitätskontrollanalyse. Die männliche Kürbispflanze hat die obere Bande ergeben, die weibliche die untere. Die Hybridpflanzen weisen allesamt beide Banden auf (eine Ausnahme ergibt 98,9 % Reinheitsnachweis bei 96 untersuchten Kürbissamen).

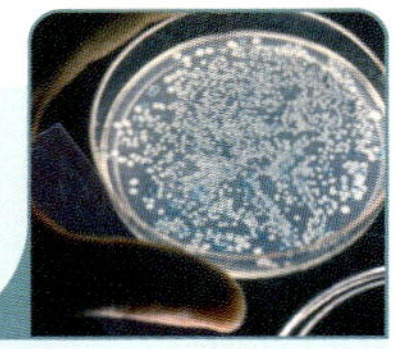

METHODEN

DNA-Profile bringen die biologische Forschung voran

Zusätzlich zu ihrer Verwendung bei Rechtsstreitigkeiten sind DNA-Profile auch unmittelbar in der biologischen Forschung eingesetzt worden.

Im Jahr 2002 wurde berichtet, dass DNA-Analysen der verbliebenen Bisonherden – sowohl öffentlichen wie privaten – ergeben hatten, dass die Mehrzahl der Bisons (Amerikanischer Bison, *Bison bison*) domestizierte Rinder als Vorfahren gehabt haben. Es gibt keine äußerlichen Anzeichen für die Hybridnatur dieser Tiere, aber ihr genetisches Erbe erschließt sich klar durch die DNA ihres Erbgutes. Die Ergebnisse dieser Erhebungen können dazu dienlich sein, die verbliebenen reinerbigen Herden zu erhalten.

Mit Hilfe der Beweisführung per DNA haben Wissenschaftler aufzeigen können, dass Meisen, Rauchschwalben (*Hirundo rustica*), Indigofinken (*Passerina cyanea*) und andere Vogelarten entgegen einer landläufigen Meinung nicht monogam sind. Die Ornithologen analysierten die DNA der Elternvögel und ihrer Jungen, um festzustellen, ob die Jungen in einem Nest möglicherweise unterschiedliche Väter haben. Selbst die sprichwörtliche Unzertrennlichkeit von Zwergpapageien (Agaporniden; „Unzertrennliche") als Sinnbild der ewigen monogamen Verbundenheit erwies sich dabei als Wunschvorstellung.

Darüber hinaus hat sich die Analyse mitochondrialer DNA als reichhaltige Quelle für evolutionäre Informationen erwiesen. Schätzungen zufolge mutiert die mitochondriale DNA mit einer Rate von 2 – 4 % der Basenpaare pro Million Jahre. Diese Abschätzung erlaubt es den Wissenschaftlern, Veränderungen in den Genfrequenzen (Allelverteilungen) von Populationen zurückzuverfolgen. Durch Untersuchung der Veränderung der Allelhäufigkeiten in der mitochondrialen DNA ist es möglich, nah verwandte Tierarten zu unterscheiden und die Rolle von Basenveränderungen im Verlauf der Evolution zu erforschen. Nur ein Nanogramm (10^{-9} g) DNA sind erforderlich für eine direkte Sequenzierung. Durch solche Untersuchungen an menschlicher mitochondrialer DNA ist man zu der so genannten Evahypothese gelangt, die davon ausgeht, dass fast die gesamte heute lebende Menschheit von einem einzigen weiblichen Vorläuferurmenschen aus Ostafrika abstammt.

molaren (vorderer Backenzahn) des Bären entnommen und eingelagert worden ist, wie es das Jagdgesetz vorschreibt. Als Teil ihrer Untersuchungen des Augenzeugenberichts nahmen Vertreter der Jagdaufsichtsbehörde Blutproben in der Bärenhöhle und verglichen die DNA aus der Höhle mit der des Zahns in der Registratur. Die Tests ergaben, dass die DNA-Proben von demselben Tier stammten, obwohl der Jäger angegeben hatte, den Bären rund 8 Kilometer vom Ort der Höhle entfernt erlegt zu haben. Aufgrund der genetischen Beweisführung wurde er überführt. Die Erhebung von DNA-Profilen gehört zu den regelmäßig von Wild- und Naturschutzbehörden eingesetzten Methoden.

So zeigt die ► Abbildung 8.13 beispielsweise DNA-Profile von mehreren Elchen, die von einem Jäger erlegt wurden, der die Genehmigung zum Abschuss von nur einem Tier hatte. Ausgerüstet mit der Waffe des genetischen Fingerabdrucks konnten die Wildhüter nachweisen, dass Tiere über die für die Jagd freigegebene Menge hinaus erlegt worden waren.

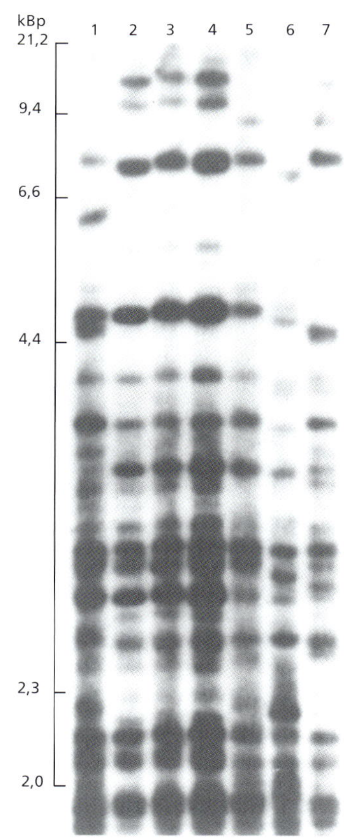

Abbildung 8.13: DNA-Fingerabdrücke von vier Elchen. RFL-Polymorphismen wie diese können eingesetzt werden, um zu ermitteln, ob mehr als ein Muster existiert. Bei dieser Analyse gibt es vier verschiedene Fingerabdrücke von einem Jäger mit einer Lizenz für nur einen Abschuss.

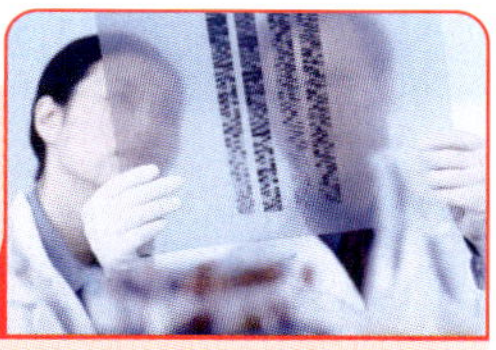

BERUFSPRAXIS

Technische Assistenten im Labor

Technische Assistenten (biologisch-, chemisch-, medizinisch-, pharmazeutisch-technische Assistenten/-innen) werden regelmäßig in Laboratorien eingesetzt, die DNA-„Fingerabdrücke" nehmen. Die technischen Assistenten in diesen Laboratorien müssen Anweisungen mit größter Präzision folgen. Der Arbeitsbereich des Labors muss peinlich sauber gehalten werden (mehr als in einem normalen Forschungslabor), um Kontaminationen zu vermeiden.

Alle technischen Assistenten (TAs), die in gerichtsmedizinischen Laboratorien zu arbeiten gedenken, müssen eine praktische Ausbildung in quantitativer analytischer Chemie durchlaufen. Die Arbeit kann sich häufig auch in speziellen Reinräumen oder Sterilwerkbänken abspielen.

Die Ausbildung zu einem technischen Assistenten ist eine dreijährige Ausbildung an einer Berufsfachschule. Alternativ ist ein Bachelorabschluss nach dreijährigem Hochschulstudium ein gleichwertiger Nachweis, doch ist ein solcher oder noch höherer Hochschulabschluss für die Tätigkeit eine Überqualifikation.

Praktische Fähigkeiten der Laborarbeit sind für die Tätigkeit von entscheidender Bedeutung. Diese werden im Rahmen der Ausbildung erworben und in der Berufspraxis vervollkommnet und weiterentwickelt. Ausreichende Grundlagen im Rechnen und die Fähigkeit, die Arbeit zu organisieren und relativ selbstständig zu arbeiten, sind ebenfalls von Bedeutung. Das Führen von Laborbüchern gehört zur täglichen Routine und ist für Labortätigkeiten in Deutschland gesetzlich vorgeschrieben. Fähigkeiten zur Bedienung von Computern oder Laborgeräten sind ebenfalls nützlich oder werden ausdrücklich gewünscht, können aber in aller Regel während der Tätigkeit im spezifischen Umfeld erworben oder auf die spezielle Anwendung hin weiterentwickelt werden. Ein Aufstieg in höhere Positionen ist nicht üblich und ohne zwischengeschaltetes Hochschulstudium kaum möglich.

ÜBUNGSAUFGABEN

Die Antworten finden Sie in Anhang A.

1. Erläutern Sie, was man unter einem polymorphen DNA-Lokus versteht.
2. Wie beeinflussen polymorophe DNA-Abschnitte den Träger?
3. Wie viele Banden im „genetischen Fingerabdruck" eines Kindes sollten im „genetischen Fingerabdruck" des Vaters / der Mutter erscheinen?
4. Warum wird bei einer forensischen Analyse vor einem „genetischen Fingerabdruck" eine Blutgruppenanalyse durchgeführt?
5. Wie würde Heparin als Kontaminante möglicherweise eine Restriktionsfragementlängenpolymorphismusanalyse (RFLP-Analyse) beeinflussen?
6. Welche Sorte von Protein will man bei einer DNA-Präparation durch Behandlung mit Proteinase K vordringlich verdauen?
7. Wie war es möglich zu beweisen, dass die Weinsorte Cabernet Sauvignon eine Kreuzung aus Sauvignon Blanc und Cabernet Franc ist?
8. Warum sind Dot-/Slotblots heute bei Ausschlussanalysen beliebter als RFLP-Analysen?
9. Was kann die Folge der Überladung eines Elektrophoresegels zur DNA-Trennung sein?
10. Wie wird eine Bandenverschiebung korrigiert?

WEITERFÜHRENDE LITERATUR

Bücher

J. Butler: Forensic DNA Typing. Biology and Technology Behind STR Markers. 2. Auflage, Academic Press (2005); ISBN: 0-1214-7952-8.

A. Carracedo: Forensic DNA Typing Protocols. Humana Press (2005); ISBN: 1-5882-9264-9.

J. Vacca: Computer Forensics: Computer crime scene investigation. 2. Auflage, Charles River Media (2005); ISBN: 1-58450-389-0.

J. Watson et al.: Molecular Biology of the Gene, 5. Auflage, Benjamin Cummings (2004); ISBN: 0-321-22368-3.

Artikel in Fachzeitschriften

M. Jobling und P. Gill: Encoded evidence: DNA in forensic analysis. Nature Reviews Genetics (2004), vol. 5: 739 – 751.

WEB-LINKS

Weitere Informationen zu diesem Buchkapitel
http://www.pearson-studium.de

European Network of Forensic Science Institutes (ENFSI)
http://www.enfsi.org

Eine Geschichte des Fingerabdrucks von der Polizei von Südwales
http://www.south-wales.police.uk/fe/master.asp?n1=8&n2=253&n3=1028

Alec Jeffreys, der Erfinder des genetischen Fingerabdrucks
http://www.le.ac.uk/genetics/pages/staff/staff_pages/jeffreys.html

Die CODIS-Datenbank des FBI
http://www.fbi.gov/hq/lab/codis/index1.htm

Biologische Umweltsanierung

9

ÜBERBLICK

Nachdem Sie dieses Kapitel durchgearbeitet haben, sollten Sie in der Lage sein:

- Die biologische Umweltsanierung zu definieren und zu erklären, warum diese von Bedeutung ist.
- Die Vorteile biologischer Umweltsanierungsstrategien im Vergleich zu anderen Sanierungsansätzen zu beschreiben.
- Einige der häufigeren chemischen Umweltverschmutzungen, die beseitigt werden müssen, zu benennen und Beispiele dafür zu geben, auf welche Weise Chemikalien in unterschiedliche Bereiche der Umwelt vordringen.
- Oxidations- und Reduktionsvorgänge zu definieren und zu erklären, warum diese Arten chemischer Reaktionen für viele biologische Umweltsanierungsprozesse, die von Mikroorganismen vollzogen werden, von Bedeutung sind.
- Eine Unterscheidung zwischen aeroben und anaeroben biologischen Abbauprozessen zu treffen und Beispiele für Mikroorganismen zu geben, die zur biologischen Umweltsanierung beitragen.
- Die Phytosanierung zu definieren und zu erklären, wie diese eingesetzt werden kann, um Umweltschäden zu beseitigen.
- Zu diskutieren, wie in situ- und ex situ-Verfahren eingesetzt werden können, um den Erdboden und das Grundwasser biologisch zu sanieren.
- Die Rolle der biologischen Sanierung in einer Kläranlage zu erörtern.
- Beispiele dafür zu geben, wie genetisch veränderte Organismen bei der biologischen Umweltsanierung eingesetzt werden können.

Unsere Umwelt ist gefährdet. Mit alarmierender Häufigkeit sind die Luft, die wir atmen, das Wasser, das wir trinken, und der Boden, den wir für den Anbau von Nahrung nutzen, als eine direkte Folge menschlicher Aktivitäten durch Kontamination belastet. Der Durchschnittsamerikaner erzeugt pro Tag ca. 2 Kilogramm feste Abfälle – mehr als 700 Kilogramm Abfall pro Person und Jahr. Und doch sind Haushaltsabfälle ein vergleichsweise kleiner Teil des Gesamtproblems. Umweltverschmutzungen durch industrielle Produktionsabfälle, Unfälle mit Chemikalienaustritt, Haushaltsprodukte und Pestizide haben zu einer Kontaminierung der Umwelt geführt. Eine anwachsende Zahl giftiger Chemikalien bedroht die Gesundheit der Umwelt überall auf der Welt und damit der darin lebenden Lebewesen.

Genauso wie in der Biotechnologie ein Schlüssel zur Identifizierung und Lösung von Gesundheitsproblemen des Menschen gesehen wird, wird sie auch als wirkungsvolles Werkzeug für die Untersuchung und Behebung des schlechten Zustands der verschmutzten Umwelt angesehen. In diesem Kapitel werden wir ergründen, wie die Biotechnologie dabei helfen kann, zumindest einige Probleme der Umweltverschmutzung zu beseitigen oder zu vermindern und durch die biologische Umweltsanierung eine sauberere Umwelt für den Menschen und seine Mitlebewesen zu schaffen.

9.1 Was versteht man unter biologischer Umweltsanierung?

Der Einsatz lebender Organismen wie Bakterien, Pilze und Pflanzen beim Abbau chemischer Verbindungen wird als **biologischer Abbau** bezeichnet. Diese Prozesse verlaufen unter Ausnutzung biochemischer Reaktionen und Reaktionsfolgen, die alle Lebewesen einsetzen, um sich mit Nährstoffen und der notwendigen Betriebsenergie zu versorgen. Alle Lebewesen, und somit auch Bakterien, verstoffwechseln Zucker zu ATP. Viele Mikroorganismen haben evolutiv Stoffwechselwege entwickelt, mit deren Hilfe sie vom Menschen erzeugte chemische Verbindungen abzubauen imstande sind. Als **biologische Sanierung** bezeichnet man die Vorgänge bei der Reinigung kontaminierter Orte in der Umwelt unter Zuhilfenahme von Lebewesen, die gefährliche Stoffe aufnehmen und diese anreichern oder in ihrem Stoffwechsel in unschädliche umwandeln.

Die biologische Sanierung ist kein neues Verfahren. Die Menschen bedienen sich seit Jahrtausenden biologischer Prozesse bei der Entsorgung von Abfällen. In seiner einfachsten Form stellen Komposthaufen und Sickergruben ländlicher Gebiete Orte der biologischen Sanierung dar. Dort zerkleinern und verdauen Bodenbewohner – Kleinstlebewesen vom Regenwurm bis zur Bakterie – die zersetzbaren Hinterlassenschaften des Menschen. Auf ähnliche Weise funktionieren die modernen Kläranlagen, in denen Mikroorganismen vom Menschen produzierte Abwässer seit Jahrzehnten reinigen („klären"). Modernere Formen der biologischen Sanierung umfassen – wie Sie in diesem Kapitel lernen werden – eine Reihe neuer und innovativer Strategien zur Beseitigung einer breiten Palette giftiger Stoffe aus vielen unterschiedlichen Umweltsituationen.

Sich die vorhandenen Aktivitäten der vielen Mikroorganismen nutzbar zu machen ist aber nur ein Aspekt der biologischen Sanierung. Ein wesentliches Ziel der biologischen Sanierung ist es, die natürlichen Mechanismen zu verbessern und die Geschwindigkeit biologischer Abbauprozesse zu beschleunigen. In diesem Kapitel werden wir einige der Wege erforschen, die Wissenschaftler beschreiten, um Mikroorganismen dazu anzuregen, eine Vielzahl von Abfallstoffen in vielen unterschiedlichen Situationen abzubauen. Ein weiterer wichtiger Aspekt der biologischen Sanierung ist die Entwicklung neuer Ansätze für den biologischen Abbau von Abfallstoffen in der Umwelt, was auch gentechnisch modifizierte Mikroorganismen einschließen kann.

Warum ist die biologische Umweltsanierung von Bedeutung?

Unsere Lebensqualität steht in unmittelbarer Beziehung zur Sauberkeit und „Gesundheit" der Umwelt. Wir wissen, dass „Umweltchemikalien" sogar unser Erbmaterial zu beeinflussen vermögen, indem sie als Mutagene wirken, die vererbbare Krankheiten hervorrufen. Es ist offenkundig, dass es Gründe gibt, sich sowohl über kurz- wie über längerfristige Expositionen und die Folgen solcher Chemikalien für den Menschen, aber auch andere Lebensformen Sorgen zu machen.

Einigen Schätzungen zufolge werden allein in den USA jedes Jahr über 200 Millionen Tonnen gefährlicher Stoffe produziert. Dabei kann es zu versehentlichen Freisetzungen kommen, aber diese Ereignisse werden im Regelfall schnell unter Kontrolle gebracht und die verschmutzten Bereiche rasch gereinigt, um die Schadwirkung auf die Umwelt möglichst klein zu halten. Problematischer ist die Praxis der illegalen Entsorgung sowie Kontaminationen durch Nachlässigkeit, beispielsweise in aufgegebenen Produktionsstätten wie Fabriken, wo Restbestände von Chemikalien unbemerkt in die Umwelt entweichen können. Einer von fünf US-Bürgern lebt im Umkreis von fünf bis sieben Kilometern eines umweltverschmutzten Areals, das von der Umweltbehörde der USA überwacht oder saniert wird. In den 20 Jahren, die das Programm bereits läuft, hat die Umweltbehörde EPA in den USA über 700 verseuchte Areale gesäubert. Trotzdem stehen noch mehr als 1000 weitere für eine Sanierung an, und jedes Jahr werden noch weitere, bisher unbekannte, neu aufgefunden. Schätzungen für die Sanierungskosten belaufen sich auf über 1500 Milliarden US-Dollar. Das Ausmaß der Kontamination weiterer Areale und die Zahl der sanierenden Areale und Anlagen wird die Kosten sehr wahrscheinlich noch weiter ansteigen lassen. Es ist klar ersichtlich, dass die Umweltverschmutzung in den USA ein bedeutendes Problem ist, dem viel Aufmerksamkeit zuteil wird. In vielen anderen Ländern ist die Umweltverschmutzung ein noch größeres Problem.

Über das *National Institute of Environmental Health Sciences* der USA, das Teil der nationalen Gesundheitsbehörde NIH ist, haben die Vereinigten Staaten von Amerika ein Programm ins Leben gerufen, das **Umweltgenomprojekt** genannt wurde. Allererstes Anliegen dieses Programms ist es, den Einfluss von Umweltchemikalien auf menschliche Krankheiten zu untersuchen. Dies beinhaltet die Untersuchung von Genen, die empfindlich auf Umweltagenzien reagieren, mehr über Entgiftungsgene zu lernen sowie das Aufspüren von Einzelnucleotidpolymorphismen, die vielleicht Indikatoren für individuelle Empfindlichkeiten für die Wirkung von Umwelteinflüssen sein könnten. Schlussendlich soll dieses Programm Genomdaten liefern, welche die Wissenschaftler in die Lage versetzen sollen, epidemiologische Studien durchzuführen, durch die sie besser zu verstehen vermögen, wie die Umwelt zu Krankheitsrisiken beiträgt, und durch die sie lernen, wie spezifische Krankheiten durch eine Umweltexposition mit Chemikalien beeinflusst werden.

Wir wissen, dass die Umweltverschmutzung ein Problem ist, das die Gesundheit der Menschen in Mitleidenschaft ziehen kann. Die biologische Sanierung ist ein wichtiger methodischer Ansatz zur Beseitigung von Umweltverschmutzungen. Es gibt jedoch viele Verfahrensweisen, um Umweltverschmutzungen zu bekämpfen – warum also soll man die biologische Sanierung dazu einsetzen? Man kann kontaminiertes Material wie Böden abtragen oder chemisch behandeln. Diese Verfahren können jedoch sehr teuer sein und im Fall der chemischen Behandlung zur Umwandlung der Verschmutzungen sogar neuerliche Verschmutzungen hinterlassen. Ein großer Vorteil der biologischen Sanierung besteht darin, dass die meisten Biosanierungsstrategien zur Umwandlung schädlicher Stoffe in weniger gefährliche oder ziemlich harmlose wie Kohlendioxid, Chlorid, Wasser oder einfache organische Verbindungen führen. Da für den Reinigungsprozess Lebewesen eingesetzt werden, sind biologische Sanierungsverfahren im Allgemeinen „sauberer" als andere Sanierungsstrategien. Der entstehende „Abfall" ist biologisch zersetzlich.

Ein weiterer Vorzug der biologischen Sanierung besteht darin, dass viele Reinigungsmaßnahmen direkt am Ort der Umweltverschmutzung vorgenommen werden können. Da das kontaminierte Material nicht an einen anderen Ort verbracht werden muss, ist oftmals eine vollständigere Sanierung ohne zu große Störung der Umwelt möglich. Zusätzlich zur Reinigung der Umwelt sind biotechnologische Verfahren von Bedeutung für das Aufspüren von Verschmutzungen, für die Restaurierung von Ökosystemen, um etwas über die Bedingungen zu lernen, die zu menschlicher Krankheit führen können, und zur Umwandlung von Abfallprodukten in wertvolle Energie. Im nächsten Abschnitt werden wir einige der grundlegenden Prinzipien der biologischen Sanierung am Beispiel einiger verbreiteter chemischer Umweltverschmutzungen und der Umweltbereiche, die durch diese beeinträchtigt werden, betrachten. Wir werden außerdem einige der Mikroorganismen und Reaktionen betrachten, die für biologische Sanierungsvorgänge von Bedeutung sind.

Biologische Umweltsanierung – Die Grundlagen 9.2

Natürliche Marschen und andere Feuchtgebiete haben sich schon über Jahrhunderte hinweg als Orte biologischer Sanierungsprozesse hervorgetan. In dieser Umgebung können die dort lebenden und sich vermehrenden Pflanzen und Mikroorganismen eine große Vielzahl unterschiedlicher Stoffe aufnehmen und abbauen und Schadstoffe in harmlose Folgeprodukte umwandeln. Bevor wir uns einer Erörterung, wie Lebewesen Schadstoffe abbauen, zuwenden, wollen wir zunächst solche Umweltbereiche kennen lernen, die eine Sanierung benötigen, und uns anschauen, welche die Umwelt verschmutzenden Stoffe dort häufig anzutreffen sind.

Wo muss saniert werden?

Unglücklicherweise lautet die Antwort auf diese Frage heute: „Praktisch überall!" Der Erdboden, das Wasser, die Luft und Sedimente (eine Mischung aus Bodengrund und zerfallendem biologischem Material am Grund von Gewässern) sind sämtlich von Umweltverschmutzungen betroffen. Erdböden, Wasser und Sedimente sind die häufigsten zur Behandlung anstehenden Areale, die eine Reinigung durch biologische Sanierung erfordern. Nichtsdestotrotz sind auch Biosanierungsverfahren zur Luftreinigung in der Entwicklung. Jeder Bereich stellt an eine Sanierungsmaßnahme seine eigenen Herausforderungen, weil der auszuwählende Sanierungsansatz im Regelfall von den Bedingungen am Verschmutzungsort abhängt. So können die zur Sanierung von Böden eingesetzten Verfahren sehr verschieden von denen zur Sanierung von Wasser sein. Gleichfalls erfordert Oberflächenwasser eine andere Strategie als Grundwasser.

Schadstoffe können über viele unterschiedliche Wege in die Umwelt gelangen und in dieser die verschiedenartigsten Bestandteile beeinflussen. In machen Fällen gelangen Schaldstoffe auf direktem Weg in die Umwelt, zum Beispiel bei einem Tankerunglück auf See, dem Unfall eines Tanklastzuges auf der Autobahn oder der Leckage eines Chemikalientanks auf einem Fabrikgelände. Natürlich werden in Abhängigkeit von den freigesetzten Stoffen, dem Ort des Unglücks, der Schadstoffmenge und der Dauer der Freisetzung (kurzzeitig, akut oder schleichend, chronisch) unterschiedliche und unterschiedlich große Bereiche der Umwelt betroffen. Die ► Abbildung 9.1 zeigt ein Beispiel für das Leckschlagen eines Chemikalienbehälters in einer Fabrik. Dadurch können zunächst oberflächliche Bodenschichten und darunterliegende Schichten kontaminiert werden. Falls größere Mengen freigesetzt werden und die Leckage für längere Zeit unbemerkt bleibt, können die Stoffe tiefer in das Erdreich sickern. Starke Regenfälle können dazu führen, dass die Chemikalien fortgespült werden und nahegelegene Gewässer wie Teiche, Seen, Fließgewässer und unter Umständen das Meer verschmutzen. Durch das Eindringen in das Erdreich können die Stoffe unter Umständen Grundwasserreservoire erreichen und auch diese kontaminieren. Diese stellen Trinkwasservorräte dar und sind für Sanierungsvorhaben nur schwer zugänglich.

Stoffe können auch durch die Freisetzung in die Luft in die Umwelt gelangen. Dort können sie sich in Wolken ansammeln und mit dem Regen niedergehen. Alternativ können sie in der Luft verbleiben und dort unter Umständen Schadwirkungen hervorrufen. Schadstoffe aus industriellen Fertigungsprozessen, Müllhalden, illegal abgekipptem Müll, der Landwirtschaft und dem Bergbau können ebenfalls zur Verschmutzung der Umwelt führen. Da das jeweilige Verfahren zur biologischen Sanierung von der Natur des zu behandelnden Areals abhängt, gestaltet sich eine Bodensanierung völlig anders als die Sanierung eines Wasserkörpers. Wie die biologische Sanierung konkret zur Anwendung kommt, hängt auch davon ab, welche Art von Stoff zur Beseitigung ansteht.

Chemikalien in der Umwelt

Techniken zum Einsatz der biologischen Sanierung zur Beseitigung menschlicher Abfälle in einer Kläranlage sind recht verschieden (und auch einfacher) als die zum Abbau der Vielzahl von Stoffen, die in der Umwelt vorkommen. Tagtäglich werden Haushaltsprodukte wie Reinigungssubstanzen (Seife, Waschmittel, Spülmittel usw.), Parfüm und Medikamente oder deren Rückstände in das Abwasser gespült. Dazu kommen Dünger, Pestizide und Hormone aus der Landwirtschaft. Andere Stoffe, die ihren Weg in die Umwelt finden, entstammen industriellen Fabrikationsprozessen oder sind, wie weiter oben diskutiert, das Ergebnis von Unfällen.

Zahlreiche Stoffe aus vielen unterschiedlichen Quellen sind verbreitete Umweltschadstoffe. Einige der am häufigsten anzutreffenden Chemikaliengruppen, die vom Menschen in die Umwelt gebracht werden, sind in ► Tabelle 9.1 zusammengefasst. Viele dieser Stoffe sind bekannte Mutagene (das Erbgut verändernde Stoffe) und/oder Karzinogene (Krebs verursachende Stoffe); beide Gruppen überschneiden sich.

Obwohl wir die Auswirkungen von Schadstoffen auf die menschliche Gesundheit nicht im Einzelnen besprechen werden, weiß man von vielen dieser Stoffe, dass sie zu gesundheitlichen Beeinträchtigungen führen können, die vom Hautausschlag bis zu bösartigen Tumoren führen können. Solche Stoffe können auf unterschiedliche Weise auch andere Tiere sowie Pflanzen schädigen. Das Vorhandensein von Schadstoffen in der Umwelt führt zu einer allgemeinen Schädigung der Um-

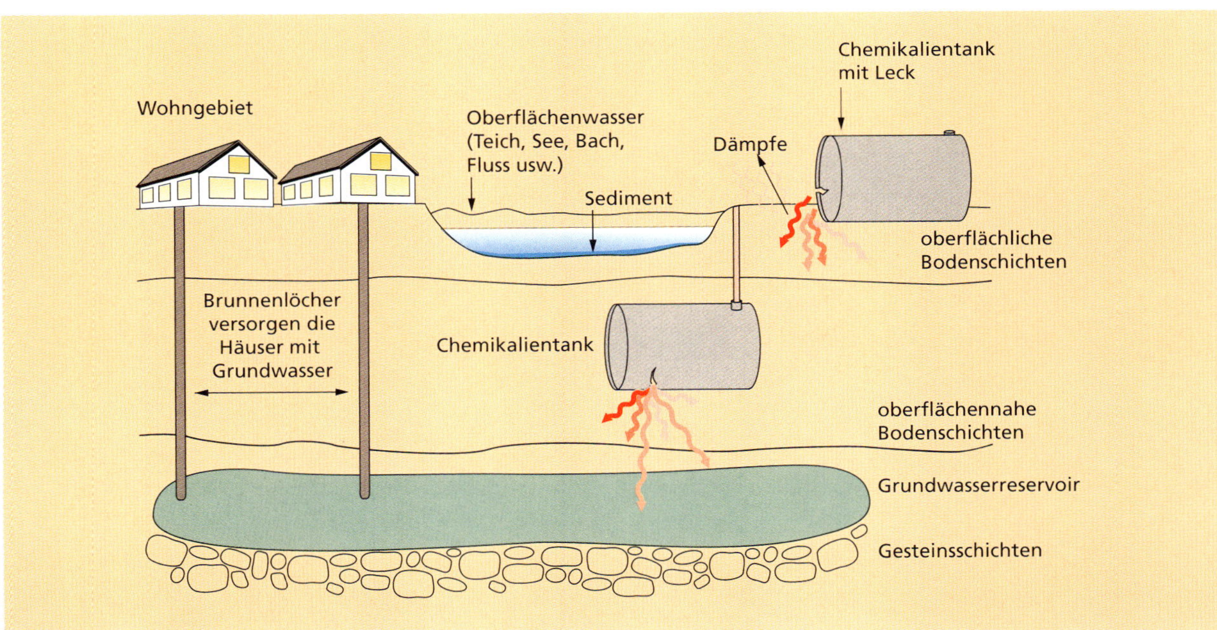

Abbildung 9.1: Sanierungsumgebungen und Kontaminationszonen. Der Austritt von Schadstoffen kann zu einer Reihe von Sanierungssituationen in unterschiedlichen Kontaminationszonen Anlass geben, die dann Ziele für eine biologische Sanierung sein können. Das Leckschlagen eines Tanks, der ober- oder unterirdisch stationiert sein kann, kann Stoffe freisetzen, die oberflächliche und tiefe Bodenschichten, Oberflächen- und Grundwasser kontaminieren können. In diesem schematischen Beispiel bedroht die Kontaminierung eines Grundwasserreservoirs die Gesundheit von Bewohnern in der näheren Umgebung der Unglücksstelle, die ihr Trinkwasser aus dem Reservoir beziehen.

Tabelle 9.1

Häufige Schadstoffe in der Umwelt

Schadstoff	Herkunft
Benzol	Erdölbestandteil; Erdölprodukte wie Benzin, Herstellung von Kunststoffen (Nylon, Kunstharze, Synthesekautschuk u.a.m.) und andere großchemische Herstellungsverfahren
Cyanid	Metalllaugungsprozesse im Bergbau; großchemische Produktionsverfahren
Dioxine	Pulpeverarbeitung, Papierbleiche, Müllverbrennung, großchemische Produktionsverfahren
Methyl-tert-butylether	Zusatzstoff für Treibstoffe, Autoabgase, Schiffsantriebe, undichte Treibstofflager
Naphthalin	Bestandteil von Rohöl und Petroleum; Mottenkugeln
Nitrile (organische Cyanidverbindungen)	Kunststoffe und synthetische Öle
Perchlorethen	Trockenreinigung
Pestizide (Atrazin, Carbamate, Chlordan, DDT) und Herbizide	Insektenvernichtungsmittel (Insektizide) und Pflanzenschutzmittel (Herbizide)
Phenol und verwandte Verbindungen (Chlorphenole)	Holzschutzmittel, Farben, Lacke, Klebstoffe, Textilien
polychlorierte Biphenyle (PCBs)	Transistoren, Kühl- und Isolationssysteme
polyzyklische aromatische Kohlenwasserstoffe und polychlorierte Kohlenwasserstoffe	Müllverbrennung, Automobilabgase, Öfraffinerien, aus Automobilien entweichendes Öl
Vinylchlorid	Kunststoffherstellung (PVC-Herstellung)
Radioaktive Elemente und ihre Verbindungen	Forschungslaboratorien, Krankenhäuser, radiologische Arztpraxen, Kernkraftwerke, in manchen Ländern militärische Anlagen
Oberflächenaktive Substanzen (Detergenzien)	Farben- und Lackherstellug, Textilien, Beton, Papier
Synthetische Östrogene (Ethinylöstradiol)	Synthetische Verbindungen mit Östrogenwirkung; entstehen bei einer Reihe industrieller Herstellungsprozesse; Landwirtschaft (Tiermast)
Tetrachlorethen und Trichlorethen	Trockenreinigung, Entfettungsmittel
Toluol	Rohölbestandteil; Bestandteil von Klebstoffen, Tinten, Farben, Lacken, Reinigungsmitteln
Schwermetalle (Arsen, Cadmium, Chrom, Kupfer, Blei, Quecksilber, Thallium, Nickel)	Auto- und andere Batterien, Metallraffinerien, großtechnische Produktionsprozesse, alte Wasserleitungen usw.
Trinitrotoluol (TNT)	Sprengstoffherstellung und Reste bei kommerziellen Sprengungen (Abriss, Bergbau etc.)

welt einschließlich der Gesundheit der in ihr lebenden Organismen.

Über die Art der Kontamination und des zu sanierenden Bereichs hinaus beeinflusst auch die chemische Natur der Schadstoffe die Auswahl der Organismen und des Verfahrens der biologischen Sanierung. Durch das gesamte Kapitel hindurch werden wir Strategien für die Sanierung vielerlei Schadstoffe, die in Tabelle 9.1 aufgeführt sind, erörtern.

Grundlagen der Sanierungsreaktionen

Mikroorganismen vermögen viele chemische Verbindungen zu harmloseren Verbindungen abzubauen; dies geschieht entweder durch aeroben (sauerstoffabhängigen) oder anaeroben (ohne Beteiligung von Sauerstoff) Stoffwechsel. Beide Stoffwechselstrategien umfassen jeweils eine Folge von Redoxreaktionen. Sie müssen über ein grundlegendes Verständnis von Redoxreaktionen aus

Ihrem Unterricht in allgemeiner Chemie verfügen, um die biologischen Abbauprozesse verstehen zu können.

Redoxreaktionen

Unter einer Oxidation versteht man den Entzug von Elektronen (eines oder mehrerer) von einem Atom oder Molekül. Dies führt zu einer Änderung der chemischen Eigenschaften des Atoms oder der Verbindung, manchmal auch zur Änderung der Struktur des oxidierten Teilchens (▶ Abbildung 9.2). Im Fall eines Schadstoffes kann eine Oxidation diesen in eine unbedenkliche Verbindung überführen; es kann aber auch umgekehrt geschehen, dass eine ungefährliche Verbindung oder ein ungiftiges Element erst durch Oxidation in ein giftiges Teilchen überführt wird. Eine Oxidation tritt immer in Verbindung mit einer parallel erfolgenden Reduktion auf. Bei einer Reduktion wird einem Atom oder einem Molekül eines oder mehrere Elektronen zugeführt; es handelt sich also um die der Oxidation entgegengesetzte chemische Reaktion. Da Reduktion und Oxidation in chemischen Systemen immer gekoppelt sind, spricht man als Ganzes kurz von Redoxreaktionen (Abbildung 9.2).

Bei einer Redoxreaktion tritt einer der Reaktionspartner als Oxidationsmittel auf. Das Oxidationsmittel bewirkt die Oxidation des Reaktionspartners; dabei wird es selbst durch die Aufnahme von Elektronen reduziert (deshalb spricht man auch von Elektronenakzeptoren). Ein Reduktionsmittel wirkt gerade umgekehrt: Es reduziert einen Reduktionspartner durch Abgabe von Elektronen. Dabei wird es selbst oxidiert. Molekularer Sauerstoff (O_2), dreiwertige Eisenionen (Fe_3^{+}), Sulfationen (SO_4^{2-}) und Nitrationen (NO_3^-) treten häufig bei biologischen Sanierungsvorgängen in Erscheinung. Redoxreaktionen spielen im biochemischen Geschehen aller lebenden Zellen eine große Rolle. Sie bauen durch Abfolgen von Redoxreaktionen Nahrungsmoleküle wie Zucker oder Fett ab und gewinnen dabei Energie.

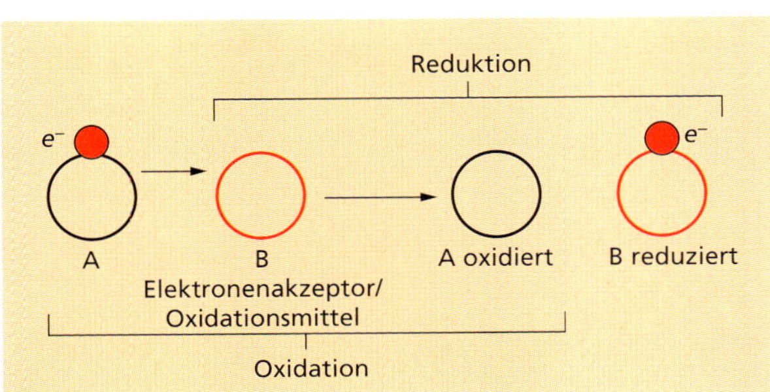

Abbildung 9.2: Oxidationen und Reduktionen (Redoxreaktionen). Redoxreaktionen sind bei biologischen Sanierungsvorgängen für die Beseitigung vieler Chemikalien von Bedeutung. Bei der schematisch angedeuteten Oxidationsreaktion wird ein Elektron von A auf B übertragen. B ist dabei der Elektronenakzeptor (= Oxidationsmittel). Bei einer Redoxreaktion wird ein Stoff (A) oxidiert, ein zweiter (B) durch die Aufnahme von Elektronen reduziert.

Aerober und anaerober biochemischer Abbau

In einigen Umgebungen, wie oberflächlichen Schichten von Gewässern und dem Erdboden, wo Sauerstoff in der Regel leicht verfügbar ist, bauen aerobe Bakterien und Pilze Stoffe oxidativ ab. Bei den aeroben biochemischen Abbaureaktionen wird molekularer Sauerstoff zur Oxidation einer Reihe von organischen Verbindungen (wie sie auch im Erdöl vorkommen) von den Mikroorganismen eingesetzt (▶ Abbildung 9.3). Im Verlauf der Reaktion wird das Sauerstoffmolekül (O_2) zu Wasser (H_2O) reduziert. Mikroorganismen können die oxidierten organischen Verbindungen noch weiter abbauen, wobei einfachere und physiologisch relativ harmlose Verbindungen wie Kohlendioxid (CO_2) und Methan (CH_4) entstehen. Bakterien vermögen Energie aus diesen Reaktionen zu ziehen, die zur Vergrößerung der **Biomasse** durch Wachstum und Teilung genutzt wird. Einige Aerobier oxidieren anorganische Verbindungen (chemische Verbindungen ohne Kohlenstoffatome) wie Ammoniak oder Elemente wie Metalle.

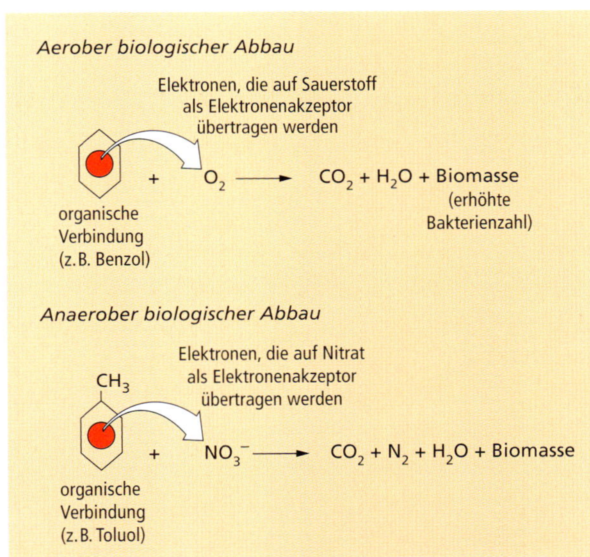

Abbildung 9.3: Aerober und anaerober biochemischer Abbau. Aerobe Bakterien (Aerobier) verwenden Sauerstoff (O_2) als Oxidationsmittel, um organische Substrate wie Benzol zu oxidieren. Im Verlauf dieses Vorgangs wird der Sauerstoff zu Wasser (H_2O) reduziert. Die Kohlenstoffatome des Benzolmoleküls werden schlussendlich zu Kohlendioxid (CO_2) oxidiert. Die beim Abbauvorgang frei werdende Energie dient den Bakterien als Betriebsenergie für das Wachstum und die Zellteilung (Erzeugung neuer Biomasse). Ähnliche Reaktionen laufen während anaerober biochemischer Abbauprozesse ab, nur sind die von den anaeroben Bakterien (Anaerobiern) verwendeten Oxidationsmittel anderer chemischer Natur (Fe^{3+}, SO_4^{2-}, NO_3^- und andere).

An vielen stark verschmutzten Orten und in Regionen tief im Untergrund, wie Grundwasserreservoiren, kann die Sauerstoffkonzentration sehr gering sein. In tiefere Bodenschichten diffundiert der atmosphärische Sauerstoff nur langsam ein, und jedweder dort ankommende Sauerstoff wird rasch von den dort lebenden aeroben Lebensformen verbraucht. Obwohl es manchmal möglich ist, Sauerstoff direkt in ein Sanierungsgebiet hineinzupumpen, um die aerobe Abbautätigkeit anzuregen, kann ein biologischer Abbau auch anaerob erfolgen. Im Stoffwechsel anaerober Mikroorganismen (► Abbildung 9.4) laufen ebenfalls Redoxreaktionen ab, nur kommen dabei andere Oxidationsmittel als freier Sauerstoff zum Zuge. Anerobier ziehen als Elektronenakzeptoren (Oxidationsmittel) zum Beispiel Eisen (III)-Ionen (Fe_3^+), Sulfationen (SO_4^{2-}) oder Nitrationen (NO_3^-) heran (Abbildung 9.3). Darüber hinaus vermögen zahlreiche Mikroorganismen sowohl einen aeroben wie einen anaeroben Stoffwechsel durchzuführen; diese Fähigkeit nennt man fakultative Anaerobiose, die Organismen sind fakultativ anaerob. Ist genügend freier Sauerstoff zugegen, vollführen sie einen aeroben Stoffwechsel. Nimmt die Sauerstoffmenge ab, schalten sie auf einen anaeroben Stoffwechsel um und fahren mit den biochemischen Abbauprozessen fort. Wie Sie im nächsten Abschnitt erfahren werden, sind sowohl Aerobier wie Anaerobier für biologiche Sanierungsmaßnahmen von Bedeutung.

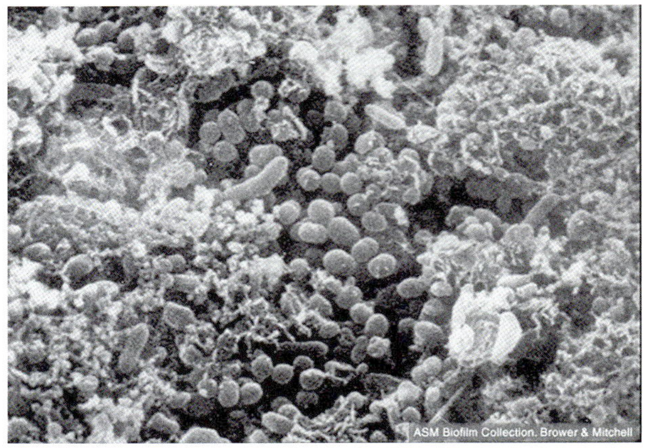

Abbildung 9.4: Anaerobe Bakterien bauen wirksam viele schädliche Stoffe ab. Das bei der sog. Trockenreinigung eingesetzte Lösungsmittel Perchlorethen ist eine häufige Verschmutzung des Grundwassers. Anaerobe Bakterien vermögen Perchlorethen als Nährstoff zu nutzen. Ein Untergrund aus fein verteiltem Eisensulfid, dessen Eisenanteil als Elektronenakzeptor dienen kann, ist eine geeignete Umgebung für anaerobe Bakterien, die unter diesen Bedingungen rasch das Perchlorethen abbauen und gedeihen.

Die Reinigungsbrigade: Metabolisierende Mikroorganismen

Wie Sie in Kapitel 5 gelernt haben, sind Mikroorganismen von Bedeutung für viele Bereiche der Biotechnologie. Mikroorganismen – insbesondere Bakterien – können von Wissenschaftlern auch als Hilfsmittel zur Umweltreinigung eingesetzt werden. Die Fähigkeit von Bakterien, unterschiedlichste Chemikalien wirkungsvoll abzubauen, hängt von vielen Faktoren ab. Der spezielle Typ von abzubauendem Stoff, die Temperatur, der Kontaminationsort (Wasser, Erdboden, Oberfläche, Grundwasser), verfügbare andere Nährstoffe und viele weitere Einflussgrößen beeinflussen die Abbaurate.

An vielen Stellen sind in die vollständige Dekontamination die Aktivitäten sowohl von aeroben wie von anaeroben Bakterien verwickelt. Anaerobe Organismen haben für gewöhnlich in unmittelbarer Nähe zur Kontaminationsquelle die Oberhand, weil dort oft Sauerstoff knapp ist und andere Oxidationsmittel wie Sulfat, Nitrat oder Eisenioinen oder Reduktionsmittel wie Methan zugegen sind. Weiter weg von der Quelle der Kontamination herrschen dann aerobe Bakterien bei den biologischen Abbauvorgängen vor, weil Sauerstoff reichlicher vorhanden ist (► Abbildung 9.5).

Die häufigsten und effektivsten Stoffwechsel treibenden Mikroorganismen bei biologischen Abbauvorgängen sind die ansässigen Mikroorganismen, also die, die von Natur aus am Kontaminationsort vorherrschend waren. So weiß man beispielsweise, dass verschiedene Vertreter der Gattung *Pseudomonas*, die in den meisten Böden zahlenmäßig stark vertreten sind, Hunderte verschiedener Stoffe abbauen. *Escherichia coli* (ein Darmbakterium von Säugetieren, das im molekularbiologischen Labor oft zur Klonierung rekombinanter DNA eingesetzt wird) ist beim Abbau vieler Verschmutzungen ebenfalls recht effektiv. Eine große Zahl weiterer, weniger bekannter Bakterientypen ist bereits eingesetzt worden oder wird gegenwärtig hinsichtlich ihres Potenzials für die Biosanierung untersucht. In Abschnitt 9.6 werden wir beispielhaft mögliche Anwendungsgebiete für *Deinococcus radiodurans* – einer Bakterienart, die außerordentlich strahlenresistent ist – betrachten. Wissenschaftler glauben, dass viele der Mikroorganismen, die am effektivsten bei biologischen Abbauprozessen sind, noch nicht identifiziert worden sind. Die Suche nach neuen Mikroorganismentypen ist ein aktiver Bereich der Biosanierungsforschung.

Wissenschaftler experimentieren außerdem mit Algen und Pilzen, die nützlich für biologische Abbau pro-

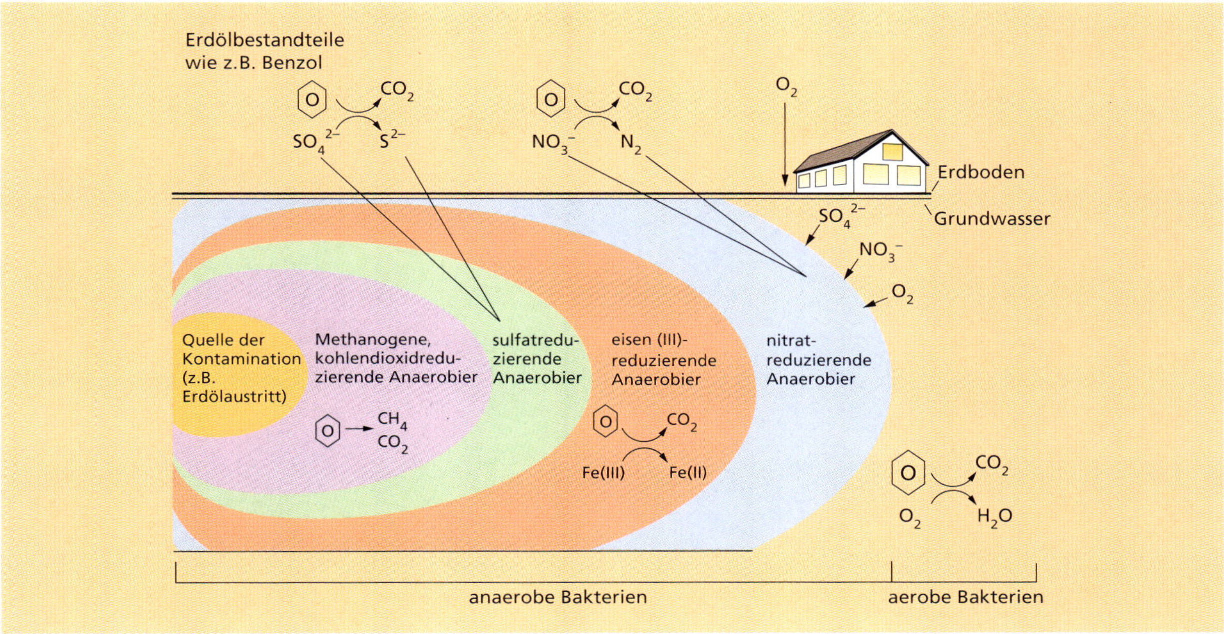

Abbildung 9.5: Anaerobe und aerobe Bakterien tragen zu biologischen Abbauprozessen in kontaminiertem Grundwasser bei.

zesse sind. Müllabbauende Pilze wie die holzzersetzenden Weißfäulepilze *Phanerochaete chrysosporium* und *Phanerochaete sordida* sind in der Lage, für den Menschen giftige Chemikalien wie Pentachlorphenol oder giftige Stoffgemische wie Kreosot (ein Gemisch von Stoffen, das bei der Destillation von Steinkohleteer gewonnen wird) und andere abzubauen. Bakterien können diese Stoffe nicht oder nur schlecht abbauen, die Pilze vermögen dies, weil sie als Holzzersetzer über die Enzyme verfügen, die zum Ligninabbau notwendig sind. Lignin (der Holzstoff) ist wie die genannten Chemikalien ein kompliziert gebautes Phenolderivat. Pilze sind außerdem sehr wertvoll bei der Kompostierung und Reinigung von Abwässern und Schlämmen aus Kläranlagen, beim Abbau von polychlorierten Biphenylen (PCB) sowie anderen Verbindungen, von denen lange gedacht worden war, dass die dem biologischen Abbau völlig widerstehen.

Stimulation der biologischen Sanierung

Wie bereits oben diskutiert, nutzen die Biosanierungswissenschaftler im Regelfall ortsansässige Mikroorganismen zum Abbau von Schadstoffen. Abhängig vom Schadstoff sind viele ortsansässige Bakterien sehr wirkungsvoll beim biologischen Abbau. Wissenschaftler setzen außerdem zahlreiche Strategien ein, um Mikroorganismen in ihrer Fähigkeit zu unterstützen, Kontaminanten in Abhängigkeit von dem beteiligten Mikroorganismus, dem zu reinigenden Umweltort und der Menge und des Typs von chemischem Schadstoff, der dekontaminiert werden muss, abzubauen.

Eine **Nährstoffanreicherung**, auch Düngung genannt, ist ein Biosanierungsansatz, bei dem Dünger – ähnlich dem Phosphor und Stickstoff, den man auf den Rasen gibt – einer kontaminierten Umwelt zugesetzt wird, um die Vermehrung ansässiger Mikroorganismen, die Verschmutzungen abbauen können, zu fördern (► Abbildung 9.6). In manchen Fällen können Mist, Holzspäne und Stroh zugesetzt werden, um die Mikroorganismen mit Kohlenstoffquellen als einem Dünger zu versorgen. Dünger werden für gewöhnlich an den Kontaminationsort befördert, indem man sie ins Grundwasser pumpt oder mit dem Erdboden vermischt. Das Konzept hinter der Düngung ist einfach. Durch die Zugabe von mehr Nährstoffen werden sich die Mikroorganismen rascher vermehren und damit die Rate des biologischen Abbaus erhöhen.

Als „Biounterstützung" oder „Säen" wird ein anderer Ansatz bezeichnet, bei dem der kontaminierten Umwelt Bakterien zugesetzt werden, um den ortsansässigen Mikroorganismen bei der Abbautätigkeit zu helfen. In manchen Fällen kann das „Säen" bedeuten, dass man gentechnisch gezüchtete Mikroorganismen mit besonderen Abbaufähigkeiten ausbringt. Die Biounterstützung ist nicht immer eine wirkungsvolle Lösung, zum

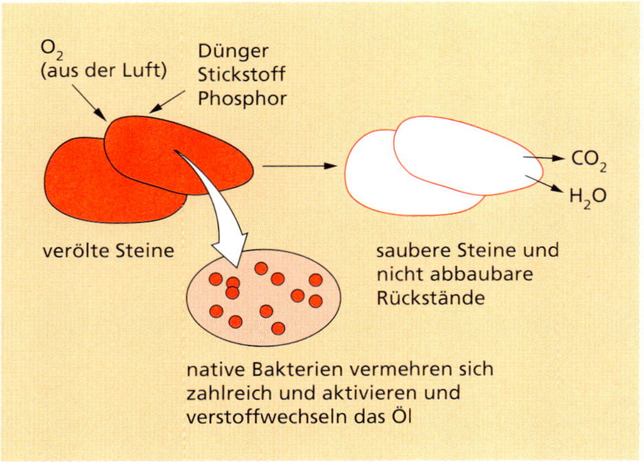

Abbildung 9.6: Dünger kann den biologischen Abbau durch ansässige Bakterien stimulieren. Der biologische Abbau von chemischen Verbindungen wie der, die im Erdöl vorliegen, kann durch den Zusatz von Dünger (z. B. Stickstoff- und Phosphordünger) angeregt werden. Der Dünger stimuliert ansässige Bakterien, die Ölbestandteile zu für den Menschen harmloseren Verbindungen wie Kohlendioxid und Wasser abzubauen.

Teil deswegen, weil Laborstämme sich in der Natur oft schlecht vermehren und in ihrer Abbauleistung hinter den heimischen Bakterien zurückbleiben. Die Wissenschaftler müssen auch die ökologischen Folgen bedenken, falls sich die ausgesäten Bakterien in der Umwelt etablieren und erhalten bleiben, nachdem die Kontamination beseitigt ist.

Biologische Umweltsanierung mit Pflanzen

Obwohl sich die meisten Biosanierungsstrategien auf Bakterien stützen, zieht eine wachsende Zahl von Ansätzen Pflanzen heran, um Böden, Wasser und Luft zu reinigen. Pappeln (*Populus* sp.) und Wacholder (*Juniperus* sp.) sind schon erfolgreich für die biologische Umweltsanierung mit Pflanzen eingesetzt worden, ebenso bestimmte Grasarten (Poaceen) und die Luzerne (*Medicago sativa*). Bei der biologischen Umweltsanierung mit Pflanzen werden von den Pflanzen Schadstoffe über die Wurzeln aufgenommen (► Abbildung 9.7). So haben Sonnenblumen (*Helianthus* sp.) wirkungsvoll radioaktives Strontium und Cäsium aus Teichen in der Nähe des 1986 explodierten Kernkraftwerkes Tschernobyl in der Ukraine entfernt. Nimmt die Pflanze chemische Verbindungen auf, können diese oft in den Zellen abgebaut werden. In manchen Fällen werden solche aufgenommenen Stoffe aber auch nur im Pflanzengewebe eingelagert; die Pflanze dient dann als eine Art „Schwamm", mit dem Schadstoffe aufgesaugt werden. Die kontaminierten Pflanzen werden dann als Sondermüll betrachtet und entsprechend behandelt (auf speziellen Deponien abgeladen oder kontrolliert verbrannt). Angereicherte Radioisotope oder nichtstrahlende Schwermetalle kön-

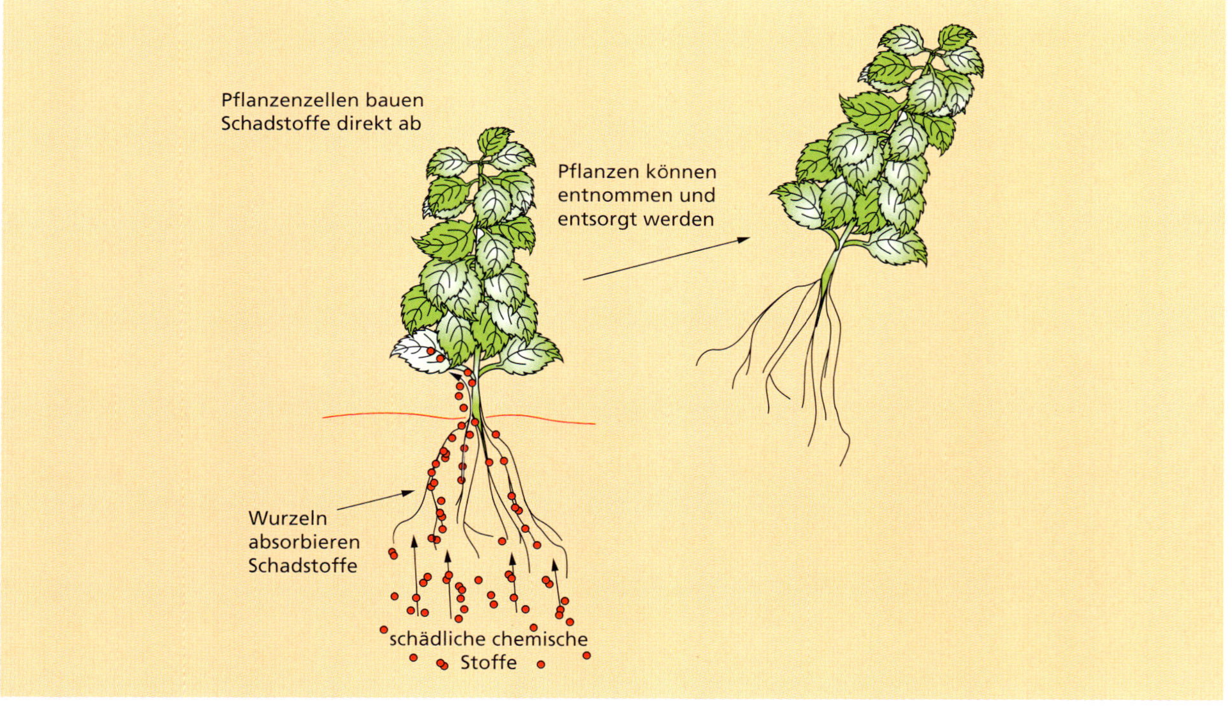

Abbildung 9.7: Biologische Umweltsanierung mit Pflanzen. Pflanzen können bei vielen Biosanierungsstrategien eine wertvolle Zusatzmaßnahme sein. Einige Pflanzen bauen Umweltschadstoffe direkt ab, andere nehmen Schadstoffe auf (reichern sie an) und müssen danach entnommen und entsorgt werden.

nen natürlich nicht abgebaut werden; sie werden nur angereichert. Da hohe Konzentrationen kontaminierender Stoffe auch Pflanzen schädigen und in hohen Mengen abzutöten vermögen, funktioniert die biologische Umweltsanierung mit Pflanzen am besten dort, wo die Schadstoffkonzentration niedrig bis mäßig hoch ist. Viele Wissenschaftler sind auch damit befasst, Wege zu erforschen, auf denen Pflanzen genutzt werden können, um Luftverschmutzungen zu beseitigen – das ist etwas, was Pflanzen von Natur aus tun.

Die biologische Umweltsanierung mit Pflanzen kann eine wirkungsvolle, kostengünstige Maßnahme zum Umweltschutz sein, die nur wenig Arbeitseinsatz und Überwachung erfordert. Als zusätzlichen Vorteil kann die biologische Umweltsanierung mit Pflanzen sich darauf berufen, wenig auffällig und unter Umständen sogar ästhetisch für das Auge zu sein. Das Pflanzen von Bäumen und Sträuchern kann das Erscheinungsbild eines verschmutzten Areals deutlich verbessern und dabei gleichzeitig die Umwelt mittel- bis langfristig reinigen.

Zwei der Hauptnachteile der biologischen Umweltsanierung mit Pflanzen sind, dass man erstens nur oberflächliche Schichten (bis ca. 50 cm Tiefe) erreichen kann und der Reinigungsprozess zweitens im Regelfall mehrere Jahre dauert. Im nächsten Abschnitt werden wir ausgewählte zu reinigende Umweltbereiche und unterschiedliche Strategien für die biologische Umweltsanierung mit Pflanzen unter die Lupe nehmen.

9.3 Sanierungsfälle und Sanierungsstrategien

Es existiert ein breites Spektrum von Behandlungsstrategien zur biologischen Umweltsanierung. Welche Strategie zum Einsatz kommt, hängt von vielen Faktoren ab. Primär steht dabei die chemische Natur der zu beseitigenden Kontaminationen im Vordergrund sowie die zu behandelnde Umwelt und die Größe der zu behandelnden Fläche. Folgerichtig müssen die folgenden Fragen gestellt werden, bevor man mit der Säuberungsaktion beginnen kann:

- Stellen die Stoffe ein Brand- oder Explosionsrisiko dar?
- Stellen die Stoffe eine Gefahr für die menschliche Gesundheit dar (einschließlich der Gesundheit der mit den Aufräumarbeiten befassten Arbeiter)?
- Wurden die Stoffe durch ein einziges Ereignis in die Umwelt verbracht oder handelt es sich um eine chronische Leckage (aus Lagerbehältern, einer Fabrik, einem Bauernhof etc.)?
- Wo trat die Kontamination auf?
- Befindet sich das kontaminierte Areal an der Bodenoberfläche? Unterirdisch? Sind Gewässer betroffen?
- Wie weit erstreckt sich die kontaminierte Fläche?

Eine Beantwortung dieser Fragen erfordert oft die kombinierten Fähigkeiten von Molekularbiologen, Umweltingenieuren, Chemikern, Geologen und Vertretern weiterer Disziplinen, die bei der Entwicklung und Umsetzung von Plänen zur Umweltsanierung zusammenarbeiten.

Bodensanierung

Die Behandlungsstrategien sowohl für Böden wie für Wasser beinhalten für gewöhnlich entweder die Entfernung kontaminierten Materials aus dem kontaminierten Bereich zur Behandlung an einem anderen Ort, ein Ansatz, der als **Biosanierung ex situ** bekannt ist, oder die Reinigung des kontaminierten Bereichs ohne Aushebung oder Entnahme, was **Biosanierung in situ** genannt wird (*in situ*, lat. „am Ort"). Die Biosanierung in situ ist oft die bevorzugte Methode der Biosanierung, teils deshalb, weil sie für gewöhnlich weniger kostspielig als ex situ-Ansätze ist. Außerdem können, da der Erdboden oder das Wasser nicht ausgehoben oder abgepumpt werden muss, größere Flächen kontaminierten Bodens auf einmal behandelt werden. In situ-Ansätze stützen sich auf die Stimulierung von Mikroorganismen im kontaminierten Erdreich oder Wasser. Solche in situ-Ansätze, die aerobe Abbaumethoden erfordern, schließen oft die **Biobelüftung**, das Hineinpumpen von Luft oder Wasserstoffperoxid (H_2O_2) in den kontaminierten Boden, ein. Wasserstoffperoxid wird häufig benutzt, weil es leicht in Wasser und Sauerstoff zerfällt, um Mikroorganismen mit einer Sauerstoffquelle zu versorgen. Dünger können ebenfalls durch Biobelüftung in den Boden eingebracht werden, um die Vermehrung und die Abbauaktivitäten ansässiger Bakterien anzuregen.

Die Biosanierung in situ ist jedoch nicht immer die beste Lösung. Dieser Ansatz ist in sandigen Böden am wirkungsvollsten, die weniger verdichtet sind und es Mikroorganismen und Düngerstoffen erlauben, sich rasch zu verteilen. Fester Ton und dichte Steinböden sind im Regelfall keine guten Orte für eine Biosanierung in situ, und eine Kontamination mit Chemikalien, die für lange Zeit persistieren, kann auf diese Weise Jahre für die Reinigung beanspruchen.

Bei einigen zu reinigenden Orten kann die Biosanierung ex situ schneller und effektiver sein als in situ-Ansätze. Wie ► Abbildung 9.8 zeigt, kann die Biosanierung ex situ mehrere unterschiedliche Techniken umfassen, abhängig von der Art und Menge des Bodens, der behandelt werden muss, und der Chemikalien, die beseitigt werden müssen. Eine gebräuchliche ex situ-Technik wird als **Schlämmphasenbiosanierung** bezeichnet. Dieser Ansatz beinhaltet die Verbringung kontaminierten Erdreichs an einen anderen Ort, wo der Erdboden dann mit Wasser und Düngern (Sauerstoff wird auch häufig zugesetzt) in großen Bioreaktoren vermischt wird, in denen die Bedingungen des biologischen Abbaus durch Mikroorganismen im Erdreich sorgsam überwacht und kontrolliert werden können. Die Schlämmphasenbiosanierung ist ein rascher Vorgang, der recht gut funktioniert, wenn kleine Bodenmengen gereinigt werden müssen und die Zusammensetzung der chemischen Verschmutzungen gut bekannt ist (Abbildung 9.8).

Bei vielen anderen Bodenreinigungsstrategien sind **Festphasenbiosanierungstechniken** erforderlich. Festphasenprozesse sind zeitaufwendiger als Schlämmphasenansätze und haben im Regelfall einen größeren Raumbedarf, doch sind sie oft die besten Strategien für den Abbau bestimmter Chemikalien. Drei Festphasentechniken werden verbreitet eingesetzt: Die Kompostierung, die Landbeackerung und Biohalden.

Die **Kompostierung** kann eingesetzt werden, um Haushaltsabfälle wie Lebensmittelreste und gemähten Rasen abzubauen, und ähnliche Ansätze werden eingesetzt, um chemische Kontaminationen in Böden abzubauen. In einem Komposthaufen werden dem Erdreich Heu, Stroh oder andere Materialien zugesetzt, um die Bakterien mit Nährstoffen zu versorgen, die den Bakterien helfen, Chemikalien abzubauen. **Landfarming**-Strategien beinhalten die Ausbreitung kontaminierten Erdreichs auf einer Unterlage, so dass Wasser und andere Laugungsprodukte aus dem Boden herauslaufen können. Ein primäres Ziel dieses Ansatzes ist es, den Ausfluss aufzufangen, so dass verschmutztes Wasser die Umwelt nicht weiter kontaminieren kann. Da der verschmutzte Erdboden zu einer dünneren Schicht ausgebreitet wird, als er es unterirdisch wäre, erlaubt das Landfarming auch die Verdunstung von Chemikalien aus dem Erdreich und belüftet den Boden, damit Mikroorganismen Schadstoffe besser abbauen können.

Regenerationsmieten werden besonders dann eingesetzt, wenn man weiß, dass die Chemikalien im Erdreich leicht flüchtig sind, und wenn Mikroorganismen im Bo-

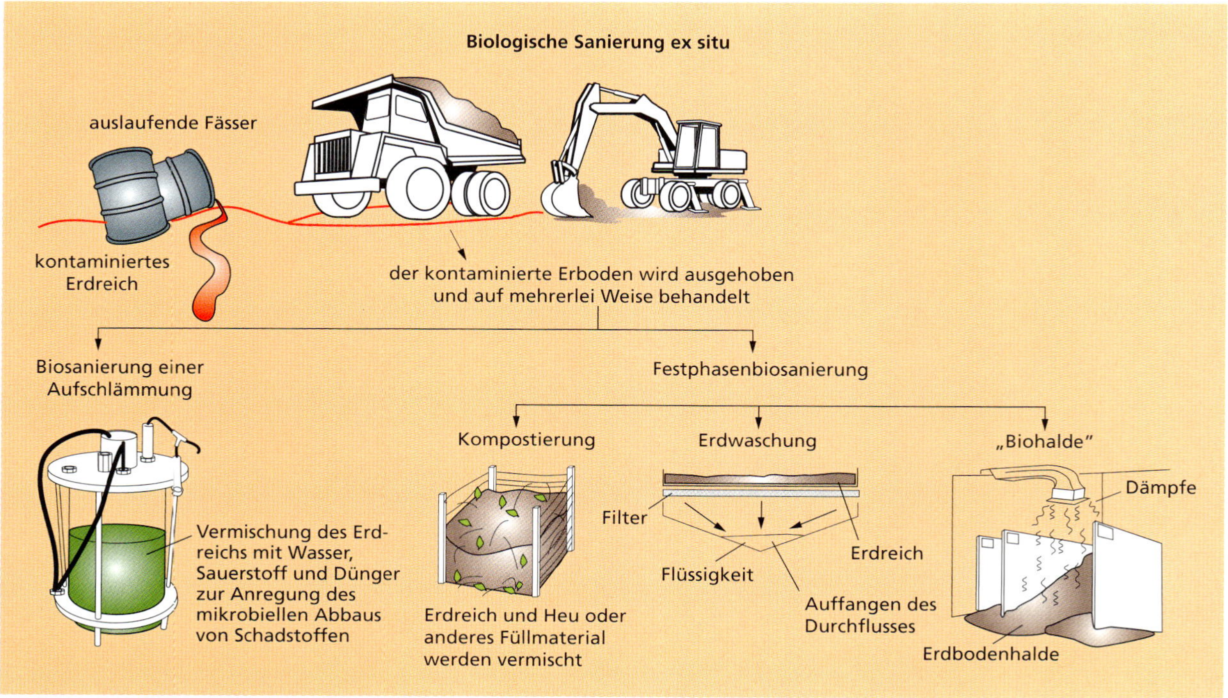

Abbildung 9.8: Ex situ-Biosanierungsstrategien für die Bodenreinigung. Viele Bodenreinigungsansätze umfassen ex situ-Biosanierungen, bei denen kontaminierter Erdboden abgetragen und dann mehreren verschiedenen Reinigungsverfahren unterworfen wird.

Abbildung 9.9: Mietenverfahren. Verschmutztes Erdreich, das aus dem zu reinigenden Areal entfernt wurde, kann in Halden eingelagert werden, und Biosanierungsvorgänge können überwacht werden, um die Dekontaminierung des Bodens sicherzustellen, bevor man bestimmt, ob der Boden wieder in die Umwelt zurückgeführt werden kann.

den die Schadstoffe rasch abbauen (► Abbildung 9.9). Bei diesem Ansatz wird kontaminiertes Erdreich mehrere Meter hoch aufgehäuft. Mieten unterscheiden sich von Komposthaufen dadurch, dass relativ geringe Mengen Füllstoffe zugesetzt werden, und dass Ventilatoren und Pumpsysteme eingesetzt werden, um Luft in oder über die Halde zu leiten. In dem Maß, in dem Chemikalien aus der Halde verdunsten, saugt ein Luftstrom die Chemikaliendämpfe von der Halde ab und entlässt sie entweder in die Atmosphäre oder fängt sie zur Entsorgung in Filtern auf, abhängig vom Chemikalientyp. Fast alle ex situ-Strategien zur Bodenreinigung beinhalten das Pflügen und die Durchmischung des Bodens, um Nährstoffe zu verteilen, den Dreck mit Sauerstoff zu versorgen und um die Wechselwirkung von Mikroorganismen mit kontaminierten Stoffen zu erhöhen, um den biologischen Abbau zu steigern.

Biologische Sanierung des Wassers

Kontaminiertes Wasser stellt in mehrfacher Hinsicht eine Herausforderung dar. In Abschnitt 9.5 werden wir erörtern, wie Oberflächenwasser nach großen Verschmutzungen wie nach einer Ölpest behandelt werden kann.

Abwasser und Grundwasser kann auf vielerlei Weise behandelt werden, abhängig von den Stoffen, die durch die Biosanierung entfernt werden müssen.

Abwasseraufbereitung

Die vielleicht am besten bekannte Anwendung der Biosanierung ist die Abwasserklärung, bei der menschliche Hinterlassenschaften (Exkremente, Papierreste), Seifen und andere Detergenzien sowie weitere Haushaltschemikalien entfernt werden. Kläranlagen sind von ziemlich komplexem Aufbau und gut organisierter Arbeitsweise (► Abbildung 9.10). Wasser aus Haushalten, das in Abwasserleitungen eingeschleust wird, wird in Kläranlagen gepumpt, wo Exkremente und Papierstücke in kleinere Teilchen zermahlen werden, die sich schließlich absetzen und einen Bodensatz bilden, der als **Klärschlamm** bezeichnet wird. Der Überstand, der aus diesen Absetzbecken abfließt, ist **vorgeklärtes Wasser**. Das vorgeklärte Wasser wird in Belüfterbecken geleitet, wo aerobe Bakterien und andere Mikroorganismen organische Stoffe in dem vorgeklärten Wasser oxidieren. In diesen Becken wird das Wasser über zerklüftetes Gestein oder von Biofilmen überzogenen Plastikgebilden versprüht. In den Biofilmen befinden sich Mikroorganismen, die organische Stoffe aus dem Abwasser aufnehmen und abbauen.

Alternativ kann das vorgeklärte Wasser in ein Aktivschlammsystem verbracht werden; das sind Behälter, die große Mengen schmutzabbauender Mikroorganismen enthalten, die unter sorgfältig kontrollierten Bedingungen vermehrt werden. Für gewöhnlich schweben

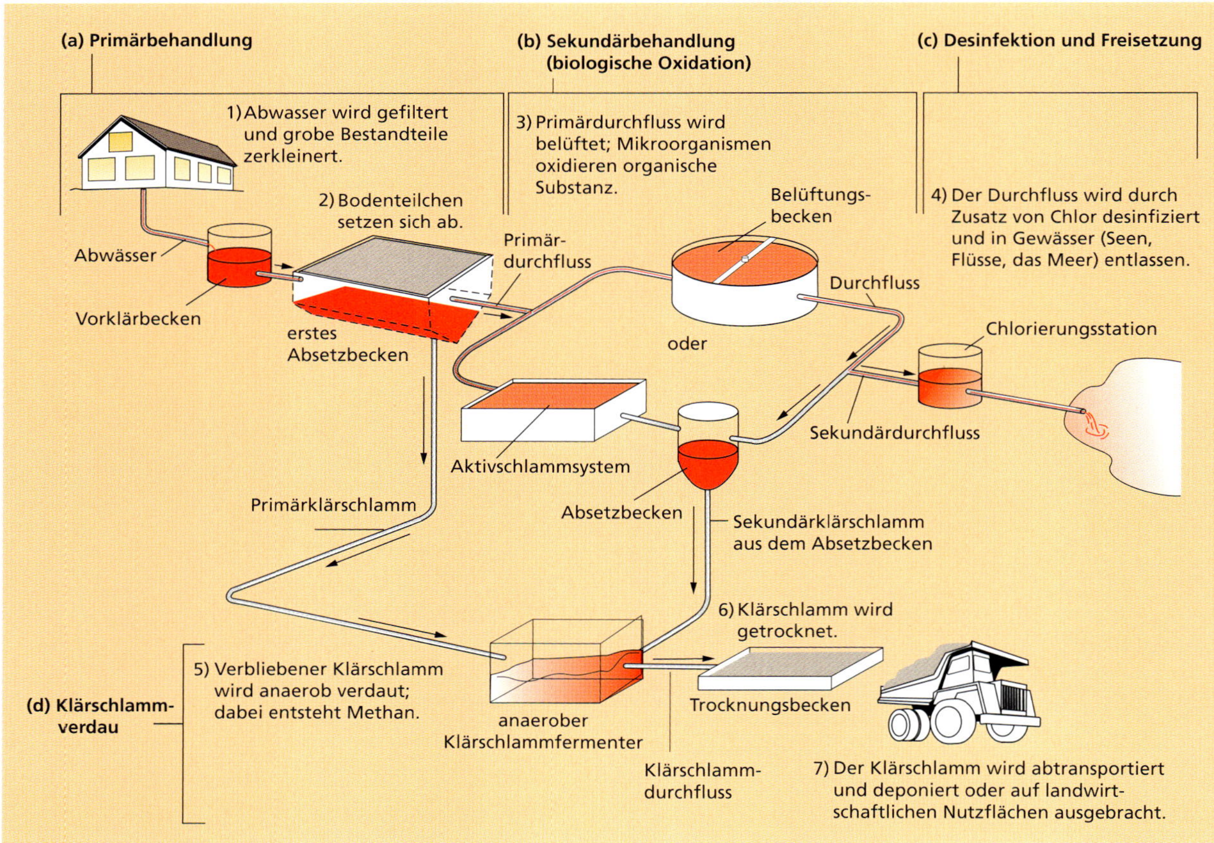

Abbildung 9.10: Abwasseraufbereitung. Kläranlagen sind gut geplante Anlagen, in denen aerobe und anaerobe Bakterien eingesetzt werden, um organische Abfallstoffe wie Fäkalien oder Waschmittel sowohl im Wasser wie im abgesetzten Klärschlamm abzubauen.

diese Mikroorganismen frei im Wasser; in einigen Fällen können sie auch in Filtern leben, durch die kontaminiertes Wasser geleitet wird (nach diesem Prinzip arbeiten auch die Filter von Aquarien). Schlussendlich wird das geklärte Wasser durch den Zusatz von Chlor desinfiziert, bevor es in Flüsse oder das Meer entlassen wird.

Der Klärschlamm wird in Faultürme gepumpt, in denen anaerobe Bedingungen herrschen. Unter Sauerstoffabschluss bauen hier anaerobe Bakterien Stoffe im Schlamm weiter ab. Bakterien, die Methan oder Kohlendioxid freisetzen, sind in diesen Behältern häufig. Das Methan (Biogas) wird oft abgefangen und als Brennstoff zur Energieversorgung der Kläranlage benutzt. Winzige Würmer (Fadenwürmer, Nematoden), die im Schlamm vorhanden sind, sind ebenfalls bei der Zerlegung der Bestandteile des Klärschlamms behilflich. Der Schlamm wird niemals vollständig abgebaut, aber er wird, nachdem die giftigen Stoffe einmal entfernt sind, getrocknet und dann auf Deponien eingelagert oder als Dünger in der Landwirtschaft verwendet.

Wissenschaftler haben kürzlich einen Bakterientyp entdeckt, den sie *Candidatus brocadia anammoxidans* genannt haben. Dieser weist eine einzigartige Fähigkeit zum Abbau von Ammonium (NH_4^+) auf, das ein wesentlicher Bestandteil des Harns ist (► Abbildung 9.11). Die Entfernung von Ammonium aus dem Abwasser, bevor dieses wieder in die Umwelt entlassen wird, ist von Bedeutung, weil eine hohe Ammoniumkonzentration eine Überdüngung mit Stickstoff verursacht, die sich zum Beispiel in Algenblüten äußern und in der Folge durch eine Überlastung der natürlichen oxidativen Abbauleistung in den Gewässern zu einem Sauerstoffmangel führen kann (im Extremfall: Umkippen des Gewässers). Im Regelfall stützen sich Kläranlagen zur Oxidation von Ammoniumionen auf aerobe Bakterien wie *Nitrosomonas europaea*, die die Oxidation in mehreren Stufen vollziehen.

Candidatus brocadia anammoxidans ist im Unterschied dazu befähigt, Ammoniumionen unter anaeroben Bedingungen in einem einzigen Reaktionsschritt abzubauen. Dieser Stoffwechselvorgang wird als Anammoxprozess bezeichnet. Kläranlagen setzen vielleicht diese Bakterien bald gezielt ein, um Abwässer noch effizienter zu klären.

Abbildung 9.11: Ein Bioreaktor, der *Candidatus brocadia anammoxidans* – anaerobe Bakterien, die Ammonium abzubauen vermögen – enthält. Neuartige Stoffwechseleigenschaften befähigen diese Anaerobier, Ammonium im Abwasser in einem einzigen Schritt abzubauen.

Grundwasserreinigung

Mit Ausnahme von Ölunfällen in Küstenbereichen treten die meisten großen Chemikalienfreisetzungen auf hoher See auf – weit weg von bewohnten Gebieten. Die Verschmutzung von Süßwasser vollzieht sich dagegen typischerweise in der Nähe bewohnter Gebiete und stellt eine ernste Bedrohung der menschlichen Gesundheit durch die Kontaminierung von Trinkwasser – Grundwasser oder Oberflächenreservoire wie Talsperren – dar. Die Grundwasserverschmutzung ist ein häufiges Problem. Das Trinkwasser für rund die Hälfte der Bevölkerung kommt aus solchen Grundwasserquellen, und einigen Schätzungen zufolge enthält ein hoher Prozentsatz der Grundwasserreservoire Schadstoffe, die einen Einfluss auf die Gesundheit der Menschen haben können. Verschmutztes Grundwasser kann manchmal sehr schwierig zu reinigen zu sein, weil kontaminiertes Wasser oft im Erdboden oder im Gestein „gefangen" ist, so dass es keinen einfachen Weg gibt, die Reservoire zu „waschen".

Ex situ- und in situ-Ansätze werden oft kombiniert eingesetzt. Wenn beispielsweise Grundwasser durch Öl oder Benzin kontaminiert ist, sammeln sich diese Kontaminanten auf der Oberfläche des Wasserkörpers. Einiges von diesem Öl oder Benzin kann direkt abgepumpt werden, wohingegen der Anteil, der mit dem Grundwasser vermischt ist, an die Oberfläche gepumpt werden und durch einen Bioreaktor gepumpt werden muss (► Abbildung 9.12).

In dem Bioreaktor bauen Bakterien, die in Biofilmen (Bakterienrasen) an einem Maschenwerk wachsen, die Schadstoffe ab. Dem Bioreaktor werden oft Dünger und Sauerstoff zugegeben. Sauberes Wasser aus dem Bioreaktor, das Dünger, Bakterien und Sauerstoff enthält, wird in den Grundwasserspeicher zurückgepumpt, um eine in situ-Biosanierung zu erreichen (Abbildung 9.12).

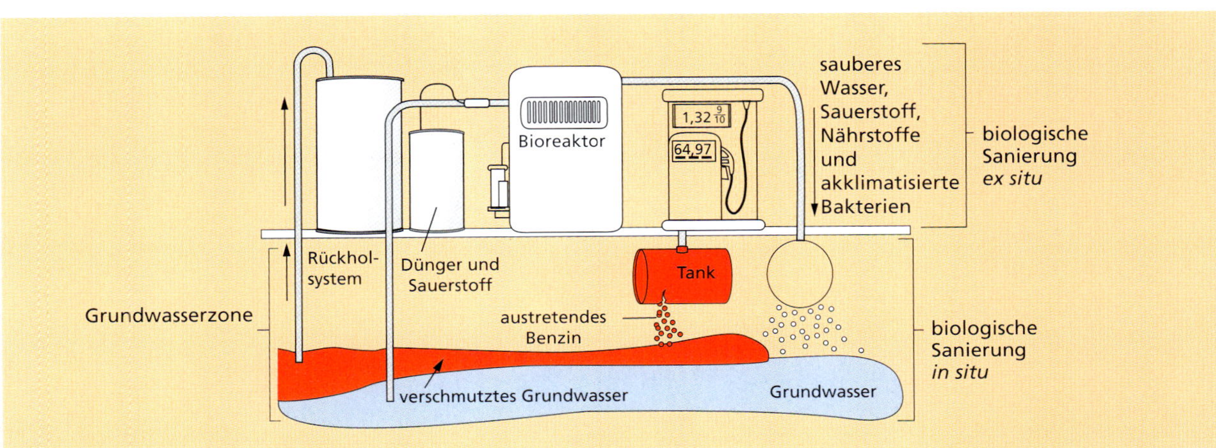

Abbildung 9.12: Ex situ- und in situ-Biosanierung von Grundwasser. Benzin, das in ein unterirdisches Wasserreservoir sickert, kann beseitigt werden, indem ein überirdisches (ex situ) System mit einem unterirdischen (in situ) System zur Biosanierung kombiniert wird.

Abfall in Energie umwandeln

Viele Mülldeponien überall im Land sind bis an ihre Fassungsgrenzen ausgelastet und fließen buchstäblich vor Müll aus Haushalten und Industriebetrieben über. Die Masse des Hausmülls besteht aus Lebensmittelresten, Verpackungen, Papier, Kartons und ähnlichen Dingen. Eine Vielzahl anderer – flüssiger – Abfallstoffe wie Detergenzien, anderen Reinigungsmitteln, Farben, Nagellack, Polituren usw. findet ihren Weg in den Müll – ungeachtet der Tatsache, dass die meisten Länder die Menge solcher Abfälle, die in den regulären Müll gelangen, zu vermindern suchen.

Wissenschaftler arbeiten an Strategien, den Abfall zu verkleinern, einschließlich Bioreaktoren, die anaerobe Bakterien enthalten, welche Nahrungsabfälle und anderen Müll in Bodennährstoffe und Methan verwandeln. Das gasförmige Methan kann eingesetzt werden, um Elektrizität zu erzeugen, und die Bodennährstoffe können als käuflicher Dünger für den Einsatz auf Bauernhöfen, in Mästereien und anderen landwirtschaftlichen Industriebetrieben verwendet werden. Sie arbeiten außerdem an Animpfungsstrategien, die vielleicht eingesetzt werden können, um Chemikalien in Deponien zu reduzieren, die sonst durch das Erdreich sickern und das örtliche Grund- und Oberflächenwasser verschmutzen könnten. Falls dies erfolgreich ist, könnten diese Anwendungen der Biotechnologie vielleicht helfen, die Abfallmenge zu vermindern und den nutzbaren Raum vieler Deponien beträchtlich zu steigern.

Biosanierungswissenschaftler untersuchen außerdem verschmutzte Sedimente auf dem Grund der Ozeane

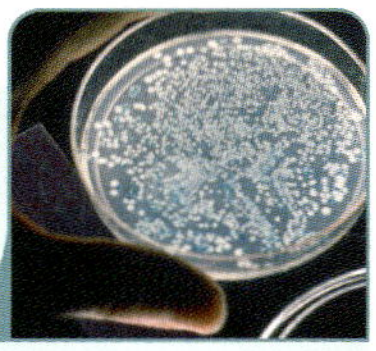

METHODEN

Mikrokosmen liefern wesentliche Vorteile

Wissenschaftler sind unablässig damit beschäftigt, innovative Wege zu erforschen, wie sich unterschiedliche chemische Verbindungen unter der verschiedensten Umweltbedingungen biologisch abbauen lassen. Die Industrie erzeugt fortwährend neue Verbindungsklassen, und viele davon finden schließlich unvermeidlich ihren Weg in die Umwelt. Um neuen Umweltverschmutzungen einen Schritt voraus zu bleiben, müssen Biosanierungsforscher kontinuierlich neue Reinigungsstrategien entwickeln.

Wie können Wissenschaftler die biologische Sanierung einer neuen Chemikalien untersuchen, die es noch nie in die Umwelt geschafft hat? Sie können ganz offenkundig nicht hingehen und große Gebiete kontaminieren oder auf eine große Umweltkatastrophe wie das Stranden des Öltankers Exxon Valdez (am 24. März 1989 im Prinz-William-Sund in Südalaska auf Grund gelaufen und leck geschlagen) warten, um ihre Hypothesen zur Beseitigung eines neuen Stoffes zu überprüfen. Einer der praktischsten Ansätze, um etwas über neue Biosanierungsstrategien zu lernen, ist die Erschaffung eines **Mikrokosmos** – einer künstlich aufgebauten Testumgebung, die so ausgelegt ist, dass sie die echten Umweltbedingungen so gut wie möglich nachahmt. Einige Mikrokosmen bestehen aus kleinen Bioreaktoren – etwa von der Größe eines Fünflitereimers –, die Erde, Wasser, Schadstoffe und Mikroorganismen, die auf ihre Biosanierungseigenschaften hin getestet werden sollen, enthalten. Ein Mikrokosmos kann auch nur aus einigen Gramm Erdboden in einem Reagenzglas bestehen, aber ist es üblicher, den Maßstab größer zu wählen, um den tatsächlichen Gegebenheiten in der Umwelt näherzukommen. Beispielsweise können große Teiche, die drinnen oder draußen sein können, oder Bodenstücke, die hergerichtet werden, um das Entweichen von Schadstoffen aus dem Testgelände zu verhindern, als Mikrokosmen verwendet werden. Durch sorgsame Auslegung des Mikrokosmosses können Biosanierungsforscher versuchen, in einem kleinen Modellmaßstab einen Ort, der gereinigt werden muss, zu simulieren.

Wenn ansässige oder gentechnisch gezüchtete Organismen mit Biosanierungspotenzial identifiziert worden sind, können Untersuchungen in Bioreaktoren oder kleinen, isolierten Arealen von Land oder Wasser sehr wichtig dabei sein, herauszufinden, ob diese Lebewesen Verschmutzungen auf einer größeren Ebene effektiv beseitigen werden. Durch eine sorgfältige Veränderung der Umweltbedingungen im Mikrokosmos können Wissenschaftler die Fähigkeiten der Organismen zum Abbau unterschiedlicher Schadstoffe unter sich verändernden Bedingungen einschließlich Feuchtigkeit, Temperatur, Nährstoffe, Sauerstoff, pH-Wert und Bodentyp testen.

Mikrokosmosuntersuchungen können sogar das Ausprobieren experimenteller Mikroorganismen in verschmutztem Grundwasser oder kontaminiertem Erdreich, das in den Mikrokosmos eingebracht wird, so dass die Abbauraten überwacht werden und die Reinigungszeit evaluiert werden können, beinhalten. Wissenschaftler können auch Experimente ausführen, um die Biosanierung von Schadstoffgemischen zur gleichen Zeit zu untersuchen.

Bei einem Versuch, die besten Reinigungsergebnisse zu produzieren, werden Wissenschaftler Daten analysieren und neue Experimente entwerfen. Ein Reinigungsansatz, der im Mikroskosmos erfolgreich ist, stellt keine Garantie für einen Erfolg im Feld dar.

Nichtsdestotrotz können durch das Testen von Biosanierungsansätzen im Mikrokosmos wertvolle Zeit und Geld gespart werden, bevor entschieden wird, ob ein Reinigungsansatz Chancen hat, bei der Reinigung einer verschmutzten Umwelt im Feld erfolgreich zu sein.

und Seen als unangezapfte Energiequellen. Die Sedimente sind reich an organischen Stoffen aus dem Abbau zerfallenden Materials wie Blätter und abgestorbene Organismen. In diesem Schlick leben Anaerobier, die organische Verbindungen im Sedimentmaterial zur Energiegewinnung nutzen.

Desulfuromonas acetoxidans ist ein anaerobes Meeresbakterium, das Eisen und Schwefel als Elektronenakzeptoren nutzt, um organische Verbindungen im Sediment zu oxidieren. Man erforscht Wege, wie man Elektronen aus *D. acetoxidans* und anderen Bakterien zum Einfang von Energie ernten kann, um Elektrizität zu erzeugen (► Abbildung 9.13). Vorläufige Untersuchungen deuten darauf hin, dass diese Technik einigen Erfolg verspricht, aber es muss noch mehr Forschungsarbeit geleistet werden.

Obwohl biologische Sanierungsstrategien wirkungsvoll viele Umweltschadstoffe beseitigt haben, ist die Biosanierung nicht die Lösung für alle verschmutzten Lokalitäten. So ist die biologische Umweltsanierung zum Beispiel dann unwirksam, wenn die verschmutzte Umwelt hohe Konzentrationen sehr giftiger Stoffe wie Schwermetalle, stark radioaktive Stoffe oder chlorreiche organische Verbindungen enthält, da diese Verbindungen Mikroorganismen regelmäßig abtöten. Daher müssen neue Strategien entwickelt und ausprobiert werden, um einige dieser Sanierungsherausforderungen bewältigen zu können. Einige dieser hypothetischen neuen Biosanierungsstrategien beziehen vermutlich gentechnisch gezüchtete Mikroorganismen ein; dies ist das Thema des nächsten Abschnitts.

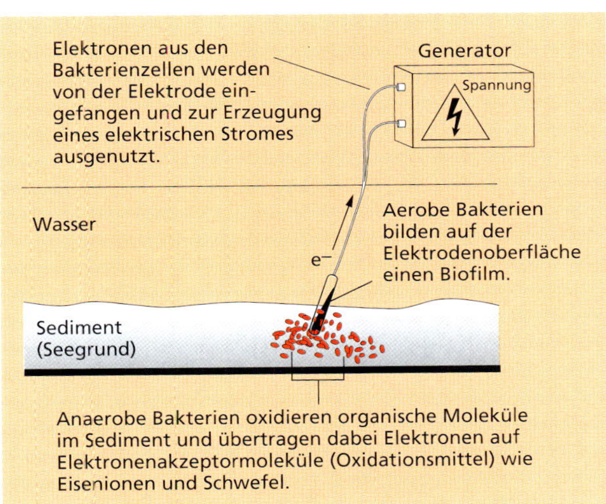

Abbildung 9.13: Verschmutzte Sedimente könnten eine ungenutzte Energiequelle sein. Wissenschaftler haben herausgefunden, dass anaerobe Bakterien im Sediment eine Energiequelle sein könnten.

Die Nutzung gentechnisch veränderter Stämme zur Umweltsanierung 9.4

Die biologische Umweltsanierung stützt sich traditionell auf die Stimulation natürlich vorkommender Mikroorganismen. Doch können viele ansässige Mikroorganismen bestimmte Typen von Chemikalien nicht abbauen, insbesondere sehr giftige Verbindungen. Beispielsweise sind einige organische Verbindungen, die bei der Herstellung von Kunststoffen und Kunstharzen entstehen, resistent gegen biologischen Abbau und können für mehrere hundert Jahre in der Umwelt überdauern. Viele radioaktive Isotope töten auch Mikroorganismen ab und verhindern so den biologischen Abbau durch die Mikroorganismen. Um einige dieser hartnäckigen und besonders giftigen Schadstoffe zu reinigen, könnten wir Bakterien benutzen, die gentechnisch verändert sind. Die Entwicklung der Technik der rekombinanten DNA hat Wissenschaftler in die Lage versetzt, gentechnisch veränderte Mikroorganismen zu erschaffen, die befähigt sind, biologische Sanierungsprozesse zu verbessern.

Erdölfressende Bakterien

Die ersten effektiven, gentechnisch veränderten Mikroorganismen für den Einsatz in der biologischen Umweltsanierung wurden in den 70er-Jahren von A. Chakrabarty und seinen Kollegen von der Firma *General Electric* erzeugt. Diese Arbeiten wurden durchgeführt, bevor die DNA-Klonierung und die Technik der rekombinanten DNA weiträumig verfügbar waren; wie sind Chakrabarty und seine Kollegen dabei also vorgegangen? Sie waren in der Lage, verschiedene *Pseudomonas*-Stämme aus Erdreich zu isolieren, das mit verschiedenen Typen von chemischen Verbindungen kontaminiert war, darunter Pestizide und Rohöl. Sie identifizierten dann Stämme, die die Fähigkeit erkennen ließen, solche organischen Verbindungen wie Naphthalin, Oktan und Xylol abzubauen. Die meisten dieser Bakterienstämme konnten sich in Gegenwart dieser Verbindungen vermehren, weil sie Plasmide enthielten, die Gene enthielten, die die Enzyme codierten, die für den Abbau jeder dieser Verbindungen verantwortlich waren.

Die Forscher um Chakrabarty kreuzten diese Stämme und gelangten so schließlich zu einem neuen *Pseudomonas*-Stamm, der mehrere unterschiedliche Plasmide beherbergte. Zusammen konnten die verschiedenen Proteine, die von den Genen auf diesen Plasmiden codiert wurden, wirkungsvoll viele der chemischen Bestandteile des Rohöls abbauen. Für diese Arbeiten wurde Chakrabarty das erste in den USA erteilte Patent für einen genetisch gezielt veränderten Organismus erteilt. Diese Patenterteilung war jedoch sehr kontrovers und beschäftigte die Gerichte für beinahe zehn Jahre. Die primären Streitpunkte, die debattiert wurden, waren die grundsätzlichen Fragen, ob Lebewesen patentierbar sind, und ob Chakrabartys rekombinante Bakterien als ein Naturprodukt oder eine Erfindung anzusehen sind. Schließlich entschied der oberste Gerichtshof der USA, dass die Entwicklung eines rekombinanten *Pseudomonas*-Stammes eine patentwürdige Erfindung sei.

Chakrabartys Ansatz war nicht so effektiv, wie es sich vielleicht anhört. Rohöl enthält Tausende unterschiedlicher Bestandteile, und seine rekombinanten Bakterien vermochten nur einige wenige davon abzubauen. Die Mehrzahl der Verbindungen im Erdöl blieb von diesen rekombinanten Bakterien unberührt. Folgerichtig ist die Entwicklung rekombinanter Bakterien mit unterschiedlichen Abbauleistungen ein intensives Forschungsgebiet. In der Zukunft könnte ein nützlicher Ansatz für die Säuberung von Erdöl darin bestehen, mehrere Bakterienstämme freizusetzen, von denen jeder mit der Fähigkeit, unterschiedliche Verbindungen im Öl abzubauen, ausgestattet ist.

Gentechnische Veränderung von *Escherichia coli* zur Sanierung von Schwermetallverseuchungen

Schwermetalle einschließlich Kupfer, Blei, Cadmium, Chrom und Quecksilber können Menschen und andere Lebewesen empfindlich schädigen. Quecksilber ist ein extrem giftiges Metall, das die Umwelt kontaminieren kann. Es wird in Fabriken, Batterien, elektrischen Schaltern, medizinischen Instrumenten und vielen anderen Produkten eingesetzt. Quecksilber und die Quecksilberverbindung Methylquecksilber können sich in Lebewesen anreichern (Bioakkumulation). Bei der biologischen Anreicherung enthalten Organismen, die in der Nahrungskette weiter oben stehen, höhere Konzentrationen der betreffenden Verbindung oder des betreffenden Elements als solche Organismen, die weiter unten in der Nahrungskette stehen. Beispielsweise kann in der Wasserversorgung Quecksilber von kleinen Fischen aufgenommen werden, die dann von Vögeln, größeren Fischen, Ottern, Waschbären und anderen Tieren einschließlich des Menschen gegessen werden. Große Fische und Vögel müssen viele kleine Fische fressen, deshalb reichern sie mehr Quecksilber in ihren Körpern an als kleine Fische und Vögel, die weniger fressen. In gleicher Weise würde eine Person, die große Fische als primäre Nahrungsquelle nutzt, mit der Zeit große Mengen Quecksilber anreichern. Der regelmäßige Verzehr von Fischen und Schalentieren, die mit Quecksilber oder Methylquecksilber kontaminiert sind, stellt eine ernste Gesundheitsgefahr für Menschen dar, einschließlich Geburtsfehlern und Hirnschäden. Aus diesem Grund raten Gesundheitsbeamte in vielen Teilen der USA Schwangeren und Kleinkindern, nur kleine Mengen bestimmter Fische wie Schwertfisch und frischem Thunfisch zu essen und diese Fischsorten nicht mehr als einmal pro Woche auf den Tisch zu bringen.

Da Quecksilber schon in sehr niedriger Dosierung giftig ist, entziehen die meisten heutigen Strategien für die Entfernung von Quecksilber nicht genug Quecksilber aus kontaminierten Wasserversorgungssystemen, um akzeptierbare Standards zu erreichen. Wissenschaftler haben gentechnisch *Escherichia coli*-Stämme gezüchtet, die vielleicht nützlich für die Beseitigung von Quecksilber und anderen Schwermetallen sein könnten. Sie haben außerdem natürlich vorkommende, schwermetallbindende Proteine in Pflanzen und anderen Lebewesen identifiziert.

Zwei der am besten charakterisierten dieser Proteine, das Metallothionein und die Phytochelatine, besitzen eine hohe Kapazität für die Bindung von Metallionen. Damit diese Proteine zum Zuge kommen, müssen die Metalle in die Zellen gelangen. Wissenschaftler haben *E. coli* gentechnisch so verändert, dass die Zellen Transporterproteine zur Expression bringen, die die rasche Aufnahme von Quecksilberionen in die Zellen vermitteln, wo die Quecksilberionen an die metallbindenden Proteine binden können.

Einige dieser gentechnisch veränderten Bakterien vermögen Quecksilber unmittelbar zu absorbieren, während andere, die Quecksilber binden, in Biofilmen (Bakterienrasen) vermehrt werden können, um als Schwämme zu fungieren, die Quecksilber aus der Wasserversorgung heraussaugen. Die Biofilme (Bakterienbeläge) müssen in regelmäßigen Abständen ausgetauscht werden, um die quecksilberhaltigen Bakterien zu entfernen. In ähnlicher Weise haben gentechnisch veränderte einzellige Algen, die Metallothioneingene enthalten, und Bakterien, die Cyanobakterien genannt werden, sich als erfolgversprechend erwiesen bezüglich ihrer Fähigkeit, Cadmium zu absorbieren, ein weiteres sehr giftiges Schwermetall, von dem bekannt ist, dass es viele ernste Gesundheitsprobleme beim Menschen verursacht.

Biosensoren

Forscher haben gentechnisch veränderte Stämme des Bakteriums *Pseudomonas fluorescens* entwickelt, die wirkungsvoll polyzyklische aromatische Kohlenwasserstoffe und andere giftige Verbindungen abzubauen vermögen. Mit Hilfe der Technik der rekombinanten DNA sind Wissenschaftler in der Lage gewesen, Gene, die Enzyme codieren, die diese Kontaminanten metabolisieren, mit Reportergenen wie den *lux*-Genen biolumineszenter Meeresbakterien zusammenzuspleißen. In Kapitel 5 haben wir gelernt, dass *lux*-Gene oft als Reportergene verwendet werden, weil sie das Licht freisetzende Enzym Luziferase codieren. Beim Abbau der polyzyklischen Aromaten senden diese Bakterien Licht aus, das dazu benutzt werden kann, die biologischen Abbauraten zu messen. Ähnliche Techniken werden eingesetzt, um aus rekombinanten Bakterien, die *lux*-Gene enthalten, Biosensoren zu entwickeln. Diese Ansätze werden verbreitet herangezogen, um viele unterschiedliche Arten von Biosensoren für eine Vielzahl von Umweltschadstoffen zu entwickeln. In der Zukunft werden gentechnisch veränderte Mikroorganismen wahrscheinlich eine größere Rolle als Biosensoren spielen und Schlüsselkomponenten vieler Biosanierungsanwendungen sein. Im nächsten Abschnitt werden wir zwei der bestuntersuchten und in der Öffentlichkeit breit diskutierten Beispiele für biologische Umweltsanierung in Aktion in Augenschein nehmen.

9.5 Umweltkatastrophen: Fallstudien zur biologischen Umweltsanierung

Viele Ansätze zur biologischen Umweltsanierung beinhalten die Reinigung kontaminierter Areale, die relativ klein sind – einige hundert Hektar vielleicht. Nichtsdestotrotz ist viel über die Effektivität der verschiedenen Biosanierungsstrategien gelernt worden, indem man großräumige Umweltkatastrophen untersucht hat, die durch den Einsatz der biologischen Umweltsanierung behandelt worden sind; zum Beispiel der Unfall des Öltankers Exxon Valdez und die Ölfreisetzungen auf den Ölfeldern Kuwaits durch den 1. Golfkrieg.

Das *Exxon Valdez*-Tankerunglück

Die industrialisierten Länder der Welt sind stark von Erdöl und Erdölprodukten abhängig. Aus Erdöl gewonnene Produkte begegnen uns nicht nur in Form von Benzin und Dieselkraftstoff, die Automobile, Schiffe und Flugzeuge antreiben. Hunderte weiterer alltäglicher Produkte wie Kunststoffe, Farben, Kosmetika und Waschmittel werden aus Stoffen hergestellt, die aus Erdöl gewonnen wurden. Allein die Vereinigten Staaten von Amerika konsumieren jährlich mehr als 1 Billion Liter Öl, wovon mehr als 400 Milliarden Liter importiert werden. Wenn Roh- oder Erdöl transportiert wird, kommt es fast immer zu einem gewissen Verlust durch Leckage. Tankerunfälle führen jedes Jahr zur Freisetzung von fast 400 Millionen Litern Öl, und noch größere Mengen gelangen durch natürliche Freisetzungen in die Meere.

Ölfreisetzungen haben eine ungeheure Wirkung auf die Umwelt und große Mengen von Wildtieren gehabt (► Abbildung 9.14 a). Im Regelfall haben Ölfreisetzungen keinen großen unmittelbaren Effekt auf den Menschen. Dies ist darauf zurückzuführen, dass die meisten Ölunfälle sich auf offener See ereignen oder in Buchten, die von Badestränden und Wasserentnahmestellen weit entfernt sind. Menschen werden durch kleine, örtlich begrenzte Freisetzungen stärker in Mitleidenschaft gezogen, zum Beispiel die Leckage eines unterirdischen Tanks einer Tankstelle, die das lokale Grundwasser bedroht.

Im Jahr 1989 lief der Öltanker Exxon Valdez auf ein Riff im Prinz-William-Sund an der Küste Alaskas auf. Dabei wurden ca. 40 Millionen Liter Rohöl freigesetzt, die mehr als eineinhalb tausend Kilometer der Küste Alaskas verschmutzen. Viele experimentelle Ansätze zur Beseitigung dieses Öls wurden ausprobiert. Der Prinz-William-Sund wurde zu einem großen Laboratorium für die Erprobung neuer Reinigungsstrategien der biologischen Umweltsanierung.

Wie im Fall der meisten großflächigeren Ölfreisetzungen wurden zuerst physikalische Säuberungsmaßnahmen eingeleitet, um große Mengen Öl unter Kontrolle zu bringen und zu entfernen. Schwimmende Begrenzungsleinen oder Abschöpfer – die Oberflächennetze, Zäune oder aufblasbare Geräte wie Bojen, die auf der Oberfläche treiben, sein können – wurden vor Ort verankert oder hinter ein Boot gespannt, um Öl einzusammeln oder an der Ausbreitung zu hindern (► Abbildung 9.14 b). Dann wurden Sauger eingesetzt, um Öl von der Meeresoberfläche in Tanks zu pumpen. Strände und Felsen wurden

Abbildung 9.14: Ölunfälle stellen ernsthafte Bedrohungen der Umwelt dar. (a) Ölkatastrophen haben im Regelfall die schlimmsten Folgen für Wildtiere. (b) Schwimmende Begrenzungsleinen werden in der Anfangsphase eingesetzt, um die Ausbreitung des Öls zu verhindern und die Verschmutzung umliegender Gebiete so gering wie möglich zu halten.

Abbildung 9.15: Das Ausbringen von Dünger zur Stimulation ölabbauender Mikroorganismen. Mit der Sanierung befasste Arbeiter sprühen nach dem Leckschlagen des Tankers Exxon Valdez stickstoffreiche Düngerlösung auf einen ölgetränkten Strandabschnitt in Alaska. Die Düngerlösung beschleunigt die Vermehrung der natürlichen Bakterien, die das Öl abbauen.

Abbildung 9.16: Die biologische Umweltsanierung funktioniert. Die Effekte der biologischen Umweltsanierung nach Ölfreisetzung an der Küste Alaskas werden auf diesen Vergleichsfotos deutlich. Der Strandbereich auf dem Foto rechts wurde mit Dünger behandelt, um die Aktivitäten der ansässigen Bakterien beim biologischen Abbau anzuregen, während der Abschnitt auf dem Foto links unbehandelt blieb.

mit Süßwasser unter hohem Druck gereinigt, um das Öl zu dispergieren. Durch die Dispersion und Verdünnung des Öls im Meerwasser verschwand das Öl langsam. Eine Biotechnologiereinigungsanwendung hat Zitrusprodukte eingesetzt, um Rohöl zu binden und so die Absammlung mit absorbierenden Matten zu erlauben. Nachdem all diese physikalischen Ansätze zur Entfernung der Hauptmasse des Öls eingesetzt worden waren, waren immer noch der Sand, die Steine und die Felsen an der Oberfläche der kontaminierten Küstenbereiche und darunter mit Abermillionen Litern Öl verschmiert. Nun kam die biologische Umweltsanierung zum Zuge.

Als erster Schritt des Biosanierungsvorgangs wurden Stickstoff- und Phosphordünger auf die Küstenbereiche ausgebracht, um die ölabbauenden Bakterien (zumeist verschiedene Pseudomonaden), die auf dem Sand und den Steinen lebten, zur Vermehrung anzuregen (► Abbildung 9.15). Ortsansässige Bakterien ließen unverzüglich Anzeichen erkennen, die darauf hindeuteten, dass sie Öl abbauten. Wenn Mikroorganismen Erdölprodukte abbauen, bilden sich polyzyklische aromatische Kohlenwasserstoffe, die letztendlich zu Kohlenwasserstoffketten zerlegt werden, die wiederum zu Kohlendioxid und Wasser endoxidiert werden. Mit der Zeit zeigten chemische Analysen des Öls von der Küste signifikante Änderungen der chemischen Zusammensetzung, was darauf hindeutete, dass der natürliche Abbau durch ansässige Bakterien funktionierte (► Abbildung 9.16). Es kann dennoch Jahrhunderte dauern, dieses Öl vollständig abzubauen, und einige Bereiche der Umwelt von Alaska werden nie in den Zustand, in dem sie vor der Ölkatastrophe waren, zurückkehren.

Die Ölfelder in Kuwait

Die Wüsten des Staates Kuwait sind buchstäblich ein lebendes Laboratorium für das Studium der biologischen Umweltsanierung. Zehn Jahre nach dem 1. Golfkrieg sind immer noch weite Bereiche der kuwaitischen Wüste mit Öl durchtränkt. Während der irakischen Besetzung Kuwaits in den Jahren 1990/91 und der gewaltsamen Vertreibung der irakischen Truppen durch das US-Militär wurden zahllose Ölfelder zerstört und in Brand gesetzt. Dabei wurden schätzungsweise eine Milliarde Liter Öl in den Wüstenboden freigesetzt – also mehr als zwanzigmal so viel wie durch die Havarie des Öltankers Exxon Valdez. Kuwaitische Forscher, die diese Freisetzungen untersuchen, haben herausgefunden, dass das ausgetretene Erdöl das pflanzliche und tierische Leben in vielen kontaminierten Bereichen schwer in Mitleidenschaft gezogen hat. Einige Pflanzenarten sind vollständig verschwunden, und die langfristigen Konsequenzen werden noch für viele Jahre unabsehbar bleiben.

Wie beim Unfall der Exxon Valdez steht man bei der biologischen Sanierung der Wüstenböden vor einer Reihe von Problemen. Anders als bei dem Unfall in Alaska gibt es hier aber keinen Wellengang, der das Öl dispergieren und wegschwemmen kann. Der trockene Wüstenboden beherbergt auch nur wenige Arten von Mikroorganismen, die Ölbestandteile verstoffwechseln könnten, und die Adhäsion des Öls an die Sandkörner verlangsamt natürliche Abbauprozesse weiter. Vorläufige Untersuchungen deuten darauf hin, dass neuartige Stämme ölabbauender Bakterien langsam dabei sind, Öl in Sandschichten unter der Oberfläche anzugreifen.

Die Regierung von Kuwait hat ein Programm im Wert von fast einer Milliarde Euro installiert, um sich dem zu stellen, was wahrscheinlich das größte Biosanierungsprogramm der Welt ist. Es gibt keine Präzendenzfälle dieser Größenordnung, die als Vergleich für die Reinigung arider Umgebungen dienen könnten. Deshalb untersuchen Biosanierungsforscher von überall auf der Welt die Wüsten Kuwaits in der Hoffnung, Strategien entwickeln zu können, um den ölgetränkten Sand schließlich reinigen zu können. Informationen, die Wissenschaftler aus dem Studium dieser Bereiche gewinnen können, werden bestimmt von Wert für die Behandlung anderer Ölaustritte in sandigen Umgebungen sein. Der nächste Abschnitt wirft einen kurzen Blick darauf, wie potenzielle Anwendungen der biologischen Umweltsanierung vielleicht in der Lage sein könnten, Reinigungsprobleme zu lösen, die bisher schwierig zu behandeln waren.

FRAGE UND ANTWORT F&A

Frage

Wird sich die Umwelt und die Tierwelt im Prinz-William-Sund jemals von den Effekten der Exxon-Valdez-Katastrophe erholen?

Antwort

Hunderte von Wissenschaftlern sind daran interessiert, diese Frage zu beantworten. Während Biosanierungswissenschaftler die Bodenbeschaffenheit kontaminierter Areale untersuchen, sind Wild- und Fischereibiologen damit befasst, vielerlei Untersuchungen an Meeresvögeln, Säugetieren und Fischen durchzuführen. Wissenschaftler schauen sich die reproduktiven Fähigkeiten und Brutgewohnheiten bestimmter Arten, die Wanderungen von Fischen und Vögeln, das Fettgewebe von Robben an, um ölgestützte Schadstoffe zu identifizieren und die genetischen Effekte des Ölaustritts auf viele Arten. Mehr als zehn Jahre nach dem Unfall der Exxon Valdez gibt es Anzeichen dafür, dass die Reinigungsanstrengungen einige Bereiche der Küste in den Zustand zurückversetzt haben, der vor der Katastrophe geherrscht hat. Es ist aber auch klar, dass viele Fisch- und andere Wildtierarten sich nicht erholt haben, und die bleibenden Effekte auf die Wildtiere sind immer noch nicht bekannt. Obwohl über 200 Millionen Euro und die Arbeitsleistung Tausender an der Reinigung beteiligter Arbeiter in die Reinigung des Prinz-William-Sunds geflossen sind, sind die biologische Umweltsanierung und die Zeit immer noch die bestimmenden Faktoren, die auf lange Sicht eine Reinigung der Umwelt herbeiführen werden.

9.6 Zukunftsstrategien und Herausforderungen der biologischen Umweltsanierung

Die Biotechnologie ist ein wichtiges Werkzeug in unserem Kampf, Umweltbereiche, die durch Unfälle, industrielle Produktion und die Missbewirtschaftung von Ökosystemen verschmutzt worden sind, zu rehabilitieren. Die biologische Umweltsanierung ist eine sich rasch ausweitende Wissenschaftsdisziplin. Wissenschaftler überall auf der Welt führen Forschungen durch, die darauf zielen, ein besseres Verständnis der an biologischen Abbauprozessen beteiligten Mikroorganismen zu gewinnen, einschließlich der Identifizierung neuartiger Gene und Proteine, die an diesen Abbauleistungen beteiligt sind. Forscher untersuchen die mikrobielle Genetik, um gentechnisch gezüchtete Mikroorganismen zu erschaffen, die vielleicht in der Lage sind, neue Verbindungsklassen abzubauen, und um neuartige Biosensoren zu entwickeln, um Verschmutzungen detektieren und überwachen zu können.

Die Gewinnung wertvoller Metalle wie Kupfer, Nickel und Gold und anderer Elemente wie Bor ist ein weiteres Gebiet der biologischen Umweltsanierung, das sein volles Potenzial noch nicht ausgeschöpft hat. Durch Oxidationsreaktionen können viele Mikroorganismen lösliche Metalle und Metallverbindungen in unlösliche Metalloxide überführen, die sich im Inneren der Bakterienzellen oder an ihren Oberflächen ablagern. Einige Meeresbakterien, die an hydrothermalen Quellen in der Tiefsee leben, haben auch Potenzial für die Ausfällung wertvoller Metalle gezeigt. Der Einsatz von Bakterien als Methode zur Rückgewinnung gefährlicher Metalle als Teil des industriellen Herstellungsprozesses ist eine potenzielle Anwendung, aber Wissenschaftler

SIE ENTSCHEIDEN!

Das PCB-Dilemma am Fluss Hudson

Der Hudson ist ein Fluss, der sich durch den Staat New York im Nordosten der USA windet. Das Flusstal des Hudson gehört zu den schönsten Landstrichen im Nordosten des Landes, und doch lauern unter der schimmernden Oberfläche des blauen Wassers ernste Probleme. Von 1947 bis 1977 hat die Firma General Electric, ein Energiekonzern, aus seinen Fabriken in Hudson Falls und Ford Edward (beide im Staat New York) rund 540 Tonnen giftiger Chemikalien aus der Gruppe der polychlorierten Biphenyle (PCB) in den Fluss entlassen.

PCBs wurden bis 1977 verbreitet in den Gehäusen von Transformatoren und Kondensatoren sowie in Kühlsystemen verwendet. In den USA werden diese Stoffe nicht mehr hergestellt. Die industrielle Herstellung polychlorierter Biphenyle wurde schließlich durch die so genannte Stockholmer Konvention vom 22. Mai 2001 weltweit verboten.

Polychlorierte Biphenyle sind für Menschen und andere Tiere sehr giftig; diese Substanzen sammeln sich aufgrund ihrer Hydrophobizität im Fettgewebe an. Die Fische aus dem Fluss Hudson sind in einem Ausmaß mit PCBs belastet, das jenseits der als unbedenklich erachteten Schwelle liegt. Der Verzehr von Fischen aus dem Hudson ist in den meisten Abschnitten des Gewässers eingeschränkt oder ganz untersagt, doch ignorieren einige Menschen diese öffentlich bekanntgemachten Verbote, weil das Wasser klar ist und die Fische nicht verschmutzt aussehen. PCBs stellen eine ernste Bedrohung der menschlichen Gesundheit dar, und eine langfristige Exposition wird mit Krankheitsbildern wie Krebs, Fruchtbarkeitsstörungen, Störungen der Immunfunktionen und der Schilddrüse in Zusammenhang gebracht. Kinder gelten als besonders anfällig für die Wirkungen der PCBs.

Obwohl die Verwendung von PCBs in den USA im Verlauf der letzten beiden Jahrzehnte dramatisch zurückgegangen ist, lauern die Chemikalien weiterhin in hohen Konzentrationen im Hudson und anderen Umweltbereichen. Im Hudson finden sich die meisten PCBs in den Sedimenten am Grund des Gewässers. Um den Fluß von diesen persistenten Chemikalien zu befreien, erstellten Umweltschutzverbände und die Umweltschutzbehörde der USA (**http://www.epa.gov/hudson/**) einen 5- bzw. 6-Jahresplan für das Ausbaggern und die Entsorgung von über 2 Millionen Kubikmetern Sedimente aus verschiedenen Abschnitten des 280 km langen Flusses. Dies soll zur Entfernung von mehr als 45 Tonnen PBC führen. Kritiker des Ausbaggerungsplanes wenden ein, dass durch das Aufrühren bei der Ausbaggerung noch mehr PCBs in den Wasserkörper freigesetzt werden. Statt auszubaggern solle man die Dinge ihren natürlichen Gang gehen und die normale Wasserströmung die Chemikalien langsam wegschwemmen lassen. Dies hat aber nur geringe Wirkung auf die im Sediment festgelegten Stoffe, die außerdem durch ihre verschwindend geringe Wasserlöslichkeit ausgezeichnet sind. Weiterhin setzt man auf die biologische Umweltsanierung durch Bakterien, die die PCBs abbauen sollen. Dies sei der beste Weg, um die PCB-Belastung auf lange Sicht zu vermindern. In den Sedimenten des Hudson hat man anaerobe Bakterien ausfindig gemacht, die PCBs abzubauen vermögen. Einige der anaeroben Bakterien sind am ersten Abbauschritt beteiligt, bei dem einzelne Chlor- und Wasserstoffatome von den Molekülen abgespalten werden. Über den Aufbau und die chemischen Eigenschaften der über 200 verschiedenen PCBs informiert z.B. das Umweltbundesamt (**http://www.umweltbundesamt.de/uba-info-daten/daten/polychlorierte-biphenyle.htm**). Aerobe Bakterien im Wasser modifizieren die reduzierten PCBs weiter, wieder andere führen dann die Endoxidation der Abbauprodukte zu Wasser, Kohlendioxid und Chlorid durch. Einige Voraussagen behaupten, dass die PCB-Mengen in den Fischen nicht vor dem Jahr 2070 auf ein für den Menschen unbedenkliches Maß zurückgehen werden. Selbst wenn sich das Ausbaggern als gute Idee erweist – wohin dann mit den ausgebaggerten Sedimenten? Wie beseitigt man diese Stoffe? Einige Leute glauben, die Verbringung der Sedimente auf eine geschlossene Deponie – eine vollständig anaerobe Umgebung – würde den Abbauprozess noch verlangsamen. Sollte man diese Stoffe im Schlick der Gewässer liegen lassen, damit sie mit der Zeit durch den natürlichen biologischen Stoffumsatz in dem Ökosystem verstoffwechselt werden? Oder sollte man intervenieren, um die Säuberungsanstrengungen der Natur zu unterstützen? Welches sind die Vor- und welches die Nachteile des Aktivwerden und des Stillhaltens? Sie entscheiden!

sind an Wegen interessiert, wie diese Bakterien eingesetzt werden können, um wertvolle Edelmetalle zu gewinnen. Beispielsweise setzen viele Herstellungsprozesse Versilberungs- und Vergoldungstechniken ein, die Abfalllösungen mit suspendierten Silber- und Goldteilchen enthalten. Mikroorganismen können vielleicht eingesetzt werden, um einige dieser Metalle aus Abfalllösungen zurückzugewinnen.

In ähnlicher Weise könnten Mikroorganismen auch eingesetzt werden, um Goldpartikel aus Grundwasserreservoiren und Sickerwasser in Goldminen zu ernten.

Ein weiteres Gebiet aktiver Forschung umfasst die Entwicklung von Biosanierungsansätzen zur Entfernung radioaktiver Stoffe aus der Umwelt. Uran, Plutonium und andere radioaktive Elemente finden sich im Wasser von Minen, wo natürlich vorkommendes Uran verarbeitet wird. Radioaktive Abfälle aus Kernkraftwerken stellen ebenfalls ein weltweites Entsorgungsproblem dar. Das Energieministerium der USA hat ungefähr 3000 (!) Stellen im Land ausfindig gemacht, die durch die Kernwaffenentwicklung und die Entwicklung von Kernreaktoren verseucht sind. Radioaktive Abfallstandorte enthalten oft ein kompliziertes Gemisch radioaktiver Elemente wie Plutonium und Uran und deren Zerfallsprodukte, zusammen mit anderen Schwermetallen und organischen Verunreinigungen wie Toluol (ein Lösungsmittel). Obwohl die meisten radioaktiven Stoffe die meisten Mikroorganismen abtöten (dies ist natürlich eine Frage der Strahlenmenge pro Fläche und der Einwirkzeit der Strahlung), sind einige Bakterien entdeckt worden, die ein Potenzial für den Abbau radioaktiver Verbindungen zur Schau gestellt haben.

Ein Bakterium namens *Deinococcus radiodurans* ist besonders faszinierend. Sein Name bedeutet „seltsame Beere, die Strahlung aushält“. Im Guinnessbuch der Rekorde ist *Deinococcus radiodurans* als „härtestes Bakterium der Welt“ verzeichnet. Das Bakterium wurde vor rund 50 Jahren zum ersten Mal isoliert, und zwar aus einer Fleischkonserve, die man durch Gammastrahlung zu sterilisieren geglaubt hatte. In der Folge entdeckten Wissenschaftler, dass *D. radiodurans* Strahlendosen aushält, die über dreitausendmal höher sind als solche, die für andere Organismen einschließlich des Menschen noch verträglich sind. Hohe Strahlungsenergien erzeugen Doppelstrangbrüche in der DNA und verursachen Mutationen. *Deinococcus radiodurans* zeigt bei der Einwirkung hochenergetischer Strahlung ein beispielloses Maß an Widerstandskraft. Obgleich die Resistenzmechanismen noch nicht in allen Einzelheiten erforscht sind, verfügt dieser Mikroorganismus ganz offensichtlich über ein ausgefeiltes System für die Reparatur von durch Strahlung geschädigten Chromosomen. Die jüngst abgeschlossene Totalsequenzierung des Genoms von *D. radiodurans* wird nach der Hoffnung von Mikrobiologen wertvolle Einsichten über diese einzigartigen DNA-Reparaturgene liefern.

BERUFSPRAXIS

Umweltsanierer

Die biologische Umweltsanierung ist eine relativ neue Teildisziplin der Biotechnologie, und viele kleine Firmen sind mit den verschiedenen Aspekten des Gebiets befasst. Die biologische Umweltsanierung ist eine multidisziplinäre Industrie, die die kollektiven Anstrengungen vieler verschiedener Fachvertreter wie Mikrobiologen, Umweltwissenschaftler, Hydrologen und Ingenieure erfordert. Mikro- und Molekularbiologen arbeiten Hand in Hand bei der Durchführung von Forschungen, die darauf ausgerichtet sind, die Mechanismen zu verstehen, die Mikroorganismen benutzen, um Schadstoffe abzubauen. Biologen arbeiten mit Ingenieuren bei der Planung und Umsetzung der besten Behandlungsverfahren zur Beseitigung der infrage stehenden Schadstoffe zusammen. Im deutschsprachigen Raum haben sich in den letzten Jahren einige kleine und auch mittelständische Spezialfirmen auf den Gebieten Bodensanierung, Kompostierung, Abwasser- und Abluftreinigung sowie der Biogaserzeugung etabliert. Einstiegspositionen im Bereich der biologischen Umweltsanierung gibt es z. B. als Umweltsicherer. Einige Umweltsicherer setzen behördliche Richtlinien um. Eine Kenntnis der anzuwendenden amtlichen Richtlinien, die Fähigkeit zur Sammlung von Messdaten von Umweltsensoren (von denen viele über Satellitenleitungen ihre Daten übermitteln) sowie die Fähigkeit, diese Daten in einer zugriffsfreundlichen Datenbank abzulegen, sind für diese Tätigkeit vonnöten.

Gute Computerkenntnisse einschließlich einer Vertrautheit mit Datenbankprogrammen und geographischen Satellitenmesssystemen sind erforderlich. Eine Vertrautheit mit Lebewesen und natürlichen Gemeinschaften (Ökosystemen) ist ebenfalls wichtig. Von einer Einstiegspositition können Umweltsicherer in höhere Positionen mit Leitungsfunktion aufsteigen. Studiengänge im Umweltingenieurwesen bzw. in Biotechnologie mit Schwerpunkt in umweltrelevanten Fächern werden von einigen Fachhochschulen angeboten.

Das Energieministerium der USA ist sehr daran interessiert, *D. radiodurans* für die biologische Sanierung radioaktiv verseuchter Bereiche einzusetzen. Kürzlich haben Forscher des Energieministeriums und der Universität von Minnesota einen rekombinanten Stamm dieses Bakteriums erzeugt, indem sie den offenen Leserahmen eines Toluoldioxygenasegens unter die Kontrolle eines *D. radiodurans*-Promotors gestellt haben. Dieser Stamm ist befähigt, das Lösungsmittel Toluol in stark strahlenden Umgebungen abzubauen. In dem Bestreben, Atome radioaktiver Isotope zu immobilisieren (damit sie nicht in das Grundwasser gelangen), versuchen die Forscher nun dieselbe Strategie zu benutzen und *D. radiodurans* mit Genen anderer Mikroorganismen auszurüsten, die für metallbindende Proteine codieren.

Schließlich ist es von entscheidender Bedeutung, dass wir aus der Erfahrung lernen. Bevor irgendein potenzieller Deponiestandort eingerichtet wird, müssen Wissenschaftler eine Anfangserhebung des Ortes vornehmen, um die Organismen und Ökosysteme zu erfassen und die möglichen Effekte der Umweltverschmutzung abzuschätzen. Industrielle Prozesse erzeugen fortwährend Hunderte, wenn nicht Tausende unterschiedliche Stoffe. Darüber hinaus ist es von Bedeutung, dass die Bioabbauwissenschaftler kontinuierlich nach vorn schauen, so dass sie darauf vorbereitet sind vorherzusagen, wie neue Chemikalien die Umwelt beeinflussen, und Techniken zu entwickeln, neue Umweltverschmutzungen zu beseitigen.

Die biologische Umweltsanierung wird nicht in der Lage sein, uns von allen Umweltverschmutzungen zu befreien, aber gut geplante Biosanierungsansätze sind ein wichtiger Bestandteil der Umweltschutz- und -reinigungsanstrengungen.

ÜBUNGSAUFGABEN

Die Antworten finden Sie in Anhang A.

1 Beschreiben Sie drei spezielle Beispiele von Biosanierungsanwendungen. Beziehen Sie in Ihre Beschreibung die wahrscheinlich an dem Vorgang beteiligten Organismen ein und erörtern Sie die möglichen Vor- und Nachteile jeder Anwendung.

2 Welches ist der Zweck des Düngerzusatzes und der Sauerstoffzufuhr zu einem Kontaminationsort, der einer biologischen Umweltsanierung unterzogen wird?

3 Nehmen Sie an, Sie erführen davon, dass ein Stück Land, das einmal als Deponie für Industriechemikalien gedient hatte, durch biologische Umweltsanierung gesäubert worden und nun als Bauland für eine Wohnsiedlung ausgewiesen worden sei. Würden Sie in einem Haus leben wollen, dass auf dem Gelände einer früheren Mülldeponie errichtet worden ist? Erörtern Sie die potenziellen Probleme, die mit diesem Szenario verbunden sein könnten.

4 Nehmen Sie an, die Verwaltung der Stadt, in der Sie leben, würde daran denken, ein Lager für Abfallchemikalien in Ihrer Nachbarschaft zu errichten. Berücksichtigen Sie die durch Fehler bei der Mülleinlagerung, Mülldeponierung, Umweltkontamination und der erfolgreichen Anwendung der biologischen Umweltsanierung in der Vergangenheit gemachten Erfahrungen und entwickeln Sie dann eine Prioritätenliste, die die Offiziellen Ihrer Heimatstadt berücksichtigen sollten, bevor der Ort gebaut wird, und Fragen, die beantwortet werden sollten, falls der Ort in Verwendung genommen werden soll.

5 Begeben Sie sich in das Internet und suchen Sie einige der Seiten auf, die weiter unten aufgelistet sind. Suchen Sie dort nach Informationen über die häufigsten in der Umwelt aufzufindenden Schadstoffe. Erstellen Sie eine Liste von fünf Schadstoffen und geben Sie an, wo diese gefunden werden können, wie sie in die Umwelt gelangen, welches ihre kurz- und ihre langfristigen Wirkungen auf die Gesundheit sind (beim Menschen und anderen Lebewesen), welches ihre Wirkungen auf die sonstige Umwelt sind und welche Arten von Mikroorganismen diese Schadstoffe möglicherweise abbauen könnten.

WEITERFÜHRENDE LITERATUR

Bücher

R. Atlas und J. Philp (Hrsg.): Bioremediation: Applied Microbial Solutions for Real-World Environmental Cleanup. ASM Press (2005); ISBN: 1-55581-239-2.

B. Hauer, M. Reinhardt, M. Ronellenfitsch: Schutz der Umwelt durch und vor Biotechnologie. Verlag Schmidt (2003); ISBN: 3-503-07016-8.

U. Stottmeister: Biotechnologie zur Umweltentlastung. Teubner (2002); ISBN: 3-519-00412-7.

Artikel in Fachzeitschriften

J. Aislabie, D. Saul und J. Foght (2006): Bioremediation of hydrocarbon-contaminated polar soils. Extremophiles, vol. 10: 171–179.

J. Baxter und S. Cummings (2006): The current and future applications of microorganism in the bioremediation of cyanide contamination. Antonie van Leeuwenhoek, vol. 90: 1–17.

A. Rayl (2003): Natural solutions to pollution. The Scientist, vol. 17: 22–27.

WEB-LINKS

Weitere Informationen zu diesem Buchkapitel
http://www.pearson-studium.de

Umweltbundesamt der Bundesrepublik Deutschland
http://www.umweltbundesamt.de

Österreichisches Umweltbundesamt
http://www.umweltbundesamt.at

UFZ-Umweltforschungszentrum Leipzig-Halle der Helmholtz-Gemeinschaft Deutscher Forschungszentren
http://www.ufz.de

Transferstelle Umweltbiotechnologie
http://www.ruhr-uni-bochum.de/ts-ubt

VDI (Verband Deutscher Ingenieure), Fachbereich Umweltbiotechnologie
http://www.vdi.de/vdi/organisation/schnellauswahl/fgkf/kfbt/organisation/09950/index.php

Universität für Bodenkultur Wien
http://www.boku.ac.at

Informationen zum PCB-Unfall im Hudson River
http://www.clearwater.org/pcbs

Datenbank für Mikroorganismenstämme, die biodegradatorisch aktiv sind
http://bsd.cme.msu.edu
Quelle für Informationen zu Bakterienstämmen, die gezielt für biologische Abbauvorgänge genutzt werden.

Ecotox-Datenbanksystem
http://www.epa.gov/ecotox/ecotox
Datenbank der US-Umweltbehörde EPA mit Informationen zu giftigen Chemikalien in der Umwelt.

Umweltgenomprojekt
http://www.niehs.nih.gov/envgenom
Internetseite des Nationalen Institutes für Umweltgesundheitswissenschaften der USA mit detaillierten Zielen und Initiativen des Umweltgenomprojekts.

Aquatische Biotechnologie

10

ÜBERBLICK

Nachdem Sie dieses Kapitel durchgearbeitet haben, sollten Sie in der Lage sein:

- Wichtige Ziele und Nutzaspekte der Aquakultur zu diskutieren sowie den weltweiten Einfluss der Fischmast zu erkennen und einzuordnen.
- Die Kontroversen um die Anwendung der Aquakultur zu diskutieren und ihre Grenzen zu beschreiben.
- Beispiele für gebräuchliche Praktiken der Fischmast zu beschreiben.
- Zu verstehen, wie die Identifizierung neuartiger Gene aquatischer Arten von Nutzen für die biotechnologische Industrie sein kann.
- Beispiele für transgene Fische und ihre Verwendung zu geben.
- Zu erörtern, wie triploide Arten erzeugt werden können.
- Beispiele für drei medizinische Anwendungen der aquatischen Biotechnologie zu geben.
- Wenigstens drei nichtmedizinische Produkte der aquatischen Biotechnologie und ihre Anwendungsgebiete zu benennen.
- Die Biofilmbildung zu definieren und zu erklären, wie Wissenschaftler bei Meereslebewesen nach natürlichen Wegen zur Minimierung der Biofilmbildung Ausschau halten.
- Zu beschreiben, wie Meereslebewesen für den biologischen Nachweis und die biologische Sanierung von Umweltverschmutzungen eingesetzt werden können.

In Anbetracht der Tatsache, dass Wasser – insbesondere Meerwasser – fast 75 Prozent der Erdoberfläche bedeckt, sollte es uns nicht überraschen, dass aquatische Umwelten eine reiche Quelle biotechnologischer Anwendungen und möglicher Lösungsansätze für eine Bandbreite von Problemen darstellen. Aquatische Lebensformen existieren unter einer Reihe extremer Bedingungen wie zufrierenden Polarmeeren, außerordentlich hohen hydrostatischen Drücken in der Tiefsee, hohen Salzgehalten, über die Maßen hohen Temperaturen und Lichtmangel. Als Folge davon haben wasserbewohnende Organismen während ihrer Evolution eine Anzahl faszinierender Stoffwechselwege, Reproduktionsweisen und Anpassungen der Sinnesapparate hervorgebracht. Sie haben eine Fülle einzigartiger genetischer Information und möglicher Nutzanwendungen.

In diesem Kapitel betrachten wir viele wichtige Aspekte der **aquatischen Biotechnologie**, die manchmal auch als „blaue Biotechnologie“ bezeichnet wird, indem wir fragen, wie Organismen sowohl des Meeres wie auch des Süßwassers für biotechnologische Anwendungen nutzbar gemacht werden können.

10.1 Aquatische Biotechnologie – Eine Einführung

Die Ozeane stellen seit Jahrtausenden eine Quelle für Nahrung und andere natürliche Ressourcen für den Menschen dar. Das explosive Anwachsen der Weltbevölkerung, die Überfischung von Fisch- und anderen Meerestierbeständen sowie sich verschlechternde Umweltbedingungen haben dazu geführt, dass die Fischereiindustrien einiger Länder zusammengebrochen sind. Dies übt einen hohen Druck auf viele Arten aus und strapaziert die Ressourcen, die das Meer bietet. Obwohl man durch wissenschaftliche Erforschung vieles über die Biologie des Meeres gelernt hat, harrt vermutlich die große Mehrzahl der Meeresbewohner – insbesondere mikroskopische Arten – noch der Entdeckung und Identifizierung. Es wurde geschätzt, dass mehr als 80 Prozent aller Lebewesen der Erde in aquatischen Ökosystemen leben.

Der verständliche Wunsch, den potenziellen Reichtum des größeren Teils der Erdoberfläche nutzbar zu machen, in Verbindung mit weiter zunehmender Weltbevölkerung, den medizinischen Bedürfnissen der Menschen und Sorgen um den Zustand der Umwelt unseres Planeten, haben die Hydrowissenschaften als neues, sich entwickelndes Gebiet der biotechnologischen Forschung etabliert. Aquatische Ökosysteme bergen in sich vielleicht die Antworten auf eine Vielzahl globaler Probleme. In den USA werden jährlich weniger als 50 Millionen Dollar für Forschung und Entwicklung auf dem Feld der aquatischen Biotechnologie aufgewendet. Im Vergleich dazu wendet Japan zwischen 900 Millionen und einer Milliarde US-Dollar pro Jahr für diese Aktivitäten auf. Die erfolgreichen Forschungsaktivitäten asiatischer Länder, die in Grundlagenforschung auf dem Gebiet der aquatischen Biotechnologie investiert haben, und der finanzielle Erfolg ihrer Produkte haben andere Länder dazu angeregt, ebenfalls eine beträchtliche Menge an Zeit und Ressourcen auf dieses Gebiet zu konzentrieren. Wird einer Firma ein Patent auf eine Anwendung der aquatischen Biotechnologie erteilt, so beträgt der durchschnittliche Wertanstieg ihrer Börsennotierung ungefähr 800.000 US-Dollar.

In den Vereinigten Staaten von Amerika haben die Nationale Wissenschaftsstiftung (NSF; *National Science Foundation*) und das Nationale Meeresförderungsprogramm – das küstennahe Programme an Universitäten und anderen Hochschulen, Wissenschaftler, Lehrer und Studenten im Bereich der Meeresforschung unterstützt und anleitet – gemeinsam viele Initiativen entwickelt, um die aquatische Biotechnologie zu fördern. Im Speziellen sind mehrere Forschungsschwerpunkte festgelegt worden, um die scheinbar grenzenlosen Möglichkeiten der Nutzbarmachung aquatischer Lebewesen zu erforschen. Zu diesen Schwerpunkten gehören:

- Steigerung des Weltnahrungsmittelangebots,
- Wiederherstellung und Schutz mariner Ökosysteme,
- Identifizierung neuartiger Verbindungen zum Nutzen der menschlichen Gesundheit und medizinischer Behandlungen,
- verbesserte Sicherheit und Qualität von Nahrungsmitteln aus dem Meer,
- das Aufspüren und Entwickeln neuer Produkte mit Anwendungen in der chemischen Industrie,
- die Suche nach neuen Wegen zur Verfolgung und Behandlung von Krankheiten und
- die Verbesserung der Kenntnisse zu biologischen und biogeochemischen Vorgängen in den Weltmeeren.

Von der Fischmast bis zur Isolierung neuer medizinischer Produkte aus Meereslebewesen reichen die Aspekte der aquatischen Biotechnologie, die wir in diesem Kapitel erörtern werden. Im nächsten Abschnitt werden Sie lernen, was Aquakultur ist – eine große und sich rasch ausdehnende landwirtschaftliche Anwendung der aquatischen Biotechnologie.

Aquakultur: Steigerung der Nahrungsmittelversorgung durch Biotechnologie 10.2

Zwei Fischer mühen sich, ein Netz hochzuhieven, das vor Welsen überquillt, die von idealer Größe und gesund und für den menschlichen Verzehr geeignet sind. Jeder Fisch im Netz ist eine haltbare Ware. Wenn sie für den Verkauf zurechtgemacht sind, besitzen diese Welse eine von den Kunden geschätzte Beschaffenheit, Farbe sowie den „richtigen" Geruch und Geschmack. Diese Szene spielt sich nicht an einem Anlandungsdock eines Hafens oder auf einem Fischerboot ab, sondern beschreibt die Tätigkeit von Fischmästern, die Netze ausleeren, mit denen sie ein von Menschen gemachtes Fischaufzuchtbecken abfischen (► Abbildung 10.1). Die Kultivierung aquatischer Tiere und Pflanzen wird als **Aquakultur** bezeichnet. Die Aquakultur im Meer wird verschiedentlich auch als „**Marikultur**" bezeichnet. Obwohl die Aquakultur auch als eine Form der landwirtschaftlichen Biotechnologie angesehen werden kann, wird sie doch im Regelfall der aquatischen Biotechnologie zugerechnet. In diesem Abschnitt werden wir in erster Linie die kommerzielle Mast von Meeres- und Süßwasserfischen und -schalentieren erörtern.

Die wirtschaftliche Seite der Aquakultur

Man schätzt, dass über den Zeitraum der kommenden 30 Jahre der weltweite Bedarf für Produkte der Aquakultur um 70 % ansteigen wird. Es ist weiterhin geschätzt worden, dass in der näheren Zukunft der weltweite Bedarf an Nahrungsmitteln aller Art aus den Meeren die Mengen, die verfügbar sein werden, um ca. 50 bis 80 Millionen Tonnen übersteigen wird! Überfischung, Verlust von Lebensräumen und die kommerzielle Fischereiindustrie tragen alle zur Abnahme der natürlichen Bestände bei. Falls die Nachfrage weiterhin ansteigt und die Wildbestände gleichzeitig weiterhin abnehmen, wird es zu einem spürbaren Defizit an essbaren Fischen und Schalentieren (Muscheln, Schnecken, Krustentiere) kommen. Die Aquakultur in Verbindung mit einem besse-

Abbildung 10.1: Ein Netz voller Mastwelse auf dem Weg zum Fischmarkt. Die Aquakultur ist ein wirkungsvolles Mittel zur Erzeugung großer Mengen von Fischen oder Krustentieren, die so in relativ kurzer Zeit Marktreife erlangen. Die Aquakultur erlaubt es Wissenschaftlern und Mästern auch, ausgewählte Arten nach den von den Kunden gewünschten Markterfordernissen gezielt anzuzüchten. Bei den im Bild gezeigten Welsen handelt es sich um marktfähige USDA 103-Welse, die signifikant rascher wachsen als andere Welse.

ren Ressourcenmanagement verspricht dieses Problem wenigstens teilweise zu kompensieren.

Nach Daten der FAO (Food and Agriculture Organization) der Vereinten Nationen betrug die Produktionsmenge durch Aquakultur im Jahr 1950 ungefähr eine Million Tonnen. Im Jahr 2000 betrug die weltweite aquakulturelle Produktion ca. 33 Millionen Tonnen, was mehr als eine Verdoppelung seit 1984 bedeutet. Neuere Schätzungen gehen davon aus, dass beinahe 30 Prozent aller weltweit vom Menschen konsumierten Fische aus der Aquakultur stammen. Der Markt für auf konventionelle Weise gefangenen Fisch betrug ungefähr 92 Millionen Tonnen. Die Weltfischereiproduktion – Aquakultur plus Fangfisch – belief sich 1999 auf 125 Millionen Tonnen. Einige Quellen mutmaßen, dass die Aquakultur die Rindermast als Nahrungsmittel produzierende Industrie überrundet hat. China ist der größte Fischproduzent der Welt und stellt etwa ein Drittel der Weltproduktion.

Die Aquakultur ist auch in den USA ein großes Geschäft – ihr Umsatz beläuft sich auf mehr als 36 Milliarden US-Dollar und stellt fast 19 % des Weltnachschubs an Meeresfrüchten. In den letzten zehn Jahren hat sich die aquakulturelle Produktion in den USA fast verdoppelt. Dieser Anstieg soll Annahmen zufolge weiter anhalten, bei gleichzeitiger Steigerungsrate der globalen Aquakulturaktivitäten in gleicher Größenordnung. In den USA ist die Aquakultur in den 50er-Jahren des 20. Jahrhunderts zu einem bedeutenden Zweig der Landwirtschaft avanciert, als Welsmastbetriebe im Südosten der USA etabliert wurden. Heute gibt es in jedem Bundesstaat Aquakulturbetriebe. Einige der erfolgreichsten Beispiele für das wirtschaftliche Potenzial der Aquakultur in den USA stellen die Welsindustrie in den Flussmündungsgebieten der südlichen Staaten Alabama und Mississippi, die Lachsfarmen in Maine (Ostküste) und Washington (Westküste), Forellenfarmen in Idaho und West Virginia sowie die Flusskrebsmästereien in Louisiana dar. In ähnlicher Weise haben Florida, Massachusetts und andere Bundesstaaten erfolgreiche Schalentiermastbetriebe etabliert, von denen die um ihre Existenz kämpfenden Berufsfischer Nutzen ziehen. So beherbergt etwa Cape Cod (Kabeljaukap) in Massachusetts im Nordosten der USA ca. 75 % der Aquakulturindustrie des Staates.

Dort werden erfolgreich eine Reihe unterschiedlicher Muschelarten gezüchtet, darunter Austern (*Ostrea edulis* sowie *Crassostrea*- und *Ostreola*-Arten) sowie Venusmuscheln (*Mercenaria mercenaria*), Miesmuscheln (*Mytilus edulis*) und Sandklaffmuscheln (*Mya arenaria*).

Viele weitere Länder sind aktiv um die praktische Anwendung der Aquakultur bemüht. Chile mit seiner langen Pazifikküste ist der zweitgrößte Exporteur weltweit und erwirtschaftet damit jährlich ungefähr eine Milliarde US-Dollar Ertrag. Ecuador, Kolumbien und Peru besitzen ebenfalls schnell wachsende Industrien. Griechische Fischmästereien sind die führenden Produzenten für *Dicentrarchus labrax* („Branzino", Fam. Wolfsbarsche). Die griechischen Betriebe produzieren jährlich 100.000 Tonnen. Das macht über 90 % der europäischen Aquakulturproduktion aus. Norwegen ist ein führender Lachsproduzent. Kanada auf der anderen Seite des Atlantiks erzeugt pro Jahr über 70.000 Tonnen atlantischen und pazifischen Lachs mit einem Marktwert von ca. 450 Millionen US-Dollar. Den größten Anteil an der Produktion hat die Provinz British Columbia an der Pazifikküste mit über hundert Lachsmästereien. Für das kommende Jahrzehnt ist eine Zunahme der kanadischen Fischfarmen von 120 auf über 600 vorausgesagt worden. Dabei sollen 20.000 neue Arbeitsplätze entstehen und die Betriebe sollen über 900 Millionen US-Dollar zur Wirtschaft des Landes beisteuern.

Das rasche Wachstum und der Erfolg der chilenischen Aquakultur hat in vielen anderen Ländern Anlass zu der Frage gegeben: „Wenn Chile das kann, warum können wir es nicht auch?" Als Folge haben wir heute expandierende Aquakulturindustrien in Schottland, Island, Irland, Russland, Indonesien, Neuseeland, Thailand, den Philippinen, Indien und auf den Faröer-Inseln.

METHODEN

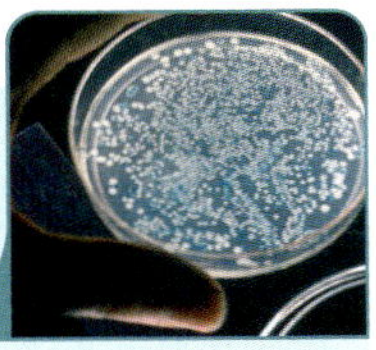

Fischgene fischen

Molekularbiologietechniken, die Wissenschaftler in die Lage versetzen, Gene zu identifizieren, verbessern unser Verständnis für menschliche Gesundheit und Krankheiten; das Humangenomprojekt ist ein Beispiel dafür. Ähnliche Studien sind im Gange, um etwas über die Genome vieler unterschiedlicher Arten kommerziell wertvoller Fische zu lernen, die begehrte Nahrungsquellen sind. Vom Thunfisch bis zum Lachs und zu einer Vielzahl von Schalentieren sind Wissenschaftler bestrebt, Gene zu identifizieren, die zu Eigenschaften wie der Wachstumsrate, dem Geschmack, der Farbe und der Krankheitsresistenz beitragen. Selektive Zuchtprogramme sind zur Produktion von Fischen mit den gewünschten Merkmalen populär gewesen. Aber Molekularbiologietechniken werden heute auch als Werkzeuge eingesetzt, um spezifische Gene zu identifizieren, die Wissenschaftler nutzen, um transgene Fische und Schalentiere mit verbesserten Eigenschaften zu produzieren und bestimmte Arten für Liebhaber von Meeresfrüchten höchst attraktiv zu machen. Wie fischen Wissenschaftler diese Gene heraus? In einigen Fällen sind Totalsequenzierungen ganzer Genome im Gange, aber ein gebräuchlicher Ansatz für diese Frage umfasst Techniken wie **Differentiell Darstellende PCR** und die **Revers Transkribierende PCR (RT-PCR).**

Diese Technik stützt sich auf den Vergleich von DNA oder RNA aus zwei verschiedenen Gewebeproben oder Organismen mit Primern, die in zufälliger Weise an Sequenzen innerhalb eines Genoms binden. Sie erlaubt es den Wissenschaftlern, Genkategorien zu identifizieren, die differenziell exprimiert werden – das heißt, Gene, die in einem Gewebe (oder Organismus) produziert werden, aber nicht in einem anderen. Nehmen wir beispielsweise an, Wissenschaftler würden versuchen, Gene zu identifizieren, die zu raschen Wachstumsraten bei Garnelen beitragen. Sie könnten vermuten, dass größere Garnelen andere Gene oder ein höheres Maß an Genexpression bezüglich eines oder mehrerer Gene, die an der Wachstumsrate beteiligt sind, aufweisen. Um diese Gene zu finden, würden sie mRNA aus kleinen und großen Garnelen isolieren, die RNA revers zu cDNA transkribieren und dann diese Proben durch differentiell darstellende PCR amplifizieren. Die PCR-Produkte werden elektrophoretisch aufgetrennt. Falls große Garnelen mRNA für einzigartige Gene exprimierten, die an raschem Wachstum beteiligt sind, dann würden die PCR-Produkte dieser Gene in Proben aus großen Garnelen detektierbar sein, aber nicht aus Proben kleiner Garnelen. Wissenschaftler können dann die DNA-Sequenz dieser PCR-Produkte ermitteln, um herauszufinden, was für Gene sie identifiziert haben. Einige dieser Gene können dann benutzt werden, um transgene Tiere mit verbesserten Wachstumsfähigkeiten zu erzeugen.

Dieses Werkzeug wird nicht nur von aquatischen Biotechnologen verbreitet eingesetzt, sondern auch von Molekularbiologen in vielen Bereichen der Forschung. Beispielsweise benutzen Krebsforscher diesen Ansatz, um Gene zu identifizieren, die in Krebszellen, aber nicht in normalen Zellen exprimiert werden.

Mehrere Gruppen aquatischer Biotechnologen setzen ähnliche Techniken ein, um Gene zu identifizieren und zu charakterisieren, die bakterielle und virale Pathogene benutzen, um bei Fischen und Schalentieren Krankheiten hervorzurufen. Solche Studien werden nicht nur zu Behandlungen von Krankheiten eingesetzt, die substanzielle wirtschaftliche Verluste in der Aquakulturindustrie bedeuten, sondern werden Wissenschaftlern auch helfen, native Fisch- und Schalentierbestände vor Krankheiten zu bewahren.

Niederländische Firmen weiten ihre Aktivitäten in Puerto Rico aus. 2001 hat Algerien, das gegenwärtig 250 Tonnen pro Jahr produziert, einen Fünfjahresplan vorgestellt, der zum Ziel hat, die Produktion auf 30.000 Tonnen pro Jahr zu steigern. Dabei sollen 60.000 neue Jobs anfallen. Argentinien hat ebenfalls einen Fünfjahresplan formuliert, der den Aufbau einer Lachsmastindustrie vorsieht, die 200 Millionen US-Dollar pro Jahr erwirtschaften soll.

Viele der Länder, die in der Entwicklung der Aquakulturindustrie am aktivsten sind, tun dies, weil die örtlichen Gewässer in einem solchen Maße überfischt sind, dass die natürlichen Bestände an Fischen und Schalentieren ernsthaft dezimiert sind. Durch die Aquakultur können Märkte in Gebieten erschaffen werden, in denen die natürlichen Ressourcen verloren sind. Die Aquakultur bietet weiterhin den Nutzen, Meeresnahrungsmittelindustrien in Gebieten der Welt zu erschaffen, die aufgrund ihrer geographischen Lokalisation gemeinhin nicht für ihre Fischerei bekannt sind. So ist beispielsweise eine erfolgreiche Fischfarmindustrie in den Wüsten Arizonas entwickelt worden, wo wiederverwertetes Wasser aus der Aquakultur auch benutzt wird, um Felder zu bewässern – sogar in den Bewässerungsgräben werden Fische aufgezogen. Ähnliche Anstrengungen werden in Australien unternommen.

In der Theorie sollte eine erhöhte Produktivität bei der Fischaufzucht zu niedrigeren Endpreisen für die Verbraucher führen. Einige Aspekte der Fischaufzucht sind ökonomisch billiger als Tiermast oder kommerzieller Fischfang. Beispielsweise braucht man ca. 3 Kilogramm Getreide, um ein halbes Kilogramm Rindfleisch zu produzieren, aber weniger als 1 Kilogramm Fischmehl ist notwendig, um ein halbes Kilogramm der meisten Fische aufzuziehen. Als ein weiteres Beispiel wachsen in Gefangenschaft aufgezogene Welse in Firschfarmen fast 20 % schneller, verglichen mit Welsen in der Wildnis, und sind in ungefähr zwei Jahren reif für den Verkauf. Bei Fischen, die mit gentechnisch gezüchtetem Futter für etwa 20 Cent pro Kilogramm gefüttert werden, beläuft sich der Umsatz oft auf 140 bis 160 Cent pro Kilogramm beim aufgezogenen Fisch – eine gute Rendite auf eine Investition. Wie Sie aber im weiteren Verlauf dieses Kapitels noch lernen werden, ist die Wirtschaftlichkeit der Aquakultur nicht immer so günstig.

Obwohl die weltweite Zunahme der Aquakultur sich wahrscheinlich fortsetzen wird, ist es unwahrscheinlich, dass Fischaufzuchtbetriebe Wildfänge in der nahen Zukunft vollständig ersetzen werden. Zum einen eignen sich viele Arten nicht für die Aufzucht in Mästereien. Da Arten des freien Wassers (pelagiale Arten) wie der Thunfisch und der Schwertfisch große Gebiete durchstreifen und viel Nahrung benötigen, können sie nicht in Fischmästereien aufgezogen werden. Wir werden andere Grenzen der Aquakultur weiter unten besprechen. Der Zweck der Vorstellung statistischer Daten in diesem Abschnitt besteht darin, Ihnen eine Perspektive zum gegenwärtigen Wert und der Bedeutung der Aquakultur und ihres zukünftigen Potenzials zu geben. Besuchen Sie die Internetseite der FAO (Landwirtschaftsabteilung) der Vereinten Nationen, die am Ende des Kapitels angegeben ist; dort finden Sie einen umfassenden Bericht über die weltweite Fischerei und Aquakultur.

Praxis der Fischmast

In vielerlei Hinsicht ist die Aquakultur einfach eine Fortsetzung der konventionellen landwirtschaftlichen Techniken, wie sie auf dem trockenen Land angewendet werden, und die seit Jahrzehnten in Gebrauch sind. Die Kultivierung von Lebewesen für den menschlichen Verzehr ist nur ein Zweck der Aquakultur. Organismen werden aus vielen anderen Gründen gemästet, zum Beispiel als Köderfische für die kommerzielle und die Hobbyangelei. Kleine Fische wie Sardellen, Heringe und Sardinen werden geerntet und zu Fischmehl und Fischöl verarbeitet, die dann als Futter für Geflügel, Schweine, Rinder und Fische dienen. Die Perlenzucht, die Kultivierung von Arten, um pharmazeutische Wirkstoffe zu isolieren, die Zierfischzucht einschließlich der von Goldfischen und seltenen tropischen Fischen und die Fortpflanzung von Fischen, um Erholungsgebiete zu bestücken, gehören zu den zahlreichen Anwendungen der Aquakultur.

Beispielsweise züchten Fischereibiologen in New Jersey (USA) Zuchtforellen, um ein „Reinschmeißen-und-rausfischen"-Angeln von Forellen zu kreieren. Jedes Frühjahr bestückt der Staat Ströme, Flüsse, Teiche und Seen überall in New Jersey mit über 700.000 Stück Regenbogen- (*Oncorhynchus mykiss*, früher: *Salmo gairdneri*), Bach- (*Salmo trutta fario*) und Seeforellen (*Salmo trutta lacustris*). Viele Gewässer sind nicht in der Lage, ganzjährig einen Forellenbestand am Leben zu erhalten, weil sie im Sommer zu warm werden oder die Wasserqualität für Forellen zu schlecht ist. Durch das Einsetzen (Reinschmeißen) werden Angler ermuntert, ihren Fang (Rausfischen) zur Bereicherung ihres Speiseplans zu behalten. Viele andere Bundesstaaten betreiben ähnliche Besatzprogramme mit einer Anzahl von Warm- und

Kaltwasserarten wie Sonnenbarsche (*Centrarchidae*), Brassen (div. Arten), Welse, Hechte (*Esox* sp.) und Hybrid-Streifenbarsche – die durch die Kreuzung des Felsenbarsches (*Morone saxatilis*; marin) und des weißen Wolfsbarsches (*M. chrysops*; Süßwasser) entstanden ist. Solche Programme bieten Angelmöglichkeiten für Leute, die in Ballungsräumen mit relativ wenig Zugang zu ländlichen Fischereigründen leben.

Wie ► Tabelle 10.1 zeigt, ist eine Reihe von Fischen und Meeresorganismen erfolgreich kultiviert worden. In vielen Ländern wird diese Liste bald verlängert werden. Beispielsweise sind Meeresarten wie Hummer und Krabben in begrenztem Umfang schon gemästet worden, sind aber noch nicht weiträumig kommerziell erhältlich.

Die Aquakulturpraktiken variieren beträchtlich in Abhängigkeit von Faktoren wie den gehaltenen Arten, den Lebenszyklen der Arten, Umwelterfordernissen für das Wachstum und die Vermehrung sowie der Länge der Zeitspanne, die notwendig ist, um die Schlachtreife zu erlangen. Im Fall einiger Fische wie Lachse und Forellen werden die Eier und Spermien für die Zucht aus speziellen Zuchtbeständen manuell geerntet. In dem Bestreben, die Qualität und die Gesundheit der produzierten Fische aufrechtzuerhalten, sind die Elterntiere aus dem Zuchtbestand oft Fische, die wünschenswerte Wachstumscharakteristiken und körperliche Erscheinungsbilder zeigen (Abbildung 10.2). Beispielsweise gehören die Fischwachstumsgeschwindigkeit, die Gesundheit, die Qualität und die Farbe des Fleisches zu den vielen Merkmalen, die in Betracht gezogen werden, wenn Zuchtfische ausgewählt werden.

Die Eizellen werden in kleinen Behältern (Eimer, Schüsseln) befruchtet, die nach dem Schlupf frei schwimmenden Fischlarven werden in größere Aquarien mit Wasserdurchfluss überführt. Die frühen Stadien dieser Aufzucht spielen sich innerhäusig in einer Fischzuchtstation ab. Die Fische verlassen die Aufzuchtstation im Allgemeinen, wenn sie etwa Fingerlänge erreicht haben. Diese „Fingerlinge“ werden dann für gewöhnlich in Betonbecken umgesetzt, die Rennbahnen genannt werden; diese können sich draußen oder in Gebäuden befinden (► Abbildung 10.3). Rennbahnen sind oft als eine Abfolge von untereinander verbundenen Behältern angelegt, die einen kontinuierlichen Wasserdurchfluss erlauben. Dies ist besonders bei Arten wie dem Lachs und Forellen notwendig, die daran gewöhnt sind, in strömenden Gewässern zu leben und sich in der Strömung auszurichten und gegen diese anzuschwimmen. Durch die Nachahmung solcher Umweltbedingungen streben die Aquakulturisten an, Fische mit körperlichen Merkmalen zu züchten, die denen der Wildbestände ähnlich sind (Muskelbildung, Überlebensinstinkt).

Einige Fischarten werden in Rennbahnen hochgepäppelt, bis sie Schlachtgröße erreichen. Oder sie werden zum weiteren Wachstum in kleine, flache Teiche umgesetzt, bevor sie geerntet werden. Manche Arten wie Lachse können, nachdem sie eine moderate Größe erreicht haben, bis zum Erreichen des Reifezustandes in Netzreusen, Käfigen oder sonstigen Behältnissen, die in Seen, Teiche oder Mündungen eingesetzt werden, weiter gemästet werden.

Schalentierzüchter benutzen häufig Gestell- oder Käfigsysteme, die mit einer großen Zahl von winzigen, in der Aufzuchtstation vorgezogenen, unreifen Schalentieren wie Austern, Mies- oder anderen Muscheln „angeimpft“ werden, welche sich dann an den Gestellkon-

Tabelle 10.1

Bedeutende Aquakulturorganismen in den USA

Süßwasserorganismen*	Salzwasserorganismen*
Wels (*Silurus glanis*)	Austern
Flusskrebse	andere Muscheln (hart- und weichschalig)
Forelle(n) (*Salmo* sp.)	Meeresgarnelen (Dekapoden der Unterordnung *Caridea*)
Atlantischer Lachs (*Salmo salar*)	Plattfische
Pazifischer Lachs (*Oncorhynchus* sp.)	Meerbrasse
Köderfische (Sardinen und andere)	*Pteriomorpha*
Tilapien (*Tilapia* sp.)	Seeohren (*Haliotidea*)
Hybrid-Wolfsbarsche (*Morone* sp.)	Venusmuscheln (*Mercenaria mercenaria*)
Stör (*Acipenser* sp.)	
Karpfen (Silberkarpfen, Graskarpfen)	
Gelbschwanz	
Brachsen	
Goldfisch (*Carassius auratus auratus*)	

* Die Tiere sind in der ungefähren Reihenfolge der Gesamtproduktion in Tonnen abnehmend aufgeführt. Die Produktion von Süßwasserorganismen übersteigt die von Meeresbewohnern. Tiere, die in der linken und der rechten Spalte auf gleicher Höhe zu finden sind, deuten nicht auf vergleichbare Ertragsmengen.

Adaptiert nach: Goldburg, R. und Triplett, T. (1997): *Murky waters: Environmental effects of aquaculture in the US*
http://www.environmentaldefense.org/documents/490_AQUA.pdf

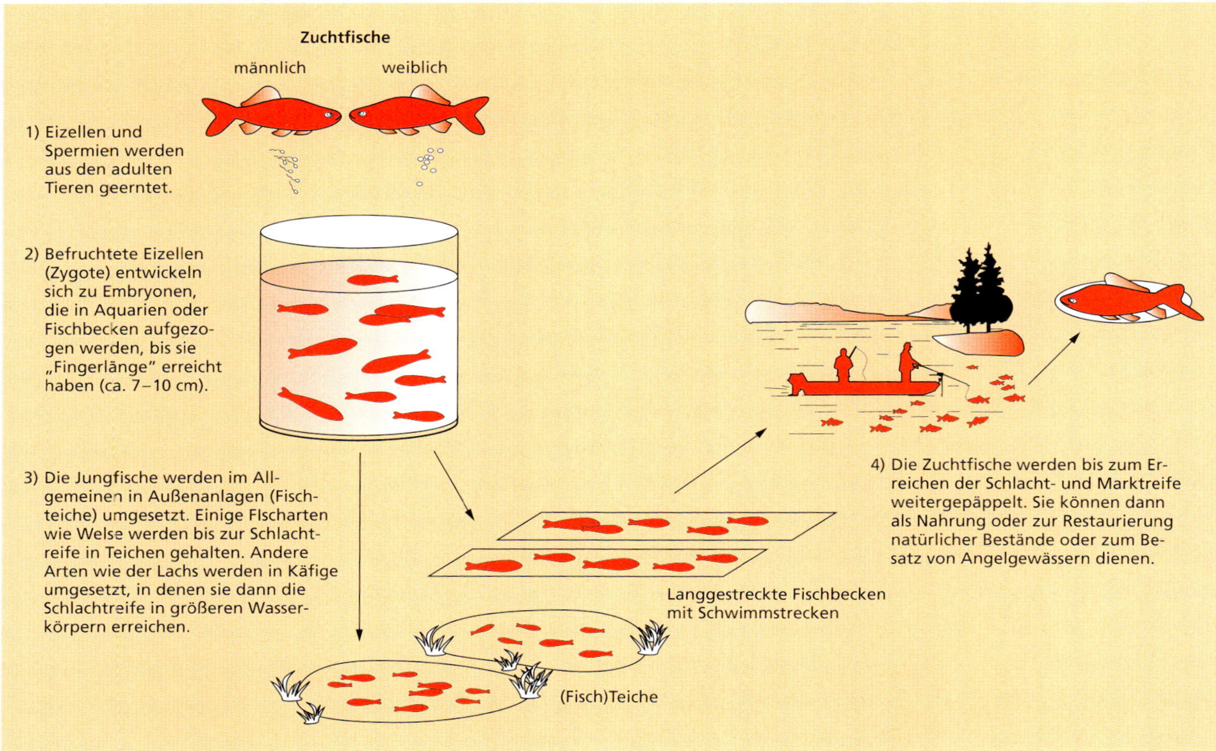

Abbildung 10.2: Eine Übersicht über die Fischmästerei.

struktionen festsetzen. Die Gestelle werden dann in Mündungsgebieten ausgelegt, damit die Schalentiere bis zur Schlachtreife in einer natürlichen Meeresumgebung wachsen können. Dieses Verfahren ist außerdem billig, weil keine Fütterung und dergleichen erfolgen muss. Experten haben bemerkt, dass Austernbänke, die pro Hektar und Jahr ungefähr 10 Kilogramm Austern liefern, bis zu 60.000 Kilogramm pro Hektar produzieren können, falls Hängegestelle zum Einsatz kommen! Größere Ausbeuten sind auch für andere Muschelarten berichtet worden. Die meisten Aquakulturbetreiber verändern ständig die Haltungsbedingungen in dem Bestreben, die Ausbeute einer gegebenen Art in einem gegebenen Gebiet zu erhöhen, um den Profit zu maximieren.

Lachsmästereien sind ein ausgezeichnetes Beispiel für den Fischaufzuchtprozess. Eier und Spermien, die man den Elterntieren entnommen hat, die für rasches Wachstum gezüchtet wurden, werden für die Befruchtung eingesetzt, und die resultierenden Embryonen werden für 12–18 Monate in Behältern hochgepäppelt, bis sie Fingerlänge erreicht haben. Die Fingerlinge werden für gewöhnlich in Reusennetze umgesetzt, die in den Ozean oder in küstennahe Buchten gelegt werden. Während dieses Vorgangs besteht die Nahrung der Lachse aus gepresstem Trockenfutter, das aus zermahlenen Heringen, Sardellen, Fischöl und Schlachtabfällen von Geflügel und anderen Tieren hergestellt wird. Die Nahrung kann auch Antibiotika und Farbstoffe enthalten, die das Fleisch der Fische schön rosa aussehen lassen, und die Fische können in Pestizidbäder getan werden, um Fischläuse (die keine Insekten, sondern winzige, parasitäre Krebstierchen sind) und andere Lästlinge zu entfernen. Während des gesamten Kultivierungsvorgangs können Aquakulturisten den Geschmack der gemästeten Arten verändern, indem sie mit Nahrungsquellen wie gemüsegestützten Nahrungsmitteln versus von Fischen abgeleiteten Nahrungsmitteln experimentieren. Schlussendlich werden makellose Fische der richtigen Größe für den Verkauf verpackt. Eine Übersicht über die Fischmast gibt ► Abbildung 10.2.

Innovationen in der Fischmast

Viele innovative Ansätze zur Fischmast sind in der Entwicklung. In West Virginia sind Fischereibiologen beispielsweise dabei, Vorteile aus den reichlich vorhandenen ehemaligen Kohlegruben zu ziehen. Grundwasser und Wasser aus Quellen sickert in viele Gruben und füllt diese langsam auf; dadurch entstehen hochqualitative Umgebungen für die Mast von Kaltwasserfischen wie der Regenbogenforelle und dem Seesaibling (*Salve-*

Abbildung 10.3: Rennbahnen, Teiche, Reusen und Austerngestelle. Ein breites Spektrum von Ansätzen wird eingesetzt, um Fische und Schalentiere zu mästen. Dazu gehören (a) Rennbahnen, (b) Teiche, (c) Reusen und Netze für Lachse und (d) Gestellsysteme für Austern und andere Schalentiere. Viele dieser Ansätze werden oft nacheinander eingesetzt, wenn die Fische sich von kleinen Fingerlingen zu marktreifen Tieren entwickeln.

linus alpinus). Dieser Ansatz stellt auch eine bedeutende Verwendung für aufgegebene Gruben dar, die sonst keinem Zweck dienen würden. Man schätzt, dass West Virginia über genug Qualitätsgrubenwassergebiete verfügt, um die jährliche Fischproduktion von gegenwärtig ca. 200.000 Kilogramm auf über 5 Millionen Kilogramm zu steigern.

Einige Firmen haben mit Polykulturen, die auch als integrierte Aquakulturen bezeichnet werden, experimentiert. Dabei wird mehr als eine Art im gleichen Behälter gemästet. Die Mast von Arten mit unterschiedlichen Nahrungserfordernissen und Fressgewohnheiten ist ein Weg, um Wasserressourcen zu optimieren. Die Polykultur kann verschiedene Fische umfassen, die cokultiviert werden, Fische und Schalentiere, die zusammen gemästet werden, sowie eine Pflanzen-/Tiercokultur. Beispielsweise ist die Mast von Karpfen in der Gegenwart von Pflanzen wie Salat ein effektiver Ansatz. Die Wurzeln des Salats nehmen Nährstoffe und Fischabfallprodukte (wie Stickstoffverbindungen) aus dem Wasser als Dünger, der das Salatwachstum fördert, auf. Ein weiterer, relativ neuer Aquakulturansatz beinhaltet die Verwendung von hydroponischen Systemen. Diese Systeme sind kleinvolumige, wasserfließende Systeme, in denen Gemüse wie Tomaten (*Solanum lycopersicum*) und Brokkoli (*Brassica oleracea var. silvestris*) oder Kräuter (wie Basilikum (*Ocimum basilicum*) und Schnittlauch (*Allium schoenoprasum*) in Gestellen kultiviert werden, durch die Abwasser aus den Fischbassins fließt. Die Polykultur und hydroponische Systeme werden häufig zusammen eingesetzt, wenn Fische wie Welse, Karpfen und Tilapien gemästet werden (► Abbildung 10.4).

Stammverbesserung für die Aquakultur

Viele Fischmastanstrengungen sind darauf ausgerichtet, bestimmte Qualitäten wie die Wachstumsgeschwindigkeit, den Fettgehalt, den Geschmack, die Textur und die Farbe von Fischen und Schalentieren, die gemästet werden, zu verbessern. Wie wir in Abschnitt 10.3 sehen werden, schließen einige der Strategien, die eingesetzt werden, um Stämme für die Aquakultur zu verbessern, molekulare Abänderungen in der Fischgenetik ein. Wissenschaftler untersuchen Mechanismen der Genexpression, die für die Fischproduktion, das Wachstum und die Entwicklung notwendig sind; Techniken

Abbildung 10.4: Polykultur von Salat und Tilapien in einem hydroponischen System. Ein hydroponisches System mit Salat, der in einem Gestell über einem Fischtank, in dem sich Tilapien befinden, wächst. Wasser aus dem Fischtank, das stickstoffhaltige Abfallprodukte der Fische enthält, wird durch die Salatgestelle geleitet. Der Salat verwertet die Abfallstoffe im Wasser als Dünger; dadurch wird eine effiziente Verwendung des Wassers erreicht. Durch Minimierung der Kosten für künstliche Filtration und Entfernung von Abfallstoffen limitiert die Polykultur die Menge zu entsorgenden, abfließenden Abwassers.

für die Kühlkonservierung – die Lagerung von Gewebeproben und Keimzellen bei niedrigen Temperaturen zwischen –20 und –150 °C; und Liefersysteme für Hormone, die dafür ausgelegt sind, das Ablaichen zu induzieren und das Wachstum von Fischen zu verbessern. Neues Wissen, das in diesen und anderen Bereichen gewonnen wird, wird eine große Hilfe für die Aquakulturindustrie sein.

In diesem Abschnitt werden wir einige Beispiele dafür betrachten, wie Fisch- und Schalentierrassen für die Aquakultur verbessert werden können, indem wir erörtern, wie die Zucht eingesetzt werden kann, um Arten mit wünschenswerten Merkmalen aufzuziehen. Fischmäster und Wissenschaftler arbeiten bei der Identifizierung von Individuen einer gegebenen Art mit wünschenswerten Merkmalen zusammen. In einer Welspopulation beispielsweise wachsen nicht alle Individuen gleich schnell oder besitzen die gleichen Körpermerkmale wie Muskelmasse im Verhältnis zum Anteil an Körperfett. Wissenschaftler können eine Reihe von Techniken einsetzen, um Fische zu identifizieren, die hohe Wachstumsgeschwindigkeiten und schwere Muskelmasse zeigen. Beispielsweise können sie Ultraschallmaschinen einsetzen, um die Muskelmasse als ein Maß für die Filetausbeute zu messen. Fische, die die höchsten Ausbeuten zeigen, werden dann gezüchtet, um neue Generationen mit erhöhter Muskelmasse zu produzieren.

Wissenschaftler können auch eine ausgefeilte Technik namens Bioimpedanz benutzen, um die Wanderung eines elektrischen Stroms geringer Spannung durch das Gewebe zu verfolgen, als Maß für die Muskelmasse und den Körperfettgehalt. Als ein Ergebnis wird dichtes Gewebe mit der Bewegung eines elektrischen Stroms durch das Gewebe interferieren. Diese Ansätze werden benutzt, um die am besten schmeckenden Niedrigfettwelse sowie eine Reihe anderer Fischarten, die auf dem Markt sind, zu entwickeln. Ähnliche Ansätze werden seit Jahrzehnten bei der Zucht von Rindern, Schweinen und vielen anderen Nutztieren eingesetzt.

Wissenschaftler der Welsgenetikforschungseinheit des Landwirtschaftsministeriums der USA in Mississippi haben eine neue Welsrasse gezüchtet, die die Bezeichnung USDA 103 trägt (ein Name, der zu einem Wels passt, der eine „Regierungssache" darstellt), und die in Teichen 10 bis 20 % schneller wächst, wodurch sich die Zeit von der Geburt bis zum Markt auf zwischen 18 und 24 Monate verkürzt (siehe Abbildung 10.1).

Es ist berichtet worden, dass einige USDA 103-Welse die Geschlechtsreife ein volles Jahr früher erreichen – im Alter von zwei Jahren – als andere Zuchtlinien dieses Fisches. Auf der Negativseite konsumieren USDA 103-Welse mehr Futter als andere Welsrassen.

In Arizona haben Forscher die Zucht eingesetzt, um Garnelen zu identifizieren, die an ein Wachstum in Wasser mit niedrigem Salzgehalt angepasst sind. Ausgehend von larvalen Garnelen, die in Süßwasser mit zugesetztem Salz gewachsen sind, kultivieren Wissenschaftler diese Garnelen durch Behälter mit Wasser mit zunehmend niedrigerer Salzkonzentration. Dies erlaubt die Mästung hochqualitativer Garnelen ohne die Erfordernis von Salzwasser, und Niedrigsalzwasser kann dann rückgeführt werden, um Felder mit Früchten und Gemüsen zu bewässern. Garnelen können also in der Wüste von Arizona gemästet werden – Hunderte von Kilometern von natürlichen Salzwasserquellen entfernt.

Verbesserung der Qualität und Sicherheit von Meeresfrüchten

Die Aquakultur kann mit neuesten Techniken der Molekularbiologie kombiniert werden, um Fisch- und Schalentiere von der Farbe, dem Geschmack und der Beschaffenheit zu erschaffen, die der Kunde wünscht. Darüber hinaus arbeiten Wissenschaftler daran, Meeresfrüchte sicher zu machen, so dass diese frei von Pathogenen und chemischen Kontaminationen sind.

Die Firma *Igene Biotech* in Columbia (Maryland, USA) hat Genklonierungstechniken eingesetzt, um Astaxanthin massenhaft zu produzieren. Astaxanthin ist das Pigment, das Garnelen ihre rosa Farbe verleiht. Durch Zugabe von Astaxanthin zum Fischfutter können Wissenschaftler Lachse und Forellen erzeugen, die einen Regenbogen von Farbschattierungen in der Farbe ihres Fleisches zeigen. Es wird außerdem angenommen, dass das Astaxanthin potenziellen Wert als ein Antioxidantium in Nahrungsergänzungsmitteln für den Menschen haben könnte. Die meisten Menschen mögen Lachs mit einer rosa Farbe. Tatsächlich haben Umfragen unter Verbrauchern ergeben, dass viele Leute glauben, dass die Qualität umso höher ist, je röter der Lachs ist. Dunkelroter Lachs wird in den besten Sushibars Japans für hohe Preise angeboten. In der Realität hat der Farbstoff Astaxanthin keinen Effekt auf den Geschmack des Lachses, aber die Mäster wollen züchten, was der Kunde wünscht. Um den Fischmästern zu helfen, die Fische zu produzieren, die die Kunden wollen, hat der schweizerische Pharmakonzern Roche – der führende Hersteller von Astaxanthin – eine Lachsfarbenpalette in Umlauf gebracht, die einer Malerpalette ähnelt. Aquakulturbetreiber können Farbtöne von hellrosa bis karminrot auswählen und Futtermittel kaufen, die Astaxanthinmengen enthalten, die Fische mit der entsprechenden Fleischfarbe erzeugen.

Eine Reihe von Ansätzen wird gegenwärtig benutzt (und viele weitere sind in der Entwicklung), um die Qualität und die Sicherheit von Meeresfrüchten zu verbessern. Vom Nachweis kontaminierter Meeresfrüchte bis zur Verbesserung des Geschmacks und der Haltbarkeit von Meeresfrüchten arbeiten Aquabiotechnologen daran, innovative Technologien anzuwenden. Meereswissenschaftler benutzen Molekularbiologietechniken, um Gene, die Toxine codieren, die von Meeresorganismen produziert werden, zu identifizieren und mehr über sie zu lernen, damit sie verstehen, wie diese Toxine Krankheiten auslösen können und die negativen Gesundheitsfolgen einer Toxinexposition zu minimieren. Viele molekulare Sonden und PCR-gestützte Testverfahren werden entwickelt, um Bakterien, Viren und eine Menge von Parasiten nachzuweisen, die Fische und Schalentiere infizieren.

Ein handliches Antikörpertestsystem, in der Funktion einem Schwangerschaftstest für zu Hause ähnlich, ist entwickelt worden, um *Vibrio cholerae* in Austern nachzuweisen. Es setzt Antikörper ein, um Proteine von *V. cholerae* nachzuweisen. Cholera ist eine sehr schwere Krankheit, die durch schwere Durchfälle gekennzeichnet ist, die in schweren Fällen zur Dehydrierung und zum Tod führen kann. Cholera ist besonders in Entwicklungsländern mit kontaminierten Wasserversorgungssystemen ein Problem, die oft die Folge von inadäquaten Klärwerken sind. Dieser Schnelltest ist in Südamerika verbreitet und erfolgreich eingesetzt worden, um kontaminierte Meeresfrüchte nachzuweisen und Cholerainfektionen zu minimieren. Ähnliche Ansätzte sind in Hawaii eingesetzt worden, um einen Eintauchtest mit monoklonalen Antikörpern auf einem Teststäbchen für Ciguatoxin zu entwickeln, welches Fische aus tropischen Regionen betrifft, die in der Aquarienindustrie verkauft werden. Ciguatoxin ist eine kompliziert gebaute Verbindung aus dem Dinoflagellaten *Gambierdiscus toxicus*.

Gensonden zum Nachweis verschiedener Viruserkrankungen von Garnelen sind entwickelt worden. Eine Reihe von Firmen entwickelt Gensonden zum Nachweis und zur Abschätzung der Wirkungen von Umweltstress auf Fische und Schalentiere. Einige dieser Strategien sind denen ähnlich, die eingesetzt werden, um nach menschlichen Einzelnucleotidpolymorphismen zu durchmustern, um das Risiko eines Individuums für eine Erbkrankheit vorherzusagen, wie in Kapitel 11 beschrieben wird.

Viele Aquabiotechnologen sind daran interessiert, Nachweisverfahren für oder Impfstoffe gegen eine Reihe von Pathogenen zu entwickeln, die ernsthafte Bedrohungen für Fische in der Aquakultur darstellen. Verschiedene Aquakulturfirmen arbeiten daran, einen Impfstoff für die infektiöse Lachsanämie zu entwickeln, die eine tödliche Krankheit ist, die zu inneren Blutungen und zur Zerstörung innerer Organe beim Lachs führt, und die jedes Jahr zum Tod von Hunderttausenden von Lachsen in der ganzen Welt führt. Ähnliche Arbeiten sind im Kampf gegen Fischläuse wie *Caligus elongatus* im Gange. Diese winzigen Parasiten krallen sich an den Fischen fest, ernähren sich durch das Saugen von Blut und erzeugen dabei äußere Läsionen, die die Fische für Infektionen empfänglich machen.

Wissenschaftler in Kalifornien, Idaho, Oregon und Washington haben einen Impfstoff gegen die infektiöse hämatopoietische Nekrose entwickelt. Das Virus, das diese Krankheit hervorruft, ist jedes Jahr für den Verlust großer Mengen kommerzieller Forellen und Lachse verantwortlich. Der Impfstoff wurde gegen ein Protein der

Virushülle erzeugt, dessen Gen in Bakterien rekombinant zur Expression gebracht worden ist (Untereinheitenimpfstoff). Dieser Impfstoff wird den Fischen injiziert, um sie dazu anzuregen, Antikörper gegen das Virus zu bilden, die die Fische gegen die Infektion mit dem Virus schützen.

Schranken und Grenzen der Aquakultur

Obwohl sich die Aquakultur als eine weltweite Anwendung der aquatischen Biotechnologie mit einem enormen Potenzial, Nahrungsmittel auf einzigartige Art und Weise zu liefern, durchgesetzt hat, gibt es Bedenken und Hindernisse. Nicht alle Arten eignen sich in idealer Weise für die Aquakultur. Dies trifft besonders für viele hochgeschätzte Meeresarten zu. Die Wasserqualität kann ebenfalls ein Problem sein.

Bei einigen Arten kann es schwierig sein, Wasser mit der richtigen Durchflussrate aufrechtzuerhalten, um adäquate Nährstoffkonzentrationen anzuliefern und sich rasch ansammelnde Abfallprodukte korrekt zu entfernen. Dies trifft insbesondere auf marine Arten zu, die große Meeresbereiche für die Nahrungssuche benötigen und die nicht überleben, wenn sie auf engem Raum eingepfercht sind. Darüber hinaus weisen Meeresorganismen oft lange, komplizierte Generationswechsel auf, in die eine Reihe von Larvenstadien eingeschaltet sind, die alle unterschiedliche Nahrungsansprüche besitzen können, bevor die Schlachtreife erreicht werden kann. Um ausgewachsene Tiere dieser Arten heranzuzüchten, kann der Verlust junger Fingerlinge sehr hoch sein und damit die Kosten hochtreiben. Die Aquakultur ist mit solchen Arten am einfachsten, die nur wenige Larvenstadien besitzen.

Die Aquakulturisten sehen sich ständig der Herausforderung der Minimierung der Effekte von Krankheiten auf ihre Fischpopulationen gegenüber. Aufgrund der dichten, gedrängten Bedingungen, unter denen viele Fische gemästet werden, sind die Fischbestände der Aquakulturbetriebe oftmals empfänglicher für Stress und Krankheiten als natürliche Fischbestände.

Da es bei den Mastfischen weniger genetische Vielfalt und Krankheitsresistenz gibt, können sich Infektionen rasch ausbreiten. Die meisten Fische einer Population von Masttieren werden den gleichen Resistenzgrad und die gleiche Empfänglichkeit (Suszeptibilität) für Krankheiten aufweisen. Daher kann ein Fischbestand leicht ausgelöscht werden, falls Krankheiten nicht unter Kontrolle gebracht werden können.

Einige Biologen sind besorgt darüber, dass die Aquakulturindustrie übermäßige Mengen wilder Köderfische wie Sardellen und Heringe verbrauchen könnte. Während einige Köderfische durch Aquakultur nachgezüchtet werden, werden in vielen Gebieten der Erde Köderfische, die zur Produktion von Fischmehl verwendet werden, immer noch mit Netzen aus Wildbeständen abgefischt. Einige Mastfische konsumieren große Nahrungsmengen. Beispielsweise werden für jedes Kilogramm Lachs mehrere Kilogramm, in der Regel in der Wildnis gefangener, Fische wie Sardellen, Heringe und Makrelen verbraucht, um den Lachs hochzumästen. Die Erzeugung eines Kilogramms Lachs kann 3 bis 5 wild gefangener anderer Fische erfordern. Wissenschaftler versuchen, einige Mastfische von ihren karnivoren Ernährungsgewohnheiten zu „kurieren", indem sie sie auf eine pflanzliche Ernährung umstellen, aber viele Aquakulturisten machen sich Sorgen über die Qualität der Fische, die mit einer Pflanzendiät erzeugt werden. Befürworter der Pflanzendiät behaupten, dass manche Leute vielleicht Lachs mögen, der weniger nach Fisch schmeckt.

Genauso wie Fäkalien und anderer Abfall in der Landwirtschaft ein großes Problem sind, das einen signifikanten Einfluss auf viele Bereiche des Landes haben kann, sind Umweltschützer besorgt wegen der von der Fischmastindustrie ausgehenden Umweltverschmutzung. Das Abwasser der Aquakulturbetriebe enthält Fäkalien, Urin und nicht verwertetes Futter und wird im Regelfall unbehandelt in die Gewässer abgeleitet. Das Abwasser ist reich an Stickstoff- und Phosphorverbindungen und kann zu Algenblüten und anderen Problemen führen (Überdüngung der Gewässer). Die Zersetzung abgestorbener Algen entzieht dem Wasser viel Sauerstoff; dies kann im Extremfall zu einem Fischsterben führen. Von Fischen herrührende Abwässer können auch bakterielle Pathogene wie *Salmonella*- oder gewisse *Pseudomonas*-Arten enthalten, die die Gesundheit des Menschen bedrohen können.

Die Wahrscheinlichkeit einer Übertragung solcher Erreger auf den Menschen über diesen Weg ist jedoch noch nicht gut untersucht. Gegenwärtig wird allgemein angenommen, dass die Abfallprodukte der Aquakultur nur einen geringen Effekt auf die allgemeine Wasserqualität haben, doch kann sich diese Situation ändern, wenn die aquakulturellen Aktivitäten rund um die Welt zunehmen.

Die Extermination von Schädlingen in Aquakulturbetrieben ist ein weiterer Punkt der Besorgnis. Eine Reihe fischfressender Vogelarten (wie Kormorane, Pelikane,

Möwen und Reiher) und Säugetiere (alle Arten von Robben) kann autorisierter wie unautorisierter Jagd zum Opfer fallen und dadurch in manchen Fällen in ihrem Bestand akut bedroht werden. Viele Aquakultureinrichtungen bedienen sich alternativer nichttödlicher Methoden wie Licht, Reflektoren, Vogelscheuchen, anwesende Menschen und Geräuschquellen wie Rufe von Beutegreifern, Sirenen und andere elektronische Klangquellen, um Räuber zu vertreiben. Akustische Unterwassergeräte und sogar Sprengladungen können neben Umzäunungen und Schutznetzen eingesetzt werden, um Beutegreifer von Fischmästereien fernzuhalten.

Besorgnisse sind auch bezüglich der Chemikalien, die regelmäßig in Fischmästereien Verwendung finden, geäußert worden. Zu diesen gehören (wie in der terrestrischen Landwirtschaft) Antibiotika, Pestizide, Herbizide, Algizide sowie weitere Chemikalien, die sich gegen Parasiten richten (Akaridzide u. Ä.). Darüber hinaus können andere bedenkliche Stoffe wie Schutzanstriche (wie die, die eingesetzt werden, um den Bewuchs mit Entenmuscheln, Algen und anderen Wasserbewohnern zu vermindern) und Korrosionsschutzfarben von den Fischen und Schalentieren aufgenommen und an andere Meereslebewesen sowie den Menschen weitergereicht werden.

Eine Reihe von Gesetzen und Verordnungen reguliert Aquakulturbetriebe und deren potenzielle Wirkungen auf die Umwelt. Hierzu gehören die Trinkwasserverordnung, das Bundesimmissionsschutzgesetz, das Kreislaufwirtschafts- und Abfallgesetz sowie weitere Rechtsvorschriften, mit denen sich der Betreiber einer Aquakulturanlage befassen muss.

Die sichtbaren Effekte der Aquakultur auf die Landschaft sind ebenfalls problematisch. So sind in einigen Gegenden Stimmen laut geworden, sich sich über die Vielzahl von in die küstennahen Gewässer vor der schottischen Küste abgesenkten Käfige beklagen. Es wird beklagt, dass die zahllosen Käfige, Netze und Bojen die natürliche Ästhetik der Küstenlandschaft verschandeln.

Hier muss eine Abwägung der Erträge der Aquakultur- gegenüber der Tourismusindustrie erfolgen. Ein sehr ernstes Thema, das sowohl von den Aquakulturbetreibern wie von Naturschützern vorgebracht wird, ist die potenzielle Bedrohung einheimischer Arten durch Fische, die aus der Aquakultur in die Wildnis entweichen (siehe hierzu den „Sie entscheiden!"-Kasten in diesem Kapitel).

Die Zukunft der Aquakultur

Was steht der Aquakulturindustrie bevor? Ein Großteil der zukünftigen Ausrichtung der Aquakultur wird von der Überwindung einiger der Barrieren und Begrenzungen, die hier erörtert werden, abhängen. Aufgrund der Bedenken hinsichtlich der Überfischung von Köderfischpopulationen erforschen viele Aquakulturisten Wege, um Fische mit Nahrungsmitteln aus unterschiedlichen Quellen zu mästen, die nur wenig oder gar keinen Wildfisch oder Fischöl beinhalten. Fortschritte in der Fischmast werden zweifellos die Abwassermengen aus Aquakulturanlagen minimieren und den Einsatz von Antibiotika, Pestiziden und anderen Chemikalien zur Behandlung von Mastfischen vermindern. Es ist auch wahrscheinlich, dass Polykulturansätze in dem Maß an Popularität gewinnen werden, in dem Aquakulturisten bestrebt sind, Wasserressourcen zu maximieren.

Wie wir im nächsten Abschnitt erörtern werden, werden molekulargenetische Ansätze in der Zukunft einen großen Einfluss auf die Aquakultur ausüben. Unter Verwendung vieler der Strategien, die wir in diesem Kapitel vorgestellt haben – zusammen mit der Technik der rekombinanten DNA –, werden Aquabiotechnologen daran arbeiten, das Wachstum und die Produktivität gemästeter Arten zu steigern, während sie die Krankheitsresistenz und die genetische Zusammensetzung wichtiger Nahrungsmittelarten verbessern. Die Molekularbiologie wird einen starken Einfluss auf die Aquakultur ausüben, von der Identifizierung von Genen, die die Fortpflanzung und das Laichen der Fische und Schalentiere steuern, bis zur Erzeugung gentechnisch veränderter Arten mit wünschenswerten Merkmalen.

Arbeiten zum Verständnis der Bedingungen, die die Sterblichkeit von Meereslebewesen beeinflussen, werden zu neuen Aufzuchtpraktiken führen, die die Produktivität gemästeter Arten erhöhen werden.

Viele Länder sind aktiv in Forschungen verstrickt, die mit der Mästung anderer Arten in Verbindung stehen, die in der Aquakultur nur schwer aufzuziehen sind. So experimentiert beispielsweise die *Abteilung für natürliche Ressourcen von Süd-Carolina* (USA) mit Aquakulturtechniken zur Aufzucht von Cobias (*Rachycentron canadum*), einer Fischart aus der Familie der Barsche, die als Angelfisch beliebt ist und deshalb einen großen kommerziellen Wert darstellt. Cobias, die bis 1,8 m lang und fast 70 kg schwer werden können, durchstreifen das tiefe Pelagium (Freiwassergebiete der Ozeane), weswegen sie in Gefangenschaft nur schwierig aufzuziehen sind.

SIE ENTSCHEIDEN!

Kontroversen um Aquakultur und gentechnisch gezüchtete Arten

Der Begriff Fischverschmutzung umschreibt das Entweichen von in Aquakulturen gehaltenen Arten in die Umwelt, die natürliche Ökosysteme durch Veränderung oder Verminderung der biologischen Vielfalt, durch das Einschleppen von Parasiten, durch Konkurrenz mit einheimischen Arten um Nahrung, Lebensräume oder Laichgründe oder durch die Zerstörung von Habitaten schädigen können. In Gefangenschaft aufgezogene Fische entweichen. Viele Beispiele für Fischverschmutzung und ihre Effekte sind belegt worden. So haben etwa in einigen Gwässern Floridas Buntbarsche der Gattung *Tilapia* – ein rasch wachsender Aquakulturfisch mit einem gesunden Appetit – einheimische Arten wie Brassen aus ihren Laich- und Fressgründen verdrängt. Als Folge davon sind einige einheimische Fische in von Tilapien „verschmutzten" Gegenden praktisch verschwunden. Nichtheimische Garnelenarten aus dem Pazifik, die entlang der texanischen Küste des Golfes von Mexiko und vor der Atlantikküste Süd-Carolinas gemästet werden, sind in diesen Gebieten ebenfalls in die Wildnis entkommen.

Es gibt Hinweise darauf, dass atlantische Lachse aus der Aquakultur in Gewässern des Nordwestpazifiks laichen. 26 Bestände des pazifischen Lachses und marin lebende Regenbogenforellen werden gegenwärtig als im Bestand oder vom Aussterben bedroht eingestuft. Viele Wissenschaftler glauben, dass der Verlust dieser einheimischen Arten auf die „Verschmutzung" durch Mastfische aus der Aquakultur zurückgeht. In Norwegen machen entkommene Lachse aus Fischmästereien ungefähr 30 % der Lachse in den Flüssen der Umgebung aus, und man nimmt an, dass sie residente Lachse in örtlichen Fließgewässern mengenmäßig überflügeln werden. Schätzungen gehen davon aus, dass 345.000 Lachse zwischen 1991 und 1999 aus Lachsfarmen in Britisch Columbia (im Westen Kanadas) entwichen sind.

Ein Sturm aus Nordwesten im Dezember 2000 hat in Maine (Nordosten der USA) – wo die Lachsmästerei nach der Hummerproduktion der zweitgrößte Zweig der Fischwirtschaft ist – Stahlkäfige aus den Verankerungen losgerissen und über 100.000 Fische in die Machiasbucht entlassen. Dieser Unfall stellt den größten bekannten Massenausbruch von Mastfischen im Osten der USA dar. Viele sind besorgt, dass diese Schwemme das genetische Potenzial zukünftiger Generationen von Wildlachsen in den Flüssen von Maine schwächen wird. Die US-Regierung hat als Folge von Besorgnissen über den Einfluss der Aquakultur in diesem Gebiet bereits den Wildlachs in acht Flüssen Maines als gefährdete Art eingestuft.

Das Entweichen von Mastfischen hat Umweltschützer und andere Gruppen auf den Plan gerufen, die ein Moratorium für neue Fischmastbetriebe in vielen Gegenden der Welt und eine Regulierung der Aquakulturindustrie fordern. Sie erachten die Fischverschmutzung als ein Problem, weil Mastfische einheimische Fischarten bedrohen können und natürliche aquatische Ökosysteme beeinflussen. Viele Aquakulturarten ähneln Haustierrassen darin, dass sie vom Menschen abhängig sind und schlecht an das Leben in der Wildnis angepasst sind. Entwichene Mastfische können den Genbestand von Wildbeständen durch Einkreuzen beeinflussen.

Noch stärkere Bedenken wurden hinsichtlich des Entweichens genetisch modifizierter Tiere, wie transgene oder triploide Tiere, geäußert. Obwohl die meisten dieser Tiere nicht fortpflanzungsfähig sind, stellt keine Technik sicher, dass alle modifizierten Fische steril sind.

Einmal in der Wildnis, können wir nicht die Ozeane entleeren, um sie zurückzuholen. Transgene Bestände, die entweichen und sich in Gebieten außerhalb ihrer beabsichtigten Wachstumszone vermehren, vermehren sich nicht so gut wie in ihrer beabsichtigten Umgebung. Als Folge – falls sie sich mit einheimischen Tieren verpaaren – verlieren Mischbestände oft ihre biologische Fitness und wachsen langsamer. Durch die Einbringung transgener Tiere ist es möglich, Anpassungen zu erodieren, die über Tausende von Jahren stattgefunden haben, und die Fitness einheimischer Bestände zu vermindern. Fische mit verstärktem Wachstum können in der Lage sein, einheimische Fische bezüglich Futter und Laichgründen zu verdrängen. Im Jahr 2001 hat der Staat Maryland (USA) als erster die Aufzucht genetisch modifizierter Fische in Teichen und Seen mit Verbindungen zu anderen Gewässern untersagt.

Kritiker beziehen sich auch auf historische Beispiele für die Ausbreitung nichtheimischer Arten als ein Grund zur Sorge. Die Wandermuschel (*Dreissena polymorpha*) – die Mutmaßungen zufolge mit dem Ballastwasser von Schiffen aus Europa nach Nordamerika verschleppt worden ist – hat zu signifikanten Problemen geführt. Kolonien dieser vermehrungsfreudigen Weichtiere haben die Lebensräume anderer Arten überwuchert, Leitungen verstopft, Schiffsrümpfe bewachsen und durch ihre Filtriertätigkeit zu einem Rückgang des Mikroplanktons in den großen Seen im Grenzbereich zwischen Kanada und den USA geführt. Die Kosten für die Zurückdrängung der Wandermuschel belaufen sich allein im Bereich der großen Seen auf über 400 Millionen US-Dollar jährlich.

Obwohl die Behörden damit befasst sind, die Sicherheit transgener Fische als Nahrungsmittel zu regulieren, existiert bisher in den USA keine klare politische Linie hinsichtlich der Freisetzung von Aquakulturorganismen einschließlich transgener Tiere. Dies muss sich ändern, falls einige der früher benannten Sorgen angegangen werden sollen. Das Landwirtschaftsministerium der USA betrachtet Wege zur Abschätzung des Risikos biotechnologisierter Arten und die Einführung genetisch modifizierter Organismen in die Umwelt aus der Nähe – sowohl in marinen wie nichtmarinen Umgebungen. Die nordamerikanische Lachsversammlung (NASCO), eine Zwischenregierungsorganisation, hat die Lachsaquakulturindustrie angehalten, Richtlinien zu entwickeln, die verhindern, dass gentechnisch gezüchtete Lachse in offenen Gewässern aufgezogen werden, um irreversible genetische Veränderungen und unvorhersehbare Konsequenzen des Entweichens gentechnisch veränderter Tiere in natürliche Ökosysteme zu verhindern.

Viele Wissenschaftler glauben, dass die Aquakultur und die Gentechnik notwendig sind, um genug Nahrung für eine wachsende menschliche Bevölkerung zu erzeugen, aber sind die Risiken dieser Technologien größer als die Risiken des Nichtstuns? Sie entscheiden!

Bislang haben wir einen umfassenden Blick auf die Aquakulturindustrie geworfen – eine der ältesten Anwendungen der aquatischen Biotechnologie. In diesem Abschnitt haben wir gelernt, dass sie nicht viel anders als viele andere Industriezweige ist: Sie nützt der Gesellschaft, verursacht aber auch einige Probleme. Im nächsten Abschnitt werden wir einen Bereich erforschen, der buchstäblich noch in den Kinderschuhen steckt – die molekulare Genetik aquatischer Lebewesen.

Molekulargenetik aquatischer Organismen 10.3

Ein Verständnis der molekularen Komplexitäten aquatischer Organismen ist von zentraler Bedeutung für die aquatische Biotechnologie. Eine grundlegende Kenntnis der Genexpression und -regulation bei aquatischen Organismen und ein Verständnis von Genen, die an Vorgängen wie der Fortpflanzung, dem Wachstum, der Entwicklung und dem Überleben bei extremen Umweltbedingungen beteiligt sind, wird wesentlich für Anwendungen wie die Erhaltung von Populationen bedrohter Meeresarten, die Begrenzung von Populationen schädlicher Arten und die Fortentwicklung der genetischen Veränderung aquatischer Lebewesen sein.

Darüber hinaus führen Pathogene, die Fische und Schalentiere befallen, jedes Jahr zu großen finanziellen Verlusten. Wissenschaftler arbeiten daran, das Überlebenswachstum von Aquakulturarten zu verbessern, und die Molekularbiologie wird eingesetzt, um mehr über die Immunsysteme aquatischer Arten und ihre Suszeptibilitäten und ihre Resistenz gegen krankheitsverursachende Organismen zu lernen, einschließlich der Krankheitsübertragung und der Lebenszyklen der Parasiten selbst.

Wie Sie bald lernen werden, betrifft eine der wichtigsten Anwendungen unseres molekulargenetischen Wissens aquatischer Organismen die gezielte Veränderung der genetischen Zusammensetzung von Meeresarten.

Das Finden und Klonieren neuartiger Gene

Der Genfindungsprozess überstreicht bei Meereslebewesen viele interessante Gebiete. Beispielsweise widmet sich ein großer Teil der Forschung der Identifizierung neuer Gene, der Umweltfaktoren, die Genexpression kontrollieren, wie die Effekte extremer Temperaturen und Tiefseedrücken, der Identifizierung der molekularen Grundlagen einzigartiger Adaptationen und dem Studium genetischer und molekularer Faktoren wie Hormonen, die die Fortpflanzung, das Wachstum und die Entwicklung aquatischer Organismen kontrollieren. Über die Identifizierung neuartiger Gene hinaus sind viele Forschungsgruppen damit befasst, Mutationen zu identifizieren, die mit Krankheiten bei Fischen zusammenhängen. Schließlich werden solche Informationen nützlich für die Entwicklung krankheitsfreier Zuchtbestände von Fischen mit ausgewählten Merkmalen für Zuchtbetriebe sein. Durch die Identifizierung nachteiliger Gene, die einen negativen Einfluss auf das Fischwachstum, die Fischgesundheit und die Fischlanglebigkeit haben, sehen Wissenschaftler voraus, dass viele dieser Gene modifiziert oder entfernt werden können, um verbesserte Stämme für die Aquakultur zu produzieren.

Das Auffinden von Genen, die als Sonden zur Identifizierung mikroskopischer Meereslebewesen wie Arten des Phyto- und des Zooplanktons – die wichtige Nahrungsquellen für viele größere Meerestiere sind – dienen können, wird den Wissenschaftlern helfen, nach Umwelteffekten auf die Vererbung dieser Mikroorganismen zu schauen. Dies ist wichtig für ein Verständnis dafür, wie diese mikroskopischen Lebewesen Organismen weiter oben in der Nahrungskette beeinflussen. Gene werden auch als DNA-Marker identifiziert, die benutzt werden können, um Wildfischbestände von Beständen aus Zuchtbetrieben zu unterscheiden. Biologen sind daran interessiert, diese Marker einzusetzen, um Zuchtrassen zu identifizieren, die resistenter gegen Krankheiten und empfänglicher für die Fischmast sind. Solche Marker werden auch bedeutende Rollen bei dem Bestreben der Wissenschaftler spielen, die Wirkungen von in Mastbetrieben aufgezogenen Flüchtlingen auf native Bestände zu untersuchen.

Die Klonierung des Gens für das Wachstumshormon ist ein ausgezeichnetes Beispiel dafür, wie der Genfindungsprozess zu Fortschritten in der Meeresbiotechnologie führen kann. In Kapitel 3 haben wir erörtert, wie die Klonierung des menschlichen Wachstumshormongens zu einer verbesserten Behandlung der erblichen Kleinwüchsigkeit geführt hat. Erinnern Sie sich, dass das Wachstumshormon ein Hormon ist, das von der Hirnanhangsdrüse (Hypophyse) gebildet wird, welches das Wachstum von Knochen und Muskeln während der Adoleszenz anregt. Die Klonierung des Wachstumshormongens des Lachses hat zur Entwicklung transgener Zuchtlinien geführt, die ein stark beschleunigtes Wachstum im Vergleich zu Wildtyprassen zeigen. Wir werden das Beispiel des Wachstumshormons im nächsten Abschnitt noch eingehener betrachten. Forscher der Universität von Alabama in Birmingham (USA) haben, um ein weiteres Beispiel zu nennen, das Gen für das häutungshemmende Hormon der blauen Krabbe (*Callinectes sapidus*) kloniert. Die Häutung wird durch eine Verminderung des Titers dieses Hormons eingeleitet. Nach der Abstoßung der Chitinhülle besitzen die Tiere vorübergehend eine weiche Außenhülle und können als Ganzes gegessen werden. Die gegenwärtige Forschung ist dabei, die Freisetzung des Häutungshormons zu unterdrücken, um weichschalige Krabben für die Meeresfrüchteindustrie zu erzeugen.

Gefrierschutzproteine

Eines der erfolgreichsten Beispiele für die Identifizierung neuartiger Gene mit einem Spektrum sehr vielversprechender Anwendungen ist die Identifizierung von Genen für **Gefrierschutzproteine**. Die Firma *A/F Protein* aus Waltham (Massachusetts, USA) ist ein Marktführer für die Produktion von Gefrierschutzproteinen. Viele der ersten Gefrierschutzproteine wurden aus benthischen (am Meeresgrund lebenden) Fischarten wie dem atlantischen Kabeljau (*Gadus morhua*), der im gesamten Nordatlantik lebt, und aus antarktischen Fischen, die im eisigen Wasser des Südpolarmeers leben, isoliert.

Gefrierschutzproteine sind noch aus einer Reihe weiterer Kaltwasserarten wie der Amerikanischen Scholle (*Pleuronectes americanus*), dem Seeskorpion (*Myoxocephalus scorpius*; Familie der Groppen), der Amerikanischen Aalmutter (*Macrozoarces americanus*), dem Stintartigen *Osmerus mordax* und dem atlantischen Hering (*Clupea harengus*) isoliert worden. Interessanterweise sind ähnliche Proteine in Mehlkäfern (*Tenebrio* sp.) gefunden worden.

Mehrere Typen von Gefrierschutzproteinen sind entdeckt worden. Strukturell sind die Gefrierschutzproteine durch ausgedehnte alphahelikale Bereiche gekennzeichnet, die durch eine große Zahl von Disulfidbrücken stabilisiert werden. Die Gefrierschutzproteine bewirken eine Gefrierpunktserniedrigung des Blutes und der Extrazellularflüssigkeit der Fische, um die Fische vor dem Einfrieren in dem eisigen Meerwasser zu bewahren. Meerwasser gefriert aufgrund des darin enthaltenen Salzes bei ungefähr –1,8 °C. Gefrierschutzproteine senken den Gefrierpunkt der Körperflüssigkeiten von Fischen um ungefähr 2–3 °C ab. Gegenwärtig wird die Mehrzahl der Gefrierschutzproteine aus Fischblut isoliert. Um die große Nachfrage, die für Anwendungen der Gefrierschutzproteine erwartet wird, befriedigen zu können, arbeiten Wissenschaftler daran, solche Proteine rekombinant in Bakterien- und Säugetierzellen herzustellen, um der vorausgesagten zukünftigen weltweiten Nachfrage gerecht werden zu können.

Gefrierschutzproteine schützen Lebewesen auf eine Reihe von Arten vor dem Einfrieren. Manche binden sich an die Oberflächen von Eiskristallen und behindern das Wachstum der Kristalle. Andere erniedrigen die Schmelztemperatur biologischer Flüssigkeiten oder bewahren Zellmembranen vor Kälteschäden. Aufgrund dieser einzigartigen Fähigkeiten als kryoprotektive Proteine wird eine Reihe innovativer Anwendungen für diese Proteine entwickelt. Gene für Gefrierschutzproteine werden eingesetzt, um transgene Fische und Pflanzen mit verbesserter Resistenz gegen niedrige Temperaturen und das Einfrieren zu erschaffen. Beispielsweise verfügen Lachse von Natur aus nicht über Gefrierschutzverbindungen; deshalb sterben sie, wenn sich die Wassertemperatur dem Gefrierpunkt nähert. So sind etwa die Gewässer vor der kanadischen Ostküste zu kalt für den Lachs. Diese Gewässer werden jedoch als mögliche Habitate für gefrierresistente transgene Lachse, die Gefrierschutzproteingene enthalten, diskutiert.

Promotoren von Genen für Gefrierschutzproteine werden in gentechnischen Experimenten eingesetzt, um die Expression von Transgenen (z. B. für das Wachstumshormon) zu steuern. Die Transkription von Genen unter der Kontrolle solcher Promotoren wird durch tiefe Temperaturen ausgelöst. Werden offene Leserahmen hinter solche Promotoren gesetzt, wird die Transkription dieser codierenden Sequenzen durch tiefe Temperaturen ausgelöst (► Abbildung 10.5). Die Gefrierschutzproteingenpromotoren sind starke Promotoren; mit ihrer Hilfe lassen sich Fremdgene in größeren Mengen produzieren. Wie wir im nächsten Abschnitt darlegen werden, können solche Konstrukte sehr wirkungsvoll bei der gentechnischen Veränderung von Fischen sein.

Gefrierschutzproteine sind auch in Pflanzen eingeführt worden, um winterharte Tomatensorten zu erzeugen, doch sind diese Pflanzen noch nicht verbreitet erhältlich. Nur wenige Nutzpflanzen produzieren von Natur aus Kälteschutzproteine, die so wirkungsvoll wie die von Fischen sind. Pflanzen erzeugen als Gefrierschutz in der Mehrzahl der Fälle osmotisch wirksame Substanzen, die eine Gefrierpunktserniedrigung bewirken, oder vermindern den Wassergehalt in den Geweben und gehen in einen Ruhezustand über, in dem sie

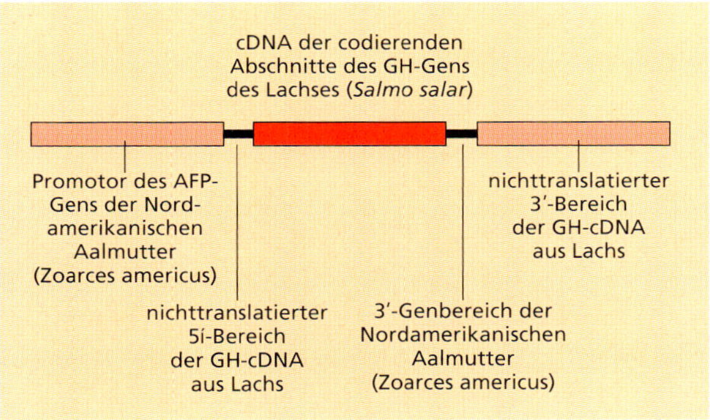

Abbildung 10.5: Gefrierschutzproteinpromotoren lösen die Genexpression in transgenen Fischen aus. Ein rekombinantes Plasmid-DNA-Konstrukt, das den Promotor eines Gefrierschutzproteingens eines Meeresfisches enthält, wird vor die codierende Region des Wachstumshormongens des Lachses geschaltet. Dieses Plasmid kann benutzt werden, um rasch wachsende Fische für die Aquakultur zu erzeugen. Die Transkription vom Gefrierschutzproteingenpromotor aus wird durch niedrige Temperaturen angeregt. Transgene Fische, die dieses genetische Konstrukt tragen, werden daher große Mengen Wachstumshormon bilden, wenn sie in kaltem Wasser aufgezogen werden. Eine erhöhte Produktion von Wachstumshormonen führt dazu, dass die transgenen Fische schneller als nichttransgene Zuchtlinien wachsen.

kalte Jahreszeiten überdauern. Viele beliebte Nutzpflanzen wie Weizen, Kaffee, Zitrus- und Rosengewächse (Apfel, Birne, Kirsche, Pfirsich), Sojabohnen, Mais und Kartoffeln sind weltweit durch Schädigung durch niedrigere Temperaturen bedroht. 1998 führte ein Kälteeinbruch in Kalifornien allein bei Zitrusfrüchten zu einem geschätzten wirtschaftlichen Schaden von 600 Millionen US-Dollar.

Der Gefrierschutz von menschlichen Zellen, Geweben und Organen ist ebenfalls ein vielversprechendes medizinisches Anwendungsgebiet von Gefrierschutzproteinen. Wie ► Abbildung 10.6 illustriert, ist die Kühllagerung von Eizellen für die Reagenzglasbefruchtung eine mögliche Anwendung. Gefrierschutzproteine könnten sich weiterhin als nützlich für die Einlagerung einer Reihe menschlicher Gewebe, wie Blut, und für die Entwicklung neuer Verfahren für die Kältelagerung menschlicher Organe wie Herzen und Lebern vor ihrer Verwendung in der Transplantationschirurgie erweisen.

Schließlich untersuchen Wissenschaftler Wege, auf denen durch Gefrierschutzproteine die Lagerdauer und Qualität gefrorener Lebensmittel verbessert werden können. Veränderungen in der Qualität gefrorener Nahrungsmittel treten oft durch Auftauen und Wiedereinfrieren ein, so wie sie auftreten, wenn Sie Nahrungsmittel aus dem Laden nach Hause bringen und sie in Ihren Heimgefrierschrank tun. Es ist möglich, dass Gefrierschutzproteine eingesetzt werden können, um die Eiskristallisationseigenschaften gefrorener Lebensmittel zu verändern, um die Gesamtqualität gefrorener Lebensmittel zu verbessern. Wissenschaftler haben sogar vorgeschlagen, Gefrierschutzproteine zu verwenden, um die Eisbildung auf Flugzeugen und Straßen zu kontrollieren.

Wie Sie sehen können, könnten Gefrierschutzproteine für eine Reihe von interessanten Anwendungen nützlich sein. Ohne Zweifel beherbergt der Ozean viele Arten, die viele andere neuartige Gene enthalten, die zum Nutzen der Biotechnologie in der Zukunft ausgebeutet werden können.

„Grüne Gene"

Ein herausragendes Beispiel für eine Forschungsanwendung, die ein neuartiges Gen aus einem aquatischen Lebewesen einsetzt, beinhaltet die biolumineszente Quallenart *Aequorea victoria*. *A. victoria* ist zur Fluoreszenz befähigt, weil sie ein Gen enthält, das für ein Protein codiert, das als **grün fluoreszierendes Protein (GFP)** bezeichnet wird. Wenn es mit ultraviolettem Licht bestrahlt wird, gibt das GFP eine grüne Fluoreszenzstrahlung ab. Man hat geschätzt, dass fast drei Viertel aller Meereslebewesen die Fähigkeit zur Biolumineszenz besitzen. Es wird gemutmaßt, dass die Biolumineszenz von Fischen und andere Organismen eingesetzt wird, um sich in der dunklen Umgebung der Tiefsee zur Paarung zu

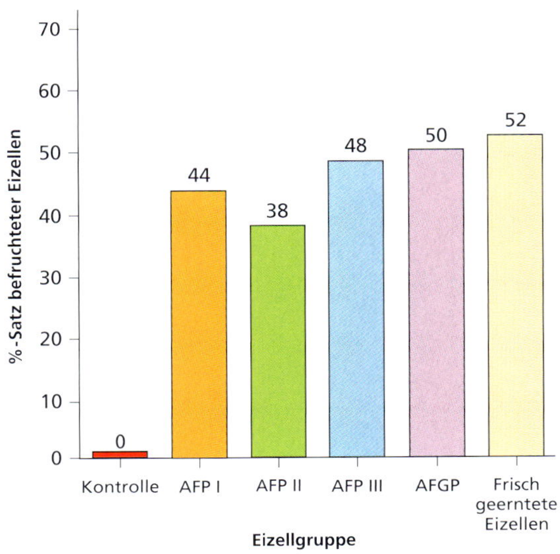

Abbildung 10.6: Gefrierschutzproteine als Gefrierschutz menschlicher Gewebe. Rindereizellen wurden für 24 Stunden bei 4 °C in Abwesenheit (Kontrolle) oder in Gegenwart unterschiedlicher Gefrierschutzproteine bebrütet. AFGP – ein Antifrostglykoprotein – ist ein kohlenhydratreiches Gefrierschutzprotein. Nach der Inkubationszeit wurde versucht, die Eizellen mit Rinderspermien zu befruchten. Einige der mit Gefrierschutzproteinen behandelten Eizellen zeigen danach Befruchtungsraten, die denen frisch entnommener Eizellen nahekommen. Dies zeigt, dass die Gefrierschutzproteine einen Kälteschutz für die Eizellen darstellen und die Befruchtungsfähigkeit erhalten.

finden. In Kapitel 5 haben wir erwähnt, dass die Fluoreszenz einiger Meeresarten auf biolumineszente Bakterien wie *Vibrio harveyi* oder *Vibrio fischeri* zurückgeht. Wir werden dies später in diesem Kapitel vertieft diskutieren.

Im Fall von GFP haben sich Wissenschaftler die Fluoreszenzeigenschaften des Proteins zunutze gemacht, um damit Reportergenkonstrukte und Fusionsproteine zu erzeugen. Ein Reportergen erlaubt es dem Forscher, die Expression des betreffenden Gens zu verfolgen und zu messen oder mikroskopisch sichtbar zu machen. Sogar ganze Organismen lassen sich damit „einfärben“. Wie ► Abbildung 10.7a zeigt, wird ein Reporterplasmid erzeugt, indem das *gfp*-Gen an ein zu untersuchendes Gen angesetzt wird, und das auf seinen korrekten Aufbau hin kontrollierte Reporterplasmid dann in zu untersuchende Zellen eingeschleust wird. In den Zellen wird das Fusionsgen dann transkribiert und die mRNA translatiert. Das Fusionsprotein wird bei Bestrahlung mit UV-Licht aufleuchten. Natürlich muss zwingend in Kontrollexperimenten nachgewiesen werden, dass nur ein Fusionsprotein von der zu erwartenden Größe gebildet wird. Außerdem muss mit unabhängigen Methoden gezeigt werden, dass das Fusionsprotein sich wie das unmodifizierte Zielprotein ohne GFP-Anteil verhält und keine Lokalisationsartefakte entstehen. Ist dies kontrolliert und sichergestellt, kann mit einem solchen Protein nachgewiesen werden, wo oder in welcher Menge das zu untersuchende Gen exprimiert wird.

Dieser experimentelle Ansatz ist verbreitet eingesetzt worden, um grundlegende Aspekte der Genexpression, der Genregulation und der Proteinlokalisation zu untersuchen. Viele jüngere Untersuchungen haben GFP-

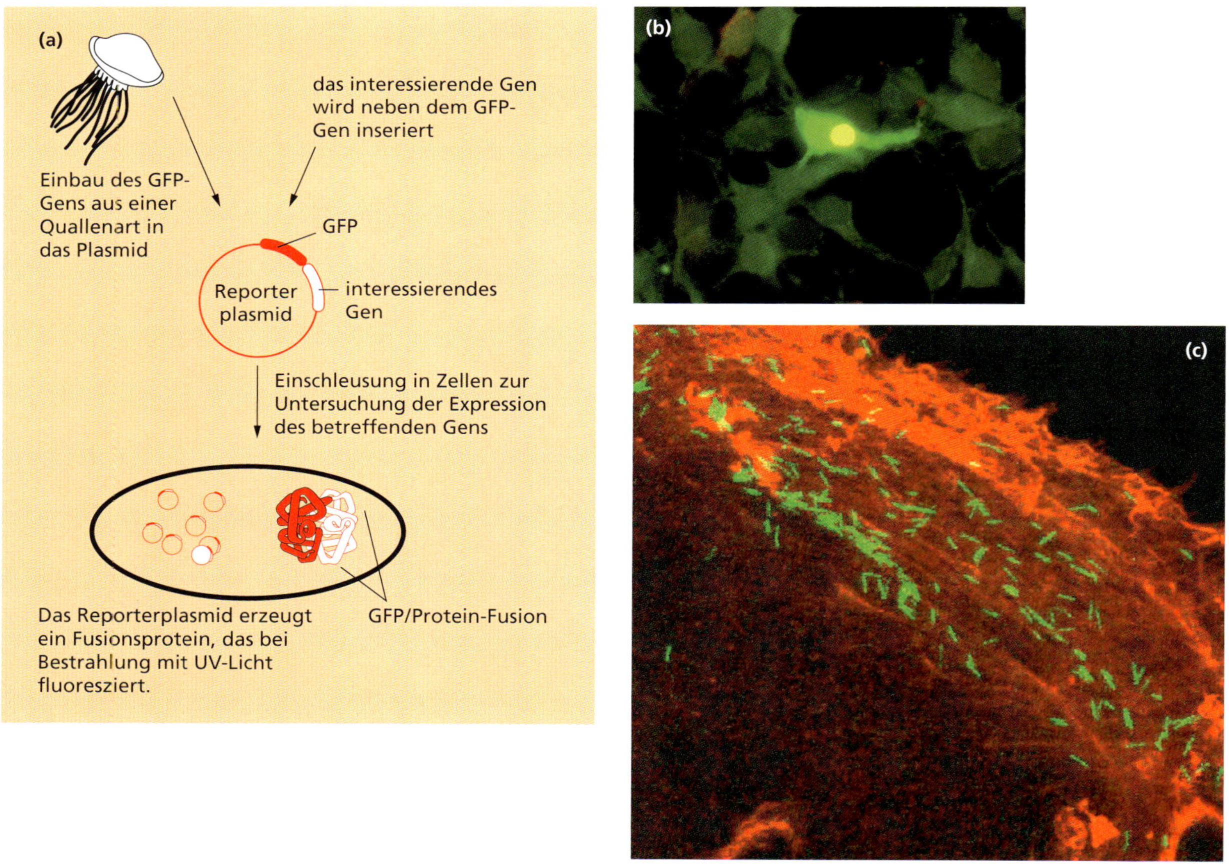

Abbildung 10.7: Das *gfp*-Gen ist ein wertvolles Reportergen. (a) *gfp*-Reportergenkonstrukte können in Plasmiden erzeugt werden, indem das *gfp*-Gen mit einem zu untersuchenden Gen zusammengesplissen wird. Noch besser ist natürlich der Bau eines Fusionsgenkonstruktes, das – nach Möglichkeit homolog – in das Genom der Zielzellen integriert wird. In diesem schematischen Beispiel soll ein menschliches Gen, das für ein neuronales Protein codiert, an das *gfp*-Gen angefügt und das fertige Plasmid in Zellen einer Zellkultur eingebracht werden. Diese Zellen exprimieren dann mit etwas Glück die mRNA des Fusionsgens, die dann zu einem Fusionsprotein translatiert wird, das aus einem GFP-Anteil und einem Anteil des neuronalen Proteins besteht. Zellen, die dieses Fusionsprotein herstellen, zeigen unter Bestrahlung mit UV-Licht eine grüne Fluoreszenz. (b) Ein GFP-Reporterfusionsgen wird eingesetzt, um in menschlichen Nervenzellen ein Protein nachzuweisen, von dem vermutet wird, dass es an der Entstehung der neurodegenerativen Krankheit Chorea Huntington beteiligt ist. (c) GFP-Reporterplasmide sind auch eingesetzt worden, um krankheitserregende Bakterien wie *Campylobacter jejuni* in menschlichem Darmgewebe darzustellen. Hier sieht man die Bakterien, wie sie Darmzellen infizieren. *C. jejuni* ist ein verbreiteter Kontaminant auf Hühnerfleisch und führt allein in den USA jährlich zu 2,4 Millionen Lebensmittelvergiftungen.

Reporterfusionsgene in vielerlei innovativer Weise zur Anwendung gebracht, die versprechen, die medizinische Diagnostik und die Krankheitsbehandlung voranzubringen (▶ Abbildung 10.7 b). Beispielsweise ist das GFP eingesetzt worden, um die Tumorbildung bei Mäusen zu verfolgen, um den Verlauf bakterieller Infektionen im Darm zu verfolgen, um den Tod von Bakterien nach einer Antibiotikabehandlung zu überwachen und um die Anwesenheit nahrungsmittelkontaminierender Mikroorganismen im menschlichen Verdauungstrakt nachzuweisen (▶ Abbildung 10.7 c).

Genomklonierung mariner Pathogene

Meeresbiologen sind daran interessiert, die Genome einer Reihe von im Meer lebenden Krankheitserregern, die wilde und in landwirtschaftlicher Gefangenschaft gehaltene Tiere befallen, zu klonieren, um etwas über die Gene zu erfahren, die diese Organismen benutzen, um sich zu vermehren und Krankheiten hervorzurufen. 2001 haben chilenische Wissenschaftler das Genom des Bakteriums *Piscirickettsia salmonis* aufgeklärt. *P. salmonis* infiziert, wie der Name ja besagt, Lachse und führt bei diesen zum Rickettsiensyndrom.

Beim Rickettsiensyndrom wird die Leber in Mitleidenschaft gezogen. Die Krankheit kann zum Tod der Fische führen. Der Kampf gegen dieses Syndrom ist für die Lachszüchter in aller Welt ein Problem. Gegenwärtig gibt es keine wirkungsvolle Behandlung für erkrankten Fische. Allein in Chile hat diese Infektionskrankheit der Lachsindustrie schätzungsweise Verluste von 100 Millionen US-Dollar pro Jahr beschert.

Bewaffnet mit Genominformationen über Pathogene werden Wissenschaftler danach trachten, Strategien zu entwickeln, um das Immunsystem von Masttieren auf Trab zu bringen, um die Resistenz gegen Pathogene zu steigern. Beispielsweise ist es vielleicht möglich, Gene oder Proteine von *P. salmonis* als Impfstoffe in die Lachse zu injizieren, um das Immunsystem zu stimulieren, sich gegen die Infektion durch diese Bakterien zu verteidigen.

Ähnliche Genomuntersuchungen sind im Gange, um die Genetik von *Pfiesteria piscicida*, einem toxischen Dinoflagellaten (*Dinoflagellata*, dt. Panzergeißler; eine Gruppe einzelliger Algen) zu verstehen, von dem einige Wissenschaftler meinen, er sei für großes Fischsterben und Erkrankungen bei Schalentieren in den Flussmündungen Nord-Carolinas im Osten der USA verantwortlich. *Pfiesteria piscicida* hat auch zu Fischsterben und Erkrankungen in Aquakultureinrichtungen von der Mitte der atlantischen Küste der USA bis zur Küste des Golfes von Mexiko geführt. Bei Fischen führt *Pfiesteria piscicida* zur Bildung von Läsionen, Blutungen und anderen Symptomen, die zum Tod infizierter Fische führen können. Ein Grund dafür, dass dieser Erreger so viel Aufmerksamkeit erregt hat, sind Hinweise, dass die Giftstoffe von *Pfiesteria piscicida* ernste gesundheitliche Folgen für den Menschen zeitigen können.

Wissenschaftler arbeiten an Wegen, um im Kampf gegen Krankheiten und Parasiten, die die kommerzielle Austernfischerei in mehreren Gegenden der USA im Wesentlichen eliminiert haben, molekulare Ansätze einzusetzen. Quer durch das Land stehen die Austern unter Beobachtung. Als Folge von Überfischung, Umweltverschmutzung, Lebensraumzerstörung und parasitischen wie viralen Krankheiten existieren Austernbestände in vielen Gebieten, die als reiche Austernquellen für den menschlichen Verzehr bekannt waren, nicht mehr. Protozoen haben im Osten der USA in Austernpopulationen beträchtlichen Schaden angerichtet. Die Parasiten *Perkinsus marinus* (Erreger der Perkinsose) und *Haplosporidium nelsoni* (Erreger der Haplosporidiose) haben Bestände der Amerikanischen Auster (*Crassostrea virginica*) in vielen Bereichen des Landes wie der Chesapeake-Bucht in Maryland und der Delaware-Bucht in New Jersey verwüstet. Ähnliche Probleme sind entlang der Küsten des Golfes von Mexiko und von Kalifornien aufgetreten.

Bis vor kurzem lag ein Teil der Schwierigkeiten bei der Bekämpfung dieser Krankheiten in dem Fehlen ausreichender Individuenzahlen dieser parasitären Einzeller, um sie eingehend zu untersuchen. Zellkulturtechniken sind eingesetzt worden, um dieses Problem zu überwinden, und Forscher lernen nun eine Menge über die Lebensweise und den molekularen Aufbau dieser Mikroorganismen.

Molekulare Techniken werden eingesetzt, um etwas über die Lebenszyklen dieser Schädlinge zu lernen. Molekulare Sonden für den frühen Nachweis von *Perkinsus marinus* und *Haplosporidium nelsoni* in Aquakulturbetrieben stehen heute zur Verfügung. Beispielsweise haben sich PCR-gestützte Ansätze als sehr wirkungsvoll für die rasche und empfindliche Detektion von *Perkinsus marinus* und *Haplosporidium nelsoni* erwiesen. Dies erlaubt es den Aquakulturisten, erkrankte Austern zu durchmustern und zu identifizieren, bevor eine weit verbreitete Infektion stattfindet.

Ein tieferes Verständnis der Gene, die das Immunsystem der Austern kontrollieren, hat auch zu neuen

Strategien für die Übertragung von Genen für Krankheitsresistenz von Arten wie der pazifischen Felsenauster (*Crassostrea gigas*) in empfänglichere Arten wie die Amerikanische Auster (*C. virginica*) geführt. In der Zukunft ist es vielleicht möglich, transgene Austern mit Genen, die Resistenz gegen diese und andere Parasiten vermitteln, zu erzeugen.

Genetische Veränderung von Fischen und Schalentieren

Genetische Techniken werden von Biologen überall auf der Welt verbreitet eingesetzt, um Zuchtlinien von Fischen und Schalentieren mit wünschenswerten Eigenschaften wie erhöhter Wachstumsrate oder Krankheitsresistenz zu erzeugen. In ► Tabelle 10.2 sind mehr als zwei Dutzend Tierarten aufgeführt, die aus einer Reihe von Gründen genetisch verändert worden sind.

Genetisch veränderte Arten: Transgene und triploide Tiere

In den vorangegangenen Kapiteln haben wir beschrieben, wie **transgene Organismen** erzeugt werden. Transgene Fische enthalten, wie andere transgene Tiere, DNA anderer Arten, und das Interesse an transgenen Fischen hat parallel zur Aqualkulturindustrie zugenommen. Die Aquakulturisten sind daran interessiert, die Technik der rekombinanten DNA einzusetzen, um Fische gentechnisch zu verändern, damit sie schneller wachsen und gesünder sind. Mehrere Firmen sind nahe dran, atlantische Lachse (*Salmo salar*), die gentechnisch mit dem Gen für das Wachstumshormon des Königslachses (*On-*

Tabelle 10.2

Gentechnisch veränderte Fische und Schalentiere

Fischarten	Schalentiere
Atlantischer Lachs (*Salmo salar*)	Austern (Muscheln verschiedener Gattungen: *Crassostrea, Cryptostrea, Dendostrea, Lopha, Ostrea, Ostreola, Saccostrea, Teskeyostrea*)
Riesenscheibenbrasse (*Megalobrama amblycephala*)	Süßwassermuscheln
Getüpfelter Gabelwels (*Ictalurus punctatus*)	Seeohren (Meereschnecken der Familie *Haliotidae*)
Königslachs (*Oncorhynchus tshawytscha*)	Garnelen (Familie *Penaeidae*); kommerziell wichtiger Vertreter: Tigergarnele (*Penaeus monodon*)
Silberlachs (*Oncorhynchus kisutch*)	
Karpfen (*Cyprinus carpio*)	
Goldbrasse (*Sparus aurata*)	
Goldfisch (*Carassius auratus*)	
Eierlegende Zahnkarpfen („Killifische"; *Cyprinodontidae*)	
Forellenbarsch (*Micropterus salmoide*)	
Schmerlen (Familie *Cobitidae*)	
Japan-Reiskärpfling (*Oryzias latipes*)	
Cirrhinus molitorella	
Fundulus heteroclitus heteroclitus (Art aus der Gruppe der Zahnkärpflinge (*Cyprinodontiformes*))	
Hecht (*Esox lucius*)	
Regenbogenforelle (*Oncorhynchus mykiss*)	
Wolfsbarsch (*Morone saxatilis*)	
Tilapien (Buntbarsche, diverse Gattungen)	
Amerikanischer Zander (*Sander vitreus vitreus*)	
Zebrabärbling (*Danio rerio*)	

corhynchus tshawytscha) nachgerüstet worden sind, zu vermarkten. Der Königslachs zeigt rascheres Wachstum und eine längere Endgröße als der atlantische Lachs.

Wie ► Tabelle 10.3 verdeutlicht, sind viele Arten für mögliche Anwendungen in der Aquakulturindustrie genetisch verändert worden. Fremdgene sind in Fische und Schalentiere inseriert worden, um das Wachstum zu beschleunigen, die Kältetoleranz und die Krankheitsresistenz zu erhöhen und um die Fleischqualität zu verändern, um die Tischqualität zu steigern. Während transgene Mais-, Sojabohnen- und Tomatensorten in den USA seit Jahren angebaut werden, sind bislang keine transgenen Fische für den menschlichen Verzehr von der zuständigen Zulassungsbehörde freigegeben worden. Die Firma *A/F Protein* hat eine Zulassung für die Vermarktung transgener Fische mit Gefrierschutzproteinen beantragt. Viele andere Firmen bemühen sich ebenfalls um eine Zulassung zum Verkauf transgener Fische. Kuba ist im Hinblick auf den Einsatz genetisch modifizierter Nahrungsmittel das fortschrittlichste Land der Welt; dies gilt insbesondere für Meeresfrüchte. Gentechnisch veränderte Tilapien zum menschlichen Verzehr werden in Kuba bereits gehandelt.

Die Firma *AquaBounty Farms* in Waltham, Massachusetts (USA), behauptet, einen Lachs gezüchtet zu haben, der 4–6 mal schneller wächst als nichttransgener Lachs (► Abbildung 10.8). *AquaBounty Farms* hat eine Zulassung von der zuständigen Aufsichtsbehörde erhalten, Lachseier zu vertreiben, die DNA aus der Amerikanischen Aalmutter (*Macrozoarces americanus*) enthalten. Diese transgenen Eizellen (Oocyten) können befruchtet werden, um Lachse zu erschaffen, die das Wachstumshormon während der ersten Lebensmonate überproduzieren. Als Folge davon erreichen diese Lachs in nur 18 statt 36 Monaten ihr Schlachtgewicht. In ähnlicher Weise haben norwegische Firmen gentechnisch modifizierte Tilapien gezüchtet, die fast zweimal so schnell wie die Wildtyptiere wachsen. Es ist eine Kontroverse darüber entbrannt, ob gentechnische Modifizierung tatsächlich das Wachstum von Mastforellen erhöht hat. Mehrere sich widersprechende Studien sind berichtet worden; transgene Gattungen von Lachsen und Forellen, die in der Aquakultur gehalten werden, zeigen im Allgemeinen gegenüber nichttransgenen Haustierrassen ein verstärkstes Wachstum.

Obwohl transgene Linien genetisch modifizierte Meereslebewesen sind, ist auch eine Reihe von polyploidisierten Linien erzeugt worden. Polyploide sind Lebewesen mit einem mehr als diploiden Chromosomensatz. Wir wir bereits erklärt haben, weisen die meisten Tiere und Pflanzen einen diploiden Chromosomensatz auf ($2n$; n = Anzahl der Chromosomen im haploiden Satz). Diese Lebewesen besitzen in ihren somatischen Zellen in aller Regel (mit Ausnahmen) den doppelten – diploiden – Chromosomensatz, in ihren Keimzellen den haploiden (einfachen). Beim Menschen enthält der haploide Satz, wie wir wissen, 23 Chromosomen, also enthält der diploide Satz in somatischen Zellen 46 Chromosomen. ► Abbildung 10.9 zeigt schematisch die Verhältnisse für verschiedene Ploidiegrade.

Abbildung 10.8: Transgene Lachse. Transgene Lachse, die das Gen für das Wachstumshormon überexprimieren, zeigen gegenüber Wildtypfischen und nicht transgenen Zuchtlachsen ein stark beschleunigtes Wachstum. Im Durchschnitt wiegen die Tiere dieser transgenen Lachszuchtlinien fast zehnmal so viel wie normale, nichttransgene Lachse.

Die Mehrzahl polyploidisierter Meeresorganismen, die bis heute erzeugt worden sind, ist triploid. Triploide Lebewesen enthalten in ihren Zellen natürlich den dreifachen Chromosomensatz ($3n$). Eine Reihe unterschiedlicher Techniken kann zur Erzeugung triploider Organismen zur Anwendung kommen. Triploide Fische werden für gewöhnlich erzeugt, indem Fischeier einem Temperaturwechsel oder einer chemischen Behandlung unterzogen werden, die mit der Eizellteilung interferiert. Eier, die auf diese Weise behandelt worden sind, reifen mit einem zusätzlichen Chromosomensatz aus.

Der Ploidiegrad kann beispielsweise durch die Behandlung mit Colchicin – dem giftigen Alkaloid der Herbstzeitlose (*Colchicum autumnale*) – erhöht werden (► Abbildung 10.10 a). Das Colchicin unterdrückt die Zellteilung durch Störung des aus Mikrotubuli aufgebauten Spindelapparats. Als Folge der Colchicinvergiftung kann sich die DNA der Chromosomen zwar replizieren, anschließend aber nicht auf Tochterzellen verteilt werden. So behandelte Eizellen (Oocyten) weisen dann einen diploiden Chromosomensatz auf. Die Befruchtung einer solchen abnormen Eizelle durch ein

Tabelle 10.3

Gentechnisch veränderte Arten, die für die Verwendung in der Aquakultur getestet werden

Art	Fremdgen	Gewünschte Wirkung und Kommentare	Land
Atlantischer Lachs (*Salmo salar*)	Gefrierschutzproteingen	Kältetoleranz Beschleunigtes Wachstum und Futterverwertungseffizienz	USA, Kanada
Königslachs (*Oncorhynchus tshawytscha*)	Gefrierschutzprotein- und Wachstumshormongen aus Lachs	Nach einem Jahr 10- bis 30-fache Wachstumszunahme	Kanada
Silberlachs (*Oncorhynchus kisutch*)	Gefrierschutzprotein- und Wachstumshormongen aus Lachs	Beschleunigtes Wachstum und Futterverwertungseffizienz	Neuseeeland
Regenbogenforelle (*Oncorhynchus mykiss*)	Gefrierschutzprotein- und Wachstumshormongen aus Lachs	Beschleunigtes Wachstum und Futterverwertungseffizienz	USA, Kanada
Purpurforelle (*Oncorhynchus clarki*)	Gefrierschutzprotein- und Wachstumshormongen aus Lachs	Beschleunigtes Wachstum	Kanada
Tilapia sp.	Wachstumshormongen aus Lachs; Wachstumshormongen aus *Tilapia;* modifiziertes Insulingen aus *Tilapia*	Beschleunigtes Wachstum und Futterverwertungseffizienz; stabile Vererbung. Verstärktes Wachstum und stabile Vererbung; Herstellung von Humaninsulin für Zuckerkranke	Kanada, USA Kuba Kanada
Lachs	Lysosomgen der Regenbogenforelle; Pleurocidingen der Flunder	Krankheitsresistenz (noch in der Entwicklung)	USA, Kanada
Wolfsbarsch (*Morone saxatilis*)	Insektengene	Krankheitsresistenz (frühes Stadium der Entwicklung)	USA
Getüpfelter Gabelwels (*Ictalurus punctatus*)	Wachstumshormongen	33 % Wachstumsverbesserung bei Kulturbedingungen	USA
Karpfen (*Cyprinus carpio*)	Wachstumshormongen aus Lachs und Mensch	150 % Wachstumsverbesserung bei Kulturbedingungen; verbesserte Krankheitsresistenz; Toleranz geringer Sauerstoffmengen	China, USA
Goldfisch (*Carassius auratus*)	Gefrierschutzprotein- und Wachstumshormongen	Verstärktes Wachstum	China
Seeohren (Meereschnecken der Familie *Haliotidae*)	Wachstumshormongen aus Lachs mit unterschiedlichen Promotoren	Verstärktes Wachstum	USA
Austern (Muscheln verschiedener Gattungen: *Crassostrea, Cryptostrea, Dendostrea, Lopha, Ostrea, Ostreola, Saccostrea, Teskeyostrea*)	Wachstumshormongen aus Lachs mit unterschiedlichen Promotoren	Verstärktes Wachstum	USA
Fischgene, die in andere Organismengruppen eingeführt wurden			
Kaninchen (diverse Gattungen der Nagetiere *Rodentia*)	Calcitoningen aus Lachs	Calcitoninproduktion zur Kontrolle des Calciumverlustes aus Knochen	Großbritannien
Erdbeere (*Fragaria* sp.) und Tomate (*Solanum lycopersicum*)	Gefrierschutzproteingen	Verbesserte Kältetoleranz	Großbritannien, Kanada

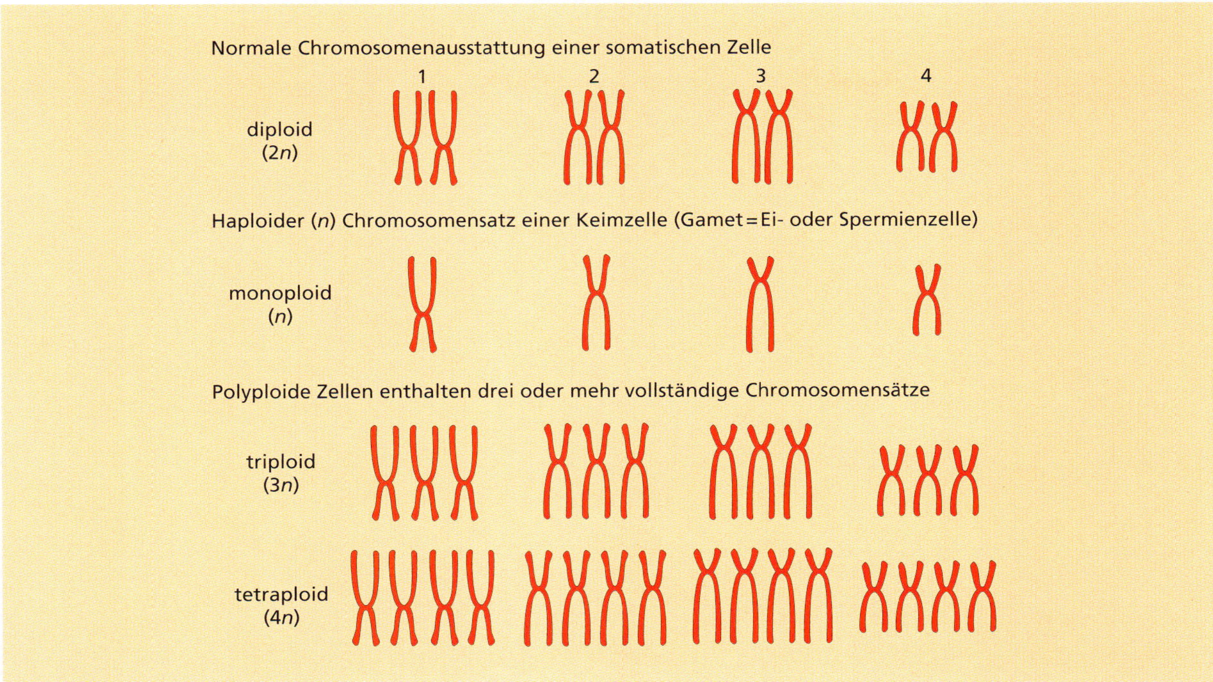

Abbildung 10.9: Polyploide Organismen weisen eine Erhöhung der Chromosomenzahl auf. Somatische Zellen vieler Tier- und Pflanzenarten besitzen einen diploiden Chromosomensatz, wohingegen Keimzellen (Gameten) einen haploiden Satz enthalten. Polyploide weisen drei oder noch mehr vollständige Chromosomensätze auf. Die Chromosomen eines Lebewesens mit einer diploiden Chromosomenzahl von 8 ($2n = 8$) sind dargestellt. Obwohl tetraploide ($4n$) und pentaploide ($5n$) Organismen erzeugt werden können, ist die große Mehrzahl polyploider Meereslebewesen triploid ($3n$).

(haploides) Spermium führt dann zu triploiden Embryonen. Der sich ergebende Embryo enthält, falls er lebensfähig ist, einen maternalen und zwei paternale Chromosomensätze. Ein alternatives Verfahren zur Erzeugung eines triploiden Lebewesens sieht die doppelte Befruchtung einer Eizelle durch zwei Spermien vor (▶ Abbildung 10.10b). Der sich ergebende Embryo enthält, falls er lebensfähig ist, einen maternalen Chromosomensatz aus der Eizelle, und zwei paternale aus den Spermienzellen.

Der Ploidiegrad beeinflusst für gewöhnlich das Wachstumsverhalten eines Lebewesens. Beispielsweise wachsen Triploide im Regelfall schneller und werden größer als ihre diploiden Vettern. Die meisten Triploide sind jedoch steril, weil sie Keimzellen hervorbringen, die eine abnorme und nicht gleichmäßig aufteilbare Zahl von Chromosomen enthalten; in manchen Fällen produzieren triploide Tiere gar keine Keimzellen. Im Gegensatz zu polyploidisierten Pflanzen ist eine vegetative Vermehrung bei den meisten Tieren nicht möglich. Eine der ersten verbreitet genutzten triploiden Zuchtlinien eines Fisches war ein triploider Graskarpfen (*Ctenopharyngodon idella*). Graskarpfen entwickeln einen gesunden Appetit für vielerlei Unterwasservegetation. In den 60er-Jahren des 20. Jahrhunderts wurden Graskarpfen, die in Malaysia heimisch sind, in die USA eingeführt. In den 80er-Jahren wurden durch die Temperaturschockmethode triploide Linien entwickelt (die so hergestellten diploiden Eizellen wurden mit haploiden Spermien befruchtet). Triploide Fische wachsen schnell und können über 12 kg schwer werden. Aufgrund ihrer Fähigkeit, große Mengen Wasserpflanzen abzuweiden, wurden Graskarpfen bald als „biologische Unterwasserrasenmäher" zur Eindämmung der Vegetation in Teichen und Seen überall in den USA beliebt. Triploide Graskarpfen wurden bei Teich- und Seebewirtschaftern augenblicklich zu Favoriten, die in Gewässer eingesetzt wurden, um das Wachstum von Wasserpflanzen auf eine „ökologische" Art und Weise unter Kontrolle zu bringen, ohne auf hochdosierte Herbizide zurückgreifen zu müssen.

Nicht jeder war jedoch von den triploiden Graskarpfen begeistert. In einigen Fließgewässern waren die Graskarpfen (die wenige natürliche Feinde haben) bei ihrer Weidetätigkeit so erfolgreich, dass sich durch die Verminderung der aquatischen Vegetation die Wasserqualität spürbar verschlechtert hat. Der dramatische Rückgang an Wasserpflanzen, die von vielen Angelfischen wie Forellen und Zandern als Verstecke genutzt werden,

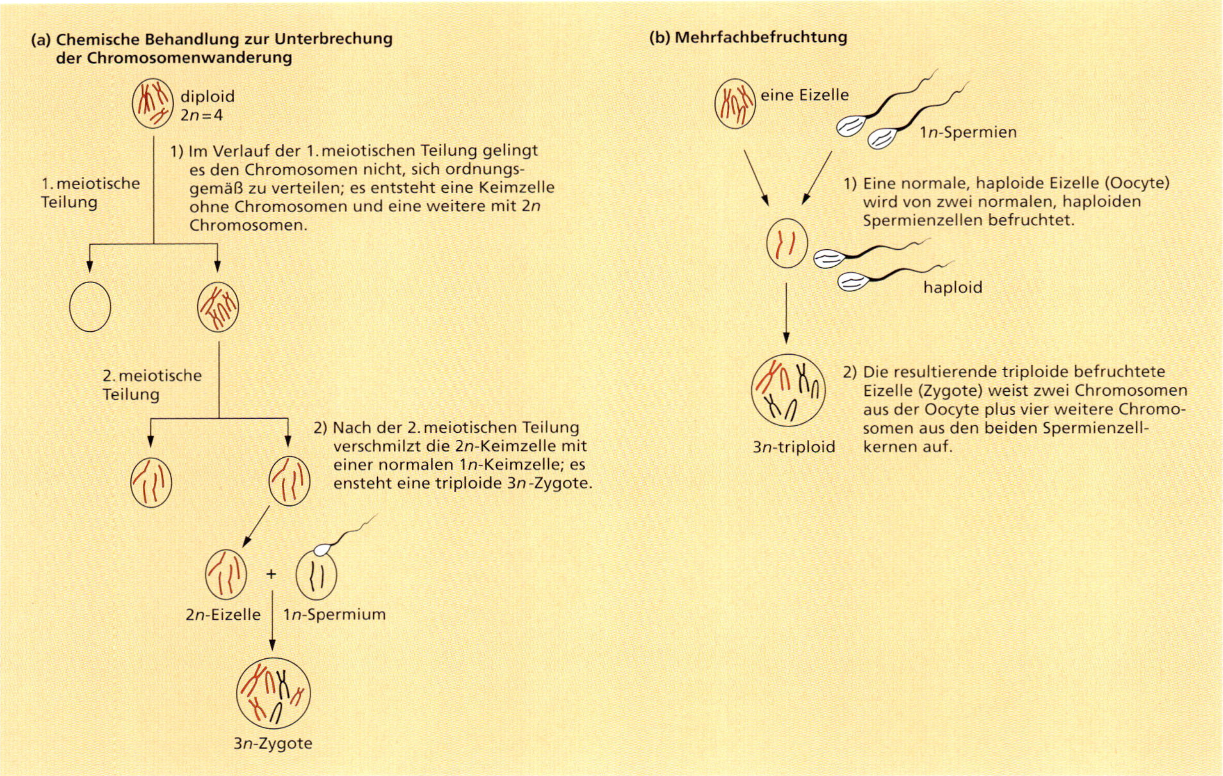

Abbildung 10.10: Herstellung einer triploiden Rasse. (a) Eizellen (Oocyten) können chemisch behandelt werden, um die Chromosomensegregation bei der Zellteilung zu unterdrücken. Es entstehen diploide Eizellen. (b) Wenn diese Eizellen durch normale, haploide Spermien befruchtet werden, entstehen triploide Nachkommen. Ein triploides Tier kann auch durch die Befruchtung einer normalen haploiden Eizelle mit zwei normalen (haploiden) Spermien erzeugt werden. Hierzu muss die normale Blockade einer Doppelbefruchtung, die bei den meisten Tieren existiert, unterdrückt werden.

hat zu einem Rückgang der Angelei in vormals produktiven Angelgewässern geführt. Auch haben sich viele triploide Fische in Nachbargewässern ausgebreitet und in Gebieten wie Marschen und Seen, in denen die Wasserpflanzen nicht zurückgedrängt werden sollten, zu einem Verlust an submerser Vegetation geführt. Es wird darüber hinaus berichtet, dass die mutmaßlich sterilen Fische in der Natur doch zur Vermehrung gekommen seien.

Eine weitere Polyploidie-Erfolgsgeschichte ist die einer triploiden Auster, der zugute gehalten wird, die im Verschwinden begriffene Austernindustrie an der US-amerikanischen Westküste wiederbelebt zu haben. Die Austernproduktion ist ein saisonales Geschäft, das stark

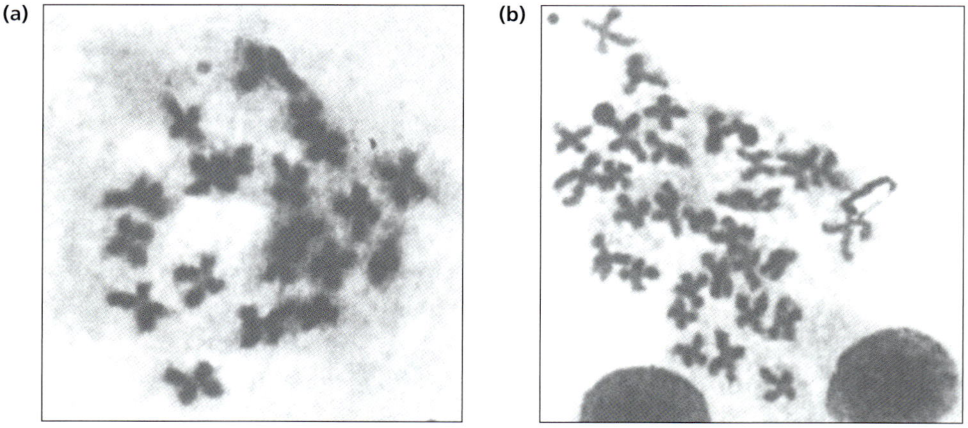

Abbildung 10.11: Transgene Austern. (a) Der Wildtyp der Pazifischen Auster (*Crassostrea gigas*) ist ein diploides Tier mit 2 × 10 Chromosomen. (b) Triploide Rassen von *Crassostrea gigas* besitzen 3 × 10 Chromosomen.

vom Wetter, dem Vermehrungsverhalten und dem Lebensraum der Tiere beeinflusst wird. Die Entwicklung einer triploiden Linie der pazifischen Felsenauster (*Crassostrea gigas*) hat nicht nur zu einer ganzjährigen Erntemöglichkeit geführt, die Tiere wachsen auch zu einer merklich höheren Endgröße als ihre diploiden Vettern heran (► Abbildung 10.11). Diploide Muscheln speichern in ihrem Gewebe Kohlenhydrate (wie das Glykogen der Säugetiere), die sie dann während der Sommermonate für die Laichtätigkeit aufbrauchen. Abgemagerte Austern sind für den Markt unbrauchbar. Da triploide Austern nicht ablaichen, wachsen sie auch den Sommer über, wodurch sie früher marktreif werden.

Im nächsten Abschnitt werden wir erklären, wie einige wasserlebende Organismen für wichtige medizinische Anwendungen biotechnologisch genutzt werden.

Medizinische Anwendungen der aquatischen Biotechnologie 10.4

Relativ wenige Produkte, die sich von Wasserlebewesen ableiten, haben medizinische Anwendungen gefunden, doch ändert sich dieser Zustand rasch. Viele Wissenschaftler vertreten die Ansicht, dass die Meere und das Süßwasser schier endlose Möglichkeiten für die Entdeckung medizinisch wertvoller Stoffe bieten. Man sieht voraus, dass in der Zukunft neue und wichtige Wirkstoffklassen aus Wasserlebewesen gewonnen und zum menschlichen Nutzen eingesetzt werden und dass Meereslebewesen vielleicht als biomedizinische Modelle verwendet werden, um menschliche Krankheiten zu verstehen, zu diagnostizieren und zu behandeln.

Wirkstoffe und Pharmazeutika aus dem Meer

Eine große Zahl von Meeresarten enthält oder steht im Verdacht, chemische Verbindungen von biomedizinischem Interesse wie antibiotische, antivirale, antionkogene oder gar insektizide zu enthalten. Zu diesen Arten gehören solche aus der Gruppe der Schwämme (*Porifera*), der Nesseltiere (*Cnidaria*), der Weichtiere (*Mollusca*), der Haie (*Selachii*) und andere. Die Anzahl von Meereslebewesen, die untersucht werden, ist groß und beeindruckend. In dem Maß, in dem die Forschung voranschreitet, haben wir viel Grund, optimistisch zu sein, dass die Gewässer der Welt neuartige medizinische Behandlungen ermöglichen werden. Die Zukunft sieht für Anwendungen von „Wirkstoffen aus der Tiefe" sehr vielversprechend aus. Betrachten wir einige der möglichen medizinischen Anwendungen aquatischer Produkte.

Die Osteoporose ist eine Erkrankung, bei der fortschreitend Knochenmasse abgebaut und als Folge davon die Knochen immer brüchiger werden. Dies kann zu Knochenbrüchen – insbesondere bei älteren Menschen – führen. Über 90 % der von Osteoporose Betroffenen sind Frauen, da ein Zusammenhang mit dem Hormonhaushalt besteht. Eine gebräuchliche Therapie der Osteoporose ist die Gabe von Östrogenen (femininisierenden Steroidhormonen). Diese Medikation ist jedoch bei vielen Frauen ohne ausreichende Wirkung, und manche Mediziner sehen in Nebenwirkungen bei einer Langzeittherapie mit den Hormonen ein Problem. Andere werden mit rekombinantem Calcitonin behandelt – einem Schilddrüsenhormon, dass den Calciumhaushalt des Körpers und die Aufnahme der Metallionen in die Knochen fördert. Calcitonin wirkt außerdem hemmend auf Osteoklasten (Knochengewebe abbauende Zellen des Körpers). Kürzlich hat man entdeckt, dass einige Lachsarten ein Calcitonin herstellen, dessen biologische Aktivität zwanzigmal höher als die des menschlichen Calcitonins ist. Rekombinantes Lachscalcitonin ist nun als Nasenspray sowie als Lösung zur Injektion verfügbar.

Die Korallenriffe in den Weltmeeren bestehen aus den Skeletten von Korallen, die zur Gruppe der Nesseltiere gehören. Die Korallenskelette bestehen zum Teil aus Hydroxylapatit, das auch ein wichtiger Bestandteil der Knochenmatrix und der Zähne vieler Wirbeltiere einschließlich des Menschen ist. Die Biotechnologiefirma Interpore International hat eine Technik entwickelt, die es erlaubt, Hydroxylapatitimplantate in Fehlstellen gebrochener Knochen einzupflanzen. Diese Implantate werden nachfolgend von Bindegewebszellen besiedelt, die die Knochenheilung beschleunigen. Dadurch wird die Knochenverpflanzung von Knochenteilen aus anderen Körperteilen bei schweren Brüchen vermieden. Solche Implantate sollen auch zur Auffüllung von fehlendem Knochengewebe im Bereich von Zahnwurzeln zum Einsatz kommen.

In den klebrigen Ausscheidungen von Muscheln und anderen Schalentieren hat man biologische Klebstoffe gefunden. Die vielerorts als Delikatesse geschätzte Miesmuschel (*Mytilus edulis*) lebt in der physisch anspruchsvollen Brandungszone, wo sie sich an felsigem Untergrund anheftet. Tagein, tagaus werden diese beschalten Weichtiere vom Wellenschlag traktiert. Bei Ebbe liegen

FRAGE UND ANTWORT F&A

Frage

Wie finden Wissenschaftler biologisch aktive Verbindungen, die für medizinische Behandlungen eingesetzt werden können?

Antwort

Therapeutische Humanproteine, die in großer Menge benötigt werden, sind eine Produktklasse, die vermittels Gentechnik in kultivierten Zellen erzeugt wird. Insulin, Blutgerinnungsfaktoren und Hormone wie das Wachstumshormon zur Behandlung der Kleinwüchsigkeit sind Beispiele für die Vielzahl von therapeutisch nutzbaren Proteinen, die auf diese Weise hergestellt werden. Viele Enzyme des täglichen Lebens werden ebenfalls auf diesem Wege hergestellt. Das Labferment (Rennin), das zur Herstellung von Käse notwendig ist, um das Milcheiweiß auszuflocken, ist ein gutes Beispiel. Früher wurde das dazu notwendige Labferment aus Kälbermägen gewonnen. Durch Klonierung und Expression des Labfermentgens in Bakterien hat es die Technik der rekombinanten DNA erlaubt, Labferment in großen Mengen billig herzustellen, ohne dafür eben geborene Kälber schlachten zu müssen.

Miesmuschelbänke oft trocken, und von der anrollenden Flut werden sie wieder überflutet und starken Scherkräften ausgesetzt. Wie verankern sich die Muscheln am Fels, ohne ständig wieder losgerissen zu werden? Die Antwort ist ein spezieller, proteinreicher Superkleber, der als **Byssusfaden** bezeichnet wird (► Abbildung 10.12).

Byssusfäden haben ein hohes Elastizitätsmodul, das deutlich über dem menschlicher Sehnen liegt (der Mensch muss sich aber auch nicht in der Brandung an Felsklippen festhalten, und Muscheln müssen keinen komplizierten Stützapparat wie das menschliche Skelett zusammenhalten), die ihrerseits in ihrer Dehnfähigkeit und Festigkeit Stahl übertreffen. Das elastische Verhalten der Byssusfäden absorbiert einen Großteil der kinetischen Energie anrollender Wasserwellen. Die Gewinnung von Byssusfäden aus Muscheln wäre kostenintensiv: ungefähr 10.000 Muscheln liefern 1 g des Bioklebers. Man stützt sich daher für die Expression der Byssalfaserproteingene auf die heterologe Expression rekombinanter Gene in Bakterien- und Hefezellen, um die adhäsiven Proteine im großen Maßstab herzustellen.

Obwohl die Produktentwicklung noch einige Jahre in Anspruch nehmen wird, werden Byssusfaserproteine schon für eine Reihe von Einsatzgebieten „gehandelt“: Die Palette reicht vom Autoreifen bis zu Schuhen, und von Ersatzmaterial für Knochen und Zähne bis zu weicher Schutzkleidung für Soldaten. Andere mögliche Einsatzgebiete sind chirurgisches Nahtmaterial und künstliche Sehnen und Bänder für die Orthopädie.

Eine Kategorie von Wirkstoffen aus dem Meer, die vielversprechende medizinische Anwendungen der aquatischen Biotechnologie zu versprechen scheint, sind die antientzündlichen, analgetischen und antionkogenen Verbindungen, die zur Behandlung von Menschen eingesetzt werden könnten. Beispielsweise haben Forscher im Pazifik eine Schwammart entdeckt, die eine nichtsteroidische Verbindung namens Manoalid herstellt. Dieser Stoff bestitzt antientzündliche und analgetische (schmerzstillende) Wirkung und befindet sich gegenwärtig in der klinischen Erprobung am Menschen. Mehrere Forschergruppen untersuchen giftige Meeresbewohner in der Hoffnung, dabei Stoffe identifizieren zu können, die zur Behandlung neurologischer Erkrankungen eingesetzt werden können. Kegelschnecken (*Conidae*), die mit rund 500 Arten hauptsächlich in tropischen Meeren vorkommen (**http://www.weichtiere.at/Schnecken/meer/kegel.html**), produzieren Giftstoffe – die Conotoxine –, die Ionenkanäle des Nervensystems angreifen. Diese Schneckengifte gelten als aussichtsreiche Kandidaten für die Entwicklung neuer, starker Antischmerzmedikamente. Forscher untersuchen auch Verbindungen mit entzündungshemmender Wirkung aus Korallen. Solche Verbindungen können zu neuen Behandlungsstrategien für Hautreizungen sowie chronisch-ent-

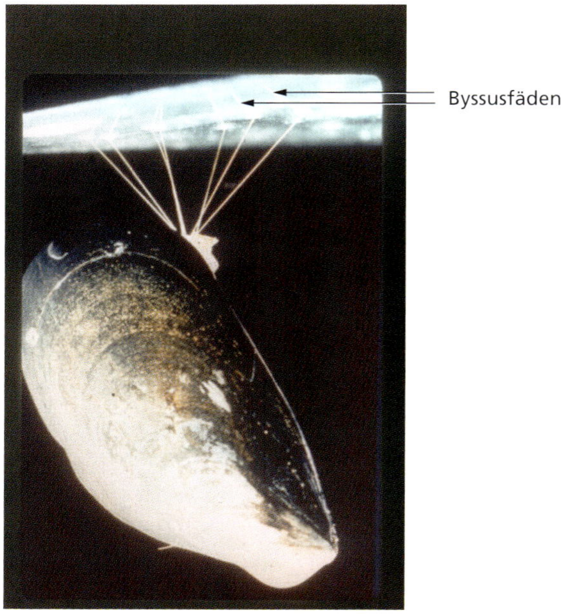

Abbildung 10.12: Muscheln stellen einzigartige Klebstoffe her. Muscheln und andere Schalentiere heften sich fest an Felsen und andere feste Unterlagen.

zündliche Krankheiten wie Asthma und Rheuma führen. Andere Forscher entwickeln Kultursysteme, um einen ausreichenden Nachschub an Meeresorganismen wie einzelligen Planktonlebewesen (Dinoflagellaten) zu gewährleisten, von denen gezeigt wurde, dass sie Antitumor- und Antikrebseigenschaften enthalten. Kürzlich konnte gezeigt werden, dass das Moostierchen (Bryozoon) *Bugula neritina* winzige Mengen einer Verbindung enthält, die gegen bestimmte Arten der Leukämie wirksam ist. Da für Untersuchungen am Menschen aber große Mengen benötigt werden, werden molekulare Klonierungstechniken wichtig sein, falls diese Verbindung in Masse produziert werden soll.

Auch der in Japan als Speisefisch beliebte Kugelfisch *Fugu rubripes* erfreut sich jüngst einer großen Aufmerksamkeit. Kugelfische sind berühmt für ihre Fähigkeit, große Mengen Wasser zu verschlucken und dadurch ihren Körper enorm aufzublähen. Außerdem erzeugen manche Arten wie *F. rubripes* ein starkes Nervengift, das Tetrodotoxin (TTX) heißt. Tetrodotoxin ist ein tierisches Alkaloid von großer Giftigkeit; die Toxizität der Substanz ist etwa zehntausendmal höher als die von Zyankali. Das TTX greift, wie die Conotoxine, Ionenkanäle von Nervenzellen an und führt zu einer raschen Lähmung der willkürlichen Muskulatur. In Japan gilt der giftige Kugelfisch als Delikatesse in Sushi-Restaurants, wo er sich des zweifelhaften Ruhms erfreuen kann, dass sich jedes Jahr fast hundert Kunden dieser Gourmettempel damit leichtsinnig zu Tode bringen. Tetrodotoxin greift Natriumkanäle in den Membranen myelinisierter Nervenfasern an. Die Untersuchung der genauen Wirkungsweise des Giftes hat zu einem besseren Verständnis und zur Entwicklung neuer Medikamente geführt, die gegenwärtig nicht nur als Analgetika für Patienten mit chronischen Schmerzen, sondern auch für die Behandlung von Krebs getestet werden (► Abbildung 10.13).

Das Genom dieses Fisches ist einem Genomsequenzierungsprojekt unterworfen worden, das als abgeschlossen gilt. Das Genom dieses Fisches ist deshalb für die Genetiker interessant, weil es rund achtmal kleiner als das Genom des Menschen ist, aber praktisch genauso viele Gene enthält. Durch die vergleichende Analyse der beiden Genome hofft man, tiefere Einsichten in die Funktion der weiten Bereiche nicht-codierender DNA – zum Beispiel der zahlreichen Introns – in den Genomen vieler Arten zu erhalten.

Ein Steroid mit Namen Squalamin, das zuerst in Dornhaien (*Squalus acanthias*) gefunden wurde, scheint ein wirksames Antipilzmittel (Antimykotikum) zu sein,

Abbildung 10.13: Kugelfische helfen Wissenschaftlern, neue Wege zur Behandlung von Krebs und chronischen Schmerzen beim Menschen zu finden.

das vielleicht eingesetzt werden kann, um lebensbedrohliche systemische Pilzinfektionen, wie sie zum Beispiel Krebs- und AIDS-Patienten manchmal erleiden, zu behandeln. Extrakte aus dem Knorpelgewebe von Haien enthalten außerdem antiangiogene Stoffe, also chemische Verbindungen, die die Bildung von Blutgefäßen hemmen oder ganz unterdrücken. Die Blutversorgung ist beim Wachstum von Tumoren ein entscheidender Faktor für die Geschwindigkeit, mit der die Geschwulst an Größe zunimmt. Antiangiogene Stoffe aus Meereslebewesen lassen hoffen, mit ihrer Hilfe die Wucherung mancher Tumortypen eindämmen zu können.

Da viele aquatische Organismen in Lebensräumen mit harschen Umweltbedingungen leben, sind die Wissenschaftler optimistisch, dass wir aus den Adaptationen, die diese Organismen entwickelt haben, lernen können. Beispielsweise untersuchen Forscher gegenwärtig Meereslebewesen, die eine Toleranz gegen ultraviolettes Licht aufweisen, als potenzielle Quelle für natürliche Sonnenschutzmittel.

Schließlich spielen sogar die weggeworfenen Krabben- und Garnelenschalen der kommerziellen Krustentierindustrie eine Rolle bei medizinischen Anwendungen der aquatischen Biotechnologie. Das Außenskelett (Exoskelett) der Angehörigen des Tierstammes der Gliederfüßler (Arthropoda) – zu dem unter anderem die Dekapoden (Krabben, Hummer, Garnelen, Krebse), die Insekten (Kerbtiere) und die Cheliceraten (Spinnentiere) gehören – ist eine reichhaltige Quelle für die Polymere **Chitin** und **Chitosan**. Diese Komplexkohlenhydrate sind strukturell der Zellulose der Zellwände von Pflanzen ähnlich. Zellulose (= Cellulose) ist ein verbreiteter und althergebrachter Rohstoff, der zum Beispiel die Grundlage für die Papier- und weite Teile der

Textilindustrie (Baumwolle, Viskose) ist. Chitin und Chitosan sind daher ebenfalls als Quelle für Faserstoffe im Gespräch. Als Balaststoffe in der Nahrung sind Pflanzen (Gemüse, Früchte) allerdings attraktiver als die Vorstellung, Hummerschalen zerkauen zu müssen. Trotzdem bieten viele Reformhäuser zermahlene Schalen von Krustentieren als Nahrungsergänzung an. Viele Hautcremes und sogar Kontaktlinsen enthalten ebenfalls Chitin. Weiterhin ist Chitin als nichtallergenes, selbstauflösendes Nahtmaterial in der Chirurgie im Einsatz; dieses chirurgische Nährgarn scheint sogar die Wundheilung anzuregen.

Bis zum jetzigen Zeitpunkt haben nur wenige Wirkstoffe aus dem Meer den pharmazeutischen Markt erreicht; jedoch wird die Technik der rekombinanten DNA in der Zukunft zu verbesserten Fähigkeiten der Produktion großer Mengen bioaktiver Verbindungen, die typischerweise in sehr niedriger Konzentration in aquatischen Lebewesen gefunden werden, führen. Wie wir im nächsten Abschnitt erörtern werden, besteht eine der erfolgreichsten medizinischen Anwendungen der aquatischen Biotechnologie heute in dem Einsatz von wasserbewohnenden Lebewesen zur Überwachung von Gesundheit und Krankheiten.

Gesundheitsüberwachung und menschliche Krankheiten

Während des zeitigen Frühjahrs und des Sommers wiederholt sich an der Ostküste der USA alljährlich das gleiche Spiel: Pfeilschwanzkrebse (*Limulus polyphemus*) wandern in großer Zahl in die flachen Buchten ein, um sich fortzupflanzen. Die Pfeilschwanzkrebse sind als Typus älter als die längst ausgestorbenen Dinosaurier. Diese „lebenden Fossilien" haben sich seit ihrem ersten Erscheinen vor über 300 Millionen Jahren äußerlich nur wenig verändert.

L. polyphemus war eines der ersten Meerestiere, das Eingang in die Humanmedizin gefunden hat. Schon in den frühen 50er-Jahren des 20. Jahrhunderts hat man entdeckt, dass das Blut dieser urtümlichen Krebstiere Zellen enthält, die fähig sind, Bakterien abzutöten. Aus dieser einfachen Beobachtungen erwuchs eine sehr bedeutsame medizinische Anwendung der Meeresbiotechnologie. Mit dem **Limulusamöbozytenlysattest (LAL-Test)** wird bakterielles **Endotoxin** nachgewiesen. Als Endotoxin bezeichnet man Lipopolysaccharide (LPS) gramnegativer Bakterien wie *Escherichia coli, Salmonella* sp. und viele andere. Das LPS ist ein Bestandteil der äußeren Membran der Zellhülle gramnegativer Bakterien. Endotoxine gehören zu den Cytotoxinen, also Giften, die Zellen angreifen. Endotoxine führen unverzüglich zum Tod vieler Zellen, die in Kultur vermehrt werden. Bei der Freisetzung von Endotoxinen können diese beim Menschen Krankheitsbilder hervorrufen, die von milden Symptomen wie Gelenkschmerzen und Fieber (pyrogene Wirkung) bis zu schweren Verläufen mit einem Schlaganfall (Apoplex) führen; manche Endotoxinvergiftungen können einen tödlichen Verlauf nehmen.

Forscher haben entdeckt, dass das Blut der Pfeilschwanzkrebse nicht gerinnt, wenn ganze Zellen gramnegativer Bakterien wie *E. coli* oder Extrakte solcher Zellen oder gereinigtes LPS (Endotoxin) zugegen ist. Später fand man heraus, dass die Amöbozyten des Pfeilschwanzkrebsblutes – die in ihrer Aufgabe gewissen weißen Blutkörperchen des Menschen (den Makrophagen) entsprechen – lysiert und als ein gefriergetrockneter Extrakt für den LAL-Test eingesetzt werden können. Dieser LAL-Test, der rasch durchzuführen ist und der bis heute der empfindlichste Nachweis für LPS ist, wird in der Biotechnologie und der pharmazeutischen Produktion (zum Beispiel von Impfstoffen) eingesetzt, um sicherzustellen, dass biotechnologische oder/und pharmazeutische Produkte wie rekombinante Proteine, die ja oft in Bakterien hergestellt werden, frei von Endotoxinen sind. Der Test wird auch eingesetzt, um gramnegative Bakterien in der Milch oder in Fleisch nachzuweisen. Darüber hinaus lässt sich mit dem LAL-Test sicherstellen, dass chirurgisches Instrumentarium, Injektions- und Biopsienadeln und Implantate aller Art endotoxinfrei sind, so dass keine endzündlichen Abwehrreaktionen durch eine solche Kontamination zu befürchten sind. Der LAL-Test ist ein sehr gutes Beispiel für den Nutzen, den die Meeresbiotechnologie für den Menschen haben kann.

Es befindet sich eine Reihe von Testverfahren, die dem LAL-Test ähnlich sind, in der Entwicklung. Mehrere der Medizinprodukte, die wir in diesem Abschnitt diskutiert haben, wurden entdeckt, als man Wasserlebewesen untersuchte, um ursprünglich nichtmedizinische Produkte zu entwickeln. Im folgenden Abschnitt werden wir einige dieser Produkte vorstellen.

Nichtmedizinische Produkte 10.5

In diesem Kapitel haben wir eine breite Palette von Anwendungen der aquatischen Biotechnologie untersucht. Um das Potenzial der Gewässer des Planeten Erde noch besser würdigen zu können, werden wir nunmehr einen Blick auf einige „aquatische Produkte" werfen, angefangen bei Reagenzien, die in der Forschung benutzt werden, bis hin zu Lebensmittelzusätzen, die einen Einfluss auf die Biotechnologieindustrie hatten.

Ein Produktpotpourri

In Kapitel 3 haben wir die Bedeutung hitzestabiler Enzyme wie der *Taq*-DNA-Polymerase beschrieben. Das Taq-Enzym wurde aus *Thermus aquaticus*, das in heißen Quellen lebt, isoliert. Die Verfügbarkeit solcher hitzeresistenter Enzyme hat zu einem großen Teil zu dem Erfolg der Polymerasekettenreaktion (PCR) beigetragen.

Die Meere haben sich als eine herausragende Quelle für Enzyme und andere Produkte, die eine wichtige Rolle in der grundlegenden wie angewandten Forschung gespielt haben, erwiesen. Beispielsweise haben Bakterien, die in der Nähe hydrothermaler Quellen (heißer Wasserquellen am Meeresboden) leben, weitere hitzestabile Enzyme geliefert, die in der PCR-Technik eingesetzt werden, sowie weiterhin DNA-Modifikationsenzyme wie Ligasen und neue Restriktionsenzyme.

Andere Enzyme, die von Meeresbakterien hergestellt werden, besitzen eine Reihe interessanter Eigenschaften, die in der Zukunft zu wichtigen Anwendungen führen könnten. Zum Beispiel sind einige Enzyme „salzresistent" – tolerieren hohe Osmolaritäten –, was sie ideal für industrielle Maßstabsvergrößerungsprozeduren macht, in denen Hochsalzlösungen vorkommen. In Kapitel 5 haben wir das lumineszente Bakterium *Vibrio harveyi* und seine Rolle bei der Detektion von Umweltverschmutzungen beschrieben.

Forscher haben im Meer lebende Vertreter der Gattung *Vibrio* entdeckt, die eine Reihe von zum Teil einzigartigen detergenzienresistenten Proteasen enthalten. Diese werden in vielen Herstellungsprozessen eingesetzt und sind für die Waschmittelindustrie höchst interessant. Als ein Ergebnis könnten diese detergenzienresistenten Proteasen potenzielle Anwendungen für den Abbau von Proteinen bei Reinigungsprozessen einschließlich ihrer Verwendung in Reinigungsdetergenzien zur Entfernung von Eiweißflecken aus Kleidungsstücken haben.

Vibrio ist außerdem eine gute Kollagenasequelle. **Kollagenease** ist ein proteolytisches Enzym, dass in der Gewebekultur verwendet wird. Wenn Wissenschaftler danach trachten, Zellen zu vermehren, so wie Leberzellen in Kultur, können sie Kollagenase einsetzen, um das Bindegewebe, das die Zellen zusammenhält, zu verdauen, so dass einzelne Zellen in den Zellkulturschalen dispergiert werden können.

Ein weiteres Produkt der See ist **Carrageen** (Lebensmittelzusatzstoff E 407), ein Bestandteil vieler konservierter Nahrungsmittel, von Zahnpasten und Kosmetika. Dieses sulfatreiche Polysaccharid wird aus Rotalgen gewonnen und seit mehr als 50 Jahren in vielen Produkten eingesetzt. Der Begriff Carrageen bezeichnet keine definierte chemische Verbindung, sondern wird vielmehr für eine ganze Gruppe von Polysacchariden benutzt. Diese unterscheiden sich hinsichtlich ihrer physikochemischen Eigenschaften, zum Beispiel ihrer Gelierfähigkeit als Funktion der Temperatur u. Ä. Als ein Ergebnis wird Carrageen – oder besser Carrageene – als Verdickungsmittel und zur Verbesserung der Textur von Lebensmitteln eingesetzt, um das Gefühl, das beim Verzehr entsteht, zu verbessern. Diese Zusätze verbessern insbesondere die sensorische Akzeptanz vieler tiefgefrorener Nahrungsmittel, die sonst aufgrund der Zellzerstörung durch das Einfrieren nach dem Auftauen eine matschige Konsistenz aufweisen würden. Einige der Hauptanwendungen der Carrageene sind der Einsatz als Stabilisierungs- und Füllstoffe in Kaugummis, in Schokomilch, im Bier und im Wein (zur Klärung), in Salatsoßen, Sirups, Soßen, prozessiertem Fleisch, Klebstoffen, Textilien, Polituren sowie in Hunderten weiteren Produkten. Produkte aus Meeresalgen schauen auf eine lange Geschichte von Anwendungen zurück, und Meeresalgen sind seit Urzeiten von den Menschen geerntet worden. Im Labor wird ihnen ein weiteres Algenprodukt in Form des allgegenwärtigen Agars begegnen.

Die Philippinen sind der größte Produzent von Rotalgen (Rhodophyten), aus denen die Mehrzahl der kommerziellen Carrageene gewonnen wird. Rotalgen werden auch als Quelle für ein Algenprodukt namens Nori (im Deutschen ist die Bezeichnung „Meerlattich" geläufig) geschätzt, aus dem die Umwicklungen für den rohen Sushifisch gefertigt werden. Verbesserungen bei der Anzucht von Tangen (vielzelligen Algen mit blattartigen Körpern) haben dazu geführt, dass auch andere Algenprodukte wie der Agar und Aliginat (Anion der Alginsäure), die wichtige Werkstoffe in der Forschung sind, vermehrt hergestellt werden können. Sie dienen der Erzeugung von Agargelen für die Mikrobenkultur sowie von Agarose, das ein Unterprodukt der Agarverarbeitung für die DNA-Gelelektrophorese ist, die wir in Kapitel 3 erörtert haben.

Biomasse und biologische Verarbeitung

Ein neues Gebiet der Meeresbiotechnologie ist die Erforschung der **Meeresbiomasse**. Eine Algenmatte stellt Biomasse dar, genauso wie ein Fischschwarm. Wie Sie wissen, sind Pflanzen durch den Prozess der Photosynthese für die Produktion von Sauerstoff verantwortlich, in dem Kohlendioxid und Wasser in Kohlenhydrate und Sauerstoff umgewandelt werden. Meerespflanzen (einschließlich Seetang, Seegras und Planktonalgen) setzen die Photosynthese ein, um eine enorme Menge von Energie (fast 30 % der Energieproduktion weltweit) von der Sonne einzufangen und in chemische Energie umzuwandeln.

Kann chemische Energie aus solcher Biomasse gewonnen werden? Wissenschaftler untersuchen Wege, auf denen sich Pflanzen nutzen lassen, um alternative Treibstoffe zu produzieren. Beispielsweise ist es vielleicht möglich, sich die raschen biosynthetischen Fähigkeiten von Meeresalgen mit ihrer Fähigkeit, Kohlenwasserstoffe und Lipide in außerordentlichen Mengen zur Bereitstellung alternativer Quellen von Werkstoffen, die normalerweise kostenintensiv zu produzieren oder aus Naturwerkstoffen zu isolieren sind, zunutze zu machen. In ähnlicher Weise ist es vielleicht möglich, Meeresbiomasse in Treibstoffe wie Ethanol umzuwandeln.

Das Forschungslaboratorium der US-Marine hat mögliche Wege, um Plankton als submerse „Brennstoffzellen“ zu nutzen, erforscht. Pflanzliche Planktonorganismen setzen in den oberen Wasserschichten Energie frei, wenn sie Photosynthese betreiben, wohingegen Plankton näher am Grund der Meere (wo es weniger Sauerstoff gibt) andere Reaktionen nutzt, um Energie zu gewinnen. Als ein Ergebnis haben Wissenschaftler gefunden, dass dieses Plankton einen elektrischen Potenzialgradienten von der Oberfläche bis zum Grund des Meeres aufbaut, der geerntet werden kann, um eine unbestimmte Elektrizitätsquelle zu produzieren. In der Zukunft könnte sich der Ozean als eine wertvolle Quelle für die Energieversorgung erweisen. Schließlich erforschen Wissenschaftler Wege, auf denen Biomasse von Meeresalgen benutzt werden kann, um die Assimilation von Kohlendioxid zu steigern, damit Treibhauseffekte auf der Erde vermindert werden können.

Im Zusammenhang mit Anwendungen der Biomasse erforschen Meereswissenschaftler Wege, wie die biologische Verarbeitung Meeresprodukte einbeziehen könnte. Biologische Verarbeitung ist ein allgemeiner Ausdruck, der technische Ansätze beschreibt, die biologische Systeme bei der Herstellung eines Produkts anwenden. Direkt oder indirekt beinhaltet vieles bei der Biotechnologie irgendeine Art von biologischer Verarbeitung. Die Herstellung rekombinanter Proteine von Wichtigkeit ist ein biologisches Verarbeitungsereignis. Meeresbiologen erforschen, wie Meereslebewesen dazu benutzt werden können, eine Vielzahl von Polymeren und anderen Biomaterialien, die vielleicht für andere industrielle Prozesse benutzt werden könnten, herzustellen. Beispielsweise werden Austernschalenproteine als Zusätze zu Waschmitteln und anderen Lösungsmitteln als nichtgiftige, biologisch abbaubare Alternative zu gegenwärtig verwendeten Stoffen in Betracht gezogen. Wir beenden dieses Kapitel mit einer Diskussion, wie aquatische Organismen bei der biologischen Umweltsanierung eingesetzt werden können.

10.6 Umweltanwendungen der aquatischen Biotechnologie

Unglücklicherweise haben die Meere der Welt lange Zeit als Müllabladeplatz für die Hinterlassenschaften der Menschheit und ihrer Industrien gedient, und es wurde zu wenig Augenmerk auf die Wirkungen der Verschmutzungen auf Fischbestände, Meereslebewesen und die Umwelt gelenkt. Es ist unabweisbar, dass Ozeane keine unbegrenzte Fähigkeit zur Aufnahme von Abfällen ohne Folgen haben, und wir sehen die Folgen davon, weil Feuchtgebiete und Küstengebiete – die wichtige Lebensräume für das Ablaichen vieler Meeresarten und das Aufwachsen junger Meeresorganismen sind – Anzeichen eines schweren Niedergangs aufgrund von Umweltverschmutzungen und menschlichen Einflusses zeigen.

In den Kapiteln 5 und 9 haben wir erörtert, wie Bakterien eingesetzt werden können, um Umweltverschmutzungen nachzuweisen und abzubauen. Viele Mikroorganismen sind benutzt worden, um aquatische Ökosysteme zu reinigen. In diesem Abschnitt werden wir sehen, wie aquatische Organismen verwendet werden können, dabei zu helfen, Verschmutzungen der Umwelt, in der wir leben, zu beseitigen und zu kontrollieren.

Agenzien für Schutzanstriche

Die Biofilmbildung beschreibt das flächenhafte Anheften von Mikroorganismen an Oberflächen. Diese Oberflächen können von Menschenhand hergestellte Oberflächen wie Schiffsrümpfe, die Innenwände von Rohren, Betonwände oder Poller an Hafenanlagen sowie Brückenfundamente sein. Die Biofilmbildung vollzieht sich auch auf der Oberfläche von Meereslebewesen, besonders den Schalen von Weichtieren. Falls Sie sich jemals an einem Bootsanleger oder einer Kaianlage aufgehalten haben, sind Ihnen ohne Zweifel die Effekte der Biofilmbildung an Unterwasserstrukturen aufgefallen.

Neben der Biofilmbildung kommt es im Meerwasser zu einem Bewuchs mit Entenmuscheln, makroskopischen Algen und Muscheln (► Abbildung 10.14 a). Der Begriff Biofilm legt ja die Assoziation nabe, dass die verantwortlichen Mikroorganismen zu einem dichten Rasen, der aus mehreren Schichten bestehen kann, heranwachsen. Gleiches gilt für manche Formen des makroskopischen Aufwuchses, zum Beispiel bei schwerem Muschelbesatz. Die Biofilmbildung ist jedoch nicht allein ein marines Phänomen. Auch in den Rohrleitungen, die Häuser versorgen, kann es zur Biofilmbildung kommen. Auch Aquarianer sind mit dem Phänomen vertraut. Es kann sogar auf Kontaktlinsen dazu kommen. Und auf den Zähnen kommt es regelmäßig zur Biofilmbildung, die dort als Zahnbelag bezeichnet wird. Bakterien, die sich auf implantierten Prothesen oder anderen medizinischen Geräten niederlassen, sind ein weiteres Beispiel für eine Biofilm- oder Belagsbildung. Während das Zähneputzen zur Miniminierung solcher Belagsbildung zur täglichen Routine gehört, sind solche einfachen „Kuren" für die Beseitung von Biofilmen im Meerwasser nicht verfügbar.

Biofilme können erhebliche Probleme verursachen. So kann etwa ein Aufwuchs auf einem Schiffsrumpf dessen Wasserwiderstand erheblich erhöhen, so dass sich die Geschwindigkeit vermindert bzw. der Energieaufwand für die Bewegung erhöht. Eine fortschreitende Belagsbildung im Innern von Rohrsystemen kann zu einer vollständigen Verstopfung führen und so die Wasserversorgung oder Filter lahmlegen. Metalloberflächen unterliegen unter Umständen dadurch einer erhöhten Korrosion. Der Bewuchs mit hartschaligen Siedlern wie Mollusken kann sehr kostspielige Entfernungen nach sich ziehen (► Abbildung 10.14 b).

Traditionell haben sich Schutzanstriche gegen Aufwuchs giftiger Chemikalien bedient, zum Beispiel kupfer- oder quecksilberhaltige Pigmentfarben. Diese Metalle können jedoch aus den Lacken ausgelaugt werden und zu Umweltschäden an nützlichen Organismen führen. Als ein Ergebnis untersuchen Forscher die natürlichen Mechanismen, die viele Organismen einsetzen, um eine biologische Belagsbildung auf ihrer eigenen Oberfläche zu unterbinden. Falls die Biofilmbildung sowohl auf menschengemachten Oberflächen wie auf den Oberflächen von Meeresorganismen ein Problem ist, wie minimieren dann Muscheln, Schnecken und Wasserschildkrö-

Abbildung 10.14: Unerwünschte Eindringlinge erzeugen Aufwuchs, der ernste ökonomische Folgen haben kann. (a) Das unkontrollierte Wachstum unerwünschter Arten wie der Wandermuschel (*Dreissena polymorpha*) zieht viele Probleme nach sich. (b) Muscheln, Entenmuscheln (*Pollicipes pollicipes*, die zu den Rankenfußkrebsen gehören) und andere mehr können widerstandsfähigen Aufwuchs hervorbringen.

ten den Aufwuchs und verhindern, dass ihre Schalen von koloniebildenden Lebewesen völlig überwuchert werden? Wissenschaftler setzen molekulare Techniken ein, um die Antwort zu finden. Man nimmt an, dass einige Organismen abstoßende Substanzen erzeugen, während andere Moleküle zu erzeugen scheinen, die die Festsetzung von Fremdorganismen verhindern (► Abbildung 10.15). Viele Meerespflanzen, wie das große Seegras (*Zostera marina*) und Algen, stellen Inhaltsstoffe her, die Bakterien, Pilze und Algen an der Adhäsion hindern oder neutralisieren. In der nahen Zukunft könnten diese Verbindungen vielleicht eingesetzt werden, um Schutzanstriche für Schiffsrümpfe, Aquakulturgerätschaften und andere, für die Biofilmbildung empfängliche Oberflächen zu zu erhalten.

Während der Kampf gegen Biofilme und anderen Bewuchs die Kontrolle des Wachstums von Meeresorganismen beinhaltet, sind Meeresbiotechnologen auch daran interessiert zu verstehen, wie Meereslebewesen chemische Umweltverschmutzungen erkennen können; dies kann als erster Schritt zur Entwicklung von Methoden zur Kontrolle und Beseitung von Umweltverschmutzungen dienen.

Biosensoren

Viele Gruppen arbeiten daran, aquatische Lebewesen als Biosensoren zum Nachweis niedriger Konzentrationen von die Umwelt verschmutzenden Stoffen nutzbar zu machen. In Kapitel 5 haben wir erörtert, wie biolumineszente Bakterien als Biosensoren eingesetzt werden können. Einige Arten biolumineszieren, um ihre Umgebung zu erhellen, andere leuchten, um in der Tiefe des Ozeans einen Paarungspartner zu finden. Die meisten biolumineszenten Fische unterhalten eine symbiontische Beziehung zu dem biolumineszenten Bakterium *Vibrio fischeri*.

V. fischeri und andere biolumineszente Typen wie *V. harveyi* bringen *lux*-Gene zur Expression, welche für das Licht erzeugende Enzym Luciferase codieren. Als Reaktion auf sich ändernde Umweltbedingungen kann sich die Menge des ausgesandten Lichts bei *Vibrio* ändern. Aufgrund dieser Fähigkeit sind Vibrio als Biosensor zum Nachweis von Umweltverschmutzungen wie organischer Chemikalien und stickstoffhaltiger Verbindungen in der Meeresumgebung eingesetzt worden.

Nicht allein, dass einige Meereslebewesen nützlich für den Nachweis von Umweltverschmutzungen sind, viele Meeresarten besitzen offenbar auch Stoffwechselwege für den Abbau einer Palette von Substanzen sowohl natürlichen wie anthropogenen Ursprungs. Ein Hochmaß an Forschung ist darauf gerichtet, Stoffwechselwege zu charakterisieren, die in Abbauprozesse eingeschaltet sind, um zu ermitteln, wie Meeresorganismen vielleicht eingesetzt werden können, um die Umwelt von einer Vielzahl von gefährlichen Stoffen, die in die Meeresumwelt eintreten können, zu säubern oder zu kurieren.

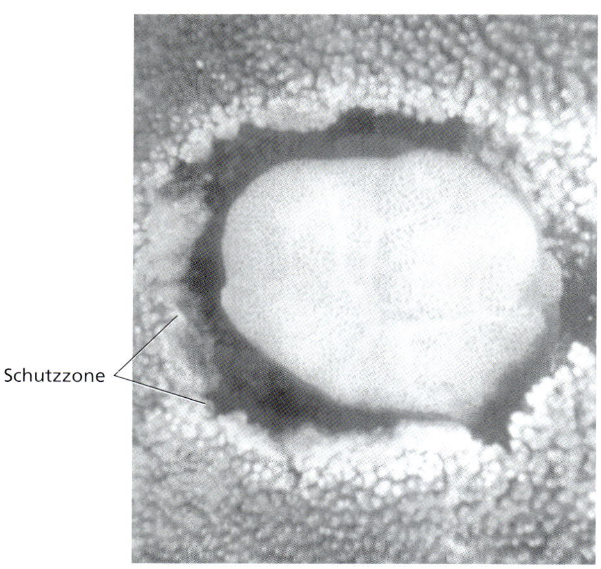

Abbildung 10.15: Viele Meereslebewesen verfügen über natürliche Schutz- und Abwehrmechanismen gegen Aufwuchs. Viele stationär lebende (immobile) Meereslebewesen scheiden Abwehrstoffe aus, die eine Schutzzone (als dunkler, ausgesparter Bereich um diese Koralle erkennbar) um sie herum erzeugen. Diese Stoffe können kolonisierende Mikroorganismen fernhalten und das Lebewesen vor vielen Fressfeinden schützen.

Umweltsanierung

Erinnern Sie sich an unsere Diskussionen in den Kapiteln 5 und 9, in denen wir beschrieben haben, wie ansässige Mikroorganismen oder gentechnisch gezüchtete Stämme benutzt werden, um bestimmte Chemikalien abzubauen. In ganz ähnlicher Weise verfügen Meereslebewesen über einzigartige Mechanismen zum Abbau von Substanzen, einschließlich giftiger organischer Verbindungen wie Phenol und Toluol, Ölbestandteile, die sich in Hafenbecken und im Umkreis von Ölbohrinseln finden.

Eine der frühesten Techniken, die bei der Meeressanierung eingesetzt worden ist, war die Erhöhung der Menge an Schalentieren in verschmutzten Gebieten. Wissenschaftler brachten Gestelle mit Muscheln in verschmutzte Gewässer ein, um sich die natürliche Ernährungsweise der *Bivalvia* zunutze zu machen. Da diese sessilen Tiere Filtrierer sind, entfernen sie durch die Entnahme von Planktonorganismen indirekt viele Abfallstoffe, die zuvor vom Mikroplankton assimiliert worden waren. Dadurch reichern sich einige Stoffe, die weder von den Planktonlebewesen noch von den Muscheln abgebaut werden können, im Gewebe der Muscheln an. In gewissen Zeitabständen können die Muscheln dann aus dem Wasser entnommen und entsorgt werden. Allerdings ist es nicht leicht, die Wirkung solcher Maßnahmen im Vergleich zu einfachen Verdünnungseffekten durch Wasserbewegungen und ähnliche Effekte quantitativ zu bestimmen.

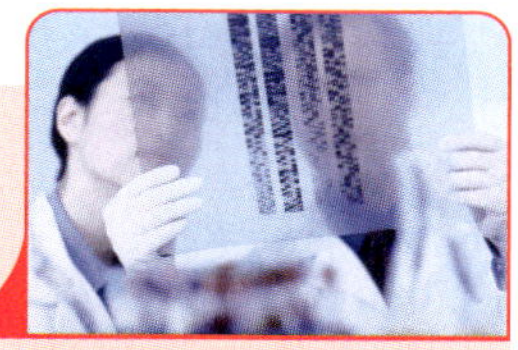

BERUFSPRAXIS

Tätigkeiten in der Aquakultur

Die Aquakultur bietet eine vielschichtige Palette aufregender Berufsmöglichkeiten. Weltweit arbeiten nährungsweise 36 Millionen Menschen in der Aquakultur und angrenzenden Gebieten. Diejenigen, die eine Einstiegs- oder Technikerposition innehaben, halten geeignete Umweltbedingungen für die kultivierten Tiere oder Pflanzen aufrecht, füttern oder düngen diese und entfernen Futterreste, wechseln das Wasser, reinigen Filter usw. Obwohl die Computersteuerung von Anlagen immer mehr Verbreitung findet, ist die Überwachung durch Inaugenscheinnahme der gehaltenen Lebewesen nicht zu unterschätzen. So können Änderungen im Wachstum, dem Fress- oder sonstigen Verhalten Probleme ankündigen, denen Aufmerksamkeit zuteil werden muss. Nichtsdestotrotz sind handwerkliche Verrichtungen ein wichtiger Teil der Arbeit. Selbst der Vorarbeiter und der Verwalter einer Anlage werden von Zeit zu Zeit vermutlich nass werden. Das gehört dazu.

Es gibt viele mögliche Laufbahnen in der Aquakultur. Ingenieure legen Produktionsstätten aus. Biologen und Tierärzte entwickeln Ernährungspläne für ein optimales Wachstum. Genetiker züchten neue Hybridsorten von Pflanzen und Tieren, die kultiviert werden und die schneller wachsen oder Merkmale aufweisen sollen, die besser für die Vermarktung geeignet sind oder die Widerstandskraft erhöhen. Es gibt auch Möglichkeiten für Verkaufspositionen in der Aquakultur, weil schließlich jemand das Endprodukt verkaufen muss. Falls das kultivierte Produkt nicht mit Profit verkauft wird, ist eine gehörige Anstrengung vergeudet worden.

Die, die in das Aquakulturfeld auf dem Niveau des Technikers einsteigen, sollten einen Hintergrund in den Naturwissenschaften oder der Tierpflege haben. Es gibt begrenzte Beschäftigungsmöglichkeiten für ungelernte Kräfte, die lediglich einen einfachen Schulabschluss mitbringen, doch werden die meisten Betriebe motivierte Personen mit einer abgeschlossenen Hochschulausbildung bevorzugen. Ein Bachelorabschluss in Biologie oder einer verwandten Disziplin und Erfahrungen in Aquakultur sind von Vorteil und diejenigen, die in die Forschung gehen, werden mindestens ein Diplom oder einen Masterabschluss benötigen, wenn nicht gar die Promotion. Die Erfahrung ist ein wundervoller Lehrmeister und alle, die ein Interesse an der Fisch- oder Pflanzenhaltung haben, sollten jede Gelegenheit nutzen, um Erfahrungen zu sammeln. Darüber hinaus gilt, dass ein Aquakulturiker sich mit Installationsfragen beschäftigen muss. Falls Sie je Gelegenheit haben, an einem Kursus in Installation teilzunehmen, lassen Sie diese nicht verstreichen. Kenntnisse sowohl im Bereich der Luft- wie der Wasserpumpen und der Grundlagen der Hydrodynamik sind von kritischer Bedeutung, da sie unabdingbar zur Aquakultur gehören.

Fische und Pflanzen sind Lebewesen. Falls man sie vernachlässigt, sterben sie früher oder später ab. Das Wasserleben muss daher täglich – manchmal sogar mehrmals am Tag – überwacht und kontrolliert werden. Fische müssen gefüttert, Filteranlagen gereinigt werden; die Mengen an Sauerstoff und Stickstoffverbindungen (Nitrat, Ammonium) müssen gemessen und gegebenenfalls eingestellt werden. Fressfeinde müssen unter Umständen ins Auge gefasst werden. Schließlich muss der Gesamtzustand des Systems abgeschätzt werden. Ohne fachkundiges Personal, das einen Bestand an Nutztieren oder -pflanzen im Auge behält, wird der Produktionsprozess zum Erliegen kommen, und das in den meisten Fällen sehr rasch.

Die Arbeitsbedingungen variieren, weil sich die Aquakultur nicht in einem festgelegten Umfeld abspielt. Fische und Schalentiere können sowohl in kalten wie in warmen Klimaten aufgezogen werden. Tiere können drinnen oder draußen kultiviert werden, und Pflanzen werden für gewöhnlich in Gewächshäusern gezogen. Die Arbeitsbedingungen können nass sein, doch sind sie für gewöhnlich recht komfortabel, außer bei der Netzkultur des Lachses, bei der eine Person sich bei unerquicklich kaltem Wetter auf einem Floß beim Abschlagen von Eis wiederfinden kann.

Die Gehälter hinken in der Aquakultur, wie in den meisten Landwirtschaftsbereichen, hinter denen anderer Bereiche der Biotechnologie her. Die, die sich im Aquakulturgeschäft verdingen, sehen sich den gleichen Lohnungewissheiten wie Landbauern gegenüber, die zwei bis drei Jahre warten müssen, bis sie ihr Produkt verkaufen können. Doch ist die Beschäftigung mit dem Bestand und die Freiheit, in einer oft schönen Außensituation zu arbeiten, reizvoll. Menschen entwickeln ein mehr als nur oberflächliches Interesse an den Fischen oder Schalentieren, die gezogen werden, und ein Gefühl von Besitzerstolz verbindet sich damit. Das Gleiche gilt für die Zierpflanzen, die angebaut werden.

Die Aussichten auf dem Arbeitsmarkt der Aquakultur sind gut, weil die Menschen in aller Welt immer mehr Fisch essen. Falls die Ozeane der Welt nur eine endliche Menge an Fisch und Meeresfrüchten hervorbringen können, muss die Aquakultur einen Gang heraufschalten und diese Nachfrage befriedigen. Dieser Bereich der Landwirtschaft und Biotechnologie wird sich in der Zukunft ganz bestimmt ausweiten, und mit ihm alle damit in Verbindung stehenden Beschäftigungen.

Eine Schwermetallkontamination mariner Gewässer als Folge industrieller Einleitungen ungeklärter Abwässer ist massiv. Als Lösung für dieses Problem haben Wissenschaftler Meeresbakterien isoliert, die Metalle wie Eisen, Mangan, Nickel und Kobalt oxidieren. Einige dieser Bakterien können auch benutzt werden, um wichtige Metalle aus Erzen mit niedrigem Gehalt zu extrahieren. Darüber hinaus exprimieren einige Meeresbakterien und einzellige Algen Metallothioneine – das sind bestimmte metallbindende Proteine. Diese Arten vermehren sich auch noch in Wasser, das mit Kadmium oder anderen Schwermetallen belastet ist. Wissenschaftler suchen nach Wegen, um mit diesen Organismen wertvolle und teure Metalle wie Gold und Silber aus Herstellungsprozessen zu extrahieren, zurückzugewinnen und wiederzuverwenden.

Viele Meereslebewesen stellen Stoffe her, die wertvoll für den Abbau und die Weiterverarbeitung einer Reihe von Abfallstoffen sind. Durch Verwendung von Wasserlebewesen oder deren Produkten ist es möglich, den Abfallabbau in natürlichen Umgebungen oder in Bioreaktoren, die mit diesen Organismen angeimpft sind, in der gleichen Weise anzuregen, wie sich Kläranlagen bei Abbau von Fäkalabfällen auf Bakterien stützen. Beispielsweise haben Mikrobiologen im US-Landwirtschaftsministerium damit experimentiert, Algen auf großen Matten anzuzüchten, die dann als natürliches Filtermaterial dienen sollen. Diese Algenmatten wirken wie die dem Aquarianer bekannten porösen Substrate in Aquarienfiltern, auf denen sich Mikroorganismen ansiedeln, die Schadstoffe abbauen. Abwässer, die mit Tierfäkalien aus der Landwirtschaft verunreinigt sind, werden über die Filtermatten geleitet; dabei absorbieren die Algen darin enthaltene Stoffe und verstoffwechseln diese. Die stickstoffhaltigen Abfallstoffe sind Dünger für die Algen, die zu dicken Matten aufwachsen. Dies entspricht einer kontrollierten Überdüngung und der Mattenbildung bei einer Algenblüte in überdüngten (eutrophierten) Gewässern. Die Algen werden periodisch abgeerntet. Wie das Gras im Garten wachsen sie aber rasch wieder nach. Wasser, das auf diese Weise gereinigt worden ist, kann zur Bewässerung benutzt werden, und die Algen können als Tierfutter (für Wiederkäuer wie Rinder), als Dünger für Felder oder zur Produktion von Biogas verwendet werden. Ähnliche Experimente sind in Florida mit Wasserhyazinthen *(Eichhornia crassipes)* gemacht worden, um mit Phosphor- und Stickstoffverbindungen überdüngte Gewässer chemisch zu verarmen.

ÜBUNGSAUFGABEN

Die Antworten finden Sie in Anhang A.

1. Beschreiben Sie die Unterschiede zwischen transgenischen und triploiden Fischen und erörtern Sie, wie diese Typen genetisch veränderter Fische erzeugt werden können.
2. Schlagen Sie Verfahren vor, mit deren Hilfe sich die von genetisch veränderten Meeresbewohnern ausgehenden Risiken abschätzen lassen. Betrachten Sie diese Frage sowohl vom Standpunkt des Konsums genetisch veränderter Arten sowie dem der Einbringung solcher Organismen in natürliche Umwelten.
3. Erstellen Sie eine Liste der Argumente für und wider die Aquakultur.
4. Beschreiben Sie den interessantesten Aspekt der aquatischen Biotechnologie, von dem Sie in diesem Kapitel gelesen haben. Was würden Sie wählen? Warum fanden Sie diesen Aspekt besonders interessant?
5. Benennen Sie einige Eigenschaften eines aquatischen Lebewesens, die für die aquatische Biotechnologie interessant sein könnten.
6. Geben Sie Beispiele für Fische und Schalentiere, die von Bedeutung für die Aquakultur sind.
7. In diesem Kapitel haben wir uns zumeist auf Anwendungen der aquatischen Biotechnologie konzentriert, die von Nutzen für den Menschen sind. Viele Biotechnologen, die im Bereich der aquatischen Biotechnologie arbeiten, sind daran interessiert, diese zur Verbesserung nativer Populationen aquatischer Lebewesen einzusetzen (Fische oder Schalentiere), überall in der Welt. Schlagen Sie wenigstens drei Arten und Weisen vor, wie die Biotechnologie eingesetzt werden kann, um Fischbestände zu restaurieren.

WEITERFÜHRENDE LITERATUR

Bücher

M. Hochleithner: Aquakultur Technologie. Fischzucht und Zubehör. Katalog. Planung – Produktion – Vertrieb. Aqua Tech Publication (2002); ISBN: 3-9500-9685-X.

P. Proksch und W. Müller (Hrsg.) et al.: Frontiers in Marine Biotechnology. Horizon Bioscience (2006); ISBN: 1-904933-18-1.

W. Schäperclaus, M. von Lukowicz: Lehrbuch der Teichwirtschaft. 4. Auflage Ulmer (1997); ISBN: 3-800-14565-0.

Artikel in Fachzeitschriften

P. Aleström, J. Holter und R. Nourizadeh-Lillabadi: Zebrafish in functional genomics and aquatic biomedicine. Trends in Biotechnology (2006), vol. 24, no.1: 15–21.

C. Hew und G. Fletcher: The role of aquatic biotechnology in aquaculture. Aquaculture (2001), vol. 197: 191–204.

P. Proksch, R. Edrada-Ebel und R. Ebel: Apotheke am Meeresgrund: Bioaktive Naturstoffe aus marinen Schwämmen. Biologie in unserer Zeit (2006), vol. 36, no. 3: 150–159.

WEB-LINKS

Weitere Informationen zu diesem Buchkapitel
http://www.pearson-studium.de

Trinkwasserverordnung der Bundesrepublik Deutschland
http://www.gesundheitsamt.de/alle/gesetz/tw/twv/index_neu.htm

Aquakulturtechnik.de
http://www.aquakulturtechnik.de
Eine übersichtliche Internetseite über die Aquakultur. Die Seite bietet auch einen Stellenmarkt mit Ausschreibungen und Stellengesuchen.

Alfred Wegener Institut für Polar- und Meeresforschung
http://www.awi-bremerhaven.de

Europäische Kommission zur Aquakultur
http://ec.europa.eu/fisheries/faq/aquaculture_de.htm

Kugelfischgenomprojekt
http://www.fugu-sg.org

Intrafish
http://www.intrafish.com
Ausgezeichnete Quelle für aktuelle Nachrichten aus der Aquakultur aus der ganzen Welt. Zur Nutzung der Seite ist eine kostenlose Registrierung erforderlich.

Weltaquakulturgesellschaft
http://www.was.org
Internetseite für eine Organisation, die begründet wurde, um die Kommunikation zwischen den Aquakulturgemeinschaften in aller Welt zu fördern.

Food and Agriculture Organization der Vereinten Nationen
http://www.fao.org

Medizinische Biotechnologie

11

ÜBERBLICK

Nachdem Sie dieses Kapitel durchgearbeitet haben, sollten Sie in der Lage sein:

- Beispiele für Modellorganismen anzugeben und zu erklären, warum diese von Bedeutung sind.
- Zu beschreiben, wie unterschiedliche Karyotypisierungstechniken eingesetzt werden können, um Chromosomenabberationen bei Föten und Erwachsenen aufzuspüren.
- Zu erklären, wie molekulare Techniken für genetische Testverfahren eingesetzt werden können.
- Zu erklären, warum Einzelnucleotidpolymorphismen wichtige Hinweise auf Erbkrankheiten zu liefern vermögen.
- Das Gebiet der Pharmakogenomik zu definieren und Beispiele anzugeben, warum die Pharmakogenomik entscheiden wird, wie viele Erbkrankheiten zukünftig behandelt werden können.
- Zu diskutieren, wie monoklonale Antikörper für die Behandlung von Krankheiten eingesetzt werden können.
- Den Zweck der Gentherapie zu verstehen und die Gentherapie in vivo der Gentherapie ex vivo und unterschiedlichen Geneinschleusungstechniken vergleichend gegenüberzustellen.
- Mögliche Anwendungen und Grenzen der Gentherapie zu erkennen.
- Das Feld der regenerativen Medizin zu definieren und Beispiele dafür zu geben, wie Zell- und Gewebeverpflanzungen und die Organtechnik eingesetzt werden können.
- Zu verstehen, was Stammzellen sind, und zu beschreiben, wie man sie isolieren kann. Weiterhin sollten Sie in der Lage sein, Beispiele für mögliche Therapieansätze zu geben, die vielleicht in der Zukunft auf der Grundlage von Stammzellen entwickelt werden könnten.
- Therapeutisches Klonieren und reproduktives Klonieren vergleichend gegenüberzustellen.
- In aller Kürze zu erklären, wie molekularbiologische Techniken und das Humangenomprojekt eingesetzt werden, um Gene zu kartieren, die in bestimmten Allelen Krankheiten hervorrufen können.

Bislang haben wir nicht nur Beispiele für gegenwärtige Anwendungen der Biotechnologie gegeben, die unser aller tägliches Leben schon heute beeinflussen, sondern haben auch mögliche Zukunftsfelder der Biotechnologie in die Betrachtung einbezogen. Es gibt möglicherweise kein Feld der Biotechnologie, das mehr Hoffnungen weckt, von größerem Optimismus getragen wird und mehr kritische Debatten auslöst als die **medizinische Biotechnologie**. Anwendungen medizinischer Biotechnologie gibt es seit Jahrzehnten. So wurden schon vor Hunderten von Jahren Egel eingesetzt, um Krankheiten durch „Aderlass" zu kurieren. Die Mediziner früherer Zeiten waren der Meinung, durch die Verwendung von Egeln würde dem Kranken „krankes" oder krankmachendes Blut aus dem Körper gezogen. Wir leben in aufregenden Zeiten, da die Fortschritte der medizinischen Biotechnologie sich mit einer atemberaubenden Geschwindigkeit entwickeln. Das geht so weit, dass selbst der gute alte Egel sich heute wieder des Interesses der Mediziner und Biotechnologen erfreut. Dabei geht es nicht so sehr um seine Fähigkeiten als Blutsauger als vielmehr um die Enzyme im Speichel des Ringelwurms, die Blutgerinsel aufzulösen vermögen und die möglicherweise eingesetzt werden können, um thrombotische Krankheitszustände wie Schlaganfälle und Herzinfarkte zu behandeln.

Die medizinische Biotechnologie schließt viele Themen mit ein, die wir im Verlauf des Buches schon behandelt haben. Von der Entwicklung neuer pharmazeutischer Wirkstoffe bis zu der Aussicht, Stammzellen und Klonierungstechniken einzusetzen, erscheinen die Möglichkeiten der medizinischen Biotechnologie schier unglaublich. Manchen Menschen, einschließlich mancher Wissenschaftler, erscheinen sie aber auch alarmierend. Anwendungen der medizinischen Biotechnologie werden die Art und Weise, wie wir in der Zukunft medizinisch behandelt werden, beeinflussen.

In diesem Kapitel betrachten wir eine Reihe unterschiedlicher Anwendungen der medizinischen Biotechnologie und erörtern viele potenzielle Einflussmöglichkeiten dieses sehr aufregenden Gebiets. Wir beginnen mit einem Überblick darüber, wie molekularbiologische Techniken eingesetzt werden können, um Krankheiten zu diagnostizieren. Dabei richten wir unser Augenmerk auf innovative Medizinprodukte, die mit Hilfe der Biotechnologie entwickelt wurden. Dann geben wir eine Einführung in die Anwendungen und Beispiele für die hypothetische Gentherapie, bevor wir die regenerative Medizin diskutieren. Das Kapitel schließt mit einer Diskussion des Humangenomprojektes und der Entdeckung menschlicher „Krankheitsgene".

11.1 Die Stärke der Molekularbiologie: Nachweis und Diagnose menschlicher Krankheitszustände

2003 beging die Gemeinde der Wissenschaftler das 50-jährige Jubiläum der Aufklärung der Struktur des Erbmoleküls DNA durch die Forscher James Watson, Francis Crick und Maurice Wilkins. Seitdem hat sich die Molekularbiologie mit einer erstaunlichen Geschwindigkeit entwickelt. Dabei hat sie den Wissenschaftlern und Medizinern Techniken an die Hand gegeben, die beim Kampf gegen Krankheiten wirkungsvolle Werkzeuge darstellen.

Modellsysteme menschlicher Krankheiten

Viele der Anwendungen, von denen Sie in diesem Kapitel lesen werden, sind möglich geworden, weil es bedeutungsvolle **Modellorganismen** gibt. Wie Sie in Kapitel 7 gelernt haben, haben insbesondere Mäuse, Ratten, Fadenwürmer und Fliegen wichtige Rollen gespielt, die es den Forschern schließlich ermöglicht haben, Rückschlüsse auf menschliche Krankheitszustände zu ziehen. Viele Menschen halten sich für unvergleichlich, weil wir die Fähigkeit haben, durch Sprache und Schrift zu kommunizieren, weil wir aufrecht gehen, Musik machen, Pizzas herstellen und andere Planeten erforschen. Auf der genetischen Ebene ist unsere Einzigartigkeit jedoch weit weniger ausgeprägt. Von einzelligen Hefepilzen und einfachen Faden- und anderen Würmern bis hin zu den Mäusen haben wir mit vielen anderen Lebensformen eine große Zahl genetischer Funktionsträger gemeinsam. Eine Reihe von beim Menschen auftretenden Erbkrankheiten findet sich auch bei den Modellorganismen. Aus diesem Grunde ziehen Wissenschaftler diese Modellorganismen bei der Identifizierung von „Krankheitsgenen" und zum Test neuartiger Verfahren wie der Gentherapie heran, um deren Wirksamkeit und Sicherheit zu testen, bevor sie die Methoden in **klinischen Versuchen** am Menschen ausprobieren.

Modellorganismen sind von großer Bedeutung für die Wissenschaft, weil wir das Erbgut des Menschen nicht für experimentelle Zwecke verändern können. Es wäre unethisch und auch rechtswidrig, Menschen zwangsweise zu züchten und Gene zu entfernen, um zu erforschen, welche Funktion diese erfüllen. Diese methodischen Ansätze werden jedoch regelmäßig angewendet, um Gene in den Modellorganismen zu erforschen. Mäuse, Ratten, Hühner, Hefen, Fruchtfliegen, Fadenwürmer, Frösche und der beliebte Aquarienfisch Zebrabärbling haben ausnahmslos wichtige Rollen bei unserem Bestreben, die Genetik des Menschen zu verstehen, gespielt. Außerdem gibt es natürlich Forscher, die sich für die Vielfalt des Tierreichs und des Lebens an sich interessieren. Viele Gene sind im Verlauf der Stammesgeschichte funktionell erhalten geblieben. Falls es gelingt, diese Gene in den Modellorganismen zu identifizieren, lassen sich darauf aufbauend Hypothesen bilden und Voraussagen zur Funktion solcher Gene beim Menschen ableiten.

Viele Gene, die man in anderen Arten, die als Muster oder Modelle dienen, gefunden hat, besitzen ähnliche Gegenstücke beim Menschen, die man anhand der Ähnlichkeit in der Basenfolge (Sequenz) identifiziert hat. Gene, die auf diese Art miteinander „verwandt" sind und die auf einen gemeinsamen Ursprung – also ein einziges Vorläufergen – zurückgeführt werden können, werden als homolog bezeichnet. Sie sind also **Homologe** oder *homologe Gene*. Auf dieser Grundlage kann etwa ein Gen, von dem man annimmt, dass es beim Menschen an einem bestimmten Krankheitsprozess beteiligt ist, in einem Tiermodell eliminiert oder in seiner Funktion gestört werden (wir haben das in Kapitel 7 erörtert). Die Wirkungen, die das auf das Lebewesen als solches hat, können dann mit dem Ziel, die Funktion des Gens im Organismus zu verstehen, an dem Modell untersucht werden. So hat man beispielsweise vor einigen Jahren entdeckt, dass Mäuse fettleibig werden, wenn bei ihnen das Gen *ob* (für Obesitas = Fettsucht) nicht funktioniert oder fehlt (► Abbildung 11.1). Das Genprodukt des *ob*-Gens ist das Peptidhormon Leptin (*leptos*, gr. „leicht"). Leptin wird von den Zellen des Fettgewebes (Adipozyten) hergestellt und in den Blutstrom ausgeschüttet. Mit diesem gelangt es in das Gehirn, wo es im Hypothalamus an Rezeptoren bindet. Diese Nervenzellen sind an der Regulierung des Hungergefühls beteiligt. Das in der Folgezeit aufgefundene homologe Leptin des Menschen hat zu neuen Forschungen geführt, die mit der großen Hoffnung verbunden sind, neue Einsichten in den Fettstoffwechsel und die genetischen Grundlagen der krankhaften Fettleibigkeit zu gewinnen.

In einigen Fällen infantiler Adipositas (Fettsucht im Kindesalter) fanden sich bei den Betroffenen Mutationen des *ob*-Gens. Einige extrem fettleibige Kinder in England wurden mit Leptin behandelt und haben in ersten vorläufigen Studien gut auf die Substanz reagiert.

Historisch bedeutsame wissenschaftliche Entdeckungen auf allen Teilfeldern der Biologie wie Anatomie, Physiologie, Biochemie, Zellbiologie, Entwicklungsbiologie, Genetik und Molekularbiologie sind an Modellorganismen gemacht worden. So sterben etwa in Embryonen Zellen ab, um Platz für andere zu machen. Woher weiß das sich entwickelnde System des Körpers, an welcher Stelle ein bestimmtes Organ gebildet werden muss? Und wie wird festgelegt, welche Zellen absterben sollen, um „den anderen Raum zu geben"?

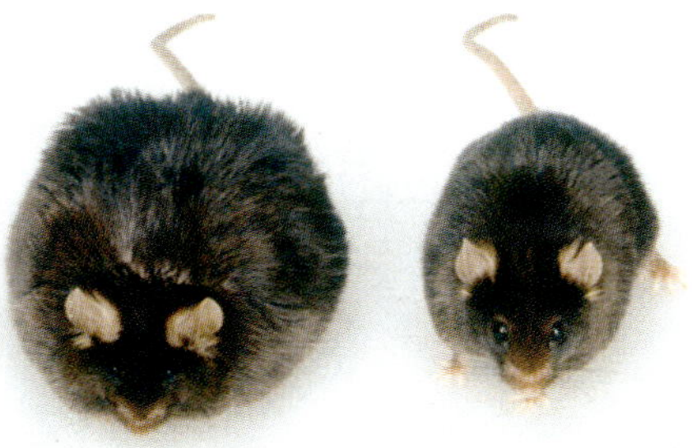

Abbildung 11.1: Fettleibige Mäuse. Modellorganismen sind sehr wertvoll bei der Untersuchung menschlicher „Krankheitsgene". Die links abgebildete Maus wurde gentechnisch verändert. Das Gen *obese (ob)* wurde bei ihr durch den gentechnischen Eingriff abgeschaltet. Das *ob*-Gen ist für die Synthese des Peptidhormons Leptin verantwortlich (leptos, gr. „leicht"). Leptin wird von Fettzellen gebildet und reist mit dem Blutstrom zum Gehirn, wo es – vereinfacht gesagt – dem Gehirn mitteilt, dass die Fettspeicher voll sind. Die *ob*-Knock-out-Maus wiegt fast fünfmal so viel wie die normale Maus rechts.

Viele Antworten auf solche wichtigen entwicklungsbiologischen Fragen wurden durch Untersuchungen an dem winzigen Fadenwurm (Stamm *Nematoda*) *Caenorhabditis elegans* gewonnen. Die genau 959 Zellen des adulten Fadenwurms sind ihrer Herkunft nach genau bekannt. Den mit den Tierchen arbeitenden Wissenschaftlern stehen daher Verlaufsschemata zur Verfügung, die es ihnen erlauben, das Schicksal jeder einzelnen Zelle des Wurmembryos und somit die Entwicklung des Nervensystems, des Verdauungssystems und anderer Organe und Gewebetypen zu verfolgen. Von den sich im Embryo bildenden Zellen sind 131 von vornherein dazu bestimmt, durch einen als Apoptose bekannten Vorgang abzusterben. Während der Entwicklung des menschlichen Embryos bilden Zelllagen zwischen den Fingern und Zehen Häute aus. Die Apoptose, das vorprogrammierte Absterben dieser Zellen, ist verantwortlich für den Niedergang dieser Gewebe noch vor der Geburt. Deshalb haben die Gliedmaßen des Menschen getrennte Finger und keine Schwimmhäute. Die Apoptose ist jedoch noch in anderer Hinsicht von Bedeutung. Man weiß heute, dass apoptotische Vorgänge bei neurodegenerativen Erkrankungen wie der Alzheimer'schen Krankheit, der Huntingdon'schen Krankheit, der amyotrophen Lateralsklerose (ALS) und der Parkinson'schen Krankheit eine Rolle spielen. Desgleichen bei Arthritis (Gelenkrheuma) und bestimmten Spielarten der Unfruchtbarkeit (Infertilität). Experimente an Modellorganismen helfen dem Menschen, die an diesen Vorgängen beteiligten Gene und ihre Funktionen tragenden Produkte besser zu verstehen. Das Fernziel solcher Untersuchungen ist es, diese zersetzenden Prozesse zu verlangsamen oder ganz anzuhalten.

Wir haben bereits erfahren, dass eines der Ziele des Humangenomprojekts darin besteht, ein besseres Verständnis der genetischen Ähnlichkeit und des genetischen Unterschieds zwischen dem Menschen (*Homo sapiens*) und anderen Arten – insbesondere anderen Säugetieren – zu gewinnen. Das Humangenomprojekt hat bereits erbracht, dass wir eine große Zahl von Genen mit vielen anderen Lebensformen gemeinsam haben. Hunderte von Genen des Menschen zeigen erkennbare Sequenzhomologie zu bakteriellen Genen, wodurch die evolutive Herkunft solcher Gene aus Bakterien oder bakterienähnlichen Ureinzellern belegt ist. Wussten Sie, dass die Hälfte aller Gene der lästigen kleinen Fruchtfliegen, die man manchmal mit gekauftem Obst aus dem Laden nach Hause bringt, Gegenstücke im Genom des Menschen haben? Vielen biologischen Laien fällt es schwer, sich vorzustellen, dass man für den Bauplan eines Menschen „lediglich" doppelt so viele Gene benötigt wie für ein kleines Insekt wie eine Fruchtfliege (ca. 30.000 oder mehr, im Vergleich zu 13.600 bei der Fliege). Noch überraschender ist für manche Menschen die Tatsache, dass manche Pflanzen – etwa das Getreidegras Reis (*Oryza sativa*) – sogar mehr Gene besitzen als der Mensch. Wir haben etwa 40% der Gene mit Fadenwürmern gemeinsam, und immerhin noch 31% mit der *einzelligen* Bäckerhefe *Saccharomyces cerevisiae*. Mit Mäusen haben wir noch mehr Gene gemeinsam: Man nimmt an, dass ca. 90% aller Gene des Menschen in Aufbau und Funktion denen einer Maus ähnlich oder gleich sind. Der Mensch synthetisiert in seinen Zellen jedoch im Vergleich zu manchen Modellorganismen eine größere Zahl unterschiedlicher Proteine (genaue Zahlen stehen hier noch aus).

Viele Gene, die die Körperform, die Organentwicklung und wahrscheinlich das Altern und vielleicht sogar die Begrenztheit des Lebens an sich festlegen, sind in Insekten wie der Fruchtfliege praktisch identisch mit solchen des Menschen. Mutierte Allele, die auslösende Faktoren von Krankheitsprozessen beim Menschen sind, lösen in manchen Fällen auch Krankheitszustände beim Insekt aus. Nach einem Bericht des *Howard Hughes Medical Institutes* mit dem Titel *The genes that we share with yeast, flies, worms and mice: New clues to human health and disease* finden sich in 61 % von 289 identifizierten Genen, die in mutierter Form beim Menschen eine Krankheit bedingen, Gegenstücke dieser Gene in der Fruchtfliege *Drosophila*. Zu dieser losen Gruppe von Genen gehören solche, die beim Menschen am Bauchspeicheldrüsenkrebs, an der Mukoviszidose, an Leukämien und anderen genetisch bedingten Krankheiten beteiligt sind.

Herz-/Kreislaufkrankheiten sind ein weiteres Beispiel für ein medizinisches Problem, das an Modellorganismen untersucht wird. In Deutschland sterben jährlich fast 300.000 Menschen an den Folgen dieser Krankheit/en. Die Forscher züchten mit Hilfe von gezielten Genabschaltungen Mäuse, die anfällig für Herzinfarkte sind. Diesen Mutantenmäusen fehlen dann Genprodukte des Cholesterinstoffwechsels. Man hofft, dass diese Mäuse erhöhte Blutcholesterinwerte zeigen, wie man sie auch bei Arteriosklerosepatienten findet, die an einer Verhärtung der Arterienwände leiden, so dass man an ihnen medikamentöse Therapien zur Bekämpfung von chronischen Herz-/Kreislauferkrankungen entwickeln kann.

FRAGE UND ANTWORT F&A

Frage

Was sind klinische Versuche?

Antwort

Bevor irgendeine Therapieform – wie eine neue medikamentöse Behandlung – von der zuständigen Zulassungsbehörde für eine großfläche Verwendung beim Menschen zugelassen wird, werden die meisten Wirkstoffe und Therapiekonzepte durch eine Serie rigoroser Schritte, die als Phasen bezeichnet werden, klinisch erprobt. Die meisten klinischen Studien umfassen drei Phasen. Die 1. Phase beinhaltet das Ausprobieren eines neuen Wirkstoffs an einer geringen Zahl (zumindest zu Beginn) gesunder Freiwilliger. Phase-I-Studien werden auch als Sicherheitsstudien bezeichnet, da sie dazu dienen, erst einmal festzustellen, ob eine Behandlung am Menschen gefahrlos möglich ist, dann gegebenenfalls die auf der sicheren Seite liegende Dosierung zu ermitteln und die beste Verabreichungsform (schlucken, spritzen, inhalieren usw.) zu finden. Bei diesen Untersuchungen wird im Allgemeinen nicht ermittelt, wie wirksam der Wirkstoff für die Behandlung eines Krankheitszustandes ist. Vor solchen Phase-I-Studien werden Tierexperimente durchgeführt. Falls sich dabei ein Stoff als zu giftig für die Versuchstiere erweist, ist es wenig wahrscheinlich, dass er in die Phase I zum Test am Menschen übernommen wird.

In Phase-II-Untersuchungen wird die Anwendungssicherheit eines Stoffes weiter untersucht, diesmal an einer größeren Gruppe von Patienten (für gewöhnlich einige hundert). Dabei wird die Wirksamkeit des Wirkstoffes sorgfältig gemessen. Dies zieht sich im Regelfall über einen Zeitraum von mehreren Jahren hin. Schließlich wird in Phase-III-Studien die Wirksamkeit des neuen Stoffes im Vergleich zu anderen Wirkstoffen gemessen. Diese anderen Stoffe sind regelmäßig diejenigen, die bis dahin als Standardtherapie oder als wirkungsvollste Behandlungsmethode angesehen werden. Phase-III-Untersuchungen werden an Tausenden von Patienten mit verschiedenen Krankheitsgeschichten in einem großen geographischen Bereich durchgeführt. Etwa 80 % der Wirkstoffe, die eine Phase-III-Untersuchung durchlaufen, werden schließich von den Zulassungsbehörden freigegeben.

Zuletzt wollen wir darauf hinweisen, dass Forscher in aller Welt seit 20 Jahren fieberhaft nach einer Heilung oder Impfung für die Infektionskrankheit AIDS suchen. Die Erschaffung eines Kleintiermodells für die Krankheit hat dabei für viele der beteiligten Wissenschaftler einen hohen Stellenwert. Neben dem Menschen erzeugen die auslösenden HI-Viren sichtbare Krankheitsbilder nur bei Schimpansen und einigen anderen Affenarten wie Makaken, Meerkatzen und Rhesusaffen. Die Haltung dieser hoch entwickelten Säugetiere ist jedoch aufwändig und sehr teuer; die Kosten können sich für ein einzelnes Tier auf über 40.000 Euro belaufen. Außerdem stehen diese Tiere nur in begrenzten Stückzahlen zur Verfügung, so dass die Forschung an ihnen auf wenige spezialisierte Institute beschränkt ist. Die Forscher machen langsame, aber stetige Fortschritte bei der Entwicklung eines Nagetiermodells für die HIV-Infektion. Aber selbst wenn es gelingt, die Infektion in solchen Tieren zu etablieren, ist nicht sicher, dass es auch zum Erscheinen eines Krankheitsbildes kommt, das mit dem beim Menschen auftretenden vergleichbar ist. Beim Menschen und den genannten anderen Primatenarten infizieren die HI-Viren in erster Linie bestimmte weiße Blutkörperchen aus der Gruppe der T-Zellen und zerstören diese, so dass das Immunsystem immer schwächer wird und schließlich völlig versagt. Ein wesentlicher Umstand, der eine Übertragung auf ein Nagetiermodell bislang verhindert hat, ist die Tatsache, dass die HI-Viren nicht den entsprechenden Rezeptor (namens CD4) auf der Oberfläche der T-Zellen von Mäusen erkennen und an ihn binden. Es ist jedoch vielleicht möglich, menschliche CD4-Proteine in Mäusezellen zur Expression zu bringen und dadurch transgene Mäuse mit menschlichen CD4-Rezeptoren für die Infektion durch HIV empfänglich zu machen.

Der Nachweis erblicher Krankheiten

Techniken der Molekularbiologie haben sich als extrem nützlich für den Nachweis vieler unterschiedlicher Erbkrankheiten erwiesen.

Testverfahren zum Nachweis von Chromosomenabberationen und defekten Genen

Bis vor relativ kurzer Zeit dienten die meisten an Föten (Embryonen im fortgeschrittenen Entwicklungszustand) durchgeführten genetischen Untersuchungen zur Ermittlung des Geschlechts oder zum Aufspüren einer kleinen Anzahl erblicher Krankheiten. Die meisten dieser klassischen cytogenetischen Verfahren beruhten auf dem Nachweis von Änderungen der Chromosomenanzahl oder der Gestalt einzelner Chromosomen. Falls es bei der Bildung der Spermien oder Eizellen bei einem der Elternorganismen zu einem Fehler bei der Aufteilung der Chromosomen auf die Gameten kommt, kann unter Umständen ein Embryo mit einer abweichenden (abberanten) Zahl von Chromosomen in seinen Zellen entstehen. Eines der am besten untersuchten Beispiele für einen Krankheitszustand, der auf eine Abweichung der Chromosomenzahl zurückzuführen ist, ist die **Trisomie 21** (Down-Syndrom, nach dem Entdecker John Langdon-Down; auch: Mongolismus). Ursache der Krankheit ist ein überzähliges einundzwanzigstes Chromosom oder eine ausgeglichene (balancierte) Translokation an diesem Chromosom. Die Betroffenen zeigen eine Reihe von Krankheitssymptomen, zu denen kognitive Retardierung (ein Anhalten der geistigen Entwicklung auf einer frühen Stufe) sowie eine gedrungene Körperstatur mit in typischer Weise verbreiterten Gesichtszügen gehören. Eine Untersuchung von Schwangeren auf ein Vorliegen einer Trisomie 21 ist recht verbreitet, besonders bei Frauen, die im fortgeschrittenen Alter (ab Ende Dreißig) noch Kinder bekommen wollen, da das Risiko für eine Chromosomenabberation ganz allgemein mit dem Alter der Eizellen (die ja nicht nachgebildet werden) ansteigt.

Ein cytologischer Test auf das Vorliegen einer Trisomie 21 oder einer anderen Chromosomenabberation liefert den Eltern notwendige Informationen, um entscheiden zu können, ob sie die Schwangerschaft fortsetzen oder vorzeitig beenden wollen. Falls ein genetischer Defekt entdeckt wird, können vorgeburtliche Erkenntnisse auch dazu dienen, einen Fötus noch während der Schwangerschaft oder einen Säugling bald nach der Geburt medizinisch zu behandeln.

Wie wird nun ein in der Entwicklung befindlicher Fötus auf eine Trisomie 21 hin untersucht? Hierzu stehen zwei verschiedene Verfahren zur Verfügung: Die **Amniozentese** und die **Chorionzottenbiopsie**. Die Amniozentese (Fruchtwasseruntersuchung) wird durchgeführt, wenn der Embryo ungefähr 16 Wochen alt ist. Durch die Bauchhöhle der Mutter wird eine Biopsienadel in die Amnionhöhle (die Fruchtblase) geführt und eine Probe des den Embryo umgebenden Fruchtwassers (Amnionflüssigkeit) entnommen (► Abbildung 11.2). In dieser Flüssigkeit finden sich immer auch einzelne abgeschilferte Zellen des Embryos. Die auf diese Weise geborgenen Zellen werden für einige Tage in Kultur weitergezüchtet, um ihre Zahl zu erhöhen und in Teilung befindliche Zellen mit kondensierten Chromosomen für die Erstellung eines Karyogramms zu erhalten. Die Chromosomen werden wie üblich angefärbt (die Farbstoffe reagieren bei den gängigen Verfahren mit den an der DNA sitzenden Proteinen), so dass die uns schon bekannten Muster aus hellen und dunklen Bändern entstehen. Auf der Grundlage der Größe und der Bänderung sind die Chromosomen verhältnismäßig einfach zuzuordnen (wir haben diese Methode schon in Kapitel 2 kennen gelernt). Karyogramme werden auch dazu benutzt, das Geschlecht anhand der Geschlechtschromsomen X und Y zu bestimmen, solange dies anatomisch noch nicht sichtbar ist. Abweichungen der Chromosomenzahl und -gestalt sind an einem Karyogramm leicht ablesbar (Abbildung 11.2).

Bei der Chorionzottenbiopsie (Abbildung 11.2) wird mit einem Röhrchen, an das ein leichter Unterdruck angelegt wird, im ersten Trimester einer Schwangerschaft eine kleine Probe von Zellen, die Chorionzotten heißen, entnommen. Dabei handelt es sich um ein extraembryonales Gewebe (also eines, das vom Embryo herstammt, aber den eigentlichen Embryo umgibt), das an der Ausbildung des Mutterkuchens (Plazenta) beteiligt ist. Vorteile der Chorionzottenbiopsie bestehen darin, dass sie zu einem früheren Zeitpunkt durchgeführt werden kann (8.–10. Schwangerschaftswoche) und bei Entnahme einer ausreichend großen Gewebemenge sofort ein Karyogramm erstellt werden kann, die Vermehrung des Zellmaterials im Labor also entfällt. Da der Embryo, der in diesem Stadium noch nicht als Fötus bezeichnet wird, zu dieser Zeit noch sehr klein ist, ist das Verfahren allerdings mit einem höheren Risiko für die Beschädigung des eigentlichen Embryos behaftet. Eine Verletzung des Embryos kann unter Umständen zum Abort oder zu Schäden führen, die denen einer vermuteten Erbkrankheit nicht nachstehen.

Bei Geborenen kann hingegen leicht ein Karyogramm zur Untersuchung auf chromosomale Abweichungen erstellt werden. Dazu muss nur eine Blutprobe entnommen werden. Das Karyogramm wird dann an den Chromosomen der weißen Blutkörperchen (Leukozyten) erstellt. Eine bei der Karyogrammanalyse relativ neu zum Einsatz kommende Technik ist die **Fluoreszenz-in situ-Hybridisierung** (FISH). Bei einer FISH-Analyse werden die Chromosomen in ähnlicher Weise wie bei einem klassischen Karyogramm vorbereitet und dann mit Sondenmolekülen zur Hybridisation gebracht, die mit fluoreszierenden Farbstoffen versehen sind. Jede solche Sonde ist ein sequenzspezifisches Nucleinsäuremolekül, dass einen bestimmten „Markerbereich" an einem oder einigen Chromosomen erkennt und nachweist. Man kann heute ganze Chromosomen spezifisch mit unterschiedlich gefärbten Sonden anfärben. Hierbei spricht man dann im Ergebnis von einem **spektralen Karyogramm**; das Verfahren selbst wird als *„chromosome painting"* (Chromosomenbemalung) bezeichnet. Die Fluoreszenz-in situ-Hybridisierung ist sehr nützlich für die Identifizierung überzähliger oder fehlender Chromosomen, und mehr noch beim Nachweis von Translokationen (Chromosomen mit fehlenden oder durch fehlerhafte Rekombination ausgetauschten Ab-

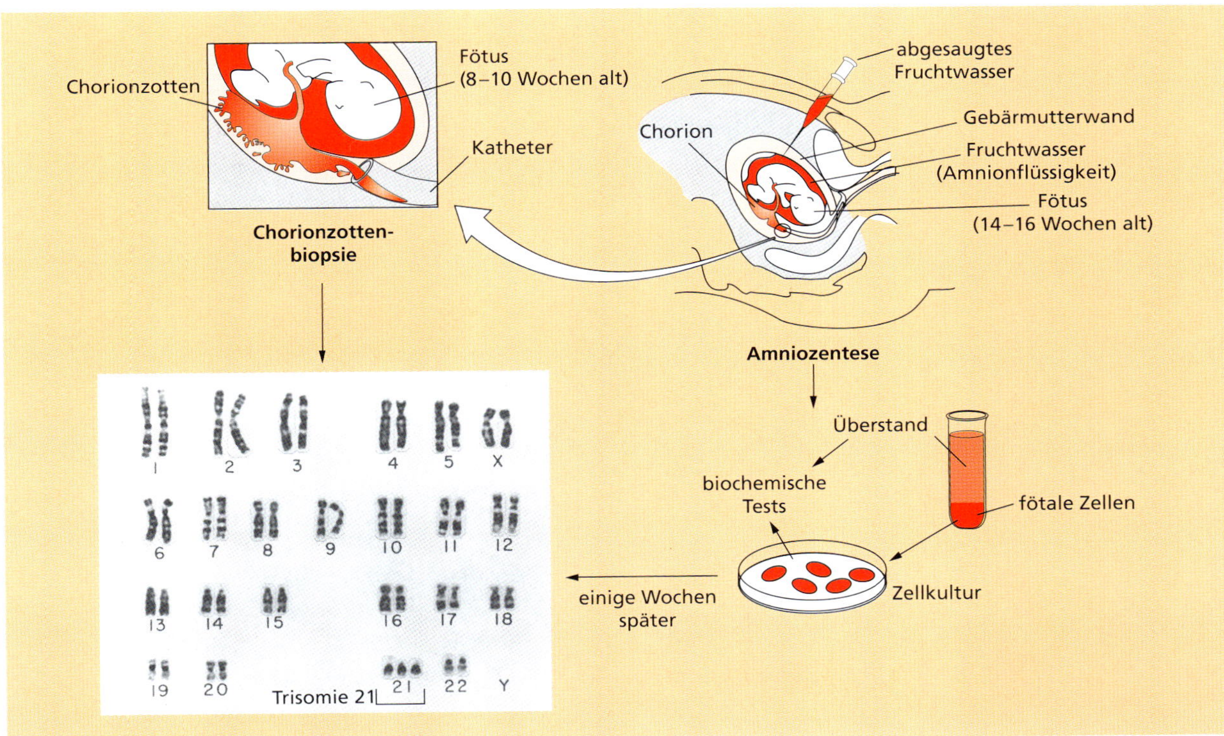

Abbildung 11.2: Amniozentese und Chorionzottenbiopsie. Vorgeburtliche Untersuchung auf Chromosomenabberationen wird am häufigsten durch Amniozentese (Fruchtwasseruntersuchung) oder Chorionzottenbiopsie durchgeführt. Das hier gezeigte Karyogramm (unten links) stammt von einer Person mit Trisomie 21 (Down-Syndrom), also einem überzähligen, dritten Chromosom Nr. 21.

schnitten). Man kennt eine Anzahl von Erbkrankheiten, die darauf beruhen, dass beim Crossing over (der Rekombination von Chromosomen im Rahmen der Meiose, die normalerweise zwischen homologen Chromosomen stattfindet) Fehler auftreten und Stücke zwischen nichthomologen Chromosomen ausgetauscht werden (Translokation) oder Stücke verloren gehen (Deletion). So kommt es beispielsweise zur chronisch myelogenen Leukämie (einer Variante des Blutkrebses), wenn eine *reziproke Translokation* (wechselseitiger Austausch von Stücken) zwischen dem Chromosom Nr. 9 und dem Chromosom Nr. 22 stattfindet (▶ Abbildung 11.3). Dieser Austauschvorgang kann mit Hilfe der FISH-Analyse mit in unterschiedlichen Farben leuchtenden Sonden eindeutig nachgewiesen werden (aber bei genügender Erfahrung auch mit konventioneller Karyotypanalyse).

Die meisten erblichen Krankheiten entstehen durch die Mutationen einzelner Gene und nicht durch abweichende Chromosomenzahlen oder großräumige Defekte der Chromosomenstruktur. Die beiden letzten Phänomene werden gemeinhin als Chromosomenabberation bezeichnet. Durch die Entwicklung immer ausgefeilterer Verfahren ist es den Wissenschaftlern und Medizinern möglich, heute in manchen Fällen Mutantenallele einzelner Gene nachzuweisen (sowohl bei Embryonen wie auch bei bereits geborenen Menschen). Diese diagnostischen Fähigkeiten werden in dem Maß zu einem immer häufiger eingesetzten Werkzeug der Medizin werden, indem die Ergebnisse und Entdeckungen des Humangenomprojekts verstanden werden und zur Anwendung kommen.

Einige Erbkrankheiten lassen sich durch ein Verfahren nachweisen, das als **Restriktionsfragmentlängenpolymorphismus (RFLP)** bezeichnet wird. Es kann sowohl an Zellen aus Embryonen als auch an solchen schon geborener Menschen angewendet werden, da es

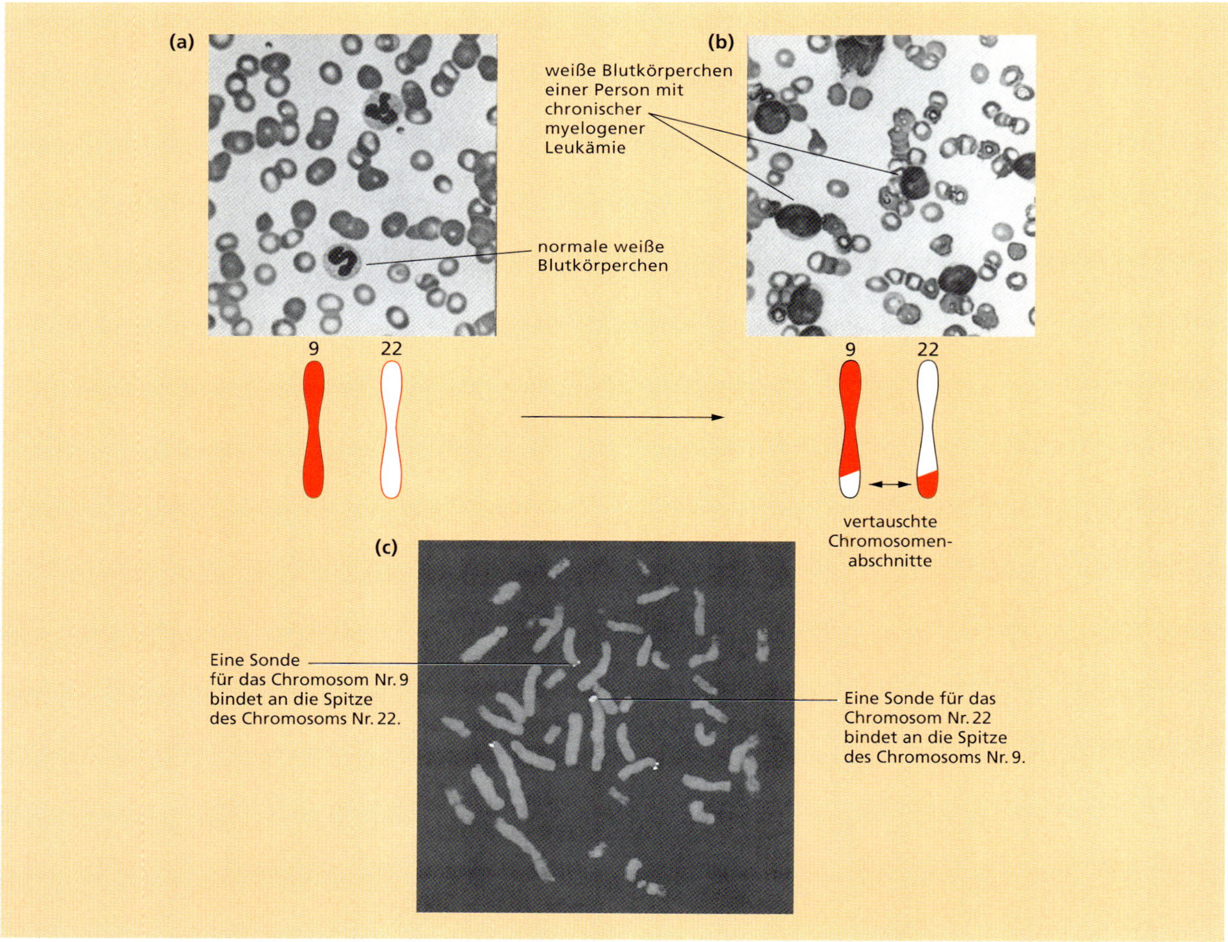

Abbildung 11.3: FISH-Analyse zum Nachweis von chromosomalen Defekten. Zu einer chronisch-myelogenen Leukämie – einem speziellen Typ von Blutkrebs – kommt es, wenn Stücke zwischen den Chromosomen 9 und 22 (des Menschen) ausgetauscht werden. Dies kann mittels Nucleinsäuresonden nachgewiesen werden. Die Sonden sind spezifisch für ein bestimmtes Chromosom und mit unterschiedlichen Farbstoffen versehen, die unter Bestrahlung fluoreszieren.

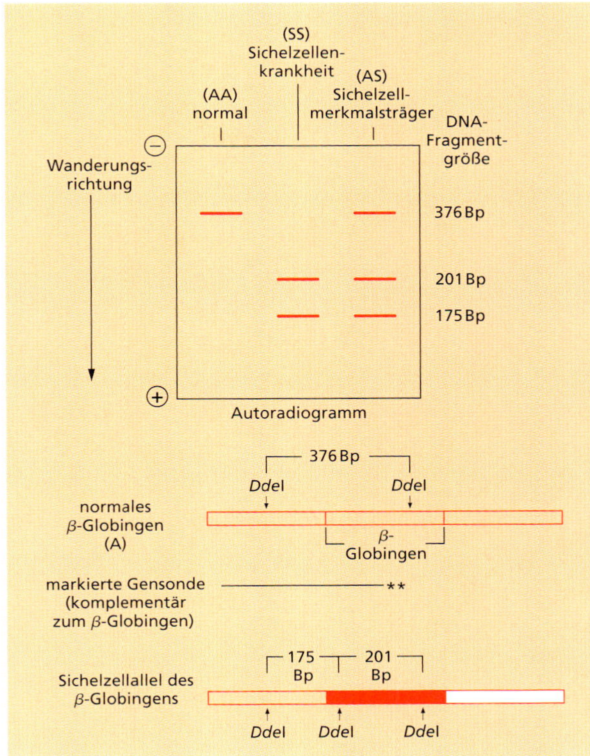

Abbildung 11.4: RFLP-Analyse zum Nachweis einer Erbkrankheit. DNA wird mit einem Restriktionsenzym (hier: *DdeI*) zerschnitten und elektrophoretisch aufgetrennt. Nachfolgend Southern-Hybridisierung nach Übertragung der DNA-Fragmente auf eine Trägermembran. Hybridisierung mit einer Gensonde für das β-Globingen. Das Wildtypallel des β-Globingens (A) enthält zwei *DdeI*-Schnittstellen. Durch die Sichelzellenmutation im Sichelzellallel des β-Globingens wird eine neue, dritte *DdeI*-Schnittstelle erzeugt. Unterschiede in der Größe der Restriktionsfragmente werden durch die Nachweisreaktion nach der Hybridisierung mit einer geeigneten Sonde offenbar. Eine gesunde Testperson (Genotyp AA) zeigt eine einzelne Bande von 376 Basenpaaren (Bp) Größe; eine Testperson, die homozygot für das Sichelzellenallel ist (Genotyp BB), zeigt zwei Banden mit Größen von 201 und 175 Basenpaaren. Ein heterozygoter Merkmalsträger (Genotyp AB) mit einem Wildtyp- und einem Sichelzellenallel des β-Globingens zeigt drei Banden (376, 201 und 175 Basenpaare). Ein heterozygoter Proband kann die Krankheit erblich weitergeben, leidet selbst aber nicht an der Sichelzellenanämie, da durch das Wildtypallel eine ausreichende β-Globinsynthese gewährleistet wird.

natürlich vollkommen gleichgültig ist, ob eine Gewebeprobe aus einem Embryo oder einem selbstständig lebenden Organismus stammt. Die RFLP-Analyse beruht auf einer Analyse des Spaltungsmusters (Fragmentmuster) von mit Restriktionsenzymen zerschnittenen genetischen Materials. Mutantenallele werden in manchen Fällen anders restringiert (durch Restriktionsendonucleasen zerteilt) als Wildtypallele. Dazu muss eine Erkennungssequenz eines Restriktionsenzyms durch Basenaustauschmutationen verändert sein. So entstehen zusätzliche Schnittstellen, oder es fallen Schnittstellen weg. Rufen Sie sich Kapitel 8 in Erinnerung, in dem wir gelernt haben, dass der RFLP die Grundlage des so genannten genetischen Fingerabdrucks ist. Betrachten wir ein (konstruiertes) Beispiel: Falls etwa die DNA eines an der Sichelzellenkrankheit Leidenden und als Vergleichskontrolle die DNA eines Gesunden mit einem Restriktionsenzym X geschnitten wird, ergeben sich vielleicht verschieden große Spaltstücke, da die DNA des Wildtypallels des β-Globingens anders restringiert wird als das mutierte Sichelzellenallel. Dies lässt sich erkennen, wenn man die Genspaltstücke einer Southern-Analyse (auch Southern-Blot) unterzieht. Dazu benutzt man eine Gensonde für das β-Globingen, das für eine Untereinheit des Hämoglobinmoleküls codiert und das bei der Sichelzellenanämie mutiert ist (▶ Abbildung 11.4). Davon leitet sich der Begriff **R**estriktions**f**ragment**l**ängen**p**olymorphismus ab – Fragmente unterschiedlicher Länge, die durch die Restriktion der DNA (durch entsprechende Enzyme) entstehen (Polymorphismus, gr. „Vielgestaltigkeit").

Zum Sichelzellenphänotyp (der bestimmte Krankheitssymptome mit sich bringt) kommt es, wenn eine Person heterozygot für das Merkmal ist, also ein „normales" und ein mutiertes β-Globingen trägt. Das Mutantenallel des β-Globingens ergibt bei der Translation ein strukturverändertes Protein, das in Hämoglobinmoleküle eingebaut wird. Die Mutantenform des Hämoglobins zieht charakteristische Veränderungen der Zellform der roten Blutkörperchen nach sich („Sichelzellen") (siehe Abbildung 2.1).

Ein Nachteil der RFLP-Analyse besteht darin, dass sie nur dann in der medizinischen Diagnostik zum Einsatz kommen kann, wenn eine Mutation der Basenfolge eines Gens das Restriktionsmuster (die Länge der Restriktionsfragmente) verändert. Ein anderes Verfahren, die **allelspezifische Oligonucleotidanalyse** (**ASO**-Analyse), erlaubt den Nachweis von genetischen Veränderungen auf der Einzelnucleotidebene (Einzelnucleotidpolymorphismen) in jedem beliebigen Gen, auch dann, wenn die Mutation keine Restriktionsschnittstelle erschafft oder zerstört. Dazu wird die DNA aus Zellen isoliert (typischerweise weißen Blutkörperchen aus leicht gewinnbaren Blutproben) und durch die Polymerasekettenreaktion (PCR) amplifiziert (vermehrt). Man verwendet Primer, die das zu untersuchende Gen einrahmen. Die amplifizierte DNA wird dann auf eine Nylonmembran übertragen („geblottet" im Laborjargon) und mit zwei verschiedenen allelspezifischen Oligonucleotiden (ASO) hybridisiert. ASOs sind einzelsträngige Oligonucleotide – für gewöhnlich ca. 20 Nucleotide lang (also von der Länge typischer PCR-Primer). Eines der

ASOs wird unter geeigneten Reaktionsbedingungen mit dem Wildtypallel des Gens hybridisieren, das andere mit dem Mutantenallel.

► Abbildung 11.5 zeigt ein Beispiel dafür, wie die ASO-Analyse zum Nachweis eines Sichelzellenallels eingesetzt werden kann (ein rein didaktisches Beispiel, weil man sich zur Diagnose der Krankheit nur eine winzige Blutprobe unter dem Lichtmikroskop anschauen muss). Auf der PCR fußende Methoden wie diese werden bei der Auffindung Krankheiten bedingender genetischer Dispositionen immer wichtiger. Ein großer Vorteil der PCR besteht in ihrer hohen Nachweisempfindlichkeit für kleinste Mengen genetischen Materials. Deshalb wird die PCR in Verbindung mit der ASO-Analyse zur Aufspürung von genetischen Veränderungen an Einzelzellen (zum Beispiel aus Frühembryonen) eingesetzt (Einzelzellanalyse).

Gegenwärtig besteht die Möglichkeit, einige Dutzend mutierte Allele mit Hilfe der zahlreichen Methoden, die wir beschrieben haben, nachzuweisen (► Tabelle 11.1). Dies kann am Embryo und am schon geborenen Menschen geschehen, da es keinen Unterschied macht, woher das genetische Material für die Analyse stammt. In dem Teil „Methoden" des Abschnitts 11.5 sind mehrere Internetseiten aufgelistet, die geeignet sind, mehr über die genetischen Grundlagen von Krankheiten beim Menschen zu erfahren.

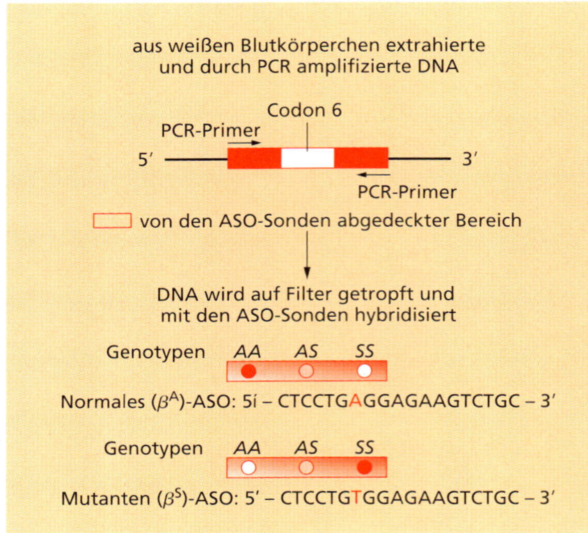

Abbildung 11.5: PCR und ASO zum Test auf das Sichelzellenallel. ASO-Untersuchungen sind sehr nützlich für den Nachweis von Punktmutationen wie die der Sichelzellenanämie zugrunde liegenden (siehe Abbildung 2.17). In diesem schematischen Beispiel wird die DNA weißer Blutkörperchen (Leukozyten) mit Hilfe der Polymerasekettenreaktion (PCR) vervielfältigt, auf eine Filtermembran übertragen und mit ASO-Sonden hybridisiert. Das ASO für das Wildtypallel des β-Globingens (β^A) wird nur dann an die DNA auf der Membran binden, wenn das Wildtypallel zugegen ist; das ASO für das Sichelzellenallel des β-Globingens (β^S) wird dann an die DNA auf der Membran binden, wenn das Mutantenallel zugegen ist. DNA von Personen, die reinerbig (homozygot) für das Sichelzellenallel sind (Genotyp SS), wird nur Bindung des β^S-ASO zeigen, nicht aber Bindung des ASOs für das Wildtypallel (β^A).

Einzelnucleotidpolymorphismen

Wie nicht anders zu erwarten, hat man beim Vergleich des Genoms verschiedener Menschen eine große Zahl minimaler genetischer Unterschiede gefunden, die als **Einzelnucleotidpolymorphismen** (SNP, von: *single nucleotide polymorphisms*) bezeichnet werden und die natürlich die Folge von selektionsneutralen Punktmutationen sind (siehe Abbildung 1.9).

Einzelnucleotidpolymorphismen finden sich natürlich in allen Chromosomen. Abschätzungen haben ergeben, dass alle 1000 bis 3000 Basenpaare ein Einzelnucleotidpolymorphismus (eine Punktmutation) auftritt. Über 1,4 Millionen solcher Einzelnucleotidpolymorphismen sind bislang charakterisiert worden. Vergleicht man einen chromosomalen Genomabschnitt verschiedener Personen, so gleichen sich 99,9 % der Sequenz völlig. Die große Mehrzahl der verbleibenden Unterschiede sind Einzelnucleotidpolymorphismen. Die meisten Einzelnucleotidpolymorphismen haben keine unmittelbare Wirkung auf den Organismus, weil sie in nichtcodierenden und nichtregulatorischen Bereichen des Genoms auftreten. Wenn aber ein Einzelnucleotidpolymorphismus (eine Punktmutation) in einem Exon – einem für eine Aminosäurefolge codierende Region eines Gens – auftritt, kann dies unter Umständen zu einer Abänderung der Information für einen Aminosäurerest führen.

Dies kann womöglich wiederum zu einer Veränderung der Struktur des betreffendes Proteins führen, die ihrerseits unter Umständen eine Veränderung der Funktion des betreffenden Proteins nach sich zieht. Dies kann im Einzelfall seinerseits einen Krankheitszustand zur Folge haben oder eine andere sichtbare phänotypische Konsequenz nach sich ziehen.

Einzelnucleotidpolymorphismen stellen Variationen in den DNA-Sequenzen dar, die in manchen Fällen möglicherweise beeinflussen, ob ein Krankheitszustand zum Tragen kommt, ob eine Anfälligkeit für eine solche besteht usw. Die erste Krankheit, die auf eine Punktmutation (also einen Einzelnucleotidpolymorphismus) zurückgeführt werden konnte, war die Sichelzellenanämie. Da Einzelnucleotidpolymorphismen überall im Genom relativ häufig auftreten, können sie als gene-

Tabelle 11.1

Genetische Krankheitstests

Erbliche Krankheit	Genetische Grundlage der Erkrankung und Symptome
Bösartige Tumore (Krebs des Gehirns, der Blase, der Prostata, der Eierstöcke, der Milchdrüsen, der Lunge und des Dickdarms)	Eine Anzahl unterschiedlicher mutierter Gene kann als Marker für genetische Untersuchungen dienen.
Mukoviszidose (zystische Fibrose)	Große Zahl von Mutationen des CFTR-Gens (Cystische Fibrose-Transmenbranleitfähigkeitsregulator-Gen) auf Chromosom 7. Lungenleiden mit chronischen Atembeschwerden und stark erhöhter Neigung zu Lungeninfektionen; daneben Probleme mit weiteren inneren Organen (Bauchspeicheldrüse, Darm).
Duchenne'sche Muskeldystrophie	Funktionsgestörtes Dystrophingen auf dem X-Chromosom; führt zu Muskelschwund.
Familiäre Hypercholesterinämie	Mutiertes Gen auf Chromosom 19; Folge – extrem erhöhte Blutcholesterinwerte.
Bluterkrankheit (Hämophilie A)	Funktionsgestörtes Gen für Gerinnungsfaktor VIII auf dem X-Chromosom; stark verzögerte oder ausbleibende Blutgerinnung. Gefahr der innerlichen Verblutung.
Huntington'sche Krankheit (Chorea Huntington)	Mutation auf Chromosom Nr. 4; fortschreitende neurodegenerative Erkrankung („Veitstanz").
Phenylketonurie (PKU)	Mutation eines Gens aus dem Aminosäurestoffwechsel; Umwandlung von Phenylalanin in Tyrosin nicht möglich. Anstau von Phenylalanin; unbehandelt neuronale Entwicklungsstörungen mit geistiger Zurückgebliebenheit.
Schwere, kombinierte Immundefizienz (SCID)	Generalisierte Immunschwächekrankheit, bedingt durch eine Mutation des Adenosindesaminasegens.
Sichelzellenanämie	Mutation des β-Globingens auf Chromosom 11. Veränderung der Proteinstruktur des roten Blutfarbstoffs Hämoglobin. Abnorme Form der roten Blutkörperchen; verminderte Sauerstofftransportleistung; Anämie durch erhöhten Erythrozytenabbau; hohe Thrombosegefahr.
Tay/Sachs-Krankheit	Seltene Erbkrankheit durch Mutation auf Chromosom Nr. 5; als Folge Anstau bestimmter Lipide im Gehirn. Lähmung, Erblindung, mentale Retardierung und Atemwegsinfektionen.

tische Marker zur Identifizierung von Genen dienen, von denen angenommen wird, dass sie oder funktionsgestörte Allele ursächlich an der Ausprägung von Phänotypen beteiligt sind, denen Krankheitswert zugemessen wird. Einige Einzelnucleotidpolymorphismen können vielleicht dazu herangezogen werden, die individuelle Empfänglichkeit für Krankheitszustände wie Schlaganfälle, Zuckerkrankheit, Krebs, Herzkrankheiten oder gar psychiatrische Krankheitsbilder vorherzusagen, für die experimentell zuvor eine unabweisbare erbliche Kausalbeteiligung nachgewiesen worden ist.

SNPs gelten als derart aussichtsreich, dass zehn pharmazeutische Unternehmen Millionen von US-Dollar investiert und ein Verbundprojekt namens SNP-Konsortium gegründet haben. Das Konsortium ist eine internationale Anstrengung von Firmen, akademischen Einrichtungen und einer privaten Stiftung mit dem festgelegten Ziel, die chromosomalen Orte (Loci) von 300.000 der geschätzen mehr als 1,4 Millionen Einzelnucleotidpolymorphismen zu identifizieren und zu katalogisieren, die in den 3 Milliarden Basenpaaren des menschlichen Genoms anzutreffen sind, und sie Forschern zugänglich zu machen.

Die Identifizierung von an Krankheiten beteiligten Mutantenallelen durch Mikrochipanalyse

Eine weitere, relativ neue Technik zur Untersuchung von Genomen wird auch eine bedeutende Rolle beim Nachweis von Erbkrankheiten spielen. DNA-Mikrochips (DNA-microarrays oder Genchips) sind Objektträger, auf die fein verteilt Erbmaterial aufgetropft worden ist (siehe Kapitel 3). Ein einzelner Mikrochip kann Tausende unterschiedlicher Sondenmoleküle enthalten. Forscher können Mikrochips verwenden, um das Erbgut eines Patienten nach Allelen oder Genexpressionsmustern abzusuchen, die im Zusammenhang mit einem bestimmten Krankheitsbild oder einer Prädisposition für ein solches stehen. Wie ► Abbildung 11.6 illustriert, können solche Mikrochipdaten unter Umständen dazu benutzt werden, um das Krankheitsrisiko oder die Gefahr, eine ungünstige Erbanlage weiterzugeben, abzuschätzen. Die Analyse solcher Experimente ist kompliziert und geschieht mit Computern, die hierzu aufwändige statistische Berechnungen durchführen.

Beispielsweise werden Mikrochips mit bekannten „Krankheitsallelen“ oder bestimmten Einzelnucleotidpolymorphismen wertvoll für die Untersuchung exprimierter Gene eines Patienten sein. Um das zu tun, würde man DNA aus einer Gewebeprobe des Patienten – einer Blutprobe oder einem Schleimhautabstrich aus dem Rachenraum – isolieren. Die DNA des Patienten wird mit einem Fluoreszenzfarbstoff markiert und dann mit den Sondenmolekülen auf dem Chip hybridisiert. Bindungsorte, an denen die DNA des Patienten mit Sonden auf dem Mikrochip hybridisiert hat, geben sich durch ein Fluoreszenzsignal zu erkennen (siehe Abbildung 3.17). Die Bindung von DNA-Bruchstücken des zu untersuchenden Patienenerbmaterials an Sondensequenzen auf dem Träger deutet an, dass die untersuchte DNA eine bestimmte Mutation (z. B. einen SNP) aufweist. Mikrochips sind gegenwärtig im Einsatz, um genetische Unterschiede zwischen Patienten mit verschiedenen Krebsformen zu erforschen. Behandlungsstratgien zur Bekämpfung von Krebs werden auf der Grundlage subtiler Unterschiede in der Expression krebsauslösender Gene entworfen.

Durch dieses Kapitel hindurch werden wir ergründen, wie die Biotechnologie dabei helfen mag, neue Behandlungsmöglichkeiten für Alterskrankheiten wie die Parkinson'sche Krankheit, die Alzheimer'sche Krankheit, Herzerkrankungen, Krebs, Schlaganfälle und Gelenkrheuma (Arthritis) zu entwickeln. Wir wissen, dass mehr als 50.000 US-Amerikaner über 100 Jahre alt sind, und dass Gene eine wesentliche Rolle für die Langlebigkeit des Menschen spielen. Tatsächlich ist geschätzt worden, dass bis zu 1000 Gene die Lebenserwartung kontrollieren. Zu diesem Zweck setzen Wissenschaftler Mikrochips ein, um sich Genen anzunähern, die das Altern beeinflussen könnten. Untersuchungen an Geschwistern im Alter von über 90 oder gar 100 Jahren legen nahe, dass wenigstens ein Gen auf Chromosom 4, und wahrscheinlich viele weitere, Hinweise darauf liefert, warum manche Menschen länger leben als andere.

In der Folge des Humangenomprojekts arbeiten Wissenschaftler an etwas, was viele für eine noch aufreibendere Aufgabe halten. Das Humanproteomprojekt ist das Bestreben, die Strukturen und Funktionen aller von menschlichen Zellen hergestellten Proteine zu verstehen. Protein-Mikrochips (Protein microarrays, Proteinchips) sind ein neues Mittel, um Proteine zu untersuchen. Protein-Mikrochips werden in ähnlicher Weise eingesetzt wie die verwandten DNA-Chips. So können solche Proteinchips Hunderte oder Tausende verschiedener Antikörper enthalten. Durch Auftragen einer Blutprobe eines Patienten ist es Forschern gelungen, Krankheiten (Infektionen) durch die Anwesenheit von Proteinen aus pathogenen Organismen nachzuweisen.

Im nächsten Abschnitt werden wir erörtern, wie die Biotechnologie zu neuen Produkten führen wird, die zur Behandlung menschlicher Krankheiten eingesetzt werden können.

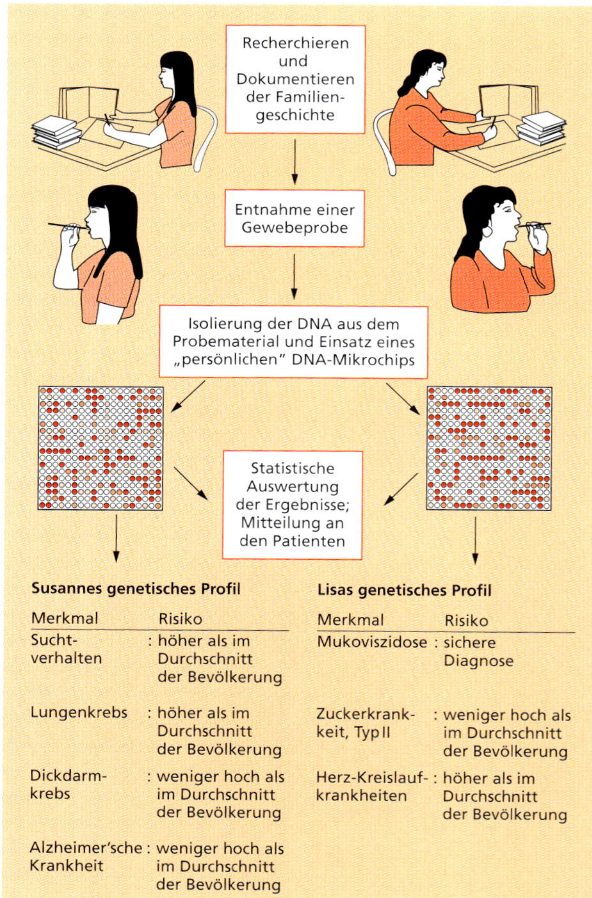

Abbildung 11.6: Die Verwendung von Gen-Mikrochips zur Erzeugung eines genetischen Profils.

SIE ENTSCHEIDEN!

Genetische Testung: Diskussionspunkte

Seit genetische Testverfahren verfügbar wurden, ist eine Reihe von Besorgnissen im Hinblick auf die Verwendung solcher genetischer Daten laut geworden, insbesondere die Nutzung jenseits persönlicher und privater Entscheidungen. Einige der eingewandten Punkte sind:

- Sollte man Ungeborene und/oder Erwachsene auf genetische Zustände hin testen, für die es gegenwärtig keine Behandlungsmöglichkeit gibt?
- Welches sind akzeptable Konsequenzen, falls Eltern erfahren, dass ihr ungeborenes Kind einen erblichen Defekt aufweist?
- Welches sind die psychischen Folgen eines falschen Testergebnisses, das fälschlicherweise behauptet, dass eine gesunde Person mit einem zu einer Krankheit führenden Mutantenallel behaftet ist, oder – umgekehrt – wenn ein Gendefekt bei einer Person mit einer Erbkrankheit unaufgefunden bleibt?
- Wie stellt man die Vertraulichkeit genetischer Informationen sicher und wie vermeidet man eine genetische Diskriminierung? Wer sollte Zugang zu genetischen Informationen haben? Wie könnte Ihr Erbgut missbraucht werden, um Sie zu diskriminieren? Wie könnten Ihre Krankenkasse oder Ihre Lebensversicherung einen Zugang zu Erbgutdaten missbrauchen, um Ihre Beiträge zu erhöhen oder Sie als Kunden abzulehnen? Sollte es erlaubt sein, Beiträge für Kranken- oder Lebensversicherungen auf der Grundlage „genetischer Risiken" genauso zu staffeln wie auf der Grundlage anderer Risikofaktoren, wie zum Beispiel dem Lebensalter oder dem Fahrzeug, das Sie fahren?
- Gibt es eine Verpflichtung, andere Menschen – wie einen Lebenspartner oder einen Arbeitgeber – über eine mögliche Erbkrankheit, von der Sie wissen, zu informieren?
- Wie würde man die Rolle von Genen in Strafgerichtsprozessen bewerten, falls man Gene für „nicht wünschenswertes" Verhalten entdecken sollte, wobei es strittig ist, ob die genetische Verankerung von Verhaltensweisen weit reicht oder hier die Umwelt einen entscheidenden Einfluss hat, und Delinquenten ihre erbliche Veranlagung als Entlastungsgrund ins Feld führten?
- Würde die Gesellschaft Mechanismen einrichten, um Individuen mit erblichen Defekten davon abzuhalten oder zu entmutigen, Kinder zu haben? Wer würde die Kriterien bzw. die Grenzen für das Akzeptable festlegen? Auf welcher Grundlage sollte/könnte dies geschehen?

Wie Sie sehen, sind genetische Untersuchungen sicherlich nicht frei von Kontroversen und Grenzen, und es gibt nur wenige einfache Antworten auf diese drängenden Fragen.

11.2 Medizinische Produkte und Anwendungen der Biotechnologie

Die Identifizierung neuer Wirkstoffe und die Entwicklung neuer Behandlungsmaßnahmen sind Hauptarbeitsgebiete der medizinischen Biotechnologie. In den Kapiteln 4 und 5 haben wir erörtert, wie unterschiedliche Proteine – z. B. Insulin und das Wachstumshormon – die gentechnisch hergestellt werden, eingesetzt werden, um menschliche Krankheiten zu behandeln.

An dieser Stelle wollen wir einige Beispiele für wichtige Produkte der medizinischen Biotechnologie geben, von denen Sie in der Zukunft zweifellos noch mehr hören und lesen werden.

Die Suche nach neuen Medikamenten und Wirkstoffen

Es wird angenommen, dass Krebs (maligne Erkrankungen) in Kürze die Herz-Kreislaufkrankheiten als führende Todesursache in Industrieländern ablösen wird. Aber viele hoffnungsvolle Durchbrüche, die sich am Horizont abzeichnen, versetzen die Ärzte vielleicht in die Lage, verschiedenen Krebsarten mit neuen Strategien zuleibe zu rücken. Wissenschaftler untersuchen viele Gene, die in das Wachstum von Krebszellen eingeschaltet sind, einschließlich solcher, die Onkogene genannt werden.

Onkogene erzeugen Proteine, die als Transkriptionsfaktoren oder Rezeptoren für Hormone oder andere Wachstumsfaktoren dienen, oder als Enzyme, die auf vielfältige Weise daran beteiligt sind, die Vermehrungseigenschaften von Zellen zu verändern und so Krebs auszulösen. Wissenschaftler untersuchen außerdem intensiv Tumorsuppressorgene, die Proteine erzeugen, die der Krebsbildung Einhalt gebieten.

Onkogene und Tumorsuppressorgene erfreuen sich deshalb so großer Aufmerksamkeit, weil Forscher daran arbeiten, Proteine, die von diesen Genen hergestellt werden, als Ziele für kleine Moleküle, die man Inhibitoren (Wirkstoffe, die an Protein binden und ihre Funktion blockieren) nennt, zu identifizieren. In ähnlicher Weise arbeiten Forscher an Wirkstoffen, die als Aktivatoren dienen und binden bzw. stimulieren wichtige Proteine, die eingesetzt werden könnten, um Krankheiten zu bekämpfen. Zusätzlich zu den niedermolekularen Wirkstoffen richtet sich eine unglaubliche Menge an Forschungseifer darauf, die Medizin zu personalisieren und die Wirkstoffzielführung zu verbessern.

Pharmakogenomik und personalisierte Medizin

Viele pharmazeutische und biotechnologische Unternehmen sind intensiv damit beschäftigt, nach SNPs zu suchen und Gen-Mikrochips zu entwickeln – gute Indikatoren des ungeheuren Potenzials, das beide Ansätze in der nahenden Zukunft für den Nachweis von Krankheiten haben könnten.

Die Entdeckung von SNPs ist zum Teil verantwortlich für ein neues, sich entwickelndes Feld namens Pharmakogenomik. Die Pharmakogenomik ist wirklich eine maßgeschneiderte Medizin. Sie sieht den Entwurf der wirkungsvollsten medikamentösen Therapie und Behandlungsstrategie auf der Grundlage des persönlichen genetischen Profils eines Patienten vor.

Die Pharmakogenomik gründet sich auf die Vorstellung, dass Individuen unterschiedlich auf das gleiche Medikament ansprechen können, so dass dieses unterschiedliche Grade der Wirksamkeit und verschiedene Nebenwirkungen haben kann, teilweise wegen genetischer Polymorphismen (► Abbildung 11.7). Es ist unklar, ob die Pharmakogenomik ein bezahlbarer medizinischer Ansatz werden kann oder nicht; nichtsdestotrotz eröffnet dieses Gebiet der medizinischen Biotechnologie neue Perspektiven.

Betrachten wir das folgende konkrete Beispiel einer pharmakogenomischen Vorgehensweise. Brustkrebs (Mammakarzinom) ist eine Erkrankung, die in manchen Fällen (aber nicht der Mehrheit) eine erbliche Veran-

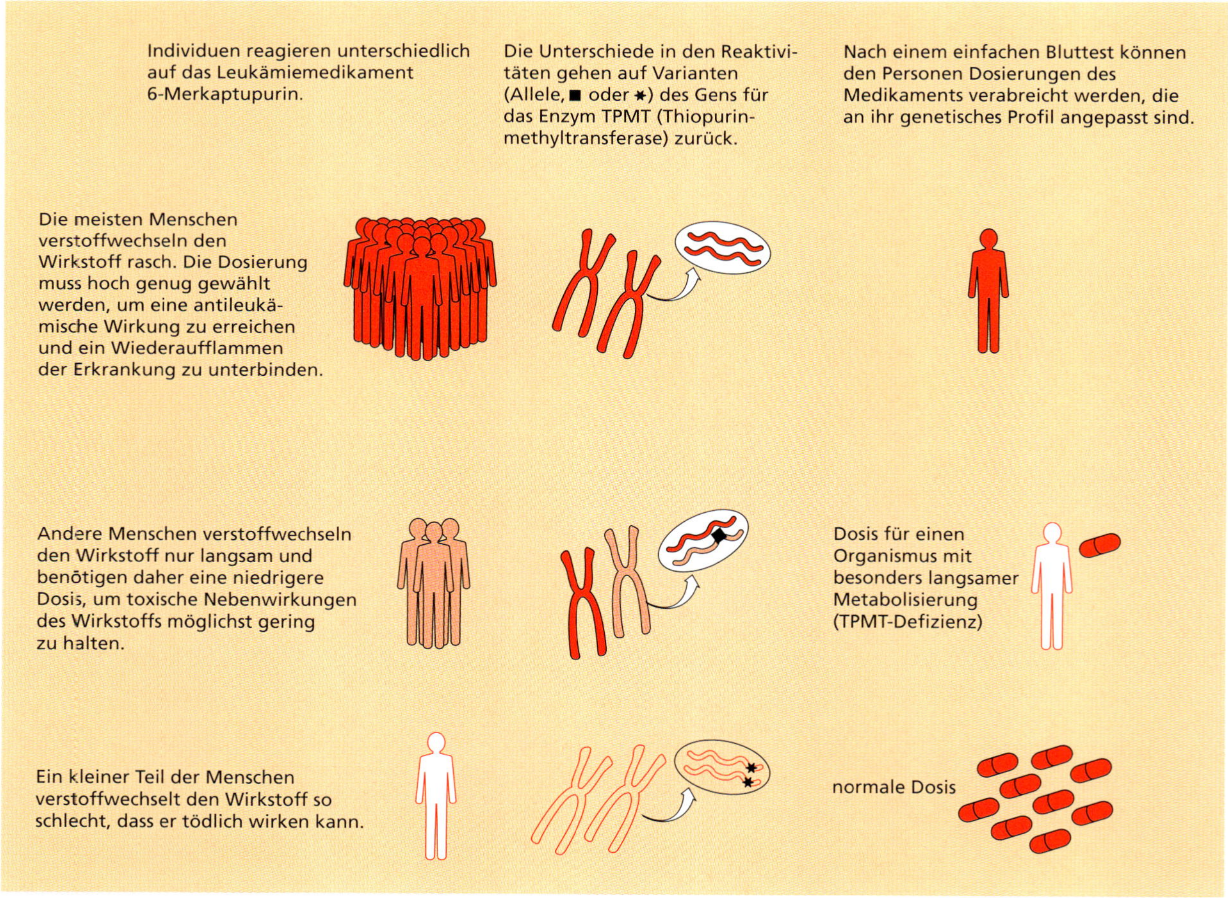

Abbildung 11.7: Pharmakogenomik. Individuen mit der gleichen Grunderkrankung reagieren oft etwas verschiedenartig auf eine medikamentöse Behandlung, weil es subtile Unterschiede im Expressionsverhalten ihrer Gene gibt. Eine Dosierung, die bei der einen Person Wirkung zeigt, ist für eine zweite vielleicht nicht ausreichend oder bereits zu hoch. Dies ist ein Problem der heutigen Medizin. Die Pharmakogenomik verspricht eine maßgeschneiderte medizinische Behandlung durch die Festlegung der geeigneten Dosierung für jede Einzelperson auf der Grundlage der Genvarianten, die die Person zur Expression bringt.

lagung innerhalb einer Familie erkennen lässt. Betroffene mit einer funktionsgestörten Kopie eines der Gene BRCA1 oder BRCA2 haben ein signifikant erhöhtes Risiko, an Brustkrebs zu erkranken, doch zeigt die überwiegende Mehrheit aller Fälle von Brustkrebs keine Abhängigkeit von Mutationen dieser Gene. In diesen Fällen muss man also eine Beteiligung anderer Gene und/oder nichtgenetischer Faktoren bei der Genese der Erkrankung postulieren.

Falls eine Frau oder ein Mann mit einer Geschwulst im Brustbereich, bei der der Verdacht auf Bösartigkeit besteht, vorstellig wird, entnimmt man eine Gewebeprobe (Biopsie) aus dem Tumor. Aus den Zellen dieses Biopsiematerials lässt sich nach der Bestätigung des malignen Charakters durch die Begutachtung durch einen Pathologen die DNA für eine SNP- und/oder Microarrayanalyse isolieren.

Mit diesen Methoden kann versucht werden, zu ermitteln, welche Gene an der Genese dieses speziellen Tumorgeschehens beteiligt sind. Mit diesen molekulargenetischen Informationen ausgerüstet, könnte ein Arzt der Zukunft eine medikamentöse Behandlungsstrategie entwerfen (falls diese angezeigt erscheint), die auf der Grundlage der beteiligten Gene, die spezifisch und wirksam gegen den vorliegenden Tumortyp wäre. Ein anderer Patient mit einem abweichenden genetischen Profil würde sich einer anderen Behandlung unterziehen.

Praktisch alle heute in der Chemotherapie von Krebserkrankungen eingesetzten Wirkstoffe greifen nicht nur die entarteten Krebszellen an, sondern ebenso die normalen, nichtwuchernden Körperzellen. Nebenwirkungen wie Haarausfall, versprödende Haut, Änderungen des Blutbilds, Übelkeit und andere mehr resultieren aus der Beeinträchtigung gesunder Zellen bei der Bekämpfung von Krebszellen.

Forscher haben lange nach einem Wundermittel gesucht, mit dem man nur auf die Krebszellen feuern kann, und das die normalen Zellen unbehelligt lässt. Falls sich solche „magischen" Wirkstoffe finden ließen, könnten Patienten vielleicht schneller genesen oder würden zumindest unter weniger unangenehmen Nebenwirkungen leiden, weil die Nebenwirkungen auf das gesunde Gewebe weniger ausgeprägt wären.

In dem Maß, in dem die molekularen Grundlagen der malignen Entartung besser verstanden werden, kommt man dem Traum des Maßschneiderns von Antikrebsmedikamenten vielleicht näher – am Ende womöglich sogar dem Fernziel einer nebenwirkungsarmen Individualtherapie. Diese Prinzipien der Pharmakogenomik sollen auch auf eine breite Palette anderer Erkrankungen angewendet werden.

Verbesserung von Techniken zur Medikamentenverabreichung

Über die Entwicklung neuer Medikamente zur Bekämpfung von Krankheiten hinaus arbeiten viele Firmen daran, innovative Wege zu ersinnen, um Wirkstoffe verabreichen und deren Wirksamkeit maximieren zu können. Manchmal ist ein im Prinzip (im Reagenzglasversuch) gut wirksamer Stoff im Körper nicht sehr wirksam, weil es ein Verabreichungs- bzw. Verbringungsproblem gibt – also der Wirkstoff nicht oder nicht in genügender Menge an genau den Ort kommt, an dem er wirken soll.

Soll beispielsweise ein Medikament gegen Gelenkrheuma im Knie peroral (über den Mund) verabreicht werden, muss der Wirkstoff einen langen Weg zurücklegen, und es besteht die Gefahr, dass ein Teil des Wirkstoffs das Zielgebiet nicht erreicht, er in der Leber abgefangen und verstoffwechselt wird usw. Das Löslichkeitsverhalten in Körperflüssigkeiten, die Verstoffwechselung durch innere Organe und/oder die Ausschleusung über die Nieren sind andere Faktoren, die die wirksame Konzentration eines Wirkstoffs beeinflussen.

Mikrokugeln – winzige Partikel, die mit Wirkstoffen befüllt werden können – könnten ein Weg sein, die Wirksamkeit von Medikamentenwirkstoffen zu verbessern. Die Teilchen werden aus Stoffen hergestellt, die den Lipiden der Zellmembranen ähnlich sind. Die Verabreichung der Mikrokugeln durch ein Nasenspray ist erfolgreich bei der Behandlung von Lungenkrebs und anderen Atemwegserkrankungen wie Asthma bronchiale, Emphysem (abnorme Erhöhung des Luftvolumens der Lunge), Tuberkulose (Schwindsucht; bakterielle Infektion) und Influenza (Virusgrippe) (► Abbildung 11.8). Forscher untersuchen außerdem Wege, um Antikrebsmittel in Mikrokugeln (Liposomen) zu verpacken, um sie in der Nähe von Tumoren in den Körper zu implantieren. Auch Anästhetika zur Schmerzbehandlung werden experimentell auf diese Weise verabreicht.

Nanotechnologie und Nanomedizin: Biotechnologie im Nanomaßstab

Als **Nanotechnologie** bezeichnet man einen Zweig der Technik, bei dem Gebilde im Nanomaßstab (Nanometer = 10^{-9} m; millionstel Millimeter; Abk. nm) entworfen, gebaut und verändert werden. Ein menschliches Haar hat einen Durchmesser von etwa 200.000 nm

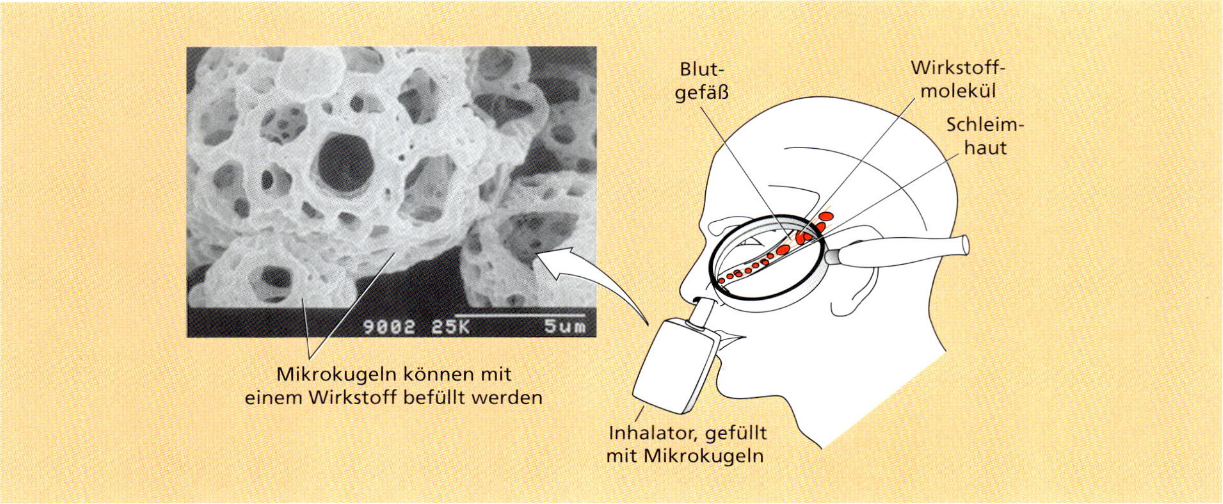

Abbildung 11.8: Mikrokugeln als Wirkstoffvehikel. Mikrokugeln können Wirkstoffe zu bestimmten Orten innerhalb des Körpers bringen oder im Körper verteilt werden, abhängig davon, wie sie eingesetzt werden. In diesem Beispiel werden mit Wirkstoffen gefüllte Mikrokugeln in die Nase gesprüht, wo sie in den Blutstrom gelangen und mit diesem im Körper verteilt werden.

(= 200 Mikrometer, µm). Die Nanotechnologie hat sich zu einem großen Geschäft entwickelt, das Anwendung in der Werkstoffherstellung, der Energiewirtschaft, der Elektronik und der Optik gefunden hat. Die Nanomedizin – die Anwendung der Nanotechnologie in der Medizin – ist für die medizinische Biotechnologie von besonderem Interesse.

Nanotechnologie und Nanomedizin befinden sich noch in den Kinderschuhen. Nichtsdestotrotz träumen Wissenschaftler schon von winzigsten Gerätschaften, die im Inneren des Körpers eine Unzahl von Aufgaben erfüllen sollen. Sie stellen sich Apparate wie Nanosensoren vor, die Stellgrößen wie den Blutdruck, den Sauerstoffgehalt und Hormonkonzentrationen messen und weitersenden sollen, sowie Nanomaschinen, die verstopfte Blutgefäße wieder durchgängig machen oder Krebszellen aufspüren und vernichten sollen. Wissenschaftler haben verwegene Ideen von „intelligenten Medikamenten", die mit Hilfe von Viren oder anderen Nanoteilchen im Körper bestimmte Ziele (z.B. Krebszellen) finden sollen, um dort ihre Fracht abzuladen, die geschädigte Zellen reparieren oder zerstören soll, und die wirkungsvoll, aber „geräuschlos" mit geringen Nebenwirkungen ihre Aufgabe verrichten. All dies ist jedoch zur Zeit noch „science fiction". Die Nanotechnologen sind hoffnungsfroh hinsichtlich der Leistungsfähigkeit dieser Technologie, doch ist die Zukunft für tatsächliche praktische Anwendungen völlig offen. Beispielsweise ist bisher praktisch vollständig unerforscht, wie das Immunsystem auf „Nanoeindringlinge" reagieren wird; es ist anzunehmen, dass diese Gebilde ebenso wie Viren als Fremdkörper erkannt und attackiert werden. Dies kann – wie bei den Heuschnupfen verursachenden Pollenkörnern von Pflanzen – leicht zu quasi-allergischen Abwehrreaktionen führen. Solche Reaktionen des Körpers können ein Szenario wie das eben aufgezeichnete leicht zunichte machen. Teure Nanomaschinchen könnten also unter Umständen im Inneren von Fresszellen des Immunsystems ihr Ende finden.

Kunstblut

Im Jahr 1921 wurde in London der erste Bluttransfusionsdienst ins Leben gerufen. Transfusionen sind oft bei Schwerverletzten und im Verlauf von großen Operationen notwendig. Blutspenden werden vor der endgültigen Einlagerung und Zerlegung (Vollblut hat praktisch keine Verwendung mehr) auf Erreger wie die Hepatitisviren A und B und das AIDS-Virus HIV hin untersucht. Die Haltbarkeit von Blutplasma und Erythrozytenkonzentraten ist begrenzt und es ist Kühlung erforderlich. Um 1984 trat HIV durch Kontamination von Blutkonserven ins Bewusstsein und es wurden neue Testverfahren (HIV-Test) entwickelt, die die Blutversorgung seitdem viel sicherer gemacht haben. In vielen Gegenden der Welt – insbesondere Ländern der 3. Welt, wo umfassende Testverfahren nicht gut entwickelt oder zu kostspielig sind – gibt es einen erheblichen Bedarf an sicherem Blut, das frei von infektiösen Bakterien und Viren ist. Viele dieser Sorgnisse haben Wissenschaftler dazu veranlasst, nach Wegen zu suchen, künstliches Blut oder einen artifiziellen, temporären Blutersatz herzustellen.

Zu den Vorteilen von Kunstblut gehören Erregerfreiheit, ein von Blutspenden unabhängiger Nachschub insbesondere in Notfallsituationen und eine längere Lagerfähigkeit. Anders als echtes Blut müsste bei Kunstblut auch kein Abgleich der Blutgruppen mit denen des Empfängers erfolgen, um Abstoßungsreaktionen des Immunsystems zu umgehen.

Ein wesentliches Problem bei der Entwicklung künstlichen Blutes besteht bis heute darin, dass künstliches Blut dafür ausgelegt ist, die Primäraufgabe normaler roter Blutkörperchen zu erfüllen – Sauerstoff zu den Geweben des Körpers zu befördern, eine Aufgabe, die von dem Sauerstofftransportprotein Hämoglobin bewältigt wird. Rote Blutkörperchen (Erythrozyten) sind buchstäblich Hämoglobinfabriken und mit diesem wichtigen Protein randvoll angefüllt. Die roten Blutkörperchen erfüllen darüber hinaus aber noch andere Aufgaben: Sie stellen einen wesentlichen Eisenvorrat des Körpers dar und sie transportieren das Kohlendioxid aus dem Körper hinaus. Ein Blutersatz, der alle Aufgaben des normalen Blutes erfüllen kann, ist noch nicht entwickelt worden. Trotzdem sind verheißungsvolle Produkte in der Entwicklung.

Künstlicher Blutersatz ist noch ein junges Arbeitsfeld, aber es werden rasche Fortschritte gemacht. Im Jahr 2000 hat Südafrika als erstes Land einen Blutersatz namens Hemopure (hergestellt von der Firma *Biopure Corporation*, Massachusetts, USA) zugelassen. Wie wird dieses Kunstblut hergestellt? Kunstblut ist eine zellfreie Lösung von Molekülen, die Sauerstoff zu binden und wieder abzugeben vermögen. Darin gleichen sie dem Hämoglobin des echten Blutes. Einige Blutersatzmedien wie Hemopure werden mit tierischem Hämoglobin (Hemopure aus Rinderhämoglobin) hergestellt, andere mit menschlichem Hämoglobin. Das Rinderblut ist ein Abfallprodukt von Schlachthäusern, aus dem dann das Hämoglobin aufgereinigt wird (wir haben das in Kapitel 4 kurz vorgestellt). Zahlreiche andere Typen von Kunstblut werden erprobt. Einige stützen sich auf Fluorkohlenwasserstoffe (FKWs), die Sauerstoff zu absorbieren vermögen und es in den Geweben wieder abgeben. Künstlicher Blutersatz muss eine sichere Alternative zu transfundiertem Blut darstellen. Es bleibt noch viel Arbeit zu leisten, aber der mögliche Nutzen dieser Produkte hat viele Firmen veranlasst, große Geldmengen zu investieren, um marktfähige Blutersatzmedien zu entwickeln. Es bleibt zu bemerken, dass all diese Blutersatz-

FRAGE UND ANTWORT F&A

Frage

Was versteht man unter einer Bluttypisierung?

Antwort

Es gibt viele Arten, Blutzellen abzugleichen oder zu typisieren. Das bekannteste Blutgruppensystem ist das AB0-System (A-B-Null-System). Dieses Blutgruppensystem bezieht sich auf eine Gruppe von Oligosacchariden an der Oberfläche von Zellen. Die Zuckerreste sind an der Oberfläche der roten Blutkörperchen an Membranproteine gebunden; diese Membranproteine der Erythrozyten werden Hämagglutinine genannt.

Die Zuckerreste an diesen Membranproteinen können verschiedene Formen haben. Die spezielle Ausprägung der Zuckerreste an diesen Glykoproteinen wird als Oberflächenantigen A, B oder 0 bezeichnet. In der medizinischen Fachsprache bezeichnet man diese Oberflächenantigene aus historischen Gründen als Blutgruppen. Die Blutgruppe A ist also eine spezielle Form der Oligosaccharidverzweigung der Hämagglutinine, Blutgruppe B und Blutgruppe 0 sind zwei andere Varianten der Zuckermodifizierung dieser Proteine.

Man sagt, eine Person habe die Blutgruppe A, wenn diese Hämagglutinine das Glykosylierungsmuster des Typs A aufweisen. Personen mit der Blutgruppe AB weisen sowohl das Antigen A wie das Antigen B auf, solchen mit der Blutgruppe 0 fehlen sowohl die Zuckerreste für A wie für B. Es werden regelmäßig Antikörper gegen diejenigen Blutgruppenantigene gebildet, über die der Körper selbst nicht verfügt.

Bei einer Transfusion muss daher darauf geachtet werden, dass kein Blut mit Antigenen übertragen wird, gegen die der Empfänger Antikörper besitzt, da es sonst zu einer immunologischen Abwehr gegen das Fremdblut kommt, die zur Verklumpung (Agglutination) und nachfolgend zur Zerstörung der transfundierten Blutzellen (Hämolyse) führt. Personen mit der Blutgruppe AB weisen keine Antikörper gegen Hämagglutinine auf, vertragen also jedes Fremdblut (A, B, AB, 0); Personen der Blutgruppe 0 besitzen Antikörper gegen A und B, vertragen also nur Fremdblut der Gruppe 0.

Falls Sie Ihre eigene Blutgruppe kennen, wissen Sie vielleicht, welchem Typ des AB0-Systems Sie angehören. Daneben wird oft ein weiteres Blutgruppenantigen, der Rhesusfaktor (Rh) genannt, und angegeben, ob Sie Rh+ oder Rh− (rhesuspositiv oder rhesusnegativ) sind. Der Rhesusfaktor hat seinen Namen nach der Affenart (Rhesusaffen), in der er zuerst entdeckt worden ist.

Neben diesen vier Blutgruppen gibt es noch zahlreiche andere, die weniger bekannt und nur in medizinischen Spezialfällen von Bedeutung sind. Träger der Merkmalskombination 0 Rh− gelten als Universalspender, weil sie keines der relevanten Antigene für eine Abstoßungsreaktion tragen; Menschen des Phänotyps AB Rh+ sind dagegen Universalempfänger, weil sie zwar die Antigene, aber keine Antikörper gegen diese aufweisen.

medien vorübergehende Notlösungen sind, um Patienten in lebensbedrohlichen Situationen am Leben zu erhalten. Ein langfristiger Ersatz für das natürliche, körpereigene Blut sind und werden sie nicht.

Impfstoffe und therapeutische Antikörper

In Kapitel 5 haben wir kurz beschrieben, wie Impfstoffe das Immunsystem anregen, Antikörper zu bilden, um Schutz gegen infektiöse Mikroorganismen auszubilden. Ohne jeden Zweifel waren Impfungen höchst wirksam beim Schutz gegen Pathogene wie die Erreger der Kinderlähmung (Poliovirus), des Wundstarrkrampfes (Tetanusbakterien), des Typhus (Typhusbakterien) sowie Dutzender weiterer. Wie wir in Kapitel 5 erörtert haben, gehören die Bestrebungen, Impfstoffe gegen einige todbringende Erreger wie AIDS- und Hepatitisviren herzustellen, zu den aktiven und bedeutenden Forschungsfeldern in der Medizin.

Viele Wissenschaftler hoffen, dass Impfungen auch gegen andere Krankheitsbilder wie die Alzheimer'sche Krankheit (*Morbus Alzheimer*) und viele Arten von Krebs helfen könnten, aber die Versuche mit Impfstoffen gegen diese Krankheiten befinden sich bislang noch im Versuchsstadium. Eine Immuntherapie gegen Krebs befindet sich als Mittel zur Heilung bereits bestehender Tumoren in der experimentellen Erprobung (so genannte therapeutische Vakzination); eine vorbeugende Impfung, die den Ausbruch von Krebs verhindern könnte oder soll, ist noch nicht gelungen. Bei der Immuntherapie von bösartigen Tumoren werden Krebszellantigene dem Patienten (zusammen mit anderen Stoffen, die eine Immunreaktion fördern) gespritzt, um die weißen Blutkörperchen zu veranlassen, die Krebszellen als feindlich zu erkennen und anzugreifen. Es gab viel Aufregung um Impfstoffe aus „nackter DNA", also Impfstoffe, die aus Plasmiden bestehen, welche Gene enthalten, die für Antigene codieren. Die DNA wird direkt in das Gewebe injiziert. Die Zellen nehmen zum Teil die Plasmide auf und bringen unter günstigen Umständen die Antigengene zur Expression. Die Antigene sollen ihrerseits eine Immunreaktion mit Antikörperherstellung auslösen.

Wie wir in Kapitel 5 diskutiert haben, besteht die primäre Aufgabe einer Impfung in der Anregung des Immunsystems zur Herstellung von Antikörpern, die nichtkörpereigene Stoffe erkennen und durch Bindung markieren. Antikörper können aber auch selbst von außen zugeführt werden, um einen Krankheitszustand zu behandeln (sog. passive Immunisierung). Die bekannteste Anwendung solcher therapeutischer Antikörper sind Antiseren, die bei Vergiftungen zum Beispiel durch Schlangenbiss oder bei Verdacht auf Tollwut verabreicht werden. Der Einsatz von Antikörpern zur Behandlung macht Sinn, weil Antikörper sehr spezifisch für ihr jeweiliges Antigen sind und mit hoher Affinität (Bindungsstärke) an Antigenmoleküle binden. Darüber hinaus führt die Antikörpermarkierung nicht nur zur Immobilisierung und Inaktivierung von Antigenen; diese werden durch die Antikörper auch für eine vollständige Zerstörung durch weiße Blutkörperchen kenntlich gemacht. **Monoklonale Antikörper** – also Antikörper, die alle dasselbe Epitop erkennen – sind als Hoffnungsträger für vielerlei Krankheiten im Gespräch. Um einen monoklonalen Antikörper herzustellen, wird zunächst ein Versuchstier (zumeist eine Maus) mit dem Antigen, gegen das Antikörper erzeugt werden sollen, immunisiert (genauso wie bei der Herstellung polyklonaler Antikörper). ► Abbildung 11.9 zeigt beispielhaft ein Schema für die Herstellung monoklonaler Antikörper gegen ein Antigen menschlicher Leberzellen. Nachdem die Antikörperproduktion in dem Versuchstier ausreichend in Gang gekommen ist, was mehrere Wochen dauern kann, wird das Tier getötet und die Milz entnommen. Die Milz enthält eine große Zahl von B-Zellen (B-Lymphozyten), die Antikörper produzieren. Die isolierten B-Zellen aus der Milz werden mit unbegrenzt teilungsfähigen Krebszellen (Myelomzellen) fusioniert und in Kultur vermehrt. Die heute üblichen Zellkulturtechniken stellen einen großen Fortschritt gegenüber der früher üblichen Aszitestechnik dar, die für die Versuchstiere sehr qualvoll war. Die aus der Fusion von B- und Myelomzellen resultierenden Fusionszelllinien werden als Hybridomzelllinien bezeichnet. Ein Klon aus Hybridomzellen heißt Hybridom.

Hybridomzellen vermehren sich in Zellkulturen rasch. Die Zellen sind mikroskopische Antikörperfabriken. Die Hybridome schütten die Antikörper in das Kulturmedium aus (sekretorische Antikörper). Nach der klonalen Reinigung der Hybridomzellen lassen sich aus dem Kulturüberstand dann monoklonale Antikörper bekannter Epitopspezifität gewinnen. Als Endergebnis hat der Forscher dann eine reine, homogene Zelllinie in der Hand, mit der sich unbegrenzt Antikörper einer definierten Spezifität gewinnen lassen. Hybridomzellen lassen sich sogar im tiefgefrorenen Zustand in Dauerkultur nehmen, so dass beim Zusammenbruch einer bestehenden Produktionskultur eine neue angeimpft werden kann. Hybridomzelllinien lassen sich im großen Maßstab vermehren und haltern, so dass eine kommerzielle Ernte der Antikörper möglich ist (allerdings sind diese industriellen Maßstäbe nicht mit den Zellmengen und -dichten mikrobieller Massenkulturen vergleichbar; siehe Kapitel 5).

Gereinigte monoklonale Antikörper können Patienten gespritzt werden. Im Körper des Patienten binden die Antikörper dann an die Epitope, gegen die sie gerichtet sind. Die monoklonalen Antikörper unseres Beispiels von Abbildung 11.9 binden an Antigene auf Leberkrebszellen und markieren diese für einen Angriff von Effektorzellen des Immunsystems. Forscher in aller Welt suchen nach Wegen, um die Antikörpertherapie zu verbessern und so einsetzen zu können, dass entartete Krebszellen erkannt und zerstört werden, aber auch, um andere Krankheiten wie Arthritis (Rheuma) oder die Alzheimer'sche Krankheit auf diese Weise zu behandeln. Es wird weiterhin versucht, die Zielgenauigkeit von Antikörpern auszunutzen, indem man andere Wirkstoffe an diese koppelt, um sie in hoher Konzentration an ihren Zielort zu lotsen (z. B. radioaktive Atome, die Krebszellen zerstrahlen sollen). Monoklonale Antikörper sind auch mit anderen Proteinen wie z. B. Enzymen aus Schlangengiften gekoppelt worden, um die Zielfindungsfähigkeit von Antikörpern mit der enzymatischen Wirkung eines Effektorproteins in solchen Fusionsproteinen zu verbinden. Die Enzyme aus Tiergiften weisen oft lytische (zellzersetzende) Wirkungen auf, die bei hoher Dosierung gravierende (toxische) Nebenwirkungen hätten. In der auf den ersten Blick seltsamen Verbindung mit Antikörpern versucht man, diese zerstörerische Wirkung der Enzyme auf ein durch den Antikörper bestimmtes Ziel zu lenken. Diese Strategien befinden sich aber in einer frühen Experimentalphase und es muss noch viel Arbeit geleistet werden, um sicherzustellen, dass die Fusionsproteine nur die gewünschten Zielzellen angreifen. Dieser Ansatz verdeutlicht jedoch die Möglichkeiten, die Antikörper (ob mono- oder polyklonal) vielleicht im medizinischen Einsatz jenseits der klassischen passiven Immunisierung zukünftig haben werden.

Es gibt sogar Anzeichen dafür, dass der Einsatz therapeutischer Antikörper von Wert bei der Behandlung von Drogenabhängigkeiten wie der von Kokain oder Nikotin haben könnte. Allein in den USA sind ca. 13 Millionen Menschen drogenabhängig. Manche Wissenschaftler hoffen, eine Antikörperantwort auf Substanzen wie Kokain auslösen zu können. Die Idee ist, die Bildung von Antikörpern anzuregen, die die Moleküle der süchtigmachenden Substanz abfangen und so ihre Wirkung

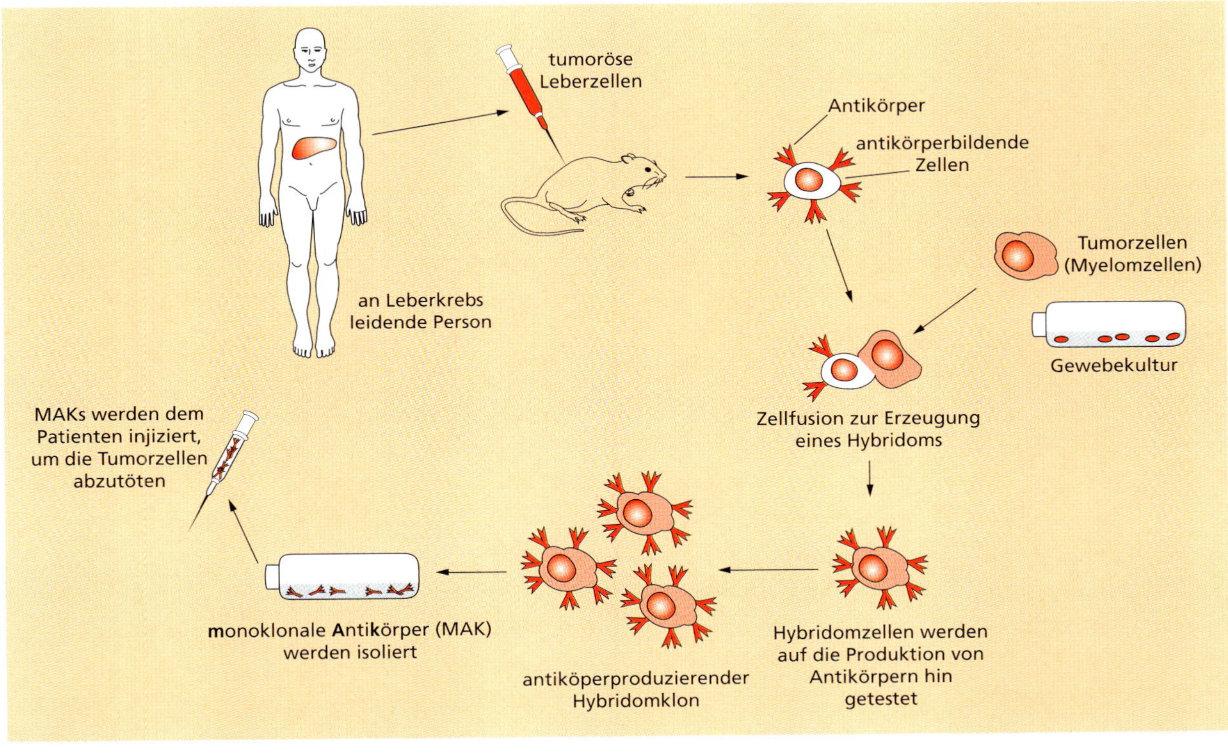

Abbildung 11.9: Herstellung monoklonaler Antikörper.

verhindern. Durch eine solche Unterdrückung der Wirkung könnten natürlich die Entzugserscheinungen bei bereits Abhängigen nicht vermieden werden. Dann könnte es eher zum Versuch einer Überwindung der Entzugssymptome durch eine noch höhere Dosierung der Droge als zum Verzicht kommen.

Etwa ein Dutzend monoklonaler Antikörper zur Behandlung von Krankheiten ist bereits auf dem Markt. Monoklonale Antikörper kommen auch in der Diagnostik zum Nachweis von Erregern zum Einsatz, und auch die in Apotheken käuflichen Schwangerschaftstests bedienen sich monoklonaler Antikörper zum Nachweis von Hormonen. Der Einsatz von monoklonalen Antikörpern zur Behandlung von Krankheiten steckt noch in den Kinderschuhen, aber es sieht so aus, als entwickelten sich die Antikörper generell (neben den monoklonalen werden natürlich auch polyklonale Seren verwendet) zu einem wertvollen Werkzeug der Medizin des 21. Jahrhunderts. Im nächsten Abschnitt wenden wir uns der Gentherapie zu – einem kontroversen Gebiet der medizinischen Biotechnologie, auf das vor einem Jahrzehnt große Hoffnungen gesetzt worden sind, das aber bis heute unter größten technischen Schwierigkeiten bei der Umsetzung der theoretischen Konzepte leidet.

Gentherapie 11.3

Unter Gentherapie versteht man die Einbringung von genetischem Material in den Körper eines Patienten, um damit einen Krankheitszustand zu heilen, der auf der Fehlfunktion eines Gens zurückzuführen ist. Stellen Sie sich die beeindruckende Kraft und das Potenzial der Gentherapie vor, würde sie vollständig funktionieren. Einem Erkrankten werden „normale“ Gene verabreicht, um ein ausgefallenes oder nicht richtig funktionierendes Gen zu ersetzen und eine Krankheit zu heilen. Wie wird genetisches Material in therapeutischer Absicht verabreicht? Wie lassen sich Gene zu den Geweben bzw. Organen im Körper bringen, in denen sie ihre Aufgabe erfüllen sollen? Kann man eine Gentherapie wirkungsvoll und sicher durchführen? Dies sind die wesentlichen Fragen, die sich im Umfeld der Versuche mit Gentherapien stellen. An dieser Stelle wollen wir diese und noch andere Fragen erörtern, indem wir einen Überblick über die gentherapeutischen Strategien geben, die bei den Versuchen, damit Krankheiten zu heilen oder wenigstens zu lindern, zum Einsatz kommen.

Wie geht man vor?

Es gibt zwei grundsätzliche Primärstrategien für die Verabreichung von genetischem Material zum Zwecke der Therapie: die **Gentherapie *ex vivo*** und die **Gentherapie *in vivo*** (► Abbildung 11.10). Bei der Ex-vivo-Therapie (wörtlich: „außerhalb des Lebens“; gemeint ist „außerhalb des Körpers“) werden Zellen des Erkrankten entnommen und das neue Erbmaterial außerhalb des Körpers in einige oder alle der entnommenen Zellen eingeschleust. Die dabei eingesetzten Techniken entsprechen prinzipiell denen, die wir bei der Transformation von Mikroorganismen kennen gelernt haben (Kapitel 3 und Kapitel 5). Erfolgreich transformierte Zellen werden in den Patienten zurückgeführt. Die Einschleusung von reiner DNA in Zellen wird als **Transfektion** bezeichnet. Die transfizierten Zellen werden unter Umständen von der eingeschleusten DNA in ihrem Wesen verändert, was man – wie wir wissen – als *Transformation* der Zellen bezeichnet. So könnte man einem an einer Leberkrankheit leidenden Patienten durch eine Leberbiopsie Leberzellen entnehmen. Auf die Krankheit zielende therapeutische Genkonstrukte würde man dann in die entnommenen Zellen einschleusen und die transformierten Zellen auf die Expression der neuen Gene hin untersuchen. Für die Transfektion kommt nackte DNA zum Einsatz; im nächsten Abschnitt werden wir weitere Verfahren zur Einschleusung von DNA mit Vektoren beschreiben. Die genetisch nachgerüsteten Leberzellen werden in den Patienten zurückverpflanzt (► Abbildung 11.10).

Bei der In-vivo-Therapie werden die therapeutischen Genkonstrukte unmittelbar in den Körper eingeschleust (Abbildung 11.10). Eine der vielen Herausforderungen, denen sich die Gentherapie in vivo gegenübersieht, besteht darin, die Konstrukte nach Möglichkeit nur in die von dem Krankheitszustand betroffenen Organe zu bringen. Zu diesem Zweck stützt man sich vielfach auf Viren als Vehikel (Vektoren) für die therapeutischen Genkonstrukte. In einigen Fällen hat man die DNA direkt in das Zielgewebe injiziert. Auch Liposomen und andere Vektorsysteme werden erprobt. Im Allgemeinen haben sich Ex-vivo-Ansätze als erfolgversprechender erwiesen als In-vivo-Verfahren.

Das Abliefern der Fracht: Vektoren für die Gentherapie

Eine Hauptherausforderung, der man sich bei der Gentherapie stellen muss, um das Verfahren als sichere Methode zu etablieren, ist die sichere und effektive

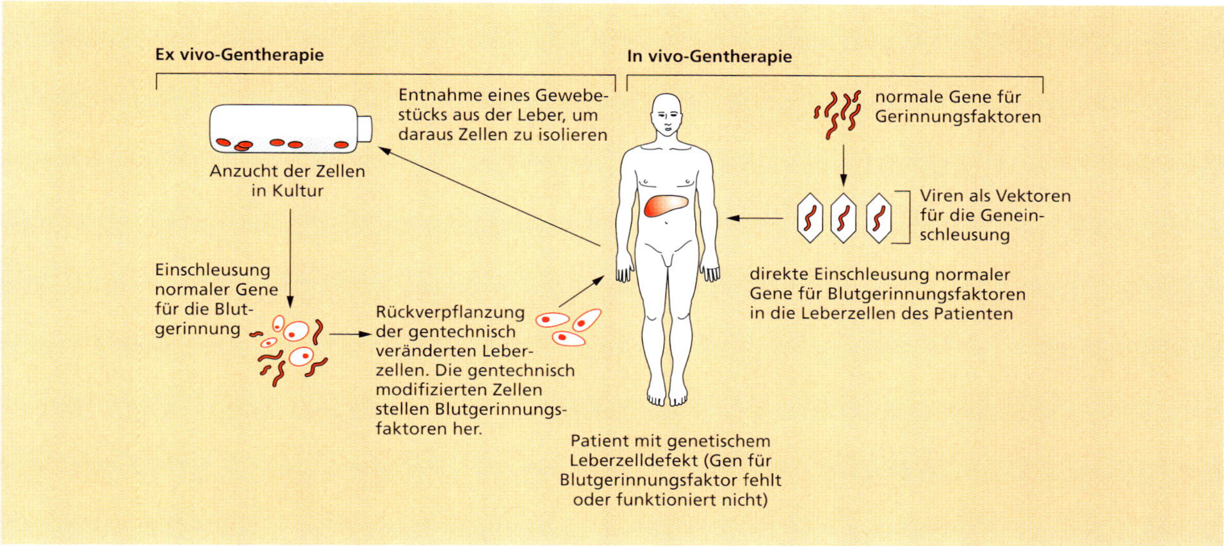

Abbildung 11.10: Gentherapie in vivo und ex vivo bei einem Modellpatienten mit Leberschaden. Bei der Gentherapie ex vivo (außerhalb des Körpers) werden dem Patienten Zellen entnommen. In unserem Beispiel wird ein Gen für einen Blutgerinnungsfaktor in die Leberzellen eingeschleust und die erfolgreich transfizierten Zellen in den Körper zurückverpflanzt, wo die Zellen dann den dem Körper fehlenden Gerinnungsfaktor produzieren. Bei der Gentherapie in vivo (im Körper) wird das therapeutische Genkonstrukt direkt in den Körper gegeben. Bei beiden Verfahren kann die DNA entweder „nackt", im Verbund mit Hilfsstoffen oder mit Hilfe eines Überbringervehikels (eines Vektors) in die Zellen geschleust werden.

Einbringung der therapeutischen Konstrukte – der „genetischen Fracht", die der gewählte Vektor trägt. Abhängig von der zu behandelnden Erbkrankheit erfordern manche Krankheitsbilder eine langfristige Expression eines therapeutischen Gens, während andere eine rasche Expression für einen begrenzten Zeitraum erforderlich machen. Wie können solche Konstrukte eingeschleust und zur Expression gebracht werden, um hinreichende Mengen des erforderlichen Genprodukts zu erzeugen? Die Mehrzahl der Geneinschleusungsstrategien sowohl bei ex vivo- als auch bei in vivo-Verfahren stützt sich auf Viren als Vektoren.

Die Idee der Verwendung eines Virus als Vektor nutzt die Infektiosität von Viren, also deren Fähigkeit, in Zellen ihres Wirts eindringen zu können und dort ihr Genom zur Expression zu bringen und in bestimmten Fällen sogar in das Genom des Wirts einbauen zu können. Als Vektoren für die Gentherapie beim Menschen sind verschiedene Virustypen zum experimentellen Einsatz gekommen: Adenoviren (Adenoviren führen zu Infektionen der oberen Atemwege; sie gehören zu den Auslösern der gewöhnlichen Erkältung und besitzen – für Viren – sehr große Genome), Influenzaviren (Erreger der echten Grippe; Viren mit gestückelten Genomen), Herpesviren (eine umfangreiche Gruppe von DNA-Viren, die Infektionen verschiedener Symptomatik hervorrufen; bekannt sind die Lippenbläschen, die Herpes simplex, Serotyp I hervorruft) sowie Retroviren (RNA-Viren, deren Genom intrazellulär in cDNA umgeschrieben und in das Wirtsgenom integriert wird). Auch HIV-1, das zur Gruppe der Retroviren gehört, ist als Vektor vorgeschlagen worden. Die Viren werden vor dem Einsatz als Vektor in der Gentherapie gentechnisch so hergerichtet, dass ihre Replikationsfähigkeit verlorengeht; außerdem muss ja die „therapeutische DNA" in das Genom des Virus eingebaut (inseriert) werden.

Damit ein Virus eine Infektion auslösen kann, muss es an seine Zielzellen im Organismus des Wirts binden und sein Erbgut in die Zellen einbringen. Dies geschieht bei den Viren, die Eukaryonten befallen, durch Internalisierung der Viruspartikel durch Phagozytose. Das Virusgenom kann – anders als bei lebenden Zellen – aus DNA oder RNA bestehen. Die infizierten Zellen dienen den parasitären Viren als Fabrik zur Herstellung neuer Virusbestandteile und schließlich ganzer neuer Virusteilchen (Virionen). Virale Proteine, die von den Ribosomen der Wirtszelle gefertigt werden, lagern sich zu Virushüllen zusammen; bei der Zusammenlagerung wird das replizerte Virusgenom in das Virion eingebaut. Die fertigen Virusteilchen werden von der Zelle freigesetzt – entweder kontinuierlich über den sekretorischen Weg der Zelle oder durch Lyse der gesamten Zelle nach Massenvermehrung des Virus. Der gewählte Weg ist abhängig vom Typ des Virus. Die neuen, freigesetzten Virionen können weitere Zellen befallen oder in die Umgebung freigesetzt werden oder in neue Vektoren (z. B. Insekten, Zecken u. Ä.) eindringen, um einen neuen Wirt zu finden.

Die Heranziehung von Viren als „trojanische Pferde“ der Gentechnik war eine naheliegende Idee. Viren sind sehr gut dafür ausgerüstet, ihre Zielzellen zu infizieren und ihr Genom in die Zellen des Wirts zu bringen. Man musste nur das in den Viren enthaltene Erbgut um die „therapeutischen Konstrukte“ erweitern oder Teile davon gegen diese austauschen, um ein Genliefervehikel zu erzeugen, das nützliche Dienste verrichten konnte, statt den Empfänger krank zu machen. Adenoviren, von denen praktisch jeder einmal befallen worden ist, der unter einer gewöhnlichen Erkältung zu leiden hatte, vermögen zahlreiche Zelltypen zu infizieren (sie sind nicht sehr spezifisch). Retroviren wie HIV oder HTLV sind deshalb als Vektoren interessant, weil ihr Genom nach der Umschreibung in DNA in das Genom (die Chromosomen) des Wirts integriert wird. Leider sind der Integrationsort und die Kopienzahl nicht kontrollierbar. Einmal in das Wirtsgenom integriert, verbleibt die Virus-DNA dort in Permanenz und wird bei der DNA-Synthese vor einer Zellteilung im Rahmen der Erzeugung neuer Chromosomen mitrepliziert. Ein Vorteil der Verwendung retroviraler Vektoren besteht also in der Verankerung der therapeutischen Konstrukte in den Wirtszellen. Die Unmöglichkeit, ein in therapeutischer Absicht eingeschleustes Konstrukt wieder aus dem Patienten herauszubekommen, kann aber auch von gravierendem Nachteil sein, wenn es sich erweist, dass das Konstrukt nicht so funktioniert wie beabsichtigt, sondern unerwünschte Wirkungen entfaltet.

Viren sind auch deshalb als Vektoren für die Gentherapie in Mode gekommen, weil viele Viren einen ausgeprägten Tropismus zeigen, das heißt, nur bestimmte Zelltypen infizieren. Dies ist ein Weg, um eine zielgesteuerte Gentherapie zu verwirklichen – also nur Gene in bestimmte Organe oder Gewebe des Körpers zu schleusen (so befällt etwa das AIDS-Virus HIV nur solche Zellen, die das Antigen CD4 tragen). Herpesviren des Typs I (HSV-1) befallen praktisch nur Zellen des zentralen Nervensystems; sie überdauern in den verzweigten Nervenendigungen und brechen unter bestimmten Umständen (z. B. starkem Stress) hervor. Dieser Virusstamm ist daher ein Kandidat für eine gezielte Gentherapie des zentralen Nervensystems (ZNS). Man hofft, auf diese Weise vielleicht eines Tages therapeutische Konstrukte für Krankheiten wie die Alzheimer'sche, die Parkinson'sche, die Epilepsie, die Schizophrenie und andere einschleusen zu können. Auch werden Versuche unternommen, mit der Hilfe gentechnisch veränderter Herpesviren Hirntumoren anzugreifen. Vorläufige erste Befunde lassen Hoffnungen hinsichtlich der Behandlung von Patienten aufkommen. Allerdings sind die biologischen Verhältnisse gerade im zentralen Nervensystem äußerst verwickelt, so dass dies ein besonders anspruchsvolles Zielgebiet für jede therapeutische Intervention ist.

Die meisten menschlichen Zellen nehmen nicht sehr leicht DNA von außen auf, da dies zur unabsichtlichen, unkontrollierten Inkorporation von Fremd-DNA mit der Nahrung führen könnte. Allerdings gelangt auch aus solchen Quellen eine geringe Menge fremder DNA in die Zellen eines Körpers, ohne dass es dadurch zu sichtbaren Schädigungen käme. Dennoch ist die Transfektion mit „nackter DNA“ nicht völlig unmöglich. Der Einschleusung von DNA ohne irgendwelche Hilfszusätze steht die negative elektrische Ladung der DNA-Moleküle entgegen, die das gleiche Vorzeichen besitzt wie die Ladungen an den Phospholipiden der Zellmembran. Man kann unter Verwendung der Verfahren, die wir in früheren Kapiteln beschrieben haben – namentlich der Elektroporation – DNA in menschliche oder andere tierische Zellen einschleusen. Die vektorfreie Direkteinschleusung von DNA hat sich bei Leber- und Muskelgewebe als wirkungsvoll erwiesen (► Abbildung 11.11). Eines der Hauptprobleme der Transfektion menschlicher Zellen in vivo ist der geringe Anteil an Zellen, der bei allen Geneinschleusungsverfahren tatsächlich DNA aufnimmt. Bei in vitro-Verfahren („im Glas“-Verfahren) kann man dies durch Selektion und Weitervermehrung erfolgreich transfizierter Zellen ausgleichen. Bei einer In-vivo-Therapie kann es leicht vorkommen, dass die Menge der transfizierten Zellen nicht ausreichend ist, um den Krankheitszustand zu beheben. Man arbeitet daher an der Entwicklung verbesserter Einschleusungsverfahren, um die Transfektionsrate weiter zu steigern.

Ein Verfahren, um DNA ohne den Rückgriff auf modifizierte Viren in Zellen einzuschleusen, ist die Verwendung von Liposomen als Vektoren. Liposomen (wörtlich: „Fettkörperchen“; *lipos*, gr. Fett, *soma*, gr. Körper) sind winzige Hohlkugeln aus Lipidmolekülen. Lipidmolekülen machen einen beträchtlichen Teil aller Zellmembranen aus, daher ähneln die Liposomen in chemischer Hinsicht einfachen Zellmembranen. Aufgrund dieser physikochemischen Ähnlichkeit besitzen sie die Fähigkeit, mit Zellmembranen zu verschmelzen (zu fu-

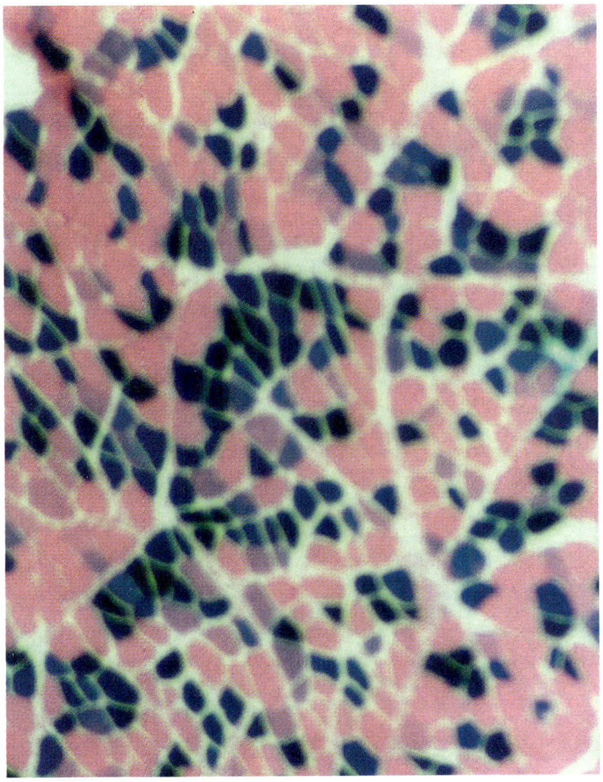

Abbildung 11.11: Die Einschleusung „nackter" DNA. Einige Gewebe, wie das hier abgebildete Muskelgewebe, sind einer Transfektion mit reiner („nackter") DNA, die direkt in das Gewebe injiziert wird, zugänglich. Die dunkel gefärbten Zellen haben die in Form eines Plasmides eingeschleuste DNA aufgenommen und zur Expression gebracht. Die heller gefärbten Zellen haben keine Fremd-DNA aufgenommen. Wissenschaftler arbeiten daran, die Transfektionseffizienz zu erhöhen. Da viele Zellen reine DNA nicht aufnehmen, besitzt diese Technik bisher keinen hohen Wirkungsgrad.

sionieren), so wie es auch behüllte Viren tun. Die Liposomen kann man mit genetischem Material füllen; sie lassen sich per Injektion oder über die Schleimhäute in den Körper einbringen. Um über die Schleimhäute verabreicht zu werden, können sie als Aerosol (Spray) über die Luftwege oder als Emulsion (flüssig über den Verdauungskanal) gegeben werden. Im nächsten Abschnitt werden wir die Erbkrankheit Mukoviszidose als Beispiel für eine solche Aerosoltherapie mit Liposomen im Einzelnen beschreiben. Eine weitere Technik, die wir bei der Besprechung der gentechnischen Veränderung von Pflanzen in Kapitel 6 vorgestellt haben, ist die Genkanone. Diese lässt sich auch auf tierische Zellen anwenden. Dazu werden mikroskopische Goldkörnchen mit DNA beschichtet und ballistisch in die Zellen hineinbefördert (hineingeschossen). Die DNA-„Kanone" ist nichts anderes als ein miniaturisiertes Luftgewehr, das die Projektile (DNA-beschichtete Teilchen) mit Druckluft beschleunigt. Die Geschosse durchschlagen die Zellmembranen und bleiben in vielen Fällen in den Zellen stecken (man muss nur die Geschwindigkeit der Geschosse über den Luftdruck der Kanone an den Zelltyp anpassen). Die Löcher, die in den halbflüssigen Zellmembranen dabei entstehen, werden rasch geschlossen (sie fließen zu), so dass die Zellen den Beschuss weitgehend umbeschadet überleben (so wie die bei der Elektroporation durch das Anlegen der elektrischen Spannung entstehenden transienten Löcher).

Eine weitere Technik, mit der experimentiert wird, sind künstliche Chromosomen. Solche artifiziellen Chromosomen sind im Prinzip offene Plasmide; umgekehrt sind Plasmide also ringförmige Minichromosomen. Die künstlichen Chromosomen werden aber aus genetischen Elementen menschlicher Chromosomen zusammengebaut, um einen Erhalt in den Zellen und eine Weitergabe an Tochterzellen im Rahmen der normalen Replikation zu erreichen.

Die Heilung von Erbkrankheiten: Ziele der Gentherapie

Die meisten Forscher auf dem Gebiet der Gentherapie konzentrieren sich auf erbliche Krankheiten, denen Mutationen einzelner Gene zugrunde liegen (monofaktoriell vererbbare Krankheiten). Als Beispiel für eine solche Erbkrankheit haben wir die Sichelzellenanämie kennen gelernt. Man darf erwarten, dass diese Krankheiten, deren genetische Grundlagen übersichtlich sind, einfacher zu behandeln sind als solche mit multifaktorieller Genese, bei denen also mehrere Gene auf verwickelte Art und Weise zusammenspielen. Gegenwärtigen Schätzungen zufolge soll es etwa 3000 menschliche Krankheiten geben, denen Einzelgenmutationen zugrunde liegen. Viele – vielleicht alle – dieser Krankheiten sind daher Kandidaten für eine Gentherapie; ► Tabelle 11.1 zeigt eine Auswahl. Im Folgenden wollen wir einige aussichtreiche Beispiele für die Anwendung einer Gentherapie vorstellen.

Die erste Gentherapie am Menschen

Der erste Versuch einer Gentherapie wurde 1990 von einer Gruppe von Ärzten der Nationalen Gesundheitsinstitute der USA in Bethesda (Maryland, USA) unternommen. Die Leitung hatten W. Anderson, R. Blaese und K. Culver. Behandelt wurde ein vierjähriges Mädchen, das an einer ererbten allgemeinen Immunschwäche litt (schwere kombinierte Immundefizienz, SCID). Von diesem klinischen Syndrom gibt es mehr als zehn verschiedene Formen, denen unterschiedliche genetische Fehlfunktionen zugrunde liegen. Die Patientin litt an der Variante, die ADA-SCID genannt wird. Bei dieser Variante des angeborenen Immunschwächesyndroms ist die Ursache ein Fehlen des Enzyms Adenosindesaminase, also eines Enzyms des Purinstoffwechsels. Es ist am Abbau von Adenosin beteiligt, das als Bestandteil des ATPs und des Nucleinsäurebausteins AMP in allen Zellen vorkommt. Sind die beiden Kopien des Adenosindesaminasegens, die ein Mensch normalerweise hat, defekt, staut sich dATP in den Zellen an; diese Verbindung ist in hohen Konzentrationen giftig für die Zellen. Davon sind besonders bestimmte weiße Blutkörperchen, namentlich die T-, die B- und die NK-Zellen, betroffen. Im Lauf der Zeit kommt es zu einem beinahe vollständigen Verlust dieser wichtigen Abwehrzellen bei den ADA-SCID-Patienten. Hierdurch kommt praktisch die gesamte Immunabwehr zum Erliegen; deshalb spricht man vom „kombinierten schweren" Immunschwächesyndrom. Kombiniert deshalb, weil mehrere Zelltypen in Mitleidenschaft gezogen werden, schwer, weil die Immunabwehr völlig zusammenbricht. Auch die Fähigkeit, Antikörper zu bilden, wird eingebüßt. Die große und vielgestaltige Gruppe der T-Zellen koordiniert sowohl die Aktivität der B-Zellen und deren Antikörperproduktion wie die anderer Effektorzellen; außerdem gibt es T-Effektorzellen, die selbst Pathogene zerstören. Vor dem Aufkommen der Gentherapie erreichten SCID-Patienten selten das Teenageralter, weil sie ohne funktionierendes Immunsystem mikrobiellen oder viralen Infektionen erlagen.

Um die Patientin zu behandeln, wurde das ADA-Gen kloniert und in einen Vektor eingebaut. Als Vektor wurde ein Retrovirus gewählt, dessen Pathogenität verloren gegangen war. Die Gentherapie wurde ex vivo an isolierten T-Zellen aus dem Blut der Patientin durchgeführt. T-Zellen, die mit dem Retrovirus, das das ADA-Gen mit sich führte, transduziert worden waren, wurden selektiert und in vitro expandiert. Retroviren integrieren, wie wir gelernt haben, ihr Genom nach der reversen Transkription in eine cDNA in das Wirtsgenom (sofern gentechnisch veränderte Retroviren noch das dazu notwendige Integrasegen enthalten). Nach der Expansion (Vermehrung) der transduzierten T-Zellen wurde der expandierte Klon in die Patientin rückgeführt (► Abbildung 11.12).

Die Behandlung wurde mehrfach wiederholt. Im Verlauf mehrerer Monate stieg der T-Zelltiter im Blut

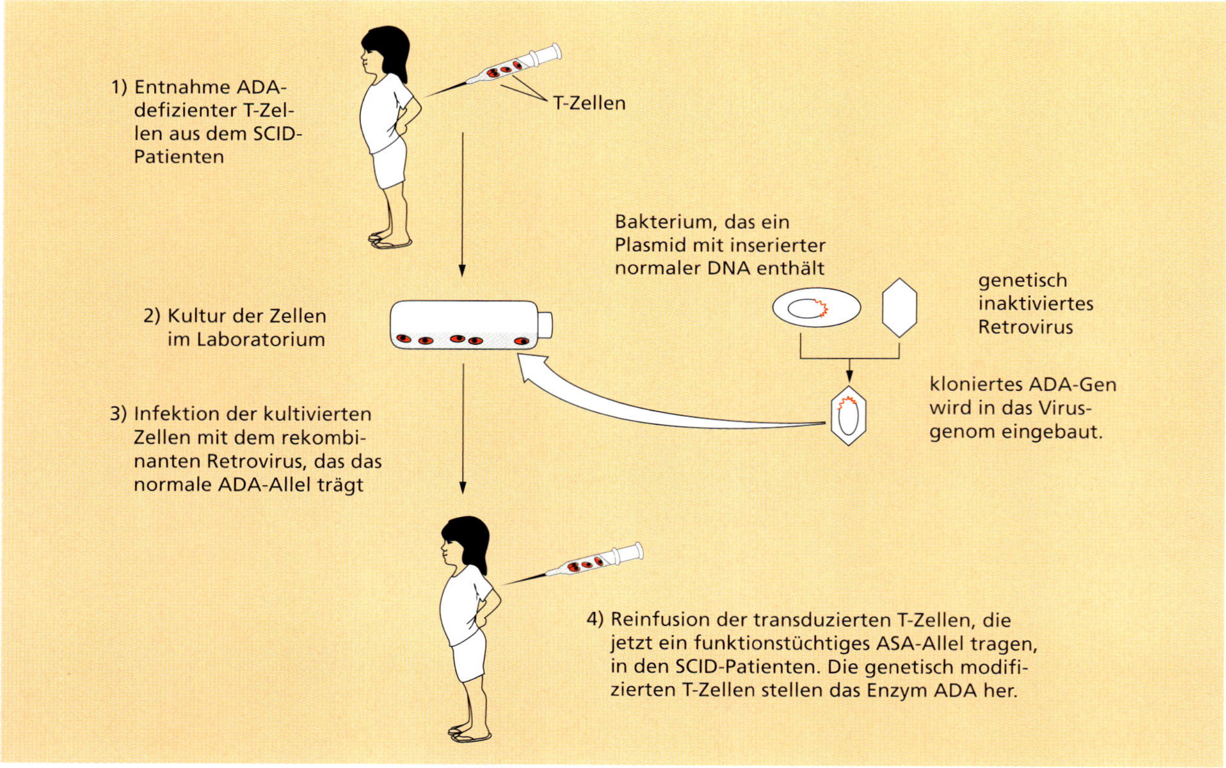

Abbildung 11.12: Die erste Gentherapie am Menschen. Eine Ex-vivo-Gentherapie wurde eingesetzt, um bei einer vierjährigen Patienten mit angeborener kombinierter Immunschwäche das defiziente ADA-Gen zu ersetzen.

der Patientin langsam an. Nach zwei Jahren war die ADA-Aktivität relativ hoch, der T-Zelltiter war beinahe im Normbereich, und 20–25 % der T-Zellen waren transgen für das zugeführte ADA-Gen. Die herangewachsene Patientin erfreut sich heute guter Gesundheit und besucht die Schule, etwas, das kaum im Bereich des Möglichen schien, als sie im Alter von vier Jahren in die experimentelle Behandlung ging. Falls sich die erfolgreich behandelte Patientin entschließen sollte, Kinder zu bekommen, wird sie allerdings die Veranlagung für das schwere Immunschwächesyndrom an alle ihre Nachkommen weitervererben.

Die Behandlung der Mukoviszidose

Die Mukoviszidose (*mucus*, lat. „Schleim"; *viscidus* lat. „zähflüssig") ist die häufigste Erbkrankheit. In den USA werden jedes Jahr rund tausend Kinder mit der Krankheit geboren. Die Zahl neuer Fälle wird für Deutschland mit ca. 300 pro Jahr angegeben. Die Gesamtzahl der an der Krankheit Leidenden beläuft sich in hierzulande auf rund 8000. Die Krankheit ist autosomal-rezessiv; es müssen also zwei defekte Kopien des zugrunde liegenden Gens ererbt werden, damit die Krankheit zum Ausbruch kommt. Die Schätzung der phänotypisch gesunden Merkmalsträger (Menschen, die heterozygot für das Merkmal Mukoviszidose sind) beläuft sich auf 4 % der deutschen Bevölkerung.

Die Mukoviszidose wird auch als *zystische Fibrose* bezeichnet, doch ist diese Bezeichnung im angelsächsischen Raum bevorzugt; im Deutschen ist die Bezeichnung Mukoviszidose gebräuchlich. Das bei der Mukoviszidose in seiner Funktion gestörte Gen ist das **CFTR-Gen** (*cystic fibrosis transmembrane conductance regulator-Gen);* das CFTR-Protein ist eine Ionenpumpe, die Chloridionen aus der Zelle pumpt. Beim Herausbefördern der Ionen wird ATP verbraucht. Das Gen für das CFTR-Protein liegt beim Menschen auf dem Chromosom Nr. 7.

Das Gen enthält 27 Exons und beansprucht über 250.000 Basenpaare des Chromsoms (vergleichen Sie dies mit der Größe von Plasmiden und Bakterienchromosomen, die wir in Kapitel 5 diskutiert haben). Nach dem Herausspleißen der Introns aus dem Primärtranskript ist die zur Translation bereite mRNA nur noch 6129 Basen lang. Das CFTR-Protein ist wichtig für die Aufrechterhaltung der Elektrolythomöostase in den Zellen. Mutationen des CFTR-Gens, die zu funktionsgestörten Proteinen oder einem völligen Ausfall des Proteins führen, sind die Ursache für die Mukoviszidose. Die *Cystic Fibrosis Mutation Database* am Kinderkrankenhaus von Toronto (Kanada) listet gegenwärtig 1523 bekannte Mutationen des riesigen Gens auf, die sich phänotypisch als Mukoviszidose äußern. Bei rund 70 % aller Mukoviszidosepatienten beobachtet man jedoch die gleichen Mutationen, nämlich die Deletion von drei Basenpaaren (einem Codon), die für die Aminosäure Nr. 508 des Proteins (einem Phenylalaninrest) codieren. Das CFTR-Protein wird in vielen Organen des Körpers (Haut, Bauchspeicheldrüse, Leber, Verdauungskanal, männliche Keimdrüsen, Atemwege [Luftröhre und Bronchien]) hergestellt. Funktionsgestörte CFTR-Proteine führen zu einem Ionenungleichgewicht mit zu hohen Chloridkonzentrationen innerhalb der Zellen. Um das elektrische Gleichgewicht zu erhalten, entsteht gleichzeitig eine erhöhte Natriumionenkonzentration; der Kochsalzgehalt der Zellen steigt an (Abbildung 11.13). Um die Ionenstärke innerhalb der Zelle in erträglichen Grenzen zu halten, wird Wasser in die Zellen aufgenommen, wodurch der osmotische Druck ansteigt. Außerhalb der Zellen fehlen diese Ionen, die wasserziehend wirken.

Durch das Fehlen der Ionen nimmt der Wassergehalt in dem Schleim, der die Schleimhäute überzieht, ab. Dadurch verdickt sich der Schleim und wird schlechter abgeleitet. Beim Gesunden wird der Schleim durch das Flimmerepithel der Atemwege retrograd nach oben befördert, und mit ihm eingefangene Staubteilchen, Bakterien und Viren. Der zähe, verdickte Schleim des Mukoviszidosepatienten fließt sehr viel langsamer; er behindert nicht nur die Atmung, sondern ist auch – in völliger Verkehrung seiner normalen Funktion – ein idealer Nährboden für Mikroorganismen (Bakterien, Pilze). Mukoviszidosepatienten leiden daher sehr häufig unter Infektionen der Atemwege, zum Beispiel durch Bakterien der Gattung *Pseudomonas* und andere.

Diese Infektionen können sich zu einer vollständigen Lungenentzündung ausweiten und schließlich zum Atemstillstand führen – der führenden Todesursache bei Mukoviszidosepatienten. Von der Krankheit sind viele andere Organe betroffen. Betroffene Männer sind unfruchtbar, weil der Chloridionenkanal ausgefallen ist, und sowohl männliche wie weibliche Mukoviszidosepatienten weisen einen stark salzigen Schweiß auf, weil auch in diesem der Wassergehalt vermindert ist. Vor der Entdeckung des CFTR-Gens war ein Geschmackstest des abgesonderten Schweißes ein diagnostisches Kriterium für die Krankheit. Es soll noch heute zur Anwendung kommen.

Die symptomatische Behandlung der Mukoviszidose ist vielgestaltig: Man klopft Betroffenen, die sich vorn-

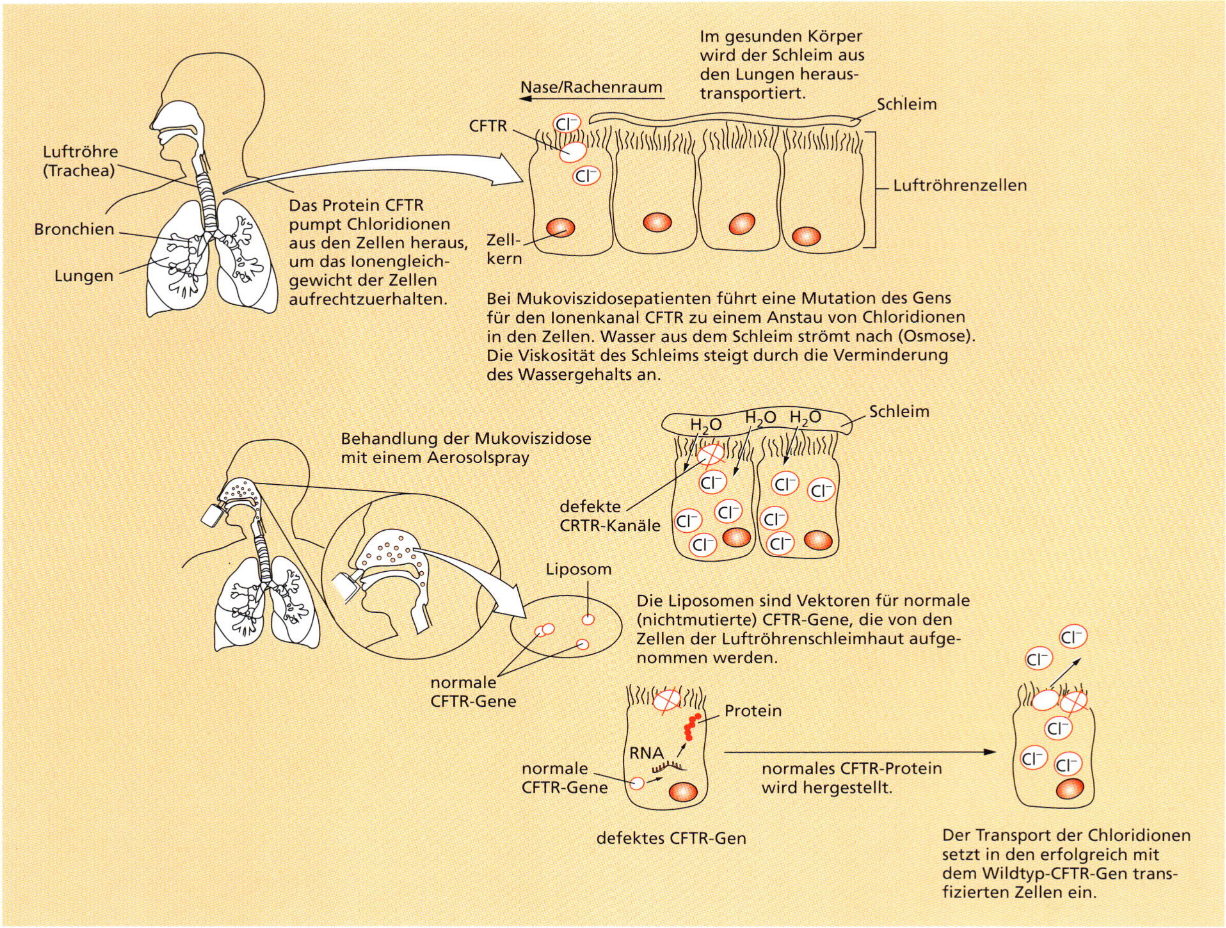

Abbildung 11.13: Behandlung der Mukoviszidose durch Gentherapie.

überbeugen, damit der Schleim aus den Atemwegen unter dem Einfluss der Schwerkraft besser ablaufen kann, auf den Rücken, um den Schleim zu lösen. Medikamente zur Verdünnung (Verbesserung der Fließfähigkeit) des Schleims kommen zum Einsatz, und bei Bedarf auch Antibiotika, um Infektionen mit Bakterien oder Pilzen einzudämmen. Gegenwärtig gibt es jedoch keine ursächliche Behandlung der Krankheit. Die Lebenserwartung von Mukoviszidosepatienten ist stark herabgesetzt: Fast die Hälfte verstirbt vor dem Erreichen des 30. Lebensjahres. Ein Versagen der Atmung oder Infektionen der Lunge sind die regelmäßige Todesursache. Aufgrund der heute verfügbaren Behandlung erreichen viele Mukoviszidosepatienten das Erwachsenenalter. Einigen Patienten hat eine Form der Gentherapie geholfen. 1989 wurde das CFTR-Gen gefunden und charakterisiert. Bald darauf wurde mit gentherapeutischen Versuchen begonnen. Das Wildtypallel des CFTR-Gens wurde in Liposomen verpackt und diese als Nasenspray verabreicht (▶ Abbildung 11.13). Die Liposomen fusionieren mit den Membranen der Luftröhrenzellen und entlassen dabei das CFTR-Gen in das Cytoplasma der Zellen. Offensichtlich gelangt es zumindest bei einem Teil der Zellen in den Zellkern, denn man fand, dass es in eine mRNA umgeschrieben und translatiert wurde. Das nichtmutierte CFTR-Protein wird in die Plasmamembran eingebaut und transportiert Chloridionen aus der Zelle heraus. Der normale Ionenhaushalt ist wiederhergestellt, der Schleim wird verdünnt und kann fließen; die Symptome der Mukoviszidose mildern sich (zumindest in den Atemwegen) ab.

Diese Form der Gentherapie ist noch keine verlässliche Behandlung. Sie muss immer wieder angewendet werden, weil das mit den Liposomen verabreichte DNA-Konstrukt nicht in das Genom integriert wird. Schleimhautzellen unterliegen einem raschen Durchsatz. Die Auskleidung der Luftröhre macht keine Ausnahme, und bei der Zellteilung wird das therapeutische Konstrukt nicht mitrepliziert und geht den Tochterzellen verloren. Es muss daher regelmäßig nachgesprüht werden. Die Fusionsrate der Liposomen ist begrenzt; man erreicht also keine 100-prozentige Transfektionsrate. Selbst Zellen, die das Transgen aufnehmen, müssen nicht notwendigerweise auch ausreichende Mengen des Proteins erzeugen, um ihren Ionenhaushalt zu normalisieren. Die (mangelhafte) Regulation eingebrachter Erbinformation ist ein Kardinalproblem der heutigen, frühen Formen der Gentherapie. Obwohl eine Heilung der Mukoviszidose heute noch nicht möglich ist, demonstriert diese Strategie das Potenzial der Gentherapie, und Wissenschaftler sind emsig dabei, Strategien zu entwickeln, die es schließlich ermöglichen sollen, defekte Gene durch Wildtypallele zu ersetzen.

Probleme der Gentherapie

Wissenschaftler sind immer wegen der möglichen Risiken, mit denen eine Gentherapie behaftet ist, und um die Sicherheit der Verfahren besorgt gewesen. Diskussionen um die Sicherheit der Gentherapie haben sich massiv verstärkt, nachdem ein 18-jähriger Patient bei einem Gentherapieversuch an der Universität von Pennsylvania 1999 verstarb. Der Patient hatte an einer Ornithintranscarbamylasedefizienz gelitten, die durch eine virale Gentherapie behoben werden sollte. Bei der Transduktion wurden dem Patienten, der nur noch eine kurze Lebenserwartung hatte, viel zu viele Virusteilchen verabreicht. Der zu hohe Titer der transgenen Adenoviren führte zu Komplikationen, die zu einem vorzeitigen Ableben der Versuchsperson führten. Der der Erbkrankheit zugrunde liegende Gendefekt betraf den Aminosäurestoffwechsel und wäre auch ohne den gescheiterten Therapieversuch bald tödlich gewesen.

In aller Welt sind bislang mehr als 500 Gentherapieversuche unternommen worden – die Mehrzahl davon in den USA. Mehr als 600 weitere sind im Gange. Der im letzten Abschnitt erwähnte Patient war der erste, der als Folge der Behandlung starb. Todesursache war aber ein Behandlungsfehler, nicht das Verfahren an sich. Trotzdem kamen in der Folge des Unfalls Fragen hinsichtlich der Verwendung von Viren als Vektoren auf. Die Entwicklung nichtviraler Vektoren ist seitdem stärker in das Blickfeld der Forscher getreten. Rufe nach einer strengeren Überwachung und rigideren Schranken für Gentherapieversuche wurden laut.

Gegenwärtig gibt es mehr ungelöste Probleme bei der Gentherapie als praktische Lösungen. Wie lässt sich beispielsweise die Expression eingebrachter Gene im Patienten steuern? Die normalen Zellfunktionen erfordern in aller Regel nicht nur die Anwesenheit eines Proteins, sondern die Anwesenheit in der richtigen Menge, zur richtigen Zeit oder am richtigen Ort. Was passiert, wenn ein eingeschleustes therapeutisches Genkonstrukt überexprimiert wird? Eine Überexpression kann genauso schädlich sein wie ein Fehlen eines Genprodukts. Was, wenn die Expression kurz nach der Verabreichung wieder zum Erliegen kommt? Bislang ist man in vielen Fällen nicht in der Lage, das Expressionsverhalten eingeschleuster Gene zu beeinflussen. Eine sichere und effiziente Methode (oder Methoden) für die Einschleusung in die gewünschten Zielzellen oder -organe ist vonnöten, um die Expression an falschen Orten im Körper zu verhindern.

Andere offene Fragen richten sich darauf, wie lange der Therapieerfolg anhalten wird, ob also eine einmalige Anwendung ausreichend ist oder eine häufige Wiederholung der Behandlung notwendig sein wird. Auch ist bei jedem Gentherapieversuch offen, ob das Immunsystem des Patienten das von den eingeschleusten Genen codierte Protein akzeptieren oder als fremd einstufen und angreifen wird.

Schließlich bleibt abzuwarten, ob die Therapie alle von dem Krankheitszustand betroffene Zellen erreichen muss oder ein „Kurieren" bei einem Teil der Zellen ausreichend ist. Viele Hürden müssen noch überwunden werden, bevor sich die Gentherapie als Konzept für eine verlässliche Therapieform durchsetzen kann, doch verzeichnen die Forscher auf diesem Feld gute Fortschritte. Daneben gibt es rasche Fortschritte auf einem anderen Gebiet der medizinischen Biotechnologie, der „regenerativen Medizin"; dies wird das Thema des nächsten Abschnitts sein.

11.4 Das Potenzial der regenerativen Medizin

Gegenwärtig stehen den Ärzten, die menschliche Krankheiten behandeln, in erster Linie Therapieansätze in Form der Chirurgie, der Strahlenbehandlung und der medikamentösen Behandlung zur Verfügung. Obgleich all diese Therapieformen ihren festen Platz in der Medizin haben, sind beispielsweise Medikamente in vielen Fällen nur zur Behandlung von Symptomen geeignet, heilen aber die Grunderkrankung nicht (Antibiotika sind ein Beispiel für die Ausnahmen, die es gibt). Alle genannten Verfahren können aber geschädigtes Gewebe oder Organe, die ihre Funktion nicht mehr erfüllen, nicht ersetzen oder wiederherstellen. Wenn jemand etwa einen thrombotischen Notfall wie einen Herzinfarkt oder einen Schlaganfall (Hirninfarkt) erleidet, bleibt oft ein dauerhafter Schaden durch abgestorbenes Gewebe am Organ zurück. Wenn ein Organ derart geschädigt ist, bleibt als einzige Hoffnung auf die Wiederherstellung der normalen Leistungskraft der Ersatz des geschädigten Gewebes durch neue Zellen. Während z. B. die Leber sich in erstaunlichem Ausmaß durch Gewebeneubildung regenerieren kann, können das Herz oder das Gehirn dies nicht.

Im Verlauf der Organbildung (Organogenese) im Embryo muss sich das Expressionsverhalten zahlreicher Gene in geordneter Weise ändern. Diese Entwicklungsprozesse laufen in großer Regelmäßigkeit ab und lassen sich nicht rückgängig machen. Die Änderungen, die in den Zellen stattgefunden haben, lassen sich durch Medikamente nicht zurücksetzen. Andererseits können durch Fremdstoffe (z. B. Medikamentenwirkstoffe) Schäden im Stadium der Organbildung ausgelöst werden, die dann ebenfalls bleibend sind (teratogene Wirkung). Heute gibt es keine Wirkstoffe, mit denen sich ein geschädigtes Organ zur Reparatur und Neubildung geschädigter Bereiche veranlassen lässt. Selbst mit dem neuen Wissen, das man aus dem Humangenomprojekt noch gewinnen wird, ist es eine praktisch unmögliche Aufgabe, Stoffe zu finden oder zu entwickeln, mit denen sich die zahllosen Änderungen in der Genexpression auslösen ließen, um eine geordnete Gewebe- oder gar Organregeneration anzustoßen,

Die regenerative Medizin hat sich zum Ziel gesetzt, Zellen und Gewebe zu züchten, die verwendet werden sollen, um geschädigte Gewebe und Organe zu reparieren oder zu ersetzen. Dies ist ein aufregendes Feld der Biotechnologie, das verspricht, die medizinische Praxis in der Zukunft radikal zu verändern. Die meisten Forscher auf diesem Gebiet stimmen darin überein, dass es nicht das Ziel der regenerativen Medizin ist, die Lebenserwartung der Menschen zu steigern, sondern die Lebensqualität in dieser Zeit zu erhöhen.

Zell- und Gewebeverpflanzung

Die Organverpflanzung ist kein neues Konzept, aber die Verpflanzung bestimmter Zellen und einzelner Gewebe zur Reparatur geschädigter Gewebebereiche ist ein verhältnismäßig neuer Aspekt der medizinischen Biotechnologie.

Fötale Gewebepfropfung

Neurodegenerative Erkrankungen treten schleichend auf und führen zu einem langsamen, aber stetig fortschreitenden Verfall höherer Hirnleistungen. Die Alzheimer'sche Krankheit (Morbus Alzheimer; Alzheimer'sche Demenz) und die Parkinson'sche Krankheit (Morbus Parkinson; Schüttellähmung) sind wahrscheinlich die am besten bekannten Beispiele für solche Krankheiten. Sie nehmen die Plätze eins und zwei in der Fallhäufigkeit unter diesen Erkrankungen ein. In den USA werden jährlich ca. 50.000 neue Fälle diagnostiziert; die Gesamtzahl der Betroffenen in Deutschland liegt zwischen drei- und vierhunderttausend. Männer werden doppelt so häufig vom Morbus Parkinson befallen wie Frauen. Die Parkinson'sche Krankheit resultiert aus einem Verlust von Zellen in einer *Substantia nigra* (schwarze Substanz) genannten Teilstruktur des Mittelhirns (Mesenzephalon). Die Nervenzellen der *Substantia nigra* stellen den Botenstoff Dopamin her. Das Absterben der dopaminerzeugenden Zellen im Mittelhirn führt zu Ausfällen in den Schaltkreisen des Gehirns, die zu den bekannten Symptomen der Krankheit führen: Muskeltremor (Muskelzittern), Gleichgewichtsstörungen, Muskelstarre, in der Folge allgemeine Unsicherheit, Einschränkung des Geruchsvermögens, Schluckbeschwerden, Sprachprobleme sowie zahlreiche, variable weitere Symptome, schließlich eine starke psychische Belastung des Betroffenen. Die Behandlung stützt sich heute in erster Linie auf Medikamente, die die Dopaminproduktion anregen oder den Abbau der Substanz verlangsamen sollen. Nach einigen Jahren – in der Regel 4 bis 10 – lässt jedoch die Wirksamkeit der Medikamente in vielen Fällen nach, so dass die Symptome sich verstärken und die Krankheit fortschreitet. Eine ursächliche Behandlung der Krankheit ist bis heute nicht möglich.

Anders als embryonale Nervenzellen besitzen adulte Nervenzellen keine ausgeprägte Teilungsfähigkeit, so dass geschädigte Hirnareale sich nicht durch Selbstreparatur regenerieren können. Mediziner haben lange mit der Idee gespielt, embryonales Nervengewebe für die Transplantation in die Gehirne von Parkinson-Patienten und Patienten mit anderen neurologischen Krankheitsbildern zu verwenden. Die Grundidee ist, embryonales Nervengewebe in der Hoffnung einzupflanzen, dass sich die neuen Zellen in den Gehirnen halten können und sogar Verbindungen zu den vorhandenen Nervenzellen (Neuronen) ausbilden. Das Endziel der Überlegung ist, dass sich dabei Verknüpfungsmuster ausbilden, die

die ausgefallene Funktion, die die Krankheit erzeugt, ersetzen und die normale Funktionsfähigkeit des Hirnbereichs zumindest teilweise wiederherstellen. Nach Versuchen an Nagetieren sind seit den späten achtziger Jahren über hundert Patienten solche Gewebetransplantate eingesetzt worden. So einfach die Grundidee ist, so kompliziert ist die Umsetzung: Um die geschädigte Substantia nigra eines Parkinson-Patienten durch Gewebeeinpflanzung zu „reparieren", ist eine vielstündige Operation notwendig. Nach der Schädelöffnung muss eine Kanüle unter geringstmöglicher Schädigung weiterer Hirnbereiche und Blutgefäße in das betroffene Gebiet im Mittelhirn eingeführt werden. Das hierzu notwendige embryonale Hirngewebe stammt von Unfallopfern oder legal abgetriebenen Embryonen. Wir erinnern uns, dass Mediziner ältere menschliche Embryonen Föten nennen; daher auch „fötales Gewebe"; in der Biologie spricht man durchgehend von Embryonen und embryonalen Zellen, Geweben usw. Patienten mit embryonalen/fötalen Transplantaten haben unterschiedlich von diesem Eingriff profitiert. Die Aussagen zum Erfolg der Therapie sind geteilt: Während einige Quellen berichten, dass die Symptome bei über 40 % der Patienten vermindert werden konnten und in Einzelfällen ganz verschwunden seien, berichten andere Quellen vom Auftreten von Teratomen bei einem hohen Prozentsatz der Versuchstiere, denen embryonales Fremdgewebe eingepflanzt worden war. Teratome sind krebsartige Wucherungen undifferenzierten, embryonalen Gewebes.

Bis zum Jahr 2001 hat man in den USA über eine viertel Million Unfallopfer mit Rückenmarksverletzungen verzeichnet. Weltweit leben fast 2 Millionen Menschen mit einer Schädigung des Rückenmarks. Jedes Jahr kommen rund 85.000 neue Fälle hinzu. Eine Beschädigung des Rückenmarks (des durch die Wirbelsäule verlaufenden großen Nervenstranges) kann eintreten, wenn es gequetscht wird oder es bei einem Unfall zu einer Zerreißung von Nervenfasern kommt. Bei einer Rückenmarksverletzung kann es zur Paraplegie (Querschnittslähmung) kommen, die unterhalb der Brust (etwa des 3. Brustwirbels) einsetzt; eine Paraplegie zieht, abhängig vom genauen Ort der Rückenmarksverletzung, Querschnittlähmung mit Lähmung der Rumpf- und Beinmuskulatur sowie den Verlust des Empfindungsvermögens für Berührung, Schmerz, Temperaturen und Lagesinn sowie Störungen der Darm-, Blasen- und Sexualfunktion nach sich. Es kann auch zur Tetraplegie führen (Lähmung der Arme und Beine bei Schädigung des Halsmarks; außerdem Beeinträchtigung der Atmung sowie Ausfall der nervösen Kontrolle der Harnblase und des Darms). Viele Behandlungsstrategien zur Behebung von Rückenmarksverletzungen wurden erprobt. Ein experimenteller Ansatz bestand in der Verpflanzung embryonaler oder adulter Nervenzellen in den geschädigten Abschnitt, mit der Absicht, durch die Ausbildung neuer, „verbrückender" Verbindungen die nervöse Reizleitung wiederherzustellen (► Abbildung 11.14). Solche Brückenimplantate waren im Tierversuch bei Ratten und Hunden ermutigend.

Gegenwärtig werden insbesondere die so genannten Entzündungsmediatoren intensiv untersucht; das sind körpereigene Stoffe, die dem Auswachsen von Nervenfortsetzen hemmend entgegenstehen. Gleichzeitig werden Nervenwachstumsfaktoren erforscht, die das Auswachsen, die Wegfindung und Kontaktaufnahme unter Nervenzellen fördern. Gleichzeitig ist das die Nervenzellen durchziehende Gliagewebe (ein spezielles Stützgewebe des Nervensystems) in den Blickpunkt geraten, da sich dieses in aktiver Wechselwirkung mit den Neuronen befindet, statt – wie früher geglaubt wurde – nur eine passive Rolle bei der Nährstoffversorgung von Nervenzellen zu spielen.

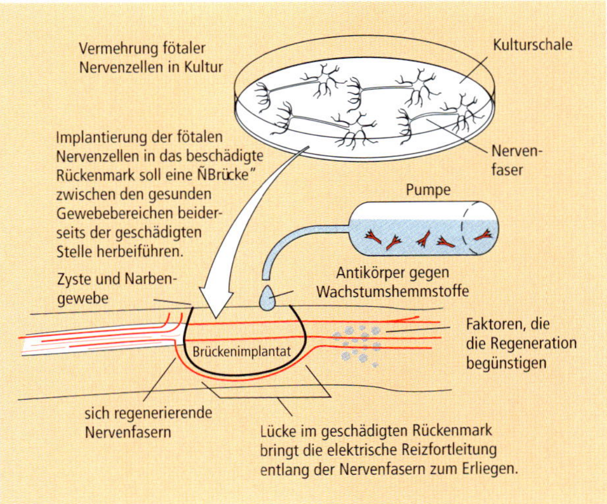

Abbildung 11.14: Das Überwinden der Kluft. Bei vielen Rückenmarksverletzungen entsteht eine Lücke zwischen den voneinander getrennten Bereichen des Marks. Diese Unterbrechung der Zellkontakte führt zu einem Abbruch der Reizleitung in den betroffenen Nerven und kann so zur Lähmung (Paralyse) und dem Wegfall von Sinnesempfindungen (Temperatur, Schmerz, Berührung) führen. Eine experimentelle Strategie zur Reparatur geschädigten Rückenmarks besteht darin, embryonale Zellen in den geschädigten Organbereich zu verpflanzen, um so eine lebende Brücke zwischen den getrennten Bereichen zu erschaffen. Wissenschaftler wenden diese Strategie in Verbindung mit einer Antikörperbehandlung an, die Stoffe abfangen soll, die das Auswachsen der Neuronen unterdrücken; gleichzeitig werden Wachstumsfaktoren verabreicht, die im Gegenteil die Regeneration von Nervenzellverbindungen anregen sollen, um die durch die Verletzung entstandene Kluft zwischen den oberen und den unteren Rückenmarksabschnitten zu überwinden.

Organtransplantation

Organverpflanzungen können Leben retten. In den USA werden pro Jahr etwa acht Millionen Operationen wegen Organversagens durchgeführt, und 4000 Patienten versterben jährlich, während sie auf ein passendes Organ warten. Weitere ca. 100.000 versterben, ohne auf Wartelisten für Spenderorgane zu sein.

Die Verpflanzung körpereigenen Gewebes von einem Ort des Patienten an einen anderen vermag einige Transplantationsprobleme zu lösen. Bei Bypass-Operationen der Herzkranzgefäße werden zum Beispiel Stücke aus einer Beinvene in eine das Herz umlaufende Arterie eingesetzt, um das verstopfte Blutgefäß zu überbrücken. Falls aber ein Patient ein ganzes Organ wie ein Herz, eine Niere oder eine Leber benötigt, muss ein Spender gefunden werden, der ein Organ für den Erkrankten hergibt. Selbst wenn ein Organspender zur Verfügung steht, dessen Gewebeeigenschaften mit denen des Empfängers verträglich sind, ist die Organabstoßung ein Hauptproblem aller Transplantationen. Zu einer Abstoßung kommt es, wenn das Immunsystem des Empfängers das neue Organ oder das neue Gewebe als fremd – nicht zum Körper gehörig – erkennt und eine destruktive Immunreaktion dagegen einleitet. Daher wird vor Inbetrachtnahme einer Verpflanzung zunächst ein als Typisierung bezeichneter Abgleich von Antigenen durchgeführt. Die Gewebetypisierung nimmt Oberflächenmoleküle (Proteine und Kohlenhydrate) in Augenschein, die sich auf allen Zellen des Körpers finden. Die bei einer Typisierung ins Auge gefassten Proteine gehören einer großen Gruppe von Genen/Proteinen an, zu der mehr als 70 Vertreter gehören, die als **Haupthistokompatibilitätsantigene** (MHC, nach engl. *major histocompatibility complex*) bezeichnet werden. Üblich ist auch die kürzere und leichter sprechbare Bezeichnung MHC-Proteine. Neben dieser allgemeinen Bezeichnung ist in der Humanmedizin wiederum eine eigene Bezeichnung üblich: Mediziner bezeichnen den **MHC-Komplex** als HLA-Komplex, die MHC-Proteine als **Humanleukozytenantigene** (HLA). Der MHC-/**HLA-Komplex** besteht aus mehreren Gengruppen untereinander verwandter Gene. Zwischen Organspender und Organempfänger muss bei diesen Oberflächenantigenen eine höchstmögliche Übereinstimmung vorhanden sein.

Die Gruppe der MHC-Proteine ist vielgestaltig. Der MHC-Genkomplex umfasst beim Menschen 3,6 Millionen Basenpaare des Chromsoms Nr. 6. Der Genkomplex beinhaltet 224 identifizierte Genorte. Traditionell werden die dort codierten Genprodukte in zwei Klassen, MHC-Moleküle der Klasse I und MHC-Moleküle der Klasse II, unterteilt. Daneben gibt es eine weitere, weniger umfangreiche Gengruppe, die als Klasse III bezeichnet wird. Man findet diesen Genkomplex bei allen Wirbeltieren. Da man die Genprodukte zuerst auf der Oberfläche weißer Blutkörperchen (Leukozyten) entdeckt hatte, spricht man in der Medizin noch immer von Humanleukozytenantigenen (HLA). Die MHC-Moleküle sind an der so genannten *Antigenpräsentation* beteiligt.

Durch diesen verwickelten molekularen Vorgang, an dem zahlreiche Zellkompartimente beteiligt sind, werden den T-Zellen des Immunsystems von anderen Körperzellen Antigene vorgeführt („präsentiert"). Die T-Zellen lösen bei der Erkennung solcher Antigene in Verbindung mit den MHC-Proteinen eine Immunreaktion aus. Die unterschiedlichen Klassen der MHC-Moleküle präsentieren dabei unterschiedlichen T-Zelltypen unterschiedliche Antigene. 2003 wurde nach genauer Analyse des Chromsoms Nr. 6 ein erweiterter MHC-Komplex definiert, der als xMHC bezeichnet wird und nun 7,6 Millionen Basenpaare umfasst. Im Zusammenhang mit Organ-, Gewebe- oder Zelltransplantationen ist an dieser Stelle von Belang, dass das Immunsystem des Empfängers über den MHC/T-Zellsignalweg die eingepflanzten Zellen als fremd erkennt. Mit einem Abgleich der MHC-Polymorphismen wird versucht, die Abstoßungswahrscheinlichkeit niedrig zu halten; eine völlige Übereinstimmung gibt es aber nur zwischen eineiigen Zwillingen.

Seit der ersten Leberverpflanzung an einem Menschen im Jahr 1963 sind nach Transplantationen immer immunsuppressive Medikamente (Stoffe, die das Immunsystem des Empfängers mehr oder weniger lahmlegen) eingesetzt worden, um Abstoßungen einzuschränken. Die allermeisten Organempfänger müssen diese, die Immunabwehr behindernden Medikamente, für den Rest ihres Lebens einnehmen. Die offensichtlichste Nebenwirkung dieser Medikation ist eine gesteigerte Empfänglichkeit für Infektionen aller Art, die sich beim Befall durch virulente Erreger dann leichter zu lebensbedrohlichen Zuständen fortentwickeln können. Die zu geringe Zahl passender Organe und die Abstoßungsproblematik sind die beiden Hauptgründe, warum Forscher nach neuen Wegen suchen, um ausgefallene Organfunktionen zu ersetzen.

Die Xenotransplantation setzt auf die Einpflanzung artfremder Organe. Man hofft, diese Technik so weiterentwickeln zu können, dass sie eines Tages zu einer tragfähigen Alternative zur Transplantation menschlicher Organe werden kann. Paviane sind einst als geeignete Organquelle erachtet worden. Die erste Affe-zu-Mensch-Organverpflanzung wurde 1984 in Kalifornien vorgenommen; dabei wurde am Loma-Linda-Universitätskrankenhaus einem 12 Tage alten Säugling ein Pavianherz eingesetzt. Der Säugling überlebte mit dem Affenorgan drei Wochen, bevor er an den Folgen der Abstoßung des Fremdorgans starb. Weitere ähnliche Versuche sind ohne großen Erfolg unternommen worden. Obwohl Paviane und andere Primaten weiterhin als Organquellen für den Menschen gehandelt werden, setzen andere Forscher auf Schweine als Organlieferanten. Schweine sind vielleicht deshalb eine gute Wahl, weil es sie in Massen gibt, sie leicht zu züchten und relativ billig zu halten sind. Außerdem entsprechen viele innere Organe des Schweine in ihrer Größe und ihrem Leistungsvermögen denen des Menschen. Fortschritte in der Verpflanzung von Schweineorganen auf den Menschen sind durch die Besorgnis, dass dabei eventuell Viren auf den Menschen übertragen werden könnten, verzögert worden. Diese Sorge einer Virusverschleppung ist natürlich bei den noch näher mit den Menschen verwandten Affen in noch höherem Maße gegeben; die weltweit verbreitete Krankheit AIDS ist ein allgemein bekanntes Beispiel für eine durch ein Affenvirus ausgelöste Krankheit, die mit verheerenden Folgen auf den Menschen übergesprungen ist.

Transplantationsforscher haben jüngst molekulare Methoden mit solchen der Transplantationsmedizin kombiniert, um Klonschweine zu züchten, deren Organe weniger starke Abstoßung hervorrufen sollen. An der

Abbildung 11.15: Schweine können vielleicht das Leben von Patienten retten, die auf eine Organverpflanzung warten. Diese jungen Schweine sind gentechnisch verändert worden, so dass die Zuckerstrukturen ihrer Glykoproteine besser für den Menschen verträglich sind. Sie stellen somit eine potenzielle Quelle für „abstoßungsfreie" Schweineorgane dar.

Universität von Missouri ist eine Schweinerasse gezüchtet worden, der ein Gen fehlt, dessen Produkt von den Zellen des menschlichen Immunsystems als fremd erkannt wird. Die Forscher haben das Gen GGTA1, das für eine α-1,3-Galactosyltransferase codiert, deletiert oder disruptiert. Das Enyzm baut im Golgi-Apparat der Zellen (Kapitel 2) die Oligosaccharidstrukturen von Glykoproteinen aus.

Solche Zuckeranhängsel werden bei Zelloberflächenproteinen regelmäßig als Antigen erkannt und lösen eine entsprechende Immunreaktion aus. Die GGTA-1-Deletionsschweine wurden durch Zellkerntransfer kloniert (Kapitel 7). Die Erschaffung der GGTA-1-Schweine bringt die Vision von Organspenderschweinen, deren Organe vom Immunsystem des Menschen nicht angegriffen werden, der Verwirklichung einen Schritt näher (► Abbildung 11.15).

Eine Xenotransplantation muss nicht notwendigerweise die Verpflanzung eines ganzen Organs bedeuten. Man arbeitet, wie wir im Folgenden sehen werden, auch angestrengt an der Entwicklung von Techniken, kleine Zellhaufen für Transplantationszwecke einzusetzen.

Zelluläre Therapien

Unter zellulärer Therapie versteht man den Einsatz von Zellen zum Ersatz geschädigter Gewebe oder zur Verabreichung wichtiger Biomoleküle. Eine Alternative zur Vermeidung von Organabstoßungen soll die Verwendung von Zellen sein, die in winzige Plastikkugeln oder -röhrchen eingeschlossen sind; diese Behälter werden als Biokapseln oder Mikrokapseln bezeichnet. Biokapseln können gentechnisch veränderte Zellen enthalten, die therapeutische Moleküle wie zum Beispiel rekombinante Proteine herstellen.

In den Wandungen der Mikrokapseln befinden sich kleinste Löcher, durch die die Nährstoffaufnahme erfolgen und durch die die gewünschten Zellprodukte in das umliegende Gewebe oder den Blutstrom austreten können (► Abbildung 11.16). So könnten solche Mikrokapseln, die β-Zellen der Bauchspeicheldrüse enthalten, Zuckerkranken eingepflanzt werden und das von diesen benötigte Insulin produzieren und ausschütten.

Der wichtigste Grund für den Einsatz von Mikrokapseln ist die Abschottung der in ihnen eingeschlossenen Zellen, um sie vor Angriffen durch die weißen Blutkörperchen des Empfängers zu schützen. Obwohl sie keine wirklich ursächliche Heilung darstellen, könnten Biokapseln eine Quelle für eine dauerhafte, kontinuierliche Freisetzung benötigter Stoffe in den Empfänger-

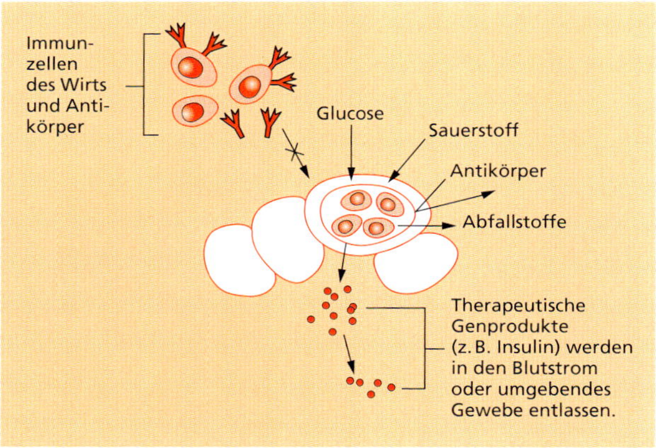

Abbildung 11.16: Biokapseln. Verkapselte Zellen können vielleicht ein Weg sein, um therapeutische Stoffe zu verabreichen. Zellen in den Biokapseln sind vor dem Angriff der Zellen des Immunsystems und vor Antikörpern geschützt. Gleichzeitig erlauben es die Biokapseln, dass von den Zellen gebildete, nicht zu große Moleküle aus der Kapsel austreten und so von therapeutischem Nutzen für den Empfänger sein können. Die schematische Darstellung illustriert, wie insulinproduzierende Zellen eingesetzt werden können, um einem an Zuckerkrankheit leidenden Patienten eine kontinuierliche Insulinquelle zu verschaffen.

organismus sein. Man müsste die Kapseln vermutlich alle paar Monate austauschen, doch könnte dies zum Beispiel für Zuckerkranke eine Alternative zur täglichen Insulininjektion sein. Außerdem erhofft man sich von solchen eingepflanzten Zellen eine Teilnahme an den homöostatischen Regulationsprozessen im Körper, die die Mengen von Hormonen und anderen Stoffen genauer und flexibler einregulieren können als eine von außen verabreichte Medikation.

Gewebeherstellung

Ob sie ein neues Auto für 30.000 Euro kaufen oder ein altes, gebrauchtes für 1000 Euro – früher oder später wird Verschleiß eintreten und es werden Teile ausgetauscht werden müssen. Bei Besuchen in der Werkstatt können Teile erneuert werden, aber am Ende lohnt sich eine weitere Reparatur nicht mehr und es wird Zeit für ein neues Auto.

Der Verschleiß macht auch vor dem menschlichen Körper nicht halt. Die Funktionsfähigkeit von Organen lässt mit dem Alter langsam nach; manchmal versagt eines sogar gänzlich den Dienst. Selbst wenn man einen relativ gesunden Lebenswandel hat, führen die Abnutzungserscheinungen des Alterungsprozesses oder plötzliche Ereignisse wie ein Herzinfarkt dazu, dass Organe in ihrer Funktion eingeschränkt werden, vielleicht sogar ausfallen. Anders als bei einem Automobil kann man aber für den menschlichen Körper keine Ersatzteile bestellen. In der Zukunft könnte vielleicht aber das im Werden begriffene Feld der **Gewebeherstellung** (*tissue engineering*) eines Tages Gewebe und Organe liefern, die eingesetzt werden könnten, um geschädigtes oder erkranktes Gewebe zu ersetzen.

Diese kleine, aber im Wachstum begriffene Industrie – es gibt allein in den USA über 60 Biotechnologiefirmen, die auf dem Feld der Gewebeherstellung arbeiten, und Experten sagen voraus, dass das Feld im nächsten Jahrzehnt um 50 % wachsen wird – forscht daran, Humangewebe zu produzieren oder möglicherweise sogar abgenutztes Gewebe zu ersetzen. Beispielsweise haben sich hergestellte Lagen menschlicher Haut als sehr nützlich bei der Behandlung schwerer Verbrennungsopfer erwiesen, die substanzielle Teile ihrer Haut verloren haben – ein sehr schmerzhafter und lebensbedrohlicher Zustand.

Gewebeherstellungswissenschaftler beginnen oft mit dem Entwurf und Bau eines Rahmens oder Gerüstes aus biologischen Stoffen wie Calcium oder Kollagen oder biologisch abbaubarem Material. Das Gerüst ist für gewöhnlich als ein Model für das zu ersetzende Organ geformt, und sein Zweck ist es, einen Rahmen zu schaffen, auf dem Zellen platziert werden. Die Vermehrung menschlicher Zellen auf dem Gerüst wird Aussäen genannt, weil die Zellen buchstäblich als Samen wirken, um weitere Zellen zu erzeugen, die über das Gerüst wachsen. Gerüste, auf denen Zellen ausgesät sind, werden in einem nährstoffreichen Medium gebadet (der Akademiker sagt, die Zellen werden *bebrütet* oder *inkubiert*), und mit der Zeit lagern sich über dem Gerüstmaterial Zellschichten ab, um die Form des Gerüstes anzunehmen.

Bislang haben sich Hautstücke als die erfolgreichsten Organimitate erwiesen, die durch Gewebezüchtung hergestellt werden konnten; jedoch hat die Herstellung von Knochenstrukturen zur Heilung von Knochenbrüchen ebenfalls gut funktioniert. Die Erschaffung von großen und komplexen Organen wie Lebern oder Nieren hat sich als viel schwieriger erwiesen.

Das Feld der Gewebeherstellung steckt wirklich noch in den Kinderschuhen, aber der Fortschritt entwickelt sich mit einer unglaublichen Geschwindigkeit. Die Gewebeherstellung wird auch von dem Wissen über Gene profitieren, die durch das Humangenomprojekt entdeckt wurden. Als ein Beispiel werden wir betrachten, wie Anwendungen der Telomerase vielleicht benutzt werden können, um das Feld der Gewebeherstellung voranzubringen.

Telomere

In normalen menschlichen Zellen enthalten die Enden von Chromosomen Sequenzen von DNA-Nucleotiden, die als Telomere bezeichnet werden. Eukaryontische Chromosomen enthalten an ihren Enden eigentümliche Nucleotidfolgen, die **Telomere** genannt werden (*telo-*, gr. „fern"; *meros*, gr. „Teil"; also fern, am Ende liegende Teile). Telomere junger Chromosomen enthalten für gewöhnlich beim Menschen acht- bis zwölftausend Wiederholungen der Sequenz 5'-TTAGGG -3'. Sie sind eine Art von Kappe am Chromosomenende und in dieser Hinsicht den Plastikhüllen an den Enden von Schnürsenkeln ähnlich, die verhindern, dass diese ausfransen. Normale Zellen besitzen eine begrenzte Teilungsfähigkeit. Eine menschliche Körperzelle kann sich etwa 50- bis 90-mal teilen, bevor Symptome der Alterung sichtbar werden und schließlich der Zelltod eintritt; der Vorgang der biologischen Alterung wird als **Seneszenz** bezeichnet. Die Lebenserwartung einer Zelle wird zum Teil durch die Telomere beeinflusst.

Jedes Mal, wenn sich eine Zelle teilt, werden Chromosomen vererbt, die ein bisschen kürzer sind als die der Ausgangszelle. Bei jeder Replikation verkürzen sich die Telomere ein wenig. Dazu kommt es, weil die normalen DNA-Polymerasen aufgrund ihrer Arbeitsweise (siehe ggf. Kapitel 3) nicht beide Stränge an den äußersten Enden eines linearen Chromosoms zu replizieren vermögen. In vielerlei Hinsicht verhalten sich die Telomere wie eine Art Zählwerk, an dem die Zahl der Teilungen, die die Zelle durchlaufen hat, ablesbar ist. Die Telomere verkürzen sich, die Seneszenz tritt ein, wofür auch zahlreiche andere biochemische Änderungen in den Zellen verantwortlich gemacht werden, bis die Teilungsfähigkeit der Zelle zum Erliegen kommt. Durch die zahlreichen TTAGGG-Wiederholungen an den Chromosomenenden können Zellen bei jeder Replikationsrunde etwas DNA einbüßen, ohne dass dabei wertvolle funktionale Sequenzen (Gene usw.) verlorengehen. Man nimmt heute an, dass der fortwährende Verlust dieser repetitiven Endsequenzen einen kritischen Punkt erreicht, an dem die Zelle nicht mehr teilungsfähig ist (► Abbildung 11.17).

Wissenschaftler wussten schon lange, dass Krebszellen vermutlich unbegrenzt teilungsfähig sind (so lange, bis der tumortragende Organismus abstirbt) – eine Eigenschaft, die als *Immortalität* bezeichnet wird. Ein

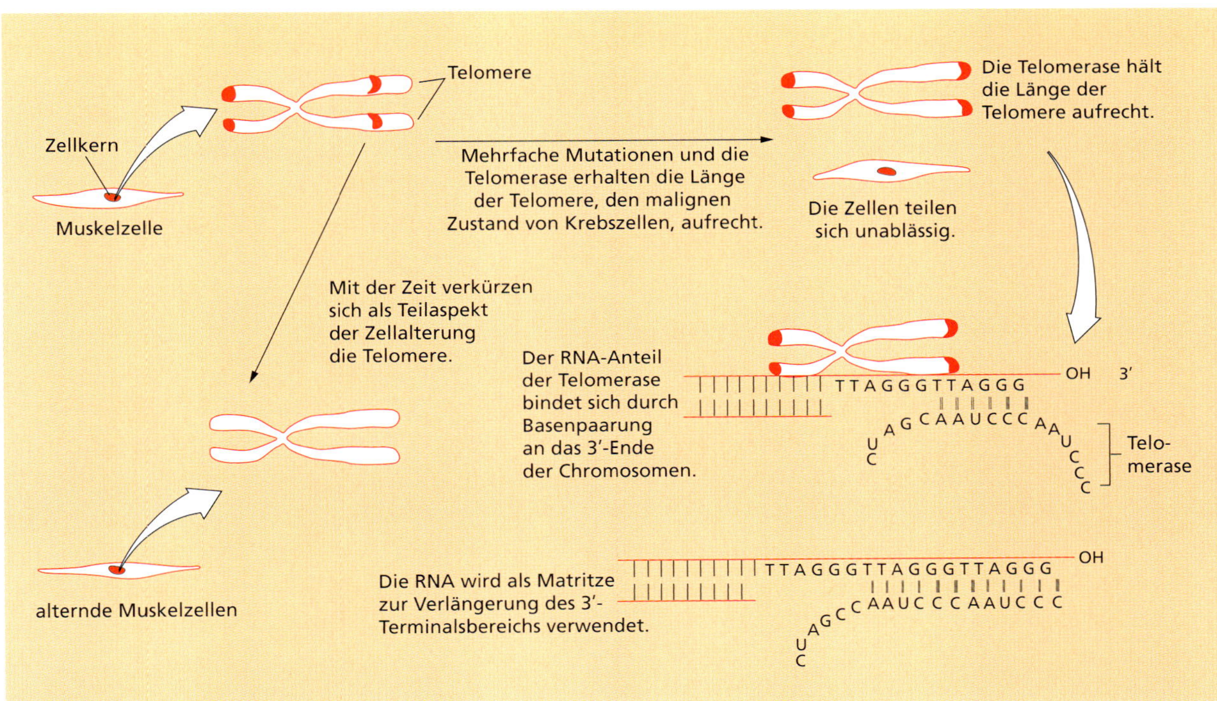

Abbildung 11.17: Telomerverkürzung führt zur Zellalterung. Menschliche Zellen unterliegen der fortwährenden Alterung – ein Vorgang, der als Seneszenz bezeichnet wird. Bei jeder Replikationsrunde vor einer Zellteilung verkürzen sich die Telomere ein bisschen. Schließlich führt Telomerverkürzung zum Absterben der Zelle. Durch Mutationen des Telomerase- und assoziierter Gene des Telomerhomöostasekomplexes bleibt die Aktivität dieses Multiproteinsystems in Krebszellen konstitutiv erhalten. Dies verleiht Tumorzellen eine praktisch unbegrenzte Teilungsfähigkeit und schützt auch vor dem Einsetzen der normalen Zellalterung. Die Telomerase spielt eine Rolle bei diesem Vorgang, indem sie kontinuierlich die Telomerbereiche an den Chromosomenenden auffüllt und dadurch die fortschreitende Verkürzung bei der Replikation verhindert.

wesentlicher Aspekt dieser Unsterblichkeit von Krebszellen ist auf die Wirkung des Enzyms Telomerase zurückzuführen. Die Telomerase ist für die Aufrechterhaltung der korrekten Telomerlänge und -sequenz zuständig. Bei jeder Replikationsrunde wird daher die artspezifische Telomerlänge wiederhergestellt. Die Telomeraseaktivität geht mit der Zeit zurück, wenn die Zellen altern (seneszieren). Entgegen früheren Annahmen ist auch in seneszenten Zellen noch Telomeraseaktivität nachweisbar, doch geht diese beispielsweise nach der Inkulturnahme von Zellen rasch zurück.

In Krebszellen menschlicher Tumoren lässt sich in über 90 % der Fälle eine deutliche Aktivität der Telomerase feststellen. Durch die Verhinderung der Telomerverkürzung ist die Telomeraseaktivität einer der Hauptgründe dafür, warum Krebszellen sich unbegrenzt teilen können. Viele Untersuchen deuten darauf hin, dass die Telomerverkürzung mit dem biologischen Alterungsprozess ursächlich verknüpft ist – also mit den Schmerzen, Falten, grauen Haaren und anderen Symptomen, unter denen die Menschen zu leiden beginnen, wenn sie alt werden. Die Telomerase ist sicher kein „Jungbrunnen". Das Altern und auch der Krebs sind weitaus verwickelter als nur ein Enzym. Obwohl man in praktisch jeder menschlichen Krebszelle ein hohes Niveau an Telomeraseaktivität findet, ist die Telomerase an sich sicher nicht die Ursache für Krebs. Die Telomerase kann, in Verbindung mit Mutationen in Genen, die an der Zellteilungskontrolle beteiligt sind, unsterbliche Zellen erschaffen, die der Seneszenz entgehen. Eine Überexpression des Telomerasegens ist oft mit einem aggressiven Wachstum einer Geschwulst korreliert. Forscher arbeiten daran, Behandlungsstrategien zu entwickeln, die die Verwendung der Telomerase als Antikrebsimpfstoffziel zur Hemmung der Telomerase und dem Stoppen der Zellteilung von Krebszellen einschließen. Aus der Perspektive der Gewebeherstellung untersuchen Wissenschaftler, wie die Einbringung von Telomerasegenen in menschliche Zellen in Kultur es ihnen erlauben kann, normale menschliche Zellen zu produzieren, die Unsterblichkeit zeigen. Falls dies gelingt, könnten unsterbliche Zellen sehr wertvoll für die Behandlung von Individuen mit Alterskrankheiten von Arthritis bis zu neurodegenerativen Krankheitsbildern sein.

Solche Zellen könnten auch für Myriaden von Funktionen eingesetzt werden, wie die Bereitstellung von Hautzellen für die Heilung von Bettlägerigkeit und Geschwüren und die Behandlung von Patienten mit spät einsetzender Erblindung, Muskelschwund, sogar Hirnerkrankungen. In der Zukunft könnte die Technologie sogar verfügbar sein, um alternde Zellen aus einem Patienten zu entfernen, Telomerasegene in diese Zellen einzuführen, um deren Lebenserwartung zu erhöhen, und dann die Zellen in den Patienten zurückzuführen. Einige dieser Arbeiten könnten in Verbindung mit **Stammzellen** geschehen, die vielleicht das kontroverseste Thema der medizinischen Biotechnologie zum jetzigen Zeitpunkt sind.

Stammzelltechnologie

Das Zentrum für Humanstatistik am Zentrum für Seuchenkontrolle (CDC) der USA weist darauf hin, dass jeden Tag ungefähr 3000 US-Amerikaner an Krankheiten sterben, die eines Tages durch Stammzelltechnologien behandelt werden können. In der Zukunft könnten Stammzelltechnologien das Leben von Millionen von Menschen überall in der Welt beeinflussen. Das ungeheure Versprechen und die Kontroverse um Stammzellen haben die Stammzellforschung und verwandte Themenkreise zu regelmäßigen Nachrichten der ersten Seiten von Zeitungen werden lassen.

Was sind Stammzellen?

Um zu verstehen, was Stammzellen sind, müssen wir kurz einen Blick auf die Entwicklung eines menschlichen Embryos werfen. Wir werden dies tun, indem wir betrachten, wie die **Reagenzglasbefruchtung (IVF**; In-vitro-Fertilisation) durchgeführt wird. Die Reagenzglasbefruchtung trat erstmals 1978 in das öffentliche Bewusstsein, als Louise Brown – das erste „Reagenzglasbaby" – geboren wurde. Ein journalistischer Sensationsbegriff; der Säugling wurde natürlich nicht im Reagenzglas geboren. Um eine Reagenzglasbefruchtung durchzuführen, werden Eizellen und Spermien in einer Kulturschale („Petrischale") in Kontakt gebracht, um eine befruchtete Eizelle (Zygote) zu erzeugen. Nach einigen Tagen der Bebrütung im Laboratorium, bei der die ersten frühen Teilungen (Furchungsteilungen) ablaufen, wird der Frühembryo in die Gebärmutter der Eizellspenderin verpflanzt. Die Frau wird zuvor mit Hormonen behandelt, um die Gebärmutter (Uterus) für die Einnistung (Implantation) eines Embryos vorzubereiten. Wenn sich ein Paar zur IVF entschließt, werden im Regelfall mehrere Embryonen erzeugt, aber normalerweise nur einer davon eingepflanzt. Die zurückbleibenden Embryonen werden für eine gegebenenfalls notwendige Wiederholung der Prozedur tiefgefroren. Prinzipiell

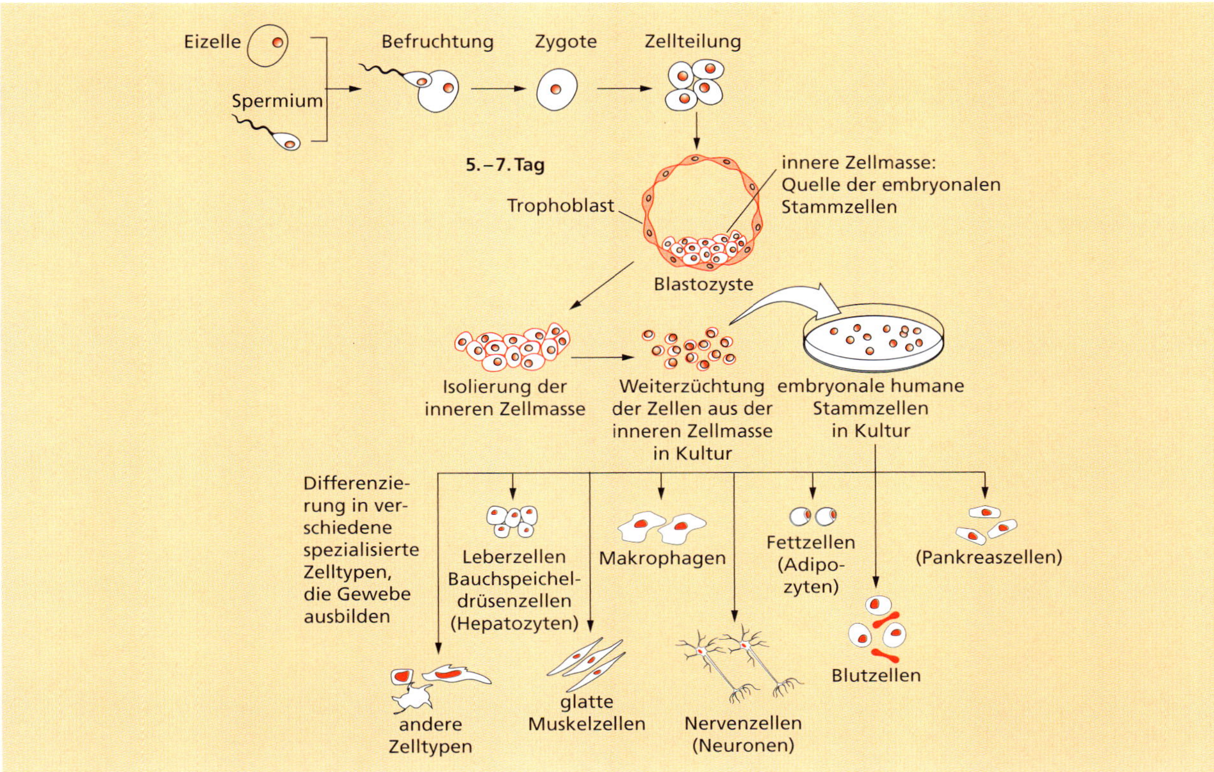

Abbildung 11.18: Isolierung und Inkulturnahme menschlicher embryonaler Stammzellen. Zellen, die aus dem Embryoblasten eines Humanembryos entnommen werden, können als Quelle für die Gewinnung menschlicher ES-Zellen in Kultur genommen werden. Unter den geeigneten Kulturbedingungen können ES-Zellen dazu angeregt werden, sich in praktisch alle Zelltypen des Körpers zu differenzieren.

können die überzähligen Embryonen eine Quelle für embryonale Stammzellen sein, sie sind aber auch der Quell kontroverser Auseinandersetzungen.

Ein Embryo durchläuft eine vorhersagbare Folge von Entwicklungsschritten (▶ Abbildung 11.18). Nach der Befruchtung einer Eizelle (Oocyte) mit einer Samenzelle (Spermium) entsteht eine befruchtete Eizelle, die **Zygote**. Die Zygote teilt sich rasch, und nach drei bis fünf Tagen hat sich ein kompakter Zellhaufen aus etwa einem Dutzend Zellen gebilet, der als **Morula** (lat.: *morum* = Maulbeere, „Maulbeerkeim") bezeichnet wird. Nach fünf bis sieben Tagen entsteht jenseits des 32-Zellstadiums aus dem Zellhaufen der Morula eine Hohlkugel, die als Blastozyste bezeichnet wird. Der Durchmesser des Embryoblasten beträgt 0,1–0,2 mm. Die Blastozyste wird von einer einfachen Zelllage umgeben, die als Trophoblast bezeichnet wird. Diese Zellschicht entwickelt sich zu einem Teil der Plazenta (Mutterkuchen), die als Nährgewebe für den Embryo dient. Der Bereich, der von primärem Interesse für den Stammzellforscher ist, ist ein kleiner Zellhaufen im Inneren der Blastozyste, der als **Embryoblast** bezeichnet wird und den eigentlichen Embryo, aus dem der ganze Körper des späteren Kindes gebildet wird, darstellt (Abbildung 11.18). Diese Zellen sind die Quelle für embryonale Stammzellen (ES-Zellen).

Im Verlauf der Embryonalentwicklung entwickeln sich die Embryoblastzellen zum eigentlichen Embryo. Die Stammzellen des Embryoblasten durchlaufen nach der Teilung zunehmend eine **Differenzierung**, bei der die Folgezellen spezialisierte Formen und Funktionen ausbilden. Die Zelldifferenzierung ist ein komplizierter Vorgang, in dessen Verlauf zahlreiche Gene ein- und andere abgeschaltet werden. Sich differenzierende Zellen tun dies zumeist unter dem Einfluss chemischer Signale (Botenstoffe) wie Wachstumsfaktoren und Hormonen, die oft von anderen Stellen ausgeschüttet werden. Stammzellen sind auch deshalb besonders, weil aus ihnen letzten Endes alle der mehr als 200 verschiedenen Zelltypen des menschlichen Körpers hervorgehen. Deshalb werden Stammzellen als pluripotente Zellen bezeichnet.

Die erfolgreiche Isolierung und Kultivierung der ersten embryonalen Stammzellen aus einer menschlichen Blastozyste wurde 1998 von James Thomson von der Universität von Wisconsin in Madison berichtet, der bereits zuvor ES-Zellen des Rhesusaffen kultiviert hatte. Ebenfalls 1998 berichteten John Gearheart und Kollegen von der Johns-Hopkins-Universität in Baltimore (Maryland, USA), dass sie Urkeimzellen (also undifferenzierte Stammzellen, aus denen die späteren Keimzellen – Samen- und Eizellen – hervorgehen) aus menschlichem Fötalgewebe isoliert hatten. Sie konnten zeigen, dass sich auch diese Zellen in verschiedene Gewebe differenzieren können (Abbildung 11.18). Die Urkeimzellen stellen ein Entwicklungsstadium dar, das einen Schritt hinter den pluripotenten Embryonalstammzellen liegt; sie haben also einen Differenzierungsschritt vollzogen. Diese Entdeckungen folgten den Arbeiten anderer Wissenschaftler, die Stammzellen anderer Säugetierarten, wie Mäuse, Schweine, Kühe, Kaninchen und Schafe, isoliert hatten.

Vieles von dem, was man bei der Isolierung menschlicher ES-Zellen genutzt hatte, hatte man zuvor aus Pionieruntersuchungen an Mäusen in den 80er-Jahren gelernt – ein weiteres Beispiel dafür, wie Modellarten zum Fortschritt der Medizin und Humanbiologie beitragen.

Menschliche ES-Zellen sind unspezialisierte Zellen mit zwei Haupteigenschaften, die die Wissenschaftler in Aufregung versetzt haben:

- ES-Zellen können sich „unbegrenzt" erneuern, um neue Stammzellen hervorzubringen.
- Unter geeigenten Kulturbedingungen können sich ES-Zellen in eine Vielzahl maturierter Zelltypen mit spezialisierten Funktionen differenzieren.

Embryonale Stammzellen unterliegen keiner sichtbaren Seneszenz, zum Teil wohl deshalb, weil sie konstitutiv die Telomerase exprimieren. Mehrere Gruppen haben Zelllinien für über drei Jahre in Gang gehalten und ohne Probleme mehr als 600 Teilungsrunden durchlaufen lassen. Stammzellen vermehren sich außerdem rasch und können für lange Zeiträume eingefroren werden, ohne ihre Eigenschaften zu verlieren. Unter den richtigen Bedingungen, wenn sie mit verschiedenen Stoffen wie Wachstumsfaktoren (Wissenschaftler arbeiten hart, um viele dieser Faktoren zu identifizieren) stimuliert werden, können Stammzellen dazu veranlasst werden, sich in unterschiedliche Zelltypen zu differenzieren.

Im Labor ist es gelungen, embryonale Stammzellen durch Wahl der richtigen Bedingungen dazu zu bringen, sich in eine Myriade von Zellen einschließlich Hautzellen, Hirnzellen (sowohl Neuronen wie Gliazellen, die Neuronen u. a. als Nähr- und Stützgewebe dienen), Knorpelzellen (Chondrozyten), Osteoblasten (Knochenbildungszellen), Leberzellen (Hepatozyten), Muskelzellen einschließlich glatter Muskelzellen, die die Wandungen von Blutgefäßen bilden, Skelettmuskelzellen, die die Muskelzellen bilden, die am Skelett ansetzen und dieses in Bewegung versetzen, und Herzmuskelzellen (Myozyten), die die Muskelwände des Herzens bilden, zu entwickeln.

Wie gelangen Forscher an menschliche embryonale Stammzellen? Humane ES-Zellen für Forschungszwecke erhält man aus 3 bis 5 Tage alten Blastozysten, die von Paaren, die eine IVF durchführen lassen, nicht länger benötigt werden, oder aus menschlichen Embryonen, die durch IVF aus Spermien- und Eispenderzellen gewonnen werden, die zum Zweck der Bereitstellung von Embryonen für die Forschung gespendet werden. Übriggebliebene Blastozysten werden im Regelfall vernichtet oder für unbestimmte Zeit eingefroren, aber mit Zustimmung des Paares können sie zur Gewinnung embryonaler Stammzellen benutzt werden (Abbildung 11.18).

Können adulte Stammzellen all das, was embryonale Stammzellen können?

Die Forschung an und mit menschlichen embryonalen Stammzellen ist aufgrund ihrer Herkunftsquelle – dem menschlichen Embryo – sehr kontrovers. Im Verlauf der vergangenen Jahre haben Wissenschaftler adulte Stammzellen (AS) entdeckt, Zellen, die in maturiertem Gewebe residieren und kultiviert und differenziert werden können, um andere Zellsorten hervorzubringen. AS-Zellen kommen in sehr geringer Zahl vor, und obwohl sie aus Hirn-, Darm-, Haut- und Muskelgewebe und Blut isoliert worden sind, hat man sie noch nicht in allen adulten Geweben gefunden.

Einige Gegner der Forschung an embryonalen Stammzellen wenden ein, dass die adulten Stammzellen eine „akzeptablere" Alternative seien, weil die Gewinnung adulter Stammzellen nicht die Vernichtung eines Frühembryos erfordere. Adulte Stammzellen lassen sich aus Gewebe gewinnen, das durch Biopsie mit einer feinen Hohlnadel gewonnen wird; dabei wird diese in das Gewebe gestochen und eine kleine Gewebemenge ausgestanzt, wie es auch für medizinische Untersuchungen üblich ist. Es könnte sogar möglich sein, adulte Stammzellen aus Verstorbenen zu gewinnen. Experimente haben erwiesen, dass adulte Stammzellen aus einem Gewebe sich in einen anderen spezialisierten Zelltyp differenzieren können. Beispielsweise konnten adulte Stammzellen aus Muskelgewebe dazu gebracht werden, sich in Blutzellen weiterzuentwickeln. Aber andere Studien haben demonstriert, dass ES-Zellen nicht so pluripotent wie ES-Zellen sein könnten. Viel mehr Forschung ist notwendig, um zu ermitteln, ob adulte Stammzellen so wertvoll sein können, wie humane ES-Zellen es vielleicht einmal sein werden.

Eine Art reproduktiver Kunstgriff könnte Forscher in die Lage versetzen, Stammzellen zu ernten, ohne die Notwendigkeit, auf menschliche Embryonen zurückgreifen zu müssen. Bis kurz vor einem Eisprung haben die Eizellen einer Frau noch einen diploiden Chromosomensatz von 46 Chromosomen. Die Reifeteilung (Meiose) wird vollendet und es entsteht eine haploide Eizelle (Oocyte) mit 23 Chromosomen, die mit akezessorischen Zellen als Ovarialfollikel beim Eisprung freigesetzt wird. Bei der Befruchtung durch eine haploide Spermienzelle wird, wie wir wissen, der diploide Zustand rekonstituiert. Die zweite meiotische Teilung der Oogenese verläuft inäqual; neben der großen Oocyte entsteht ein winziges Zellgebilde, das als Polkörperchen bezeichnet wird und das aus dem überschüssigen haploiden Chromsomensatz und einer vernachlässigbaren Menge Zellplasma besteht. Das erste Polkörperchen wird vor der Ovulation, das zweite erst nach der Fertilisation von der Oocyte ausgestoßen. Wenn man Eizellfollikel erntet und die Meiose chemisch unterdrückt, könnte es vielleicht möglich sein, diploide Eizellen mit 46 Chromosomen zu erhalten. Diese wären dann gleichzeitig Eizelle und Zygote. Lassen sich solche Zygoten zu einer Embryonalentwicklung veranlassen, aus der ein lebensfähiger Organismus erwächst, spricht man von Jungfernzeugung (Parthenogenese; siehe Kapitel 13, Abbildung 13.7). Eine Parthenogenese tritt natürlicherweise bei Tieren wie Salamandern und vielen Insekten (z. B. Läusen), manchen Reptilien und angeblich auch Vögeln (Hühner) auf.

Die Erzeugung menschlicher Embryonen durch artifizielle Parthenogenese könnte ein weiterer Weg sein, zu embryonalen Stammzellen zu gelangen. Ein solches Wesen wäre, wenn es zur Geburt käme, sowohl Nachfahre wie eineiiger Zwilling des Mutterorganismus. Parthenogenese ist also eine weitere Methode zur Klonierung. Die ethischen Bedenken der Gegner einer verbrauchenden Embyonennutzung könnten dagegen selbstverständlich genau dieselben Argumente vorbringen wie gegen einen durch Befruchtung entstandenen Embryo. Stammzellen aus parthenogenetischen nichtmenschlichen Primatenzygoten sollen bereits isoliert worden sein. Wissenschaftler sind sich noch nicht sicher, ob sich parthenogenetisch auch menschliche Embryonen erzeugen lassen; wenn dies bei anderen Primaten gelingt, muss man jedoch davon ausgehen, dass es durch Anpassung der Prozedur auch bei *Homo sapiens* möglich sein wird. Selbst wenn es glückt, wird die Parthenogenese allerdings nicht die Bedenken hinsichtlich der Verwendung von Embroynen für die Forschung zu eliminieren imstande sein. Bislang scheint es so, als ob parthenogenetische Zygoten nicht befähigt sind, sich zu geburtsreifen Spätembryonen weiterzuentwickeln.

Die britische Zulassungsbehörde *Human Fertilisation and Embryo Authority* hat 2003 die erste Lizenz zur Erzeugung eines menschlichen Embryos durch Parthenogenese an das Roslin-Institut im schottischen Edinburgh vergeben. Das Institut ist durch das klonierte Schaf Dolly sehr bekannt geworden. Leiter des Humanparthenogeneseprojekts ist Ian Wilmut, der auch federführend bei der Erschaffung des klonierten Schafs war (siehe Kapitel 7). Ziel der Jungfernzeugung beim Menschen ist die Gewinnung von Stammzellen. In Deutschland wäre für ein solches Experiment nach der derzeitigen Gesetzeslage die Einholung einer behördlichen Erlaubnis nicht notwendig. Die Embryonalentwicklung kam bei den schottischen Versuchsembryonen noch vor dem Stadium der Organogenese (Organbildung) zum Stehen; entwicklungsphysiologisch entspricht eine artifiziell parthenogenetische Zygote des Menschen also offensichtlich nicht einer durch Spermienbefruchtung entstandenen.

Mögliche Einsatzgebiete von Stammzellen

Es gibt viele potenzielle Einsatzgebiete für Stammzellen – von der Verwendung bei der Züchtung gesunden Gewebes über die genetische Veränderung von Stammzellen zur Einbringung von Genen in Gentherapieansätzen bis zur Erzeugung ganzer Organe im Laboratorium unter Verwendung der Gewebeherstellung. Viele Wissenschaftler glauben, dass Stammzelltechnologien Schlüsselrollen bei der Entwicklung von Behandlungen für Krankheiten wie Schlaganfall, Herzkrankheiten, der Parkinson'schen Krankheit, der Alzheimer'schen Krankheit, der Lou Gehrig-Krankheit, der Zuckerkrankheit und anderer Zustände spielen werden (▶ Tabelle 11.2).

Potenzial und *Verheißung* sind oft gehörte Worte, wenn es um die Anwendungen von Stammzellen geht, aber der Einsatz dieser Zellen zur Behandlung von Krankheiten ist bislang vielfach hypothetisch. An dieser Stelle wollen wir einige der vielversprechendsten Beispiele

Tabelle 11.2

Sich auf Stammzellen stützende Therapien könnten potenziell Millionen von Menschen nützen

Krankheit	Zahl der betroffenen Patienten in den USA (in Millionen)
kardiovaskuläre Erkrankungen	58,0
Autoimmun-Erkrankungen	30,0
Zucker-Erkrankungen	16,0
Osteoporose	10,0
Krebs (Blasen-, Prostata-, Gebärmutterhals-, Brust-, Hirn-, Lungen- und Dickdarmkrebs)	8,2
Netzhautdegeneration	5,5
Phenylketonurie (PKU)	5,5
Schweres kombiniertes Immunschwächesyndrom (SCID)	0,3
Sichelzellenanämie	0,25
neurodegenerative Erkrankungen (Parkinson'sche und Alzheimer'sche)	0,15

Verändert nach: „Stem cells and the future of regenerative medicine"; http://www.nap.edu/catalog/10195.html

für den Einsatz von Stammzellen geben, die heute existieren. Patienten mit Leukämie (Krebs der weißen Blutkörperchen) bekommen oft eine Chemo- oder/und Strahlentherapie, um die wuchernden, entarteten Blut- und Knochenmarkszellen zu vernichten, wodurch das Immunsystem des Patienten regelmäßig schwer in Mitleidenschaft gezogen wird. Im Rahmen der Leukämiebehandlung erhalten die Betroffenen oft Transfusionen, um die aus der Knochenmarksschädigung erwachsende Anämie vorübergehend auszugleichen. Die Verwendung von Stammzellen zur Wiederherstellung (Rekonstitution) der Blutbildung (Hämatopoiese) entwickelt sich zu einem wirkungsvollen Verfahren bei der Nachbehandlung von Leukämien und anderen Krebsformen. Dazu wird regelmäßig Knochenmark, das die Blutstammzellen enthält, transplantiert. Stammzellen aus Nabelschnurblut sind zur Behandlung von Patienten mit Sichelzellenanämie und anderen Blutkrankheiten eingesetzt worden.

Die Gewinnung von Stammzellen aus Nabelschnurblut hat eine solche Popularität erlangt, dass in vielen Staaten der USA Eltern heute schon dafür zahlen, dass Nabelschnurblut ihrer Neugeborenen eingefroren wird, für den Fall, dass ihr Kind es irgendwann später benötigen sollte. Die Nabelschnur wird nach der Geburt normalerweise zusammen mit der Plazenta verworfen; es handelt sich daher um eine „ethisch unbedenkliche" Quelle für Zellen.

Stammzellen könnten eingesetzt werden, um abgestorbene Zellen nach einem Gewebstrauma wie einem Herzinfarkt zu ersetzen. Der Herzinfarkt ist in den Industrieländern eine der führenden Todesursachen. In den USA sterben jährlich etwa eine halbe Million Patienten daran. Das Absterben von Herzmuskelzellen schwächt den Herzmuskel, so dass dieser nicht mehr seine normale Schlagkraft aufrechterhalten kann. Adulte Herzmuskelzellen verfügen über keine große Reparaturfähigkeit.

Forscher am *New York Medical College* und am Nationalen Genomforschungsinstitut der USA haben erfolgreich adulte Stammzellen aus dem Knochenmark von Mäusen in geschädigte Bereiche von Mäuseherzen eingepflanzt (► Abbildung 11.19). Diese Knochenmarksstammzellen können sich zu Herzmuskelzellen entwickeln, elektrische Kontakte mit anderen gesunden Herzmuskelzellen ausbilden und die Herzleistung um über ein Drittel steigern.

Wissenschaftler sind optimistisch, dass dieser Ansatz eines Tages auch beim Menschen funktionieren wird. Stellen wir uns Folgendes vor: In der Zukunft könnte ein Chirurg ein paar Gramm Herzmuskelzellen bei einem Laboratorium für regenerative Medizin bestellen, um sie in einen Infarktpatienten zu verpflanzen, ganz ähnlich wie Chirurgen heute Blutkonserven bei einer Blutbanken bestellen, um den Blutverlust bei einer Operation durch Transfusion auszugleichen.

An früherer Stelle haben wir in diesem Kapitel die Probleme erörtert, denen sich ein Patient gegenübersieht, der an einer Rückenmarksverletzung leidet. In den letzten Jahren ist es gelungen, einen Lehrsatz zu widerlegen, der lange Zeit bestand hatte, nämlich, dass sich Neuronen (Nervenzellen) des Zentralnervensystems nicht teilen (= vermehren können). Aus Hirngewebe konnten adulte Stammzellen isoliert werden, mit denen in Kultur neue Neuronen gezüchtet werden konnten, und man hat bereits zeigen können, dass ES-Zellen in vitro zu Neuronen differenziert werden können. Diese sind erfolgreich in Versuchstiere mit Rückenmarksläsionen implantiert worden.

Forscher der Johns-Hopkins-Universität in Baltimore (Maryland, USA) haben gezeigt, dass selbst Humanstammzelltransplantate, die in Mäuse eingepflanzt werden, deren gelähmte Hinterläufe wieder funktionsfä-

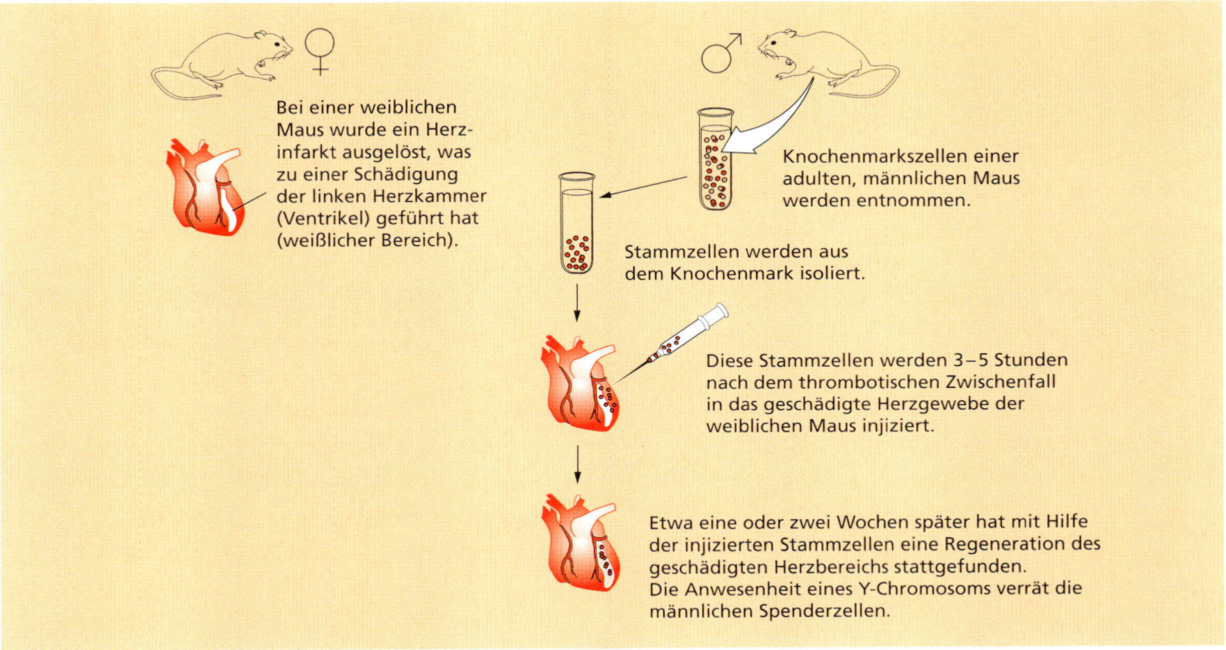

Abbildung 11.19: Reparatur eines Herzschadens mit adulten Stammzellen. Mäusestammzellen können eingesetzt werden, um Bereiche des Mäuseherzens zu reparieren, die durch einen Herzinfarkt geschädigt worden waren.

hig machen können. Diese Mäuse waren nach einer Infektion mit der Mäuseversion des Kinderlähmungsvirus (Poliomyelitisvirus) gelähmt. Es bleibt auf dem Feld der Rückenmarksreparatur und -regeneration noch viel zu tun, doch sind die Forscher optimistisch, dass neuronale Stammzelltransplantate in den kommenden Jahren reif für klinische Versuche sein werden, was die Hoffnung vieler Patienten weckt, die an Rückenmarksverletzungen leiden.

Es gibt jedoch viele grundlegende Fragen, sowohl zu adulten wie embryonalen Stammzellen, die beantwortet werden müssen, bevor Stammzelltherapien valide Behandlungsmethoden werden. Zum Beispiel:

- Gibt es eine universelle adulte Stammzelle, die sich in jeden Zelltyp des Körpers weiterentwickeln kann? Einige Wissenschaftler sind optimistisch, andere haben deutliche Zweifel.
- Warum erneuern sich Stammzellen und warum erhalten sie ihren undifferenzierten Zustand?
- Welche Faktoren lösen bei Stammzellen die Teilung aus?
- Welches sind die Differenzierungssignale (chemische, physikalische), die auf Stammzellen wirken und eine Differenzierung auslösen?
- Welche Faktoren beeinflussen die Integration neuer Zellen in die Gewebe existierender Organe?

Antworten auf diese und viele andere Fragen werden den Wissenschaftlern und Ärzten bei der Suche nach auf Stammzellen beruhenden Anwendungen zur Behandlung menschlicher Krankheiten helfen.

Klonierung

Wir haben viele Arten der **Klonierung** in diesem Buch diskutiert. Rufen Sie sich ins Gedächtnis, dass „klonieren“ die Herstellung einer Kopie (eines identischen Duplikats) von etwas – einem Gen, einer Zelle, eines gesamten Lebewesens – bedeutet. Die Technik der rekombinanten DNA wird für die Klonierung von Genen eingesetzt. Wenn sich Bakterien oder andere kultivierte Zellen in einer Petrischale oder einem Bioreaktor vermehren, entstehen Zellklone. Doch ist kein Aspekt der Klonierung von solchen Kontroversen umgeben wie die Klonierung von Tieren.

Mit der Bekanntgabe der Existenz von Dolly am 24. Februar 1997 sah sich die Welt mit einem Schlag der Zukunftsaussicht gegenüber, dass die Biotechnologie zur Klonierung von Menschen führen könnte. Die Erschaffung Dollys führte zu einem stark gesteigerten öffentlichen Bewusstsein und weiteren Diskussionen über das Thema Klonierung. In diesem Abschnitt werden wir die wissenschaftlichen Aspekte der Klonierung von Menschen behandeln.

Therapeutisches Klonieren und reproduktives Klonieren

Es ist wichtig, sich klarzumachen, dass es eigentlich zwei Ansätze der Klonierung gibt, das reproduktive oder reproduzierende Klonieren und das therapeutische Klonieren (▶ Tabelle 11.3). Die Absicht, die hinter dem reproduktiven Klonieren steckt, ist die Erzeugung eines Nachkommen. Dolly war das erste unter vielen weiteren Säugetieren, die durch die reproduktive Klonierung erzeugt worden sind. Anders als beim reproduktiven Klonieren werden beim therapeutischen Klonieren Stammzellen vermehrt, die genetisch zu dem Patienten passen, der das Transplantat erhält. Beim therapeutischen Klonieren werden die Chromosomen des Patienten (z. B. aus einer Hautzelle) in eine entkernte Eizelle eingebracht, die dann in der Zellkultur zu Teilungen angeregt wird, so dass ein Frühembryo entsteht (▶ Abbildung 11.20). Der entstehende Embryo wird nicht dazu verwendet werden, um einen Menschen zu erzeugen; stattdessen lässt man den Embryo für einige Tage wachsen, bis er das Blastozystenstadium erreicht, so dass man Stammzellen gewinnen kann. Die aus einem solchen Embryo gewonnenen Stammzellen können in Kultur weitervermehrt und in den Spenderorganismus rückgeführt (retransplantiert) werden (Abbildung 11.20).

Das therapeutische Klonieren könnte ein sehr wertvoller Weg sein, um patientenspezifische Stammzellen zu erzeugen, die eingesetzt werden können, um Krankheiten ohne die Gefahr der immunologischen Abstoßung zu behandeln, da der zu behandelnde Patient die Ursprungsquelle für die erblichen Eigenschaften der Stammzellen war. Theoretisch könnten die Stammzellen eines Patienten auch dafür verwendet werden, um Zelllinien zu erschaffen, die einen genetischen Defekt haben (also aus einem Patienten mit einer Erbkrankheit stammen), so dass dem Wissenschaftler ein bisher nicht dagewesenes Werkzeug für die Erforschung menschlicher Krankheiten mit erblicher Ursache zur Verfügung stünde.

Tabelle 11.3

Vergleich von Stammzellen, therapeutischer Klonierung und reproduktiver Klonierung

	Embroynale Stammzellen	Adulte Stammzellen	Therapeutisches Klonieren (somatischer Zellkerntransfer)	Reproduktives Klonieren
Endprodukt	Undifferenzierte Stammzellen (isoliert aus Embryonalgewebe des Blastozystenstadiums), die sich in der Zellkultur vermehren	Undifferenzierte Stammzellen (isoliert aus adultem Gewebe wie Knochenmark), die sich in der Zellkultur vermehren	Undifferenzierte Stammzellen, die sich in der Zellkultur vermehren (erhalten aus der Person, die auch als Empfänger für diese Zellen dient)	Klonierter Mensch
Zweck/Anwendung	Stammzellquelle für die Forschung und zur Behandlung menschlicher Krankheiten (Ersatz erkrankten oder verletzten Gewebes)	Stammzellquelle für die Forschung und zur Behandlung menschlicher Krankheiten (Ersatz erkrankten oder verletzten Gewebes)	Stammzellquelle, die genetisch dem Empfänger entspricht, zur Behandlung menschlicher Krankheiten (Ersatz erkrankten oder verletzten Gewebes)	Duplizierende Erschaffung eines Menschen durch Produktion eines implantierbaren Embryos; führt zur Geburt eines Säuglings
Leihmutter erforderlich?	Nein	Nein	Nein	Ja
Ein Mensch wird erschaffen	Nein	Nein	Nein	Ja
Zeitraum	Einige Wochen Vermehrung in der Zellkultur	Einige Wochen Vermehrung in der Zellkultur	Einige Wochen Vermehrung in der Zellkultur	9 Monate (Dauer einer normalen Schwangerschaft; nach anfänglicher Kultivierung des Frühembryos im Labor)

Adaptiert nach: B. Vogelstein et al.: „Please, don't call it cloning!" *Science* (2002), vol. 295, no. 5558:1237; und „Stammzellen und die Zukunft der regenerativen Medizin": **http://www.nap.edu/catalog/10195.html**

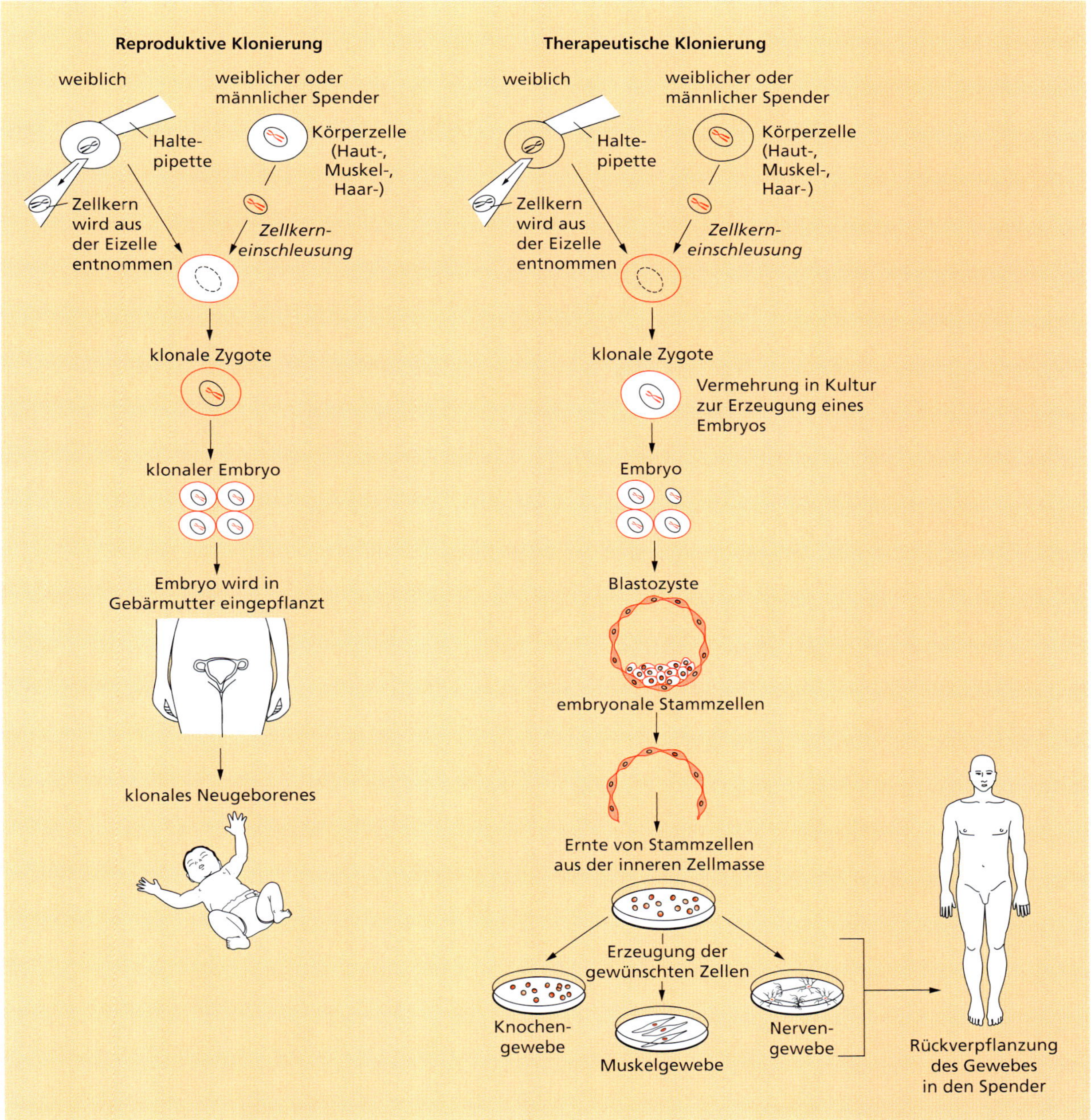

Abbildung 11.20: Reproduktive und therapeutische Klonierung. Beim reproduktiven Klonieren ist das Ziel die Erschaffung eines erbgleichen Säuglings. Beim therapeutischen Klonieren werden Stammzellen, die genetisch identisch mit den aus einem Patienten entnommenen Zellen sind, hergestellt, um eine patientenspezifische Stammzelltherapie zu ermöglichen.

Viele Wissenschaftler mögen den Begriff „therapeutisches Klonieren“ nicht sehr, weil damit die Vorstellung von der Erzeugung eines menschlichen Klons (also erbgleicher Individuen) verbunden ist.

Die Erzeugung von Stammzellen zur Behandlung menschlicher Krankheiten ist nicht das Gleiche wie die Klonierung eines Menschen. Die meisten Stammzellforscher bevorzugen den Begriff **somatischer Zellkerntransfer**, weil „Zellkerntransfer“ den stattfindenden biologischen Vorgang akkurat beschreibt. Obwohl es kein mit hohem Wirkungsgrad ablaufender Vorgang ist, funktioniert der somatische Zellkerntransfer, weil auch eine entkernte Eizelle bereits darauf programmiert ist, eine Entwicklung zu durchlaufen. Selbst nach der Entnahme des Zellkerns verfügt eine entkernte Eizelle über die Proteine, mRNAs und Organellen, die für eine rasche Zellteilung vonnöten sind. Wenn Wissenschaftler einen Zellkerntransfer durchführen, legen sie zunächst die Eizelle mit einer Mikropipette fest, indem sie einen leichten Unterdruck anlegen, der die Zelle ansaugt und festhält (Abbildung 11.20). Dann wird eine noch dünnere Hohlnadel in die Eizelle gestochen, um den Zellkern herauszusaugen (Abbildung 11.20). Die derart entkernte Eizelle dient als „Wirt" (Aufnahmebehälter) für den zu übertragenden neuen Zellkern. Zahlreiche Zellen überleben diesen Entnahmeschritt nicht; die Durchführung dieser Operationen erfordert viel Übung und Geschicklichkeit. Danach wird der neue Zellkern in die Eizelle eingebracht, manchmal auch eine komplette Zelle. Dies geschieht ebenfalls durch eine Mikropipette. Der Spenderzellkern oder die Zelle dient als Lieferant für das neue Erbgut (Abbildung 11.20).

Die neu „bekernte" Zygote wird in einem Kulturmedium mit speziellen Wachstumsfaktoren (Hormonen), die die Teilungsaktivität anregen, bebrütet. Dies führt innerhalb einiger Tage zu einem embryonalen Frühstadium aus etlichen Zellen. Für die therapeutische Klonierung verwendet man das Blastozystenstadium (etwa 5.–6. Entwicklungstag beim Menschen) als Stammzellquelle. Bei der reproduktiven Klonierung würde man die Blastozyste in die Gebärmutter (Uterus) einer scheinschwangeren (hormonell vorbehandelten) Frau einsetzen, wo sie sich für neun Monate bis zur Geburt weiterentwickeln würde. Erinnern Sie sich an Kapitel 7, wo wir erörtert haben, dass der Zellkerntransfer ein gelinde gesagt ineffizientes Verfahren ist. Im Fall des Schafs Dolly waren 277 Zellkernübertragungen notwendig, um einen erfolgreich verpflanzbaren Embryo zu erzeugen, der dann zu der Medienberühmtheit Dolly führte. Und Dolly erwies sich dann alsbald als alles andere als gesund.

Viele Menschen halten die reproduktive Klonierung von Menschen für unethisch oder „unmoralisch", und viele Wissenschaftler halten das Verfahren – zumindest heute noch – auch für unsicher. Im Jahr 2003 gab es einige medienwirksame Verlautbarungen privater Gruppen über deren Absicht, Menschen durch reproduktive Klonierung zu erschaffen. Im Allgemeinen haben diese Behauptungen (von denen bis heute – Anfang 2007 – keine realisiert oder glaubhaft dokumentiert werden konnte) viel Skepsis hervorgerufen und sind auf weitläufige Ablehnung gestoßen, auch von großen Teilen der professionellen Wissenschaft. In Kapitel 12 werden wir einige der politischen Maßnahmen und Verordnungen erörtern, die Klonierungswissenschaftler in aller Welt betreffen.

Im November 2001 gab die Firma *Advanced Cell Technology* (ACT) aus Massachusetts (USA) bekannt, dass sie einen Durchbruch bei der Klonierung erzielt habe, als es ihr gelungen sei, die ersten menschlichen Embryonen durch somatischen Zellkerntransfer zu erzeugen. Die Gesetzgebung der USA verbietet eine öffentliche Förderung der Klonierungsforschung, aber ACT ist eine Privatfirma ohne Bundesfördermittel. ACT behauptet, dass ihre Experimente dazu gedient haben, eine Technik auszuprobieren, durch die menschliche Embryonen erzeugt werden sollen, die für die Transplantationstherapie eingesetzt werden sollen.

ACT hat mehrere Techniken erprobt. Man begann mit neunzehn menschlichen Eizellen sieben freiwilliger Spenderinnen, die man per Zeitungsanzeige gesucht und gefunden hatte. Die ACT-Wissenschaftler entfernten die Zellkerne aus den Eizellen und injizierten in die entkernten Zellkörper Zellkerne von ovarialen Follikelzellen des Cumulus oophorus. Der *Cumulus oophorus* bildet die *Corona radiata* des sprungreifen Eifollikels kurz vor der Ovulation. Die Follikelzellen dienen der Zygote, sollte es zur Befruchtung und Einnistung kommen, als Nährgewebe der Zeit der ersten Entwicklungsschritte. Man hat bei diesen Experimenten Zellkerne einer Probandin in die kernlosen Oocytenkörper einer anderen verpflanzt. Von acht so behandelten Eizellen entwickelten sich zwei bis zum Vierzellstadium (zwei Zellteilungen) und nur eine erreichte ein Sechszellstadium; eine weitere Entwicklung über diese Anfangsstadien erfolgte nicht. Das Entwicklungspotenzial dieser künstlich hergestellten Pseudozygoten wurde somit im Experiment als praktisch null bestimmt.

Die Firma ACT hat auch einen parthenogenetischen Ansatz zur Erzeugung menschlicher Embryonen verfolgt. Von 22 parthenogenetischen Pseudozygoten erreichten 6 einen Zustand, den ACT als „blastozytenähnlich" bezeichnet hat. Keiner dieser „Embryonen" enthielt jedoch Embryoblastenzellen! Die pluripotenten Zellen, aus denen sich nach einer normalen Befruchtung der eigentliche Embryo entwickelt, waren hier gar nicht vorhanden. Viele ernstzunehmende Wissenschaftler haben daher die Verlautbarungen der Firma ACT als verfrüht abgetan. Da die Zellgruppen, die ACT zu produzieren imstande war, sich nicht einmal über einen morulaähnlichen Zustand von sechs Zellen hinauszuentwickeln vermochten, und sich ein Embryo überhaupt nicht entwickelt hat, ist klar, dass dieser Ansatz als gescheitert betrachtet werden muss. Darüber hinaus hat sich die Zahl der Zellen nicht bei jeder Teilungsrunde verdoppelt, wie dies bei einer normalen Entwicklung bei den ersten Teilungsrunden der Fall ist. Der Firma ACT ge-

SIE ENTSCHEIDEN!

Stammzellen und die Klonierungsdebatte

Oftmals ist die Öffentlichkeit nicht für die Folgewirkungen einer neuen Technologie vorbereitet, wenn Wissenschaft, Medizin und Technik innovative Entwicklungen vorstellen. Viele waren über unverhersehbare Nebenwirkungen der Anästhesie in Sorge, und religiöse Gruppen protestierten ernsthaft gegen eine schmerzlose Geburt, weil ihrer Meinung nach ihre als „heilig" bezeichneten Schriften klar besagten, dass Eva den „Garten Eden" verlassen hätte, um Kinder „unter Schmerzen" zur Welt zu bringen. Über 150 Jahre später gibt es nur noch wenige, die bestreiten, dass die Anästhesie ein wichtiges Werkzeug der Medizin bei großen Operationen, aber auch alltäglichen Eingriffen wie dem Zähneziehen ist.

In der Frühzeit der Gentechnik bestanden große Ängste und Spekulationen über die Resultate, die aus derartigen Experimenten erwachsen würden (erinnern Sie sich an Kapitel 3, wo wir von der Konferenz in Asilomar berichtet haben, auf der die möglichen Gefahren bei der Arbeit mit rekombinanter DNA diskutiert worden sind). Seitdem hat die Gentechnik zu vielen innovativen und vollständig sicheren Produkten geführt, mit denen bis heute mehr als eine viertel Milliarde Menschen weltweit behandelt worden sind. Wie im Fall der Anästhesie und der Gentechnik debattieren heute Gruppen der Gesellschaft (der Klerus, Politiker, die Wissenschaftler und die Allgemeinheit) über die Meriten und die Nachteile von Stammzellen und der Klonierung. An der Wurzel dieser Debatte liegt die Frage nach der Herkunft der Stammzellen, besonders embryonaler Stammzellen, und deren Potenzial für Gebrauch und Missbrauch. Zu großen Teilen sind embryonale Stammzellen aufgrund ihrer Herkunftsquelle – dem menschlichen Embryo – in der Kontroverse. Bei dem enormen Potenzial embryonaler Stammzellen bei der Behandlung und Heilung verheerender Krankheiten und den Möglichkeiten, Menschen ein gesünderes, längeres Leben zu bescheren – was denken Sie über den Einsatz von Stammzellen? Ist es fair, dass der medizinische Fortschritt bei der Krankheitsbehandlung dadurch aufgehalten wird, dass Bundesfördermittel nur für die Forschung an schon existierenden Stammzelllinien bereitgestellt werden? Das Spektrum von Fragen im Umfeld der Stammzellen und der Klonierung scheint endlos.

- Ist es akzeptabel, menschliche Embryonen mit dem Ziel zu erzeugen, sie hinterher wieder zu zerstören?
- Manche Menschen befürchten, dass Stammzellen und die Klonierungstechnik eine große Nachfrage nach menschlichen Eizellen in der Forschung erzeugen werden. Ist es akzeptabel, eine Frau dafür zu bezahlen, um auf chirurgischem Weg Eizellen zu entnehmen?
- Welches ist der „moralische" Status eines Frühembryos, der für eine therapeutische Klonierung erschaffen wird?
- Wer sollte aus welchen Gründen berechtigt sein, moralische Normen festzulegen?

Einige Menschen glauben, dass eine Person im Augenblick, da eine Eizelle befruchtet wird, entsteht. Aus der Sicht der Anhänger dieses Menschenbildes ist das therapeutische Klonieren gleichbedeutend mit der vorsätzlichen Tötung eines Kindes zum Nutzen einer anderen Person. Wissenschaftler betrachten einen Frühembryo rational als einen Zellhaufen mit dem Potenzial zur Bildung eines Menschen, der aber noch kein Mensch im strengen Sinne ist. Wie kann man die Zerlegung von Embryonen rechtfertigen, die durch Reagenzglasbefruchtung entstanden sind? Warum verwendet man diese Embryonen nicht, um Schmerz und Leid anderer Menschen zu vermindern?

Eine einfache Definition des Lebens ist schwierig. Mediziner kennen zum Beispiel mehrere Unterscheidungen des „Todes" (klinisch tot, hirntot usw.). Biologen stimmen natürlich darin überein, dass die Zellen und damit die Blastozyste leben. Obwohl alle Lebensformen Respekt verdienen, ist eine Blastozyste kein Mensch, weil sie keine Gliedmaßen, kein Nervensystem oder andere Organe und auch nicht das Aussehen eines menschlichen Wesens hat. Ein Hauptangelpunkt der Debatte ist daher die Frage, wie man einem menschlichen Embryo einen „moralischen" Status zuweisen sollte, falls ja, zu welchem Zeitpunkt dies geschehen sollte, und wer dies tun sollte. Nimmt der moralische Wert eines Embryos zu, während er sich entwickelt? Oder ist ein moralischer Status dem eines Säuglings oder Erwachsenen gleich? Falls ein Frühembryo als lebende Person eingestuft wird, besitzt er alle Rechte anderer lebender Personen. Folglich wäre die Zerlegung eines Embryos unmoralisch. Steuern zahlende Bürger müssen entscheiden, wie ihr Geld verwendet wird, was sie für ethisch und verantwortbar halten, und was sie als sichere Forschung erachten. Die professionellen Wissenschaftsorganisationen müssen ihr Wissen bekannt machen, um ihren Teil zu tun, damit die Bürger zu Themen wie embryonale Stammzellen und Klonierung gut fundierte Meinungen zu entwickeln vermögen. Dies setzt jedoch eine fundierte naturwissenschaftliche Allgemeinbildung voraus.

Wie Sie in Kapitel 12 erfahren werden, ist die Stammzellforschung in Deutschland Beschränkungen unterworfen, doch haben viele Länder weniger restriktive Bestimmungen. In einigen Länder gibt es Sorgen, dass rigiden Beschränkungen im Bereich Klonierung und Stammzellforschung zu einer Abwanderung von Forschern in Länder führen könnten, in denen diese Verfahren weniger reglementiert sind.

Selbst wenn die therapeutische Klonierung erlaubt wird, würde eine Akzeptanz dieser Technik nach sich ziehen, dass die Menschen auch das reproduktive Klonieren akzeptieren würden? Wahrscheinlich nicht. Die therapeutische Klonierung, die dazu dienen soll, Krankheiten zu behandeln, ist ein ganz anderes Thema als die Erzeugung neuer erbgleicher Menschen.

Viele Menschen erwarten ein sehr hohes Niveau der Gesundheitsfürsorge. Wie würden Sie sich fühlen, falls Wissenschaftler in irgendeinem anderen Land die therapeutische

Klonierung einsetzten, um etwa die Parkinson'sche, die Alzheimer'sche oder eine andere Krankheit zu behandeln, und Sie selbst keinen Zugang zu solchen Technologien hätten? Es gab sogar Stimmen, die argumentiert haben, dass die reproduktive Klonierung ein grundlegendes Recht eines Menschen sei! Wie würden Sie glauben, dass sich sich fühlten, wären Sie ein Teil eines unfruchtbaren Paares, dass auf keinem anderen Weg als durch reproduktive Klonierung ein Kind haben könnte? Gibt es „richtige" und ethisch akzeptable Anwendungen für die Verwendung von Frühembryonen und ihrer Zellen? Wer legt fest, was „ethisch akzeptabel" ist? Gilt dasselbe für das Klonieren? Sie entscheiden!

lang es nicht, aus den Zellhaufen irgendwelche Stammzellen zu gewinnen. Bis zum gegenwärtigen Zeitpunkt gibt es keinen definitiven Beweis, dass ein Mensch jemals auf dem Wege der Klonierung entstanden ist.

Das Humangenomprojekt und die Entdeckung von Krankheitsgenen 11.5

Wir haben in mehreren vorangegangenen Abschnitten das Humanprojekt zur Sprache gebracht. In Kapitel 3 haben wir gelernt, wie die Technik der rekombinanten DNA eingesetzt wird, um Gene zu identifizieren und zu klonieren (blättern Sie gegebenenfalls dort nach, bevor Sie weiterlesen). In diesem Kapitel werden wir einige Beispiele dafür geben, wie die Molekularbiologie für genetische Tests eingesetzt werden kann. Viele der an der Entstehung von Krankheiten beteiligten Allele, die man heute testen kann, sind in der Folge des Humangenomprojekts entdeckt worden. Die Genetiker haben kompliziert aussehende Genkarten erstellt, die die relativen und absoluten Genorte von Genen auf allen menschlichen Chromosomen enthalten. Mit ihrer Hilfe kann man mutierte Allele identifizieren, die an der Verursachung von Krankheitszuständen beteiligt sind. Wir wollen dieses Kapitel beschließen, indem wir einen kurzen Blick darauf werfen, wie die Genetiker das Puzzle des menschlichen Erbguts zusammengefügt haben.

Das Zusammenfügen des Humangenompuzzles

Ein menschliches Chromosom enthält Millionen von Basenpaaren genetischer Information. Die Rekonstruktion der genetischen Information eines kompletten Chromosoms aus Sequenzdaten ist eine große Herausforderung. Der heute praktikabelste Weg zur Sequenzierung eines ganzes Chromosoms besteht aus der Zufallssequenzierung kurzer Schnipsel, die durch „Schrotschussklonierung" erzeugt worden sind (siehe Abbildung 3.22). Bei dieser Methode wird die chromosomale DNA mit verschiedenen Restriktionsenzymen in kleine Stücke zerschnitten (restringiert).

Abhängig von der Größe der einzelnen DNA-Bruchstücke, die beim Verdau mit den Restriktionsendonucleasen entstehen, werden die Stücke entweder in künstliche Hefechromosomen (YACs) oder künstliche Bakterienchromosomen (BAC) inseriert. Kleinere Fragmente werden in Cosmide, noch kleinere in Plasmide eingebaut (Abbildung 11.21). Die Idee hinter diesem Ansatz ist es, in zufälliger Weise DNA-Fragmente zu erzeugen und zu sequenzieren, in der Hoffnung, dass man dabei kurze, sich überlappende Stücke bekommt. Leistungsstarke Computer werden dann in Gang gesetzt, um nach sich überlappenden Abschnitten von DNA individueller Stücke, die mit zwei Restriktionsenzymen geschnitten sind, zu suchen und abzugleichen. Durch Vervollständigung dieses genetischen Puzzles ist es möglich, die Basenfolge in einem Chromosom zu rekonstruieren, indem man diese überlappenden Fragmente abgleicht und zu einem Strang kontinuierlich überlappender Sequenzen anordnet (Abbildung 11.21). Daten, die sich aus dieser Art von Untersuchung ergeben, produzieren eine Restriktionskarte als eine physikalische Karte überlappender Stücke und Restriktionsenzymschnittstellen auf einem Chromosom.

Viele bezweifelten, dass die Schrotschussklonierung in effektiver Weise dafür eingesetzt werden könnte, um größere Genome zu sequenzieren, aber die Entwicklung dieser Technik und neuartiger Sequenzierungsstrategien haben den Fortschritt des Humangenomprojekts rasch beschleunigt. Obschon Schrotschussverfahren effektiv bei der Sequenzierung und Kartierung von Chromosomensegmenten sind, sind solche Ansätze nicht von praktischem Wert für die Identifizierung exprimierter Gene, da nur ein sehr kleiner prozentualer Anteil der menschlichen DNA aus Genen besteht. Ein Großteil unseres Genoms enthält nichtcodierende DNA-Sequenzen. Auf mancherlei Weise ist der Einsatz eines Schrottschussverfahrens zur Identifizierung von Gensequenzen in einem Genom wie die Suche nach der Nadel im

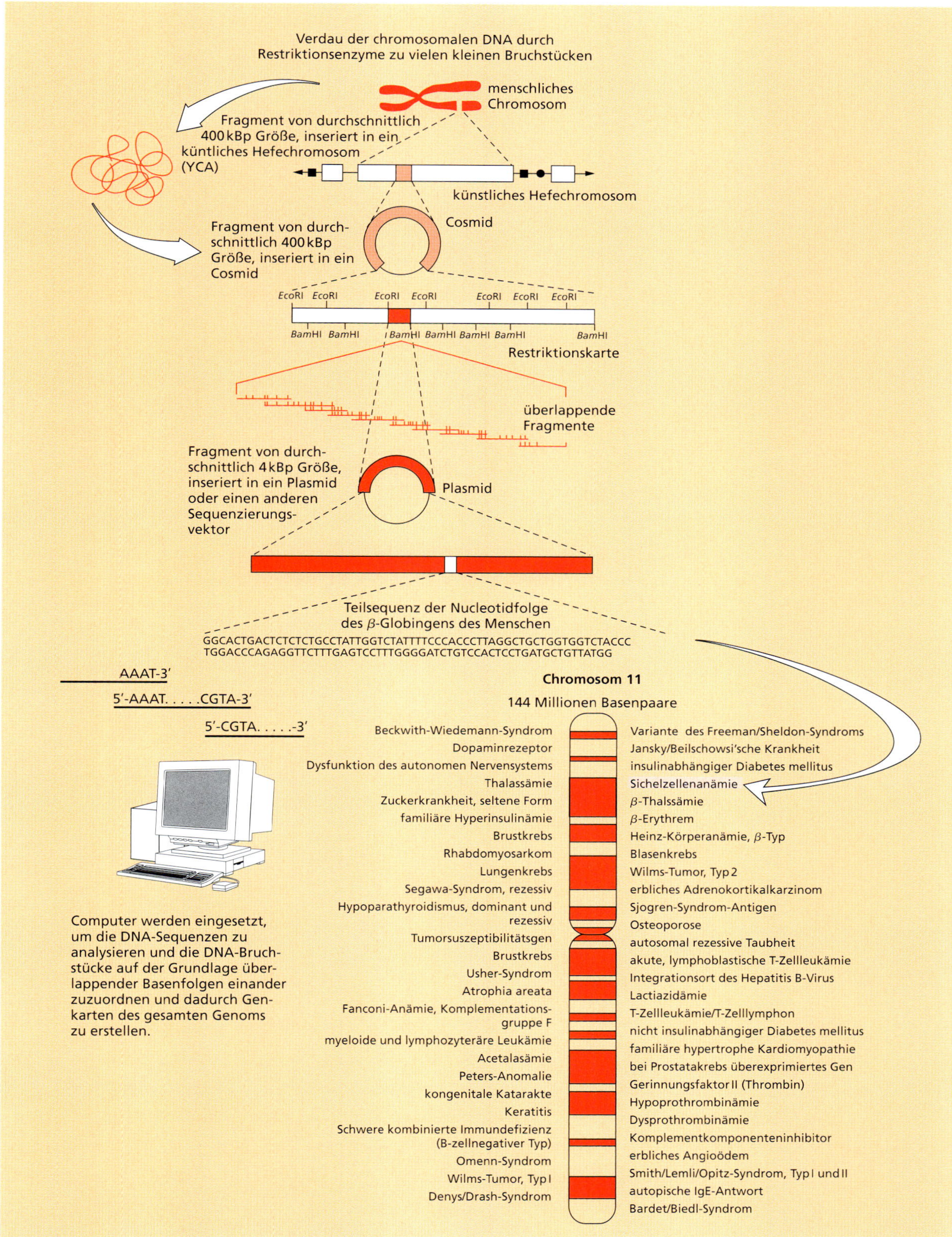

Abbildung 11.21: Die Klonierung und Sequenzierung von Stücken eines menschlichen Chromosoms zur Erstellung einer Genkarte. Nach der enzymatischen Zerteilung der chromosomalen DNA in kleinere Stücke können diese in Klonierungsvektoren wie Plasmdie, Cosmide, künstliche Bakterien- oder Hefechromosomen eingefügt werden. Die inserierten Fragmente können dann sequenziert werden und die überlappenden Stücke können zu einer kontinuierlichen Genkarte zusammengesetzt werden. Durch den Einsatz von Computern zur Analyse dieser Sequenzen können Genorte aufgefunden werden (z. B. solche, die mit bestimmten Krankheitsbildern assoziiert scheinen). In diesem Schema ist als Beispiel ein Globingen auf Chromosom 11 gezeigt. Beachten Sie, dass nur eine Auswahl von Genorten, die mit Krankheitsbildern in Verbindung gebracht werden, in der Genkarte des Chromsoms 11 wiedergegeben ist.

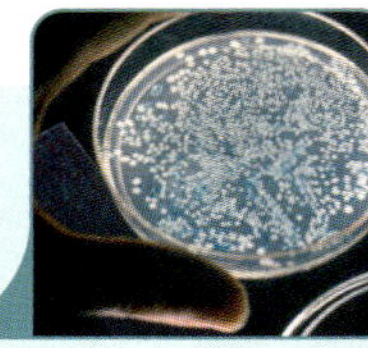

METHODEN

Nutzung des Internets, um etwas über menschliche Chromosomen und Gene zu lernen

Wir haben die Bedeutung der Bioinformatik für die Analyse genetischer Information und die Erschaffung von Datenbanken als Werkzeuge, derer sich die Wissenschaftler in aller Welt bedienen, um DNA-Sequenzinformationen zusammenzustellen, auszutauschen und zu vergleichen, diskutiert. Die Fülle frei zugänglicher Datenbanken, die Informationen über menschliche Chromosome und Gene katalogisieren, die teilweise dem Humangenomprojekt entstammen, ist ein großartiges Beispiel. Eine ausgezeichnete Vorgehensweise, um zu lernen, was das Humangenomprojekt offengelegt hat, ist es, einige der Chromosomenkarten, die im Internet verfügbar sind, zu betrachten. Falls Sie beispielsweise am Y-Chromosom interessiert sind, könnten Sie Karten des Y-Chromosoms anschauen und die Beschreibungen der Gene, die sich auf diesem Geschlechtschromosom befinden, um herauszufinden, warum dieses Chromsom dafür verantwortlich ist, dass ein Embryo mit diesem Chromosom sich zu einem männlichen *Homo sapiens* entwickelt.

Wir ermuntern Sie, die hier vorgestellten Internetseiten zu nutzen, um ein Chromosom oder Gen, das Sie interessiert, für einige Monate zu verfolgen, um zu sehen, welche Informationen Sie „ausgraben" können. Diese Internetseiten sind großartige Quellen. Sie können sie beispielsweise benutzen, um etwas über eine seltene Erbkrankheit herauszubekommen, von der jemand betroffen ist, den Sie kennen.

Diese Internetseiten präsentieren aktuelle Informationen, die selbst in den neuesten Büchern nicht enthalten sind. Falls Sie ein Sie interessierendes Gen auf diesen Seiten nicht finden können, ist es wahrscheinlich noch nicht identifiziert worden. Die hier beschriebenen Internetseiten gehören zu den besten Internetseiten, um etwas über die Gene zu lernen, die an der Entstehung gewisser Krankheiten beteiligt sind oder sein sollen, sowie über Chromosomenkarten.

Das Humangenomprogramm des Energieministeriums der USA hat ausgezeichnete chromosomale Genkarten. Besuchen Sie **http://www.ornl.gov/hgmis/posters/chromosome** und **http://www.ornl.gov/hgmis/launchpad**, um Karten aller identifizierten Humangene anzusehen. Eine deutschsprachige Internetseite mit ähnlichen Chromosomenbildern und der Angabe von Loci, die mit Krankheitsbildern korreliert sind oder sein sollen, findet sich unter: **http://www.aerztezeitung.de/docs/2000/07/28/139a1401.asp**. Die Internetseite Mendel'sche Vererbung beim Menschen (*Mendelian Inheritance in Man;* **http://www3.ncbi.nlm.nih.gov./Omim/searchomim.html**) ist eine Datenbank für menschliche Gene und Erbkrankheiten. Tippen Sie den Namen eines Gens oder einer Krankheit, an der Sie interessiert sind, in den Stichwortkasten. Tippen Sie z. B. „Leberkrebs" und drücken Sie dann auf den Startknopf. Wenn die nächste Seite erscheint, bekommen Sie eine Liste von Genen, die mit dem Leberkarzinom in Verbindung gebracht werden, zusammen mit Codenummern, die in blau hervorgehoben sind. Aktivieren Sie einen solchen Verweis und Sie werden zu einer Fülle von Informationen über das Gen einschließlich Hintergrundinformationen, Angaben zu wissenschaftlicher Fachliteratur zu dem betreffenden Gen, Genkarten und sogar Nucleotid- und Proteinsequenzen gelangen (sofern verfügbar). Vielleicht wollen Sie auf dieser Internetseite auch danach forschen, ob es Gene gibt, die mit einer bestimmten Krankheit des zentralen Nervensystems in Verbindung gebracht werden (Alkoholismus, Depression etc.). Das Weizmann-Institut in Israel unterhält ebenfalls eine ausgezeichnete Internetseite (**http://www.genecards.org/index.shtml**) mit Genkarteikarten, die Informationen zu bekannten Genen zusammenfassen. Das nationale Zentrum für Biotechnologieinformationen der USA (NCB) unterstützt die „Human Genome"-Internetseite (**http://www.ncbi. nlm.nih.gov/genome/guide/human**), die es Ihnen erlaubt, Zugang zu vielen der vorgenannten Seiten zu finden und detailierte Karten von Chromosomen und Genorten, die mit Krankheitsbildern korreliert sein sollen, zu finden. Klicken Sie auf „Genes & Disease (GD)" oder gehen Sie direkt zu **http://www.ncbi.nlm.nih.gov/disease**; dort finden Sie eine studentenfreundliche Sammlung von Seiten über Krankheitsallele und deren kartierte Genorte (Loci) auf den Chromosomen.

Heuhaufen. Durch das Arbeiten mit mRNA untersuchen Genomwissenschaftler exprimierte Gene in einem Gewebe und nicht nichtcodierende DNA. Die mRNA kann in DNA umgeschrieben werden. Sie erinnern sich, dass eine solche DNA als komplementäre DNA (cDNA) bezeichnet wird. Stücke von cDNA können sequenziert werden, um kurze Fragmente zu produzieren, die ESTs (*expressed sequence tags*) genannt werden. ESTs sind also ein Mittel zu einer Schnelldurchmusterung einer erhaltenen Kollektion von DNA-Bruchstücken, um anhand der Befunde zu entscheiden, in welche Richtung man weiterarbeitet. Dabei kommt es nicht auf die Vollständigkeit der genetischen Information des Fragments an. ESTs sind – wie der Name andeutet – in der Regel nur Fragmente, aus denen sich zur Reihung mehrerer überlappender ESTs ein Gesamtkonstrukt zusammenstückeln oder – falls die genomische Information greifbar ist – der entsprechende Bereich auf andere Weise „fischen" lässt (Abbildung 11.21). ESTs haben eine wichtige Rolle bei der Identifizierung vieler Gene, auch humaner, gespielt.

Bevor molekulare Klonierungs- und Sequenzierungstechniken zur Verfügung standen, um Gene zu kartieren und zu charakterisieren, haben die Genetiker regelmäßig

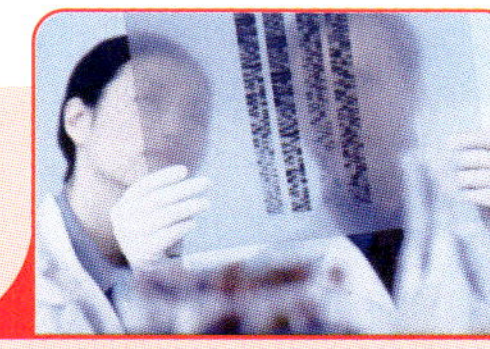

BERUFSPRAXIS

Tätigkeiten in der medizinischen Biotechnologie

Die medizinische Biotechnologie bietet ein breites Spektrum von möglichen Laufbahnoptionen, primär in der Biotechnologie und in pharmazeutischen Unternehmen. Industrieexperten raten dazu, dass sich Studenten, die an einer Laufbahn in der medizinischen Biotechnologie interessiert sind, ein Interessensgebiet aussuchen und dann Lebens- und Berufserfahrung sammeln, die ihnen hilft, die Bedürfnisse einer Firma zu erfüllen. Kurse in Chemie, Zellbiologie, Molekularbiologie, Biochemie und Bioinformatik sind besonders nützlich. Über geeignete Kurse hinaus wird ein Ferienpraktikum in einem örtlichen Unternehmen der chemischen, pharmazeutischen oder biotechnologischen Industrie empfohlen. Die praxisbezogenen Fachhochschulstudiengänge beinhalten in der Regel ein Praxissemester.

Steigen Sie, falls möglich, in ein Forschungsprojekt ein, während Sie noch Student sind. Forschung als Student kann unschätzbare Gelegenheiten bieten zu lernen, wie man ein Forschungsprojekt plant, Experimente ausführt, Fehlersuche betreibt und Daten auswertet. Solche Forschung kann sogar zu einem Auftritt bei einer lokalen oder nationalen Konferenz führen – ein toller Weg, um sich bei anderen Wissenschaftlern bekannt zu machen – oder sogar zu einer Publikation. Dies kann unter Umständen auch eine wesentliche Empfehlung sein, wenn Sie Ihre erste Anstellung suchen.

Anwerbungsexperten empfehlen, dass Studenten Firmen unterschiedlicher Größe studieren, um ein Gefühl dafür zu bekommen, welcher Typ von Firma und welche Unternehmensgröße für sie am interessantesten ist. Studenten sollten die Firmen, an denen sie interessiert sind, studieren. Sind Sie an der Medikamentenentwicklung interessiert oder an Zell- und Gentherapie? An der Krebsforschung, der Alterungsforschung, an chirurgischen Instrumenten, der Genomik oder an Kinderkrankheiten? Würden Sie eine größere Firma vorziehen oder eine kleinere mit „persönlicherer“ Atmosphäre? Oder gar eine neu gegründete Biotechnologiefirma?

Finden Sie heraus, was Sie tun wollen, und suchen Sie dann Firmen heraus, die Ihren Fähigkeiten entsprechen. Mit der Fülle an Informationen, die über das Internet verfügbar ist, ist dies einfacher als jemals zuvor. Die meisten Biotechnologieunternehmen unterhalten Internetseiten, und exzellente Verweise auf diese Seiten sind in Kapitel 1 aufgelistet. Bei einem Vorstellungsgespräch kann die Demonstration von ein bisschen Hintergrundwissen und ein echtes Interesse an der Firma Eindruck machen.

Es gibt viele Jobgelegenheiten auf dem Einsteigerniveau in der medizinischen Biotechnologie für Menschen mit einem Bachelorabschluss oder einer ähnlichen Qualifikation. Viele Menschen beginnen als Laboranten. In einigen Firmen gehört zu dieser Tätigkeit das Ansetzen von Lösungen und die Bereitstellung von Materialien für Experimente, aber Mitarbeiter, die Initiative zeigen, werden oft auf Positionen befördert, in denen sie mehr Verantwortung und Entscheidungsbefugnisse bei Forschungsprojekten haben. Ingenieure entwickeln neue Produkte und Verfahren; dabei arbeiten sie oft im Labor, forschen also selbst. In einigen Firmen führen Ingenieure vor Ort Produkte/Geräte vor und führen technische Seminare zur Weiterbildung von Käufern und Interessenten durch. Ingenieure sind außerdem oftmals in den Kundenverkehr verwickelt, helfen den Kunden bei der Installation eines Produkts (Gerätes, Verfahrens), bei der Fehlerbehebung, der Ausdeutung von Daten und Ähnlichem. Im klinischen Bereich tätige Naturwissenschaftler gehen Ärzten zur Hand bei der Durchführung von klinischen Forschungsvorhaben, zum Beispiel die Erprobung neuer Medikamente und anderer Medizinprodukte. Firmen aus dem Bereich der medizinischen Biotechnologie stellen auch Menschen ein, die ihr Interesse an der Wissenschaft mit einem an der Wirtschaft verbinden wollen, indem sie Produkte vermarkten oder verkaufen.

Die Vorstellungsgespräche verlaufen in den meisten Biotechnologiefirmen streng selektiv. Die Firmen wollen Leute, die sehr organisiert und systematisch arbeiten und auf Details achten. Die Forschung der medizinischen Biotechnologie ist oft Teamarbeit. Gute Schreib- und Kommunikationsfähigkeiten sind von wesentlicher Bedeutung, da Sie mit anderen Menschen zusammenarbeiten und mündlich wie schriftlich mit diesen verkehren. Darüber hinaus sucht praktisch jede Biotechnologie- und Pharmaziefirma heute Leute mit Computerfertigkeiten, die zusammen in einer Mannschaft mit Programmierern und Informatikern arbeiten können, um neue Programme zu erschaffen, um Daten zu verwalten und zu speichern, Hypothesen zu testen und Molekülstrukturen zu modellieren.

Kenner der Industrie weisen beständig darauf hin, dass Enthusiasmus, eine Fähigkeit, neuartige Ansätze zur Problemlösung einzusetzen und eine innere Bereitschaft zum professionellen Wachstum wertvolle Werkzeuge sind, nach denen Firmen bei potenziellen Angestellten Ausschau halten. Leute, die darauf brennen, sich der Herausforderung zu stellen, ihre Fähigkeiten in einem Mannschaftsansatz zur Problemlösung anzuwenden, werden stark gesucht. Selbst wenn der Bildungshintergrund einer Person nicht genau einer bestimmten Position entspricht, wie es oftmals der Fall ist, kann Enthusiasmus und die Bereitschaft zu lernen darüber bestimmen, ob das Individuum eingestellt wird. Biotechnologiefirmen suchen Leute, die einen Unterschied machen wollen – falls Sie ein brennendes Interesse daran haben, Wissenschaft einzusetzen, um die menschliche Gesundheit zu verbessern, dann könnte eine Laufbahn in der medizinischen Biotechnologie vielleicht etwas für Sie sein.

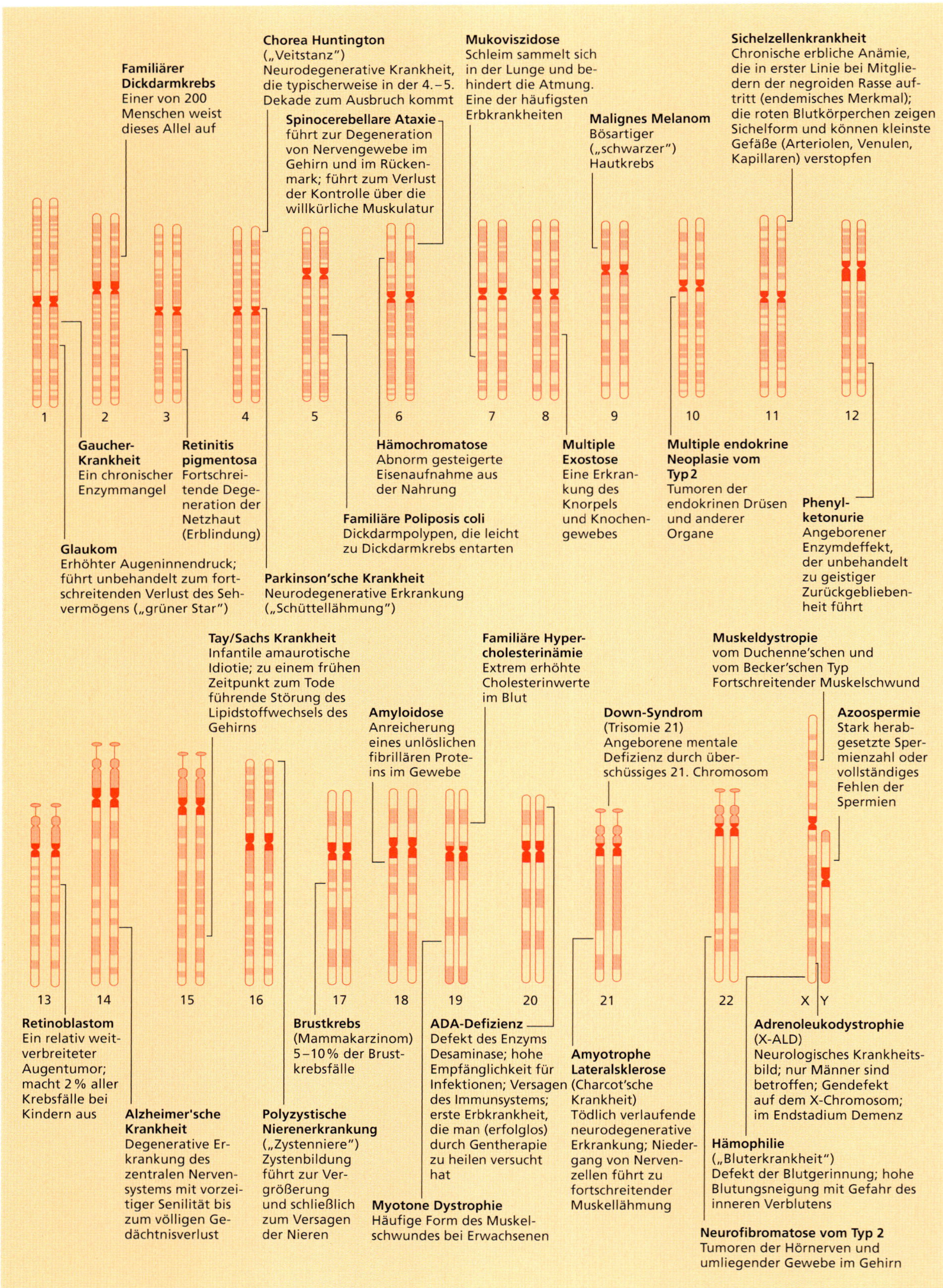

Abbildung 11.22: Krankheitsbilder des Menschen und mit diesen in Verbindung gebrachte Genorte auf den Chromosomen des Menschen. Die abgebildeten schematischen Genkarten zeigen die ungefähren Positionen von Genorten, die mit den jeweils angegebenen Krankheitsbildern in Verbindung gebracht werden. Es gibt selbstverständlich auf jedem der Chromosomen viele weitere Gene. Die Chromosomen sind nicht maßstäblich gezeichnet.

große Familien untersucht, in denen oft eine bestimmte Erbkrankheit über Generationen verfolgbar war und auf dieser Grundlage Genkarten erstellt. Zur Ermittlung des Erbganges eines Gens ist eine solche Stammbaumanalyse auch heute noch unabdingbar, weil sich aus Sequenzen ein Erbgang nicht ablesen lässt. So genannte Koppelungskarten aus der klassisch-genetischen Analyse werden deshalb auch heute noch eingesetzt, weil sie die physischen Genkarten ergänzen. Die physische Genkarte liefert die molekularen Einzelheiten eines Gens und seines Genortes. Besuchen Sie die NOVA-Online-„Sequence for yourself"-Internetseite; dort finden Sie informative Animationen zur Klonierung und Sequenzierung von DNA und der Zusammenfügung klonierter DNA-Fragmente zur Erstellung einer physischen Genkarte eines Chromosoms, wie es im Rahmen des Humangenomprojekts geschehen ist.

Ungeachtet der Frage, ob es sich um genomische DNA oder cDNA handelt, die analysiert wird, wurde der Fortschritt beim Humangenomprojekt durch die Entwicklung von schnell arbeitenden, computerautomatisierten Sequenziermaschinen, die rund um die Uhr arbeiten, um große Mengen Sequenzdaten zu erzeugen, stark beschleunigt.

Nachdem die DNA sequenziert war, kam die Bioinformatik zum Einsatz, um die Sequenzinformation zu katalogisieren, die Sequenz zu interpretieren und zu ermitteln, ob sie proteincodierende Anweisungen enthält, und sie mit Datenbanken bekannter Sequenzen zu vergleichen,um herauszufinden, ob die Sequenz bereits ermittelt worden ist, oder ob sie ein neuartiges Stück Chromosomsequenz darstellt.

► Abbildung 11.21 zeigt ein „großes Bild" davon, wie DNA-Sequenz aus Restriktionsfragmenten von DNA ermittelt werden kann, und wie überlappende Restriktionsfragmente zusammengesetzt werden können, um eine physische Genkarte eines Chromosoms zu erzeugen. Diese Abbildung zeigt auch, dass eine Sequenz der menschlichen Globingene auf Chromosom 11 identifiziert wurde. Sie erinnern sich, dass eine Mutation im β-Globingen die Ursache der Sichelzellenanämie ist. Beachten Sie auch die Zahl der an Krankheitszuständen beteiligten Genorte auf Chromosom 11.

Schließlich werden Genkarten verfügbar werden, auf denen die Loci normaler wie an Krankheitsbildern beteiligter Allele ablesbar sind. Genetiker haben bereits Genkarten aller menschlichen Chromosomen erstellt, aus denen die Genorte vieler Gene ablesbar sind (siehe Abbildung 1.1). Die Abbildung 11.21 zeigt schematische Genkarten aller Chromosomen des Menschen; dabei sind jeweils ein oder zwei Genorte jedes Chromosoms herausgehoben, von denen bekannt ist, dass sie mit Erbkrankheiten des Menschen in Zusammenhang stehen.

Was und wer wir sind, geht zweifellos über die Gesamtzahl der Gene, die wir haben, hinaus. Ein Mensch zu sein ist viel komplizierter als unser Genom – wir sind sehr viel komplizierter als nur die Summe unserer Gene und Körperteile.

Was uns genetisch definiert, ist die Komplexität, wie unsere Gene eingesetzt werden und wie die Proteine wechselwirken, um die unzähligen Funktionen und einzigartigen Merkmale der Wesen hervorzubringen, die wir Menschen nennen. In dem Maß, in dem sich das Humangenomprojekt der Vollendung nähert, haben seine Anstrengungen uns mit beispiellosem Wissen über die Chromosomen des Menschen und die in ihnen enthaltenen Gene versorgt.

Noch viel Arbeit bleibt zu tun bei der Ermittlung der Funktionen der meisten menschlichen Gene und der verwickelten Wege, auf denen die Proteine, die von ihnen codiert werden, ihre wichtigen Rollen im Haushalt der Zellen und des Gesamtkörpers spielen.

ÜBUNGSAUFGABEN

Die Antworten finden Sie in Anhang A.

1 Wie können molekularbiologische Techniken eingesetzt werden, um Erbkrankheiten beim Erwachsenen oder beim ungeborenen Kind nachzuweisen? Geben Sie zwei Beispiele.

2 Was versteht man unter Gentherapie? Erklären Sie den Unterschied zwischen einer Gentherapie in vivo und einer Gentherapie ex vivo. Geben Sie je ein Beispiel für eine Erbkrankheit, die auf die jeweilige Weise behandelt wird. Geben Sie zwei Beispiele dafür, wie „therapeutische" Gene in Zellen eingeschleust werden können, und erörtern Sie die Probleme, die gelöst werden müssen, um die Gentherapie zu einer wirkungsvollen Behandlungsmethode für Erbkrankheiten zu machen.

3 Stellen Sie embryonale und adulte Stammzellen vergleichend gegenüber. Schließen Sie in den Vergleich eine Erklärung ein, woher jeder Stammzelltypus stammt und wie er isoliert werden kann. Geben Sie zwei Beispiele dafür, wie Stammzellen vielleicht eingesetzt werden könnten, um menschliche Krankheiten zu behandeln.

4 Stellen Sie die therapeutische Klonierung der reproduktiven vergleichend gegenüber. Erstellen Sie dazu eine Tabelle mit den Vor- und Nachteilen beider Techniken.

5 Geben Sie eine Definition von Pharmakogenomik und erklären Sie, wie diese in der Zukunft vielleicht die medizinische Behandlung beeinflussen könnte.

6 Beschreiben Sie kurz, auf welche Weise man erwartet, dass das Humangenomprojekt zu Fortschritten in der medizinischen Biotechnologie führen werde.

7 Im Jahr 2000 wurde in Kalifornien ein achtjähriges Kind, dass an der Fanconi-Anämie (einer seltenen und oft tödlich verlaufenden angeborenen Blutkrankheit) litt, durch eine Transplantation von Stammzellen aus Nabelschnurblut ihres eben geborenen Bruders gerettet. Die Kontroverse im Umfeld dieser Behandlung erwuchs aus der Tatsache, dass ihr Bruder durch Reagenzglasbefruchtung gezeugt worden war und die Mediziner seinen Embryo ausgesucht hatten, nachdem in vorhergehenden Untersuchungen sichergestellt worden war, dass er nicht an der Anämie vom Fanconi-Typ litt, und auch eine Gewebetypisierung durchgeführt worden war, um eine gute Entsprechung der Antigenausstattung zu seiner Schwester zu finden. Ist ein solches Vorgehen ethisch?

WEITERFÜHRENDE LITERATUR

Bücher

R. Epstein: Human Molecular Biology – An Introduction to the Molecular Basis of Health and Disease. Cambridge University Press (2002); ISBN: 0-5216-4481-X.

O. Kayser: Grundwissen Pharmazeutische Biotechnologie. Teubner (2002); ISBN: 3-519-03553-7.

H. von der Leyen, C. Wendt und H. Dieterich (Hrsg.): Gentherapie und Biotechnologie – Ansätze zu neuen Therapieformen in der Medizin. Wissenschaftliche Verlagsgesellschaft (2005); ISBN: 3-8047-1917-1.

Artikel in Fachzeitschriften

R. Horton et al.: Gene map of the extended human MHC. Nature Reviews Genetics (2004), vol. 5:889–899.

A. Pfeifer und I. Verma: Gene therapy: promises and problems. Annual Reviews in Genomics and Human Genetics (2001), vol. 2:177–211.

D. Zipori: The nature of stem cells: state rather than entity. Nature Reviews Genetics (2004), vol. 5:873–878.

WEB-LINKS

Weitere Informationen zu diesem Buchkapitel
http://www.pearson-studium.de

Robert-Koch-Institut (RKI)
http://www.rki.de
Deutsche Aufsichtsbehörde, die Aktivitäten im Bereich der medizinischen Biotechnologie überwacht.

Bundesinstitut für Arzneimittel und Medizinprodukte (BfArM)
http://www.bfarm.de
Bundesbehörde, die Aktivitäten im Bereich der medizinischen Biotechnologie überwacht.

Ärztezeitung Online
http://www.aerztezeitung.de/docs/2000/07/28/139a1401.asp
Genkarten der identifizierten Humangene.

GeneCards
http://www.genecards.org
Umfassende Genkarten-Sammlung.

American Society of Gene Therapy
http://www.asgt.org
Gute Internetseite mit Informationen zur Gentherapie.

Genomics Energy
http://genomics.energy.gov
Ausgezeichnete Seiten mit chromosomalen Genkarten (http://www.ornl.gov/hgmis/posters/chromosome und http://www.ornl.gov/hgmis/launchpad). Ebenfalls hier findet sich eine Seite mit Fallsituationen und ethischen Problemstellungen für die studentische Diskussion (www.ornl.gov/hgmis/publicat/genechoice/contents.html).

National Center for Biotechnology Information (NCBI): Humangenominternetseite
http://www.ncbi.nlm.nih.gov/genome/guide/human
„Gene und Krankheiten"-Verweis (www.ncbi.nlm.nih.gov/disease) mit einem für Studenten geeigneten Satz von Seiten über an menschlichen Krankheiten beteiligte Genorte, die auf den Chromosomen des Menschen kartiert werden konnten. Ebenfalls hier findet sich eine Datenbank zu Genen und Erbkrankheiten (http://www3.ncbi.nlm.nih.gov/Omim/searchomim.html).

NOVA Online: „Sequence for Yourself"
http://www.pbs.org/wgbh/nova/genome/sequencer.html

Regularien und Zulassungsverfahren

12

ÜBERBLICK

Nachdem Sie dieses Kapitel durchgearbeitet haben, sollten Sie in der Lage sein:

- Die Regularien und Zulassungsverfahren für biotechnologisch veränderte Pflanzenprodukte in der Landwirtschaft zu beschreiben.
- Die Regulierung von Nahrungsmitteln und Nahrungszusätzen, die durch biotechnologische Verfahren hergestellt werden, zu beschreiben.
- Die Regulierung pharmazeutischer Produkte einschließlich der klinischen Erprobung zu beschreiben.
- Beispiele anzugeben, wie die Reaktionen der Regulierungsbehörden auf Notfallsituationen aussehen.
- Den Zweck von Patenten zu beschreiben und zu erklären, warum DNA-Sequenzen für patentierbar gehalten werden.

Die Verwendung eines falsch gekennzeichneten Medikaments oder der Verzehr eines kontaminierten Nahrungsmittels können im schlimmsten Fall zum Tod führen. Die Öffentlichkeit verlässt sich auf die Regierung, die Gesetze verabschieden und durchsetzen soll, die einen Schutz vor unsicheren oder wirkungslosen Nahrungsmitteln und Medikamenten garantieren. Medizinische Produkte und Lebensmittel werden durch Regierungsbehörden reguliert, und diese Regularien haben große Auswirkungen auf die biotechnologische Arbeitswelt. Es vergehen für gewöhnlich Jahre, um ein neues Medikament zu testen, um dessen Sicherheit und Wirksamkeit nachzuweisen. In der Zwischenzeit sterben vielleicht Menschen, die durch das Medikament hätten gerettet werden können. Man verliert Geld, wenn neue Nahrungsmittel verworfen werden müssen. Man verliert Geld, wenn die landwirtschaftliche Produktivität herabgesetzt wird, weil Herbizide nicht zugelassen werden. Es gibt also einen Konflikt zwischen ökonomischen und Sicherheitsinteressen. Neue Produkte, die durch die Methoden der Biotechnologie hergestellt werden, versprechen einigen Nutzen, stellen aber auch ein gewisses Risiko dar. Als US-Präsident Clinton und sein britischer Kollege Blair sich dafür aussprachen, die Patentierung von Gensequenzen durch die freie Zugänglichkeit von Informationen aus dem Humangenomprojekt zu begrenzen, brach Panik in der Biotechnologie-Industrie aus, die zu einem großflächigen Verkauf von Firmenanteilen führte. Viele begrüßen eine Einschränkung der Patentierung von Gensequenzen. Sie argumentieren damit, dass eine solche Patentierung moralisch unakzeptabel sei. Für eine informierte Teilnahme an dieser Debatte muss man wissen, was grundsätzlich patentierbar ist und was nicht. Ihre derzeitige Meinung ändert sich vielleicht, nachdem Sie in diesem Kapitel etwas über Patentschutz gelernt haben.

12.1 Der rechtliche Rahmen für die Zulassung biotechnologischer Produkte

In früheren Zeiten boten Hausierer ihre „Patentmedizin" überall unbehelligt an. Ihre einzige Sorge bestand darin, rechtzeitig aus der Stadt zu verschwinden, bevor die örtlichen Behörden aufmerksam wurden. Später vergifteten große Firmen die Umwelt – oft ohne irgendwelches echtes Verständnis der langfristigen Ergebnisse ihrer Taten. Schließlich konnten die Regierungen Belange der öffentlichen Sicherheit nicht länger ignorieren und richteten schützende Behörden ein. Diese wurden damit betraut, die Herstellung von Lebensmitteln und Pharmazeutika zu überwachen und die Umwelt vor Verschmutzungen zu bewahren.

Wesentliche Behörden für die Kontrolle der Produkte biotechnologischer Forschung sind in den USA die nationale Gesundheitsbehörde (*National Institutes of Health*, NIH), in Europa die *Europäische Behörde für Lebensmittelsicherheit* (EFSA) sowie in Deutschland die Bundesministerien für Gesundheit, für Umwelt, Naturschutz und Reaktorsicherheit sowie für Verbraucherschutz und Lebensmittelsicherheit. Damit werden Biotechnologieprodukte im Wesentlichen wie traditionelle Produkte reguliert. Beispielsweise werden Biotechpflanzen durch dieselben Behörden überwacht, die auch andere Pflanzen regulieren, und biotechnologische Medikamente werden unter dieselben Regeln fallen, die auch auf andere Medikamente anwendbar sind. Spezielle Aspekte werden in Deutschland durch das Gentechnikgesetz geregelt.

Verkürzt gesagt ist das Verbraucherschutzministerium dafür zuständig sicherzustellen, dass ein biotechnologisches Produkt kein Risiko für die Verbraucher darstellt, Umwelt- und Gesundheitsministerium begleiten dieses Ziel für ihre jeweiligen Belange. Die drei Behörden arbeiten bei der Umsetzung dieser Ziele eng mit den europäischen Behörden zusammen, und oft sind alle an der Überwachung und Regulierung eines einzigen Biotechnologieprodukts beteiligt. Obwohl die Bürokratie oft als langsam und unflexibel dargestellt wird, ist es wichtig zu verstehen, dass der Regulierungsvorgang unablässig verfeinert wird, um sicherzustellen, dass Produkte – sowohl biotechnologische wie traditionelle – sicher sind. In diesem Kapitel werden wir Einzelbeispiele kennen lernen, die die Flexibilität des Systems im Hinblick auf neue Technologien, Risiken und Bedürfnisse demonstrieren.

Zulassungsverfahren für landwirtschaftliche Produkte 12.2

Nachdem eine neue Pflanzensorte im Labor gezüchtet worden ist, sind mehrere Jahre dauernde Feldversuche erforderlich, um alles über die Pflanzen in Erfahrung zu bringen, einschließlich Krankheitsresistenz, Trockenresistenz und Vermehrungsrate. Die Behörden werden eine Feldversuchsanwendung nicht zulassen, wenn nicht Vorkehrungen getroffen werden, um zufällige Kreuzbestäubungen auszuschließen. Diese Forderung kann weit reichende Folgen haben. Beispielsweise müssen Versuchsfelder für transgenen Mais in den USA mindestens 1,6 km von Feldern entfernt sein, auf denen Mais angebaut und geerntet wird. Ein ca. 8 m breiter gepflügter Streifen, auf dem nichts wächst, muss das gesamte Testfeld umgeben. In einigen Fällen müssen die Blütenstände am Ende der Maishalme mit Tüten überzogen werden, damit keine Bestäubung und keine Pollenverbreitung stattfinden kann (► Abbildung 12.1). Die Blütenstände selbst müssen später entfernt werden. Darüber hinaus wird nicht erlaubt, dass sich Pflanzen über das Testgelände hinaus ausbreiten. Das bedeutet, dass alle Testpflanzen, die sich auf natürliche Weise neu aussäen, zerstört werden müssen, und keine Pflanzen oder auch nur Teile davon entnommen werden dürfen, außer zum Zweck der Vernichtung. Als eine zusätzliche Vorsichtsmaßnahme lässt man das gesamte Testgelände für gewöhnlich für die nächste Wachstumsperiode brachliegen. Die Behörden inspizieren die Orte vor, während und nach den Versuchen, um sicherzustellen, dass alle Versuche im Einklang mit den Gesetzen durchgeführt werden. Ein Beispiel für diesen Schutz: Im Jahr 2002 mussten zwei Bauern in Iowa und Nebraska alle Maispflanzen auf Feldern, auf denen sie zuvor transgene Sojabohnen für die Extraktion von Humanantikörpern angebaut hatten, vernichten. Sie mussten außerdem 250.000 US-Dollar Bußgeld für dieses Vergehen bezahlen. Dieser Fall illustriert, wie die geltenden Regularien durchgesetzt werden.

Natürlich ist es letztlich das Ziel eines Landwirts, ein verkäufliches Produkt zu ernten. Der erste Schritt bei diesem Prozess ist das Ersuchen um eine Genehmigung zur Freisetzung beim Ministerium. Bevor diese Genehmigung erteilt wird, wird geprüft, ob die Pflanze beim Anbau genauso sicher ist wie traditionelle Sorten. Dabei sind drei Aspekte von Bedeutung:

1. Pflanzenschädlingskonsequenzen. Es wird die Biologie der Pflanze untersucht, um die mögliche Gefahr für andere Pflanzen einzuschätzen. Dies ist als „Pflanzenschädlingsrisiko“ bekannt. Es geht um die Gefahr, dass das neue Erbgut zu einer neuen Pflanzenkrankheit führen könnte.
2. Risiko für andere Lebewesen. Die Behörden untersuchen das Risiko für Wildtiere und nützliche Insekten, die an den Nutzpflanzen fressen könnten oder mit dem Pollen in Kontakt kommen könnten.
3. Unkrautfolgen. Schließlich betrachten die Behörden die Möglichkeit, dass die neue Pflanze unwillkom-

Abbildung 12.1: Mais, der auf einem Feld wächst, und bei dem die Blütenstände mit Tüten verhüllt sind, um die unbeabsichtigte Bestäubung von Pflanzen in nahe gelegenen Feldern zu verhindern.

men und invasiv sein wird – mit anderen Worten ein Unkraut. Die Vermehrungsstrategie der Pflanze ist ein besonders wichtiger Betrachtungsgegenstand. Eine Pflanze, die sich leicht selbstständig weiterverbreitet und die widerstandsfähig gegen Kälte und Trockenheit ist, könnte in der Zukunft ein echtes Problem darstellen. Falls beispielsweise der Löwenzahn als neue Biotechnologiepflanze vorgestellt werden würde, würde er auf Grund seines erstaunlichen Erfolgs bei der Fortpflanzung abgelehnt werden.

Wenn eine Biotech-Pflanze als unbedenklich eingestuft wird, wird die Behörde den Feldversuch genehmigen. Danach muss der Pflanzenzüchter trotzdem alle in dem Zulassungsverfahren festgelegten Standards erfüllen. Die gleichen Vorkehrungen müssen getroffen werden, um die zufällige, unbeabsichtigte Verbreitung der neuen Pflanze zu verhindern, und detaillierte Aufzeichnungen des Versuchs müssen erstellt und aufbewahrt werden (► Abbildung 12.2).

Nachdem die Sicherheit der neuen Pflanze festgestellt worden ist, kann ein Landwirt sie anbauen, testen oder für Kreuzungen einsetzen. Bevor das neue Biotechnologieprodukt auf den Markt gebracht werden kann, ist ein neues Genehmigungsverfahren bezüglich seiner Inverkehrbringung erforderlich.

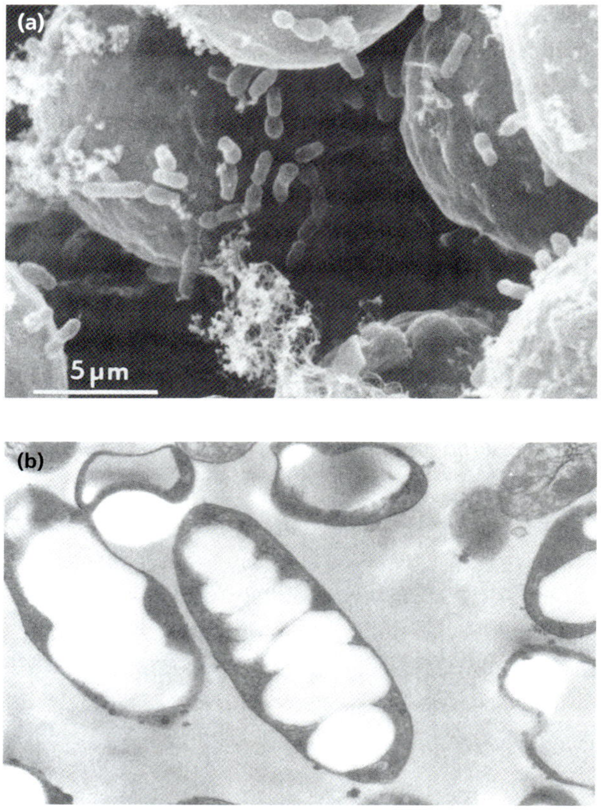

Abbildung 12.2: Freisetzung genetisch modifizierter Organismen in die Umwelt. Risiken, dass genetisch modifizierte Organismen Schadeffekte auf Nutzpflanzen oder die Umwelt haben könnten, werden von den zuständigen Behörden reguliert. (a) Eine von *Bacillus thuringiensis* infizierte Pflanzenzelle. (b) Eine Zelle mit einer Ansammlung von Polyhydroxyalkanoaten.

Zulassung für den experimentellen Einsatz

Pflanzenzüchter, die planen, eine Pflanze zu züchten, die z.B. ein Protein mit Pestizidwirkung exprimiert, müssen sich zunächst mit den Behörden in Verbindung setzen. Eine Zulassung für einen experimentellen Einsatz erfordert eine sorgfältige Dokumentation, weil die Pflanze nicht als Pestizid registiert werden kann, wenn nicht klare Daten vorliegen, dass keine unbeabsichtigten Wirkungen von ihr ausgehen. Die Pflanzen müssen also selbst die gleichen Standards erfüllen wie chemisch reine Pestizide, die im Feld eingesetzt werden.

Ein Fallbeispiel aus den USA

Im Juli 1985 hat die Firma *Advanced Genetic Sciences* um eine Zulassung für den experimentellen Ersteinsatz genetisch modifzierter Organismen nachgesucht. Die Firma hatte zwei genetisch veränderte Bakterienstämme entwickelt, die Pflanzen potenziell vor Schäden durch Frost schützen. Wissenschaftlern war schon lange bekannt gewesen, dass in der Natur vorkommende Bakterien ein Protein herstellen, das die Bildung von Eiskristallen fördert – also als Kristallisationskeim wirkt. Die modifizierten Bakterien produzierten dieses Protein nicht. Nutzpflanzen, die mit diesen harmlosen Bakterien besprüht worden waren, konnten theoretisch Temperaturen unter dem Gefrierpunkt überleben (und Früchte hervorbringen).

Rufen Sie sich aus Kapitel 5 in Erinnerung, dass Feldversuche mit diesen „Eisminusbakterien" sehr kontrovers diskutiert wurden. Etwas überraschend war, dass diese Bakterien die Aufmerksamkeit der US-Umweltbehörde EPA auf sich zogen. Frostverursachende Bakterien wurden als Schädlinge eingestuft, daher galten auch die neuen Bakterien als Pestizide. Die EPA gab ihr Einverständnis für Feldversuche unter der Bedingung, dass Forscher beträchtliche Vorkehrungen trafen, um die Verbreitung der Bakterien zu verhindern. Die Bakterien wurden auf einer Fläche von 0,2 Hektar ausgebracht, die von einer 15 m breiten Pufferzone nackten Erdbodens umgeben war. Insgesamt wurde der Test mit 2400 Erdbeerpflanzen durchgeführt. Techniker in

Abbildung 12.3: Im ersten Fall eines Umwelttests modifizierter Organismen in den USA wurden „Mondanzüge" verwendet, um die Techniker gegen unbekannte Biogefährdungen bei der Ausbringung der „Eisminusbakterien" auf Erdbeerpflanzen zu schützen.

Schutzkleidung (► Abbildung 12.3) verteilten die Bakterien mit Niederdrucksprühdosen. Zahlreiche Proben zur Überwachung des Versuchs wurden vor der Ausbringung und für ein Jahr danach innerhalb und außerhalb des Testgeländes genommen. Die Feldversuche waren ein Erfolg und die Bakterien kamen 1992 auf den Markt. Dieser Fall bereitete die Bühne für zukünftige landwirtschaftliche Anwendungen der Biotechnologie.

Deregulierung und wirtschaftliche Verwertung

Die nächste Phase des Vorgangs ist die Marktzulassung. Bevor jedoch irgendetwas für den Verkauf verfügbar wird, untersuchen die Behörden die Daten, die im Verlauf der Versuche gesammelt wurden. Diese Sichtung konzentriert sich auf vier allgemeine Aspekte. Erstens ist dies die Herkunft des Gens, wie es exprimiert wird, und die Natur des produzierten Pestizidproteins. Als Nächstes werden die gesundheitlichen Effekte der Biotech-Pflanze intensiv untersucht. Wissenschaftler nutzen etwa Mäuse, um den Einfluss des Proteins auf Lebewesen zu untersuchen, einschließlich der Frage, wie leicht es verdaut wird und ob es Allergien auslösen kann. Im Dienste des Umweltschutzes müssen auch der Verbleib und das Schicksal des Pestizidproteins in der Umwelt untersucht werden. Ein Punkt dabei ist die Geschwindigkeit, mit der das Pestizid abgebaut wird, und ob es im Erdboden oder im Wasser erhalten bleibt. Ein weiterer Aspekt ist die Möglichkeit, dass das Pestizidprotein durch Kreuzbefruchtung auf Wildpflanzen übergeht und so ein „Superunkraut" entstehen könnte. Schließlich sind die Wirkungen auf Arten von Interesse, auf die mit der eingeführten Veränderung nicht gezielt wurde. Diese Arten könnten etwa nützliche Insekten wie Honigbienen und Marienkäfer sein, aber auch andere Tiere wie Fische, Vögel und Nagetiere.

Mit der Erteilung einer Genehmigung wird die Beobachtung des biotechnologisch erzeugten Produkts jedoch nicht eingestellt. Sie erinnern sich vielleicht an die Sorge in den USA, dass sich Bt-Mais als giftig für andere als die Zielarten erweisen könnte (Kapitel 6). Eine dieser Arten, auf die man nicht gezielt hatte, war der Monarchschmetterling. Sobald der Verdacht im Raum stand, trat die US-Umweltbehörde rasch in Aktion und setzte die kommerzielle Produktion der Pflanzen aus. Jeder, der Zeuge des Spektakels geworden ist, wenn sich Baumäste unter dem Gewicht der wandernden Massen von Monarchschmetterlingen biegen, oder sie über hochgelegene Bergwiesen hat flattern sehen, kann nachvollziehen, warum die EPA der potenziellen Gefahr solche Dringlichkeit zumaß. Untersuchungen ergaben, dass von dem Bt-Mais kein messbares Risiko für die Schmetterlinge ausging (► Abbildung 12.4). Folglich erlaubte man die Fortsetzung des Anbaus dieser Maissorte. Dieses Beispiel demonstriert ein wichtiges Merkmal der Regulierungsprozesse – nämlich die Reaktion auf öffentliche Bedenken. Am Wichtigsten ist vielleicht, dass die Bürokratie dabei auf eine gute wissenschaftliche Beweislage angewiesen ist, um zu ihren Schlussfolgerungen zu gelangen.

Abbildung 12.4: Bt-Mais wurde als giftig für eine Art angesehen, auf die man es nicht abgesehen hatte – den Monarchschmetterling. Untersuchungen erwiesen jedoch, dass der Bt-Mais kein messbares Risiko für Schmetterlinge darstellte.

12.3 Nahrungs- und Arzneimittelzulassung

Neben dem Verbraucherschutzministerium gibt es in Deutschland eine eigene Behörde für die Zulassung von Arzneimitteln (das *Bundesinstitut für Arzneimittel und Medizinprodukte*, BfArM), die dem Bundesgesundheitsministerium angegliedert ist. Auf europäischer Ebene werden Arzneimittelbelange durch die *European Medicines Agency* (EMEA) geregelt. In den USA ist die Behörde FDA (*Food and Drug Administration*), deren Regelungen auch in Europa häufig als Maßstab gelten, dafür zuständig, dass Nahrungsmittel und Medizin sicher und wirkungsvoll sind. Da sowohl Nahrungsmittel als auch Medikamentenprodukte zu den aktivsten Segmenten der Biotechnologie gehören, sind diese Behörden in hohem Maße bei der Entwicklung von Regularien gefordert. Die fundamentale Frage dabei ist, ob Biotechnologieprodukte so sicher wie ihre konventionellen Gegenstücke sind.

Nahrungsmittel und Nahrungsmittelzusatzstoffe

Wenn ein neues Nahrungsmittelprodukt oder ein Zusatzstoff entwickelt wird, wird es darauf getestet, ob es irgendwelche unerwarteten, unerwünschten Wirkungen hat. Darüber hinaus wird das entsprechende Protein daraufhin untersucht, ob es im Wesentlichen das Gleiche wie natürlich in Nahrungsmitteln vorkommende Proteine ist. Außerdem muss – da viele verbreitete Nahrungsmittel wie Milch, Schalentiere, Erdnüsse und Eier bekanntermaßen Allergieauslöser enthalten – jedes Protein, dass sich von solchen Quellen ableitet, als potenzielles Allergen betrachtet und entsprechend gekennzeichnet werden.

Falls ein Nahrungsmittelprodukt oder ein Zusatzstoff keine vorhersehbare Gefahr darstellt, kann es erfolgreich das Genehmigungsverfahren durchlaufen. Ein Beispiel aus den USA ist die Flavr Savr-Tomate, die wir in Kapitel 6 diskutiert haben – sie wurde von der FDA zugelassen und war ein großer wirtschaftlicher Erfolg. Manchmal hat ein Produkt, das von der FDA als sicher eingestuft wurde, es am Markt schwer. Ein Beispiel ist das Rindersomatotropin (BST, bovines Somatotropin), das auch als Rinderwachstumshormon bekannt ist. Diese Substanz kann die Produktivität von Milchvieh steigern. Obwohl es von Natur aus in den Tieren vorkommt, waren viele Verbraucher skeptisch bezüglich zusätzlicher Gaben bei Milchviehherden. Während schätzungsweise 30 % des Milchviehs mit BST behandelt werden, dreht sich die Debatte weiterhin um die Frage, ob dies negative Folgen für die Rinder oder die Menschen, die die Milch verzehren, haben könnte. Bislang wurden keine harten Daten vorgelegt, aus denen hervorginge, dass BST irgendeine unerkannte Gefahr mit sich bringt. Falls sich jedoch dieses Produkt oder irgendein anderes als unsicher erweisen sollte, haben die zuständigen Behörden die Befugnis, dieses vom Markt zu nehmen.

Das Zulassungsverfahren für Medikamente

Biotechnologiemedikamente müssen die gleichen strengen Normen erfüllen wie alle anderen neuen Medikamente. Stellen Sie sich für einen Moment vor, dass eine neue biotechnologische Behandlung für die Mukoviszidose in Tierversuchen vielversprechende Ergebnisse gezeitigt hätte. Der nächste Schritt ist der Antrag auf Zulassung bei einer der oben genannten Behörden. Bevor eine Zulassung der Substanz für die weitere Erprobung erteilt wird, werden die Ergebnisse früherer Experimente, die Natur der Substanz selbst sowie die Pläne für die weitere Erprobung genau geprüft.

Gute Arbeitspraxis im Labor und gute Arbeitspraxis in der Klinik

Im Jahr 1975 ergab die Inspektion mehrerer pharmazeutischer Versuchslaboratorien in den USA schlecht geplante und nachlässig durchgeführte Experimente, eine nicht akkurate Dokumentation, schlecht gewartete Versuchstiereinrichtungen sowie eine Reihe weiterer Probleme. Die Mängel führten dazu, dass die FDA die **„Gute Laborpraxis"-Richtlinien (GLP)** erließ, die Tierversuche mit pharmazeutischen Produkten regelt. Die GLP-Richtlinie fordert, dass Testlaboratorien schriftlich festgelegten Versuchsprotokollen folgen, adäquate Einrichtungen haben, zureichende Tierversorgung bereitstellen, Daten ordnungsgemäß niederlegen und valide Toxizitätsuntersuchungen durchführen. Eine ähnliche Richtlinie, die **„Gute Klinikpraxis"-Richtlinie**, schützt die Rechte und die Sicherheit menschlicher Versuchsteilnehmer und stellt die wissenschaftliche Qualität klinischer Experimente sicher. Die Europäische Union hat eine vergleichbare Richtlinie erlassen.

Die Entwicklung neuer Produkte aus Zellen und Geweben zur therapeutischen Anwendung, die Isolierung und Identifizierung von Genen, die Einbringung von

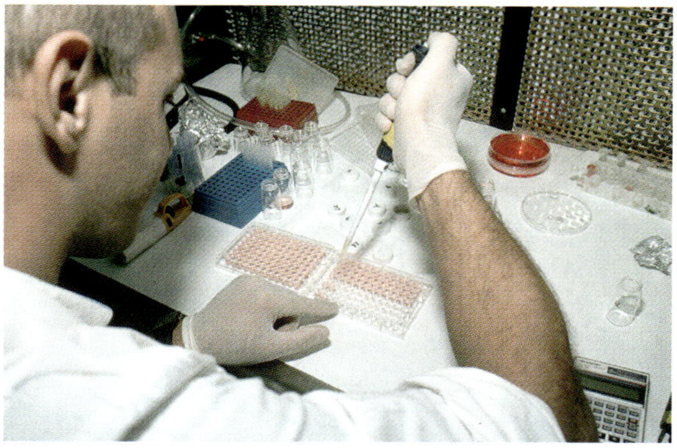

Abbildung 12.5: Ein technischer Assistent verwendet eine Mikropipette unter biologischen Sicherheitsbestimmungen der Stufe 1. Es gibt drei Niveaus des Schutzes vor biologischen Gefahren: Eine Klasse I-Werkbank schützt den Ausführenden vor Material, das von der Arbeitsfläche aus in die Luft steigt, wo die Luft über die Arbeitsoberfläche streicht und gefiltert wird, bevor sie wieder in den Raum zurückgeführt wird. Eine Werkbank der Klasse IIB saugt HEPA-gefilterte Luft über die Arbeitsfläche und filtert die Luft neuerlich, bevor sie in den Raum zurückgeleitet wird, und ist geeignet für Bakterien- und Gewebekulturen. Eine Klasse III-Werkbank isoliert das Material vollständig in einer gasdichten Umgebung und ist nur erforderlich, wenn mit den gefährlichsten Erregern gearbeitet wird.

Genen in menschliche Zellen und Gewebe, Mikroorganismen, Pflanzen und Tiere – all dies sind gängige Techniken der Biotechnologie, die auf solche Richtlinien Rücksicht nehmen müssen. Labormitarbeiter, die mit Genvektoren, rekombinanter DNA und rekombinante DNA enthaltenden Lebewesen umgehen, sind infektionsgefährdet. Biotechnologiefirmen sind sich der möglichen rechtlichen Verantwortung und finanziellen Folgen bewusst, die mit solchen Infektionen einhergehen, und haben der Einführung entsprechender Sicherheitsstandards eine hohe Priorität eingeräumt (▶ Abbildung 12.5).

Die Phasen der Medikamentenprüfung

Wenn ein neues Medikament weitere Untersuchungen rechtfertigt und kein offensichtliches Risiko darstellt, beginnt die phasenweise Erprobung. Während der **ersten Phase** (Sicherheit) nehmen gesunde Freiwillige die Medizin ein, um zu sehen, ob es irgendwelche unerwünschte Nebenwirkungen gibt, und um die Dosierung zu ermitteln. **Phase II** (Wirksamkeit) beginnt mit der Erprobung der neuen Behandlung an wenigen Patienten, die tatsächlich die Krankheit haben. Falls keine nachteiligen Nebenwirkungen festgestellt werden und das Medikament eine gewisse positive Wirkung zu haben scheint, ist es bereit für die Erprobung in **Phase III**. In dieser Phase wird eine größere Zahl Patienten in Doppelblindstudien untersucht; dies dauert einige Jahre. Im Allgemeinen kann ein Medikament nur vermarktet werden, wenn sein Nutzen und die Langzeitsicherheit in Phase-III-Untersuchungen nachgewiesen wurde. Die meisten Medikamente kommen nicht so weit. Nur eine von eintausend potenziell nützlichen Verbindungen wird jemals für Wert befunden, am Menschen erprobt zu werden, und nur ein Fünftel der Produkte, die durch eine Phase-I-Erprobung gehen, schafft es bis zur Phase III und zur Zulassung als Neumedikament. Selbst nach der Markteinführung wird ein neues Medikament weiterhin überwacht (die so genannte Phase IV nach Markteinführung) und eine Zulassung erfolgt stets nur auf begrenzte Dauer (im Allgemeinen fünf Jahre).

Schnelle Zulassung von Wirkstoffen vs. öffentliche Sicherheit

Es ist bekannt, dass die Entwicklung neuer Nahrungs- und Arzneimittel teuer und langwierig ist. Biotechnologiefirmen würden dieses Verfahren gern beschleunigen, die Behörden würden jedoch gern die gegenwärtigen Verfahren beibehalten, um eine adäquate Erprobung zu garantieren. Ein Kompromiss mag vonnöten sein, um rasch Produkte zu liefern, die die Öffentlichkeit benötigt (z. B. Gentherapie für tödliche Krankheiten) und die dennoch sicher sind.

Beispielsweise gibt es in den USA fünf Lieferanten für menschliches Wachstumshormon. Jede Firma musste eine gesonderte Zulassung von der FDA beantragen, jede ihre eigenen Tierversuche und klinischen Untersuchungen durchführen. Es wurde nun eine alternative Methode zur Standardisierung der Aktivitätsmessung in vitro vorgeschlagen. Diese Änderung würde bedeuten, dass jede dieser Firmen die Erprobung beschleunigen und mit Sicherheitsversuchen am Menschen früher beginnen könnte. Vom Standpunkt der Pharmaziefirmen aus betrachtet würde diese Änderung der Methode eine erwünschte und wirtschaftlich wertvolle Beschleunigung bedeuten. Ob es zu dieser Änderung kommen wird, kann nur die Zeit erweisen.

12.4 Gesetzgebung und Regulierung: Die Rolle der Regierungen

Die Regulierung der Biotechnologie wie anderer Industrien ist sowohl Gegenstand der Politik wie der Wissenschaft. Die Regulierungsbehörden sind Regierungsstellen und sie existieren, um Gesetze zu exekutieren.

Im Idealfall stützen sich solche Gesetze auf eine solide wissenschaftliche Grundlage, doch spiegeln sich in ihnen auch philosophische und gesellschaftliche Werte wider. Es ist nicht ungewöhnlich, dass Wertesysteme aufeinanderstoßen, und wenn dies geschieht, ist ein langwieriger Verhandlungs- und Kompromissfindungsvorgang nötig, um zu einem Konsens zu gelangen.

Es überrascht nicht, dass die Biotechnologie zu Kontroversen geführt hat. Betrachten wir die Folgen, die der Einsatz embryonaler Stammzellen des Menschen nach sich zieht. Frühe Forschungen waren sehr vielversprechend, und einige Forscher sind der Meinung, dass wir kurz vor der Entdeckung von Heilungsmethoden für schwere Krankheiten wie die Parkinson'sche, Krebs und Diabetes stehen. Doch wissenschaftliche Zuversicht ist nur eine Seite der Medaille. Viele Bürger in Europa wie in den USA finden die Vorstellung einer Vermarktung embryonaler Stammzellen abstoßend. Aus ihrem Blickwinkel ist diese Praktik so verwerflich wie die Entnahme eines Organs aus einem unwilligen Spender. Gesetzesentwürfe, die entweder ein vollständiges Verbot oder ein zweijähriges Moratorium der Forschung verlangen, sind vorgelegt worden. In dem Maß, in dem die Debatte ihren Lauf nimmt, werden beide Seiten ihr Bestes versuchen, um die Politik, die diese Aspekte der biotechnologischen Forschung in der Zukunft regeln wird, nach ihrer Interessenlage zu beeinflussen.

Regelungen zur Kennzeichnung biotechnologischer Produkte

Ein anderes heißes Eisen ist die Kennzeichnung von Nahrungsmitteln, die gentechnisch modifizierte Organismen (GMOs) enthalten. Aus dem Blickwinkel der Behörden müssen die Etiketten von Nahrungsmitteln Informationen über die Inhaltsstoffe enthalten. Wenn ein biotechnologisches Nahrungsmittelprodukt ein Protein beinhaltet, das für gewöhnlich nicht in dem Nahrungsmittel gefunden wird und das ein bekanntes Allergen ist, ist eine spezielle Kennzeichnung erforderlich, um Konsumenten auf das Risiko hinzuweisen. Dieser Standard findet auch auf traditionelle Lebensmittel Anwendung. In der Europäischen Union besteht eine Kennzeichnungspflicht, falls eine gentechnische Modifikation stattgefunden hat und das Produkt in Europa verkauft werden soll.

Ein interessantes Beispiel für den Stand der Debatte in den USA ist die Verwendung des Hormons BST bei der Milchproduktion. Im Verlauf der letzten Jahre hat eine Serie umfassender Untersuchungen ergeben, dass von Milch, bei deren Herstellung BST zum Einsatz kam, kein signifikantes Gesundheitsrisiko ausgeht. Aus diesem Grund vertritt die FDA weiterhin die Meinung, dass keine Kennzeichnung erforderlich ist. Die FDA hat sich außerdem eingeschaltet, als Molkereien ihre Produktion mit dem Hinweis „BST-frei" zu kennzeichnen begannen. Die Behörde wandte ein, dass eine solche Kennzeichnung missverständlich sei, da die Milchproduktion von Milchkühen von der natürlichen BST-Produktion des Tierkörpers abhängig sei.

Dieses Beispiel ist typisch für die vielen Kontroversen, die das Wachstum der Biotechnologie-Industrie begleitet haben. Man kann sicher sein, dass es sie auch in Zukunft geben wird, selbst wenn Politik und Gesellschaft der Biotechnologie gegenüber aufgeschlossener werden. Aus diesem Grund liegt eine Hauptzuständigkeit aller Regulierungsbehörden darin, als Forum auch die öffentliche Meinung zu repräsentieren.

12.5 Patente – Eine Einführung

Patente sind eine wertvolle Währung der Wirtschaft. Ein Patent gibt dem Erfinder exklusive Rechte auf ein Produkt und verbietet anderen für eine gewisse Zeit, dieses herzustellen, zu verwenden oder zu verkaufen. Als Patentgesetze zuerst ausgearbeitet wurden, verschwendete niemand einen Gedanken an die Idee, DNA oder Proteine zu patentieren. Man erwartete, dass Erfinder bessere Mäusefallen erfanden, nicht bessere Mäuse. Das US-Patent- und Warenzeichenamt vergab im Jahr 1980 das erste Patent auf eine Bakterie mit einer einzigartigen Gensequenz (gentechnisch modifizierter Organismus). Seitdem hat das Amt über 2000 Patente für Pflanzen-, Tier- und Menschengene erteilt. Patente sind auch auf transgene Tiere und Pflanzen erteilt worden sowie auf monoklonale Antikörper und Hybridome, isolierte Antigene und Impfstoffformulierungen, weiterhin auf Methoden zur Klonierung oder Proteinherstellung. Die entsprechende Behörde in Europa ist das Europäische Patentamt (EPO), zu dem auch das Deutsche Patent- und Markenamt gehört.

Patente haben Biotechnologiefirmen gute Gewinne gebracht, aber sie haben auch beträchtliche Kontroversen heraufbeschworen. Viele Menschen sind der Meinung, dass Gene – besonders Gene des Menschen – nicht wie Glühbirnen oder Mäusefallen behandelt werden sollten.

Ihrer Ansicht nach sollte es nicht möglich sein, Leben oder wesentliche Komponenten des Lebens wie DNA oder Proteine zu patentieren.

Um dieses Themengebiet völlig zu verstehen, müssen wir die Funktionen von Patenten betrachten. Um ein Patent erteilt zu bekommen, muss eine Erfindung drei grundlegende Kriterien erfüllen: Sie muss neuartig sein, sie muss eine erfinderische Leistung darstellen und sie muss verwertbar sein. Traditionell wurden Patente für Erfindungen vergeben, aber auch viele Naturstoffe erfüllen klar die drei genannten Bedingungen. Beispielsweise kann eine neu entdeckte DNA-Sequenz neuartig, eine erfinderische Leistung und potenziell sehr nützlich sein; und die Patentämter zögern im Allgemeinen nicht, Patente für Proteine bekannter Funktion zu vergeben.

Kurz gesagt, das Verfahren der Patentierung von Genen erfüllt die Buchstaben und den Geist des Patentrechts. Dennoch bleiben viele Bedenken und Unsicherheiten bestehen. Die Herausforderung für die Regierungen besteht auch darin, einen Weg zu finden, um die Rechte einzelner Forscher zu schützen und gleichzeitig den wissenschaftlichen Fortschritt zu fördern.

Der Wert von Patenten für die Biotechnologie-Industrie

Für Biotechnologie-Unternehmen bedeuten gute Patente ein gutes Geschäft. Patente sind ein Primärwert, an dem eine erfolgreiche Biotechnologiefirma während aller Stadien ihrer Entwicklung gemessen wird. Nehmen wir an, eine Wissenschaftlergruppe hätte einen Impfstoff gegen ein tödliches Virus entwickelt. Ohne ein Patent würde keine pharmazeutische Firma daran gehen, langwierige klinische Erpobungen durchzuführen, einen Zulassungsantrag zu stellen und einen umfassenden Vermarktungsplan zu entwickeln. Ohne Patentschutz könnte eine Konkurrenzfirma das Medikament irgendwo kaufen, es nachmachen und zu einem niedrigeren Preis verkaufen, ohne einen Euro für Forschung auszugeben.

In Europa werden Patente für 20 Jahre erteilt, ab dem Tag der Antragstellung. Das bedeutet, dass andere Firmen ihre eigenen Fassungen des Produkts vermarkten können, nachdem der Patentinhaber für zwei Jahrzehnte die Exklusivrechte hatte. Dieser Plan ermutigt neue Entdeckungen und verhindert zugleich langfristige Monopole.

Um ein Patent zu erhalten, muss eine Firma einen Antrag stellen, der das Produkt adäquat beschreibt. Die Firma muss außerdem offenlegen, welches sie als die beste Anwendung des Produktes sieht. Beim Patentamt prüfen Fachleute alle Pantentanträge. Patente werden nach Antragsdatum vergeben. Über die unterschiedlichen Patentarten informiert ► Tabelle 12.1.

Folgen Sie diesen einfachen Richtlinien, um ein Produkt, das Sie zu patentieren beabsichtigen, zu schützen:

1. *Dokumentieren Sie gut.* Jeder Forscher sollte detaillierte Aufzeichnungen in einem gebundenen Laborbuch niederlegen. Bei gentechnischen Versuchen ist dies in Deutschland durch das Gentechnikgesetz zwingend vorgeschrieben; ebenso die Aufbewahrungsdauer solcher Unterlagen. Jeder Eintrag sollte unterschrieben, datiert und von einer Person bezeugt werden, die nicht unmittelbar in die Forschung ein-

Tabelle 12.1

Unterschiedliche Patentarten

Patente verleihen Rechte für bis zu 20 Jahren für Erfindungen in zwei groben Kategorien:
Verwertungspatente schützen nützliche Prozesse, Maschinen, Fabrikationsgüter oder pharmazeutische Formulierungen. Einige Beispiele sind die Faseroptik, Computergeräte und Pharmazeutika.
Gebrauchsmusterpatente wachen über die Nutzung neuer, origineller und schmückender Entwürfe für Fabrikationsgüter. Das Aussehen eines Sportschuhs, eines Fahrradhelms und der „Krieg der Sterne"-Figuren sind als Gebrauchsmusterpatente geschützt. Der Schutz gilt bei diesem einfacheren Verfahren allerdings nur für 10 Jahre.
Pflanzenpatente sind der Weg, auf dem wir erfundene oder entdeckte, sich ungeschlechtlich fortpflanzende Pflanzensorten schützen. Ursprünglich ließen sich solche neuen Organismen nur in den USA patentieren; seit 1999 ist dies auch in Europa möglich.
Marken (früher bekannt unter der Bezeichnung Warenzeichen) schützen Wörter, Namen, Symbole, Klänge oder Farben, die Güter und Dienste gegeneinander absetzen. Marken können, anders als Patente, verlängert werden, solange sie geschäftlich in Gebrauch sind. Das grüngelbe Schild einer großen Ölfirma und Tankstellenkette, das blauweiße Schild einer deutschen Nobelautomarke und die „lila Kuh" sind bekannte Marken.
Urheberrechte schützen Arbeiten, die von Autoren und Komponisten verfasst worden sind: Bücher, Gedichte und andere Schriftsätze, musikalische Kompositionen und andere (Kunst-)Werke. Der Schutz des Urheberrechts muss nicht eigens beantragt werden, sondern beginnt mit der Schöpfung des Werks und gilt bis 70 Jahre nach dem Tod des Urhebers. Kinofilme, Schallplatten und Videospiele sind z. B. urheberrechtlich geschützt. Dieses Buch auch!

SIE ENTSCHEIDEN!

Gäbe es ohne Patentschutz neue Medikamente?

Genpatente werden die öffentliche Debatte wohl auch in Zukunft bestimmen und viele Fragen bleiben offen. Was passiert beispielsweise, wenn eine einzelne Firma ein Biotechnologieprodukt mit möglicherweise lebensrettenden Anwendungen „besitzt"? So haben etwa viele Firmen Gentherapien für Krebserkrankungen zum Patent angemeldet.

Die Geschichte zeigt, dass die medizinische Praxis durch das Patentrecht beeinflusst werden kann. Beispielsweise hält die Firma Myriad Genetics ein exklusives Patent auf BRCA1 und BRCA2, die Gene, die zu einem großen Teil das Risiko bestimmter Frauen für Brustkrebs bestimmen. Die Firma hat kürzlich begonnen, Geld von jedem Labor zu verlangen, das Bluttests auf diese Gene durchgeführt hat – eine Drohung, die den Test für viele Frauen unerschwinglich gemacht hätte. Im Januar 2001 ist die Firma einen Handel mit dem nationalen Krebsinstitut der USA (NCI; das US-amerikanische Gegenstück zum Deutschen Krebsforschungsinstitut DKFZ in Heidelberg) und der Gesundheitsbehörde NIH eingegangen, der es den Laboratorien dieser beiden Einrichtungen erlaubt, den Test zu einem Rabattpreis durchführen zu können. Dennoch sind einige andere Laboratorien nicht in der Lage, den Test weiterhin anzubieten.

Sollte es einer Firma erlaubt sein, die Rechte für eine wichtige medizinische Untersuchung oder Behandlung zu halten? Sollte die Regierung Schritte einleiten, um sicherzustellen, dass solche Verfahren für jedermann zu einem moderaten Preis verfügbar sind? Oder würde solch ein Schritt die Rechte der Patentinhaber übergehen? Sie entscheiden!

gebunden ist. Das Laborbuch sollte alle konzeptionellen Ideen und die zugehörigen Daten enthalten. Diese Inhalte könnten verwendet werden, um den Patentantrag zu stützen oder einen rivalisierenden Antrag zu entkräften.

2 *Machen Sie Ihre Hausaufgaben.* Verfolgen Sie die Aktivitäten möglicher Konkurrenten und anderer in ihrem Feld durch Branchenliteratur, veröffentlichte Patentschriften und Ähnliches. Die Intenetseiten der Patentämter sind wertvolle Quellen für Informationen.

Was macht eine DNA-Sequenz patentierbar?

Obgleich die große Mehrzahl der DNA-Sequenzen vielleicht nie einen medizinischen oder landwirtschaftlichen Wert besitzen wird, könnten einige eine wichtige Rolle bei der Nahrungsmittelproduktion oder dem Kampf gegen Krankheiten spielen. Firmen, die solche Sequenzen identifizieren, wollen natürlich Gewinn erzielen, indem sie Patentschutz beantragen. Werfen wir einen näheren Blick auf die Erfordernisse für eine Patentanmeldung.

Juristisch gesprochen gehören zu patentierbaren Leistungen neue und nützliche Verfahren, Maschinen, Herstellungsverfahren und Formulierungen oder jede Art neuer und nützlicher Verbesserungen. Um also patentierbar zu sein, muss ein Produkt irgendeinen Nutzwert haben. Im Rahmen der Richtlinien müssen Antragsteller eine Nutzanwendung für die eingebrache Erfindung belegen, die spezifisch, substanziell und glaubwürdig ist. Um einen spezifischen Nutzwert zu beanspruchen, muss ein Forscher genau wissen, was die DNA-Sequenz tut.

Es reicht nicht, zu sagen, dass eine Sequenz eine Sonde oder ein Marker ist (in Kapitel 3 können Sie Ihr Wissen über die Funktionsweisen von Sonden und Markern auffrischen). Der Forscher muss offenlegen, wozu die Sonde oder der Marker präzise dienen soll (z. B. eine Sonde für ein spezifisches krankheitsassoziiertes Allel eines menschlichen Gens). Ein substanzieller Nutzwert legt eine Verwendung fest. Ein Beispiel wäre ein kloniertes DNA-Stück, das für ein Protein mit einer bekannten Funktion oder Verwendung codiert. Um der Forderung nach einem glaubwürdigen Verwendungszweck zu entsprechen, muss der Forscher das Patentamt überzeugen, dass die Anwendung wissenschaftlich solide ist.

Selbst wenn eine Gensequenz alle Prüfungen besteht, kann das Patent trotzdem versagt werden, wenn sie einer schon patentierten Sequenz zu ähnlich ist. In Kapitel 3 haben Sie gelernt, dass die Wirkung eines Gens duch den Austausch eines einzigen Nucleotids unter Umständen in dramatischer Weise verändert werden kann. Aus diesem Grund sind Patente auf Gensequenzen für gewöhnlich sehr spezifisch. Anders ausgedrückt muss ein DNA-Abschnitt einer patentierten Sequenz genau entsprechen, um den Patentschutz zu verletzen. Falls eine Firma eine Patentverletzung bei zwei ähnlichen Sequenzen unterstellt, muss ein Gericht entscheiden, ob die Sequenzen tatsächlich dieselbe Funktion haben.

FRAGE UND ANTWORT F&A

Frage

Wäre eine Patentierung möglich, falls Sie Ihrem Vorgesetzten bei einer Entdeckung assistiert und Ihre Entdeckung veröffentlicht hätten?

Antwort

Ein Chemieprofessor eines US-amerikanischen Colleges hatte ein Patent für eine neue Verbindung beantragt, nachdem drei seiner Studenten ihre Examensarbeiten veröffentlicht hatten, in denen die Verbindung erwähnt wurde. Der Patentantrag wurde anfänglich vom Patentbeamten mit Begründung fehlender Neuartigkeit abgelehnt, weil die Verbindung schon durch die Abschlussarbeiten seiner Studenten bekannt war. Die Entscheidung wurde von einem Berufungsgericht revidiert, obgleich die vorzeitige öffentliche Bekanntgabe einer Erfindung in schriftlicher, mündlicher oder elektronischer Form ein Kalenderjahr vor der Beantragung eine Patentierung verhindert.

Das Problem der vorzeitigen Bekanntmachung ist besonders im akademischen Umfeld von Bedeutung, weil dort der Fortschritt des Wissens im Vordergrund steht, nicht der kommerzielle Gewinn. In diesem Fall waren die Examensarbeiten der Studenten nicht hinreichend katalogisiert, weder in der Fakultätsbiliothek noch in der Zentralbibliothek der Hochschule. Sie waren in den Bestandskatalogen der Bibliotheken nicht aufgeführt und hatten auch keine Kongressbibliothekskennnummer (die der internationalen Standardbuchnummer ISBN als eindeutige Kennzeichnung ähnlich ist). Das Bezirksberufungsgericht entschied, dass die Examensarbeiten, um als „öffentlich verfügbar" eingestuft werden zu können, durch die Öffentlichkeit zugänglich sein müssten. Dies ist offenkundig ein ungewöhnlicher Fall, und Firmen sind besonders sorgfältig, Mitarbeiter darüber zu informieren, wie leicht Patentrechte durch vorzeitige Verlautbarung unterlaufen werden oder verloren gehen können.

12.6 Biotechnologische Produkte auf dem Weltmarkt

Die Biotechnologie ist ein Nationen übergreifender Wirtschaftszweig. Gegenwärtig ist man weltweit noch mit vorläufigen Verhandlungen über die Regulierung von Biotechnologieprodukten befasst. Es gab einige vielversprechende Anfänge. Die Vereinten Nationen (UN) haben beispielsweise einen freiwilligen Codex und eine Anzahl technischer Richtlinien bezüglich der Freisetzung genetisch modifizierter Organismen entwickelt. Eine Behörde der UN, die Nahrungsmittel- und Landwirtschaftsorganisation FAO, konzentriert ihre Aufmerksamkeit auf die Biotechnologie in Entwicklungsländern; dabei bietet sie Hilfestellung in den Bereichen Sicherheit und Risikoabschätzung. Im Allgemeinen gibt es jedoch keinen Konsens und keine Sammlung klarer, allgemeinverbindlicher Normen für den Import und den Export von Biotechnologieprodukten. Es gibt allerdings Grund, optimistisch zu sein. Jüngere Entwicklungen in Europa können als ein Modell für die internationale Zusammenarbeit beim Handel und bei der Entwicklung biotechnologischer Produkte dienen.

Seit einigen Jahren ist die Europäische Union ein innovativer und attraktiver Markt für Biotechnologieprodukte. Der Prozess der Einführung neuer Biotechnologieprodukte in den Markt wurde europaweit erheblich rationalisiert. Heute steht die EU als ein Musterbeispiel einer Staatengemeinschaft da, die es sich zum Ziel gesetzt hat, den wissenschaftlichen Fortschritt zu fördern.

Ein wesentlicher Teil des neuen Systems ist die europäische Behörde für die Zulassung pharmazeutischer Produkte (EMEA, *European Medicines Agency*), die das Gegenstück zur US-amerikanischen FDA ist. Die EMEA gibt pharmazeutische Produkte für die human- und veterinärmedizinische Anwendung frei. Sie ist auch bei der Verbreitung wissenschaftlichen Wissens behilflich, indem sie Informationen über neue Produkte in allen elf offiziellen EU-Sprachen verbreitet. Nachdem ein Produkt von der EMEA zugelassen worden ist (die vorangehenden Testphasen laufen im Übrigen unter der Aufsicht der jeweiligen nationalen Behörden), kann es in allen 25 EU-Staaten vermarktet werden. Dank dieser Vereinfachungen können neue Medikamente in der EU innerhalb eines Jahres auf den Markt gebracht werden, anstelle der vier bis fünf, die es früher dauerte. Seit seiner Einführung 1995 hat das Verfahren zur Zulassung von über 300 humanmedizinischen und 50 veterinärmedizinischen Produkten geführt (► Tabelle 12.2).

Tabelle 12.2

Zulassungsstatistik der EMEA, Stand Juli 2006

Humanarzneimittel	
Eingegangene Anträge	529
Vertriebsgenehmigungen	338
Tierarzneimittel	
Eingegangene Anträge	85
Vertriebsgenehmigungen	58

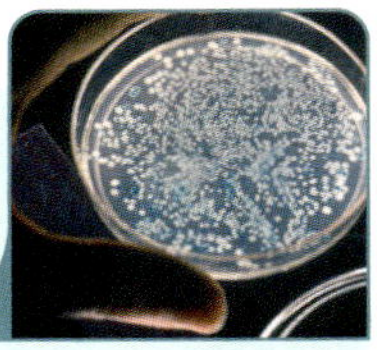

METHODEN

Regulierungsverfahren in der Praxis

Was kann eine Gruppe gut ausgebildeter Wissenschaftler mit ausgezeichneter staatlicher Förderung, begrenzter Regulierung und einem großen Nachschub an Keimplasma produzieren? China hat außerhalb der USA die größte pflanzenbiotechnologische Produktionskapazität der Welt. Das Land hat gezeigt, dass staatliche Unterstützung essentiell ist, wenn neue Produkte rasch entwickelt werden sollen.

Obwohl China die letzten 50 Jahre darauf verwendet hat, das erfolgreichste landwirtschaftliche Forschungssystem aller Entwicklungsländer (mit mehr als 70.000 Wissenschaftlern) aufzubauen, hat die Forschung in moderner Pflanzenbiotechnologie nicht vor Mitte der 80er-Jahre eingesetzt. Als Reaktion auf vermehrten Pestizideinsatz und die Evolution pestizidresistenter Insektenpopulationen in den späten 80er-Jahren begannen chinesische Wissenschaftler mit der Erforschung genetisch modifizierter Baumwollpflanzen. 1997 wurde die kommerzielle Nutzung solcher Pflanzen zugelassen, nachdem verheerende Verluste durch Schädlingsbefall eingetreten waren.

Die Reaktion der chinesischen Landwirte auf die Einführung von Bt-Baumwollpflanzen beseitigte jeden Zweifel daran, dass genetisch modifizierte Nutzpflanzen eine wesentliche Rolle in ärmeren Ländern spielen könnten. Bis zum Jahr 2000 pflanzten Bauern Bt-Pflanzensorten auf 20 Prozent der chinesischen Baumwollackerfläche an und reduzierten Sprühungen um durchschnittlich 13 Einsätze (was eine Einsparung von etwa 750 US-Dollar pro Hektar und Bewirtschaftungsperiode bedeutete). Obwohl die Erträge und der Preis für Bt-Baumwolle und Nicht-Bt-Sorten gleich waren, verminderten diese Einsparungen die Kosten für die Produktion eines Kilogramms Baumwolle um 28 Prozent.

Ein vereinfachtes Zulassungsverfahren ist jedoch nicht der einzige Grund für ihren Erfolg. Chinesische Wissenschaftler haben über 50 Pflanzenarten und mehr als 120 funktionelle Gene identifiziert, die in der Pflanzengentechnik angewendet werden. Das chinesische Amt für Gentechnik und Sicherheitsverwaltung gab die Zulassung für 251 Fälle von genetisch modifizierten Pflanzen für Feldversuche, Freisetzungen in die Umwelt oder Kommerzialisierung.

Anders als der Rest der Welt, in dem der größte Teil der Pflanzenbiotechnologieforschung privat finanziert wird, finanziert die chinesische Regierung praktisch die gesamte Pflanzenbiotechnologieforschung und plant, dieses Forschungsbudget weiter erheblich zu steigern. Auf einige US-Firmen wirkt dieses günstige Umfeld verlockend. Die Firma *Monsanto* (aus St. Louis, Missouri) strebt ein Verbundvorhaben mit dem Hebei-Bezirkssaatgutunternehmen in China an, um neue Pflanzensorten zu entwickeln.

China wirbt aktiv um Auftragsforschung und ist zum Großexporteur für biotechnologische Forschungsmethoden und Rohstoffe geworden. Die Verkäufe von Genen, Markern und anderen Methoden – zusätzlich zu den genetisch modifizierten Sorten – könnten China zum Weltmarktführer in der Gentechnik machen.

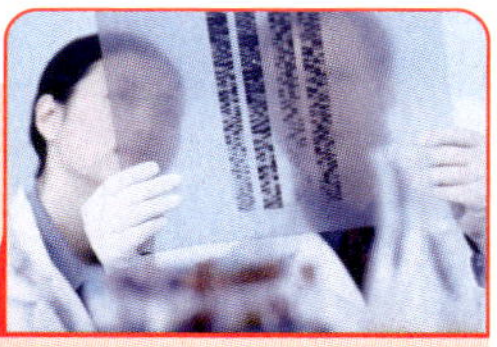

BERUFSPRAXIS

Qualitätskontrolleur

Qualitätskontrolleure in Biotechnologieunternehmen sind für die Inspektion und Überprüfung von Produkten verantwortlich, um sicherzustellen, dass diese die spezifizierten Qualitätskriterien erfüllen, die auf den Beipackzetteln angegeben sind (und dass die Produktspezifikation der zuständigen Aufsichtsbehörde mitgeteilt wird). Dies ist eine gutes Berufsfeld für jemanden, der gern im Labor arbeitet und ein Auge für Details hat. Dieses Fachgebiet zeigt eine fortgesetzt hohe Nachfrage bei den Arbeitgebern. Die Qualitätskontrolle spielt auf allen Ebenen der Produktion eine Rolle. Einige untersuchen Rohstoffe, um Anforderungen an diese zu verifizieren, andere prüfen Geräte und verifizieren deren Funktionieren, während wieder andere die normalen Arbeitsprozeduren der Firma überprüfen (auf der Grundlage der behördlichen Verordnungen).

Die meisten Firmen bevorzugen für die Qualitätskontrolle einen Berufsabschluss in einer technischen Disziplin und einige Jahre relevante Berufserfahrung. Qualitätskontrolleure müssen oftmals Fehlerrechnungen ihrer Messungen durchführen, was ausreichende Mathematikkenntnisse zu einer Voraussetzung macht. Eine gute mechanische Akkuratesse ist ebenfalls erforderlich, ebenso wie eine breite Kenntnis der Gesetze und Verordnungen, die die jeweiligen Produkte des Industriezweiges betreffen.

WEITERFÜHRENDE LITERATUR

Bücher

N. Anwander und K.P. Rippe (Hrsg): Gene patentieren – Eine ethische Analyse. Mentis Verlag (2002); ISBN: 3-89785-275-4.

T. Bernauer: Genes, Trade, and Regulation – The Seeds of Conflict in Food Biotechnology. Princeton University Press (2003); ISBN: 0-691-11348-3.

Artikel in Fachzeitschriften

G. Fiattman und J. Kaplan (2001): Patenting expressed sequence tags and single nucleotide polymorphisms. Nature Biotechnology, vol. 19:683.

J. Huang et al. (2002): Plant Biotechnology in China. Science, vol. 295:674–676.

WEB-LINKS

Weitere Informationen zu diesem Buchkapitel
http://www.pearson-studium.de

Bundesministerium für Verbraucherschutz und Lebensmittelsicherheit
http://www.bvl.bund.de
Federführende Behörde für die Zulassung von Biotech-Produkten in Deutschland.

Bundesministerium für Umwelt, Naturschutz und Reaktorsicherheit
http://www.bmu.de
Das Ministerium ist für den Schutz der Umwelt vor den Gefahren biotechnologischer Produkte verantwortlich.

Bundesministerium für Gesundheit
http://www.bmg.bund.de
Das Ministerium ist für die gesundheitlichen Belange der Einführung von biotechnologischen Produkten zuständig.

Bundesinstitut für Arzneimittel und Medizinprodukte
http://www.bfarm.de
Bundesbehörde für den Test und die Zulassung von Arzneimitteln.

Deutsches Patent- und Markenamt
http://www.dpma.de
Bundesbehörde für Patentangelegenheiten.

Europäische Behörde für Lebensmittelsicherheit (EFSA; European Food Safety Authority)
http://www.efsa.europa.eu
Zentrale europäische Behörde für die Risikobewertung neuer Nahrungsmittelprodukte.

European Medicines Agency
http://www.emea.europa.eu
Behörde für die europaweite Zulassung von Arzneimitteln.

Europäisches Patentamt
http://www.european-patent-office.org
Zentrale europäische Behörde für Patentangelegenheiten.

Animal and Plant Health Inspection Servis (APHIS)
http://www.aphis.usda.gov
Zulassungsbehörde des US-Landwirtschaftsministeriums.

Environmental Protection Agency (EPA)
http://www.epa.gov
Die Umweltschutzbehörde der USA.

Food and Drug Administration (FDA)
http://www.fda.gov
Zentrale US-Behörde für die Zulassung von Nahrungs- und Arzneimitteln.

Patent and Trademark Office
http://www.uspto.gov
US-Behörde für Patentangelegenheiten.

Ethik und Biotechnologie

13

ÜBERBLICK

Nachdem Sie dieses Kapitel durchgearbeitet haben, sollten Sie in der Lage sein:

- Das Gebiet Bioethik zu definieren und zu erklären, in welcher Beziehung es zur Biotechnologie steht.
- Verschiedene ethische Denkansätze zu benennen.
- Potenzielle, mit der biotechnologischen Forschung einhergehende ethische Probleme zu benennen.
- Fragen zu stellen und für die in diesem Kapitel aufgeworfenen Probleme Lösungsansätze zu nennen.
- Die Ergebnisse, Folgen und Probleme, die mit unterschiedlichen ethischen Ansätzen verbunden sind, zu benennen.
- Die ethischen Betrachtungen und Besorgnisse hinsichtlich der Forschung an und mit Menschen zu beschreiben.
- Die notwendigen Wechselwirkungen zwischen Wissenschaft, Wirtschaft, der öffentlichen Meinung und der Politik zu erörtern.
- Die Kontroversen im Umfeld von genetischen Tests, Stammzellen und Klonierungsversuchen zu verstehen und zu erklären.
- Mögliche Berufsfelder auf dem Gebiet der Bioethik zu beschreiben.

13.1 Was ist Ethik?

Die Ethik versucht, ein Wertesystem für unsere Handlungen im Allgemeinen und im Umgang mit anderen Menschen im Besonderen aufzustellen. Vereinfacht ausgedrückt versucht die Ethik, einen Leitfaden zu erstellen, um Gut und Böse, Recht und Unrecht auseinanderzuhalten. Das Teilgebiet der Ethik, das sich primär mit den Implikationen der biologischen Forschung und daraus abgeleiteter biotechnologischer Anwendungen befasst, wird **Bioethik** genannt. Die Bioethik befasst sich mit sozialen und moralischen Aspekten und möglichen Folgen des Einsatzes biotechnologischer und medizinischer Techniken.

In mancher Hinsicht mag sich die Ethik als nichts anderes als der gute, alte gesunde Menschenverstand darstellen. Selbstverständlich sollte man bei einer Gruppe von Menschen nicht mit Absicht Krebs herbeiführen, um irgendein neues Antikrebsmittel zu testen. In vielen Fällen liegen die Entscheidungen aber nicht so klar auf der Hand und ergeben sich nicht so automatisch wie in diesem Beispiel. Wie steht es zum Beispiel mit dem gleichen Vorgehen bei Versuchstieren, von denen man weiß, dass auch sie Schmerzen empfinden und leiden? Oft müssen sich die Entscheidungen an möglichen Kosten-/Nutzen-Verhältnissen, notwendigen Kompromissen oder gar möglichen unvermeidlichen Nachteilen ausrichten. Die Bioethik befasst sich mit einigen der grundlegendsten Fragen, denen sich unsere moderne Gesellschaft gegenübersieht. In vielerlei Hinsicht werden die heute zu treffenden und getroffenen Entscheidungen die Zukunft eines Teils der Wissenschaft, der Wirtschaft und der Menschheit an sich, und damit die Welt, in der wir leben, beeinflussen.

Der Sinn dieses Kapitels liegt nicht darin, Ihnen vorzugeben, was und wie Sie über die Bioethik denken sollen. Es geht vielmehr darum, dem Leser aufzuzeigen, *wie* er über die Probleme der Bioethik nachdenken könnte – ihn zu ermuntern, Fragen zu stellen, darüber nachzudenken, welches die relevanten Fragen sind, sich alle verfügbaren Fakten zu verschaffen und daraus zu Positionen und Entscheidungen zu gelangen, welche auf Information statt auf Emotion gegründet sind. Eine grundlegende Frage, die auftaucht, wenn man sich mit Themen der Bioethik befasst, ist nicht „Ist das machbar?“, sondern „Sollte man das tun?“. Und falls etwas getan werden sollte, lautet die nächste Frage: „Auf welche Weise tut man es richtig?“ Solche Fragen sind für jedermann von Belang, besonders auf dem Feld der Biotechnologie, wo Entdeckungen und Anwendungen einen großen Einfluss auf die Gesundheit der Menschen und ihre Umwelt nehmen können. Diese Fragen berühren nicht nur den innersten Kern der Gesellschaft, sondern wirken auch auf die Wissenschaft und ihre Rolle in und für die Gesellschaft zurück.

Annäherung an die ethische Entscheidungsfindung

Bevor wir uns einigen der gegenwärtig diskutierten bioethischen Problemkreisen zuwenden, müssen wir uns zunächst einige der wichtigeren Methoden der ethischen Denkweise aneignen. Geschichtlich ist die Ethik vermutlich so alt wie die Menschheit selbst. Fragen bezüglich unserer Verpflichtungen und Verantwortung anderen Mitgliedern der menschlichen Gemeinschaft gegenüber gibt es seit alters her. Hippokrates (460 bis 361 v. Chr.) kann als der erste Bioethiker angesehen werden. Er legte bei seiner medizinischen Praxis das Schwergewicht auf den Patienten, nicht auf die Krankheit. Damit maß er dem Individuum einen Wert bei und erklärte die Unversehrtheit des menschlichen Lebens zum obersten Ziel. Seitdem folgen die Mediziner dem **hippokratischen Eid**, der besagt, dass der Arzt bei seiner Tätigkeit dem Patienten nicht schaden darf oder zumindest alles versuchen muss, ihm nicht zu schaden. Dieses Prinzip ist Teil des Berufsethos der Mediziner.

Ethische Überlegungen und Vorgehensweisen zur Problemlösung lassen sich in zwei Hauptströmungen unterteilen (obwohl es zweifelsohne noch weitere gibt). Eine dieser Denkrichtungen, der **utilitaristische Ansatz**, geht auf den schottischen Philosophen Jeremy Bentham (1748–1832) und seinen englischen Kollegen John Stuart Mill (1806–1873) zurück. Der Utilitarismus (*utilitas*, lat. „der Nutzen") wird auch als konsequentialistische Ethik bezeichnet. Diese Denkrichtung besagt, dass etwas dann gut ist, wenn es nützlich ist, und dass eine Handlung dann moralisch (zu rechtfertigen) ist, wenn sie einen größtmöglichen Nutzen für eine größtmögliche Zahl von Menschen zeitigt. Diese philosophische Schule strebt also nach dem „Besten für die meisten". Die zweite Hauptströmung ist der so genannte **deontologische Ansatz**, der auf Immanuel Kant (1724–1804) zurückgeht. Als Deontik bezeichnet man in der Philosophie die Lehre von der logischen Struktur normativ-ethischer Denkformen. Verständlicher formuliert könnte man also von einer durch Verhaltensnormen festgeschriebenen Pflichtenlehre sprechen. Dieser Ansatz stützt sich also auf bestimmte Imperative – Prinzipien, die als absolut angesehen werden –, denen wir aus einem inneren Pflichtempfinden heraus folgen sollten. Dieses von Kant als kategorischer Imperativ bezeichnete Grundprinzip ist dann die unverrückbare Messlatte, an denen sich die Handlungen der Menschen orientieren sollen. Von Kant selbst wurden Kernaussagen seiner Philosophie so formuliert: „Handle nur nach derjenigen Maxime, durch die du zugleich wollen kannst, dass sie ein allgemeines Gesetz werde." Und: „Handle so, als ob die Maxime deiner Handlung durch deinen Willen zum allgemeinen Naturgesetz werden sollte."

Die heutige Bioethik lässt sich auf wesentlich jüngere Wurzeln zurückführen, insbesondere die Arbeiten zweier Ethiker in den 70er-Jahren des letzten Jahrhunderts: Joseph Fletcher und Paul Ramsey. Diese beiden Philosophen haben die beiden oben angeführten Hauptdenkrichtungen der ethischen Philosophie weiterentwickelt; Fletcher den Utilitarismus (auch „Situationsethik" genannt), und Ramsey die Deontik („Objektivismus").

Der Utilitarismus hebt die von einer Handlung ausgehenden Folgen hervor, nicht die zugrundeliegenden Absichten. Eine allgemein bekannte Formulierung dieser Herangehensweise besagt, dass „der Zweck die Mittel heiligt". Die Idee besteht darin vorauszusehen, welches die Folgen einer Handlung sein werden, und diese gegen andere Ausgänge (z. B. bei Nichthandlung) abzuwägen. Falls man die verschiedenen denkbaren Szenarien erfolgversprechend analysieren kann, um im Vorfeld zu bestimmen, welche Vorgehensweise den größtmöglichen Nutzen für eine maximale Zahl von Nutznießern haben wird, gibt das eine Antwort auf die Frage, was zu sein sei. In vielerlei Hinsicht ist dies eine gute Methode zur Entscheidungsfindung. Alle möglichen Verlaufswege werden auf ihren möglichen Nutzen hin betrachtet, so dass die Entscheidung quantitativ – also in den Augen vieler Wissenschaftler objektiver und damit „richtiger" – wird. Man darf dabei nicht außer Acht lassen, dass diese Haltung auch deshalb attraktiv erscheint, weil sie den Entscheidungsträger von persönlicher Verantwortung befreit, weil die Entscheidung ja durch die Quantität – einen „objektiven" Zahlenwert gewissermaßen – „erzwungen" wird. Man kann sich zur eigenen Entlastung und Verteidigung also stets auf den „normativen Zwang" der quantitativen Analyse berufen. Der Nachteil dieser buchhalterischen Herangehensweise besteht darin, dass man den Dingen erst einmal einen Wert zuweisen muss. Wie legt man den Wert der zu betrachtenden Faktoren fest? Wer tut das? Viele sind der Ansicht, dass sich die wichtigsten Dinge im Leben (auch eine Liste dieser wichtigsten Dinge und die Rangfolge auf ihr ist höchst individuell!) nur unter Schwierigkeiten oder gar nicht quantifizierbar sind. Andere Dinge – materielle und immaterielle wie die Lebenserwartung – sind dagegen gewohnheitsmäßig quantitativ erfassbar. Eine weitere Quelle der Besorgnis ist die vom Individuum ausgehende Willkür bei der Wertzuweisung und nachfolgenden Berechnung. So wäre eine utilitaristische Kalkulation alles andere als ideal, falls sie von jemandem durchgeführt werden würde, der einen Mann generell als wertvoller als eine Frau ansieht (oder umgekehrt, wie es sich in dem oft gehörten Satz „Frauen und Kinder zuerst" manifestiert) oder der als primäres Ziel einen zu erreichenden Gewinn vorgibt.

Die Deontik oder der Objektivismus geht von der Vorstellung aus, dass es wenigstens einige absolute Größen und definitive (also unabänderliche) Regeln geben müsse, und dass wir eine moralische Verpflichtung besitzen, diese als absolut angesehenen Größen anzuerkennen. Dabei sind die Willkür aller Moral und die Interessen der sie formulierenden Parteien zu beachten. Eine solche, als absolut formulierte Größe ist der Wert des menschlichen Lebens, das sich aus den oben zitierten Kant'schen Imperativen ergibt. Eine andere, weniger komplizierte Formulierung ist der „Respekt für andere", also die Behandlung anderer und ihrer Prinzipien als Wert an sich. Dieser Ansatz findet sich oft in Verbindung mit irrationalen, also religiösen Traditionen, doch wäre es ein Missverständnis anzunehmen, dass ein „objektiver" ethischer Ansatz immer auch ein religiöser sein müsse, oder dass alle religiös motivierten ethischen Denkansätze notwendig von denselben Absolutwerten ausgehen müssen, oder dass solche Ansätze gegenüber nicht religiös (nicht rational) motivierten durch irgendetwas privilegiert seien. Tief verwurzelte Überzeugungen sind im Grunde nichts anderes – persönliche Bezugspunkte zur Kalibrierung des individuellen Wertesystems. Ein Vorteil des Objektivismus besteht darin, dass er klare Richtlinien für Situationen vorgibt, in denen ethische Entscheidungen vonnöten sind. Er liefert eine klar umrissene ethische Allgemeinformel für die Entscheidungsfindung. Auch dieses System liefert wieder das beruhigende Moment der Abwälzung persönlicher Verantwortung auf das normengebende System, das gesichtslos ist und als Abstraktum nicht zur Verantwortung gezogen werden kann! Ein Nachteil dieses Ansatzes besteht darin, dass er zu starr ist – oder als zu starr empfunden werden kann –, um zu brauchbaren Entscheidungen zu gelangen. Durch die fehlende Flexibilität können vielleicht Faktoren, die als wichtig erachtet werden, nicht in die Überlegungen einbezogen werden. Dies gilt natürlich auch für Wandlungen des zugrundeliegenden Wertesystems – letztlich also der Gesellschaft selbst. Darüber hinaus können Situationen auftreten, in denen keine klaren Überzeugen oder „absoluten" Werte existent sind und eine weitergehende Untersuchung des Gegenstandes notwendig ist, um die „moralischen Imperative" festzulegen, die eine Entscheidung über den weiteren Gang des Geschehens ermöglichen.

Um die Unterschiede zwischen Utilitarismus und Objektivismus weiter zu verdeutlichen, wollen wir beispielhaft eine Situation betrachten, in der eine Person von peinigendem Hunger geplagt ist und kein Geld besitzt. An einem Geschäft sieht diese Person ein im Schaufenster ausliegendes Brot. Der utilitaristische Ansatz würde nun eine – wie auch immer zu motivierende – Berechnung anstellen, die die Bedürfnisse der hungernden Person berücksichtigt, die verfügbare Menge an Nahrungsmitteln, den ökonomischen Verlust für das Geschäft sowie mögliche weitere Faktoren. Nach einer Abwägung der Faktoren, die die Maximierung des Nutzens und der „happiness" *aller* Beteiligten einbezieht, könnte der Utilitarist zu dem Schluss kommen, dass es in Ordnung ist, dass der Hungernde sich das Brot nimmt. Ein deontologischer Ansatz könnte auf dem „absoluten" Prinzip, dass man nicht stehlen darf, aufbauen und zu dem Schluss gelangen, dass die Wegnahme des Brotes ohne Bezahlung ethisch nicht zu rechtfertigen sei.

Es ist wichtig, sich klar zu machen, dass es jenseits dieser beiden kurz umrissenen Hauptströmungen weitere ethische Ansätze geben kann und dass auch die beiden hier vorgestellten Denkweisen sich unter Umständen miteinander vermischen können. In einer Situation etwa, in der kein klar erkennbares Absolutum existiert, könnte eine Person, die für gewöhnlich einem objektivistischen Denkansatz anhängt, auf eine utilitaristische Berechnung zurückgreifen. Umgekehrt könnte ein Utilitarist – vielleicht sogar unbewusst – einige Absoluta anerkennen, die immer in seine Berechnungen einfließen. Wenn man sich einem ethisch motivierten Entscheidungsprozess nähert, genießt die Sammlung von Informationen immer höchste Priorität, ebenso die Erwägung der Faktenlage sowie schließlich die durchdachte, auf Information gegründete Entscheidung. Bei den Debatten um heiße Eisen ist es weder weise noch höflich, die Entscheidung eines anderen herabzusetzen. Seien Sie sensibel für die Wirkung Ihrer eigenen Vorgehensweise. Versuchen Sie, Ihre eigenen ethisch begründeten Entscheidungen zu verstehen und in einer rationalen Weise zu verteidigen, und streben Sie danach, die Meinungen und Entscheidungen anderer in Ihre Betrachtung miteinzubeziehen.

Ethische Aufwärmübungen

Was nun folgt, ist ein typisches Szenario des zähen ethischen Entscheidungsprozesses. Obgleich die hier konstruierte Situation vielleicht ein bisschen harsch erscheinen mag, da sie sich um ein Problem von Leben und Tod dreht, befassen sich einige Biotechnologen und die von ihnen verwalteten Teildisziplinen tatsächlich mit Fragen solch existenziellen Ausmaßes und entsprechend weitreichenden Konsequenzen.

Eine Familie befindet sich auf einem Wochenendausflug in die Berge. Die Eltern verlassen das Auto, um einen Imbissstand aufzusuchen, und verschließen das Fahrzeug. Die drei kleinen Kinder bleiben schlafend auf der Rückbank zurück. Doch ist die Handbremse nicht ordentlich angezogen. Nachdem sie sich eine Strecke vom Auto entfernt haben, setzt sich das Fahrzeug in Bewegung und rollt einem Abhang entgegen. Sie sind der Einzige, dem das auffällt. Ein hochgewachsener Mann steht nahe bei dem Punkt, auf den das Auto zusteuert. Sie könnten den Mann vor das Auto stoßen, so dass es vermutlich zum Stehen kommen würde, der Mann aber dabei vom Auto zerquetscht werden würde. Was würden Sie tun?

Fragen wir zunächst, ob wir alle Fakten der fraglichen Situation zur Verfügung haben. Bis zu diesem Punkt haben wir die Situation so geschildert, dass Ihnen nur zwei Möglichkeiten zur Wahl bleiben: Das Auto mit den drei Kindern abstürzen zu lassen oder den Mann zu ermorden. Die zu beantwortende Frage scheint also einfach zu sein: Kann man sein Leben anstelle der Existenz der drei Kinder aufgeben? Bei utilitaristischer Betrachtungsweise kann man dies als eine ethische Kosten-/Nutzenrechnung ansehen: Ein Leben für drei; andererseits könnte der Wert der erwachsenen Person den der drei Kinder, deren Potenzial nicht abschätzbar ist, aufwiegen. Ein deontologischer Ansatz könnte zu dem Schluss kommen, dass es falsch wäre, irgendein Leben in Gefahr zu bringen, ungeachtet der Konsequenzen. Das löst natürlich bei dem vorliegenden Fall das Dilemma nicht, denn so oder so sind entweder drei oder ist ein Leben gefährdet. Gibt es andere Möglichkeiten, diesen Konflikt zu lösen? Überlegen Sie!

Biotechnologie und Natur 13.2

Die Menschheit bedient sich der Biotechnologie seit langer Zeit. Die Vergärung von Stoffen oder Stoffgemischen ist eine uralte biotechnologische Technik, die sich auf natürlicherweise vorkommende Mikroorganismen stützt

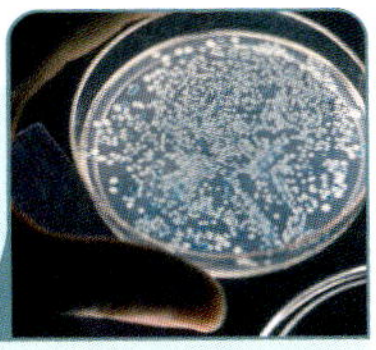

METHODEN

Sorgsames Nachdenken und eine offene Geisteshaltung sind wichtige Werkzeuge

Im Gegensatz zu den verschiedenen Labor- und Industrieanwendungen der Biotechnologie ist für die Bioethik keine spezielle Ausrüstung notwendig. Die hauptsächlichen Mittel sind Logik und eine offene, fragende Geisteshaltung. Ein Bioethiker muss in der Lage sein, eine Situation sorgfältig einzuschätzen, und dabei die Möglichkeiten und Grenzen aus verschiedenen Blickwinkeln in Betracht ziehen.

Zu den in Betracht zu ziehenden Faktoren gehören medizinische, philosophische, rechtliche, wissenschaftliche und soziale. Bioethiker müssen also gewillt sein, viele unterschiedliche Gesichtspunkte, die sich oft widersprechen, in Betracht zu ziehen. Ein Bioethiker muss auch nachhaken können, muss borende Fragen stellen und ergründen können, welches die zugrundeliegenden Motivationen der Parteien sind. Dazu ist es oftmals notwendig, ausgedehnte Literaturrecherchen durchzuführen, um aus verschiedenen Perspektiven in ein Thema eintauchen zu können. Sprachliche Fähigkeiten können ein weiteres Kriterium sein, da unter Umständen nicht alle Standpunkte oder die gesamte Literatur in nur einer Sprache vorliegen können. Die möglichen Ergebnisse und Folgen auseinanderzudividieren und mögliche Lösungswege zu ersinnen und darzulegen erfordert Logik und vernunftbegabtes Denken wie auch Geduld.

In der modernen Welt sind Kenntnisse über Aufbau und Funktion von Regulierungsbehörden und gesetzlichen Bestimmungen ebenfalls von größter Wichtigkeit. Das bedeutet, dass der Bioethiker nicht nur in der Lage sein muss, die Gesetze und Bestimmungen, die gegenwärtig in Kraft sind, zu verstehen, sondern er auch befähigt sein muss, mit Politikern in Wechselwirkung zu treten, um bei diesen für vernünftige Regularien und Gesetze einzutreten. Schließlich braucht der Bioethiker gute zwischenmenschliche und kommunikative Fähigkeiten (schriftlich wie mündlich), um die Fragestellungen, die Besorgnisse, die Überlegungen und möglichen Folgewirkungen allen Beteiligten verständlich zu machen.

bzw. gestützt hat. Die Natur selbst führt seit viel längerer Zeit Experimente durch als der Mensch. Bakterien tauschen Plasmide untereinander aus. Rekombination und Mutation sind an der Tagesordnung und erlauben so die Expression neuer Gene oder neuer Genkombinationen, die es vorher nicht gegeben hatte. Das Spiel nimmt jedoch einen anderen Verlauf, wenn der Mensch auf den Plan tritt und neuartige Kombinationen von Erbfaktoren hervorbringt. In diesen Fällen müssen wir unsere Direktiven evaluieren und unsere Beteiligung am „Gesamtexperiment" der Analyse unterwerfen.

In den 70er-Jahren des 20. Jahrhunderts entwickelt, erlaubt die Technik der rekombinanten DNA weitreichende Eingriffe in die genetischen Faktorkombinanten, die in der Natur unmöglich sind. Wie wir in Kapitel 3 erörtert haben, haben sich aufgrund der aufgekommenen Besorgnisse die Wissenschaftler im Jahr 1975 selbst zu der berühmten Asilomar-Konferenz zusammengefunden und ein Moratorium (einen vorübergehenden und vollständigen Stopp aller Forschung) verabschiedet, das in Kraft bleiben sollte, bis die Sicherheit der Techniken und ihre möglichen Folgen besser abgeschätzt werden konnten. Eine Hauptsorge war, dass gentechnisch veränderte Bakterien aus dem Labor in die Umwelt entweichen und dort möglicherweise Schadwirkungen zeitigen könnten (ökologische Störungen, Auslösen von Krankheiten).

Am Ende kamen die Wissenschaftler zu dem Schluss, dass die Technik der rekombinanten DNA in einer kontrollierten Art und Weise durchgeführt werden könne, die Sicherheit für Mensch und Umwelt sicherstelle, ohne den Fortschritt der Wissenschaft zu beeinträchtigen. Im Speziellen wurden Richtlinien ausgearbeitet, welche unterschiedliche Sicherheitsstufen festlegten, die in Bezug zu dem Gefahrenpotenzial des verwendeten Experimentalsystems stehen. So erfordern Experimente mit nichtpathogenen Bakterien und solchen Genen, die keine Pathogenitätsfaktoren codieren, nur minimale Sicherheitsmaßnahmen, wohingegen Experimente mit bekannten Pathogenen, menschlichen Zellen oder möglichen Pathogenitätsfaktoren stringentere Verschlussverfahren erzwingen. Die Forschung mit besonders virulenten Krankheitserregern schreibt ein striktes Unterverschlusshalten und hohe Sicherheitsmaßnahmen vor.

Zellen und Produkte

Wie wir im Verlauf des Buches wiederholt erörtert haben, lassen sich sowohl Bakterien- als auch Eukaryontenzellen gentechnisch so verändern, dass fremde Gene und Proteine zur Expression gelangen. Dies hat sich bei der Herstellung medizinisch bedeutsamer Proteine bereits als unverzichtbar erwiesen. Die Zellen lassen sich in großer Stückzahl in Bioreaktoren anzüchten und die Produkte können leicht aus dem Kulturmedium aufgereinigt werden. Jenseits der Fragen um die Sicherheit im Umkreis um kultivierte Bakterien und menschliche Zellen müssen andere Fragen – besonders ethische Bedenken – in Betracht gezogen werden. Denken Sie an die ethischen Herausforderungen im Zusammenhang mit der genetischen Veränderung einzelner Zellen und den Produkten, die als Folge dieser Änderungen hergestellt werden.

Wenn ein Produkt menschliche Anwendung berührt, gibt es nicht nur die offensichtliche Frage nach der Sicherheit, sondern auch die Frage der **Wirksamkeit** bei der beabsichtigten Verwendung. Dies ist offenkundig wichtig für einen angestrebten Patienten, weil der Patient eine wirkungsvolle Behandlung will. Aber Wirksamkeit ist auch von Bedeutung für den Hersteller; falls das Produkt nicht wirksam ist, kann es eine ungeheure wirtschaftliche Verschwendung sein. Sowohl die Sicherheit wie die Wirksamkeit müssen erprobt werden. Die nächste Frage ist dann, ob die Erprobung ethisch entweder an Zellkulturen oder im Tierexperiment durchgeführt werden kann. Bei jedem Wirkstoff ist die Dosis, in der der Wirkstoffstoff bei minimalen Nebenwirkungen und minimaler Giftigkeit wirksam ist, eine wichtige Frage. Folglich muss bestimmt werden, ob der Wirkstoff irgendwelche karzinogenen oder teratogenen Gefahren birgt. Diese Untersuchungen verhindern zukünftige Probleme, etwa wenn der Wirkstoff bei einer Dosierung die Krankheit heilt, aber bei einer anderen Dosierung den Patienten umbringt oder Krebs auslöst. Sie stellen die Frage nach dem Schaden und nicht nach dem Nutzen für den Patienten und weisen auf die Probleme hin, die sich ergeben, wenn man Wirkstoffe an Patienten testet.

Wir müssen bei diesen Untersuchungen die humane Behandlung von Tieren im Blick behalten. Wir müssen feststellen, wie viele Versuchstiere minimal nötig sind, um den Wirkstoff zu testen, welche Arten der Behandlung notwendig für die Erprobungen sind und ob Nagetiere oder Primaten verwendet werden müssen. Die Auswahl der Arten kann die Wirkung des Wirkstoffs beeinflussen. Eines der besten Beispiele für Artunterschiede in der Wirkstoffwirkung trat mit dem Mittel Thalidomid (Handelsname: Contergan) auf. **Thalidomid** war ursprünglich als mildes Schlafmittel gedacht gewesen. Es wurde an Standardlabornagetieren getestet, bei denen man zu dem Ergebnis kam, dass es sicher sei. Viele der schwangeren Frauen, denen dieses Sedativum verschrieben wurde, gebaren Säuglinge mit schweren Missbildungen. Als das Medikament an Krallenaffen (*Callitrichidae*) getestet wurde, ergaben sich Missbildungen, die denen beim Menschen ähnlich waren. Daran zeigt sich, dass der Stoffwechsel zwischen Arten variieren kann. Dieser Umstand scheint darauf zu deuten, dass alle für den Menschen bestimmten Wirkstoffe am Menschen oder Primaten erprobt werden sollten. Wir werden die Frage der Menschenexperimente später erörtern, aber die möglichen Unterschiede in den Wirkungen auf Menschen im Vergleich zu verschiedenen anderen Tierarten müssen immer im Auge behalten werden.

Gentechnisch veränderte Nutzpflanzen: Sind wir, was wir essen?

Weitere Fragen werden aufgeworfen, wenn die Gentechnik bei ganzen vielzelligen Lebewesen eingesetzt wird statt an einzelnen Zellen. Einer der wichtigsten jüngeren Fortschritte der Gentechnik und auch eine ihrer heftigsten Kontroversen ist aus der Produktion gentechnisch modifizierter Organismen (GMOs) erwachsen, insbesondere GM-Nutzpflanzen. Das Ziel ist es, Pflanzen zu erzeugen, die widerstandsfähig gegen Schädlinge, Krankheiten oder harsche Umweltbedingungen (Klima, Bodenbedingungen) sind, um eine bessere Nutzpflanzenproduktivität zu erreichen. Doch viele Menschen stehen GM-Nutzpflanzen ablehnend gegenüber und haben eine Abneigung gegen den Verzehr gentechnisch modifizierter Nahungsmittel. Bevor Sie entscheiden, ob diese Bedenken sich auf solide Vernunftgründe oder auf reine Emotion stützen, müssen Sie die Fakten betrachten.

GM-Nutzpflanzen und andere gentechnisch gezüchtete Pflanzen sind in den Augen mancher in mehrfacher Hinsicht bedenklich. Der erste Punkt ist die Pflanze selbst. Sie müssen ermitteln, ob die Veränderungen im Erbgut der Pflanze einen Nutzen für die Pflanze darstellen oder zumindest keine weniger wuchskräftige Pflanze hervorbringt. Das Gleiche muss der klassische Pflanzenzüchter natürlich auch tun. Ein Projekt würde vermutlich nicht fortgeführt werden, wenn es keinen Nutzen hätte – etwa Resistenz gegen einen Schädling –, aber eine Frage, die beantwortenswert ist, ist die, ob die „**Artintegrität**" (die Erhaltung der ursprünglichen genetischen Zusammensetzung einer Art, so dass sie im Wesentlichen noch dieselbe Art bleibt) im Zusammenhang mit den Veränderungen irgendwie erhalten bleibt. Sie sollten bemüht sein, für sich selbst festzulegen, ob solch eine Integrität der Art von Wichtigkeit ist oder ob die Erschaffung einer verbesserten Pflanze wünschenswerter ist als die Erhaltung einer alten Art. Denken Sie dabei auch an Arten, die ohne das Zutun des Menschen in Unterarten aufgespalten sind, bei denen sich also „natürlicherweise" eine Speziation (Artbildung) durch „natürliche" Evolution anbahnt. Wenn Sie dies tun, sollten Sie für sich selbst festlegen, ob die züchterische genetische Veränderung von Arten – in diesem Fall von Pflanzen – irgendeinem ethischen Prinzip zuwiderläuft.

Eine andere Frage, die allgemeinerer Natur als die erste ist, betrifft die möglichen Effekte veränderter Pflanzen auf das Ökosystem und die **Biodiversität** (die in einem Ökosystem vorhandene Artenvielfalt). Wir müssen ermitteln, welche Wirkung die Einführung einer gezüchteten Pflanze auf die lokale Umwelt hat. Da wir uns auf Nutzpflanzen konzentrieren, wird der gewünschte Effekt wahrscheinlich nicht nur verbessertes Wachstum und Produkt der GM-Nutzpflanze sein, sondern auch irgendein Effekt auf mögliche Schädlinge und Krankheiten. Ein Beispiel ist die Roundup-bereite Sojabohne. Diese Sojabohne wurde gentechnisch modifiziert, um widerstandsfähig gegen das Unkrautvernichtungsmittel Roundup zu sein, was es dem Bauern erlaubt, die Pflanzen zu besprühen und störende Unkräuter abzutöten, die das Wachstum der Nutzpflanze stören könnten, ohne den Sojapflanzen zu schaden. Ein anderes Beispiel ist der Bt-Mais. In Kapitel 6 haben wir gelernt, dass diese GM-Nutzpflanze gezüchtet wurde, um ein Toxin des Bakteriums *Bacillus thuringiensis* zu erzeugen, das die Larven des Maiszünzlers (*Ostrinia nubilalis*) abtötet, die sich in destruktiver Weise von den Pflanzen ernähren. Diese GM-Nutzpflanzen können mit dem Ökosystem in Wechselwirkung treten, und dieser Kontakt muss in Betracht gezogen werden. Einige mögliche Wechselwirkungen bestehen in der Übertragung gentechnisch modifizierter Gene auf Nichtnutzpflanzenarten oder in Effekten auf Nichtschädlingsinsekten.

Im Fall des Bt-Maises haben einige Beobachtungen einen möglichen toxischen Effekt auf den Monarchschmetterling sehen wollen, obwohl diese keine Insekten sind, auf die abgezielt worden ist, und sie sich auch nicht von Mais ernähren. Es wäre wichtig zu wissen, ob das Toxin bestimmte Arten oder Gruppen von Insekten beeinflusst und ob Insekten, die nicht Ziele waren, auch betroffen sein können. Es wäre auch gut, die Fressgewohnheiten der Ziel- und der Nichtzielinsekten zu kennen. Das muss man gegebenenfalls wissenschaftlich untersuchen.

Eine Frage, die erörtert wurde, war, ob das Toxin sich von der Maispflanze aus ausbreiten könnte, oder ob es allein in der Maispflanze verbleibt. Da der Mais windblütig ist (die Pollenkörner also mit dem Wind verfrachtet werden), könnte der Pollen auf andere Maispflanzen übergehen und in einiger Entfernung giftig für Insekten sein. Forscher mussten die Wahrscheinlichkeit dafür ermitteln, dass dies eintritt. Für den Monarchschmetterling (*Danaus plexippus*) deutete die Untersuchung darauf hin, dass die Maispollenkörner durch den Wind auf Asclepiadoideae (Seidenpflanzengewächse, Schwalbenwurzgewächse) verfrachtet werden können, von denen sich die Monarchschmetterlinge ernähren. Monarchschmetterlinge, die an den Seidenpflanzen Nahrung aufnehmen, könnten dann die Maispollen (und das Toxin) aufnehmen. Daraus schließen wir, dass (a) die Pollenkörner das exprimierte Bt-Toxin enthalten und (b) diese erstaunlichen Schmetterlinge beim Aufsaugen von Nektar aus den Blüten der Seidenpflanzen sich ganze Pollenkörner einverleiben, da wir ja wissen, dass das Bt-Toxin auf Zellen des Insektendarms einwirkt. Beides sind aufregende neue Erkenntnisse der Entomologie. Bis dahin war es der Zoologie unbekannt, dass Schmetterlinge auch feste Nahrung aufnehmen. Wissenschaftler mussten die Frage stellen, ob dies ein wahrscheinliches Ereignis war, und wie viel Pollen und Toxin nötig wären, um einen Monarchschmetterling umzubringen. Denken Sie darüber nach, welche Art von Experiment Sie durchführen müssten, um diese Fragen zu beantworten!

Diese Idee der Wahrscheinlichkeit eines Ereignisses – die **statistische Wahrscheinlichkeit** – ist ein weiteres wichtiges Konzept, das man im Kopf behalten muss. Wenn ethische Entscheidungen betrachtet werden, ist es wichtig, akkurat zu ermitteln, wie wahrscheinlich es ist, dass ein negatives Ereignis eintritt. Eine weitere Überlegung könnte es sein, wie übel die Effekte des möglichen Ereignisses sein würden. Da viele Konsequenzen Zeit brauchen, um sich herauszubilden, muss die Wahrscheinlichkeit des Eintretens einer Folgewirkung Teil der Betrachtung sein.

Die potenziellen Wirkungen auf andere Pflanzen in der Umwelt müssen ebenfalls in Betracht gezogen werden. Es könnte mögliche Effekte der Überkreuzbestäubung zwischen den Bt-Maispflanzen und anderen Maispflanzen oder dem Teosinth geben, aus dem der Mais gezüchtet wurde; diese sehr nah mit dem Mais verwandten Pflanzen könnten unter Umständen eine Kompatibilität mit dem transgenen Mais aufweisen, die zu einer Inkorporation des Bt-Gens führen könnte, obgleich dies sehr unwahrscheinlich ist. Man muss die Wahrscheinlichkeit eines solchen Ereignisses in Versuchen ermitteln (z. B. durch gezielte Bestäubungsversuche im Gewächshaus).

Die ganze Frage der Einführung gentechnisch veränderter Pflanzen in die Umwelt (Freisetzung) bedarf der gründlichen Überwachung, um mögliche Langzeitänderungen des Ökosystems und die Wirkungen auf die Biodiversität berücksichtigen zu können. Eine weitere Betrachtung richtet sich auf die Ausbreitung von GM-Pflanzen in andere Gebiete jenseits des Anbaugebiets. In dieser Hinsicht sind derartige Überlegungen bei althergebrachten Pflanzensorten nie angestellt worden, obwohl diese sich in biologischer Hinsicht in keinerlei grundlegender Hinsicht von transgenen GM-Pflanzen unterscheiden. Entwickeln Sie Ihre eigenen Pläne für die Kontrolle der Ausbreitung von GM-Pflanzen durch die Umwelt.

Eine weitere Frage betrifft das Produkt der GM-Nutzpflanze. Wir müssen bedenken, wie viel verwendet wird, ob es sicher an Tiere zu verfüttern ist und ob es sicher für den Menschen ist. Wir müssen alle Tatsachen zusammentragen und begründete Einschätzungen vornehmen. Da sich das Toxin gegen Insekten richtet, ist es unwahrscheinlich, dass es Tiere oder Menschen beeinflusst. Diese Annahme zu machen reicht aber nicht. Man muss wissenschaftliche Beweise haben; dazu muss man Tests durchführen, die die Sicherheit belegen. Denken Sie sich einige Experimente aus, die Sie durchführen könnten, um die Sicherheit eines GM-Produkts zu beweisen.

Wir sollten uns nicht nur auf das besondere, in Frage stehende Gen konzentrieren, sondern auch fragen, ob andere mögliche Gene oder Produkte in der GM-Nutzpflanze vorliegen, die man vielleicht in die Betrachtung einbeziehen muss. Beispielsweise werden in vielen Fällen Antibiotikaresistenzgene als Selektionsmarker für gentechnisch veränderte Zellen eingesetzt. Sind diese Gene in den GM-Nutzpflanzen noch anwesend, und können diese Gene aus der einverleibten Nahrung in Darmbakterien gelangen? Sie sollten wieder die Frage erwägen, wie groß die Wahrscheinlichkeit ist, dass aufgenomme-

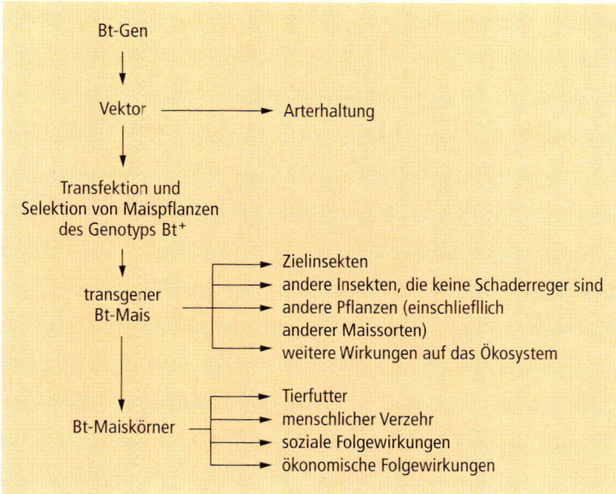

Abbildung 13.1: Mögliche Wechselwirkungen und Überlegungen für eine GM-Nutzpflanze, Bt-Mais.

ne DNA oder Proteine die Verdauung überleben. ► Abbildung 13.1 zeigt ein Verlaufsschema einiger denkbarer Wechselwirkungen und Überlegungen mit Hypothesencharakter.

Wir müssen außerdem ermitteln, ob das Produkt einer GM-Nutzpflanze in Quarantäne genommen werden soll, nachdem die Nutzpflanze angebaut worden ist. Dies führt uns zu der Frage nach der Sicherheit zurück, insbesondere im Hinblick auf den Kontakt des Menschen mit oder den Verzehr des Produkts. Es ist unmöglich, Bt-Mais von anderen, Nicht-Bt-Sorten zu unterscheiden – selbst unter dem Mikroskop. Mehrere Firmen bieten Testsysteme an, die Antikörper oder einen DNA-Nachweis einsetzen, um GM-Nutzpflanzen nachzuweisen. Beim Bt-Mais endete ein Teil der Maiskörner unvermeidlich in Produkten für den menschlichen Gebrauch, einschließlich Maisfladen (Tacos). Die Hauptsorge waren Bedenken hinsichtlich allergischer Reaktionen auf die neue Maissorte. Ermitteln Sie eine Methode, um die Wahrscheinlichkeit einer solchen Reaktion experimentell zu messen.

Eine Überlegung, die man im Hinterkopf behalten sollte, ist, ob das Toxin die Nahrungszubereitung „überleben" würde und immer noch eine allergische Reaktion auslösen könnte. Einige Länder begrenzen den Import von GM-Nutzpflanzen streng und es gibt Druck von Interessensgruppen, Nahrungsmittel zu kennzeichnen, um ihren Ursprung bezüglich möglicher genetisch modifizierter Pflanzen anzugeben. Solche Maßnahmen, die unbedarfte Verbraucher unnötig verunsichern könnten, werden von vielen abgelehnt, da sie unbegründet sind. Was wäre Ihre Reaktion, wenn Sie einen „GM-Aufkleber" auf Ihrer Pizza oder Ihren Tomaten fänden?

Neben den Gesundheits- und Umweltbedenken erwachsen aus der möglichen Verwendung von GM-Nutzpflanzen auch soziale und ökonomische Fragen. Die Fähigkeit, Pflanzen zu modifizieren, um eine bessere, billigere Produktion zu bewerkstelligen, könnte die Landwirtschaftsindustrie drastisch verändern. Hinzu kommen mögliche Bedenken bezüglich der Sicherheit, die bereits oben beschrieben worden sind.

Ein anderes Einsatzgebiet für GM-Nutzpflanzen ist die Produktion von medizinisch verwendbaren Verbindungen. Sicherheit und Wirksamkeit werden wieder zu Hauptbetrachtungspunkten bei der ethischen Bewertung des Einsatzes dieser Verbindungen. Nicht nur die normalen Testverfahren bezüglich der Sicherheit und Wirksamkeit medizinischer Verbindungen sind erforderlich, sondern auch die Überprüfung, ob das Wachstum der GM-Pflanzen eingeschränkt wird: Felder müssen von anderen Pflanzen gesäumt werden, die nicht mit den GM-Pflanzen hybridisieren können; das gesamte pflanzliche Material muss bei der Ernte entnommen werden und das Feld muss nach der Ernte für mehrere Jahre brachliegen.

SIE ENTSCHEIDEN!

■ Kunde, sei wachsam?

Aufgrund der öffentlichen Angst bezüglich der möglichen Gefahren von GM-Nahrungsmitteln hat es Vorschläge gegeben, alle GM-Nahrungsmittel auffällig zu kennzeichnen, selbst wenn es nur einen verschwindend geringen Anteil irgendeines GM-Produkts in der Nahrung gibt. Die Kosten für das Testen und die Kennzeichnung könnten die Preise merklich ansteigen lassen, und die tatsächliche Notwendigkeit für die Kennzeichnung im Hinblick auf die Sicherheit ist bestreitbar. Sollten diese Ängste hinsichtlich GM-Nahrungsmitteln dazu führen, dass sämtliche Nahrungsmittel derart gekennzeichnet werden? Ist dies eine gute Vermarktungsmethode? Sie entscheiden!

Tierhaltung oder Tierspaltung?

Die genetische Modifizierung – ein umständlicher Ausdruck für Züchtung – von Tieren wirft viele derselben Fragen auf wie die Züchtung von Pflanzen. Zusammen werden Zuchtformen von Pflanzen und Tieren oft als genetisch modifizierte Organismen bezeichnet. Frühe Anwendungen der Biotechnologie in der Tierhaltung waren der Zusatz von Antibiotika zum Futter als so genannte Masthilfsmittel, die Injektion von Wachstums- oder Steroidhormonen, um das Körperwachstum der Tiere zu beschleunigen. Wissenschaftler müssen die Verabreichung dieser Zusätze von einem wissenschaftlichen Standpunkt aus betrachten. Zuallererst sind, da es sich um landwirtschaftliche Nutztiere handelt, die Effekte der züchterischen Veränderung auf die tierischen Produkte (Milch, Fleisch) und die Sicherheit dieser Produkte für den Menschen, der sie verzehrt, das Hauptaugenmerk. Eine wichtige Überlegung galt der Verweilzeit der Nahrungszusätze (besonders von Hormonen) im Körper des Tieres, das heißt also, ob die Stoffe noch vorhanden sind, wenn das Tier oder Teile davon in den Verkehr gebracht werden. Falls die Stoffe zum Zeitpunkt der Inverkehrbringung noch immer im Produkt vorhanden sind, muss wissenschaftlich untersucht werden, ob von ihnen irgendwelche Wirkungen auf den Verbraucher ausgehen und ob das Hormon, sofern es vorhanden ist, die Zubereitung übersteht, dabei chemisch verändert wird, falls ja, wie, und was mit den vorhandenen chemischen Verbindungen im Körper des Endverbrauchers passiert.

Es gibt wenige Bedenken hinsichtlich der Wirkungen genetisch modifizierter Tiere auf die Umwelt, doch gibt es immer noch Fragen hinsichtlich der Artintegrität und der Gesundheit der Tiere sowie im Hinblick auf die Sicherheit der tierischen Produkte für den menschlichen Verbraucher. Ähnliche Überlegungen müssen im Fall von Tieren angestellt werden, die zu medizinischen Zwecken gentechnisch verändert wurden. Dies können transgene Tiere sein, die modifiziert wurden, um Gerinnungsfaktoren in ihrer Milch zu produzieren, oder transgene Tiere wie Schweine, die mit menschlichen Genen verändert wurden, so dass ihre Organe in den Menschen verpflanzt werden können, ohne abgestoßen zu werden. An welchem Punkt würden Sie die Veränderung eines Tieres für unethisch erachten? Wissenschaftler in Frankreich haben einen Affen gezüchtet, dessen Genom das Gen für das **grün fluoreszierende Protein (GFP)** enthält, das wir in Kapitel 7 beschrieben haben, und viele andere transgene Tiere sind als Tiermodelle menschlicher Krankheiten gezüchtet worden, indem mutierte Allele menschlicher Gene eingepflanzt oder die Gene der Tiere mutiert wurden. Sie sollten selbst herausfinden, ob es für Sie eine ethische Grenze für die Manipulation einer Art gibt oder für artübergreifende Manipulationen. Stellen Sie sicher, dabei zu überlegen, ob es einen Punkt gibt, an dem das Tier genug menschliche Gene, Zellen oder Merkmale in sich vereinigt, um es als „menschlich" anzusehen, und ob dies Ihren ethischen Standpunkt hinsichtlich der Verwendung des Tiers in der Forschung verändern würde.

Genetisch modifizierte Wildtiere werfen weitere ethische Fragen auf, Umweltbedenken eingeschlossen. Darüber hinaus sind die gleichen ethischen Bedenken, die zuvor im Zusammenhang mit transgenen Pflanzen erörtert worden sind, auch auf transgene Tiere anwendbar. In dem Bestreben, Schädlinge einzudämmen oder auf andere Weise ein Ökosystem auszubalancieren, haben einige Leute vorgeschlagen, genetisch modifizierte Tiere in die Wildnis zu entlassen. Listen Sie einige ethische Probleme auf, die mit diesen Vorschlägen in Zusammenhang stehen könnten, sowie Wege, um die ethischen Bedenken unter Kontrolle zu bringen oder zu entkräften.

Die Frage nach dem Menschen

Viele der drängendsten Fragen im Hinblick auf biotechnologische Forschung und ihre Anwendungen sowie einige der umstrittensten Debatten drehen sich um den Menschen. Selbst einige der einfachsten medizinischen Verfahren können starke Emotionen heraufbeschwören und tiefgreifende Kontroversen auslösen, wenn Menschen die Objekte der Manipulation sind. Warum, denken Sie, ruft die Verwendung oder mögliche Verwendung von Menschen in Experimenten so starke Reaktionen hervor? Weiter unten werden wir diskutieren, wie problematisch schon allein die Definition des Menschseins ist. Für den Moment werden wir einen Blick auf ein einfaches Beispiel werfen, auf der Grundlage eines potenziellen Antikrebsmittels, das durch Biotechnologie erzeugt wurde. Stellen Sie sich vor, dass der Wirkstoff weiterentwickelt wurde bis zu dem Punkt, an dem er bereit für klinische Erprobungen ist. Wir müssen entscheiden, wem wir das Medikament für Tests verabreichen. Weil es ein Antikrebsmittel ist, werden wir es natürlich Patienten geben, die die Art von Krebs haben, gegen den sich das Medikament richtet. Wir müssen jedoch entscheiden, ob man es allen Patienten gibt, die diese Art von Krebs haben. Dann sind allerdings vernünftige wissenschaftliche Aussagen über die Wirkung des Stoffes nicht ableitbar. Im Regelfall werden in der Phase I der klinischen Erprobung nur Patienten mit weit fortgeschrittenem Krebs behandelt, die alle anderen Behandlungsmöglichkeiten ausgeschöpft haben und für die das neue, experimentelle Medikament die letzte Hoffnung ist. Der Wirkstoff wirkt aber vielleicht besser bei Patienten in einem früheren Stadium der Krebserkrankung. Nichtsdestotrotz haben die Patienten, die sich in einem früheren Stadium befinden, Alternativen, die bereits Sicherheit und Wirksamkeit gezeigt haben (wenigstens bis zu einem gewissen Grade).

Nachdem Sie die Patientengruppe für den klinischen Versuch ausgesucht haben, entsteht ein weiteres Dilemma. Patienten haben das Recht, umfassend über die möglichen Wirkungen des Experiments informiert zu werden, sowohl die guten wie die schlechten. Nur wenn sie so informiert sind, können sie an dem Versuch teilnehmen. Die Probanden müssen schriftlich ihr Einverständnis geben. Damit verzichten sie auf Schadensersatz, falls es durch die Versuche zu körperlichen Schäden kommt. Gleichzeitig verzichten sie auf jede Beteiligung am Gewinn, der sich aus der Vermarktung des Medikaments ergibt. Das Konzept der ausdrücklichen Zustimmung ist von wesentlicher Bedeutung für jedes Testverfahren, an dem Menschen beteiligt sind. Falls ein Patient unfähig ist, selbst die Zustimmung zu geben (weil die Person beispielsweise zu jung ist oder im Koma liegt), kann ein Familienangehöriger oder eine Aufsichtsperson die Zustimmung stellvertretend erteilen. Bestimmen Sie für sich selbst, warum die ausdrückliche Zustimmung von solcher Bedeutung ist.

Placebos sind ein unabdingbarer Bestandteil jeder aussagekräftigen Studie am Menschen wie auch an Versuchstieren. Sie stellen eine für eine wissenschaftliche Untersuchung zwingend notwendige Kontrolle dar. Will man aus einer wissenschaftlichen Untersuchung irgendwelche vernünftigen Schlüsse ziehen, muss man immer aussagekräftige Kontrollexperimente machen. Bei einer klinischen Erprobung teilt man daher die Probanden in mindestens zwei Gruppen auf: eine Gruppe, der der neue Wirkstoff verabreicht wird, sowie (mindestens) eine Kontrollgruppe, die ein Scheinmedikament oder eine Scheinbehandlung erhält, das/die als Placebo bezeichnet wird.

Bei einer vollständig dem Zufall folgenden Doppelblindstudie wissen weder die Probanden noch der die Behandlung ausführende Arzt, welche der Probanden den Wirkstoff und welche das Placebo erhalten. Die Probanden sind über diese Verfahrensweise informiert. Der Einsatz von Placebos ist ein Teil des wissenschaftlichen Arbeitens, aber man muss sich überlegen, ob das ethisch ist. Wissenschaftliches Vorgehen mag nicht in allen Fällen den herrschenden ethischen Vorstellungen

SIE ENTSCHEIDEN!

■ Wie viel Return bringt eine Investition?

Die Firma *Monsanto* mit Hauptsitz in St. Louis (USA) hat die „Roundup-ready-Sojabohne" (die für „Roundup" vorbereitete Sojabohne) erschaffen. Dabei handelt es sich um eine gentechnische Züchtung, die resistent gegen das Unkrautvernichtungsmittel (Herbizid) Glyphosat ist, das ebenfalls von der Firma *Monsanto* hergestellt und vertrieben wird. Es tötet beinahe alle Pflanzen ab. Die transgenen, resistenten Sojabohnen sind als Saatgut deutlich teurer als nichtresistente Sorten. Kürzlich hat *Monsanto* Privatdetektive engagiert, um Gerüchten nachzugehen, dass einige Bauern in New Jersey Samen der resistenten Sorte geerntet und eingelagert hätten (also vom jährlichen Neukauf herbizidresistenten Saatguts unabhängig wären). Das Abernten von Pflanzensamen ist seit Anbeginn der Landwirtschaft gängige Praxis. Vor der Entstehung moderner Saatgutvertreiber war dies jahrtausendelang die einzige Möglichkeit, sich mit Material zur Aussaat im Folgejahr zu versorgen. Die Auswahl von Samen gut wachsender, robuster und/oder ertragsstarker Pflanzen bei dieser alljährlichen Routine war der Beginn der Nutzpflanzenzüchtung.

Da *Monsanto* aber viel Geld in die Entwicklung seiner Sorten gesteckt hat, will man, dass die Bauern jedes Jahr neues Saatgut kaufen. Die Bauern berufen sich darauf, dass Sie nie darauf hingewiesen worden seien, dass man das Saatgut nicht abernten und aussäen darf. Monsanto behauptet nun, dass die Bauern ihr teures Produkt illegal benutzen. Natürlich hat *Monsanto* Sortenschutz (ein Patent) auf die glyphosat-resistente Sojabohne.

Sollten Bauern das Recht haben, ihre tradierte Praxis der Ernte und Aussaat von Pflanzensamen fortzusetzen? Oder sollten Biotechnologiefirmen das Recht haben, die Verwendung ihrer verkauften, vom Anwender rechtmäßig erworbenen Produkte zu kontrollieren und zu beschränken? Sie entscheiden!

entsprechen; die Wissenschaft aber ist objektiv, eine Ethik dagegen naturgemäß subjektiv. Entscheiden Sie selbst, ob es andere Methoden gibt, die Sie für ethischer halten, selbst wenn diese keine richtige wissenschaftliche Vorgehensweise darstellen.

Was bedeutet es, ein Mensch zu sein?

Viele der gegenwärtigen ethischen Debatten im Umfeld der Biotechnologie – insbesondere Debatten um Stammzellen und die **Klonierung** – drehen sich um den moralischen Status des menschlichen Embryos. Wie wir in Kapitel 11 diskutiert haben, haben Stammzellen vielleicht das Potenzial für ungeheuerliche Durchbrüche in der **regenerativen Medizin**, die Reparatur oder den Ersatz geschädigten oder erkrankten Gewebes bei vielen Krankheiten wie Herzkrankheiten, Schlaganfall, Parkinson'sche Krankheit und Zuckerkrankheit erlaubend. Es gibt viele mögliche Quellen für Stammzellen (► Abbildung 13.2), darunter Embryonen, Föten (ältere Embryonen), Nabelschnurblut, Adultgewebe und selbst „gezähmte" Tumorzellen. Ein Großteil der Debatte hat sich auf die Frage konzentriert, welche Fähigkeiten diese unterschiedlichen Stammzellen besitzen, sich in andere Zelltypen zur Behandlung von Krankheiten umzuwandeln; jedoch ist ein wesentlicher Punkt der Debatte die ethische Frage gewesen. Wir sind noch nicht in der Lage gewesen zu entscheiden, ob es ethisch ist, einiges menschliches Leben (zum Beispiel Frühembryonen) für Forschungen zu vernichten, die potenziell Tausende Patienten behandeln könnten. Anders als bei der Organspende, bei der ein Individuum eines von zwei paarigen Organen spenden kann, während es lebt, oder die Spendung erfolgt, nachdem der Spender verstorben ist, zerstört die Ernte embryonaler Stammzellen den Spender (den Embryo; siehe ► Abbildung 13.3).

Wir müssen die zentrale Frage klären, die den moralischen oder ethischen Status eines menschlichen Embryos untersucht. Biologisch gehört der Embryo zur Art *Homo sapiens*, gerade am Beginn seiner Entwicklungsreise. Es gibt aber natürlich keine biologischen Anhaltspunkte dafür, wann ein sich entwickelnder Embryo einen „moralischen Status" erlangt. Eine solche Frage kann nur willkürlich entschieden werden. Dazu muss man die Relevanz unterschiedlicher ontogenetischer Punkte bewerten, die als menschlich erachtet werden, und gegen die einfache Tatsache abwägen, dass der Embryo einer Art angehört.

Es gibt viele Arten, die Frage zu stellen: „Was ist in der Schale?"; „Ist der junge Mensch eine Person oder ein Gegenstand mit Besitzrecht?" Letztere Frage zielt mehr auf die Wurzel des ethischen Problems. Biologisch gehört der Embryo der Art Mensch an, aber die Frage nach dem moralischen Status eines Humanembryos

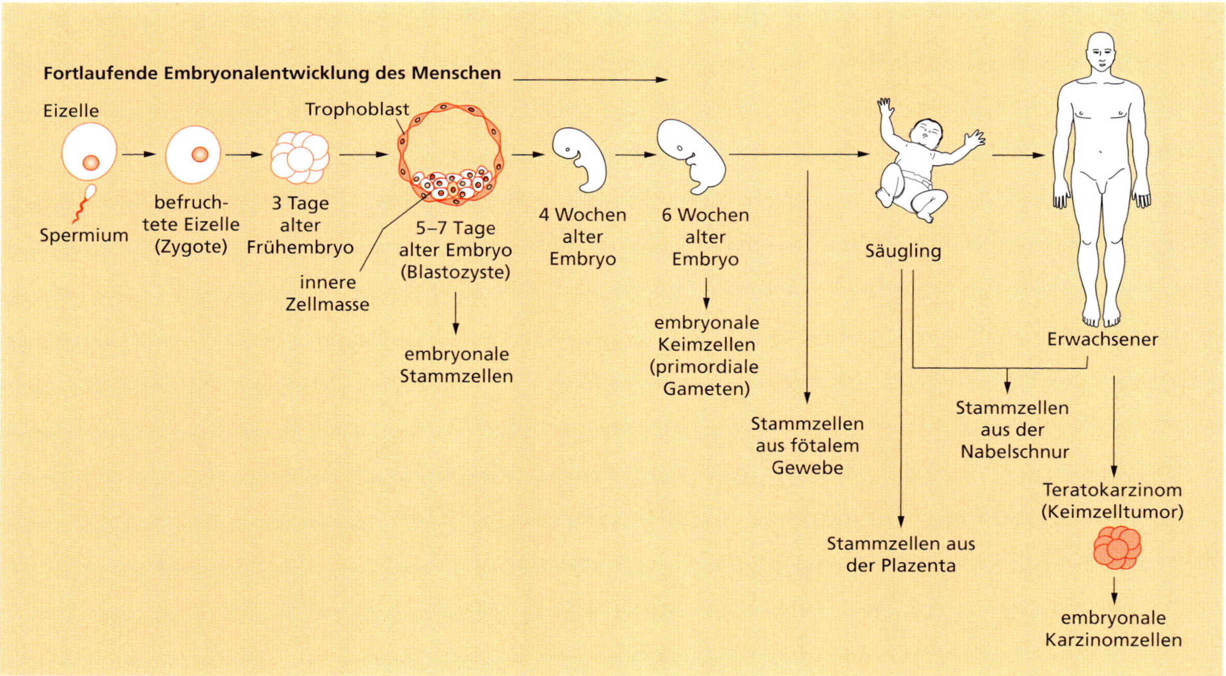

Abbildung 13.2: Isolierung embryonaler Stammzellen aus Frühembryonen vernichtet ebenfalls den Embryo. Ist es ethisch, einen Humanembryo zu zerlegen, um Stammzellen zu ernten, die anderen Menschen vielleicht nützen?

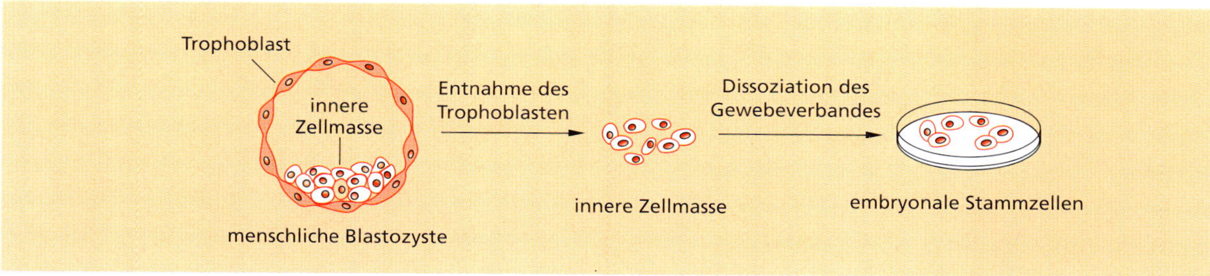

Abbildung 13.3: Stammzellquellen. Die Heranziehung menschlicher Embryonen als Quelle für Stammzellen ist ein sehr kontroverses Thema, teilweise deshalb, weil es die Frage aufwirft, ab wann ein Embryo als Person angesehen werden kann oder muss.

reicht über den biologischen hinaus und dreht sich auch um das, was der Jurist als „Person" bezeichnet. Dieser Begriff beschreibt eine Entität, die sich für Schutz qualifiziert, auf der Grundlage nicht eines innewohnenden Wertes, sondern aufgrund bestimmter Attribute wie Ich-Bewusstsein. Erstellen Sie für sich selbst eine Liste von Vorteilen und Nachteilen dieses Konzepts einer „Person". Ein Bedenken bezüglich dieses Konzepts könnte in der Frage liegen, wer bestimmt, welche Attribute bei der Einschätzung, ob ein bestimmter Mensch als Person zählt, evaluiert werden. Ein System wie dieses würde bedeuten, dass solche Attribute nicht nur gewonnen (indem wir uns körperlich oder mental entwickeln), sondern auch verloren werden können (durch Alterung, Krankheit oder Verletzung).

Bezüglich der embryologischen Forschung haben einige die Haltung eingenommen: „Keine Person, kein Problem." Sie folgern, dass – auf der einen Seite – ein menschlicher Embryo mikroskopisch klein ist, noch kein schlagendes Herz, Hirnwellen, Arme oder Beine besitzt. Natürlich entwickeln sich diese Dinge später, aber zu einem sehr frühen Zeitpunkt fehlen dem Embryo diese Dinge, die wir für gewöhnlich mit unserem Konzept einer Person in Verbindung bringen. Es gibt offensichtlich verschiedene Ansichten zum Status eines menschlichen Embryos und keinen Konsens. Einige sagen, es ist einfach ein Haufen Zellen, genauso wie ein Stück Haut. Andere glauben, dass es eine Form menschlichen Lebens ist, die tiefgreifende Ehrfurcht verdient, doch nur eine potenzielle Person ist. Wieder andere bestehen darauf, dass ein Embryo den gleichen moralischen Wert wie jedes andere Mitglied der Art Mensch hat. Stellen Sie sich die Frage, ob jede menschliche Zelle die Würde einer potenziellen Person hat. Wenn sie zusammenkommen, bilden eine Eizelle und ein Spermium einen Embryo aus, und jede Körperzelle kann (im Prinzip) einen Zellkern zur Bildung eines Embryos beisteuern. Stellen Sie sich dann die Frage, ob irgendetwas Besonderes daran ist, ein vollständiges Humangenom in einem Ei zu haben?

Im Zusammenhang der Verwertung menschlicher Embryonen wegen ihrer Stammzellen ist die Debatte hinsichtlich der notwendigen Zerlegung des Embryos umstritten. Einige Hinweise deuten auf potenzielle Anwendungen in der embryologischen Forschung und embryonaler Stammzellen bei der Behandlung zahlreicher Krankheiten. Natürlich können embryonale Stammzellen theoretisch dazu benutzt werden, alle Arten von Gewebe zu bilden, mit dem Potenzial für Transplantate, um geschädigtes oder erkranktes Gewebe zu ersetzen oder zu reparieren. Dies mag den Schluss nahelegen, dass es ethisch ist, Humanembryonen für die Forschung zu zerlegen, falls durch die Zerlegung medizinisch wertvolle Forschungen ermöglicht werden. Auf der Grundlage gegenwärtiger Erkenntnisse muss jedoch die Frage gestellt werden, ob embryonale Stammzellen für potenzielle Behandlungen so gut sind, wie behauptet wird. Eine weitere Überlegung, die sowohl ethische wie wissenschaftliche Komponenten hat, ist, ob andere brauchbare Alternativen wie adulte Stammzellen genauso gut sind. Es gibt Hinweise darauf, dass adulte Stammzellen vielleicht genauso effektiv bei der Behandlung von Krankheiten wie embryonale Stammzellen sind. Die ethischen Fragen nehmen dann eine neue Form an und fragen, ob Embryoforschung notwendig ist, damit die Wissenschaft alle möglichen Wege zu medizinischen Durchbrüchen erforschen kann, oder ob sich nunmehr andeutet, dass die Alternative ethisch kontroverse Forschung unnötig macht? Natürlich wäre es eine ethische Haltung, dass, selbst wenn es keine Alternativen gibt, die ethischen Kosten zu hoch sind, um die Zerlegung von Embryonen zu rechtfertigen.

Interessanterweise opponieren selbst einige Leute, die einen menschlichen Embryo als eine potenzielle Person betrachten und nicht als ein verwirklichtes Individuum, aus ethischen Gründen gegen die Zerlegung menschlicher Embryonen. Die Bedenken richten sich nicht direkt gegen den Embryo und seinen Status, sondern vielmehr dagegen, wie die Gesellschaft menschliches Leben überhaupt ansieht. Aus ihrem Blickwinkel befinden wir uns auf wackligem Boden, wenn die Zerlegung von Menschen zu experimentellen Zwecken sich von der Verwendung von Embryonen zur Verwendung geborener Individuen verlagert. Einmal mehr kehren wir zur Frage nach der Person zurück, insbesondere als gesellschaftliches Konstrukt, das verschiedene Menschen auf der Grundlage Lebensqualität und ihrer Nützlichkeit für die Gesellschaft einordnet.

Überschüssige Embryonen vs. Herstellung von Embryonen für die Forschung

Wenn wir die Frage hinsichtlich des moralischen Status eines Embryo erörtern, gibt es verschiedene Sichtweisen auf der Grundlage des ursprünglichen Zwecks, für den der Embryo erzeugt worden ist, oder der Methode, durch die der Embryo erzeugt worden ist. Wie wir in Kapitel 11 diskutiert haben, ist eine mögliche Quelle für Embryonen ein „Überschuss" an Embryonen aus der Reagenzglasbefruchtung (engl. *in vitro fertilization*, IVF). Diese Embryonen, die eingefroren aufbewahrt werden, nachdem ein Paar andere Embryonen für die Implantation und eine hoffentliche Schwangerschaft und Geburt verwendet hat, könnten für die Forschung (mit dem Einverständnis des Paares) gespendet werden. Abhängig von der IVF-Klinik oder dem Land können Embryonen nach einer bestimmten Zeit verworfen werden. Erstellen Sie für sich selbst eine Liste der notwendigen ethischen Gesichtspunkte für diesen Umstand. Einige sagen, dass es ethisch in Ordnung ist, diese Embryonen für die Forschung zu verwenden, falls die Alternative ist, dass sie entsorgt werden, und dass einiges ethisch Gute aus ihrer Existenz gezogen werden kann, falls sie zu einer potenziellen Therapie oder einer Erhöhung des wissenschaftlichen Wissens beitragen können. Andere sagen, dass ihre Zerlegung für die Forschung eine ethische Linie überschreitet, die unvereinbar mit dem Zweck ist, für den sie ursprünglich erzeugt worden sind.

Eine weitere potenzielle Quelle für menschliche Embryonen ist die spezifische Erzeugung von Embryonen für Forschungszwecke. Hier besteht ein Unterschied in der ursprünglichen Absicht für die Embryoerschaffung. Einige haben argumentiert, dass die Verwendung übriggebliebener Embryonen für die Forschung ethisch ist, die gezielte Erschaffung von Embryonen für die Forschung hingegen nicht. Überlegen Sie, ob es einen biologischen Unterschied in den Embryonen gibt, oder in einer Sicht der Absicht oder Verwendung der Embryonen, um zu ermitteln, ob dieses Argument ethisch stimmig ist.

FRAGE UND ANTWORT F&A

Frage

Welche anderen Menschen außer Embryonen könnten die Bedingung eines Ich-Bewusstseins nicht erfüllen?

Antwort

Menschen, die zeitweise oder permanent behindert sind, könnten dieses Kriterium nicht erfüllen. Zu dieser Gruppe könnten Menschen gehören, die im Koma liegen, solche mit fortgeschrittener Alzheimer'scher Krankheit oder anderen neurologischen Krankheiten und solche, die eine traumatische Hirnverletzung erlitten haben. Abhängig von der Definition des Ich-Bewusstseins könnten auch Kleinkinder diese Bedingung nicht erfüllen, ebenso wie manche geistig Behinderte. Tatsächlich erfüllt keiner von uns dieses Kriterium während des Schlafs!

Klonierung

Die Erzeugung klonaler Embryonen durch somatischen Zellkerntransfer wirft viele derselben Fragen auf, denen wir bei der Stammzellforschung begegnet sind, mit der zusätzlichen Verkomplizierung der Technik (► Abbildung 13.4) und der potenziellen „Identität" des klonalen Embryos. Ein Klonembryo, der für die Übertragung in eine Gebärmutter erzeugt worden ist, sieht sich vielen Gefahren und Sicherheitsfaktoren hinsichtlich seiner eigenen Entwicklung und seines Wachstums gegenüber, sowohl vor als auch nach der Geburt. Die Erfolgsrate für Lebendgeburten und das nachfolgende Überleben solcher klonaler Nachkommen ist extrem niedrig, und eine Debatte über die Frage, ob irgendein klonaler Nachkomme tatsächlich (langfristig) gesund ist, setzt sich fort. Ein Betrachtungspunkt ist es, ob die Erzeugung eines klonalen Humanembryos mit der Absicht der Einleitung einer Schwangerschaft und Lebendgeburt als ein weiterer Typ von unterstützender Fortpflanzungstechnologie ähnlich der IVF betrachtet werden sollte, oder ob (wegen der Sicherheitsrisiken und niedrigen Erfolgsaussichten) dies als unethische Humanforschung betrachtet werden sollte. Gesellschaftliche Fragen hinsichtlich der Identität eines ungeborenen

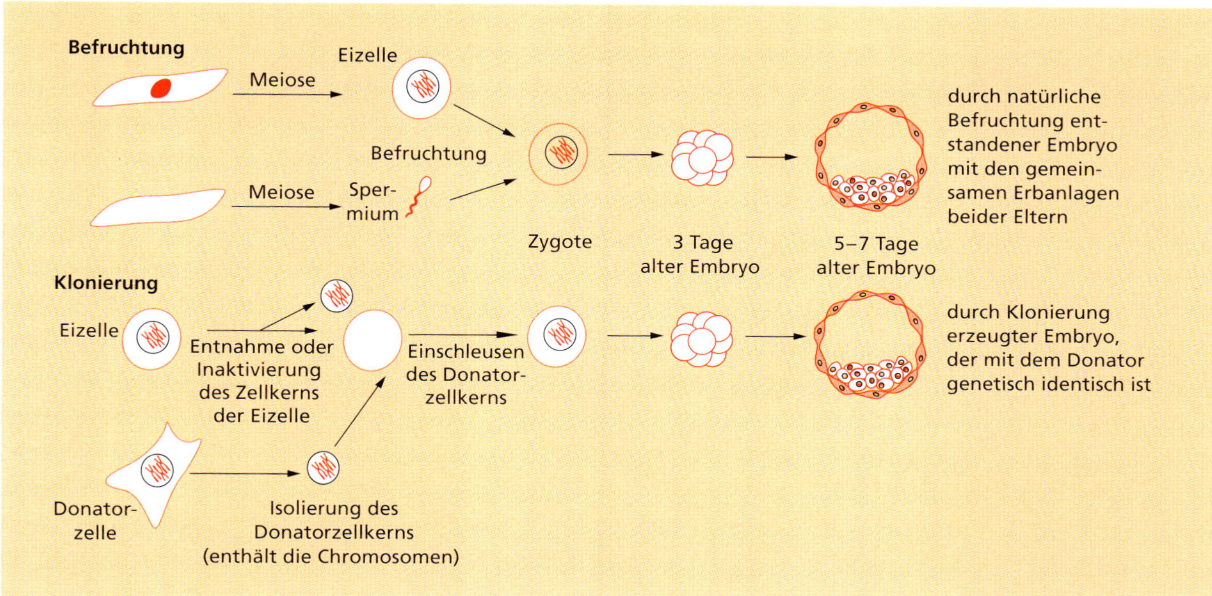

Abbildung 13.4: Die Erzeugung von Embryonen durch Befruchtung vs. Klonierung (somatischer Zellkerntransfer).

klonalen Nachkommens müssen ebenfalls in die Betrachtung einbezogen werden. Falls sich beispielsweise ein Paar entscheidet, ein Klonkind erzeugen zu lassen, und dafür eine Spenderzelle der Frau benutzt, wird das Klonkind keine genetische Tochter, sondern eine „Zwillingsschwester" der Mutter sein und mit dem Ehemann biologisch überhaupt nicht verwandt sein. Ethische Betrachtungen im Hinblick auf den klonalen Nachkommen schließen ein, wie das Fehlen von Verwandtschaft zu einem Elternteil die Sippschaft und die Familienbeziehungen ändert. Unter der Voraussetzung, dass der klonale Nachkomme eine genetische Kopie eines der Eltern ist, könnte es Erwartungen geben, die auf den Nachkommen gerichtet sind, nachdem er geboren ist, ein besseres Leben zu führen als die Person, aus der er hervorgegangen ist. Eine weitere potenzielle Sorge entsteht, falls – was möglich ist – eine vormals existierende Person, nunmehr verstorben, kloniert wird. Die genetische Ausstattung eines klonalen Nachfahren wird bereits bekannt sein, weil der Vorgang der Klonierung ein vorher existentes Individuum reproduziert. Ein klonaler Nachfahre mag sich der Erwartung ausgesetzt sehen, diesem genetischen Vermächtnis zu entsprechen, mit gesteigerten Erwartungen durch die Eltern und andere, auf der Grundlage dessen, was vom Vorfahren erreicht wurde. Behalten Sie jedoch im Gedächtnis, dass es viele andere Faktoren gibt, die uns bestimmen, obwohl die genetische Ausstattung eines klonalen Nachkommens vorgegeben ist.

Unsere Gene legen viele unserer körperlichen Merkmale fest und prädisponieren uns sogar für verschiedene Krankheiten oder Verhaltensweisen, aber wir sind auch das Produkt unserer Umwelt und Erfahrung. Ein gutes Beispiel ist die klonierte Katze „cc:" (► Abbildung 13.5). Obwohl sie der Katze, die ihr Erbgut gespendet hat, sehr ähnlich sieht, ist das Muster ihres Fells etwas verschieden. Diese Unterschiede können auftreten, weil selbst die Umwelt im mütterlichen Körper die Entwicklung beeinflusst – in diesem Fall das Fellmuster. Eineiige

Abbildung 13.5: Die erste klonierte Katze, „cc:" („carbon copy cat").

Zwillinge weisen unterschiedliche Fingerabdrücke auf. Und natürlich sind wir, nachdem wir geboren worden sind, vielen Erfahrungen und Umwelteinflüssen ausgesetzt, die uns zu dem machen, was wir sind. Diese Erfahrungen können nicht verdoppelt werden, und so wird der klonale Nachfahre anders aufwachsen als der Vorgänger und sich vielleicht ziemlich anders verhalten. Ein klonaler Nachfahre von Albert Einstein könnte Künstler statt Wissenschaftler werden. Vieles beeinflusst uns, nicht nur unsere Gene. Bislang haben wir die Erzeugung eines klonierten menschlichen Embryos mit der Absicht der Produktion eines lebendgeborenen Kindes betrachtet. Dies ist jedoch nicht der einzige Vorschlag für die Erzeugung klonaler Menschenembryonen. Einige haben argumentiert, dass die klonierende Erzeugung menschlicher Embryonen zu passenden Embryonalzellen für Patienten (► Abbildung 13.6) und zu wertvollen Humanforschungsmodellen für die Untersuchung von Erbkrankheiten und Krebs führen könnte. Obwohl dies wie ein potenziell wertvoller und ethischer Grund für die Erzeugung klonaler Humanembryos klingen mag, argumentieren andere, dass solche Embryonen nicht erzeugt werden sollten.

Ein Argument gegen die Erzeugung klonaler menschlicher Embryonen gründet sich nicht auf den immanenten Wert des Embryos als Mensch oder Person, sondern auf das Argument, dass dies zu einer Kommerzialisierung des Menschen führen und menschliches Leben zu einem Gut machen könnte, das gekauft, verkauft und verwertet werden kann. Wieder andere haben argumentiert, dass wir menschliche Embryonen nicht auf eine Weise erzeugen sollten, die menschliches Leben fabriziert, die so genannten Designerembryonen. Ein Argument für die Erzeugung klonaler menschlicher Embryonen stützt sich auf die Voraussetzung, dass, falls ein Embryo nicht auf normalem Wege (in diesem Fall ist die Befruchtung gemeint) erzeugt wird, er nicht menschlich ist. Jedes dieser Argumente gründet sich auf eine unterschiedliche Definition davon, was es bedeutet, ein Mensch zu sein, und welchen Wert man dem menschlichen Leben zumisst.

Ein Embryo ist und bleibt ...

Die Frage, was es bedeutet, ein Mensch zu sein – oder eine Person –, kann zahlreiche Definitionen haben. Ein Aspekt der Definition ist die genetische Identität, das heißt, hat das Individuum die Genetik eines Menschen? Diese Definition würde dafür argumentieren, dass jedes Individuum (Embryo oder erwachsener Mensch), das ein Mitglied der Art ist, einen intrinsischen Wert auf der Grundlage dieser Identität hat. Andere biologische Definitionen identifizieren wichtige Zeitpunkte der Entwicklung – das schlagende Herz, Hirnwellen, die Atmung. Noch andere Definitionen zielen auf höhere kognitive Funktionen, das Ich-Bewusstsein und andere intellektuelle Komponenten. Sie sollten versuchen, für sich selbst zu definieren, welche die ethisch beste Definition darstellt.

Jenseits von Befruchtung und Klonierung sind andere Techniken für die Herstellung von Embryonen vorgeschlagen worden. Ein Vorschlag sieht die Erschaf-

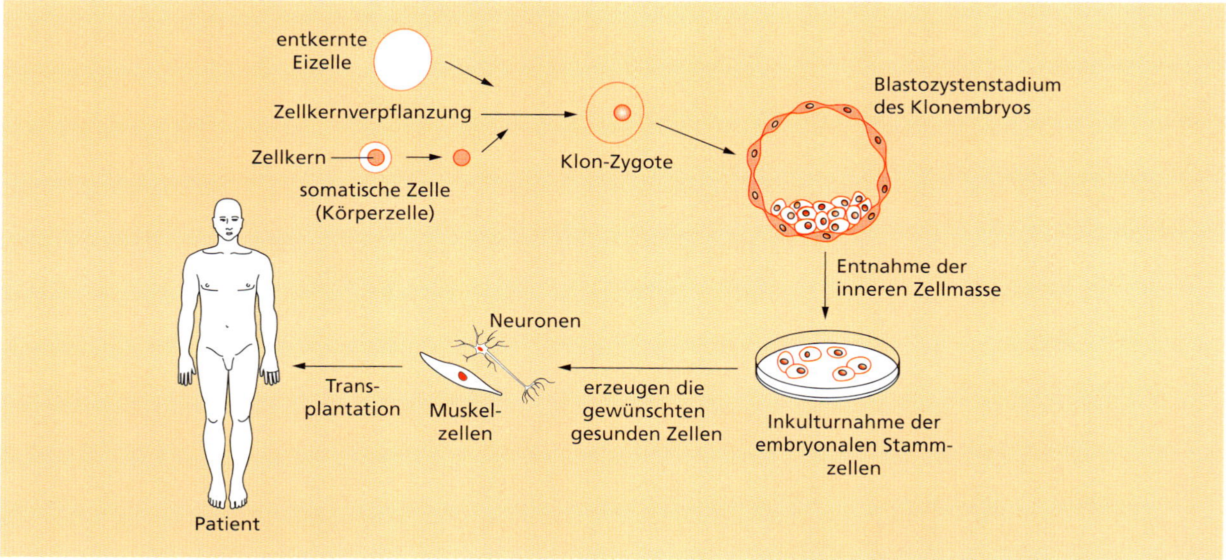

Abbildung 13.6: Schema des therapeutischen Klonierens zur Produktion passenden gesunden Gewebes für Patienten.

SIE ENTSCHEIDEN!

Gleich oder unterschiedlich?

Stellen Sie sich folgendes Szenario vor: Ein Embryo wird für ein Paar erschaffen (suchen Sie sich Ihre bevorzugte Methode aus), das ein Kind haben will. Es ist jedoch bekannt, dass das Paar mit einem erblichen Defekt behaftet ist, mit einer hundertprozentigen Sicherheit, dass der Embryo die Krankheit haben wird. Wissenschaftler, die mit dem Paar arbeiten, isolieren die embryonalen Stammzellen aus dem Embryo. In der Zellkultur sind sie in der Lage, das genetische Problem in den Zellen zu reparieren. Einige der embryonalen Stammzellen werden dann unter Verwendung tetrapolider Embryonalzellen verpackt und so ein Mutantenembryo erschaffen, der in die Frau eingepflanzt und bis zur Geburt ausgetragen wird. Der Säugling, der geboren wird, hat die Erbkrankheit nicht, und auch keines seiner Kinder wird sie haben. Es gibt verschiedene ethische Fragen, die hinsichtlich dieses Szenarios diskutiert werden können, z. B.: Ist der Säugling, der geboren wird, der gleiche Mensch/die gleiche Person/dasselbe Individuum wie der ursprüngliche Embryo? Sie entscheiden!

fung von Embryonen vor, die nicht in eine Gebärmutter eingepflanzt werden oder sich bis über einen gewissen Punkt hinaus weiterentwickeln können. Dies könnte durch die mutative Veränderung oder Deletion von Genen für gewisse Schlüsselereignisse der Entwicklung geschehen. Wissenschaftler in Großbritannien haben dies bei Fröschen erfolgreich zuwege gebracht und dabei einen Frosch ohne Kopf erzeugt (dem Frosch fehlt tatsächlich das Gehirn mit Ausnahme des Hirnstammes). Manche schlagen vor, die Gentechnik einzusetzen, um ein ähnliches menschliches Konstrukt zu erzeugen, das zur Organspende verwendet werden könnte. Sie sollten überlegen, ob dies etwas erzeugt, was biologisch ein Embryo ist, und auch, ob dieses Etwas als Mensch betrachtet werden könnte. Der Vorschlag geht davon aus, dass es eine relevante biologische Größe gibt (in diesem Fall höhere kognitive Funktionen). Konstruieren Sie ein Argument für oder gegen die Heranziehung kognitiver Funktionen als ethische Kategorie.

Andere vorgeschlagene Techniken sind die **Parthenogenese** (die Beeinflussung einer Eizelle, um die Ausstoßung des zweiten Polkörpers zu verhindern, wodurch der diploide Zustand mit $2n$ Chromosomen erhalten bleibt; ► Abbildung 13.7), die Androgenese (die Einschleusung von zwei Spermienkernen in eine entkernte Eizelle) sowie die spermienlose Befruchtung (die Zuführung eines somatischen Zellkerns zu einer intakten Eizelle mit nachfolgender Entfernung des halben somatischen Zellkerns. Embryonen (und daraus geborene Individuen) können auch ausgehend von embryonalen Stammzellen erzeugt werden (► Abbildung 13.8). Die embryonalen Stammzellen werden zwischen artifiziell erzeugten tetraploiden Embryonen eingebettet, die durch die erzwungene Fusion von Zweizellembryonen erschaffen werden. Diese Einbettung führt zur Ausbildung einer Trophoblastenzellschicht – einer Gewebeschicht der Plazenta –, die sich von den tetraploiden Embryonalzellen herleitet und die embryonalen Stammzellen umgibt. Die embryonalen Stammzellen werden also gewissermaßen wieder in ihre ursprüngliche topologische Position innerhalb eines „normalen" Embryos zurückversetzt. Mäuse und Rinder sollen als Lebendgeburten daraus hervorgegangen sein. Sie können überlegen, ob diese Techniken die Artintegrität kompromittieren. Wenn man diese und andere Techniken zur Erzeugung von Embryonen untersucht, bleiben die ethischen Fragen unverändert erhalten – was macht uns zu Menschen, und welches sind unsere Verpflichtungen gegenüber anderen Menschen?

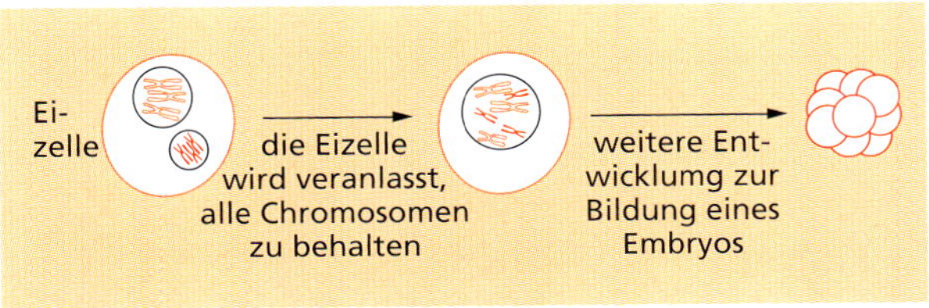

Abbildung 13.7: Parthenogenese.

Regularien

Die gesetzlichen Regelungen in den USA hinsichtlich der Klonierung und Stammzellforschung sind vielgestaltig und werden nach wie vor debattiert. Seit 1996 ist die Vergabe von Bundesfördermitteln für die Herstellung menschlicher Embryonen durch Befruchtung, Klonierung, Parthenogenese oder jede andere Methode zur Verwendung in der Forschung oder die Verwendung von Bundesfördermitteln für Forschungen, die die Zerlegung menschlicher Embryonen einschließt, durch den

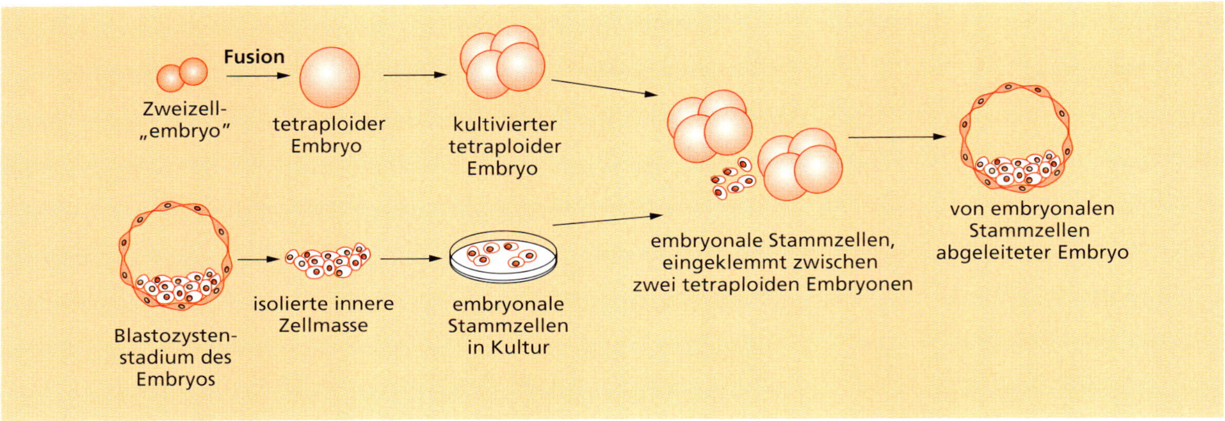

Abbildung 13.8: Erzeugung von Organismen unter Verwendung embryonaler Stammzellen.

Kongress verboten. Man beachte jedoch, dass sich dieses Verbot lediglich auf die Verwendung von Regierungsgeldern bezieht – es gibt keine Bundesgesetze, welche die Zerlegung von Embryonen oder das Klonieren von Menschen, die privat finanziert werden, verbieten.

International ist die Lage nur wenig einheitlicher. Einige Länder (wie Großbritannien, China und Singapur) haben sehr liberale Gesetze erlassen, die Forschung an Embryonen und das therapeutische Klonieren erlauben. Die meisten anderen Länder, und internationalen Körperschafen sind jedoch restriktiver, wenigstens im Hinblick auf das Klonieren von Menschen. Mehrere Länder – darunter Australien, Kanada, Frankreich und Deutschland – haben das Klonieren aus unterschiedlichen Gründen untersagt. Die ersten drei dieser Länder haben auch verlautbaren lassen, dass sie Gesetze erlassen werden, die lediglich die begrenzte Verwendung einiger tiefgefrorener Embryonen für die Forschung erlauben werden. Internationale Körperschaften wie die Europäische Union und die Vereinten Nationen bewegen sich ebenfalls auf ein vollständiges Verbot der Humanklonierung zu. Die Diskussionen über Forschungen dieser Art (und die ethische Bewertung solcher Forschungen) haben globale Dimensionen angenommen.

Ihre Gene, Ihr „Ich"

Dem Humangenomprojekt ist es gelungen, das gesamte Erbgut des Menschen zu kartieren und zu lesen, und es kann im Prinzip zur Identifizierung der Grundlagen vieler Krankheiten beitragen. Dieses Wissen könnte seinerseits zu Strategien zur Behandlung oder Verhinderung von Krankheiten führen. Da aber die Geschichte, die unser aller Gene erzählen, heute so leicht lesbar ist, gibt es wachsende Sorgen hinsichtlich dieser sensiblen Informationen. Unsere DNA-Sequenz ist ein wahrhaft einzigartiges Identifikationsmerkmal. Besonders Forscher müssen Sorge tragen, dass die Identität von Spendern genetischen Materials, das sie zur Sequenzierung und Untersuchung erhalten, vertraulich behandelt wird. Da ein ungehinderter Austausch wissenschaftlicher Erkenntnisse und Informationen die rasche Verbreitung von Ideen und den Fortschritt fördert, werden wir einen Blick auf einige der Wege werfen, wie Wissenschaftler Erbinformation sichern, um zu garantieren, dass die genetische Privatsphäre individueller Forschungsteilnehmer (Probanden), von Patienten oder Personengruppen erhalten bleibt. Dies ist nicht nur für die Beruhigung der Probanden und Patienten wichtig, sondern auch, damit die Wissenschaftler weiterhin das Vertrauen der Menschen genießen können sowie deren Willigkeit, an Forschungsprojekten teilzunehmen.

In dem Maß, in dem im klinischen Umfeld die Identifizierung genetischer Merkmale mehr und mehr zur Routine wird, werden die Ärzte die genetische Privatsphäre ihrer Patienten sicherstellen müssen. Es gibt erhebliche Befürchtungen, dass Erbgutinformationen von Arbeitgebern, Versicherungsunternehmen, Regierungsbehörden oder der allgemeinen Öffentlichkeit verwendet werden können. Die genetische Privatsphäre und die Verhinderung genetischer Diskriminierung wird in den kommenden Jahren von zunehmender Bedeutung sein.

Mehr oder weniger menschlich?

Genetische Techniken entwickeln sich rasch, und nach vielen Jahren der Forschung gibt es nunmehr die ersten erfolgreichen Fallbeispiele für Gentherapien beim Menschen. Wie wir in Kapitel 11 erörtert haben, sind diese ersten Erfolge bei Kindern erzielt worden, die an der angeborenen Immunschwäche SCID (*severe combined immunodeficiency syndrome*) litten. Diese Individuen werden praktisch ohne funktionsfähiges Immunsystem geboren, primär wegen eines defekten Gens in ihren Zellen. Die erfolgreichen Behandlungen haben adulte Stammzellen aus dem Knochenmark von Kindern benutzt und dabei mit Hilfe der Gentechnik das korrekte Gen hinzugefügt sowie die veränderten Stammzellen in den Patienten zurückversetzt (siehe Abbildung 11.12). Bisher deutet alles darauf hin, dass die behandelten Kinder alle von ihrer Immunschwächekrankheit geheilt worden sind und in der Lage sind, ihre Schutzzelte zu verlassen und ein praktisch normales Leben zu leben.

Durchdenken Sie einige der ethischen Gesichtspunkte, die mit der Technik der Gentherapie zusammenhängen. Gentherapeutische Behandlungen, wie die, die eingesetzt wurden, um die SCID zu korrigieren, scheinen auf breiter Basis erfolgreich zu sein, so dass man denken könnte, dass es keine Bedenken geben sollte. Da dies jedoch experimentelle medizinische Verfahren sind, gibt es sicherlich Aspekte der Patientenzustimmung, der Sicherheit und Effektivität. Ein Sicherheitsaspekt, der sich aufgetan hat, ist das Potenzial zur Krebsbildung. Nach einer beträchtlichen Zeit nach der erfolgreichen Gentherapie haben einige der Kinder Leukämien entwickelt, und es scheint, dass die Adenovirusvektoren, die für die Gentechnik eingesetzt wurden, für die Aktivierung krebsauslösender Gene verantwortlich sind. Diese Konsequenz hat zu erheblichen Bedenken bezüglich zukünftiger genetischer Therapien geführt, besonders die Verwendung dieses speziellen viralen Vektors. Darüber hinaus haben einige Länder alle Gentherapieversuche am Menschen gestoppt, bis weitere Experimente die Sicherheit der Behandlung nachweisen können. Ein ethischer Einwand könnte also das Risiko sein, das mit der Abänderung des Erbguts eines Individuums einhergeht, insbesondere die Spezifität der Zielfindung bei der Insertion des Ersatzgens.

Somatische Gentherapien richten sich auf die Behandlung existierender Erbkrankheiten. Wir sollten jedoch auch die Möglichkeit der genetischen Behandlung von Zuständen in Betracht ziehen, bei denen es nur eine genetische *Tendenz* hin zu einer bestimmten Krankheit gibt und keine Gewissheit besteht, dass die Krankheit auftreten wird. Ein Beispiel ist Brustkrebs, für den Gene (wie Mutationen in BRCA1 und BRCA2) identifiziert wurden, die das Risiko seiner Entwicklung erhöhen. Wir müssen den Unterschied zwischen einer genetischen Krankheit und einem genetischen Merkmal betrachten. Bei einer genetischen Krankheit (Erbkrankheit; zum Beispiel SCID) gibt es ein existierendes genetisches Problem, das die Krankheit, die man bei der Person sieht, definitiv auslöst. Ein genetisches Merkmal bedeutet jedoch nicht, dass der Krankheitszustand existiert, und führt nicht notwendigerweise immer zur Krankheit. Falls wir Merkmale betrachten, die nicht notwendigerweise zu einer Krankheit führen oder die vielleicht noch nicht einmal mit einem erhöhten Krankheitsrisiko verbunden sind, dehnen wir unsere Betrachtungen zur Gentechnik über das Therapeutische hinaus aus und fangen an zu überlegen, ob wir andere genetische Modifikationen für ethisch akzeptabel halten.

Sie sollten vielleicht auch überlegen, ob die genetische Behandlung einer bestehenden Krankheit der gentechnischen Verhinderung der Krankheit gleichwertig ist. Dies scheint vielleicht eine seltsame Frage zu sein, da eine Krankheit im Vergleich zu einem normalen, gesunden Zustand leicht identifizierbar ist. Aber die wahre Frage bezieht sich darauf, was man als normal im Gegensatz zu anormal ansehen kann. Es könnte eine feine Grenzlinie für ethische Unterscheidung zwischen der Behandlung eines bekannten genetischen Problems und der Verhinderung selbst der Möglichkeit eines potenziellen Problems geben.

Erwägen Sie, ob die Verbesserung unserer individuellen Erbmasse, vielleicht um die Muskelmasse zu steigern oder die Sauerstofftransportfähigkeit der roten Blutkörperchen, auch als medizinisch notwendig für die Gesundheit des Individuums erachtet werden könnte. Ein Verbot solcher genetischer Veränderungen könnte als Verletzung von Individualrechten betrachtet werden. Da das Genom dieser Person verändert werden würde, müssen wir die Frage erörtern, ob das Individuum immer noch als „menschlich" erachtet werden könnte, und was wir in diese Definition einbeziehen können.

Die Frage, was ein Lebewesen menschlich macht, wird drängender, wenn wir das Potenzial der **Keimbahnveränderung** in Augenschein nehmen. In diesem Fall wird die genetische Veränderung an Spermien- oder Eizellen oder dem Frühembryo vorgenommen. Dies kann die Abänderung tatsächlich effektiver machen als die somatische Gentechnik, weil die genetische Modifikation jede Zelle des Individuums betreffen kann. Als Folge wird die genetische Änderung erblich sein. Potenziell könnte dies die Eliminierung einiger Erbkrankeiten bedeuten, da diese Allele aus dem Genbestand („Genpool") des Menschen entfernt werden könnten. Überlegen Sie, ob dieser Typ der genetischen Modifizierung, der nicht nur das behandelte Individuum betrifft, sondern auch zukünftige Generationen, ethisch akzeptabel sein könnte. Einige der potenziellen Resultate der Entfernung oder Zufügung von Genen zum menschlichen Genpool könnten die Eliminierung von Erbkrankheiten oder Krankheitsanfälligkeiten, verbesserte menschliche Leistungsfähigkeit, erhöhte oder herabgesetzte Lebenserwartung oder erhöhtes Krebsrisiko einschließen. Ein Nobelpreisträger ist als Fürsprecher für diese Art von Forschung aufgetreten, da dies zur Entwicklung eines „besseren Menschen" führen könnte, aber wir müssen auch überlegen, was „besser" bedeutet und wessen Definition für diese Entscheidungen herangezogen werden sollte.

13.3 Wirtschaft, Wissenschaft und Kommunikation

Wir können der Tatsache, dass Geld eine wesentliche Rolle bei Entscheidungen in der Forschung spielen kann, nicht entgehen. Private Investitionen fließen ebenso wie Regierungsmittel in Forschungsprojekte ein, und Einzelpersonen genauso wie Firmen trachten danach, die Biotechnologie für Entdeckungen einzusetzen, die Profit abwerfen werden. Wissenschaftliche Forschung ist nicht nur in vielen Fällen teuer, Projekte, Firmen und Karrieren steigen in Abhängigkeit von der finanziellen Förderung und Profitabilität der Forschung auf oder gehen unter. Es ist klar ersichtlich, dass es nicht genug Geld für jedes wissenschaftliche Vorhaben gibt, und jedes wird auf der Grundlage, ob es unser Wissen über fundamentale Aspekte der Wissenschaft erweitert oder eine Entdeckung oder ein Produkt produziert, die unser Leben verbessert, beurteilt. Wissenschaftlergremien, die die Forschungsvorschläge prüfen, treffen für gewöhnlich diese Entscheidungen, aber die Gesamtsummen und zuweilen auch Entscheidungen über die Ausrichtung der Förderung werden von den Geldgebern festgelegt. Die meisten Entscheidungen gründen sich auf den potenziellen Erfolg der Wissenschaft, ihrer Neuartigkeit und ihren möglichen Anwendungen. Einige der Entscheidungen können jedoch auch davon beeinflusst werden, wie gut die Wissenschaftler den Gutachtern bekannt sind, oder von politischem Druck auf die Fördergremien.

Wir sollten in Betracht ziehen, wie Anträge begutachtet werden, ihre Erfolgswahrscheinlichkeit, aber auch ihre Möglichkeit, zur Breite des wissenschaftlichen Wissens beizutragen. Zusätzliche Gesichtspunkte sind die Kosten und der Zugang zu jedweder Behandlung, die vielleicht produziert wird. Die Förderung von Forschung, die zu Behandlungen oder Produkten führt, die so teuer sein werden, dass nur die Reichen sie sich leisten können, könnte eine kolossale Verschwendung von Geld und Zeit sein und nahelegen, stattdessen andere Forschungen zu finanzieren. Da die möglichen Quellen für Fördermittel für die Forschung begrenzt sind, müssen Förderungsentscheidungen hinsichtlich der Frage abgewogen werden, ob die Förderung einer Art von Forschung die Förderung einer anderen, potenziell erfolgreicheren Forschungsrichtung einschränkt.

Intellektuelle Eigentumsrechte sind ebenfalls von Bedeutung, wenn wir die ethischen Implikationen der

SIE ENTSCHEIDEN!

Was soll man mit Gentherapie behandeln?

In Kapitel 11 haben wir einige der ungelösten wissenschaftlichen Fragen im Umfeld der Gentherapie diskutiert. Es gibt auch viele ethische Bedenken über die Gentherapie, zum Beispiel die Risiken, die mit der Gentherapie verbunden sind. Verstehen der Patient und seine Familie die Risiken, die mit einem Gentherapieversuch einhergehen?

Zum Beispiel litt Jesse Gelsinger (in Kapitel 11 haben wir gelernt, dass dieser Patient als Folge einer versuchten Gentherapie verstorben ist) an einer relativ milden Form einer Krankheit, die erfolgreich medikamentös behandelt worden war. Hätte er ein Teilnehmer bei einem Gentherapieversuch sein sollen? Gelsinger hatte sich freiwillig dafür gemeldet. Gentherapie ist gegenwärtig sehr teuer. Sollte jedermann Zugang zu Gentherapiebehandlungen haben, ungeachtet der Kosten?

Welche Arten von Krankheiten und Zuständen sollten Gegenstand der Gentherapie sein, zum Beispiel nur tödliche Krankheiten? Wie steht es mit behandelbaren Krankheiten, bei denen die Gentherapie eingesetzt werden würde, damit Patienten nicht tägliche, aber wirkungsvolle, Medikamente einzunehmen brauchten? Wie steht es mit kosmetischen Zuständen wie Kahlköpfigkeit? Sie entscheiden!

BERUFSPRAXIS

Tätigkeiten in der Bioethik

Rund um die Welt gibt es mehr als einhundert akademische Forschungszentren für Bioethik. Durch ethische Themen im Umfeld des Humangenomprojekts, der Alterung, der Klonierung und gentechnisch modifizierter Organismen (GMOs) befindet sich das öffentliche Interesse an der Bioethik auf einem Höchstwert, und es gibt viele aufregende Laufbahnmöglichkeiten für Bioethiker. In der Medizin waren ethische Grundsätze von Beginn an existent, der „Eid des Hippokrates" ist ein berühmtes Beispiel. Die (moderne) Bioethik hat sich aber erst in den vergangenen zwei Jahrzehnten als Disziplin herausgebildet. Als Bedenken über Themen wie Abtreibung und Euthanasie laut wurden, berieten sich die Mediziner mit Theologen und Philosophen, um das Feld der Bioethik zu entwickeln. In den späten 80er-Jahren kam es zu einer verstärkten Einbeziehung von Juristen und Wissenschaftlern. All diese Sichtweisen (wissenschaftlich, medizinisch, juristisch, philosophisch und theologisch) haben zur Entwicklung der Disziplin Bioethik beigetragen. Eine einheitliche Ausbildung oder eine klar erkennbare Laufbahn gibt es für die Bioethik noch nicht.

Viele Menschen, die in der Bioethik aktiv sind, haben vernünftigerweise eine naturwissenschaftliche oder medizinische Ausbildung und ggf. eine formale Zusatzqualifikation im Bereich Bioethik. Einige wenden sich im Verlauf oder nach einer juristischen Ausbildung dem Feld zu, andere nähern sich aus der Philosophie. Andere denkbare Ausgangspunkte sind die Anthropologie, medizinische Anthropologie, Humanbiologie, (medizinische) Soziologie, Wissenschaftsgeschichte oder Medizingeschichte, Krankenpflege u. Ä. Über die Frage nach dem besten Ausbildungsgang herrscht keine Einigkeit, doch herrscht die Ansicht vor, dass eine interdisziplinäre Ausbildung günstig sei. Der angehende Bioethiker sollte ein breit angelegtes Wissensfundament haben, sprachliche Fähigkeiten sowie die Fähigkeiten zur Kommunikation über Fachgrenzen hinweg. Ein sehr solides wissenschaftliches Fundament scheint jedoch unabdingbar, um die Sachverhalte, über die ja gestritten wird, überhaupt verstehen und einschätzen zu können.

Die Wahl des richtigen Ausbildungsganges hängt zum größten Teil von den persönlichen Interessen ab. Beginnen Sie mit einer Bestandsaufnahme Ihrer eigenen Interessen und Fertigkeiten und deren Bezug zur Bioethik. Sie sollten auch in Augenschein nehmen, welche möglichen Beschäftigungsverhältnisse verfügbar sind, so dass Sie die notwendige Ausbildung voraussehen können. Dies ist natürlich immer nur in bestimmten Grenzen möglich, und das sogar in streng definierten Ausbildungen wie denen zum Arzt oder Lehrer.

Ethisches Bewusstsein kann einen Arbeitgeber von Ihrem Potenzial überzeugen. Wenn Biotechnologiefirmen nach möglichen Angestellten Ausschau halten, sehen sie sich nicht einfach die akademischen Lorbeeren und die Berufserfahrung an. Arbeitgeber suchen oft nach umfassend qualifizierten Mitarbeitern, die nicht nur gut in der Gruppe arbeiten, sondern auch diplomatisch, vielseitig und belastbar sind, die in der Lage sind, Netzwerke um sich herum aufzubauen. Lassen Sie Arbeitgeber wissen, dass Sie diese Fertigkeiten besitzen, selbst wenn Sie diese über die Jahre durch andere Berufserfahrung als die in der Bewerbung geforderte erworben haben. Kommunikationsfertigkeiten sind ebenfalls wichtig in Wissensindustrien wie der Biotechnologie, und die fließende Beherrschung mehr als einer Sprache kann ein Vorteil sein. Fähig zu sein, wirkungsvolle Präsentationen durchzuführen, ist auch von Bedeutung. Vertrautheit mit den Medien, um dies wirkungsvoll zu tun, ist eine Notwendigkeit.

Anpassung an wechselnde Umgebungen ist eine weitere wichtige Fähigkeit, da sich Biotechnologiefirmen ständig mit der Technologie verändern. Geben Sie hinreichende Beispiele für Ihre Fähigkeit, sich anzupassen, rasch zu denken und Dinge aufzufassen und zu verstehen, was der Kunde sagt.

Zeigen Sie, dass Sie viel persönliches Engangement in Ihre Arbeit investiert haben und verstehen, wie die Leute Sie wahrnehmen. Versuchen Sie auf verschiedene Weise herauszukehren, wie Ihre Fertigkeiten, Ihr Wissen und Ihre Erfahrung zu konkreten Errungenschaften geführt haben. Seien Sie darauf vorbereitet, Ihre soziale Kompetenz mit klaren Beispielen zu belegen, scheuen Sie aber nicht davor zurück, sich selbst oder Ihre ethischen Fähigkeiten zu verkaufen.

Forschung und ihrer Förderung betrachten. Die Patentierung geistigen Eigentums (isolierte Gene, neue Genkonstrukte, neue Zelltypen, GMOs oder gar Embryonen) können potenziell lukrativ für die Entdecker sein, können aber auch ethische und wissenschaftliche Probleme aufwerfen. Betrachten Sie zum Beispiel die Möglichkeiten für ein menschliches Gen, das isoliert und charakterisiert – und dann vom Entdecker patentiert worden ist. Die Person oder Firma, die das Patent hält, könnte vom jedem, der sich anschickt, mit dem patentierten Gen zu forschen, eine Lizenzgebühr für dessen Verwendung fordern. Sollte ein diagnostischer Test oder eine Therapie aus der Forschung erwachsen, könnten weitere Gebühren- und Tantiemenforderungen die Folge sein. Dies könnte es potenziell schwierig oder teuer machen, die Forschung an einigen Genen durchzuführen, oder die klinische Verwendung des patentierten Gens einschränken.

Ethische Fragen hinsichtlich der Biotechnologie berühren auch die Rolle der Wissenschaft in der Gesell-

„Ich finde, es wird immer schwieriger, vernünftige Arbeit zu machen, wenn dauernd die ganzen Ethiker hier herumhängen."

Abbildung 13.9: Ethische Entscheidungsfindung ist ein Teil der Wissenschaft.

schaft (► Abbildung 13.9). Wissenschaft und Technik haben Entdeckungen und Erfindungen hervorgebracht, die unser Leben glücklicher und gesünder machen. Aber es ist wichtig zu überlegen, ob Wissenschaftler eine unbegrenzte Freiheit bei der Forschung haben sollten. In Deutschland ist diese theoretische Freiheit durch Artikel 5 des Grundgesetzes (Freiheit von Wissenschaft und Kunst) garantiert; in der Praxis wird diese Freiheit durch die oben beschriebenen Beschränkungen in Bezug auf reale Möglichkeiten (Geld, Gelegenheit, Ausstattung, Stellung) beschnitten. In manchen Fällen greifen auch besondere Gesetze (zum Beispiel das Embryonenschutzgesetz, das Gentechnikgesetz), die die Forschungsfreiheit einschränken. Es ist oftmals schwierig zu wissen, welches die Quelle des nächsten großen Durchbruchs sein wird, und manchmal erwachsen neue Entdeckungen aus unerwarteten Quellen und Wegen, die viele Wissenschaftler vielleicht nicht einmal für begehenswert halten. Wir müssen ermitteln, wie die Wissenschaft der Gesellschaft am besten dienen kann. Das ganze Konzept der Regulierung von etwas, das so unverhersagbar und freischwebend wie die wissenschaftliche Entdeckung ist, ist schwierig. Es ist ebenfalls schwierig zu wissen, wer über diese Fragen entscheiden soll – Wissenschaftler, weil sie wissen, wie die Wissenschaft funktioniert, Politiker, weil sie die Regeln festsetzen, oder die Gesellschaft, weil sie von den Entscheidungen indirekt mitbetroffen wird. Überlegen Sie, welche Arten der Regulation den Bedürfnissen sowohl der Wissenschaft bei der Erweiterung der Entdeckung als auch der Gesellschaft bei der Weiterentwicklung der Gesundheitsfürsorge und ethischer Interessen am besten dient.

Präzise und aufrichtige Kommunikation ist von wesentlicher Bedeutung für den Erfolg der Wissenschaft im Allgemeinen und der Biotechnologie im Besonderen. Wissenschaftler müssen willens und fähig sein, offen und ehrlich mit anderen Wissenschaftlern und, noch wichtiger, mit der allgemeinen Gemeinschaft zu kommunizieren. Eine Öffentlichkeit, die die Bedeutung der Beiträge, die die Wissenschaft zu ihrem täglichen Leben leistet, nicht versteht und zu würdigen weiß, wird deren Unternehmungen nicht unterstützen. Geradlinige Kommunikation ist notwendig, ohne Übertreibung des Potenzials der Forschung und ohne verwirrende Terminologie. Falls die Öffentlichkeit und die Politiker glauben, dass sie in die Irre geführt wurden, können die Folgen sowohl für die Wissenschaft wie für die Gesellschaft desaströs sein. Aufrichtigkeit in der Forschung ist essenziell; sie ist es aber auch in der Vermittlung der Wissenschaft.

Viele der ethischen Fragen beinhalten schwierige Entscheidungen, die nicht nur Sie selbst, sondern auch andere betreffen, sowohl jetzt als auch in der Zukunft. Es wäre immer einfacher, wenn Ihnen jemand die Entscheidung abnehmen könnte. Dies setzt voraus, dass der Entscheidende Fakten oder Ziele hat, die mit Ihren übereinstimmen. Es bedeutet auch, dass Sie Ihre individuelle Freiheit bei der Fällung dieser Entscheidungen aufgeben, genauso wie Ihre individuelle Verantwortung. Mit der Freiheit kommt die Verantwortung – wenn Sie eine Wahl treffen, sind Sie für die Wahl verantwortlich, und Ihre Wahl betrifft nicht nur Sie, sondern auch andere. Eine Person, die klug ist, kennt die besten Mittel, um ein Ziel zu erreichen; eine Person, die weise ist, weiß, welche Ziele erstrebenswert sind.

ÜBUNGSAUFGABEN

Die Antworten finden Sie in Anhang A.

1 Welches sind die beiden führenden Ansätze ethischen Denkens und wie unterscheiden Sie sich?

2 Was bedeutet „Artintegrität"? Ist Artintegrität ein wichtiges Konzept? Warum oder warum nicht?

3 Erstellen Sie eine Karte, in der Sie in einer Spalte alle Möglichkeiten auflisten, die Ihnen für die Wechselwirkungen einer GM-Pflanze mit dem umgebenden Ökosystem einfallen. Listen Sie dann in Spalte 2 die möglichen Folgen – gute wie schlechte – für jede der aufgelisteten Wechselwirkungen auf. Sie können auch für die positiven und die negativen Folgen je eine eigene Spalte anlegen.

4 Welches sind einige der möglichen ethischen Folgen und Fragen, die vorausbedacht werden müssen, falls eine GM-Nutzpflanze so verändert wird, dass sie ein Hormon produziert?

5 Gibt es einen Unterschied zwischen einem Menschen und einer „Person"? Warum oder warum nicht?

6 Nie ist genug Geld da – selbst von der Regierung –, um jeden wissenschaftlichen Forschungsantrag, der den forschungsfördernden Institutionen vorgelegt wird, zu fördern. Wie sollten Entscheidungen bezüglich der Frage, welche der Anträge Geldverschwendung sind und welche Entdeckungen abwerfen, die das menschliche Leben für immer verändern, gefällt werden? Wie sollte die Entscheidung darüber, wie Steuergelder für Forschungen ausgegeben werden, getroffen werden, wenn konkurrierende Wissenschaftler Teil des Entscheidungsvorgangs sein können? Sollten ethische Betrachtungen Teil solcher Entscheidungen über Förderungen sein?

WEITERFÜHRENDE LITERATUR

Bücher

V. Gehring (Hrsg.): Genetic Prospects – Essays on biotechnology, ethics, and public policy. Rowman & Littlefied (2004); ISBN: 0-7425-3335-2.

B. Gmelin und H. Weidinger (Hrsg.): Reichtum und Unsterblichkeit – Unser Traum von der Berechenbarkeit des Daseins. Chancen, Risiken und ethische Fragen der Biotechnologie. Verlag Seubert (2003); ISBN: 3-926-84928-2.

J. Moreno: Is There an Ethicist in the House? On the Cutting Edge of Bioethics (Bioethics and the Humanities). Indiana University Press (2005); ISBN: 0-2533-4635-5.

Artikel in Fachzeitschriften

A. Cambon-Thomsen: The social and ethical issues of post-genomic human biobanks. Nature Reviews Genetics (2004), vol. 5: 866–873.

B. MacQueen: The moral and ethical quandary of embryonic stem cell research. Medical Science Monitor (2002), vol. 8, no. 5: ED 1–4.

A. Morrison: Ethical principles guiding the use of animals in research. The American Biology Teacher (2003), vol. 65, no. 2: 105–108.

WEB-LINKS

Weitere Informationen zu diesem Buchkapitel
http://www.pearson-studium.de

Bundesministerium für Bildung und Forschung: Ethik und Recht
http://www.bmbf.de/de/1056.php
Internetseite des deutschen Bundesministeriums für Bildung und Forschung; dort kann man beispielsweise das deutsche Gesetz zum Import embryonaler Stammzellen als pdf-Datei herunterladen.

Nationaler Ethikrat
http://www.ethikrat.org
Nationales, mit Wissenschaftlern besetztes Gremium, das seit 2001 das zentrale Forum der Debatte ethischer Fragen der Life Sciences in Deutschland ist.

Interfakultäres Zentrum für Ethik in den Wissenschaften
http://www.izew.uni-tuebingen.de
Internetseite einer an der Universität Tübingen angesiedelten akademischen Einrichtung zur Erforschung ethischer Fragen in den Wissenschaften.

Bioethics.net
http://www.bioethics.net/
Internetseite des Fachblattes „American Journal of Bioethics". Viele Artikel und grundlegende Diskussionen bioethischer Themen.

The Hastings Center
http://www.thehastingscenter.org
Eine unabhängige, überparteiliche, interdisziplinäre Forschungsinstitution, die sich grundlegenden ethischen Themen in den Bereichen Gesundheit, Medizin und Umwelt widmet.

Anhang

ÜBERBLICK

ANHANG A: Lösungen zu den Übungsaufgaben

Kapitel 1

1 Offene Frage.

2 Offene Frage.

3 Die Pharmakogenomik will eine Behandlungsstrategie realisieren, die sich auf das genetische Profil des Patienten stützt – die Anpassung der Medikamentierung an die erblichen Voraussetzungen des Patienten. Eine DNA-Probe des Patienten kann analysiert werden, um zu ermitteln, ob die Gene, die der Patient exprimiert, zu dem genetischen Profil eines bestimmten Krankheitsvorgangs passen. Falls das der Fall ist, kann ein spezifischer Behandlungsansatz entworfen werden, gemäß der besten bekannten Behandlungsstrategie auf der Grundlage des genetischen Profils des Patienten.

4 Kein Produkt darf ein biotechnologisches Unternehmen verlassen, bevor es rigorose Tests der Abteilung für Qualitätskontrolle durchlaufen hat. Die Qualitätssicherung ist verantwortlich für die Überwachung von allen Dingen, die in die Fabrik gelangen oder aus ihr herausgehen, um sicherzustellen, dass die Qualität der Produkte gewährleistet ist, und um Problemquellen zurückzuverfolgen, die aufgrund von Beschwerden identifiziert worden sind.

Kapitel 2

1 Gene sind Abfolgen von Nucleotiden in einem DNA- oder RNA-Molekül. Bei Bakterien besitzen sie eine durchschnittliche Länge von 1000 bis 4000 Nucleotiden. Ein Gen enthält den Bauplan für die Synthese eines Proteins. Gene sind in Chromosomen zusammengefasst. Chromosomen sind mehr oder weniger dicht gepackte Spulen aus DNA und Proteinen. Die Chromosomen erlauben es den Zellen, das Erbgut bei einer Zellteilung gleichmäßig aufzuteilen. Chromosomen enthalten zahlreiche Gene, und die Zahl der Gene auf einem Chromosom ist abhängig von dessen Größe sowie der Artzugehörigkeit des Chromosoms.

2 Der komplementäre Strang ist der antiparallel verlaufende mit der Basenfolge 3′-TCGGGGCTGA-GATAAG-5′.

3 Biologen benutzen den Begriff „Genexpression", um die Erzeugung eines mRNA-Moleküls anhand eines bestimmten Gens zu beschreiben. Die mRNA kann in ein Protein translatiert werden. Die Proteine sind verantwortlich für die vielen Aspekte der Struktur von Zellen und den in ihnen ablaufenden Vorgängen.

4 Chargaffs Regel besagt, dass die Nucleobasen Adenin und Thymin in äquimolaren Mengen in einem DNA-Genom vorkommen, ebenso Guanin und Cytosin. Dies ist der Fall, weil ein DNA-Molekül aus komplementären Basenpaaren besteht. Ein Adeninrest des einen Stranges bildet Wasserstoffbrückenbindungen mit einem Thyminrest auf dem Gegenstrang aus; genauso geschieht es zwischen einem Guanin- und einem Cytosinrest. Wenn eine gegebene DNA also ca. 13 % Adeninreste enthält, enthält sie auch 13 % Thyminreste. Zusammen machen diese beiden Basentypen (der A/T-Anteil) rund 26 % aus. Die restlichen 74 % müssen dann den G/C-Gehalt ausmachen. Aus der Äquimolaritätsregel folgt, dass das Genom 37 % Guaninreste und 37 % Cytosinreste enthalten muss.

5 Die DNA bildet ein doppelsträngiges Molekül aus, das sich unter anderem im Zellkern der Zelle findet (außerdem in gewissen Zellorganellen). Jeder Molekülstrang einer DNA besteht aus Baueinheiten, die Nucleotide genannt werden. Jedes Nucleotid besteht aus einem Pentoserest, einem Phosphorsäurerest und einer stickstoffhaltigen Base. Die DNA ist das Erbmaterial aller Lebewesen, da die in ihr enthaltenen Gene die Anleitungen für die Synthese von Proteinen sind. Durch den Vorgang der Transkription wird eine DNA in eine einzelsträngige RNA umkopiert. Die im Regelfall bestehende Einzelsträngigkeit der RNA ist ein wichtiger struktureller Unterschied zwischen diesen beiden Verbindungen. Die RNA ist ebenso wie die DNA aus Nucleotiden aufgebaut. Die Base Uracil ersetzt hierbei das Thymin der DNA. Der Zucker Ribose ersetzt die Desoxyribose der DNA. Durch Transkription entstehen die drei RNA-Typen Boten-RNA (mRNA), Transfer-RNA (tRNA) und ribosomale RNA (rRNA). Daneben enthalten Zellen noch andere, für den Zellhaushalt wichtige Ribonucleinsäuretypen, zum Beispiel snRNA und siRNA, die beim Spleißen der Prä-mRNA bzw. der Regulation der Genexpression eine Rolle spielen. Nach der Transkription wandern die RNA-Moleküle in das Cytoplasma (sofern ein Zellkern vorhanden ist), wo sie zu Proteinen translatiert werden.

6 Sieben Codons, sechs Aminosäurereste werden codiert.

Start Stopp
5′-AGCACCAUGCCCCGAACCUCAAAGUGAA
ACAAAAA-3′

Die Aminosäurefolge ist: Methionin-Prolin-Arginin-Threonin-Serin-Lysin. Merken Sie sich, dass die tatsächliche mRNA und das codierte Protein viel länger sind als dieses Beispiel.

7 Die Boten-RNA (mRNA) ist eine genaue Kopie der proteincodierenden Information eines Gens. Sie fungiert als Bote oder Überbringer, indem sie die genetische Information vom Erbinformationsspeicher DNA zu den Ribosomen überbringt, wo die Information bei der Herstellung von Proteinen in eine andere chemische Sprache übersetzt wird. Ribosomale RNA-Moleküle (rRNAs) sind wichtige Bauelemente der Ribosomen. Ribosomen erkennen und binden mRNA-Moleküle und lesen diese während der Translation ab. Transfer-RNA-Moleküle (tRNAs) überbringen aktivierte Aminosäurereste zum Ribosom, wo sie als Bausteine der Proteine dienen. Jeder tRNA-Typ überbringt einen bestimmten Aminosäurerest; der Typ der betreffenden tRNA spiegelt sich in der Anticodonsequenz wider. Dieses Basentriplett bildet während der Translation am Ribosom Basenpaare mit einem Codon der zu translatierenden mRNA.

8 Genregulation ist ein breit gefasster Begriff, der benutzt wird, um die Wege zu beschreiben, auf denen eine Zelle die Expression von Genen zu kontrollieren vermag. Zellen setzen viele komplexe Mechanismen ein, um die Genexpression zu regulieren. In diesem Kapitel haben wir die Betonung auf die Kontrolle der Transkription als regulativem Prozess gelegt. Die Genregulation erlaubt es den Zellen, die Menge an RNA und der Proteine, die sie herstellt, genau zu kontrollieren und auf die aktuellen Bedürfnisse der Zelle abzustimmen. Im Fall des vorgestellten *Lac*-Operons erlaubt die Genregulation der Zelle die flexible Reaktion auf Änderungen in der verfügbaren Menge Lactose.

Kapitel 3

1 Genklonierung ist die Herstellung eines Klons aus Molekülen, die die Erbinformation eines Gens enthalten. Der Begriff wird auch auf die Vervielfältigung von Teilen von Genen angewendet. Die Begriffe „Technik der rekombinanten DNA“ und „Gentechnik“ werden oft synonym benutzt. In einem engeren, technischen Sinn umfasst die Technik der rekombinanten DNA die Verknüpfung von DNA-Molekülen aus unterschiedlichen Quellen oder aus derselben Quelle in einer neuen Weise. Unter Gentechnik im weiteren Sinne versteht man die gezielte Veränderung der Erbinformation eines Lebewesens, oft unter Heranziehung rekombinanter Erbinformation. Ein Beispiel: Die Ligation eines Stückes humaner DNA mit einem bakteriellen Plasmid ist eine Anwendung der Technik der rekombinanten DNA. Die Einbringung dieses rekombinanten DNA-Moleküls in eine Zelle wäre eine gentechnische Operation.

2 Die DNA-Ligase wird benutzt, um Phosphodiesterbindungen zwischen DNA-Fragmenten als Teil molekulargenetischer Experimente herzustellen. Die DNA-Ligation ist ein wichtiger Schritt bei vielen Klonierungsexperimenten, weil die zwischen komplementären Basen ausgebildeten Wasserstoffbrückenbindungen nicht ausreichend stark sind, um rekombinante Moleküle permanent zusammenzuhalten. Restriktionsendonucleasen zerschneiden DNA-Moleküle im Bereich bestimmter Basenfolgen. Bei Typ-II-Restriktionsenzymen sind Erkennungs- und Schnittsequenz identisch. Häufig werden DNA-Moleküle als Teil molekulargenetischer Experimente mit Hilfe von Restriktionsenzymen in definierte Stücke zerschnitten, bevor ausgewählte Schnittstücke mit Hilfe der Ligase wieder kovalent miteinander verbunden werden.

3 Die aus Rattengewebe isolierte und klonierte Gensequenz könnte eingesetzt werden, um Primer (Starter) zu entwerfen, die dann benutzt werden könnten, um das korrespondierende Gen des menschlichen Erbguts zu klonieren. Falls man dabei erfolgreich ist, kann man das erhaltene PCR-Produkt der Sequenzierung unterwerfen und mit dem Rattengen auf den Grad der Sequenzhomologie hin untersuchen. Ein unvollständiges PCR-Produkt könnte auch dazu verwendet werden, in Durchmusterungsexperimenten das ganze Humangen aufzuspüren; oder man könnte es als Sonde für eine DNA/RNA-Hybridisierung (Northern-Blot) verwenden, falls man feststellen wollte, wie und/oder wo das betreffende Gen im Gewebe exprimiert wird.

4 Siehe Abschnitt 3.2.

5 Genombibliotheken enthalten sowohl die Intron- wie die Exonsequenzen, wohingegen eine cDNA-Bibliothek revers transkribierte Kopien von maturierten mRNA-Molekülen enthält. Eine cDNA-Bank wählt man, wenn man ein exprimiertes Gen klonieren will. Sucht man nach einem genetischen Faktor für Fettleibigkeit, so kann man eine cDNA-Bibliothek aus dem Erbmaterial von Fettzellen (Adipozyten) durchmustern. Um regulatorische Bereiche eines Gens/Chromosoms zu klonieren (zum Beispiel Promotor- und Enhancerbereiche), muss man sich einer genomischen Bibliothek bedienen, da in dieser neben den Exons und Introns auch die nichtcodierenden Regulatorbereiche enthalten sind.

6 Dieses DNA-Stück kann mit BamHI einmal am Beginn der gezeigten Sequenz und einmal mit EcoRI am Ende der Sequenz geschnitten werden. Es gibt in dieser Sequenz keine SmaI-Schnittstelle. Eine Suche nach allen Enzymen in der Datenbank ergibt, dass ungefähr 50 verschiedene Restriktionsenzyme diese kurze Sequenz zu schneiden vermögen. Dies gibt Ihnen ein Beispiel dafür, wie wichtig die Hilfe von Computern bei der Analyse von DNA-Sequenzen für den Molekularbiologen ist.

Kapitel 4

1 Das Genom ist die vollständige Abfolge von DNA-Nucleotiden im Erbgut eines Lebewesens. Das Proteom ist der vollständige Satz von Proteinen eines Lebewesen.

2 Die Technik der gerichteten Molekülevolution konzentriert sich auf Mutationen eines bestimmten Gens und die Selektion solcher Sequenzen, die Proteine mit den bestmöglichen gewünschten Eigenschaften hervorbringen – ungeachtet des Nutzens oder Schadens für den betreffenden Organismus.

3 Nur etwa 25.000 bis 35.000 Gene des Menschen codieren für Proteine, wodurch sich die Suche auf einen kleineren Teil des menschlichen Genoms einschränkt.

4 Nur die in einer Zelle aktiven Gene führen zur Produktion von mRNA, welche die Quelle für cDNA ist.

5 Patentiert werden kann der Prozess der Proteinproduktion und dieser muss wiederholbar sein. Ferner muss die Wirksamkeit des Produkts nachgewiesen werden, wenn es patentiert werden soll.

Kapitel 5

1 Es gibt mehrere bedeutsame strukturelle Unterschiede zwischen prokaryontischen und eukaryontischen Zellen. Bakterien und Archaebakterien sind Prokaryonten, Pilze, Pflanzen und Tiere (einschließlich der Protozoen) sind Eukaryonten. Eukaryonten sind in ihrem Aufbau komplexer als Prokaryonten. Die Zellen von Prokaryonten sind meist kleiner als die von Eukaryonten; sie enthalten keinen Zellkern, weisen nur wenige Organellen auf und sind in den meisten Fällen von einer Zellwand umgeben. Prokaryonten haben zumeist auch kleinere Genome als Eukaryonten. Das Prokaryontengenom besteht aus einem einzelnen, ringförmig geschlossenen Chromosom. Prokaryontenzellen haben in der Biotechnologie viele bedeutende Rollen gespielt. Bakterien werden als Wirte für genetisches Material bei Klonierungsexperimenten und zur Herstellung rekombinanter Proteine benutzt. Rekombinante Proteine sind von Bedeutung für die Forschung, einige haben medizinische Bedeutung erlangt. Mikroben werden zur Herstellung von Nahrungsmitteln benutzt. Bakterien dienen als Quellen für Antibiotika sowie als Vehikel für die Produktion von Untereinheitenimpfstoffen.

2 Hefen sind einzellige Pilze, Bakterien sind Prokaryonten. Die Genome der meisten Hefearten sind größer als die der meisten Bakterientypen. Die Bäckerhefe wird bei der Herstellung von Brot und anderen Teigwaren sowie beim Bierbrauen und der Weinherstellung benutzt. Hefezellen sind bedeutende Modellorganismen in der Forschung. Das 2-Hybridsystem, das sich auf Hefezellen stützt, ist eine nützliche Technik zur Untersuchung von Proteinwechselwirkungen. Da Hefegenome viele Gene enthalten, die denen des Menschen ähnlich sind, wird die Analyse des Hefegenoms als Vorbild für die Analyse des Humangenoms genommen.

3 Alle Impfstoffe haben den Zweck, das Immunsystem des Geimpften zur Produktion von Antikörpern oder aktivierten T-Zellen anzuregen, zumeist gegen ein Pathogen wie ein Bakterium oder ein Virus. Als Folge der Immunisierung werden auch antikörperproduzierende Immungedächtniszellen ausgebildet. Durch die Bildung von Antikörpern und Gedächtniszellen verhilft die Impfung dem Geimpften zu einem andauernden Schutz gegen ein Pathogen, für

den Fall, dass der Geimpfte diesem Erreger in der Folge begegnen sollte. Drei Hauptkategorien der Impfstoffe sind die Untereinheitenimpfstoffe, die aus einzelnen definierten, aus Pathogenen gewonnenen Molekülen bestehen (für gewöhnlich rekombinante Proteine); abgeschwächte Impfstoffe, die aus lebenden Zellen oder Virusteilchen bestehen, die so abgeschwächt worden sind, dass ihre Vermehrungsfähigkeit verloren gegangen oder stark eingeschränkt ist; und (vollständig) inaktivierte Impfstoffe, die aus abgetöteten Zellen oder vollständig funktionsuntüchtig gemachten Viren bestehen. Die abgetöteten oder behinderten Krankheitserreger werden dem Impfling verabreicht, meist durch Injektion.

4 Anaerobe Mikroorganismen sind solche, die keinen Sauerstoff benötigen und die ihre notwendige Stoffwechselenergie aus biochemischen Prozessen ohne die Beteiligung elementaren Sauerstoffs ziehen. Die ATP-Bildung erfolgt ohne Atmung. Unter anaeroben Bedingungen laufen zahlreiche Gärungen ab, zum Beispiel die Milchsäuregärung und die alkoholische Gärung. Milchsäure und Ethanol (Trinkalkohol) sind die Endprodukte dieser Stoffwechselwege, die sich in zahlreichen Nahrungsmitteln wiederfinden. Milchsäure ist Bestandteil von Käse und Joghurt, Ethanol von alkoholischen Getränken.

5 Offene Frage.

6 Die Untersuchung mikrobieller Genome kann Wissenschaftlern auf vielerlei Weise helfen. Die Sequenzierung von Genomen kann zur Entdeckung neuer Gene führen, einschließlich solcher, die später vielleicht biotechnologische Anwendungen finden (z. B. Gene für neuartige Enzyme mit technisch interessanten Spezifitäten). Wissenschaftler können die Gene krankheitserregender Mikroorganismen (Pathogene) untersuchen (einschließlich solcher, die sich für Bioterrorismus eignen) und dieses Wissen nutzen, um Krankheiten zu bekämpfen. Die Untersuchung von Genomen kann Wissenschaftlern helfen, mehr über den Stoffwechsel von Bakterien und anderer Lebewesen in Erfahrung zu bringen, die Verwandtschaftsbeziehungen unter verschiedenen Lebewesen zu untermauern oder in Zweifel zu ziehen sowie ihnen Einsichten in den lateralen (= horizontalen) Gentransfer (Austausch zwischen verschiedenen Arten) vermitteln.

Kapitel 6

1 Die Zulassung von Nutzpflanzen zur Nahrungsmittelproduktion auf diesem Wege muss separat bei der zuständigen Behörde beantragt werden. Gentechnisch gezüchtete Nutzpflanzen, die als Tierfutter bestimmt sind oder die nicht gegessen werden, sind zugelassen worden, aber solche, die zum menschlichen Verzehr bestimmt sind, werden nur zugelassen, wenn umfangreiche Prüfungen vorausgegangen sind, die die Unbedenklichkeit erwiesen haben – insbesondere keine erhöhte Neigung zur Auslösung allergischer Reaktionen.

2 Innovationen im Bereich der landwirtschaftlichen Biotechnologie können den Bedarf an eingesetzten Pestiziden vermindern, da Pflanzen die Fähigkeit besitzen, sich gegen bestimmte Schädlinge und Krankheiten selbst zu schützen. Das vermindert nicht nur den Wasserverbrauch, die Bodenerosion und den Ausstoß von Treibhausgasen durch nachhaltigere Praktiken, sondern erhöht auch die Produktivität von nur schlecht als Ackerland geeigneten Anbauflächen, besonders dort, wo landwirtschaftliche Flächen im Umfang abnehmen.

3 Nahrungsmittel, die mit unseren gegenwärtigen biotechnologischen Methoden produziert werden, erfordern in den USA keine spezielle Kennzeichnung.

4 Obwohl einige Hinweise der Übertragung auf andere Pflanzen und Insekten gefunden worden sind, ist kein langfristiger Schaden für Nutzinsekten bekannt geworden. Tatsächlich hat die Gentechnik in kurzer Zeit mehr Beispiele für so genannte integrierte Schädlingsbekämpfung hervorgebracht als jemals zuvor.

5 Agrobiotechnologieprodukte sind seit erst etwa einem halben Jahrzehnt verfügbar. Langzeituntersuchungen sind nicht notwendig, wenn das Genprodukt bereits in einem anderen Lebewesen in der Umwelt vorkommt. Falls nachteilige Wirkungen verzeichnet werden sollten, wird man in geeigneter Weise verfahren.

Kapitel 7

1 Sie vermitteln die fortgesetzte Teilungsfähigkeit.

2 Die HAMA-Reaktion tritt ein, weil Mäuse und Menschen oft unterschiedliche Antikörper gegen dasselbe Antigen bilden; dies kann zu einer Abstoßungsreaktion durch das Immunsystem führen.

3 Die komplementäre Basenpaarung inaktiviert die natürlicherweise produzierte mRNA.

4 Menschliche Gene ersetzen das zerstörte Gen und potenzielle Medikamentenwirkstoffe greifen dann die Produkte dieser Gene an.

5 Die Wärme wirkt als Induktor auf die übertragenen Gene, die mit dem Krebs ortsgleich sind.

6 Es braucht aufgrund ihrer schnellen Entwicklungsgeschwindigkeit nur 5 Tage, um die Toxizität und die Effektivität gegen menschliche Transgene zu bestimmen.

7 Monoklonale Antikörper sind spezifisch gegen ein Antigen und in kleinen Mengen wirksam.

Kapitel 8

1 Ein polymorpher Locus ist eine DNA-Sequenz, für die es viele mögliche alternative Zustände gibt (z. B. Mehrfachwiederholungen wie GC, GC, GC, GC ...).

2 Die polymorphen Loci, die beim genetischen Fingerabdruck untersucht werden, haben keinen bekannten physiologischen Effekt. Sie treten für gewöhnlich in solchen Bereichen eines Chromosoms auf, die nicht translatiert werden.

3 Eine Hälfte sollte im Körper des Vaters erscheinen, die andere in dem der Mutter.

4 Die Blutgruppentypisierung ist billiger und einfacher durchzuführen als ein DNA-Fingerabdruck.

5 Heparin hemmt gewisse Enzyme, die bei einer RFLP-Analyse eingesetzt werden, und könnte so zu falschen Ergebnissen führen, weil zufällig ein ähnliches Muster entsteht.

6 DNase ist ein wichtiges zu beseitigendes Enzym, damit die zu untersuchende DNA nicht angegriffen wird.

7 Der DNA-Fingerabdruck der Weinsorte Carbernet Sauvignon enthält Banden von beiden Elternsorten.

8 Die DNA bei einem Dot/Slot-Blot muss nur mit der Sonde hybridisiert werden; ein DNA-Verdau, eine Elektrophorese, also eine vollständige Hybridisierungsreaktion nach Southern, ist nicht erforderlich.

9 Es kann vor der Elektrophorese überlaufen und so ein falsch-positives Ergebnis für den Verdächtigen ergeben.

10 Jede fünfte Bahn enthält Bezugs-DNA, um den Vergleich mit den vorausgegangenen Bahnen zu ermöglichen, damit sichergestellt ist, dass es keine Bandenverschiebung gegeben hat.

Kapitel 9

1 Die Antworten hängen von dem beschriebenen Prozess ab.

2 Der Zusatz von Düngerelementen wie Kohlenstoff, Stickstoff, Phosphor und Kalium ist bei vielen biologischen Sanierungen ein wichtiger Schritt. Die Düngung – die auch als Nährstoffanreicherung bezeichnet werden kann – regt die Vermehrung und die Aktivität (den Stoffwechsel) der Mikroorganismen in dem Lebensraum an. Diese Mikroorganismen, bei denen es sich im Regelfall um Bakterien handelt, teilen sich so schneller und bringen dadurch noch mehr Bakterien hervor. Durch Stimulierung des bakteriellen Stoffwechsels und Erhöhung ihrer Individuenzahl an einem kontaminierten Ort werden die dort vorhandenen Schadstoffe für gewöhnlich rascher abgebaut. Die Einleitung von Sauerstoff in einen kontaminierten Bereich ist wirkungsvoll, wenn die Mikroorganismen, die an der Säuberung beteiligt sind, einen aeroben Katabolismus betreiben.

3 Viele vormals verschmutzte Areale werden für eine weitere Nutzung als Industriefläche oder Wohngebiet restauriert. Manchmal werden Häuser auf solchen Flächen zu einem niedrigeren Preis verkauft als vergleichbare Häuser andernorts. Doch sind nicht alle Staaten per Gesetz dazu verpflichtet, die Historie des Baulandes den Hauskäufern offenzulegen. Eine offensichtliche Frage ist, ob das Areal tatsächlich vollständig dekontaminiert wurde. Falls sich die Siedlung für die Trinkwasserversorgung auf das Grundwasser stützt, wird das Wasser in regelmäßigen Abständen auf chemische Kontaminationen hin untersucht. Dies kann sich als problematisch erweisen, wenn gering konzentrierte Chemikalien dem Nachweis entgehen und/oder die Wirkungen eines Stoffes auf die Gesundheit nicht genau oder gar nicht bekannt sind. Im Erdboden verbliebene, nicht sanierte Rückstände giftiger Stoffe können ebenfalls die außerhäusigen Aktivitäten der Anwohner beeinflussen. Ein Hauptproblem bei der biologischen Sanierung von Arealen zur späteren Nutzung als Siedlungsgebiet besteht darin, dass es oftmals viele

Jahre (oder gar Generationen) dauern kann, bis sicher ermittelt werden kann, ob nicht beseitigte Chemikalien nachteilige Wirkungen haben. Selbst wenn es zu kollektiven gesundheitlichen Beeinträchtigungen kommt, ist die Beweisführung, dass diese auf Kontaminanten in der Umwelt zurückzuführen sind, oft sehr schwierig bis unmöglich.

4 Ein möglicher Ansatz könnte sich auf das Studium von bleihaltigen Strukturen stützen, um zu messen, ob Bakterien auf/in ihnen zur Vermehrung kommen. Man könnte Bleirohre untersuchen, die man vergraben oder sonstwie in der Umwelt zurückgelassen hat, um zu untersuchen, ob Bakterien auf ihnen zur Vermehrung kommen. Bakterielle Vermehrung auf einer bleihaltigen Unterlage ist ein Hinweis darauf, dass es diese Bakterien geschafft haben, einen Mechanismus zu evolvieren, um der Giftwirkung des Bleis zu entgehen. Diese Bakterien können dann isoliert und auf den Mechanismus ihrer Bleiresistenz hin untersucht werden.

5 Offene Frage.

Kapitel 10

1 Wie in Kapitel 8 diskutiert wurde, enthalten transgene Tiere Gene aus einer anderen Quelle. Diese (Trans)Gene können aus einer verwandten Art stammen (zum Beispiel das Gen das Wachstumshormon aus Lachs in Forellen) oder aus stammesgeschichtlich sehr weit entfernten Organismen (zum Beispiel das Luziferasegen lux aus einem zur Biolumineszenz befähigten Meeresbakterium oder einem Glühwürmchen in Lachsen). Transgene Fische können methodisch auf verschiedenen Wegen erzeugt werden. Eine verbreitete Technik stützt sich auf die Mikroinjektion des Transgens in befruchtete Eizellen oder Blastozysten (Frühembryonen), um das Fremdgen in das Wirtsgenom zu bringen, damit es in den Geweben des Empfängers exprimiert wird. Eine Polyploidisierung wird entweder durch eine Behandlung mit geeigneten Chemikalien oder durch Anlage eines elektrischen Feldes an Spermien oder Eizellen zum Zweck der Erzeugung diploider Gameten durchgeführt, die dann bei der Fertilisation mit einem normalen, haploiden Gameten einen triploiden Embryo ergeben.

2 Offene Frage.

3 Beispiele für den Nutzen sind die Erschließung einer Nahrungsquelle, die Verbesserung von Fisch- und Schalentierpopulationen, die Schaffung einer Landwirtschaftsindustrie in Nichtküstengebieten der Welt, die über keine Fischereiindustrie verfügen, sowie die Herstellung von Fischen für Freizeitangler. Beispiele für Probleme sind die mangelhafte Eignung mancher Arten für die Aquakultur oder die zu hohen Kosten bei der industriellen Zucht; Krankheiten können Fischbestände dezimieren, da die meisten gemästeten Fische einander genetisch sehr ähnlich sind (aus gleichen Zuchtlinien stammen); Abfälle der Fischfarmen können die Umwelt verschmutzen.

4 Offene Frage.

5 Mögliche Antworten sollten darauf hinweisen, dass Organismen, die unter einzigartigen oder extremen Umweltbedingungen (Druck, Hitze, Tiefsee usw.) gedeihen, für das Auffinden gänzlich neuer Verbindungen mit bislang unbekannten Eigenschaften am geeignetsten sind. So können etwa Muscheln, die sich fest an den Untergrund anheften, um dem unablässigen Anbranden von Meereswellen widerstehen zu können, aus ihren Verankerungsfasern einzigartige chemische Verbindungen liefern, die sich als biologische Klebstoffe anbieten.

6 Siehe Tabelle 10.1.

7 Viele aquatisch orientierte Biotechnologen vertreten die Ansicht, dass die Biotechnologie in der Zukunft eine bedeutende Rolle bei der Verbesserung von Fisch- und Schalentierbeständen spielen wird. Eine sich offensichtlich anbietende Möglichkeit, wie dies der Fall sein könnte, besteht in der Detektion und Sanierung von Umweltverschmutzungen. Ein weiterer besteht in der Anwendung biotechnologischer Methoden, um herauszufinden, welche Pathogene bei Wasserlebewesen Krankheiten verursachen, sowie der Entwicklung von Vorbeuge- und/oder Behandlungsmaßnahmen für diese Krankheiten. Transgenese- und Polyploidisierungsansätze könnten eingesetzt werden, um aquatische Lebewesen zu erzeugen, die verbesserte Krankheitsresistenzen besitzen.

Kapitel 11

1 Die Amniozentese und die Chorionzottenbiopsie sind Verfahren, um Gewebeproben aus Föten zu gewinnen. Zellen aus fötalen oder adulten Geweben (für gewöhnlich weiße Blutkörperchen, Haut-, Mundschleimhaut- oder Haarzellen) können einer Karyotypanalyse unterworfen werden, um nach Chromosomenabberationen (Abweichungen in Zahl oder Bau der Chromosomen) zu suchen. Molekulare Techniken wie der Restriktionsfragmentlängenpolymorphismus (RFLP) und die ASO-Untersuchungen können eingesetzt werden, um defekte Genallele in Zellen aufzuspüren. Zukünftig werden DNA-Chips oder Genchips eine zunehmende Rolle bei der genetischen Beratung spielen, da mit ihnen Tausende von Genen gleichzeitig untersucht werden können.

2 Das Ziel einer Gentherapie ist es, ein „therapeutisches Gen" in Zellen eines Patienten einzubringen, um einen Krankheitszustand zu behandeln oder zu heilen. Die Gentherapie ex vivo setzt darauf, Zellen des Erkrankten zu isolieren, in diese Zellen außerhalb des Körpers ein Gen oder Gene einzuschleusen und die transgenen Zellen in den Patienten zurückzuverpflanzen. Die Behandlung der Immunschwächekrankheit SCID ist ein Beispiel für den Versuch einer Gentherapie ex vivo. Die Gentherapie in vivo setzt darauf, Gene direkt in den vollständigen Körper einzubringen (zum Beispiel mit Hilfe eines Nasensprays im Fall der Mukoviszidose). Einige der methodischen Ansätze, mit deren Hilfe versucht wird, „therapeutische Gene" einzuschleusen, nutzen Viren als Vektoren, andere Liposomen; noch andere Verfahren versuchen, ohne Vektor auszukommen und „nackte" DNA in die Zellen zu praktizieren. Gentherapeuten sehen sich vielen ungelösten Problemen und Schwierigkeiten gegenüber – Beispiele sind etwa die sichere Verabreichung des Erbmaterials (besonders, wenn Viren als Vehikel eingesetzt werden); die Ansteuerung der richtigen Zellen und Gewebe, die das „therapeutische Gen" exprimieren sollen; das Auffinden von Wegen, um die ausreichende Expression des „therapeutischen Gens" sicherzustellen, um den zu behandelnden Krankheitszustand zu kurieren.

3 Embryonale Stammzellen (ES) werden aus Blastozysten (Embryonen eines sehr frühen Entwicklungsstadiums) isoliert. Blastozysten, die für diesen Zweck benutzt werden, stammen aus überzähligen Befruchtungen bei der Reagenzglasbefruchtung (IVF: In-Vitro-Fertilisation) unfruchtbarer Patienten. Um die embryonalen Stammzellen zu isolieren, wird die innere Zellmasse (ein undifferenzierter Zellhaufen, aus dem später der eigentliche Embryo würde) aus der Blastozyste herauspräpariert. Die Zellen der inneren Zellmasse werden in Kultur genommen und weitervermehrt. Im Gegensatz dazu leiten sich adulte Stammzellen von maturiertem (adultem) Gewebe ab. Diese Zellen finden sich in kleinen Stückzahlen in vielen Geweben des Körpers. Um sie zu gewinnen, wird durch Biopsie eine kleine Gewebemenge entnommen (durch Anbohren des Oberschenkelknochens wird beispielsweise Knochenmark entnommen, das Blutstammzellen enthält). Nach einer ausreichenden Charakterisierung und Abtrennung vom übrigen Gewebe können dann adulte Stammzellen in Kultur genommen werden. Durch die Behandlung von Stammzellen mit einem geeigneten „Cocktail" aus Wachstumsfaktoren können solche Stammzellen dazu veranlasst werden, sich in eine Reihe von differenzierten Zellen weiterzuentwickeln. Die Stammzellforscher können sich zahlreiche Wege vorstellen, auf denen sich Stammzellen medizinisch nutzbar machen lassen sollten. Stammzellen können in den Körper verpflanzt werden, um geschädigtes Gewebe zu reparieren oder zu ersetzen. Stammzellen könnten sich auch als gute Vektoren für gentherapeutische Versuche erweisen. Vielleicht können Stammzellen sogar eines Tages für die Zucht ganzer Organe in Kultur eingesetzt werden, die dann in Patienten verpflanzt werden.

4 Siehe Tabelle 11.3.

5 Unter Pharmakogenomik versteht man eine maßgeschneiderte, individualisierte Medizin, die sich auf eine genetische Analyse des zu Behandelnden stützt und eine Medikamentierung oder sonstige Behandlungsstrategie an die Bedürfnisse der Einzelperson anpassen will.

6 Das Humangenomprojekt wird die Genorte aller Gene des Menschen herausarbeiten, einschließlich solcher, deren mutierte Allele mit der Entstehung von Krankheiten in Zusammenhang stehen können. Die Identifizierung dieser Gene ist ein wichtiger erster Schritt hin zu einem noch besseren Verständnis der Funktionsweise von Zellen und ganzen Organismen, einschließlich der Genese bestimmter Krankheiten. Die Identifizierung von Krankheitsallelen wird Wissenschaftler in die Lage versetzen, Testverfahren zu entwickeln, die dann dazu benutzt werden können, Personen auf das Vorhandensein solcher Allele und damit die Prädisposition für die Entwicklung bestimmter Krankheitszustände hin zu untersuchen. In dem Maß, in dem wir mehr über die unterschiedlichen Gene und ihre Produkte (Proteine) lernen, sollen spezifischere Behandlungsweisen durch die Entwicklung von Wirkstoffen geschaffen werden, die nur bestimmte Genprodukte angreifen. Solche Behandlungsstrategien schließen auch eine mögliche Gentherapie ein. Ein Verständnis der Regulation der Gene des Menschen und der Frage, wie sie durch Zustände wie Stress und Umweltfaktoren beeinflusst werden, wird zu einem Verständnis vorbeugender Maßnahmen führen, die vielleicht eingesetzt werden können, um Erbkrankheiten zu minimieren.

7 Bioethiker sind zu dem Schluss gekommen, dass diese Vorgehensweise ethisch sei. Durch die Heranziehung von Nabelschnurblut bestand keinerlei Gefahr für den Säugling oder die Mutter. Was aber denken Sie über Eltern, die ihren Nachwuchs auf der Grundlage genetischer Vortests aussuchen (eine Vorgehensweise, die bei der Reagenzglasbefruchtung [IVF] nicht unüblich ist, obwohl hier oft bei ausgesprochenen Risikopatienten auf bekannte familiäre Abberationen getestet wird, um schwere Erbschäden beim Kind zu vermeiden)?

Kapitel 13

1 Der utilitaristische Ansatz und der desontologische (Kantianische) Ansatz. Der Utilitarismus versucht, alle möglichen Folgen gegeneinander abzuwägen und den größtmöglichen Nutzen für die größtmögliche Zahl von Menschen zu erreichen, und das Endergebnis einer Konsequenz rechtfertigt die Mittel. Der desontologische Ansatz geht von bestimmten Absolutwerten aus, die nicht in Frage gestellt werden dürfen, egal, wie viel Gutes möglicherweise erreicht werden kann, um einen „ethischen Ausgang" aufrechtzuerhalten.

2 Die Artintegrität beeinhaltet die Aufrechterhaltung von ungefähr demselben Genom für einen Organismus, ohne Alterationen. Die Artintegrität hilft, die Biodiversität im Ökosystem aufrechtzuerhalten, was von Bedeutung für die Balance im Gesamtökosystem sein kann.

3 Offene Frage.

4 Offene Frage.

5 Offene Frage.

6 Offene Frage.

ANHANG B: Glossar

Acetylase Genprodukt des *lac a*-Gens des Lactoseoperons (*lac*) bestimmter Bakterien.

Adenin (Abk. „A") Chemisch: 6-Aminopurin. Eine der Purinbasen der Nucleinsäuren (DNA und RNA). Daneben Bestandteil anderer ubiquitärer Biomoleküle wie ATP, ADP, AMP, FAD, FMN, Coenzym A.

Adenosintriphosphat (= ATP) Ein Nucleosidtriphosphat, das die stickstoffhaltige Base Adenin enthält, sowie drei Phosphorsäurereste. ATP ist die primäre Form, in der chemische Energie in lebenden Zellen gespeichert wird.

adulte Stammzellen Stammzellen aus einem Gewebe eines adulten (ausgewachsenen) Lebewesens, im Gegensatz zu embryonalen Stammzellen, die aus dem Blastozystenstadium der Embryonalentwicklung stammen. Adulte Stammzellen können sich zu anderen Zelltypen weiterentwickeln (differenzieren).

aerober Stoffwechsel Stoffwechselleistungen, die unter Verwendung ursprünglich molekularen Sauerstoffs aus der Luft ablaufen.

Aerobier Lebewesen, die Sauerstoff für den Unterhalt ihres Stoffwechsels benötigen oder zumindest verwerten können.

Affinitätschromatographie Eine Trenntechnik, die darauf basiert, dass ein abzutrennender Stoff zu einem immobilisierten Trägermaterial passt (z. B. Antikörper, aber auch zahlreiche andere). Für gewöhnlich als Säulenchromatographie durchgeführt, bei der eine Lösung oder Aufschwemmung über die Affinitätsmatrix geleitet wird, wo die Wechselwirkung zwischen Adsorptionsmedium und dem abzutrennenden Stoff stattfindet. Wird zum Beispiel zur Abtrennung von (Fusions)Proteinen aus Zellsuspensionen eingesetzt.

Agarosegelelektrophorese Siehe Gelelektrophorese.

agrikulturelle Biotechnologie Ein Teilgebiet der Biotechnologie, das sich mit der gentechnischen Veränderung von landwirtschaftlich nutzbaren Pflanzen befasst.

Agrobacter Gattung von Bodenbakterien, die Pflanzen zu infizieren vermögen.

alkoholische Gärung (= Ethanolgärung) Enzymatischer Abbau von Kohlenhydraten (Zuckern) in Abwesenheit von Sauerstoff (anaerob); führt zur Produktion von Alkohol (Ethanol) und ATP und Kohlendioxid (CO_2). Bedeutende Form des bakteriellen und pilzlichen Stoffwechsels zur Herstellung bestimmter alkoholischer Getränke.

allelspezifische Oligonucleotidanalyse ASO-Analyse. Molekulargenetisches Untersuchungsverfahren, bei der eine Polymerasekettenreaktion (PCR) mit allelspezischen Oligonucleotiden durchgeführt wird (Mutationsnachweis).

Aminoacyl-Transfer-Ribonucleinsäure (Abk. AA-tRNA) Eine Transfer-Ribonucleinsäure (tRNA), die kovalent mit einem Aminosäurerest verknüpft ist.

Aminosäuren Allgemein Carbonsäuren mit einer Aminofunktion. In der Biochemie versteht man darunter primär die 20 proteinogenen Aminosäuren, aus denen durch kovalente Verknüpfung Peptide und Proteine (Polypeptide) unterschiedlicher Länge von den Zellen hergestellt werden.

Amniozentese Fruchtwasseruntersuchung. Technik zur Gewinnung embryonaler (fötaler) Zellen aus der Fruchtblase (Amnionhöhle) einer schwangeren Frau oder eines schwangeren Tiers zum Zweck der Analyse der genetischen Konstitution des Embryos (Geschlecht, Chromosomenzahl usw.).

Amylase Stärke spaltendes Enzym.

anaerober Stoffwechsel Stoffwechsel ohne die Beteiligung von elementarem Sauerstoff.

Anaerobier Organismen, die ihren Energiestoffwechsel ohne Sauerstoff betreiben.

Angiogenese Gefäßbildung. Das Wachstum neuer Blutgefäße.

anorganische Moleküle Molekulare chemische Verbindungen ohne Kohlenstoffatome.

anorganische Verbindung Chemische Verbindung, die keine Kohlenstoffatome enthält.

Antibiotika Stoffe (vielfach von Mikroorganismen produziert), die das Wachstum von (anderen) Mikroorganismen hemmen und die für den menschlichen Organismus nicht oder nur sehr gering giftig sind. Allgemein zur Behandlung von bakteriellen und pilzlichen Infektionen beim Menschen sowie Haus- und Nutztieren eingesetzt.

antibiotische Selektion Siehe Selektion.

Anticodon Eine Folge von drei Nucleotiden in einem tRNA-Molekül. Im Verlauf der Translation tritt das Anticodon mit einer als Codon bezeichneten Dreinucleotidfolge der mRNA durch komplementäre Basenpaarung in Wechselwirkung.

Antigene Moleküle oder größere Teilchen, die eine Immunreaktion auslösen. Stoffe, die eine Immunreaktion auslösen, wenn sie in den Körper gelangen.

Antikörper (= Immunglobuline) Proteine, die von Wirbeltieren als Reaktion auf ein Antigen (nicht zum Körper gehöriger [Fremd]stoff) vom Immunsystem gebildet werden. Die von B-Zellen gebildeten Antikörper sind antigenbindende Effektormoleküle des Immunsystems.

antikörpervermittelte Immunität Zweig der Immunabwehr, der sich zur Abwehr von Erregern auf Antikörper stützt. Auch als humorale Immunität bezeichnet.

antimikrobielle Wirkstoffe Chemikalien, die Mikroorganismen in der Vermehrung hemmen oder abtöten (z. B. Antibiotika, Alkohol, Phenol ...).

antiparallel Mit Bezug auf den Richtungssinn (5′⟶3′) von Nucleinsäuresträngen. Bezeichnet die wechselseitige Orientierung der beiden Stränge eines DNA-Moleküls, wenn diese durch komplementäre Basenpaarung über Wasserstoffbrückenbindungen zusammengehalten werden. Zusammenlagerung der Stränge in entgegengesetzer Richtung.

Antisense-RNA (Gegensinn-RNA). Ein RNA-Molekül, das eine Basenfolge aufweist, die komplementär zu einer mRNA-Sequenz ist.

Apoptose Vorprogrammierter Zelltod. Eine Kaskade intrazellulärer Vorgänge, an der viele Proteine beteiligt sind, die zur Selbstabtötung der Zelle führt. Die Apoptose hat sich als ein bedeutender Mechanismus zur Gewebe- und Organausgestaltung bei Entwicklungsprozessen von Lebewesen erwiesen. Es wird angenommen, dass fehlgeleitete apoptotische Vorgänge bei chronisch-degenerativen Erkrankungen wie Arthritis eine Rolle spielen könnten.

Aquakultur Zucht von Fischen und anderen Wassertieren oder Wasserpflanzen zum Zweck der Vermarktung (Speisefische, Zierfische etc.).

aquatische Biotechnologie Die Verwendung von aquatischen Lebewesen wie Fischen, Schalen- und Krustentieren, Meeresbakterien und Wasserpflanzen für biotechnologische Anwendungen.

Äquivalentdoktrin Falls der Inhaber eines Patents die Patentverletzung durch zwei einander ähnliche DNA-Sequenzen beanstandet, muss ein Gericht entscheiden, ob die Sequenzen sich funktionell entsprechen.

Archaea (= Archaebakterien) Siehe „Domäne Archaea".

Artintegrität Aufrechterhaltung der Merkmale und genetischen Konstitution einer biologischen Art. Die Erzeugung rekombinanter oder in ihrem Ploidiegrad veränderter Organismen (Pflanzen, Tiere, Pilze) kann unter Umständen die Artintegrität beeinflussen, indem sie den Grad der Angepasstheit einer Wildtyppopulation verändert.

Astaxanthin Ein Pigmentfarbstoff, der Garnelen ihre rosa Farbe verleiht. Durch rekombinante Verfahren hergestelltes Astaxanthin wird eingesetzt, um die Gewebefarbe von Aquakulturtieren zu verändern.

A-Stelle des Ribosoms (= Aminoacyl-Stelle) Teil des Ribosoms, an dem im Verlauf der Translation Aminoacyl-tRNA-Moleküle gebunden werden.

attenuierte Impfstoffe Impfstoffe, die aus abgeschwächten, noch teilaktiven Erregern bestehen.

Ausschlusschromatographie Variante der Chromatographie. Engl: „Size Exclusion Chromatography", Abk. SEC. Auch als Gel-Permeations-Chromatographie oder Gelfiltration bekannt. Trenntechnik, die nicht auf speziellen Wechselwirkungen, sondern lediglich auf der Größe der zu trennenden Teilchen beruht.

autologes Transplantat Verpflanztes Gewebe, das aus dem Körper des Empfängers entnommen wurde. Transplantation körpereigener Zellen, Gewebe, Organteile. Beispiele: Haar- und Hautverpflanzung, Bypasschirurgie der Herzarterien.

Autoradiographie Im Abnehmen begriffene Experimentaltechnik, bei der radioaktive Isotope zur Markierung und zum Nachweis eingesetzt werden (z. B. DNA-Sonden). Anwendungen: In-situ-Hybridisierung an Zellen oder Gewebeschnitten, Blotverfahren u. Ä. Dokumentation per fotografischem Film oder elektronische Abtastgeräte („Imager"). Dokumentiertes bildhaftes Ergebnis wird Autoradiogramm genannt.

Autosomen Die Chromosomen mit Ausnahme der Geschlechtschromosomen. Beim Menschen die Chromosomen Nr. 1–22.

Avidin Ein Protein aus Hühnereiweiß, das Biotin bindet und die bakterielle Vermehrung hemmt. Als Bestandteil biochemischer Nachweisverfahren technisch genutzt.

α-Helix Wichtiger Sekundärstrukturtypus von Peptidketten (Peptide, Proteine).

Bacillen (= Bazillen) Stäbchenförmige Bakterien.

Bacillus thuringiensis (Abk. Bt) Bakterientyp, der ein kristallines Protein bildet, das die extrazelluläre Matrix im Darm bestimmter Insekten auflöst.

Baculoviren Virustyp, der Insekten befällt (sich in Insektenzellen vermehrt).

Bakterien Siehe „Domäne Bacteria".

Bakteriophage Kurz Phage. Virus, das Bakterien infiziert.

Bandenverschiebung Abweichendes Wanderungsverhalten von Makromolekülpräperationen in der Gelelektrophorese; Ursachen vielfältig: vom Experimentalfehler bis zu chemischen Veränderungen an den untersuchten Molekülen mit funktionaler Bedeutung.

Batch-Prozess Prozess im technischen Maßstab. Die Anzucht von Mikroorganismen oder anderen Zellen in meist großen Mengen zum Zweck der Gewinnung von Produkten.

Bioakkumulation Biologische Ansammlung/Anhäufung/Anreicherung. Fortwährende Ablagerung eines Stoffes unter Erhöhung der lokalen Konzentration durch lebende Organismen. Ein Beispiel ist die Anreicherung von nicht abbaubaren Schadstoffen in der Nahrungskette.

Bioaugmentierung Der Zusatz von Bakterien oder anderen Mikroorganismen zu einem verschmutzten Umweltareal, um damit die ansässigen Mikroben bei den biologischen Abbau- und Sanierungsvorgängen zu unterstützen.

Biobelüftung Das Hineinpumpen von Luft oder zur Freisetzung von Sauerstoff befähigten Chemikalien wie Wasserstoffperoxid in kontaminiertes Erdreich oder Wasser, um den aeroben Abbau durch Mikroorganismen anzuregen.

Biodiversität Biologische Vielfalt. Artenvielfalt.

Bioethik Teilgebiet der Philosophie/Ethik, das sich mit den Implikationen der Anwendung der Erkenntnisse der biologischen und medizinischen Forschung in Medizin und Biotechnologie befasst.

Bioethiker Eine Person, die sich mit ethischen Fragen im Umfeld der Biologie und der Medizin befasst.

Biofilmbildung Die flächenhafte Kolonisierung von Oberflächen durch (Mikro-)Organismen. Beispiele: Algenschicht an Baumstämmen, Zahnbelag usw. Manchmal auch für makroskopische Lebewesen benutzt, z. B. Aufwuchs an Schiffsrümpfen, Kaianlagen u. Ä.

Biohalden (= Mieten) Große Haufen oder Hügel kontaminierten Erdreichs, die vom Ursprungsort entnommen worden sind. Luft- und Vakuumsysteme werden eingesetzt, um diese Aufschichtungen auszutrocknen und Stoffe durch Verdampfung (Verdunstung) freizusetzen. Unterdruck („Vakuum") wird manchmal eingesetzt, um Dämpfe abzusaugen und in Filtern abzusammeln.

Bioimpedanzmessung Elektrische Widerstandsmessung an lebendem Gewebe; in der Biotechnologie zur Messung der Muskelmasse und des Fettgehalts (z. B. bei Mastfischen, um die Marktreife zu ermitteln).

Bioinformatik Interdisziplinäres Feld, das sich der Entwicklung und dem Einsatz der Informationstechnik (Computertechnik) bei der Verwaltung und Auswertung von Daten der biologisch/medizinischen Forschung widmet. Beispiele: Gen- und Proteindatenbanken. Der Einsatz von Computern bei der numerischen Analyse von Strukturdaten, bei der Modellierung und der Simulation biologischer Vorgänge vom Molekül bis zum Ökosystem. Wichtig sind der Aufbau und die Wartung von Datenbanken.

Biokapseln (= Mikrokapseln) Winzige Kügelchen oder Röhrchen, die therapeutisch wirksame Zellen oder Stoffe enthalten. Können zu therapeutischen Zwecken eingepflanzt werden.

biologischer Abbau Die chemische Zerlegung von Stoffen durch lebende Organismen (Bakterien, Pilze, Pflanzen, Tiere).

Biolumineszenz Die Freisetzung von Licht durch Lebewesen (aus chemischen Reaktionen).

Bioprozessierung Der Einsatz biologischer Systeme zur Herstellung bzw. Verarbeitung (Prozessierung) eines Produkts.

Bioreaktoren Zellsysteme, die biologische Moleküle produzieren oder umsetzen (was Fermenter einschließen kann).

Biosanierung Die Verwendung lebender Organismen zur Verarbeitung, zum Abbau und zur Säuberung natürlich auftretender oder menschengemachter Umweltverschmutzungen.

Biosanierung ex situ Biologische Sanierung an einem anderen als dem Ursprungsort des zu sanierenden Materials. Dazu Entnahme des Materials und Verbringung an den Sanierungsort oder die Sanierungsanlage.

Biosanierung in situ Biologische Sanierung am Ursprungsort des zu sanierenden Materials ohne Entnahme oder Verbringung. *„Vor-Ort-Sanierung"*.

Biosensoren Die Verwendung von Lebewesen zum Nachweis oder zur Messung biologischer Wirkungen irgendeines Faktors, wie einer chemischem Umweltverschmutzung, oder Zustands.

Biotechnologie der Tiere Teilgebiet der Biotechnologie, das sich mit der Verwendung von Tieren zur Herstellung wertvoller Produkte wie rekombinanter Proteine und Organe für die Transplantation befasst. Umfasst auch die Klonierung von Organismen.

Biotechnologie Die integrierte Anwendung von verschiedenen Wissensgebieten wie Biologie, Chemie, Ingenieurswissenschaften u. a. mit dem Ziel, das Potenzial von Mikroorganismen, pflanzlichen und tierischen Zellen sowie Teilen davon für die Produktsynthese oder Stoffumwandlung zu nutzen.

Bioterrorismus Die Verwendung biologischen Materials (Lebewesen oder deren Toxine) als Waffen, um Furcht zu verbreiten oder Zivilpersonen zu schaden.

Biotrockenmasse Die Trockenmasse eines Teils eines Lebewesens, eines ganzen Lebewesens oder einer Population von Lebewesen.

Biowaffen (B-Waffen) Die Verwendung biologischen Materials als Waffe.

BLAST (**B**asic **l**ocal **a**lignment **s**earch **t**ool) Suchalgorithmus (einer von mehreren möglichen) zum Abgleich einer Suchsequenz mit Datenbankeinträgen. In praktisch allen großen molekularbiologischen Datenbanken verfügbar.

Blastozyste Kugelförmiger Zellhaufen aus zirka hundert Zellen, der sich bei Säugetieren etwa eine Woche nach der Befruchtung ausbildet. Frühembryonales Stadium.

Blattfragmenttechnik Methode der Pflanzenbiotechnologie. Ungeschlechtliche (klonale) Vermehrung von Pflanzen im Labor durch Zerteilung von Blättern mit anschließender Regeneration gesamter Pflanzen.

B-Lymphozyten (= B-Zellen) Weiße Blutkörperchen, die sich im Knochenmark entwickeln (myelogene Leukozyten) und die zur Bildung von Antikörpern befähigt sind. Im ausdifferenzierten Zustand als Plasmazellen bezeichnet.

BRCA1-Gen Ein Gen, bei dem sich bei zwei Dritteln aller Brustkrebspatientinnen eine Mutation findet. Daher Bestandteil einer molekulargenetischen Brustkrebsanalyse.

Byssusfäden Mechanisch sehr starke (belastbare) proteinreiche Fäden, die von bestimmten Muscheln erzeugt werden. Byssusfäden besitzen einzigartige adhäsive Eigenschaften und können großen Belastungen durch Zug und Scherung widerstehen. Mit ihnen haften die Muscheln am festen Substrat wie Brandungsfelsen.

β-Galactosidase Enzymatisch aktives Produkt des Gens *lac z* des Lactoseoperons von Bakterien. Die β-Galactosidase spaltet das Disaccharid Lactose (Milchzucker).

CAAT-Box Kurze Nucleotidfolge (CAAT), die man für gewöhnlich ungefähr 80 bis 90 Basenpaare stromaufwärts (in 5'-Richtung) des Startcodons vieler eurkaryontischer Gene findet. Teil des Promotors. Erkennungs- und Bindungssequenz für einen Transkriptionsfaktor, der Teil des Initiationskomplexes der Transkription ist.

Calcitonin Ein Schilddrüsenhormon, das die Calciumaufnahme durch die Verdauungsorgane und die Calciumeinlagerung in die Knochen (Calcifizierung = Kalzifizierung) anregt.

Carbohydrasen Untergruppe der Hydrolasen. Enzyme, die zusammengesetzte Kohlenhydrate hydrolytisch in Monosaccharide spalten.

Carrageenan (= Karrageenan; weitere abweichende Schreibungen möglich) Ein Polysaccharid (Polymer aus Zuckereinheiten) aus Algen; vielgestaltige Verwendung als Bestandteil von Lebensmitteln wie Siruppe und Soßen. Auch in manchen Klebstoffen. Verdickungs- bzw. Füllstoffen.

cDNA-Bibliothek DNA-Umschriften des aktuellen mRNA-Bestands von Zellen (exprimierte proteincodierende Gene). Können zum Zweck der Auffindung bestimmter Gene durchmustert oder zum Zweck der Vermehrung (Klonierung) in Vektormoleküle eingebaut (inseriert) werden.

Centromer Eingeengter Bereich an einem Chromosom, an dem Schwesterchromatiden zusammenhängen. Auch Anknüpfungpunkt des Spindelapparats bei der Zellteilung. Enthält eine Reihe spezieller Proteine (Centromerproteine), die die Verbindung zwischen den Chromosomen bzw. zwischen dem Chromosom und dem Spindelapparat herstellen.

CFTR (= cystic fibrosis transmembrane conductance regulator) das bei der Erbkrankheit Mukoviszidose (siehe dort) betroffene Protein.

Chemotherapie Behandlung von Krebs oder anderen Krankheiten mit speziellen Stoffen (Wirkstoffen), die eine Giftwirkung auf die erkrankten Körperzellen oder auf die Krankheit verursachende Mikroorganismen ausüben.

Chimäre „Mischwesen". Ursprünglich ein Fabelwesen der altgriechischen Mythologie. In der Naturwissenschaft zahlreiche Anwendungen für verschiedenartige Mischzustände: – allgemein ein Mischwesen, welches das Erbgut zweier Arten enthält (in der Regel artifiziell erzeugt), Beispiel „Schiege" durch erzwungene Kreuzung von Schaf und Ziege; – durch Pfropfung erzeugte Pflanzen, die Organe zweier verschiedener Individuen in sich vereinigen; – chimäre Zelllinien dienen z. B. zur Produktion monoklonaler Antikörper; – seltene Fälle von menschlichem Chimärismus, die durch die natürliche Verschmelzung der Zygoten oder Frühembryonen zweieiiger Zwillinge entstehen, sind bekannt.

Chitin Polysaccharid aus β-1,4-verknüpften N-Acetylglucosamineinheiten. Bestandteil der Außenhülle zahlreicher Tiere (Stamm der Gliederfüßler, *Arthropoda*): Crustaceen, Insekten, Pilze.

Chitosan Mit dem Chitin verwandtes tierisches Polysaccharid. Viele Verwendungen im pharmazeutischen und landwirtschaftlichen Bereich, zur Herstellung von Farben zur Textilfärbung sowie in „Schlankheitsmitteln".

Chloroplast Organell, das nur bei Pflanzen vorkommt und in dem die Photosynthese abläuft.

Cholera Akute Darminfektion durch das Bakterium *Vibrio cholerae*. Führt zu schweren Durchfällen, die rasch zur Dehydrierung und osmotischer Dysbalance führen. Tod durch Schockzustand möglich. Behandlung symptomatisch, da es sich eigentlich um eine Vergiftung handelt. Verbreitung durch verschmutztes Wasser oder kontaminierte Nahrungsmittel. Der Erreger ist in schlecht gewarteten Wasserleitungssytemen (z. B. in Entwicklungsländern) häufig.

Chromatin Baustoff der Chromosomen. Besteht aus einem DNA-Molekül, an das zahlreiche unterschiedliche Proteine gebunden sind. Verbund aus chromosomaler DNA und chromosomalen Proteinen. Bei Eukaryonten im Zellkern, bei Prokaryonten frei im Cytoplasma. Wickelt sich vor der Zellteilung eng zusammen.

Chromatographie Wichtige Trenntechnik mit zahlreichen Varianten. Auftrennung von Stoffen aufgrund unterschiedlichen Wanderungsverhaltens in der stationären Phase. Analytische wie präparative Anwendung möglich. Bekannte Verfahren: Säulen-, Papier-, Dünnschicht- und „Hochdruck"chromatographie.

Chromosomen Wörtlich „Farbkörper". In mehreren Strukturebenen organisierter Zusammenschluss aus einem DNA-Molekül mit spezifischen Proteinen. Speziell sichtbarer Packungszustand des Erbmaterials in bestimmten Phasen des Zellzyklus. Verdichtungszustand des Erbmaterials während der Zellteilung.

Chymosin Siehe Rennin.

Codon Folge von drei Nucleotiden eines mRNA-Moleküls oder eines offenen Leserahmens auf der DNA. Ein Codon spezifiziert eine Aminosäure des Translationsprodukts. Es gibt 64 unterschiedliche Codons. Diese konstituieren den genetischen Code. Drei sind nichttranslatierbare Stoppsignale (Stopcodons), eines dient als universelles Startcodon.

Colchicin Sehr giftiges Alkaloid der Herbstzeitlose (*Colchicum autumnale*). Starkes Zellgift, das die Zellteilung hemmt. Experimentell zur Erzeugung von höheren Ploidiezuständen sowie in niedriger Dosierung zur Krebschemotherapie eingesetzt.

Coomassie-Färbung Mäßig empfindliche Färbemethode für Proteine mit einem dunkelblauen Farbstoff.

Cosmid Großer, zirkulärer, doppelsträngiger DNA-Vektor, der für Genklonierungsexperimente mit Bakteriophagen benutzt wird.

Cytokine (= Zytokine) Große und vielgestaltige Gruppe regulatorischer Proteine, die das Verhalten von Zellen des Immunsystems steuern.

Cytoplasma Zellplasma. Das von der Plasmamembran eingeschlossene flüssige Material im Inneren einer lebenden Zelle. Besteht aus dem Cytosol (einer Flüssigkeit mit zahlreichen chemischen Bestandteilen) und den darin suspendierten Organellen bzw. Zellkomponenten.

Cytosin (Abk. „C") Eine der vom Pyrimidin abgeleiteten heterozyklischen Basen der Nucleinsäuren (DNA und RNA).

3′-Ende („*Drei-Strich-Ende*") Das Ende eines Nucleinsäuremoleküls, das am 3′-Kohlenstoffatom des Zuckerrestes des letzten Nucleotids eine freie (unveresterte) OH-Gruppe aufweist.

Datenbanksuche Die Durchsuchung von Datenbanken, um herauszufinden, ob eine erhaltene Sequenz bereits bekannt ist. Auch zur Ermittlung, ob weitergehende Informationen, zum Beispiel zur Funktion des Makromoleküls, bekannt sind.

Denaturierung Dauerhafte strukturelle Veränderung von biologischen Makromolekülen durch Einwirkung von Stoffen (chemische Denaturierung) oder Energie (physikalische Denaturierung; z. B. durch Wärme oder Strahlung). Manchmal reversibel, in der Mehrzahl der Fälle irreversibel. Bei Nucleinsäuren die Trennung doppelsträngiger Moleküle in die Einzelstränge. Bei Proteinen Zerfall der Tertiärstruktur mit Veränderung der physikalischen wie chemischen Eigenschaften.

deontologischer Ansatz Kantischer Ansatz. Von Immanuel Kant entwickelte philosophische Haltung, die davon ausgeht, dass es absolute Prinzipien des moralischen oder ethischen Verhaltens gibt (kategorischer Imperativ), die Grundlage unserer Entscheidungen und Handlungen sein sollten.

Depolymerisierung (= Depolymerisation) Zerfall eines Makromoleküls (Polymers) in seine monomeren Bausteine (in Zellen z. B. bei Actin- und Tubulinfilamenten).

Desoxyribonucleinsäure Auch Desoxyribonukleinsäure, Abk. DNA oder DNS. Zumeist doppelsträngiger Nucleinsäuretyp, der aus Nucleotiden (Base + Zuckereinheit + Phosphorsäurerest) besteht. Bildet im doppelsträngigen Zustand eine typische Wendelstruktur (Doppelhelix) aus. Das Erbmaterial aller Lebewesen, in dem die Gene enthalten sind, welche die Produktion von Proteinen in der Zelle steuern.

Diafiltration Siehe Dialyse.

Dialyse Trenntechnik auf der Grundlage unterschiedlicher Konzentrationen. Wasser tritt dabei so lange durch eine semipermeable Membran, bis die chemischen Potenziale auf beiden Seiten ausgeglichen sind (das thermodynamische Gleichgewicht erreicht ist).

Dicotyledonen (= Dikotyledonen) Zweikeimblättrige Pflanzen. Blütenpflanzen, deren Embryonen zwei Keimblätter hervorbringen.

differenziell darstellende PCR Eine Variante der PCR, bei der Primer mit zufälligen Sequenzen zum Einsatz kommen, um DNA in zwei oder mehr verschiedenen Proben zu amplifizieren, um die zufällig amplifizierten Bereiche zu identifizieren, in denen sich die untersuchten Proben unterscheiden.

Differenzierung Zellulärer Spezialisierungs- und Reifungsprozess, bei dem sich das Muster der von der Zelle zur Expression gebrachten Gene ändert. Änderung des Aussehens und der Funktion einer Zelle mit Spezialisierung für bestimmte Aufgaben. Ausbildung eines speziellen Zellphänotyps (z. B. Nerven-, Leber- oder Hautzellen eines vielzelligen Tierkörpers).

diploider Zustand Das Vorliegen eines doppelten (diploiden) Chromosomensatzes aus $2n$ Chromosomen. Typisch bei Organismen, die sich sexuell fortpflanzen und bei denen im Allgemeinen je ein Chromosomensatz von beiden Elternorganismen beigesteuert wird.

DNA-Bibliothek (= DNA-Bank) Sammlung sequenziell verschiedener DNA-Moleküle. Siehe auch cDNA-Bibliothek und genomische DNA-Bibliothek.

DNA-Fingerabdruck (= genetischer Fingerabdruck) Analyse der individuellen Zusammensetzung der DNA eines Lebewesens zum Nachweis seiner Identität oder Verwandtschaft mit anderen. Anwendungen z. B. forensische Beweiserhebung, Fundstückidentifikation, Vaterschafts- und andere Verwandtschaftsanalysen, Ökologie, Populationsgenetik.

DNA-Helikase Enzym, das doppelsträngige DNA-Moleküle unter Aufwendung von Stoffwechselenergie lokal entwindet (z. B. während der Replikation).

DNA-Ligase Enyzm, das DNA-Moleküle an den Enden kovalent miteinander verknüpft. In der Zelle zur kovalenten Verbindung von Okazakifragmenten mit angrenzenden DNA-Strängen. Im Labor zur Verknüpfung von DNA-Fragmenten zur Herstellung rekombinanter DNA-Moleküle.

DNA-Polymerase Enzymtyp, der aus Nucleosidtriphosphaten einen neuen DNA-Strang synthetisiert. Einige Formen besitzen wichtige Funktionen im molekularbiologischen Laboratorium.

DNA-Sequenzierung Verfahren zur Bestimmung der Basenfolge in einem DNA-Strang (Reihenfolge der A-, C-, T- und G-Reste). Allgemein hat sich das von Frederick Sanger und Mitarbeitern entwickelte Verfahren durchgesetzt.

„Domäne Archaea" Eine Untergruppe der Prokaryonten, deren Vertreter häufig in extremen Umgebungen wie heißen Quellen anzutreffen sind. Von einigen Forschern für urtümlich gehalten, von anderen in die Nähe der Gram-positiven Bakterien gestellt bzw. als „Archaebakterien" bezeichnet.

„Domäne Bacteria" Zweite Untergruppe der Prokaryonten. Nach dem Domänenmodell der biologischen Systematik neben den „Archaea" und den „Eukarya" eine von drei Domänen des Organismenreiches. Andere systematische Systeme stellen die Prokaryonten als Ganzes den Eukaryonten gegenüber.

Doppelblindversuch Vorgehensweise beim klinischen Experimentieren, bei dem weder der Proband (Versuchsteilnehmer) noch der ausführende Arzt wissen, welche Verabreichungen das zu untersuchende aktive Prinzip enthalten und welche Kontrollansätze ohne das aktive Prinzip sind. Dadurch soll eine unbewusste Beeinflussung der Probanden oder eine Selbstbeeinflussung vermieden werden. Die Planung und die Auswertung erfolgen durch eine unabhängige dritte Instanz.

Dot-blot Nachweisverfahren, bei dem auf einem Membranstreifen (aufgetropftes) Proben- oder Sondenmaterial vorgelegt wird, das dann in einem Folgeschritt einer chemischen Nachweisreaktion unterzogen wird. Typische Ausprägung als immunologischer Nachweis der Reaktion eines Antikörpers (Antiserums) mit Antigenen. Vorgelegt werden kann entweder ein bekanntes Antigen zum Nachweis von Antikörpern oder ein Antikörper bekannter Spezifität zum Nachweis bestimmter Antigene. Beide Varianten kommen in zahlreichen konkreten Anwendungen etwa in der klinischen Chemie häufig zum Einsatz. Ebenfalls möglich ist der Einsatz von DNA-Sondenmolekülen zum Nachweis von DNA- oder RNA-Sequenzen.

Downstream-processing (= Stromabwärts erfolgende Verarbeitungsschritte) In einer späten Phase eines Herstellungsprozesses stattfindender Schritt, der die Aufarbeitung und Reinigung von Produkten umfasst.

Down-Syndrom (= Trisomie-21) Durch ein überschüssiges drittes 21. Chromosom verursachte Erkankung (Chromosomenabberation). Benannt nach ihrem Erstbeschreiber John Down. Zu den diagnostischen Merkmalen gehören eine abgeflachte Gesichtskontur, eine gedrungene Statur; kurze, breite Hände und Finger; eine hervortretende Zunge sowie eingeschränkte körperliche, motorische und mentale Entwicklung.

DPT-Impfstoff Kombinationsimpfstoff gegen Diphtherie, Keuchhusten (*Pertussis*) und Wundstarrkrampf (*Teta-*

nus). Die Bakterien, die die ersten beiden dieser Krankheiten hervorrufen, treten besonders im Kindesalter in Erscheinung (Kinderkrankheiten). Der Wundstarrkrampf ist ein altersunabhängiges Problem.

Düngung Nährstoffzusatz. Gezielte Zugabe bestimmter Nährstoffe oder ungezielte Zugabe von Material, das Nährstoffe enthält oder freizusetzen vermag. Dient zur Anregung des Wachstums bzw. der Vermehrung von Mikroorganismen oder Pflanzen.

Durchfluss Flüssigkeit, die von der Oberfläche aus durch Erdreich fließt und dabei Stoffe löst und mitführt. Auch die aus einer Chromatographiesäule herauslaufende Restflüssigkeit.

Effektivität Wirksamkeit. Qualitatives Merkmal. Zu unterscheiden von der *Effizienz* (Wirkungsgrad) einer quantitativ erfassbaren Größe.

„einheimische" Mikroorganismen Engl. „indiginous microbes"; natürlicherweise ortsansässige Mikroorganismen.

Einlocussonde (= Einzellokussonde) Ein Sondenmolekül, das nur an eine einzige komplementäre Basenfolge in einer zu analysierenden Probe bindet oder das nur einen einzigen Hybridisierungsort in einem Genom besitzt. In der molekularen Analyse erscheint daher nur eine Bande.

Einschlusskörper Aggregate ausgefällter Proteine in Zellen; häufig bei erzwungener Überexpression im Rahmen der heterologen Proteinexpression.

Einzelnucleotidpolymorphismus (Abk. SNP von engl: *single nucleotide polymorphism*) Eine einzelne Nucleotidabweichung in einer Nucleinsäuresequenz im Vergleich zu einer anderen. Die Hauptmasse der genetischen Unterschiede zwischen Menschen beruht auf Einzelnucleotidpolymorphismen. Einzelnucleotidpolymorphismen entstehen durch Punktmutationen, die zumeist Fehler beim Einbau von Nucleotiden bei der DNA-Synthese während der Replikation sind.

einzelstrangbindende Proteine Gruppe von Proteinen, die sich während der Replikation an die entwundenen Einzelstränge einer DNA-Doppelhelix anlagern und so die neuerliche Verwindung in den doppelhelikalen Zustand verhindern. Hilfsproteine der Replikationsmaschinerie.

Elektroporation Genetische Transformation von Zellen (Einschleusung von DNA oder RNA) durch Anlegen einer elektrischen Spannung, die den Durchtritt des genetischen Materials durch die Zellmembran vermittelt oder erleichtert. Kann bei allen Zellarten eingesetzt werden.

embryonale Stammzellen (= ES-Zellen) Die Embryoblastenzellen im Inneren einer Blastozyste. Diese undifferenzierten Zellen sind pluripotent; sie besitzen die Fähigkeit, sich in alle Zelltypen des Körpers zu differenzieren.

Embryonaler Stammzelltransfer Rückführung entnommener und in vitro gentechnisch veränderter Embryoblastenzellen. Transformierte ES-Zellen werden in den Embryoblasten einer Blastozyste injiziert.

Embryonenteilung Die Zerteilung eines Frühembryos ab dem Zweizellstadium; die künstliche Herstellung eines eineiigen Zwillings.

Endotoxine Bestandteile der äußeren Zellhülle von Gram-negativen Prokaryonten. Auch als Lipopolysaccharide (LPS) bezeichnet. Im Körper pyrogene (Fieber erzeugende) Wirkung; außerdem Auslösung einer Entzündung und/oder der Apoptose von Zellen. In sehr geringer Dosis physiologisch wirksam.

Enhancer (engl. „Verstärker") Genetische Elemente (DNA-Sequenzen), an die bestimmte Transkriptionsfaktoren binden, die die Transkription eines oder mehrerer Gene anregen.

Entkernung Entfernung des Zellkerns einer eukaryontischen Zelle.

Enzyme Proteine mit katalytischer Wirkung auf biochemische Reaktionen.

ererbte Mutation Mutation, die im Elternorganismus erfolgt und über die Keimzellen auf die Nachkommen übergegangen ist. Siehe somatische Mutation.

Erkennungssequenz Siehe Restriktionsenzyme.

ESTs (*expressed sequence tags*; dt. etwa „exprimierte Sequenzstücke") Kurze, unvollständige Teile eines Gens, wie sie in einer cDNA-Bibliothek vorliegen können. Sie korrespondieren dann zu den mRNAs, die in den Zellen, aus denen die Bibliothek gewonnen wurde, exprimiert worden sind.

Eukaryonten Zellen mit Zellkern; Lebewesen, deren Zellen Zellkerne enthalten. Basale Gruppe der auf der Erde vorkommenden Lebewesen. Pflanzen, Tiere und Pilze sind die drei allgemein anerkannten Untergruppen der Eukaryonten. Stellung vieler einzelliger Formen (Protisten) unsicher.

Exon Für eine Aminosäurefolge codierender Bereich (Folge von Basentripletts) des offenen Leserahmens eines Gens.

Expressionsvektor Ein DNA-Vektor (z. B. ein Plasmid), der benutzt werden kann, um ein bestimmtes Protein (rekombinant) durch eine transformierte Zelle herstellen zu lassen.

extrachromosomale DNA Allgemeiner Begriff, der jedes Erbmaterial bezeichnet, das in eukaryontischen Zellen nicht in den Chromosomen des Zellkerns niedergelegt ist. Beispiele: Plasmide, mitochondriale DNA, Plastiden-DNA.

5'-Ende (*„Fünf-Strich-Ende“*) Das Ende eines Nucleinsäuremoleküls, das am 5'-Kohlenstoffatom des Zuckerrestes des letzten Nucleotids einen freien (unveresterten) Phosphorsäurerest aufweist.

Feldversuch Kontrolliert durchgeführter Versuch außerhalb der stärker kontrollierbaren Laborumgebung. Dient zur Ermittlung von Einflüssen, die sich im Labor nicht oder nur unzureichend nachbilden lassen (ökologische Wechselwirkungen, Klimaeinflüsse etc.).

Fermenter Bioreaktor. Gefäß zur Vermehrung von Tier- und Pflanzenzellen in großvolumigen Zellkulturen. Fermenter sind mit Sensoren ausgestattet, die die kontinuierliche Messung wichtiger Stellgrößen wie Temperatur, Sauerstoffgehalt, pH-Wert, Zelldichte usw. erlauben.

Fertilisation Befruchtung.

Festphasen-Biosanierung Ex-situ-Verfahren zur Reinigung von Erdreich (Böden), die in erster Linie eine Kompostierung, „Landfarming“ oder Mieten (Aufschichtungen) umfassen.

Fluoreszenz-in situ-Hybridisierung (Abk. FISH) Molekulargenetisches Nachweisverfahren, bei dem mit Fluoreszenzfarbstoffen markierte (kovalente modifizierte) einzelsträngige Nucleinsäuremoleküle (Sonden) zum Nachweis komplementärer Sequenzen „vor Ort“ (in situ) im Probenmaterial nachgewiesen werden (in präparierten Zellen oder Gewebeschnitten).

forensische Biotechnologie Die Anwendung biotechnologischer Verfahren auf die Analyse von Spurenmaterial biologischer Herkunft wie DNA oder Proteinen in juristischen Verfahren. „Rechts-Biotechnologie“.

Frameshift mutation Rasterschubmutation. Mutation, die aus dem Wegfall oder Hinzutreten von Nucleotiden in informativen Bereichen (offene Leserahmen) der Erbsubstanz entsteht und die biologische Wirkung des betreffenden genetischen Elements sichtbar beeinflusst, indem sie das Leseraster verschiebt.

Führungsstrang (= führender Strang) Der bei der DNA-Replikation von der Replikationsgabel ausgehend durchgängig erzeugte neue Molekülstrang.

Fungi (lat. Pilze) Organismenreich aus der Gruppe der Eukaryonten. Heterotrophe, sessile Organismen vergleichsweise einfacher Organisationsstufe.

funktionelle Genomik Genetische Sequenzierungsanalyse von Genen, die während eines zellulären Ereignisses aktiv sind.

Fusionsprotein Protein, das aus Peptidbereichen mindestens zweier unterschiedlicher Proteine zusammengesetzt ist. Typisches Ergebnis der gezielten Erzeugung rekombinanter DNA im Rahmen gentechnischer Experimente. Auch in der Natur durch gewisse molekulargenetische Vorgänge (selten) vorkommender Typ von Hybridprotein. In der Biotechnologie oft gezielt eingesetzt zur Aufreinigung oder zum Nachweis eines Proteins.

Gameten Keimzellen. Haploide Zellen, die von Eukaryonten durch Reifeteilung (Meiose) erzeugt und zur geschlechtlichen Vermehrung benutzt werden. Beim Menschen Eizellen (Oozyten) und Samenzellen (Spermien oder Spermatozyten). Bei der Befruchtung (Fertilisation) verschmelzen zwei Gameten unter Bildung einer Zygote (befruchtete Eizelle). Gameten können von unterschiedlicher Gestalt sein wie die Ei- und Samenzellen von Tieren, aber auch morphologisch ununterscheidbar (bei einigen Gruppen von Pilzen).

Gärung Stoffwechselprozess, der ohne die Beteiligung elementaren Sauerstoffs abläuft und vergleichsweise geringe molare Ausbeuten an ATP erbringt. Gärungsendprodukte sind beispielsweise Ethanol, Essigsäure und Milchsäure. Fermentierende Mikroorganismen (Bakterien, Hefen) sind biotechnologisch wichtig bei der Herstellung vieler Lebensmittel (Joghurt, Käse, Bier, Wein, Brot).

Gefrierschutzproteine Nichteinheitliche Gruppe von Proteinen, die sich primär bei aquatischen Organismen sehr kalter Gewässer finden. Diese Proteine bewirken eine Gefrierpunktserniedrigung von Körperflüssigkeiten und Geweben.

Gelelektrophorese Trennmethode, bei der Probenmaterial in einem elektrischen Feld in einer stationären Phase (dem Gel) nach physikalischen Parametern voneinander getrennt wird. Gebräuchliches Verfahren zur Auftrennung von Gemischen biologischer Makromoleküle wie DNA, RNA und Proteinen. Das Gel kann unterschiedlicher chemischer Beschaffenheit sein: Kohlenhydrate (Stärkegele, Agarosegele), Protein (Gelatine) oder Kunststoff (Polyacrylamid).

Gelfiltration Siehe Ausschlusschromatographie.

Gen Einheit der Vererbung, die für ein Merkmal verantwortlich zeichnet. Unscharf abzugrenzender Bereich eines DNA-Moleküls, der als Bauanleitung für die Herstellung einer Polypeptidkette durch die Zelle dient. Gene sind die vererblichen Merkmalsträger eines Lebewesens, die im Rahmen der biologischen Vererbung an die Folgegeneration weitergegeben werden. Im Haushalt der Zelle zum größten Teil durch die Steuerung der Proteinbiosynthese von maßgeblichem Einfluss.

GenBank Bekannte, öffentlich zugängliche molekularbiologische Datenbank, in der Sequenzen abgeglichen und Informationen abgerufen werden können.

Genchip siehe Mikrochip.

genetischer Code Molekulares Ableseschema, das der Erbinformation in den Nucleinsäuren zugrunde liegt. Übersetzungsschema der genetischen Information der Nucleinsäuren in Aminosäuresequenzen von Proteinen (Genprodukten). Die Zuweisung von Codons (Basentripletts) zu Aminosäuren.

genetischer Fingerabdruck Siehe DNA-Fingerabdruck.

Genexpression Begriff, der im Allgemeinen verwendet wird, um die Synthese („Expression") von RNA durch eine bestimmte Zelle oder ein bestimmtes Gewebe zu bezeichnen. Wird beispielsweise die mRNA des fiktiven Gens *xyz1* in einem bestimmten Gewebe durch ein geeignetes Verfahren wie PCR oder Northern-Blotting (RNA-Hybridisierung) nachgewiesen, so sagt man, dass das betreffende Gewebe das Gen *xyz1* exprimiert. Manchmal auch für den Gesamtvorgang bis zum finalen Genprodukt Protein verwendet.

Genkanone Ein Gerät, mit dem durch Luftdruck winzige Metallkügelchen beschleunigt und in Zellen eingeschossen werden. Die Metallkügelchen werden mit DNA überzogen und dienen somit als Überbringer genetischer Informationen.

Genklonierung Die Erzeugung multipler Kopien eines Gens.

Genom Die gesamten Erbanlagen eines Lebewesens. Die Gesamtmenge der DNA in einer lebenden Zelle.

Genomik Teilgebiet der Genetik (Vererbungslehre), das sich speziell mit dem Aufbau von Genomen befasst.

genomische DNA-Bibliothek Sammlung von DNA-Fragmenten, die aus der genomischen DNA gewonnen wurden und die gesamte Erbmasse des betreffenden Lebewesens repräsentieren. In geeignete Träger (Vektoren) eingebaut vervielfältigungsfähig. In der Forschung zur Durchmusterung auf genetische Information.

Genregulation Begriff, der im Allgemeinen verwendet wird, um alle Vorgänge zu umschreiben, durch die in Zellen die Aktivität (Expression) von Genen regulierend beeinflusst wird.

Gentechnik Vorsätzliche gezielte Abänderung der Erbinformation eines Lebewesens durch gerichtete molekulargenetische Eingriffe an diesem.

gentechnisch modifizierte Lebensmittel Lebensmittel, bei deren Herstellung gentechnische Verfahren eingesetzt worden sind (in der Regel zur gezielten Hervorbringung bestimmter gewünschter Eigenschaften bei den biologischen Grundstoffen).

Gentherapie Der Einsatz von Erbmaterial zur Behandlung (symptomatisch oder ursächlich) eines Krankheitsprozesses. Die Verabreichung von Erbmaterial zur Verbesserung des Gesundheitszustands eines Patienten.

Gentherapie ex vivo Verfahren, bei dem Zellen des zu behandelnden Patienten aus dem Körper entnommen, im Labor gentechnisch behandelt und nach der Überprüfung in den Patienten rückgeführt werden. Gegenstück: Gentherapie in vivo.

Gentherapie in vivo Verfahren, bei dem das „therapeutische" genetische Material direkt in den Körper des betroffenen Patienten eingeführt wird (ohne Entnahme von Zellen aus diesem).

Geschlechtschromosomen Chromosomen, die nur bei den Vertretern eines Geschlechts vorkommen (zum Beispiel menschliches Y-Chromosom) oder die bei den Geschlechtern in unterschiedlicher Anzahl vorkommen (z. B. X-Chromosom des Menschen). An der genetischen Festlegung des Geschlechts beteiligt (beim Menschen durch das Y-Chromosom).

Gewebezüchtung Engl. „tissue engineering". Züchtung von Geweben im Labor für den Einsatz in der regenerativen Medizin.

GFP Siehe grün fluoreszierendes Protein.

Glykosylierung Verzuckerung. Die kovalente Anknüpfung von Kohlenhydratresten an Moleküle. In biologischen Systemen gerichteter, enzymatisch katalysierter Vorgang. An vielen Proteinen/Peptiden (Glykoproteine, Glykopeptide), aber auch an Lipiden (Glykolipide). Glykosylierung beeinflusst im Regelfall die biologische Funktion des betreffenden Moleküls.

Glyphosat N-(Phosphonomethyl)glycin. Ein Herbizid (Unkrautvernichtungsmittel). Hemmstoff des Enzyms 5-Enolpyruvylshikimat-3-phosphatsynthase (EPSPS), das am photosynthetischen Kohlenhydratstoffwechsel beteiligt ist. Resistente Pflanzen umgehen die Hemmung durch Ausweichen auf einen alternativen Stoffwechselweg.

„Goldener Reis" Gentechnisch gezüchteter Reis mit erhöhtem Provitamin-A-Gehalt.

Gramfärbung Nach ihrem Erfinder Gram benannte Färbetechnik zur Differenzierung von Bakterien. Beruht auf der unterschiedlichen Färbbarkeit verschiedener Zellwandtypen. Danach Einteilung in Gram-positive und Gram-negative Prokaryonten.

grün fluoreszierendes Protein (GFP) Protein, das von der biolumineszenten Algenart *Aequorea victoria* natürlicherweise hergestellt wird. Das Protein zeigt eine grüne Fluoreszenz, wenn es mit ultravioletter Strahlung angeregt wird. Das *gfp*-Gen wird in der biologischen Forschung häufig als Reportergen eingesetzt.

Grundlagenforschung Forschung, die primär auf reinen Erkenntnisgewinn abzielt. Regelmäßig auf solchen Gebieten der Wissenschaft, auf denen noch keine praktischen Anwendungen erkennbar sind. Die Grundlagenforschung schafft oftmals durch die neuen Erkenntnisse und Einsichten den Boden für die Entwicklung neuer Anwendungsideen. Die angewandte Forschung baut vielfach auf den Befunden der Grundlagenforschung auf.

„gute klinische Praxis" Richtlinien für die wissenschaftlich fundierte und seriöse Durchführung klinischer Untersuchungen, die auch die Rechte und die Sicherheit der beteiligten Probanden im Auge haben.

„gute Laborpraxis" Richtlinien für die wissenschaftlich fundierte und seriöse Durchführung von Laboruntersuchungen durch vorgegebene, standardisierte Versuchsvorschriften (Protokolle). Schließt die Festlegung adäquater Ausstattung, Tierhaltungsbedingungen, Versuchs- und Datendokumentation und die Durchführung valider Toxizitätsprüfungen ein.

HAMA-Reaktion Immunologische Abwehrreaktion auf Mausantikörper, die in „Humanseren" enthalten sind, die in Maushybridomzelllinien erzeugt worden sind.

Hämoglobin Sauerstofftransportprotein der roten Blutkörperchen (Erythrozyten). Roter Blutfarbstoff. Kommt bei Wirbeltieren (Vertebraten) vor. Mutationen der Globingene, die für die Untereinheiten des Hämoglobins codieren, können zu verschiedenen Blutkrankheiten beim Menschen führen. Bekannteste Form ist die Sichelzellenanämie.

haploider Chromosomensatz Einfacher Chromosomensatz (aus n Chromosomen) ohne homologe Chromosomenpaare.

haploider Zustand Genetischer Zustand von Lebewesen, die einen einfachen Chromosomensatz (n Chromosomen) enthalten.

Haupthistokompatibilitäskomplex Siehe MHC-Komplex.

High Performance Liquid Chromatography (Abk. HPLC, dt. Hochleistungs-Flüssigchromatographie) Instrumentell aufwändige Variante der Chromatographie. Trennverfahren, bei dem das zu trennende Substanzgemisch unter hohem Druck durch eine Säule gepresst wird. Häufiger Einsatz in der Bio- und Lebensmittelchemie.

hinterherhinkender Strang (engl. *lagging strand*) Während der DNA-Replikation diskontinuierlich synthetisierter Strang der DNA. Da die Neusynthese eines DNA-Stranges durch DNA-Polymerasen nur in 5'⟶3'-Richtung erfolgen kann, kann einer der neu zu bildenden Stränge von der Replikationsgabel aus nur stückweise und nicht fortlaufend erzeugt werden.

Hippokratischer Eid Auf den antiken Arzt Hippokrates zurückgehender Eid, der die Pflichten von Ärzten umreißt. Bis heute existent. Hauptaussage des Eides ist, dass ein Arzt seinem Patienten niemals bewusst Schaden zufügen darf.

homolog In der Genetik bezeichnet der Begriff homolog Gene oder Chromosomen, die einander entsprechen. Der Homologiegrad lässt sich durch den messbaren Grad der Übereinstimmung (Sequenzidentität und Sequenzähnlichkeit) ausdrücken. Auf einen gemeinsamen evolutiven Ursprung zurückgehend; dabei muss die Funktion nicht notwendigerweise erhalten geblieben sein.

homologe Rekombination Rekombination an einem sequenzidentischen oder stark ähnlichen Genort; dort passgenauer Austausch des vorhandenen Erbgutabschnitts gegen den rekombinierenden. Ersatz durch Teile oder das ganze neue Erbgut. Effizienz ist von der biologischen Art und dem funktionellen Zustand des betreffenden Genorts abhängig.

Hormon Chemischer Botenstoff, der ein physiologisches Signal zwischen Zellen oder Organen übermittelt. Hormone werden in/von den Körperflüssigkeiten zum Zielort transportiert. Hormone wirken auf (ausgewählte) Zielzellen/Organe ein und steuern dort die Aktvitäten der Zellen/des Organs. Chemisch sind die Hormone vielgestaltig. Auch nichtkörpereigene Stoffe können unter Umständen im Körper Hormonwirkung entfalten.

Humangenomprojekt Internationales humangenetisches Wissenschaftsprojekt, das zum Ziel hatte, eine Konsensussequenz für das gesamte menschliche Erbgut zu erstellen. Daraus ableitbar sind die Zahl und die Genorte (Loci) aller Gene des Menschen sowie weitere molekulargenetische Einsichten.

Hybridisierung **1)** In der Molekulargenetik die Vereinigung komplementärer Nucleinsäurestränge durch Basenpaarung. Beispiel: Die DNA/DNA-Hybridisierung beim Southern-Blotting. **2)** In der klassischen Genetik die Kreuzung unterschiedlicher Zuchtlinien, Rassen, Sorten oder Arten (z. B. „Hybridsorten" von Nutzpflanzen).

Hybridom Fusionszelllinie zur Produktion monoklonaler Antikörper. Entsteht durch Fusion von antikörperproduzierenden B-Zellen mit Myelomzellen (bestimmte Krebszellen), die selbst keine Antikörper herstellen. Die

Hybridomzellen teilen sich wie Krebszellen unbegrenzt weiter und bilden dabei Antikörper wie B-Zellen.

hydrophil Eigenschaft von Stoffen, die eine energetisch vorteilhafte Wechselwirkung mit Wassermolekülen zeigen. In der Regel mit guter Wasserlöslichkeit einhergehend.

hydrophob Eigenschaft von Stoffen, die eine energetisch ungünstige Wechselwirkung mit Wassermolekülen zeigen. In der Regel mit schlechter Wasserlöslichkeit einhergehend.

hydrophobe Wechselwirkungschromatographie Chromatographisches Trennverfahren, das auf hydrophoben Wechselwirkungen zwischen dem Säulenmaterial (stationäre Phase) und dem Trenngut beruht. In der Biochemie Einsatz zur Absonderung bestimmter Proteine.

hydroponisches System Form der Aquakultur, bei der Behälter mit fließendem Wasser eingesetzt werden, um Pflanzen zu kultivieren. In einigen Fällen wird das Wasser aus der Fischaquakultur zur Beschickung der hydroponischen Anlagen verwendet; die Ausscheidungen der Fische dienen den Pflanzen als Nährstoffe, die Pflanzen filtern ihrerseits auf diese Weise das Wasser, das regeneriert wieder in die Fischaufzucht zurückströmen kann. Diese Fisch/Pflanze-Cokultur wird auch als Polykultur bezeichnet.

Hydroxylapatit Phosphatmineral der Zusammensetzung $Ca_5(PO_4)_3(OH)$, das in biologischen Systemen in Hartgeweben wie Knochen und Zähnen vorkommt. Der Hydroxylapatitgehalt der Knochen beträgt etwa 40 %, der des Zahnbeins (Dentin) zirka 70 %, und der des Zahnschmelzes (Enamel) bis über 95 %.

in vitro Lat. „im Glas". Bezeichnet alle Verfahren, die in einer artifiziellen Umgebung wie einem Reagenzglas durchgeführt werden. Im engeren Sinn solche Verfahren, die ohne die Beteiligung lebender Organismen durchgeführt werden.

in vivo Lat. „im Leben". Verfahren, Behandlungen, Experimente, Manipulationen, die am lebenden Organismus vorgenommen werden.

inaktiverte Impfstoffe Impfstoffe, die aus abgetöteten Erregern hergestellt werden, oder solche, die aus Erregern hergestellt werden, die noch biologische Aktivitäten besitzen, aber vermehrungsunfähig sind.

innere Zellmasse In der angelsächsischen Literatur verbreiteter Ausdruck für den Embryoblasten in der Blastozyste (siehe dort).

In situ-Hybridiserung Vor-Ort-Hybridisierung. Molekulares Nachweisverfahren, bei dem markierte Sondenmoleküle (einzelsträngige DNA oder RNA) an Zellen oder Geweben eingesetzt werden, um die Anwesenheit bestimmter genetischer Sequenzen in situ (am Ursprungsort) nachzuweisen.

Insulin Von speziellen Zellen der Bauchspeicheldrüse (Pankreas) produziertes Peptidhormon, das den Kohlenhydratstoffwechsel reguliert, indem es die Glukoseaufnahme durch die Zellen steuert. Ein Insulinmangel oder eine Funktionsstörung der Insulinrezeptoren führt zur Zuckerkrankheit (Diabetes), von der zwei Hauptformen unterschieden werden.

Introns Nicht für Aminosäuren codierende Bereiche innerhalb eines offenen Leserahmens (Startcodon bis Stopcodon). Bei eukaryontischen Genen die Regel, bei Prokaryonten sehr selten. Introns werden aus dem Primärtranskript (Prä-mRNA) im Rahmen der RNA-Spleißung herausgetrennt.

In vitro-Fertilisation Abk. IVF. „Reagenzglasbefruchtung". Synonym: extrakorporale Befruchtung. Fortpflanzungstechnik, bei der Ei- und Samenzellen außerhalb des Körpers („im Reagenzglas", genauer: einer Petrischale) vermischt werden. Medizinisches Verfahren bei Paaren, bei denen aus biologischen Gründen eine natürliche Befruchtung nicht erfolgreich ist.

Ionenaustauschchromatographie Form der Chromatographie, bei die stationäre Phase ionischer Natur ist und Gegenionen, die im Trenngut vorhanden sind, bindet. Dabei werden die in der mobilen Phase vorgelegten Gegenionen verdrängt.

isoelektrische Fokussierung Abk. IeF. Elektrophoretisches Trennverfahren, bei der die geladenen Moleküle (üblicherweise Proteine) im pH-Wertgradienten wandern, bis sie eine Zone erreicht haben, in der ihre Nettoladung durch Säure-/Basereaktionen null wird. Da die nach außen wirksame Ladung des Proteins verschwindet, kommt die Wanderung zum Erliegen.

isoelektrischer Punkt Abk. IP. Derjenige pH-Wert, bei dem die Summe der positiven Ladungen eines Proteins gleich der Summe der negativen Ladungen ist. Das Gesamtmolekül(ion) hat dann die Nettoladung 0.

Kallus (= Callus) Quasi-embryonales Pflanzengewebe aus weitgehend undifferenzierten (parenchymatischen) Zellen.

Kant'sche Philosophie Siehe deontologischer Ansatz.

Karyotyp Darstellung der Ergebnisse einer Karyogrammanalyse durch Zahlen und Buchstaben. Die Chromosomenkonstitution wird formelmäßig wiedergegeben. Der Karyotyp des Menschen (sofern keine Chromosomenabberation vorliegt) ist: 46,XX für eine Frau bzw. 46,XY für einen Mann.

Karzinogen (= Carzinogen) Krebs erzeugende Substanz. Synonym: *Kanzerogen*.

Keimbahn-Gentechnik Gentechnische Eingriffe, die sich auf die Gameten eines Lebewesens auswirken und bei der Fortpflanzung an Nachkommen vererbt werden.

Klärschlamm Halbfester Rückstand bei der Abwasseraufbereitung. Besteht zum größten Teil aus kleinen Exkrementteilchen, Papierschnitzeln und Mikroorganismen.

klinische Erprobung Experimentelle Untersuchung der Wirkungsweise und Ermittlung von Nebenwirkungen von Wirkstoffen im Rahmen der Entwicklung eines Medikaments oder eines medizinischen Verfahrens. Die klinische Erprobung untergliedert sich in mehrere Phasen (im Allgemeinen drei) und findet an freiwilligen menschlichen Patienten statt.

Klon Eine genetisch identische Kopie einer Zelle oder eines Organismus.

„knock-out“ Lebewesen, bei dem eines oder mehrere Gene durch gentechnischen oder ungerichtet mutativen Eingriff inaktiviert oder entfernt worden ist/sind.

kohäsive Enden Überhängende Einzelstrangbereiche eines ansonsten doppelsträngigen DNA-Moleküls; entstehen durch die enzymatische Wirkung bestimmter Restriktionsendonucleasen.

Kokken Bakterien mit deutlich rundlicher Zellgestalt.

Kollagenase Proteinspaltendes Enzym mit Spezifität für das Protein Kollagen. Eine Reihe von Anwendungen in der Biotechnologie.

Koloniehybridisierung Verfahren zur Hybridisierung von markierten Sondenmolekülen (z. B. DNA oder Antikörper) an Stoffe in oder an Zellen ganzer Kolonien ohne vorherige Fraktionierung. Variante der In-situ-Hybridisierungstechniken an ganzen Zellkolonien auf Agarplatten oder Abklatschen davon auf geeigneten Membranen.

kompetente Zellen Zellen, die für die Aufnahme von Fremd-DNA im Rahmen der Transformation vorbereitet worden sind.

komplementäre Basenpaare Paarungen der Nucleobasen Adenin und Thymin (AT) bzw. Adenin und Uracil (AU) oder Guanin und Cytosin (GC) zwischen Nucleinsäuresträngen oder innerhalb eines Nucleinsäurestranges. Ausbildung der komplementären Basenpaare erfolgt durch Wasserstoffbrückenbindungen.

komplementäre DNA Abkürzung cDNA. DNA-Umschrift eines mRNA-Moleküls oder RNA-Virengenoms. Umschrift erfolgt durch das Enzym Reverse Transkriptase (RT). Anwendungen z. B. beim Erstellen einer cDNA-Bibliothek.

Kopienzahl Die Anzahl, in der ein bestimmtes DNA-Molekül wie ein Plasmid oder eine bestimmte Nucleotidsequenz innerhalb eines DNA-Moleküls vorhanden ist.

Kryokonservierung Haltbarmachung durch Kälte, in der Regel durch Einfrieren bei tiefen Temperaturen von unterhalb −20 °C.

künstliches Bakterienchromosom Abk. BAC. Großer, zirkulärer Vektor, der sehr große DNA-Inserate aufnehmen kann. Verwendung zur Replizierung (molekulare Klonierung) der Inserate. Verwendung zum Beispiel zur Klonierung chromosomaler Teile im Rahmen des Humangenomprojekts.

Laborant Laborhilfskraft, die mit (einfachen) Tätigkeiten, im Allgemeinen im Bereiche der Routine, befasst ist. Lehrberuf.

***lac*-Operon** Bakterielles Operon, das mehrere Gene (*lac z, lac y, lac a*) umfasst, deren Produkte an der Verstoffwechselung des Milchzuckers (Lactose, Lactose) beteiligt sind. Gut untersuchtes Modellsystem zur Genregulation bei Prokaryonten.

***lac*-Repressor** Regulatorisches Protein, das die Transkription des *lac*-Operons reguliert. Hemmende (reprimierende) Wirkung. Der *lac*-Repressor ist das Produkt des *lac i*-Gens. Die Ablösung des Repressors und Induction der *lac*-Enzyme erfolgt in Anwesenheit von Lactose.

„Landfarming“ Prozess, bei dem kontaminiertes Erdreich entfernt und in dünnen Schichten auf einer Unterlage ausgebreitet wird, damit eine Flüssigkeit (im Allgemeinen Wasser) die Kontamination auswaschen kann. Beim Austrocknen des Erdboden können kontaminierende Stoffe auch durch Verdunstung entweichen.

landwirtschaftliche Biotechnologie Siehe agrikulturelle Biotechnologie.

Leukozyten (= Leukocyten) Weiße Blutkörperchen. Blutzellen mit Zellkern. Teilungsfähige Blutzellen, die die im Blut und in der Lymphe befindlichen Effektorzellen des Immunsystems darstellen. Zahlreiche Untergruppen: Lymphozyten (T-Zellen, B-Zellen), Makrophagen, Neutrophile, Basophile, Mastzellen, Dentritenzellen u. a. m.

Ligand Bindungspartner. Allgemeiner Ausdruck aus der Chemie. Kann kovalent oder nichtkovalent, aber gerichtet gebundene chemische Teilchen verschiedenster chemischer Natur bezeichnen.

Limulus-Amöbozytentest (Abk. LAL-Test) Testverfahren, bei dem Blutzellen (Amöbozyten) des Pfeilschwanzkrebses *Limulus polyphemus* zum Einsatz kommen, um Endotoxin (LPS) nachzuweisen. LPS ist ein Zeichen für eine bakterielle Kontamination von Nahrungsmitteln, medizinischem Instrumentarium u. Ä.

Lipasen Hydrolytische Enzyme, die Lipide spalten. Spezieller solche, die Tri- und Diglyceride unter Wassereinlagerung spalten. Zahlreiche Formen. Wichtige Verdauungsenzyme. Untergruppe der Hydrolasen.

Liposomen Wörtlich „Fettkörperchen". Winzige Hohlkugeln aus amphiphilen Molekülen, die sich zu einer dreidimensionalen Schicht zusammenlagern. In Liposomen können physiologisch aktive Substanzen „eingepackt" werden. Mit der Hilfe von Liposomen können solche Stoffe in den Körper eingeschleust werden.

Luciferase Ein Redoxenzym bestimmter, zur Biolumineszenz fähiger Lebewesen, das den Stoff Luciferin oxidativ umwandelt. Bei der Reaktion wird Energie als Licht freigesetzt.

Lyophilisierung Gefriertrocknung. Entzug von Wasser durch Anlegen eines Vakuums bei niedriger Temperatur.

Lysis/Lyse Spaltung, Auflösung (einer Zelle, einer chemischen Bindung).

lytischer Zyklus Eine Vermehrungsstrategie von Bakteriophagen (Bakterienviren), bei der die Bakterienzelle (Wirtszelle) nach der Phagenvermehrung zerstört (lysiert) wird. Durch die Lyse der Zelle werden die neuen Phagenpartikel in Freiheit gesetzt.

Makrophage „Riesenfresszelle". Typ weißer Blutkörperchen. Unspezifische Fresszelle des Immunsystems, deren Aufgabe es ist, tote Zellen und als fremd markierte Substanzen (z. B. Bakterien) durch Phagocytose zu beseitigen.

Marikultur Meeresaquakultur. Aquakultur mit Meereslebewesen.

Marketingspezialist Fachkraft eines Unternehmens, die sich mit den Maßnahmen zur erfolgreichen Vermarktung der hergestellten Produkte oder angebotenen Dienstleistungen befasst. Große Überschneidung mit dem Bereich „Werbung".

Massenspektrometrie (Abk. MS) Verfahren der instrumentellen chemischen Analyse, das mit hoher Empfindlichkeit die Identifizierung von Stoffen erlaubt. Trennung und Identifizierung chemischer Spezies erfolgt auf der Grundlage des Massen/Ladungsverhältnisses der Teilchen.

medizinische Biotechnologie Vielgestaltiges Teilgebiet der Biotechnologie, das sich mit dem Einsatz der Biotechnologie für die (menschliche) Gesundheit beschäftigt. Überschneidung mit Teilgebieten der Medizin und der Pharmazie. Reicht von der Krankheitsdiagnose bis zur Wirkstoff- und Medikamentenentwicklung und zur Gewebezüchtung und Gentherapie.

Meiose Reifeteilung. Typ der Zellkernteilung bei der Keimzellbildung (Gametogenese) mit doppelter Zellteilung. Dabei Verminderung des Ploidiegrades der Zellen mit Bildung haploider Keimzellen (allgemeiner halbierter Chromosomenzahl im Vergleich zu den Ausgangszellen).

Membranfilterung (= Membranfiltration) Der Einsatz dünner Membranen als Filtermedien, um niederviskose Flüssigkeiten zu filtrieren. Biotechnologisch zum Beispiel zur Sterilfiltration von Medien.

Merkmale Erbliche Eigenschaften eines Lebewesens wie Hautfarbe, Körperform etc.

„metabolic engineering" Metabolismustechnik; Stoffwechseltechnologie. Die gezielte Abänderung des Intermediärstoffwechsels; in der Regel durch gentechnische Eingriffe an den entsprechenden Genen.

Metallothioneine Untergruppe der Phytochelatine. Phytochelatine sind metallbindende Peptide/Proteine, mit deren Hilfe giftige Metallionen abgefangen und unschädlich gemacht werden.

MHC-Komplex Haupthistokompatibilitätskomplex. Variable Gruppe von Zelloberflächenproteinen, die auf allen Körperzellen zu finden sind. Werden von den Zellen des Immunsystems als körpereigen erkannt und toleriert. MHC-Moleküle anderer Organismen werden als fremd erkannt und attackiert. In der Medizin als HLA (Synonym) bezeichnet. Bei einer Organtransplantation müssen die MHC-Moleküle von Spender und Empfänger möglichst gut übereinstimmen, um das Abstoßungsrisiko so klein wie möglich zu halten.

mikrobielle Biotechnologie Biotechnologische Verfahren, die Mikroorganismen einsetzen. Teilbereich der Biotechnologie, die einzellige Organismen wie Bakterien oder Hefen heranzieht, um Produkte herzustellen.

Mikrochip (= Genchip, DNA-Microarray) Ein Träger (oft Objektträger aus Glas) mit vielen (oft Tausenden) angetrockneten Tröpfchen einzelsträngiger DNA-Moleküle, die in geordneter Weise auf dem Träger positioniert sind. Jedes Tröpfchen stellt einen unabhängigen Hybridisierungsort dar.

Mikrofiltration Die Entfernung von Partikeln von 40 Mikrometern Durchmesser oder weniger durch Filtration.

Mikrokugeln Winzige Teilchen, die mit Wirkstoffen befüllt und für therapeutische Verfahren einsetzbar sind.

Mikroorganismen (= Mikroben) Lebewesen, die sich einzeln nicht mit dem bloßen Auge erkennen lassen. Kein taxonomischer Begriff! Biologisch vielgestaltig; man zählt hierzu die Bakterien, Hefen (einzellige Pilze), vielzellige Pilze, Protozoen, einzellige Algen und traditionsgemäß die nicht lebenden Viren.

Mikrosatelliten (= kurze Tandemwiederholungen; *short tandem repeats*; Abk. STR) Kurze, sich wiederholende Abschnitte einer DNA, die aus 1-, 2- oder 3-Basenwiederholungen bestehen (z. B. CACACACA). Mikrosatelliten-Bereiche sind von Bedeutung für die forensische und allgemein humangenetische Analyse.

Mikroskosmos Testumgebung, die entworfen wurde, um verschmutzte Umweltbedingungen nachzubilden. Kann aus einem Bioreaktor oder aus einem einfachen Eimer mit verschmutztem Erdreich bestehen. Erlaubt es Wissenschaftlern, Reinigungsverfahren im kleinen Maßstab unter kontrollierten Bedingungen zu erproben, bevor ein bestimmtes Reinigungssystem in der Umwelt angewendet wird.

Milchsäuregärung Stoffwechselweg, bei dem als Endprodukt Milchsäure ensteht, z. B. bei Milchsäurebakterien. Siehe auch unter Gärung.

Missense-Mutation Fehlsinnmutation. Mutation eines Codons in ein anderes Codon, das für eine andere Aminosäure codiert. Beispiel: UUU (Phenylanalin) zu UCU (Serin).

mitochondriale DNA Abk. mtDNA. Vergleichsweise kleines zirkuläres DNA-Chromosom der Mitochondrien eukaryontischer Zellen. Auf diesem sind einige mitochondriale Proteine codiert. Mitochondrien werden mit den Eizellen rein maternal vererbt. Mutationen der mtDNA erlauben daher eine einfache lineare Stammbaumanalyse.

Mitose Zellteilungstyp eukaryontischer Zellen, bei dem die zuvor reduplizierten homologen Chromosomen gleichmäßig auf die Folgezellen („Tochterzellen“) verteilt werden. Unterteilt in vier mikroskopisch unterscheidbare Phasen: Prophase, Metaphase, Anaphase und Telophase. Die Mitose führt zu identischen Tochterzellen mit gleicher Erbmasse. Der normale Vermehrungsweg unserer Körperzellen.

MMR-Impfstoff Masern-Mumps-Windpocken (Rubella)-Impfstoff. Kombinationsimpfstoff gegen diese drei „Kinder“krankheiten.

Modellorganismus Stellvertreterorganismus. Eine Art, die stellvertretend für eine andere (z. B. den Menschen in der medizinischen Forschung) oder eine Gruppe (z. B. *Drosophila* für die Insekten) untersucht wird. Bekannte Modellorganismen, die stellvertretend erforscht werden, sind die Labormaus und die Laborratte, die Taufliege *Drosophila melanogaster*, der Fadenwurm *Caenorhabditis elegans* und das Bakterium *Escherichia coli*.

„molecular pharming“ Modebegriff. Die Heranziehung von Pflanzen für die Produktion pharmazeutischer Produkte.

monoklonale Antikörper (Abk. MAK oder mAb nach engl: *monoclonal antibodies*) Von einem Zellklon hergestellte Antikörper mit identischer Epitopspezifität.

Monokotyledonen Einkeimblättgrige Pflanzen. Untergruppe der Blütenpflanzen, deren Embryonen nur ein Keimblatt hervorbringen. Beispiele: Gräser, Orchideen.

Moratorium Zeitliche Unterbrechung. Vorübergehendes Aussetzen einer Tätigkeit, eines Vorgangs usw.

Morula Lat. „Maulbeere“. Kugelförmiger Zellhaufen, der sich im Frühstadium der Embryonalentwicklung als Folge der Furchungsteilungen der Zygote ausbildet.

mRNA Messenger-RNA, dt. „Boten-RNA“. Typ von Ribonucleinsäure, der eine Umschrift (Transkript) eines Teils der Erbinformation eines DNA-Moleküls ist. Die mRNA enthält die für Aminosäuren codierende Information des korrespondierenden DNA-Abschnittes und wird am Ribosom in die codierte Aminosäurefolge übersetzt.

Mukoviszidose (= zystische Fibrose) Erbkrankheit, die durch einen mutativen Defekt in dem Gen für ein Membranprotein, das einen Chloridionenkanal darstellt, zustande kommt.

Multilocus-Sonde Gensonde für mehr als einen Genort. DNA-Sondenmolekül, das an mehrere, über das Genom verteilte komplementäre Zielsequenzen bindet.

Mutagen Chemische oder physikalische Einwirkung, die eine Mutation des Erbguts auslöst.

Mutation Veränderung. Änderung in der Basenfolge eines DNA- oder RNA-Moleküls.

Nanomedizin Anwendungen der Nanotechnologie auf medizinische Probleme. Ziel: Einsatz von Nanomaschinen zur Steuerung von Körperfunktionen oder zur Reparatur oder zum Ausgleich ausgefallener Funktionen.

Nanotechnologie Technik und Ingenieurskunst im sehr kleinen Maßstab („Nanomaßstab“). Technik im Nanometerbereich (10^{-9} m).

Nonsensmutation Unsinnsmutation. Eine Mutation, die ein für eine Aminosäure codierendes Basentriplett (Codon) in ein Stopcodon umwandelt. Führt zum Abbruch der Translation der betreffenden mRNA. Ergebnis ist ein verkürztes Protein, das oft funktionsgestört oder/und instabil ist.

Northern-Blotting (=RNA-Hybridisierung) Molekularbiologische Methode zum spezifischen Nachweis von RNA-Sequenzen durch Hybridisierung mit markierten

Sondenmolekülen nach elektrophoretischer Auftrennung und Übertragung auf eine Kunststoffmembran.

Nucleinsäuren Biogene, informationstragende Makromoleküle, die Bestandteile aller lebenden Zellen sind. Träger der Erbinformation. Zwei chemisch nah verwandte Typen: Desoxyribonucleinsäure (DNS, DNA) und Ribonucleinsäure (RNS, RNA).

Nucleotid Monomerer Baustein von Nucleinsäuren. Alle Nucleotide weisen einen einheitlichen Aufbau aus einem heterozyklischen Anteil (siehe Stickstoffbasen), einem Pentoseanteil (Zuckermolekül mit 5 Kohlenstoffatomen) und einem Orthophosphorsäurerest auf. In den biogenen Nucleotiden kommen die Basen Adenin (A), Cytosin (C), Thymin (T), Guanin (G) und Uracil (U) vor. Diese können in tRNA-Molekülen chemisch modifiziert sein.

Nucleus Zellkern. Das von einer doppelten Membran umschlossene Organell eukaryontischer Zellen, in denen die Hauptmasse der zellulären DNA eingelagert ist.

Oligonucleotide Kurze, zumeist einzelsträngige DNA- oder RNA-Moleküle von einigen bis einigen Dutzend Nucleotiden Länge. Molekularbiologisch zum Beispiel als Primer für Mutagenesen, Sequenzierungs- und Polymerasekettenreaktionen eingesetzt.

Onkogene Krebsgene. Gene, die im mutierten Zustand an der Entstehung bösartiger Gewebewucherungen (Krebs) beteiligt sind. Als Protoonkogene ohne zu Fehlfunktionen führende Mutationen Bestandteil des Genoms. Die Genprodukte der Protoonkogene sind an Funktionen wie der Regulierung der Zellteilung u. Ä. beteiligt.

Operator Zu einem Operon gehöriger regulatorischer DNA-Bereich, an den regulatorische Proteine wie Repressoren binden. Durch die Bindung des Repressors wird die Expression der Gene des Operons unterdrückt.

Operon Genetische Funktionseinheit, die bei Prokaryonten häufig ist. Besteht aus dem Promotor, dem Operator und mehreren Strukturgenen (Gene, die für Proteine codieren). Die Strukturgene liegen auf dem Chromosom unmittelbar benachbart und werden vom Promotor-/Operatorbereich gemeinschaftlich reguliert. Die Strukturgene eines Operons werden gemeinsam abgelesen und in eine polycistronische Super-mRNA transkribiert. Bakterielle Gengruppen, die für Proteine codieren, die im selben Stoffwechselweg wirken, sind vielfach zu Operons organisiert. Mehrere gut untersuchte Operons mit Modellcharakter, zum Beispiel das *lac*-Operon von *Escherichia coli*.

Organell „Kleines Organ". Zellorgan. Subzelluläre Strukturen, die definierte Aufgaben im Haushalt der lebenden Zelle erfüllen. Regelmäßig in eukaryontischen Zellen; bei Prokaryonten selten. Unscharf definierter Begriff. Eine enger gefasste Definition erkennt als Organell nur intrazelluläre Gebilde an, die von einer eigenen Lipidmembran umgeben sind, eine weiter gefasste gesteht auch funktionellen Gebilden ohne umgebende Membran wie Ribosomen, Proteasomen etc. den Status eines Organells zu. In der Praxis regelmäßig pragmatische Handhabung.

organisches Molekül Molekül mit Kohlenstoffatomen, wenn diese das Grundgerüst der chemischen Verbindung aufbauen.

Osteroporose Knochenversprödung. Chronische, progredierende Knochenerkrankung mit Verlust von Knochenmasse, einhergehend mit abnehmender Knochendichte und erhöhter Bruchgefahr. Mit höherem Alter zunehmend.

Oxidation Elektronenabgabe. Chemische Reaktion, bei der ein reagierendes Teilchen ein oder mehrere Elektronen abgibt. Gegenstück: Reduktion.

Oxidationsmittel Elektronenentziehendes Mittel. Elektronenakzeptor. Ein Stoff, der an einem Reaktionspartner eine Oxidation bewirkt. Dabei wird das Oxidationsmittel selbst reduziert (Redoxreaktion).

Palindrom Zeichenfolge (z. B. Wort oder Satz), die vorwärts wie rückwärts gelesen denselben Sinn ergibt (OTTO, RENTNER). In der Molekulargenetik versteht man darunter eine *doppelsträngige* DNA-Sequenz, die nach dem Umdrehen mit dem Ausgangszustand identisch ist. Strenggenommen handelt es sich also um ein *Ambigramm* und nicht um ein Palindrom. Der (komplementäre) Gengegenstrang weist dabei dieselbe 5'-3'-Basensequenz auf wie der andere Strang der DNA. Von großer Bedeutung für die Gentechnik. Die meisten Restriktionsendonucleasen erkennen und zerschneiden palindromische Doppelstrangsequenzen.

Papain Eine pflanzliche Protease.

p-Arm Der vom Zentromer aus gesehen kürzere Arm eines Chromosoms. Siehe q-Arm.

Parthenogenese Jungfernzeugung. Asexuelle Vermehrung von sich eigentlich geschlechtlich fortpflanzenden Tieren. Die Erzeugung eines Embryos ohne Befruchtung durch Anhalten des Zellzyklusses in einer Eizelle (Oozyte). Dadurch Aufrechterhaltung des diploiden Zustands.

Patent Juristische Schutzschrift, die einem Erfinder die alleinigen Verwertungsrechte an seiner Erfindung zubilligt.

Pathogen Krankheitserreger.

Pathogenität Befähigung oder Eigenschaft zur Auslösung einer Krankheit.

PCR Siehe Polymerasekettenreaktion.

Pentose Ein Kohlenhydratmolekül mit einem Kohlenstoffgrundgerüst aus 5 Kohlenstoffatomen. Biochemisch bedeutend sind die Pentosen als Bestandteile von Nucleosiden und Nucleotiden sowie in der Photosynthese. Die DNA enthält als Pentoseanteil die Desoxyribose, die verwandte RNA die namensgebende Ribose. Entscheidend für die Kohlenstofffixierung im Rahmen der Photosynthese der grünen Pflanzen ist die Ribulose.

Peptidoglykan Baustoff bakterieller Zellwände. Kompliziert gebautes zweidimensionales Makromolekül aus Kohlenhydrat- und zwischengeschalteten Peptidanteilen.

Peptidyltransferase Katalytisch wirksame ribosomale Ribonucleinsäure (rRNA), die Teil der großen Untereinheit des Ribosoms ist. Katalysiert die Bildung der Peptidbindung zwischen Aminosäureresten während der Translation (Proteinbiosynthese).

Peptidyl-tRNA Transfer-Ribonucleinsäure (tRNA), an die während der Translation die naszierende Peptidkette kovalent gebunden ist. Während der Proteinbiosynthese am P-Ort des Ribosoms nichtkovalent gebunden.

Permease Genprodukt des *lac y*-Gens des Lactoseoperons von *Escherichia coli*. Die Permease ist ein Transporterprotein, das das Disaccharid Lactose (Milchzucker) durch die Zellmembran transportiert.

Pflanzentransgenese Die Einschleusung genetischen Materials in Pflanzen zur Erzeugung transgener Pflanzen.

Pharmakogenomik Teilgebiet der Pharmakologie, das sich mit dem Einfluss der genetischen Konstitution einer Person auf die Wirkung von Wirkstoffen (Arzneimitteln, Medikamenten) befasst. Angestrebt wird die Etablierung im Rahmen einer „persönlichen Medizin" mit einer individuellen Behandlung, die auf die genetisch veranlagten physiologischen Reaktionen der Einzelperson zugeschnitten ist. Befindet sich noch in den Kinderschuhen.

Phase I Erste Phase der klinischen Erprobung, an der 20–80 freiwillige *gesunde* Probanden teilnehmen. Hier wird auf unbekannte und unerwartete Nebenwirkungen geprüft und die wirksame Dosierung ermittelt.

Phase II Zweite Phase der klinischen Erprobung, an der 100–300 Patienten teilnehmen. Hier wird die Wirksamkeit der Behandlung derjenigen Krankheit, auf die das Medikament/die Behandlung zielt, getestet.

Phase III Dritte Phase der klinischen Erprobung, an der 1000–3000 Patienten teilnehmen, nachdem in Phase II sichergestellt worden ist, dass keine schwerwiegenden Nebenwirkungen auftreten. Phase III zieht sich über einen Zeitraum von wenigstens dreieinhalb Jahren und wird im Doppelblindverfahren durchgeführt.

Phasenerprobung Erprobung einer meist medikamentösen Behandlung eines Krankheitszustands nach den vorangehend beschriebenen drei Phasen an einer statistisch signifikanten Zahl von Versuchsteilnehmern.

Phosphodiesterbindung Kovalente chemische Bindung zwischen einem Phosphorsäuremolekül und zwei alkoholischen OH-Funktionen. In der Biochemie z. B. anzutreffen bei der Verknüpfung von Nucleotiden in Nucleinsäuren. Doppelester der Phosphorsäure.

Phytosanierung Biologische Umweltsanierung mit Pflanzen.

Placebo Scheinmedikament. Allgemein: Scheinbehandlung. Die Vorspiegelung einer Behandlung mit wissentlicher Verabreichung wirkungsloser Mittel oder der Durchführung wirkungsloser Maßnahmen. Als Kontrolle bei Experimenten (z. B. Wirkstoffprüfung) wie auch zur Behandlung vorstelliger Patienten ohne greifbares Erkrankungsbild eingesetzt.

Plaque Klare, meist runde Stellen in einem Bakterienrasen. Hervorgerufen durch die Abtötung von Zellen durch lytischen Bakteriophagenbefall. Siehe auch *lytischer Zyklus*.

Plasmamembran Doppelschichtstruktur aus Lipiden und Proteinen, regelmäßig mit Kohlenhydratanteilen, die aber anders als die Lipide und Proteine nicht primär strukturgebende Komponenten sind. Definiert die Außengrenze des eigentlichen Zellkörpers. Wichtiger funktioneller Bestandteil aller lebenden Zellen. Wichtige Funktion beim gerichteten Transport in die Zelle und aus ihr heraus; wichtige Empfangs- und Umschaltstation für Reize („Sinnesorgan" der Zelle).

Plasmazellen Langlebige antikörperproduzierende Zellen, die einen weiterentwickelten Zustand der B-Zellen (B-Lymphozyten) darstellen. Differenzierung von B-Zellen zu Plasmazellen wird durch Antigenkontakt ausgelöst.

Plasmid Verhältnismäßig kleines, meist zirkuläres, zur Selbstreplikation befähigtes doppelsträngiges DNA-Molekül, das sich primär bei Bakterien, aber vielfach auch bei Pilzen findet. Plasmide können als Mini- oder Hilfschromosomen angesprochen werden. Sie enthalten oft nichtessentielle Gene wie solche für nützliche Zusatzfunktionen wie Resistenzen. In der experimentellen Biologie (Molekularbiologie, Gentechnik, Biotechnologie) regelmäßig für eine Vielzahl von Experimenten eingesetzt (molekulare Klonierungen, Proteinexpression u. a. m.).

Pluripotenz Die Fähigkeit zu weitreichender Differenzierung von Zellen. Angewendet z. B. auf embryonale Stammzellen, um deren Fähigkeit, sich zu allen Zelltypen des Körpers weiterzuentwickeln, zu beschreiben.

Polarität Richtungssinn. In der Biochemie zum Beispiel für den Richtungssinn von Peptiden/Proteinen (N-terminal nach C-terminal) oder Nucleinsäuren (5'-3'-Polarität).

Polyadenylierung Enzymatische Anfügung einer Folge von A-Nucleotiden an das 3'-Ende einer mRNA (Poly-A-Schwanz der mRNA) bei Eukaryonten. Der Poly-A-Schwanz ist von Bedeutung für die Stabilität der mRNA-Moleküle.

Polygalacturonase Pflanzliches Enzym, das Polygalacturonsäure spaltet. An der Selbstzersetzung von Pflanzenzellwänden im Rahmen der Fruchtreifung beteiligt.

Polykultur Die Haltung oder Aufzucht von mehr als einer aquatischen Lebensform im selben „Lebensraum" (Auqakulturanlage). Zum Beispiel die Kultivierung von Fischen zusammen mit Pflanzen (typisches Beispiel: Süßwasseraquaristik zu nichtkommerziellen Zwecken).

Polymerasekettenreaktion (Abk. PCR) In-vitro-Verfahren zur Amplifikation (Vervielfältigung, Klonierung) von DNA. Heute vollautomatisch in speziellen Geräten. Umfasst mehrere gleichartige Zyklen von Denaturierung (Strangtrennung), Primerhybridisierung und DNA-Strangsynthese mit speziellen, wärmestabilen Polymerasen.

Polypeptid Ein Makromolekül aus Aminosäureresten, die unter Ausbildung von Peptidbindungen (Säureamidbindungen) kondensierend zusammentreten. Im Allgemeinen versteht man unter Polypeptiden solche von mehr als (zirka) 50 Aminosäureresten. In lebenden Zellen an Ribosomen gebildet. Laborverfahren für die abiotische Synthese sind verfügbar.

Polyploidie Ein höherer als der diploide Ploidiegrad. Von Polyploidie oder einem polyploiden Zustand spricht man, wenn das Genom einer Zelle aus drei oder mehr vollständigen Chromosomensätzen besteht.

posttranslationale Modifikation Bleibende chemische Veränderungen an Proteinen, die stattfinden, nachdem die Proteinbiosynthese am Ribosom abgeschlossen ist. Beispiele: Partielle Proteolyse von Proenzymen, Glykosylierung, Lipidierung usw.

Präzipitat Ausgefälltes Material.

Präzipitation Ausfällung. Abtrennung einer Komponente aus einem Stoffgemisch durch chemische Überführung in eine unlösliche Form.

Primärsequenz Die Sequenz der Aminosäuren in Proteinen/Peptiden.

Primärtranskript (= Prä-mRNA) mRNA-Molekül, das sich unmittelbar nach der Transkription als direkte Umschrift (Transkript) einer DNA-Sequenz ergibt, und an dem noch keinerlei posttranskriptionale Modifikationen („Capping", Polyadenylierung, Spleißung, RNA-Editierung) stattgefunden haben. Das Primärtranskript wird durch die angegebenen Modifikationen bearbeitet, um eine translationsfähige *reife* (maturierte) mRNA zu erzeugen. Maturierte mRNA-Moleküle werden in eukaryontischen Zellen gerichtet aus dem Zellkern in das Cytoplasma transportiert.

Primase Enzym, das ein kurzes RNA-Segment auf einer einsträngigen DNA als Matritze erzeugt. Diese kurze RNA dient als Primer für die weitere DNA-Strangsynthese.

Primer Starter(moleküle). In der Molekulargenetik Oligonucleotide, die komplementär zu einer Basenfolge sind und mit dieser spezifisch hybridisieren. Natürlich vorkommend z. B. bei der Replikation. Im molekularbiologischen Laboratorium zahlreiche Einsätze, etwa bei der PCR, bei der Mutagenese oder Sequenzierungen.

Prokaryont Organismus, dessen Zellen dem prokaryontischen Typ angehören. Zellen ohne Zellkern und membranumschlossene Organellen. Die einzigen Beispiele sind Bakterien und Archaea.

Promotor Regulatorischer Bereich eines Gens, von dem aus die Aktivität des Gens (Transkription) gesteuert wird. Anbindungsbereich regulatorischer Proteine (Transkriptionsfaktoren, Repressoren) und der RNA-Polymerase.

Proteasen Enzyme, die Proteine spalten. Untergruppe der Hydrolasen.

Protein Makromolekül aus kovalent verknüpften Aminosäureresten. Aminosäurepolymer. Wichtiger Typ biogener Polymersubstanzen. In allen lebenden Zellen universell vertreten. Wichtige Funktionsträger zellulärer und anderer physiologischer Vorgänge. Wesentliche strukturgebende Bestandteile aller Lebewesen. Chemisch wie physikalisch sehr variabel. Zahllose, oft arttypische Formen.

Proteinchip Ein „Chip", der einem Mikrochip (DNA-Chip) sehr ähnlich ist. Ein Träger (Objektträger aus Glas o. Ä.) mit vielen (tausende möglich) einzelnen winzigen Proteinproben definierter Größe und Position. Zum Nachweis von bindenden Wechselwirkungen der Proteine mit anderen Stoffen.

Proteinsequenzierung Die Ermittlung der Aminosäurefolge eines Peptids/Proteins durch sequentielle Abspaltung einzelner Aminosäuren mit nachfolgender chemischer Identifizierung. Aufwendiges und teures Analyseverfahren.

proteolytisch Proteine zersetzend.

Proteom Die Gesamtzahl aller Proteine in einem Organismus, einem Organ, einem Gewebe oder einer Zelle.

Proteomik Das Studium von Proteomen. Vergleichende, umfassende Analysen von Proteinbeständen von Organismen, Organen, Geweben oder Zellen.

Protoplast Eine Zelle ohne Zellwand; eine „nackte" Zell.

Protoplastenfusion Die Verschmelzung von Protoplasten (zellwandlosen Zellen) unter Bildung einer einzigen Zelle.

P-Stelle des Ribosoms (=Peptidyl-Stelle) Teil des Ribosoms, an dem im Verlauf der Translation das die naszierende Peptidkette tragende tRNA-Molekül gebunden ist.

Punktmutation Mutation, die nur eine einzige Base in einer DNA-Sequenz betrifft. Einzelbasenaustausch.

q-Arm Der lange Arm eines linearen Chromosoms.

Qualitätskontrolle Die Überwachung der Einhaltung von Normen oder Toleranzen bei der Herstellung von Produkten.

Qualitätssicherung Maßnahmen zur Sicherstellung der Qualität eines Endprodukts.

Redoxreaktion Grundlegender Typ chemischer Reaktionen. Paralleles Ablaufen einer Reduktion in Verbindung mit einer Oxidation. Kreuzweise Reduktion und Oxidation von Reaktionspartnern.

Reduktion Chemische Reaktion durch Übertragung eines oder mehrerer Elektronen auf den reagierenden Stoff. Elektronenaufnahme.

regenerative Medizin Teilgebiet der Medizin, das zum Ziel hat, geschädigte oder erkrankte Organe und Gewebe zu ersetzen oder wiederherzustellen (durch biotechnologische Verfahren wie die Gewebezüchtung).

rekombinante DNA Die Zusammenfügung von DNA-Molekülen verschiedener Herkunft unter Bildung eines neuen (funktionellen) DNA-Moleküls. Wichtig für molekulargenetische Experimente und biotechnologische Anwendungen.

rekombinante Proteine Proteine, die mit Hilfe gentechnischer Verfahren (rekombinante DNA) hergestellt werden. Biotechnologisch als vermarktbare Produkte. Meist als Fremdproteine in speziellen Wirten hergestellt (heterologe Expression).

Rennin (=Chymosin) Protease aus dem Magen junger, milchverdauender Säugetiere. Biotechnologische Verwendung bei der Käseherstellung. Als rekombinantes Protein Chymosin genannt.

Replikaplattierung Erzeugung eines Spiegelbildes (Replik) einer Kulturplatte (Agarplatte) mit mikrobiellen Kolonien. Die Kolonien werden dabei teilweise auf eine sterile Unterlage (Samtlappen) abgestempelt. Von dort aus können sie auf neue Agarplatten „umkopiert" werden. Direkte Übertragung auf eine Membran (z. B. Nylonmembran) ist ebenfalls möglich (z. B. bei 2-Hybridexperimenten).

Replikationsursprung Spezieller Bereich von DNA-Molekülen, an denen die Neusynthese von DNA-Strängen während der Replikation ansetzt. Spezielle Multiproteinkomplexe erkennen die Replikationsursprünge.

Reportergen Gene, deren Produkte sich leicht nachweisen lassen (z. B. des *gfp*-Gens oder der *lux*-Gene oder des *lac z*-Gens), um die Expression von Genen/Proteinen zu verfolgen oder nachzuweisen.

reproduktive Klonierung Klonierung, die zur Erschaffung eines neuen Lebewesens führt. Umfasst im Regelfall den Einsatz genetischen Materials oder einer Einzelzelle zur Erschaffung eines Individuums mit derselben genetischen Konstitution wie der Ausgangsorganismus.

Restriktionsendonucleasen (=Restriktionsenzyme) Untergruppe der Hydrolasen. DNA-spaltende Enzyme mit hoher Substratspezifität. Sie „schneiden" das Phosphodiestergerüst eines doppelsträngigen DNA-Moleküls, indem sie hydrolytisch die Phosphodiesterbindungen spalten. Restriktionsendonucleasen erkennen bestimmte für sie typische Basenfolgen (Restriktionsschnittstellen). Viele verschiedene Typen. Über 100 Formen mit unterschiedlichen Spezifitäten sind kommerziell erhältlich. Wichtige Reagenzien im molekulargenetischen Laboratorium.

Restriktionsfragmentlängenpolymorphismus (Abk. RFLP) Muster von Fragmenten, die von Restriktionsenzymen beim Verdau der DNA gebildet werden. Hoher diagnostischer Wert bei der molekulargenetischen Analyse. Erlaubt unter Umständen eine eindeutige Zuweisung von genetischem Material zu einem Einzellebewesen (Individuum).

Restriktionskarte Genkarte, die die Position und Identität von Restriktionsschnittstellen entlang der betrachteten Sequenz wiedergibt.

Restriktionsschnittstelle Basenfolge, an/in der eine Restriktionsendonuclease ein DNA-Molekül zerschneidet (hydrolytisch spaltet).

retroviral vermittelte Transgenese Einschleusung von genetischem Material im Rahmen gentechnischer Experimente unter Zuhilfenahme der infektiösen Eigenschaften eines Retrovirus. Einsatz eines Retrovirus als Vektor für die Einschleusung transgenen Materials in das Wirtsgenom.

Retroviren Gruppe von RNA-Viren, deren Genom nach der Infektion in der Wirtszelle von einem speziellen Enzym, der reversen Transkriptase, in eine (komplementäre) DNA umgeschrieben (revers transkribiert) wird.

revers transkribierende PCR Variante der Polymerasekettenreaktion (siehe oben), bei der die reverse Transkriptase zum Einsatz kommt, um RNA-Moleküle in DNA umzuschreiben. Die so erhaltenen cDNA-Moleküle werden nachfolgend amplifiziert. PCR, die von RNA als ursprünglichem Matrizenmaterial ausgeht. Methode, die wertvoll für die Untersuchung der Genexpression ist.

Reverse Transkriptase RNA-abhängige DNA-Polymerase. Enzym, das eine RNA in eine DNA umschreibt.

RFLP-Analyse Die Analyse von Restriktionsfragmentlängenpolymorphismen. Die Analyse der DNA-Fragmente, die von Restriktionsenzymen beim Verdau der DNA gebildet werden. Wichtiges diagnostisches Verfahren zur Erstellung molekularer „Fingerabdrücke".

Ribonucleinsäure (Abk. RNA oder RNS) Neben der DNA zweiter Typ von Nucleinsäuren in lebenden Zellen. Wichtige Informations- und Funktionsträger von Zellen. Mehrere Untergruppen (mRNA, rRNA, tRNA). Alle drei Typen von RNA wirken bei der Proteinbiosynthese zusammen.

Ribosom Organell der Proteinbiosynthese. Kompliziert gebauter supramolekularer Verband aus mehreren (ribosomalen) Ribonucleinsäuren und zahlreichen unterschiedlichen Proteinen (ribosomale Proteine). Zwei unterschiedliche Typen: Ein prokaryontischer und ein eukaryontischer Typ. Beide Formen setzen sich jeweils aus zwei Untereinheiten (einer großen und einer kleinen) zusammen.

ribosomale RNA (Abk. rRNA) Ribonucleinsäuren, die strukturelle und funktionelle Bestandteile von Ribosomen sind. Werden von speziellen Genorten, den rRNA-Genen, transkribiert. rRNAs werden nicht translatiert.

RNA Siehe Ribonucleinsäure.

RNA-Polymerasen Enzyme, die RNA-Moleküle synthetisieren. Zahlreiche Formen. Es gibt solche, die eine RNA mit DNA als Matrize erzeugen (DNA-abhängige RNA-Polymerasen), solche, die eine andere RNA als Matrize benutzen (RNA-abhängige RNA-Polymerasen), und schließlich solche, die RNA-Moleküle ohne Matrize zu erzeugen vermögen. Spezialisierung auch nach Art der synthetisierten RNA (tRNAs, rRNAs und mRNAs haben jeweils eigenständige RNA-Polymerasen).

RNA-Spleißung Die gerichtete, basengenaue Entfernung von Introns aus Primärtranskripten. Von speziellen Organellen, den Spleißeosomen, vermittelt.

Röntgenstrukturanalyse Die Durchleuchtung kristalliner Stoffe mit Röntgenstrahlen mit anschließender Auswertung der Beugungsmuster zur Rekonstruktion der Kristallstruktur.

Schlämmphasen-Biosanierung Prozess, bei dem kontaminiertes Erdreich vom Ursprungsort entnommen und mit Wasser und Düngesubstanzen vermischt wird (oft auch Sauerstoffzugabe). Erfolgt in großen Fässern oder Bioreaktoren zur Erzeugung einer Aufschlämmung, die die biologischen Sanierungsvorgänge durch Mikroorganismen im Erdreich anregt.

Schwesterchromatiden Die beiden Chromatiden eines Zweichromatidchromosoms. Entstehen durch die Replikation der chromosomalen DNA, wenn die homologen Chromatiden an den Centromeren miteinander verbunden bleiben, bis sie bei der Zellteilung gleichmäßig auf die Folgezellen aufgeteilt werden.

SCID Schwere kombinierte Immundefizienz (*severe combined immune deficiency*). Erbkrankheit, die das Immunsystem in Mitleidenschaft zieht. Molekulare Grundlage ist eine Mutation des Gens für das Enzym Adenosindesaminase. Die Immunabwehr der Betroffenen ist stark herabgesetzt, in der Folge davon auch die Lebenserwartung. Hohes Infektionsrisiko mit schweren Verläufen auch normalerweise harmloser Infektionen. Hohes Sterberisiko auch durch opportunistische Erreger, die bei Menschen mit funkionierendem Immunsystem kaum zu ernsten Erkrankungen Anlass geben. Erkrankte müssen in speziellen keimfreien Umgebungen leben.

SDS-Page Denaturierende Polyacrylamidgelelektrophorese mit Natriumdodecylsulfat (SDS). Das Natriumdodecylsulfat ist ein anionisches Detergenz, das den denaturierten Proteinen eine verhältnismäßig einheitliche Gesamtladung verleiht und eine Auftrennung nach Molmassen erlaubt.

Sekundärstruktur Organisationsebene der hierarchischen Strukturbildung von Proteinen. Die Ausbildung von regelmäßigen Strukturelementen wie Alphahelices und Betafaltblättern.

Selektion Auswahl, Auslese. Das Aussondern von Lebewesen oder Klonen auf der Grundlage eines Auswahlkriteriums (Selektionkriterium, Auswahlmerkmal). Im biotechnologischen Labor zum Beispiel zur Identifizierung solcher Klone, die rekombinante DNA aufgenommen haben, gesuchte Proteine exprimieren oder andere Phänotypen zeigen. Die Selektion kann auf viele verschiedene Weisen erfolgen (z. B. chemisch durch Zusatz oder Weglassen selektierender Stoffe, durch Augenschein, durch physikalische Parameter).

selektive Züchtung Die gezielte Weitervermehrung von Organismen mit gewünschten Eigenschaften.

semikonservative Replikation Der Modus, nach dem bei der Replikation in Zellen neue DNA-Moleküle gebildet werden. Jedes nach der Replikation vorliegende DNA-Molekül enthält einen Strang des Ausgangsmoleküls und einen neusynthetisierten Strang (daher „semikonservativ" = halberhaltend).

Seneszenz Biologische Alterung.

SNP Siehe Einzelnucleotidpolymorphismus.

somatische Zellen Alle Körperzellen mit Ausnahme der Keimzellen (Gameten; bei Tieren Ei- und Spermienzellen).

somatischer Zellkerntransfer DNA-Übertragungsverfahren, das bei der reproduktiven Klonierung zum Einsatz kommt. Dabei wird die Erbmasse eines Lebewesens in Form eines vollständigen Zellkerns aus einer Spenderzelle entnommen und in eine entkernte Eizelle injiziert (transferiert).

Sonde (= Sondenmolekül; engl. *probe*) In der Molekulargenetik ein einzelsträngiges DNA- oder RNA-Molekül, das zum Nachweis chemisch markiert wird (z. B. durch Fluoreszenzfarbstoffe, Einbau radioaktiver Atome ...). In Hybridisierungsexperimenten zur spezifischen Erkennung und zum Nachweis von Zielsequenzen (bei der Gensuche, der Genklonierung, Sequenzierungen, In-situ-Hybridiserungen etc.).

Southern-Blotting DNA-Hybridisierungsverfahren. Benannt nach seinem Erfinder Edwin Southern. Übertragung elektrophoretisch aufgetrennter, denaturierter DNA-Moleküle auf eine Trägermembran mit anschließender Hybridisierung eines markierten Sondenmoleküls.

spektrale Karyotypisierung Variante der Karyotypisierung (Karyogrammerstellung), bei der Sondenmoleküle eingesetzt werden, die spezifisch für einzelne Chromosomen sind, so dass diese in unterschiedlichen Farben fluoreszieren. Molekulargenetische Technik zur Identifizierung von Chromosomen auf der Grundlage ihres Färbungsverhaltens (Anfärbungsmusters). Im Jargon als *„chromosome painting"* bezeichnet.

spermienvermittelter Transfer Das Injizieren von DNA in Spermienzellen oder das Überziehen von Spermienzellen mit DNA vor der Befruchtung einer Eizelle.

spezifischer Nutzwert Anforderung des US-Patentamtes, die besagt, dass ein Patentanmelder genau angeben muss, was eine DNA-Sequenz „tut", damit diese patentierbar ist.

Stammzellen Es werden embryonale und adulte Stammzellen unterschieden. Undifferenzierte („unreife") Zellen, die die Fähigkeit haben, sich in viele oder alle differenzierten Zelltypen eines Lebewesens weiterzuentwickeln (zu differenzieren). Als embryonale Stammzellen bezeichnet man die Embryoblastenzellen eines tierischen Frühembryos vor dem Einsetzen einer sichtbaren Differenzierung in unterschiedliche Zellformen.

StarLink Transgene Maissorte, die nicht für den menschlichen Verzehr zugelassen ist. Es bestand der Verdacht, dass diese Sorte Saatgut, das für den Anbau von Gemüsemais bestimmt war, kontaminiert haben könnte.

statistische Wahrscheinlichkeit Maßzahl für erwartete Häufigkeit des Eintretens eines Ereignisses.

Stickstoffbasen In der Biochemie die heterozyklischen Komponenten der Nucleotide von Nucleinsäuren und verwandten Molekülen wie ATP, GTP usw. Im Jargon kurz als „Basen" bezeichnet. Die Basen gehören einer von zwei chemischen Linien an, die sich von den Heterozyklen Purin und Pyrimidin ableiten. Vom Purin leiten sich Adenin und Guanin ab; vom Pyrimidin Cytosin, Thymin und Uracil.

stille Mutation (= stumme Mutation) Austausch eines Basenpaars in einer DNA-Sequenz ohne phänotypische Konsequenz. Im engeren Sinne Änderung der Basenfolge eines Codons ohne Umwidmung der codierten Aminosäure.

stumpfe Enden Ende eines doppelsträngigen DNA-Moleküls ohne einzelsträngige Überhänge. Ensteht durch die Einwirkung bestimmter Restriktionsenzyme.

substanzieller Nutzwert Anforderung des US-Patentamtes, dass ein Produkt eine nachweisliche praktische Funktion haben muss, bevor es patentierbar ist.

Substrat Vielfache Verwendung in verschiedenen Disziplinen. Genaue Bedeutung fachabhängig. In der Biologie: **a)** Stoff, der von einem Enzym umgesetzt wird (Biochemie). **b)** „Unterlage", auf dem ein (sessiler) Organismus wächst und sich vermehrt (Ökologie). **c)** Ausgangsmaterial für die Bodenbildung (Bodenkunde). **d)** im weiteren Sinne „Nährmedium" (Zellbiologie, Histologie). **e)** Untergrundmaterial, auf dem Zellen wachsen und sich vermehren (Zellbiologie, Histologie).

Tabakmosaikvirus (Abk. TMV) Pflanzenpathogenes Virus. Bekanntes Modellsystem aus der Frühzeit der Molekularbiologie.

***Taq*-DNA-Polymerase** Eine hitzestabile DNA-Polymerase aus dem Bakterium Thermus aquaticus. Biotechnologisch vielfach eingesetzt bei der Polymerasekettenreaktion (PCR).

TATA-Box Nucleotidfolge (5'...T-A-T-A...3'), die sich in der Regel 20 bis 30 Basenpaare stromaufwärts (5'-wärts) vom Startcodon im Promotorbereich eukaryontischer Gene befindet. Ein Bindungsort, an dem sich der Transkriptionsinitiationskomplex aus der RNA-Polymerase II und diversen Transkriptionsfaktoren befindet. Nach ihren Entdeckern auch als Goldberg-Hogness-Box bezeichnet.

Telomerase Ein Enzym, dass die repetitiven Endbereiche der linearen Chromosomen eukaryontischer Zellen repliziert. Die Telomere bestehen aus vielfachen Wiederholungen der Basenfolge TTAGGG. Die Telomerase benutzt dazu eine kurze RNA-Matrize, die es mitführt.

Tertiärstruktur Die Raumstruktur einer Polypeptidkette mit der mittleren Lage aller in ihr enthaltenen Atome.

Thalidomid Name eines pharmazeutischen Wirkstoffs. Chemisch: alpha-Phthalimidoglutarimid. Wirkstoff des Schlaf- und Beruhigungsmittels Contergan. Führte bei schwangeren Frauen zu Missbildungen der Föten. Trotz der möglichen gefährlichen Nebenwirkung weiterhin bei einigen schweren Erkrankungen im Einsatz oder in der Erprobung (Lepra, AIDS, bestimmte Krebsformen).

therapeutisches Klonieren Die Verwendung des Erbguts eines Patienten zur Erzeugung eines experimentellen Embryos zur Gewinnung von Stammzellen für die therapeutische Verwendung am Patienten.

Thermophile Lebewesen mit einem hohen Temperaturoptimum. Lebewesen, die für die Aufrechterhaltung ihrer Lebensäußerungen auf hohe Temperaturen angewiesen sind. Zum Beispiel Bakterien, die in heißen Quellen (Island...) leben.

thermostabile Enzyme Enzyme, die in der Lage sind, hohen Temperaturen zu widerstehen, ohne ihre biochemische (katalytische) Funktion einzubüßen. Isolierbar aus thermophilen Organismen. Biotechnologisch vielfältig von Bedeutung. Beispiel: Taq-DNA-Polymerase aus *Thermus aquaticus*.

Thymin Abk. T. Pyrimidinbase, die als Nucleobase in DNA-Molekülen vorkommt. Chemisch: 2,4-Dihydroxy-5-methylpyrimidin.

Ti-Vektor Plasmidvektor aus Bodenbakterien der Gattung *Agrobacterium*. Biotechnologisch als Transgenesevektor für Pflanzenzellen zur Einschleusung fremder DNA.

T-Lymphozyten (= T-Zellen) Gruppe weißer Blutkörperchen (Leukozyten). Entscheidende Koordinierungs- und Effektorzellen des Immunsystems. Zahlreiche Untergruppen.

Transfektion Die Einschleusung „nackter" DNA in Zellen. Manchmal auf diesen Vorgang bei Eukaryonten eingeengt. Mechanistisch von der Transformation nicht unterscheidbar. Vermutlich eine gesonderte Wortschöpfung, da der Begriff Transformation insbesondere bei Eukaryonten anders belegt ist.

Transfer-tRNA (Abk. tRNA) Vergleichsweise kleine RNA-Moleküle, die die Aminosäurereste für die Proteinbiosynthese zum Ribosom befördern. Genetisch Gegenstücke zur die Aminosäuresequenz bestimmenden mRNA. Für jede Aminosäure existiert eine eigene tRNA. Komplementäre Basenwechselwirkung mit mRNA-Codons.

Transformation **1)** Die Einschleusung „nackter" DNA in Zellen. Manchmal auf diesen Vorgang bei Prokaryonten eingeengt; **2)** Umwandlung eines differenzierten Zelltyps in einen anderen Zelltyp (z.B. Umwandlung in Tumorzellen); **3)** allgemein „Umwandlung". Weitere Bedeutungen in anderen Fächern.

Transgen Ein Gen, das in einen artfremden Organismus (der eigenen oder einer anderen Art) eingeführt wird. DNA zur Erzeugung eines transgenen (gentechnisch veränderten) Lebewesens. Begriff, der für gewöhnlich auf solche Erbinformation angewendet wird, die zur Erschaffung transgener Pflanzen oder Tiere verwendet wird. Fremdes Erbmaterial, das in einen Vektor eingefügt wird.

transgenes Tier Tier, in das gentechnisch Fremd-DNA eingeführt worden ist. Beispiel: Eine Maus, in die ein menschliches Gen eingeschleust wurde.

Transkription Umschreibung. Die Synthese von RNA-Molekülen mit einem DNA-Molekül als Matrize. Der erste Schritt der Expression der Erbinformation. Das erste Ablesen der genetischen Information. Bei Eukaryonten im Zellkern und Organellen wie Mitochondrien und Plastiden, bei Prokaryonten im Cytoplasma.

transkriptionelle Regulation Regulation der Genexpression durch Beeinflussung der Transkription (ob ein bestimmter Genort transkribiert wird und welche Menge des Transkripts erzeugt wird).

Transkriptionsfaktoren DNA-bindende Proteine, die im Promotorbereich von Genen binden und bei der Stimulation der Transkription behilflich sind. Assoziation mit dem Enzym RNA-Polymerase zu Transkriptionskomplexen.

triploid Drei Chromosomensätze enthaltend.

Tumor-induzierendes Plasmid Siehe Ti-Vektor.

Typ I-Diabetes (= Diabetes, Typ I; primär insulinabhängiger Diabetes) Angeborene Form der Zuckerkrankheit, die auf einer Autoimmunkrankheit beruht. Angriff der Immunzellen auf die Inselzellen der Bauchspeicheldrüse, die das Hormon Insulin herstellen. Führt zu chronisch erhöhtem Blutzuckergehalt. Behandlungsbedürftig. Spätschäden treten regelmäßig auf.

Typ II-Diabetes (= Diabetes, Typ II; nicht primär insulinabhängiger Diabetes mellitus) Zweiter Haupttyp der Zuckerkrankheit, der nicht auf einer *angeborenen* Unterversorgung mit körpereigenem Insulin beruht. Zum Beispiel „Alterszucker" durch im Alter nachlassende Insulinproduktion des Körpers. Weitere Typen (III und IV) werden klinisch unterschieden.

Ultrafiltration Abtrennung von Teilchen von weniger als 20 Mikrometern Größe durch Filtration.

Untereinheiten-Impfstoff Impfstoff, der aus bestimmten Teilen eines Pathogens hergestellt wird, zum Beispiel aus Virusproteinen, Zelloberflächenlipiden u. Ä.

Upstream-processing Stromaufwärts stattfindende Verarbeitungsschritte. In einer frühen Phase eines Herstellungsprozesses stattfindender Schritt. „Vorbereitende" Maßnahmen für einen biotechnologischen Herstellungsprozess.

utilitaristischer Ansatz Ethische Denkschule, die davon ausgeht, dass Handlungen dann moralisch akzeptabel sind, wenn sie zum größtmöglichen Nutzen für eine größtmögliche Zahl von Individuen sind. Auch als „Folgenethik" bezeichnet, da sich der Ansatz auf die Folgen oder Ergebnisse konzentriert statt auf die Absicht.

Vakzin Impfstoff.

Vakzination Impfung.

Vektor **1)** Replikationsfähiges genetisches System (Plasmid, Cosmid, Virus, Chromosom), das eingesetzt wird, um DNA von einem Organismus in einen anderen zu verfrachten. In der Natur vorkommend (Plasmide, Viren) oder künstlich in der Molekularbiologie/Gentechnik/molekularen Biotechnologie. **2)** Ein Lebewesen, das Krankheitserreger auf neue Wirte überträgt (Beispiel: Anophelesmücke als Überträger von Malariaparasiten).

VNTR (Abk. von engl. *variable number tandem repeats*) Die Mitglieder ein Population weisen an manchen Stellen ihrer Erbsubstanz verschieden lange Tandemwiederholungen so genannter Minisatelliten-Sequenzen von 10–100 Nucleotiden Umfang auf. Die Kopienzahl der hintereinanderliegenden Wiederholungen ist von Individuum zu Individuum und von Genomort zu Genomort verschieden. Daraus ergibt sich eine sehr hohe Zahl möglicher VNTR-Muster. Hierdurch ergeben sich unterschiedlich große Restriktionsfragmente. Der Polymorphismus dieser Restriktionsfragmente (RFLP) ist die Grundlage für den genetischen Fingerabdruck.

Vorkern-Mikroinjektion Methode zur Einschleusung transgener DNA in die Zygote zum frühestmöglichen Zeitpunkt (vor der Fusion der beiden Gametenzellkerne).

Wachstumshormon (Abk. GH nach engl. *growth hormone*) Peptidhormon der Hirnanhangsdrüse (Hypophyse). Stimuliert das Wachstum von Knochen, Muskeln und anderen Organen.

Westernblot (= Immunoblot) Kunstwort zur Beschreibung einer Analysetechnik zum spezifischen Nachweis von Proteinen durch Antikörperbindung. Nachweis meist nach elektrophoretischer Auftrennung von Stoffgemischen (Proteinextrakte) nach Übertragung auf eine geeignete Trägermembran. Methode aus der Gruppe der immunologischen Nachweisverfahren.

Wurzelhalsgalle Verhärtete Masse heraustretenden, entdifferenzierten Pflanzengewebes; geht für gewöhnlich auf die Wirkungen einer Infektion mit *Agrobacterium* zurück.

Xenotransplantation Organverpflanzung über Artgrenzen hinweg. Die Transplantation eines Organs in ein Tier einer anderen Art. Beispiel: Transplantation eines Schweineorgans in einen Menschen.

YAC (Abk. für *yeast artificial chromosome*) Künstliches Hefechromosom. Wird im Labor durch Zusammenfügung von ARS- und Centromeranteilen eines Hefechromosoms mit zu klonierender Fremd-DNA und Telomeren (meist aus *Tetrahymena*) rekombinant erzeugt. Lineares Vektorsystem, das sich in Hefezellen wie ein normales Chromsom verhält und im Rahmen der Replikation mitrepliziert und bei der Zellteilung mitotisch vererbt wird. Wurde beim Humangenomprojekt zur Klonierung großer Chromosomenabschnitte eingesetzt. Handhabung schwieriger als bei Plasmiden, Cosmiden u. Ä.

Zellkultur Die Vermehrung von Zellen im Labor (in vitro) in Nährflüssigkeiten oder auf festen Kulturmedien. Manchmal spezieller für die Vermehrung tierischer oder noch spezieller Säugetierzellen verwendet.

Zelllyse Siehe Lyse.

Zentrifugation Synonym: Sedimentation. Mit Hilfe einer Zentrifuge durchgeführte Trennung von Stoffgemischen. Die Rotation erzeugt eine Zentrifugalbeschleunigung, durch die die zu trennenden Gemische nach ihren Sedimentationskonstanten voneinander geschieden werden. Angabe der dabei auftretenden, vom Radius der Rotationsebene abhängigen Kraft in der Laborpraxis oft durch die Umdrehungsgeschwindigkeit des Zentrifugenrotors in Umläufen pro Minute (rpm; rotations per minute). Physikalisch genauer ist die Angabe von *g*-Werten (Vielfachen der Erdbeschleunigung *g*). Die Zentrifugation ist eine wichtige Trennmethode, zum Beispiel für das Absetzen von Zellen aus einer Flüssigkultur, die Auftrennung von Zellbestandteilen (Organellen), von Stoffgemischen (biotechnologisch insbesondere Proteine und Nucleinsäuren) usw.

Zentromer (= Centromer) Eingeengter Bereich an einem Chromosom, an dem Schwesterchromatiden zusammenhängen. Auch Anknüpfungspunkt des Spindelapparats bei der Zellteilung. Enthält eine Reihe spezieller Proteine (Zentromerproteine).

Zugangsnummer (engl. *accession number*) Eindeutige Folge von Zahlen und ggf. Ziffern, die einen Eintrag in eine Datenbank (z. B. charakterisierter DNA-Abschnitt) festlegt. Beispiel: GenBank, Zugangsnummer BC009971; Zugangs„nummer" für das Keratingen des Menschen. Keratin ist das Hauptprotein von Haaren, Nägeln (Krallen) und ein wichtiger Bestandteil der Haut. Die Zugangsnummer wird nur einmal vergeben und kann benutzt werden, die Ablagestelle eines Datenbankeintrags zu finden. Eine ausschließlich buchhalterische Symbolfolge ohne tiefere Bedeutung.

Zweidimensionale Elektrophorese (= 2D-Elektrophorese) Zwei aufeinanderfolgende Elektrophoreseschritte an einem Trenngut. In der Regel an einem Gel. Zuerst Trennung in einer Richtung und nach einem physikochemischen Parameter, dann zweite Trennung senkrecht dazu, oft auf der Grundlage eines zweiten physikochemischen Parameters.

Zygote Befruchtete Eizelle. Diploide Zelle, die bei der Verschmelzung der Gameten Eizelle und Spermium gebildet wird.

ANHANG C: Index

A

B

E

F

G

H

I

M

N

O

P

Q

R

S

T

U

V

W

Bildnachweis

Kapitel 1 **1.1:** Soil and Crop Sciences Department, Texas A&M University. **1.5:** Roslin Institutes/PA Photos Ltd. **1.6:** Orchid Cellmark, Germantown, MD. **1.7:** © Ken Graham/Accent Alaska.com. **1.8:** AP/ Wide World Photos. **1.11:** Anthony Canamucio. **1.14:** Monmouth University Photo.
Kapitel 2 **2.7:** Dr. David Adler/University of Washington Department of Pathology. **2.17 a:** © Andrew Syred/Stone. **2.17 b:** National Institutes of Health.
Kapitel 3 **3.3 a:** © Dr. Gopal Murti/ Photo Researchers, Inc. **3.4:** © Michael Gabridge/Visuals Unlimited. **3.5 b:** Robley Williams. **3.13:** Pharmacia Corporation. **3.14:** Dr. P.M. Lansdorp, Terry Fox Laboratory, B.C. Cancer Research Center, U.B.C., Vancouver Canada. **3.17:** © Volker Steger/SPL/Photo Researchers, Inc.
Kapitel 4 **4.4:** Garman, S.C., Sechi, S., Kinet, J.P., Jardetzky, T.S.: The Analysis of the Human High Affinity Ige Receptor Fc(Epsilon)Ri(Alpha) from Multiple Crystal Forms *J. Mol. Biol.* 311 pp. 1049 (2001). Protein Data Bank. **4.15:** Amersham Biosciences.
Kapitel 5 **5.1 a:** © Scimat/Photo Researchers, Inc. **5.1 b:** © Manfred Kage/Peter Arnold. **5.1 c:** © CNRI/Photo Researchers, Inc. **5.2 a:** © John Durham/Photo Researchers, Inc. **5.2 b:** © Kevin Schafer/Corbis. **5.3 b:** Catherine Pongratz and Charlotte K. Mulvihill, Ed. D, Biotechnology Program, Oklahoma City Community College. Licensed for use, ASM MicrobeLibrary.org. **5.6 a:** Ken Lucas/ Biological Photo Services. **5.6 b:** Courtesy of Ken Nealson, Wrigley Professor of Geobiology, USC. Licensed for use, ASM MicrobeLibrary.org. **5.8 a:** © SCIMAT/Science Source/Photo Researchers, Inc. **5.8 b:** Ian O'Leary/Dorling Kindersley Media Library. **5.15:** Figure provided by The Institute for Genomic Research (TIGR), 9712 Medical Center Drive, Rockville, Maryland, 20850. **5.17 a:** © A. Dowsett/Photo Researchers, Inc. **5.17 b:** T. H. Chen and S. S. Elberg, *Inf. Imm* 15: 972–977, Figure 4, with permission from ASM. 5.18: AP/Wide World Photos.
Kapitel 6 **6.1:** U.S. Department of Agriculture. **6.5:** Bio-Rad Laboratories. **6.9 a:** © George Chapman/Visuals Unlimited, Inc. **6.9 b:** © E.R. Degginger/Photo Researchers, Inc. **6.11:** Yann Layma/Stone. **6.12:** © Reuters NewMedia Inc./Corbis.
Kapitel 7 **7.3 a:** Solnica-Krezel Lab, Vanderbilt University. **7.3 b:** Dorling Kindersley Media Library. **7.4 a:** OptiCell, manufactured by BioCrystal, Ltd. **7.6:** Bill Thieman. Fig. **7.11:** © Inga Spence/Visuals Unlimited, Inc.
Kapitel 8 **8.8:** From DNA *Fingerprinting: An Introduction*, edited by Lorne T. Kirby, © 1993 by Oxford University Press, Inc. Page 232, Fig. 11.7. Reprinted with permission. **8.9:** From DNA *Fingerprinting: An Introduction*, edited by Lorne T. Kirby, © 1993 by Oxford University Press, Inc. Page 220, Fig. 11-2b. Reprinted with permission. Courtesy of Orchid Diagnostics/Lifecodes Corporation. **8.12:** Seminis Inc. **8.13:** Guglich, E.A., Wilson, P.J., White, B.N., 1993, Application of DNA Fingerprinting to Enforcement of Hunting Regulations in Ontario, *Journal of Forensic Sciences*, figure 5, p. 56. © ASTM International. Reprinted with permission.
Kapitel 9 **9.4:** Jennifer Bower and Ralph Mitchell, Laboratory of Applied Microbiology, Division of Applied Sciences, Harvard University. **9.9:** Ashbury Park Press. **9.11:** Kuenen, J.G. and Jetten, M.S.M. (2001) Extra ordinary anaerobic ammonium oxidizing bacteria. *ASM News* 67: Figure, p 458. **9.14 a:** Jack Smith/AP/Wide World Photos. **9.14 b:** © Vince Streano/Corbis. **9.15:** Exxon Mobil. **9.16:** © Science VU/Visuals Unlimited.
Kapitel 10 **10.1:** Peggy Greb/ARS/USDA. **10.3 a:** Kevin Fitzsimmons, University of Arizona. **10.3 b:** China Tourism Press/The Image Bank. **10.3 c:** © Paul A. Souders/Corbis. **10.3 d:** © Earl & Nazima Kowall/Corbis. **10.4** (upper): Kevin Fitzsimmons, University of Arizona. **10.4** (lower): G. C. Mair/www.fishgen.com. **10.7 b:** From Bence NF, Sampat RM, Kopito RR. Impairment of the ubiquitin-proteasome system by protein aggregation. *Science*. 2001 May 25;292(5521): 1552-5. Reprinted with permission from the American Association for the Advancement of Science. **10.7 c:** Image produced by R.E. Mandrell and A. H. Bates; USDA, Agricultural Research Service, Western Regional Research Center, Albany, CA 94710. **10.8:** Choy Hew, National University of Singapore, and Garth Fletcher, Memorial University of Newfoundland, St. John's, Newfoundland. **10.11 a, b:** A.C. Duxbury, and A.B. Duxbury, 1997, *Introduction to the World's Oceans*, 5th edition, William C. Brown Publishing Co., Fig 17.1., p. 475. Reproduced with permission of The McGraw-Hill Companies. **10.12:** Herbert Waite, Department of Molecular, Cellular and Developmental Biology, University of California, Santa Barbara. **10.13:** Anne Komarisky. **10.14 a:** Center for Great Lakes and Aquatic Sciences. **10.14 b:** © Betty Sederquist/Visuals Unlimited. **10.15:** Deborah L. Santavy Ph.D., Gulf Ecology Division, US Environmental Protection Agency.
Kapitel 11 **11.1:** John Sholtis/Amgen Inc. **11.2:** March of Dimes Birth Defects Foundation. **11.3 a, b:** American Cancer Society. **11.3 c:** Lisa G. Shaffer, Health Research and Education Center, Washington State University Spokane. **11.8:** D. Edwards and R. Langer. **11.11:** From Zhang G., Budker V., Williams P., Subbotin V., Wolff J.A. Efficient expression of naked dna delivered intraarterially to limb muscles of nonhuman primates. *Hum Gene Ther.* 2001 Mar 1;12(4):427–38. **11.15:** Bill Ling/Dorling Kindersley Media Library.
Kapitel 12 **12.1:** © Bettmann/Corbis. **12.2:** © Steve McCutcheon/Visuals Unlimited. **12.3 a:** From A.G. Matthysse, K.V. Holmes, and R.H.G. Gurlitz. Elaboration of cellulose fibrils by Agrobacterium tumefaciens during attachment to carrot cells. *J. Bacteriol.* 145:583–595, 1981. **12.3 b:** R. Clinton Fuller. **12.4:** Steven Lindow, Lindow Lab/The Ice Lab, University of California, Berkeley. **12.5 b:** Photodisc. **12.6:** © Jeffrey L. Rotman/Corbis.
Kapitel 13 **13.5:** Richard Olsenius/National Geographic. **13.9:** Sidney Harris.